Wissensgeschichte des Verhaltens

Wissensgeschichte des Verhaltens

Interdisziplinäre Perspektiven

Herausgegeben von
Sophia Gräfe und Georg Toepfer

DE GRUYTER

Gefördert durch den Open-Access-Publikationsfonds für Monografien der Leibniz-Gemeinschaft und das Leibniz-Zentrum für Literatur- und Kulturforschung.

ISBN 978-3-11-074069-1
e-ISBN (PDF) 978-3-11-074081-3
e-ISBN (EPUB) 978-3-11-074100-1
DOI https://doi.org/10.1515/9783110740813

Library of Congress Control Number: 2024944142

Bibliografische Information der Deutschen Nationalbibliothek
Die Deutsche Nationalbibliothek verzeichnet diese Publikation in der Deutschen Nationalbibliografie; detaillierte bibliografische Daten sind im Internet über http://dnb.dnb.de abrufbar.

Einbandabbildung: Cardboard models used by Lorenz and Tinbergen to test the reactions of birds to birds of prey. Only the models with a short neck (marked +) released escape reactions. Aus: Nikolaas Tinbergen: Social releasers and the experimental method required for their study. Wilson Bulletin 60 (1948), S. 6–51, hier S. 7.
Satz: Integra Software Services Pvt. Ltd.
Druck und Bindung: CPI books GmbH, Leck

www.degruyter.com
Fragen zur allgemeinen Produktsicherheit:
productsafety@degruyterbrill.com

Inhaltsverzeichnis

III Medien und Verhalten

IV Kybernetik und Verhalten

V Politiken des Verhaltens

VI Psychologie und Verhalten

Georg Toepfer und Sophia Gräfe

Einleitung

‚Verhalten' ist ein geläufiger Ausdruck der Alltagssprache. Er bezeichnet etwas, mit dem wir uns und andere charakterisieren und beschreiben. Ein Verhalten kann tadellos oder unangemessen sein; uns bisweilen erklärlich oder unverständlich, erwartbar oder der Rechtfertigung bedürftig, zufällig und unauffällig oder bemerkenswert und charakteristisch erscheinen. Für die ältere Wortbedeutung stand dabei die Kontrollierbarkeit des Verhaltens im Mittelpunkt. Das mittelhochdeutsche Verb ‚verhalten' meinte ursprünglich „zurückhalten, hemmen, unterdrücken, sich benehmen" und ist als Negation von Ableitungen (‚halten') aus der indogermanischen Wurzel ‚*kel-' hervorgegangen, die so viel wie „treiben" bedeutete und sich auf das mit Lärmen verbundene Treiben von Vieh bezog. Die reflexive Form ‚sich verhalten' hatte die frühe Bedeutung „sich zurückhalten, um auf andere eingehen zu können".[1] Das Verb stand also im Bedeutungskontext der Zivilisierung und Selbstdisziplinierung des Menschen. Worauf es bei dieser (Selbst-)Disziplinierung ankam, war zunächst das äußerlich Sichtbare, die Konformität mit den Regeln des Anstands. Von den inneren Motiven wurde dabei abgesehen. Die Äußerlichkeit als Grundzug des Verhaltens bedingt seinen universalen Gegenstandsbereich. Er umfasst neben dem Menschen auch nichtmenschliche Lebewesen und unbelebte Dinge.[2]

Die Äußerlichkeit des Verhaltens hat schließlich dem Konzept in solchen sozialen, politischen und wissenschaftlichen Kontexten Bedeutung verschafft, in denen es darum ging, das Äußere unabhängig von inneren Bedingungsfaktoren zum Gegenstand zu machen, etwa in Kontexten der Beschreibung, Klassifikation, Normierung, Beeinflussung, Vorhersage oder Therapie. Diese Kontexte finden sich beispielsweise in Situationen der Vormoderne, in denen es galt, strengen (höfischen) sozialen Gepflogenheiten zu entsprechen[3]; sie finden sich gleichfalls in modernen Rechtsordnungen, die von den inneren Gefühls- und Gedankenlagen absehen und auf die Normierung des manifesten Verhaltens gerichtet sind[4]; und

1 Elmar Seebold: Kluge. Etymologisches Wörterbuch der deutschen Sprache, 22. Aufl. Berlin 1999, S. 857.

2 Vgl. Georg Toepfer: Verhalten, in: Historisches Wörterbuch der Biologie, Bd. 3. Stuttgart 2011, S. 653–687.

3 Vgl. Ruth Florack und Rüdiger Singer (Hg.): Die Kunst der Galanterie. Facetten eines Verhaltensmodells in der Literatur der Frühen Neuzeit. Berlin 2012.

4 Vgl. Annelie Ramsbrock: Geschlossene Gesellschaft. Das Gefängnis als Sozialversuch – eine bundesdeutsche Geschichte. Frankfurt a. M. 2020.

https://doi.org/10.1515/9783110740813-001

sie sind in allen politischen Maßnahmen zur Beeinflussung der Lebensführung – sei es in der Gesundheits-, Familien- oder Verkehrspolitik – prominent[5].

Ausgehend von diesen zahlreichen Kontexten und dem bis in die Frühe Neuzeit zurückreichenden historischen Hintergrund wird es verständlich, dass ‚Verhalten' auch in den modernen Wissenschaften als eine auf das Äußerliche von Lebewesen und anderen Systemen gehende Kategorie der Beschreibung verstanden wurde. ‚Verhalten' betrifft das, was von außen zu beobachten ist, nicht innere Prozesse, Motive, Hemmungen oder Abwägungen. Deutlich wird dies besonders in der Konstitutionsphase der *Ethologie*, der bekanntesten biologischen Verhaltensforschung im deutschsprachigen Raum in der ersten Hälfte des zwanzigsten Jahrhunderts: Die genaue Beschreibung von äußerlich sichtbaren Bewegungsmustern von Lebewesen war es, die einen neuen, nun scheinbar objektivierbaren Gegenstand jenseits überkommener Willensmetaphysik naturwissenschaftlich erschloss.[6]

Innerhalb der Biologie entwickelte sich die Verhaltensforschung erst spät zu einer eigenständigen Subdisziplin. Eine der vielen, zunächst unzusammenhängenden Stränge, die an der Wurzel ihrer Konstituierung liegen, läuft seit Mitte des zwanzigsten Jahrhunderts unter der Bezeichnung *Verhaltensphysiologie* und partizipierte damit an der hohen wissenschaftlichen Reputation der Physiologie.[7] Methodisch löste sich die biologische Verhaltensforschung aber schon im neunzehnten Jahrhundert von der Physiologie, insbesondere von deren apparativ aufwändigem zergliedernden und funktionalistisch orientierten Ansatz. Im Gegensatz zur Physiologie als Laborwissenschaft setzte das Studium des Verhaltens am ganzen Tier an, an seiner Situierung in einer spezifischen Umwelt, von der her sein Verhaltensrepertoire erklärt wurde.[8] Mit diesem methodischen Ansatz entwickelte die Verhaltensforschung

5 Siehe dazu die einschlägigen Publikationen von Rüdiger Graf, v. a. Rüdiger Graf: Vorhersagen und Kontrollieren. Verhaltenswissen und Verhaltenspolitik in der Zeitgeschichte. Göttingen 2024.

6 „Unter Verhalten verstehe ich alle Bewegungen des gesunden, unverletzten Tieres", schrieb Nikolaas Tinbergen (1907–1988), ebenso einfach wie umfassend, zu Beginn seines klassischen Lehrbuchs zur Einführung in die Verhaltensforschung von 1951. Nikolaas Tinbergen: The Study of Instinct (1951), dt. Instinktlehre. Vergleichende Erforschung angeborenen Verhaltens. Berlin 1972, S. 3.

7 Die Max-Planck-Gesellschaft beschloss 1954, ein „Max-Planck-Institut für Verhaltensphysiologie" zu gründen, das zunächst in Buldern in Westfalen stationiert war, ab Februar 1956 in Oberbayern neu erbaut und im September 1958 eingeweiht wurde; vgl. Berichte und Mitteilungen der Max-Planck-Gesellschaft 4/1978.

8 Vgl. Peter H. Klopfer und Jack P. Hailman: An Introduction to Animal Behavior: Ethology's First Century. Englewood Cliffs, N.J. 1967; Günter Tembrock: Entwicklungen der „Tierpsychologie" als Wissenschaftsdisziplin seit Beginn des Evolutionsgedankens im 19. Jahrhundert. In: Wissenschaftliche Zeitschrift der Humboldt-Universität zu Berlin, Mathematisch-naturwissenschaftliche Reihe R. XXXI (1982), H. 6, S. 569–575; Volker Schurig: Problemgeschichte des Wissenschaftsbegriffs Ethologie: Ursprung, Funktion und Zukunft eines Begründungsspezialisten. Rangsdorf 2014.

geradezu ein Gegenprogramm zum Hauptstrom der Biologie seit dem neunzehnten Jahrhundert, der auf die Zerlegung der organismischen Einheit und seine Reduktion auf einzelne Mechanismen gerichtet war.[9] In ihrem Verfahren, das primär beschreibend war und evolutionäre Genealogien („Homologisierungen") im Blick hatte, ähnelte die spätere Ethologie als vergleichende Verhaltensforschung mehr der Morphologie als der Physiologie.[10] Analog zur ersteren Disziplin, die Formen im Raum beschrieb und katalogisierte, war es ein wesentliches Programm der Ethologie, Verhaltensweisen als „Zeitgestalten"[11] zu betrachten, Verhaltensinventare zu erstellen und auf diese Weise eine „Morphologie der Verhaltensformen"[12] zu entwickeln.

Auch wenn einzelne Forschende zur Erklärung von kausalen Momenten der Verhaltensauslösung und -steuerung auf innere Aspekte des Empfindens abhoben, blieb stets die genaue Beobachtung und Beschreibung methodischer Ausgangspunkt und durchgehender Referenzpunkt der Ethologie.[13] Dabei spielte die Erfahrung des Tieres in seiner möglichst natürlichen Umwelt eine wichtige Rolle, ebenso die Einstellung der Forschenden, die sich aus der „unmittelbaren Vertrautheit mit dem lebenden Tier" und dem daraus folgenden „warmen und echten Gefühl für die lebende Kreatur" ergibt, wie es Konrad Lorenz (1903–1989) 1949 formulierte.[14]

Die Perspektive der Ethologie kann damit auch an die seit Beginn des zwanzigsten Jahrhunderts sich vollziehende Abwendung von der cartesischen Metaphysik, die eine Trennung der Innenwelt des Bewusstseins und der Außenwelt der Dinge vollzieht, angeschlossen werden. Prominent findet sich diese antidualistische Wende in Wilhelm Diltheys (1833–1911) und Helmuth Plessners (1892–1985) Anthropologie, insofern sie die Vorstellung von einem Primat des Innen, das erst in einem

---

9 Vgl. Christian Bonah: Les sciences physiologiques en Europe. Analyses comparées du XIXe siècle. Paris 1995; Philipp Sarasin: Reizbare Maschinen. Eine Geschichte des Köpers 1765–1914. Frankfurt a. M. 2001.

10 Vgl. Heinrich Ernst Ziegler: Über den Begriff des Instincts. In: Verhandlungen der Deutschen Zoologischen Gesellschaft 2 (1891), S. 122–136, hier S. 133; Konrad Lorenz: Vergleichende Verhaltensforschung. In: Verhandlungen der Deutschen Zoologischen Gesellschaft 12 (1939), S. 69–102, hier S. 69–74; Konrad Lorenz: Vergleichende Verhaltensforschung. Grundlagen der Ethologie. Wien 1978, S. 3; Eva Axer, Eva Geulen und Alexandra Heimes: Aus dem Leben der Form. Studien zum Nachleben von Goethes Morphologie in der Theoriebildung des 20. Jahrhunderts. Göttingen 2021.

11 Irenäus Eibl-Eibesfeldt: Grundriß der vergleichenden Verhaltensforschung. Ethologie, 6. Aufl. München 1980, S. 19.

12 Hermann Weber: Stellung und Aufgaben der Morphologie in der Zoologie der Gegenwart. In: Verhandlungen der deutschen zoologischen Gesellschaft 1954 (1955), S. 137–159, hier S. 140.

13 Vgl. Nikolaas Tinbergen: On aims and methods of ethology. In: Zeitschrift für Tierpsychologie 20 (1963), S. 410–430, hier S. 411–413.

14 Konrad Lorenz: Er redete mit dem Vieh, den Vögeln und den Fischen. Wien 1949, S. 3; 5.

zweiten Schritt, im „Ausdruck“, zu einem Außen wird, ablehnen.[15] Dilthey formulierte seine Einsicht in den Zusammenhang von Ausdruck und Innenwelt zunächst ausgehend vom Problem des *Verstehens*, das stets von Ausdrucksformen ausgehe und nicht von einem „Innen“: „Nicht durch Introspektion erfahren wir die menschliche Natur“, so Dilthey im *Aufbau der geschichtlichen Welt in den Geisteswissenschaften*[16]; „nur seine Handlungen, seine fixierten Lebensäußerungen, die Wirkungen derselben auf andere belehren den Menschen über sich selbst; so lernt er sich nur auf dem Umweg des Verstehens selber kennen“.[17] Analog dazu vollzieht sich der methodische Ansatz der Ethologie als eine Untersuchung, die äußere Erscheinungen und innere Empfindungen als Einheit begreift. Verhalten wird nicht als das Heraustreten eines Inneren ins Äußere verstanden, sondern als in sich komplexe jeweilige Verbindung von Empfinden und Bewegen. Damit wurde es auch möglich, Verhalten nicht mehr nur als authentischen „Ausdruck“ eines vorgegebenen „Innen“ zu begreifen, sondern als strategisch (und auch zu Zwecken der Täuschung) eingesetztes soziales Signal.[18]

Die sich international diversifizierenden biologischen Verhaltenswissenschaften blieben unterdessen nicht bei Beschreibungen und Inventarisierungen stehen, sondern integrierten ihre Ergebnisse in verschiedene theoretische Modelle: Beispielsweise führten Untersuchungen im Anschluss an Iwan Pawlow (1849–1936) Verhaltensphänomene auf einfache neuronale Mechanismen des *Reflexes* zurück[19];

15 Vgl. insbesondere Norbert Meuter: Anthropologie des Ausdrucks. Die Expressivität des Menschen zwischen Natur und Kultur. München 2006. Er erläutert Diltheys Punkt auf diese Weise: „Wir leben nicht in einer (inneren) Erlebnis- und einer davon getrennten (äußeren) Gegenstands-, sondern in einer beides umfassenden Ausdruckswelt. Erlebnisse in ihrer ‚Unmittelbarkeit‘ sind dem Verstehen gar nicht zugänglich, wohl aber die verschiedenen Ausdrucksformen, in denen sich das Erleben artikuliert.“ (S. 60).

16 Wilhelm Dilthey: Plan der Fortsetzung zum Aufbau der geschichtlichen Welt in den Geisteswissenschaften (ca. 1910). In: Gesammelte Schriften, Bd. 7. Der Aufbau der geschichtlichen Welt in den Geisteswissenschaften, 8. Aufl. Göttingen 1992, S. 189–291, hier S. 250.

17 Wilhelm Dilthey: Der Aufbau der geschichtlichen Welt in den Geisteswissenschaften (1910). In: Gesammelte Schriften, Bd. 7. Der Aufbau der geschichtlichen Welt in den Geisteswissenschaften, 8. Aufl. Göttingen 1992, S. 79–188, hier S. 87; vgl. Georg Toepfer: Von der Selbstdarstellung zur Kunst? Über die Außerzweckhaftigkeit der Ausdruckstätigkeit, in: Ökologien des Ausdrucks. Hg. von Frank Fehrenbach und Matthew Vollgraff. Berlin 2022, S. 43–56.

18 Vgl. Richard Dawkins und John R. Krebs: Animal signals: information or manipulation? In: Behavioural Ecology. Hg. von John R. Krebs und Nicholas B. Davies. Oxford 1978, S. 282–309.

19 Iwan Pawlow: Die höchste Nerventätigkeit (das Verhalten) von Tieren: eine zwanzigjährige Prüfung der objektiven Forschung. In: Bedingte Reflexe. Sammlung von Artikeln, Berichten, Vorlesungen und Reden. München 1926; Boris Petrovitch Babkin: Pavlov. A Biography. Chicago 1949; Daniel Philip Todes: Pavlov's Physiology Factory. Experiment, Interpretation, Laboratory Enterprise. Baltimore 2002; Torsten Rüting: Pavlov und der Neue Mensch. Diskurse über Disziplinie-

Versuche einer einheitlichen Erklärung von Verhalten über Modelle des Lernens charakterisieren *behavioristische* Ansätze[20]; an die älteren, seit der Antike bestehenden Klassifikationen des Verhaltens auf der Basis von Funktionsbezügen der Lebewesen schlossen die *Instinktlehren* an[21]; ausgehend von Jakob von Uexkülls (1864–1944) Modell der engen Korrespondenz von Organismus und Umwelt wurde in der *Umweltlehre* Verhalten aus jeweiligen Umweltbezügen erklärt[22]; als Anpassungen und „arterhaltende" Leistungen wurden Verhaltensweisen in *evolutionärer* Perspektive gedeutet[23]; im Rahmen der *Kybernetik* erfolgte die Konzipierung von Verhalten nach dem Modell des Regelkreises als Regulation des Organismus-Umwelt-Verhältnisses[24]; und *spieltheoretisch* konnte ein Verhaltensmuster model-

rung in Sowjetrussland. München 2002, Yvonne Wübben und Margarete Vöhringer (Hg.): Phantome im Labor. Die Verbreitung der Reflexe in Hirnforschung, Kunst und Technik. In: Berichte zur Wissenschaftsgeschichte 32, Special Issue (2009), S. 5–120.

20 J. B. Watson: Psychology as the behaviorist views it. In: Psychological Review 20 (1913), S. 158–177; B. F. Skinner: The Behavior of Organisms. An Experimental Analysis. New York 1938; Daniel W. Bjork: B. F. Skinner. A Life. New York 1993; Benjamin Schultz-Figueroa: The Celluloid Specimen. Moving Image Research into Animal Life. Oakland, Calif. 2023.

21 Vgl. Konrad Lorenz: Über die Bildung des Instinktbegriffes. In: Naturwissenschaften 25 (1937), S. 324–331; Ingo Brigandt: The instinct concept of the early Konrad Lorenz. In: Journal of the History of Biology 38/3 (2005), S. 571–608; Volker Schurig: Instinktlehre, vergleichende Verhaltensforschung, Verhaltensbiologie oder doch Ethologie? Die Analyse von Wissenschaftsbegriffen als Gegenstand einer Theoretischen Biologie. In: Verhandlungen zur Geschichte und Theorie der Biologie 15 (2010), S. 47–85.

22 Vgl. Jakob von Uexküll: Umwelt und Innenwelt der Tiere. Berlin 1909; Franz M. Wuketits: Jakob von Uexküll (1864–1944) und die Entdeckung der Umwelt. In: Naturwissenschaftliche Rundschau 67 (2014), S. 397–404; Gottfried Schnödl und Florian Sprenger: Uexkülls Umgebungen. Umweltlehre und Rechtes Denken. Lüneburg 2021; Marc Rölli: Tier-Werden? Zur Uexküll-Lektüre von Plessner und Deleuze/Guatarri. In: Ethology. Claims and Limits of a Lost Discipline. Hg. von Andrea Allermann und Martin Roussel. Paderborn 2021, S. 97–126; Katja Kynast: Bilder der Umwelttheorie. Fotografien, Zeichnungen und Schemata bei Jakob von Uexküll. Berlin 2022.

23 Vgl. Oskar Heinroth: Beiträge zur Biologie, namentlich Ethologie und Psychologie der Anatiden. In: Verhandlungen des V. Internationalen Ornithologen-Kongresses in Berlin, Berlin 1911, S. 589–702; Charles Otis Whitman: Animal Behavior. Biological Lectures from the Marine Biological Laboratory of Woods Hole 6 (1899), S. 285-338; Konrad Lorenz: Beiträge zur Ethologie sozialer Corviden. In: Journal für Ornithologie 79 (1936), S. 67–127; Tinbergen: On aims and methods, S. 417–429; Jeffrey Podos: Early perspectives on the evolution of behavior: Charles Otis Whitman and Oskar Heinroth. In: Ethology Ecology & Evolution, 6/4 (1994), S. 467–480.

24 Vgl. Arthur Rosenblueth und Norbert Wiener: Purposeful and non-puposeful behavior. In: Philosophy of Science 17 (1950), S. 318–326; William T. Powers: Behavior. The Control of Perception. Chicago 1973; Friedhart Klix: Information und Verhalten. Kybernetische Aspekte der organismischen Informationsverarbeitung. Einführung in naturwissenschaftliche Grundlagen der Allgemeinen Psychologie. 3. Aufl. Bern 1976; Gregory Bateson: Cybernetic Explanation. In: American Behavioral Scientist 10 8 (1967), S. 29–32; Lawrence S. Bale: Gregory Bateson: Cybernetics and

liert werden als eine evolutionäre Strategie[25], die sich im Wettstreit mit anderen Strategien zu bewähren hatte und die in Modellen der *Verhaltensökologie* oder *Soziobiologie* beschrieben werden konnte[26].

Von keiner dieser Strömungen konnte der Verhaltensbegriff nachhaltig vereinnahmt werden; er blieb vielmehr weitgehend neutral im Hinblick auf Fragen der Auslösung (angeboren *versus* erlernt), Konstanz (artspezifisch stereotyp *versus* individuell variabel) und Mechanismen der Steuerung (instinktiv-automatisch *versus* intentional-mental). Nicht zuletzt diese Flexibilität erklärt es, dass sich ‚Verhalten' im zwanzigsten Jahrhundert zu einem vielseitigen Vermittlungsbegriff entwickeln konnte.

Verhalten blieb, bei aller Vielfalt der biologisch orientierten Erklärungsansätze, stets eine Erscheinungsform des Lebendigen von hoher Integrität. Als Äußerungsweise eines ganzen Organismus – und verbunden mit dessen räumlich-geschlossener Gestalt – spiegelt sich im Verhalten das Ganze eines Lebens und nicht nur ein einzelner physiologischer Teilaspekt. Dieser integrierende Charakter des Verhaltens, der auch nur durch Beobachtung des ganzen Organismus in möglichst natürlichen Kontexten zugänglich ist, bedingt auch die hohe Popularität des Verhaltens als Studienobjekt.

Attraktiv war das Beobachten und Erklären des Verhaltens immer auch deswegen, weil es stets nicht nur um die Tiere ging, sondern auch um Verhältnisse des Menschen. ‚Verhalten' ist nicht zuletzt eine Kategorie, die Mensch und Tier miteinander verbindet. Wie das Verhalten der Tiere beschrieben wird, war und ist nie frei von Vorstellungen über das richtige und normale Verhalten von Menschen. Im Verweis auf Erklärungen des Verhaltens von Tieren konnten Familienmodelle privilegiert, Geschlechterrollen festgeschrieben, soziale Hierarchien gerechtfertigt werden[27]; auf ihrer Grundlage wurden Argumente für stete Konkurrenz ebenso ge-

---

the social behavioral sciences. In: Cybernetics & Human Knowing. A Journal of Second Order Cybernetics & Cyber-Semiotics 3(1) (1995), S. 27–45.

25 Vgl. John Maynard Smith und George R. Price: The logic of animal conflict. In: Nature 246 (1973), S. 15–18; John Maynard Smith: Evolution and the Theory of Games. Cambridge 1982.

26 Vgl. William D. Hamilton: The genetical evolution of social behaviour. In: Journal of theoretical Biology 7 (1964), S. 1–52; George C. Williams: Adaptation and Natural Selection. A Critique of Some Current Evolutionary Thought. Princeton, N.J. 1966; Edward O. Wilson: Sociobiology. The New Synthesis. Cambridge, Mass. 1975; John R. Krebs und Nicholas B. Davies (Hg.): Behavioural Ecology. An Evolutionary Approach. Oxford 1978; Cora Stuhrmann: „It felt more like a revolution." How behavioral ecology succeeded ethology, 1970-1990. In: Berichte zur Wissenschaftsgeschichte 45 1/2 (2022), S. 135–163.

27 Vgl. Donna Haraway: Teddy bear patriarchy. Taxidermy in the Garden of Eden, New York City, 1908-1936. In: Social Text 11 (1984-85), S. 20–64; Erika Milam: Looking for a Few Good Males. Female Choice in Evolutionary Biology. Baltimore, Md. 2010; Jakob Odenwald: Ethologists in the

funden wie solche für gegenseitige Hilfe und Kooperation[28]. Belege für diese durchaus auch populärwissenschaftliche Attraktivität sind nicht nur die vielen Dokumentarfilme über das Verhalten der Tiere, die sich bis heute im Abendprogramm des Fernsehens behaupten können[29], sondern auch die öffentliche Aufmerksamkeit, die die Protagonistinnen und Protagonisten des Feldes erfahren und die manche zu medialen Stars werden ließen, wie den Nobelpreisträger Konrad Lorenz oder die Primatologin Jane Goodall (1934–).[30]

In seiner Funktion der Brückenbildung zwischen Diskursen, Theorien und Forschungsfeldern ähnelt ‚Verhalten' anderen theoretischen Begriffen der Biologie wie etwa ‚Organisation', ‚Regulation' und ‚Evolution', die zwischen Biologischem und Außerbiologischem vermitteln und innerhalb des Biologischen auf verschiedene Hierarchieebenen (von den Genen bis zu Ökosystemen) bezogen werden können.[31] Sehr ähnlich wie ‚Regulation' verbinden sich mit ‚Verhalten' dabei sehr unterschiedliche, ja entgegengesetzte Interessen: Einerseits kann mit der Rede von ‚Verhalten' die Agentenzentriertheit der Analyse betont werden, der Ausgangspunkt von der Autonomie eines Subjekts, andererseits leistet ‚Verhalten' gerade die Anbindung organismischer Diskurse an technische und formale Untersuchungen, die gerade nicht mehr das Besondere des Lebendigen im Blick haben.

Kindergarten. Natural behavior, social rank, and the search for the „innate" in early human ethology (1960s-1970s). In: Berichte zur Wissenschaftsgeschichte 45 1/2 (2022), S. 87–111.

28 Vgl. Johan M. G. Dennen und Vincent S. E. Falger: Sociobiology and Conflict. Evolutionary Perspectives on Competition, Cooperation, Violence and Warfare, Dordrecht 1990; Johan Hooff und Peter Hammerstein: Economics in Nature. Social Dilemmas, Mate Choice, and Biological Markets, Cambridge 2001; Erika Milam, Creatures of Cain. The Hunt for Human Nature in Cold War America. Princeton, N.J. 2018; Nadine Weidman, Killer Instinct. The Popular Science of Human Nature in Twentieth-Century America. Cambridge 2021.

29 Vgl. Jens Ivo Engels: Von der Sorge um die Tiere zur Sorge um die Umwelt. Tiersendungen als Umweltpolitik in Westdeutschland zwischen 1950 und 1980. In: Archiv für Sozialgeschichte 43 (2003), S. 297–324; Vinzenz Hediger: Das Tier auf unserer Seite. Zur Politik des Filmtiers am Beispiel von Serengeti darf nicht sterben. In: Politische Zoologie. Hg. von Anne von der Heiden und Joseph Vogl. Zürich 2007, S. 287–301; Miles Kempton, Commercial television and primate ethology. Facial expressions between Granada and London Zoo. In: The British Journal for the History of Science 56 (2023), S. 83–102; Cora Stuhrmann: Sociobiology on screen. The controversy through the lens of sociobiology. Doing what comes naturally. In: Journal of the History of Biology 56 2 (2023), S. 365–397.

30 Vgl. Doris Kaufmann: Konrad Lorenz: Scientific persona, „Harnack-Pläncker" und Wissenschaftsstar in der Zeit des Kalten Krieges bis in die frühen 1970er Jahre. In: Ergebnisse des Forschungsprogramms Geschichte der Max-Planck-Gesellschaft, Preprint Nr. 6. Hg. von Florian Schmaltz, Jürgen Renn, Carsten Reinhardt und Jürgen Kocka. Berlin 2018; Dale Peterson: Jane Goodall. The Woman who Redefined Man. Boston 2006.

31 Vgl. Georg Toepfer: Regulation. In: Historisches Wörterbuch der Biologie, Bd. 3. Stuttgart 2011, S. 148–199, hier S. 157 f.

Dies ermöglichte besonders seit dem frühen zwanzigsten Jahrhundert einen Anschluss an viele sehr unterschiedliche Felder und Diskurse. Beispiele für diese Anschlüsse sind (1) die Verbindung der *Tier- mit der Humanpsychologie*, insofern mit ‚Verhalten' eine Kategorie gefunden ist, welche die Analyse des Organismus-Umwelt-Verhältnisses von Mensch und Tier zusammenführt, ohne dabei auf einer begrifflichen Ebene die eine Seite gegenüber der anderen zu privilegieren, wie dies beispielsweise einerseits bei ‚Trieb' oder ‚Instinkt' und andererseits bei ‚Handlung' oder ‚Intention' der Fall ist, (2) die Verbindung des *Organischen mit dem Technischen*, insofern der Begriff einerseits von einem aktiv tätigen ‚Subjekt', ‚Agent' oder ‚Organismus' her konzipiert ist, andererseits auch auf technische Systeme oder Materialen bezogen werden kann, deren Reagieren in verschiedenen Umwelten oder Situationen ebenfalls als ein ‚Verhalten' beschrieben wird[32], (3) die Verbindung des *Materialen mit dem Formalen*, insofern Verhalten zum einen an Lebewesen direkt zu beobachten ist, es zum anderen aber im Rahmen von formalen Modellen wie Flussdiagrammen, Regelkreisen oder spieltheoretischen Matrizen zu beschreiben ist und dabei umgekehrt die Entwicklung dieser Modelle wesentlich vorangetrieben hat, (4) die Verbindung des *Individuellen mit dem Systemischen*, insofern Verhalten zwar zunächst individuellen Lebewesen zugeschrieben wird, es aber von dort auf Kollektive, Gruppen und Systeme ausgedehnt und im Zuge dessen auch das individuelle Verhalten neu gedeutet wird als eines, das von übergeordneten Instanzen, wie der evolutionären Anpassung, der systemischen Interaktion oder des ökonomischen Marktes, beeinflusst wird, und schließlich (5) die Verbindung des *kurzfristig Persönlich-Physiologischen mit dem langfristig Historisch-Evolutionären*, insofern Verhalten einerseits als Ausdruck individueller Persönlichkeit untersucht, andererseits als historisch und evolutionär Gewordenes erklärt werden kann.

Diese komplexen Verweise des Verhaltensbegriffs machen deutlich, wie wenig eine historiografische Eingrenzung allein auf den Bereich der Biologie Sinn macht. Entwicklungen innerhalb der biologischen Verhaltenswissenschaften selbst werden erst durch Bezüge, die über die Biologie hinausweisen, erklärlich, so die kybernetische Wende der Verhaltensforschung in der Mitte des zwanzigsten Jahrhunderts durch den Einfluss der im Wesentlichen technisch-militärischen Regulationswissenschaft in deren Folge, Verhalten nach dem Modell zielverfolgender Raketen be-

32 Vgl. Dominique Lestel: Machines insurrectionnelles. Une théorie post-biologique du vivant. Paris 2021; Samuel Bianchini et al.: (Mis)behavioral objects. Empowerment of users versus empowerment of objects. In: Empowering Users through Design. Interdisciplinary Studies and Combined Approaches for Technological Products and Services. Hg. von David Bihanic. Heidelberg 2015, S. 129–152; Stefan Rieger: Das Verhalten der Maschine. In: Ethology. Claims and Limits of a Lost Discipline. Hg. von Andrea Allermann und Martin Roussel. Paderborn 2021, S. 167–189.

schrieben wurde,[33] oder die kognitive Ausrichtung der Verhaltensforschung seit den 1980er Jahren als Reaktion auf eine sich konsolidierende allgemeine Kognitionswissenschaft[34]. Aber auch genuin außerbiologische Perspektiven auf Verhalten gewannen im Verlauf des zwanzigsten Jahrhunderts an Gewicht. Bedingt waren sie einerseits durch ein ökonomisches und politisches Interesse an den Ergebnissen der biologischen Verhaltenswissenschaften. Denn diese versprachen, die Tätigkeiten von Menschen im Hinblick auf ein bestimmtes Ergebnis zu beeinflussen und zu lenken, unabhängig davon, welches die jeweiligen inneren Motive der Handelnden sein mochten.[35] Andererseits machten die mit dem Begriff verbundenen methodischen Vorteile – die objektive Beschreibung sichtbarer Veränderungen und ihrer Muster unter Verzicht auf Introspektion sowie die auf der Ebene von Individuen angesiedelte Analyse – ihn auch für andere Disziplinen interessant und führten seit Mitte des zwanzigsten Jahrhunderts zur Konstitution von ‚Verhaltenswissenschaften' in sehr unterschiedlichen Feldern.

Dazu gehörten die Wirtschaftswissenschaften. 1959 wurde die Buchreihe *Beiträge zur Verhaltensforschung* (BVF) im Berliner Verlag Duncker & Humblot begründet, in der über 45 Jahre insgesamt 43 Bände erschienen.[36] Diese reichen von anfänglichen anthropologischen Perspektiven[37], über Versuche, durch eine individuen- und verhaltensorientierte Analyse den Wirtschaftswissenschaften eine

---

33 Vgl. Rosenblueth und Wiener: Purposeful and non-purposeful; Peter Galison: Die Ontologie des Feindes. Norbert Wiener und die Vision der Kybernetik. In: Räume des Wissens. Repräsentation, Codierung, Spur. Hg. von Hans-Jörg Rheinberger, Michael Hagner und Bettina Wahrig-Schmidt. Berlin 1997, S. 281–324.

34 Vgl. Donald R. Griffin: The Question of Animal Awareness. Evolutionary Continuity of Mental Experience, New York 1976; Donald R. Griffin (Hg.): Animal Mind. Berlin 1982; Colin Allen und Marc Bekoff: Species of Mind. The Philosophy and Biology of Cognitive Ethology. Cambridge, Mass. 1997.

35 Vgl. Graf: Vorhersagen und Kontrollieren; Jeannie Moser und Christina Vagt (Hg.): Verhaltensdesign. Technologische und ästhetische Programme der 1960er und 1970er Jahre. Bielefeld 2018.

36 Beiträge zur Verhaltensforschung (BVF), zuletzt hg. von Lucia Reisch und Gerhard Raab, 43 Bde. Berlin 1959–2004.

37 Gerhard Scherhorn: Bedürfnis und Bedarf. Sozialökonomische Grundbegriffe im Lichte der neueren Anthropologie, Beiträge zur Verhaltensforschung, Bd. 1. Berlin 1959; Hans Günther Meissner: Anthropologische Grundlagen der Exportmarktforschung, Beiträge zur Verhaltensforschung, Bd. 2. Berlin 1959.

methodische Basis zu schaffen[38] bis hin zu Einzelaspekten, die über den Verhaltensbegriff neu erschlossen werden[39].

Parallel zu den Wirtschaftswissenschaften erfolgte eine disziplinäre Ausarbeitung des Verhaltensbegriffs auch in den Geschichtswissenschaften. Treibende Kraft dieser Entwicklung war in Deutschland der Mediävist August Nitschke (1926–2019). Die ersten seiner Untersuchungen zum politischen Handeln im Mittelalter ausgehend von den Kategorien „Körper, Bewegung, Raum" stammen aus der Mitte der 1960er Jahre.[40] 1970 wird Nitschke Leiter einer Abteilung für „Historische Verhaltensforschung" am Institut für Sozialforschung der Universität Stuttgart. Nitschkes Ansatz besteht darin, ausgehend von einer Beschreibung des Wandels von Verhaltensmustern die Veränderungen im Denken und in den Einstellungen zu rekonstruieren. Ziel ist es, Geschichte am Leitfaden der äußerlich sichtbaren Veränderungen in Körperhaltungen, Gesten und Interaktionen zu schreiben. Der Einsatzpunkt am Verhalten sollte die Geschichtsschreibung objektiver machen und zugleich sensibler für historische Veränderungen und Umbrüche, die sich zuerst im veränderten Verhalten manifestieren würden. Eine „Historische Verhaltensforschung" würde den Menschen vergangener Zeiten daher besser gerecht werden können als eine an Ideen und Gedanken ansetzende Untersuchung.[41]

Ökonomische und Historische Verhaltensforschung sind nur zwei Beispiele aus der Mitte des zwanzigsten Jahrhunderts für die breite Anschlussfähigkeit und disziplinenübergreifende Integrationskraft des Verhaltensbegriffs. Dieses weite Feld von Bezügen, das über das Interesse für das Phänomen des Verhaltens und seinen Begriff zusammengehalten wird, ist Gegenstand dieser Publikation. Es führt damit in ein Feld der Kontakte zwischen sehr unterschiedlichen wissenschaftlichen und praktischen Kontexten, das nicht allein ausgehend von einer

38 Burkhard Strümpel: Wirtschaftliche Entwicklung als menschliches Verhalten. Ein Forschungsbericht, Beiträge zur Verhaltensforschung, Bd. 5. Berlin 1964; Meinolf Dierkes (Red.): Wirtschaftstheorie als Verhaltenstheorie, Beiträge zur Verhaltensforschung, Bd. 11. Berlin 1969.

39 Johann Christoph Leverkus: Das Verhalten der Kleinaktionäre in seiner Bedeutung für die Eigentumspolitik, Beiträge zur Verhaltensforschung, Bd. 9. Berlin 1969; Michael Neuner: Verantwortliches Konsumentenverhalten. Individuum und Institution, Beiträge zur Verhaltensforschung, Bd. 40. Berlin 2001; Eva-Maria Hubert: Tauschringe und Marktwirtschaft. Eine ökonomische Analyse lokaler Komplementärökonomien, Beiträge zur Verhaltensforschung, Bd. 43. Berlin 2004.

40 August Nitschke: Naturerkenntnis und politisches Handeln im Mittelalter. Körper, Bewegung, Raum, Stuttgart 1967.

41 August Nitschke: Historische Verhaltensforschung. Analysen gesellschaftlicher Verhaltensweisen. Ein Arbeitsbuch. Stuttgart 1981, S. 219; vgl. August Nitschke: Ziele und Methoden historischer Verhaltensforschung. In: Ziele und Methoden historischer Verhaltensforschung, Historische Zeitschrift, Beiheft. München 1974, S. 74–97; August Nitschke: Körper in Bewegung. Gesten, Tänze und Räume im Wandel der Geschichte. Stuttgart 1989.

wissenschaftlichen Disziplin zu erschließen und zu verstehen ist. Diese vom Gegenstand gebotene Interdisziplinarität unterscheidet den Ansatz dieses Bandes von den bisher vorliegenden Darstellungen der Geschichte der Verhaltenswissenschaften, die auf die Biologie konzentriert waren.[42]

Die hier versammelten Beiträge untersuchen historische Diskurse, Akteure, Praktiken, Schreibszenen und Forschungsumgebungen des Verhaltens. Neben der grundständigen Interdisziplinarität verdeutlichen die zumeist als Fallstudien angelegten Texte die jeweiligen lokalen Bedingungen, epistemischen Voraussetzungen, medientechnischen Abhängigkeiten und wissenschaftspolitischen Rahmungen historischer Konfigurationen des Verhaltens. Verhalten erweist sich in dieser facettenreichen Sicht zwar als konstanter Bezugspunkt von Erklärungs- und Deutungsversuchen in Wissenschaft und Gesellschaft, es nimmt jedoch je nach Forschungskontext und -design eine wechselnde Gestalt an. Mit dieser Historisierung des Verhaltens und seiner Begriffe zielt der Band auf eine Scharfstellung unseres Blicks auf die Zeithistorie unterschiedlicher Konzepte des Verhaltens und intendiert nicht zuletzt eine Infragestellung von allgemeingültig operierenden Theorien und Aussagen über die Normalität, Natürlichkeit und schließlich Rechtmäßigkeit spezifischer Formen des Verhaltens. Auch wenn sich in der Geschichte des Verhaltenswissens in vielen Fällen gerade fachwissenschaftliche Debatten und Veröffentlichungen in der öffentlichen Rezeption als wirkmächtig erwiesen haben, queren die in diesem Band vereinten Studien die gewöhnlichen Fragestellungen der Wissenschaftsgeschichte, in dem Sinne, dass sie die vielfältigen Stimmen, Quellen und Zeugnisse in der Nachbarschaft und Verwandtschaft akademisch-wissenschaftlicher Institutionen zu Wort kommen lassen. Im Resultat entstehen Zeitgeschichten des Verhaltenswissens, die die Beweglichkeit, Veränderlichkeit und Fragilität des Verhaltens im Modus einer Geschichte des Wissens aufzeigen. Zur Arbeit an dieser nicht abschließbaren Wissensgeschichte des Verhaltens wählen die Autorinnen und

---

42 Vgl. z. B. William H. Thorpe: The Origins and Rise of Ethology. The Science of the Natural Behaviour of Animals. London 1979; John Sparks: The Discovery of Animal Behaviour. Boston 1982; Franz Wuketits: Die Entdeckung des Verhaltens. Eine Geschichte der Verhaltensforschung. Darmstadt 1995; Richard W. Burkhardt: Patterns of Behavior. Konrad Lorenz, Niko Tinbergen, and the Founding of Ethology. Chicago 2005; Peter Klopfer: Politics and People in Ethology. Personal Reflections on the Study of Animal Behavior. Lewisburg, Penn. 1999; Schurig: Problemgeschichte. Über die Biologie hinausweisend ist dieser Band: Andrea Allerkamp und Martin Roussel (Hg.): Ethology. Claims and Limits of a Lost Discipline. Paderborn 2021. Ebenso existieren erste Bemühungen innerhalb der Wissenschaftsgeschichte, die bisherige historiografische Engführung der Geschichte der Verhaltensforschung auf die Ethologie mit Blick auf die komplexe Fachgeschichte der biologischen Verhaltenswissenschaften auszuweiten: Sophia Gräfe und Cora Stuhrmann: Histories of ethology. Methods, sites, and dynamics of an unbound discipline. In: Berichte zur Wissenschaftsgeschichte 45, 1/2 Special Issue (2022), S. 10–29.

Autoren des Bandes mehrschichtige, das Literatur- und Methodenreservoir verschiedener geisteswissenschaftlicher Fachbereiche vereinende Zugänge. Dazu gehören die Literatur-, Kultur- und Medien- und Musikwissenschaft, die Philosophie, die Medizin-, Psychologie-, Biologie- und Technikgeschichte sowie die Gender- und Tiergeschichte. Jeder der neun Sektionen des Bandes ist eine kurze Einleitung zur Einführung in das jeweilige Themenfeld vorangestellt. Ausgespart wurde dabei der weite Problembereich von Verhalten und Therapie. Dieses hier noch fehlende Kapitel wird andernorts zu ergänzen sein.

Die erste Sektion macht unter dem Titel der *Verhaltenslehren* deutlich, dass ‚Verhalten' lange vor seiner wissenschaftlichen Terminologisierung im Rahmen einzelner Disziplinen ein wichtiger Begriff für den außerwissenschaftlichen Bereich des sozialen Lebens war. Die drei Beiträge von Patrick Hohlweck, Martin Roussel und Leander Scholz untersuchen in drei historisch weit auseinander liegenden Zeitschnitten, die zugleich beschreibenden und normierenden Aspekte von Verhaltenslehren um 1700, um 1800 und um 1900. Die Studien beziehen sich auf normative Vorgaben für das Benehmen in sehr unterschiedlichen politischen und sozialen Kontexten, angefangen mit der umfangreichen Hof- und Klugheitsliteratur, in der die Kategorie des Verhaltens paradigmatisch gefasst wird als eine individuelle Erscheinung, die nicht notwendig authentischer Ausdruck der eigenen Motive und Absichten ist, sondern vielmehr eine eingeübte und strategisch eingesetzte Form im Dienst des sozialen Erfolgs.

Für die *Biologie des Verhaltens* sind leitende Fragen, inwiefern Verhalten als ein eigenständiger Gegenstand betrachtet werden kann (für den sich erst spät eine biologische Teildisziplin formierte), durch welche Faktoren das Verhalten bedingt ist (angeborene oder erworbene) und wie sich das Verhältnis von Individualität und Kollektiv im Verhalten darstellt (bis hin zu den Fragen nach Egoismus und Altruismus). Diesen drei Themenkomplexen widmen sich die Texte von Matthias Wunsch, Robert Meunier und Eva Johach. Sie leisten Beiträge zur Klärung der Differenz von einerseits Verhalten als einem Phänomen, das allen Lebewesen eigen ist, und andererseits Handeln, das als ein Spezifikum des Menschen gesehen wurde; sie liefern eine Fallstudie zur Verhaltensgenetik; und sie stellen die Frage nach der Möglichkeit von Verhalten nicht nur von Individuen, sondern auch von Kollektiven.

Versteht man das Verhalten als eine empirisch orientierte Kategorie zur Beschreibung des Lebendigen, gewinnen Instrumente und Verfahren der Beobachtung an Bedeutung. Die Sektion *Medien und Verhalten* widmet sich dem stets vermittelten Antlitz des Verhaltens. Die Beiträge von Stefan Rieger, Denise Reimann und Vinzenz Hediger vollziehen die Entwicklung der modernen Verhaltensforschung als Mediengeschichte nach. Ein Effekt dessen ist die grundsätzliche Mobilität jeglichen Verhaltenswissens, das im Moment seiner medialen Übertragung, Modellierung und Simulation stets mehrere Orte bevölkern und anthropologische Grenzen verunsichern kann. Die Annahme einer Medialität des Verhaltens impliziert zudem einen zweiten Sinn: Geht man von der Funktion allen Verhaltens als Regler von Intentionen, Bedürfnissen und Beziehungen von Individuen aus, stellt sich das Verhalten selbst als Phänomen des vermittelnden Dazwischen dar.

In der Mitte des zwanzigsten Jahrhunderts erfolgte unter dem Einfluss der *Kybernetik* eine Neukonfiguration der Lehren des Verhaltens. An technischen Systemen entwickelte Modelle der Steuerung und Rückkopplung wurden für die Analyse von Lebensphänomenen fruchtbar gemacht, zielverfolgende Raketen wurden zum mechanistischen Vorbild zum Verständnis der Verhaltenssteuerung von Lebewesen. Die Beiträge von Juliane Rettschlag und Kevin Liggieri durchleuchten diesen Zusammenhang von Kybernetik und Verhalten von verschiedener Richtung, in dem sie sich „Systemverhalten", menschlichem Lernen und dem Verhalten von Maschinen in theoretischen Analysen und Fallstudien nähern. Die Beiträge machen dabei auch deutlich, wie die systemtheoretische Konzeption von Verhalten den Begriff öffnete und in viele Richtungen anschlussfähig gestaltete. Vermittelt über den kybernetisch formalisierten (und in Diagrammen visualisierten) Verhaltensbegriff entstand ein enger Austausch von Theorien des Lebendigen und der Technik, von Gesellschaft und Ökonomie in ihren spezifischen und vernetzten Regelkreisen.

Verhalten war immer ein Phänomen, das nicht nur beschrieben und wissenschaftlich erklärt, sondern auch sozial normiert und politisch eingesetzt wurde. In der Sektion *Politiken des Verhaltens* erörtern Annelie Ramsbrock, Mieke Roscher und Martin Wieser Fallbeispiele, in denen die politische Dimension des Verhaltens besonders deutlich ist. Sie fragen nach dem Ort des Verhaltens in der juristischen Anthropologie im Kontext von Debatten um Resozialisierung, widmen sich Forschungen zum Hundeverhalten im Dienst der Wehrmacht und untersuchen die operative Psychologie des Aussageverhaltens im politischen Widerstand der DDR. Verhalten wird in diesen sehr unterschiedlichen Studien als etwas sichtbar, das sich erst in sozialen und politischen Situationen konfiguriert und das nie frei von Interessen und Inszenierungen zu verstehen ist.

Für den Gegenstandsbereich der *Psychologie* lässt sich eine besondere Nähe zum Problem des Verhaltens feststellen, zielt diese Wissenschaft doch auf die systematische Ergründung der Entstehung, Entwicklung und Störung von Verhaltensweisen ab. Aus ihrem vielgestaltigen Forschungsfeld lässt sich die Frage nach den biologischen vs. sozialen Ursachen des Verhaltens destillieren. Je nach Antwort schließen sich Aussagen über die Souveränität sowie Verschuldbarkeit von Individuen an. In den Aufsätzen von Mareike Peschl und Alexa Geisthövel wird zudem deutlich, dass zur Feststellung der psychologischen Mechanismen des Verhaltens notwendigerweise auch Praktiken der Erhebung, Aufzeichnung und Auswertung von Verhaltensparametern gehören. Diese bestimmen die Auffassung und Erzählung der Ursächlichkeit von Verhalten mit und lenken Ansätze der Therapie entscheidend.

Dass sich aus der Perspektive der Wirtschaftswissenschaften jegliches Verhalten in ökonomischen Kategorien fassen lässt, ist eine wenig überraschende Pointe. Der Konsum, die Arbeit, der Handel und weitere Formen des Austauschs erfahren in diesem Bereich eine verhaltenstheoretische Betrachtung. Die Sektion *Verhalten und Ökonomie* beschäftigt sich hingegen mit dem imperialen Zug jener Ökonomisierung des Verhaltens, welche ebenfalls in anderen Forschungsfeldern zu beobachten ist. Die Beiträge von Constantin Hühn und Mira Shah über Psychiatrie und Primatologie untersuchen, inwiefern ökonomische Modelle im Überschneidungsbereich zwischen biologischem und ökonomischem Wissen Erklärungsmuster sowie Regulierungsversprechen für eine angewandte Verhaltensforschung bereithalten.

Aus der gegenwärtigen Praxis der massenhaften Erhebung und Auswertung von Daten ergibt sich ein neues, rechengestütztes Wissensregime, dessen Praxis der Mathematisierung irdischen Verhaltens zwar ein gehöriges Maß an Evidenz verspricht, jedoch bisweilen den Gegenstand der Kalkulation in das Verhalten von Datenmengen selbst legt. Die Sektion *Big Data und Verhalten* geht den historischen Kontinuitäten und gouvernementalen Kontexten der Produktion von Verhaltensdaten nach. Welche Aspekte des Verhaltens werden durch algorithmische Prozesse erfasst, nach welchen Prinzipien erfolgt die Datenanalyse, wer hat Zugriff auf die resultierende Verhaltensregistratur? In den Beiträgen von Florian Hoof und Armin Beverungen gerät dabei besonders die Organisation und Steuerung von Arbeit in Fabrik und Lagerhaus in den Blick.

Zuerst in der biologischen Tierforschung wissenschaftlich gefasst, war Verhalten in der Gründungsphase der Verhaltensforschung zu Beginn des zwanzigsten Jahrhunderts weitgehend ein Privileg der Tiere und des Menschen. Vom Verhalten der Pflanzen und nicht lebender Dinge wurde eher nur in einem abgeleiteten und uneigentlichen Sinn gesprochen. Die den Band abschließende Sektion zu den *Exzessen des Verhaltens* macht deutlich, dass wenig für diese alte zoozentrische Position spricht. Judith Weiß und Heiko Stoff rekonstruieren in ihren Beiträgen die Wissensgeschichte des Verhaltens von Pflanzen bzw. die Chemie biologischen Verhaltens am Beispiel von Krebsnoxen und Krebszellen. Zu sich verhaltenden Agenten werden Pflanzen und Zellen, weil auch sie ihr Verhältnis zur Umwelt aktiv regulieren. Verhalten erweist sich damit am Ende als ein offenes Konzept, das sich im Laufe seiner Geschichte von ungerechtfertigten Vorannahmen gelöst hat und zur konzeptionellen Vernetzung sehr unterschiedlicher Wissensfelder beiträgt.

Dank

Die Herausgeber dieses Bandes danken allen Beitragenden für ihre Texte. Anna Vonderstein hat die Publikation mit einem hervorragenden Lektorat begleitet. Ihr möchten wir für ihr editorisches Geschick herzlich danken, ebenso Lene Glinsky und Raoul Fraisse für ihre Unterstützung bei der formalen Durchsicht der Texte sowie Phyllis Metzdorf für die Erstellung des Registers. Dieser Sammelband ist Resultat einer Zusammenarbeit der Herausgeber im Programmbereich „Lebenswissen“ des *Leibniz-Zentrums für Literatur- und Kulturforschung* (ZfL) und wurde durch eine Publikationsförderung des ZfL ermöglicht. Hinter dieser fruchtbaren Zusammenarbeit steht ein sorgsames Team, aus dem wir stellvertretend Gwendolin Engels für ihre Mitarbeit an der Entstehung dieses Buches danken möchten. Seitens des de Gruyter-Verlages haben uns Marcus Böhm, Eva Locher, Jessica Bartz und Laura Burlon komfortable Bedingungen für ein erfolgreiches Gelingen dieser Veröffentlichung geboten. Zuletzt sind wir der *Wilson Ornithological Society* für die Erlaubnis zur Nutzung des Umschlagbildes dieser Publikation zu Dank verpflichtet.

I Verhaltenslehren

Stefan Willer

Einführung: Verhaltenslehren

Im Rahmen des vorliegenden Bandes beansprucht die erste Sektion eine exzentrische Stellung. Die moderne Wissensgeschichte des Verhaltens in den biologischen und politischen Wissenschaften des zwanzigsten Jahrhunderts nimmt ihren Ausgang von einer Vorgeschichte, deren Funktion als Vorgeschichte überhaupt erst erprobt werden soll. Genauer gesagt geht es um einzelne historische Beispiele aus einem Zeitraum von mehr als drei Jahrhunderten. Sie verstehen sich als vorerst diskontinuierliche Hinweise auf einen Diskurs, in dem die Art und Weise, wie man sich unter bestimmten sozialen Umständen verhält, intensiv bedacht wird, allerdings ohne dass dafür eine explizite Terminologie des Verhaltens beansprucht würde. Um diese prä- oder para-terminologische Situation zu adressieren, verwenden die Beiträge dieser Sektion zusammengesetzte Ausdrücke wie Verhaltenswissen, Verhaltensroutine und Verhaltenslehre. Vor allem Letzterer hat bereits selbst eine gewisse begriffsgeschichtliche Karriere aufzuweisen, die Anlass zu einigen einleitenden Überlegungen gibt.

Das Kompositum ‚Verhaltenslehre' – ohne Eintrag im Grimmschen *Deutschen Wörterbuch* – lässt sich vereinzelt seit dem mittleren achtzehnten Jahrhundert nachweisen, so in der 1766 erschienenen Übersetzung der Reden des Demosthenes, wo einmal „eine unveränderliche und unverbrüchliche Verhaltenslehre [...] als ein unverrücktes Ziel vorgestellt" wird.[1] Seit dem frühen zwanzigsten Jahrhundert findet sich das Wort dann im Kontext der entstehenden Verhaltensbiologie, etwa als denkbare Übersetzung für das englische *animal behavior*, „ein Arbeitsgebiet, für das sich bei uns der Ausdruck ‚Verhaltenslehre' einzubürgern scheint".[2] Konrad Lorenz verwendet ‚Verhaltenslehre' bisweilen als Alternative zu ‚Verhaltensforschung', so etwa im Titel seiner gesammelten Abhandlungen von 1965.[3] Ebenfalls Mitte der 1960er Jahre erschien die *Politische Verhaltenslehre* des Verwaltungswissenschaftlers und Medienintellektuellen Thomas Ellwein,[4] der damit die Aufgabe benannte, in politischer Bildung „Kenntnisse und Informationen und praktisches politisches Verhalten"

1 Demosthenis Reden. Verdeutschet und mit den nöthigen Anmerkungen erläutert von D. Johan Jacob Reiske. Dritter Band. Lemgo 1766, S. 191 (aus der „Rede wider Midias").

2 Cäsar Schäffer: Über die Seelenfrage. In: Verhandlungen des Naturwissenschaftlichen Vereins in Hamburg 16 (1909), S. 99–132, hier S. 101.

3 Konrad Lorenz: Über tierisches und menschliches Verhalten. Aus dem Werdegang der Verhaltenslehre. Gesammelte Abhandlungen. 2 Bde. München 1965.

4 Thomas Ellwein: Politische Verhaltenslehre. Stuttgart 1964.

https://doi.org/10.1515/9783110740813-002

aufeinander zu beziehen.[5] Etwa zehn Jahre später publizierte der Erziehungswissenschaftler Hans-Jochen Gamm den *Grundriß einer Verhaltenslehre*, deren Haupttitel *Umgang mit sich selbst* explizit an die wichtigste deutschsprachige Verhaltenslehre der Aufklärung, Adolph Freiherr von Knigges *Über den Umgang mit Menschen* (1788), anschloss.[6]

Weitgehend unabhängig von den genannten Positionen der Ethologie, der Politikwissenschaft und der Pädagogik hat sich der Ausdruck ‚Verhaltenslehre' in der jüngsten Literatur- und Kulturwissenschaft etabliert.[7] Zurückzuführen ist diese begriffliche Konjunktur auf Helmut Lethens *Verhaltenslehren der Kälte. Lebensversuche zwischen den Kriegen* von 1994 – eines der meistentwendeten Bücher in deutschen Universitätsbibliotheken. Seine Studie nähert sich ihrem historischen Gegenstand, der Kultur und Literatur der Neuen Sachlichkeit in ihrer betonten Härte, Nüchternheit und Illusionslosigkeit, auf zugleich spezifische und weitläufige Weise. Entscheidend für Lethens Vorgehen wie für seinen Leitbegriff der Verhaltenslehre ist die auf Anhieb unerwartete Konstellation von Neuer Sachlichkeit und Früher Neuzeit, wobei die frühneuzeitliche Seite durch das *Handorakel* vertreten

5 Wilfried von Bredow und Thomas Noetzel: Was eine politische Verhaltenslehre soll und was sie nicht kann. In: Wilfried von Bredow und Thomas Noetzel: Politische Urteilskraft. Wiesbaden 2009, S. 211–219, hier S. 212.

6 Hans-Jochen Gamm: Umgang mit sich selbst. Grundriß einer Verhaltenslehre. Ein Beitrag zur Pädagogischen Anthropologie. München 1977. Zu Knigge vgl. Kap. 1, S. 11–20. – An Knigges *Umgang mit Menschen* lässt sich nochmals die Fehlanzeige eines terminologisierten Verhaltens-Begriffs für die hier besprochenen Verhaltenslehren bekräftigen. Bei Knigge wird soziales Verhalten vor allem als ‚Betragen' bezeichnet, während der ebenfalls häufige Ausdruck ‚Verhältnis' für die vielfältigen sozialen Beziehungen steht, in denen jenes ‚Betragen' erprobt werden muss.

7 Vgl. Ruth Florack und Rüdiger Singer: Politesse, Politik und Galanterie. Zum Verhältnis von Verhaltenslehre und galantem Roman um 1700. In: Konjunkturen der Höflichkeit in der Frühen Neuzeit. Hg. von Gisela Engel. Frankfurt a. M. 2009, S. 300–321; Daniel Fulda: Aus dem alten für das neue Europa. Schillers Ästhetik und Politik des Spiels und die alteuropäischen Verhaltenslehren. In: Schiller und Europa. Hg. von Silke Henke und dems. Weimar 2010, S. 45–69; Dirk Niefanger: Romane als Verhaltenslehren. Zur galanten Poetik von Christian Thomasius und Erdmann Neumeister. In: Die Kunst der Galanterie. Facetten eines Verhaltensmodells in der Literatur der Frühen Neuzeit. Hg. von Ruth Florack und Rüdiger Singer. Berlin/Boston 2012, S. 341–353; Sabine Kalff: Weibliche Verhaltenslehren im Luftkrieg bei der Pilotin Hanna Reitsch. In: Traditionen, Herausforderungen und Perspektiven in der Germanistischen Lehre und Forschung. Hg. von Emilija Denčeva et al. Sofia 2015, S. 111–120; Helmut Fahrenbach: Bertolt Brecht. Philosophie als Verhaltenslehre. Mössingen-Talheim 2018; Bernhard Malkmus: Wilhelm Lehmann. Nature Writing als Verhaltenslehre. In: Deutschsprachiges Nature Writing von Goethe bis zur Gegenwart. Kontroversen, Positionen, Perspektiven. Hg. von Gabriele Dürbeck und Christine Kanz. Heidelberg 2021, S. 207–226.

wird, die von Lethen als „Kultbuch der barocken Verhaltenslehre“[8] bezeichnete Aphorismensammlung *Oráculo manual y arte de prudencia* (1647) des spanischen Jesuiten Baltasar Gracián. Näher bestimmt wird die aufgewiesene Konstellation auf doppelte und geradezu gegenläufige Weise, nämlich einerseits als historisch informierter „Rückgriff“[9] auf ein als verwandt oder zumindest brauchbar erkanntes jahrhundertealtes Verhaltensmodell, andererseits als dessen „Wiederkehr“,[10] die sich durchaus unvermutet und auch ohne historische Kenntnisse vollziehen kann.

Zusätzlich zu dieser doppelten Bestimmung trägt Lethen weitere Herleitungen vor, die mit der unmittelbaren Nachgeschichte der Neuen Sachlichkeit zu tun haben. Von besonderer Bedeutung ist der Hinweis auf das Buch *Graciáns Lebenslehre*, das der Romanist Werner Krauss 1943 in nationalsozialistischer Haft im Zuchthaus Plötzensee niederschrieb, als er die Vollstreckung des bereits über ihn ausgesprochenen Todesurteils erwartete.[11] Als Lehre vom Leben im Zeichen des Todes steht das 1947 publizierte Buch[12] exemplarisch für die von Lethen ins Zentrum seiner Studie gerückte Verbindung von Verhalten und Kälte. Diese Verbindung versteht sich keineswegs von selbst. Schließlich kann man sich auf verschiedenste Weise verhalten, auch warm – ob lau oder hitzig –, mehr oder weniger beherrscht, sogar gänzlich unbesonnen. Allerdings zielt ein als lehrhaft oder lehrbar ausgewiesenes Verhalten zumeist darauf ab, sich den eigenen Affekten nicht zu überlassen, sondern sie mit Überlegung und Umsicht zu kontrollieren. Dennoch geht es bei der „Verhaltenslehre der kalten persona“,[13] so wie sie Lethen von Krauss herleitet, um mehr und anderes, nämlich um die Möglichkeit, angesichts des unmittelbar bevorstehenden eigenen Todes von Stunde zu Stunde zu überleben. Dafür stehen die „Verhaltenheit“, die „Kunst des Hoffenkönnens“ und die „*List* in den Verhören, für die das *Handorakel* manchen Rat bereithielt“.[14]

Die Todesdrohung, unter der *Graciáns Lebenslehre* verfasst wurde, ist also ein entscheidendes Argument für die *Verhaltenslehren der Kälte*. Lethen weist in seiner Einleitung die Kenntnisnahme von Krauss’ Buch als einen „Glücksfall“ für seine Arbeit aus,[15] nennt aber auch weitere Anstöße, darunter ein bestimmtes In-

---

8 Helmut Lethen: Verhaltenslehren der Kälte. Lebensversuche zwischen den Kriegen. Frankfurt a. M. 1994, S. 54.

9 Lethen: Verhaltenslehren, S. 71.

10 Lethen: Verhaltenslehren, S. 53.

11 Vgl. dazu Karlheinz Barck: Gracián-Lektüre in Plötzensee. Werner Krauss’ „gleichnishafte Zeugenschaft“. In: Werner Krauss. Wege – Werke – Wirkungen. Hg. von Ottmar Ette et al. Berlin 1999, S. 141–152.

12 Werner Krauss: Graciáns Lebenslehre. Frankfurt a. M. 1947.

13 Lethen: Verhaltenslehren, S. 53.

14 Lethen: Verhaltenslehren, S. 57.

15 Lethen: Verhaltenslehren, S. 13.

teresse an der Neuen Sachlichkeit, das er in den historischen Kulturwissenschaften der frühen 1990er Jahre ausmacht. Exemplarisch dafür sieht Lethen einige seinerzeit aktuelle Stellungnahmen zu Helmuth Plessner, einem wichtigen theoretischen Gewährsmann seiner Arbeit.[16] Besonders die Schrift *Grenzen der Gemeinschaft* (1924) werde „als kühnes Denkexperiment gewürdigt, mit der Aufwertung von Diplomatie, Takt, Zeremonie und Prestige das in Deutschland versäumte 17. Jahrhundert Europas nachzuholen".[17] Die Aktualität Plessners Anfang der 1990er Jahre nahm also bereits den Umweg über barocke Verhaltenslehren, wenn auch mit dem komplizierten Argument der nachträglichen Anspielung auf etwas historisch Fehlendes. Dieser von ihm beobachteten Situation möchte Lethen wiederum „mit dem Verfahren der Historisierung antworten – in der Gewißheit, wieviel diese dem aktuellen Handgemenge verdankt".[18] Es ist also ein Wechselspiel aus Aktualisierung und Historisierung, das den Begriff der Verhaltenslehre prägt.

Mit all dem ist die Frage nach dem immer wieder genannten Prätext aufgeworfen, nach Graciáns *Oráculo manual*. Für den Zusammenhang des vorliegenden Bandes ist von Interesse, inwiefern jene Verhaltenslehre eigentlich vom Verhalten handelt.[19] Anders gefragt: Welches Wort oder welches Vokabular bei Gracián wäre sinnvoll und angemessen mit ‚Verhalten' ins Deutsche zu übersetzen? Bis vor wenigen Jahren wäre dafür vor allem die um 1830 entstandene Übersetzung von Arthur Schopenhauer zu konsultieren gewesen, die den meisten deutschen Ausgaben zugrunde liegt.[20] Dort sucht man allerdings den Ausdruck ‚Verhalten' vergebens. Wiederholt ist er hingegen in der 2020 publizierten Neuversion von Hans Ulrich Gumbrecht zu finden (der sich im Nachwort zur eigenen

---

16 Vgl. Lethen: Verhaltenslehren, S. 8, mit Hinweis auf Artikel und Bücher zu Plessners 100. Geburtstag im Jahr 1992, u. a. von Joachim Fischer, Wolfgang Lepenies, Gustav Seibt und Cora Stephan.

17 Lethen: Verhaltenslehren, S. 8. Zu den Reaktionen aus der Plessner-Forschung auf Lethen vgl. Joachim Fischer: Panzer oder Maske. „Verhaltenslehre der Kälte" oder Sozialtheorie der „Grenze". Zur Debatte mit Helmut Lethen. In: Joachim Fischer: Exzentrische Positionalität. Studien zu Helmuth Plessner. Weilerswist 2016, S. 225–244.

18 Lethen: Verhaltenslehren, S. 9. Später hat Lethen seine eigene intellektuelle Biografie seit den 1960er Jahren zur „Suche nach dem Handorakel" stilisiert, vgl. Lethen: Suche nach dem Handorakel. Ein Bericht. Göttingen 2012.

19 Zu einer verhaltenstheoretischen Lesart Graciáns vgl. Jeannie Moser: Futurologische Vorübungen. (Dis-)Simulation, Szenario und Misstrauen in Graciáns Handorakel. In: Verhaltensdesign. Technologische und ästhetische Programme der 1960er und 1970er Jahre. Hg. von Jeannie Moser und Christina Vagt. Bielefeld 2018, S. 157–174 (dort S. 158–161 Hinweise auf Krauss und Lethen).

20 Im Folgenden zitiert: Balthasar Gracián: Handorakel und Kunst der Weltklugheit. Aus dessen Werke gezogen von D. Vincencio Juan de Lastanosa und aus dem spanischen Original treu und sorgfältig übersetzt von Arthur Schopenhauer. Stuttgart 1986.

Übersetzung emphatisch auf Werner Krauss beruft und auch Lethen mehrmals erwähnt[21]). Damit wird ein terminologischer Übersetzungsvergleich möglich, der hier wenigstens in aller Kürze angedeutet sei.[22]

Mit ‚Verhalten' übersetzt Gumbrecht unter anderem Graciáns Ausdruck *proceder*, der bei Schopenhauer als ‚Tun' erscheint. So heißt es über den „Klugen" *(el cuerdo)*, er müsse „fremden Verdacht [...] durch die Rechtlichkeit seines Tuns widerlegen" (Schopenhauer) bzw. eine „fremde[ ] Vermutung [...] durch die Standhaftigkeit seines Verhaltens überspielen" (Gumbrecht).[23] Über den „Dummen" *(el necio)* wird gesagt, er sei „in allem seinen Tun linkisch" (Schopenhauer) bzw. „in seinem ganzen Verhalten ein Linkshänder" (Gumbrecht).[24] Bei der gleich zu Beginn ausgesprochenen Empfehlung, den *proceder divino* nachzuahmen, indem man wie Gott seine geheimen Absichten verschleiert, trifft Gumbrecht die Nüchternheit der nur noch quasi-theologischen Verhaltenslehre präzise, indem er *proceder divino* mit „göttliches Verhalten" übersetzt, während Schopenhauer mit der Formel „göttliche[s] Walten" die Pointe verpasst.[25] Neben dieser Präzision in der Begriffsverwendung bewirkt der Ausdruck ‚Verhalten' bei Gumbrecht aber auch eine gewisse semantische Streuung, wenn damit neben *proceder* auch *afectos* oder *porte* übersetzt werden können (bei Schopenhauer: „Neigungen" und „Betragen").[26] Außerdem fügt Gumbrecht ‚Verhalten' als zusätzliche Vokabel ein, wenn er *sutileza* mit „feines Verhalten" übersetzt, *especie de galantería* mit „eine Art großzügigen Verhaltens"[27] oder die Überschrift *Saberse atemperar* (Schopenhauer: „Sich anzupassen verstehn") mit „Verstehen, sich angemessen zu verhalten".[28]

---

21 Vgl. Hans Ulrich Gumbrecht: Baltasar Graciáns Denk-Raum. Über die Faszination einer kühlen Konkretheit. In: Baltasar Gracián: Handorakel und Kunst der Weltklugheit. Übers. von Hans Ulrich Gumbrecht. Ditzingen 2020, S. 173–213, insb. S. 173–177 und 199 f.

22 In den folgenden Nachweisen wird immer zuerst die Nummer des jeweiligen Aphorismus angegeben. Die spanischen Zitate folgen der Ausgabe Baltasar Gracián: Oráculo manual y arte de prudencia. Edición crítica y comentada. Hg. von Miguel Romera-Navarro. Madrid 1954, Ndr. Madrid 2003. Die Seitenangaben der zitierten deutschen Übersetzungen (vgl. vorige Fußnoten) werden mit einfacher Nennung des Übersetzernamens nachgewiesen.

23 Nr. 246: „[E]ntonces la [sospecha ajena] ha de procurar desmentir con la entereza de su proceder." (Gracián: S. 477; Schopenhauer: S. 122; Gumbrecht: S. 143).

24 Nr. 268. „[...] y assí es tan zurdo en todo su proceder." (Gracián: S. 518; Schopenhauer: S. 132; Gumbrecht: S. 154).

25 Nr. 3: „Imítese, pues, el proceder divino para hazer estar a la mira y al desvelo." (Gracián: S. 17; Schopenhauer: S. 3; Gumbrecht: S. 13).

26 Nr. 69 und 276 (Gracián: S. 147 und 536; Schopenhauer: S. 37 und 136; Gumbrecht: S. 48 und 158).

27 Nr. 68 und 241 (Gracián: S. 145 und 467; Gumbrecht: S. 47 und 140).

28 Nr. 58 (Gracián: S. 123; Schopenhauer: S. 31; Gumbrecht: S. 41).

Man kann also kritisch feststellen, dass ‚Verhalten' in Gumbrechts Übersetzung zu einer Art von Passepartout-Vokabel wird. Mutmaßlich hängt diese polyvalente Verwendung mit der jüngeren und jüngsten Geschichte des Begriffs zusammen, in der sich mehr und mehr – vermeintlich – von selbst versteht, was mit ‚Verhalten' gemeint ist. Angesichts dieser scheinbaren Evidenz lässt sich dann der Begriff des Verhaltens weiterverwenden, ohne eigens plausibilisiert zu werden. Dieses Problem zeigt sich exemplarisch am Kompositum „Verhaltensform", das Gumbrecht an zwei Stellen verwendet. Im Original stehen hier die Wörter *hechos* und *costumbres* (bei Schopenhauer: „Taten" und „Sitten"). Im einen Fall geht es um die Empfehlung, einen Vorrat „witziger Reden und edler Taten" (Schopenhauer) bzw. „witziger Redeweisen und eleganter Verhaltensformen" (Gumbrecht) parat zu haben,[29] im anderen um eine Maxime über die Bedeutung von Kommunikation: „Sitten und Geschmack teilen sich mit" (Schopenhauer) bzw. „Verhaltensformen und Geschmäcker werden weitergegeben" (Gumbrecht).[30] Die Hinzufügung der „-form" zum „Verhalten" scheint bei Gumbrecht weniger der Markierung einer im Original befindlichen semantischen Differenz zu dienen als vielmehr der Formalisierung des Verhaltens-Begriffs selbst.

Damit ist ein Problemfeld eröffnet, in dem sich auch die folgenden Beiträge situieren. Patrick Hohlweck diskutiert Klugheits-, Lebens- und Verhaltenslehren um 1700 (mit einem Einstieg über die deutsche Gracián-Rezeption) und fragt, wie die Modellierung von Umgangsformen mit literarischen Darstellungsformen, insbesondere solchen des galanten Romans, vermittelt ist. Gegenüber einem solchen expliziten Verhaltenswissen betont Martin Roussel für die Figuren Heinrich von Kleists die Unkenntnis über richtiges oder angemessenes Verhalten, womit sich eine radikale Differenz von sozialer und literarischer Verhaltensform beobachten lasse. Leander Scholz schließlich liest Ludwig Klages' kosmologische Schriften als eine posthumanistische Ökologie, situiert sie aber gleichwohl im Kontext der von Lethen entworfenen neusachlichen „Lebensversuche". Damit berühren sich die „kalte persona" und die „Pflanzenseele" auf überraschende, auch durchaus provokative Weise. Umso mehr lässt sich die im Folgenden skizzierte Geschichte der Verhaltenslehren als Vor- und Nebengeschichte der Ethologie reklamieren.

29 Nr. 22: „[T]ener una sazonada copia de sales en dichos, de galantería en hechos [...]." (Gracián: S. 53; Schopenhauer: S. 15; Gumbrecht: S. 23).

30 Nr. 108: „[C]omunícanse las costumbres y los gustos." Gracián: S. 213 (Schopenhauer: S. 54; Gumbrecht: S. 67).

Weiterführende Literatur

Barck, Karlheinz: Gracián-Lektüre in Plötzensee. Werner Krauss' „gleichnishafte Zeugenschaft". In: Werner Krauss. Wege – Werke – Wirkungen. Hg. von Ottmar Ette et al. Berlin 1999, S. 141–152.

Bredow, Wilfried von und Noetzel, Thomas: Was eine politische Verhaltenslehre soll und was sie nicht kann. In: Wilfried von Bredow und Thomas Noetzel: Politische Urteilskraft. Wiesbaden 2009, S. 211–219.

Ellwein, Thomas: Politische Verhaltenslehre. Stuttgart 1964.

Fahrenbach, Helmut: Bertolt Brecht. Philosophie als Verhaltenslehre. Mössingen-Talheim 2018.

Fischer, Joachim: Panzer oder Maske. „Verhaltenslehre der Kälte" oder Sozialtheorie der „Grenze". Zur Debatte mit Helmut Lethen. In: Joachim Fischer: Exzentrische Positionalität. Studien zu Helmuth Plessner. Weilerswist 2016, S. 225–244.

Florack, Ruth und Singer, Rüdiger: Politesse, Politik und Galanterie. Zum Verhältnis von Verhaltenslehre und galantem Roman um 1700. In: Konjunkturen der Höflichkeit in der Frühen Neuzeit. Hg. von Gisela Engel. Frankfurt a. M. 2009, S. 300–321.

Fulda, Daniel: Aus dem alten für das neue Europa. Schillers Ästhetik und Politik des Spiels und die alteuropäischen Verhaltenslehren. In: Schiller und Europa. Hg. von Silke Henke und dems. Weimar 2010, S. 45–69.

Gamm, Hans-Jochen: Umgang mit sich selbst. Grundriß einer Verhaltenslehre. Ein Beitrag zur Pädagogischen Anthropologie. München 1977.

Gracián, Baltasar: Oráculo manual y arte de prudencia. Edición crítica y comentada. Hg. von Miguel Romera-Navarro. Madrid 1954, Ndr. Madrid 2003.

Gracián, Balthasar: Handorakel und Kunst der Weltklugheit. Aus dessen Werke gezogen von D. Vincencio Juan de Lastanosa und aus dem spanischen Original treu und sorgfältig übersetzt von Arthur Schopenhauer. Stuttgart 1986.

Gracián, Baltasar: Handorakel und Kunst der Weltklugheit. Übers. von Hans Ulrich Gumbrecht. Ditzingen 2020.

Gumbrecht, Hans Ulrich: Baltasar Graciáns Denk-Raum. Über die Faszination einer kühlen Konkretheit. In: Baltasar Gracián: Handorakel und Kunst der Weltklugheit. Übers. von Hans Ulrich Gumbrecht. Ditzingen 2020, S. 173–213.

Kalff, Sabine: Weibliche Verhaltenslehren im Luftkrieg bei der Pilotin Hanna Reitsch. In: Traditionen, Herausforderungen und Perspektiven in der Germanistischen Lehre und Forschung. Hg. von Emilija Denčeva et al. Sofia 2015, S. 111–120.

Krauss, Werner: Graciáns Lebenslehre. Frankfurt a. M. 1947.

Lethen, Helmut: Verhaltenslehren der Kälte. Lebensversuche zwischen den Kriegen. Frankfurt a. M. 1994.

Lethen, Helmut: Suche nach dem Handorakel. Ein Bericht. Göttingen 2012.

Lorenz, Konrad: Über tierisches und menschliches Verhalten. Aus dem Werdegang der Verhaltenslehre. Gesammelte Abhandlungen. 2 Bde. München 1965.

Malkmus, Bernhard: Wilhelm Lehmann. Nature Writing als Verhaltenslehre. In: Deutschsprachiges Nature Writing von Goethe bis zur Gegenwart. Kontroversen, Positionen, Perspektiven. Hg. von Gabriele Dürbeck und Christine Kanz. Heidelberg 2021, S. 207–226.

Moser, Jeannie: Futurologische Vorübungen. (Dis-)Simulation, Szenario und Misstrauen in Graciáns Handorakel. In: Verhaltensdesign. Technologische und ästhetische Programme der 1960er und 1970er Jahre. Hg. von Jeannie Moser und Christina Vagt. Bielefeld 2018, S. 157–174.

Niefanger, Dirk: Romane als Verhaltenslehren. Zur galanten Poetik von Christian Thomasius und Erdmann Neumeister. In: Die Kunst der Galanterie. Facetten eines Verhaltensmodells in der Literatur der Frühen Neuzeit. Hg. von Ruth Florack und Rüdiger Singer. Berlin/Boston 2012, S. 341–353.

Schäffer, Cäsar: Über die Seelenfrage. In: Verhandlungen des Naturwissenschaftlichen Vereins in Hamburg 16 (1909), S. 99–132.

Patrick Hohlweck

„Unterscheid der Umstände“. Verhaltenswissen um 1700

Um 1700 formiert sich im deutschsprachigen Raum der Diskurs einer nahezu unüberschaubaren Verhaltensliteratur, die in Klugheits- und Hofmeisterlehren, in Briefstellern, Ethiken, Anleitungs- und Handliteratur, Komplimentier- und Konversationsbüchern, zeremonialwissenschaftlichen Abhandlungen, Rhetoriken, Fibeln und nicht zuletzt in Romanen Erfolgsrezepte für beinahe jede Form von Kommunikation modelliert. Dabei sind es zeitgenössisch verschiedene Aspekte der Freisetzung aus sozialen Zwangsläufigkeiten und damit verbunden: aus der Vorhersehbarkeit sozialer Interaktionen, die diesem Orientierungsschrifttum zur Genese verhelfen und es attraktiv machen.

Diese Reflexion von Verhalten als Kontingenzbewältigung geht einher mit der Installierung eines ethischen Leistungsdrucks, der, so die erste These des Folgenden, von Beginn an selbst in die Diskursivierung von Verhalten eingeht. Die zweite These lautet, daran anschließend, dass sich diese Reflexivität mittels einer Meta-Norm der Umstandsbezogenheit oder *site specificity* etabliert, die in einer auch zeitgenössisch kaum sinnvoll partitionierten Begriffswolke aus „politischer Klugheit“, „Galanterie“, „Höflichkeit“ und „Decorum“ unterschiedlich operationalisiert wird.

Galanterie: Äpfel und Birnen

„Aber *ad propos* was ist galant und ein galanter Mensch?“[1] Die Beantwortung der Frage, erklärt Christian Thomasius 1687 in seinem *Discours, Welcher Gestalt man denen Frantzosen in gemeinem Leben und Wandel nachahmen solle?*, werde erschwert durch den inflationären Gebrauch des Begriffs: Es werde ja „von Hund und Katzen / von Pantoffeln / von Tisch und Bäncken / von Feder und Dinten / und ich weiß endlich nicht / ob nicht auch Aepffeln und Birn zum öfftern gesagt“, sie seien galant; und zudem scheine es, als ob „die Frantzosen selbst nicht einig

1 [Christian Thomasius:] Christian Thomas eröffnet Der Studierenden Jugend zu Leipzig in einem Discours, Welcher Gestalt man denen Frantzosen in gemeinem Leben und Wandel nachahmen solle? ein COLLEGIUM über des GRATIANS Grund=Reguln / Vernünfftig / klug und artig zu leben. In: Christian Thomasius: Ausgewählte Werke. Bd. 22: Kleine Teutsche Schriften, hg. von Werner Schneiders. Hildesheim 1994, S. 1–70, hier S. 14.

https://doi.org/10.1515/9783110740813-003

wären / worinnen eigentlich die wahrhafftige *galanterie* bestehe".[2] Der Verweis auf die, wenig später schon notorische,[3] semantische Evakuierung des Begriffs betont zunächst die Aktualität der eigenen Ausführungen. Kurz darauf wird er jedoch etwas deutlicher. Galante *Conduite*, d. h. galantes Verhalten, zeige sich neben zwanglos und nicht plump einzusetzendem „Verstand", einer unpedantischen „Gelehrsamkeit", einem „guten *judicio*", „Höfflichkeit / und Freudigkeit" in der Fähigkeit, angemessene, originelle und charmante Konversation zu betreiben. Außerdem daran, „daß man seine Lebens=Art nach dem guten Gebrauch der vernünfftigen Welt richte", kurz: in einem *„je ne scay qvoy"*, und zwar „der *manier* zu leben / so am Hofe gebräuchlich ist".[4] So allgemein diese Hinweise sind, nicht unangenehm aufzufallen und gefällige Umgangsformen zu üben, so klar ist doch die Anforderung der Galanterie, sich „nach dem guten Gebrauch der vernünfftigen Welt" zu richten, und das bedeutet: nach der situativen Angemessenheit des eigenen „Verhalten[s]",[5] dem *decorum*.

Thomasius empfiehlt seinen Studenten in der Sache der Galanterie die Nachahmung der Franzosen, denen er bezüglich der „Lebens=Art"[6] einen Vorsprung attestiert, und konsultiert mit den Schriften von Madeleine de Scudéry, Nicolas Faret, Dominique Bouhours, Claude Favre de Vaugelas und Pierre Costar die einschlägigen Positionen aus dem französischen Diskurs. Dabei versieht Thomasius die Darstellung des Galanten mit einer Wendung, wenn er die Bedeutung der ästhetischen Dimension des Galanten, die für die französische Diskussion zentral ist, mit der Annahme schmälert, „daß bey denen Frantzosen die *Galanterie* und *la Politesse* eines sey".[7] Diese Verlegung des Galanten auf „Höflichkeit" leistet zweierlei:[8] Zum einen wird die für den deutschsprachigen Raum nicht selbstverständ-

---

2 Thomasius: Discours, S. 15.

3 Gottscheds *Vernünfftige Tadlerin* Calliste etwa bemerkt 1725, man höre heutzutage „nicht nur von galanten Manns=Personen und galanten Frauenzimmer", sondern längst auch „[i]n der Küche und Wirthschafft [...] offt von einem galanten Ragout, Fricassee, Hammel= und Kälberbraten". ([Johann Christoph Gottsched:] Die Vernünfftigen Tadlerinnen. Das X. Stück. Mittwoch, 7. März 1725. In: Die Vernünfftigen Tadlerinnen. Erster Jahr=Theil. Frankfurt/Leipzig 1725, S. 73–80, hier S. 73 f.). Vgl. auch Dirk Niefanger: Galanterie. Grundzüge eines ästhetischen Konzepts um 1700. In: Künste und Natur in Diskursen der Frühen Neuzeit. Hg. von Hartmut Laufhütte. Wiesbaden 2000, S. 459–472, hier S. 459.

4 Thomasius: Discours, S. 15.

5 Thomasius: Discours, S. 31.

6 Thomasius: Discours, S. 4.

7 Thomasius: Discours, S. 15. Vgl. dazu Ruth Florack und Rüdiger Singer: Politesse, Politik und Galanterie. Zum Verhältnis von Verhaltenslehre und galantem Roman um 1700. In: Zeitsprünge. Forschungen zur Frühen Neuzeit 13 (2009), H. 3/4, S. 300–321.

8 Ein weiteres einschlägiges Beispiel für diese Kontraktionsarbeit im französisch-deutschen Theorietransfer ist die Übersetzung, die Menantes – Autor u. a. der *Allerneuesten Art Höflich und*

liche Verbindung von Galanterie und dem Hof als Verhaltensbiotop aufgerufen; zum anderen werden Thomasius' Überlegungen zur Galanterie schließlich auch in Richtung der Diskussion des eigentlichen Gegenstands seiner Lehrveranstaltung gespannt, nämlich des *Oráculo manual y arte de prudencia* (1647) des spanischen Jesuiten Baltasar Gracián.

Die Parallelität dieser Assoziationen ist erläuterungsbedürftig. Zum Zeitpunkt von Thomasius' Vorlesung lag bereits seit einem Jahr die erste deutsche Übersetzung von Graciáns Maximen vor,[9] an der Thomasius jedoch kein gutes Haar lässt und „nur in der ersten *Centurie* meinen damaligen *Auditoribus* über 200. *fauten* zeigete".[10] Stattdessen arbeitet Thomasius mit der dieser zugrunde liegenden Übersetzung ins Französische von Amelot de la Houssaie aus dem Jahr 1684, die den Titel *L'homme de cour* trägt. Wie Thomasius an anderer Stelle bemerkt, ist er auch mit dieser Übersetzung nicht besonders glücklich. Besonders bemängelt er, dass Amelot

> an dem Titel des *Gracians* gekünstelt / und aus der *Arte de Prudencia, Homme de Cour* gemacht / da doch in dem ganzen Buche kaum zehn Regeln werden anzutreffen seyn / die einen Hoffmann absonderlich angehen / sondern dieselben vielmehr von allen und jeden / Sie leben in was für Stande sie wollen / als Politische Lehr=Sätze in acht genommen werden solten.[11]

Wenngleich Thomasius' *Discours* seine größte Verbreitung als Vorrede einer Übersetzung des *Oráculo manual* finden sollte, die als *Baltasar Gracians, Homme de Cour, oder: Kluger Hof- und Welt-Mann* (1711) ebenfalls die Sphäre des Hofes im Titel führte, ist es also eigentlich nicht eine Analyse höfischer Kommunikationsformen, die ihn interessiert.

Für Thomasius' unmittelbares Publikum aus Leipziger Studenten ist die Aussicht, in höfische Umgangsformen eingeführt zu werden, attraktiv. Als angehende Juristen haben sie zwar nicht unbedingt ihre Erziehung am Hof erhalten, streben

---

Galant *zu schreiben* (1702) – von Antoine de Courtins *Nouveau traité de la civilité qui se pratique en France parmi les honnêtes gens* (1671) unter dem Titel *La Civilité moderne Oder die Höflichkeit Der Heutigen Welt* (1705) anfertigt.

9 Als *L'Homme De Cour Oder Balthasar Gracians Vollkommener Staats- und Welt-Weise*. Übersetzer ist, wie auch bei der 1687 erscheinenden zweiten, überarbeiteten Auflage, der Leipziger Jurist Johann Leonhard Sauter und nicht Adam Gottfried Kromayer, der vor allem in spanischen Bibliografien fälschlicherweise angegeben wird, der aber der Verleger (beider Auflagen) ist. Vgl. Eric Achermann: Substanz und Nichts. Überlegungen zu Baltasar Gracián und Christian Thomasius. In: Thomasius im literarischen Feld. Neue Beiträge zur Erforschung seines Werkes im historischen Kontext. Hg. von Manfred Beetz und Herbert Jaumann. Tübingen 2003, S. 7–34, hier S. 9, Anm. 9.

10 Thomasius: Discours, S. 54.

11 [Christian Thomasius:] Lustiger und Ernsthaffter Monats=Gespräche Anderer Theil / in sich begreiffend Die sechs letzten Monate des 1688. Jahres mit einem zweyfachen Register. Halle 1688, S. 810 f.

aber an, dort Karriere zu machen und Teil der wachsenden dortigen Beamtenschaft zu werden.[12] Einerseits adressiert Thomasius' Zuschnitt der Lehrveranstaltung also den „Qualifikationsbedarf seiner studentischen Zuhörer".[13] Andererseits handelt es sich bei Thomasius' *Discours* um die Ankündigung zweier – honorarpflichtiger – *collegia privata,* für die er auf regen Zulauf hofft:[14] Die Ankündigungen dieser Veranstaltungen wurden auf Kosten der Dozenten gedruckt und verteilt und dienten als eine Art Werbematerial in eigener Sache.[15] Verstanden als Teil seiner erklärten Strategie, sich zur Zeit der Vorlesung aus der „*obscurität* [...] hervor zu thun und bekannt zu machen"[16] ist also der Einschätzung zuzustimmen, dass es sich bei der „Anknüpfung an Gracián" um einen „Werbetrick"[17] handelt, dessen Werbewert aber eher aufseiten von dessen Qualifizierung als Stichwortgeber französischer bzw. höfischer Lebensart zu verorten wäre.

Prudencia und Generalverdacht (Gracián)

In welcher Hinsicht Gracián für Thomasius in Wahrheit Anhaltspunkt ist, klingt bereits im Titel der Kollegankündigung an, die eine Beschäftigung mit „des *GRATIANS* Grund=Reguln / Vernünfftig / klug und artig zu leben"[18] annonciert. Der zentrale Begriff ist die von Thomasius mehrfach hervorgehobene *prudencia,* Klugheit, und sein Kontext das scharfkantige Sozialgefüge, als dessen Logik Graciáns Verhaltenslehre das Modell der von den günstigen Bedingungen der italienischen Renais-

12 Vgl. Dirk Rose: Galanterie als Text. Methodologische Überlegungen zu Funktion und Status galanter Textproduktion. In: Die Kunst der Galanterie. Facetten eines Verhaltensmodells in der Literatur der Frühen Neuzeit. Hg. von Ruth Florack und Rüdiger Singer. Berlin/Boston 2012, S. 355–375, hier S. 366.

13 Florack und Singer: Politesse, S. 302.

14 Vgl. dazu Markus Huttner: Vorlesungsverzeichnisse als historische Quelle. Zu Entstehungsgeschichte, Überlieferungslage und Aussagewert Leipziger Lektionskataloge vom 17. zum 19. Jahrhundert. In: Markus Huttner: Gesammelte Studien zur Zeit- und Universitätsgeschichte. Münster 2007, S. 189–218, hier S. 193.

15 Vgl. Michael Prinz: Zwischen Kundenakquise und gelehrter Windbeuteley. Christian Thomasius' frühe akademische Programmschriften im Kontext zeitgenössischer Praktiken der Vorlesungsankündigung. In: Vernakuläre Wissenschaftskommunikation. Beiträge zur Entstehung und Frühgeschichte der modernen deutschen Wissenschaftssprachen. Hg. von Michael Prinz und Jürgen Schiewe. Berlin/Boston 2018, S. 293–334.

16 Thomasius: Discours, S. 56.

17 Werner Schneiders: Vorwort. In: Christian Thomasius: Ausgewählte Werke. Bd. 1: Introductio ad philosophiam aulicam, hg. von Werner Schneiders. Hildesheim 1993, S. V–XV, hier S. XI.

18 Thomasius: Discours, S. 1.

sancehöfe geprägten Höflingsliteratur verabschiedet. In Texten wie Baldassare Castigliones *Il libro del cortegiano* (1528) war der Hof als eine Gemeinschaft von Ratgebern adeliger Herkunft beschrieben worden, deren Interaktionen sämtlich von einer spielerischen Konkurrenz um die fürstliche Gunst sowie die damit verbundene Möglichkeit der Einflussnahme geprägt ist. Während das Idealbild des im Zentrum stehenden Hofmanns auf dem Gewinn fußt, den er „ritterlich" aus einer umfassenden humanistischen Bildung zu schlagen in der Lage ist,[19] werden die Gelingensbedingungen seines Verhaltens einzig vom Fürsten bestimmt, der allein die Ereignisse der sozialen Interaktionen am Hof in Zeichen verwandeln kann.[20] Das „politische" siebzehnte Jahrhundert, das außerhalb Mittel- und Norditaliens mit Verspätung die zunehmende Zentralisierung von Macht an Höfen sowie die „Verhofung" des Adels registriert, lockert diese Bindungsverhältnisse. Parallel dazu, wie sich in der Fürstenerziehung das Ideal eines lebenserfahrenen, politisch klugen Monarchen im Verlauf des Jahrhunderts immer stärker gegen das als ornamental empfundene humanistische Bildungsideal durchsetzt,[21] wird Klugheit zum Stichwort einer umfangreichen Hof- und Klugheitsliteratur, die eine individualistisch-utilitaristische Variante der *prudentia* entwickelt und als Privatpolitik auch zur Verwendung jenseits des Hofes freigibt. Graciáns vielzitierte Maxime der „razón de Estado de ti mismo",[22] der Eigen-Staatsräson, die die Errungenschaften und Skripte der politischen *prudentia* aus dem Bereich des Staatlichen in den Bereich des Privaten entlehnt, ist Symptom dieser Transformation.

Laut Gracián ist oberstes Gebot der *prudencia* die Kunst der Dissimulation,[23] deren Komplement die Fähigkeit ist, Verstellungen in Anderen sowie deren verbor-

---

19 Vgl. Alfred von Martin: Soziologie der Renaissance. Zur Physiognomik und Rhythmik bürgerlicher Kultur. 3. Aufl. Stuttgart 1932, S. 102.

20 Vgl. Rudolf Schlögl: Anwesende und Abwesende. Grundriss für eine Gesellschaftsgeschichte der Frühen Neuzeit. Konstanz 2014, S. 252.

21 Vgl. Stephan Skalweit: Das Herrscherbild des 17. Jahrhunderts. In: Historische Zeitschrift 184 (1957), S. 65–80, hier S. 71.

22 Baltasar Gracián: El héroe. In: Baltasar Gracián: Obras Completas. Bd. 2: El Héroe. El Político. El Discreto. Oráculo manual. Agudeza y Arte de Ingenio. El Comulgatorio. Escritos menores, hg. von Emilio Blanco. Madrid 1993, S. 1–41, hier S. 7.

23 Vgl. zeitgenössisch Carl Gottfried Ittig: De simulation et dissimulatione, olim et hodie usuali, superiorum indultu pro loco inter philosophos aliqvando obtinendo. Leipzig 1709. Vgl. Ursula Geitner: Die Sprache der Verstellung. Tübingen 1992; für den europäischen Raum Jon R. Snyder: Dissimulation and the Culture of Secrecy in Early Modern Europe. Berkeley 2012; weiterhin August Buck: Die Kunst der Verstellung im Zeitalter des Barocks. In: Festschrift der Wissenschaftlichen Gesellschaft an der Johann Wolfgang Goethe-Universität Frankfurt am Main. Wiesbaden 1981, S. 85–103; Gerhart Schröder: Logos und List. Zur Entwicklung der Ästhetik in der frühen Neuzeit. Königstein 1985.

gene Handlungsmotive zu erkennen. „[E]l sabio“,[24] der Kluge, ist in der Lage, die eigene Verstellung aufrechtzuerhalten, ohne die ihrerseits mit dem Wissen um die Verstellung rechnende Beobachtung aufzugeben. Gracián entwirft die Feinmechanik einer Welt des Generalverdachts, die in Kaskaden wechselseitiger Täuschung, Beobachtung und Entzifferung im Zustand eines Privatkriegs aller gegen alle begriffen ist. Dabei ist für die ununterbrochen bedroht geglaubte Selbsterhaltung jeweils das „momentane[ ] Engagement“[25] der Beteiligten maßgeblich, das atemporale Eigenheiten überschreibt: „Gemäß der Absicht handeln, manchmal der zweiten, manchmal der ersten.“[26] Graciáns dunkle Maximen hegen deshalb keine präskriptiven Ambitionen – das *Oráculo manual* stellt ein irreduzibel „praktisches“[27] bzw. „angewandtes Wissen vom Menschen“[28] vor.

Site Specificity: Privatpolitik

In einer weiteren Kollegankündigung Thomasius' von 1689 erscheint die Lehre der Privatpolitik folglich auch umstandslos in der Reihe der Galanterie und des *decorum*: Die „gemeine Richtschnur“, die „*Polite*, Welt-kluge und höffliche Leute von plumpen / groben und ungeschickten Tölpeln absondert“, werde „von denen Lateinern *Decorum*, von denen Frantzosen *Galanterie* genennet“.[29] Er bemängelt, dass „bißhero [...] das *Decorum* noch von niemand *in formam disciplinæ vel artis redigiret* worden“.[30] In Frage steht die Disziplinierbarkeit eines Verhaltenswis-

24 Baltasar Gracián: Oráculo manual y arte de prudencia. In: Baltasar Gracián: Obras Completas. Bd. 2: El Héroe. El Político. El Discreto. Oráculo manual. Agudeza y Arte de Ingenio. El Comulgatorio. Escritos menores, hg. von Emilio Blanco. Madrid 1993, S. 185–304, hier S. 200.

25 Geitner: Die Sprache der Verstellung, S. 131.

26 Gracián: Oráculo manual, S. 197: „Obrar de intención, ya segunda, y ya primera.“ (Eigene Übersetzung, P.H.)

27 Vgl. dazu Maxime Nr. 232: „¿De qué sirve el saber si no es práctico?“ – „Wozu dient das Wissen, wenn es nicht praktisch ist?“ Gracián: Oráculo manual, S. 280. (Eigene Übersetzung, P.H.)

28 Werner Krauss: Graciáns Lebenslehre. Frankfurt a. M. 1947, S. 79.

29 [Christian Thomasius:] Christian Thomas eröffnet Der Studierenden Jugend Einen Vorschlag / Wie er einen jungen Menschen / der sich ernstlich fürgesetzt / GOtt und der Welt dermahleins *in vita civili* rechtschaffen zu dienen / und als ein *honnet* und *galant homme* zu leben / binnen dreyer Jahre Frist in der *Philosophie* und *singulis Jurisprudentiæ partibus* zu *informiren* gesonnen sey. In: Christian Thomasius: Ausgewählte Werke. Bd. 22: Kleine Teutsche Schriften, hg. von Werner Schneiders. Hildesheim 1994, S. 233–270, hier S. 257.

30 Thomasius: Vorschlag, S. 257 f.

sens, dessen erste Eigenschaft es ist, *site-specific*, entsprechend konkreter Umstände, zu agieren bzw. noch allgemeiner: ein Wissen von *site specificity* zu sein.

1690 ist Thomasius gezwungen, die Lehrtätigkeit in Leipzig aufzugeben und bekommt vom Brandenburgischen Kurfürsten Friedrich III. die Möglichkeit, an der Ritterakademie in Halle, aus der wenig später die Neugründung der Universität hervorgehen wird, Vorlesungen zu halten. In einem Neujahrsschreiben an den Landesherrn 1691/1692 unterbreitet er diesem den Vorschlag einer „wohlgegründeten und für das gemeine Wesen höchstnöthigen Wissenschafft / Das Verborgene des Hertzens anderer Menschen auch wider ihren Willen aus der täglichen *Conversation* zu erkennen“.[31] In dieser, abermals an einem Vergleich zwischen Deutschland und Frankreich aufgehängten Skizze versucht Thomasius, den Regenten von der Nützlichkeit dieser „‚Hilfswissenschaft‘ der Privatpolitik“[32] zu überzeugen, die nämlich primär darin bestehe, den Unterwiesenen Hilfestellung beim Vorhaben zu geben, „in der Welt fort[zu]kommen“.[33] Thomasius entwirft eine Affektenlehre, die unmittelbar die Übertragung der Politik ins Private nachvollzieht. „Alle *Affecten* sind solche Bewegungen / die den Menschen innerlichen am stärcksten antreiben etwas äusserlich zu thun oder zu reden“.[34] Da die Affekte staatspolitischer Akteure sich im Prinzip nicht von denen „der geringen“[35] unterschieden, soll nach dem „Exempel vieler Staats=Klugen Leute“[36] vermittelt werden, wie die verbalen und non-verbalen Äußerungen anderer mit „scharffsinnigen und *attenten* Augen“[37] auf ihren affektiven Kern hin geöffnet werden. In einer 1692 *Erweiterten Erleuterung* zu diesem Aufschlag erklärt er, Gegenstand der Entzifferung sei vorzugsweise die „tägliche *Conversation*“, jedoch könnten „*suffisante Data*“[38] auch anderweitig erhoben

31 [Christian Thomasius:] Dem Durchlauchtigsten / Großmächtigsten Fürsten und Herrn Friderich dem III. Marggraffen zu Brandenburg [...] Seinem Gnädigsten Chur=Fürsten und Herrn / *Offeriret* in Unterthänigsten Gehorsam die neue Erfindung einer wohlgegründeten und für das gemeine Wesen höchstnöthigen Wissenschafft / Das Verborgene des Hertzens anderer Menschen auch wider ihren Willen aus der täglichen *Conversation* zu erkennen / Christian Thomas. In: Christian Thomasius: Ausgewählte Werke. Bd. 22: Kleine Teutsche Schriften, hg. von Werner Schneiders. Hildesheim 1994, S. 449–490. Vgl. dazu und zum Folgenden Geitner: Die Sprache der Verstellung, S. 124–139.

32 Geitner: Die Sprache der Verstellung, S. 125.

33 Thomasius: Erfindung der Wissenschafft, S. 469.

34 Thomasius: Erfindung der Wissenschafft, S. 467.

35 Thomasius: Erfindung der Wissenschafft, S. 477.

36 Thomasius: Erfindung der Wissenschafft, S. 466.

37 Thomasius: Erfindung der Wissenschafft, S. 467 f.

38 Christian Thomasius: Weitere Erleuterung, durch unterschiedene Exempel des ohnlängst gethanen Vorschlags wegen der neuen Wissenschafft / Anderer Menschen Gemüther erkennen zu lernen / Auff Anleitung der nöthigen und gründlichen Beantwortung derer vielfältigen und über drey Jahr hero *continuirten* Zunöthigungen Hr. *M.W.E.* Tentzels *publiciret*, und S.T. Herrn

werden, etwa durch Ansehung „unterschiedene[r] Schrifften [...] / in welchen gemeiniglich die *Autores* auch wieder ihren Willen ihr *Portrait* machen".[39] Die Datensätze bestehen aus der jeweils graduell zu bestimmenden „*Mixtur*"[40] aus vier „Haupt-*Passionibus*"[41] in einem Individuum, von denen alle weiteren Gemütsbewegungen abgeleitet sind: den drei Hauptlastern Ehrgeiz, Geldgeiz und Wollust[42] sowie den als „vernünfftige Liebe"[43] zusammengefassten Haupttugenden „Mäßigkeit / Bescheidenheit / Vergnüglichkeit".[44] Es handelt sich, wenngleich Thomasius „gnädigst versicher[t] / daß dieses im geringsten nicht aus dem Absehen eines Eigennutzes geschehen",[45] um eine Art Förderantrag, obwohl Thomasius lediglich vielsagend bemerkt, die geplante Wissenschaft habe „das vornehmste Stück der *Politic*" im Blick, „aber wo ist doch wohl eine *Universität* in *Europa*, da man diese Wissenschafft in gewisse Grund=Regeln gebracht habe?"[46]

D. Johann Friedrich Meyern / weltberühmten *Theologo* &c.&c.&c.&c. Zur Dancksagung / für die in seinem Mißbrauch der Freyheit der Gläubigen zugefügten harten Schmäh= und Lästerungen zugeeignet. Halle 1692, S. 224.

39 Thomasius: Weitere Erleuterung, S. 225.

40 Thomasius: Weitere Erleuterung, S. 240.

41 Thomasius: Weitere Erleuterung, S. 239.

42 Vgl. dazu interessanterweise die genau dies adressierende Bescheidenheitsgeste in der *Erfindung der Wissenschafft*: „Ewre Chur=Fürstliche Durchlauchtigkeit haben mich ohnedem unverdient mit so Hoher Chur=Fürstlicher Gnade überschüttet / daß ich wohl rechtschaffen Ehr= oder Geldgeitzig seyn müßte / wenn durch diese Unterthänigste *Offerte* einige neue Gnade zu erhalten gedächte." (Thomasius: Erfindung der Wissenschafft, S. 484).

43 Thomasius: Weitere Erleuterung, S. 239.

44 Christian Thomasius: Kurtzer Entwurff der Politischen Klugheit / sich selbst und andern in allen Menschlichen Gesellschafften wohl zu rathen / und zu einer gescheiden[!] *Conduite* zu gelangen; Allen Menschen / die sich klug zu seyn düncken / oder die noch klug werden wollen / zu höchst=nöthiger[!] Bedürffnis und ungemeinem Nutzen / aus dem Lateinischen des Herrn *THOMASII* übersetzet. In: Christian Thomasius: Ausgewählte Werke. Bd. 16: Kurzer Entwurf der Politischen Klugheit, hg. von Werner Schneiders. Hildesheim 2002, S. 104a.

45 Thomasius: Erfindung der Wissenschafft, S. 484.

46 Thomasius: Erfindung der Wissenschafft, S. 474.

„Unterscheid der Umstände“: Prozessformen des Politischen

Der Ort, an dem Thomasius diese Prinzipien der „praktischen Psychologie“[47] systematisch eingliedert, ist unterdessen erst sein *Kurtzer Entwurff der Politischen Klugheit* von 1705 (dt. 1707, erw. 1720). Dies ist auch der Ort, an dem er – sein Gracián-Kolleg ist, auch, da er es nicht wiederholte, nicht überliefert – einzig ausführlicher auf Gracián eingeht:[48] Es geht um die Klugheit einer Lebensführung der „destreza“[49] oder „Geschickligkeit“.[50] Dabei steht das galante Klugheitsschrifttum im deutschsprachigen Raum, anders als in Frankreich, wo sich der Diskurs der Galanterie bereits früher und als Distinktionsstrategie innerhalb einer höfischen Elite konstituiert hatte, vor allem im Dienste einer sozialen Mobilität, die nicht genuin höfische Verhaltensroutinen oder die Emanzipation bürgerlicher Werte im Blick hat, sondern eher „eine Form konstitutiver Komplizenschaft mit der herrschenden Aristokratie“[51] umschreibt. Was Thomasius' Affektenlehre in diesem Zusammenhang vorstellt, ist eine Zeichenlehre, die die Differenz von Graciáns Philosophie zur Hofliteratur in der Tradition Castigliones belastet: Wenn Thomasius die Interpretation des Verhaltens als die Interpretation „euserliche[r] Kennzeichen“[52] bzw. „Zeichen“[53] in Auftrag gibt, dann unter der Voraussetzung, dass diese Umrechnungsleistung prinzipiell allen – und nicht mehr nur dem Ratgeber heranziehenden Fürsten – zur Verfügung steht.

Dieses Verhaltenswissen, das sich im Angesicht einer universalen Agonalität des Sozialen über ein mit ihm vermitteltes Unterscheidungsvermögen konstituiert, trifft jenseits der höfischen Formen von Intrige und Strategie, denen es abgeschaut

---

47 Werner Schneiders: Naturrecht und Liebesethik. Zur Geschichte der praktischen Philosophie im Hinblick auf Christian Thomasius. Hildesheim 1971, S. 185.

48 Vgl. Achermann: Substanz und Nichts, S. 11 f.

49 Gracián: Oráculo manual, S. 197.

50 Christian Thomasius: Freymüthige Lustige und Ernsthaffte iedoch Vernunfft= und Gesetz=mäßige Gedancken Oder Monats=Gespräche, über allerhand, fürnehmlich aber Neue Bücher, Durch alle zwölff Monate des 1688. und 1689. Jahrs. Halle 1690, S. 44.

51 Roman Widder: Pöbel, Poet, Publikum. Figuren arbeitender Armut in der Frühen Neuzeit. Konstanz 2020, S. 21.

52 Christian Thomasius: Von der Artzeney Wider die unvernünfftige Liebe und der zuvorher nöthigen Erkäntniß Sein Selbst. Oder: Ausübung der SittenLehre Nebst einem Beschluß / Worinnen der *Autor* den vielfältigen Nutzen seiner Sitten=Lehre zeiget / und von seinem Begriff der Christlichen Sitten=Lehre ein aufrichtiges Bekäntnüß thut. In: Christian Thomasius: Ausgewählte Werke. Bd. 11: Ausübung der Sittenlehre, hg. von Werner Schneiders. Hildesheim 1999, S. 391–455.

53 Thomasius: Ausübung der Sittenlehre, S. 396.

wurde, auf die Marktgängigkeit des Individuums als Privatpolitiker. Der Begriff, der diese Sedimentierung benennt, ist jener der ‚Karriere', der als soziale Zwangsläufigkeit dadurch entsteht, „daß Geburt, häusliche Sozialisation und schichtmäßige Lage nicht mehr ausreichen, um den Normalverlauf des Lebens erwartbar zu machen".[54] In der Karriere wird die Erfordernis des geschickten Handelns auf die Organisation der Biografie umgelegt: Politisch opportunes Verhalten ist gerade deshalb als *„continuirliche"* Aufgabe zu verstehen, „weil das *decorum* alle Tage sich ändert / und an allen Orten anders ist".[55] Sowohl die Beobachtungssystematik der Gemütererkennung als auch der politische Handlungsimperativ funktionieren fundamental nach fortlaufendem „Unterscheid der Umstände".[56]

Während für Graciáns Werk die „politische[ ] Instabilität der gesellschaftlichen Ordnung"[57] des im Niedergang begriffenen *Siglo de Oro* als entscheidender Hintergrund identifiziert worden ist,[58] ist auch für den Kontext der deutschsprachigen *Politic* um 1700 eine Verunsicherung sozialer Gewissheiten zu veranschlagen,[59] die u.a. der Konkurrenzsituation in der seit Ende des Dreißigjährigen Krieges stetig wachsenden Beamtenschaft der städtischen und fürstlichen Verwaltungszentren geschuldet ist.[60] Die Erfordernis des Kompetenzerwerbs in Sachen Gemütererkennung betrifft damit zum einen direkt Thomasius' Studenten (wie auch die Schüler der zeitgenössischen Parallelfigur, des Gymnasialdirektors Christian Weise). Sie betrifft zum anderen jedoch auch Thomasius selbst, für des-

54 Niklas Luhmann: Individuum, Individualität, Individualismus. In: Niklas Luhmann: Gesellschaftsstruktur und Semantik. Studien zur Wissenssoziologie der modernen Gesellschaft. Bd. 3. Frankfurt a. M. 1989, S. 149–258, hier S. 232. Vgl. dazu auch Georg Stanitzek: Blödigkeit. Beschreibungen des Individuums im 18. Jahrhundert. Tübingen 1989, S. 71–82.

55 Thomasius: Ausübung der Sittenlehre, S. 238.

56 Thomasius: Kurtzer Entwurff der Politischen Klugheit, S. 103.

57 Leander Scholz: Das Archiv der Klugheit. Strategien des Wissens um 1700. Tübingen 2002, S. 43.

58 Vgl. etwa Jeannie Moser: Futurologische Vorübungen. (Dis-)Simulation, Szenario und Misstrauen in Graciáns „Handorakel". In: Verhaltensdesign. Technologische und ästhetische Programme der 1960er und 1970er Jahre. Hg. von Jeannie Moser und Christina Vagt. Bielefeld 2018, S. 157–174.

59 Vgl. Daniel Fulda: Um 1700 begann die „offene Zukunft". Zum Ausgang der Aufklärung von einer allgemeinen Unsicherheitserfahrung. In: Um 1700: Die Formierung der europäischen Aufklärung zwischen Öffnung und neuerlicher Schließung. Hg. von Daniel Fulda und Jörn Steigerwald. Berlin/Boston 2016, S. 23–45, hier S. 30. Vgl. dazu auch Niefanger: Galanterie, S. 462.

60 Vgl. Achermann: Substanz und Nichts, S. 13, Anm. 23: „[S]chwer nachvollziehbar ist jedoch, wie etwa Bauern und Soldaten das Handorakel praktisch nutzbar machen sollten, das ja offensichtlich für ‚Entscheidungsträger' verfaßt ist, wenn die Maximen auch allgemeiner Art sind."

sen „Fortkommen" in dem durch die Privatlehre ökonomisierten Lehrbetrieb[61] sowie dem Förderverhältnis zum Brandenburgischen Kurfürsten die gefällige, erfolgsorientierte Privatpolitik von Bedeutung ist.

Modisches Verhalten

Das prudentistisch-politisch-galante Verhaltensprogramm kann als Versuch gelten, einer von „Leistungsdruck"[62] geprägten Zeit um 1700, die zudem nicht nur durchaus über ein gut ausgeprägtes Gegenwartsbewusstsein verfügt,[63] sondern dies zum bestimmenden Teil ihres Selbstverständnisses erklärt, einen Interaktionsrahmen zu geben. In Meletaons, d. i. Johann Leonard Rosts, Anleitung zu galanter Conduite *Von der Nutzbarkeit des Tantzens* (1713) wird dies als Aufbruch in eine „neue Welt" beschrieben:

> Unsere Zeiten / darff man auf gewisse Art noch wohl die neue Welt nennen / denn es haben sich die Menschen dergestalt verändert / daß wohl bald alle Kundschafften / von denen ehemaligen Gewonheiten dürfften verlohren gehen / die Ursach ist / weilen man jetzo / nur blos den gegenwärtigen Zustand betrachtet / und selbigen immer zu verbessern gedencket [...].[64]

Die *„ästhetische Überblendung prudentistischer Verhaltensideale"*,[65] die die konstitutive Künstlichkeit des politischen Handelns aufgreift, schließt am Ende eines von Unbeständigkeit besessenen Jahrhunderts ebenfalls an diese Veränderlichkeits- und Vorläufigkeitsemphase an. Thomasius selbst hielt seine Vorlesungen und Disputationen bekanntlich „im bunten Modekleid mit Degen und zierlichem

---

61 Ulrich Rasche: Über Jenaer Vorlesungsverzeichnisse des 16. bis 19. Jahrhunderts. In: „Gelehrte" Wissenschaft. Das Vorlesungsprogramm der Universität Jena um 1800. Hg. von Thomas Bach, Jonas Maatsch und Ulrich Rasche. Stuttgart 2008, S. 13–57, hier S. 29.

62 Olaf Simons: Marteaus Europa oder Der Roman, bevor er Literatur wurde. Eine Untersuchung des deutschen und englischen Buchangebots der Jahre 1710 bis 1720. Amsterdam/Atlanta 2001, S. 284.

63 Dies mit Blick auf die jüngere Forschungsdiskussion, für die exemplarisch genannt seien: Vgl. Achim Landwehr: Die Geburt der Gegenwart. Eine Geschichte der Zeit im 17. Jahrhundert. Frankfurt a. M. 2014; Johannes Lehmann und Stefan Geyer (Hg.): Schwerpunkt: „Gegenwart" im 17. Jahrhundert? Internationales Archiv für Sozialgeschichte der Literatur 42 (2017), H. 1, S. 110–278.

64 Meletaon: Von der Nutzbarkeit des Tantzens. Wie viel selbiges zu einer Galanten und wohlanständigen CONDVITE bey einem jungen Menschen und Frauenzimmer[!] beytrage; Auch wie man dadurch sowol die Kinder als erwachsene Leute von beederley Geschlechte / zur Höflichkeit / Artigkeit und Freymüthigkeit anweisen solle. Frankfurt/Leipzig 1713, S. 4 f.

65 Florian Gelzer: Konversation, Galanterie und Abenteuer. Romaneskes Erzählen zwischen Thomasius und Wieland. Tübingen 2007, S. 71. Vgl. ähnlich auch Niefanger: Galanterie, S. 472.

goldenen Gehänge“; seiner Frau wurde gar „um ihres Kleiderluxus willen“[66] von August Hermann Francke die Kommunion verweigert. Wie Thomasius jedoch auch theoretisch aufarbeitet, gehört zu der situativen Angemessenheit „die Eitelkeit des *Decori*, oder die *mode*“,[67] womit auch die zeitgenössische geläufige Überzeugung angesprochen ist, dass die „Erkänntniß, sich wohl zu kleiden, [...] mit zur Klugheit zu leben“[68] gehört.[69] Spätestens um 1700 etabliert sich auch im deutschsprachigen Raum, wo vormals noch die Natürlichkeit deutscher Einfalt gegen die Finesse französischer Modeorientierung hochgehalten worden war,[70] die Dignität eines Wissens um „Varietät und Einmaligkeit der Umstände“[71] von Handeln als Einsatz eines politischen – und damit: modischen – Verhaltens. Eine ceremonialwissenschaftliche Abhandlung der Zeit weiß:

> Ein vernünfftiger Mensch thut wohl, wenn er, bey der Art sich zu kleiden, so viel als möglich, der heutigen eingeführten *Mode* folget. Eine Person, die sich wider die *Mode*, als einem starcken Strohm, auflehnen wolte, und eine allzu grosse Nachläßigkeit hierinnen bezeigen, würde sich in der That lächerlich machen, und sich der Gefahr unterwerffen, daß man ihr nachlieffe, und mit Fingern auf sie wiese.[72]

Anhand der Übereinstimmung mit den je gegenwärtigen Kleidungs- als Verhaltensidealen organisieren sich soziale Zugehörigkeit und das Risiko der Deklassierung über das Kriterium der Zeitgemäßheit. So funktioniert Thomasius’ Betonung der Ubiquität der Rede vom ‚Galanten‘ vor Leipziger Studenten 1687: Die „in/out-

---

66 Friedrich Paulsen: Geschichte des gelehrten Unterrichts auf den deutschen Schulen und Universitäten vom Ausgang des Mittelalters bis zur Gegenwart. Mit besonderer Rücksicht auf den klassischen Unterricht. Leipzig 1885, S. 355.

67 Thomasius: Ausübung der Sittenlehre, S. 238.

68 Julius Bernard von Rohr: Einleitung zur Ceremoniel-Wissenschafft Der Privat-Personen / Welche Die allgemeinen Regeln / die bey der *Mode*, den *Titulaturen* / dem Range / den *Complimens*, den Geberden, und bey Höfen überhaupt, als auch bey den geistl. Handlungen, in der *Conversation*, bey der *Correspondenz*, [...] Insonderheit dem Wohlstand nach von einem jungen teutschen *Cavalier* in Obacht zu nehmen, vorträgt [...]. Berlin 1728, S. 545.

69 Vgl. dazu exemplarisch Elena Esposito: Die Verbindlichkeit des Vorübergehenden. Paradoxien der Mode. Frankfurt a. M. 2004; Charlotte Jaekel: À la mode. Kunst und Leben im Zeichen der Mode um 1700. In: Schliff 6 (2017), S. 160–174.

70 Vgl. dazu Gonthier-Louis Fink: Vom Alamodestreit zur Frühaufklärung. Das wechselseitige deutsch-französische Spiegelbild 1648–1750. In: Recherches Germaniques 21 (1991), S. 3–47; Julia A. Schmidt-Funke: Vom „Alamode-Teufel“ zur „Modesucht“. Wertungen des Konsums im langen 18. Jahrhundert. In: Die Sachen der Aufklärung. Beiträge zur DGEJ-Jahrestagung 2010 in Halle a. d. Saale. Hg. von Frauke Berndt und Daniel Fulda. Hamburg 2012, S. 577–583.

71 Elena Esposito: Öffnung für das Vorläufige. Die Mode im 17. und 18. Jahrhundert. In: Um 1700: Die Formierung der europäischen Aufklärung zwischen Öffnung und neuerlicher Schließung. Hg. von Daniel Fulda und Jörn Steigerwald. Berlin/Boston 2016, S. 73–82, hier S. 78.

72 von Rohr: Ceremoniel-Wissenschafft, S. 557.

Unterscheidung der Mode",[73] die mit dem Diskurs gefälligen und deshalb politisch klugen Verhaltens enggeführt wird, betrifft hier abermals sowohl den Gegenstand als auch dessen Verfertigung. Auf Objektebene erläutert Thomasius dies mit einer Parabel: Man stelle sich vor, jemand „der auff dieselbe altväterische Art gekleidet wäre" wie die Menschen auf den Holzschnitten in jahrhundertealten Büchern,

> und den damalen gebräuchlichen Teutschen *dialectum* [...] redete / und sich mit denen zu seiner Zeit gewöhnlichen Complimenten und Reverentzen nichts geringes zu seyn düncken liesse / uns itzo *reformiren* wolte" – „wer würde wohl so dann für der gantzen erbaren Welt auslachens würdig seyn?[74]

Affektenlehre und der galante Roman

Die Vermittlungsinstanz der politisch-galanten Verhaltensmaximen im deutschsprachigen Raum ist vor allem der Buch- bzw. Journalmarkt.[75] Die wichtigste Gattung ist dabei der galante Roman, der nicht nur angesichts der riesigen Menge von – heute oft weitgehend vergessenen[76] – Werken eine zentrale Rolle für den Diskurs einnimmt, sondern der auch angesichts der in ihm modellierten Darstellungs- und Vermittlungsform erstrangig ist. Während Thomasius Anfang der 1690er Jahre dem Mangel an *„in formam disciplinæ vel artis"* gebrachten Reflexionen über das *Decorum* mittels der Erfindung einer „Wissenschafft" Abhilfe zu verschaffen sucht, erklärt die Figur Christoph aus Thomasius' *Monats=Gespräche*n bereits 1688, es seien Romane, die, „ob in diesen gleich keine *Discurse*, so zur

73 Esposito: Verbindlichkeit, S. 159.

74 Thomasius: Discours, S. 6.

75 Vgl. Rose: Galanterie als Text, S. 366.

76 Eine erste Annäherung an den Gegenstand liefert erst Herbert Singer (Der galante Roman. Stuttgart 1961), der noch davon ausgeht, dass „die Romane der Zeit historisch folgenlos und ästhetisch belanglos" (S. 11) sind. Aus den inzwischen zahlreichen vorliegenden Studien vgl. neben den bereits genannten exemplarisch: Elizabeth Brewer: The Novel of Entertainment During the Gallant Era. A Study of the Novels of August Bohse. Bern/Frankfurt a. M. 1983; Jörn Steigerwald: Galanterie. Die Fabrikation einer natürlichen Ethik der höfischen Gesellschaft (1650–1710). Heidelberg 2011; Ruth Florack und Rüdiger Singer (Hg.): Die Kunst der Galanterie. Facetten eines Verhaltensmodells in der Literatur der Frühen Neuzeit. Berlin 2012; Dirk Rose: Conduite und Text. Paradigmen eines galanten Literaturmodells im Werk von Christian Friedrich Hunold (Menantes). Berlin/Boston 2012; Torsten Hahn und Charlotte Jaekel: Das Liebes-Kabinett als Medium der Literatur: Galanterie und Kunstautonomie um 1700. In: Sprachen der Liebe in Literatur, Film, Musik. Von Platons „Symposion" bis zu zeitgenössischen TV-Serien. Hg. von Filippo Smerilli und Christof Hamann. Würzburg 2015, S. 73–109; Katja Barthel: Gattung und Geschlecht. Weiblichkeitsnarrative im galanten Roman um 1700. Berlin/Boston 2016.

Lehre und Unterricht dienen / enthalten sind“, gleichwohl „denen Lesenden Gelegenheit“ geben, „die Kunst derer Leute Gemüther zu erforschen / welche [...] vor den Grund der wahren Politic zu halten / ist gleichsam spielende und in Müßiggang zu lernen“.[77] Die Forderung an die Romanpoetik lautet, es müsse „bey vielfältiger Lesung dergleichen Bücher etwas kleben bleiben / so man zu seiner Zeit im gemeinen Leben und Wandel wieder anbringen / und sich öffters zu Nutze machen“ kann. Bevorzugtes – und für den galanten Roman dann in der Tat auch mehr oder weniger obligates – Sujet sei hierzu die Interaktion in amourösen Angelegenheiten: Man könne „nichts nützlichers und zuglich anmuthigers schreiben“ als „auff wenigen Bogen die Liebes=Historie eines eintzigē Paares“.[78]

Dieser deiktische Charakter des um Vermittlung galanten (oder: „politischen“) Verhaltens, d. h. *Conduite*, bemühten Romans hat sein Komplement in einem Großteil der flankierenden Anleitungsliteratur, die meist aus einem Regelsätze enthaltenden, diskursiven Teil sowie einem Exempel vorstellenden, zweiten Teil besteht.[79] Wie im Roman werden hier kleinformatige Fallbeispiele diskutiert, die „allgemeine Verhaltensmuster, wiederholbare Situationen sowie Typenhaftes“[80] vorführen. Die Romane begleiten meist einen Helden, der „nebst seiner von Natur angenehmen Person und guter Geschicklichkeit“[81] sich auch bestens auf die Affektenlehre versteht. Die von der Ortsveränderung der Protagonisten aktivierten, aneinandergereihten Episoden oder Novellen innerhalb der Romane stellen immer neue Szenen des Verhaltens als Bewährungsproben dar, die indes weniger auf die Spezifik einzelner Situationen als auf deren Transfereignung hin angelegt sind.

In Menantes’, d. i. Christian Friedrich Hunolds, *Satyrischem Roman* (1706) zum Beispiel retten sich die Protagonisten Tyrsates und Selander nach diesem Prinzip der Reihung von einer amourös-erotischen Kapriole in die nächste, ehe am Ende – in einer Schließung, deren Künstlichkeit der Struktur der potenziell endlosen Serialisierung Rechnung trägt – wie in allen Romanen Hunolds geheiratet wird. Noch weit von der Eheschließung entfernt, sind die beiden gerade in einem Gasthof abge-

77 Thomasius: Monats=Gespräche, S. 49 f.

78 Thomasius: Monats=Gespräche, S. 43.

79 Vgl. Rose: Galanterie als Text, S. 363. So im Übrigen auch die fünf „Exempel“ in Thomasius’ *Weiterer Erleuterung* (S. 231–280), die Affektanalysen unterschiedlicher Mischverhältnisse der Leidenschaften vorführen.

80 Florian Gelzer: Thesen zum galanten Roman. In: Die Kunst der Galanterie. Facetten eines Verhaltensmodells in der Literatur der Frühen Neuzeit. Hg. von Ruth Florack und Rüdiger Singer. Berlin/Boston 2012, S. 377–392, hier S. 388.

81 Christian Friedrich Hunold (Menantes): Satyrischer ROMAN, oder allerhand wahrhaffte, lustige, lächerliche und *galante* Liebes=Begebenheiten. Frankfurt/Leipzig 1726, S. 87.

stiegen, als sie aus einem Nebenzimmer „das Murmeln einer Person"[82] wahrnehmen.[83] Es erweist sich als ein Gespräch zwischen einem Studenten und einer Dame in amouröser Sache: Der Mann macht der Frau seine Komplimente, die diese zögerlich annimmt, es entspinnt sich eine galante Konversation. „Wollen sie noch ein mündliches Bekenntniß von mir haben", sagt die Dame irgendwann, „und sagen ihnen meine Augen nicht, wie viel sie schon über mich gewonnen?" Sie erbittet sich jedoch „bis ein andermahl Zeit", sich „völlig zu erklären". Nachdem es daraufhin still geworden ist, hebt der Werbende an: „Gut, nun noch einmahl",[84] und wiederholt den Anfang der soeben gehaltenen Konversation. Tyrsates und Selander fangen an zu lachen: Nicht zwei Menschen im Gespräch haben sie belauscht, sondern einen jungen Mann, der mit verstellten Stimmen die galante Unterhaltung mit sich selbst führt und „wie eine Predigt auswendig"[85] lernt. Als er beschämt das Weite sucht, finden Tyrsates und Selander in seinem Zimmer ein „gantz *Concerp* von *Complimenten* [...] und ein *Excerpten*-Buch von allen *Complimenten* aus des Herrn *Talanders Romanen*".[86] Der Fehltritt des jungen Mannes, dem dasselbe Lachen zuteilwird wie dem Unzeitgemäßen aus Thomasius' Vorlesung, ist deutlich erkennbar: Die Blamage ist nicht die Entblößung seiner privaten Situation, sondern sein Missverständnis des *decorum*. Fälschlicherweise hat er die Verhaltensmodellierungen der Romane Talanders, d. i. August Bohses, als Präskripte aufgefasst; in temporalen Kategorien reformuliert: an die Stelle eines Gegenwartsbezugs eine Wiederholung gesetzt.

Referentialität (Menantes' *Satyrischer ROMAN*)

Wie alle vier Romane aus seiner Feder ist auch Hunolds *Satyrischer Roman* ein Schlüsselroman.[87] Aufsehen erregte an ihm die Darstellung des skandalösen Lebenswandels einer Figur, die leicht als Referenz auf eine reale Hamburger Opernsängerin zu identifizieren war. Hunold antizipiert die empörten Reaktionen auf die Veröffentlichung des Romans und platziert in der Vorrede eine poetologische Reflexion auf die Gattung der Satire,[88] die nichts anderes sei „als eine Durchziehung der Laster der Welt, welche man, an statt einer ernsthafften, mit einer lächerlichen und

82 Menantes: Satyrischer ROMAN, S. 51.
83 Vgl. diese Episode auch bei Rose: Galanterie als Text, S. 361 f.
84 Menantes: Satyrischer ROMAN, S. 56.
85 Menantes: Satyrischer ROMAN, S. 51.
86 Menantes: Satyrischer ROMAN, S. 56.
87 Vgl. dazu Rose: Conduite und Text, S. 140–162.
88 Vgl. dazu Rose: Conduite und Text, S. 104–107.

ungeheuchelten Manier abzuschildern, bemühet ist".[89] Diese Bestimmung gewinnt Kontur vor dem Hintergrund des vollen Titels, *Satyrischer ROMAN, oder allerhand wahrhaffte, lustige, lächerliche und galante Liebes=Begebenheiten*. Die Entscheidung, ob der Text als Satire in diesem Sinn („wahrhafft") oder als Pasquill, d. h. als Verleumdung gelesen wird, fällt zwischen den galanten Lesern, die in der Lage sind, von typisierten Darstellungen zu abstrahieren, und Lesern wie dem jungen Mann im Gasthof, die die Authentifizierungsgeste nicht als Fiktion zu lesen vermögen. Diese Annahme ist zusätzlich kompliziert durch den Umstand, dass die Fähigkeit, die skandalösen Begebenheiten realen Personen zuzuordnen, dem Publikum als weiteres – und zwar gegenläufiges – In- bzw. Exklusionskriterium angetragen wird. Dieser Verstellungskunst zum Trotz sieht sich Hunold gezwungen, Hamburg zu verlassen, nachdem ein Kopfgeld auf ihn ausgesetzt und nach ihm gefahndet wird.[90]

Wenn am Beispiel von Thomasius' *Discours* beobachtbar war, dass die Rede über das Galante meist selbst Galanterieambitionen hegt oder von solchen untrennbar ist, dann ist für Hunolds Strategie, den Aufweis der Referentialität und damit auch der „privatpolitischen" Valenz seiner Arbeit zu delegieren, also Ähnliches zu verzeichnen. Als Verfasser sowohl von Verhaltensliteratur als auch von – an das Bogenhonorar gebundenen[91] – Romanen gehörte Hunold (Menantes) neben August Bohse (Talander) zu den ersten Autoren in deutscher Sprache, die, zumindest zeit-

89 Menantes: Satyrischer ROMAN, Vorrede, unpag.

90 Vgl. [Benjamin Wedel:] Geheime Nachrichten und Briefe von Herrn MENANTES Leben und Schrifften. Cöln 1731, S. 96. Vgl. dazu Barthel: Gattung und Geschlecht, S. 210–214.

91 Hunold berichtet von Verhandlungen mit seinen Verlegern, die ihm „melden [...] / daß andere berühmt= und gelehrte Männer mit dem *Pretio* zufrieden wären / als sie mir geben wollten. Ich gestehe gar gerne / daß ich nicht so tugendhafft als andere bin / und das Maaß der Zufriedenheit in demjenigen Grad nicht besitze / als ich es haben würde / wenn ich so vermögend als andere / oder in gleichen Wohlstand mit den Herren Verlegern wäre: Denn ich versichere / ich wollte Ihnē sodañ den Bogen nicht nur vor einē Thaler / sondern umsonst schreiben." (Wedel: Geheime Nachrichten, S. 173). Die bisweilen in diesem Zusammenhang angeführten Auflagenzahlen – Hunolds *Die Allerneueste Art Höflich und* Galant *zu schreiben* kommt zwischen 1702 und 1755 auf 19 Auflagen und ist damit das auflagenstärkste Komplimentierbuch des siebzehnten und achtzehnten Jahrhunderts – bilden allerdings lediglich den Absatz von Hunolds Büchern ab, nicht aber sein Honorar, da sich das absatzgebundene marktwirtschaftliches Honorar erst Ende des achtzehnten Jahrhunderts durchzusetzen beginnt. Zu dieser Unterscheidung vgl. Heinrich Bosse: Autorschaft ist Werkherrschaft. Über die Entstehung des Urheberrechts aus dem Geist der Goethezeit. Neue, mit einem Nachwort von Wulf D. v. Lucius versehene Aufl. Paderborn 2014, S. 61–91. Zu den Auflagenzahlen von Hunolds Werken vgl. Florack und Singer: Politesse, S. 303, mit Bezug auf Manfred Beetz: Frühmoderne Höflichkeit. Komplimentierkunst und Gesellschaftsrituale im altdeutschen Sprachraum. Stuttgart 1990, S. 106 f. Zum Zusammenhang von Bogenhonorar und Roman vgl. Widder: Pöbel, Poet, Publikum, S. 277–281.

weise, ihren Lebensunterhalt mit schriftstellerischer Tätigkeit verdienen konnten.[92] Nur von kurzer Dauer ist allerdings die Marktwertsteigerung, die auf die Konfiszierung von Teilen der Auflage des *Satyrischen Romans* folgt und die dazu führt, dass zeitweise hohe Summen für Exemplare bezahlt werden.[93] Aus Hamburg und damit dem Zentrum des galanten bürgerlichen Lebens exiliert, ist Hunold mit der Frage konfrontiert, wo er seine Verhaltensstudien fortführen kann. Der Versuch, eine Anstellung an einem Hof zu erlangen, scheitert; und so entschließt er sich, an der Universität Halle Privatkollegs zu geben: „So bald es in Halle bekandt wurde / daß der berühmte Herr *Menantes* angekommen / meldeten sich über 50. an / so *Collegia* bey ihm halten wollten.“[94]

92 Vgl. Florack und Singer: Politesse, S. 303.
93 Vgl. Wedel: Geheime Nachrichten, S. 96.
94 Wedel: Geheime Nachrichten, S. 104.

Martin Roussel

Kleists literarische Ethologie und ihre Problemgeschichte um 1800

Vorgriff

Den preußischen Gardeleutnant, zeitweiligen Physikstudenten und angehenden Diätar, Zeitschriftenherausgeber und Dichter Heinrich von Kleist (1777–1811) als *Ethologen* zu lesen, versteht sich nicht als ein Konkurrenzunternehmen zur biologischen Verhaltensforschung, die seit der Verleihung des Nobelpreises an Konrad Lorenz, Nikolaas Tinbergen und Karl von Frisch im Jahr 1973 auch einer breiten Öffentlichkeit bekannt ist. Vielmehr koexistieren bereits seit dem neunzehnten Jahrhundert unterschiedliche ethologische Traditionen. Wissenschaftsgeschichtlich stellen die instinkttheoretischen Forschungen, wie sie in Deutschland vor allem Konrad Lorenz populär gemacht hat, nur eine mögliche Antwort auf die grundsätzliche Frage nach einer Erklärung von Verhalten und seiner Muster dar.

Im Unterschied zum Verständnis des Körpers in einem (philosophischen) Handlungsparadigma, das ein abstraktes Konzept von Subjekt, Person oder Individuum voraussetzt, rückt beim „Verhaltenswissen" der Körper in Bewegung und in Relation zu anderen in den Fokus: Welche Gesetze regeln die Interaktion von Körpern, und welche Zufälle sind aus dem *Ethos*, den gewohnheitsmäßigen Verhaltensweisen, nicht eliminierbar?[1] Gilles Deleuze hat in Zusammenarbeit mit Félix Guattari auf den grundlegenden Charakter einer solchen Fragerichtung hingewiesen, als er die *Ethik* von Baruch de Spinoza als Ethologie beschrieben hat, insofern Spinoza keine Ethik im Sinne einer Sittenlehre oder einer Moralphilosophie konzipiert habe, sondern eine Affektenlehre.[2] „Was vermag ein Körper?", lautet seine zentrale Frage (einschließlich der Kehrseite nach dem, was ein Körper *erleidet*).[3]

1 „Das Wort ‚Ethologie' – abgeleitet von griech. ‚ἔθος', ‚Wohnort, Herkunft, Sitte, Gewohnheit' – findet sich in den Lehren des Handlungsantriebs der Stoa, in denen es einerseits eine Lehre der Charaktere und andererseits auch der Antriebsmomente von Handlungen bezeichnet." (Georg Toepfer: Ethologie. In: Georg Toepfer: Historisches Wörterbuch der Biologie. Geschichte und Theorie der biologischen Grundbegriffe. Bd. 1. Stuttgart/Weimar 2011, S. 461–480, hier S. 461).

2 Mit Fokus auf die hier wichtige Spinoza-Rezeption um 1800 vgl.: Affektenlehre und amor Dei intellectualis. Die Rezeption Spinozas im Deutschen Idealismus, in der Frühromantik und in der Gegenwart. Hg. von Violetta Waibel. Hamburg 2012.

3 Der Bedeutung Spinozas für die Geschichte der modernen Ethologie trägt, vor dem Hintergrund meiner Kleist-Lektüre, ein wissenschaftsgeschichtlicher Anhang Rechnung, der die aus Kleists Tex-

https://doi.org/10.1515/9783110740813-004

Dass sich der literarische Diskurs bei Heinrich von Kleist in besonderer Weise für die Exposition einer ethologischen Fragestellung im Ausgang vom Körper *in situ* und seinen Affektbeziehungen eignet, hat damit zu tun, dass sein Werk sich gegenüber den literarischen Handlungskonzepten der Goethezeit – wie dem Bildungsroman[4] – durch eine strukturelle „Armut" auszeichnet. Kleist Werke inszenieren einen Mangel an Sinn,[5] der nicht nur destruktive und dehumanisierende Tendenzen einschließt – zerschmetterte Schädel, von Hunden zerfleischte Körper und generell Einbrüche von Kontingenz und Gewalt: Erdbeben, Rebellion, Perversion sozialer Ordnung –, sondern auf der Ebene eines generellen Unwissens die Figuren von Ohnmacht zu Ohnmacht (wie etwa *Die Marquise von O....* .) gleiten lässt. Sie lassen das Offensichtliche opak und das Unwahrscheinliche als das Definite erscheinen. Kleists Figuren wissen nicht; wie Marionetten scheinen sie an den Fäden eines Schicksals zu hängen, das unbekannt, ein *centre manqué* (Jacques Derrida) bleibt. In einem pointierten Absatz aus den *Mille Plateaux* geben Deleuze und Guattari am Beispiel von Kleist einen Vorgriff auf das, was eine literarische Ethologie meint:

---

ten herausgelesenen ethologischen Fragen im Wissenschaftskontext der Spinoza-Rezeption um 1800 reflektiert. – Im Übrigen ist auch in die Begriffsgeschichte der Ethologie das Problem heterogener „Ansatzpunkte" (Erich Auerbach) eingeschrieben: Von der begrifflichen Formierung in der Mitte des neunzehnten Jahrhunderts bei Isidore Geoffroy Saint-Hilaire über die Verhältnisbestimmung von Ethologie und Ökologie um 1900 bis hin zum Übergang von einer Tier- zu einer Humanethologie bei Lorenz und seinem Schüler Irenäus Eibl-Eibesfeld, aber auch in den Versuchen, Human Ethology als ein neues Forschungsfeld zwischen Biologie, philosophischer Anthropologie und den Sozialwissenschaften aufzuschließen, lassen sich jeweils spezifische Ansatzpunkte für eine Begriffsgeschichte der Ethologie finden. Auch die Begriffsverwendungen, die sich der Grundständigkeit des antiken Ethos anschließen, wie etwa in Jean-Luc Nancys „Ethologie des Mit-Seins" (Jean-Luc Nancy: Dekonstruktion des Christentums. Aus dem Französischen von Esther von Osten. Zürich/Berlin 2008, S. 13), gehören zum heterogenen Feld der Ethologie.

4 Zur Lösung des Verhaltensproblems im Bildungsroman vgl. Anja Lemke: Verhaltensdesign avant la lettre. Kontingenz und Potentialität im „Bildungs"-Roman des 18. Jahrhunderts mit Blick auf „Wilhelm Meisters Lehrjahre". In: Verhaltensdesign. Technologische und ästhetische Programme der 1960er und 1970er Jahre. Hg. von Jeannie Moser und Christina Vagt. Bielefeld 2018, S. 175–192. – Goethe (wie auch Hegel) haben „diese neue Art zu schreiben verabscheut. [...] Goethe sieht das Wesentliche, wenn er Kleist vorwirft, [...] Leerstellen und Sprünge eingeführt zu haben, die jede Entfaltung eines Zentralcharakters verhindern, und eine Mobilisierung von Affekten in Gang gesetzt zu haben, die ein großes Gefühlswirrwarr nach sich zieht." (Gilles Deleuze und Félix Guattari: Tausend Plateaus. Aus dem Französischen von Gabriele Ricke und Ronald Vouillié. Berlin 1992 (1980), S. 365 f.)

5 Vgl. zur literaturwissenschaftlichen Lagerbildung – Fülle vs. Mangel des Sinns – Jonathan Culler: Dekonstruktion. Derrida und die poststrukturalistische Literaturtheorie. Aus dem Amerikanischen von Manfred Momberger. Reinbek 1988, S. 234 f.

> Kleist vervielfacht die ‚Lebenspläne', aber es ist immer ein und derselbe Plan, der die Leere und das Scheitern, Sprünge, Erdbeben und Plagen umfaßt. [...] Es entwickelt sich keine Form, und es bildet sich kein Subjekt, sondern es verschieben sich Affekte [...]. Kleist hat wunderbar erklärt, weshalb Formen und Personen nur Erscheinungen sind, die durch die Verlagerung eines Schwerpunktes auf einer abstrakten Linie und durch die Verbindung dieser Linien auf einer Immanenzebene erzeugt werden.[6]

Theorie und Immanenz

Kleist war Ethologe, wenn auch nicht gemäß dem Wortverständnis seiner Zeitgenossen um 1800, die, dem vorbiologischen Wortverständnis folgend, unter einem Ethologen wohl „ein[en] Charakterdarsteller auf der Bühne"[7] und die Ethologie als „the science of the formation of character"[8] verstanden. Auch die ethologischen Instinktforschungen des zwanzigsten Jahrhunderts, wie sie in Deutschland namentlich verbunden sind mit Oskar Heinroth, Konrad Lorenz oder Irenäus Eibl-Eibesfeldt, verstellen eher den Blick auf den Ethologen Kleist, insofern die Verhaltensbiologie sich als eine spezifische Antwort auf ein Problem verstehen lässt, das in unterschiedlichen ethologischen Ansätzen der letzten zweihundert Jahre virulent geworden ist. Kleists Ethologie kann man hingegen als ein Insistieren auf der ethologischen Frage nach den Vermögen eines Körpers in Bezug auf andere Körper verstehen. Bei Isidore Geoffroy Saint-Hilaire, der den modernen Begriff von Ethologie geprägt hat, wird sie als eine nach „l'étude des relations des êtres organisés" gestellt,[9] mithin nach der „*Ethologie* als Bewegungslehre" (auch wenn Geoffroys Akzent den dynamischen gegenüber dem relationalen Aspekt zurückstellt).[10]

War schon die Genese einer biologischen Subdisziplin der Verhaltensforschung ab Mitte des neunzehnten Jahrhunderts von Abbrüchen, Parallelentwicklungen und uneinheitlichen Terminologien bestimmt,[11] so sind seit den 1970er Jahren ein weiteres Mal epistemische Verlagerungen, Öffnungen und Brückenschläge zu beobach-

---

6 Deleuze und Guattari: Tausend Plateaus, S. 365.

7 Toepfer: Ethologie, S. 461.

8 So lautet die Aktualisierung der im Grunde antiken Wortbedeutung von John Stuart Mill: A System of Logic (1843). Toronto 1974, S. 861 (hier zit. nach Toepfer: Ethologie, S. 461).

9 Isidore Geoffroy Saint-Hilaire: Histoire naturelle générale des règnes organiques, principalement étudiée chez l'homme et les animaux. Bd. 2. Paris 1859, S. 285.

10 Toepfer: Ethologie, S. 462.

11 Vgl. Volker Schurig: Problemgeschichte des Wissenschaftsbegriffs Ethologie. Rangsdorf 2014.

ten: von der Tier-Ethologie zu einer interdisziplinären *Human Ethology*[12]; von deterministischen Erklärungsansätzen zu ökologischen Konzepten[13]; von einer anthropologischen Orientierung hin zu einer Immanenzlogik des Körpers[14]. In der Folge dieser Verschiebungen ist eine *Ethologie der Kunst* in den Fokus gerückt,[15] in deren Umfeld sich auch eine Reihe bislang eher verstreuter Arbeiten zu Kleist zusammenlesen lässt.[16] Als Referenztext dient in aller Regel die Ende 1810 in Kleists eigener Zeitschrift, den *Berliner Abendblättern*, veröffentlichte Schrift *Über das Marionettentheater*[17]. In einer Art „Paradoxe", deren Argumentationsstruktur an Vorgänger wie Diderots *Paradoxe sur le comédien* erinnert, erläutert hier Herr C., selbst als erster Tänzer an der Oper angestellt, dass der von den Fäden eines Maschinisten gesteuerte Tanz der Gliederpuppen im Marionettentheater jedem menschlichen Tanz überlegen sei, insofern die Anmut der Marionetten durch einen außerhalb ihrer selbst liegenden Schwerpunkt ermöglicht werde, während die Schwerkraft es noch dem anmutigsten menschlichen Tänzer unmöglich mache, derart „schwerelos" zu schweben. Kleists Folgerungen hieraus – die schließlich die Bewusstlosigkeit der Gliederpuppe mit dem absoluten Bewusstsein Gottes korrelieren – laufen auf die geschichtsphilosophisch verrätselte Frage des Erzählers hinaus: „Mithin, sagte ich ein

---

12 Vgl. Irenäus Eibl-Eibesfeldt: Die Biologie des menschlichen Verhaltens. Grundriß der Humanethologie. München 1984; Mario von Cranach et al. (Hg.): Human Ethology. Claims and Limits of a Lost Discipline. Contributions to the Colloquium sponsored by the Werner-Reimers-Stiftung, 1975. Cambridge 1977; Walter Burkert: Structure and History in Greek Mythology and Ritual. Berkeley 1979.

13 Vgl. Verena Andermatt Conley: A plea for etho-ecology. In: Ethology. Claims and Limits of a Lost Discipline. Hg. von Andrea Allerkamp und Martin Roussel. Paderborn 2021, S. 83–94.

14 Als Referenzpunkt können die *Tausend Plateaus* von Gilles Deleuze und Félix Guattari gelten, deren „deterritorialisierender" Rückgriff auf Jakob von Uexkülls Umwelt-Begriff und deren Deutung von Spinozas *Ethik* als Ethologie im modernen Sinn die Ethologie immanenzphilosophisch geprägt haben. Vgl. etwa Kerstin Andermann: Immanente Ethik und Ethologie. Spinoza, Deleuze und Uexküll. In: Ethology. Hg. von Andrea Allerkamp und Martin Roussel, S. 39–63.

15 Vgl. Anne Sauvagnargues: Ethologie der Kunst. Deleuze, Guattari und Simondon. Aus dem Französischen von Daniela Voss. Berlin 2019.

16 Vgl. Martin Roussel: Zerstreuungen. Kleists Schrift „Über das Marionettentheater" im ethologischen Kontext. In: Kleist-Jahrbuch 2007, S. 61–93; Anthony Uhlmann: Expression and affect in Kleist, Beckett and Deleuze. In: Deleuze and Performance. Hg. von Laura Cull. Edinburgh 2009, S. 54–71; sowie die deleuzianischen Kleist-Lektüren etwa von: Kathrin Pahl: Gefühle schmieden. Gefühle sehen. In: Kleist-Jahrbuch 2008/09, S. 151–165; Adrian Switzer: To risk immanence/to read schizo-analytically. Deleuze, Guattari, and the Kleistian war-machine. In: The Comparatist 34 (2010), S. 153–174; Ingo Uhlig: Poetologien des Ereignisses bei Gilles Deleuze. Würzburg 2008, hier S. 45–51; Aline Wiame: A thought without puppeteer. Ethics of dramatization and selection of becomings. In: Deleuze Studies 10 (Feb. 2016), S. 33–49.

17 Kleists Werke werden im Fließtext zitiert mit Angabe der Bandnummer und Seitenzahl nach: Heinrich von Kleist: Sämtliche Werke und Briefe in vier Bänden, hg. von Ilse-Marie Barth et al. Frankfurt a. M. 1997. – *Über das Marionettentheater* findet sich in Bd. 3, S. 555–563.

wenig zerstreut, müßten wir wieder vom Baum der Erkenntnis essen, um in den Stand der Unschuld zu fallen?“ (III, 563)

Über deren „Sinn oder Unsinn“,[18] satirischen[19] oder philosophisch grundlegenden,[20] naiven oder hinterhältigen Charakter[21] ist in der Forschung keine Einigkeit erzielt worden. Handelt es sich um eine „philosophische Anthropologie *avant la lettre*“,[22] die den Menschen vom Nullpunkt einer „exzentrischen Positionalität“ (Plessner) her begreift, oder um eine „Kybernetik *avant la lettre*“, wie es Stefan Rieger mit Blick auf eine Experimentalanordnung der 1960er Jahre erscheinen konnte, deren „nicht geringster Verdienst darin besteht, die Vorgaben Kleists aus dem *Marionettentheater* ins Labor, genauer noch, in die Heidelberger Universitätsnervenklinik gebracht zu haben“?[23] Spätere Forschungen haben Kleists Marionette als technoide Reflexion einer Verhaltenssteuerung gelesen, die vom zeitgenössischen Motiv des Maschinenmenschen über Nietzsches Übermenschen bis hin zu den Cyborgs der Moderne anschlussfähig ist.[24]

Wenn ich im Folgenden von Kleists literarischer Ethologie spreche, dann interessieren mich diese Fragen einer Theoretisierbarkeit von Kleists Werk nur insofern, als die theoretische Heterogenität, mit der Kleists Vorgehen verortet werden soll, ein Indiz dafür ist, dass es Kleist gar nicht um die Theoretisierbarkeit zu tun ist, sondern seine Argumentationsfiguren rund um die Marionettenfigur auf eine – gerade nicht übergreifend konzeptualisierte, sondern selbst fundierende – Immanenzebene verweisen, die für das Verhalten von Kleists literarischen Figuren insgesamt kennzeichnend ist. In der Frage, wie sie sich verhalten sollen, stattet Kleist seine Figuren mit einem Nichtwissen aus, dessen Affektstruktur die Figuren wie einen Spielball – oder eine Marionette – einsetzt. Über den Maschinisten des Mario-

18 Beda Allemann: Sinn und Unsinn von Kleists Gespräch „Über das Marionettentheater“. In: Kleist-Jahrbuch 1981/82, S. 50–65.

19 Vgl. etwa Richard Daunicht: Heinrich von Kleists Aufsatz „Über das Marionettentheater“ als Satire betrachtet. In: Euphorion 67 (1973), S. 306–322.

20 Die Deutung als Schlüsseltext für Kleists Werk insgesamt wurde erstmals vertreten von Hanna Hellmann: „Über das Marionettentheater“. In: Walter Müller-Seidel: Kleists Aufsatz „Über das Marionettentheater“. Studien und Interpretationen. Berlin 1967 (1911), S. 17–31.

21 Vgl. Paul de Man: Ästhetische Formalisierung. Kleists „Über das Marionettentheater“. In: Paul de Man: Allegorien des Lesens. Aus dem Amerikanischen von Werner Hamacher und Peter Krumme. Frankfurt a. M. 1988, S. 205–233.

22 Joachim Fischer: Philosophische Anthropologie. Eine Denkrichtung des 20. Jahrhunderts. Freiburg i. Br./München 2008, S. 377 f.; vgl. Bruno Accarino: Philosophische Anthropologie und Marionettentheater. In: Internationales Jahrbuch für philosophische Anthropologie 5 (2015), S. 113–148.

23 Stefan Rieger: Choreographie und Regelung. Bewegungsfiguren nach Kleists „Marionettentheater“. In: Kleist-Jahrbuch 2007, S. 162–182, hier S. 172.

24 Vgl. Ulrich Johannes Beil: „Kenosis“ der idealistischen Ästhetik. Kleists „Über das Marionettentheater“ als Schiller-réécriture. In: Kleist-Jahrbuch 2006, S. 75–99.

nettentheaters berichtet Herr C.: „Vielmehr verhalten sich die Bewegungen seiner Finger zur Bewegung der daran befestigten Puppen ziemlich künstlich, etwa wie Zahlen zu ihren Logarithmen oder die Asymptote zur Hyperbel." (III, 557) Nimmt man den Maschinisten als denjenigen, der das Verhalten (s)eines Körpers steuern will und die Puppe als Vision einer perfekten Verhaltenssteuerung, dann diskutiert der Text die „Künstlichkeit", d. h. allererst herzustellende Möglichkeit der Kontrolle von Verhalten. Mit anderen Worten: Anhand von Kleists Figuren lässt sich die Differenz von Verhalten und seiner Form beobachten. Im Übrigen verwendet Kleist den Verhaltensbegriff unregelmäßig, jedoch stets in der Spannung zwischen intentionaler Steuerung (die als ungewiss erscheint) und einer Verhaltensnorm, für die die Allgemeinheit (Publikum, Gerichtsurteil usw.) einsteht und gemäß der es in aller Regel kein „richtiges" Verhalten gibt.[25]

„daß der Zufall uns an das Ziel führe"

Kleists literarische Ethologie entwickelt sich in seinen Briefen um die Jahrhundertwende, im Bemühen um einen „Lebensplan"[26] und schließlich im Scheitern dieser Planungen. Es ist jedoch nicht das biografische Momentum dieser Schreibszene, das zur Ethologie führt. Denn nicht die Beobachtung seines Lebens beschäftigt Kleist, sondern ein prologischer Aspekt, der sich mit der Frage beschäftigt, wie Verhalten überhaupt zustande kommt. An die Schwester schreibt er am 5. Februar 1801,

> Liebe Ulrike, es ist ein bekannter Gemeinplatz, daß das Leben ein schweres Spiel sei; und warum ist es schwer? Weil man beständig [...] immer von Neuem handeln soll und doch nicht weiß, was recht ist. *Wissen* kann unmöglich das Höchste sein – handeln ist besser als Wissen. (IV, 200)

Vom „Gemeinplatz" folgert Kleist auf das fehlende Kriterium, um Handeln zu beurteilen. Sein Satz „handeln ist besser als Wissen" bezeugt angesichts des für unlösbar erachteten Problems eine Perspektivenverschiebung vom Idealen zum Realen, vom Sollen zur Notwendigkeit. Erstmals erwähnt hatte er seinen „neuen Lebensplan" in einem Brief an Christian Ernst Martini aus dem März 1799 als Folge der Entscheidung, „den Soldatenstand [...] zu verlassen" (IV, 20). Seine

25 Vgl. etwa die Stellen in Bd. 3, S. 165 oder Bd. 3, S. 612.

26 Vgl. vor allem den Brief an die Schwester Ulrike von Kleist (Sommer 1799) in Bd. 4, S. 36–44; zur Einordnung: Hans Joachim Kreutzer: Die dichterische Entwicklung Heinrichs von Kleist. Untersuchungen zu seinen Briefen und zu Chronologie und Aufbau seiner Werke. Berlin 1968, S. 49–53.

Wunschvorstellung kommt jedoch über die Theorie nicht hinaus (vgl. IV, 32). Wenig später stellt er dem Lebensplan die „sclavische Hingebung in die Launen des Tyrannen Schicksaal" (IV, 38) entgegen und wählt ein folgenreiches Bild zum Vergleich:

> Ohne Reiseplan sich auf die Reise begeben, heißt erwarten, daß der Zufall uns an das Ziel führe, das wir selbst nicht kennen. Ohne Lebensplan leben, heißt vom Zufall erwarten, ob er uns so glücklich machen werde, wie wir es selbst nicht begreifen. (IV, 40)

Das Bild des Lebens- als Reiseplan greift Kleist zwei Jahre später in einem Brief an die damalige Verlobte Wilhelmine von Zenge auf. Mit einem bis heute nicht geklärten Verweis auf die „neuere[ ] sogenannte[ ] Kantische[ ] Philosophie" erläutert er: „Wir können nicht entscheiden, ob das, was wir Wahrheit nennen, wahrhaft Wahrheit ist, oder ob es uns nur so scheint. [...] Mein einziges, mein höchstes Ziel ist gesunken, und ich habe nun keines mehr –." (IV, 205) Wenig später fährt er fort: „In dieser Angst fiel mir ein Gedanke ein. / Liebe Wilhelmine, laß mich reisen." (IV, 206) Das Vergleichsbild aus dem 1799er Brief wird aufgegriffen, der Vergleich ins Bild mit hineingenommen: Kleists Lebensplan fällt mit dem Reiseplan zusammen, der wiederum als unbestimmter Wunsch zu reisen vorgetragen wird. Wie eine „Puppe am Drathe des Schicksaals" (IV, 40) hatte er sich 1799 abschätzig selbst gesehen; sich nicht vorhersehbaren Kräften zu überlassen, Kontrolle und Kontrollverlust zusammenzudenken, wird nun zum Leitbild – mit der Marionette aus dem *Marionettentheater* als Fluchtpunkt eines Gesinnungswandels, mit dem Kleist die Problembeschreibung als Lösungsweg avisiert.

Die Forschung hat den auf die Bitte, wenn nicht Ankündigung, „laß mich reisen" hin erfolgten Aufbruch nach Paris und weiter in die Schweiz als Kleists „Reise zur Kunst" beschrieben, „an deren Ende der Schriftsteller Heinrich von Kleist vor uns steht".[27] Zugleich lässt sich das Planspiel, in das Kleist sein Leben verwandelt hat, mit Stichworten wie Zukunftsoffenheit, Risiko oder auch dem des Projektemachers – mit Projekten als Bauer in der Schweiz, als Verwaltungsangestellter, als Zeitschriftenherausgeber oder als wissenschaftlicher Innovator – umreißen.[28]

Kleists aus der Absage an einen Lebensplan hervorgegangene Projekte sind immer auch Selbsterprobungen in dem Sinn, dass sie den Ort des Subjekts – seine

27 Klaus Müller Salget: Heinrich von Kleist. Stuttgart 2002, S. 58.

28 Zur Figur des „Projektemachers" um 1800 vgl. Markus Krajewski (Hg.): Projektemacher. Zur Produktion von Wissen in der Vorform des Scheiterns. 2. Aufl. Berlin 2004; mit Bezug auf Kleist: Günter Blamberger: Heinrich von Kleist. Biographie. Frankfurt a. M. 2012.

Wahrheit – ausloten.[29] Das Verhältnis von Sprache und Körper wird Schauplatz einer Reflexion, die ethologisch wohl zu nennen ist, insofern sie noch das Gelingen von Kommunikation an die Affektbeziehungen des Körpers rückbindet. Kleist scheint hierbei zunächst an Paradoxien der Schillerschen Ästhetik[30] anzuschließen:

> Aber das Ganze ist ein Brief geworden, den ich Dir nicht anders als mit mir selbst u durch mich selbst mittheilen kann, denn, unter uns gesagt, es ist mein Herz. Du willst aber schwarz auf weiß sehen, u so will ich Dir denn mein Herz so gut ich kann auf dieses Papier mahlen, wobei Du aber nie vergessen mußt, daß es bloße Copie ist, welche das Original nie erreicht, nie erreichen kann. (IV, 76)

Ähnlich schreibt er an die Schwester Ulrike von sich als einem „unaussprechlichen Menschen“: „Ich wollte ich könnte mir das Herz aus dem Leibe reißen, in diesen Brief packen, und dir zuschicken.“ Nach einem Gedankenstrich fügt er hinzu, als wäre ihm der Wunsch, sich das Herz aus dem Leibe zu reißen, auch nur einen Augenblick lang vorstellbar erschienen: „Dummer Gedanke!“ (IV, 313) Anders als Schiller geht es Kleist nicht um die Unlesbarkeit der Seele, sondern um die Problematik des Transports: Wie kann die Mitteilung zwischen zwei Körpern anders gelingen denn als „Versand“ des Körpers (Herz) selbst, wenn also die Wahrheit nicht unabhängig vom Medium, die Seele nur greifbar in der Differenz von Körperzuständen fassbar sein sollte? Wie kann Verhalten gedacht werden, das einem Muster zuzuordnen ist und zugleich der Wahrheit eines Körpers entspricht?

Fallstudie I: *Das Erdbeben in Chili*

Kleists Erzählungen lesen sich als Aushandlungen, in denen sich das Verhalten der Figuren in Figurations- und Defigurationsprozessen sozialer Ordnung konstituiert. Nicht die Faktizität eines beobachteten Verhaltens, sondern die Frage, was überhaupt Verhalten ist, kristallisiert sich im Gang seiner Erzählungen.

---

29 Zu Kleists „rigide[n] Experimente[n] im Feld der Semiotik“ vgl. Gerhard Neumann: Das Stocken der Sprache und das Straucheln des Körpers. Umrisse von Kleists kultureller Anthropologie. In: Heinrich von Kleist. Kriegsfall – Rechtsfall – Sündenfall. Hg. von Gerhard Neumann. Freiburg i. Br. 1994, S. 13–30, hier S. 21. Neumann verortet die Pole dieser Probe in den beiden Essays *Über die allmählige Verfertigung der Gedanken beim Reden* (Sprachprobe) und *Über das Marionettentheater* (Körperprobe).

30 Zugespitzt etwa im bekannten Distichon: „*Spricht* die Seele, so spricht ach! schon die *Seele* nicht mehr.“ (Friedrich Schiller: Sämtliche Werke, hg. von Gerhard Fricke und Herbert G. Göpfert. Bd. 1. 3. Aufl. München 1962, S. 313).

Verdeutlichen lässt sich das am Beispiel der Novelle *Das Erdbeben in Chili*, die von der unerlaubten Liebesbeziehung zwischen Jeronimo und Josephe erzählt, ihrem Sohn Philipp und einem Erdbeben, als dessen Folge das Verhalten der Liebenden und die moralische Ordnung neu verhandelt werden. Die Szene ist vor dem Dom von St. Jago: Don Fernando, Sohn des Stadtkommandanten, verteidigt sich gegen einen aufgebrachten Mob. Wie ein „göttliche[r] Held" erscheint er dem Erzähler, als er mit zwei Kleinkindern, seinem Sohn Juan und Philipp, auf dem linken Arm – „in der Rechten das Schwert" – eine Reihe an Gegnern („[s]ieben Bluthunde") niederstreckt, „der Fürst der satanischen Rotte selbst war verwundet". Eben diesem „Fürst", bei dem es sich um den satanisch stilisierten Schuhflicker Pedrillo handelt, gelingt es nun, „der Kinder Eines bei den Beinen von seiner Brust" zu reißen, „und, hochher im Kreise geschwungen, an eines Kirchpfeilers Ecke [zu] zerschmetter[n]". Es ist Fernandos eigener Sohn Juan, der „mit aus dem Hirne vorquellenden Mark" der „Mordlust" zum Opfer fällt.[31] Aufgrund dieses dramatischen Ereignisses säumte Fernando „lange, unter falschen Vorspiegelungen, seine Gemahlin von dem ganzen Umfang des Unglücks zu unterrichten; einmal, weil sie krank war, und dann, weil er auch nicht wußte, wie sie sein Verhalten [...] beurteilen würde." (III, 221)

Am Ende der Novelle läuft damit alles auf die Frage hinaus, *wie Don Fernandos Verhalten zu beurteilen ist*, wenn die Wertung des Erzählers – der einen göttlichen Helden am Kirchenpfeiler beschreibt – und das Ergebnis so wenig zueinander zu passen scheinen. Was ist das Kriterium, um ein Verhalten zu beurteilen? Was heißt es, *sich zu verhalten*, vor dem Hintergrund wechselnder Bezugsrahmen, mithin, wenn die Frage der Codierung von Verhalten thematisch wird?

Kleists Novelle zeigt sich in hohem Maße sensibel für genau diese Fragen. Schon als „Don Fernandos Gesellschaft" (III, 210) – gemeint ist hier, den Konventionen des achtzehnten Jahrhunderts folgend, eine sich eher zufällig um ihn herum gruppierte Gemeinschaft, der auch Jeronimo und Josephe angehören – beschließt, zur Dominikanerkirche nach St. Jago aufzubrechen, um nach den Zerstörungen des titelgebenden Erdbebens am Dankfest teilzunehmen, stellt Kleist die Diskussion heraus, „ob man [...] sich dem allgemeinen Zuge anschließen solle" (III, 210 f.) und ob nicht die individuelle Zusammensetzung der „Gesellschaft" mit dem allgemeinen Anliegen konfligiere, insofern der Gottesdienst dem Dank der Überlebenden und einer Wiederherstellung jener Ordnung dienen solle, gegen die Jeronimo und Josephe mit ihrer unerlaubten Liebesbeziehung verstoßen haben. Als die Gruppe „in

31 „Selbst der Tod kann [bei Kleist] nur als ein Geflecht von elementaren Reaktionen mit allzu unterschiedlichen Geschwindigkeiten gedacht werden. *Ein Schädel explodiert*, die Obsession von Kleist." (Deleuze und Guattari: Tausend Plateaus, S. 365).

dieser Ordnung [...] nach der Stadt" aufbricht, betont Kleist wiederum die Frage einer Ordnung, und das heißt auch nach einer eventuellen Störung dieser Ordnung: Don Fernando nämlich lässt seine Frau, Donna Elvire, zurück; begleitet wird er von Josephe, die wiederum – dies ein weiterer kontingenter Umstand – Fernandos Sohn Juan auf dem Arm trägt, der sich an sie, die als Leihmutter ihn wie ihren eigenen Sohn Philipp stillt, gewöhnt hat. Weil also Juan „über das Unrecht [von Josephes Brust weggeben zu werden], das ihm geschah, kläglich schrie" (III, 211), fügt sich die „Ordnung" der Gruppe mit Don Fernando und Josephe einerseits sowie Jeronimo – Philipps Vater – und Fernandos Schwägerin Donna Constanze als zwei eher zufällig zusammengefügten Paaren an der Spitze. Hieraus folgen in der Kirchenszene eine Reihe an Verwechslungen und Fehlzuordnungen, an deren Ende von den Genannten lediglich Fernando und das Kind Philipp überleben.

Für diese von Kleist aufwendig beschriebene Art und Weise, ein Arrangement für Körper zu finden und das Verhalten von Individuen als geordnet erkennbar zu machen, bietet die Novelle verschiedene Vorstellungen, ohne dass klar würde, wie denn die Menschen nach der umfassenden Zerstörung der Stadt und Störung der zivilisatorischen Gewissheiten „zur Erhaltung ihres Lebens" nun beispielsweise „zu *einer* Familie" qua Natur werden bzw. dies auf Dauer auch bleiben können (III, 208). Dieser Fraglichkeit folgend, planen Jeronimo und Josephe, die Wiedereinsetzung der alten, für sie bedrohlichen Ordnung fürchtend, „das Versöhnungsgeschäft" – also ihrer beider Versöhnung mit der gesellschaftlichen Ordnung – „schriftlich" aus der Ferne zu betreiben; doch fruchtet auch die „Klugheit dieser Maßregel" nicht, denn beim Dankfest in der Dominikanerkirche erwähnt „der ältesten Chorherren Einer [...] im Flusse priesterlicher Beredsamkeit", und zwar „umständlich des Frevels [...], der in dem Klostergarten der Karmeliterinen verübt worden war" – das ist die Verbindung Donna Josephes mit ihrem Hauslehrer Jeronimo – und kennzeichnet die Versöhnungsfantasie einer einigen Menschenfamilie als „gottlos" (III, 215). Es ist die hierin artikulierte Vorstellung eines Gottesgerichtes, an die Meister Pedrillo mit seinen Keulenschlägen anschließen wird. Für einen Moment – bevor „es still [ward]" (III, 221) – bringt er Körper und Ordnung, das Hirn des kleinen Juan und den Kirchpfeiler, zusammen. Es ist der Moment, in dem diese Verhaltenslehre ganz zur Seite des Ordnungsphantasmas hin ausschlägt und damit einen Gegenpol zur Vision, das alle Menschen in ihrer Natur eins wären, ausagiert. Doch die Natur bleibt bei Kleist stumm, ohne symbolischen Ausdruck: „Niemals schlug aus einem christlichen Dom eine solche Flamme der Inbrunst gen Himmel, wie heute aus dem Dominikanerdom zu St. Jago; und keine menschliche Brust gab wärmere Glut dazu her, als Jeronimos und Josephens!" (III, 214) Wortlos, unartikuliert bleibt auch der „namenlose[] Schmerz", den Don Fernando „gen Himmel" richtet, „als er seinen kleinen Juan vor sich liegen sah" (III, 221).

So wie die Inbrunst, die eine aus der Natur erwachsene Einheit verspricht, „im Flusse priesterlicher Beredsamkeit" in die „Mordlust" des Schuhflickers und einer aufgepeitschten Menge umschlagen kann, so kann auch Don Fernandos wortloser Schmerz in der Folge von zufälligen Worten eines Dritten wie die wortlose Trauer seiner Frau – „durch einen Besuch zufällig von Allem, was geschehen war, benachrichtigt, weinte diese treffliche Dame im Stillen ihren mütterlichen Schmerz aus" (III, 221) – folgenlos bleiben. Seine „falschen Vorspiegelungen", mit denen er den Tod Juans *nicht* erwähnt, schaffen nun eine Verhaltensleerstelle, aus der sich zuletzt die Faktizität einer neuen Ordnung herausschält, denn das zweite der kleinen Kindern, Philipp, der als Sohn Jeronimos und Josephes eigentlich Ziel der „Mordlust" war, wird nun von Fernando und Elvire anstatt ihres eigenen Kindes adoptiert: „[V]iel über das Antlitz des kleinen Philipp weinend", hatte Fernando die Zeit der „falschen Vorspiegelungen" verbracht, so dass nicht nur die Annahme des „kleinen Fremdling[s] zum Pflegesohn" die Familie wiederherstellt, sondern „wenn Don Fernando Philippen mit Juan verglich, und wie er beide erworben hatte, so war es ihm fast, als müßt er sich freuen." (III, 221) Anerkannt wird mit dem Pflegesohn auch der Gang der Ereignisse, der in einer Kette von Zufällen und nicht vorhersehbaren Umständen sowie mediatisiert „im Flusse" nicht nur priesterlicher „Beredsamkeit" Natur durch Kultur ersetzt hat (auf der Ebene von Ordnungsvorstellungen) und die natürlichen Körper einer Ordnungsposition zugeordnet hat. Das Beben kommt zur Ruhe, auch wenn Kleists Konjunktiv „als müßt er sich freuen" die Fragilität der Ordnung und die Unabsehbarkeit von Verhaltensnotwendigkeiten festhält.

Fallstudie II: *Über die allmählige Verfertigung der Gedanken beim Reden*

Die Bedeutung des Verhaltensparadigmas gegenüber dem subjektiv-idealistischen Begriff des Handelns ist in der Kleist-Forschung oft betont und genealogisch in die moralistische Tradition rückverortet worden. Tatsächlich ist bei Kleist ein Rekurs auf moralistische Verhaltenslehren (der Kälte) zu beobachten,[32] die auf dem Schauplatz der Schrift einer Logik der Steigerung unterliegen. Schon für Klugheitslehren bei Macchiavelli, Gracián oder La Rochefoucauld gilt die Frage der

32 Vgl. (mit Bezug auf Helmut Lethen) Günter Blamberger: Agonalität und Theatralität. Kleists Gedankenfigur des Duells im Kontext der europäischen Moralistik. In: Kleist-Jahrbuch 1999, S. 25–40; Adam Soboczynski: Versuch über Kleist. Heinrich von Kleist und die Kunst des Geheimnisses um 1800. Berlin 2007.

Entscheidung über Anwendung oder Nicht-Anwendung einer Verhaltenslehre als nur situativ beantwortbar.[33]

Schon auf formaler Ebene spielt Kleist hiermit in seiner Bearbeitung einer moralistischen Fabel, die durchsetzt ist mit wörtlichen Zitaten des französischen Originals und doch auf eine veränderte Problemstellung zielt. „Man kennt diese Fabel", eröffnet Kleist ein Beispiel seines Essays *Über die allmählige Verfertigung der Gedanken beim Reden*, und lässt seine trügerische Paraphrase von La Fontaines *Les animaux malades de la peste*[34] folgen. Die Fabel führt uns in ein absolutistisches Königreich, in dem der Löwe beliebig über Gesetze und Regeln entscheiden kann. Jedes Tier solle, beschließt der Löwe als Mittel gegen die Pestepidemie, seine Sünden bekennen und anschließend solle der größte Sünder geopfert werden. Er selbst habe Schafe und wohl, „quelquefois", auch den Hirten getötet, bekennt der Herrscher selbst und setzt den ihm nachfolgenden Fuchs, vulgo Minister oder Höfling, derart unter Druck, den König entweder gefährlich zu unterbieten oder aber sich selbst als Sünder und potenzielles Opfer zu bekennen.

> „Sire", sagt der Fuchs, der das Ungewitter von sich ableiten will, „Sie sind zu großmütig. [...] Was ist es, ein Schaf erwürgen? Oder einen Hund, diese nichtswürdige Bestie? Und: quant au berger" [was den Hirten betrifft], fährt er fort, denn dies ist der Hauptpunkt: „on peut dire" [so kann man sagen]; obschon er noch nicht weiß was? „qu'il méritoit tout mal" [dass er alles Böse verdient habe]; auf gut Glück; und somit ist er verwickelt; „étant" [wobei]; eine schlechte Phrase, die ihm aber Zeit verschafft: „de ces gens là" [was diese Leute dort angeht], und nun erst findet er den Gedanken, der ihn aus der Not reißt: „qui sur les animaux se font un chimérique empire." [die über die Tiere ein Scheinreich errichtet haben] – Und jetzt beweist er, daß der Esel, der blutdürstige! (der alle Kräuter auffrißt) das zweckmäßigste Opfer sei, worauf alle über ihn herfallen, und ihn zerreißen. (III, 538)

Nicht nur treibt Kleist die Absurdität der Geschichte in einer *contradictio in adiecto*, dem kräuterfressenden/blutdürstigen Esel, auf die Spitze, sondern er rückt das rhetorische, bei La Fontaine die nächste Stufe einer kalkulierten Umwertung ankündigende „on peut dire" ins Zentrum der Aufmerksamkeit. Denn bei Kleist folgt der Fuchs keiner ausgemachten Klugheitsregel, viel eher einer Art Verlegenheitsstrategie: Das „on peut dire" dient zu mehr, als Zeit zu gewinnen und auf den rechten Einfall zu warten; der Fuchs verschärft die Situation, indem

---

33 Im Medium Text verschärft Kleist die Unbeantwortbarkeit der Frage der Anwendung auf, um „ein Äquilibrium von Kontrolle und Kontrollverlust" zu erreichen (Sibylle Peters: Von der Klugheitslehre des Medialen. [Eine Paradoxe.] Ein Vorschlag zum Gebrauch der Berliner Abendblätter. In: Kleist-Jahrbuch 2000, S. 136–160, hier S. 156 f.).

34 Jean de La Fontaine: Les animaux malade de la peste. In: Fable, deuxième recueil: livres VII, VIII. Bd. 3. Paris 1678, S. 9–14.

er sich ein Ziel vorgibt, das er nun erreichen muss: dass nämlich der Hirte das ihm geschehene Unheil verdiene.

Seine Entdeckung, die Kleist im Titel seines Essays pointiert, hat Konsequenzen für den Blick auf menschliches Verhalten, denn die Leistung des Fuchses ist nicht einfach die Einsicht in das kreative Potenzial von Sprache; vielmehr zeigt die Fabel in der kleistschen Variante, wie es dem Fuchs unter dem Zwang, ein ihm noch nicht geläufiges Verhalten zu entwickeln, gelingt, seinen eigenen Wünschen eine nachvollziehbare Regel zuzuordnen. So versucht er, sein Verhalten als Synchronie von Regel und Anwendung darzustellen. La Fontaines moralistischer Blick auf Klugheitslehren und die Faktizität der Macht weicht einer offenen Matrix, mithin einer Formalisierung von Verhalten: So wie das „on peut dire" nicht mehr aussagt, *was zu sagen ist*, verfügt Kleists Fuchs nicht über das Wissen, an welcher Maxime sich sein Verhalten ausrichten soll; er macht lediglich Gebrauch davon, dass flottierende Regularien auch beständig neue Anpassungen des Verhaltens erfordern, und das heißt auch: der Anpassung an je individuelle Ausgangslagen, um den Anforderungen zu entsprechen.

Der Fuchs entdeckt also, dass die Sprache als Medium eine Lücke formulieren lässt zwischen einer Gesetzförmigkeit (von Verhalten) und einem (Verhaltens-)Wunsch, also dass sich zu verhalten zwei nicht per se koordinierte Seiten hat. Beides, die Innenperspektive und die Beobachtung, der Körper und die Struktur seiner Wechselwirkung mit anderen Körpern, lässt sich jeweils nicht auf das andere abbilden: Verhalten geht weder in Regeln oder Mustern auf noch in nicht formalisierbaren Einzelfällen. Kleist beobachtet entsprechend nicht, wie sich Menschen (Tiere) verhalten, um anhand der Gewohnheiten, Regeln und Strukturen Aussagen darüber zu treffen, wie sich de facto – in aller Regel oder gemäß von angebbaren Regeln – verhalten wird oder verhalten werden sollte, sondern er beobachtet, was Verhalten ist.

„Die Reihen der Vorstellungen und ihrer Bezeichnungen", erläutert er,

> gehen neben einander fort, und die Gemütsakten für eins und das andere, kongruieren. Die Sprache ist alsdann keine Fessel, etwa wie ein Hemmschuh an dem Rade des Geistes, sondern wie ein zweites, mit ihm parallel fortlaufendes, Rad an seiner Achse. (III, 538)

Dass Kleist das moralistische Kalkül einer Verhaltenskontrolle um des Erfolgs willen gerade nicht beachtet, ist zu betonen. Das Rad der Fortuna, auf das Kleist anspielt, steht nicht mehr im Zeichen von Providenz, sondern von Kontingenz.[35] Die ethologische Figur, in der die Absage an den Lebensplan, die zur Kontingenz ge-

35 Vgl. Werner Frick: Providenz und Kontingenz. Untersuchungen zur Schicksalssemantik im deutschen und europäischen Roman des 17. und 18. Jahrhunderts. Tübingen 1988.

drehte Schicksalsmetaphorik und das Interesse am Interaktionsspiel von Körpern zuläuft, ist die Vorsicht angesichts des Unwägbaren.

So verhält es sich auch in einem weiteren Exempel aus *Über die allmählige Verfertigung der Gedanken beim Reden*, in dem Kleist das bedeutendste historische Ereignis seiner Zeit auf solche Zufälligkeiten und Körperzeichen rückbezieht und derart gegen die historische Ableitung von Notwendigkeiten, Plausibilitäten oder Wahrscheinlichkeiten das Momentum mit dem Moment kurzschaltet. „Mir fällt", heißt es hier – indem Kleist den Pariser Sommer 1789 in Erinnerung ruft –

> jener „Donnerkeil" des Mirabeau ein, mit welchem er den Zeremonienmeister abfertigte, der nach Aufhebung der letzten monarchischen Sitzung des Königs am 23ten Juni, in welcher dieser den Ständen auseinander zu gehen anbefohlen hatte, in den Sitzungssaal, in welchem die Stände noch verweilten, zurückkehrte, und sie befragte, ob sie den Befehl des Königs vernommen hätten? „Ja", antwortete Mirabeau, „wir haben des Königs Befehl vernommen" – ich bin gewiß, daß er bei diesem humanen Anfang, noch nicht an die Bajonette dachte, mit welchen er schloß: „ja, mein Herr", wiederholte er, „wir haben ihn vernommen" – man sieht, daß er noch gar nicht recht weiß, was er will. „Doch was berechtigt Sie" – fuhr er fort, und nun plötzlich geht ihm ein Quell ungeheurer Vorstellungen auf – „uns hier Befehle anzudeuten? Wir sind die Repräsentanten der Nation. [...] Und damit ich mich Ihnen ganz deutlich erkläre" – und erst jetzo findet er, was den ganzen Widerstand, zu welchem seine Seele gerüstet dasteht, ausdrückt: „so sagen Sie Ihrem Könige, daß wir unsre Plätze anders nicht, als auf die Gewalt der Bajonette verlassen werden." (III, 536 f.)

Es gehört zu den intrikaten Details dieser „Donnerkeil"-Anekdote, dass sie mit der Drohung nicht zu Ende ist, sondern ein gegenläufiges Nachspiel hat, das aus der dramaturgisch konstellierten Szene zunächst eine der Lektüre und mithin darauf aufmerksam macht, dass aus der Anekdote nur deshalb Geschichte geworden ist, weil Mirabeau seine Wort-Tat nicht mit ihrer begrifflichen Bedeutung gleichsetzt, sondern potenziellen Wechselfällen des Schicksals Rechnung zu tragen bereit ist:

> Man liest, daß Mirabeau, sobald der Zeremonienmeister sich entfernt hatte, aufstand, und vorschlug: 1) sich sogleich als Nationalversammlung, und 2) als unverletzlich, zu konstituieren. Denn [...], von der Verwegenheit zurückgekehrt, [gab er] plötzlich der Furcht vor dem Chatelet, und der Vorsicht, Raum. (III, 537)

Nicht das Subjekt ist handlungsmächtig, sondern es muss sein Verhalten den Begriffen in wechselnden Umständen zuordnen, der Sinn des Handelns ergibt sich erst aus der Überführung in die Tat. Aus dieser Notlage heraus wird Kleist zum Ethologen, und dieser Begriff von Ethologie und von Verhaltenswissen grenzt sich doppelt ab: vom moralistischen Verhaltensbegriff und seiner Orientierung an sozialer Klugheit einerseits, den deterministischen Rückführungen des Verhaltens in ethologischen Instinktforschung des zwanzigsten Jahrhunderts andererseits. Kleist entdeckt als literarisches Paradigma die Ethologie als Frage nach den sozialen Rahmungen des Körpers. Mirabeaus Vorsicht: das ist die Frage nach einer Beurteilung von Verhalten, nach Ordnungen des Verhaltens und dem Grad der Ungewissheit, die jedes Verhalten bestimmt.

Literarische Ethologie und die „Komplexität der erkenntnistheoretischen Konfiguration" (Foucault)

Als Erprobungsraum der Bewegungsmodalitäten des Körpers geht Kleists literarische Ethologie vom Primat des Handelns gegenüber dem Wissen (wie zu handeln ist) aus und begegnet dem Problem der Verhaltenssteuerung mit einer erzählerisch ausgestalteten Spannung zwischen intentionaler Vorsicht der Figuren und potenziell katastrophischen Szenarien und der beständigen Notwendigkeit, Verhalten an wechselnde Konstellationen anzupassen. Ein erzählerischer Abschluss wie das Ende des *Erdbebens in Chili* hat offenkundig den Zweck, in eine abschließende Konstellation – in diesem Fall die Annahme Philipps als „neuer" Sohn anstelle des ermordeten leiblichen – ein Moment der Unglaubwürdigkeit, des Scheins oder sogar der Beliebigkeit einzuführen. Wie Kleists Adaption von La Fontaines *Les animaux malades de la peste* verdeutlicht, interessiert ihn am Verhalten des Fuchses weniger das Kalkül als vielmehr die Notlage und die hieraus resultierende Frage nach einer Synchronisierung von Verhalten und Regel (mit Modifikationsmöglichkeiten auf beiden Seiten).

Diese *Notlage* spiegelt das von Michel Foucault beschriebene „Ensemble präziser wissenschaftlicher Schwierigkeiten"[36] in der Formierung der anthropologischen Wissenschaften im achtzehnten Jahrhundert, denn der Fuchs wie auch Don Fernando im *Erdbeben* sehen sich mit dem Problem konfrontiert, ihr Verhalten in einer Umgebung auszugestalten, die dieses womöglich allererst definiert. So ist in der Fabel die Verfügungsgewalt des Königs zwar absolut, nicht aber die Auslegung seiner Worte; so bleibt Don Fernando die (von seinem Autor gewählte) Option schriftlicher Beobachtung versperrt und er muss verfolgen, wie die Worte des Chorherrn in der Kirche eher zufällig mit der körperlichen Realität zu interagieren beginnen, Jeronimo und Josephe identifiziert (eigentlich aber als Objekt der Rede formatiert) werden (einschließlich der tödlichen Verwechslung von Juan und Philipp). Die Körper werden zum Schauplatz einer Semiologie, die als ihr neues Pro-

36 Michel Foucault: Einführung in Kants „Anthropologie" (2008). Aus dem Französischen von Ute Frietsch. Mit einem Nachwort von Andrea Hemminger. Berlin 2010, S. 106.

dukt den „Menschen" (im Unterschied zum Esel oder zu Philipp als Produkt der Sünde) hervorbringt (und in einer Figur grundloser Gewalt rückverortet).

Wissenschaftsgeschichtlich liest sich diese Entstehung des anthropologischen Dispositivs als eine virtuelle Verdoppelung:

> In der Einheit der *Physis*, [...] beginnt sich das, was für *den* Körper das *Physische* (*le* physique) ist, abzulösen von dem, was für *die* Körper das *Physikalische* (*la* physique) ist. Das Physische im Menschen wäre demnach Natur, ohne physikalisch zu sein. [...] Die Existenz einer Anthropologie ist zugleich der Grund und der Effekt, in jedem Fall das Maß dieser Verschiebung.[37]

Die „Instabilität" der Humanwissenschaften verdankt sich der „Komplexität der erkenntnistheoretischen Konfiguration",[38] mithin der Verschleierung der Legitimation (im Exzess), mit der die Macht ausgeübt wird (der Fuchs den Willen des Löwen zu kanalisieren versteht; der *Mob*, die „satanische[ ] Rotte" konsequenzlos das falsche Kind morden kann). Mit der Herauslösung der Definition des Menschen aus metaphysischen und theologischen Ordnungen, die das hierin Gesetzte, Gott und Tier, als der Bestimmung des Menschen vorhergehend betrachten, erscheint der Mensch an einem neuen Ort im System der Wissenschaften. Der Name hierfür wechselt: Anthropologie, *humaniora* oder Erfahrungsseelenkunde. Gerade weil die neuen Humanwissenschaften einerseits in der Entdeckung des Menschen als Mensch ihren neuen Gegenstandsbereich affirmieren wollen, andererseits die selbst vorgegebene epistemische Konstruktivität der vorausgesetzten Natürlichkeit des Gegenstandes entgegensteht, bleibt das Gefüge ohne eigene stabile Methodik. Die Ethologie, wie Kleist sie literarisch praktiziert, macht diesen Schritt nicht rückgängig; sie situiert menschliches Verhalten in diesem und als dieses Spiel.

Anhang

Der Zusammenhang von methodologischen Fragen mit einer wissenschaftsgeschichtlichen Situation lässt sich in einer Reihe von Beobachtungen und Desideraten einer Ethologie um 1800 fortführen. Baruch de Spinoza, dessen *Ethik* Gilles Deleuze als Ethologie ausgewiesen hatte, ist hierbei der Referenzautor.

> Deleuze [...] zeigt [...], wie dieses [Spinoza folgende] Ergebnis [Ersetzung der Moral durch Ethik] den Status der Kunst und der Literatur radikal umformt. Die Werke dürfen nicht

37 Foucault: Kants „Anthropologie", S. 108.

38 Michel Foucault: Die Ordnung der Dinge. Eine Archäologie der Humanwissenschaften (1966). Aus dem Französischen von Ulrich Köppen. Frankfurt a. M. 2002, S. 418.

mehr Gegenstand einer Interpretationsmoral sein, die ihren materiellen Körper auf eine intelligible Form bezieht, sondern einer Ethik als einer Ethologie der wirklichen Kräfte. Deleuze schafft also Raum für ein neues Verständnis des Zeichens nicht als ein einer Bezeichnung, sondern als einer affizierenden Kraft.[39]

Für diese Aufgabe einer „Ethologie der wirklichen Kräfte“ kann man um 1800 verschiedene Lösungsansätze identifizieren, die in unterschiedlicher Weise das Problem einer „Exzedenz“, d. h. heißt einer fraglichen Orientierungs- und Richtungsinstanz, thematisieren. Während hierbei die kantische Philosophie und die klassische wie die romantische Kunstphilosophie die Formfrage in den Mittelpunkt stellen, zeigt das aufbrechende Wissenschaftsgefüge – insbesondere mit der Biologie als Zukunftsparadigma – eine neue Offenheit in den kategorialen Zuschreibungen an.[40] In dieses Momentum des Aufbrechens hinein gehören auch die literarischen Verhaltensformen, insofern sie sich kritisch mit der Formfrage (sei es den tradierten Gattungskonventionen, sei es den neuen normativen Gattungsordnungen) verhalten und sich in einem Feld der Körper und ihrer Kräfte konstituieren.

Gleichwohl ist es von Bedeutung, dass im ausgehenden achtzehnten Jahrhundert eine Spinoza-Diskussion in Deutschland beginnt, die, anfangs geprägt vom Pantheismus-/Atheismus-Vorwurf, zunehmend die anti-metaphysische Sprengkraft des spinozistischen Denkens in den Fokus zu rücken versuchte. Von hier aus wiederum konnte – vom Debattenverlauf her überraschend – Spinoza auf einmal nicht mehr als Gegenentwurf zu Kant erscheinen, sondern vielmehr als der eigentliche Zielpunkt der kantischen Transzendentalphilosophie. Friedrich Schleiermacher hat in zwei frühen Aufsätzen[41] genau dies angedacht: Kant im Durchgang durch Spinoza zu vollenden.[42] Schleiermacher interessiert sich vor allem für das Moment des Intuitiven, das schon in Kants *Kritik der Urteilskraft* gegenüber der

39 Anne Sauvagnargues: Spinoza-Lektüre. Ein Beitrag zur Ästhetik von Deleuze. In: Ein neuer Blick auf die Welt. Spinoza in Literatur, Kunst und Ästhetik. Hg. von Martin Bollacher, Thomas Kisser und Manfred Walther. Würzburg 2010, S. 247–259, hier S. 249.

40 Dies ist ein Grund, weshalb die Zeit um 1800 nicht nur als „Sattelzeit“ (Koselleck) wichtig ist, sondern auch in wissenspoetologischer Hinsicht besonders aufschlussreich. Vgl. Joseph Vogl (Hg.): Poetologien des Wissens um 1800. München 1998.

41 Friedrich Daniel Ernst Schleiermacher: Spinozismus. In: Friedrich Daniel Ernst Schleiermacher: Kritische Gesamtausgabe. Bd. 1/1 (1984): Schriften und Entwürfe. Jugendschriften, 1787–1796, hg. von Günter Meckenstock. Berlin/New York 1983, S. S. 513–558; Friedrich Daniel Ernst Schleiermacher: Kurze Darstellung des Spinozistischen Systems. In: Friedrich Daniel Ernst Schleiermacher: Kritische Gesamtausgabe. Bd. 1/1, S. 559–582.

42 Vgl. insbesondere Schleiermacher: Kurze Darstellung, S. 570. Zu Schleiermachers Spinoza-Rezeption vgl. insbesondere Julia A. Lamm: The Living God. Schleiermacher's Theological Appropriation of Spinoza. University Park, Pa. 1996; Christof Ellsiepen: Anschauung des Universums

Kritik der reinen Vernunft als Moment aufscheint.[43] Ausgehend von der „Cohäsion“ der beiden Attribute des Unendlichen, Ausdehnung und Denken, erkennt Schleiermacher bei Spinoza den „unmittelbare[n] Begrif“ als „nur mit seinem Gegenstand zugleich wirklich“ und folgert, dass der Begriff, das Denken, „aufgelöst [werde], wenn jener zersetzt wird.“[44] Exakt hierin besteht bekanntlich auch die Pointe von Hegels Kant-Deutung, insofern ein solcher „unmittelbare[r] Begrif“ sogar im Zentrum einer ästhetischen Urteilskraft bei Kant stehen müsse.[45]

Hegel erkennt an Kant die Figur einer unvordenklichen Einheit in der Intuition als maßgeblich und gliedert sie zugleich in die Gesetzgebung des Verstandes ein. Ein eigentlicher „intuitiver Verstand“ kommt für Kant jedoch Gott zu, nicht aber dem Menschen, für den Erkenntnis immer zugleich kategorial (vom Verstand her) und empirisch (aus den Sinnen) sein muss. Während also Hegels Philosophie gewissermaßen eine Vergöttlichung der Vernunft bezeichnet, wählt Schleiermacher den umgekehrten Weg, indem er Gottes Wirksamkeit in die Welt verlagert sieht. Es ist nur die Absolutheit Gottes an sich, die der Erfahrung entzogen bleibt, oder besser: die im Menschen nur als „Gefühl der schlechthinnigen Abhängigkeit“ bemerkbar sein kann.[46] Kantische Unerkennbarkeit des Seins und spinozistischer Pantheismus scheinen hier zusammenzufließen.[47]

---

und Scientia Intuitiv. Die Spinozistischen Grundlagen von Schleiermachers früher Religionstheorie. Berlin 2004.

43 Vgl. Immanuel Kant: Kritik der Urteilskraft. Hg. von Karl Vorländer. Mit einer Bibliographie von Heiner Klemme. Hamburg 1990, S. 272 [B 347]).

44 Schleiermacher: Kurze Darstellung, S. 582.

45 Vgl. Georg Wilhelm Friedrich Hegel: Glauben und Wissen oder Reflexionsphilosophie der Subjektivität in der Vollständigkeit ihrer Formen als Kantische, Jacobische und Fichtesche Philosophie. In: Georg Wilhelm Friedrich Hegel: Werke. Bd. 2. Redaktion Eva Moldenhauer und Karl Markus Michel. Frankfurt a. M. 1986, S. 287–433, hier S. 327.

46 Vgl. Friedrich Daniel Ernst Schleiermacher: Vorlesungen über die Dialektik. In: Friedrich Daniel Ernst Schleiermacher: Kritische Gesamtausgabe. Bd. 10/1 (2002), hg. von Andreas Arndt, S. 77 f.

47 Dass hierin eine radikale Infragestellung seiner Philosophie formuliert ist, hat Hegel selbst erkannt. Vgl. Georg Wilhelm Friedrich Hegel: Vorwort zu H.F.W. Hinrichs: Die Religion im inneren Verhältnisse zur Wissenschaft, Heidelberg 1822, S. XVIIIf. In: Georg Wilhelm Friedrich Hegel: Werke. Bd. 20. Frankfurt a. M. 1986, S. 19 f. – Noch deutlicher kann (der späte) Friedrich Schelling an Spinoza anschließen und noch deutlicher das Problemverhältnis von göttlicher Anschauung (und Vorherbestimmung) einerseits, schierer Kontingenz (ohne Antizipationsgewissheiten) andererseits, fokussieren. „Intellektuelle Anschauung“, die Gott bzw. der Natur zukomme, reformuliert Schelling als „Unvordenklichkeit des Seins“, das unsere „necessario Existens“ kennzeichne (Friedrich Wilhelm Joseph von Schelling: Sämtliche Werke, Bd. 11, hg. von Karl Friedrich August von Schelling. Stuttgart 1856–1861, S. 317). Zur *necessario Existens* vgl. Markus Gabriel: Unvordenkliches Sein und Ereignis. Der Seinsbegriff beim späten Schelling und beim späten Heidegger.

Was nun sind im Horizont dieser Verschiebungen des Wissens die Vorteile, Grundzüge einer Ethologie gerade in der Literatur zu beobachten? Anders als im sich ausdifferenzierenden Diskurs der modernen Wissenschaften (im Zeichen eines pluralen Wissensverständnisses) und anders als es die idealistische Philosophie (im Zeichen eines absoluten Wissensbegriffes) erhofft, lässt sich der literarische Diskurs nicht umstandslos auf begriffliches Wissen rückrechnen, sondern hängt von Poetiken und zunehmend den Poetologien einzelner Texte ab. Partizipation an wissenproduzierenden Diskursen einerseits, Insistenz auf (ästhetischer) Eigengesetzlichkeit bzw. der Präzision des Metaphorischen gegenüber der Formel[48] andererseits markieren in diesem Sinn keine Defizienz des literarischen Wissens, sondern die Notwendigkeit eines zerstreuten Wissens angesichts eines unübersehbaren Handlungsfeldes. Zerstreuung bezeichnet hierbei jenen Moment, in dem Wissen „ein gewisser *Zustand* unserer" wird (so Kleist in *Über die allmählige Verfertigung der Gedanken beim Reden*; III, 540), der gleichsam (so in *Von der Überlegung. Eine Paradoxe*) „tausendgliedrig, nach allen Windungen [...], nach allen Widerständen [...], Ausweichungen und Reaktionen", ausdeutbar wie anschlussfähig ist, während sich eigentliche Erkenntnis erst in einer „Überlegung" einstellt, die „ihren Zeitpunkt weit schicklicher *nach* als *vor* der Tat" (III, 554 f.), d. h. einer Ins-Werk-Setzung, findet. Es ist dies, worauf David Wellbery in einer Verschaltung einer „paradoxen" Epistemologie der Literatur mit der ihrer Wissenschaften aufmerksam gemacht hat, die Prädestinierung des literarischen Werks zu einem „*konkreten Anlass*[ ]",[49] dessen Regel allererst zu bestimmen ist.

In: Heideggers Schelling-Seminar (1927/28). Die Protokolle von Martin Heideggers Seminar zu Schellings „Freiheitsschrift" (1927/28) und die Akten des Internationalen Schelling-Tags 2006. Hg. von Lore Hühn und Jörg Jantzen. Stuttgart/Bad Cannstatt 2010, S. 81–112, hier S. 89. Zu Schellings Spinoza-Rezeption vgl. Joseph P. Lawrence: Spinoza in Schelling. In: Idealistic Studies 33 (2003), H. 2/3, S. 175–193.

48 „Man könnte die Menschen in zwei Klassen abteilen; in solche, die sich auf eine Metapher und 2) in solche, die sich auf eine Formel verstehn. Deren, die sich auf beides verstehn, sind zu wenige, sie machen keine Klasse aus." (III, 555)

49 David Wellbery: Vorbemerkung. In: David Wellbery: Positionen der Literaturwissenschaft. Acht Modellanalysen am Beispiel von Kleists „Das Erdbeben in Chili". 4. Aufl. München 2001, S. 7–10, hier S. 7 f.

Leander Scholz

Ludwig Klages und die Ethik der Erde im frühen 20. Jahrhundert

Am zweiten Oktober-Wochenende des Jahres 1913 versammelten sich weit über zweitausend junge Männer und Frauen auf dem Hohen Meißner in Hessen. Das Treffen fand auf Einladung einer losen Vereinigung von Jugendbünden statt und sollte den patriotischen Übersteigerungen des Deutschen Reiches etwas entgegensetzen. Denn dieser Oktober war zugleich Schauplatz offizieller Festakte zum hundertjährigen Jubiläum der Völkerschlacht bei Leipzig, in der die napoleonischen Truppen ihre entscheidende Niederlage erlitten hatten. Russland, Preußen, Österreich und Schweden hatten Frankreich besiegt und dem bislang erfolgreichen Eroberungszug seiner revolutionären Armee unter Napoleon Bonaparte damit ein Ende gesetzt. Anlässlich des feierlichen Rückblicks auf dieses historische Ereignis sollte durch den Deutschen Kaiser und die Bundesfürsten ein monumentales Denkmal eingeweiht werden, zur ewigen Erinnerung an die große Befreiungsschlacht des europäischen Nordens gegen den europäischen Süden, zumal eine Auseinandersetzung feindlicher Lager jederzeit erneut bevorstehen konnte. Denn die Zeremonie der Einweihung stand bereits im Zeichen eines Krieges, der als erster von zwei Weltkriegen in die Geschichte eingehen sollte.

Zu den jugendlichen Gegnern der Reichspolitik gehörten die Vereinigungen der Wandervögel und Lebensreformer, die sich für einen fundamentalen politischen Wandel einsetzten. Ihr Ziel war es, die Geschlossenheit einer Jugendbewegung zu demonstrieren, die sich von den alten Feindschaften aus der Gründerzeit losgesagt und diese überwunden hatte. Die Alternativveranstaltung zur kaiserlichen Jubiläumsfeier war daher als ein „Fest der Jugend" gedacht, mit Verweis auf den politischen Aufbruch der frühen Wartburgfeste im neunzehnten Jahrhundert, die ebenfalls Protestkundgebungen einer emanzipierten, gegen reaktionäre Politik und Kleinstaaterei aufbegehrenden Jugend gewesen waren. Zwar fand auch das „Fest der Jugend" anlässlich des Gedenkens an den militärischen Erfolg von 1813 statt, aber der Sieg wurde von den Jugendbünden nicht nur als Befreiung von den französischen Besatzern begriffen, sondern auch als Befreiung von der deutschen Kleinstaaterei und den alten Autoritäten. Es bezeichnet den demokratischen Auftakt einer jungen Nation, die sich erst noch zu finden hatte. Mit den beiden konkurrierenden Veranstaltungen im Oktober 1913 stand die deutsche Nation sich in ihren entscheidenden Grundzügen selbst gegenüber.

https://doi.org/10.1515/9783110740813-005

Die geschändete Erde

Das programmatische Grußwort zu diesem „Ersten Freideutschen Jugendtag" hat der Lebensphilosoph Ludwig Klages verfasst, abgedruckt ist es in der nachträglichen Festschrift unter dem Titel *Mensch und Erde*. Im Zentrum seines Textes steht der weit in die griechische Antike zurückweisende Antagonismus von Geist und Seele, der sich, so Klages, in der Gegenwart derart zugespitzt habe, dass nichts Geringeres als die „Selbstzersetzung des Menschentums"[1] drohe. Die moderne Zivilisation sei seit geraumer Zeit im Begriff, ihre eigene Lebensgrundlage und damit sich selbst zu vernichten. Die Bilanz eines seit drei Jahrhunderten währenden Fortschritts beschreibt Klages eindringlich anhand der Naturzerstörung, die dieser mit sich gebracht habe. Die „Totenliste", mit der der Text beginnt, umfasst nicht nur Tiere, sondern auch Pflanzen, die bereits durch den Menschen ausgerottet wurden: „Eine Verwüstungsorgie ohnegleichen hat die Menschheit ergriffen, die ‚Zivilisation' trägt die Züge entfesselter Mordlust, und die Fülle der Erde verdorrt vor ihrem giftigen Anhauch."[2] Der brachiale Zugriff des Menschen auf die natürlichen Ressourcen wird noch um ein Vielfaches gesteigert durch ein die Erde umspannendes technisches Netz aus Schienensträngen, Telegrafendrähten und Starkstromleitungen. Der „moderne Vernichtungskrieg" des Menschen gegen die gewordene Natur habe dabei nicht nur die Fülle der Lebewesen stark dezimiert, sondern auch die Ordnung der Populationen nachhaltig durcheinandergebracht. Anstelle der ausgestorbenen Arten vermehren sich oft andere Arten derart maßlos, dass es zu fortgesetzten Schüben der Annihilation in der Welt der Tiere und Pflanzen kommt.

Klages endet mit einer Mahnung zur Umkehr, die als frühes Manifest der Umweltbewegung des zwanzigsten Jahrhunderts gelten kann:[3] Die auf dem Hohen Meißner versammelten jungen Menschen ruft er auf, sich auf die Seite der Seele und nicht auf die des Geistes zu stellen. Mit dem Bild vom „giftigen Anhauch" spielt Klages auf den philosophischen Mentalismus der europäischen Neuzeit an, der von Descartes bis Hegel das menschliche Selbstbewusstsein aus der *res cogitans* im Gegensatz zur *res extensa* bezieht. Seitdem ist der Bezugspunkt der menschlichen Ordnung nicht mehr die Ewigkeit eines Kosmos, sondern die Selbstidentität und die Selbstbehauptung eines Subjekts, das über die Welt wie über ein

---

1 Ludwig Klages: Mensch und Erde (1913). In: Ludwig Klages: Mensch und Erde. Sieben Abhandlungen. Jena 1938, S. 11–41, hier S. 26.

2 Klages: Mensch und Erde, S. 20.

3 Vgl. Jost Hermand: „Erst die Bäume, dann wir!" Proteste gegen das Abholzen der deutschen Wälder 1780–1950. In: Mit den Bäumen sterben die Menschen. Zur Kulturgeschichte der Ökologie. Hg. von dems. Köln/Weimar 1993, S. 1–23.

Werk verfügt.[4] Die Seele hingegen bezeichnet für Klages die innere Organisation der Körper im Sinne der aristotelischen Philosophie. Die Seele verbindet die Materie und macht sie lebendig. Im Unterschied zum Bewusstsein eines Subjekts ist sie nicht an den mentalen Status einer einzelnen Person gebunden. In der Welt der Lebewesen steht sie für die zahlreichen Symbiosen, die „durch das ganze Tierreich und über die ganze Erde verbreitet sind".[5] Gegen die Konkurrenz der Individuen und den Darwinschen „Kampf ums Dasein" betont die Seele die Verbundenheit aller Lebewesen, zu denen auch der Mensch gehört, mit der Erde.

Auch wenn Klages' naturphilosophischer Ansatz deutlich esoterische wie spätromantische Züge trägt, steht er doch im Zeichen eines neuen wissenschaftlichen Paradigmas, das die mechanistische Auffassung der Natur endgültig beiseiteschiebt und die wissenschaftliche Bühne für die moderne Biologie freigibt, die das zwanzigste Jahrhundert tiefgreifend prägen wird. Lebensphilosophie und *life science* beenden die Sonderstellung des Subjekts und reihen den Menschen unter die Vielzahl der Lebewesen ein.[6] Was das Leben will, ist nicht identisch mit dem, was die neuzeitlichen Philosophien unter einem autonomen Willen verstehen. An die Stelle sozialphilosophischer und geschichtsphilosophischer Perspektiven tritt ein ökologisch-terrestrisches Programm, das von nun an den maßgeblichen Horizont der neuen posthumanen Politik abgeben wird. Anders jedoch als der historische Kontext der Jugendbewegung vermuten lässt, steht die ökologische Verhaltenslehre, die Klages in unterschiedlichen Fassungen entwickeln wird, nicht im Zeichen eines politischen Aktivismus. Im Gegenteil, was an neuen Verhaltensmustern eingeübt werden soll, steht allen modernen Entwürfen einer Metaphysik des Willens entgegen und zielt auf eine Wahrnehmung von bereits lange bestehenden Verbindungen zwischen den Lebewesen auf der gesamten Erde, die in den klassischen Auffassungen von Politik kaum eine Rolle spielen.

Den Ursprung des Gegensatzes von Geist und Seele lokalisiert Klages wie sein lebensphilosophischer Lehrer Nietzsche im Christentum, das die gesamte Welt einem willentlichen Schöpfungsakt aus dem Nichts anheimstellt, in das sie auch wieder verschwinden wird. Ewig ist weder der Kosmos noch seine Bewohner, sondern allein der göttliche Wille, der sich nach zahllosen historischen Umbesetzungen von der Renaissance bis zum Zeitalter des Fortschritts in den modernen Entfesselungen einer industrialisierten Welt wiederfindet. Am Ende dieser langen Entwicklung steht der „letzte Mensch", wie Nietzsche ihn als wirkmächtigste Figur des Nihilismus beschrieben hat, der die Welt buchstäblich konsumiert:

---

4 Vgl. Hans Blumenberg: Die Legitimität der Neuzeit. Erneuerte Ausgabe. Frankfurt a. M. 1999, S. 234–259.

5 Blumenberg: Legitimität, S. 13.

6 Vgl. Hans Blumenberg: Lebenszeit und Weltzeit. Frankfurt a. M. 2001, S. 267 – 290.

> Die Erde ist dann klein geworden, und auf ihr hüpft der letzte Mensch, der Alles klein macht. Sein Geschlecht ist unaustilgbar, wie der Erdenfloh; der letzte Mensch lebt am längsten. ‚Wir haben das Glück erfunden' – sagen die letzten Menschen und blinzeln.[7]

Der „letzte Mensch" kennt nichts anderes mehr als sich selbst. Um diesem modernen Schicksal entkommen zu können, bedarf es für Klages einer neuen Kosmologie, die in der Lage ist, die anthropologische Epoche von der Neuzeit bis zur Gegenwart und ihre „Verwüstungsorgie" hinter sich zu lassen.

Die *politische Ökologie*, die sich seit dem Fin de Siècle formiert, lässt sich daher keineswegs auf eine Geschichte des Umweltschutzes reduzieren, der im Verlauf des zwanzigsten Jahrhunderts neben vielen anderen Aufgaben zu einem neuen Staatsziel geworden ist.[8] Es handelt sich dabei vielmehr um eine neue politische Ordnung mit neuen Akteuren und neuen Aufgaben und vor allem mit einem neuen Sinnangebot. Mit der Umweltbeziehung taucht ein Gegenstand politischer Maßnahmen auf, der die traditionellen Formen der Willensbildung überfordert. Nicht nur räumlich, sondern auch zeitlich weit Entferntes kann plötzlich ins Zentrum der politischen Aufmerksamkeit geraten. Was wichtig ist oder noch werden kann, lässt sich nicht mehr anhand der klassischen Hierarchie politischer Prioritäten beantworten. Die Unterscheidung zwischen einer Menschengeschichte, die sich in bedeutenden Ereignissen und Handlungen vollzieht, und einer Naturgeschichte, die es mit einer Vielzahl von Faktoren und Akteuren zu tun hat, wird zunehmend schwieriger. Das verändert die Auffassung von Politik fundamental. Die Überschreitung der anthropozentrischen Sichtweise ist für die historische Entstehung der *politischen Ökologie* essenziell. Vor allem im neunzehnten Jahrhundert wird sie vorrangig nicht aus anthropologischer, sondern aus zoologischer Perspektive betrieben. Politik kann nicht mehr als eine alleinige Angelegenheit der Menschen begriffen werden.

Wie viele konservative Zivilisationskritiker erhoffte sich auch Klages von den Nationalsozialisten eine Umsetzung seines politischen Programms. Sein kosmologischer Antichristianismus und neuheidnischer Antijudaismus passten dabei hervorragend zu dem Versuch einer Allianz mit den neuen Machthabern.[9] Auch große Teile der emanzipatorischen Jugend umarmten den faschistischen Vitalismus. Dass die völkische Bewegung dem „modernen Vernichtungskrieg" keinen Einhalt gebot, sondern ihn vielmehr auf allen Ebenen zu einer totalen Mobilmachung steigerte,

---

7 Friedrich Nietzsche: Also sprach Zarathustra I-IV. Kritische Studienausgabe. Bd. 4, hg. von Giorgio Colli und Mazzino Montinari. München 1988, S. 19.

8 Vgl. Benjamin Bühler: Ökologische Gouvernementalität. Zur Geschichte einer Regierungsform. Bielefeld 2018, S. 7–48.

9 Vgl. Tobias Schneider: Ideologische Grabenkämpfe. Der Philosoph Ludwig Klages und der Nationalsozialismus 1933–1938. In: Vierteljahrshefte für Zeitgeschichte 49 (2001), H. 2, S. 275–294.

gehörte zu den großen Enttäuschungen des Antimilitaristen Klages, der bereits angesichts der Kriegsbegeisterung im Vorfeld des Ersten Weltkriegs in die Schweiz ausgewandert war. Vor diesem Hintergrund erschien Nietzsche, den die Nationalsozialisten zu ihrem Philosophen gemacht hatten, nicht als Antipode der anthropologischen Epoche, sondern als ihr Vollender. Bereits in seinem Nietzsche-Buch von 1926 hatte sich Klages von dem Denker distanziert, der „wie kein anderer die *Verbrechen* des Willens zur Macht am Leben enthüllt", aber „das Leben selber als *eben diesen Willen zur Macht* zu verstehen unternimmt".[10] Diesen vermeintlichen Widerspruch, den Klages bei seinem Lehrer ausgemacht zu haben meinte, ist tatsächlich die abgründige Heimsuchung der Lebensphilosophie selbst.

Bei seinem groß angelegten Angriff auf die Werte des europäischen Kontinents hatte Nietzsche die religiösen und philosophischen Wahrheiten auf die mit ihnen verbundenen Herrschaftsansprüche hin befragt. In jeder Wahrheit halte sich ein Wille zur Macht verborgen, dessen geheime Absicht es zu demaskieren gelte und der danach zu bewerten sei, ob er der Lebenskraft und ihrer Steigerung diene oder nicht. Eine unverstellte Macht, die nichts anderes sein will als sie selbst, wäre somit die Reinform des Lebens. Aus diesem Grund hat Heidegger in Nietzsche, dem Verkünder der „ewigen Wiederkunft", die geschichtliche „*Vollendung* der abendländischen Metaphysik"[11] gesehen. Eine pure Macht, die kein Mittel mehr zu einem Zweck ist und nur sich selbst zum Ziel hat, kann den Titel der Ewigkeit beanspruchen. Zu diesem endgeschichtlichen Zustand vorzudringen, ist die große Passion sehr unterschiedlicher politischer Lager am Beginn des zwanzigsten Jahrhunderts. Die totale Mobilmachung im Zeichen der Lebensphilosophie, der rückhaltlose Kampf um die planetarische Herrschaft und die Anrufung der Erde als eine neue Quelle politischer Ordnung gehören demselben historischen Moment an.

Die dynamische Zeit zwischen den beiden Weltkriegen lässt sich als historisches Moment einer „tiefwirkenden Desorganisation" fassen, die zu einer starken Verbreitung der „Einsicht der pessimistischen Anthropologie" beigetragen hat, dass „der Mensch ‚von Natur aus' zur Destruktion neigt und die Zivilisation einen barbarischen Kern hat".[12] Im Kontext dieser Einsicht sind vor allem solche Verhaltenslehren prominent geworden, die dazu anleiten, den Kontingenzen der Modernisierung mit Techniken der Distanzierung zu begegnen. Die „Verhaltenslehren der Kälte" sind darauf ausgerichtet, unter den Bedingungen verschärfter Unsicherheit eine Überlebensstrategie zur Verfügung zu stellen, die es ermöglicht, das soziale Verhält-

10 Ludwig Klages: Die psychologischen Errungenschaften Nietzsches. Leipzig 1926, S. 180.

11 Martin Heidegger: Nietzsche. Bd. 2. Pfullingen 1961, S. 7.

12 Helmut Lethen: Verhaltenslehren der Kälte. Lebensversuche zwischen den Kriegen. Frankfurt a. M. 1994, S. 7.

nis von Nähe und Entfernung je nach Lage der Dinge neu justieren zu können. Zu den wichtigsten Merkmalen der „kalten Persona" gehört die Bereitschaft, „sich jederzeit aus Bindungen zu lösen",[13] um die massive Existenzangst bewältigen und so ein Minimum an Selbstbestimmung gewährleisten zu können. In diesen Zusammenhang gehören auch die Projekte einer neuen Kosmologie, die den Menschen aus dem Zentrum der Welt entfernen und im Gegenzug zur sozialen Distanzierung die Ordnung der Lebewesen neu vermessen. Der Höhepunkt und der Zusammenbruch der anthropologischen Epoche nach zwei Weltkriegen und einer humanitären Katastrophe größten Ausmaßes ist zugleich die Geburtsstunde einer *politischen Ökologie*, die nicht nur ein Ende der andauernden Naturzerstörung verspricht, sondern im ökologischen Gleichgewicht auch die mentale Ressource für eine neue ethisch-politische Orientierung sieht.

Der verlorene Kosmos

Die konservative Zivilisationskritik, die Ludwig Klages verkörpert,[14] bezieht ihre Gegenposition zu der ökonomischen und sozialen Dynamik zu Beginn des zwanzigsten Jahrhunderts aus der in der Altertumswissenschaft dieser Zeit bereits seit vielen Jahrzehnten geführten Mythen-Diskussion.[15] Ausgelöst wurde diese Diskussion durch das religionshistorische Postulat, dass der griechische Polytheismus durch den Gegensatz zwischen olympischer und chthonischer Religion bestimmt wird. Demnach befinden sich die himmlischen Götter in einem permanenten Kampf mit den Mächten der Erde und der Unterwelt. Erstmals ausformuliert wurde dieser Gegensatz von Georg Friedrich Creuzer in seinem 1810 publizierten Buch *Symbolik und Mythologie der alten Völker, besonders der Griechen*, das von der romantischen Antikenrezeption bei Friedrich Schlegel beeinflusst war.[16] Die Folgen dieses Gegensatzes reichen bis weit in die anthropologischen und psychoanalytischen Formationen des zwanzigsten Jahrhunderts hinein und sind auch noch in den ökologischen Diskursen der Gegenwart wahrzunehmen, wenn die

---

13 Lethen: Verhaltenslehren, S. 58.

14 Vgl. Karl Löwith: Nietzsche im Licht der Philosophie von Ludwig Klages. In: Karl Löwith: Sämtliche Schriften. Bd. 6. Stuttgart 1987, S. 7–52.

15 Vgl. Renate Schlesier: Kulte, Mythen und Gelehrte. Anthropologie der Antike seit 1800. Frankfurt a. M. 1994, S. 307–328.

16 Schlesier: Kulte, S. 21–32.

Erde als eine quasi-religiöse Gegenmacht zu den himmlisch-hierarchischen Gewalten angerufen wird.[17]

An Wirksamkeit gewann die Mythen-Diskussion mit dem Buch *Das Mutterrecht* von 1880, das die Lebensphilosophie des Fin de Siècle nachhaltig geprägt hat. Darin fügte der Rechtshistoriker und Anthropologe Johann Jakob Bachofen der Antithese eine kulturhistorische Dimension hinzu, indem er die mit einer früheren Phase des Matriarchats identifizierten irdischen Gottheiten dem Patriarchat himmlischer Gottheiten gegenüberstellt, das diese entmachtet. Die Annahme eines ursprünglicheren Heidentums, das durch die olympischen Götter verdrängt wurde, hat nicht nur die Antikenrezeption bei Nietzsche stark beeinflusst, sondern auch die sozialistischen Vorstellungen von einem natürlichen Urkommunismus und die Kritik an der patriarchalischen Arbeitsteilung bei Friedrich Engels befördert.[18]

Im zwanzigsten Jahrhundert wurde Bachofens Buch durch den „Kreis der Kosmiker" wiederentdeckt, dem neben Klages vor allem der Mystagoge Alfred Schuler und der Schriftsteller Karl Wolfskehl angehörten.[19] Auch der Dichter Stefan George und die Schriftstellerin Fanny zu Reventlow zählten zu den regelmäßigen Gästen. Dieser neopagane, antichristliche und antipatriarchale Kreis verstand sich in erster Linie als Gegenbewegung zum Geist der Gründerzeit, der seit der Reichsgründung ökonomische und technische Motive zu einem allgemeinen Glauben an den Fortschritt vereinigte. Den neuen Herrschaftsansprüchen der industriellen Welt wollten die „Kosmiker" mit dem Rückgriff auf die irdischen Götter aus der heidnischen Zeit die Erfahrung einer Einheit von Leib und Seele entgegensetzen, die noch nicht durch den „Geist" zerteilt ist. Wie bei vielen esoterischen Zirkeln dieser Zeit wurde dazu mit zahlreichen Symbolen und Versatzstücken aus früheren und fremden Kulturen experimentiert.[20] Das Ziel bestand darin, den Bewusstseinszustand einer ursprünglichen Verbundenheit des Lebens auf der Erde zu erreichen, wie er in den alten chthonischen Religionen vielfach bezeugt wurde. Auch wenn der Kreis nur

---

17 Vgl. Petra Löffler: Gaias Fortune. Kosmopolitik und Ökologie der Praktiken bei Latour und Stengers. In: Ökologien der Erde. Zur Wissensgeschichte und Aktualität der Gaia-Hypothese. Hg. von Alexander Friedrich et al. Lüneburg 2018, S. 95–121.

18 Vgl. Friedrich Engels: Vorwort zur vierten Auflage (1891) des „Ursprungs der Familie, des Privateigentums und des Staats". In: Karl Marx und Friedrich Engels: Werke. Bd. 22. Berlin 1972, S. 211–222.

19 Vgl. Gerhard Plumpe: Die Kosmiker. In: Handbuch literarisch-kultureller Vereine, Gruppen und Bünde 1825–1933. Hg. von Wulf Wülfing, Karin Bruns und Rolf Parr. Stuttgart 1998, S. 247–250.

20 Vgl. Georg Dörr: Muttermythos und Herrschaftsmythos. Zur Dialektik der Aufklärung um die Jahrhundertwende bei den Kosmikern, Stefan George und in der Frankfurter Schule. Würzburg 2007, S. 185–278.

wenige Jahre nach seiner Entstehung bereits 1904 an internen Konflikten wieder zerbrach, bildete sein kulturpolitisches Programm die entscheidende Ausgangslage für das kosmologische Vorhaben von Klages, das zugleich einen Beitrag zur entstehenden politischen Ökologie darstellt.

In seinem Aufsatz *Bewusstsein und Leben* von 1915 geht Klages zunächst von dem Befund aus, dass die moderne Philosophie des Bewusstseins keinen „Begriff des *Lebens*" hat. Weil sie nur solche Erfahrungen dem *cogito* zurechnen kann, die als Erfahrungen gewusst sind, kann sie nicht zwischen dem Erleben und dem Erkennen unterscheiden:

> Der Philosoph spricht vom Bewußtsein, als dächte er an den Inbegriff alles Erlebens, aber er *meint* das darauf gerichtete Erfassen. Das Urteilsvermögen an die Stelle des Erlebens setzend, opfert er unsre ganze Innerlichkeit dem Erkennen![21]

Unter „Geist" wird die Gesamtheit der intentionalen Akte des Bewusstseins verstanden, während mit der „Seele" das Erlebnis der Verbundenheit gemeint ist. Damit reiht sich Klages in die große Zahl der Kritiker des neuzeitlichen Rationalismus ein, die in der Zentralstellung des *cogito* einen Reduktionismus sehen. Entscheidend für Klages ist, dass damit ein fataler Verlust einhergeht, der die Tiere zu „seelenlosen Maschinen" macht und eine hemmungslose Naturzerstörung zur Folge hat. Aus diesem Grund ist eine neue Philosophie des Erlebens nötig, die nicht vom Geist, sondern von der Seele ausgeht.

Während die dominanten Lebensphilosophien ihre ethischen Maximen anhand des Wissens über die tierischen Instinkte entfalten, findet Klages seinen Zugang zum „Begriff des *Lebens*" in der Welt der Pflanzen:

> Keine Zeit und kein Volk hat je daran Zweifel gehegt, daß sie lebendig seien; ja, das unverbildete Denken teilt mit dem urvölkerlichen die Neigung, gerade im üppig quellenden Pflanzenwuchs etwa des Urwaldes mehr noch die Fülle des Lebens zu erschauen als in der unruhigen Bewegtheit des Tieres, und der vorgeschichtlich fast allgemein verbreitete Baumkult hat eben darin seine Wurzel.[22]

Weil den Pflanzen im Unterschied zu den Tieren kein Bewusstsein zugeschrieben wird und sie das Leben in seiner höchsten Fülle darstellen, eignen sie sich ganz besonders als Ausgangspunkt für eine Lebensphilosophie, der es nicht um eine Steigerung der menschlichen Willenskraft geht, sondern um die Einbettung der Menschenwelt in die Ökologie der Erde. Die Lebenswelt der Pflanzen ist noch weiter entfernt vom modernen Mentalismus als die tierischen Instinkte und ver-

---

21 Ludwig Klages: Bewusstsein und Leben (1915). In: Ludwig Klages: Mensch und Erde. Sieben Abhandlungen. Jena 1938, S. 43–62, hier S. 48.

22 Klages: Bewusstsein und Leben, S. 49.

spricht gerade aus diesem Grund eine größere Annäherung an die ursprüngliche Ethik der Erde.

Diese Priorisierung unterscheidet Klages von vielen anderen Lebensphilosophien seiner Zeit, deren Orientierung an den tierischen Instinkten oft mit dem Interesse an militaristischen Tugenden einhergeht. So hat Oswald Spengler in seiner Schrift *Der Mensch und die Technik* von 1931 den Versuch unternommen, die Erscheinungen der modernen Technik vom Lebenskampf der „höheren Raubtiere" her zu verstehen: „Die Technik ist die Taktik des *ganzen Lebens*. Sie ist die innere Form des *Verfahrens* im Kampf, der mit dem Leben selbst gleichbedeutend ist."[23] Auch wenn der Ursprung der Technik in der organischen Natur lokalisiert wird, grenzt Spengler nicht nur die belebte von der unbelebten Natur ab, sondern auch die gemeinsame Lebenswelt der Tiere und Menschen von der Pflanzenwelt:

> Zum Lebenstypus des Tieres im Unterschied zu dem der Pflanze gehört die freie Beweglichkeit im Raum, die relative Willkür und Unabhängigkeit von der gesamten übrigen Natur und damit die Notwendigkeit, sich gegen diese zu behaupten, dem eigenen Dasein eine Art von Sinn, Inhalt und Überlegenheit zu geben.[24]

Zwar lebt jedes Lebewesen in einer Umgebung, von der es sich abhebt, aber erst durch die freie Bewegung im Raum wird die Organisation des Lebens, sein eigenes „In-Form-Halten", zu einem bestimmenden Moment in der Beziehung zu seiner Umgebung. Mit Verweis auf Jakob von Uexküll spricht Spengler nur bei Tieren und Menschen von einer expliziten Beziehung zur Umgebung im Sinne einer „*Umwelt für* jedes einzelne Wesen",[25] bei der das Lebewesen nicht nur durch seine Umgebung bestimmt wird, sondern sich vor allem gegen diese durchsetzen muss.

Wie die „höheren Raubtiere" und ihre Macht über die „Beutetiere" bei Spengler zum Vorbild einer politischen Verhaltenslehre für die Selbstbehauptung der europäischen Völker dienen soll,[26] stellt auch für Klages die Pflanzenwelt die Quelle einer neuen politischen Ordnung dar. Dazu ist eine Lebenswissenschaft nötig, die das „Lebendige" und den „Strom des elementaren Lebensgefühls" nicht

---

23 Oswald Spengler: Der Mensch und die Technik. Beitrag zu einer Lebensphilosophie. München 1931, S. 7. Vgl. Alexander Demandt und John Farrenkopf (Hg.): Der Fall Spengler. Eine kritische Bilanz. Köln/Weimar 1994.

24 Spengler: Der Mensch, S. 7.

25 Spengler: Der Mensch, S. 18. Unter Verweis auf Jakob von Uexküll: Bausteine zu einer biologischen Weltanschauung. Gesammelte Aufsätze. München 1913.

26 Vgl. Leander Scholz: Oswald Spengler in Amerika. Der Kampf der Kulturen und seine Techniken. In: Zeitschrift für Kulturphilosophie 11 (2017), H. 2, S. 389–401.

bloß als einen weiteren Gegenstand der Analyse betrachtet, sondern als einen Raum der Erfahrung zugänglich macht:

> Nicht in der Gegenständlichkeit des äußerlich und innerlich Wahrnehmbaren mit ihren Stammbegriffen von Ding, Kraft, Ursache, Wirkung, Bewegung, sondern ganz allein in der Rückbesinnung auf Erlebtes hat Lebenswissenschaft ihren Ankergrund.[27]

Die ökologische Wissensgenerierung unterscheidet sich elementar vom neuzeitlichen Ideal der Naturwissenschaft und ihren experimentellen Anordnungen: „Nur aus Lebenstiefen des Völkergeistes treibt sie ihre asymptotischen Formeln hervor, und sie verkümmert gleich dem Pflanzenwachstum entwaldeter Kontinente in Zeiten der Verflachung.“[28] Mit den Mitteln des Geistes lässt sich die Seele nicht erreichen.

Zur Änderung ihrer Verhaltensweisen im Umgang mit der Natur müssen die Menschen den Zugang zu den Schichten ihrer Seele wiederfinden, von denen sie durch den Geist getrennt wurden. Aber die kosmologische Verbundenheit liegt für Klages in einer schwer zugänglichen Tiefe verborgen, die zugleich prähistorisch und psychologisch konnotiert ist. Wie bei den psychoanalytischen Formationen des Unbewussten ist die Archäologie dieser Tiefe daher zugleich ein Rückgang zu einer mythologischen Vorzeit, in der noch alles Leben aufeinander bezogen war. Im Rahmen dieses Vorhabens rezipiert Klages die Theorie der Psyche von Aristoteles, der die Seele in seiner Schrift *Peri psychēs* als „Prinzip der belebten Wesen“[29] aufgefasst und mit einer *téchnē* im Inneren der lebendigen Körper verglichen hat.[30] Die Einteilung der Seelenteile folgt der Klassifizierung der Lebewesen in Pflanzen, Tiere und Menschen. Der vegetative Seelenteil ist mit den körperlichen Funktionen der Fortpflanzung, des Wachstums, der Ernährung und des Stoffwechsels verbunden. Auf diesen Seelenteil hat der Mensch kaum Einfluss. Der sensitive Seelenteil hängt mit den Sinnesvermögen und der Wahrnehmung zusammen. Dort ist das gesamte Gefühlsleben lokalisiert. Als ein gemischter Seelenteil ist er teilweise beherrschbar. Der intellektuelle Seelenteil ist der Ort der Vernunft, der Erkenntnis und der Regierung des Selbst. Nur der Mensch verfügt über alle drei Seelenteile. Für Klages ist vor allem die Pflanzenseele von Bedeutung, die in der Rezeption der Seelenlehre meist nur eine untergeordnete Rolle spielt.

---

27 Klages: Bewusstsein und Leben, S. 59.

28 Klages: Bewusstsein und Leben, S. 59.

29 Aristoteles: Vom Himmel. Von der Seele. Von der Dichtkunst. Hg. und übers. von Olof Gigon. München 1987, S. 257 (De anima, I 1, 402a).

30 Vgl. Hubertus Busche: Die Seele als System. Aristoteles’ Wissenschaft von der Psyche. Hamburg 2001, S. 5.

Das vegetative Verhalten

Da die ursprünglichen Schichten der Seele dem modernen Denken unzugänglich sind, geht Klages den umgekehrten Weg einer cartesianischen Meditation, der eine Wahrnehmung ohne ihre Zurechnung zu einem wahrnehmenden Ich ermöglichen soll. In seinem Aufsatz *Über den Begriff der Persönlichkeit* von 1916 schlägt er ein geistiges Experiment vor, das der berühmten Szene des *cogito* genau entgegengesetzt ist:

> Suchen wir einmal von unserem Schreibtisch zu vergessen, daß auch er die Natur des Dinges habe, und nehmen wir ihn, wie es bisweilen der Künstler tut, als bloße ‚Erscheinung', als körperlosen Sehaspekt! Dann können wir nicht verkennen, daß er von Stunde zu Stunde, ja selbst minutenweise ein *andres* wird.[31]

Hier entsteht kein Ich wie bei Descartes, das sich von der Wahrnehmung der Dinge absondert und dadurch zu sich selbst findet, sondern umgekehrt verliert sich das Ich zusehends an die Einzelheit der Dinge. Mit dem Ich zerfällt allerdings auch deren Einheit, so dass an die Stelle der Dinge „lauter *verschiedene* Photogramme" treten, die ohne ein Subjekt zustande gekommen sind:

> [...] man denke sich nach Kräften hinein in den Seelenzustand eines schlechtweg *schauenden* Wesens, und man wird es nicht länger in Abrede stellen, daß ihm statt beharrender Einheit des Dinges Millionen und Abermillionen *verschiedener* Bilder begegnen würden.[32]

Aus den beiden Zuständen des ursprünglichen Erlebens und seiner mentalen Reduktion resultiert der Konflikt zwischen Seele und Geist.

Während im modernen Mentalismus die Wahrnehmung und ihre möglichen Täuschungen zum Ausgangspunkt einer tiefgehenden Skepsis werden, die nur durch die Selbstidentität des wahrnehmenden Subjekts zu überwinden ist, besteht Klages' therapeutischer Vorschlag darin, eben diese Abschirmung mit den experimentellen Mitteln des Traumes und des Rausches zu durchbrechen, die in den psychoanalytischen und surrealistischen Gruppen der Zeit häufig eingesetzt wurden. Auf diese Weise sollen neuartige Bilder einer Naturphänomenologie jenseits des naturwissenschaftlichen Zugriffs und der Naturzerstörung entstehen.[33] Mit der Einübung einer Wahrnehmung, die sich den unablässigen Sensationen der Umgebung ausliefert, soll das verloren gegangene „Gleichgewicht" zwischen Seele und Geist wiederhergestellt werden:

---

31 Ludwig Klages: Über den Begriff der Persönlichkeit (1916). In: Ludwig Klages: Mensch und Erde. Sieben Abhandlungen. Jena 1938, S. 65–90, hier S. 80.

32 Klages: Persönlichkeit, S. 81.

33 Vgl. Michael Hauskeller: Natur als Bild. Naturphänomenologie bei Ludwig Klages. In: Gernot Böhme und Gregor Schiemann (Hg.): Phänomenologie der Natur. Frankfurt a. M. 1997, S. 120–132.

> Wer im eigenen Inneren die Wage im Gleichgewicht zu halten die Bestimmung und den Willen hat zwischen leidenschaftlichem Anheimfall und selbstischem Willen zur Macht, der wird sich weder an seine Mitgeschöpfe verlieren noch sie zu unterjochen wünschen.[34]

Das gilt nicht allein für das moderne Subjekt, sondern ebenso für die politische Ordnung: „Auf menschliche Gemeinschaften übertragen wird der Ausgleichgedanke zur ‚edlen Gesittung' eines Gesellschaftskörpers, der das gleichermaßen schwebende Mittel wäre zwischen ursprünglicher Symbiose und gesetzgeberischem Zwang."[35]

Das politische Modell der Führung findet Klages seiner Priorisierung der Lebewesen entsprechend nicht mehr in der Tierwelt, wie das bei vielen politischen Diskursen der Fall ist, sondern in der Pflanzenwelt. Der „Seelenführer" ist kein Hirte einer Herde mehr, sondern sorgt für das gute Gedeihen der Pflanzen, wie Klages in seinem *Brief über Ethik* von 1918 erläutert:

> Kein lebenbejahender Seelenführer kann sich einbilden, er vermöge etwas zu ändern oder zu bessern. Aus einem Tannenzapfen wächst die Tanne, aus der Buchecker die Buche, aus der Eichel die Eiche, und nicht ist der Pfleger des Keims zugleich der Erzeuger des Wachstums und der Bildner der Form. Aber eine Pflanze braucht Licht und Feuchtigkeit, und sie wird prächtiger oder weniger prächtig, je nachdem ich für beides Sorge trage.[36]

Der „Seelenführer" ist weder ein autokratischer noch ein demokratischer Herrscher. Er regiert nicht per Anordnungen über die Pflanzenwelt, sondern indem er deren Existenzbedingungen wie „Licht" und „Feuchtigkeit" reguliert. Wie im politischen Diskurs vom Hirten und der Herde handelt es sich bei der „vitalen Seelenführung" um ein pastorales Modell der Führung, das in erster Linie auf kuratorische und nicht auf juridische Praktiken setzt,[37] wie Klages ausführt:

> Vitale Seelenführung besteht nicht im Errichten von Geboten und in der Erzeugung des sterilisierenden Glaubens an ein drohendes ‚Du sollst', sondern sie besteht in der Zuführung seelischer Nahrung. Hätte das Wort ‚Seelsorge' nicht den pfarrermäßigen Beigeschmack, so gäbe es kein besseres, um das Tun des esoterischen Seelenführers zu kennzeichnen.[38]

Mit dieser „Seelsorge" sind die wesentlichen Grundzüge einer zukünftigen ökologischen Regierungskunst vorgezeichnet.

---

34 Klages: Persönlichkeit, S. 89.

35 Klages: Persönlichkeit, S. 89.

36 Ludwig Klages: Brief über Ethik (1918). In: Ludwig Klages: Mensch und Erde. Sieben Abhandlungen. Jena 1938, S. 113–130, hier S. 129.

37 Vgl. Michel Foucault: Geschichte der Gouvernementalität. Bd. I. Sicherheit, Territorium, Bevölkerung. Frankfurt a. M. 2004, S. 173–277.

38 Ludwig Klages: Brief über Ethik, S. 129.

Für den modernen Mentalismus hat Klages in seinem Hauptwerk *Der Geist als Widersacher der Seele*, das zwischen 1929 und 1932 in drei Bänden erschienen ist, den Begriff des ‚Logozentrismus' geprägt, der später vor allem im französischen Poststrukturalismus eine zentrale Rolle spielen sollte.[39] Mit Logozentrismus ist dabei im Gegensatz zu einem kommenden Biozentrismus die mentale Reduktion der körperlichen und geistigen Erfahrung auf das „denkende Ich" gemeint:

> Mit jeder Tatsache, die es findet, hat sich das findende Ich in die geurteilte Welt hinausverlegt. Die Objekte sind entfremdete Subjekte, und das Sein überhaupt ist entfremdeter Geist. Darnach wäre ‚Erkenntnis' das Ergebnis einer logozentrischen Umdeutung des Wirklichen und, falls nur die Menschheit dem Logos zur Stätte dient, auch einer anthropozentrischen.[40]

Mit dieser Kritik an der modernen Philosophie, die sich für Klages insbesondere in den Werken von Descartes, Kant und Hegel manifestiert, nimmt seine Lebensphilosophie zentrale Motive der späteren Debatte zum Posthumanismus vorweg, die mit der Etablierung des ökologischen Paradigmas einhergeht. In der politischen Ökologie der Gegenwart gelten Logozentrismus und Anthropozentrismus als die entscheidenden philosophischen Problembezirke, deren historische Traditionen zugunsten einer Symmetrie der Lebewesen überwunden werden sollen.[41]

Der „logozentrischen Geistigkeit", die Klages im Anschluss an Nietzsche insbesondere mit dem Christentum und der modernen Naturwissenschaft identifiziert, steht die „biozentrische" entgegen, die bislang nur in Ansätzen wie in der Morphologie bei Goethe oder dem organischen Denken bei den Romantikern entfaltet wurde:

> Im ganzen gerechnet gehen wir jedenfalls nicht fehl, wenn wir die logozentrische in eins setzen mit der Grundgesinnung der Wissenschaft, die biozentrische mit der Grundgesinnung der Metaphysik, ungeachtet noch kein Metaphysiker *rein* biozentrischen Gepräges zu finden war.[42]

Unter einer „biozentrischen Geistigkeit" versteht Klages kein philosophisches Prinzip, das den bestehenden Wahrheiten eine weitere hinzufügt, sondern einen anderen Zugang zur „tiefen" Welt des *bíos*, die sich von den „flachen" Erscheinungen, die der *lógos* wahrnehmen kann, fundamental unterscheidet. Offenbaren kann sich diese „tiefe" Welt daher nur in Bildern, die den Zuständen des Traumes oder des Rausches entspringen und die sich in den Kulten der verschiedenen Völker manifes-

---

39 Vgl. Jacques Derrida: Grammatologie. Frankfurt a. M. 1983, S. 11–15.

40 Ludwig Klages: Der Geist als Widersacher der Seele. Bonn 1981, S. 121.

41 Vgl. Bruno Latour: Wir sind nie modern gewesen. Versuch einer symmetrischen Anthropologie. Frankfurt a. M. 2008, S. 7–21.

42 Klages: Der Geist, S. 130.

tiert haben. Aus diesem Grund gehört neben einer Psychologie der „Urbilder" auch die Ethnologie zu den Wissenschaften, die einen Zugang zur Seele ermöglichen.

In Klages' umfangreichen Buch, das Walter Benjamin unmittelbar nach seinem Erscheinen als „großes philosophisches Werk"[43] bezeichnet hat und das ihn zu seinem Begriff der Aura inspirierte,[44] findet sich auch ein ausführliches Kapitel über die *Pflanzenseele*. Im Unterschied zur intellektuellen und sensitiven Seele zeichnet sich die vegetative Seele durch vollkommen andere Verhaltensweisen aus, die nicht mit den zielgerichteten Aktionen eines Bewusstseins verwechselt werden dürfen. Weil sie weder die Fähigkeit zur Erkenntnis noch zur Wahrnehmung im Sinne des modernen Mentalismus hat, ist die Pflanzenseele durch ein „wesentlich schlafendes Schauen und Wirken" mit der Welt auf eine Weise verbunden, die eine „Anwesenheit der Ferne von Zeit und Raum im standörtlich festen Hier des lebenden Leibes"[45] bedeutet. Während die zielgerichteten Aktionen der Wahrnehmung und der Erkenntnis an die Beziehung zwischen einem Subjekt und einem Objekt gebunden sind, ist der Pflanzenseele mittels der elementaren Medien des Wassers, der Erde und der Luft ein „unmittelbarer Verkehr mit dem Kosmos" möglich. Ihr Verhalten ist für Klages nicht durch die Abgrenzung und Identifikation von Objekten durch ein aktives Subjekt geprägt, sondern durch die Kontinuität und den ununterbrochenen Fluss des Erlebens. In ontologischer Hinsicht gibt es in ihrer Welt gar keine feststellbaren Objekte und Bilder mehr, sondern ausschließlich Informationen und deren „kosmische" Ströme:

> Der Baum sieht nicht den Tag und den Sternenhimmel, hört nicht das Rauschen seines Wipfels im Winde und steht gleichwohl mit der Nähe und Ferne in so gewaltig lebentauschendem Einvernehmen, daß im Vergleich damit ein Nichts-als-Wahrnehmen der Welt zum magersten Rest des Erlebens zusammenschrumpft.[46]

Die vernetzte Erde

Vor diesem Hintergrund wird deutlich, warum Klages auch als Vorläufer einer *deep ecology* rezipiert werden kann, die sowohl spirituelle als auch systemische Motive zu einem holistischen Naturverständnis vereint, das sich politisch in die

---

43 Walter Benjamin: Briefe. Bd. 2. Hg. von Gershom Scholem und Theodor W. Adorno. Frankfurt a. M. 1978, S. 517.

44 Vgl. Nitzan Lebovic: The beauty and terror of Lebensphilosophie. Ludwig Klages, Walter Benjamin and Alfred Baeumler. In: South Central Review 23 (2006), H. 1, S. 23–39.

45 Klages: Der Geist, S. 1081.

46 Klages: Der Geist, S. 1111.

konservative Zivilisationskritik zu Beginn des zwanzigsten Jahrhunderts einreiht.[47] In diesem Kontext spielt auch die umstrittene „Gaia-Hypothese" eine zentrale Rolle, die der Biophysiker James Lovelock in der Mitte der 1970er Jahre entwickelt hat. Benannt nach der personifizierten Erde in der griechischen Mythologie, ist damit das irdische Lebenssystem gemeint, das wie ein einziger Organismus betrachtet werden soll, der sich selbst erhält und selbst reguliert. Alle Lebewesen sorgen demnach mit ihrer intelligenten Interdependenz zusammen für ein chemisch und physikalisch stabiles Milieu als Grundlage ihrer Existenz. Sie halten den Salzgehalt in den Meeren konstant und begrenzen die Schwankungen des Klimas. Im Unterschied zu den Evolutionstheorien des neunzehnten Jahrhunderts, bei denen die Anpassungsleistungen des Lebens an seine Umgebung im Vordergrund standen, ist das Leben hier schöpferisch und schafft sich seine Umgebung selbst. Die Physiologie der Erde erscheint als Produkt des Lebens.

Während bei den frühen Evolutionstheorien die zeitgenössischen ökonomischen Ideen zur gesellschaftlichen Konkurrenz prägend waren, sind es bei Lovelock die kybernetischen Ideen zur gesellschaftlichen Steuerung aus der zweiten Hälfte des zwanzigsten Jahrhunderts.[48] Die Natur wird hierbei als ein gewaltiger Datenaustausch aufgefasst, den die unterschiedlichsten Lebewesen bewerkstelligen, ohne dabei zu einem übergeordneten Akteur zu werden. In dieser kybernetischen Lebenswelt gibt es kein Subjekt und kein Objekt mehr, sondern nur noch Prozesse der Information. Auch hier kann die ökologische Kosmologie, die Klages anhand der „Ferneempfänglichkeiten der Pflanze"[49] entwickelt hat, als ein Vorläufer gelten. Die verschiedenen Varianten der Vorstellung eines irdischen Lebewesens könnten sich im Zuge einer zunehmenden Überlagerung von natürlichen und technischen Netzen jedoch anders bewahrheiten, als das ihre Urheber angenommen haben. Gerade weil es weder eine Garantie für eine „kosmische Seele" noch für eine „Kybernetik der Natur" gibt, muss ein zukünftiges *environmental management* den Informationsfluss zwischen den zahllosen Lebewesen allererst herstellen. An die Stelle der Hoffnung, dass sich das ökologische Gleichgewicht von selbst einstellt, tritt dann ein technisches Regime der Ökologie mit dem Ziel, eben dieses herzustellen. Das Verhalten der Lebewesen, unabhängig davon ob es sich um Menschen, Tiere oder Pflanzen handelt, wird dann maßgeblich vom In-

---

47 Vgl. Joseph Pryce: On the biocentric metaphysics of Ludwig Klages. In: Ludwig Klages. The Biocentric Worldview. Selected Essays and Aphorisms. Translated and introduced by Joseph Pryce. London 2013, S. 7–23.

48 Vgl. Niklas Schrape: Spiel mit Gaia. In: Ökologien der Erde. Zur Wissensgeschichte und Aktualität der Gaia-Hypothese. Hg. von Alexander Friedrich et al. Lüneburg 2018, S. 124–151.

49 Klages: Der Geist, S. 1102.

formationsfluss großer Datenmengen abhängen, die tatsächlich zu „kosmischen“ Strömen werden. Dem kommt die vegetative Seele mit ihrem besonderen Verhaltensrepertoire eines ununterbrochenen Erlebens weit mehr entgegen als die beiden anderen, da sie im Unterschied sowohl zur intellektuellen als auch zur sensitiven Seele nicht allein dort wirksam ist, wo sie ihren Sitz im Körper hat.

II Biologie des Verhaltens

Cornelius Borck

Einführung: Biologie des Verhaltens

Für die Biologie scheint Verhalten ein neutraler Begriff zu sein, Grundkategorie einer nüchternen Beschreibungssprache, um Phänomene zu erfassen, die dann weiter wissenschaftlich erforscht werden können. Seine deskriptive Stärke scheint genau darin zu liegen, dass er anders als etwa Begriffe wie Reflex oder Instinkt nur wenige theoretische Vorannahmen enthält und sich deshalb gut eignet, möglichst objektiv und ohne problematische Implikationen eben diese näher zu erforschenden Phänomene zu charakterisieren. Daraus allerdings resultiert eine doppelte Schwierigkeit für eine Wissensgeschichte der Biologie des Verhaltens: Man sieht dem Begriff weder seine Geschichte an (er wirkt noch heute zeitgemäß, vielleicht sogar so „modern" wie vor hundert Jahren), noch gibt er leichthin die verschiedenen diskursiven Felder mit ihren Debatten und Kontroversen zu erkennen, in die er im Laufe seiner wissenschaftlichen Karriere eingebettet war.

Wie sehr diese scheinbare Objektivität die mit der Begriffsprägung verbundenen Weichenstellungen verschleiert, zeigen schon die mit einem Sprachwechsel verbundenen Nuancenverschiebungen: Das Wort *behavior* aus dem US-amerikanischen Forschungskontext meint vorrangig das menschliche Verhalten und oszilliert dabei zwischen normativen Implikationen (wie im alltagssprachlichen Imperativ „will you behave!") und einer Verabsolutierung des Lernens gegenüber angeblich angeborene Verhaltensprogramme im Behaviorismus von John B. Watson und B. F. Skinner. Ähnliches gilt für das im deutschen Kontext gebräuchliche Kunstwort Ethologie als Name für eine dem Anspruch nach wertfreie biologisch-evolutionäre Verhaltensforschung, das gleichwohl seine Wurzeln aber in der griechischen Moralphilosophie hat. „Verhalten" ist kein neutraler Ausgangspunkt der Biologie, vielmehr reagiert die Begriffswahl darauf, dass hier ein Feld zum Gegenstand wissenschaftlicher Forschung gemacht wurde, das schon zuvor in vielfältige und konträre Wissensfelder und Praktiken eingebettet war.

Auf diese Besonderheit einer verborgenen Vielschichtigkeit der Biologie des Verhaltens reagiert das Kapitel mit einer gezielten Selektivität der Perspektiven. Es vereint drei Beiträge: zunächst eine Untersuchung zum amerikanischen Forschungszweig beim Studium von Kollektivverhalten von Ameisen in den 1930er- bis 1950er-Jahren von Eva Johach, dann eine Fallstudie zur Formierung der Verhaltensgenetik Mitte des zwanzigsten Jahrhunderts von Robert Meunier und schließlich eine wissenschaftstheoretische Reflexion von Matthias Wunsch, wie sich Verhalten heute nach fast zwei Jahrhunderten verhaltensbiologischer Forschung philosophisch angemessen definieren ließe.

https://doi.org/10.1515/9783110740813-006

Damit steht von vornherein fest, dass dieses Kapitel nicht den Anspruch erheben kann, einen Überblick über die Geschichte der biologischen Verhaltensforschung zu geben. In einer solchen, den Gesamtzusammenhang abbildenden Darstellung müssten Namen wie Charles Darwin, Iwan Pawlow oder Konrad Lorenz eine zentrale Stellung einnehmen, daneben dürften Jakob von Uexkülls Umweltlehre vom Jahrhundertanfang, die Resonanzen der Kybernetik in der biologischen Verhaltensforschung (etwa bei Ludwig von Bertalanffy und Gregory Bateson) zur Jahrhundertmitte oder die genetische Entwicklungspsychologie von Jean Piaget oder E. O. Wilsons *Sociobiology* aus den 1960er- und 1970er-Jahren nicht fehlen. Mit seiner konzeptionellen Entscheidung für fokussierte Fallstudien folgt der Band vielmehr der neueren wissenschaftshistorischen Forschung und ihrem Ansatz, die Veränderungen wissenschaftlicher Formationen in der sperrigen Breite der fachlichen Diskussionen und Arbeitsweisen auszuloten. Die in diesem Kapitel versammelten Beiträge zeigen somit indirekt auf, welche Verkürzungen eine Biologiegeschichte entlang des Höhenkamms ihrer prominentesten Vertreter beinhalten würde.

Gleichwohl müssen die hier nur angetippten Kontexte und die damit verbundenen öffentlichen Kontroversen mitgedacht werden, um das Potenzial der drei Studien zu erfassen und den Wert ihrer Argumentationen als Intervention in eine plakative Kurzgeschichte der Verhaltensbiologie im zwanzigsten Jahrhundert zu erkennen, etwa als Weltanschauungsstreit zwischen angeborenem und erlerntem Verhalten oder als Kulturkampf für demokratische Verantwortung und gegen einen nihilistischen genetischen Determinismus. Konrad Lorenz zum Beispiel hatte geglaubt, die wichtigsten Aspekte der verschiedenen Perspektiven – die klare Ausrichtung auf objektive Beobachtung, die feste Verankerung in evolutionärer Erblichkeit und die Sinnhaftigkeit ganzer Handlungsketten – im Instinktbegriff zusammenführen zu können. Dieses Forschungsprogramm konnte er im Biologismus des Nationalsozialismus etablieren, und es bot als wissenschaftliche Erklärung menschlicher Aggression enormes Orientierungspotenzial in der Nachkriegszeit, ohne dass Lorenz gewahr wurde, auf welchen essenzialistischen Implikationen seine Hypostasierung von „Instinkten" aufruhte.

In ihrer subtilen Studie zur Ameisenforschung von Theodore C. Schneirla ab den 1930er-Jahren arbeitet Eva Johach hingegen heraus, wie gerade der Verhaltensbegriff in der amerikanischen, vom Behaviorismus geprägten sozialpsychologischen Forschung neue Optionen bereitstellte, quasi „unterhalb" des Konstrukts Instinkt die kollektive Steuerung von komplexen Handlungsmustern zu erforschen und theoretisch zu erfassen: Interaktion erscheint dabei zunächst als ebenso deskriptiver Begriff wie Verhalten. Aber in Schneirlas Forschungen lässt der Begriff das behavioristische Konzept der Stimulation zum Ausgangspunkt einer sozialen Konditionierung werden, die zu stabilen, komplexen Handlungsmustern führt, ohne diese als „Instinkte" zu verabsolutieren. Johach weist damit nach, wie Schneirla die konzeptionellen Schranken des Behaviorismus emergenztheoretisch statt essenzialistisch überwindet: Soziale Organisation entsteht als Rückkopplungseffekt aus der Öffnung des Organismus zur kollektiven Interaktion. Ähnlich wie der Instinktbegriff bei der Erforschung individuellen Verhaltens unterlaufen werden kann, benötigt auch die Soziologie kollektiven Verhaltens kein Konzept eines sozialen Organismus, analysiert Johach Schneirlas Forschungen.

Während Johach eine systemtheoretische Erweiterung des Behaviorismus als frühe Alternative zur instinktbasierten Verhaltensforschung vorstellt, rekonstruiert Robert Meunier, wie sich die Verhaltensgenetik aus der durch den Nationalsozialismus diskreditierten Eugenik zu befreien suchte. Er wählt dazu Jerry Hirschs Forschungen der 1950er- und 1960er-Jahren zum Verhalten der Fruchtfliege, die damals schon zum Modellorganismus der Genetik aufgestiegen war; eine entscheidende Differenz von Hirschs Arbeiten lag also schon in der Wahl des Untersuchungsgegenstandes. Meunier stellt nun nicht nur heraus, wie die Verhaltensgenetik in der zeitlichen Spanne einer Forschergeneration (die mit Hirschs Aufstieg vom Assistant Professor of Psychology zum Full Professor of Ecology, Ethology and Evolution umrissen ist) einen Pfad zwischen dem Umweltdeterminismus des Behaviorismus und der Eugenik bahnte, sondern zeigt vor allem, wie Hirsch die neue Fokussierung auf die Vererbung von „behavioral phenotypes" experimentalpraktisch realisieren konnte, nämlich durch den Bau von Experimentalanordnungen („trick systems"), die dank ihrer raffinierten Versuchsanordnung sowie der schnellen Generationenfolge der Fruchtfliege erstmals experimentelle statistische Aussagen zur Erblichkeit einzelner Verhaltensmerkmale möglich machten. Indem Hirsch den erblichen Faktor des Verhaltens auf die Varianzbreite eines Gens reduzierte, machte er die Verhaltensforschung experimentalpraktisch anschlussfähig an das damalige Einheitensystem der genetischen Forschung.

Angesichts der widerstreitenden Vielfalt von Ansätzen in der biologischen Verhaltensforschung mag es überraschen, dass erst der abschließende Beitrag der Sektion von Matthias Wunsch einen Definitionsversuch vorlegt. Aber anders als der Alltagsverstand glaubt, stehen Definitionen höchst selten am Beginn der wissenschaftlichen Arbeit, sondern allenfalls am Ende produktiver Debatten um strittige Befunde. In diesem Sinne liefert Wunschs Beitrag eine philosophische Reflexion darüber, wo die Biologie des Verhaltens (die er „Tierforschung" nennt, ohne den Menschen auszuschließen) nach über hundert Jahren Forschung und Debatte angekommen ist. Wie so oft bei gehaltvollen philosophischen Reflexionen ist auch hier der Weg das Ziel: „Verhalten ist eine intern koordinierte umwelt- oder selbstbezogene verkörperte Antwort auf wahrgenommene Gelegenheiten." – Die definitorische Formel, mit der Wunschs Beitrag schließt, mag seltsam sparsam, wenn nicht tautologisch anmuten. Aber seine Überlegungen loten den Argumentationsraum der Verhaltensforschung in einer Weise aus, die den verschiedenen Positionen ihren philosophischen Ort zuweist und ein Jahrhundert Forschung im Sinne einer Hegelschen Logik buchstäblich aufhebt: Die verschiedenen Ansätze bei der Frage nach und dem Erforschen von Verhalten spiegeln eben nicht nur konkrete, historisch verfochtene Optionen, sondern vermessen den mit der deskriptiven Zurückhaltung und scheinbaren Neutralität des Begriffs verbundenen epistemischen Raum in seinen verschiedenen Dimensionen.

Wie Wunsch mit seiner Definition von Verhalten für die Tierforschung andeutet, entließ dieser Begriff die Beschreibung und Erforschung von Handlungsweisen aus der anthropozentrischen Verengung. Er konnte nun auf menschliche und tierische Aktionen ebenso angewendet werden wie zum Beispiel auf die Reaktionen von Pflanzen auf Lichtreize oder auf die Verhaltensweisen unbelebter physikalischer Körper und chemischer Substanzen. Diese breite Anwendbarkeit bedeutete für die Biologie des Verhaltens eine Öffnung für äußerst verschiedene und teilweise widerstreitende theoretische Programme, für reduktionistische wie ganzheitliche, für mechanistische wie vitalistische, für evolutionäre wie kulturalistische Theorien. Gerade weil hier nicht nur ideologisch aufgeladene Weltbilder einander opponierten, sondern weil sich die verschiedenen Seiten auf das scheinbar neutrale Konzept ‚Verhalten' und dessen wissenschaftlich objektive, experimentelle Erforschung beriefen, konnten Behaviorismus, Ethologie und Soziobiologie im zwanzigsten Jahrhundert große öffentliche Debatten entfachen.

Im deutschsprachigen Raum gilt Franz Wuketits' *Entdeckung des Verhaltens* nach wie vor als Grundlagentext zur Geschichte der (evolutionsbiologischen) Verhaltensforschung. Die Studien von Eva Johach, Robert Meunier und Matthias Wunsch, die in diesem Kapitel versammelt sind, führen gewichtige Argumente dafür an, dass eine solche gleichermaßen dem Drei-Phasen-Modell von Auguste Comte (Vorgeschichte – Gründungsphase – Integrationsphase) wie dem Entwicklungsdenken Herbert Spencers verpflichtete Fortschrittsgeschichte die historische Komplexität der Verhaltensforschung verfehlt. Vor allem vermag eine solche Geschichtsschreibung ihre blinden Flecke nicht zu reflektieren: Vom Neodarwinismus, aus dem Wuketits heraus noch den Primat eines genetischen Determinismus für die biologische Verhaltensforschung übernahm, trennen uns heute die Befunde der epigenetischen Forschung, die mitsamt der Neubewertung lamarckistischer Positionen auch die hier untersuchten Zwischenphasen epistemisch brisant machen. Gegen Wuketits' evolutionäre Erkenntnistheorie wäre deshalb Stephen Toulmins evolutionäre Theorie der Wissenschaftsgeschichte ins Spiel zu bringen: So wie die Biologie mit der epigenetischen Forschung Formen einer Kopplung zwischen Varianz und Selektion (wieder-)entdeckt hat, kann eine differenzierte Wissenschaftsgeschichte des Verhaltens die historisch-epistemologische Dynamik der Verwendung scheinbar neutraler und vermeintlich rein deskriptiver Begriffe erschließen.

Weiterführende Literatur

Bateson, Gregory: Ökologie des Geistes. Anthropologische, psychologische, biologische und epistemologische Perspektiven. Frankfurt a. M. 1981.

Bertalanffy, Ludwig von: Perspectives on General System Theory. Scientific-philosophical Studies. New York 1975.

Boakes, Robert: From Darwin to Behaviourism. Psychology and the Minds of Animals. Cambridge 1984.

Burkhardt, Richard W. Jr.: Patterns of Behavior. Konrad Lorenz, Niko Tinbergen, and the Founding of Ethology. Chicago 2005.

Darwin, Charles: The Expression of the Emotions in Man and Animals. London 1872.

Houck, Lynne D. und Drickamer, Lee C. (Hg.): Foundations of Animal Behavior. Classic Papers with Commentaries. Chicago 1996.

Lorenz, Konrad: Über tierisches und menschliches Verhalten. Aus dem Werdegang der Verhaltenslehre. München 1965.

Pawlow, Iwan P.: Die höchste Nerventätigkeit (das Verhalten) von Tieren. Eine zwanzigjährige Prüfung der objektiven Forschung. München 1926.

Piaget, Jean: Von der Logik des Kindes zur Logik des Heranwachsenden. Essay über die Ausformung der formalen operativen Strukturen. Olten 1977.

Schurig, Volker: Problemgeschichte des Wissenschaftsbegriffs Ethologie. Rangsdorf 2014.

Singer, Bernard: History of the study of animal behaviour. In: McFarland, David (Hg.): The Oxford Companion to Animal Behaviour. Oxford 1981, S. 255–272.

Skinner, Burhuss F.: The Behavior of Organisms. An Experimental Analysis. New York 1938.

Sparks, John: The Discovery of Animal Behaviour. Glasgow 1982.

Thorpe, William H.: The Origins and Rise of Ethology. The Science of the Natural Behaviour of Animals. London/New York 1979.

Uexküll, Jakob von: Umwelt und Innenwelt der Tiere. 2. Aufl. Berlin 1921.

Watson, John B.: Behaviorism. New York 1925.

Wilson, Edward O.: Sociobiology. The New Synthesis. Cambridge, Mass. 1975.

Wuketits, Franz: Entdeckung des Verhaltens. Eine Geschichte der Verhaltensforschung. Darmstadt 1995.

Eva Johach

Verhaltenskollektive. Theodore C. Schneirlas Army Ants und die Erforschung von Kollektivverhalten in den 1920er bis 1950er Jahren

Es gehört zu den Charakteristika des Verhaltensbegriffs, dass er sich nicht nur für Tiere und Menschen einsetzen lässt, sondern auch die Grundlage von Sozialität bildet. Hier setzt insbesondere das Konzept des kollektiven Verhaltens *(collective behavior)* an, dessen disziplinenübergreifende Wissensgeschichte im Fokus dieses Aufsatzes steht. Das Konzept wirft Fragen auf, die nicht nur das Verhältnis von Individuum und Kollektiv, sondern auch das Problem betreffen, wie aus individuellen Verhaltensweisen soziale Gebilde hervorgehen. Wichtige Impulse zur Konzeptualisierung dieses Problems kamen aus einer Forschungstradition, die nicht der Biologie, sondern der Psychologie entspringt: der besonders in den USA entwickelten vergleichenden Psychologie. Im Zentrum dieses Aufsatzes soll ein Vertreter dieser Schule stehen: der Verhaltensforscher Theodore C. Schneirla, der sich seit Mitte der 1930er Jahre intensiv mit den Kollektiven tropischer Treiberameisen („Army Ants") befasste. Seine Forschungen zeigen, wie sich der Verhaltensbegriff neu ausrichtet und zu einer Grundlage für die Erforschung sozialer Kollektive wird. Als *collective behavior* gefasst, bildet der Begriff einen neuen Fokus für die Konzeption sozialer Gebilde, der konsequent auf die Ebene einzelner Verhaltensakte und ihres Zusammenspiels gerichtet ist. Zentraler Ansatzpunkt seiner vergleichenden Verhaltensforschung ist dabei die Fähigkeit jeder einzelnen Spezies zur *Organisation* ihres Verhaltens, was sowohl die Ausprägung von Verhaltensmustern in konkreten und wechselnden Umwelten umfasst als auch die soziale Interaktion und damit verbundene Verhaltensadaptionen.[1]

Diesem Ansatz widersprach freilich ein Verständnis von *Instinkt*verhalten, wie es die Vertreter der (europäischen) Ethologie wie Niko Tinbergen und Konrad Lorenz zugrunde legten, die Verhalten im Sinne angeborener Verhaltensmuster und stereo-

1 Sein Forschungsgebiet der vergleichenden Psychologie definiert Schneirla folgendermaßen: „Comparative psychology studies similarities and differences in the environmental adjustments and behavioral organization of animals on all phyletic levels, as well as individual abilities and behavioral integration within groups." (Theodore C. Schneirla: Behavioral development and comparative psychology. In: Quarterly Review of Biology 41 (1966), S. 283–302, hier S. 283).

https://doi.org/10.1515/9783110740813-007

typer Abläufe verstanden.[2] In den 1950er Jahren gerieten beide Schulen über die Frage der angeborenen Verhaltensmuster miteinander in Konflikt. Während für Ethologen der Instinktbegriff zentral war und als Erklärung für besonders stabile, stereotype Verhaltensmuster herangezogen wurde, lehnten Vertreter der vergleichenden Psychologie diese Annahmen weitgehend ab. Neben Daniel S. Lehrman, der zu Beginn der 1950er Jahre eine berühmt gewordene Kritik an Lorenz formulierte, bezog auch Schneirla wiederholt gegen die Grundannahmen der Ethologie Stellung und machte dabei anstelle von Vererbung und Instinkt die Faktoren Entwicklung und Erfahrung stark.[3] Je nach Spezies-Zugehörigkeit verfügen Lebewesen über ein Repertoire von Verhaltensmöglichkeiten, das durch Stimulationen beeinflusst wird und sich über den Prozess ihrer Entwicklung hinweg auf veränderte Weise ausprägt bzw. organisiert.[4]

Wie sich zeigen wird, führte genau diese Betonung der Verhaltensorganisation und der damit verbundenen Entwicklungsdynamiken zu einem eigenen Verständnis von Verhaltensmustern, das konsequent als interaktive Hervorbringung konzipiert ist. Was sich dabei abzeichnet, ist im Fall Schneirlas ein interessanter Ansatz von Verhaltensforschung, der nicht das Verhalten von Einzeltieren, sondern ihr Zusammenwirken in den Fokus rückt. Das Kollektiv wird dabei nicht vorausgesetzt, sondern so konzipiert, dass es aus Akten des Verhaltens hervorgeht. Genau dies meint der Begriff der Verhaltensmuster *(patterns)*, der bei Schneirla anders gelagert ist als innerhalb der Ethologie. Als kollektive Hervorbringung beschreibt der Begriff soziale Strukturen, die aus der Interaktion selbst hervorgehen. Was Schneirla anhand sozialer Insekten erforscht, ist deren Fähigkeit, durch Interaktion und wechselseitige Stimulus-Response-Mechanismen kollektive Ver-

---

2 Vgl. hierzu Richard W. Burkhardt Jr.: Patterns of Behavior. Konrad Lorenz, Niko Tinbergen, and the Founding of Ethology. Chicago 2005. Siehe auch Richard W. Burkhardt Jr.: Ethology, natural history, the life sciences, and the problem of place. In: Journal of the History of Biology 32 (1999), H. 3, S. 489–508.

3 Zur Kritik an der europäischen Ethologie Daniel S. Lehrman: A critique of Konrad Lorenz's theory of instinctive behavior. In: The Quarterly Review of Biology 28 (1953), H. 4, S. 337–362, sowie Theodore C. Schneirla: Interrelationships of the „innate" and the „acquired" in instinct behavior. In: Pierre Paul Grassé (Hg.): L'instinct dans le comportement des animaux et de l'homme. Paris 1956, S. 387–452. Der Erfahrungsbegriff ist dabei keineswegs im engeren Sinn psychologisch zu verstehen und ist auch nicht auf Lernprozesse reduzierbar. In Schneirlas Definition bezeichnet er nichts anderes als „the contributions to development of the effects of stimulation from all available sources (external and internal), including their functional trace effects surviving from earlier development". (Schneirla: Behavioral development, S. 288).

4 Diese Betonung von Entwicklung und Organisation unterscheidet Schneirla nicht nur von der Ethologie eines Lorenz und Tinbergen, sondern ebenso von der radikal behavioristischen Verhaltensforschung seiner psychologischen Kollegen Pawlow, Hull und Skinner. Vgl. Schneirla: Behavioral development.

haltens- und Bewegungsmuster auszuprägen, die soziale Gebilde mit einem hohen Grad an Organisiertheit entstehen lassen. Ein übergeordnetes soziales „Ganzes", das die Handlungen der Einzelnen prägt und koordiniert, muss dann nicht vorausgesetzt werden, sondern lässt sich unmittelbar aus dem Kollektivverhalten selbst herleiten.

Anhand der eher unbekannten Konzeption Schneirlas lassen sich daher generelle Fragen der Modellierung von Sozialität erschließen, die nicht nur die konzeptuellen Fundamente der Biologie und Psychologie, sondern ebenso die Sozialpsychologie und Soziologie betreffen. Im Zentrum steht die Frage danach, was es heißt, Kollektive zu konzipieren, die ganz auf verhaltenswissenschaftlicher Grundlage beruhen. Allgemeiner formuliert: Schneirlas Modell von kollektivem Verhalten stellt die Frage nach dem Zusammenspiel von Verhaltens- und Systemebene. Es ist dieses soziologische Kernthema, an dem sich die Relevanz sozialer Insekten für die Theoriebildung des Sozialen in besonderer Weise zeigt.[5] Nicht zuletzt interessiert mich Schneirla deshalb als eine Schlüsselfigur in der Herausbildung einer Kollektiv-Wissenschaft, die sich zwischen Psychologie, Biologie und Soziologie ausbildet.

Instinkt- und Kollektivverhalten. Sozialpsychologie in den 1920er Jahren

Um Schneirlas Überlegungen einordnen und in einem größeren, disziplinenübergreifenden Feld verorten zu können, ist ein Rückblick auf die 1920er Jahre sinnvoll. In diesem Zeitraum nämlich zeichnet sich eine behavioristische Umorientierung ab, die mit einer grundlegenden Ablehnung des Instinktbegriffs einhergeht. Nicht nur innerhalb der Psychologie, sondern auch innerhalb der Sozialpsychologie, die bis dahin stark auf den Instinktbegriff rekurrierte, verliert der Begriff zunehmend seinen Kredit.

William McDougall, von 1920 bis 1927 Professor an der Harvard University und lange Zeit die nahezu unangefochtene Galionsfigur der US-amerikanischen Sozialpsychologie, wurde zum Angriffspunkt für eine behavioristisch ausgerichtete Sozialpsychologie, die sich ganz auf den Verhaltensbegriff ausrichtet und diesen konsequent vom Instinktbegriff entkoppelt. An seine Stelle treten sollten einfachere Formen der Aktivität und Reaktivität – etwa Impulse, Reflexe, Disposi-

5 Vgl. Eva Johach: Wilde Soziologie. Soziale Insekten und die Phantasmen moderner Vergesellschaftung. Leiden 2020.

tionen oder Bedürfnisse –, die sich unter dem Einfluss von Umwelteinflüssen verändern. Verhalten basiere, so schreibt etwa Floyd H. Allport, auf „basic reflexes which are conditioned into habit adjustment through learning, that is, conditional responses to environmental pressures."[6] Was bei McDougall als Instinkt zugrunde gelegt wird, sei umgekehrt erst das komplexe Ergebnis konditionierter Reaktionen *(conditioned responses)*, die ausschließlich an Individuen beobachtet werden können. Aufgrund seines teleologischen Ballasts sei der Instinktbegriff für eine wissenschaftliche Verhaltensforschung völlig unbrauchbar. „Along with group psychology we must banish also categories of instincts which are supposed teleologically to equip the human being for the life adjustments of society."[7]

In der Tat machte McDougall vom Instinktbegriff ausgiebig Gebrauch und betonte, dass es „unterhalb" von Intention und Bewusstsein liegende (teleologische) Triebkräfte seien, von denen Menschen bestimmt würden und die folglich auch das soziale Dasein bestimmen.[8] Zur Zielscheibe für seine Gegner wird jedoch noch eine andere Prämisse, die McDougall mit dem metaphorischen Konzept eines gesellschaftlichen „group mind" zu erfassen versuchte. Allport nennt dies in bewusster Doppeldeutigkeit eine „group fallacy", der die Sozialpsychologie und mir ihr die Sozialwissenschaften insgesamt anheimgefallen seien: Verhalten könnten sich stets nur Individuen; diese Kategorie auf Massen, Gruppen oder gar die Gesellschaft selbst anzuwenden, stehe einer wissenschaftlichen Auffassung von Psychologie

6 Vgl. Floyd H. Allport: Social Psychology. Boston 1924, S. 338. Dies bedeutet jedoch keineswegs, dass die zeitgenössische Sozialpsychologie nicht von biologischen Grundlagen sozialen Verhaltens ausgehen würde; und es bedeutet ebenso wenig, dass adaptive Prozesse auf Lernen reduziert wären. Dies lässt sich bei Schneirla ebenso erkennen wie bei den Sozialpsychologen, die sich gegen den Instinktivismus abgrenzen.

7 Floyd H. Allport: Behavior and experiment in social psychology. In: Journal of Abnormal Psychology 14 (1919), S. 297–306, hier S. 299.

8 Dass für McDougall menschliches Verhalten maßgeblich auf Instinkten beruhte, macht besonders das 2. Kapitel seiner *Introduction to Social Psychology* deutlich. Dort heißt es: „We may say then that directly or indirectly the instincts are the prime movers of all human activity; by the conative or impulsive force of some instinct (or of some habit derived from an instinct), every train of thought, however cold and passionless it may seem, is borne along toward its end, and every bodily activity is initiated and sustained. The instinctive impulses determine the ends of all activities and supply the driving-power by which all mental activities are sustained; and all the complex intellectual apparatus of the most highly developed mind is but a means toward those ends, is but the instrument by which these impulses seek their satisfactions [...] These impulses are the mental forces that maintain and shape all the life of individuals and societies, and in them we are confronted with the central mystery of life and mind and will." (William McDougall: The nature of instincts and their place in the constitution of the human mind. In: An Introduction to Social Psychology (Revised Edition). Hg. von dems. Boston 1926, S. 20–46, hier S. 45).

indes völlig entgegen und könne auch unmöglich die Grundlage für Gesellschaftstheorie bilden.[9]

> This error is the attempt to explain social phenomena in terms of the group as whole, whereas the true explanation is to be found only in its component parts, the individuals. Such an explanation is in itself false. We do not need a super-mind hypothesis to explain mob action, if we but take the trouble to study the individual in the mob and observe how he is responding to the stimuli afforded by the behavior of his fellows. This neglected field of study is being brought to the foreground by a modern social psychology whose data comprise the social behavior of the individual.[10]

Mit dem Hinweis, man könne niemals das Verhalten der Masse, sondern lediglich das Verhalten von Individuen *in* der Masse erforschen, ist das nachdrückliche Plädoyer für eine Hinwendung zum agierenden und reagierenden Individuum verbunden, während McDougall einer veralteten Massenpsychologie des ausgehenden neunzehnten Jahrhunderts zugeschlagen wird. Auch McDougall plädierte allerdings schon früh dafür, Verhalten zum Kernbegriff der Sozialpsychologie zu machen. Aufschlussreich ist jedoch, dass er daneben den Begriff *collective action* zum Einsatz bringt, der gleichsam eine Ebene höher ansetzt, und diesen mit dem Postulat eines gesellschaftlichen „group mind" verkoppelt. An einer Schlüsselstelle seines 1912 erschienenen Grundlagenwerks mit dem Titel *Psychology, the Study of Behaviour* bestimmte McDougall das „group mind" folgendermaßen:

> We may fairly define a mind as an organised system of mental or purposive forces; and, in the sense so defined every highly organised human society may properly be said to possess a collective mind. For the collective actions which constitute the history of any such society are conditioned by an organisation which can only be described in terms of mind, and which yet is not comprised within the mind of any individual; the society is rather constituted by the system of relations obtaining between the individual minds which are its units of composition. Under any given circumstances the actions of the society are, or may be, very different from the mere sum of the actions with which its several members would react to the situation in the absence of the system of relations which render them a society; or, in other words, the thinking and acting of each man, in so far as he thinks and acts as a member of a society, are very different from his thinking and acting as an isolated individual.[11]

---

9 Floyd H. Allport: The group fallacy in relation to social science. In: Journal of Sociology 29 (1924), H. 6, S. 688–706.

10 Allport: Group fallacy, S. 689.

11 William McDougall: Psychology, the Study of Behaviour. London 1912; als Eigenzitat angeführt in William McDougall: The Group Mind. A Sketch of the Principles of Collective Psychology with

Was McDougall mit dem Begriff eines gesellschaftlichen „group mind" zum Ausdruck bringen will, ist der organisierte Charakter, den Handlungen dann annehmen, wenn sie zu einem System gesellschaftlicher Beziehungen geworden sind.

> [This system] does not consist of relations that exist external to and independent of the things related, namely the minds of individuals; it consists of the same stuff as the individual minds, its threads and parts lie within these minds; but the parts in the several individual minds reciprocally imply and complement one another and together make up the system which consists wholly of them; and therefore, as I wrote, they can ‚only be described in terms of mind'.[12]

Damit bringt McDougall eine Auffassung von Handlung und Struktur zum Einsatz, die dem klassisch gewordenen soziologischen Gesellschaftskonzept Durkheims sehr ähnlich ist. Mit einer wiederkehrenden Formulierung Durkheims gefasst, stellt Gesellschaft ein Gebilde sui generis dar, das gegenüber den Vorstellungen und Handlungen der Einzelnen ein Eigenleben („vie propre") gewonnen hat – und gerade dadurch die Potenz gewinnt, diese in ihren Handlungen und Vorstellungen zu beeinflussen.[13] Auch die Betonung, dass Handlungen und Gesellschaft aus demselben Stoff oder Substrat bestehen, das gleichsam nur eine andere Qualität angenommen hat, ist für Durkheims Gesellschaftsbegriff zentral. So verglich Durkheim die Entstehung von Gesellschaft mit dem Ergebnis einer „chemische[n] Synthese, welche die synthetisierten Elemente konzentriert, zu einer Einheit verschmilzt und sie eben dadurch umformt".[14]

Ob darin ein letztlich mysteriöses Gesellschaftsverständnis zum Ausdruck kommt, muss an dieser Stelle nicht weiterverfolgt werden. Für den weiteren Verlauf der Auseinandersetzung mit Prozessen der tierischen und menschlichen Kollektivbildung soll es hier vor allem auf zwei Dinge ankommen: Zum einen zeichnet sich ab, dass der (bereits bei McDougall titelgebende) Begriff des Verhaltens in den frühen 1920er Jahren eine prominente Bedeutung gewinnt und sich dabei vom Ins-

---

Some Attempt to Apply them to the Interpretation of National Life and Character. London/New York 1920, S. 13.

12 McDougall: Group Mind, S. 15.

13 Vgl. Émile Durkheim: De la division du travail social. Étude sur l'organisation des sociétés supérieures. Paris 1893, S. 84. Auf den autonomen Charakter von Gesellschaft gegenüber den Vorstellungen der sie zusammensetzenden Individuen zielt auch Durkheims Begriff der *conscience collective* ab. Bezieht man den Begriff konsequent auf den eigenständigen Charakter von Gesellschaft, dann impliziert dieser etwas ganz Ähnliches wie das „group mind" bei McDougall: das Postulat eines qualitativen Umschlagens und einer qualitativen Differenz zwischen Gesellschafts- und Handlungsebene. Kurz: Emergenz.

14 Émile Durkheim: Individuelle und kollektive Vorstellungen. In: Émile Durkheim: Soziologie und Philosophie. Frankfurt a. M. 1967 (1898), S. 73 f.

tinktbegriff entkoppelt.[15] Zum zweiten sorgt die Fokussierung auf den Verhaltensbegriff für eine stärkere Akzentuierung von Prozessen der Interaktion zwischen den Individuen, die wesentlich durch Stimuli vermittelt sind. Genau hier setzt Schneirlas insektenbezogene Kollektivforschung an. Auf dem Gebiet der vergleichenden Psychologie entwickelte er eine (experimentell fundierte) Theorie für die zentrale Frage, wie ein soziales Ganzes – verstanden als Kollektiv – aus dem Verhalten der Einzelnen hervorgeht. An die Stelle von McDougalls „group mind" tritt dabei die Erforschung derjenigen Faktoren und Mechanismen, die aus der Interaktion von Individuen Gruppenverhalten, ein „group behavior", entstehen lassen.[16] Es wird sich zeigen, dass hierfür, zusammen mit klassisch behavioristischen Konzepten von Stimulus/Response der Begriff der Organisation eine zentrale Rolle spielt.

Soziale Stimulation und Kollektivverhalten: Schneirlas Army Ants

Als sich Theodore C. Schneirla in den 1930er Jahren den Kollektiven sozialer Insekten zuwendet, ist die Tierverhaltensforschung in den USA traditionell an zwei Orten konzentriert: an seiner eigenen Institution, dem American Museum of Natural History in New York, sowie am Biology Department der University of Chicago. Welche Neuerungen Schneirlas behavioristische Theorie für die Konzeption sozialer Organisation bedeutet, lässt sich gut im Vergleich zum bio-soziologischen Forschungsansatz seiner Chicagoer Kollegen verdeutlichen. Mit Warder Allee, Alfred E. Emerson und Robert Park hatte sich an der University of Chicago eine Forschungstradition herausgebildet, in der über mehrere Departements hinweg an den Grundlagen von Gesellschaft geforscht wurde.[17] Charakteristisch für die Vertreter dieser *soziologischen* Chicago School war ein weit gefasstes Verständnis

---

15 Diese Abwendung vom Instinktbegriff impliziert sowohl eine Abkehr vom biologischen Determinismus zugunsten einer stärkeren Betonung von Umweltfaktoren als auch eine Zurückweisung des teleologischen Denkens insgesamt, das dem Instinktbegriff als metaphysischer Ballast innewohnt.

16 Theodore C. Schneirla: Levels in the psychological capacities of animals. In: Philosophy for the Future. Hg. von Roy Wood Sellars, Viviane Jerauld McGill und Michael Farber. New York 1949, S. 243–286, hier S. 254. Schneirla kritisiert McDougalls Kernbegriff hier als „animistisches" Konzept, das einer tatsächlichen Erforschung der Mechanismen der Kollektivbildung entgegensteht.

17 Neben dem Organismus war es der *community*-Begriff, der zu den Brückenschlägen zwischen Biologie und Soziologie Anlass gab. Vgl. zu diesem Kontext Edward M. Banks: Warder Clyde Allee and the Chicago school of animal behavior. In: Journal of the History of the Behavioral Sciences

von Soziologie, das die Erforschung von „animal aggregations" ausdrücklich mit einschloss.[18]

In diesem Rahmen galten menschliche und Insektengesellschaften als hoch entwickelte Stufen der Vergesellschaftung und standen damit zugleich in Analogie zu einem biologischen Organismus. Aufgrund seines Forschungsgegenstands war es für Schneirla unumgänglich, sich mit diesen Modellen und ihren Implikationen auseinanderzusetzen, und der konsequente Einsatz seines behavioristischen Instrumentariums hat eine entscheidende Konsequenz: Der soziale Organismus wird in ein Verhaltenskollektiv transformiert. Gegen die in Chicago vorherrschende Betonung der Analogien zwischen Organismus und Gesellschaft, die vornehmlich das „Ganze" in den Blick nehmen und auf dieser Ebene funktionale Entsprechungen finden, sprach sich Schneirla für eine Auseinandersetzung mit den Differenzen aus, die sich sowohl auf der Ebene des Verhaltens als auch auf der Ebene sozialer Organisation zeigen:

> Analogical procedures such as those involved in using the ‚superorganism' concept are not adequate for studying social levels comparatively because such procedures become preoccupied with general similarities rather than working toward an understandig of group unity through an evaluation of social similarities and differences.[19]

Was die Analogie aus Schneirlas Sicht verdunkelt, ist vor allem das *Zustandekommen* dieser gesellschaftlichen Gebilde, das nur aus dem Zusammenspiel von Verhalten und sozialer Organisation aufgeklärt werden kann. Im Zuge seiner vergleichenden Psychologie unterscheidet Schneirla zwischen bio-sozialen und psycho-sozialen Bindungskräften und sieht darin eine wesentliche Differenz der Sozialformen von Insekten und Säugetieren, die sich ebenso auf der Ebene von Verhalten wie von sozialer Organisation manifestiert.[20] Wie bereits erwähnt, richtete er sein Augenmerk darauf, von den speziestypischen Verhaltensmöglichkeiten ausgehend die Bedingungen sozialer Organisation zu erforschen. Die Ablehnung der Organismus-Analogie steht damit in unmittelbarer Verbindung zur Fokussierung der Verhaltensmöglichkeiten jeder Spezies, die auch über die Grundlagen ihrer Interaktion bestimmt.

---

21 (1985), S. 345–353. Außerdem Gregg Mitman: The State of Nature. Ecology, Community, and American Social Thought. 1900–1950. Chicago/London 1992.

18 Warder Clyde Allee: Animal Aggregations. A Study in General Sociology. Chicago 1931. Vgl. auch den gemeinsam mit Emerson, Park und anderen verfassten Band *Principles of Animal Ecology* (Philadelphia/London 1950). Ich komme auf Park noch genauer im letzten Abschnitt dieses Aufsatzes zurück.

19 Theodore C. Schneirla: Problems in the biopsychology of social organization. In: Journal of Abnormal and Social Psychology 41 (1946), S. 385–402, hier S. 399.

20 Diese Unterscheidung wird u. a. dargelegt in Schneirla: Biopsychology.

> The differences appear to be far more significant than the similarities for understanding the characteristic nature of the respective phenomena, and the procedure of analogizing involved in applying the concept of superorganism consequently appears to be misleading for analytical studies.[21]

Eine plausible Begründung für das Zustandekommen der sozialen Einheit von Insektenkollektiven bildete die Trophallaxis – ein von William M. Wheeler geprägtes Konzept, das als universales Medium der sozialen Integration fungiert. Mit dem Begriff bezeichnete Wheeler, bis in die 1930er Jahre hinein die führende Autorität in der Erforschung sozialer Insekten in den USA, einen Nahrungsstrom, der permanent zwischen den Mitgliedern eines Kollektivs ausgetauscht wird. Bereits Wheeler hatte betont, dass dieser Austausch eine aktive Aneignung darstellt, die den Charakter einer wechselseitigen Stimulation besitzt. Für Schneirla bedeutete dies zwar einen Schritt in die richtige Richtung, allerdings war ihm Wheelers Konzept zu physiologisch gedacht und letztlich teleologisch auf die organismische Integration des Kolonieganzen bezogen.

Bei Schneirla wird Trophallaxis behavioristisch überformt. Schneirlas erweiterter Begriff umfasst nicht mehr nur den Nahrungsaustausch, sondern sämtliche Formen wechselseitiger Stimulation, die zwischen den Koloniemitgliedern stattfinden – sensorische, chemische, kommunikative – und die Basis für das soziale Band insgesamt, aber eben auch charakteristische kollektive Verhaltensmuster bilden. Damit wird Trophallaxis zum Sammelbegriff für Stimuli aller Art und transformiert sich von einem physiologisch gedachten Nahrungsstrom in ein System sozialer Stimulation. Je weniger es sich um ein physiologisches Medium handelt, desto mehr tritt die organizistische Analogie in den Hintergrund und kann einer Perspektive weichen, die sich ganz auf die Interaktion selbst richtet. Jederzeit zurückgebunden an das Verhaltensakte einzelner Individuen, setzt Trophallaxis weder die Existenz eines funktional gegliederten Ganzen (hier: einen sozialen Organismus) voraus noch die Vermittlung über Instinkte.[22] Es ist dieses behavioral umgedeutete Konzept der Trophallaxis, dem für die Neudeutung und Weiterentwicklung des Superorganismus-Modells zum Verhaltenskollektiv eine Schlüsselrolle zukommt.

Einen entscheidenden und bislang weitgehend übersehenen Schritt hierzu hatte allerdings bereits Wheeler selbst mit seinem Konzept der Trophallaxis eingeläutet. Auch er nämlich betonte, dass die Hinwendung der Fütternden („parents“) zum Nachwuchs nicht auf einem Brutpflegeinstinkt, sondern auf einem Anreiz ba-

21 Schneirla: Biopsychology, S. 390.

22 Wie erwähnt, sucht Schneirla den Instinktbegriff weitgehend zu vermeiden. Wovon er stattdessen ausgeht, sind verschiedene Faktoren der Reaktivität oder „responsiveness“, die es den Individuen verschiedener Spezies ermöglichen, auf Stimuli zu reagieren und auf dieser Basis mit anderen Individuen und der Umwelt zu interagieren.

siere, der aufseiten der Fütternden befriedigt wird: Die Fütterung bietet ihnen Gelegenheit, sich während der Zuwendung zu den Larven die von ihnen abgesonderten schmackhaften Sekrete einzuverleiben. Wheelers Konzept der Trophallaxis stellte damit nicht nur die Brutpflegerelation, sondern auch die soziale Integration selbst auf eine völlig neue, auf Anreiz und Stimulation beruhende Grundlage. Wenn sich Koloniemitglieder der Fütterung der Larven zuwenden, befriedigen sie nicht nur deren Appetit, sondern vor allem die eigenen „appetites".[23] Was über Generationen als aufopferungsvolle Brutpflege galt, steht damit plötzlich auf einer letztlich egoistischen Grundlage, wie Wheeler immer wieder genüsslich betonte.

Auch für Schneirla stellt die Trophallaxis die eigentliche Grundlage sozialer Beziehungen dar, und zwar keineswegs nur bei sozialen Insekten, sondern ebenso bei Säugetieren.[24] Allerdings macht er sie von einem Medium der *Integration* zum Medium der *Interaktion*. In Insektenkollektiven gewinnt die damit verbundene stimulatorische Beziehung eine weitere, systemrelevante Dimension, die zugleich das Kernstück von Schneirlas Auffassung des Kollektivverhaltens ausmacht: Interaktion selbst ermöglicht die Ausbildung eines höheren „level of organization", der sich unmittelbar an der Ausbildung von koloniebezogenen Verhaltensmustern ablesen lässt.

In der Phase der Larvenaufzucht bilden die Koloniemitglieder ein Verhaltensmuster aus, das mit zwei charakteristischen Mustern von Kolonieverhalten korreliert: der stationären und der nomadischen Phase. Die Brut als Gesamtheit fungiert dabei als Auslöser für verändertes Kollektivverhalten – erkennbar an einem neuen kollektiven Verhaltensmuster, das die Kolonie in der Phase der Larvenaufzucht ausbildet. Mit dem Schlüpfen der Larven werden die adulten Koloniemitglieder zu einem neuen Verhalten konditioniert, so dass sie als Kollektiv in ein neues Bewegungsmuster einmünden (siehe Abb. 1). Die geschlüpften Larven stimulieren nicht nur die Fütternden, sondern heben im Zuge der verstärkten Interaktion die Kolonie als Ganze auf ein verändertes Erregungsniveau. Die Entwicklung der Eier zu Larven stellt somit selbst einen stimulatorischen Einfluss dar, der als qualitativer Fak-

23 Vgl. etwa William Morton Wheeler: A study of some ant larvae, with consideration of the origin and meaning of the social habit among insects. In: Proceedings of the American Philosophical Society 57 (1918), H. 4, S. 293–343.

24 Trophallaxis stiftet dabei eine soziale Bindung, die im Kerngebiet der Brutpflege ansetzt und ebenso elementar wie eigennützig ist. Aufgegriffen wird dabei u. a. das Postulat von Allport, wonach Mütter beim Füttern eine wohltuende Stimulation („agreeable stimulation") erfahren, die mit einer Gratifikation verbunden ist. „These and other physiological factors of direct stimulation and sensory gratification to the mother insure maternal orientation toward and psychological attachment to the young in most of the mammals, in which the duration and quality of parent-young association appears to be an important factor contributing to the degree of social organization" (Schneirla: Biopsychology, S. 393).

tor auf das Verhalten der Kolonie zurückwirkt. „The behavioral effect of the excitation communicated through the worker population is dependent largely upon the capacity of the brood to deliver a total stimulative impact of given intensity in a given time."[25] Ihr Auftauchen im Entwicklungszyklus einer Kolonie – der zugleich ihr Verhaltenszyklus ist – erhöht das stimulative Potenzial und löst eine kollektive Erregung aus, die letztlich in den Aufbruch zu einem „swarm raid" führt:

> In this phenomenon, the active brood may be considered an excitement center in the colony, delivering from its central position a continuous massive stimulative effect exerted through innumerable tactual and olfactory encounters between brood-and-workers and workers-and-workers. A high rate of stimulus-permutation is thereby maintained through the constant, intimate association of workers and brood, spreading through the colony in continuous waves of propagated excitement.[26]

Die reziproke Stimulation bringt somit ein speziestypisches Verhaltensmuster auf der Ebene des Kollektivverhaltens selbst hervor und erzeugt eine Abfolge unterschiedlicher Phasen oder Zyklen, die unmittelbar mit dem Entwicklungszyklus der Larven korrelieren. Die Ausprägung eines neuen kollektiven Verhaltensmusters setzt erst ein, wenn eine bestimmte Phase abgeschlossen ist und eine neue Phase beginnt. Das Alternieren solcher Phasen, in denen sich klar unterscheidbare Muster kollektiven Verhaltens ausbilden und das bei Treiberameisen so augenscheinlich wird, hat seine Ursachen also nicht in den angeborenen Verhaltensmustern von Individuen, sondern ist ein Resultat intersozialer Wechselwirkungen und des Zusammenspiels mit der Umwelt.

Dieser Befund ist konzeptuell von großem Gewicht: Was dabei nämlich entfällt, ist die Annahme teleologischer Kräfte jeder Art, seien es komplexe Instinkte aufseiten der Individuen oder funktionale Annahmen aufseiten des sozialen „Organismus".[27] Schneirla umgeht teleologische Erklärungen hier insofern, als er die Veränderung des Kolonieverhaltens nicht aus den Erfordernissen oder Funktionen eines Organismus (Reproduktion, Ernährung, Schutz) erklärt, sondern aus der *Rückwirkung*, die das Mehr an wechselseitiger Stimulation auf das Verhalten der Einzelnen hat.[28] Grund für das Überwechseln vom stationären in das nomadische Verhaltensmuster

---

25 Theodore C. Schneirla: A comparison of species and genera in the ant subfamily dorylinae with respect to functional pattern. In: Insectes Sociaux 4 (1957), H. 3, S. 259–298, hier S. 264. Schneirla hat den Aufsatz Karl von Frisch zum 70. Geburtstag gewidmet.

26 Schneirla: Comparison of species, S. 263.

27 Vgl. die funktionalen Aspekte der Superorganismus-Analogie, die Wheeler in der Trilogie von Schutz, Selbsterhaltung und Reproduktion erkannte: William Morton Wheeler: The ant colony as an organism. In: Journal of Morphology 22 (1911), H. 2, S. 307–325.

28 Unweigerlich drängt sich hier wie an anderen Stellen der Begriff Feedback auf, den Schneirla allerdings nicht prominent verwendet, sondern in den meisten Fällen von „response" spricht.

ist also nicht etwa ein Nahrungsmangel in der Kolonieumgebung oder die biologische Notwendigkeit, den Nachwuchs mit Nahrung zu versorgen, sondern das veränderte Erregungsniveau („colony excitation"), das aus der wachsenden Aktivität der geschlüpften Larven resultiert und sich dann in ein verändertes Koloniemuster, das Schwarmverhalten des Nomadismus, übersetzt.[29]

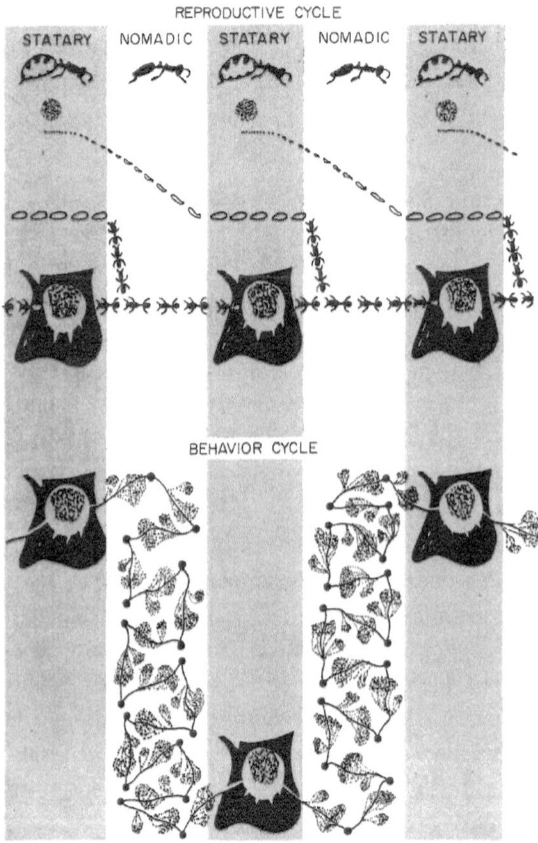

Abb. 1: Verhaltenszyklus des Army-Ant-Kollektivs, 1948, © SciAm, Inc.

29 „These are some of the facts indicating that the general level of colony excitation in Eciton depends upon specific stimulative effects emanating from the brood. This is the main and essential cause accounting for nomadism. The teleological conceptions that scarcity of food in an area causes emigration, or that the brood needs food and therefore excites the colony are obscure and actually misleading." (Schneirla: Comparison of species, S. 264).

Auch die Königin, mit deren Rolle im Kollektivverhalten der Army Ants Schneirla sich intensiv befasste, ist keineswegs die Agentin sozialer Kontrolle über das Kollektiv. Selbstredend ist sie nicht das kommunikative Zentrum, von dem Direktiven ausgehen; sie ist aber überraschenderweise auch nicht als reproduktive Zentralinstanz konzipiert, deren Fruchtbarkeitszyklus sich unmittelbar im Kolonieverhalten niederschlägt. Die Königin ist keine Taktgeberin („pace-maker"), sondern entfaltet ihre reproduktiven Tätigkeiten in Abhängigkeit vom Erregungsniveau des Kollektivs. So ist auch ihre Fruchtbarkeit nicht Ursache, sondern Effekt der „colony action": „[P]hysogastry evidently arises as a response of the queen to a stimulative and trophic situation which exists in the colony at the time a larval brood is nearing maturity."[30] Damit wird sie selbst in ihrer Funktion als Eierlegerin und Reproduktionsorgan durch das Kollektiv stimuliert, und ihre Physogastrie ist einer konkreten Situation geschuldet, in der externe und interne Stimuli auf sie einwirken. „Evidently, the queen's ovulative condition varies in time primarily according to the action of the colony situation upon her metabolism and behavior."[31]

Aus dem Wechselspiel all dieser Stimuli geht das kollektive Verhalten der Kolonie als Ganzes hervor (siehe Abb. 2). Bemerkenswerterweise gelingt es Schneirla damit auch, sämtliche funktionalen Aspekte des biologischen Kollektivs konsequent aus dem Verhalten herzuleiten. Sie beruhen weder auf teleologisch wirkenden Instinkten noch auf einer funktionalen Differenzierung, die bereits vom sozialen Organismus her gedacht ist, sondern werden aus dem Ineinandergreifen von Stimulus-Response-Reaktionen hergeleitet, die – gleichsam über den Weg einer Akkumulation auf einer „höheren" Ebene („level of organization") – sowohl auf die Ebene des individuellen Verhaltens wie auf das Verhalten der Gesamtkolonie organisierend einwirken. Ein organisiertes Kollektiv entsteht hier also auf Basis wechselseitiger Stimulationen, die sich auf überindividueller Ebene zu Mustern verdichten.

Collective suicide: die Ant Mill

Welche Bedeutung das Wechselspiel zwischen Stimulus und Response für die Organisation eines Kollektivs hat, wird nirgends so deutlich wie an einem ebenso spektakulären wie fatalen Sonderfall von kollektivem Verhalten, der sich ebenfalls an den

30 Schneirla: Comparison of species, S. 264 f.

31 Schneirla: Comparison of species, S. 265. Reproduktionsbiologisch wird dies dadurch ermöglicht, dass die Königin den zur Befruchtung der Eier notwendigen Samen bereits im Innern des Körpers – in der sogenannten Spermathek – trägt und es somit vor allem um die „Auslösung" der Befruchtung geht.

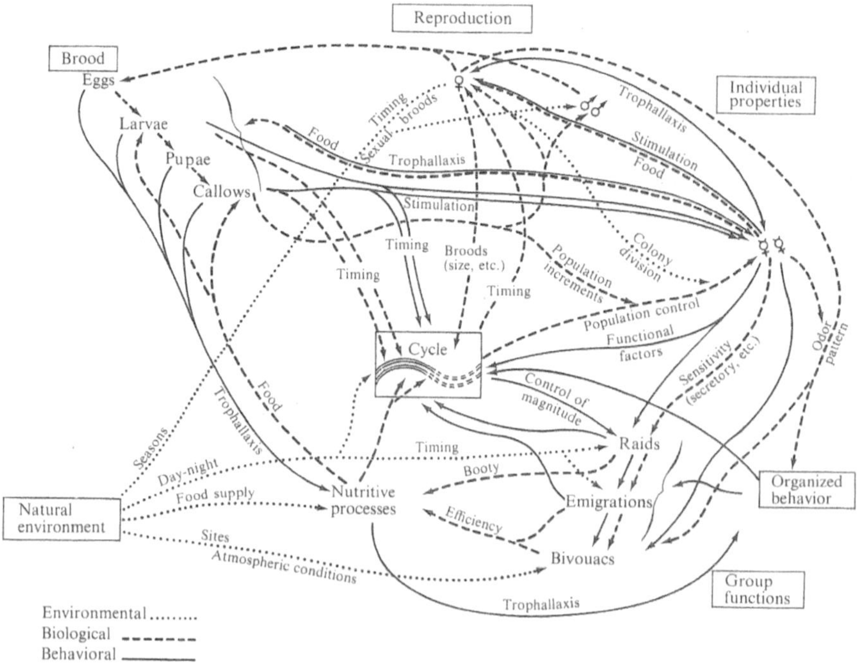

Abb. 2: Das konditionierte Kollektiv, 1971, © W.H. Freeman & Co.

Kolonien der Treiberameisen beobachten lässt: der „Ant Mill" (Abb. 3). Es handelt sich um ein besonderes Muster von Kolonieverhalten, das unter natürlichen Bedingungen nur selten auftritt, da es gerade die *Abwesenheit* umweltbezogener Stimuli erfordert. Erstmals beobachten konnten Schneirla und seine Kollegen das Phänomen nach einem starken Regenfall, der eine unweit der Forschungsstation vorbeiziehende Eciton-Kolonie ereilte. Alles, was von einer Kolonie übrig geblieben war, war eine sich im Kreis drehende Ansammlung erschöpfter Ameisen, die etwa den Umfang einer Langspielplatte besaß. Später konnte Schneirla das Phänomen auf glatter Oberfläche mühelos reproduzieren (siehe Abb. 4). Eine wesentliche Ursache für das Übergehen der (verbliebenen) Koloniemitglieder in ein zirkuläres Verhaltensmuster sah das Forschungsteam darin, dass der Regen sämtliche externen, also in der Umwelt liegenden Stimuli weggewaschen hatte, die für die kollektive *Organisation* ihrer Beutezüge („raiding patterns") und das entsprechende Kollektivverhalten vonnöten sind. Alle Mechanismen, die im Normalfall für die Hervorbringung eines komplexen Kollektivverhaltens sorgen, werden hier zur tödlichen Falle, aus der kein Ausweg gefunden werden kann: Die in den Zirkel geratenen Ameisen marschieren sich buchstäblich zu Tode. Dieses unter Normalbedingungen äußerst selten auftretende Phänomen verdeutlichte für Schneirla besonders gut die Grundlagen, an denen sich eine vergleichende Psychologie orientieren muss – gerade auch dann, wenn sich dem Betrachter die Ähnlichkeit mit menschlichem Massenverhalten aufdrängt. „The army ant suicide mill provides an excellent occasion for considering the comparative nature of social behavior and organization at the various levels from ants to men."[32]

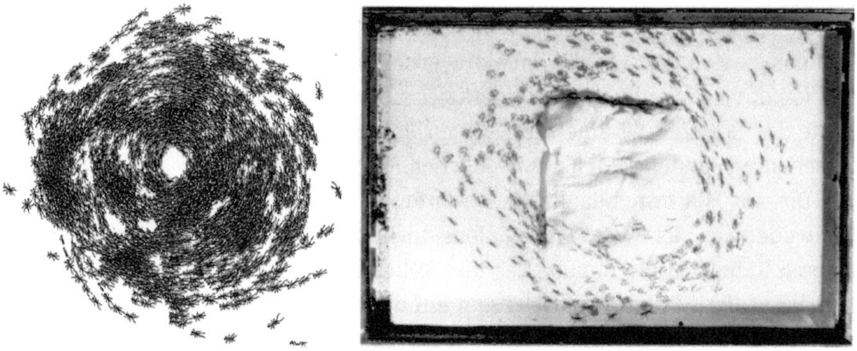

Abb. 3 und 4: Totales Feedback: die Ant Mill, 1971 © W.H. Freeman and Company. (Abb. 4 Faksimilezeichnung von A.W. Froderstrom).

Tritt hier eine „elementare" Form von kollektivem Verhalten zutage, das sich nicht nur in verschiedenen Tierklassen, sondern in Extremsituationen auch beim Menschen zeigen kann? Belegt das *milling* also die Urform kollektiven Verhaltens – einen Herdentrieb, der die wahre Natur des Menschen ans Licht bringt? Hierfür mag auf den ersten Blick sprechen, dass vergleichbare Phänomene in unterschiedlichen Tierklassen auftreten:

> Circular mills are common among schools of herring, stampeding cattle, sheep jumping fences blindly in column and other instances of pell-mell surging by a horde of animals are familiar phenomena. Experience tells us that men, too, can act as a mob. These analogies are the stock-in-trade of the ‚herd instinct' schools of sociology and politics. They are cited by those who hold that emotionalized, individually degraded, regimented patterns are the rule in group behavior of mankind. We are required, however, to look beyond the analogy and study the relationship of the pattern to other factors of individual and group behavior in the same species. In the case of the army ant, of course, the circular column really typifies the animal. Among mammals, such simplified mass behavior occupies a clearly subordinate role. Their group activity

32 Theodore C. Schneirla: Individual and colony. In: Theodore C. Schneirla: Army Ants. A Study in Social Organization. Hg. von Howard R. Topoff. San Francisco 1971, S. 281 f.

> patterns are chiefly characterized by great plasticity and capacity to adjust to new situations. This observation applies with special force to the social potentialities of man.[33]

In diesem Punkt wird sehr deutlich, dass Schneirla sich in der Pflicht sah, die aus der Ant Mill ableitbaren Schlussfolgerungen von falsch verstandenen, einem populären Pessimismus geschuldeten Pauschalurteilen über menschliches Kollektivverhalten freizuhalten. Das reflexhafte und stereotype Verhalten, das Ameisen im *milling* an den Tag legen, steht in eklatantem Gegensatz zu den plastischen Fähigkeiten des Menschen. Die Stupidität der Ant Mill zeigt die Kehrseite der viel bewunderten Komplexität des Kollektivverhaltens von Ameisen und bringt damit die kognitive Reduziertheit der interagierenden Individuen ans Licht, die als Einzelne der Etablierung eines kollektiven Bewegungsmusters nichts entgegen zu setzen haben und diesem bis zur tödlichen Erschöpfung folgen.

Die Ant Mill bringt damit das beschränkte Verhaltensrepertoire aufseiten der Individuen ans Licht: Wenn ihre Kolonie nicht mehr auf Stimuli der Umgebung reagieren kann und die Impulse für ihre kollektiven Verhaltensmuster nicht mehr aus dieser bezieht, wird sie gleichsam auf die stupiden Automatismen der Einzelhandlungen zurückgeworfen, die sich ohne externe Stimuli intersozial verstärken. In menschlichen Gesellschaften wäre ein solches Verhalten zwar ebenfalls möglich, aber prinzipiell vermeidbar, da Menschen, anders als Ameisen, über die kognitiven und reflexiven Fähigkeiten verfügen, sich aus zirkulären Dynamiken zu befreien.[34] Für Schneirla bringt das *milling* also gerade nicht den allgemeinen Zug im Kollektivverhalten des Menschen zum Ausdruck:

> humans, with a cortical basis for versatile corrective patterns (e.g. learning to counteract propaganda or other coercive measures) and with encouragement, should be able to reduce social behavior of the milling type to an occasional subway rush.[35]

Die Forderung lautet damit unmissverständlich, dass auch und gerade in Bezug auf Kollektivbildungen eine komparativ geschulte Verhaltenswissenschaft angelegt werden muss, die zugleich nach den genuinen, also speziestypischen Voraussetzungen der Individuen wie auch nach den daraus generierten kollektiven Verhaltensmustern fragt. Entsprechend hält Schneirla auch nicht viel davon, zur Erklärung

---

33 Theodore C. Schneirla und Gerard Piel: Army ants. In: Scientific American 178 (1948), H. 6, S. 16–23, hier S. 22.

34 „When human societies begin to march in circular columns, the cause is to be found in the strait-jacket influence of the man-made social institutions which foster such behavior. The phenomenon of milling, it turns out, has entirely different causes and functions at different levels of social organization. The differences, furthermore, so far outweigh the similarities that they strip the ‚herd instinct' of meaning." (Schneirla und Piel: Army ants, S. 22).

35 Schneirla: Individual and colony, S. 282 f.

von kollektivem Verhalten eine Terminologie zu wählen, die Unterschiede zwischen den Spezies gezielt verwischt. Hierzu gehört für ihn auch der Begriff der Kommunikation. Auch wenn er mitunter selbst davon spricht, dass Erregung über das Kollektiv hinweg „kommuniziert" würde, plädiert er immer wieder nachdrücklich dafür, im Sinne einer vergleichenden Psychologie die entscheidenden Differenzen zwischen Mensch und Insekt zu berücksichtigen. Angesichts der immensen psychologischen Unterschiede zwischen Mensch und Ameise sei es angebracht, im Hinblick auf Insektenkollektive von „social transmission" zu sprechen und den Kommunikationsbegriff für symbolische Formen der Interaktion zu reservieren.[36] Ihr Kollektivverhalten wird in bewusst mechanischen Begrifflichkeiten beschrieben: Das Kollektiv folge eher den Gesetzen der Hydraulik als den Gesetzen kommunizierender Individuen.

> One excited ant can stir a swarm into equal excitement. But this behavior resembles the action of a row of dominoes more than it does the communication of information from man to man. The difference in the two kinds of ‚communication' requires two entirely different conceptual schemes and preferably two different words.[37]

Soziale Kontrolle und Kollektivverhalten in der Soziologie

Abseits biologischer Diskurse spielte das Konzept kollektiven Verhaltens seit den 1920er Jahren auch in Sozialpsychologie und Soziologie eine Rolle. Nachdem einleitend bereits die behavioristischen Interventionen auf dem Gebiet der Sozialpsychologie zur Sprache kamen, soll der Blick abschließend auf die stärker systemtheoretische Tradition der Soziologie gerichtet werden, die sich in diesem Zeitraum ebenfalls dem Kollektivverhalten zuwendet. Das Konzept wird hier in enger Verbindung mit *social control* diskutiert – einem von Edward Alsworth Ross geprägten Begriff, der eine Zeit lang den Diskurs der US-amerikanischen Sozialwissenschaften bestimmte.[38] Was unter diesen semantisch zwischen Einfluss, Kontrolle und Macht changierenden Begriff gefasst wird, bezieht sich grundlegend auf die Frage, welchen Einflüssen Menschen in Gesellschaft unterliegen und wie ihr Verhalten durch soziale Prozesse reguliert wird. Wie sich besonders an Robert Park, dem

36 Schneirla: Biopsychology, S. 391.
37 Schneirla und Piel: Army ants, S. 22.
38 Edward Alsworth Ross: Social Control. A Survey of the Foundations of Order. New York 1910. Hier wird der Begriff allerdings noch nicht in konkrete Handlungen aufgelöst, sondern ist weiterhin mit der Entstehung eines „collective mind" verbunden.

Begründer der Chicagoer Schule der Soziologie, zeigt, gehen dabei beide Begriffe, *social control* und *collective behavior*, eine enge Verbindung ein. In seiner 1921 erschienenen *Introduction to the Science of Sociology* etablierte Park Kollektivverhalten als soziologischen Terminus, der in Abgrenzung zu McDougall positioniert wird. Anders als ein Begriff wie „group mind" impliziere, bedeute Gesellschaft nicht die Ausbildung von „like-mindedness", sondern ein kollektives Handeln, das soziologisch erklärt werden muss.

> While it is true that society has this double aspect, the individual and the collective, it is the assumption of this volume that the touchstone of society, the thing that distinguishes a mere collection of individuals from a society is not like-mindedness, but corporate action. We may apply the term social to any group of individuals which is capable of consistent action, that is to say, action, consciously or unconsciously, directed to a common end. This existence of a common end is perhaps all that can be legitimately included in the conception ‚organic' as applied to society.[39]

Auch Parks Gesellschaftskonzeption ist insofern teleologisch gefasst, als sich die Handlungen der Individuen zu einem „konsistenten" Ganzen zusammenfügen. In diesem Sinne steht Gesellschaft weiterhin in Analogie zum Organismus, auch wenn nun das kollektive Handeln der sozialen Individuen den Ausgangspunkt bildet. Organismus und Gesellschaft sind das Ergebnis kollektiver Handlungen; Formationen, in denen die Teile so kontrolliert und koordiniert sind, dass sie zu „concerted action" in der Lage sind. „Collective action is first. Action patterns once established become social structure", schreibt Park prägnant in einem Aufsatz von 1927.[40] Gesellschaft entsteht dort, wo das Handeln der Individuen eine gemeinsame Richtung gewinnt, sich zu Mustern verdichtet und die Qualität einer konzertierten Aktion annimmt.

Ein Minimum an Organisiertheit zeigt sich bereits in der Masse: In ihr zeichnen sich erste Ansätze der Entwicklung von Handlungsmustern („action patterns") ab, die allerdings noch instabil und flüchtig sind; es fehlt eine stabilisierend wirkende soziale *Struktur*, die diese Muster sowohl im Verhalten der Individuen als auch in Traditionen, Normen und Institutionen verankert. Beides steht in Wechselwirkung zueinander, und diese Wirkung nach zwei Richtungen will auch der von Ross übernommene Begriff *social control* verdeutlichen. Es geht um die Rückwirkung der sozialen Struktur auf die Individuen, die (ganz ähnlich wie bei McDougall) aus zum System geronnenen kollektiven Handlungen resultiert. Innerhalb

39 Robert Park und Ernest W. Burgess: Introduction to the Science of Sociology. 8. Aufl. Chicago 1933, S. 42.

40 Robert Park: Human nature and collective behavior. In: American Journal of Sociology 32 (1927), H. 5, S. 733–741, hier S. 733.

eines Gesellschaftskonzepts, das im Rahmen einer organismischen Systemtheorie verortet ist, bleibt für eine Fokussierung von Handlungen und sozialer Interaktion allerdings wenig Spielraum; auch wenn begrifflich also viel von „action“ und „behavior“ die Rede ist, verschwinden die Dynamiken der Handlungsebene in einem Modell, in dem das Zusammenwirken der Einzelnen stets auf das Ganze und seine Integration ausgerichtet ist.

Im Umfeld von Park und seinen Schülern durchläuft der Begriff *collective action* allerdings eine soziologische Karriere, bei der er sich zunehmend aus diesem funktionalistischen Framing befreit. Eine Übergangsrolle kommt dabei dem Mead-Schüler Herbert Blumer zu, der sich Ende der 1930er Jahre den elementaren Formen von Kollektivverhalten zuwendet und in den folgenden Jahrzehnten zum Wegbereiter des symbolischen Interaktionismus wird. Gleichsam unterhalb gesellschaftlicher Strukturen angesiedelt, rückt kollektives Verhalten nun unter neuem Vorzeichen in den Blick. Es geht um eine Identifikation sozialer Dynamiken, an denen sich die Auflösung und Neubildung sozialer Strukturen *in nuce*, d. h. in Form elementarer Interaktionsprozesse, beobachten lässt.[41] Ein solcher elementarer Prozess spielt sich nach Blumer im Fall sogenannter zirkulärer Reaktionen ab: Vorgänge einer wechselseitigen Stimulation („interstimulation“), „wherein the response of one individual reproduces the stimulation that has come from another individual and in being reflected back to this individual reinforces the stimulation.“[42] Ein solches Phänomen wechselseitiger Verstärkung stellt für Blumer das „milling behavior“ dar, das assoziativ auf entsprechende Kollektivphänomene im Tierreich anspielt. In Bezug auf menschliche Akteure steht es als Metapher für einen unorganisierten, spontanen, unregulierten, flüchtigen und instabilen Zustand der Kollektivbildung, der insofern elementar ist, als er keine interpretatorische Interaktion voraussetzt. Interessant ist er für Blumer vor allem deshalb, weil er die Vorstufe sozialer Bewegung darstellt, in der Ordnung aufgelöst wird und neue Formen sozialer Ordnung entstehen können. Nahezu konträr zu Schneirlas Ant Mill versinnbildlicht das *milling* bei Blumer nicht ein erstarrtes, stereotypes Bewegungsmuster, sondern vielmehr das Aufbrechen sozialer Routinen. Eine solche Begriffsverwendung ist freilich nur denkbar, wenn – wie in einem Umfeld, das durch Parsons' Strukturfunktionalismus geprägt ist – das Übergewicht auf sozialer Integration und Formen sozialer Kontrolle liegt, die *top-down* auf die Handlungen der Individuen einwirken. Als Ausdruck sozialer Unruhe („social unrest“)

41 Herbert Blumer: Collective behavior. In: New Outline of the Principles of Sociology. Hg. von Alfred McClung. New York 1946, S. 167–222. (Der Text erschien ursprünglich in Robert Park (Hg.): Principles of Sociology. New York 1939, S. 219–288).

42 Blumer: Collective behavior, S. 170. Mit zirkulär ist hier eher reziprok gemeint: „Thus the interstimulation assumes a circular form in which individuals reflect one another's states of feeling and ill so doing intensify this feeling.“

kann das *milling* dann die Keimzelle und den analytischen Ansatzpunkt für eine soziologische Bewegungsforschung bilden, die sich unterschiedlichen Ausdrucksformen von Devianz und Protest zuwendet.

Neil Smelser wird in den 1960er Jahren mit Nachdruck für eine Ablösung des Konzepts von seinen sozialpsychologischen Wurzeln plädieren: „The defining characteristics of collective behavior are not psychological."[43] Es gehe vielmehr darum, den Handlungs- oder Verhaltensbegriff von einzelnen Akteuren und ihrer Interaktion auf soziale Einheiten höherer Ebenen auszudehnen.[44] Anstatt also dem strikt behavioristischen Credo zu folgen, wonach der Verhaltensbegriff grundsätzlich nur für Individuen Einsatz finden könne, sollen gesellschaftliche Subsysteme wie Gruppen oder Institutionen als „systems of action" begriffen werden, die unterhalb des gesellschaftlichen Ganzen liegen und dort ihrerseits soziale Kontrolle entfalten. Weitergeführt wird jedoch auch Blumers Interesse für dynamisierende Prozesse, die in die Auflösung und Reorganisation bestehender sozialer Strukturen münden.[45] Der Begriff *collective behavior* liegt damit am Kreuzungspunkt divergierender Linien, die zwischen systemtheoretischen und interaktionistischen Ansätzen innerhalb der Soziologie verlaufen. Was sich entlang der Kategorie *collective behavior/action* verfolgen lässt, ist damit auch ein Prozess soziologischer Ausdifferenzierung. Was mitunter als erste und zweite Chicago School of Sociology bezeichnet wird,[46] teilt hier ein Konzept, mit dem sich sowohl (bio-soziale) Elementarformen menschlicher Sozialität fassen lassen als auch Formen der Assoziation, die in Spannung zu etablierten Ordnungs- und Handlungsmustern stehen. Konzepte wie *collective action* und *collective behavior* stellen insofern sozialtheoretische Kippfiguren dar, als sie sowohl die Entstehung wie auch die Auflösung sozialer Strukturen zum Ausdruck bringen können. Genau damit aber eignet sich der soziologische Begriff dazu, nicht mehr

---

43 Neil Smelser: Theory of Collective Behavior. Glencoe, Ill. 1962.

44 So betont Smelser gleichermaßen gegen Parsons und Blumer: „It is possible, however, to apply the same definition to a system of action composed of the interaction of two or more actors. At this level of abstraction we no longer treat individual personalities as the principal systems; we move to the analysis of the relations among actors. At this, the social-system level, the units of analysis are not need-dispositions or motives, but roles (e.g., husband, church member, citizen) and organizations (e.g., political parties, business firms, families). A social system may be constituted by an informal, even casual interaction among two persons, or it may be constituted by a large-scale, enduring institutional complex such as a church, a market system, or even a society." (Smelser: Collective Behavior, S. 24).

45 Dies zeigt sich unter anderem an Smelsers Interesse am Wechselverhältnis zwischen *collective behavior* und den Agenturen sozialer Kontrolle, etwa sozialer Unruhe und Polizeigewalt.

46 Gary Alan Fine (Hg.): A Second Chicago School. The Development of a Postwar American Sociology. Chicago 1995.

nur die Mechanismen funktionaler Integration, sondern auch der sozialen Dynamik zu erfassen.[47]

Fazit: Kollektives Verhalten und die Theorie des Sozialen

Die Analyse von Kollektivverhalten stellt ein Gebiet dar, das von Soziologie, Sozialpsychologie und einer auf Tierkollektive bezogenen vergleichenden Psychologie geteilt wird. Wie deutlich wurde, wird in all diesen Feldern der Verhaltensbegriff seit den 1920er Jahren neu ausgerichtet. Verfolgt man diesen Prozess über die Diskurse hinweg, dann erschließt sich anhand der Auffassung von Kollektivverhalten eine Konstellation, in der – mit engen Bezügen zwischen menschlichen und Tierkollektiven – die Frage nach den Mechanismen und Grundlagen von Sozialität rekonfiguriert wird. Wie gezeigt, zeichnet sich über die verschiedenen Wissensgebiete hinweg die Tendenz ab, das Konzept der sozialen Organisation behavioral zu fundieren.

Ein erster Schritt hierzu liegt in der Verabschiedung des Instinktbegriffs, durch die dem Verhaltensbegriff selbst eine Erklärungskraft für organisatorische Prozesse und Entwicklungsdynamiken zuwächst. Was Sozialpsychologen noch in den 1920er Jahren mit dem Konzept eines *collective mind* umschreiben, wird nun auf *collective behavior* zurückgeführt. Dies geht nicht nur mit dem generellen Erstarken des Verhaltensbegriffs einher, der ins Zentrum verschiedener Wissenschaften rückt. Vielmehr zeichnet sich ab, dass sich Kollektivverhalten zu einem Forschungsgebiet entwickelt, das dem Verhaltensbegriff Erklärungspotenzial für die Entstehung sozialer Strukturen abgewinnt. Fokussiert wird dabei auf elementare Formen sozialer Interaktion und intersoziale Wechselwirkungen, die über den Weg von „action patterns" zum Ausgangspunkt sozialer Strukturbildung werden.

Wie sich an Schneirla gezeigt hat, lässt sich dieser Prozess für biologische Kollektive wie die von sozialen Insekten besonders elaboriert ausarbeiten. Auf seinem genuinen Forschungsgebiet, den nomadischen Kolonien der Army Ants, liefert Schneirla ein empirisch unterfüttertes Modell, wie sich das Verhalten der Individuen in „social action patterns" und damit in soziale Strukturen übersetzt. Sein

47 Einen nochmaligen Twist verlieh Herbert Blumer dem Konzept des *collective behavior* in den 1970er Jahren, indem er ihn ganz vom (beobachtbaren) sozialen Verhalten ablöste und stattdessen als Ergebnis sozialer Deutungsprozesse begriff. Der genuine Gegenstand seien nicht „soziale Probleme", sondern die kollektiven Prozesse, die diese qua Deutung erst erschaffen. Vgl. Herbert Blumer: Social problems as collective behavior. In: Social Problems 18 (1971), H. 3, S. 298–306.

Modell richtet sich konsequent auf die Entstehung kollektiver sozialer Verhaltensmuster („patterns of behavior/action"), die aus Interaktionen und interindividueller Reiz- und Erregungsverstärkung hervorgehen und in dieser kollektiven Form auf die Individuen zurückwirken. Das soziale Gebilde ist damit konsequent in Handlungsmuster aufgelöst und soziale Strukturen und Funktionen stellen sich als dynamisch erzeugte, „geronnene" Formen des Verhaltens dar.

Das Besondere an Schneirlas Konzeption ist damit, dass Kollektivverhalten unmittelbar mit der Entstehung sozialer Organisation verbunden ist. Anders als in soziologischen (oder, wie im Fall McDougalls, auch sozialpsychologischen) Konzeptionen, in denen *collective action* von vornherein der systemischen Ebene geronnener Handlungen zugeordnet ist, erlaubt es seine Konzeption, konsequent von der Ebene der Interaktionen auszugehen. Interessant ist hierbei auch das Phänomen des *milling behavior*, das als neuralgischer Sonderfall von Kollektivverhalten sowohl in seiner als auch in zeitgleichen soziologischen Theorien auftaucht. Bei Schneirla bezeichnet es das, was sich herausbildet, wenn ein Kollektiv ausschließlich auf interne, sich selbst verstärkende Interaktionen verwiesen ist – während es für Soziologen das ist, was die Systemebene sozialer Kontrolle unterläuft. Anhand der konträren Bedeutungen, die mit der elementaren Kollektivdynamik des *milling* verknüpft werden, zeigt sich letztlich das Ringen um die Frage, wie sich behavioristische Prämissen mit soziologischen Denkmustern verbinden lassen. Zwar wird das Phänomen auch in der soziologischen Theoriebildung (hier: Blumers) als wechselseitige Stimulation betrachtet, die mit einer positiven Verstärkung einhergeht und so sozialstrukturell relevant werden könnte. Gegenüber einer durch das „Ganze" der Gesellschaft ausgeübten und durch Institutionen perpetuierten Form sozialer Kontrolle beschreibt das *milling* jedoch dezentrale Herde sozialer Unruhe und somit einen Widerpart gesellschaftlicher Organisation.

Schneirla geht es hingegen gerade nicht darum, speziesübergreifend wirksame Mechanismen kollektiven Verhaltens zu identifizieren; vielmehr liegt sein Kerninteresse darin, die Unterschiede in den Verhaltensmöglichkeiten der jeweiligen Spezies so differenziert wie möglich herauszuarbeiten. Dies zeigt sich insbesondere daran, dass er die speziestypischen „levels of behavior" konsequent in Beziehung zu den „levels of organization" setzt und so die Prozesse der Kollektivbildung streng mit den Voraussetzungen aufseiten der beteiligten Individuen verkoppelt. Genau dieser Intention widerspricht es freilich, dass seine Konzeption des Kollektivverhaltens sozialer Insekten auf längere Sicht den Weg für eine generelle – also organische, technische und soziale Prozesse übergreifende – Konzeption und Modellierung von Systemverhalten schuf. Wissenshistorisch ist dies auch deshalb interessant, weil es deutlich macht, dass es weniger die Kybernetik als vielmehr eine behavioristische Verhaltens- und Kollektivforschung war, die hierfür die Grundlagen bereitstellte. In einem erweiterten Untersuchungsfokus zeigt sich, dass zur Analyse von kollektivem Verhalten auf ein ähnliches Vokabular zurückgegriffen wurde und Konzepte wie Stimulation, Feedback, Interaktion oder Kontrolle mit unterschiedlich gelagertem Erkenntnisinteresse zum Einsatz kamen. Mit Blick auf Schneirlas Ethos als vergleichender Psychologie liegt eine gewisse Ironie darin, dass sein Instrumentarium auch die Möglichkeit eröffnete, Unterschiede der Akteure aufseiten des Systems wieder einzuebnen. Zieht man gleichsam sein Interesse an dezidiert vergleichender, also speziesdifferenzierter Psychologie wieder ab, dann gelangt man zu einem Modell (verhaltensbasierter) Systemdynamik, das aufseiten der Akteure lediglich elementare Formen von „responsiveness" erfordert und sich so für adaptive Systeme aller Art einsetzen lässt. Einige Jahrzehnte später werden hier die agentenbasierten Systemvorstellungen anknüpfen können, die sich in späteren Phasen der (Neo-)Kybernetik ausbilden.[48]

Abbildungsverzeichnis

Abb. 1 Verhaltenszyklus des Army-Ant-Kollektivs. Aus: Theodore C. Schneirla und Gerard Piel: The army ant. In: Scientific American 178 (1948), H. 6, S. 16–23, hier S. 19, mit freundlicher Genehmigung von Scientific American, Inc.

Abb. 2 Das konditionierte Kollektiv. Aus: Theodore C. Schneirla: Army Ants. A Study in Social Organization. Hg. von Howard R. Topoff. San Francisco 1971, S. 305, mit freundlicher Genehmigung von W. H. Freeman and Company.

Abb. 3 Totales Feedback: die Ant Mill. Aus: Theodore C. Schneirla: Army Ants. A Study in Social Organization. Hg. von Howard R. Topoff. San Francisco 1971, S. 282, mit freundlicher Genehmigung von W. H. Freeman and Company.

Abb. 4 A.W. Froderstrom: Totales Feedback: die Ant Mill. Aus: Theodore C. Schneirla: Army Ants. A Study in Social Organization. Hg. von Howard R. Topoff. San Francisco 1971, S. 283, mit freundlicher Genehmigung von W. H. Freeman and Company.

48 Vgl. hierzu ausführlich Johach: Wilde Soziologie, Kapitel IV.4.

Robert Meunier

Die Formierung der Verhaltensgenetik und ihr Begriff des Verhaltens. Der Ansatz von Jerry Hirsch, 1956–1967

Um 1960 formierte sich die Verhaltensgenetik in den USA als eigenständiges Forschungsfeld. Die mentalen Eigenschaften und Fähigkeiten des Menschen wurden spätestens seit den biometrischen Untersuchungen von Francis Galton in der zweiten Hälfte des neunzehnten Jahrhunderts aus der Perspektive der Vererbung betrachtet.[1] Die Entwicklung dieser Problemstellung, der Methoden, die an sie herangetragen wurden, sowie der Antworten auf diese Fragen waren stets von heftigen Kontroversen begleitet. Im Kontext der kritischen Bewertung der Eugenik nach dem Zweiten Weltkrieg kann man die Verhaltensgenetik als einen Versuch fassen, die Forschung zur Vererbung menschlichen Verhaltens von ihrem Stigma zu befreien.[2] Hierzu wurden zum einen die Anforderungen an die Methode im Sinne rigoroser statistischer Versuchsplanung und Datenanalyse in der Humangenetik verstärkt, zum anderen wurde ein neuer Schwerpunkt auf die Untersuchung genetischer Grundlagen *tierischen* Verhaltens gelegt. Zudem hatte sich aber auch die quantitative Genetik, die vornehmlich morphologische und physiologische Eigenschaften von Pflanzen und Tieren untersuchte, in den 1930er und 1940er Jahren in einer Art weiterentwickelt, die eine neue Methodologie für die Verhaltensgenetik überhaupt erst ermöglichte.[3]

Die amerikanische Verhaltensgenetik entstand aus einem Zusammenschluss der genetisch interessierten Humanpsychologie und Psychiatrie sowie der mit Tieren arbeitenden experimentellen Psychologie.[4] Die beiden Forschungstraditionen waren sowohl in Hinblick auf ihre institutionelle Verankerung als auch bezüglich ihrer Forschungsansätze durchaus verschieden. Die Humangenetik konnte jedoch von der Auseinandersetzung mit den methodologisch rigoroseren Tierstudien profi-

---

1 Hans-Jörg Rheinberger und Staffan Müller-Wille: Vererbung. Geschichte und Kultur eines biologischen Konzepts. Frankfurt a. M. 2009.

2 Edmund Ramsden: Confronting the stigma of eugenics. Genetics, demography and the problems of population. In: Social Studies of Science 39 (2009), H. 6, S. 853–884.

3 William B. Provine: The origins of theoretical population genetics. Chicago 1971; Paolo Palladino: People, institutions, and ideas. American and British geneticists at the Cold Spring Harbor symposium on quantitative biology, June 1955. In: History of Science 34 (1996), H. 4, S. 411–450.

4 Stephen C. Maxson: A history of behavior genetics. In: Neurobehavioral Genetics. Methods and Applications. Hg. von Byron C. Jones und Pierre Mormède. Boca Raton 2007, S. 1–16.

https://doi.org/10.1515/9783110740813-008

tieren, und die verhaltensgenetische Tierforschung war bemüht, die Relevanz ihrer Ergebnisse für das Verständnis der menschlichen Psychologie hervorzuheben.

Stellvertretend für die Tradition der verhaltensgenetischen Tierforschung wird im Folgenden der zwischen Mitte der 1950er und Mitte der 1960er Jahre entwickelte und im Kontext der Entstehung der neuen, interdisziplinären Verhaltensgenetik stehende Forschungsansatz von Jerry Hirsch exemplarisch untersucht. Dabei wird es darum gehen, Motivation und Positionierung dieses Forschers, Herkunft und Zusammenwirken der Elemente seines Experimentalsystems sowie die für ihn relevanten Begriffe und Diskursfiguren herauszuarbeiten. Abschließend soll gefragt werden, welcher Begriff des Verhaltens sich aus Hirschs Ansatz ergibt und in welchem Verhältnis dieser Begriff zu Verhaltensbegriffen aus anderen Feldern und Disziplinen der Verhaltensbiologie steht.

Aufgrund ihrer kontroversen Aussagen über menschliche Fähigkeiten im Kontext sozialer Kategorisierungen und Problemstellungen und der Verbindung der Verhaltensgenetik zu Traditionslinien der Eugenik und Rassenforschung fokussiert ein Großteil der Historiografie auf die Genetik menschlichen Verhaltens oder der Psychopathologien; seltener wird der Beitrag der Tierforschung zur Verhaltensgenetik beleuchtet und hierbei steht in erster Linie die Forschung an Ratten, Mäusen oder Hunden im Vordergrund.[5] Zudem liegt der Schwerpunkt der Studien zu dieser Disziplin häufig nicht auf der Entstehungsphase der amerikanischen Verhaltensgenetik. Insofern trägt das vorliegende Kapitel mit seinem Fokus auf Hirschs Arbeit zur verhaltensgenetischen Analyse der Fruchtfliege in der Gründungsphase der Verhaltensgenetik in doppelter Hinsicht zu einer erweiterten Historiografie der Disziplin bei.

Hirschs Positionierung im Feld der Verhaltensgenetik

Jerry Hirsch (1922–2008) studierte zunächst Psychologie an der University of California, Berkeley. Seine Lehrer, Edward C. Tolman (1886–1959), Robert C. Tryon (1901–1967) und Leo J. Postman (1918–2004), arbeiteten alle experimentell und in kritischer Auseinandersetzung mit dem klassischen Behaviorismus an Fragen des Lernens; Tol-

5 Siehe etwa: Aaron Panofsky: Misbehaving Science. Controversy and the Development of Behavior Genetics. Chicago 2014; Nancy K. Innis: Tolman and Tryon. Early research on the inheritance of the ability to learn. In: American Psychologist 47 (1992), H. 2, S. 190–197; Diane B. Paul: The Rockefeller Foundation and the origins of behavior genetics. In: The Expansion of American Biology. Hg. von Keith R. Benson, Jane Maienschein und Ronald Rainger. Ithaca 1991.

man und Tryon hauptsächlich mit Ratten, Postman mit menschlichen Subjekten. Kenntnisse in Genetik erwarb Hirsch bei Curt Stern (1902–1981), der sowohl zur Genetik der Fruchtfliege als auch der des Menschen forschte. Im Anschluss an seine Promotion 1955 erhielt Hirsch eine Assistenzprofessur in Psychologie an der Columbia University und war zugleich als *laboratory associate* in der Zoologie tätig, wo er mit den bedeutenden Genetikern Theodosius Dobzhansky (1900–1975), Leslie C. Dunn (1893–1974) und dem durch seine Beiträge zu statistischen Testverfahren bekannten Howard Levene (1914–2003) zusammenarbeitete. Von 1960 bis zu seiner Emeritierung 1993 lehrte Hirsch als Professor an der University of Illinois at Urbana-Champaign.[6] In seiner von Postman betreuten Doktorarbeit beschäftige sich Hirsch zunächst noch mit dem Lernen bei menschlichen Versuchssubjekten. Seit seiner Zeit an der Columbia University arbeitete er dann mit der Fruchtfliege *Drosophila melanogaster* und in den 1970er Jahren auch mit der Schmeißfliegenart *Phormia regina.*

Zu Beginn von Hirschs akademischer Karriere befand sich die amerikanische Verhaltensbiologie insgesamt – und vor allem die Verhaltensgenetik – in einer Konsolidierungsphase. Hirsch war in diesem Kontext aktiv an der Gründung der Behavior Genetics Association um 1970 beteiligt.[7] Zudem war er in der Animal Behavior Society aktiv und fungierte 1975 bis 1976 als deren Präsident. Von 1968 bis 1972 war Hirsch Herausgeber der Zeitschrift *Animal Behaviour.* Er war außerdem – mit Benson Ginsburg (1918–2016) und Gerald E. McClearn (1927–2017) – Co-Organisator einer Konferenz, die aus zwei dreiwöchigen Treffen (1961 und 1962) am Center for Advanced Studies in the Behavioral Sciences der Stanford University bestand. Neben anderen Ereignissen waren diese Treffen enorm wichtig für die Formierung der Verhaltensgenetik: „These were attended by many leaders in the field and in many ways set the agendas for the next decade of behavior genetics research."[8] Hirsch fungierte auch als Herausgeber eines einschlägigen Sammelbandes, der aus der Konferenz hervorging, 1967 unter dem Titel *Behavior-Genetic Analysis* erschien und damit den von Hirsch so bezeichneten eigenen Ansatz innerhalb der Verhaltensgenetik propagierte.[9]

---

6 Zu den biografischen Angaben siehe Pierre L. Roubertoux: Jerry Hirsch (20 September 1922–3 May 2008). A tribute. In: Behavior Genetics 38 (2008), H. 6, S. 561–564.

7 Richard H. Osborne und Barbara T. Osborne: The founding of the behavior genetics association, 1966–1971. In: Social Biology 46 (1999), H. 3–4, S. 207 f.

8 Maxson: A history of behavior genetics, S. 6.

9 Jerry Hirsch (Hg.): Behavior-Genetic Analysis. New York 1967.

Hirsch definierte die Verhaltensgenetik allgemein als „the study of the relations between genotypic variations and variations in behavioral phenotypes".[10] Er identifizierte eine Frühphase der Verhaltensgenetik, der er unter anderem seine Lehrer Tolman und Tryon zuordnete und die er als „genetics *of* behavior" charakterisierte, in dem Sinne, dass es hier in erster Linie um den Nachweis ging, dass Verhalten in der Tat eine erbliche Komponente hat.[11] Nach Hirsch war dieser Nachweis einer erblichen Verhaltenskomponente notwendig, da „[t]he ‚opinion leaders' of two generations" – gemeint war hier vor allem der Behaviorismus – „literally excommunicated heredity from the behavioral sciences".[12] Hirsch räumte durchaus ein, dass es gute Gründe für eine kritische Einstellung zur Frage nach der Vererbbarkeit von Verhaltensformen gab, darunter etwa die häufig unbegründete Kategorisierung von Verhaltensformen als Instinkte, die enge Verbindung zwischen Vererbungswissenschaft, Eugenik und Rassenlehre sowie die erstaunliche Effektivität von Konditionierungsversuchen. Nichtsdestotrotz sah er diese Einstellung und das sich in Reaktion darauf ergebende Programm des bloßen Nachweises erblicher Verhaltenskomponenten durch Selektionsexperimente, den Vergleich von Verhaltenseigenschaften zwischen Zuchtlinien (beim Tier) oder durch Familien- und Zwillingsstudien (beim Menschen) und ähnliche Verfahren als Hindernis für die Erforschung des Verhaltens:

> Because of the stubborn and persistent opposition to the study of heredity and behavior, far too much effort has been spent proving the trivial points that this or that behavior shows a genetic component or a genotype-environment interaction, or in chasing single genes in order to have a more clear-cut case.[13]

In Bezug auf die Frage nach Anlage und Umwelt in der Genese des Verhaltens diagnostizierte Hirsch eine Verschiebung zugunsten der Erforschung und weiteren Differenzierung der Rolle der Vererbung und schrieb diese unter Hinweis auf Thomas Kuhn einem Generationenwechsel in der Verhaltensgenetik zu. Hirsch positionierte sich somit sowohl gegenüber der behavioristischen Fokussierung auf konditionierende Umweltfaktoren als Ursache für individuelle Unterschiede als auch gegenüber der Generation seiner Lehrer und der genetisch orientierten Humanpsychologie. Um den Unterschied zu den Letzteren zu markieren, bevor-

---

10 L. Erlenmeyer-Kimling, Jerry Hirsch und Jane M. Weiss: Studies in experimental behavior genetics. III. Selection and hybridization analyses of individual differences in the sign of geotaxis. In: Journal of Comparative and Physiological Psychology 55 (1962), H. 5, S. 722–731, hier S. 722.

11 Jerry Hirsch: Behavior genetics and individuality understood. In: Science 142 (1963), H. 3598, S. 1436–1442, hier S. 1439. Zu den verhaltensgenetischen Arbeiten von Tolman und Tryon, siehe Innis: Early research.

12 Hirsch: Behavior genetics, S. 1439.

13 Jerry Hirsch: Behavior-genetic, or „experimental" analysis. The challenge of science versus the lure of technology. In: American Psychologist 22 (1967), H. 2, S. 118–130, hier S. 118.

zugte er die Bezeichnung „behavior genetic analysis“ gegenüber dem allgemeineren Ausdruck „behavior genetics“. In Bezug auf die Frühphase der Verhaltensgenetik stellte Hirsch fest:

> It is a fallacy to ask the nature-nurture question for any behavior. The best we can do is to consider heritability, a concept which refers to the correlation between genotypic diversity and individual differences in behavior. Moreover, this correlation has no fixed value; for every behavior it must be measured in specific population under specific conditions, because it varies with both.[14]

Dagegen sah er die für die neuere Phase (oder neue Generation) der Verhaltensgenetik, in der Hirsch sich bereits als einer der zentralen Protagonisten etabliert hatte, ein Programm vor, das darauf abzielte, den Zusammenhang zwischen den jeweiligen Komponenten des Verhaltens herauszuarbeiten, also zwischen den physiologischen Systemen, auf denen es beruht, und dem genetischen Material:

> We are now in a more fruitful period. Experimental analysis is yielding information about genes and chromosomes and how they act. The way is open to understanding molecular – ultimately submolecular – mechanisms and to following metabolic pathways between genes and phenotypes.[15]

Hirsch verwies hier implizit auf Entwicklungen in der biochemischen Genetik, distanzierte sich aber zugleich von der Annahme einer direkten oder konstanten Beziehung zwischen Genotyp und Phänotyp. Er betonte immer wieder, dass Genotypen mit der Umwelt interagieren, dass unterschiedliche Genotypen unterschiedlich auf die gleichen Umweltbedingungen reagieren, dass der gleiche Genotyp unterschiedlich unter unterschiedlichen Umweltbedingungen reagiert und dass die Wirkung eines Gens von dem jeweiligen genetischen Hintergrund abhängt.[16] Zudem wies Hirsch darauf hin, dass der gleiche Verhaltensphänotyp nicht nur durch verschiedene Genotypen, sondern sogar durch unterschiedliche zugrunde liegende physiologische Systeme (die jeweils mit ganz unterschiedlichen Gruppen von Genen assoziiert sind) hervorgebracht werden kann.[17]

Vor allem aber argumentierte Hirsch in seinen programmatischen Texten durchgehend gegen eine Uniformitätsannahme oder, wie er sie mit Verweis auf Ernst Mayrs Unterscheidung von typologischem und Populationsdenken auch nannte, gegen „typologisches Denken“: „A uniformity of expression over individuals, and even across species, has too often been assumed for behaviors under

14 Jerry Hirsch: Breeding analysis of natural units in behavior genetics. In: American Zoologist 4 (1964), H. 2, S. 139–145, hier S. 144.
15 Hirsch: Behavior genetics, S. 1439.
16 Hirsch: „Experimental“ analysis, S. 121.
17 Hirsch: Behavior genetics, S. 1438.

study.“[18] Zwar wurde, wie Hirsch feststellte, in der experimentellen Psychologie und Ethologie zumindest in Bezug auf manche Verhaltenseigenschaften das Vorkommen von Variation anerkannt, jedoch nur im Sinne leichter Abweichungen von einem Normalwert:

> In the study of behavior it is usually assumed that for a given species there is a characteristic way of responding which defines a behavioral process under analysis. Though individuals may differ somewhat in the way they respond, the assumption is made that individual differences represent minor variations around the normal.[19]

Dagegen nahm Hirsch an, dass nicht nur Verschiedenheit zwischen Individuen einer Art vorliegt und diese auch primär genetischer Natur ist, sondern dass „the materials on which a science of behavior must make its observations are intrinsically variable“.[20] Er begründete dies mit dem Verweis auf die Mechanismen der Mutation, Rekombination und Meiose (Kernteilung bei der Entstehung der Fortpflanzungszellen mehrzelliger Organismen, bei der der Chromosomensatz halbiert wird), die, wie er betonte, die genetische Einzigartigkeit jedes Individuums zur Folge haben. Mit dieser Hervorhebung der Variation innerhalb einer Art grenzte Hirsch sich explizit sowohl von der experimentellen Psychologie als auch von der Ethologie ab, in der die Annahme der Uniformität der Vertreter einer Art seiner Meinung nach vorherrschte.

Die Betonung genetischer Variation schloss für ihn jedoch nicht die Rolle der Umwelteinflüsse aus, sondern ermöglichte gerade die Erforschung der Modifikation der Wirkung von Umwelteinflüssen in der Individualentwicklung durch genetische Unterschiede:

> Traditionally, many behavioral scientists have assumed that individuals start life uniformly alike, and that individual differences result only from differentiating experiences. […] Recognition of the contradictory nature of this assumption does not make the role of experience in ontogeny any less important, but we now realize that the effects of experience are conditioned by the genotype.[21]

Darüber hinaus basierte Hirschs neuer Ansatz in der Verhaltensgenetik auf einer quantitativen Genetik, die alle Phänotypen als kontinuierlich variierend und von

---

18 Hirsch: Behavior genetics, S. 1436.

19 Jerry Hirsch und L. Erlenmeyer-Kimling: Sign of taxis as a property of the genotype. In: Science 134 (1961), H. 3482, S. 835–836, hier S. 835.

20 Jerry Hirsch: Genetics of mental disease. Symposium, 1960: 3. Discussion: The role of assumptions in the analysis and interpretation of data. In: American Journal of Orthopsychiatry 31, H. 3 (1961), S. 474–480, hier S. 478.

21 Hirsch: Behavior genetics, S. 1442.

einer großen Zahl von Genen beeinflusst auffasste.[22] Ihm zufolge galt es, die genetische Struktur einer Population zu verstehen und die Gene zu identifizieren, die innerhalb der Population als verschiedene Varianten (Allele) repräsentiert sind und die einen Unterschied in einem beobachteten Verhalten hervorrufen können. Spezifischer bestimmte Hirsch demnach die Verhaltensgenetik als „the study of the relations between the genetic architecture of a taxon and the distributions of its behavioral phenotypes".[23] Obwohl Hirsch selbst diesen Grad der Feinanalyse nicht erreichte, verwies er perspektivisch auf erste Studien, in denen es gelungen war, Gruppen von Genen zu kartieren, die einem quantitativen Merkmal zugrunde lagen (Polygenie).[24] Langfristig sah er das Ziel dann darin, die biochemischen Grundlagen der physiologischen Systeme zu rekonstruieren, an denen solche Gengruppen beteiligt waren. Die Mutagenese-basierte Suche nach *einzelnen* Genen, die bei der Entstehung eines Verhaltens eine Rolle spielen, lehnte er hingegen ab und charakterisiert den Ansatz als reduktionistisch und typologisch motiviert: „There are typologically conceived traits and typologically conceived genes, and wherever you can establish a correlation between the two you have a reductionistic causal explanation."[25]

Insbesondere in Bezug auf die Verhaltensgenetik des Menschen stellte Hirsch zudem fest, dass die Wahl der zu untersuchenden Merkmale durch die ihnen zugeschriebene soziale Signifikanz bestimmt ist. Dies führte aus Hirschs Perspektive nicht nur zur Annahme typischer Verhaltensformen oder eines Normalwerts, um den herum sich Abweichungen gruppieren, sondern auch dazu, dass mit Verhaltenskategorien wie etwa Intelligenz operiert wurde, die zu grob waren, um eine genetische Analyse durchzuführen. Die gemessenen Werte für eine solche Verhaltensvariable konnten nach Hirsch auf vielfache Weise realisiert werden und entsprechend konnten Verhaltensvariationen auf Unterschieden in ganz verschiedenen Gruppen von Genen basieren:

> It is therefore very unlikely that we shall learn much about [the genes'] primary influences on behavior by omnibus tests of intelligence or personality. The trouble with broad spec-

---

22 Die Methoden der quantitativen Genetik fanden erst zu dieser Zeit eine größere Verbreitung. Wie andere Verhaltensgenetiker*innen orientierte sich Hirsch an den einschlägigen Lehrbüchern von Autoren wie I. Michael Lerner (1910–1977) und Kenneth Mather (1911–1990). Zu diesen siehe Palladino: People.

23 Hirsch: Behavior genetics, S. 1436.

24 Jerry Hirsch: Behavior-genetic analysis at the chromosome level of organization. In: Behavior-Genetic Analysis. Hg. von dems. New York 1967, S. 258–269. Relevant sind hier insbesondere die Arbeiten von John Thoday (1916–2008) und anderen, die später zu dem Begriff der ‚quantitative trait loci' führen sollten.

25 Hirsch: „Experimental" analysis, S. 120.

> trum tests is that they measure too much. [...] Since there are practically an unlimited number of ways of obtaining any score, lumping together all individuals who fall in the same category on cultural tests undoubtedly obscures many biological differences.[26]

Es kam für Hirsch deshalb darauf an, auch das Verhalten selbst einer Analyse zu unterziehen und die Komponenten zu identifizieren, aus denen es sich zusammensetzt. Kategorien wie Intelligenz waren demnach in feinere Kategorien zu zerlegen, die spezifischere Fähigkeiten bestimmten.[27] Selbst bei relativ einfachen, nicht-konditionierten Reizantworten wie den Taxien, also der Ausrichtung bzw. Bewegung eines Organismus in Bezug auf einen Reiz (neben Licht und Gravitation auch Temperatur, chemische Gradienten usw.), galt es, die verschiedenen Modi und Phasen der Aufnahme des Reizes und der Reizantwort zu unterscheiden und die jeweiligen involvierten physiologischen Systeme und deren Komponenten zu bestimmen. Neben einer Verfeinerung der Messverfahren war es, wie Hirsch betonte, gerade die genetische Analyse, die es ermöglichte „natural units of biological organization" zu entdecken, die dann unter Umständen auch als Gegenstand der evolutionären Selektion gelten konnten.[28] Die Analyse der Komponenten auf der Ebene des Verhaltes, der physiologischen Mechanismen und des genetischen Materials erfolgte also iterativ.

Hirsch bestimmte seinen Ansatz der verhaltensgenetischen Analyse demnach als

> the experimental analysis of well-defined behaviors into their sensory and response components, the reliable and valid measurement of individual differences in the behaviors and in their component responses, *then* subsequent breeding analysis or, for man, pedigree analysis by the methods of genetics over a specified set of generations in the history of a given population under known ecological conditions.[29]

26 Hirsch: „Experimental" analysis, S. 127.

27 Eine neue Generation von Humanpsycholog*innen, die an genetischen Fragen interessiert war, setzte jedoch genau hier an und trieb die Differenzierung grober Verhaltenskategorien wie Persönlichkeit oder Intelligenz sowie der entsprechenden Messverfahren, die diese operationalisierten, voran. Steven Vandenberg (1915–1992) entwickelte beispielsweise ganze „Testbatterien" zur Messung von Intelligenz in Zwillingsstudien; siehe John C. Loehlin: Steven G. Vandenberg (1915–1992). In: Behavior Genetics 23 (1993), H. 2, S. 113–115.

28 Hirsch: Breeding Analysis, S. 143.

29 Hirsch: „Experimental" analysis, S. 121.

Im Folgenden werden die zentralen Elemente des Experimentalsystems aufgeführt, mit dem Hirsch sich seinen Gegenstand zugänglich machte und das zugleich bestimmte, in welchem Sinne der Gegenstand verstanden werden konnte.[30]

Hirschs Experimentalsystem

In der ersten Phase seiner Karriere, die hier im Zentrum steht, forschte Hirsch in erster Linie zu geotaktischen (also relativ zur Gravitation ausgerichteten) Bewegungsreaktionen der Fruchtfliege *Drosophila melanogaster*. William Castle (1867–1962) hatte die Fruchtfliege ursprünglich als Versuchstier eingeführt, um den Effekt von Inzucht über viele Generationen zu untersuchen. Durch diese Arbeiten wurde auch Thomas Hunt Morgan (1866–1945) auf die Fliege aufmerksam; er baute später sein erfolgreiches Programm der Chromosomengenetik auf der Wahl dieses Organismus auf und verhalf der Fruchtfliege damit dazu, einer der am besten genetisch charakterisierten Organismen zu werden.[31]

Es hatte bereits verhaltensbiologische Studien an *Drosophila* gegeben. Frederic Carpenter, ein Student Castles, hatte bereits 1905 eine Versuchsreihe durchgeführt, bei der die Reaktionen der Fliege auf Licht, Gravitation und mechanische Reizung untersucht wurde. Die Frage nach den Taxien (zunächst noch als „Tropismen" bezeichnet) war durch die Arbeiten von Jacques Loeb (1859–1924) prominent geworden.[32] Carpenter war in seiner Arbeit zu dem Ergebnis gekommen, dass die Fruchtfliege – in Loebs Terminologie – negativ geotropisch und positiv phototropisch ist. Darüber hinaus waren in der täglichen Arbeit mit den Fliegen im *flyroom* der Morgan-Gruppe und im Zuge der Bemühung, die Haltungs- und Fortpflanzungsbedingungen zu verbessern, etliche Beobachtungen zum Verhalten der Fliege gemacht worden, die zum Teil in das implizite Wissen der Drosophilis-

---

30 Zu Experimentalsystemen und der Konstitution des Forschungsgegenstands („epistemisches Ding"), siehe Hans-Jörg Rheinberger: Toward a History of Epistemic Things. Synthesizing Proteins in the Test Tube. Stanford 1997.

31 Robert E. Kohler: Lords of the Fly. Drosophila Genetics and the Experimental Life. Chicago 1994.

32 Heiner Fangerau: Tierforschung unter mechanistischen Vorzeichen. Jaques Loeb, Tropismen und das Vordenken des Behaviorismus. In: Philosophie der Tierforschung. Bd. 1: Methoden und Programme. Hg. von Martin Böhnert, Kristian Köchy und Matthias Wunsch. Freiburg/München 2016, S. 183–207. Loebs Gebrauch des Ausdrucks ‚Tropismus' entstand aus einer begrifflichen Übertragung aus dem Bereich der Bewegung der Pflanzen auf die Reaktionen von Tieren. Der Ausdruck ‚Taxis' für die Orientierung und Bewegung im Raum bei Mikroorganismen und Tieren setzte sich im Anschluss an die Arbeiten von Alfred Kühn (1885–1968) durch; siehe den Eintrag „Selbstbewegung" in Georg Toepfer: Historisches Wörterbuch der Biologie. Geschichte und Theorie der biologischen Grundbegriffe. Bd. 3. Stuttgart/Weimar 2011, S. 231–245.

ten übergingen, zum Teil aber auch publiziert wurden. So lieferte Alfred Sturtevant (1891–1970) etwa eine frühe Studie zum Sexualverhalten der Fliege, die nicht nur den Ablauf und die Bedingungen des Werbungs- und Paarungsverhaltens beschrieb, sondern zudem untersuchte, inwiefern bekannte Mutationen das Verhalten beeinflussen. Robert McEwen, ein Student Morgans, nahm die Frage nach den Taxien wieder auf und untersuchte den Effekt einiger Mutationen auf die Licht- und Gravitationsreaktionen.[33]

Untersuchungen zu Taxien wurden häufig an „kleinen" oder „einfachen" Organismen durchgeführt, etwa an Protozoen oder mikroskopischen Metazoen wie *Daphnia*. Das Verhaltensphänomen wurde in diesem Forschungszweig jedoch auf die ihm zugrunde liegenden physiologischen Reaktionen reduziert. Auch wenn der Anspruch erhoben wurde, tierische Instinkte zu erklären, so waren diese Arbeiten damit doch oft der Physiologie zuzuordnen und nicht der vergleichenden Psychologie oder Ethologie. Die Forschung in letzteren Traditionslinien interessierte sich hauptsächlich für die „höheren" Fähigkeiten der Tiere. Es ging darum festzustellen, welche angeborenen Fähigkeiten bestimmte taxonomische Gruppen auszeichnen, ob Tiere intelligentes Verhalten an den Tag legen und inwieweit komplexes Verhalten erlernt ist.

In Anbetracht von Hirschs Hintergrund in Humanpsychologie und experimenteller Psychologie wäre die Wahl der Ratte als Versuchstier und ein Fokus auf Lernfähigkeit naheliegend gewesen. Ratten gehörten nicht nur in der experimentellen Psychologie und insbesondere in der behavioristischen Tradition zu den am meisten genutzten Labortieren (neben Tauben), sondern waren auch Gegenstand physiologischer (insbesondere endokrinologischer) und genetischer Studien (Letzteres etwa in Castles Labor). In der Tat hatten Hirschs Lehrer Tolman und Tryon bereits Versuche mit Ratten angestellt, um die Erblichkeit individueller Unterschiede in der Fähigkeit, Labyrinthe zu lösen, zu untersuchen. Tryon hatte die Leistung der Ratten im Kontext des Versuchsaufbaus quantifiziert und die Ratten mit den höchsten und niedrigsten Werten *(score)* jeweils nur untereinander verpaart. Auf diese Weise erhielt er nach wenigen Generationen zwei klar getrennte Populationen, eine mit gut lernenden *(maze-bright)* und eine mit schlecht lernenden *(maze-dull)* Ratten.[34]

Diese frühen Arbeiten zur Genetik des Verhaltens und der kognitiven Fähigkeiten stellten den Ausgangspunkt für Hirschs Arbeit dar. Den ersten Beitrag zu der Fra-

33 Zu diesen frühen Studien siehe Ralph J. Greenspan: The origins of behavioral genetics. In: Current Biology 18 (2008), H. 5, S. R192–R198.
34 Innis: Early research.

gestellung verfasste er gemeinsam mit Tryon.[35] Tryon selbst muss die Grenzen seines Experimentalsystems gesehen haben. Zum einen hatten seine Versuche viele Jahre in Anspruch genommen, so dass es angebracht erschien, einen Organismus mit kürzerer Generationszeit zu wählen. Zum anderen waren seine genetischen Analysen in Form von Kreuzungsexperimenten zwischen den Populationen nahezu ergebnislos geblieben, was darauf zurückgeführt wurde, dass die durch Selektion entstandenen Populationen keine ausgeprägte Isogenie erreichten (d. h. Identität der Individuen bezüglich des Genotyps). Dies hatte unter anderem damit zu tun, dass Ratten eine relative hohe Anzahl von Chromosomenpaaren (21 im Vergleich zu vier bei *Drosophila*) aufweisen. Zudem waren die Zahlen der Individuen zu gering, um populationsgenetische Schlussfolgerungen ziehen zu können.[36] Es schien also geboten, einen aus genetischer Perspektive besser handhabbaren Organismus zu wählen. Hirsch und Tryon rechtfertigten diesen Schritt mit dem Verweis darauf, dass es bei dem Stand des Wissens ihrer Zeit in Bezug auf den genetischen Aspekt des Verhaltens ohnehin nur darum gehen konnte, basale Prinzipien zu verstehen, die sich auch in „niederen" Organismen finden ließen. Wenn man bereit war, auf den Einsatz eines Säugetieres oder eines Wirbeltieres zu verzichten und damit auf phylogenetische Nähe zum Menschen, dann war klar, dass *Drosophila* die beste Wahl darstellte. Zum einen wies der Organismus Eigenschaften auf, die ihn für genetische Studien geeignet erscheinen ließen und die auch schon seine Etablierung als Modellorganismus der Chromosomengenetik der Morgan-Schule und der daraus hervorgehenden Forschungstradition begünstigten (kurze Generationszeit, große Zahl von Individuen, einfache Haltung etc.). Zum anderen hatte sich in der *Drosophila*-Genetik ein enormer Bestand an Wissen über die Genetik und Morphologie, aber auch über die Haltungsbedingungen und Manipulierbarkeit des Organismus angesammelt. Darüber hinaus verfügte die Community der mit *Drosophila* arbeitenden Forscher*innen über eine umfangreiche Sammlung von Mutationslinien, insbesondere auch solcher mit speziellen Chromosomeneigenschaften (z. B. Inversionen ganzer Chromosomensegmente). Diese konnten in verschiedener Weise als *trick systems* eingesetzt werden, um bestimmte Effekte zu erzielen oder Beobachtungen zuzulassen.[37] Dieser Umstand machte die Fruchtfliege geeigneter für genetische Forschungsprojekte als jeden anderen tierischen Organismus und sogar geeigneter als Tiere, die sich auf-

35 Jerry Hirsch und Robert C. Tryon: Mass screening and reliable individual measurement in the experimental behavior genetics of lower organisms. In: Psychological Bulletin 53 (1956), H. 5, S 402–410.

36 Hirsch: „Experimental" analysis.

37 Kohler spricht von „trick mutants" (S. 132), „trick stocks" (S. 147), „trick chromosomes" (S. 173) und „trick systems" (S. 175). Es handelt sich um Phänomene, die zunächst selbst einer Erklärung

grund ihrer natürlichen Eigenschaften zunächst für bestimmte Fragestellungen der Entwicklungs- oder Verhaltensbiologie anzubieten schienen.

Neben der Wahl des Versuchstiers ist die Wahl des untersuchten Phänomens ein zentraler Aspekt des Experimentalsystems. Wie Hirsch in Bezug auf die Verhaltensgenetik des Menschen festgestellt hatte, war bei dieser das zu untersuchende Phänomen häufig aufgrund seiner praktischen oder medizinischen Relevanz vorgegeben. In der Grundlagenforschung hingegen konnte ein Phänomen gewählt werden, das stellvertretend für eine umfangreichere Klasse von Phänomenen stehen sollte, in diesen Fall für Verhaltensformen in Hinsicht auf ihre genetische Basis. Solche stellvertretenden Phänomene können in Analogie zu Modellorganismen als „Modellphänomene" bezeichnen werden. Ähnlich wie die Wahl eines Modellorganismus eine Forschungsrichtung maßgeblich beeinflussen kann, trifft dies auch auf die Wahl eines Modellphänomens zu.[38]

Hirsch und Tryon hatten Geotaxis gewählt. In seinem nächsten Beitrag experimentierte Hirsch mit phototaktischen (also am Licht ausgerichteten) Reaktionen, um sich dann ab 1959 auf Geotaxis festzulegen.[39] In der Arbeit zur Phototaxis führten die Autoren das gewählte Modellverhalten wie folgt ein:

> The behavior chosen for [behavior-genetic] analysis is the reaction to light, phototaxis – an apparently innate or unconditioned response. Taxes have the advantage of representing relatively constant [stimulus-response] relationships: the repeated presentation of a single stimulus value appears to elicit, depending on the method of measurement, either a characteristic response or a characteristic probability of response. Both the characteristics of the response

bedürften, aber dann eingesetzt wurden als „specialized tools for analyzing the mechanics of genetic transmission" (S. 173) (Kohler: Lords of the Fly).

38 Zu den Kriterien und Konsequenzen der Wahl von Organismen im Kontext der Experimentalwissenschaft, siehe Richard M. Burian: How the choice of experimental organism matters. Epistemological reflections on an aspect of biological practice. In: Journal of the History of Biology 26 (1993), H. 2, S. 351–367.

39 Jerry Hirsch und James C. Boudreau: Studies in experimental behavior genetics. I. The heritability of phototaxis in a population of Drosophila Melanogaster. In: Journal of Comparative and Physiological Psychology 51 (1958), H. 6, S. 647–651; Jerry Hirsch: Studies in experimental behavior genetics. II. Individual differences in geotaxis as a function of chromosome variations in synthesized Drosophila populations. In: Journal of Comparative and Physiological Psychology 52 (1959), H. 3, S. 304–308. Geotaxis blieb das hauptsächliche Betätigungsfeld Hirschs bis Anfang der 1970er Jahre, als er begann, Konditionierung in *Drosophila* und *Phormia regina* zu untersuchen. Hirsch setzte die Geotaxis-Selektionsexperimente jedoch fort und etablierte damit eines der längsten wissenschaftlichen Experimente in künstlicher Selektion in Metazooen (mehr als 1.000 Generationen; siehe Roubertoux: Jerry Hirsch, S. 562).

> and the probability of the response have been shown to vary as a function of two parameters, the value of the stimulus presented and the strain of organisms stimulated.[40]

Wie angedeutet, gab es eine etablierte Praxis der Erforschung von Taxien. Nichtsdestotrotz ist die Wahl des Modellverhaltens bemerkenswert im Kontext von Tryons vorherigen Arbeiten zur Erblichkeit kognitiver Fähigkeiten der Ratten und im Hinblick auf das angesprochene Publikum: Die Studien sprachen anders als viele frühere Arbeiten zu Taxien weder Forscher*innen in der Physiologie noch in der Genetik oder Entomologie an, sondern richteten sich an Psycholog*innen mit einem Fokus auf vergleichenden Fragestellungen. Die Fragen, für die sich dieses Publikum interessierte, betrafen Aspekte der Persönlichkeit, Intelligenzleistungen, Lernfähigkeit und andere komplexe mentale Phänomene, in denen Vererbung und Erworbenes in vielfältiger Weise zusammenspielen. Die Taxien erscheinen im Vergleich dazu als einfache, angeborene und in erster Linie physiologische Reaktionen. Allerdings war es gerade dieser Aspekt, der Taxisphänomene für eine verhaltensgenetische Analyse in Hirschs Sinne interessant machte. Tryon und Hirsch untersuchten individuelle Unterschiede, also Variation innerhalb einer Art oder einer gegebenen Population. Für Gegenstände einer differentiellen Psychologie wie Intelligenz und Lernfähigkeit war es selbstverständlich, solche Variation vorauszusetzten, wenn auch umstritten war, wo die Ursachen der Variabilität lagen. Wenn es sich aber zeigen ließe, dass selbst basale Reaktionen, die eindeutig als durch den Instinkt, also durch angeborene artspezifische Reiz-Reaktions-Muster bestimmt galten, ebenfalls individuelle Variation aufwiesen, so erschienen auch höhere kognitive Fähigkeiten in einem anderen Licht. Die Rechtfertigung der Wahl eines basalen Verhaltensphänomens ist somit ähnlich motiviert wie die der Wahl eines „niederen" Organismus und hängt mit dieser zusammen, insofern vorausgesetzt wird, dass „höhere" Organismen komplexes, d. h. aus basalen Verhaltensformen zusammengesetztes Verhalten aufweisen: „[The lower organisms'] reactions may be thought of as the emergent behavior which has developed through evolution into the complex behaviors of higher organisms."[41]

In diesem Sinne sind Phototaxis und Geotaxis Modelle für basale Komponenten von komplexen Verhaltensformen. Die Erforschung der individuellen Variation bei diesen basalen Reizantworten konnte somit als Beitrag zur Untersuchung der höheren Fähigkeiten verstanden werden, die sich letzten Endes als komplexe Kombinationen von Reiz-Reaktions-Ketten rekonstruieren ließen, die dann allesamt als zu individueller Variation fähig erscheinen mussten. Wie oben erläutert, war die Zerlegung komplexer Verhaltensformen ein zentraler Aspekt von Hirschs Ansatz (sowie der entstehenden Verhaltensgenetik allgemein), und es lag nahe, deshalb

40 Hirsch und Boudreau: Experimental behavior genetics, S. 647.

41 Hirsch und Tryon: Mass screening, S. 402.

mit einfachen Verhaltensformen zu beginnen. Es ging dann darum, einen neuen experimentellen und konzeptuellen Ansatz zu etablieren, der auch auf andere Organismen und andere (in Komponenten zerlegte) Verhaltensformen angewandt werden konnte: „Knowledge gained from such studies may provide conceptual models leading to an understanding of how hereditary and stimulus components interact in determining higher forms of behavior.“[42]

Die Taxien wurden in der Regel als artspezifische Merkmale aufgefasst und seit Carpenters Studie wurde die Art *Drosophila melanogaster* als negativ geotaktisch und positiv phototaktisch angesehen. Wenn individuelle Variation in Betracht gezogen wurde, dann in Form von Mutationen, die einen qualitativen Unterschied bewirkten, etwa Fliegen, die sich nicht zum Licht bewegen, wobei die Ursache durchaus im Seh- oder Bewegungsapparat liegen konnte, oder in Form von verschieden starker Ausprägung des Merkmals als Abweichung von einen Normalwert. Gemäß letzterer Auffassung bewegen sich Individuen mehr oder weniger stark zum Licht oder entgegen der Gravitation, wobei ein Ausbleiben der Bewegung einen Grenzfall darstellt. Wie schon erwähnt, grenzte Hirsch sich von Sichtweisen ab, die ein arttypisches Verhalten mit allenfalls Abweichungen von einer Norm (also Uniformität) annahmen.

Es ging Hirsch von Beginn an darum, individuelle Unterschiede festzustellen. Die ursprüngliche Versuchsanordnung in den Experimenten, die er mit Tryon publizierte, war jedoch nur in der Lage festzustellen ob, wie stark und wie konsistent einzelne Fliegen sich entgegen der Gravitation bewegten. Die Fliegen wurden hier am Boden eines Reagenzglases gesammelt und ein zweites Reagenzglas mit der Öffnung nach unten auf das erste montiert, um dann zu registrieren, welche Fliegen nach 15 Sekunden bis in das obere Reagenzglas gelaufen waren (in der Enge eines Reagenzglases fliegen die Fruchtfliegen nicht). Ähnliche Vorrichtungen waren auch zuvor schon benutzt worden. Das Vorhandensein oder der Grad *positiv* geotaktischen Verhaltens konnte hier nicht gemessen werden. Die Annahme eines Normalverhaltens – in dem Fall negative Geotaxis – war dem Apparat somit eingeschrieben. Zudem konnte nicht zwischen Abweichungen in Bezug auf Taxis-relevante und andere Aspekte des Verhaltens (etwa Aktivitätsgrad der Fliegen) unterschieden werden: „In the test-tube apparatus a very active animal actually has little alternative to going up. Animals that received low scores may have received them for any one of a number of reasons.“[43]

42 Hirsch und Tryon: Mass screening, S. 402.
43 Erlenmeyer-Kimling, Hirsch und Weiss: Experimental behavior genetics, S. 723.

Hirschs wichtigste Innovation bezüglich der materiellen Realisation seines Forschungsansatzes war ein Apparat, den er als „multiple-unit classification maze" bezeichnete (siehe Abb. 1).

> In the present study there are no restrictions on the sign of the taxis. Apparatus is used which affords objective and automatic measurement of both positive and negative geotactic behavior in populations under a single set of stimulus conditions as well as reliable mass-screening measurements of [individual differences] in the expression of each.[44]

Die Fliegen, die einer heterogenen Population entstammten, wurden in Gruppen von mehreren Hundert Individuen in den Apparat geschleust (von der in Abb. 1 rechten Seite). Vom Licht und der Nahrung auf der anderen Seite des Apparates angelockt, gelangten sie an einen Kreuzungspunkt, an dem sie entweder in Rich-

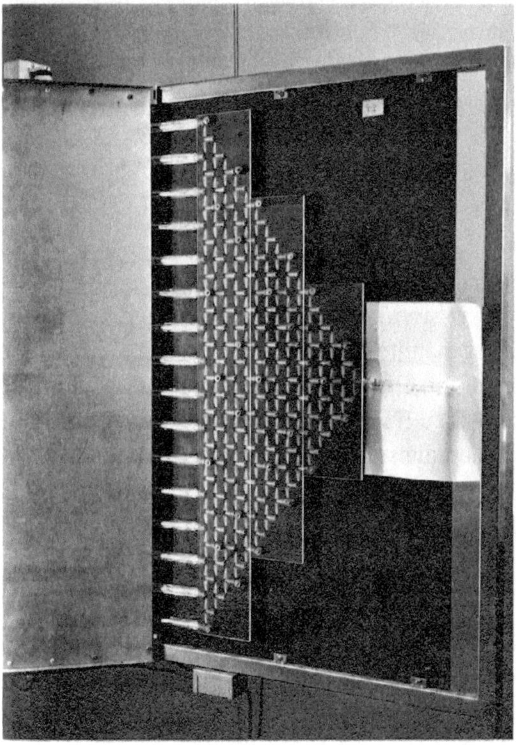

Abb. 1: Theodosius Dobzhansky: Hirsch's classification maze for geotaxis, 1968, © Rockefeller University Press.

44 Erlenmeyer-Kimling, Hirsch und Weiss: Experimental behavior genetics, S. 723.

tung der Gravitation oder entgegen der Gravitation laufen konnten. In einem Durchlauf trafen die Fliegen auf 15 solcher Kreuzungspunkte. Entsprechend der Anzahl ihrer Auf- oder Abwärtsbewegungen landeten sie in einem von 16 Zielgefäßen und es konnte ihnen ein entsprechender Wert *(score)* zugewiesen werden.

Hirsch führte nun mithilfe dieses Apparates zur Messung des geotaktischen Verhaltens Selektionsexperimente durch, bei denen die Fliegen mit den höchsten und die mit den niedrigsten Werten jeweils untereinander verpaart wurden. Es gelang so, zwei klar getrennte Populationen zu erzeugen, deren Individuen positiv oder negativ geotaktisch waren. Durch zusätzliche reverse Selektion, d. h. Selektion für negative Geotaxis in Positiv-Linien und umgekehrt, sowie Kreuzungen zwischen den Linien und Vergleiche der genetischen Varianz in den ersten und zweiten Nachkommensgenerationen ergaben sich folgende Resultate:

> *(a)* the sign of the taxis [is] a property of the genotype; *(b)* additive polygenic determination; *(c)* autosome and X-chromosome involvement; *(d)* possible partial dominance of positive geotactic factors; *(e)* a sizeable residual genetic variance after prolonged selection.[45]

Parallel zu diesen Versuchen führte Hirsch eine Reihe von Experimenten durch, die darauf abzielten, die zugrunde liegende genotypische Variation besser zu charakterisieren. Hierbei machte Hirsch von den Vorteilen des etablierten Versuchstiers und der bereits entwickelten *trick systems* Gebrauch. Insbesondere setzte er genetische Marker in Form von leicht beobachtbaren morphologischen Merkmalen ein, die mit Genvariationen an bekannten Chromosomenorten korrelierten, sowie Chromosomeninversionen, die *crossing-over* (den Austausch von Material zwischen Chromosomen) verhinderten, und sogenannte *balanced lethals,* die in Kombination mit den Inversionen genutzt wurden, um Chromosomen in einer Population zu fixieren (da diese letalen Mutationen dazu führten, dass sich Fliegen, die nicht die gewünschte Kombination von Chromosomen aufwiesen, nicht vermehrten):

> The existence of these relationships [marker genes, inversions, balanced lethal systems] makes it possible through breeding procedures to synthesize populations having almost any desired genetic composition. It is in this way that the chromosome can be made the unit of analysis on the independent variable.[46]

Linien mit derart synthetisierten Chromosomen wurden von Hirsch zunächst in dem Apparat getestet mit dem Ergebnis, dass Populationen mit zwei fixierten Chromosomen, die also in Bezug auf zwei Chromosomen Isogenie und damit weniger genetische Varianz aufwiesen als Populationen mit nur einem fixierten Chromosom, entsprechend auch weniger Varianz in Bezug auf den Phänotyp aufwiesen. In die-

45 Erlenmeyer-Kimling, Hirsch und Weiss: Experimental behavior genetics, S. 731.
46 Hirsch: Studies, S. 306.

sem Sinne bestätigten die Experimente den Anteil genetischer Variation an den individuellen Unterschieden bezüglich des geotaktischen Verhaltens. In weiteren Versuchen wurden die synthetisierten Populationen mit den positiven und negativen Selektionslinien gekreuzt. Die Resultate machten deutlich, dass es sich um multifaktorielle Vererbung handelte (Polygenie), bei der eine Gruppe von Genen, die auf allen drei untersuchten Chromosomen lokalisiert waren, involviert war.[47] Zudem ließen sich Unterschiede feststellen bezüglich des Beitrags der jeweiligen Chromosomen zur Variabilität des Verhaltens sowie bezüglich der Reaktion der Chromosomen auf Selektion. Obwohl diese Resultate es nicht erlaubten, involvierte Gene zu identifizieren, geschweige denn, ihre Rolle in den biochemisch-physiologischen Prozessen aufzuzeigen, so war dies doch die Vision, die den Ansatz anleitete:

> Analysis of the role of the chromosomes in behavioral variation suggests that it is now possible to specify with greater precision than ever before the structural basis of behavior. In organisms whose chromosomes are well mapped against their morphology, the chromosome map will suggest what structures intervene between a given chromosome and the behaviors with which it correlates.[48]

Obwohl die Leistungen des Experimentalsystems hinter den formulierten Zielen zurückblieben, gelang es Hirsch doch, einen Forschungsansatz zu etablieren, in dem die geotaktische Reaktion der Fruchtfliege als multifaktorial vererbtes Merkmal der Untersuchung zugänglich gemacht wurde. Somit konnten die genetischen und letztlich auch die molekularen Mechanismen in dieser Art und in Bezug auf dieses Merkmal stellvertretend für andere Organismen und (komplexere) Verhaltensformen erforscht werden.[49]

---

47 *Drosophila melanogaster* verfügt über vier Chromosomenpaare. Eines davon ist wesentlich kleiner als die anderen und wurde von Hirsch vernachlässigt.

48 L. Erlenmeyer-Kimling und Jerry Hirsch: Measurement of the relations between chromosomes and behavior. In: Science 134 (1961), H. 3485, S. 1068–1069, hier S. 1069.

49 Der auf einzelne Gene zielende Mutagenese-basierte Ansatz von Seymour Benzer (1921–2007) sollte sich jedoch als geeigneter herausstellen, um die molekularen Mechanismen zu untersuchen. Siehe Robert Meunier: Project knowledge and its resituation in the design of research projects. Seymour Benzer's behavioral genetics, 1965–1974. In: Studies in History and Philosophy of Science Part A 77 (2019), S. 39–53.

Hirschs Begriff des Verhaltens im Kontext der Verhaltensbiologie

Zum Schluss soll der Begriff des Verhaltens, der sich aus Hirschs Ansatz ergab und der in ähnlicher Weise der Verhaltensgenetik, der Hirsch sich zuordnete, zugrunde lag, noch einmal charakterisiert werden. Zu diesem Zweck ist es hilfreich, die Konzeptualisierung von Verhaltensmerkmalen in der Verhaltensgenetik mit jenen der experimentellen Psychologie behavioristischer Prägung und vor allem der Ethologie zu vergleichen und zu beobachten, wie Hirsch seine Sichtweise von diesen Strömungen abgrenzte. Hirsch bestimmte den Verhaltensbegriff der Verhaltensgenetik in der Tat im Kontrast zum Verhaltensbegriff anderer Forschungstraditionen. Seine Kritik an der Uniformitätsannahme diente ihm hier zur Unterscheidung von drei Ansätzen in der Verhaltensforschung:

> *(a)* The common properties of behavior are studied both among the individual members of a species and among the different species. *(b)* The similarities in behavior are studied among the individual members of a species while the characteristic differences are studied among species. *(c)* The similarities and differences in behavior are studied among individuals, populations, and species.[50]

Die Annahme einer Uniformität über Artgrenzen hinweg (a) lag nach Hirsch vielen physiologischen Studien zugrunde, die Organismen exemplarisch untersuchten, um Prinzipien oder Mechanismen zu bestimmen, von denen angenommen wurde, dass sie einer großen Klasse von Organismen eigen seien. Auch den Behaviorismus ordnete Hirsch dieser Sichtweise zu, insofern dieser auf der Annahme beruhte, dass jeder Organismus in gleicher Weise auf Reize konditioniert werden kann. In gewisser Weise reihte sich Hirsch in diese Tradition ein, da bei ihm die Fruchtfliege im Grunde stellvertretend für das gesamte Tierreich (und den Menschen) stand. Jedoch war die Eigenschaft, die er an ihr stellvertretend untersuchte, eben gerade die Variabilität der (basalen) Verhaltensformen.

Die Ethologie sah Hirsch durch die Annahme von Uniformität innerhalb einer Art gekennzeichnet (b). Nach Hirschs Lesart wurde Verhalten hier in derselben Weise wie morphologische Strukturen als taxonomisches Merkmal aufgefasst. Verhaltensformen verwandter Arten, ob sie offensichtliche Ähnlichkeiten aufweisen oder nicht, konnten so als Homologien identifiziert werden, also als Merkmale, die durch Abstammung mit Abwandlung aus den Verhaltensformen gemeinsamer Vorfahren hervorgegangen sind. Jede Art verfügt demnach über charakteristische an-

50 Erlenmeyer-Kimling, Hirsch und Weiss: Experimental behavior genetics, S. 722; siehe auch Hirsch: Behavior genetics, S. 1436.

geborene Verhaltensmerkmale, die durch den Prozess der Evolution als Anpassung an die Umweltbedingungen entstanden sind. In Hirschs Darstellung der Auffassung der Ethologie geht Variation zwischen Individuen einer Art entweder auf Umwelteinflüsse zurück oder stellt lediglich Abweichungen vom normalen Typus der Art dar. Hirsch bescheinigte der Ethologie deshalb typologisches Denken im Sinne Mayrs.[51] In der Tat war in der Ethologie ein Merkmalsbegriff vorherrschend, der Verhaltensformen im Kontext der biologischen Systematik (Taxonomie und phylogenetische Rekonstruktion) verortete. Dies kommt zum Beispiel in folgendem Zitat aus dem *Russischen Manuskript* von Konrad Lorenz (1903–1989), einem der einflussreichsten Ethologen, zum Ausdruck:

> Die arteigene Verhaltensweise ist nicht etwas Variables, das die Tiere tun können oder nicht tun können, sondern ein Merkmal, das die betreffende systematische Gruppe *hat*, so wie sie Klauen, Schnäbel oder Flügel von bestimmter Form hat![52]

Lorenz behandelte Verhaltensmerkmale demnach begrifflich analog zu morphologischen Merkmalen. Auch Hirschs eigener Verhaltensbegriff, den er als zentral für die Verhaltensgenetik betrachtete, orientierte sich daran, wie morphologische Merkmale aufgefasst wurden. Bei ihm lag jedoch nicht eine systematisch-phylogenetische Sichtweise zugrunde, sondern eine genetische. In der Genetik hatten Merkmale eine erbliche Komponente, wenn sich Unterschiede zwischen Individuen auf genetische Unterschiede zurückführen ließen, etwa im Selektions- oder im Kreuzungsexperiment.

Solche auf Unterschiede abzielenden experimentellen Ansätze interessierten Ethologen wie Lorenz jedoch hauptsächlich in Bezug auf Unterschiede zwischen Arten. Jede der kontrastierten Merkmalsausprägungen wurde hier als vererbt innerhalb einer Art ausgewiesen. Der für Lorenz entscheidende experimentelle Ansatz war nicht das Selektions- oder Kreuzungsexperiment, sondern das Experiment mit Erfahrungsentzug. Hier wurden dem sich entwickelnden Tier genau jene Umweltfaktoren vorenthalten, die ein Lernen bestimmter Verhaltensformen ermöglichen konnten. Zeigte das Tier dennoch die entsprechende Verhaltensform, dann galt diese als angeboren und somit vererbt.[53] Obwohl das Tier auch in einem solchen Experiment immer noch vielen Umwelteinflüssen ausgesetzt war, die sich unter Umständen als notwendig für die Entwicklung des Verhaltens erweisen konnten, konnte nach Lorenz dennoch von angeborenem Verhalten gesprochen werden, wenn diese Umwelteinflüsse keine Information über den Umweltaspekt

51 Hirsch: Behavior genetics, S. 1436.

52 Konrad Lorenz: Die Naturwissenschaft vom Menschen. Eine Einführung in die vergleichende Verhaltensforschung. Das „Russische Manuskript" (1944–1948). München 1992.

53 Konrad Lorenz: Evolution and Modification of Behavior. Chicago/London 1965, insbes. Kap. 7.

enthielten, auf den sich das Verhalten bezog.[54] Wie Lorenz im Hinblick auf ein Beispiel festhielt:

> Whatever wonders epigenetical phenogeny may perform, for instance, in the ontogeny of a stickleback, it cannot possibly extract from the factors indispensable for healthy growth (light, oxygen, sufficient food etc.), the information that the rival who must be fought is red on the underside.[55]

Verhaltensmerkmale wie die Bekämpfung von Rivalen sind arterhaltend – sie sind das Ergebnis phylogenetischer Anpassung. Hier zeigt sich, dass die Ethologie und die Verhaltensgenetik durch abweichende Interessen charakterisiert waren. Wie Lorenz deutlich macht:

> As students of behavior, we are not interested in ascertaining at random the innumerable factors that might lead to minute, just bearable differences of behavior bordering on the pathological. What we want to elucidate are the amazing facts of adaptedness.[56]

Aus dieser Perspektive waren individuelle Unterschiede innerhalb einer Art aus der Analyse ausgeschlossen, da diese nicht das Resultat phylogenetischer Anpassung sein konnten. Sie waren allenfalls als Variationen innerhalb der einer Art eigenen Variationsbreite aufzufassen, welche für die Arterhaltung noch toleriert werden kann. Andernfalls mussten die Variationen, auf denen sie beruhten, wenn sie sich als erblich erwiesen, als pathologisch gelten.

Hirsch und der Verhaltensgenetik insgesamt ging es, wie gesagt, anders als den Ethologen gerade um diese individuellen Unterschiede innerhalb einer Art (der Ansatz (c) in Hirschs Kategorisierung). Die Verhaltensgenetik sollte die genetischen Korrelate von Verhaltensmerkmalen identifizieren und diese von Umweltfaktoren trennen. Selbst wenn die Verhaltensgenetik in diesem Sinne keine Entwicklungsprozesse analysierte, so leistete sie damit doch einen Beitrag zur Beantwortung der Frage nach der Ontogenese der Verhaltensmerkmale im Sinne von Nikolaas Tinbergens (1907–1988) Unterscheidung der verschiedenen Ziele der Verhaltensforschung im weiten Sinne.[57] Der Ethologie, wie sie von Lorenz vertreten wurde, ging es hingegen in erster Linie um Fragen nach der Evolution und

54 Zu Lorenz' Position und der Kritik daran, siehe Matthias Wunsch: Instinktverhalten bei Tieren. Die Debatte zwischen Konrad Lorenz und Daniel Lehrman. In: Philosophie der Tierforschung. Bd. 1: Methoden und Programme. Hg. von Martin Böhnert, Kristian Köchy und Matthias Wunsch. Freiburg/München 2016, S. 277–339.

55 Lorenz: Evolution, S. 106.

56 Lorenz: Evolution, S. 32.

57 Nikolaas Tinbergen: On aims and methods of ethology. In: Zeitschrift für Tierpsychologie 20 (1963), S. 410–433. Tinbergen unterschied Fragen nach der Funktion, Evolution, Verursachung und Ontogenese von Verhalten.

dem arterhaltenden Wert eines Merkmals. Die Frage nach der Ontogenese war aus dieser Perspektive sekundär, insofern sie nur dort interessant war, wo ein Merkmal bereits als Anpassung ausgewiesen war.

Aus Hirschs Perspektive konnte die Frage nach den kausalen Faktoren hingegen für jedes Merkmal gestellt werden, in Bezug auf welches sich individuelle Unterschiede feststellen ließen, und diese waren aus seiner Sicht keineswegs nur evolutionär insignifikante Merkmale. Geotaxis etwa schien ein fundamentales Verhaltensmerkmal mit weitreichenden Konsequenzen für die Arterhaltung darzustellen. Dennoch zeigten Hirschs Untersuchungen, dass Populationen eine große Variationsbreite aufweisen, die nicht nur durch ein Mehr oder Weniger, sondern durch die Koexistenz diametral entgegengesetzter Ausprägungen des Verhaltensmerkmals gekennzeichnet ist (positiv versus negativ geotaktisch). Dies warf ein anderes Licht auf die Frage nach der Evolution. Gerade in Bezug auf Verhaltensmerkmale schien die Fixierung einer Merkmalsausprägung in einer Population eher die Ausnahme als die Regel darzustellen. Im Rahmen des dem typologischen Denken gegenübergestellten Populationsdenkens wurde Evolution dann auch entsprechend als variationserhaltend aufgefasst. Selektionsexperimente konnten nach Hirsch Aufschluss darüber geben, unter welchen Bedingungen und durch welche genetischen Mechanismen Merkmale fixiert werden im Sinne einer stark limitierten Variationsbreite in der Verhaltensausprägung.[58]

Hirschs Kritik an der Ethologie in Bezug auf die Vernachlässigung der individuellen Variation steht allerdings auch die reziproke Kritik der Ethologie an der Verhaltensgenetik gegenüber. So schrieb Daniel Freedman (1927–2008), der sich als Humanethologe begriff:

> The fields of animal and human behavior-genetics are characterized by what seem to be arbitrary interests in a variety of phenotypes. [...] What is needed is a theoretical guideline capable of specifying which phenotypes are of fundamental importance and which are not.[59]

---

58 Jeffrey P. Ricker und Jerry Hirsch: Evolution of instinct under long-term divergent selection for geotaxis in domesticated populations of *Drosophila melanogaster*. In: Journal of Comparative Psychology 99 (1985), H. 4, S. 380–390.

59 Daniel Freedman: An ethological approach to the genetical study of human behavior. In: Methods and Goals in Human Behavior Genetics. Hg. von Steven G. Vandenberg. New York/London 1965, S. 141–161, hier S. 141. Ein ähnlicher Schwerpunkt auf der Rolle der Evolution und der Signifikanz von Merkmalen als Anpassungen findet sich in einer Übersichtsdarstellung zur Verhaltensgenetik in einem Handbuch zur Tierpsychologie: Jakob Parzefall: Vererbung und Verhalten. In: Tierpsychologie. Die biologische Erforschung tierischen und menschlichen Verhaltens. Hg. von Roger Alfred Stamm. Weinheim/Basel 1984 (1978), S. 216–228.

Freedman selbst untersuchte die genetischen Grundlagen der Variation in Verhaltensmerkmalen innerhalb einer Art (hier Mensch), betonte jedoch, dass es sich hierbei um Aspekte des Verhaltens von Kleinkindern handelt, „which seem to have strong evolutional significance: Smiling and the fear of strangers."[60] Die evolutiontheoretische Bewertung eines Merkmals sollte also einer genetischen Analyse vorausgehen.

Die Verhaltensgenetik, wie sie von Hirsch vertreten wurde, so lässt sich zusammenfassend feststellen, zielte mit ihrem experimentellen Ansatz auf individuelle, also artinterne Unterschiede ab, um die kausalen Faktoren der Vererbung und Entwicklung näher zu bestimmen. Während es dem Behaviorismus darum ging, Konditionierung als universales Prinzip des Erwerbs von Verhaltensmustern zu etablieren, war die Ethologie in erster Linie an angeborenen, artspezifischen Merkmalen im Sinne phylogenetischer Anpassungen interessiert.

Danksagung

Die Arbeit an diesem Beitrag wurde gefördert durch die Deutsche Forschungsgemeinschaft (DFG) – Projektnummer 362545428. Ich danke den Teilnehmenden des Oberseminars „Perspektiven der Wissenschaftsgeschichte" am Lehrstuhl Wissenschaftsgeschichte, Historisches Seminar der LMU München, für die Diskussion einer frühen Version dieses Textes.

Abbildungsverzeichnis

Abb. 1 Theodosius Dobzhansky: Hirsch's classification maze for geotaxis. Aus: Theodosius Dobzhansky: Genetics and the social sciences. In: Genetics. Proceedings of a Conference under the Auspices of the Russell Sage Foundation, the Social Science Research Council, and the Rockefeller University. Second of a Series on Biology and Behavior. Hg. von David C. Glass. New York 1968, S. 129–142, hier S. 135, mit freundlicher Genehmigung der Rockefeller University Press.

60 Freedman: Ethological approach, S. 143.

Matthias Wunsch

Das Verhalten von Tieren. Eine philosophische Definition

Das Ziel der folgenden Überlegungen ist es, eine Definition des Verhaltensbegriffs zu entwickeln. Den Hintergrund bilden dabei diejenigen Wissenschaften, die biologische Verhaltenssubjekte in den Fokus nehmen, sich aber nicht nur auf den Menschen konzentrieren. Das sind die Biologie selbst, die Psychologie, insoweit sie Tierforschung betreibt, und teilweise die Kognitionswissenschaften. Für „Verhalten" wie für andere grundlegende Begriffe dieser Wissenschaften gilt: Die Frage nach ihrer Bedeutung ist nicht von derselben Art wie die sachlichen Fragen, die in den Wissenschaften, und zwar unter Verwendung dieser Begriffe, im Mittelpunkt stehen. Sofern sie auf eine grundbegriffliche wissenschaftsbezogene Reflexion abzielt, gehört sie zur Philosophie; und sofern diese Reflexion den Verhaltensbegriff in dem genannten wissenschaftlichen Rahmen betrifft, gehört sie insbesondere zur Tierphilosophie und näherhin zur Philosophie der Tierforschung.[1]

Der wissenschaftliche Horizont, in dem das Verhalten von Tieren untersucht wird, ist allerdings weit und steht selbst in Zusammenhang mit vor- bzw. außerwissenschaftlichen Kontexten. Daher ist es für das Vorhaben sinnvoll, sich zunächst über Anhaltspunkte einer begrifflichen Bestimmung von „Verhalten" zu verständigen und verschiedene Weisen, nach dem Verhalten zu fragen, in einen Überblick zu bringen. Ausgehend von der einfachsten Verhaltensdefinition („Verhalten ist, was ein Tier tut") und den Grundfragen, ob Verhalten ein intrinsisches oder extrinsisches Merkmal seines Trägers ist und wie sich der Verhaltensbegriff zur Natur-Geist-Differenz verhält, folgt dann die Auseinandersetzung mit ausgewählten Positionen der Verhaltenspsychologie, der Verhaltensbiologie und der Kognitionswissenschaften. Sie resultiert in einem Vorschlag für eine Definition von „Verhalten", deren Kommentierung den vorliegenden Aufsatz abschließt.

---

1 Zur Philosophie der Tierforschung siehe Martin Böhnert, Kristian Köchy und Matthias Wunsch (Hg.): Philosophie der Tierforschung. 3 Bde. Freiburg/München 2016 und 2018.

https://doi.org/10.1515/9783110740813-009

Anhaltspunkte für die begriffliche Bestimmung von „Verhalten"

Es gibt nicht die eine Wissenschaft des Verhaltens von Tieren. Vielmehr ist tierliches Verhalten Gegenstand verschiedener Wissenschaftsdisziplinen: der Biologie, der Psychologie und der Kognitionswissenschaften. Im Rahmen dieser Disziplinen wurden und werden zudem teilweise sehr verschiedene wissenschaftliche Paradigmen bzw. Forschungsprogramme verfolgt, um das Verhalten von Tieren zu identifizieren, zu erklären und zu deuten. Nicht nur das tierliche Verhalten selbst, sondern bereits der Begriff des Verhaltens stellt sich in der Reflextheorie (Iwan P. Pawlow), in der Umweltlehre (Jakob von Uexküll), in der gestalttheoretischen Tierforschung (Wolfgang Köhler), im klassischen Behaviorismus (John B. Watson), im radikalen Behaviorismus (B. F. Skinner), in der klassischen Ethologie (Konrad Lorenz), in der kognitiven Ethologie (Donald R. Griffin), in der vergleichenden kognitiven Verhaltensforschung (Michael Tomasello) und in der primatologischen Freilandforschung (Christophe Boesch) jeweils anders dar.[2]

Aus dem Umstand, dass in der Frage, was Verhalten ist, unter den wissenschaftlichen Disziplinen und Forschungsprogrammen keine Einigkeit besteht, folgt selbstverständlich nicht, dass es uns ins Belieben gestellt wäre, wie wir den Verhaltensbegriff fassen. Für „Verhalten" gilt dasselbe wie für eine ganze Reihe von Begriffen, die philosophisches Interesse auf sich ziehen: Es handelt sich bei ihnen, mit Immanuel Kant gesprochen, um „gegebene Begriffe" (im Unterschied zu „gemachten").[3] Darüber, was tierliches Verhalten ist, ist in der Regel keine ausdrückliche begriffliche Verständigung nötig; es ist uns durch gewöhnliche Erfah-

2 Zum Überblick siehe Franz M. Wuketits: Die Entdeckung des Verhaltens. Eine Geschichte der Verhaltensforschung. Darmstadt 1995; vgl. außerdem die Beiträge in Martin Böhnert, Kristian Köchy und Matthias Wunsch (Hg.): Philosophie der Tierforschung. Bd. 1. Methoden und Programme. Freiburg/München 2016.

3 Siehe dazu Kants vorkritische Schrift *Untersuchung über die Deutlichkeit der Grundsätze der natürlichen Theologie und der Moral* von 1764 (Immanuel Kant: Gesammelte Schriften. Bd. 2. Hg. von der Kgl. Preußischen Akademie der Wissenschaften [und Nachfolgern]. Berlin 1900 ff., S. 281 f., 283 f.). Dort findet sich auch der Hinweis, dass in der Philosophie „die Worte ihre Bedeutung durch den Redegebrauch [haben], außer in so fern sie ihnen durch logische Einschränkung genauer ist bestimmt worden" (Kant: Bd. 2, S. 284). Zur Unterscheidung zwischen gegebenen und gemachten Begriffen bei Kant vgl. auch Immanuel Kant: Kritik der reinen Vernunft. In: Immanuel Kant: Gesammelte Schiften. Bd. 4. Hg. von der Kgl. Preußischen Akademie der Wissenschaften [und Nachfolgern]. Berlin 1900 ff., B 758 f. Eine von Kant dort hervorgehobene Konsequenz des Umstands, dass die philosophisch interessanten Begriffe analysebedürftige gegebene Begriffe sind, besteht darin, dass „in der Philosophie die Definition, als abgemessene Deutlichkeit, das Werk eher schließen als anfangen müsse".

rung, etwa aus dem alltäglichen Kontakt mit Haustieren und anderen Tieren in unserer Umgebung, bekannt. Bevor also das theoretische Bedürfnis nach Verständigung über den Begriff des Verhaltens aufkommt, verwenden wir ihn bereits im Alltag, und zwar auf eine selbstverständliche Weise. Philosophisch stehen wir bei gegebenen Begriffen damit vor der Aufgabe, reflexiv zu klären, was in unserer alltäglichen Praxis schon verstanden ist.

Doch der alltägliche Verhaltensbegriff kann sicher nicht unmittelbar zum Maßstab für wissenschaftliche Verhaltensbegriffe gemacht werden. Denn erstens ist unsere Alltagskultur von vielen Tiererzählungen (etwa Fabeln) durchtränkt, die sicher keinen solchen Maßstab abgeben können. Unsere Alltagskultur ist aber auch zweitens längst selbst von den Wissenschaften beeinflusst, so dass der sogenannte alltägliche Begriff tierlichen Verhaltens auch in dieser Hinsicht nicht als unmittelbarer bzw. unabhängiger Maßstab für die Wissenschaften gelten kann. Drittens sind wissenschaftliche Verhaltensbegriffe häufig gerade in Abgrenzung zu alltäglichen Auffassungen des tierlichen Verhaltens entwickelt worden, um den strengen methodischen Erfordernissen wissenschaftlicher Forschung gerecht zu werden (Ablehnung des Anekdotischen und von anthropomorphistischen Tendenzen).

Um allerdings der Gefahr zu entgehen, dass die wissenschaftliche Abgrenzung von alltäglichen Auffassungen theoretische Artefakte hervorbringt, darf sie nicht nur methodisch definiert sein, sondern muss auch phänomenal verwurzelt bleiben. Vor diesem Hintergrund können Aspekte und Verwendungsweisen des alltäglichen Verhaltensbegriffs eine wichtige Orientierungsfunktion für die Entwicklung wissenschaftlicher Verhaltensbegriffe erfüllen. Eine solche Orientierung wird aufgenommen, wenn beispielsweise das *ganze* Lebewesen als Träger des tierlichen Verhaltens gilt und Aktivitäten auf der suborganismischen (etwa der neuronalen oder muskulären) Ebene nicht als Verhalten zählen. Doch der Versuch, Merkmale des alltäglichen Verhaltensbegriffs anzugeben, die die genannte Orientierungsfunktion haben, bleibt riskant. Denn im Alltag sind wir üblicherweise nur am jeweiligen Verhalten konkreter Lebewesen interessiert. Dabei geht es uns in der Regel auch nicht darum, Merkmale von Begriffen zu bestimmen. Vielmehr verwenden wir die Begriffe in Bezug auf konkrete Phänomene. Dass „Verhalten" ein gegebener Begriff ist, impliziert also nicht, dass auch seine Merkmale gegeben sind. Es bedeutet aber, dass durch ihn ein weitgehend unstrittiger Bereich gewöhnlicher Phänomene vorgegeben und vorstrukturiert ist, die mit einem auszudifferenzierenden wissenschaftlichen Verhaltensbegriff erfasst werden sollen. Anders gesagt, wissenschaftliche Verhaltensbegriffe müssen, wenn sie Begriffe des Verhaltens sein sollen, diesen Phänomenen gerecht werden können.

Entsprechend scheint auch unter Wissenschaftlerinnen und Wissenschaftlern größere Einigkeit über einen Kernbereich von Phänomenen zu bestehen, die als Verhalten klassifiziert werden. So wird zufolge einer Umfrage unter den Mitgliedern verhaltensbezogener wissenschaftlicher Gesellschaften[4] etwa das Pumpen eines Schwamms zur Sammlung von Nahrung, das Weben eines Netzes durch eine Spinne, das Schwimmen einzelliger Algen in Richtung auf Wasser mit höherer Nahrungskonzentration, das Fliegen eines Schwarms von Gänsen in V-Formation und das Speicheln eines Hundes in Erwartung der Fütterung vorwiegend als Verhalten bezeichnet (und zwar von mehr als 64 Prozent), während das Wachsen eines dickeren Fells im Winter bei einem Kaninchen, das Schwitzen eines Menschen bei Hitze und das Produzieren von Insulin bei einer Katze mit überschüssigem Zucker im Blut überwiegend nicht als Verhalten klassifiziert wird (bzw. von weniger als 24 Prozent bei jeweils n = 174).

Allerdings gibt es nach der Umfrage auch einen Bereich, bei dem weitgehend Uneinigkeit darüber besteht, ob Verhalten vorliegt. In diesen Bereich fallen das Neigen der Blätter einer Pflanze hin zu einer Lichtquelle, das Herzklopfen bei einem Menschen in Folge eines Albtraums oder das Wechseln der Farbe eines Chamäleons bei stärkerer Sonneneinstrahlung. Der Uneinigkeit im Fall des Beispiels der Pflanze entspricht allgemein eine in der Umfrage festgestellte Uneinigkeit darüber, ob Tiere (inklusive Menschen) die *einzigen* Organismen sind, die sich verhalten. Wenig überraschend neigen die an der Umfrage beteiligten Mitglieder der Society of Plant Neurobiology eher dazu, Pflanzen Verhalten zuzuschreiben, als ihre Kolleginnen und Kollegen aus (anderen) ethologischen Gesellschaften.

Geht man von der Beurteilung, welche Phänomene als Verhalten klassifiziert werden, zur Frage der begrifflichen Bestimmung von „Verhalten" über, so wird schnell deutlich, dass die Wissenschaften, die tierliches Verhalten untersuchen, weit entfernt sind von einem Konsens bezüglich einer Definition von Verhalten. Das zeigt nicht nur der Blick in die Geschichte, sondern gilt auch für die Gegenwart. Levitis und Kollegen, die über die erwähnte Umfrage berichten, haben relevante Monographien, Sammelbände, Wörterbücher und Aufsätze nach biologischen Verhaltensdefinitionen durchsucht: „We found in excess of 25 operationally distinct definitions of the word ‚behaviour' (or ‚behavior') in the context of behavioral biology, as well as over 100 sources that we felt should have such a definition, but did not."[5]

4 Siehe zu der genannten Umfrage und den im Folgenden genannten Belegen: Daniel A. Levitis, William Lidicker und Glenn Freund: Behavioural biologists do not agree on what constitutes behaviour. In: Animal Behaviour 78 (2009), H. 1, S. 103–110.

5 Levitis, Lidicker und Freund: Behavioural biologists, S. 106.

Verschiedene Weisen, nach dem Verhalten zu fragen

Vor diesem Hintergrund ist ein Vorgehen attraktiv, das einer der Begründer der klassischen Ethologie, Nikolaas Tinbergen, bereits 1963 verfolgt hat. In seinem Aufsatz *On aims and methods of ethology*, der als ein Gründungsdokument der Verhaltensbiologie gelten muss, fragt Tinbergen nicht direkt danach, was Verhalten *ist*, sondern unterscheidet verschiedene Weisen, biologisch nach dem Verhalten zu fragen. Diese Fragen richten sich in Tinbergens Worten – aber hier in veränderter Reihenfolge – auf die „evolution“, die „ontogeny“, die „causation“ und den „survival value“ des Verhaltens[6] und lauten: (1) Wie ist eine bestimmte Verhaltensweise im Verlauf der Stammesgeschichte entstanden? (2) Wie entwickelt sie sich im Leben eines Individuums? (3) Wie wird das jeweilige Auftreten eines Verhaltens verursacht? (4) Wofür ist die Verhaltensweise gut?

Die ersten drei Fragen betreffen Vorbedingungen des Verhaltens, die sich grob nach ihrer chronologischen Ordnung einteilen lassen. Am weitesten in der Zeit zurück reicht Frage (1). Ihr Horizont ist die stammesgeschichtliche Vorgeschichte, d. h., Verhaltensweisen werden mit ihr in einen evolutionären Kontext gestellt. Frage (2) zielt ebenfalls auf die Vorgeschichte von Verhaltensweisen, allerdings auf die individuelle. Die Entwicklung, die Transformation und gegebenenfalls die Rückbildung von Verhaltensweisen im Leben eines Individuums werden durch eine Reihe von Faktoren reguliert und beeinflusst, die von genetischen und epigenetischen Prozessen sowie Umwelteinflüssen über Reifung, Erfahrung, Lernen und Altern bis hin zu Prozessen, die selbst Verhaltensweisen sind, reichen können. Frage (3) betrifft die unmittelbare Verursachung, und zwar hier die internen und externen Faktoren bzw. Mechanismen, die ein einzelnes Verhalten kontrollieren, d. h. in Gang setzen, direkt beeinflussen, regulieren oder steuern und beenden. Diese Faktoren und Mechanismen sind etwa auf der muskulären, hormonellen oder neuronalen Ebene zu finden. Unter der Voraussetzung, dass es sich bei diesen Ebenen um suborganismische Organisationsebenen handelt, können die zu ihnen gehörenden Aktivitäten nicht selbst als Verhalten gelten.

Frage (4) – wofür eine Verhaltensweise gut ist – ist von besonderer Bedeutung. Sie betrifft nicht phylogenetische, ontogenetische oder kausale Vorbedingungen des Verhaltens, sondern dieses selbst. Sie gibt implizit Auskunft über ein zentrales Merkmal von Verhalten: Verhaltensweisen sind derart, dass sie *zu*

6 Nikolaas Tinbergen: On aims and methods of ethology. In: Zeitschrift für Tierpsychologie 20 (1963), H. 4, S. 410–433, hier S. 411.

etwas dienen. Tinbergen selbst spricht von ihrem „survival value" und weist darüber hinaus in einem allgemeineren Sinn darauf hin, dass sie eine Funktion oder Bedeutung haben („adaptive significance"). Er beruft sich in diesem Punkt auf Konrad Lorenz. Dieser behandele „behaviour patterns [...] as organs, as attributes with special functions to which they were intricately adapted".[7] Der Vergleich von Verhaltensmustern mit Organen ist aufschlussreich, da er darauf aufmerksam macht, dass Verhaltensweisen nicht nur Gegenstand von kausalanalytischen Untersuchungen sein, sondern – wie Organe – sinnvoll sein bzw. eine Funktion haben können, auf die hin sie befragt werden können. Der wichtigste Indikator dieser Dimension kann darin gesehen werden, dass Verhalten in dem Sinne in einem normativen Horizont steht, dass es gut und besser ausgeübt werden, aber immer auch misslingen oder scheitern kann.

Eine kognitionswissenschaftliche Variante von Tinbergens Vorgehen (in der allerdings auf Tinbergen selbst nicht Bezug genommen wird) findet sich in Herbert Simons Aufsatz *What is an „explanation" of behavior?* (1992). Dort werden verschiedene Ebenen („level") der Erklärung von Verhalten unterschieden, vor allem die Ebene der Informationsverarbeitung (symbolische Ebene) und die physiologische bzw. neurologische Ebene; aber *was* auf diesen Ebenen erklärt wird, das Verhalten, bleibt begrifflich ungeklärt. Was Simon über Tinbergen hinaus ins Spiel bringt, ist eine weitere Weise, Verhalten zu erklären: „explaining by simulation". Die These ist, dass Computer, insoweit sie so programmiert sind, dass sie das Verhalten eines dynamischen Systems erfolgreich simulieren, dieses Verhalten erklären. Theorien des Verhaltens können demnach als Computerprogramme formuliert und kontrollierte Verhaltensexperimente mit Computerprogrammen durchgeführt werden.[8] Die Frage, wie Verhalten simuliert werden kann, wäre dann als eine kognitionswissenschaftliche Erweiterung von Tinbergens Fragenkatalog zu verstehen. Im Feld der Embodied Cognitive Science wird noch einen Schritt weiter gegangen. Dort geht es darum, Verhalten nicht durch *computational agents* zu simulieren, sondern durch *robotic agents* zu generieren – durchaus auch mit dem Ziel, das Verhalten von *biological agents* zu modellieren. Statt „explaining by simulation" ist hier also „understanding by building" das Thema.[9] Als zweite kognitionswissenschaftliche Erweiterung von Tinbergens Katalog kann dann die Frage gelten, wie sich Verhalten generieren lässt.[10]

7 Tinbergen: Aims and methods, S. 413.

8 Herbert A. Simon: What is an „explanation" of behavior? In: Psychological Science 3 (1992), H. 3, S. 150–161, hier S. 152.

9 Rolf Pfeifer und Christian Scheier: Understanding Intelligence. Cambridge, Mass. 1999, S. 22–28.

10 Tinbergens Frageperspektive ist auch im Rahmen der Kognitiven Ethologie erweitert worden; siehe dazu: Dale Jamieson und Marc Bekoff: On aims and methods of cognitive ethology. In: PSA.

Der einfachste Verhaltensbegriff und zwei Hintergrundfragen an eine Verhaltensdefinition

Die einfachste Definition von „Verhalten" scheint zu sein, dass Verhalten das ist, was ein Tier tut. Da es nicht besonders informativ ist, Verhalten durch Tun zu erläutern, mag man diese Definition insgesamt für nichtssagend halten. Das ist jedoch aus mindestens zwei Gründen unzutreffend: Erstens nimmt die Definition eine Einschränkung der möglichen Träger von Verhalten vor, und zwar auf Tiere. Es ist fraglich, ob das sinnvoll ist, und zwar nicht nur wegen der schon angesprochenen Frage, ob Verhalten auch ein Merkmal von Pflanzen sein kann, sondern auch mit Blick auf Roboter. Wenn diese sich als „complete autonomous agents" begreifen lassen,[11] spricht einiges dafür, sie als sich Verhaltende zu verstehen. Jedenfalls sollte eine Verhaltensdefinition nicht schon begrifflich ausschließen, dass Maschinen Träger von Verhalten sein können (genauso wenig wie eine Definition von „Intelligenz" ausschließen sollte, dass Maschinen intelligent sein können). Auf diesen Punkt werde ich im vorliegenden Aufsatz aber nicht näher eingehen.

Es gibt einen zweiten und für das Folgende aufschlussreichen Grund, aus dem die genannte einfachste Verhaltensdefinition informativ ist. Sie besagt: Wo tierliches Verhalten vorliegt, ist es immer etwas, was das Tier tut. Verhalten ist in diesem Sinne nie bloßes Verhalten, sondern involviert immer, dass etwas Bestimmtes getan wird, d. h. es ist immer schon ein jeweils konkretes, beispielsweise Balzverhalten, Fluchtverhalten, Fressverhalten etc. Zwar ist nicht ausgeschlossen, dass Verhalten in dieser Weise mehrfach bestimmt ist, als Verhalten ist es aber nie ganz unbestimmt. Wo ich diesen Punkt im Folgenden betonen möchte, werde ich statt von einem „Verhalten" von einem „*F*-Verhalten" sprechen, wobei „*F*" für etwas steht, das getan wird. Dass jedes Verhalten ein *F*-Verhalten in diesem Sinne ist, halte ich weniger für einen empirischen als für einen begrifflichen Punkt. Denn auf die Frage, was ein Tier tut, kann man nicht antworten, es verhält sich, sondern nur, indem man die Weise mit angibt, in der es sich verhält, also bei-

---

Proceedings of the Biennial Meeting of the Philosophy of Science Association 2 (1992), S. 110–124. „Amending Tinbergen" ist auch insgesamt ein wichtiger Topos in der Literatur zum Verhalten geworden; vgl. den gleichnamigen Artikel von Gordon M. Burghardt: Amending Tinbergen. A fifth aim for ethology. In: Anthropomorphism, Anecdotes, and Animals. Hg. von Robert W. Mitchell, Nicholas S. Thompson und H. Lyn Miles. Albany 1997, S. 254–276. Siehe auch Patrick Bateson und Kevin N. Laland: Tinbergen's four questions. An appreciation and an update. In: Trends in Ecology & Evolution 28 (2013), H. 12, S. 712–718.

11 Pfeifer und Scheier: Understanding Intelligence, S. 81–99.

spielsweise es balzt, flieht, frisst etc. Anders gesagt: Tierliches Verhalten – was ein Tier tut – ist grundsätzlich Balzen, Fliehen, Fressen etc.

Wenn man nun näheren Aufschluss über die begriffliche Frage gewinnen möchte, was tierliches Verhalten ist, erscheint es sinnvoll, auf zwei Punkte aufmerksam zu machen, die eine Klärung dieser Frage zu einem komplexen und anspruchsvollen Unterfangen machen. Zugleich werden damit auch schon Aspekte genannt, die im Rahmen einer Verhaltensdefinition geklärt werden müssen.

Erstens scheint zunächst offen zu sein, ob Verhalten ein intrinsisches oder ein extrinsisches Merkmal seines Trägers ist. Intrinsisch sind, grob gesagt, genau die Eigenschaften, die ein Gegenstand für sich genommen und unabhängig von dem hat, was außerhalb von ihm ist. Typische Beispiele für intrinsische Eigenschaften sind, dass ein Gegenstand eine bestimmte Masse hat oder dass er auf eine bestimmte Weise chemisch zusammengesetzt ist. In Bezug auf Lebewesen, die sich in einer bestimmten Weise verhalten (bzw. die sich „*F*-verhalten"), kann man dann fragen, ob ihr Verhalten zu ihren intrinsischen Eigenschaften gehört. Wer das bejaht, muss nicht bestreiten, dass ein *F*-Verhalten kausal abhängig von der Umgebung seines Trägers ist, sondern lediglich behaupten, dass nichts von dem, was außerhalb von ihm ist, bestimmt, ob ein *F*-Verhalten vorliegt oder nicht. Das jeweilige *F*-Verhalten wäre hinreichend durch die interne Verfasstheit seines Trägers festgelegt. Wer Verhalten dagegen für eine extrinsische Eigenschaft von Lebewesen hält, wird behaupten, dass immer auch deren Umgebung mitbestimmt, ob ein *F*-Verhalten vorliegt oder nicht.

Eine weitere Klärungsbedürftigkeit ergibt sich zweitens daraus, dass der Verhaltensbegriff quer zu der traditionellen Differenz zwischen Natur und Geist zu stehen scheint.[12] Denn einerseits scheint die Neigung weit verbreitet, tierliches Verhalten, obwohl es sich um ein durch und durch natürliches Phänomen handelt, für einen Ausdruck von mentalen Zuständen zu halten. Und auch wo Verhalten nicht so verstanden wird, dass dessen Träger Geist bzw. Intentionalität besitzen muss, liegt die Annahme nahe, dass dem Verhalten selbst eine Sinndimension innewohnt, obwohl dies einen entzauberten Naturbegriff zu sprengen scheint, demzufolge Sinn nichts ist, das zur Natur selbst gehört, sondern sich allenfalls unseren Zuschreibungen verdankt. Auf der anderen Seite scheint die Körperlichkeit und Äußerlichkeit, die Verhalten als solches ausmacht, weder ontisch mit einem traditionellen Geistbegriff vereinbar zu sein noch hermeneutisch auf einen Sinn befragt werden zu können. Dennoch scheint es gerade für Verhalten charakteristisch zu sein, dass es zugleich natürlich ist und Sinn verkörpert, also gewissermaßen eine Hermeneutik der Natur erfordert.

---

12 Vgl. Maurice Merleau-Ponty: Die Struktur des Verhaltens (1942). Berlin/New York 1976, S. 2 f.

Verhaltenspsychologie und Externalismus des Verhaltens

Die beiden im Vorigen genannten Punkte werden sich konkretisieren und womöglich klären lassen, wenn man sich Verhaltensbegriffe vor Augen führt, die im Laufe der Geschichte der Verhaltensforschung tatsächlich vorgeschlagen wurden.[13] Ich beginne mit Überlegungen, die in den Rahmen der Psychologie des tierlichen Verhaltens und näherhin in den Kontext des frühen Behaviorismus zu Beginn des zwanzigsten Jahrhunderts gehören und die in Hinblick auf die Externalismusfrage bis heute instruktiv und aktuell sind. Konkret geht es mir um die Kritik Edward C. Tolmans an der Verhaltenskonzeption von John B. Watson, dem Autor des sogenannten Behavioristischen Manifests. In dem programmatischen Text *Psychology as the behaviorist views it* (1913) verfolgt Watson das Ziel, die Psychologie von einer Bewusstseinsphänomene erforschenden und introspektiv vorgehenden Wissenschaft auf eine Wissenschaft des Verhaltens umzustellen. Watson zufolge soll die Psychologie zu einem „purely objective branch of natural science“ werden, dessen theoretisches Ziel „the prediction and control of behavior“ ist.[14] Die Naturwissenschaften, an denen Watson sich bei dieser Umstellung orientiert, sind die Physik und die Physiologie. Die Kritik, die Tolman dagegen vorbringt, besagt, dass Verhalten im Rahmen dieser Orientierung nicht erfassbar sei. Seines Erachtens definiert Watson „Verhalten“ in Begriffen von einfachen Reiz-Reaktions-Verbindungen, wobei er die betreffenden Reize und Reaktionen in physikalischer bzw. physiologischer Begrifflichkeit fasst. Ob und gegebenenfalls welches Verhalten vorliegt, hängt dann lediglich vom Bestehen und von der Art von physikalisch-physiologisch bestimmten Reiz-Reaktions-Verhältnissen innerhalb eines Trägers ab, aber nicht von dem, was außerhalb von diesem ist. Verhalten wäre demzufolge ein *intrinsisches* Merkmal seines Trägers.

Tolman setzt Watsons (wie er sagt) „molekularer Definition von Verhalten“ eine „molare Definition“ entgegen, der zufolge Verhalten ein „emergentes“ Phänomen ist, das in deskriptiver und konstitutiver Hinsicht genuine Eigenschaften hat, d. h. Eigenschaften, welche „are to be identified and described irrespective of whatever muscular, glandular, or neural process underlie them“.[15] Tolman stellt drei solcher

13 Einen guten Überblick über historische und aktuelle Verhaltenskonzeptionen gibt Georg Toepfer unter dem Stichwort: Verhalten. In: Georg Toepfer: Historisches Wörterbuch der Biologie. Bd. 3. Stuttgart 2011, S. 653–687.

14 John B. Watson: Psychology as the behaviorist views it. In: Psychological Review 20 (1913), H. 2, S. 158–177, hier S. 158.

15 Edward Chace Tolman: Purposive Behavior in Animals and Men (1932). 2. Aufl. New York 1967, S. 7 f.

Eigenschaften heraus. Die erste ist, dass Verhalten immer die Eigenschaft hat „of getting-to or getting-from a special goal object, or goal situation".[16] Darin zeigt sich bereits, dass Tolman Verhalten für ein *extrinsisches* Merkmal von dessen Träger hält. Denn seines Erachtens gilt: „The complete identification of any single behavior act requires [...] a reference [...] to some particular goal object or objects which that act is getting to, or, it may be, getting from, or both."[17] Das Zielobjekt des Verhaltens („goal object"), d. h. etwas außerhalb von dessen Träger, gehört demnach zur Identität des Verhaltens. Anders gesagt: Dem Verhalten ist ein Umgebungsbezug inhärent. Tolman führt dies im Folgenden weiter aus, indem er sich dem „mutual interchange between a behavior-act and the environment" zuwendet.[18]

Der zweiten von Tolman hervorgehobenen genuinen Verhaltenseigenschaft zufolge gehört zum Verhalten immer „a specific pattern of commerce-, intercourse-, engagement-, communion-with such and such intervening means objects, as the way to get thus to or from".[19] Aus den von Tolman verwendeten Beispielen geht hervor, dass es ein ausgezeichnetes Mittelobjekt („means object") gibt, das zu jedem Verhalten gehört, und zwar den Körper des Verhaltensträgers. Die Tätigkeit dieses Mittelobjekts wird von ihm als „means activity" bezeichnet. Außerdem kann es je nach konkretem Fall neben dem ausgezeichneten Mittelobjekt weitere Mittelobjekte des Verhaltens geben. Ein Beispiel: Beim Fliehen einer Katze vor einem Hund ist der Hund das Zielobjekt des Verhaltens, der Körper der Katze das ausgezeichnete Mittelobjekt, ihr Rennen eine Mittelaktivität und der Boden, über den die Katze flieht, ebenfalls ein Mittelobjekt. Ein weiteres Mittelobjekt dieses Verhaltens könnte dann ein Baum sein, auf den die Katze klettert, was eine weitere Mittelaktivität wäre. Sofern es neben dem eigenen Körper als ausgezeichnetem Mittelobjekt weitere Mittelobjekte des Verhaltens gibt – im Beispiel: den Boden und den Baum –, sind diese zwar wie schon das Zielobjekt außerhalb des Verhaltensträgers, würden für Tolman aber wie dieses auch zur Identität des Verhaltens gehören. Die Auffassung, dass Verhalten ein extrinsisches Merkmal seines Trägers ist, wird auf diese Weise ausgeweitet. – Wie gesagt möchte Tolman noch eine dritte genuine Verhaltenseigenschaft geltend machen. Sie betrifft eine gewisse Bereitschaft: „a selectively greater readiness for short (i. e., easy) means activities as against long ones". Die Formulierung zeigt schon, dass es sich hier eher um eine Eigenschaft des Verhaltensträgers als des Verhaltens selbst handelt. Verhalten selbst ist davon insofern betroffen, als Verhaltensweisen erlernt oder wie-

16 Tolman: Purposive Behavior, S. 10.
17 Tolman: Purposive Behavior, S. 10.
18 Tolman: Purposive Behavior, S. 11 Anm. 19.
19 Dieses und die folgenden Zitate dieses Absatzes stammen aus Tolman: Purposive Behavior, S. 11.

derholt werden können und mit ihnen nach Tolman die Tendenz einhergeht, in bestimmter Hinsicht verkürzt oder vereinfacht zu werden.

Wie deutlich geworden ist, ist Verhalten Tolman zufolge ein extrinsisches Merkmal seines Trägers. Demnach gehört etwas in der Umgebung zur Identität des Verhaltens, d. h. bestimmt (über eine kausale Beeinflussung hinaus) mit, ob ein bestimmtes Verhalten vorliegt oder nicht. Ich schlage vor, diese Position als einen „Externalismus des Verhaltens" zu bezeichnen. Wovon sich Tolman abgegrenzt hat, war der frühe Behaviorismus bei Watson, dem er eine allein an der Physik und Physiologie orientierte molekulare Auffassung von Verhalten zugeschrieben hat. Wenngleich gegenwärtig vermutlich niemand mehr einen Behaviorismus à la Watson vertritt, gibt es auch aktuell Ansätze, in denen Verhalten als ein intrinsisches Merkmal seines Trägers aufgefasst und damit ein „Internalismus des Verhaltens" vertreten wird. Ein gutes Beispiel dafür ist die Monografie *The Study of Behavior* (2017) des Psychologen Jerry A. Hogan. Hogan geht einer ganzen Reihe von grundlegenden psychologischen und biologischen Fragen nach, die sich mit Blick auf das Verhalten stellen. Der Begriff des Verhaltens, den er seinen Untersuchungen zugrunde legt, ist allerdings recht eng. Verhalten, so Hogan, ist „the expression of the activity of the nervous system, which may be manifested as activity in neurons, muscles, and glands".[20] Um zu bestimmen, ob ein Verhalten vorliegt, ist demnach keine Bezugnahme auf etwas erforderlich, was sich außerhalb von dessen Träger befindet. Hogan begreift Verhalten also als ein intrinsisches Merkmal von dessen Träger.

Damit stellt sich die Sachfrage, ob Verhalten besser externalistisch oder internalistisch konzipiert werden sollte. Sie kann mithilfe eines Gedankenexperiments beantwortet werden, das ich „Organismen in der Box" nennen möchte. Es ist eng an Hilary Putnams „Gehirne im Tank" angelehnt.[21] Der Unterschied besteht allerdings darin, dass hier nicht nur ein Organ, das Gehirn, sondern der *ganze* Organismus betroffen ist.[22] Dieser soll auch nicht wie im Fall der „Gehirne im Tank" in einer Nährlösung schwimmen, sondern sich in einer mit Luft befüllten Box befin-

---

20 Jerry A. Hogan: The Study of Behavior. Organization, Methods, and Principles. Cambridge, Mass. 2017, S. 2.

21 Hillary Putnam: Reason, Truth and History. Cambridge, Mass. 1981, Kap. 1: „Brains in a vat".

22 Daraus ergeben sich interessante Konsequenzen mit Blick auf eine enaktivistische Kritik des Gehirne-im-Tank-Gedankenexperiments, die gegen Putnam betont, dass von vornherein der ganze Organismus zu berücksichtigen wäre: Diego Cosmelli und Evan Thompson formulieren als Nullhypothese von Putnams Gedankenexperiment, dass „a brain in a vat would in fact have to be a body in the world" (Diego Cosmelli und Evan Thompson: Embodiment or envatment? Reflections on the bodily basis of consciousness. In: Enaction. Towards a New Paradigm for Cognitive Science. Hg. von Ezequiel A. Di Paolo, John Robert Stewart und Olivier Gapenne. Cambridge, Mass. 2011, S. 361–385, hier S. 378). Aus meiner Sicht müsste in der Kritik an Putnam zunächst die

den. Außerdem soll er ein von einer Superwissenschaftlerin maßgefertigtes, in seiner Elastizität komplett variables und vollständig atmungsaktives Kleid aus einem Material tragen, das das Produkt superwissenschaftlicher Forschung ist. Vermittelst dieses Kleids, das mit einem Supercomputer verbunden ist und von ihm Signale erhält, soll dem Organismus der gesamte sensorische Input für all seine äußeren Sinnesorgane (etwa Tast- oder Sensibilitätsorgane, Seh- und Hörorgane, Geruchs- und Geschmacksorgane) zur Verfügung gestellt werden. Umgekehrt werden alle äußeren Modifikationen des Organismus, die von diesem selbst ausgehen, inklusive seiner Bewegungsimpulse, von dem Kleid aufgenommen und an den Supercomputer weitergeleitet. Dort findet eine Verarbeitung der Daten und eine entsprechende Modifikation des sensorischen Inputs für den Organismus statt. Wenn es sich bei dem betreffenden Organismus beispielsweise um eine Katze handelt, dann soll die Datenverarbeitung und Inputmodifikation durch den Supercomputer derart sein, dass es für die Katze keinerlei Unterschied macht, ob sie gerade draußen im Garten vor einem Hund flieht oder ein „Organismus in der Box“ ist.

Obwohl eine reale Verfolgungsjagd viel Raum benötigt, soll die Box vergleichsweise klein sein. Von außen betrachtet soll die Katze in der Box mehr oder weniger auf der Stelle bleiben. Das Kleid soll mit einem äußeren Aufhängemechanismus verbunden sein, der die Neigung des bekleideten Organismus in der Box modifiziert. Die Modifikationen der Neigung des Katzenkörpers während der Flucht in der realen Welt – wenn die Katze über die Wiese flieht, ist ihr Körper eher horizontal geneigt, wenn sie auf den Baum klettert, eher vertikal – werden für die bekleidete Katze in der Box durch den Mechanismus des Kleides genau identisch eingestellt. Die Widerstände, die die Umgebung bietet, wenn die Katze in der realen Welt vor dem Hund flieht, beispielsweise die Wiese, auf der sie rennt, oder der Baum, auf den sie klettert, und die Fliehkräfte, die in der realen Welt etwa beim Hakenschlagen auftreten, werden für die Katze in der Box in exakt der gleichen Weise über eine Reihe von Druck- und Ziehimpulsen über das maßgefertigte Kleid erzeugt.

Der springende Punkt des Gedankenexperiments ist nun, dass die in der realen Welt vor dem Hund fliehende Katze genau denselben Ausdruck von Neuronen-, Muskel- und Drüsenaktivität aufweisen kann wie die Katze in der Box – aber die Katze in der Box ist nicht Träger eines Fluchtverhaltens bzw. Fliehen ist nicht das, was diese Katze macht. Warum nicht? Zunächst ist nicht ausgemacht, dass die Bewegungen der Katze überhaupt ein Verhalten sind. Sieht man davon einmal ab, dann wären sie wie jedes Verhalten zugleich irgendein *F*-Verhalten. *F* ist dabei aber etwas anderes als Flucht. Denn erstens gibt es, mit Tolman gesprochen, kein

Nullhypothese geprüft werden, dass ein Gehirn im Tank zumindest *ein Körper im Tank* sein müsste.

„goal object“, vor dem die Katze flieht. Es lässt sich nicht wirklich behaupten, dass sie vor einem Hund im Vorstellungsbild, vor elektronischen Impulsen des Supercomputers, die Hundeerlebnisse verursachen, oder vor den entsprechenden Programmmerkmalen flieht.[23] Der Fall der Katze in der Box ist daher von dem Fall zu unterscheiden, in dem eine Katze beispielsweise vor einem Stofftier flieht, das sie irrtümlich für einen Hund hält. Zudem gibt es einen zweiten, noch einfacheren Grund, aus dem das, was die Katze in der Box macht, kein Fluchtverhalten ist. Nur wenn ein Ortswechsel stattfindet, können wir sagen, dass ein Fluchtverhalten vorliegt. Die Katze in der Box tritt aber buchstäblich auf der Stelle.

Damit zeichnet sich folgendes Argument für den Externalismus ab: Die Körperbewegungen der Katze in der Box sind eins zu eins mit den Bewegungen identisch, die die in der realen Welt fliehende Katze vollzieht. Nach dem Aufbau der Vorrichtung „Organismen in der Box“ gilt ebendies auch für den gesamten Ausdruck der Neuronen-, Muskel- und Drüsenaktivität der Katze in der Box. Da jene Bewegungen und dieser Ausdruck aber nur im Fall der nicht eingeboxten Katze und nicht im Fall der Katze in der Box ein Fluchtverhalten konstituieren, muss Fluchtverhalten etwas anderes sein als Bewegungen bzw. als Ausdruck von Neuronen-, Muskel- und Drüsenaktivität. Also muss, um Fluchtverhalten zu individuieren, auf etwas außerhalb von dessen Träger Bezug genommen werden. Da sich nun aber das für Fluchtverhalten vorgetragene Argument ohne Weiteres auf das meiste *F*-Verhalten übertragen lässt,[24] ist der Externalismus im Wesentlichen korrekt.

Bevor ich zum nächsten Schritt komme, möchte ich einen Aspekt von Tolmans Externalismus des Verhaltens noch einmal eigens hervorheben: die begriffliche Unterscheidung zwischen dem Träger und dem ausgezeichneten Mittelobjekt des Verhaltens. Der Ausgangsüberlegung zufolge ist Verhalten das Merkmal eines Trägers. Träger des Fluchtverhaltens in dem oben genannten Beispiel war die Katze. In Anknüpfung an Tolmans Analyse ist der Körper der Katze das ausgezeichnete Mittelobjekt dieses Verhaltens. Indem beides begrifflich voneinander unterschieden wird, öffnet sich die Möglichkeit einer für das Verständnis von Verhalten grundlegenden Redeweise: Der Träger (die Katze) hat im Verhalten *Kontrolle über* bzw. *Einfluss auf* das ausgezeichnete Mittelobjekt (ihren Körper) und die Mittelaktivität (beispielweise ihr Rennen und Klettern).[25] Vor diesem Hintergrund kann der Trä-

23 Vgl. den verwandten Fall bei Putnam: Reason, S. 14.

24 Zu dieser Einschränkung („das meiste“) siehe im Schlussabschnitt die dritte Anmerkung.

25 In der vier Jahre vor Tolmans Buch veröffentlichten biophilosophischen Anthropologie Helmuth Plessners, *Die Stufen des Organischen und der Mensch*, in der der Verhaltensbegriff ebenfalls von großer Bedeutung ist, wird die hier im Anschluss an Tolman hervorgehobene Unterscheidung als Differenz zwischen Körper-sein und Im-Körper-sein bzw. als Körper-Leib-Differenz akzentuiert. Plessner schreibt in Bezug auf das sich verhaltende Lebewesen, es habe „Wirklichkeit als dieser

ger auch als „Subjekt“ des Verhaltens bezeichnet werden. Subjekt des tierlichen Verhaltens ist dann aber nicht irgendein Bewusstsein oder gar eine Seele, sondern das ganze Lebewesen, sofern es von seinem Körper als Mittelobjekt dieses Verhaltens unterschieden ist.

Verhaltensbiologie und Sinndimension des Verhaltens

Im Vorigen sind grundbegriffliche Auseinandersetzungen über „Verhalten“ vom frühen Behaviorismus (Watson) über Tolmans Alternative bis hin zur gegenwärtigen Verhaltenspsychologie diskutiert worden. Daraus können im Übergang zu den entsprechenden Auseinandersetzungen im Bereich der Verhaltensbiologie zwei wichtige Gedanken festgehalten werden: dass Verhalten wesentlich umgebungsbezogen ist und dass es Gegenstand der Kontrolle bzw. des Einflusses seines Trägers ist. Beide Punkte finden sich in einer Verhaltensdefinition, die der Biologe Peter Kappeler in dem von ihm verfassten aktuellen Lehrbuch zur Verhaltensbiologie vorschlägt: Unter „Verhalten“ werden die von einer „intern koordinierte[n] Kontrolle“ bestimmten „Bewegungen oder Signale“ verstanden, „mit denen ein intakter Organismus mit Artgenossen oder anderen Komponenten seiner belebten und unbelebten Umwelt interagiert“; außerdem gelten „Aktivitäten, die der Homöostase eines Individuums dienen“, also der „Beibehaltung des Gleichgewichts einzelner regulierter Zustände, wie Energie- und Wasserhaushalt oder Körpertemperatur“, als Verhalten.[26]

Neben der intern koordinierten Kontrolle und dem Umgebungsbezug des Verhaltens sind zunächst zwei Punkte beachtenswert: Zum einen bindet die genannte Definition Verhalten an Bewegungen oder Signale, zum anderen führt sie Aktivitäten, die der Homöostase dienen, separat als Verhalten an. Ein Grundgedanke ist hier, dass nicht jedes Verhalten darin bestehen muss, dass sich sein Träger bewegt. Als Beispiel kann das Knurren eines Hundes dienen, das nicht unbedingt mit einer Bewegung des Tiers, beispielsweise einem Ortwechsel, einhergeht, das aber als Signalgebung, durch die das Tier mit seiner Umwelt interagiert, ein Verhalten ist. Ebenso, wie die Verhaltensdefinition über kontrollierte umweltbezogene Bewegun-

Körper und als sein Leib, d. h. im Körper“, und begreift den Leib dabei als die „vom Zentralorgan abhängige[] Körperzone“ (Helmuth Plessner: Die Stufen des Organischen und der Mensch. Einleitung in die philosophische Anthropologie (1928). Berlin/New York 1975, S. 237).

26 Peter M. Kappeler: Verhaltensbiologie. Bd. 3, korrigierte und ergänzte Auflage. Heidelberg et al. 2012, S. 4, 76.

gen hinaus durch den Verweis auf die Signalgebung erweitert wird, wird sie auch durch den Verweis auf Aktivitäten der Homöostase erweitert. Einiges Verhalten ist weder Bewegung noch Signalgebung, sondern dient der Homöostase. Ein Beispiel dafür ist das Schlafverhalten. Doch wenngleich es sinnvoll erscheinen mag, das Schlafen als Verhalten zu zählen, ist zu bedenken, dass nicht alle Aktivitäten, die der Homöostase dienen, als Verhalten gelten können; so wird beispielsweise der Stoffwechsel eines Organismus nicht als Verhalten zählen. Doch auch abgesehen davon bleibt ein weiterer Aspekt der Definition unbefriedigend, und zwar ihr disjunktiver Charakter: Der Definition zufolge ist jedes Verhalten eine kontrollierte umweltbezogene Bewegung *oder* Signalgebung *oder* eine gewisse Homöostase-Aktivität. Was damit offen bleibt, ist erstens die Frage, ob die Annahme noch weiterer Disjunktionsglieder erforderlich ist, und zweitens die Frage nach dem Oberbegriff von Verhalten.

Zunächst zur ersten Frage: Gibt es ein Verhalten, das weder eine kontrollierte umweltbezogene Bewegung noch Signalgebung noch eine gewisse Homöostase-Aktivität ist? Levitis und Kollegen weisen in der bereits erwähnten Umfrage zum Begriff des Verhaltens in diesem Zusammenhang auf „inactions" hin, die in einigen Situationen einer intern koordinierten Kontrolle unterliegen und als Verhalten gelten können. Als Beispiel führen sie einen Wachhund an, um den es bei Arthur Conan Doyle in Sherlock Holmes' Fall *Silver Blaze* geht: Was der Wachhund, der bei allen Fremden anschlägt, tut, ist *nicht* zu bellen, weil der Täter sein Besitzer war.[27] In die disjunktive Aufzählung dessen, was alles als Verhalten gelten kann, wäre demnach auch ein gewisses Nichttun („inaction") aufzunehmen.

Damit zur zweiten, auf den Oberbegriff von Verhalten abzielenden Frage. Da eine Definition, die den zu erklärenden Begriff nur disjunktiv bestimmt und den Oberbegriff offenlässt, unbefriedigend erscheinen mag, kann hier eine weitere verhaltensbiologische Definition des Verhaltens weiterhelfen. Sie wird in dem erwähnten Aufsatz von Levitis und Kollegen vor dem Hintergrund ihrer Umfrage vorgeschlagen:

> Behaviour is: the internally coordinated responses (actions or inactions) of whole living organisms (individual or groups) to internal and/or external stimuli, excluding responses more easily understood as developmental changes.[28]

Als Oberbegriff von „behaviour" wird in der Definition „response" vorgeschlagen. Da der Korrelatbegriff von „response" dort „stimulus" (Reiz) ist, scheint als Über-

27 Levitis, Lidicker und Freund: Behavioural biologists, S. 109; vgl. Arthur Conan Doyle: The Complete Sherlock Holmes. New York 2013, S. 357.
28 Levitis, Lidicker und Freund: Behavioural biologists, S. 108.

setzung „Reaktion“ nahezuliegen. Grundsätzlich kann „response“ aber auch mit „Antwort“ übersetzt werden. Und es ist diese Option, die ich hier wähle, weil sie für meine Zwecke insofern am besten geeignet ist, als der Antwortbegriff es erlauben wird, die oben angesprochene Sinndimension des Verhaltens in die gesuchte Definition einzubeziehen. Denn wo eine Antwort (und nicht nur eine Wirkung oder eine bloße Reaktion) vorliegt, ist diese erstens selbst sinnhaft und ist auch zweitens das, worauf geantwortet wird, sinnhaft. Das sind begriffliche Zusammenhänge. Was nicht sinnhaft ist, kann keine Antwort sein; Antworten sind rückbezogen auf Fragen; und was nicht sinnhaft ist, kann keine Frage sein. Aufgrund der begrifflichen Verbindung zwischen Antwort und Sinn eignet sich der Antwortbegriff zur Erfassung der Sinndimension des Verhaltens.

Wenn Verhalten als Antwort bestimmt wird, ergeben sich allerdings mehrere Nachfragen. Eine erste lautet: Wie ist dasjenige zu bestimmen, worauf Verhalten antwortet? Die genannte Definition von Levitis und Kollegen nennt an dieser Stelle „internal and/or external stimuli“. Sie fällt damit jedoch hinter den hier bereits erreichten Stand der Diskussion zurück. Denn während Kappeler, indem er die Interaktion mit der Umwelt in seine Definition aufgenommen hat, dem Externalismus des Verhaltens gerecht wird, gilt dies für Levitis und Kollegen nicht. Ihre Definition erfordert für die Individuierung von Verhalten keine Bezugnahme auf die Umwelt, sondern nur auf externe Reize. Sie ist daher nicht auf den Externalismus festgelegt. Denn die externen Reize, denen ein „Tier in der Box“ ausgesetzt wird, könnten mit denen identisch sein, mit denen das Tier in einer gewöhnlichen Umgebung konfrontiert ist. Um die Definition von Levitis und Kollegen zu verbessern, wäre also dafür sorgen, dass sie nicht mehr internalistisch missdeutet werden kann. Das bedeutet, die Rede von „Stimuli“ wäre auf geeignete Weise zu ersetzen. Auf das Problem, wie dies am besten zu bewerkstelligen ist, werde ich im nächsten Abschnitt zurückkommen.

Eine zweite Nachfrage, die aufkommen mag, wenn Verhalten als Antwort bestimmt wird, lautet: Was zeichnet Verhalten gegenüber anderen Arten von Antworten aus? Hier ist der Kontrast zu Antworten in Dialogsituationen zwischen menschlichen Gesprächspartnern beachtenswert. Antworten dieser Art werden auf Fragesätze hin gegeben und haben einen sprachlichen Charakter. Verhalten dagegen ist eher eine „Antwort des Körpers“. Diese Bestimmung ist allerdings insofern noch präzisierungsbedürftig, als für den Begriff des tierlichen Verhaltens die bereits angesprochene Unterscheidung zwischen dem ganzen Lebewesen und seinem Körper konstitutiv ist. Wenn Verhalten als eine Antwort des Körpers bestimmt wird, ist das nicht so zu verstehen, dass der Körper das Subjekt des Verhaltens ist. Biologische Subjekte des Verhaltens sind vielmehr ganze Lebewesen, „whole living organisms“ (wie es in der zitierten Definition von Levitis und Kollegen heißt). Es kommt der Sache daher schon näher, wenn Verhalten als eine „Antwort mit dem Körper“ bestimmt wird, und zwar in dem Sinne, in dem Tolman den Körper als das zu jedem Verhalten gehörende ausgezeichnete Mittelobjekt des Verhaltens („means object“) versteht. Doch auch diese Bestimmung ist problematisch. Denn insbesondere wird der Kontrast zu Antworten mit sprachlichem Charakter, die in Dialogsituationen auf Fragesätze („Wie spät ist es?“) gegeben werden, nicht deutlich genug. Auch für solche Antworten mag der Körper – zumindest Teile von ihm (bspw. Stimmbänder, Zunge, Gesichtsmuskeln) – unverzichtbar sein; und insofern handelt es sich bei ihnen um Antworten mit dem Körper. Allerdings sind sprachliche Antworten *als solche* nicht Antworten im Medium des Körpers, sondern Antworten im Medium der Sprache. Damit meine ich, dass das Körperliche in diesen Antworten zwar erforderlich ist, um etwa Laute hervorzubringen; diese stellen aber erst aufgrund eines bestimmten auf kollektiver Übereinkunft basierenden Status – dadurch etwa, dass sie als Äußerung von „Es ist 11:00 Uhr“ zählen – eine sprachliche Antwort dar. Im nichtsprachlichen Verhalten nichtmenschlicher Lebewesen dagegen gibt es dergleichen Status nicht. Der Körper ist hier nicht nur das Antwortmittel, sondern zugleich auch das Medium, in dem die Antwort gegeben wird. Man kann das so ausdrücken, dass man Verhalten als „Antwort im Medium des Körpers“ bestimmt. Im Folgenden werde ich dafür die abkürzende Formulierung „verkörperte Antwort“ verwenden.[29]

Ein wichtiger Vorzug der Rede von „Antwort im Medium des Körpers“ und „verkörperter Antwort“ gegenüber der Rede von „Antwort mit dem Körper“ und mehr noch gegenüber Tolmans Rede vom Körper als dem ausgezeichneten „Mittelobjekt“ des Verhaltens besteht darin, dass sie hilft, das Missverständnis zu vermeiden, als sei der Körper eine Art Werkzeug des Verhaltens. Denn diese Auffassung ist aus verschiedenen Gründen unbefriedigend. Zwar mag der eigene Körper erstens in bestimmten Fällen in phänomenologischer Hinsicht tatsächlich eine Art Werkzeugcharakter aufweisen, etwa beim Erlernen bestimmter Tanzschritte, doch dies gilt sicher nicht allgemein; und am wenigsten bei denjenigen Verhaltensweisen, die uns in Fleisch und Blut übergegangen sind. Außerdem führt das Verständnis vom Körper als eine Art Werkzeug auch zweitens ontologisch in die Irre, weil der Benutzer eines Werkzeugs von diesem real verschieden ist, während der Verhaltensträger keine von seinem Körper unabhängige und trennbare Existenz hat.

29 Was ich hier als „Antwort im Medium des Körpers“ bzw. „verkörperte Antwort“ bezeichne, um den spezifischen Antwortcharakter des Verhaltens zu bestimmen, wird in der Tradition der phänomenologischen Anthropologie mithilfe des Leibbegriffs beschrieben. Vgl. Helmuth Plessner und Frederik Jacobus Johannes Buytendijk: Die Deutung des mimischen Ausdrucks. Ein Beitrag zur Lehre vom Bewusstsein des anderen Ichs (1925). In: Helmuth Plessner: Gesammelte Schriften. Bd. 7. Ausdruck und menschliche Natur. Frankfurt a. M. 1982, S. 67–130, und Maurice Merleau-Ponty: Phénoménologie de la perception (1945). Paris 2009.

Eine dritte Nachfrage in Bezug auf die Bestimmung von Verhalten als Antwort hängt damit zusammen, dass Antworten etwas Sinnhaftes sind und dass das, was sinnhaft ist, immer in umfassenden Sinnräumen bzw. -horizonten steht: Welches ist der Sinnhorizont, in dem tierliches Verhalten steht? Tierliches Verhalten ist ein biologisches Phänomen. Daher gilt es, insbesondere dem durch die Evolutionsbiologie offengelegten Sinnhorizont Beachtung zu schenken. Zu diesem Horizont gehört, dass Lebewesen, um ihre Gesamtfitness zu maximieren, eine Reihe von evolutionären Problemen lösen müssen, und zwar Probleme des Ressourcenzugangs, der Räubervermeidung, der Fortpflanzung und der Jungenaufzucht (Brutpflege). Evolutionsbiologisch betrachtet, so Peter Kappeler, dient Verhalten also der Bewältigung von vier Grundproblemen: Fressen, Überleben, Fortpflanzung, Jungenaufzucht.[30] Jerry Hogan spricht in diesem Zusammenhang von den „primary functions of behavior" und rechnet dazu „feeding, defense, and reproduction".[31] Der Sinnhorizont, in dem tierliches Verhalten steht, wird demnach durch die primären Funktionen des Verhaltens aufgespannt.

Da die Sinndimension des Verhaltens hier über den Funktionsbegriff angesprochen wird, ist es wichtig, auf diesen Begriff noch etwas näher einzugehen. „Funktion" in dem Sinn, in dem Hogan von den „primary functions of behavior" spricht, steht für den biologischen Vorteil des Verhaltens, den Wert, den dieses für das betreffende Lebewesen hat bzw. für das, was Tinbergen als „survival value" (bezogen auf das Überleben der Art) bezeichnet hat.[32] Ein anderer Aspekt der dem tierlichen Verhalten innewohnenden Sinndimension kann ebenfalls mithilfe des Begriffs der Funktion erläutert werden. Dabei kommt es aber nicht auf „Funktion" im Sinne von biologischem Vorteil, sondern im Sinne von biologischer Rolle an, d. h. auf die Art und Weise, in der ein Verhalten zu dem beiträgt, was die Lebensform des betreffenden Lebewesens ausmacht.[33] Dieser Aspekt der Sinndimension des tierlichen Verhaltens ist oben bereits in einem anderen Kontext angesprochen worden. Ich

---

30 Kappeler: Verhaltensbiologie, S. 34–37.

31 Hogan: Study of Behavior, S. 275.

32 Hogan: Study of Behavior, S. 274; vgl. Tinbergen: Aims and methods, S. 411, 417 f.

33 Im Hintergrund des hier verwendeten Begriffs der Lebensform steht Michael Thompson: Apprehending human form. In: Modern Moral Philosophy. Hg. von Anthony O'Hear. Cambridge 2004, S. 47–74. Die Zuschreibung einer biologischen Rolle geschieht, in Thompsons Vokabular ausgedrückt, in „vital descriptions of the individual" (Thompson: Human form, S. 51 f.). – Wouters liefert einen guten Überblick über vier verschiedene Begriffe von Funktion, um die es in der Biologie geht. Neben den beiden schon genannten Begriffen – „function as biological advantage" und „function as biological role" – erörtert er „function as activity", d. h., „what an organism, part, organ, or substance by itself does or is capable of doing", und „function as selected effect", also „the effects for which a certain trait was selected in the past which explain its current presence in the population" (Arno G. Wouters: Four notions of biological function. In: Studies in

habe darauf hingewiesen, dass Verhalten in jedem Fall involviert, dass etwas Bestimmtes getan wird. Es ist also beispielsweise Balzverhalten, Fluchtverhalten, Fressverhalten etc. bzw. grundsätzlich ein *F*-Verhalten, wobei *F* für etwas steht, das getan wird. Dieser Gedanke lässt sich nun verdeutlichen, indem betont wird, dass *F* dabei für die Funktion im Sinne einer biologischen Rolle des Verhaltens steht. Welcher biologischen Rolle bzw. welchen biologischen Rollen ein Verhalten dient und in welchem Zusammenhang biologische Verhaltensrollen zueinander stehen, muss durch biologische Forschung geklärt werden. An dieser Stelle geht es mir nur um zwei grundbegriffliche Punkte: Jedes Verhalten ist in dem Sinne ein *F*-Verhalten, dass es eine biologische Rolle *F* instantiiert; *F* bezeichnet damit eine Weise, in der dieses Verhalten sinnhaft ist.

Kognitionswissenschaften und Gelegenheiten des Verhaltens

Verhalten verkörpert Sinn, weil es zum einen in einem durch die primären Funktionen des Verhaltens aufgespannten Sinnhorizont steht und zum anderen eine oder mehrere biologische Rollen instantiiert. Es ist aber noch auf eine dritte Weise sinnhaft, die ebenfalls mit seinem Charakter als Antwort zu tun hat, genauer gesagt, mit dem, worauf es antwortet. An der Definition von Levitis und Kollegen war die Rede von Stimuli problematisch. Doch bislang blieb offen, wie positiv gefasst werden kann, worauf Verhalten antwortet. Einerseits ist eine Antwort grundsätzlich rückbezogen auf etwas, und zwar auf eine Frage; und diese muss wie die Antwort selbst sinnhaft sein. Andererseits ist Verhalten externalistisch zu konzipieren und das bedeutet, um zu bestimmen, ob ein bestimmtes Verhalten vorliegt, ist die Bezugnahme auf etwas erforderlich, was sich außerhalb von dessen Träger befindet. Beides zusammen weist darauf hin, dass das Phänomen „Verhalten" voraussetzt, dass es außerhalb des Verhaltensträgers, d. h. in seiner Umgebung, Sinnhaftes geben muss.

Aber wie ist Sinnhaftes in der Natur zu denken? Ein einschlägiger konzeptioneller Vorschlag dazu wird durch die Theorie der *affordances* geliefert, die von James J. Gibson im Rahmen seiner ökologischen Psychologie der Wahrnehmung entwickelt wurde,[34] von Michael Turvey und Kollegen gegen Kritik verteidigt und

History and Philosophy of Biological and Biomedical Sciences 34 (2003), H. 4, S. 633–668, hier S. 635).

34 James J. Gibson: The Ecological Approach to Visual Perception. New York 1979, vor allem Kap. 7.

vertieft wurde[35] und in jüngerer Zeit von Anthony Chemero in Auseinandersetzung mit dieser Tradition zu einem Kernstück seines Ansatzes einer *Radical Embodied Cognitive Science* ausgearbeitet wurde.[36]

Worauf Tiere durch ihr Verhalten antworten, ist ihnen durch Wahrnehmung gegeben. Chemero vertritt im Anschluss an Gibson eine Theorie der enaktiven und direkten Wahrnehmung. *Enaktiv* ist die visuelle Wahrnehmung in dem Sinne, dass sie verhaltensbezogen ist. Ihre Funktion ist nicht, ausgehend von sensorischen Inputs eine innere repräsentationale Rekonstruktion der Umgebung zu errechnen oder zu erschließen, sondern adaptives Verhalten zu leiten, und zwar als ein selbst aktiv die Umgebung explorierender Prozess. *Direkt* ist die visuelle Wahrnehmung darin, dass sie ein Aufnehmen bzw. Aufgreifen von Informationen aus der Umgebung ist, das keiner inneren epistemischen Vermittler (wie Sinnesdaten oder Vorstellungen) bedarf.[37] Wenn Wahrnehmen in der direkten Aufnahme von Informationen aus der Umgebung besteht und zugleich Verhalten leitet, dann müssen diese Informationen darin bestehen, dass sie Gelegenheiten für Verhalten bieten; und solche Gelegenheiten werden seit Gibson *affordances* genannt.

Nach der skizzierten Theorie der enaktiven und direkten Wahrnehmung sind *affordances* erstens die Inhalte der Wahrnehmung. Zugleich sind sie zweitens nicht im Inneren der tierlichen Verhaltensträger verortet, sondern in deren Umgebung bzw. in der Natur. Damit zeigt sich nun, wie „Sinnhaftes in der Natur" zu denken ist: Die Natur qua Umgebung von Verhaltensträgern ist insofern bedeutungsgeladen, als sie *affordances* enthält, die für diese bedeutungsvoll sind.[38] Was tierliche Verhaltensträger wahrnehmen, ist beispielsweise, dass ein bestimmter Baum zum Klettern oder eine bestimmte Maus zum Fressen geeignet ist. Tiere ergreifen nicht alle Gelegenheiten, die sich ihnen in der Wahrnehmung bieten. Wo sie sich aber in einer bestimmten Weise verhalten, da beantwortet ihr Verhalten eine wahrgenommene Gelegenheit. Das Korrelat zur Rede von Verhalten als Antwort ist daher eine entsprechende Rede von *affordances* als Fragen. Dabei können die wahrgenommenen, aber nicht ergriffenen *affordances* als unbeantwortete oder übergangene Fragen und die tatsächlich ergriffenen *affordances* als im Verhalten auf eine bestimmte Weise beantwortete Fragen gelten.

---

35 M. T. Turvey et al.: Ecological laws of perceiving and acting. In reply to Fodor and Pylyshyn. In: Cognition 9 (1981), S. 237–304.

36 Anthony Chemero: Radical Embodied Cognitive Science. Cambridge, Mass./London 2011, vor allem Kap. 6 und 7.

37 Zu diesen beiden Punkten von Chemeros Wahrnehmungstheorie vgl. Chemero: Radical Embodied, S. 106.

38 Vgl. Chemero: Radical Embodied, S. 135.

Die Theorie der *affordances* müsste selbstverständlich noch weiter ausgeführt werden. Insbesondere wäre der ontologische Status der *affordances* zu klären, also etwa die Frage, ob *affordances* eher auf Verhaltensträger relative *Eigenschaften* der Umgebung sind oder ob sie *Relationen* zwischen Merkmalen der Umgebung und Fähigkeiten von Verhaltensträgern sind. Außerdem wäre in metaphysischer Hinsicht zu klären, in welcher Weise *affordances* von Verhaltensträgern abhängen und ob die Theorie der *affordances* auf einen Antirealismus festgelegt oder mit einer Form des Realismus kompatibel ist.[39] Obwohl diese Fragen zweifellos wichtig sind, kann ich ihnen an dieser Stelle nicht mehr nachgehen. Abschließend möchte ich vielmehr eine Definition von „Verhalten" vorschlagen, die die bisherigen Überlegungen bündelt.

Eine Definition des Verhaltens

Hier die Definition: Verhalten ist eine intern koordinierte nicht-entwicklungsartige umwelt- oder selbstbezogene verkörperte Antwort auf wahrgenommene Gelegenheiten *(embodied response to perceived affordances).*

Ich möchte dazu acht Anmerkungen machen, die einen teils zusammenfassenden und teils weiterführenden Charakter haben.

1) Die Formulierung, dass Verhalten „intern koordiniert" ist, übernehme ich von Levitis und Kollegen (siehe oben den Abschnitt zur Verhaltensbiologie). Ich verstehe sie so, dass mit der internen Koordination eine intern koordinierte Kontrolle, wie sie in Kappelers Definition auftritt, verbunden ist. Kategorial ergibt sich der Gedanke der internen Koordination und Kontrolle aus der begrifflichen Differenz zwischen dem Träger (Subjekt, Autor) des Verhaltens und seinem Körper. Im Verhalten ist es der Träger des Verhaltens, der seinen Körper koordiniert und kontrolliert.

2) Levitis und Kollegen haben in ihrer Verhaltensdefinition solche Antworten ausgenommen, die sich einfacher als „developmental change" verstehen lassen. Das trägt der Intuition Rechnung, dass es beispielsweise kein Verhalten ist, wenn einem Kaninchen im Winter ein dickeres Fall wächst. Verkörperte Antworten sind demnach kein Verhalten, wenn sie eher Entwicklungsveränderungen sind. Eine notwendige Bedingung dafür, dass eine verkörperte Antwort ein Verhalten ist, ist daher, dass sie in diesem Sinne „nicht-entwicklungsartig" ist.

39 Zu den beiden genannten Punkten siehe Chemero: Radical Embodied, Kap. 7 und 8.

3) Weiterhin wird Verhalten in der Definition als „umwelt- oder selbstbezogen" bezeichnet. Was damit markiert wird, ist der Ort des *F* in der Rede, dass jedes Verhalten ein *F*-Verhalten ist. In den meisten Fällen steht das jeweilige *F* für eine Art des Umweltbezugs, etwa dann, wenn (wie in den obigen Beispielen) von Balzverhalten, Fluchtverhalten, Fressverhalten etc. die Rede ist. Das *F* kann aber auch für eine Art des Selbstbezugs stehen, etwa für das Sich-Putzen; auch das Schlafen könnte dazu gezählt werden. Da das Zielobjekt des selbstbezogenen Verhaltens nicht außerhalb von dessen Träger ist, hängt die Frage, ob auch dieses Verhalten externalistisch zu konzipieren ist, davon ab, ob die *Gelegenheiten*, auf die es antwortet, außerhalb von dessen Träger zu verorten sind. Für eine solche Verortung spricht, dass Verhaltensweisen wie Sich-Putzen und Schlafen auf Gelegenheiten antworten, die man als Putz- bzw. Schlaf-günstige Umgebungsumstände (z. B. Abwesenheit von Bedrohungen) beschreiben kann.[40] Dass solche Umgebungsumstände einem „Organismus in der Box" an seinen äußeren Sinnesorganen allerdings nur vorgegaukelt sein könnten, spricht dafür, das selbstbezogene Verhalten vom Externalismus des Verhaltens auszunehmen.

4) Die Bestimmung von Verhalten als „Antwort" zeigt an dass ihm eine Sinndimension innewohnt. Im Verlauf der Überlegungen ist deutlich geworden, was das näherhin bedeutet. Drei Hinsichten waren dabei entscheidend. Erstens wird der Horizont, in dem Verhalten sinnhaft ist, durch die sogenannten primären Funktionen des Verhaltens aufgespannt. Zu diesem Sinnhorizont gehören zweitens auch Funktionen im Sinne der biologischen Rollen, *F*, die jedes Verhalten instantiiert. Drittens ist Verhalten nicht nur sinnhaft mit Blick auf seine jeweilige biologische Rolle, sondern auch insofern, als in ihm Gelegenheiten identifiziert und ergriffen werden, die in Bezug auf den genannten Sinnhorizont bedeutungsvoll sind.[41]

---

40 Das Schlafen ist offenbar ein Grenzfall. Wo es eine bloße Reaktion auf komplette Übermüdung ist, lässt es sich nicht als Verhalten klassifizieren.

41 Ein Bedenken dagegen, Verhalten als Antwort zu konzipieren, könnte darin bestehen, dass es damit prinzipiell als auf etwas Vorgängiges rückbezogen verstanden wird und dadurch zu reaktiv und nicht als eine primäre Entfaltungsdimension von Lebewesen gefasst ist. (Den Hinweis auf dieses Bedenken verdanke ich Georg Toepfer.) Eine Entgegnung kann sich an dieser Stelle nur auf derselben Allgemeinheitsebene bewegen, auf der das Bedenken selbst formuliert ist. Zunächst ist darauf hinzuweisen, dass das Bedenken in der Rede von „reaktiv" die für die hier gegebene Bestimmung von „Verhalten" wichtige Differenz zwischen Reaktion und Antwort einzuebnen droht. Unabhängig davon halte ich diese Bestimmung für verträglich mit der Einschätzung, dass Verhalten eine primäre Entfaltungsdimension von Lebewesen ist. Grundsätzlich ist mein eigenes Bild, dass Aktivität im Bereich des biologischen Lebens immer vor dem Hintergrund von Gesetztsein (Positionalität) steht. Nur bei Gott könnte (wenn wir sein Tun als „Verhalten" bezeichnen möchten) von einem Verhalten die Rede sein, das nicht Antwort ist. Biologisches Leben und Verhalten aber ist – in einem Slogan formuliert – Aktivität in der Passivität.

5) Dass Verhalten eine „verkörperte“ Antwort *(„embodied“ response)* ist, bedeutet, worauf ich schon mehrfach hingewiesen habe, nicht, dass der Körper Träger bzw. Subjekt des Verhaltens ist, sondern weist auf den speziellen Charakter der Art von Antwort hin, die Verhalten ist. Verhalten ist eine Antwort im Medium des Körpers (im Unterschied etwa zu Antworten im Medium der Sprache). Obwohl hier die Rede vom „Körper“ für den Fall des *tierlichen* Verhaltens in einem biologischen Horizont steht, vermeide ich es, die Definition selbst mit einem begrifflichen Bezug auf diesen Horizont zu versehen. Das liegt daran, dass ich mit der Definition keine Vorentscheidung in Bezug auf mögliche Verhaltensträger treffen möchte. So könnte etwa auch vom Körper eines Roboters, also einer bestimmten Maschine, die Rede sein. Ob es Roboter geben kann, die Träger von Verhalten sind, lässt die vorgeschlagene Definition offen.[42] Entsprechend enthält sie im Unterschied zu den Definitionen von Kappeler sowie Levitis und Kollegen, die sich jeweils auf Organismen beziehen, auch keine nähere Bestimmung des Trägers bzw. Subjekts des Verhaltens. Da Verhalten eine Antwort im Medium des Körpers (auf Wahrgenommenes) ist, besteht die Minimalbedingung dafür, ein Träger von Verhalten zu sein, nur darin, eine (wahrnehmungsbegabte und) auf verkörperte Weise antwortende Entität und in diesem Sinn ein verkörpertes Subjekt zu sein. Wollte man vor diesem Hintergrund in die vorgeschlagene Definition einen ausdrücklichen Bezug auf den Verhaltensträger einbauen, so ließe sich dort „verkörperte Antwort“ durch „Antwort eines verkörperten Subjekts im Medium seines Körpers“ ersetzen.

6) In der von Peter Kappeler gegebenen Definition von „Verhalten“ gelten nur „*intakte* Organismen“ als Verhaltensträger (siehe oben den Abschnitt zur Verhaltensbiologie). Wenngleich ich mich, wie gesagt, nicht darauf festlegen möchte, dass grundsätzlich nur Lebewesen als Verhaltensträger in Betracht kommen, stellt sich dennoch die Frage, was es heißen könnte, dass die Träger eines (im Sinne meiner Definition konzipierten) Verhaltens intakt sein müssen. Ich möchte das in negativer Hinsicht beantworten: Ein Verhaltensträger ist *nicht* intakt, wenn er (i) keine zuverlässigen Wahrnehmungen von Gelegenheiten hat, (ii) signifikante Defizite in den für die Ergreifung von wahrgenommenen Gelegenheiten erforderlichen Fähigkeiten aufweist oder (iii) in systematischer Weise inadäquate Antworten auf wahrgenommene Gelegenheiten gibt.

---

42 Die Linie von Robotern, die am ehesten als Träger von Verhalten gelten können, geht auf Rodney Brooks zurück. Siehe Rodney Allen Brooks: Flesh and Machines. How Robots Will Change Us. New York 2002. Vgl. grundsätzlich Rodney Allen Brooks: Intelligence without reason. In: IJCAI'91. Proceedings of the 12th International Joint Conference on Artificial Intelligence 1 (1991), S. 569–595, und Rodney Allen Brooks: Intelligence without representation. In: Artificial Intelligence 47 (1991), S. 139–159.

7) Wenn in der Definition festgehalten wird, dass Verhalten auf wahrgenommene „Gelegenheiten" antwortet, so ist dies eine Übersetzung des von James Gibson als Terminus technicus geprägten Ausdrucks *affordances*. Dieses Wort tritt häufig auch in der Verbform „to afford" auf, etwa wenn gesagt wird, „an object *a* affords an activity *F*". Eine mögliche Übersetzung wäre dann „bietet Gelegenheit zu". Doch außer dieser Übersetzung „bietet an" kommen der Sache nach hier grundsätzlich alle Vorschläge in Betracht, die zum Ausdruck bringen, dass die Konfrontation mit *a* in irgendeiner Weise für die Ausführung von *F* sprechen könnte. Zur Liste dieser Vorschläge gehören „ermöglicht", „erlaubt", „gewährt", „begünstigt", „unterstützt" bis hin zu „erfordert".

8) Levitis und Kollegen haben in ihrer Definition von „Verhalten" das, worauf Verhalten antwortet, als „internal and/or external stimuli" bezeichnet. In der von mir vorgeschlagenen Definition sind *affordances* an die Stelle der „*external* stimuli" getreten. Die „*internal* stimuli" sind aber ersatzlos weggefallen. Der Grund dafür ist, dass sie aus meiner Sicht nicht zum Begriff des Verhaltens gehören. Ihr theoretischer Ort liegt eher in der Erklärung des Auftretens von Verhalten. Eine solche Erklärung kann auf verschiedenen Ebenen gegeben werden, etwa auf der muskulären, hormonellen, neuronalen oder kognitiv-mentalen Ebene. Um das an einem Beispiel zu erläutern: Das Trinkverhalten im Sinne der von mir vorgeschlagenen Definition ist keine umweltbezogene Antwort auf einen inneren Reiz, sagen wir „Durst", sondern auf eine wahrgenommene *affordance*, zum Beispiel eine geeignete Wasserstelle. Doch auch wenn der Durst nicht zum Begriff des Trinkverhaltens gehören kann (schon weil nicht jedes Trinkverhalten Durst voraussetzt), mag er ein Kandidat dafür sein, was auf einer bestimmten Ebene in die Erklärung von Verhalten eingeht. Durst kann kausal den Ausschlag dafür geben, dass an einer geeigneten Wasserstelle getrunken wird. Ebenso kann Durst das Auftreten und Fortdauern des Suchens nach einer geeigneten Wasserstelle erklären. Dieses Verhalten wäre insofern eine Antwort auf wahrgenommene *affordances*, als nichts in der Umgebung zum Trinken geeignet ist.

III Medien und Verhalten

Sophia Gräfe

Einführung: Medien und Verhalten

Im Frühjahr 1937 legten die Zoologen Nikolaas Tinbergen (1907–1988) und Konrad Lorenz (1903–1989) gemeinsam den Grundstein für die Entstehung einer Bildikone der Ethologie.[1] Auf der Suche nach den Auslösern des Fluchtverhaltens konfrontierten die beiden späteren Nobelpreisträger im österreichischen Altenberg Jungtiere mehrerer Vogelarten mit schematisierten Attrappen ihrer Spezies. In einer häufig zitierten Szene der frühen Verhaltensforschung zogen die beiden Forscher im Garten der Lorenz-Villa stark abstrahierte Vogelkörper aus Karton an einem zwischen zwei hohen Bäumen gespannten Drahtseil in unterschiedlicher Geschwindigkeit und Richtung über die Köpfe ihrer Versuchstiere hinweg. Angeregt durch Beobachtungen des Berliner Ornithologen Oskar Heinroth (1871–1945) interessierten sich Tinbergen und Lorenz für die Entschlüsselung von Merkmalskombinationen in der tierlichen Umwelt, die bei den noch wenig lebenserfahrenen Vögeln im Moment des Überflugs eine Schreck- oder gar Fluchtreaktion auslösten und somit als angeboren – und nicht erlernt– zu klassifizieren waren.[2] Über den Ausgang und die Validität des experimentellen Verfahrens gibt es verschiedene Ansichten.[3] Sicher ist jedoch sein bildliches Erbe: eine graphisch übersetzte Reihe schwarzer Körper, die Silhouetten von Flugzeugen auf militärischen Landkarten ähneln und in einzelnen Fällen durch Kreuze in ihrer Bedeutsamkeit für die Merkwelt der tierischen Probanden ausgewiesen sind. Als epistemisches Bild und gleichsam Kommunikator der Altenberger

---

1 Siehe das Umschlagbild dieser Publikation, Cardboard models used by Lorenz and Tinbergen to test the reactions of birds to birds of prey. Only the models with a short neck (marked +) released escape reactions. Aus: Nikolaas Tinbergen: Social releasers and the experimental method required for their study. Wilson Bulletin 60 (1948), S. 6–51, hier S. 7.

2 Vgl. Konrad Lorenz: Vergleichende Verhaltensforschung. In: Verhandlungen der Deutschen Zoologischen Gesellschaft 12 (1939), S. 69–102, hier S. 92–94; Nikolaas Tinbergen: Why do birds behave as they do? (II). In: Bird-Lore 41 (1939), S. 23–30; Richard Burkhardt: Patterns of Behavior: Konrad Lorenz, Niko Tinbergen, and the Founding of Ethology. Chicago 2005, S. 205–2023; Karl Schulze-Hagen: Niko Tinbergen and German ornithologists: Mutual inspiration. In: Vogelwarte 59 (2021), S. 7–20, hier S. 9–10.

3 Vgl. Wolfgang Schleidt, Michael Shalter und Humberto Moura-Neto: The hawk/goose story: The classical ethological experiments of Lorenz and Tinbergen, revisited. In: Journal of Comparative Psychology 125/2 (2011), S. 121–133.

https://doi.org/10.1515/9783110740813-010

Verhaltensexperimente ist die Vogelgrafik nur ein Element einer reichhaltigen Serie von Medien, die die Geschichte der modernen Verhaltensforschung begleiten.[4]

Die Bedeutung dieser Medien für die Entstehung, Narrativierung und Tradierung von Verhaltenswissen herauszustellen, ist die Aufgabe dieser Sektion. Die drei Beiträge von Denise Reimann, Vinzenz Hediger und Stefan Rieger vollziehen die Entwicklung der modernen Verhaltensforschung als Mediengeschichte mit komplexen Bezügen in die Zeitgeschichte, Populärkultur, Kunst und Literatur nach. Dabei knüpfen sie einerseits an das in den deutschsprachigen Medienwissenschaften seit Ende der 1990er Jahren erschlossene Untersuchungsfeld der Medialität des Wissens an, das mit der Praxeologie einen bedeutsamen Zug zeitgenössischer Literatur- und Kulturwissenschaft teilt. Die historische Erforschung von Medien als Werkzeuge, Modellflächen und Simulationsräume des Wissens stehen ebenso im produktiven Austausch mit der bereits seit den 1970er Jahren besonders von angloamerikanischen Stimmen eingeforderte Perspektivierung der Wissenschaftsgeschichte auf die sozialen und materiellen Bedingungen der Entstehung, Aushandlung und Verbreitung von Wissen. Schließlich ist die von den Autor:innen verschiedentlich thematisierte Visualität des Verhaltenswissens ein Zeugnis des fachlichen Ertrags der Bildwissenschaften, die über den Fachkreis der Kunstgeschichte hinaus seit den 1990er Jahren ein umfangreiches methodisches Reservoir für interdisziplinäre Forschungen zu den visuellen Kulturen des Wissens beigetragen haben. Die thematische Engführung von gleich zwei der hier versammelten Beiträge auf die Verhaltensforschung an Tieren (Reimann und Rieger) trägt dabei einer entscheidenden Entwicklung innerhalb der Geisteswissenschaften in den letzten Jahren Rechnung. Ausgehend von Impulsen der Human-Animal-Studies verspricht eine Bezugnahme auf die Existenz nichtmenschlicher Subjekte eine möglichst vollständige Erfassung der an epistemischen Umgebungen beteiligten Akteure. Nicht zuletzt bedingen es die historischen Begebenheiten selbst, dass eine Geschichte der Medien nicht ohne Tiere auskommen kann. Entlang ihrer Körper sowie Äußerungs-, Bewegungs- und Reaktionsformen haben sich

4 Siehe dazu Tania Munz: Die Ethologie des wissenschaftlichen Cineasten: Karl von Frisch, Konrad Lorenz und das Verhalten der Tiere im Film. In: montage/av, 14 1 (2005): S. 52–68; Sophia Gräfe: Red foxes in the filing cabinet: Günter Tembrock's image collection and media use in mid-century ethology. In: Berichte zur Wissenschaftsgeschichte 45 1/2 (2022), S. 55–86; Benjamin Schultz-Figueroa: The Celluloid Specimen. Moving Image Research into Animal Life. Oakland 2023.

technische Apparaturen und medienphilosophisches Denken entwickelt. Die Geschichte des Mikroskops[5] oder auch das Prinzip der Kinematographie[6] sind bekannte Beispiele für diesen Zusammenhang.

In ihrem Beitrag zu Johann Regen (1868–1947) untersucht Denise Reimann die experimentellen und instrumentellen Verfahren, mit denen sich der Entomologe zu Beginn des zwanzigsten Jahrhunderts dem Lautverhalten von Insekten zwischen Heimlabor und Feld zuwandte. Zu den Pointen der sowohl auf literarische als auch auf archivische Quellen fußenden Studie Reimanns gehört es, dass Regen mit Grammofon, Phonograph und Telefon ausgerechnet diejenigen Medien für seine auf feine Nuancen der Lautkommunikation von Grillen abzielende Forschung wählte, die zeitgenössisch als Teil des anschwellenden Lärms der Moderne problematisiert wurden. Um dem Hörvermögen der Tiere näher zu kommen, erdachte Regen innovative Apparaturen, die es vermochten, deren Laute zur Herstellung ihrer Sichtbarkeit gezielt zu manipulieren. Verhalten zeigt sich hier als Resultat einer medientechnischen Intervention. Die Tatsache, dass die von Johann Regen lange vor der Blütezeit der Ethologie in der Mitte des 20. Jahrhunderts durchgeführten Experimente die akustische Kommunikation von Tieren zum Gegenstand hatten, verweist auf ein wesentliches Merkmal des sich entwickelnden Verhaltensbegriffs der modernen vergleichenden Verhaltensforschung ethologischer Prägung: Verhalten situiert sich im Zwischenraum von Körpern und Individuen, ergibt sich aus dem Zusammenspiel von Organismus und Umwelt und ist als solches ein genuines Phänomen des Dazwischen. Verhalten vermittelt zwischen Individuum und Umwelt und ist durch die Anwesenheit dieser bedingt.

Etwa fünfzig Jahre später hatte sich mit der Humanethologie ein Nebenzweig der biologischen Verhaltensforschung im deutschsprachigen Raum etabliert. Vinzenz Hediger widmet sich in seinem Beitrag einer Analyse der sicherlich noch heute andauernden Popularität von verhaltensbiologischen Argumenten zur Erklärung kultureller Phänomene. Hediger entwickelt sein Argument am Beispiel eines von Irenäus Eibl-Eibesfeldt (1928–2018) initiierten Filmprojekts. Ein Zusammenschnitt von dessen filmischer Langzeitstudie (1966–2007) zur Universalität des Augengrußes sollte einst Thesen zur Formkonstanz von ausgewählten Elementen des Verhaltens stützen. Heute dient er als Aushängeschild und Emblem der nun in Frankfurt am Main archivierten Filmsammlung. Hediger zeigt auf, inwiefern das Aufnahme- und Montageverfahren der filmischen Kompilation Verhalten im Sinne der kybernetischen Anthropologie als automatisch ablaufendes Programm konfigu-

---

5 Vgl. Marian Fournier: The Fabric of Life. Microscopy in the Seventeenth Century. Baltimore/London 1996.

6 Vgl. Marta Braun: Muybridge's scientific fictions. In: Studies in Visual Communication 10/3 (1984), S. 2–22.

riert. Die filmisch erzeugte Sequenzierung von Verhaltensäußerungen lässt diese als beliebig transponierbar erscheinen. Eibl-Eibesfeldts filmische Präparate katalysieren so eine Mobilisierung von medial hergestellten Grundformen des Verhaltens. Am Beispiel von ausgewählten Spielfilmen wie *George of the Jungle* (Sam Weisman 1997) weist Hediger auf, dass diese Operation eine gewisse Komik birgt. Computeranimierte Bilder von Subjekten, denen ein artfremdes Verhalten verliehen wurde, erschließen die latente Komik der nun mechanistisch anmutenden Idee eines formkonstanten Verhaltensprogramms.

Stefan Rieger schließt an die Idee der Mediatisierung des Verhaltenswissens an. Sein Text zu den Medien des Verhaltens weist in programmatischer Art und Weise auf die epistemischen sowie ontologischen Konsequenzen eines dem Verhalten per se innewohnenden Problems des hermeneutischen Zugangs an. Die von Rieger versammelten Schlaglichter der Tierverhaltensforschung ab der Mitte des zwanzigsten Jahrhunderts illustrieren den hohen technischen und methodischen Aufwand, der notwendig ist, einem beobachteten Verhalten distinkte Elemente zu entnehmen und diese nach dem Prinzip der Ähnlichkeit und Differenz miteinander zu vergleichen. Rieger zeigt auf, inwiefern diese Operation seitens der beteiligten Disziplinen spätestens mit Beginn der Kybernetik eben nicht mehr auf Gestaltähnlichkeit abhebt, sondern Verhaltenswissen unter eigenen Bedingungen in Szene setzt. Fluchtpunkt seiner Überlegungen sind folglich technisch vermittelte Mensch-Tier-Maschinen-Verhältnisse in deren Zusammenspiel sich Verhalten nicht abbildet, sondern ereignet. Als Endpunkt dieser das Verfahren der Simulation und nicht der Imitation betreffende Verhaltenssynthese stehen Beispiele aus dem Bereich von Kunst und Design in der Gegenwart, in denen Verhalten als formbare Experimentalanordnung für spekulative und widerständige Beziehungen zwischen Menschen und Objekten dient. Als Konsequenz dieser Befunde wird deutlich, dass Verhalten im Zuge seiner medialen Modellierung und Simulation den Bereich der Naturmimesis verlässt und zum Medium künstlerisch-gesellschaftlicher Aushandlungsprozesse wird. Im Moment der von Rieger attestierten Postphänomenologie des Verhaltens ist dabei weniger wesentlich, welche Varianten des Verhaltens sich aus vor dem Hintergrund evolutionsbiologischer Selektion logisch erschließen, sondern als freie Potentiale im Verhältnis von Dingen möglich sind.

Im Ausgang der in dieser Sektion aufgezeigten Qualität des Verhaltens als Konzept und Vermittlungsinstanz agiler Weltverhältnisse wird die anthropologische Herausforderung deutlich, die sich angesichts der Potentiale ethologischer Transgressionen zwischen Menschen, Tieren und Technik stellt. Johann Regen hatte zu Beginn des zwanzigsten Jahrhunderts versucht, mit Hilfe von Instrumenten und seiner Stimme in den Gesang von Grillen einzustimmen, um so deren Lautkommunikation zu entschlüsseln. Ebenso arbeitete er an der Übertragung der tierlichen Laute in die Form schriftlicher Notate. In ideengeschichtlicher Anlehnung an die romantische Suche nach dem Zugang zur Lautwelt der Natur ging mit Regens Interaktion mit dem Verhalten der Tiere, so Reimer, daher mit einer „spielerischen Verunsicherung anthropologischer Grenzen“ einher. Die nahezu libertäre Anmutung der speziesübergreifenden Qualität des Verhaltens soll jedoch nicht über die Realität der weitreichenden Hegemonie medialer Simulationen des Verhaltens hinwegtäuschen, die in Vinzenz Hedigers Thesen zu Eibl-Eibesfeldts kulturanthropologischen Vergleichsstudien bereits angesprochen ist. Abhängig von der spezifischen Urheberschaft, der Motivation und der Leitung medialer Simulationen des Verhaltens lässt sich für die gemeinsame Geschichte der Medien und des Verhaltens ein großes Reservoir der Wirksamkeit von Verhaltenssimulationen zur Unterdrückung, Marginalisierung, Negierung und Kriminalisierung feststellen, in denen mediale Räume Spielflächen der Herrschaft und Gewalt ermöglichen und vergrößern. Genau in diesem Spannungsfeld zwischen Kreativität und Transformation sowie Gewalt und Suppression ist die Mediengeschichte des Verhaltens zu verorten.

Weiterführende Literatur

Böhnert, Martin, Kristian Köchy und Matthias Wunsch (Hg.): Philosophie der Tierforschung, Band 1: Methoden und Programme. Freiburg/München 2016.

Braun, Martha: Muybridge's scientific fictions. In: Studies in Visual Communication 10/3 (1984), S. 2–22.

Cahill, James Leo: Zoological Surrealism. The Nonhuman Cinema of Jean Painlevé. Minneapolis 2019.

Cartwright, Lisa: Experiments of destruction. Cinematic inscriptions of physiology. In: Representations 40, Special Issue: Seeing Science (1992), S. 129–152.

Cartwright, Lisa: Science and the cinema. In: The Visual Culture Reader. Hg. von Nick Mirzoeff. London 1998, S. 199–213.

Comolli, Jean-Louis: Machines of the Visible. In: The Cinematic Apparatus, Hg. von Teresa de Lauretis und Stephen Heath. London 1980, S. 121–143.

Daston, Lorraine und Peter Galison: The Image of Objectivity. In: Representations 40, Special Issue: Seeing Science (1992), S. 81–128.

Despret, Vinciane: From secret agents to interagency. In: History and Theory 52 4 Special Issue: Does History Need Animals? (2013), S. 29–44.

Gräfe, Sophia: Red foxes in the filing cabinet: Günter Tembrock's image collection and media use in mid-century ethology. In: Berichte zur Wissenschaftsgeschichte 45 1/2 (2022), S. 55–86.

Haasis, Lucas und Constantin Rieske: Historische Praxeologie. Zur Einführung. In: Lucas Haasis und Constantin Rieske: Historische Praxeologie. Dimensionen vergangenen Handelns. Paderborn 2015, S. 7–52.

Hediger, Vinzenz: Dann sind Bilder also nichts!. Vorüberlegungen zur Konstitution des Forschungsfelds Gebrauchsfilm. In: montage AV 14, Nr. 2, (2005), S. 11–22.

Hediger, Vinzenz: Gene, Gehirn, Archiv: Über den Ort der menschlichen Natur im Humanethologischen Filmarchiv. In: Zeitschrift für Medien- und Kulturforschung 8 2 (2017), S. 11–28.

Hediger, Vinzenz: Chance Wrote the Screenplay, Reality Directed the Film. The Exploration Films of Hans Hass. Cinema of Exploration. Hg. von James Leo Cahill und Luca Caminati. London und New York 2020, S. 91–106.

Haraway, Donna: When Species Meet. Minneapolis. London 2008.

Landecker, Hannah: Cellular features. Microcinematography and film theoryIn: Critical Inquiry 31/4 (2005), S. 903–937.

Latour, Bruno: Visualisation and cognition: drawing things together. In: Knowledge and Society Studies in the Sociology of Culture Past and Present, 6. Hg. von H. Kuklick. Greenwich, Conn. (1986), S. 1–40.

Leyhausen, Paul: Wissenschaftliche Filmaufnahmen von tierischem Verhalten. In: Orion (1957) 1, S. 21–27.

Michaelis, Anthony: Research Film in Biology, Anthropology, Psychology, and Medicine. New York 1955.

Munz, Tania: Die Ethologie des wissenschaftlichen Cineasten: Karl von Frisch, Konrad Lorenz und das Verhalten der Tiere im Film. In: montage/av, 14 1 (2005), S. 52–68.

Reichert, Ramón: Im Kino der Humanwissenschaften. Studien zur Medialisierung wissenschaftlichen Wissens. Bielefeld 2007.

Reimann, Denise: Auftakte der Bioakustik. Zur Wissensgeschichte nichtmenschlicher Stimmen um 1800 und 1900. Berlin 2022.

Rieck, Joachim: Technik der Wissenschaftlichen Kinematographie. Hg. vom Institut für den Wissenschaftlichen Film. München 1968.

Rieger, Stefan: Kybernetische Anthropologie. Eine Geschichte der Virtualität. Frankfurt a. M. 2003.

Rieger, Stefan: Reduktion und Teilhabe. Kollaborationen in Mixed Societies, Berlin 2022.

Rheinberger, Hans-Jörg: Sichtbar machen: Visualisierungen in den Naturwissenschaften. In: Bildtheorien: anthropologische und kulturelle Grundlagen des Visualistic Turn. Hg. von Klaus Sachs-Hombach. Frankfurt a. M.2009, S. 127–145.

Roscher, Mieke: Zwischen Wirkungsmacht und Handlungsmacht. Sozialgeschichtliche Perspektiven auf tierliche Agency. In: Das Handeln der Tiere. Tierliche Agency im Fokus der Human-Animal Studies. Hg. von Sven Wirth et al. Bielefeld 2016, S. 43–66.

Schmidgen, Henning und Bernhard Dotzler (Hg.): Parasiten und Sirenen: Zwischenräume als Orte der materiellen Produktion von Wissen. Bielefeld 2008.

Schultz-Figueroa, Benjamin: The Celluloid Specimen. Moving Image Research into Animal Life. Oakland 2023.

Siewert, Horst: Lichtbild und Film als Hilfsmittel für die tierpsychologische Forschung. In: Zeitschrift für Tierpsychologie XLIX 1 (1937), S. 117–119.

Snyder, Joel: Visualization and visibility. In: Picturing Science, Producing Art. Hg. von Caroline A. Jones und Peter Galison. New York 1997, S. 379–397.

Tinbergen, Nikolaas: Social releasers and the experimental method required for their study. In: Wilson Bulletin 60 1 (1948), S. 6–51.

Tosi, Virgilio: Cinema before Cinema: The Origins of Scientific Cinematography. Übers. Sergio Angelini. London 2005.

Vogl, Joseph: Medien-Werden. Galileis Fernrohr. In: Mediale Historiographien. Hg. von Lorenz Engell und Joseph Vogl. Weimar 2001, S. 115–124.

Wellmann, Janina (Hg.): Cinematography, Seriality, and the Sciences. Science in Context Special Issue 24/3 (2011).

Denise Reimann

Grillenspiele. Johann Regens Untersuchungen zum Lautverhalten von Insekten

In Gustav Meyrinks Novelle *Das Grillenspiel* (1915) empfangen Entomologen eines nicht näher benannten europäischen Wissenschaftsinstituts einen Brief von ihrem Kollegen Johannes Skoper. In dem auf den 1. Juli 1914, also vier Wochen vor Ausbruch des Ersten Weltkriegs, datierten Schreiben, das die Wissenschaftler mit einem Jahr Verspätung erhalten, berichtet Skoper von einer seltsamen Begebenheit auf seiner Forschungsreise im Bhutan: Eines Nachts sei er zu einem Dugpa, einem tibetischen Magier geführt und von diesem gebeten worden, an einer „tischähnliche[n] Bodenerhebung“[1] Platz zu nehmen und dort eine Unterlage auszubreiten (es handelte sich um eine Europakarte). Die Frage des Magiers, ob er „den Grillenzauber zu sehen wünschte“,[2] habe er aus Neugier und ohne ahnen zu können, was ihn erwarte, bejaht. Auf „ein leises metallenes Zirpen“[3], welches der Dugpa mithilfe eines silbernen Glöckchens erklingen ließ, seien dann unzählige weiße Grillen ihm unbekannter Art erschienen, die sich „höchst absonderlich“[4] benommen hätten. Sie seien zunächst wirr und scheinbar planlos auf der Karte durcheinandergelaufen, bevor sie sich zu Gruppen formierten, die einander misstrauisch beäugten und schließlich gegenseitig zerfleischten. „Der Anblick war zu ekelhaft, als daß ich ihn schildern möchte“, schreibt Skoper. „Das Schwirren der tausend und abertausend Flügel gab einen hohen, singenden Ton, der mir durch Mark und Bein ging, ein Schrillen, gemischt aus so höllischem Haß und grauenvoller Todesqual, daß ich es nie werde vergessen können.“[5] Einen Monat vor Kriegsbeginn erkennt Skoper, dessen Name sich aus dem altgriechischen σκοπεῖν/*skopein* ableitet (deutsch: betrachten) und sowohl

1 Gustav Meyrink: Das Grillenspiel. In: Gustav Meyrink: Die Fledermäuse. Neun Novellen. Furth im Wald/Prag 2003, S. 52–65, hier S. 61.
2 Meyrink: Grillenspiel, S. 61.
3 Meyrink: Grillenspiel, S. 61.
4 Meyrink: Grillenspiel, S. 62.
5 Meyrink: Grillenspiel, S. 62.

Anmerkung: Dieser Beitrag basiert zum Teil auf meiner Dissertationsschrift, vgl. Denise Reimann: Auftakte der Bioakustik. Zur Wissensgeschichte nichtmenschlicher Stimmen um 1800 und 1900. Berlin 2022.

https://doi.org/10.1515/9783110740813-011

auf den Akt der wissenschaftlichen Beobachtung als auch auf die prophetische Vision referiert, in diesem „zuckende[n] Grillenhaufen [...] Millionen sterbender Soldaten“.[6]

Das beobachtete Grillengemetzel auf der Europakarte lässt sich als Vorbote der bevorstehenden Kämpfe in den Schützengräben deuten. Der „hohe[], singende[] Ton“, den die Grillen dabei von sich geben, nimmt einen Teil der Geräuschkulisse vorweg, die den von klingenden Fliegerpfeilen und unterirdischer Akustik geprägten Ersten Weltkrieg auszeichnen sollten.[7] Weil er selbst es ist, der den „Grillenzauber“ zu sehen gewünscht hat, fühlt Skoper „den Alp eines rätselhaften, ungeheuerlichen Verantwortungsgefühls“[8] angesichts der nahenden Katastrophe. Aufhalten vermag er sie aber ebenso wenig wie seine Kollegen in Europa, die die Lektüre des Briefes abrupt beenden, als die scheinbar tote Grille, die Johannes Skoper seinem Schreiben beigefügt hat, plötzlich wieder zum Leben erwacht und aus dem Fenster fliegt. In ihrem eifrigen Bemühen, das exotische Insekt einzufangen, haben sie keine Augen mehr für ein Wolkengebilde, das sich am Himmel zusammenbraut und dem von Skoper beschriebenen Gesicht des Dugpas gleicht. Anstatt den Schreckgespenstern des Krieges ins Auge zu blicken, so ließe sich diese Szene verstehen, jagen die Entomologen lieber einer Grille hinterher – und dies im doppelten Wortsinne. Denn die Grille bezeichnet nicht nur ein Tier, sondern auch eine Laune, eine fixe Idee oder wunderliche Marotte, von der die Naturwissenschaftler in Meyrinks Novelle derart eingenommen zu sein scheinen, dass sie sich wie blind gegenüber dem Krieg verhalten, der 1915 bereits längst vor den Türen ihres Instituts steht.

Ein weiterer konkreter historischer Bezugspunkt für Meyrinks Persiflage auf eine welt- und politikabgewandte Wissenschaft sind unzweifelhaft die Forschungen des Entomologen Johann (Ivan) Regen, der seinerzeit einige Bekanntheit erlangt hat. Seine vor und zwischen den beiden Weltkriegen durchgeführten Studien an Heuschrecken, vor allem an Grillen, stehen durchaus in eigentümlichem Kontrast zu den zeitgenössischen gesellschaftlichen und politischen Unruhen. Regen interessiert sich vor allem für das Lautverhalten der Schrecken, genauer: ihre Hör- und Lautorgane, die physikalische Beschaffenheit der von ihnen produzierten Laute, ihre biologische Funktion und die Frage, wie die Grillen lautlich miteinander kommunizierten. Um diesen Fragen nachzugehen, schafft der Entomologe eine Forschungsumgebung, die sich durch Rückzug, Stille und eine ungeteilte (auditive) Aufmerksamkeit für seine Versuchstiere auszeichnet. Wie im Folgenden zu zeigen

6 Meyrink: Grillenspiel, S. 64.

7 Zu Veränderungen der Klanglandschaft im Zuge des Ersten Weltkrieges siehe Julia Encke: Augenblicke der Gefahr. Der Krieg und die Sinne (1914–1934). München 2006, S. 113–193.

8 Meyrink: Grillenspiel, S. 64.

sein wird, trifft er damit einen Nerv seiner Zeit, in der die zirpende Grille nicht nur zum Menetekel des aufziehenden Krieges wurde, sondern auch zum literarisch vielbeschworenen neoromantischen Kontrapunkt einer als lärmend und unbeständig erlebten Moderne. Dennoch wäre es unzutreffend, Regens Studien als weltabgewandt zu bezeichnen, denn sie waren zutiefst in die wissenschaftlichen Debatten, die kulturellen Umbrüche und (medien-)technischen Errungenschaften des frühen zwanzigsten Jahrhunderts eingebunden.

Es wird eine Aufgabe dieser Untersuchung sein, diesen Kontexten nachzugehen. Im Anschluss an neuere wissenschaftshistorische Ansätze, die Wissenschaft als kulturell und gesellschaftlich situierte Praxis begreifen, fragt sie sowohl nach den situativen Voraussetzungen und Hintergrundannahmen, die Regens Forschungsprogramm auszeichnen, als auch nach den experimentellen und instrumentellen Verfahren, mit denen der Biologe sich seinen Versuchstieren zuwandte. Ein besonderes Augenmerk soll dabei auf der Interaktion zwischen Mensch, Tier und apparativen (Medien-)Vorrichtungen liegen, deren Zusammenspiel viel über die spezifischen methodischen und epistemischen Herausforderungen verrät, mit denen es die Untersuchung tierlichen Lautverhaltens zu tun hatte und das zugleich zum Ausdruck und Ausgangspunkt spielerischer, darum aber nicht weniger schwerwiegender Selbstbefragungen wurde: Fragen, die sowohl die Grenzen der menschlichen Wahrnehmung betreffen als auch Sprache und Musik als dem Menschen spezifische Ausdrucksformen. Die Untersuchung endet mit einem kurzen Ausblick auf einen amerikanischen Kollegen Regens, den Physiker George W. Pierce, dessen Forschungsprojekte zeigen, dass die Grillenforschung zu Beginn des zwanzigsten Jahrhunderts durchaus in kriegerische Handlungen verwickelt war, wenn auch auf ganz andere Weise, als Meyrink dies in seiner Novelle hätte voraussehen können.

Mit Grillenstudien gegen den Lärm der Zeit

Regen ist keineswegs der erste Forscher, der sich mit Grillenakustik auseinandergesetzt hat. Schon Mitte des neunzehnten Jahrhunderts waren die Laute von Insekten zum Gegenstand einer neuartigen, in Wissenschaft und Literatur zelebrierten Lauschkultur geworden, die ihr Ohrenmerk insbesondere auf Klangerzeugnisse ober- und unterhalb der menschlichen Wahrnehmungsschwelle richtete. Maßgeblich für diese Entwicklung war einerseits die Aufwertung des Ohres zum wichtigen, wenn nicht sogar dem wichtigsten Erkenntnisorgan in der Epoche der Romantik, andererseits die Entwicklung eines romantischen Natursprachenkonzepts, das von einer in (akustischen) Chiffren sich artikulierenden Sprache der

Natur ausging.[9] So ersinnt etwa Ludwig Tieck in seiner 1834 erschienenen Novelle *Die Vogelscheuche* ein „Hörmikros"[10], mit dem es möglich wäre, die unterschwelligen Laute von Insekten wie „das Geflüster der Heimchen"[11] zu belauschen und genauestens zu „observieren"[12]. Mithilfe des Hörmikros könne man „die Naturlaute in stiller Einsamkeit vernehmen und unterscheiden, für welche unser Ohr nicht zart genug gebaut worden sei oder die durch das stärkere Geräusch der Bäume oder der Vögel und andere dazwischenbrausende Stimmen überschrien würden".[13] Auf diese Weise gelänge es vielleicht, „zu erfahren, was Fliegen und Mücken sich erzählen oder ob die Geister in den Blumen niesen – [...] ‚denn durch die Verfeinerung des Organs kann oft erst das Gewaltige und ganz Große zu uns dringen.'"[14] Das still und einsam vernommene, medial verstärkte Grillengeflüster verspricht hier eine gleichsam naturtheologische Offenbarung, die im Lärm der Umgebungsgeräusche untergehen muss.

Auch im frühen zwanzigsten Jahrhundert steht das Belauschen des Grillenzirpens im Zeichen der Abwendung vom Lärm zugunsten einer auditiven Sensibilisierung für die verborgenen, aber umso numinoseren Reiche der Natur. Nur wird der Lärm nun weniger den Geräuschen von „Bäumen, Vögeln und anderen dazwischenbrausenden Stimmen" zugeschrieben als vielmehr den Folgen der Industrialisierung und Urbanisierung; vor allem das städtische Bildungsbürgertum war bei der Beschwerde darüber federführend.[15] Tatsächlich erreichte der urbane Geräuschpegel um die Jahrhundertwende eine bisher ungeahnte Größenordnung. In Großstädten wie New York, Wien und Berlin wurden mechanisch dröhnende Fabriken und Betriebe gegründet und dicht an dicht stehende Massenmietshäuser errichtet, die für eine Steigerung und infernalische Vervielfältigung des Lärms

9 Zur Kultivierung des Hörens in der Romantik und zum Natursprachenkonzept siehe unter anderem Katja Stopka: Semantik des Rauschens. Über ein akustisches Phänomen in der deutschsprachigen Literatur. München 2005; sowie Tobias Leibold: Enzyklopädische Anthropologien. Formierungen des Wissens vom Menschen im frühen 19. Jahrhundert bei G. H. Schubert, H. Steffens und G. E. Schulze. Würzburg 2009, S. 165–205.

10 Ludwig Tieck: Die Vogelscheuche. Märchennovelle in fünf Aufzügen. In: Ludwig Tieck: Tiecks Werke in zwei Bänden: Bd. 2, hg. von Nationale Forschungs- und Gedenkstätten der klassischen deutschen Literatur in Weimar. Berlin/Weimar 1985, S. 5–309, hier S. 120.

11 Tieck: Vogelscheuche, S. 114.

12 Tieck: Vogelscheuche, S. 114.

13 Tieck: Vogelscheuche, S. 115.

14 Tieck: Vogelscheuche, S. 15.

15 Siehe dazu Matthias Lentz: „Ruhe ist die erste Bürgerpflicht". Lärm, Großstadt und Nervosität im Spiegel von Theodor Lessings „Antilärmverein". In: Medizin, Gesellschaft und Geschichte (Jahrbuch des Instituts für Geschichte der Medizin. Bd. 13). Hg. von Robert Jütte. Stuttgart 1995.

sorgten.[16] Hinzu kamen die geräuschvolle Technisierung der Haushalte, die Verbreitung lautstarker innerstädtischer Vergnügungsbetriebe sowie die nicht minder ruhestörende Revolutionierung des Verkehrswesens.[17] Aber auch die Geräuschemissionen jener nun Wirklichkeit werdenden „hörmikrophonischen" Medientechnologien, von denen Tieck sich noch ein Vordringen in die Stille erhofft hatte, wurden vielfach beklagt. Grammofon, Phonograph und Telefon gehörten zum – klangtechnisch noch oft unausgereiften – Arsenal der lärmsteigernden Apparaturen und Maschinen, die neben Straßenbahnen und Fabriken als Ruhestörer und Auslöser von Hektik, Stress und Nervosität problematisiert wurden.[18]

Im Zuge dieser Problematisierung geriet das Zirpen der Grillen zum Sinnbild für die schützenswerte Klanglandschaft der Natur. In seiner 1908 veröffentlichten *Kampfschrift gegen die Geräusche unseres Lebens*, dem Gründungsdokument des noch im selben Jahr nach dem Vorbild der New Yorker Society for the Suppression of Unnecessary Noise ausgerufenen Antilärmvereins, klagt der Philosoph Theodor Lessing:

> Wo vor einigen Jahren noch der schlafende Pan dich schützte, die Luft vor Schweigen und Stille zu zittern schien und nichts zu erlauschen war als Grille und Biene [...], da stellt heute der Berliner Hotelier für ein internationales Publikum den neuesten Phonographen auf, damit für zehn Heller jedes Kind aus Frankfurt oder Liverpool den ‚Einzug in die Wartburg' höre.[19]

Insektenlaute, die zwar ähnlich rhythmisch klingen wie die ratternden akustischen Maschinen, aber anders als diese nicht die zunehmende technologische Entfremdung von der Natur markieren, sondern deren Konstanz und Numinosität, werden hier als Gegengeräusch einer lärmenden Moderne aufgerufen. Diese Auffassung tritt sowohl in den literarischen als auch in den (populär-)wissenschaftlichen Bearbeitungen des Grillengesangs um 1900 immer wieder zutage.

---

16 Vgl. Klaus Saul: „Kein Zeitalter seit Erschaffung der Welt hat so viel und so ungeheuerlichen Lärm gemacht ...". Lärmquellen, Lärmbekämpfung und Antilärmbewegung im Deutschen Kaiserreich. In: Umweltgeschichte. Methoden, Themen, Potentiale. Hg. von Günter Bayerl, Norman Fuchsloch und Torsten Meyer. New York/Münster 1996, S. 187–217, hier S. 189.

17 Vgl. Saul: Lärmquellen, S. 189, und Peter Payer: Der Klang der Großstadt. Eine Geschichte des Hörens. Wien 1850–1914. Wien 2018, S. 90.

18 In diesem Sinne spricht Daniel Morat von einer um 1900 feststellbaren „doppelte[n] ‚Technisierung des Auditiven': einer primären durch Maschinenlärm und Großstadtverkehr und einer sekundären durch die neuen akustischen Aufzeichnungs-, Speicherungs- und Übertragungsmedien." (Daniel Morat: „Automobile gehen über mich hin." Urbane Dispositive akustischer Innervation um 1900. In: Unlaute. Noise. Geräusch in Kultur, Medien und Wissenschaften seit 1900. Hg. von Sylvia Mieszkowski und Sigrid Nieberle. Bielefeld 2017, S. 127–148).

19 Theodor Lessing: Der Lärm. Eine Kampfschrift gegen die Geräusche unseres Lebens. In: Grenzfragen des Nerven- und Seelenlebens 9 (1908), H. 54, hier S. 16.

Etwa bei Hugo von Hofmannsthal – auch er ein späteres Mitglied im Antilärmverein[20] –, der in seinem berühmten, 1902 veröffentlichten fiktiven Brief des Lord Chandos an Francis Bacon eine Poetologie des Wortlosen und Unscheinbaren entwirft und dabei wie Tieck „das Gewaltige und Große“[21] im scheinbar Nichtigen vermutet, unter anderem „im Zirpen einer letzten, dem Tode nahen Grille“[22]. Oder bei Rainer Maria Rilke, der seinen *Sonetten an Orpheus* (1922) ein Auftaktgedicht voranstellt, das auf den zeitgenössischen Lärmdiskurs eingeht und dem Schreien ein schweigendes Hören entgegensetzt, das sich abermals am Zirpen der Grille bemisst:

> Mehr als die Stürme, mehr als die Meere haben
> die Menschen geschrieen ... Welche Übergewichte von Stille
> müssen im Weltraum wohnen, da uns die Grille
> hörbar blieb, uns schreienden Menschen. Da uns die Sterne
> schweigende scheinen, im angeschrieenen Äther!
> Redeten uns die fernsten, die alten und ältesten Väter!
> Und wir: Hörend endlich! Die ersten hörenden Menschen.[23]

In der Deutung des Grillenzirpens als Stimme unserer „Väter“ verbinden sich mythengeschichtliche und evolutionstheoretische Narrative: Der von Platon im *Phaidros* vorgetragene Zikadenmythos, demzufolge Zikaden, eine historisch oft mit Grillen verwechselte Art, einstmals gesangs- und musikvernarrte Menschen gewesen seien, die über ihre Begeisterung vergaßen, sich Nahrung zuzuführen, bis sie schließlich dahinstarben und zu nahezu körperlosen, bis an ihr Lebensende singenden Zikaden wurden (259b-d)[24], wird um 1900 vor dem Hintergrund evolutionstheoretischer Debatten wiederbelebt und gegen den Lärm der Zeit in Anschlag gebracht. Als evolutionsgeschichtlich älteste Lautäußerung wird das Zir-

20 Vgl. Anonym: „Antilärmiten“. In: Recht auf Stille. Der Antirüpel. Monatsblätter zum Kampf gegen Lärm, Rohheit und Unkultur im deutschen Wirtschafts-, Handels- und Verkehrsleben. Organ des deutschen Lärmschutzverbandes („Antilärmverein“) 1 (1909), S. 53–57, hier S. 53.

21 Tieck: Vogelscheuche, S. 15.

22 Hugo von Hofmannsthal: Ein Brief. In: Hugo von Hofmannsthal: Sämtliche Werke. Bd. 31: Erfundene Gespräche und Briefe, hg. von Ellen Ritter. Frankfurt a. M. 1991, S. 45–55, hier S. 53.

23 Rainer Maria Rilke: Die Gedichte 1922 bis 1926. In: Rainer Maria Rilke: Werke. Bd. 2: Gedichte (1910–1926), hg. von Manfred Engel und Ulrich Fülleborn. Frankfurt a. M. 1996, S. 273–326, hier S. 276.

24 Vgl. zum Zikadenmythos Sigrid Weigel, die ihn als Gründungsmythos der Musik herausgestellt hat: Sigrid Weigel: Die Stimme der Toten. Schnittpunkte zwischen Mythos, Literatur und Kulturwissenschaft. In: Zwischen Rauschen und Offenbarung. Zur Kultur- und Mediengeschichte der Stimme. Hg. von Sigrid Weigel, Friedrich Kittler und Thomas Macho. Berlin 2008, S. 73–92, hier S. 80.

pen zur Metapher für evolutionäre Kontinuität, zur Stimme einer Natur, welche Vergangenheit, Gegenwart und Zukunft miteinander verbindet und die historischen Umbrüche der Zivilisationsgeschichte überdauert.[25] Der Grillengesang sei das „älteste Concertstück der Erde, eine vorweltliche Symphonie“[26], die selbst die Naturkundigen „in vorsündfluthliche Träumereien einlull[t]“[27], schreibt etwa der Biologe und Schriftsteller Ernst Krause unter dem Pseudonym Carus Sterne 1875 in der *Gartenlaube*.

Zu diesen „Naturkundigen“ zählt auch der Entomologe Jean-Henri Fabre, der sich 1879 in ein abgeschiedenes Haus, die sogenannte Harmas (provenzalisch für Brachland), in der Provence zurückgezogen hat,[28] um sich dort in aller Ruhe dem Studium von Insekten zu widmen. Seine zwischen Garten und Laboratorium gemachten Beobachtungen ihrer Lebens- und Verhaltensweisen hielt Fabre in seinen *Souvenirs entomologiques* fest, einer mehrbändigen zoologisch gesättigten und zugleich unvergleichlich poetischen Abhandlung, die dem Naturwissenschaftler zu Recht den Ruf eines „Insekten-Dichters“ eingetragen hat.[29] Neben Käfern, Wespen, Raupen und anderen Insekten, deren unscheinbare Welt Fabre wie durch ein Vergrößerungsglas als Mikrouniversen unzähliger eigener Dramen erkenntlich macht, studiert er auch Grillen. „Ich kenne keinen Insektengesang“, schreibt er über deren Zirpen, „der anmutiger und klarer die tiefe Stille der Augustabende durchdringt. Wie oft habe ich mich *per amica silentia Lunae* auf dem Erdboden unter den Rosmarinbüschen ausgestreckt, um dem entzückenden Konzert meines Harmas zu lauschen.“[30] Im Grillenzirpen hört Fabre „das Leben beben“[31]. Seine Beschreibungen des Zirpens als „Hosianna der Erweckung“[32], als „heilige[s] Halleluja“[33] über das alljährlich wiedererwachende Leben scheinen romantisch überformt, sind aber Teil eines epistemologischen Zugangs, der quer zur scheinbar alternativlosen Dichotomie von positivistischer und romantischer Naturerkenntnis steht. Mit Kristian Köchy lässt sich Fabres Zugang als „biophiles“ Forschungsprogramm verste-

25 Vgl. hierzu auch den 1894 erschienenen Essay *Les Voix de la Nature* des Astronomen Camille Flammarion, der dem Grillengesang als Echo vergangener Zeitalter huldigt: Camille Flammarion: Clairs de lune. Hg. von Ernest Flammarion. Paris 1924.

26 Carus Sterne: Das erste Ständchen. In: Die Gartenlaube. Illustriertes Familienblatt 47 (1875), S. 787–789, hier S. 788.

27 Sterne: Ständchen, S. 789.

28 Siehe Hugh Raffles: Insektopädie. Berlin 2013, S. 46.

29 Siehe Raffles: Insektopädie, S. 46.

30 Jean-Henri Fabre: Erinnerungen eines Insektenforschers. Bd. 6. Aus dem Französischen von Friedrich Koch. Mit Essays von Hans Thill und Jürgen Goldstein. Berlin 2015, S. 236 f.

31 Fabre: Insektenforscher, S. 237.

32 Fabre: Insektenforscher, S. 236.

33 Fabre: Insektenforscher, S. 236.

hen, das seinen Ausgang von beobachtbaren Tatsachen nimmt, aber dort, wo diese nicht mehr hinreichen, um den empathisch nachempfundenen Lebenswelten von Insekten angemessen Geltung zu verschaffen, auf poetische Mittel setzt.[34] Mittels akribischer Beobachtung, aber „jenseits der positivistischen Beschränkung auf beobachtbare Fakten“[35] versucht Fabre in die „ganze kleine Welt“[36] der Grillen vorzudringen und deren mit „hübsche[r] helle[r] Stimme“[37] geführten Unterhaltungen, deren geheimnisvollen Frage- und Antwortspiele „von einem Strauch zum anderen“[38] zu belauschen.

Die Wohnung als Feldlabor: Regens Grillenstudien

Ob Johann Regen die Studien Fabres bekannt waren, als er 1896 damit beginnt, wie dieser das Lautverhaltens von Grillen zu untersuchen, geht aus seinen Aufzeichnungen nicht hervor. Fest steht jedoch, dass sein Interesse an der Akustik der Tiere zu einer Zeit erwacht, als das Zirpen auch andernorts in den Fokus von Literatur und Wissenschaft rückt: als eine leise, aber vielsagende Stimme der Natur, die es sich in Zeiten des Aufruhrs zu belauschen lohnt. Dabei ist Regens Zugang zu seinem Forschungsgegenstand ähnlich romantisch konnotiert wie derjenige Fabres. Bereits in seiner frühesten Jugend, so der Entomologe, habe er sich für die Natur begeistern können, insbesondere für den Gesang der Grillen.[39] Er habe die kleinen Tiere eingefangen und in künstlichen Behausungen gehalten, um ihr Verhalten genauestens studieren zu können.[40] Sein Schlüsselerlebnis auf dem Weg zum Grillen- bzw. Heuschreckenforscher habe jedoch in der freien Natur stattgefunden. Während eines Familienbesuchs im Sommer 1896 in seiner Heimat Jugoslawien – Regen studierte damals schon mehrere Semester zunächst Theologie, dann Biologie an der Universität Wien – habe er dann eine Hörerfahrung gemacht, die den Auftakt zu jahrelangen Forschungen bildete. „In der Dämmerstunde eines Augustabends“

34 Kristian Köchy: „Scientist in Action“. Jean-Henri Fabres Insektenforschung zwischen Feld und Labor. In: Philosophie der Tierforschung. Bd. 1: Methoden und Programme. Hg. von dems., Martin Böhnert und Matthias Wunsch. Freiburg 2017, S. 81–148.
35 Köchy: Scientist in Action, S. 147.
36 Fabre: Insektenforscher, S. 236.
37 Fabre: Insektenforscher, S. 236.
38 Fabre: Insektenforscher, S. 236.
39 Vgl. Mirko Drazen Grmek: Aperçu biographique sur Regen, pionnier de la bioacoustique des Insectes. In: Archives Internationales d’Histoire des Sciences 18 (1965), H. 72/73, S. 191–206, hier S. 192.
40 Vgl. Grmek: Biographique sur Regen, S. 192.

bemerkt er in einem Gebüsch zwei männliche Laubheuschrecken, deren Gesang ihm „außerordentlich interessant“ erscheint, weil sie gemeinsam zirpten – auf jeden Zirplaut des einen folgt ein Zirplaut des anderen Tiers. „Sie antworteten einander in einem sehr klaren Rhythmus bis zu zehn oder zwanzig Mal, dann schwiegen sie, um nach einer kurzen Erholungspause von Neuem zu beginnen.“[41] Regen deutet diesen rhythmischen Wechselgesang als klares Indiz dafür, dass Heuschrecken nicht nur auf akustische Reize reagieren, also hören können – eine lange Zeit umstrittene Frage[42] –, sondern auch auf akustischem Wege miteinander kommunizieren.

Nach seiner 1897 an der Universität Wien eingereichten Dissertation zur vergleichenden Morphologie der Stridulationsorgane tritt Regen eine Stelle als Gymnasiallehrer an und widmet sich in seiner Freizeit dem Studium der Heuschrecken, insbesondere der Feldgrillen. Dabei erforscht er deren Lebensraum und -weise, wobei er sich vor allem für die Stridulations- und Hörorgane der Tiere interessiert, deren Funktionsweise und biologische Bedeutung er experimentell zu entschlüsseln sucht. Um etwa nachzuweisen, dass die Schrecken über das in ihren Vorderbeinen befindliche Tympanalorgan hören können, wendet Regen das klassische Negativverfahren an, das der Vorreiter der experimentellen Physiologie Claude Bernard einmal als „Experiment durch Zerstörung“[43] bezeichnet hat: Er entfernt bei einigen seiner Versuchstiere die Vorderbeine, um deren Zirpverhalten mit demjenigen der unversehrt gebliebenen Tiere zu vergleichen. Es zeigt sich, dass die ihrer Vorderbeine und damit ihres Tympanalorgans beraubten Tiere zwar problemlos zirpen, aber nicht mehr miteinander alternieren, d. h. sich nicht mehr auf den Gesang ihrer Artgenossen einstellen können. Sie sind, wie Regen schlussfolgert, „taub“, was im Umkehrschluss die auditive Funktion des Tympanalorgans beweise.[44]

Um auszuschließen, dass die Tiere das Zirpen ihrer Artgenossen anders als über das Gehör wahrnehmen können, etwa über den Seh-, Geruchs- oder Tastsinn, lässt Regen sich eine Reihe höchst innovativer Experimente einfallen. Darin kommen sowohl die neuesten Medientechniken wie Telefon, Phonograph und Fotografie als auch selbst erdachte und entwickelte Apparaturen zum Einsatz, mit

41 Zitiert und übersetzt nach Grmek: Biographique sur Regen, S. 194.

42 Vgl. Bernard Dumortier: La stridulation et l'audition chez les insectes Orthoptères. Aperçu historique sur les idées et les découvertes jusqu'au début du XXe siècle. In: Revue d'histoire des sciences et de leurs applications 19 (1966), H. 1, S. 1–28.

43 Siehe dazu Katrin Solhdju: Überlebende Organe und ihr Milieu. Von der Distinktion zur Relation. In: Trajekte. Zeitschrift des Zentrums für Literatur- und Kulturforschung 9 (2009), H. 18, S. 26–29.

44 Vgl. Johann Regen: Das tympanale Sinnesorgan von Thamnotrizon apterus Fab. ♂ als Gehörapparat experimentell nachgewiesen. Aus den Sitzungsberichten der Akademie der Wissenschaften in Wien. Mathem.-naturwiss. Klasse. Bd. 117. Abt. 3. Wien 1908.

denen er das Lautverhalten seiner Versuchstiere gezielt manipuliert. Wie noch zu zeigen sein wird, lässt Regen die Grillen unter anderem vor einem Phonographentrichter zirpen[45], über eine Telefonverbindung miteinander kommunizieren[46]; mit kleinen, eigens angefertigten Ballons in die Luft aufsteigen[47] oder mit einem Apparat interagieren, der künstliche Zirpgeräusche produzieren konnte.[48]

Anders als solche medientechnischen und operativen Eingriffe in das Lautverhalten von Grillen es suggerieren, sind Regens Studien jedoch keinesfalls als reine Laborforschung einzuordnen. Ähnlich wie Fabres entomologische Erkundungen zwischen Garten und Harmas, zwischen möglichst interventionsarmer Beobachtung und Intervention qua Experiment, stehen sie vielmehr quer zu der idealtypischen diametralen Gegenüberstellung von Labor- und Feldforschung[49], der zufolge es sich bei der Feldforschung um eine „unvermittelte Auseinandersetzung mit der Umwelt" handelt, für die „Beobachten, Zeigen, Sammeln und Darstellen wichtiger sind als Experimentieren, Eingreifen, Formalisieren und Herstellen", mithin also als jene Praktiken, die die hochvermittelte Laborforschung auszeichnen.[50] Dass sich Feld- und Laborforschung in den meisten Fällen biologischer Verhaltensforschung keineswegs so leicht voneinander trennen lassen, sondern einander vielmehr ergänzen und befruchten, verdeutlichen Regens Grillenstudien eindrücklich.

Wie schon eine spontane akustische Erfahrung in der freien Natur die Initialzündung für seine Forschungen lieferte, so bildete die Natur auch weiterhin den primären Schau- und Hörplatz für Regens Beobachtungen zum Grillenverhalten, die er durch Experimente im Feld- und Heimlabor zu vervollständigen sucht.[51] 1911 errichtet er mit Mitteln der Österreichischen Akademie der Wissenschaften in Korneuburg

---

45 Alois Kreidl und Johann Regen: Physiologische Untersuchungen über Tierstimmen (1. Mitteilung). Stridulation von Gryllus campestris. IV. Bericht der Phonogramm-Archiv-Kommission der kais. Akademie der Wissenschaften in Wien. Wien 1905.

46 Vgl. Johann Regen: Über die Anlockung des Weibchens von Gryllus campestris L. durch telefonisch übertragene Stridulationslaute des Männchens. Ein Beitrag zur Frage der Orientierung bei den Insekten. In: Pflüger's Archiv für die gesamte Physiologie des Menschen und der Tiere 155 (1914), H. 1, S. 193–200.

47 Vgl. Johann Regen: Untersuchungen über die Stridulation und das Gehör von Thamnotrizon apterus Fab. ♂. Mit 35 Notenbeispielen und 5 Textfiguren. Aus den Sitzungsberichten der Akademie der Wissenschaften in Wien. Mathem.-naturwiss. Klasse. Bd. 123. Abt. 1. Wien 1914.

48 Vgl. Johann Regen: Über die Beeinflussung der Stridulation von Thamnotrizon apterus Fab. ♂ durch künstlich erzeugte Töne und verschiedenartige Geräusche. Aus den Sitzungsberichten der Akademie der Wissenschaften in Wien. Mathem.-naturwiss. Klasse. Bd. 135. Abt. 1. Wien 1926.

49 Siehe dazu Köchy: Scientist in Action.

50 Kristian Köchy: Feld. In: Handbuch Wissenschaftsgeschichte. Hg. von Marianne Sommer, Staffan Müller-Wille und Carsten Reinhardt. Stuttgart 2017, S. 255–265, hier S. 255.

51 Johann Regen: Über die Orientierung des Weibchens von Liogryllus campestris L. nach dem Stridulationsschall des Männchens. Ein Beitrag zur Physiologie des tympanalen Sinnesorgans.

bei Wien ein 576 Quadratmeter großes Freilandterrarium, dessen Fläche „einer üppigen Wiese in freier Natur“[52] gleicht und ihm vor allem zur Durchführung seiner Experimente zur auditiven Orientierung weiblicher Grillen zum zirpenden Männchen dient. Durch die operative Manipulation und Markierung der Versuchstiere, aber auch durch die territoriale Eingrenzung, Parzellierung und (apparative) Überwachung des Freilandterrariums wirkt Regen der „Überforderung durch natürliche Fülle“, die das Feld Bruno Latour zufolge naturgemäß mit sich bringt[53], gezielt entgegen. Die vermeintlich natürliche Situation des Feldes wird durch seine Maßnahmen so stark überformt und gleichsam laborisiert, dass die Registrierapparate im Dienste einer „epistemischen Tugend“[54] stehen, in der Feld- und Laborforschung zusammenkommen: Mittels „entsprechender Apparate“, die spezifische Verhaltensweisen der Tiere wie etwa den Stridulationsschall der männlichen Grille „Tag und Nacht“ registrierten, scheint es Regen „möglich, erforderlichenfalls die direkte Beobachtung während eines derartigen Versuches fast gänzlich auszuschalten“[55], mit anderen Worten: eine möglichst interventionsarme und realitätsnahe Beobachtungssituation zu schaffen.

Regens Studien sind aber auch ein weiterer Beleg dafür, dass die Entscheidung für einen Feld- oder Laborforschungsansatz nicht allein von den spezifischen Forschungsinteressen und Untersuchungsgegenständen, den disziplinären Hintergründen und epistemischen Tugenden der Forschenden abhängig ist, sondern ebenso von den konkreten politischen, sozialen und ökonomischen Bedingungen, unter denen geforscht wird: Kurz nach Aufbau des Freilandterrariums bricht der Erste Weltkrieg aus und zwingt Regen, auf einen anderen, kleineren und näher liegenden Versuchsort auszuweichen: seine Junggesellenwohnung in Wien.[56] Auch Regens physischer und psychischer Gesundheitszustand verschlech-

---

Aus den Sitzungsberichten der Akademie der Wissenschaften in Wien. Mathem.-naturwiss. Klasse. Bd. 132. Abt. 1. H. 4–6. Wien 1923, S. 84.

52 Regen: Orientierung des Weibchens, S. 82.

53 Bruno Latour: Die Hoffnung der Pandora. Frankfurt a. M. 2002, S. 51; siehe dazu Köchy: Feld, S. 255.

54 Lorraine Daston und Peter Galison: Objektivität. Frankfurt a. M. 2007, S. 41.

55 Regen: Orientierung des Weibchens, S. 82 f.

56 Das Freilandlaboratorium erlitt während des Ersten Weltkrieges und in der Nachkriegszeit starke Schäden. Um es nach dem Krieg vor dem Abriss zu bewahren, bittet Regen 1927 mehrere einflussreiche Kollegen um ein Gutachten über seine Forschungsarbeit, unter anderem Karl von Frisch. Vgl. das von von Frisch an den Sektionschef der Österreichischen Akademie der Wissenschaften, Franz Dafert von Sensel-Timmer gerichtete Gutachten vom 22. Juni 1927. Archiv der Österreichischen Akademie der Wissenschaften (AÖAW), Nachlass Johann Regen, Nr. 1.2. 1928 konnte das Laboratorium dank finanzieller Unterstützung seitens der ÖAW wiederaufgebaut werden. Vgl. Grmek: Biographique sur Regen, S. 204.

tert sich zusehends, so dass er sich fortan mit Ausnahme der verbliebenen Kontakte zu wissenschaftlichen Institutionen und Kollegen sowie – bis zu seiner Pensionierung im Jahr 1918 – zu seinen Schüler*innen, vornehmlich mit der Gesellschaft seiner Versuchstiere begnügt. Deren Zirpen – und später die Stimmen aus dem Radio[57] – sind oft die einzigen Laute, mit denen Regen sich umgibt.

Dabei dient seine Wohnung als Wohnstätte und Privatlaboratorium zugleich. In einem seiner Zimmer hat Regen ein Labor eingerichtet, ein weiteres dient als Terrarium zur Beherbergung der Grillen, wobei die Grenzen zwischen den Wohnräumen des Forschers und seinen Versuchstieren keineswegs fest gezogen sind, denn mitunter finden die Versuche auch im Wohnzimmer statt.[58] Der geteilte Lebensraum schafft eine Intimität zwischen dem Biologen und seinen Versuchstieren, die den Kriterien für Feldforschung durchaus nahekommt. Wie schon Fabre begibt auch Regen sich auf Augenhöhe der Insekten, forscht sogar auf dem Fußboden, um dem Mikrokosmos der Grillen so nahe wie möglich zu sein.[59] Um sich dem Lebensrhythmus der nachtaktiven Tiere anzupassen, verlegt er seine Studien oft in die Abend- und Nachtstunden. Ganze Nächte verbringt Regen damit, dem Zirpen zu lauschen und seine Höreindrücke und Beobachtungen präzise aufzuzeichnen. Die methodische Strenge und das durchweg positivistische Vorgehen, mit dem der Biologe sich seinen Versuchstieren nähert, werden von einer bemerkenswerten biophilen Grundhaltung getragen, die Köchy schon Fabre zuerkannt hat. „Als die Einzigen, die während der langen Jahre seine Junggesellenwohnung teilten", schreibt der Historiker Mirko D. Grmek in seinem kurzen *Aperçu biographique sur Regen*, „waren die Grillen und Heuschrecken nicht nur Gegenstand seiner Forschungen, sondern zugleich auch die Weggefährten seines Lebens."[60]

Die Sympathie, die Regen für seine Versuchstiere hegte, zeigt sich auch an seinem Bemühen, sie vor Schmerzen möglichst zu bewahren. Im Zuge seiner Untersuchungen zum Winterschlaf der Feldgrille kommt er schon 1903 auf die Idee, die Tiere künstlich in den Schlaf zu versetzen, indem er sie mit reinem Kohlendi-

57 Regen war leidenschaftlicher Radiohörer. 1935 beginnt er damit, ausgewählte Sendungen in einem Notizheft zu protokollieren. Die Themen der notierten Sendungen reichen von Architektur wie dem Schiefen Turm von Pisa, über Medientechnologie wie der Fotografie des Unsichtbaren, Ernährungstipps, Naturwissenschaft bis hin zu Hinweisen auf Theater und Literatur. Auch im Radio vernommene Zitate und Sprüche notiert sich Regen in sein Heft. AÖAW, Nachlass Johann Regen, Nr. 10.

58 Vgl. Grmek: Biographique sur Regen, S. 199.

59 Vgl. etwa Regen: Anlockung des Weibchens, S. 195, wo die Anordnung eines heimischen Versuches zum Hörsinn der Feldgrillen beschrieben ist: Es „wurde auf dem Fußboden meines Wohnzimmers eine Fläche von etwa 4 qm durch vertikal gestellte Glasplatten abgegrenzt und so ein Versuchsfeld hergestellt".

60 Grmek: Biographique sur Regen, S. 206. (Eigene Übersetzung, D.R.)

oxid umgibt.[61] Damit hat Regen ein Verfahren zur Narkotisierung von Insekten entwickelt, das für die entomologische Forschung insofern von Interesse sei, „als man nun imstande ist, operative Eingriffe zum Zweck physiologischer Untersuchungen auch an so kleinen Tieren, während sie sich in narkotischem Zustande befinden, auszuführen."[62] In seinem autobiographischen Manuskript wird ersichtlich, dass Regen nicht nur an einer Arbeitserleichterung für Forschende gelegen war, sondern auch an der Befindlichkeit der Versuchstiere. Einzig und allein diesem Narkotisierungsverfahren sei es zu verdanken, betont der Biologe, dass er sich „als empfindsamer Forscher" dazu habe entschließen können, operative Eingriffe an den Tieren durchzuführen.[63]

Für diese Eingriffe verwendet Regen, der, wie es in einem Nachruf auf ihn heißt – „ein sehr geschickter Feinmechaniker und Konstrukteur war"[64] –, neue Operationstechniken und winzige Instrumente.[65] Mit Nadel, Pinsel und eigens entwickelten Hilfsmitteln dringt er in die kleine Welt der Insektenkörper vor und entfernt beispielsweise die Schrillkante eines Flügels, um der schon von Fabre gestellten Frage nach dem Sinn der symmetrisch aufgebauten, aber nur einseitig zum Zirpen benutzten Flügel experimentell nachzugehen.[66] Regens Faszination für den Mikrokosmos der Grille spiegelt sich auch in seinen Verhaltensprotokollen wider, in denen er seine Beobachtungen und Höreindrücke minutiös dokumentiert.[67] In seinen zahlreichen Notizbüchern finden sich seitenlange Eintragungen zum Zirpverhalten der Versuchstiere. Für die schriftliche Fixierung der Laute verwendet

---

61 Vgl. Johann Regen: Untersuchungen über den Winterschlaf der Larven von Gryllus campestris L. Ein Beitrag zur Physiologie der Atmung und Pigmentbildung bei den Insekten. In: Zoologischer Anzeiger 30 (1906), H. 5, S. 131–135, hier S. 135.

62 Regen: Winterschlaf der Larven.

63 Zitiert und übersetzt nach Grmek: Biographique sur Regen, S. 198.

64 Jovan Hadži: Regen. In: Bulletin scientifique du Conseil des académies de la RPF de Yougoslavie 1 (1953), H. 2, S. 36–37, hier S. 36.

65 Vgl. Grmek: Biographique sur Regen, S. 199.

66 Vgl. Regen: Neue Beobachtungen, S. 12–15.

67 Einen Eindruck mag folgende Passage vermitteln: „Nach einiger Zeit versuchte das operierte Männchen zu zirpen. Ein paar Mal bewegte es die Elytren gegen einander, und sofort bemerkte es, dass etwas an seinem Musikinstrument verändert war; denn es bekam jetzt keinen Ton, sondern nur ein schwaches Geräusch zu hören. Es hielt einige Zeit inne, dann versuchte es von neuem. Da die Arbeit noch immer von keinem Erfolg gekrönt war, wurde das Tier unruhig und presste die Elytren mit Gewalt gegen einander, sodann probierte es leise, später schneller zu zirpen, und indem es die Flügel weit auseinanderbeugte, machte es Bewegungen mit dem ganzen Körper, namentlich mit dem Abdomen, schritt nach rückwärts, streckte den Kopf bald vorwärts; der volle schrille Ton kam nicht zustande. Diese Bemühungen bemerkte das zweite Männchen, dem die Flügeldecken unbeschädigt gelassen waren, und näherte sich langsam dem ersten, welches dem wahrgenommenen Ankömmling entgegenschritt. In Fühlerlänge blieben sie vor einan-

Regen dabei musiktheoretisch informierte Beschreibungen[68], onomatopoetische Wörter und Notenzeichen. Wie die Ornithologen und Musikethnologen seiner Zeit besaß der Entomologe ein Problembewusstsein für die Unzulänglichkeiten konventioneller Sprachzeichen bei der Notation von Tierlauten.[69] Bereits recht früh, im Jahr 1909, beginnt er damit eigene, dem Zirpen der Insekten bzw. seinen spezifischen Forschungsinteressen angepasste Zeichen zu entwickeln (Abb. 1).

Ein einzelner senkrechter Strich steht dabei beispielsweise für ein einzeln zirpendes Tier, zwei Striche nebeneinander für zwei miteinander alternierende Tiere. Zwei zu einem X überkreuzte Striche bezeichnen durcheinander zirpende Tiere. Auch für kurz aufeinanderfolgende Veränderungen des Zirpverhaltens zweier Tiere, etwa zunächst durcheinander, dann alternierend, findet Regen den Vorgang komprimierende Zeichen. Mit schier unermüdlicher Geduld notiert er stundenlang und oft nächtens das Zirpen seiner Versuchstiere, um herauszufinden, wie sie unter den unterschiedlichsten Experimentalbedingungen akustisch agieren, und für diese feinen Variationen des Zirpverhaltens ein präzises Notationssystem zu erfinden, das durch eine schnelle und unkomplizierte Aufzeichnung geeignet ist, die Flüchtigkeit der Zirplaute zu erfassen.

Unkompliziert ist Regens Aufzeichnungssystem insofern, als es auf der Verwendung von Zeichen basiert, die aufgrund ihrer „Materialförmigkeit" besonders eingängig sind. Anders als jede konventionelle (Noten-)Schrift weisen die Zeichen eine beinahe indexikalische Ähnlichkeitsbeziehung zum Bezeichneten auf – wie Inskriptionen, Abdrücke oder Spuren, die durch die akustischen Phänomene selbst hervorgebracht werden. Tatsächlich aber sind Regens Zeichen die „Ergebnisse einer wechselseitigen Instruktion"[70]: So wie die Zirplaute der Tiere ihre Spuren in den von Regen notierten Zeichen hinterlassen haben, erzählen Letztere wiederum

---

der stehen, betasteten sich gegenseitig und ein jedes begann wie auf ein gegebenes Zeichen die Elytren gegen einander zu schlagen, um auf einen Schlag wieder aufzuhören. [...]" (Regen: Neue Beobachtungen, S. 12).

68 Vgl. bspw. folgendes Notat: „22. Juli 1926 2 Uhr 30 Minuten nachmittags zirpte in langen Intervallen einen Einzelgesang. Periode etwa 6. Zirplaute ziemlich langsam, sehr gleichmäßig. Temperatur 21.5 °C. Zirpte 3 Perioden." (AÖAW, Nachlass Johann Regen, Nr. 10). Wie im Textbeispiel der vorhergehenden Fußnote schon deutlich wird, nutzte Regen auch der Musik entliehene Metaphern und Fachtermini wie ritardando, solo etc., um das Zirpen der Tiere zu beschreiben. Vgl. etwa Regen: Neue Beobachtungen, S. 42.

69 Zur Problematisierung der Notation tierlicher Laute in Musikethnologie, Literatur und Ornithologie im frühen zwanzigsten Jahrhundert siehe Reimann: Bioakustik, S. 274–283.

70 Hans-Jörg Rheinberger: Acht Miszellen zur Notation in den Wissenschaften. In: Notation. Kalkül und Form in den Künsten. Hg. von Hubertus von Amelunxen, Dieter Appelt und Peter Weibel. Berlin/Karlsruhe 2008, S. 279–288, hier S. 280.

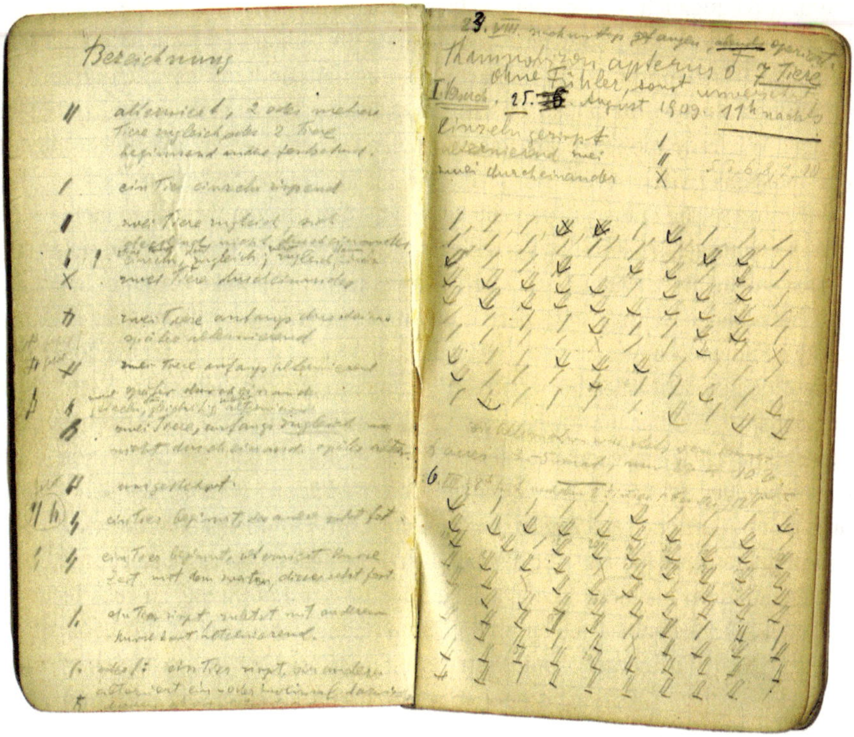

Abb. 1: Yvan Regens Notizbuch zum Zirpverhalten der Alpen-Strauchschrecke (*Thamnotrizon apterus*). Linke Seite: Legende der verwendeten Notationszeichen. Rechte Seite: Verwendung dieser Zeichen für die Dokumentation des Zirpens mehrerer ihrer Fühler beraubten Schrecken am 25. und 26. August 1909, © Archiv der Österreichischen Akademie der Wissenschaften (AÖAW).

von den Versuchen des Forschers, sich dem Zirpen und seinen spezifischen Eigenschaften gleichsam anzuschmiegen. Um es mit den Worten Rheinbergers zu formulieren, ist

> [d]er Zwischenraum des Protokolls [...] für den Forscher nicht einfach der Raum einer passiven Aufzeichnung des im Experiment für ihn Gegebenen; er ist vielmehr der Raum der produktiven Auseinandersetzung mit dem Stoff. Hier werden Anordnungen von Spuren ausprobiert. Hier wird, was zunächst disparat erscheint, versuchsweise in Muster übersetzt.[71]

Auch Regen ist mit seinen Zirpprotokollen auf der Suche nach Mustern. Indem er die Zirplaute in visuelle Zeichen übersetzt, kann er beispielsweise auf einen Blick sehen, dass die ihrer Fühler beraubten Schrecken „1) einzeln, 2) alternierend, 3)

71 Rheinberger: Acht Miszellen, S. 281.

hie und da zugleich, 4) sehr selten, fast nie durcheinander“[72] zirpen – und dies als klaren Beweis für seine These deuten, dass die Fühler keine auditive Funktion besitzen. Das Zirpprotokoll offenbart aber noch ein anderes, gänzlich unvorhergesehenes Muster: Die akustische Interaktion der Tiere verläuft tageszeitenabhängig. Während die Schrecken tagsüber meist einzeln zirpen, überwiegt abends und morgens zwischen vier und sechs Uhr das alternierende Zirpen.[73]

Es sind solche Entdeckungen, die Regen zu immer neuen Versuchen motivieren, sich der winzigen Welt seiner Versuchstiere beobachtend, zuhörend und notierend weiter anzunähern. Ähnlich wie Tieck, Hofmannsthal und Rilke vermutet Regen im oft übersehenen Mikrokosmos der Grillen und Schrecken, vor allem aber in deren Lautverhalten, Erkenntnisse von weit darüber hinausweisender, großer Relevanz. Darauf deutet nicht zuletzt eine Zitatsammlung hin, die der Biologe in einem seiner Versuchsprotokollbücher angelegt hat. „Willst du ins Unendliche schreiten, so geh' nur im Endlichen – nach allen Seiten!“[74], heißt es dort an oberster Stelle – ein leicht abgewandelter Vers aus Goethes Gedicht *Gott, Gemüt und Welt*, gefolgt von: „Willst du dich am Ganzen erquicken/so mußt du das Ganze im Kleinsten erblicken.“[75] Aus diesen Zitaten spricht nicht nur der Glaube an die Bedeutung des Kleinen und Überhörten, sondern auch das Bedürfnis, sich für dessen Erkundung zu rechtfertigen. „Newton blies Seifenblasen, Leibniz spielte mit dem Grillenspiel, Wallis beschäftigte sich mit dem Nürnberger Tand, Franklin tändelte mit den magischen Quadraten, das alles hat ihrer Größe nicht geschadet“[76], schreibt Regen in sein Buch und: „Wer Hang zum Nachdenken und Forschen, und Sinn für wissenschaftliche Untersuchungen hat, findet den Stoff hierzu öfters, dem Anscheine nach, in den allerunbedeutendsten Gegenständen.“[77] Es scheint fast so, als wollte sich der Biologe mit solchen Sinnsprüchen gegen die auch bei Meyrink aufscheinende Kritik wappnen, bei seinen Grillenstudien handle es sich um nichts weiter als „Grillen“ im übertragenen Sinne: um einfältige und dazu noch eskapistische Ideen oder Marotten.[78]

---

72 AÖAW, Nachlass Johann Regen, Nr. 7.

73 AÖAW, Nachlass Johann Regen, Nr. 7.

74 AÖAW, Nachlass Johann Regen, Nr. 6.

75 Johann Wolfgang von Goethe: Gott, Gemüt und Welt. In: Johann Wolfgang von Goethe: Poetische Werke. Bd. 2, hg. von Siegfried Seidel. Berlin 1960 ff, S. 423–431.

76 AÖAW, Nachlass Johann Regen, Nr. 6. Auch dieses Zitat stammt aus dem *Neuen Wiener Tagblatt*, allerdings vom 7. März 1925.

77 AÖAW, Nachlass Johann Regen, Nr. 6. Regen hat diese Worte des Herzogs von Sachsen, Ernst II. dem *Kaiserlich privilegierten Reichsanzeiger* vom 18. Sept. 1798 entnommen.

78 Die Zitatsammlung erschließt sich nicht zuletzt vor dem Hintergrund des Drucks, dem Regen in den 1920er Jahren ausgesetzt war. Wie oben erwähnt, sollte sein 1911 errichtetes und während des Ersten Weltkrieges stark mitgenommenes Freilandlaboratorium in Korneuburg bei Wien abgerissen werden. Dass im Zuge der Diskussionen hierüber auch der Vorwurf der geringen Bedeu-

Akustische Spiele zwischen Mensch, Tier und Apparat

Dabei ist es genau dieser eigenwilligen, von seinen Kollegen vielfach gepriesenen Herangehensweise Regens zu verdanken, dass er sich den Ruf eines „Pionier[s] der Insektenakustik“[79], aber auch der Bioakustik im Allgemeinen erwerben konnte. Regen ist der erste Entomologe in dieser bis auf Plinius zurückreichenden Forschungstradition, der verschiedenste Medientechniken und Apparate einsetzt, um die Lautkommunikation von Heuschrecken experimentell auszuloten.[80] Damit stehen seine Studien am Beginn eines neuen Forschungszweiges der Biologie, welcher die Tontechnik zum epistemischen Werkzeug erhebt, denn Medientechniken der Speicherung, Übertragung und Reproduktion von Schallwellen gehören inzwischen zur unabdingbaren Ausrüstung der Tierstimmenforschung.[81]

---

tung von Regens Grillenstudien im Raum stand, legt eine Passage in Frischs Gutachten nahe, welches Regen 1927 in Auftrag gab. Frisch insistiert dort auf der Relevanz von Regens Forschungen: „Dem Fernerstehenden mag es ziemlich belanglos erscheinen, ob Grillen und Heuschrecken hören können oder nicht und in welcher Weise Männchen und Weibchen sich finden, aber wer mit diesen Dingen einigermaßen vertraut ist, der weiss, dass es sich hier um Fragen von hohem, theoretischem Interesse handelt, die mit vielen anderen Problemen der Biologie und auch der menschlichen Physiologie aufs engste verquickt sind. Es handelt sich also nicht um nebensächliche, sondern um wichtige wissenschaftliche Untersuchungen.“ (Gutachten von Karl von Frisch vom 22. Juni 1927. AÖAW, Nachlass Johann Regen, Nr. 1.2).

79 So bezeichnet Grmek den Biologen im Titel seines biografischen Aufsatzes über Regen, vgl. Grmek: Biographique sur Regen.

80 Vgl. Dumortier: La stridulation, S. 23; Bernard Dumortier: L'œuvre d'Ivan Regen, précurseur de la bioacoustique des Insectes. In: Archives Internationales d'Histoire des Sciences 18 (1965), H. 72/73, S. 207–242. Schon Aristoteles hatte sich mit der Frage befasst, mittels welcher Organe die Tiere zirpen und ob bzw. wie sie hören können. Lange Zeit wurden Schrecken für taub gehalten, schon allein, weil sie kein „Ohr“ besitzen, ein anthropomorpher Fehlschluss, wie der Wissenschaftshistoriker Dumortier anmerkt (La stridulation, S. 9). Die spezifischen Verhaltensweisen der Insekten, wie deren offenbare Reaktion auf Glockengebimmel und Händeklatschen (Plinius) sowie ihr lautstarkes Gezirpe in Verbindung mit ihrem Sexualverhalten legten aber immer wieder die Vermutung nahe, dass die Tiere über ein auditives Sinnesorgan verfügten. Schließlich machte 1773 der schwedische Entomologe Charles de Geer auf ein bis dato unbekanntes Organ an den Schenkeln von Heuschrecken aufmerksam, das Tympanalorgan. In diesem Organ vermutete de Geer die auditive Sinneswahrnehmung, eine These, die auch von den meisten nachfolgenden Entomologen vertreten wurde. Bemerkenswerterweise wurde jedoch bis zu Beginn des zwanzigsten Jahrhunderts nie versucht, sie experimentell zu verifizieren (vgl. Dumortier: La stridulation, S. 21).

81 Vgl. Judith Willkomm: Die Technik gibt den Ton an. Zur auditiven Medienkultur der Bioakustik. In: Auditive Medienkulturen. Techniken des Hörens und Praktiken der Klanggestaltung. Hg. von Axel Volmar und Jens Schröter. Bielefeld 2013, S. 393–417, hier S. 395.

Regens innovativer Einsatz dieser ursprünglich vor allem in nichtwissenschaftlichen Kontexten der Unterhaltungs- und Kommunikationskultur verwendeten auditiven Medientechniken wie Phonograph, Telefon und Mikrofon geht nicht zuletzt auf die oben geschilderte zufällige Beobachtung zurück, dass Grillen und andere Schrecken miteinander alternieren, d. h. akustisch kommunizieren können. Für seine Versuche, sich in diese Kommunikation einzuschalten, passt der Biologe diese Hilfsmittel seinen jeweiligen Forschungsfragen an. Die umfunktionierten Apparate werden dabei zu zentralen Akteuren der Wissensproduktion, etwa im telefongestützten Experiment, das Regen zwischen 1909 und 1913 zur Frage der Orientierung weiblicher Feldgrillen vornimmt.[82] Um herauszufinden, über welche Sinne paarungsbereite Weibchen zu ihren männlichen Artgenossen finden, nutzt er die Möglichkeiten von herkömmlichen, „allerdings etwas geänderten Apparaten [...] Es waren dies: a) ein Kugelmikrophon, in Verbindung mit einem sehr empfindlichen Dosentelephon; b) ein Starktontelephon mit dem dazugehörigen Mikrophon."[83] Zur Durchführung seines Versuchs setzt Regen ein paarungsbereites Weibchen in ein gläsernes Terrarium und verbindet dieses telefonisch mit einem im entfernten Nebenzimmer zirpenden männlichen Versuchstier (Abb. 2).

Mit präziser, in ihrer mikroskopischen Fassungskraft geradezu poetischen Sprache beschreibt der Biologe später, was geschah, als er das Telefon einschaltete: Das Weibchen

> gelangte äußerst vorsichtig und ungemein langsam vorschreitend, gleichsam jeden Schritt überlegend, vor das Telephon, und zwar so, daß es dieses zu seiner rechten Seite hatte. Da blieb das Tier stehen, wendete sowohl den rechten als auch den linken Fühler in einem rechten Winkel zur Hauptachse seines Körpers wagrecht [sic!] zum Telephon hin, drehte überdies noch seinen Kopf, soweit es nur der kurze Hals erlaubte, nach rechts, so daß sogar die zarte rötliche Verbindungshaut zwischen Kopf und Vorderbrust deutlich sichtbar wurde, und lauschte nun in dieser merkwürdigen Stellung ziemlich lange regungslos den vom Telephon übertragenen Zirplauten anscheinend mit größter Aufmerksamkeit, die Phasen jedes Zirplautes gleichsam analysierend.[84]

Dass das weibliche Versuchstier sich hier zur Telefonstimme des nicht sichtbaren Männchens orientiert, nimmt Regen als Beweis für die Irrelevanz des Sehsinns bei der Anlockung des Weibchens (etwa über dessen Wahrnehmung der Flügelbewegungen des männlichen Tiers). Allein der Hörsinn und – wie Regen einräumt – der Tastsinn kämen als orientierende Sinne in Frage.[85]

---

82 Vgl. Regen: Anlockung des Weibchens.
83 Regen: Anlockung des Weibchens, S. 194.
84 Regen: Anlockung des Weibchens, S. 198 f.
85 Vgl. Regen: Anlockung des Weibchens, S. 199–200.

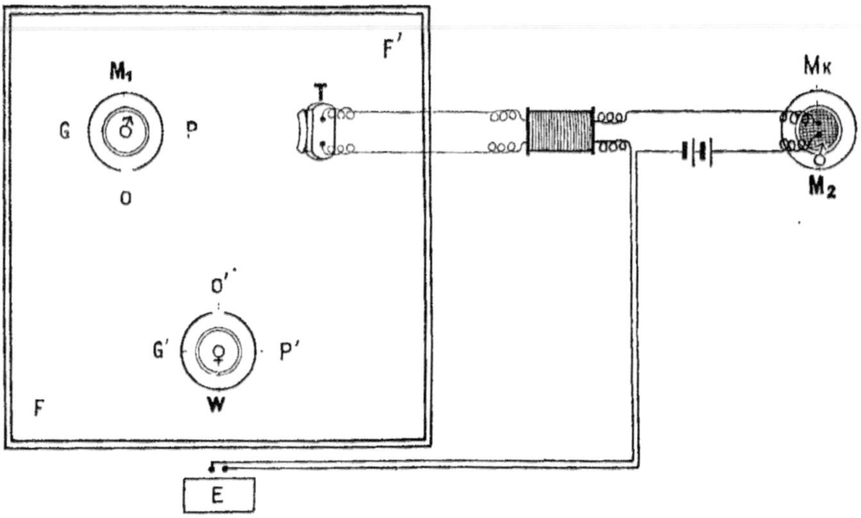

Abb. 2: Versuchsanordnung des Telefon-Experiments. Untersucht wird, wie das Weibchen W auf die über das Telefon T übertragenen Zirplaute eines Männchens M_2 reagiert. Der Experimentator E kann die Verbindung nach Belieben aufbauen bzw. unterbrechen, 1914.

In einem späteren Experiment kann Regen dann auch den Tastsinn für die Wahrnehmung des Zirpens ausschließen. Er reagiert mit diesem Experiment auf die Kritik seines Kollegen Ernst Mangold, der zu bedenken gegeben hatte, dass die Tiere das Zirpen ihrer Artgenossen nicht zwangsläufig auditiv über die Luft, sondern womöglich über die Vibration des Bodens und folglich taktil wahrnähmen.[86] Um diesen Einwurf experimentell zu entkräften, entzieht Regen seinen Versuchstieren buchstäblich den Boden unter ihren Füßen: Er platziert sie in kleine, fünf Quadratmeter große Papierbehälter und bringt zwei dieser Behälter mithilfe einer selbst konstruierten Ballonvorrichtung zum Schweben (siehe Abb. 3). Es stellt sich heraus, dass die Tiere auch ohne verbindende Unterlage miteinander alternieren, was Regen zufolge eindeutig beweist, dass sie die Zirplaute nicht über den vibrierenden Boden, sondern über die Luft wahrnehmen. Sie verfügen also, so der Biologe, über ein menschenähnliches „Gehörorgan im wahren Sinne des Wortes“.[87]

86 Vgl. Regen: Untersuchungen über die Stridulation. Zur Kontroverse zwischen Mangold und Regen siehe Matija Gogola: Sound or vibration, an old question of insect communication. In: Studying Vibrational Communication. Hg. von dems. et al. Berlin 2014, S. 31–46.
87 Vgl. Regen: Untersuchungen über die Stridulation, S. 889.

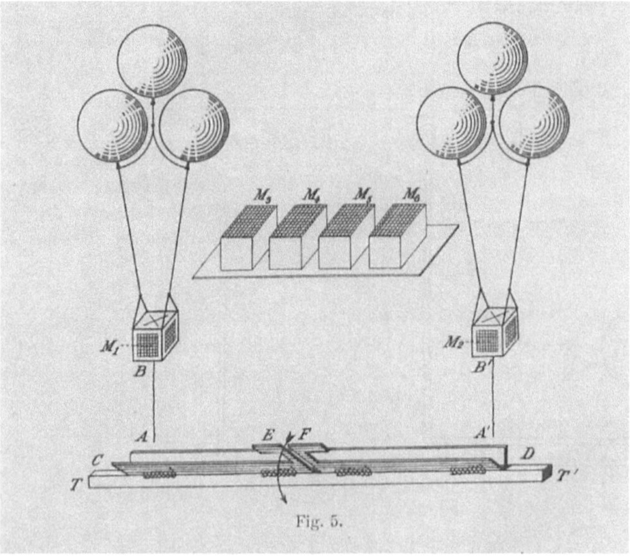

Abb. 3: Versuchsanordnung des Ballon-Experiments. Zwei männliche Versuchstiere (M_1 und M_2) alternieren selbst dann mit ihren am Boden befindlichen Artgenossen (M_3, M_4, M_5 und M_6) sowie miteinander, wenn sie den Kontakt zum Boden verloren haben, 1914.

Aber auch ein methodologisches Ergebnis hält Regen nach Durchführung dieser Experimente fest: „Die Stridulation zweier Männchen von *Thamnotrizon apterus Fab.* lässt sich experimentell beeinflussen.“[88] Mag die Erkenntnis, das Lautverhalten seiner Versuchstiere durch den experimentellen Eingriff manipulieren zu können, auf den ersten Blick recht banal erscheinen, so markiert sie doch tatsächlich eine bemerkenswerte Zäsur im wissenschaftlichen Umgang mit tierlichem Lautverhalten. Anstatt Tieren nur zuzuhören, ihre Laute zu notieren und als Forscher gewissermaßen „außen vor“ zu bleiben, versucht Regen, sich einen intimen Zugang zur Lautwelt der Tiere zu verschaffen, indem er die Bedingungen ihrer Kommunikation gezielt verändert. Abgesehen von Schalltrichtern, Ballonkonstruktionen und anderen apparativen Vorrichtungen erweisen sich auditive Speicher- und Übertragungsmedien dabei als besonders geeignet, weil sie Interventionen ermöglichen, die von den Versuchstieren als solche unbemerkt bleiben. Durch vermeintlich originalgetreue Reproduktion (Phonograph), Übertragung (Telefon) oder aber Verstärkung (Mikrofon) der Tierlaute verhelfen diese Apparaturen Regen und Forschenden in seiner Nachfolge dazu, die Versuchstiere mit deren vermeintlich eigenen „Stimmen“

88 Regen: Untersuchungen über die Stridulation, S. 891.

bzw. Lauten zu konfrontieren – der erste Schritt zum sogenannten Playback-Verfahren.[89] Schon vor Regen gab es – bis zur Antike zurückreichende – Versuche, mithilfe von Musikinstrumenten, der menschlichen Stimme oder anderen Tierlaute imitierenden Schallquellen mit Tieren zu kommunizieren,[90] die aber allesamt an der methodischen Schwierigkeit litten, dass nicht eindeutig zu unterscheiden war, ob das Versuchstier akustisch reagierte, weil es das künstlich produzierte Lautsignal tatsächlich als das arteigene erkannte oder weil es sich ganz einfach gestört bzw. anderweitig akustisch animiert fühlte.[91] Umso vielversprechender schien es, nunmehr mit medientechnisch reproduzierten bzw. übertragenen Lauten experimentieren zu können, die einerseits von den Versuchstieren als authentisch wahrgenommen wurden und andererseits kontrolliert einsetzbar waren. Phonograph, Telefon und Mikrofon boten die Möglichkeit, die Tierlaute von ihrer ursprünglichen Schallquelle abzukoppeln und nach Belieben erklingen zu lassen.[92]

Die akustische Interaktion zwischen Mensch, Tieren und Apparaten ging dabei auch mit einer spielerischen Verunsicherung anthropologischer Grenzen einher. Im Falle Regens wird dies nicht zuletzt an den dichten Beschreibungen deutlich, mit denen der Forscher das Verhalten seiner Versuchstiere zu erfassen sucht. So nimmt Regen gleichsam die Position einer Schrecke ein, wenn er via Telefonverbindung deren Zirpen steuert und dabei die Reaktionen ihres Gegenübers wie in Zeitlupe und mikroskopisch genau verfolgt. Umgekehrt wird die Schrecke unter den anthropomorphisierenden Zuschreibungen Regens zur Forscherin, insofern sie das Zirpen des Männchens wie vor ihr der Entomologe in all seinen spezifischen Einzelheiten zu erkennen und verstehen scheint, „die Phasen jedes Zirplautes gleichsam analysierend. Nachdem es [das Weibchen, D.R.] sich anscheinend vollends überzeugt hatte, daß eine Täuschung ausgeschlossen sei, ging es ganz zum Telephon hin und umkreiste dasselbe, wie wenn es das Männchen suchte“.[93]

89 Zur Geschichte und den Problemstellen dieser bis heute in der bioakustischen Forschung angewandten Methode siehe Reimann: Bioakustik.

90 Vgl. Dumortier: La stridulation, S. 10, der auf Plinius Bemühungen verweist, Grillen mittels Händeklatschen und Glockengebimmel zur Reaktion zu bewegen (siehe hierzu die Fußnote 79). Zu weiteren ähnlichen Versuchen im neunzehnten und frühen zwanzigsten Jahrhundert siehe Dumortier: Ivan Regen, S. 216.

91 Wie Christoph Hoffmann am Beispiel der bioakustischen Forschung an Fischen gezeigt hat, muss sich die Bioakustik auch heute noch dieser Schwierigkeit stellen. Siehe Christoph Hoffmann: Sprechen Fische? In: Zwitschern, Bellen, Röhren. Tierlaute in der Wissens-, Medientechnik- und Musikgeschichte. Hg. von Marianne Sommer und Denise Reimann. Berlin 2018, S. 189–208.

92 Ein weiterer Pionier der Playback-Methode war der US-amerikanische Affenforscher Richard L. Garner, der seit den 1890er Jahren phonografische Experimente mit Affen durchführte. Siehe dazu Gregory Radick: The Simian Tongue. The Long Debate about Animal Language. Chicago 2007.

93 Regen: Anlockung des Weibchens, S. 199.

Die signalerkennenden Fähigkeiten gesteht Regen der Grille auch in anderen Schriften zu, die Aufschluss geben über seine Versuche, sich in die Lautkommunikation der Insekten einzuklinken. Im Zuge seiner Untersuchungen zur Hörgrenze der Tiere bemüht sich Regen etwa darum, die Alternation zweier männlicher Feldgrillen mittels künstlich erzeugter Töne und verschiedenartiger Geräusche zu „stören".[94] Hintergrund ist seine Forschungsfrage, wo die Hörgrenze der Tiere liege bzw. auf welche künstlich erzeugten Töne und Geräusche außerhalb ihres natürlichen Lautspektrums sie akustisch reagierten. Die Hörgrenze der Tiere versucht er mittels einer sogenannten Galtonpfeife zu ermitteln, die für den Menschen nicht mehr wahrnehmbare Töne im Ultraschallbereich erzeugen kann. Dass die Grillen sie zirpend „beantworten", nimmt Regen als Beweis für ihr überdurchschnittlich sensibles Hörorgan.[95] Außerdem entwickelt er einen „künstlichen Zirpapparat", um eine noch authentischere Einstimmung in den Alternationsgesang zu erreichen und herauszufinden, wie die Tiere auf diese künstliche Quelle vertrauter Töne reagieren würden.[96] Weil die zunächst eingesetzten älteren Versuchstiere nicht gewillt sind, mit dem Zirpapparat zu alternieren, ersetzt Regen sie durch zwei sehr junge Tiere, in der Annahme, diese könnten sich noch in der Einübungsphase des Alternierens befinden und sich mit der Zeit an den „fremden Ton" des Apparates gewöhnen.[97] Doch auch unter den so geänderten Bedingungen und trotz tagelanger Versuche will sich „nicht der geringste Erfolg"[98] einstellen. So „begann meine Zu-

94 Vgl. Johann Regen: Experimentelle Untersuchungen über das Gehör von Liogryllus campestris L. In: Zoologischer Anzeiger 40 (1913), S. 305–316, sowie Regen: Beeinflussung der Stridulation.

95 Vgl. Regen: Beeinflussung der Stridulation, S. 368.

96 Vgl. Regen: Beeinflussung der Stridulation, S. 335–342. Bei der Konstruktion des Zirpapparates orientiert sich Regen an den Eigenschaften des Stridulationsschalles seines Versuchstieres. Wie er ermittelt hatte, dauerte ein Zirplaut etwa 1/5 einer Sekunde und bestand aus vier Maxima, die laut Regen jeweils durch das Aneinanderreiben von Schrillkante und Schrillader der Flügel zustande kommen und den spezifisch intermittierenden Ton des Zirplautes ergeben. Dieses Intermittierende versucht Regen apparativ zu imitieren, indem er die Saite eines kleinen Monochords mittels einer Kurbelvorrichtung von vier an einem Rad befestigten Plektren sehr schnell hintereinander anschlagen lässt. „Bei jeder mit der Hand entsprechend rasch ausgeführten vollen Umdrehung dieses Plektrenrades entstand also ein intermittierender Ton, der bei richtigen Dimensionen der wesentlichen Bestandteile des Apparates wenigstens in einigen Beziehungen dem Zirplaut meines Versuchstiers nahe kam." (Regen: Beeinflussung der Stridulation, S. 338).

97 Vgl. Regen: Beeinflussung der Stridulation, S. 339–340. Hier schließt Regen nicht zuletzt an die Experimente zur akustischen Konditionierung an, die Iwan Pawlow wenige Jahre zuvor an Hunden durchgeführt hatte. Dass Regen sich für Pawlows Forschungen interessiert hat, belegt nicht zuletzt eines seiner Notizbücher, in dessen Einband er einen am 28. Februar 1936 im *Neuen Wiener Journal* erschienenen Nachruf auf Pawlow eingeklebt hat. Vgl. AÖAW, Nachlass Johann Regen, Nr. 6.

98 Regen: Beeinflussung der Stridulation, S. 341.

versicht zu schwinden und ich experimentierte bereits seltener“, erinnert sich Regen. Bis eines Tages der 31. August 1925 heran[kam].

> Es war gegen 11 Uhr nachts. [...] Als nun die beiden Männchen wieder zu alternieren begannen und sich das Alternieren nach und nach immer lebhafter gestaltete [...], ließ ich neuerdings die Saite meines Apparates zugleich mit den Zirplauten des Nachsängers erklingen. Ich näherte mich nun dem Nachsänger. Als ich in seine Nähe gelangte, gerieten meine Saitenschläge und seine Zirplaute durcheinander. In diesem Augenblick aber glaubte ich zu hören, der Vorsänger entscheide sich für meinen Saitenklang. Der Nachsänger verstummte und – welche Überraschung! – der Vorsänger alternierte mit mir weiter fort. [...] Bald nachher war dieses denkwürdige akustische Spiel zwischen einem Menschen und einem Insekte zu Ende.[99]

Wenig später gelingt es Regen sogar, ganz ohne Zirpapparat, d. h. nur mittels seiner eigenen Stimme, mit den Grillen in lautliche Interaktion zu treten, sobald er den richtigen Ton trifft, um die Grillen zum „[A]ntworten“ zu bewegen.[100] Während Regen im Telefonexperiment die Fähigkeit seiner Versuchstiere, das Zirpen ihrer Artgenossen in Aufbau und Bedeutung genauestens verstehen und sich entsprechend verhalten zu können, unter Beweis gestellt hat, untersucht er nun, inwiefern sie auf arteigene und -fremde Laute auch akustisch angemessen reagieren können. Dass Regen ihre Reaktion als „Antworten“ bezeichnet, ist bemerkenswert, handelt es sich doch – wie unter anderem Derrida gezeigt hat – um einen den Tieren traditionell abgesprochenen Sprechakt.[101] Für das von der westlichen Philosophie seit jeher reproduzierte anthropozentrische „Notenliniensystem“[102] der Mensch-Tier-Differenz sei das Unvermögen des Tieres zur Antwort sogar absolut wesentlich. Denn in diesem System seien „die Menschen zuallererst jene Lebenden, die sich das Wort gegeben haben, um mit einer einzigen Stimme vom Tier zu sprechen und um in ihm denjenigen zu bezeichnen, der, als einziger, ohne Antwort geblieben wäre, ohne Wort, um zu antworten.“[103]

Mit seinen medienexperimentellen Vorstößen in die Lautwelt der Grillen und Schrecken bringt Regen dieses anthropozentrische „Notenliniensystem“ in Unordnung, und zwar in doppelter Hinsicht: In seiner Sprache, die die Tiere als antwortend, musizierend, verstehend und sogar als entscheidungs- und handlungsfähig beschreibt; und im spielerischen Akt des Experimentierens, indem er sich, beinahe

---

99 Regen: Beeinflussung der Stridulation, S. 341 f.

100 Regen: Beeinflussung der Stridulation, S. 341.

101 Siehe den 2006 veröffentlichten Vortrag *L'Animal que donc je suis*, den Derrida 1997 im Schloss von Cerisy-la-Salle gehalten hat. Jacques Derrida: Das Tier, das ich also bin. Wien 2010, S. 100.

102 Derrida: Das Tier, S. 100.

103 Derrida: Das Tier, S. 59.

selbst zum Insekt mutierend, zirpend auf Augen- bzw. Ohrenhöhe seiner Versuchstiere begibt, um akustisch mit ihnen zu interagieren.[104] Dieses versuchsweise „Grillewerden" – sei es mittels des Telefons, der Galtonpfeife, des Zirpapparates oder der eigenen Stimme – bricht die Grenze zwischen sprech- und sprachbegabtem Menschen und stummem, allenfalls akustisch reagierendem Tier für einen kurzen Moment auf und macht sie als eine Schwelle erkennbar, auf der Menschen zu Zirpenden und Insekten zu Sprachverständigen werden können.

Ende der 1920er Jahre beginnt Regen mit seinem letzten Forschungsprojekt, dessen Ergebnisse weitgehend unveröffentlicht geblieben sind. Darin macht er sich konsequenterweise auf die Suche nach einer verborgenen „Syntax" in den Zirplauten seiner Versuchstiere. Mittels oszillografischer Visualisierung untersucht er die Schwingungsperioden der Laute auf artspezifische Besonderheiten, auf Regelmäßigkeiten, aber auch Abweichungen von diesen. Er findet heraus, dass die Laute auch auf phonetischer Ebene ein „System" zu haben scheinen – ein komplexes, bestimmten Regeln folgendes und zugleich flexibles System, welches sie letztlich in die Nähe der Sprache rückt.[105] Mit seinen Untersuchungen schließt Regen zum einen an zeitgenössische ethologische Forschungen zu Insekten in seinem Wiener Umfeld an – Karl von Frisch etwa führte seit den 1920er Jahren im österreichischen Brunnwinkl seine berühmten Experimente mit Bienen durch, deren Tanzbewegungen er als „Sprache" entschlüsselte.[106] Zum anderen rekurriert Regen mit seinen Forschungen auf ein kultur- und mythengeschichtlich weit zurückreichendes Deutungsmuster, in dem die Grille, wie an den oben angeführten Beispielen ausgeführt, als Freundin des Gesangs, der Musik und der Dichtkunst figuriert.[107] Wenn Regen seine Versuchstiere als „Musiker" und „Sänger" bezeichnet, die ihre Musikstücke

---

104 Ein interessantes Nachleben findet diese Interaktion in den musikalischen Stücken von David Rothenberg, der nicht nur mit Walen und Vögeln, sondern auch mit Insekten, genauer: Zikaden, gemeinsam musiziert. Siehe hierzu seine 2014 veröffentlichte Monographie *Bug Music*, in der Rothenberg seine musikalischen Experimente in einen wissenschaftlichen Kontext stellt und unter anderem den Einflüssen des Zirpens von Grillen und Zikaden auf die klassische und moderne Musik nachgeht. Vgl. David Rothenberg: Bug Music. How Insects Gave Us Rhythm and Noise. New York 2014.

105 Vgl. Johann Regen: Über den Aufbau der Stridulationslaute der saltatoren Orthopteren. Aus den Sitzungsberichten der Akademie der Wissenschaften in Wien. Mathem.-naturwiss. Klasse. Bd. 139. Abt. 1. 8. bis 10. Heft. Wien 1930.

106 Karl von Frisch: Über die „Sprache" der Bienen. Eine tierpsychologische Untersuchung. In: Zoologische Jahrbücher. Abteilung für Allgemeine Zoologie und Physiologie. Bd. 40, Jena 1923.

107 Roland Achtziger und Ursula Nigmann: Zikaden in Mythologie, Kunst und Folklore. In: Denisia (2002), S. 3. Zur Verehrung der Zikaden als Sänger in der mythisch-religiösen Vorstellungswelt der griechischen Antike siehe auch Reinhold Hammerstein: Von gerissenen Saiten und singenden Zikaden. Studien zur Emblematik der Musik. Tübingen 1994, S. 91–94.

„solo“ und „ritardando“ aufführten und sie bis in die kleinsten Perioden hinein „gestalteten“ und „formten“[108], dann schreibt er ihnen diese mythisch-poetischen Bedeutungsebenen der Grille ein. Mehr noch: Die kulturgeschichtlichen Zuschreibungen an die Grille als sprach- und musikbegeistertes Tier bilden die Folie, vor deren Hintergrund der Biologe das Lautverhalten der Insekten beschreibt und experimentell untersucht. Potenziert werden sie durch den Einsatz von Unterhaltungsmedien, die Regen, wie wir gesehen haben, zum Zwecke seiner physiologischen und verhaltensbiologischen Forschungen umfunktioniert werden. Das „implizite Wissen“ um menschliche Kommunikationsanforderungen und -gewohnheiten, welche Phonograph, Telefon und Mikrofon transportieren, geht im Zuge dieser Zweckentfremdung zweifellos nicht verloren, sondern überlagert und formt die wissenschaftlichen Auseinandersetzungen Regens mit dem (Laut-)Verhalten seiner Versuchstiere. Als epistemische Werkzeuge scheinen die auditiven Medientechniken zumindest annäherungsweise möglich zu machen, was Tieck rund ein Jahrhundert zuvor nur fiktional imaginiert hatte: „Das Geflüster der Heimchen“[109] genauestens zu „observieren“[110] und dabei zu erfahren, was diese sich „erzählen“[111]. Verhalten erscheint in dieser Konstellation als eine Kategorie, die im höchsten Maße von den Medientechniken der Beobachtung und auditiven Erfassung, aber auch von den kulturell codierten Fragen und poetischen Betrachtungs- und Verfahrensweisen abhängig ist, mit denen die Forschenden ihren Versuchstieren im Forschungsprozess gegenübertreten.

Ungeachtet der Anerkennung, die Regen von seinen zeitgenössischen Wissenschaftskollegen zuteilwurde[112], taucht sein Name in späteren Werken zur Bio-

---

108 Vgl. Regen: Aufbau der Stridulationslaute, S. 542–543.

109 Tieck: Vogelscheuche, S. 114.

110 Tieck: Vogelscheuche, S. 15.

111 Tieck: Vogelscheuche, S. 15.

112 Vgl. Grmek: Biographique sur Regen, S. 204. Einen Eindruck vermitteln auch die Gutachten, die Regen sich angesichts des drohenden Abrisses seines Feldlaboratoriums im Jahr 1927 erstellen ließ. Der Bienenforscher Karl von Frisch bescheinigt Regen etwa, dass er seine Arbeiten „mit einer Sorgfalt und Umsicht, ja mit einer Genialität der Methoden durchgeführt hat, die wahrhaft und mustergültig ist“. Vgl. das von Frisch an den Sektionschef der Österreichischen Akademie der Wissenschaften, Franz Dafert von Sensel-Timmer gerichtete Gutachten vom 22. Juni 1927. AÖAW, Nachlass Johann Regen, Nr. 1.2. Auch andere Kollegen weisen Regen als „originelle[n] Forscher“ aus und heben „seine hervorragende Experimentierkunst“ hervor. Vgl. das Gutachten des Zoologen Wolfgang von Buddenbrock-Hettersdorff vom 2. Juli 1927. AÖAW, Nachlass Johann Regen, Nr. 1.2. Seine „ideenreichen Untersuchungen“ führe Regen „mit eiserner Konsequenz und feinsinnig durchdachter Methodik“ durch, heißt es im Gutachten des Berliner Physiologen Ernst Mangold. Gutachten vom 22. Juni 1927. AÖAW, Nachlass Johann Regen, Nr. 1.2. Mit seinen „ausserordentlich schönen und strengen Versuchen“, so wiederum der in Göttingen lehrende Zoologe Alfred Kühn, sei es Regen gelungen, „auf diesem bisher noch ganz dunklen Gebiet“ der Lautkomakustik meist nur als Randnotiz auf. Dabei ist es gerade der innovative Einsatz von Klangspeichermedien, der Regens Experimente zu methodologischen Schlüsselszenen der Herausbildung und Institutionalisierung der Bioakustik macht, die – wie der Verhaltensforscher Günter Tembrock 1982 feststellte – „ihren entscheidenden Anstoß durch die seit den 1940er Jahren sich stark entwickelnde Technik der akustischen Tonaufzeichnung“[113] empfing.

Grillen, Schall und Krieg

Wenn Regen im Zuge seiner Forschungen immer wieder auf die menschlichen Hörgrenzen verweist, mit denen uns die instrumentell provozierten (Galtonpfeife) oder apparativ visualisierten (Oszillograf) Laute von Insekten konfrontieren, dann tut er dies vor dem Hintergrund eines um 1900 verbreiteten Paradigmas einer nur eingeschränkten Wahrnehmbarkeit der Welt. Seit Hermann von Helmholtz' Mitte des neunzehnten Jahrhunderts formulierten Resonanztheorie, der zufolge das von uns auditiv Registrierte maßgeblich von den Kapazitäten des mitschwingenden Ohres bestimmt wird, war ein Bewusstsein dafür entstanden, dass der menschlichen Wahrnehmung nur ein Bruchteil der vorhandenen akustischen Schwingungen überhaupt zugänglich ist. Die zu dieser Zeit entwickelten Medientechniken wie Mikrofon und Phonograph versprachen zwar einerseits ein Vordringen in die von Natur aus unzugänglichen Frequenzbereiche, führten dadurch aber andererseits die Grenzen des menschlichen Hörens nur noch deutlicher vor Augen.[114]

Das Wissen um hochfrequente Wellen wurde mit Beginn des Ersten Weltkriegs auch militärisch relevant: Apparate wie das Sonar („Sound Navigation and Ranging“) oder das Radar („Radio Detection and Ranging“) ermöglichten es mittels ausgesandter Schall- bzw. Elektroimpulse, Objekte unter Wasser und in der Luft zu orten, etwa feindliche U-Boote. Im Fokus militärischer Interessen standen zudem Möglichkeiten drahtloser Kommunikation für eine reibungslose Übermittlung, aber auch den reinen Empfang von Radio- und Schallsignalen. Zu den für diesen Wirkungsbereich des Militärs rekrutierten Wissenschaftlern zählte auf amerikanischer Seite der Physiker George W. Pierce, der 1917 von seiner soeben angetretenen Profes-

---

munikation von Heuschrecken und Grillen Klarheit zu schaffen. Vgl. Gutachten vom 29. Juni 1927. AÖAW, Nachlass Johann Regen, Nr. 1.2.

113 Günter Tembrock: Tierstimmenforschung. Eine Einführung in die Bioakustik. 3. Aufl. Wittenberg 1982, S. 3.

114 Siehe zu diesem Zusammenhang John Durham Peters: Helmholtz und Edison. In: Zwischen Rauschen und Offenbarung. Zur Kultur- und Mediengeschichte der Stimme. Hg. von Sigrid Weigel, Friedrich Kittler und Thomas Macho. Berlin 2008, S. 291–312.

sur in Harvard beurlaubt und in die Naval Experimental Station in Connecticut abberufen wurde, um technische Mittel und Wege gegen den zunehmenden Verlust durch feindliche U-Boote zu eruieren.[115] Nach Kriegsende war er maßgeblich beteiligt an der Entwicklung von Verfahren und Geräten zur Echolotung, mit denen dann im Zweiten Weltkrieg nahezu sämtliche U-Boote der U. S.-Marine ausgestattet waren.[116] Diese Forschungen führten ihn schließlich auch zur intensiven Beschäftigung mit der Bioakustik von Fledermäusen, Vögeln und Grillen. Sein Interesse richtete sich in den Jahren 1936 bis 1948 insbesondere auf die Frage, ob und wie diese Tiere Ultraschallwellen produzieren, sich akustisch orientieren und welche Tonhöhe die Schallwellen jeweils erreichen. Im Unterschied zu seinen weithin bekannten 1938 in Zusammenarbeit mit dem Ethologen Donald G. Griffin durchgeführten Studien zu Fledermäusen, bei denen mithilfe eines von Pierce entwickelten Ultraschallmikrofons erstmalig der Nachweis gelang, dass Fledermäuse Signale im Ultraschallbereich aussenden, blieben seine Untersuchungen an Grillen, für die das Mikrofon eigentlich gedacht war,[117] eher unbeachtet. Die Ergebnisse seiner jahrelangen Untersuchungen sind in seiner letzten Monographie *The Songs of Insects* (1948) zusammengefasst,[118] wo auch Regens frühere Forschungen am Rande erwähnt sind – von dessen exakt zur selben Zeit vorgenommenen, aber unveröffentlicht gebliebenen oszillografischen Untersuchungen zur Lautstruktur von Schrecken konnte Pierce naturgemäß noch nichts wissen. Doch in seinem Feldlaboratorium in New Hampshire ist Pierce etwas ganz Ähnlichem auf der Spur wie Regen, der währenddessen in Wien abwechselnd den Lauten von Schrecken und den vom Radio übertragenen Schallwellen lauscht: Pierce registriert oszillografisch die Schwingungskurven verschiedener Schreckenarten, wobei er herausfindet, dass sich anhand der Zirplaute die jeweilige Art und sogar neue Unterarten ermitteln lassen.[119] Und wie Regen greift er bei der Beschreibung der Zirplaute als „Songs" zu musikalischen Analogien, wenn er auch nicht so weit geht wie Regen und sie als stimmliche oder gar sprachliche Äußerungen betrachtet –, „but their tones may still be really musical".[120]

Vor dem Hintergrund von Pierce' Insektenphonetik erscheinen die eingangs erwähnten Szenen aus Meyrinks Novelle *Das Grillenspiel* (1915) jedenfalls in ande-

---

115 Frederick A. Saunders und Frederick von Hunt: George Washington Pierce, 1872–1956. In: Biographical Memoirs of the National Academy of Sciences 33 (1959), S. 351–380, hier S. 358.

116 Saunders und Hunt: Pierce, S. 359.

117 Vgl. Stefan Rieger: Fledermaus. In: Vom Übertier. Ein Bestiarium des Wissens. Hg. von dems. und Benjamin Bühler. Frankfurt a. M. 2006, S. 89–98, hier S. 92 f.

118 George W. Pierce: The Songs of Insects. With Related Material on the Production, Propagation, Detection and Measurement of Sonic and Supersonic Vibrations. Cambridge, Mass. 1948.

119 George W. Pierce: The songs of insects. In: Journal of the Franklin Institute 236 (1943), H. 2, S. 141–146, hier S. 146.

120 Pierce: The songs of insects, S. 142.

rem Licht. Wenn die Entomologen im Angesicht des Krieges einer scheinbar nichtigen Grille hinterherjagen, macht das sie vor diesem Hintergrund noch nicht unbedingt zu „weltfremden“ Wissenschaftlern. Und wenn die Grillen ihrerseits sich wie kleine Soldaten verhalten, die auf „ein leises metallenes Zirpen“[121] hin anfangen, einander unter Aussendung eines „hohen, singenden Tons“[122] zu zerstören, dann ist das nicht nur eine Metapher der phantastischen Literatur. Vielmehr nehmen diese Szenen im Lichte von Pierce’ Forschungen die komplexen Verbindunglinien, die es zwischen der Untersuchung zum Lautverhalten von Grillen, Medientechnik und Krieg tatsächlich gegeben hat, ein Stück weit vorweg.

Abbildungsverzeichnis

Abb. 1 Ivan Regens Notizbuch zum Zirpverhalten der Alpen-Strauchschrecke (*Thamnotrizon apterus*), 1909. Archiv der Österreichischen Akademie der Wissenschaften (AÖAW), Nachlass Johann Regen, Nr. 7, mit freundlicher Genehmigung der Österreichischen Akademie der Wissenschaften.

Abb. 2 Versuchsanordnung des von Regen durchgeführten Telefon-Experiments. Aus: Johann Regen: Über die Anlockung des Weibchens von *Gryllus campestris L.* durch telefonisch übertragene Stridulationslaute des Männchens. Ein Beitrag zur Frage der Orientierung bei den Insekten. In: Pflüger’s Archiv für die gesamte Physiologie des Menschen und der Tiere 155 (1914), H. 1, S. 193–200, hier S. 196.

Abb. 3 Versuchsanordnung des von Regen durchgeführten Ballon-Experiments. Aus: Johann Regen: Untersuchungen über die Stridulation und das Gehör von Thamnotrizon apterus Fab. ♂. Mit 35 Notenbeispielen und 5 Textfiguren. Aus den Sitzungsberichten der Akademie der Wissenschaften in Wien. Mathem.-naturwiss. Klasse. Bd. 123. Abt. 1. Wien 1914, S. 853–892, hier S. 887.

121 Meyrink: Grillenspiel, S. 61.
122 Meyrink: Grillenspiel, S. 62.

Vinzenz Hediger

Das Mechanische im Lebendigen selbst. Zur latenten Komik des humanethologischen Verhaltensbegriffs

Die Humanethologie, die Biologie des menschlichen Verhaltens, entsteht in den 1960er Jahren zeitgleich in Deutschland und England aus der Anwendung verhaltenswissenschaftlicher Ansätze der Zoologie auf Menschen. Prominent stehen für diesen Ansatz zwei Forscher: Desmond Morris und Irenäus Eibl-Eibesfeldt. Morris, ein Schüler des niederländischen Ornithologen und Oxford-Professors Nikolaas Tinbergen, veröffentlicht 1967 mit seinem Buch *The Naked Ape* einen Weltbestseller, der bis heute immer wieder aufgelegt wird.[1] Eibl-Eibesfeldt, von Haus aus ebenfalls Ornithologe und später auch Meeresbiologe, baut in den 1970er Jahren in Konrad Lorenz' Max-Planck-Institut für Verhaltensphysiologie in Seewiesen eine Abteilung für Humanethologie auf. In diesem institutionellen Rahmen verfolgt Eibl-Eibesfeldt bis 2007 ein kulturvergleichendes Forschungsprogramm zu Universalien des menschlichen Verhaltens, das er in den 1960er Jahren entwickelt hatte. Ausläufer der Humanethologie finden sich auch in den USA, etwa in den von Eibl-Eibesfeldt inspirierten Arbeiten zur Ethologie des Kinderspiels von Peter C. Reynolds.[2] Humanetholog:innen interessieren sich für erworbene, aber auch für erlernte Verhaltensweisen unter dem Aspekt ihrer Phylogenese. Sie gehen von der Annahme aus, dass es sich bei diesen Handlungsabläufen um evolutionär erfolgreiche Muster handelt. Aus methodischer Sicht ist die Humanethologie auch eine Wette auf noch zu erzielende Fortschritte der Genetik, soll diese doch dereinst die von den Humanetholog:innen im Rahmen ihrer vergleichenden Phänomenologie beobachteten Ausgestaltungen menschlichen Verhaltens erklären. In der zweiten Hälfte des zwanzigsten Jahrhunderts entwickelt sich die Humanethologie zu einem öffentlichkeitswirksamen Forschungsansatz. Sie zieht Kritik auf sich, findet aber auch starke positiv Resonanz gerade über Fachkreise hinaus. Zum Skandalon wird die Biologie des menschlichen Verhaltens, weil sie den Menschen als Tier betrachtet und weil ihre Anthropologie in evolutionshistorischer Perspektive den Nukleus einer Soziobiologie formt, die dazu angetan ist, den Sozial- und Kulturwissenschaftler:innen die Deutungshoheit über das

1 Desmond Morris: The Naked Ape. A Zoologist's Study of the Human Animal. New York 2010.

2 Peter C. Reynolds: On the Evolution of Human Behavior. The Argument from Animals to Man. Berkeley 1981; Peter C. Reynolds: Affect and instrumentality. An alternative view on Eibl-Eibesfeldt's human ethology. In: Behavioral and Brain Sciences 5 (1982), H. 2, S. 267–273.

https://doi.org/10.1515/9783110740813-012

Soziale streitig zu machen. Greifbar wird das Skandalon anhand politisch brisanter Einzelfragen, etwa wenn Eibl-Eibesfeldt die „Fremdenfurcht" als „elementare, wohl angeborene Verhaltensweise des Menschen" beschreibt, die bei Kleinkindern kulturübergreifend ab dem achten bis zehnten Lebensmonat auftrete,[3] und daraus eine Kritik an multiethnischen Gesellschaften ableitet.[4]

Medienhistorisch und epistemologisch bedeutsam ist die Humanethologie, weil sie – zumindest in ihrem deutschsprachigen Zweig – den Gegenstand der Erkenntnis konsequent über Filmaufnahmen erschließt. Eibl-Eibesfeldt und sein Team setzen eigens für die vermeintlich ungestörte Beobachtung menschlichen Verhaltens entwickelte Kameras und Objektive ein, die es erlauben, dass Aufnahmen „übers Eck", aus einem 90-Grad-Winkel gemacht werden. Im Zuge der Beweisführung werden diese Filmaufnahmen zu Serien montiert und miteinander verglichen. Dieser Ansatz ist getragen von der Grundannahme, dass die Aufnahmen mit Präparaten vergleichbar sind und den eigentlichen Gegenstand der Untersuchung enthalten: die (vermeintlich) feststehenden Muster menschlichen Verhaltens.[5]

Wissenschaftshistorisch betrachtet hat die Humanethologie in gewisser Hinsicht recht behalten und sich zugleich gerade deshalb überlebt. Der phänomenologisch-gestalttheoretische Zugang in der biologischen Verhaltensforschung wurde mittlerweile weitgehend durch Ansätze abgelöst, für die vor allem auf Genomsequenzierungen zurückgegriffen wird. Die früher kontroverse Ausgangshypothese der Humanethologie, dass menschliches Verhalten zumindest teilweise genetisch

3 Irenäus Eibl-Eibesfeldt: Der vorprogrammierte Mensch. Das Ererbte als bestimmender Faktor im menschlichen Verhalten. München 1973, S. 127.

4 Vgl. dazu die Kritik des Ethnologen Christoph Antweiler, der Eibl-Eibesfeldt gegenüber ansonsten aufgeschlossen ist und auch gemeinsam mit ihm publiziert hat. Antweiler argumentiert, dass soziobiologische Erkenntnisse nur für Kleingruppen Gültigkeit beanspruchen können und sich nicht auf größere Gruppen, geschweige denn auf Nationalstaaten übertragen lassen. Es ist allerdings gerade die Pointe der Soziobiologie, wie sie etwa Edward O. Wilson zeitgleich mit Eibl-Eibesfeldts Forschungen entwickelt, dass sie von der Sozialstruktur von Ameisen auf jene der Menschen schließt. Problematischer ist ohnehin die normative Rechtfertigung gesellschaftspolitischer Programmatiken durch den Verweis auf naturwissenschaftliche Forschungsergebnisse: ein schulbuchmäßiges Beispiel für den naturalistischen Fehlschluss. Christoph Antweiler: Eibl-Eibesfeldts Thesen zu einer multiethnischen Gesellschaft. Ein Kommentar. In: Zeitschrift für Ethnologie 114 (1989), S. 21–26; Edward O. Wilson: Sociobiology. The Grand Synthesis. Cambridge, Mass. 1975.

5 Vgl. dazu Vinzenz Hediger: Ist Lebenswissen filmisch? In: Videogramme. Hg. von Hannes Rickli. Zürich/Chicago 2011, S. 70–88; Vinzenz Hediger: Gene, Gehirn, Archiv. Über den Ort der menschlichen Natur im Humanethologischen Filmarchiv. In: Zeitschrift für Medien- und Kulturforschung 8 (2017), H. 2, S. 11–28.

bestimmt und nicht nur das Ergebnis freier Entscheidung unter Berücksichtigung kulturell variabler Restriktionen sei, ist mittlerweile weniger kontrovers, aber die Entschlüsselung des menschlichen Genoms hat die Voraussetzungen für die Verifikation dieser Hypothese verändert. Wenn Verhaltensforscher:innen heute Filme aus dem Bestand des mittlerweile abgewickelten Instituts für den Wissenschaftlichen Film (IWF) in Göttingen sichten, finden sie diese wohl interessant, für ihre Forschungsarbeiten aber zumeist ohne Wert.[6] Auch in dieser Hinsicht ist die Humanethologie, die Mitte des zwanzigsten Jahrhunderts so großes Aufsehen erregte, historisch geworden.

An diesen Befund schließen zwei Fragen an: Was war die Humanethologie? Und was machte sie in der zweiten Hälfte des zwanzigsten Jahrhunderts zu einem nicht nur wissenschaftlich breit diskutierten, sondern auch breitenwirksamen Forschungsansatz? Die erste Frage möchte ich zunächst mit einem Blick auf ihre Leitmetaphern und Begriffe beantworten. Ich vertrete dabei die These, dass die Humanethologie eine Anthropologie des kybernetischen Zeitalters ist, insofern sie den Menschen als datenverarbeitendes Wesen versteht, welches sich durch ein Set von formkonstanten Verhaltensweisen definieren lässt, die durch Reize ausgelöst und wie Programme abrufbar sind. Im Fokus der Diskussion dieser Annahme stehen die Arbeiten von Irenäus Eibl-Eibesfeldt, das Humanethologische Filmarchiv sowie eine Sammlung filmischer Dokumentationen menschlichen Verhaltens, die im Rahmen von fünf Langzeitstudien über indigene Populationen in Ozeanien, Afrika und Südamerika entstanden sind. Diese Studien wurden zwischen 1966 und 2007 durchgeführt und sind seit 2014 Teil der Sammlung der Senckenberg Gesellschaft für Naturforschung.[7] Die zweite Frage, jene nach der Wirkung und Resonanz der Humanethologie, beantworte ich aus einer filmwissenschaftlichen Perspektive mit einem ästhetischen und genretheoretischen Argument. Meine These lautet, dass dieses Schema von Reizauslösung und formkonstantem Verhaltensprogramm eine latente Komik in sich birgt. Das ist durchaus im Sinne von Bergson zur verstehen, wenn auch mit einem Twist: Die kybernetische Anthropologie der Humanethologie prägt das Mechanische dem Lebendigen insofern auf, als sie das Mechanische zum Aspekt des Lebendigen selbst erklärt.

6 Vgl. Hediger: Lebenswissen.

7 Webseite des Humanethologischen Filmarchivs der Senckenberg Gesellschaft für Naturforschung. Online unter: www.humanetho.de (abgerufen am 21.10.2021).

Hermeneutik der Triebe, Phänomenologie des Codes: Die Humanethologie als kybernetische Anthropologie

Sigmund Freuds Erzählung vom Menschen in der Neuzeit und Moderne ist eine der narzisstischen Kränkungen: Erst zeigt Kopernikus, dass die Erde um die Sonne kreist und damit, dass der Mensch nicht im Zentrum des Universums steht; dann zeigt Darwin, dass das Leben ein historischer Prozess und damit der Mensch nicht die Krone der Schöpfung, sondern nur eine vorübergehende Erscheinung in einer von Zufällen bestimmten Entwicklung ist; und schließlich zeigt Freud selbst, dass der Mensch nicht einmal Herr im eigenen Haus ist, weil dort vielmehr das Unbewusste regiert und Kompromisse mit der Außenwelt eingeht, um auf eine Rechnung zu kommen, die nicht die des Ichs ist. Die Lehre von der Biologie des menschlichen Verhaltens stellt zwar keine weitere, genuin neue narzisstische Kränkung dar. Sie kombiniert aber zwei der genannten Verletzungen, indem sie auf den Arbeiten von Konrad Lorenz (eines weiteren Wieners) aufbauend dessen an Darwin geschultes Konzept der stammesgeschichtlichen Anpassung formkonstanter Verhaltensweisen mit Freuds zentralem Gedanken vom Ich, das triebbestimmt und insofern nicht Herr im eigenen Haus ist, verknüpfen.[8]

Zwischen Freud und Morris bzw. Eibl-Eibesfeldt liegt aber auch eine Epochenschwelle. Freuds Haus, in dem das Ich nicht mehr Herr ist, beherbergt eine Maschine. Die Psyche ist für Freud ein Apparat, der mittels spezifischer Mechanismen und Operationen – namentlich Verdichtung, Verschiebung und Verdrängung – die Energie unbewusster Triebe in Leistung in Form von Träumen, Fantasien und Neurosen sowie in die berühmten Fehlleistungen umwandelt.[9] Die Freudsche Psyche ist die eines Menschen des thermodynamischen Zeitalters.[10] Eibl-Eibesfeldts Anthropologie ist hingegen eine Lehre des „vorprogrammierten Menschen“. Mit dem Ethnologen Philippe Descola könnte man sagen, dass sein Ansatz zwei vermeintlich inkompatible Ontologien verknüpft: Den Naturalismus, d. h. die Ontologie der mo-

8 Im Konzept der Triebhandlung klingt das Verwandtschaftsverhältnis von Psychoanalyse und Ethologie nach. Vgl. dazu etwa Konrad Lorenz: Betrachtungen über das Erkennen der arteigenen Triebhandlungen der Vögel. In: Zeitschrift für Ornithologie 80 (1932), H. 1, S. 50–98.

9 Sigmund Freud: Die Traumdeutung. Studienausgabe, Bd. 2. Frankfurt 1972, Kapitel 7; Jean Laplanche und Jean-Bertrand Pontalis: Apparat, psychischer oder seelischer. In: Das Vokabular der Psychoanalyse. Frankfurt 1973, S. 73–74.

10 Philipp Sarasin: Die Rationalisierung des Körpers. Über „scientific management“ und „biologische Rationalisierung“. In: Philipp Sarasin: Geschichtswissenschaft und Diskursanalyse. Frankfurt a. M. 2003.

dernen westlichen Naturwissenschaft, die von einer strikten Unterscheidung von Natur und Kultur ausgeht, und den Analogismus, d. h. eine Ontologie, die davon ausgeht, dass die Welt aus Analogien aufgebaut ist und durch das Studium von Ähnlichkeitsbeziehungen verstanden werden kann.[11] Kombinationen von Naturalismus und Analogismus sind in der Wissenschaftspraxis der Mitte des zwanzigsten Jahrhunderts nicht untypisch. Systemtheoretische Ansätze lassen sich etwa als Ausdruck einer analogistischen Ontologie verstehen,[12] während die Kognitionspsychologie sich als Psychologie der Informationsverarbeitung versteht und mentale Prozesse in Analogie zu den rechnerischen Operationen des Computers modelliert. Eibl-Eibesfeldt denkt sich den Menschen im Sinne einer solchen Computeranalogie als mobile Einheit, die mit „angeborenen datenverarbeitenden Mechanismen" ausgestattet ist und Daten in feststehende Verhaltensmuster übersetzt.[13]

Um Zugriff auf diese Programmierungsleistungen zu bekommen, kann der Mensch mit Daten gefüttert werden, welche die formkonstanten Abläufe auslösen und diese damit beobachtbar und analysierbar machen. So leitet Eibl-Eibesfeldt im Rahmen einer Versuchsanordnung aus dem Jahr 1969, die in Form des Films *Erstbegegnung mit einer weißen Besucherin* (Registernummer E 2863) der *Encyclopedia Cinematographica* dokumentiert ist, das erstmalige Zusammentreffen einer weißen Frau mit Mitgliedern der auf dem Gebiet Venezuelas ansässigen Stämme der Yanomami, der Ihiramawetheri und der Kashorawetheri ein. Die Frau wird zu diesem Zweck in einem Boot auf dem Orinoko an die Wohnorte der Indigenen gebracht.[14]

In der kolonialen Abenteuerliteratur, etwa bei Joseph Conrad und Edgar Rice Burroughs, gilt Afrika als zu gefährlich für weiße Frauen: Selbst vor dem Wissen über den „dunklen Kontinent" gilt es sie zu beschützen, ganz zu schweigen vom Kontakt mit Eingeborenen. So erfüllt Lord Greystoke, der Vater des Affenmenschen, allein der Gedanke daran, eine junge weiße Frau in den Dschungel mitzunehmen,

11 Philippe Descola: Jenseits von Natur und Kultur. Berlin 2011, S. 259–344.

12 Vgl. für eine Anwendung von Descola auf soziologische Theoriebildung Jörn Lamla: Die symbolischen Ordnungen des Konsums – und die Fallstricke produktivistischer Soziologie. In: Capitalism unbound. Ökonomie, Ökologie, Kultur. Hg. von Sarah Lenz und Martina Hasenfratz. Frankfurt 2021, 292–297.

13 Eibl-Eibesfeldt: Der vorprogrammierte Mensch, S. 56.

14 *Erstbegegnung mit einer weißen Besucherin* gehört zu den über das Institut für wissenschaftlichen Film veröffentlichten Dokumentationen des Humanethologischen Filmarchivs. Bei der „weißen Besucherin" handelt es sich um Elke Fuhrmeister, die Teil von Eibl-Eibesfeldts Team war und als ortskundige Forscherin den Feldzugang herstellte. Fuhrmeister wuchs in Venezuela auf. Sie kannte die Region durch die Forschungsarbeit ihrer Mutter Dr. Inga Steinvorth de Goetz, einer Ethnologin, die selbst bei den Yanomani gearbeitet hatte. Für die Bereitstellung einer digitalen Kopie des Films und die Auskunft danke ich Anke Kuper, Leiterin des Humanethologischen Filmarchivs der Senckenberg Gesellschaft für Naturforschung.

Abb. 1: Irenäus Eibl-Eibesfeldt: *Erstbegegnung mit weißer Besucherin*, Katalysator des Wissens, 1969, © Humanethologisches Filmarchiv.

mit Abscheu.[15] Eibl-Eibesfeldt macht aus diesem Schreckensszenario der Literatur eine Versuchsanordnung der Verhaltensforschung, die er im Urwald des Amazonasgebiets umsetzt (vgl. Abb. 1). Konstant bleibt in der Substitution einer kolonialen Fantasie durch wissenschaftliche Beobachtung die Annahme, dass die Begegnung zwischen einer weißen Frau und Indigenen eine Konfrontation mit besonderem Erkenntnispotential ist. Anders ist, dass der weiße Mann zwar immer noch zupackender Abenteurer ist, ein Forschungsreisender, der bereit ist, der Gefahr ins Auge zu blicken, dass aber die weiße Frau nicht mehr vor dem Wissen des Dschungels geschützt werden muss, sondern vielmehr ein solches Wissen freilegt, das zugleich als allgemein menschliches Wissen verstanden wird. Denn auch die Indigenen denkt sich die Humanethologie als symbolische Maschinen, die Operationen in Befolgung von Programmbefehlen ausführen und durch entsprechende Fütterung mit Daten auch programmiert und gezielt dazu gebracht werden können, dass ein Verhaltensprogramm „abschnurrt".[16] Von einem „Abschnurren der Bewegungsfolge ohne erkennbare Einwirkung von Aussenreizen" spricht auch schon Konrad Lorenz in den 1940ern.[17] Wie Eibl-Eibesfeldt arbeitet auch Lorenz im Feld

15 Allen Carey-Webb: „Heart of Darkness, Tarzan", and the „Third World". Canons and encounters in world literature. In: College Literature 19/20, (1992–1993), H. 3/1, S. 121–141, hier S. 129.

16 Eibl-Eibesfeldt: Der vorprogrammierte Mensch, S. 19.

17 Konrad Lorenz: Die angeborenen Formen möglicher Erfahrung. In: Zeitschrift für Tierpsychologie 5 (1943), H. 2, S. 262. Für den Hinweis danke ich Georg Toepfer.

mit 16-mm-Kameras, deren Aufnahmegeräusch gemeinhin mit dem Verb „schnurren“ beschrieben wird. Schon bei Lorenz kennzeichnet die Etholog:innen, dass sie die Filmaufnahme als gleichwertig mit dem filmisch festgehaltenen Bewegungsablauf ansehen, ja dass sie das Geschehen und die Aufnahme gleichsetzen. Die Etholog:innen untersuchen mit anderen Worten Homologien des Verhaltens mittels einer Anordnung, in welcher – ein weiteres Element von Analogismus – die Annahme einer Isomorphie von beobachtbarem Verhaltensprogramm und filmischem Dokument ein zentrales Element der Beweiskette darstellt. Die kybernetische Anthropologie der Humanethologie basiert so gesehen auf einer Koppelung von Computeranalogie und Kameratechnik: Der Mensch ist vorprogrammiert und programmierbar, und die Kamera kann zeigen, dass und inwiefern er sich dem Programm entsprechend verhält. Das Verhaltensprogramm und das filmische Dokument als sein sichtbares objektives Korrelat verbindet, dass sie „abschnurren“. Noch aus vorkybernetischer Zeit stammt allerdings die für das Forschungsdesign des Films *E 2863* leitende Annahme, dass ausgerechnet vermittels der Präsentation einer weißen Frau in indigenen Gesellschaften ein Datenmaterial generiert werden kann, von dem sich die Humanethologie besonderen Erkenntnisgewinn versprechen darf.

Will man den Vergleich von Psychoanalyse und Humanethologie noch etwas weiter treiben, dann lässt sich überdies festhalten, dass beide auf das zentrale Agens in ihrem jeweiligen Modell des Menschen keinen direkten Zugriff haben. Das Unbewusste und das Triebhafte erschließen sich der Psychoanalyse erst durch das geduldige Lesen von Oberflächensymptomen und das Freilegen des latenten Sinns unter dem manifesten. Die filmbasierte Inventarisierung von vermeintlichen Universalien des menschlichen Verhaltens wiederum basiert auf der Annahme, dass die formkonstanten Verhaltensprogramme eine genetische Grundlage haben. Das Wissen um die DNA gehört Mitte der 1960er schon zum gesicherten Bestand naturwissenschaftlicher Erkenntnisse, aber das menschliche Genom wird erst 2003 vollständig entschlüsselt.[18] Das Verhältnis der Humanethologie zur Genetik weist folglich melodramatische Züge auf: Die ethologischen Erkenntnisse kommen für deren vollständige genetische Erklärung zu früh, diese Erklärung wird insofern zu spät geliefert, als die Verhaltensforschung zu Beginn des einundzwanzigsten Jahrhunderts schon an einem anderen Ort ist und nach Gensequenzierungen statt nach sichtbaren Homologien des Verhaltens fragt.

Was die Humanethologie ferner mit der Psychoanalyse verbindet, ist ihre starke gesellschaftliche Resonanz. Irenäus Eibl-Eibesfeldt hat von seinem Förde-

---

18 Francis S. Collins, Michael Morgan und Aristies Patrinos: The Human Genome Project. Lessons from large-scale biology. In: Science 300 (2003), H. 5617, S. 286–290.

rer Hans Hass, einem begnadeten Wissenschaftsdarsteller, gelernt, dass die öffentliche Vermittlung von Forschung deren Fortführung erleichtert.[19] Desmond Morris' *The Naked Ape* steht denn auch als Bestseller auf einer Stufe mit diskursprägenden Büchern wie William Hollingsworth Whytes *The Organization Man* von 1956, John Kenneth Galbraiths *The Affluent Society* von 1958 oder Betty Friedans *The Feminine Mystique* von 1963.

Wie die Psychoanalyse ist auch die Humanethologie ein Skandalerfolg. Wie bereits erwähnt besteht ihr Skandalon darin, dass in diesem Kontext der Mensch wie ein Tier betrachtet und scheinbar auf die Mechanik des angeborenen Verhaltens reduziert wird. Dieser Ansatz ist als ausdrückliche Kritik an der Vorstellung vom Menschen als unbeschriebenes Blatt zu verstehen, die zuvor für den existenzialistischen Humanismus der Nachkriegsphilosophie zentral war.[20] 1966 hat die Humanethologie mit der Ausstrahlung der ersten von 13 halbstündigen Episoden der Serie *Wir Menschen* auf BBC, im ORF und im SDR ihren ersten großen öffentlichen Auftritt. In diesen Sendungen präsentieren Hass und Eibl-Eibesfeldt frühe Ergebnisse ihrer humanethologischen Forschung aus den Jahren 1962–1966. 1967 publizieren sie ferner eine wissenschaftliche Darlegung ihrer Methode.[21] 1966 erscheint auch Michel Foucaults *Les mots et les choses*,[22] eine Art Archäologie der Humanwissenschaften, die nicht zuletzt von Sartre selbst als Kritik an seinem existenzialistischen Humanismus gelesen wird. Erklärt Foucault den Menschen aus einer historisch-epistemologischen Perspektive zum transitorischen Wissensobjekt, zur Sandzeichnung am Strand, die mit der nächsten Welle verschwinden kann, so stellt ihn die Humanethologie mit ihrer evolutionshistorischen Sichtweise als geschichtliches Objekt dar, das sich der Verfügung einer existenzialistischen Ethik durch seine Positionierung in der extremen *longue durée* entzieht. In entgegengesetzte Richtungen strebend – Ephemeralität vs. biologische Tiefenzeit – vertiefen Foucault und die Humanethologie so die von Freud diagnostizierte und initiierte narzisstische Verletzung des Menschen.

Möglicherweise hat die ungewöhnliche öffentliche Resonanz, welche die Biologie des menschlichen Verhaltens seit Ende der 1960er Jahre findet, aber auch

---

19 Vinzenz Hediger: Chance wrote the screenplay, reality directed the film. In: Cinema of Explorations. Essays on Adventurous Film Practice. Hg. von James Cahill und Luca Caminati. London/New York 2020, S. 91–106.

20 So beschreibt der Primatologe Frans de Waal in seinem Vorwort der Neuausgabe von Desmond Morris' *The Naked Ape* zum 50. Jubiläum der Erstpublikation die Leistung des Buches wie folgt: „It poked a big hole in the idea that humans start their lives as blank slates." (Frans de Waal: Foreword. In: Desmond Morris: The Naked Ape. A Zoologist's Study of the Human Animal. New York 2010, S. xii).

21 Hans Hass und Irenäus Eibl-Eibesfeldt: Film Studies in Human Ethology. In: Current Anthropology 8 (1967), H. 5, S. 477–479.

22 Michel Foucault : Les mots et les choses. Une archéologie des sciences humaines. Paris 1966.

andere Gründe. Sie könnte auch etwas damit zu tun haben, dass den Hypothesen und Ergebnissen dieser Forschung eine gewisse Komik anhaftet.

Handeln ist tragisch, Verhalten ist komisch

Die mittels 3-D-Computergrafik hergestellten digitalen Bilder, die in den 1990ern das Kino verändern, dienen zunächst als Substitut für ältere Trickfilmtechniken. Sie kommen in *Jurassic Park* (Steven Spielberg, USA 1993) oder in der BBC-Serie *Walking with Dinosaurs* (Tim Haines, UK 1999) zum Einsatz, um Saurier aus der geologischen Tiefenzeit heraufzuholen.[23] In *Lost World* (Harry O. Hoyt, USA 1925) wird dazu noch auf Modelle und Stop-Motion-Animationen zurückgegriffen. Wenn das Neue an einer künstlerischen Technik darin besteht, dass damit genuin neue Formen und Objekte erschaffen werden können, dann findet die Computer Generated Imagery (CGI) ihre Bestimmung mit der Tarzan-Parodie *George of the Jungle* (Sam Weisman, USA 1997), einer Disney-Familienkomödie, in der Brendan Fraser einen Waldmenschen spielt, der mit einem Gorilla und einem Elefanten im tiefsten Dschungel lebt. Der Gorilla kann sprechen (John Cleese verleiht ihm seine Stimme) und kümmert sich im Baumhaus um den Haushalt. Der Elefant übernimmt die Rolle eines Haustiers der besonderen Art: George, der kräftige Dschungelmann, wirft ganze Baumstämme durch den Wald und der Elefant apportiert sie. Die Stämme legt er George zu Füßen, setzt sich auf den Hintern, legt den Kopf zur Seite, bellt und hechelt. Der Elefant ist mit anderen Worten ein *digital native* eigener Ordnung. Er verhält sich dank CGI wie ein Haushund, ein pachydermischer *canis lupus familiaris*. Den Gorilla und den Elefanten verbindet etwas mit den Fabelwesen, die in den mittelalterlichen Bestiarien den Kreis der beobachtbaren Tiere um die bloß vorstellbaren erweitern. Für sie gilt allesamt, was Stanley Cavell in seiner Anwendung von Kants Widerlegung des ontologischen Gottesbeweises hinsichtlich des Realitätseindrucks im Kino festhält: Existenz ist kein Attribut, und obwohl es diese Tiere nicht gibt, sind sie trotzdem in ihrer bildlichen Repräsentation real.[24] Von den Fabelwesen aus den Bestiarien

---

23 Vinzenz Hediger: Schnell noch einen Film vor dem Aussterben. Die zeitliche Konfiguration von Evidenz im Tierfilm. In: Evidenz. Das sieht man doch! Hg. von Rolf Nohr. Hamburg 2004, S. 162–183.

24 Vgl. dazu Vinzenz Hediger: Kleine Biologie des Filmtiers am Beispiel von Fischli/Weiß, „Ratte und Bär“. In: Der Film und das Tier. Klassifizierungen, Cinephilien, Philosophien. Hg. von Sabine Nessel et al. Berlin 2012, S. 27–32.

unterscheidet sich der dickhäutige „Haushund“ allerdings dadurch, dass er nicht nur durch seine äußere Form bestimmt ist, sondern auch durch sein Verhalten. Oder genauer: Sein Erscheinungsbild wird mit einer Reihe angeborener Verhaltensmuster kontrastiert, die ihn als Hund ausweisen, obwohl er hinsichtlich des körperlichen Phänotyps als Elefant wahrgenommen wird. In seiner Erscheinung auf der Leinwand findet CGI als Technik des Neuen zu sich selbst. Und zugleich ist das, was da erscheint, ein Tier, das den Stand der Zoologie im zwanzigsten Jahrhundert repräsentiert. Das ist insofern der Fall, als dieses Wesen nicht länger nur über die Form und die Merkmale des Körpers, sondern auch – ganz im Geist der Ethologie, der von Konrad Lorenz und Nikolaas Tinbergen seit den 1930er Jahren entwickelten biologischen Verhaltensforschung – über seine Verhaltensweisen definiert ist.

Einen vergleichbaren Vorgang des Einkopierens von Verhalten finden wir in *Cat-Friend vs Dog-Friend*, einem zweieinhalbminütigen YouTube-Video des Bostoner Comedy-Duos Fatawesome.[25] „Imagine if humans acted like pets“, lautet die *tag line* des Videos auf der Facebook-Seite des Duos. Wir sehen, wie ein junger Mann nach Hause kommt und von zwei Menschen begrüßt wird, die zwar sprechen, sich sonst aber wie Haustiere verhalten: Jimmy Craig wie eine Katze, Justin Parker wie ein Hund. Justin der Hund begrüßt den Mann schon an der Haustür freudig, schmiegt sich auf dem Sofa an ihn an, lädt ihn mit einem Football zum Spielen ein und belagert mit dem Ball auch Gäste, die später zu Besuch kommen. Jimmy die Katze beäugt hingegen den jungen Mann beim Eintreten skeptisch und rennt dann davon, steigt über Hund und Hausherrn hinweg aufs Sofa, spielt danach mit der Zeitung des Herrchens und stört ihn beim Lesen. Neben einem umgekippten Milchglas im Wohnzimmer verharrt Justin der Hund schuldbewusst kauernd, obwohl er nichts mit dem Missgeschick zu tun hat, während Jimmy die Katze, unbeteiligt daneben sitzt und aufreizend lässig gleich noch ein Glas vom Tisch wischt. Gegen Ende erbricht sich Jimmy auf den Küchenboden; das Video schließt damit, dass sich Justin der Hund daran macht, das Hochgewürgte aufzuessen. Das Video, das seit seinem Erscheinen 2012 über 29 Millionen Mal angeklickt wurde, nimmt sich aus wie ein zur Aufführung gebrachtes populäres Coffee Table Book, in dem es um das Verhalten von Haustieren geht. Für Desmond Morris, der eine ganze Reihe solcher Bücher veröffentlicht hat, wäre allerdings in diesem Zusammenhang der Mensch ein Zeigeorganismus, und dessen

25 fatawesome: Cat-Friend vs Dog-Friend. Video. In: Youtube.com, 12. Nov. 2011. Online unter: https://youtu.be/GbycvPwr1Wg (abgerufen am 16.10.2021). Für den Hinweis danke ich Rembert Hüser.

vermeintliche Anschmiegsamkeit würde er ebenso wie das entsprechende Verhalten einer Katze kalten Herzens als ernährungstechnisches Kalkül entlarven.

Jurassic Park wiederum ist eine Feier dessen, was der Historiker und Literaturwissenschaftler Perry Miller „American technological sublime" genannt hat.[26] Dieser Film übt sein Publikum im Staunen über die Überwindung und Überbietung der Natur durch die Technik, die sogar das Reisen in der biologischen Tiefenzeit der Evolutionsgeschichte ermöglicht. Bei der Technik, die das vermag, und über die wir staunen sollen, handelt es sich zunächst und auch bis auf Weiteres um die neue digitale Bildtechnik des Films. Wie sich das Staunen anfühlt, macht dem Publikum die von Laura Dern gespielte Paläontologin Dr. Ellie Sattler anlässlich der ersten Begegnung mit den Sauriern in *Jurassic Park* vor. Ihr staunendes Gesicht ist zu sehen, bevor der Schnitt auf die Saurier folgt (vgl. Abb. 2). In *George of the Jungle* dient in einer Szene, in der offenkundig dieser schnell kanonisch gewordene Moment aus Steven Spielbergs Film parodiert wird, ebenfalls eine staunende blonde weiße Frau als Einkoppelungsfigur: die reiche amerikanische Erbin Ursela (vgl. Abb. 3 und 4).[27] Ihr stellt der Waldmensch seinen pachydermischen Hund vor, bevor er ihn apportieren lässt. Dr. Sattler und Ursela sind Schwes-

Abb. 2: Blonde Forscherin sieht ihren ersten Saurier in freier Wildbahn: Laura Dern in *Jurassic Park*, © Universal 1993.

26 David E. Nye: The American Technological Sublime. Cambridge, Mass. 1994.

27 Als ‚Einkoppelungsfigur' wird in der Kunstgeschichte eine Person am Bildrand bezeichnet, welche die Rolle des Zuschauers:der Zuschauerin innehat und den Betrachter:innen so den Einstieg in das Bildgeschehen erleichtert.

Abb. 3 und 4: Reiche blonde Erbin trifft pachydermischen Hund, der hechelt und Pfötchen gibt: *George of the Jungle*, © Walt Disney Corp. 1997.

tern im Geiste, sie stehen in der Tradition von Jane Parker aus den *Tarzan*-Filmen, die auch als Statthalterin des weißen, westlichen Publikums angesehen werden kann. Als Einkoppelungsfiguren vermitteln diese Frauen eine Sicht auf Indigene und wilde Tiere an entlegenen Orten – eine Beschreibung, die so durchaus auch auf die Versuchsperson aus Eibl-Eibesfeldts *Erstbegegnungs*-Film *E 2863* zutrifft.[28]

Die Komik des pachydermischen Hundes in *George of the Jungle* hat etwas mit Fallhöhe und Größenverhältnissen zu tun. Denn die besagte Parodie verstärkt den

28 Brady Earnhart: A colony of the imagination. Vicarious spectatorship in MGM's early „Tarzan" films. In: Quarterly Review of Film and Video 24 (2007), H. 7 (2007), S. 341–352.

in diesem Film ins Treffen geführten anarchischen Witz, eine Bildtechnik des technologisch Sublimen *par excellence* für die Herstellung absurd erscheinender ethologischer Fabelwesen einzusetzen. Zugleich lebt die Szene von dem, was man eine „Komik der Skalierung“ nennen könnte. Skalierung ist die Fähigkeit eines Systems, unter Beibehaltung seiner Funktionalität die Größe zu verändern. Dafür ist die digitale Projektion des Verhaltensprogramms des Hundes auf den Körper des Elefanten, eines vielfach größeren Organismus, ein gelungenes Beispiel. Die Komik der Szene liegt jedoch nicht nur in der Veränderung der Größenverhältnisse, sondern rührt auch daher, dass der Elefant in Bewegung so gezeigt wird, als würde die Schwerkraft auf ihn nicht anders wirken als auf den um ein Vielfaches leichteren Hund. Die Saurier in *Jurassic Park* bewegen sich ihrem Gewicht entsprechend langsam und bringen die Erde zum Erzittern; der Elefant in *George of the Jungle*, der sich ähnlich schwerfällig bewegen müsste, tollt hingegen herum wie ein junger Hund. Die Realismus-Prätentionen des Hollywood-Blockbuster-Kinos liefern also die Fallhöhe; in ihrer Verballhornung liegt der Witz der Skalierung.

Die Komik der Skalierung lässt sich aber auch als Beispiel für das Lachen im Sinne von Henri Bergson verstehen. Das Lachen, so Bergson, wird dann provoziert, wenn etwas Mechanisches, Steifes oder Starres etwas Lebendigem aufgeprägt wird.[29] Das geschieht hier auf zweierlei Arten: Die skalierende Projektion des Hundeverhaltens auf den Elefantenkörper lässt im Kontrast dessen schwergängige Materialität hervortreten. Und zugleich wird in diesem Zusammenhang die digitale Animation selbst als technisches System sichtbar, das sich dem lebenden Körper aufprägt und mittels der Mechanik der Projektion über ihn verfügt. Dem Bergsonschen Verständnis des Lachens entspricht auch das YouTube-Video *Cat-Friend vs Dog-Friend* mit Justin dem Hund und Jimmy der Katze. Denn für die europäischen Anthropologien ist die Annahme leitend, dass sich Menschen von Tieren dadurch unterscheiden, dass sie über einen Geist, einen Willen, eine Seele verfügen, womit sie von der körperlichen Mechanik der bloßen Bedürfnisbefriedigung befreit sind und frei handeln, Individualität entwickeln können.[30] Genau diese Differenz wird problematisch, ja droht zu kollabieren, wenn menschlichen Akteur:innen leicht als Verhaltensweisen von Haustieren erkennbare Handlungsmuster aufgeprägt werden. Der Freiraum für das Handeln und die Individualität

29 Henri Bergson: Das Lachen/Le rire. Ein Essay über die Bedeutung des Komischen. Übers. von Roswitha Pancherel-Walter. Hamburg 2011.

30 Vgl. dazu etwa Tugendhats Überlegungen zur Artenspezifik philosophischer Anthropologie: „Nur in der Anthropologie geht es um die Frage nach der Art, wie man sich selbst und die Welt versteht. Bei anderen Spezies fänden wir es merkwürdig, von einem Sich-so-oder-so-Verstehen zu sprechen, und selbst wenn wir uns etwas darunter vorstellen könnten, hätten wir keinen Zugang dazu.“ (Ernst Tugendhat: Anthropologie statt Metaphysik. 2. Aufl. München 2010, S. 36).

des Menschen weichen der Mechanik formstarren tierischen Verhaltens. Dabei tritt etwas zutage, das „unserer lebendigen Persönlichkeit fremd ist" – jene Automatismen, die sich in jeder Person festsetzten und die komisch wirken, wenn sie imitiert, also von den Individuen abgetrennt werden.[31]

Einen vergleichbaren Effekt erzielt der Film *Der „Augengruß" im Kulturvergleich* von Eibl-Eibesfeldt, der im Unterschied zu *George of the Jungle* und *Cat-Friend vs Dog-Friend* nicht komisch gemeint ist und im Gegensatz zu Ersterem ohne Tricktechnik auskommt. Stattdessen setzte der Autor ganz auf die älteste filmische Technik, die unter anderem von Sergej Eisenstein zur filmischen Technik schlechthin erklärt wurde und zur Essenz der Filmkunst:[32] auf den Schnitt. *Der „Augengruß" im Kulturvergleich*, Registernummer D 1824, wurde 1993 für das Institut für den Wissenschaftlichen Film realisiert. Verwendet wurde dafür Material aus dem Humanethologischen Filmarchiv, das Eibl-Eibesfeldt und sein Mentor und Forschungspartner, der Meeresbiologe und Verhaltensforscher Hans Hass, zwischen 1965 und 1985 zusammengetragen haben. Der Film ist so etwas wie der Blockbuster der filmbasierten humanethologischen Forschung; nicht von ungefähr erscheint auf der Webseite des Humanethologischen Filmarchivs an prominenter Stelle ein GIF mit einem Ausschnitt aus diesem Werk – es dient damit als Emblem für das ganze Projekt und ist das bekannteste Beispiel für die Präsentation eines Artefakts aus dem Archiv.[33] „Das kurze Heben der Augenbrauen drückt bei uns Menschen soziale Kontaktbereitschaft aus", so das männliche Voiceover mittlerer Tonlage zu Beginn des Films.[34] Währenddessen sehen die Betrachter:innen eine junge Frau mit dunkelblonden Haaren und einem blassgelben Hemd, die am Boden sitzt und ein kleines Kind hält, das auf ihrem Knie sitzt. Die Frau interagiert mit dem Kind, indem sie es anspricht und dazu die Augenbrauen hebt. Die Kamera zoomt auf ihr Gesicht, damit der Augengruß besonders deutlich zu sehen ist. Es folgt eine sechsminütige Sequenz mit über dreißig weiteren Einstellungen – vorwiegend Großaufnahmen, welche die Gesichter von Menschen unterschiedlicher geographischer Herkunft zeigen, die mit dem Heben der Augenbrauen andere Menschen grüßen oder Kommunikations- und Interaktionsbereitschaft signalisieren (vgl. Abb. 5).

---

31 Bergson erklärt das, was an der Imitation Lachen provoziert, dadurch, dass wir nachahmen, was an „unserer Gestik monoton, mechanisch und folglich unserer lebendigen Persönlichkeit fremd ist. Jemanden nachahmen heißt den Teil Automatismus, der sich in ihm festgesetzt hat, von seiner Person abtrennen." (Bergson: Das Lachen, S. 32).

32 Vgl. David Bordwell: The idea of montage in Soviet art and film. In: Cinema Journal 11 (1972), H. 2, S. 9–17.

33 Vgl. Webseite des Humanethologischen Filmarchivs der Senckenberg Gesellschaft für Naturforschung. Online unter: www.humanetho.de (abgerufen am 21.10.2021).

34 Im Film: 00:33–00:35 min.

Abb. 5: *Der „Augengruß" im Kulturvergleich*, 1993 © Humanethologisches Filmarchiv.

Die Serie dient als Beweismittel dafür, dass der Augengruß der „weltweite Ausdruck freundlicher Zuwendung" ist – so der Kommentar zu den Aufnahmen.[35] Ob es sich nun um eine schwedische Großmutter handelt, die mit ihren Enkeln interagiert, eine !Ko-Frau, die mit ihrem Kind spielt, um einen Mann vom Rangiroa-Atoll oder einen aus Sri Lanka: stets ist es „der gleiche, sehr formkonstante Bewegungsablauf", den die Aufnahmen zeigen.[36]

Die Reihe der Aufnahmen ließe sich fortsetzen, aber spätestens nach sechs Minuten ist der Beweis erbracht: Der Augengruß ist ein Bewegungsablauf, der ganz unabhängig von variablen Faktoren wie Lokalität, Sozialstruktur, Wirtschaftsform oder Sprache in zuverlässiger Weise beobachtet werden kann und stets die gleiche Funktion hat, nämlich eine kommunikative Situation herzustellen. Diesen Punkt untermauert noch einmal die letzte Einstellung in der Reihe, in der eine Frau in traditioneller japanischer Kleidung gezeigt wird, die ebenfalls die Augenbrauen zum Gruß hebt. „In Japan ist die Schaustellung von Affektsignalen strenger reglementiert; man geht mit diesen Zeichen sparsamer um", so der Kommentar,[37] um dann anzufügen, dass der Augengruß als „weltweite[r] Ausdruck freundlicher Zuwendung" jedoch sogar hier im Rahmen von Interaktionen zu beobachten sei. Die

35 Im Film: 06:01 min.
36 Im Film: 01:19 min.
37 Im Film: 05:53–05:55 min.

letzte Einstellung ist somit als Antwort auf den stärksten möglichen Einwand gegen die Feststellung von Universalien, nämlich dass der Emotionsausdruck immer auch kulturell bedingt ist, zu verstehen. Der Anthropologe Paul Ekman vertritt in seinen kulturvergleichenden Studien zum Emotionsausdruck, an denen er so wie Desmond Morris und Irenäus Eibl-Eibesfeldt in den 1960er Jahren zu arbeiten beginnt, die Position, dass das menschliche Ausdrucksrepertoire sechs konstante Basisemotionen umfasst, die allerdings von kulturell spezifischen *display rules*, also Reglements der Schaustellung von Affektsignalen (um die Wortwahl des Kommentars von Eibls Film aufzugreifen), überformt sein können.[38] Das Beispiel aus Japan konzediert die Bedeutsamkeit dieser Differenzierung und ist zugleich der Extremfall, mit dem der endgültige Beweis erbracht wird: Selbst in einem kulturellen Kontext mit strengsten *display rules* ist der Augengruß beobachtbar. Oder anders gesagt: Die eigentliche Pointe des Kulturvergleichs in der Humanethologie besteht darin, dass man am Ende die Kultur und kulturelle Faktoren, die das Verhalten überformen, aus der Gleichung ausstreichen kann, um so zu dem kulturvorgängigen biologischen Substrat menschlicher Handlungsweisen vorzudringen. Die Beweisführung ist vor diesem Hintergrund eine doppelte. Der Film präsentiert nicht nur eine der frühesten Entdeckungen der Humanethologie, die über die ersten 25 Jahre der Laufzeit von Eibl-Eibesfeldts Arbeit immer wieder bestätigt wird. Er validiert zugleich in exemplarischer Weise den Forschungsansatz der Humanethologie, ihr kulturvergleichendes Forschungsprogramm und dessen leitende Methode sowie die wichtigsten der in diesem Zusammenhang getroffenen Annahmen.

Eibl-Eibesfeldts Position ist eine dezidiert monogenetische. Das bedeutet, dass er davon ausgeht, dass die Menschheit gattungshistorisch gesehen eine Einheit bildet. Dahingehend bezieht er sich ausdrücklich auf Darwin. Die Originalität von Darwins Evolutionstheorie besteht zum einen darin, dass mit ihr das Leben als historischer Prozess definiert werden kann, dass also die statische Stufenordnung des Seins, von der noch die Naturforscher:innen der ersten Hälfte des neunzehnten Jahrhunderts ausgehen, durch die Idee von einer gemeinsamen Herkunft aller Lebensformen ersetzt wird.[39] Zum anderen tritt bei Darwin – darin ist er

38 Paul Ekman, Richard Sorenson und Wallace V. Friese: Pan-cultural elements in facial displays of emotion. In: Science 164 (1969), H. 3675, S. 86–88.

39 „Gemäß der darwinistischen Evolutionstheorie ist die Entwicklung der Tier- und Pflanzenwelt ein genuin geschichtlicher Prozess, d. h. ein irreversibler und einzigartiger, unwiederholbarer Prozess, dessen Resultate nicht wie bei der Individualentwicklung von Organismen in den Ausgangsbedingungen vorprogrammiert, sondern offen sind, ein Prozess, in dem der Zufall eine konstitutive Rolle spielt und dem dennoch aufgrund gewisser Feedback-Effekte eine Tendenz zur Optimierung der ‚natürlichen Technologie' eigen ist." (Wolfgang Lefèvre: Die Entstehung der biologischen Evolutionstheorie. Frankfurt 2009, 7–8).

ganz Repräsentant der großen Strömungen der zweiten Hälfte des neunzehnten Jahrhunderts – die materialistische Vorstellung von der natürlichen Selektion als probabilistischer, ergebnisoffener Prozess an die Stelle der Mutmaßung, es gebe eine Zweckursache der Lebensformen, einen göttlichen Plan oder eine Vorbestimmung. Nicht auf einen Plan, sondern auf Kontingenz und Wahrscheinlichkeit gehen die beobachtbaren Lebensformen gemäß Darwin zurück, und nicht die Gattung als Sammelkategorie, sondern Differenz und die Spezifik des Individuums sind die maßgeblichen Größen im Rahmen seiner Untersuchungen. Insofern ist *On the Origin of Species* ein irreführender Titel, geht es in diesem Buch doch gerade darum, dass es keine „Arten" gibt, sondern nur Individuen, die miteinander verwandt sind. Ebenso müssen vor diesem Hintergrund Zweifel angemeldet werden an der Idee von der Einheit der Menschheit, von der die Ethologie ausgeht. Diese Einheit gründet auf der gemeinsamen Herkunft, wofür der Nachweis erbracht wird, indem man im Zuge eines Kulturvergleichs allgemeingültige Aspekte des menschlichen Verhaltens herausarbeitet, die gerade nicht spezifisch sind für die jeweilige Kultur.

Entsprechend besteht Eibl-Eibesfeldts Forschungsprogramm aus einer Reihe von vergleichenden Langzeitstudien. Diese sind so konzipiert, dass sie die Entwicklungsstufen menschlicher Wirtschaftsformen repräsentieren, wie sie die Paläoanthropologie definiert hat. So dienen die seit 1970 beforschten drei Kulturen der Kalahari-Buschleute, die !Ko, die G/wi und die !Kung, als „Modell altsteinzeitlicher Jäger[:innen] und Sammler[:innen]", die Yanomami des oberen Orinoko repräsentieren seit 1969 die Wildbeuter:innen und beginnenden Gartenbauer:innen, die seit 1975 beforschten Eipo des Berglandes von West-Neuguinea (Irian Jaya) sind die neusteinzeitlichen Pflanzer:innen und die Himba in Namibia (seit 1971) stellen traditionelle Viehzüchter:innen dar. Hinzu kommen ab 1981 die Bewohner:innen der Trobriand-Inseln und ab 1965 verschieden Gruppen von Balines:innen, die spätere zivilisatorische Entwicklungsstufen repräsentieren sollen.[40]

Zu den leitenden Annahmen des kulturvergleichenden Forschungsprogramms gehört, dass damit verschiedene Epochen einander gegenübergestellt werden, dass also das gegenwärtige Dasein der Menschheit durch eine an unterschiedlichen Wirtschaftsformen festzumachende Ungleichzeitigkeit der Entwicklungsstufen gekennzeichnet ist. Dabei impliziert das Forschungsdesign, dass diese historische Einheit der Ungleichzeitigkeit nur von der höchsten Entwicklungsstufe in den Blick genommen werden kann. Der Kulturvergleich der Humanethologie bewegt sich damit durchaus noch im Horizont des Geschichtsverständnisses, das Friedrich

---

40 Das Humanethologische Filmarchiv: Kulturvergleichende Langzeitstudie. Online unter: www.humanetho.de/de/Archiv.html (abgerufen am 21.10.2021).

Schiller im Revolutionsjahr 1789 in seiner Jenaer Antrittsvorlesung als Professor für Universalgeschichte entwirft. Die Entdeckungen der europäischen Seefahrer, so Schiller, „geben uns ein ebenso lehrreiches als unterhaltendes Schauspiel". Er vergleicht die „Völkerschaften, die auf den mannichfaltigsten Stuffen der Bildung um uns herum gelagert sind", mit „Kinder[n] verschiedenen Alters", die „um einen Erwachsenen herumstehen". Dabei erinnern sie den europäischen Menschen durch ihr Beispiel daran, „was er selbst vormals gewesen, und wovon er ausgegangen ist". Lehrreich wird das „Schauspiel" durch die Analogie von biologischer Lebensgeschichte und Menschheitsgeschichte. „Eine weise Hand", so Schiller,

> scheint uns diese rohen Völkerstämme bis auf den Zeitpunkt aufgespart zu haben, wo wir in unserer eignen Kultur weit genug würden fortgeschritten seyn, um von dieser Entdeckung nützliche Anwendung auf uns selbst zu machen, und den verlohrnen Anfang unseres Geschlechts aus diesem Spiegel wieder herzustellen.[41]

Für Eibl-Eibesfeldts Förderer und anfänglichen Forschungspartner Hans Hass wiederum, seines Zeichens Haiforscher und Pionier des Tauchens, stellt das Hinabgleiten in die Tiefen des Ozeans in ähnlicher Weise auch ein Eintauchen in die biologische Tiefenzeit dar. Nicht von ungefähr lautet der Titel eines seiner populären Sachbücher *Wir kommen aus dem Meer.*[42] Mit der Humanethologie kehren Hass und Eibl-Eibesfeldt aufs Festland und zugleich zu Schiller zurück. Im Rahmen des kulturvergleichenden Forschungsprogramms wird die Gattungsgeschichte als über den Erdball verteiltes Schauspiel aufgefasst, in dem die räumliche Distanz zwischen Menschen die Gleichzeitigkeit und zeitliche Kohärenz des Ungleichzeitigen ermöglicht.

Der Film *Der „Augengruß" im Kulturvergleich* ist mit seiner seriellen Montage eines formkonstanten Bewegungsablaufs, der kulturunabhängig beobachtbar ist, aber nicht bloß das Medium der Wiedergabe visueller Beweismittel für die Einheit der Menschheit. Er bringt diese Beweise auch performativ hervor. *Der „Augengruß" im Kulturvergleich* bemüht sich um Nüchternheit, was sich schon anhand des Stimmprofils und des Tonfalls der Sprecherstimme zeigt. Auch die Montage dient nicht der Erzielung einer künstlerischen Wirkung, vielmehr soll damit die Stringenz der Beweisführung sichergestellt werden. Aber der Film ist nicht langweilig. Er ist, gemessen an den Standards des Wissenschaftsfilms, geradezu ein *feel-good movie*. Er handelt von positiven Emotionen, von freundlichen Einladungen zur

41 Friedrich Schiller: Was heißt und zu welchem Ende studiert man Universalgeschichte? Eine akademische Antrittsrede. In: Sämtliche Werke. Bd. IV: Historische Schriften, hg. von Peter-André Alt. München 2004, hier S. 754.

42 Hans Hass: Wir kommen aus dem Meer. Forschungen und Abenteuer mit der XARIFA. Berlin 1957; vgl. auch Hediger: Chance wrote the screenplay.

Kommunikation. Zwar lösen diese in einigen Beispielen Verlegenheit und Schamgefühle aus, aber auch diese Momente der Verlegenheit haben ihren Charme und sind eher anrührend als peinlich. Die Grundstimmung des Films ist heiter; *Ein freundlicher Gruß geht um die Welt* wäre ein möglicher alternativer Titel im Stil des deutschen Nachkriegskinos. Mehr noch: Die Freundlichkeit der Protagonist:innen des Films ist ansteckend. Die unwillkürliche Nachahmung von Gesichtsausdrücken, die auf der Leinwand zu sehen sind, ist eine wichtige Dimension der Filmerfahrung, die in der Filmtheorie im Anschluss an die kognitionspsychologische Emotionsforschung unter dem Oberbegriff der ‚Empathie' als *facial mimicry, emotional mimicry* und mitunter auch mit Blick auf gesamtkörperliche Erfahrungen als *motor mimicry* beschrieben wird.[43] Diesbezüglich lässt sich mit dem Begriff der ‚Ansteckung' ein Wirkungsmoment der *emotional simulation* (Murray Smith) beschreiben.[44] Dabei übernehmen die Zuschauer:innen nicht nur einen Gesichtsausdruck von einer Figur auf der Leinwand, sie bilden auch die damit verbundene Gefühlslage nach – sie empfinden dasselbe wie der:die Protagonist:in. Diese Reaktion geschieht unwillkürlich, ausgelöst durch das Gesicht auf der Leinwand, und sie wird bisweilen bewusst wahrgenommen und reflektiert, aber erst, wenn sie sich bereits vollzieht. Der emotionalen Situation der Zuseher:innen in Folge der Ansteckung durch *facial mimicry* ist es geschuldet, dass die Aufzählung in *Der „Augengruß" im Kulturvergleich* nicht monoton, sondern erheiternd wirkt. Am Ende des Films ist das Publikum selbst Teil der augengrüßenden Weltgemeinschaft, die sich als solche auch und gerade im Zeigen und Schauen des Films konstituiert.

Aber was ist daran komisch?

Der „Augengruß" im Kulturvergleich ist ein dezidiert humorloser Film. Kein Verdacht der Witzigkeit stört die Beweisführung. Auch ist der Film kein fingiertes Artefakt, das mit der anarchischen Implantierung von Verhaltensmustern über Art- und Gattungsgrenzen hinweg eine künstlerische Wirkung erzielen will. Wenn auch nicht ein Dokumentarfilm im Sinne einer deliberativen Darstellung sozialer Tatsachen, so ist der Film doch eine Dokumentation, entstanden unter genau definierten Kontrollbedingungen. Durch die Darlegung des Verfahrens im Vorspann und den Tonfall der Voiceover sichert sich der Film auch dagegen ab, anders gelesen zu werden denn als wissenschaftliche Dokumentation. Ein Wechsel dessen,

43 Carl Plantinga: Emotion and affect. In: The Routledge Companion to Philosophy and Film. Hg. von Paisley Livingston und Carl Plantinga. London 2008; Christine Noll Brinckmann: Motor mimicry in Hitchcock. In: Color and Empathy. Essays on Two Aspects of Film. Amsterdam 2014, S. 135–144.

44 Murray Smith: Altered states. Character and emotional response in the cinema. In: Cinema Journal 33 (1994), H. 4, S. 34–35.

was Roger Odin den *Modus der Lektüre* nennt, ist nur schwer vorstellbar.[45] Einen mit pompöser Attitude vorgetragenen Trailer von Cecil B. DeMille aus dem Jahr 1956 kann ein Publikum des einundzwanzigsten Jahrhunderts anschauen, als handle es sich um eine Parodie. *Der „Augengruß" im Kulturvergleich* lässt eine solche Mischung aus einem Lachen über die gewollte und die ungewollte Komik eines filmischen Artefakts nicht zu. Das einzige Vergnügen, das er zulässt, ist das der Eingliederung in die Weltgemeinschaft der Augengrüßenden durch faziale Mimikry. Es ist auch nicht so, dass einem das Lachen im Hals stecken bleiben würde, wie etwa bei Becketts *Endgame*, wo die Figuren scheitern, aber der Horizont ihres Strebens nicht mehr erkennbar ist und damit ihr Scheitern auch nicht mehr zum Lachen reizt.[46] Bei *Der „Augengruß" im Kulturvergleich* gelingt im Gegensatz dazu die Beweisführung, dieser Film ist an seinem eigenen Anspruch gemessen ein Erfolg.

Die Komik des Films liegt also tiefer.

Wenn Konzepte wie *Geist* oder *Wille* Namen sind für das, was den Menschen vom Tier unterscheidet und was ihn aus den Zwängen der Biologie befreit, dann zeigt ein Film wie *Der „Augengruß" im Kulturvergleich* mit seiner Reihung gleichförmiger Bewegungsabläufe, wie sehr das Gattungswesen Mensch weiterhin von diesen Zwängen bestimmt ist, in welchem Maße die Biologie den Menschen ausmacht. Über *The Naked Ape* sagte Desmond Morris: „My book was about the way people behave, about the way they act, not the way they think."[47] Das lässt sich auch über die Filme des Humanethologischen Filmarchivs sagen. Darin zu sehen sind formstabile Verhaltensweisen. Das sind Erscheinungen von einer solchen Prägnanz, dass sie sich mittels entsprechender Bildtechniken anderen Gattungswesen ohne Rücksicht auf deren mentale Zustände aufprägen lassen, wie das etwa für *George of the Jungle* gemacht wurde. Besonders komisch wirkt das, wenn es sich um vertraute Verhaltensweisen von Tieren handelt, die von Menschen übernommen werden. *Der „Augengruß" im Kulturvergleich* betreibt nicht das Geschäft der künstlerischen Aufprägung und Verschiebung, sondern der dokumentarischen Freilegung. Was er aber freilegt, ist die inhärente Mechanik des menschlichen Verhaltens. Die einnehmende Wirkung der Eröffnung der Kommunikation durch den Augengruß ebnet den Weg zur Einsicht, dass hier ein Ablauf offenbar wird, der zwar auch willkürlich ausgelöst werden kann, der in der Regel aber unwillkürlich vonstattengeht – so wie er auch vom Publikum des Films durch faziale Mimikry unwillkürlich nachgeahmt und nachgestellt wird. Das ist vielleicht nicht auf Anhieb

45 Roger Odin: Kommunikationsräume. Eine Einführung in die Semiopragmatik. Übers. und hg. von Guido Kirsten et al. Marburg 2019.

46 Wolfgang Iser: Die Artistik des Misslingens. Ersticktes Lachen im Theater Becketts. Heidelberg 1979.

47 Morris: Naked Ape, S. XX.

lustig, dafür jedoch latent komisch in einem doppelten Sinne: Die Humanethologie entdeckt – dahingehend ist sie mit dem Animationsfilm verwandt, der, wie die Ethologie, in den späten 1920er Jahren seine prägnante Form gewinnt – eine Mechanik, die im Lebendigen selbst liegt. Die Vorstellung von menschlicher Individualität und Freiheit, die zumindest im Moment des Fokussierens auf das Programmhafte des Verhaltens hinter ein Bild vom Menschen als biologisch determiniertes Geschöpf zurücktritt, liefert die für die Komik notwendige Fallhöhe. An die Stelle dieser Vorstellung vom eigenen Willen tritt angesichts der Evidenz, die das Humanethologische Filmarchiv schafft, das Bild vom Menschen als ein tragikomisches Wesen, das viel stärker in die Biologie verstrickt ist als es meint.

Die latente Komik wird an einem Punkt ausdrücklich: In den Parapraxen der Übersprungshandlungen, die das ethologische Gegenstück zur Freudschen Fehlleistung bilden. Morris behandelt sie in seinem Buch unter dem Begriff *tics*, er beschäftigt sich mit Verhaltensstereotypen, die als Reaktion auf eine Überforderung durch Neuheit, auf eine *novelty overdose* zu beobachten sind. Der Manager, der auf einen Anruf wartet und mit den Fingern auf seinen Schreibtisch trommelt; die Frau, die im Wartezimmer am Griff der Handtasche nestelt; das Kind, das verlegen seinen Körper hin und her wiegt; der Student, der bei der Prüfung seinen Bleistift zerkaut; der Polizist, der nervös seinen Schnurrbart zwirbelt: „We know all the signs", so Morris.[48] Die latente Komik des vorprogrammierten Verhaltens, dieses Inventar verräterischer Gesten, die wie *tics* anmuten, die aber auf ein anderes Verhalten verweisen, das vorübergehend nicht ausgeführt werden kann, wird zum Stoff einer Komödie des Unwillkürlichen. Besonders wenn wir die Zeichen zu deuten wissen, „when we know all the signs", darf gelacht werden, über und mit den Betreffenden, denn ihre Biologie ist auch die unsrige.

Die Plastizität von Natur und Kultur

Humanetholog:innen sind auf der Suche nach einem Verhalten, das ihnen als biologisches Substrat menschlichen Handelns und menschlicher Gesellschaft erscheint. (Wobei sie die Unterscheidung von Verhalten und Handeln genau besehen nicht anerkennen, wenn sie von „Triebhandlungen" oder „Instinkthandlungen" sprechen.) Sie sind dezidiert nicht auf der Suche nach dem, was in der klassischen Vertragstheorie etwa bei Hobbes oder Rousseau „Naturzustand" heißt: ein Zustand der aller Gesellschaft oder Staatlichkeit vorgängigen Vereinzelung, dem zu entkommen sich die Menschen an einem nicht näher bestimmten Punkt in

48 Morris: Naked Ape, S. 138.

ihrer Vorgeschichte zu politischen Einheiten zusammengetan haben.[49] Vielmehr gilt für Humanetholog:innen die Annahme, dass jede soziale Struktur eine Fortsetzung der Biologie mit anderen Mitteln ist. „It is the biological nature of the beast", so Morris, „that has moulded the social structure of civilization, rather than the other way around."[50] Sowohl Eibl-Eibesfeldt als auch Morris, der sich neben seiner Karriere als Verhaltensforscher auch noch einen Namen als surrealistischer Künstler macht,[51] betrachten auch die Kunst unter diesem Gesichtspunkt. So untersucht Eibl-Eibesfeldt balinesische Wächterfiguren als künstlerische Korrelate und Ausformungen angeborener Droh- und Abwehrgesten,[52] während Morris zwar zunächst die Malerei von Schimpansen ausstellt, schließlich aber das Herstellen von Bildern als Kriterium der Humandifferenz definiert und als Voraussetzung für zivilisatorischen Fortschritt analysiert.[53] Anhand der Auseinandersetzung mit Kunst wird besonders deutlich, was neben kulturunabhängigen, formkonstanten Verhaltensabläufen der zentrale Forschungsgegenstand in der Humanethologie ist: Die Grenze zwischen stammesgeschichtlicher Anpassung und individuellem oder kollektivem Lernen, oder, um die ganz großen Begriffe ins Treffen zu führen, jene zwischen Natur und Kultur. Im Zuge neuerer Entwicklungen in der Ethnologie, etwa im Anschluss an die Arbeiten von Philippe Descola, müsste man allerdings letztgenannte Begriffe unter Anführungszeichen setzen.[54] Descola unterscheidet zwischen vier großen Ontologien, die – auch wenn sie nicht überall gleichermaßen präsent sind – weltweit eine Rolle spielen: Animismus, Totemismus, Analogismus und Naturalismus. Ontologien im Sinne von Descola sind so etwas wie kantische Schemata, welche die Welt erkennbar machen, damit aber auch bestimmen, was an der Welt erkennbar ist. Der Naturalismus ist für Descola die tonangebende Ontologie moderner europäischer Wissens- und Wissenschaftssysteme, in deren Zentrum eben die Unterscheidung zwischen Natur und Kultur steht, die sich am Ende des neunzehnten Jahrhunderts mit der Institutionalisierung der modernen Natur-

---

49 Wolfgang Kersting: Vertragstheorien. Kontraktualistische Theorien in der Politikwissenschaft. Stuttgart 2016, Kap. 5–7.

50 Morris: Naked Ape, S. 79.

51 Morris' Gemälde, die Einflüsse von Dalí, Miró und Matisse aufweisen, wurden in die Sammlungen maßgeblicher britischer Kunstmuseen aufgenommen, darunter die Tate Gallery und das Swindon Museum in Bath, ein wichtiges Museum für britische Kunst des zwanzigsten Jahrhunderts. Morris hat zudem ein Buch über den Surrealismus veröffentlicht. Vgl. Desmond Moris: Das Leben der Surrealisten. Übers. von Willi Winkler. Berlin 2020.

52 Eibl-Eibesfeldt: Der vorprogrammierte Mensch, S. 249–276.

53 Desmond Morris: The Biology of Art. A Study of the Picture Making Behavior of the Great Apes and Its Relationship to Human Art. New York 1962; Morris: Naked Ape, S. 125–134.

54 Philippe Descola: Jenseits von Natur und Kultur. Aus dem Franz. von Eva Moldenhauer. Frankfurt 2005.

wissenschaften verfestigt. Die Suche nach der Grenze, die Natur von Kultur trennt, verläuft entlang eines hermeneutischen Zirkels: Die Existenz dieser Grenze wird von der Ontologie vorausgesetzt, die zugleich den Horizont definiert, innerhalb dessen die Suche nach der Trennungslinie vonstattengeht. Es gehört zur Arbeit mit und an dieser Ontologie, die Frage nach der Bestimmung der Grenze immer wieder neu aufzuwerfen. Für Eibl-Eibesfeldt ist klar, dass eine komplette Inventarisierung der *fixed action patterns* im Humanethologischen Filmarchiv die Beantwortung dieser Frage verspricht. In einem Aufsatz von 1982 gibt sich der amerikanische Verhaltensforscher Peter C. Reynolds als Anhänger des Ansatzes und der Methode von Eibl-Eibesfeldt zu erkennen, er stellt darin aber zugleich ausgehend von seinen eigenen filmbasierten Arbeiten zum Kinderspiel zwei leitende Hypothesen auf, mit denen er die Herangehensweise der Humanethologie grundlegend in Frage stellt. Zum einen wendet Reynolds die Prämisse der evolutionären Adaption und Nützlichkeit auf kulturelle Formationen und Handlungsweisen an, und zum anderen versucht er nachzuweisen, dass die grundlegenden Elemente des Verhaltens kleinteiliger und partieller sind als die vergleichsweise umfangreichen formkonstanten Abläufe, auf die der Begriff *fixed action patterns* zielt.[55] Mit dieser Kritik verweist Reynolds auf eine Schwierigkeit der Humanethologie: Die Zahl der Beispiele menschlicher Verhaltensprogramme, welche die Prägnanz des Augengrußes haben und die sich in ähnlicher Weise durch ein sogenanntes *Ethogramm*, eine inventarisierende Liste von Verhaltenseinheiten, beschreiben lassen (wie etwa ein Verhaltensmuster eines Vogels), ist begrenzt. Das Humanethologische Filmarchiv beherbergt nach Abschluss der Arbeiten 2007 über 600 Stunden Filmmaterial, wovon jedoch ein Gutteil aus konservatorischen, ethischen und/oder rechtlichen Gründen nicht oder noch nicht zugänglich ist.[56] Solange das Material auch für die Forschung nicht in vollem Umfang zugänglich ist, lässt sich die Arbeitshypothese, auf deren Grundlage das Archiv aufgebaut wurde, weder gänzlich verifizieren noch falsifizieren. Und solange das nicht möglich ist, ist die Frage zulässig, ob die latente Komik des humanethologischen Verhaltensbegriffs nicht vielleicht deswegen latent bleibt, weil das biologische Substrat des Gattungswesens Mensch plastischer ist als es die Annahme des Mechanischen im Lebendigen selbst nahelegt.

---

55 Peter C. Reynolds: Affect and instrumentality. An alternative view on Eibl-Eibesfeldt's human ethology. In: Behavioral and Brain Sciences 5 (1982), H. 2, S. 267–273.

56 Zu den veröffentlichten Filmen aus dem Archiv vgl. das Verzeichnis auf der Website. Online unter: www.humanetho.de/de/IWF2.html (abgerufen am 21.10.2021).

Abbildungsverzeichnis

Abb. 1	Irenäus Eibl-Eibesfeldt: *Erstbegegnung mit weißer Besucherin*, 1969, HF-Nr.: 148, Film-Nr. IWF: E 2863, Standbild 00:07:06 min. © Humanethologisches Filmarchiv.
Abb. 2	Blonde Forscherin sieht ihren ersten Saurier in freier Wildbahn. Aus: Steven Spielberg: *Jurassic Park*, 1993, Standbild 00:19:28 min. © Universal 1993.
Abb. 3 und 4	Reiche blonde Erbin trifft pachydermischen Hund, der hechelt und Pfötchen gibt. Aus: Sam Weisman: *George of the Jungle*, 1997, Standbild 00:20:10 min. © Walt Disney Corp. 1997.
Abb. 5	Irenäus Eibl-Eibesfeldt u. Hans Hass: *Der „Augengruß" im Kulturvergleic*h, 1993, HF-Nr.: 192, Film-Nr. IWF: D1824, Standbild 00:02:39 min. © Humanethologisches Filmarchiv.

Stefan Rieger

Medien des Verhaltens

So much for Joe.[1]

First, the robot presence was accepted by the animal group such that the usual animal behavior was not modified; second, the active behavior of the robots modulated the animal behavior in a parsimonious way.[2]

Verhaltenswissen erster Ordnung

Das, was man vom Verhalten wissen kann, lebt von der vermittelten Übertragung. Die Verhaltungen von Tieren und Menschen, von Pflanzen und Steinen, von Maschinen und Dingen sind in eine Matrix von Vergleichbarkeiten eingespannt, die alle ontologischen und taxonomischen Vorbehalte außer Acht zu lassen scheint. Ob seiner schier universellen Beziehbarkeit wird das Konzept des Verhaltens jenseits üblicher Hierarchisierungen zum Generator neuen Wissens und im Zuge dessen zu einem großen Egalisator. Um diese Rolle spielen zu können, muss ein entsprechendes Wissen allerdings erst erzeugt und aufbereitet, kommuniziert und bevorratet, standardisiert und evaluiert werden. Diese Prozesse sind auf das Engste verknüpft mit der Entwicklung und den Möglichkeiten technischer Medien.[3]

Die Verfahren und ihre Techniken, die bei der Generierung von Verhaltenswissen in Ethologie und Verhaltensbiologie seit den 1950er Jahren zum Einsatz gelangen, eröffnen eine Skala, deren Pole vom bewussten Verbergen von Technik bis zu deren ostentativer Zurschaustellung reichen. Unter einem Topos der Dezenz wurden Verfahren etabliert, die alltagstaugliche, weil fernsehformatfähige Einblicke in das Innenleben der Kinderstuben von Tieren erlaubten und einem unverhohlenen Anthropozentrismus der Berichterstattung Tür und Tor öffneten. Die aufwendige Präparierung von Bruthöhlen und Nistplätzen bei den frühen

---

1 Donald M. MacKay: The use of behavioural language to refer to mechanical processes. In: The British Journal for the Philosophy of Science 13 (1962), H. 50, S. 68–103, hier S. 102.

2 Frank Bonnet et al.: Robots mediating interactions between animals for interspecies collective behaviors. In: Science Robotics 4 (2019), H. 28, S. 78–97.

3 Vgl. dazu etwa den sogenannten Kulturfilm sowie das große Projekt der *Encyclopaedia Cinematographica* zur systematischen Archivierung standardisierter Verhaltenssequenzen. Vgl. dazu etwa Gotthard Wolf: Der wissenschaftliche Dokumentationsfilm und die Encyclopaedia Cinematographica. München 1967.

https://doi.org/10.1515/9783110740813-013

Pionieren der Tierdokumentation erlaubte eine öffentliche Teilnahme und war von einer nachgerade ethisch-epistemologischen Grundvoraussetzung getragen: Die zu Beobachtenden sollten möglichst unter sich bleiben und bei dem, was man als ihr „natürliches Verhalten" ausweist, nicht weiter gestört werden. Der operative Scharfsinn bei der Umsetzung dieses hehren Vorsatzes hat die Geschichte der Ethologie nachhaltig geprägt und das Verhaltenswissen in unterschiedlichen Formaten popularisiert – von Alfred Brehms *Tierleben* in Buchform bis zu Heinz Sielmanns *Expeditionen ins Tierreich* als Fernsehunterhaltung.

Im Zuge dessen wurden Protagonisten in Position gebracht, die sich mit Wagemut und Opferbereitschaft, mit Geduld und Hingabe ihrem Observationsobjekt verschrieben haben. Wie die Beforschung eines anderen Habitats, des Wassers, belegt, ist allerdings die Dezenz nur eine der möglichen Optionen aufseiten der damit Befassten. Gerade die Unterwasserforschung zeigt, dass ihr ein Moment der Störung inhärent und als solches nicht zu eliminieren ist. Der Taucherblick ist nicht statisch wie im Fall von entsprechend präparierten Spechthöhlen und Fuchsbauten, er bewegt sich mit unkaschierter Technik und auch mit einer nicht kaschierbaren Fortbewegungstechnik, dem sogenannten Schwimmtauchen, auf die Tiere zu und induziert Verhaltensänderungen, die er zugleich filmt.[4] Das, was bei der Überwasserbeobachtung gerade vermieden werden soll, etwa durch Gewöhnung an das Equipment wie im Fall der entsprechend präparierten Bruthöhlen, weicht Momenten der direkten Intervention. Das technische Gerät, an dessen allmählicher Verfertigung Pioniere wie Hans Hass und Jacques Cousteau beteiligt waren, wird dabei regelrecht ausgestellt. Statt Dezenz und Verhaltenheit walten zu lassen, wird im diaphanen Medium Wasser Interaktion befördert. Dieser Vorgang des eingreifenden Mitlebens findet aller vermeintlichen Beiläufigkeit zum Trotz seinen Höhepunkt dort, wo die Taucher Cousteaus von ihren technischen Fortbewegungsmitteln (Scootern) auf Schildkröten umsteigen, sich an diese hängen und von ihnen herumbefördern lassen (*Le Monde du silence*, 1956).

Wie hoch der technische Aufwand für diese fernsehtauglichen Formate auch sein mag, das dokumentierte Wissen bleibt gleichwohl spekulativ, kann man doch auch den Tieren nicht in die Köpfe schauen. Sie unterliegen dem Prinzip der Blackbox und sind daher Teil von Zuschreibung und Vermutung, von Interpretation und Unterstellung.[5] Was zunächst wie eine Einschränkung des epistemologischen Status von Verhalten wirken mag, ist zugleich ein wirkmächtiger Generator zur Freiset-

4 Vgl. dazu Hans Hass: Beitrag zur Kenntnis der Reteporiden mit besonderer Berücksichtigung der Formbildungsgesetze ihrer Zoarien und einem Bericht über die dabei angewandte neue Methode für Untersuchungen auf dem Meeresgrund. In: Zoologica 37 (1948), H. 101, S. 1–40.

5 Hinter diesem lakonischen Befund steckt mit der wechselseitigen Intransparenz von Bewusstsein und Kommunikation eine der Grundannahmen der Systemtheorie.

zung wissenschaftlicher Dynamiken. Verhaltensweisen zu identifizieren (oder zu implementieren), bei einem Menschen, bei einem Tier, bei einer Pflanze oder bei einem Artefakt, führt dazu, Ähnlichkeit und Differenz als Voraussetzung für Übertragbarkeit zu befragen: Wie ähnlich müssen die sich Verhaltenden einander denn sein, um ein analoges Verhalten vorweisen und entsprechende Vergleiche überhaupt ermöglichen zu können? Mit der Frage, was diese Ähnlichkeit begründen soll, kommen unterschiedliche Argumente zum Zug: Diese reichen von Aspekten der Evolutionsbiologie bis zu solchen einer bloßen Gestaltähnlichkeit[6]. Verschärft wird der Aspekt der Übertragbarkeit durch Einbezug der medialen Konfiguration von Verhalten, von Nachstellungen (etwa im Virtuellen) und von Übertragbarkeiten im Raum: Wer reagiert auf welches Verhalten wie? Welche Kreisläufe zwischen realem und simuliertem Verhalten sind denkbar? Welche Rolle spielen Übertragungen im Bereich des Artenübergreifenden, also dort, wo sich in Konstellationen Tiere und technische Artefakte begegnen und in Kreisläufe der Verhaltensstimulation eintreten?[7] Wo überhaupt ist der Ort des Verhaltens? Und was sind mögliche Einsatzziele und mit welchem Anspruch auf Weltgestaltung sind diese verbunden?[8]

Verhaltensreinigung mit Füchsen

Es sind nicht zuletzt auch sprachliche Übertragungsprozesse, die Forschungen anreizten und zugleich deren Geltungsanspruch einschränkten. Sie begleiten das Verhaltenswissen als reflexives Beiwerk und sie begründen es zugleich. Biologen wie der Bioakustiker und Verhaltensbiologe Günter Tembrock (1918–2011), um nur einen der prominenten Protagonisten herauszugreifen, haben sich einer solchen epistemologischen Hegung des Verhaltenswissen verschrieben. Tembrock

6 Zur literarischen Geschichte der Gestaltähnlichkeit vgl. Olympia in E.T.A. Hoffmanns *Der Sandmann* (1816) oder auch Ernst Jüngers *Die gläsernen Bienen* (1957), in Abgrenzung dazu vgl. die Roboterbienen im *Artificial Life Laboratory* in Graz unter der Leitung des Biologen Thomas Schmickl. Zu den durch Gestaltähnlichkeit freigesetzten Affekten siehe: Masahiro Mori: The uncanny valley. In: Energy 7 (1970), H. 4, S. 33–35.

7 Vgl. dazu Gilles Caprari et al.: Animal and robot mixed societies. Building cooperation between microrobots and cockroaches. In: IEEE Robotics & Automation Magazine 12 (2005), H. 2, S. 58–65, und Donato Romano et al.: A review on animal-robot interaction. From bio-hybrid organisms to mixed societies. In: Biological Cybernetics 113 (2019), H. 3, S. 201–225. Zum Einbezug der Pflanze Heiko Hamann et al.: Flora robotica. Mixed societies of symbiotic robot-plant bio-hybrids. Vortrag. In: 2015 IEEE Symposium Series on Computational Intelligence (DOI: 10.1109/SSCI.2015.158).

8 Vgl. dazu Martina Szopek et al.: Autonome Roboterschwärme als Stabilisatoren gefährdeter Ökosysteme. In: Navigationen. Zeitschrift für Medien- und Kulturwissenschaft (Thema: Multispecies Communities) 21 (2021), H. 1, S. 149–180.

steht exemplarisch für den Vorsatz, die eigene Wissenschaft von anthropozentrischen Vorannahmen möglichst freizuhalten. Die Schaltstelle ist für ihn die Rede von der Seele, die allzu schnell in eine an menschlichen Seelenkunden orientierte Tierpsychologie mündet und damit einer disziplinären Verfestigung Vorschub leistet, die auch von anderen Verhaltensforschern wie Konrad Lorenz in ihrer ganzen Problematik erkannt und vermieden wurde.[9] Zwischen einer Eigengesetzlichkeit tierlichen Verhaltens, auf die er immer wieder explizit hinweist, und der leichtfertigen Übertragung von Vermögen und Fähigkeiten des Menschen auf das Tier, entscheidet Tembrock sich daher konsequent für Formalisierungen und für den Einsatz von Techniken zur Datenerhebung. Eine Rüstkammer zur listenartigen und listenreichen Versammlung möglicher Einzelinterventionen soll an die Stelle hermeneutischer Verfahren mitsamt ihren problematischen Interpretations- und Geltungsansprüchen treten.

1. Mechanische Aufzeichnung („Vibrationskäfige", „Zitterkäfige", „Schaukelkäfige" u. dgl.),
2. Aufzeichnung über elektrische Kontaktgeber (ähnliche Verfahren wie unter (1), nur daß dabei Stromkreise geschlossen werden und die weitere Aufzeichnung elektromechanisch erfolgt, dabei können Zähl-Relais' parallel geschaltet werden),
3. Lichtschranken-Registrierung (meist Infrarot) [...]
4. Elektroakustische Registrierung (Bewegungsgeräusche werden in elektrische Impulse umgesetzt, übrige Verfahren wie bei (3)),
5. Tracer-Registrierung (Radioaktive Substanzen werden implantiert, die Aufzeichnung erfolgt über Szintillationszähler).[10]

Aber es ist mit der Datenerhebung, sei diese noch so sehr auf dem historischen Sachstand der Zeit, nicht getan. Es bedarf eigener Formen und Strategien der Darstellung. Die an Kybernetik, Informations- und Systemtheorie angelehnten Diagramme (etwa anlässlich der Beschreibung einer Fuchsranz) mit ihrem spröden Charme sowie die eigens entwickelte Fachterminologie sind Tembrocks Lösungen für das Problem, die Übertragungsprozesse nicht vom Menschen aus zu gestalten und die Interpretation der Daten vor dem Reflex der narrativen Gleichsetzung (und einer ungezügelten Analogienbildung) zu schützen.

Die anthropomorphisierenden Redeweisen, die gerade den Popularisierungen und bestimmten Wahrnehmungsgepflogenheiten entsprachen und die einen wirk-

9 Vgl. zur Problematik des Begriffs der Tierseele Konrad Lorenz und Adolf Portmann: Die Seele der Tiere. Zwei Originalvorträge. München 2018, 56 Minuten (SWR2: Wissen für Kopfhörer).
10 Günter Tembrock: Tierpsychologie. Wittenberg Lutherstadt 1976, S. 158.

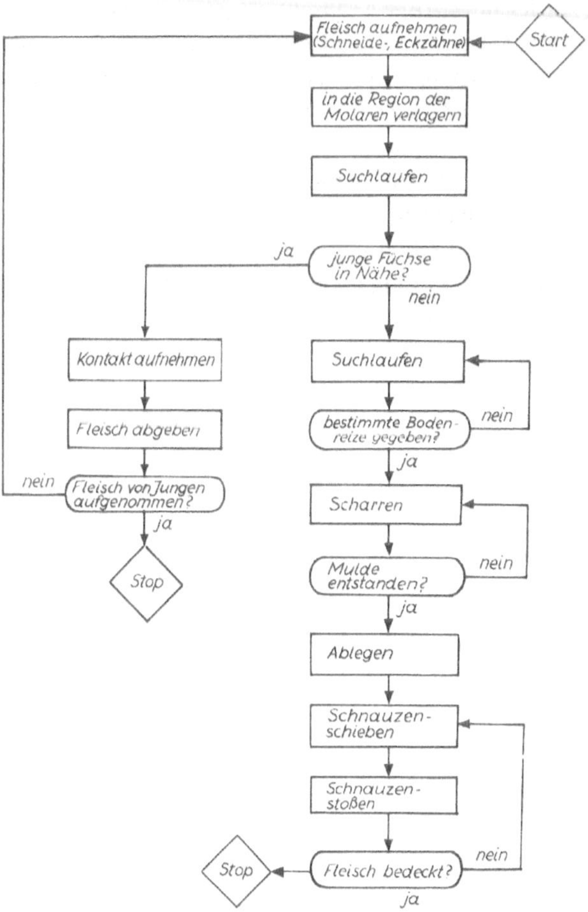

Abb. 1: Günter Tembrock: Fuchsverhalten, 1976.

mächtigen Topos der Kulturgeschichte darstellen, werden im Zuge des eigenen Selbstverständnisses so gut es geht zurückgedrängt.[11] In einem Prozess der Reinigung sollen daher auch Kategorien wie die des Einfühlungsvermögens weitestgehend vermieden werden.

11 Vgl. dazu Ina Bolinski und Stefan Rieger (Hg.): Das verdatete Tier. Zum Animal Turn in den Kultur- und Medienwissenschaften. Stuttgart 2019, v. a. die gemeinsame Einleitung, S. 1–9.

Dieser Vorsatz nimmt Angleichungs- und Egalisierungsgesten vorweg, wie sie nicht nur im Zuge einer posthumanistischen Theoriebildung[12] unserer Tage immer wieder gefordert werden. Dort, wo sich die Arten treffen, gilt es dem hegemonialen Anthropozentrismus Paroli zu bieten oder sich ihm wenigstens zu stellen. Formalisierung als Einlösung einer methodischen Gleichbehandlung wird so unintentional zur Möglichkeit, sich mit den anderen Arten, zu denen auch die Technik und ihre Artefakte zählen können, verwandt zu machen und damit einer Forderung nachzukommen, die Donna Haraway unlängst mit großer Verve erhoben hat.[13] Der Hang zur Formalisierung, wie Tembrock sie in seinen Flussdiagrammen zum Fuchsverhalten ausführt (Abb. 1), ist eine Geste der Annäherung zwischen den Arten und ein Schutz vor gerade solchen Übertragungsprozessen, die dem Fach Tierpsychologie auf dem Wege seiner wissenschaftlichen Konsolidierung überhaupt nicht gut zu Gesicht standen – ein Befund, den Tembrock selbst wissenschaftshistorisch in den Blick nahm und mit einem Gestus der kritischen Distanz versah.[14] Stattdessen setzt er auf Objektivität. Deren Absicherung ist oberstes Prinzip, das zugleich die Fokussierung auf eine Tierseele abweist. Damit endet die Orientierung an kulturellen Vermögen und Fertigkeiten, die das anekdotenselige Narrativ der Tierpsychologie lange Zeit bestimmte. Paradepferde wie der „Kluge Hans" und sein weibliches Pendant, die nicht minder „Kluge Rosa", aber auch eine Reihe anderer klopfsprechender Tiere, wie der talentierte Hund Rolf aus Mannheim, standen stellvertretend für ein Interesse am Tier, das sich strikt an die Vermögen des Menschen hielt und dessen Fähigkeiten zu imitieren suchte: Damit war die Bühne bereitet für Tiere, die rechneten, Karten spielten, Merk- und Assoziationsleistungen verdoppeln konnten und sogar die Gedanken des Menschen zu lesen wussten.[15] Eine Tierpsychologie dieser Art steht in der Tradition vormaliger Tierseelenerkundungen und

---

12 Vgl. u. a. Rosi Braidotti: Posthumanismus. Leben jenseits des Menschen. Frankfurt a. M./New-York 2014; Karen Barad: Agentieller Realismus (2007). Frankfurt a. M. 2012; Donna J. Haraway: Unruhig bleiben. Die Verwandtschaft der Arten im Chthuluzän. Frankfurt a. M./New York 2018.

13 Zur entsprechenden Programmatik sowie zur Kategorie der Critter, unter die gelegentlich auch technische Artefakte zu subsumieren sind, vgl. Haraway: Unruhig bleiben.

14 Zu diesem durch Anführungszeichen markierten Gestus vgl. auch Günter Tembrock: Entwicklungen der „Tierpsychologie" als Wissenschaftsdisziplin seit Beginn des Evolutionsgedankens im 19. Jahrhundert. In: Wissenschaftliche Zeitschrift der Humboldt-Universität zu Berlin, Mathematisch-naturwissenschaftliche Reihe R. XXXI (1982), H. 6, S. 569–575.

15 Vgl. dazu Eduard Zborzill: Die mnemonische Dressur des Hundes oder neu entdeckte Methode jeden Hund als unübertrefflichen Rechenmeister, Kartenkünstler, Wahrsager, Correspondent, Musikvirtuose, Karten- und Dominospieler und vortrefflichen Gesellschafter abzurichten. Unter Garantie des Erfolges. Berlin 1882; und Karl Krall: Denkende Tiere. Beiträge zur Tierseelenkunde auf Grund eigener Versuche. 4. unver. Aufl. Leipzig 1912.

ist Teil einer wissenschaftlichen Formation, die Tembrock als *disciplina non grata* gilt.[16] Der Weg zum Verhalten liegt ihm zufolge nicht in der Orientierung an menschlichen Vermögen und Kulturtechniken, sondern in der massiven Nutzung technischer Verfahren und neuer Methoden.[17]

> Um von der ‚Tierpsychologie' zu reden: Es sind Wege erkennbar geworden, wie wir uns ein Modell von der Wirklichkeit entwerfen können, das ihre entscheidenden Eigenschaften abbilden kann. Neue Denkformen führen uns aus der Erlebniswirklichkeit in die Realität des Rationalen, deren Bausteine Materie, Energie, Information und Struktur sind. Ein Traum, der mit den Seelen der Tiere spielte, geht zu Ende. Wir müssen unsere Beglückung aus dem Wissen holen. Und die Technik liefert uns die Mittel, jene Unzahl von Daten zu gewinnen, die dieser neuen Erfahrungs-Welt das ‚Rüstzeug' liefern. Schlichter gesagt: Wir sind im Begriff, mit den Mitteln der Kybernetik, der Systemtheorie und den mit diesen verknüpften neuen Methoden des Forschens, der Problemfindung, des Erkenntnisgewinns das Gebiet der ‚Tierpsychologie' und damit auch der Verhaltenswissenschaften neu zu erschließen.[18]

Intermezzo mit Schildkröten

Das Interesse am Verhalten geht oft einher mit einer Loslösung vom Primat der Mimesis und mit einer Preisgabe der Gestalt. Verhaltenswissen ist damit – also im Anschluss an die Mittel der genannten Bezugsdisziplinen und das ihnen eigene Abstraktions- und Formalisierungspotenzial – immer schon Effekt eines Oberflächenverzichts. Glänzten frühere Versuche der Nachstellung tierlichen Verhaltens etwa im Automatenbau des achtzehnten Jahrhunderts darin, die Ähnlichkeit des Vorbilds nachzustellen und eine regelrechte Approximation an dieses zu betreiben, so sind spätere Verfahren, die im Umfeld der frühen Kybernetik und Systemtheorie ins Spiel gebracht werden, vom Diktat der Gestaltähnlichkeit weitgehend befreit – ein Befund, der sich nicht zuletzt in der Wahl der verwendeten Materialien niederschlägt. Ganz im Gegenteil gewinnt man den Eindruck, dass Steuereinheiten wie Platinen, Wahrnehmungseinheiten wie Sensoren oder Bewe-

16 Vgl. dazu etwa Peter Scheitlin: Versuch einer vollständigen Thierseelenkunde. 2 Bde. Stuttgart/Tübingen 1840, sowie die von Karl Krall herausgegebenen Zeitschrift *Tierseele*. Vgl. stellvertretend Heinrich Steen: Die Elberfelder Pferde und ihre Kritiker. In: Tierseele. Zeitschrift für vergleichende Seelenkunde 1 (1913), S. 52–76.

17 Zu denen nicht zuletzt die Digitaltechnik zählt. Vgl. dazu Günter Tembrock: Die EDV in den Verhaltenswissenschaften. In: Rechentechnik & Datenverarbeitung 7 (1970), S. 20–22.

18 Tembrock: Tierpsychologie, S. 5 (Vorwort).

Abb. 1. **Ansicht des Automaten von links oben**
Die Plexiglashülle ist am Fuß von einem Schaumgummiwulst umgeben. Man erkennt von links nach rechts: Lenkeinrichtung und Photozelle mit Blende, Steuerteil, Antriebseinrichtung und dahinter die Sammlerbatterien

Abb. 2. **Der Automat von vorne**
Über der Magnetspule der Lenkeinrichtundg sitzt die Photozelle in ihrer Blende

Abb. 2.1: Ewald Eichler: Künstliche Schildkröte, 1955.

gungseinheiten wie Motoren mittels durchsichtiger Materialien wie Glas und Acryl regelrecht ausgestellt werden.[19]

Augenfällig wird das an der Konstruktion künstlicher Schildkröten, die ein Radioingenieur namens Ewald Eichler Mitte des zwanzigsten Jahrhunderts vornimmt (Abb. 2.1–2.3).[20] Sein Interesse ist darauf gerichtet, einfache Verhaltensweisen wie etwa den Phototropismus technisch nachzustellen und somit in die eingeschränkte Welt seiner Versuchsanordnung zu entlassen, was er selbst titelgebend als umweltabhängigen Automaten beschreibt.[21] Damit liegt er auf der Linie von Norbert Wieners Gründungsschrift der Kybernetik, die sich ihrerseits an Übertragungsbewegungen zwischen Lebewesen und Maschinen ausrichtet (und

19 Vgl. dazu Stefan Rieger: Voltas Mimesis. Epistemologie und Ästhetik der Batterie. In: Reichweitenangst. Batterien und Akkus als Medien des Digitalen Zeitalters. Hg. von Jan Müggenburg. Bielefeld (in Vorbereitung).

20 Angesiedelt sind die Forschungen im Umfeld des österreichischen Computerpioniers Heinz Zemanek. Zu den Details vgl. Reuben Hoggett: 1954 – Vienna Turtle – Eichler/Zemanek (Austrian). In: cyberneticzoo.com, 4. Okt. 2009. Online unter: http://cyberneticzoo.com/tag/eichler/ (abgerufen am 15.5.2021). Siehe zu den künstlichen Schildkröten auch den Beitrag von Juliane Rettschlag in diesem Band.

21 Vgl. dazu Ewald Eichler: Aufbau und Verhalten der künstlichen Schildkröte. In: Radiotechnik 7/8 (1955), S. 239–244; Douglas Easterly und Matt Kenyan: Spore 1.1. Ausstellungsbeitrag. In: SIGGRAPH 2005. Threading Time; sowie zu den Details Stefan Rieger: Schildkröte. In: Benjamin Bühler und Details Stefan Rieger: Vom Übertier. Ein Bestiarium des Wissens. Frankfurt a. M. 2006, S. 209–220.

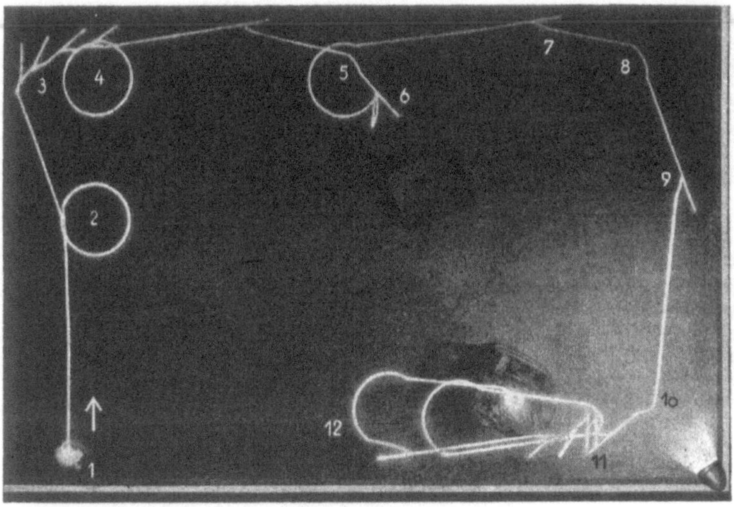

Abb. 2.2: Ewald Eichler: Wege der künstlichen Schildkröte, 1955.

deren Titel den Menschen nicht eigens erwähnt).[22] Die Abbildungen der Schildkröten aus dem Jahr 1955 sind symptomatisch: Sie kaschieren Technik nicht, sondern lassen mittels durchscheinender Materialien ein apparatives Innenleben ansichtig werden. Im selben Zug werden Grundprinzipien tierlichen Verhaltens wie der bedingte Reflex nach außen gekehrt und im Wortsinn schaltbar.

Die Konsequenz für an der Formalisierung von Verhalten interessierte Regelungslehren liegt damit auf der Hand. „Es geht der Kybernetik auch keineswegs darum, Tiere zu imitieren."[23] Der Verzicht auf die Imitation wird zur Voraussetzung der Modellierung von Verhaltensweisen. Dabei zeichnen sich Übertragungsbewegungen ab, die auch andere Arten und Lebensbereiche mit einbeziehen. So taugt gerade der Tropismus zur Beschreibung von tierlichen und pflanzlichen Verhaltensweisen.[24] Er leistet der Konstruktion phototaktischer Tiere Vorschub wie im Fall einer Überlegung des niederländischen Biologen Frederik J. J. Buytendijk und erlaubt ein gutes halbes Jahrhundert später eine Übertragung auf Pflanzen, die sich nicht zu

22 Vgl. Norbert Wiener: Kybernetik. Regelung und Nachrichtenübertragung in Lebewesen und Maschine. Reinbek bei Hamburg 1968.

23 J. B.: Die künstliche Schildkröte. In: Radiotechnik 2 (1955), S. 75 f., hier S. 75.

24 Vgl. Jacques Loeb: Der Heliotropismus der Thiere und seine Uebereinstimmung mit dem Heliotropismus der Pflanzen. Würzburg 1890.

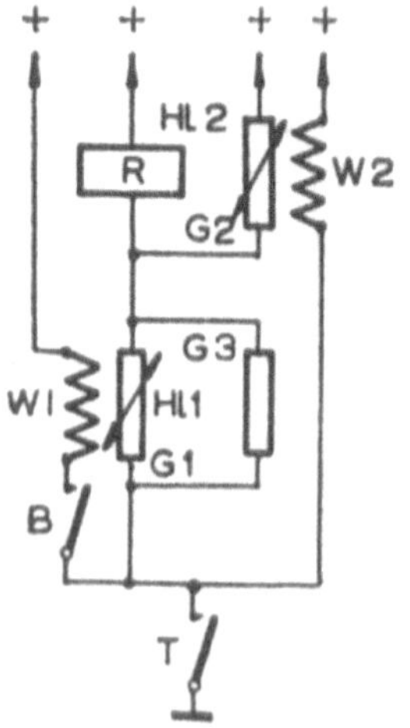

Abb. 2.3: Ewald Eichler: Schaltschema der künstlichen Schildkröte, 1955.

natürlichen Reizen wie dem Sonnenlicht, sondern im Zuge des *infotropism* zu Dateneinheiten verhalten.[25]

Das eröffnet tierähnlichen Artefakten den Weg in die Heuristik eines Verhaltenswissens und erschließt eine ganze Reihe von Fragen nach Analogie und Ähnlichkeit, nach Stimulation und Übertragung.[26] Diese umfassen Vorstellungen von der Mechanik der Tierseele bei Descartes und reichen über die künstlichen Tiere der frühen Kybernetik, etwa die Schildkröten ELMER und ELSIE bei dem Neurophysiologen und Roboterforscher William Grey Walter, bis hin zu den künstlichen Kakerlaken und Bienen, Hühnern und Fischen im Umfeld heutiger Forschungen über sogenannte Mischgesellschaften *(mixed* oder *hybrid societies).* Die Logik solcher Konstellationen, in denen reale mit künstlichen Tieren interagieren, ist auch auf das Verhältnis von Pflanzen und Robotern übertragbar. Was sich dabei abzeichnet, sind Szenarien der Kooperation und der Symbiose, die sich nicht auf die Selbstgenügsamkeit von experimentellen Settings beschränken wie im Fall der

25 Vgl. zur Rede vom phototaktischen Hund Frederik J. J. Buytendijk: Allgemeine Theorie der menschlichen Haltung und Bewegung als Verbindung von physiologischer und psychologischer Betrachtungsweise. Berlin 1956, S. 288; sowie David Holstius et al.: Infotropism. Living and robotic plants as interactive displays. In: DIS '04. Proceedings of the 5th Conference on Designing Interactive Systems. Processes, Practices, Methods, and Techniques 2004, S. 215–221.

26 Den Hintergrund solcher Aktivitäten bieten Forschungseinrichtungen wie das Biological Computer Laboratory. Vgl. dazu Jan Müggenburg: Lebhafte Artefakte. Heinz von Foerster und die Maschinen des Biological Computer Laboratory. Konstanz 2018.

künstlichen Schildkröte Eichlers, die sich „in einem rechteckigen, von Leisten eingesäumten Laufstall bewegt".[27]

Übertragungen zwischen den Arten setzen Verhaltenswissen in Szene, halten es am Laufen und setzen es um. Roboter, die sich wie Hunde verhalten,[28] und Menschen, die sich in ihrem Sozialverhalten von Robotern beeinflussen lassen,[29] stehen dafür Pate. Die Komplexität der Bezugnahmen scheint dabei mit den kombinatorischen Möglichkeiten des Bezugnehmens anzusteigen. Die Vervielfältigung bringt Figuren der Spiegelung, der Selbstanwendung und nicht zuletzt des Re-Entry ins Spiel. Das wird sichtbar an einer Konstellation, in der sich Menschen zu Affen verhalten, die sich auf eine – möglicherweise gefährdende – Weise mit Affenrobotern, die ihrer Gewalt unterstellt sind, wiederum zu Menschen verhalten.[30] In welche Richtung und mit welcher Komplexität versehen man die Übertragungen auch veranlagen mag: Mit einfachen Imitationen ist es nicht getan. Anlässlich seiner künstlichen Schildkröte gerät der Radioingenieur Eichler daher zu einer sehr pragmatischen Einschätzung:

> Es wäre vom Standpunkt des Technikers gesehen sinnlos, etwa einen künstlichen Hund zu bauen, der die gleichen Eigenschaften hätte wie ein natürlicher Hund. Das Resultat wäre eine kostspielige Maschine, die zu den gleichen Diensten eingesetzt werden könnte wie ein um mehrere Größenordnungen billigerer ‚Naturhund'. Ein Techniker wäre weit mehr daran interessiert, einen ‚Sonderhund' zu bauen, der etwa die Fähigkeit hätte, ein ultraviolett beleuchtetes Grundstück zu bewachen.[31]

27 Eichler: Schildkröte, S. 243. Zum Beispiel der Kakerlaken vgl. Caprari et al.: Mixed societies; zu dem der Hühner Alexey Gribovskiy et al.: Towards mixed societies of chickens and robots. In: IEEE/RSJ International Conference on Intelligent Robots and Systems 11 (2010), S. 4722–4728; sowie zum Einbezug von Pflanzen Hamann et al.: Flora robotica.

28 Vgl. Gabriella Lakatos: Dogs as behavior models for companion robots. How can human-dog interactions assist Social Robotics? In: IEEE Trans. Cognitive and Developmental Systems 9 (2017), H. 3, S. 234–240.

29 Vgl. Gordon Briggs und Matthias Scheutz: How robots can affect human behavior. Investigating the effects of robotic displays of protest and distress. In: International Journal of Social Robotics 6 (2014), H. 3, S. 343–355.

30 Vgl. Evan Ackerman: RoboBonobo. Giving apes control of their own robot. In: IEEE Spectrum, 29. März 2012. Online unter: https://spectrum.ieee.org/automaton/robotics/robotics-software/robobonobo-giving-apes-control-of-their-own-robot (abgerufen am 16.3.2018). Siehe vor allem das auf der Seite eingebundene Video. Solche Konstellationen weisen Ähnlichkeiten auf zu bestimmten Formen der interaktiven Roboterkunst. Vgl. dazu etwa Ken Rinaldo: Augmented Fish Reality (2004). In: kenrinaldo.com, o. D. Online unter: www.kenrinaldo.com/portfolio/augmented-fish-reality (abgerufen am 19.5.2021).

31 J. B.: Schildkröte, S. 75.

Das Konzept des Verhaltens hat, so kann man festhalten, viele Subjekte. Weil niemand oder nichts sich nicht verhalten kann, wird Verhalten in seiner Unumgänglichkeit universal und damit zugleich auch uneindeutig. Vergleichbares gilt für das Wissen vom Verhalten. Menschen und Tiere, aber auch Pflanzen und Roboter, Alltagsdinge und Datenstrukturen geraten in den Bannkreis seiner Übertragungsbewegungen.[32] Unter der Ägide von Post- und Transhumanismus sowie unter der von Theorieansätzen wie der Actor-Network-Theory Bruno Latours oder des agentiellen Realismus Karen Barads[33] werden mit der Handlungsfähigkeit von Tieren und Pflanzen, von Maschinen und Robotern, von Biofakten und Menschen, von Dingen und bloßen Materialien nicht nur Fragen nach dem Status der handelnden Wesen, sondern auch solche nach der Zuschreibung von Agency neu gestellt.[34]

Die Zumutung eines Verhaltens von Robotern ist dabei weniger gewöhnungsbedürftig als die von bloßen Gegenständen und Dingen. Verhalten findet allerdings nicht im luftleeren Raum, sondern in Umgebungen statt. Solchen Umgebungen gilt bis heute eine Vielzahl von theoretischen Bemühungen. In ihrem Zuge wurden Nuancierungen von Begriffen wie Ambiente, Milieu oder Umwelt vorgenommen und damit schließlich ein Denken von Systemen auf den Weg gebracht. Die Wege reichen über die frühen Konzeptualisierungen in der theoretischen Biologie bei Jakob von Uexküll über die Leistung von Strukturwissenschaften wie der Kybernetik und ihrer lebenden Artefakte bis hin zu einer allgemeinen Systemlehre Ludwig von Bertalanffys oder der Systemtheorie Niklas Luhmanns.[35] Problematisch wurde damit auch der Status der Natur als einer exzeptionellen Umgebung, als einer Umgebung ohnegleichen.[36] Problematisch wird aber auch die Frage, wer denn als Subjekt einer Umwelt in Betracht kommt.

Die bloße Fragemöglichkeit, ob denn etwa Roboter eine Umwelt haben, mutet schon allein deswegen befremdlich an, weil das Konzept Uexkülls mitsamt dem deutschen Wort Eingang in den entsprechenden englischsprachigen Titel findet: *Does a robot have an Umwelt?*[37] Und wenn man die Frage positiv beantwortet,

---

32 Vgl. Volker Schurig: Problemgeschichte des Wissenschaftsbegriffs Ethologie. Ursprung, Funktion und Zukunft eines Begründungsspezialisten. Rangsdorf 2014.

33 Barad: Agentieller Realismus.

34 Dazu Jens Kersten: Die Konsistenz des Menschlichen. Post- und transhumane Dimensionen des Autonomieverständnisses. In: Autonomie im Recht. Gegenwartsdebatten über einen rechtlichen Grundbegriff. Hg. von Christian Bumke und Anne Röthel. Tübingen 2017, S. 315–352.

35 Vgl. Müggenburg: Artefakte.

36 Zu einer Epistemologie der Umgebung vgl. Florian Sprenger: Epistemologien des Umgebens. Zur Geschichte und Biopolitik künstlicher environments. Bielefeld 2019.

37 Claus Emmeche: Does a robot have an Umwelt? Reflections on the qualitative biosemiotics of Jakob von Uexküll. In: Semiotica 134 (2001), H. 1–4, S. 653–693. Dort finden sich auch andere Arworin liegt deren Spezifik und welche Folgen hat das für die Beschreibung von Verhaltens- und Interaktionsweisen von und mit ihnen? Solche Verhaltensweisen sind vielfältig: Sie können adaptiv sein oder gerade nicht, sie können in die Fußstapfen des Konformismus treten und damit eine soziale Funktion einnehmen oder sie können eingespielte Objektbeziehungen unterlaufen, indem sie bestimmte Affordanzen[38] und Scripts schlicht verweigern. Im Folgenden sollen zwei ausgewählte Verhaltensweisen beschrieben werden, die für die Dynamik der Übertragungsbewegungen exemplarisch sind. Deren Objekte könnten auf den ersten Blick unterschiedlicher nicht sein: Es sind zum einen Roboter, die konformes Verhalten auslösen, zum anderen Dinge, die mit einigem Aufwand um das gebracht wurden, was ihre Tauglichkeit, ihre Schicklichkeit und ihre Willfährigkeit ausmacht.

Konformes Verhalten mit Robotern

Konformismus gilt als Vorrecht des Menschen – ebenso wie eine entsprechend habitualisierte Geste der ostentativen Konformitätsverweigerung.[39] Besondere Aufmerksamkeit erfuhren Verhaltenskonformitäten im Rahmen der Sozialpsychologie nach dem Zweiten Weltkrieg, etwa im Milgram- oder im Stanford-Prison-Experiment. Vor allem die Untersuchungen des amerikanischen Sozial- und Gestaltpsychologen Solomon E. Asch Mitte des letzten Jahrhunderts wurden für die Verwissenschaftlichung des Phänomens zentral. Darin wurde experimentell nachstellbar, welche Dynamik zwischen dem Einzelnen und der Gruppe bei der Einschätzung einfacher Wahrnehmungen herrschte. Es zeigte sich, dass das Vertrauen in die Gruppe stärker ist als das in sich selbst. Diese Anordnung aus dem Jahr 1956, bei der es um die Größeneinschätzung von Linien ging, sollte zum vielfach variierten Ausgangspunkt einer nachmaligen Konformitätsforschung werden.

Was aber passiert, wenn sich konformistische Verhaltensweisen aus den Residuen des Menschlichen lösen? Diese Frage ist Gegenstand einer Reihe von Un-

---

beiten, die im Rekurs auf Uexküll das Verhalten von Tieren und Maschinen einander annähern. Vgl. dazu Tom Ziemke und Noel E. Sharkey: A stroll through the worlds of robots and animals. Applying Jakob von Uexküll's theory of meaning to adaptive robots and artificial life. In: Semiotica 134 (2001), H. 1. S. 701–746.

38 Zum historischen Konzept der Affordanz vgl. James J. Gibson: Wahrnehmung und Umwelt. München 1982 (engl. 1979), zur Weiterverarbeitung siehe u. a. Nicole Zillien: Die (Wieder-)Entdeckung der Medien. Das Affordanzkonzept in der Mediensoziologie. In: Sociologia Internationalis 46 (2008), H. 2, S. 161–181.

39 Vgl. dazu Stefan Rieger: Maschinenkonformismus. In: Konformieren. Festschrift für Michael Niehaus. Hg. von Jessica Güsken et al. Heidelberg 2019, S. 401–416.

tersuchungen, in deren Zentrum Roboter als Auslöser konformen Verhaltens bei Menschen stehen.[40] Ebenso werden verschiedene Untersuchungen unter virtuellen Bedingungen und ohne die Präsenz realer Roboter unternommen und dabei auf die Rolle der Anonymität bei der Abgabe von Einschätzungen geachtet.[41] In diesem Kontext dienen die klassischen Anordnungen der Sozialpsychologie als Vorgabe, auf die sich auch *expressis verbis* bezogen wird.[42] Eine im Jahr 2018 erschienene Studie *Humans conform to robots: Disambiguating trust, truth, and conformity* konstatiert, dass es zwei früheren Studien nicht gelungen sei, Aschs Befunde und damit ein entsprechendes Konformitätsverhalten zwischen Mensch und Robotern nachzuweisen.[43]

Die erwähnte Studie setzt anders an und verwendet statt der Wahrnehmungsaufgabe ein Kartenspiel namens „Dixit". Bei diesem wird ein Begriff vorgegeben (etwa ‚Ironie') und darauf mit dem Abgeben einer von sechs Spielkarten reagiert. Die darauf abgebildeten Szenen, die den Begriff umschreiben, sind nicht eindeutig, haben gewisse Plausibilitäten, lassen aber auch Entscheidungsspielräume zu. Es werden mehrere Runden gespielt und die Entscheidung der anderen Spielteilnehmer auf einem gemeinsam einsehbaren Bildschirm mitgeteilt. Ziel ist es, ein Maß für die Konformität zu finden. Im Gegensatz zu den offensichtlichen Verhältnissen des Linienwahrnehmungsexperiments ist es der Spielraum der Einschätzung, der die Konformität im Spiel hält. Mit allzu offensichtlichen Fehleinschätzungen bringen sich die Roboter jedenfalls um die Kategorie jener Vertrauenswürdigkeit, die als Voraussetzung für Konformitätsverhalten gilt.

Doch es gibt neben der Vertrauenswürdigkeit noch andere Faktoren, die für Konformität ausschlaggebend sind: Nicht nur die gemeinsame Unsicherheit über die Einschätzung von uneindeutigen Zuordnungsaufträgen, sondern auch die gemeinsame Erfahrung von Verletzlichkeit schweißt Mensch und Roboter zusam-

---

40 Dazu Nicole Salomons und Brian Scassellati: Trust and conformity when interacting with groups of robots. In: HRI '18: Companion of the 2018 ACM/IEEE International Conference on Human-Robot Interaction 2018, S. 315–316, sowie Nicole Salomons et al.: Humans conform to robots. Disambiguating trust, truth, and conformity. In: HRI '18: Proceedings of the 2018 ACM/IEEE International Conference on Human-Robot Interaction 2018, S. 187–195.

41 Vgl. Serena Coppolino Perfumi et al.: Conformity in virtual environments. A hybrid neurophysiological and psychosocial approach. In: Internet Science. Third International Conference, INSCI 2016. Proceedings. Hg. von Franco Bagnoli et al. Cham 2016, S. 148–157.

42 Vgl. Masahiro Shiomi und Norihiro Hagita: Do synchronized multiple robots exert peer pressure? Vortrag. In: HAI '16: Proceedings of the Fourth International Conference on Human Agent Interaction 2016, S. 27–33; sowie Jürgen Brandstetter et al.: A peer pressure experiment. Recreation of the Asch conformity experiment with robots. In: 2014 IEEE/RSJ International Conference on Intelligent Robots and Systems 2014 (DOI: 10.1109/IROS.2014.6942730).

43 Salomons et al.: Humans conform, S. 187.

men.[44] Erst in diesem Modus der Entäußerung von Vulnerabilität wird der Roboter als Sozialpartner ernst genommen.[45] So untersucht eine Studie mit dem Titel *The ripple effects of vulnerability. The effects of a robot's vulnerable behavior on trust in human-robot teams,* welche Folgen das Bekenntnis von Schwächen und Unpässlichkeiten durch den Roboter auf den Menschen hat. Roboter berichten dort beredt über Details ihrer Befindlichkeit – das Eingestehen von Selbstzweifeln und Fehlern, die Mitteilung persönlicher Reminiszenzen und launiger Witzchen gelten als besonders probate Mittel, das Band des Vertrauens zwischen den Arten zu knüpfen.[46] Bei den anthropophilen Großoffensiven, die allerorten zu beobachten sind, stehen als menschlich veranlagte Verhaltensweisen zur Disposition, die es in die Welt der Maschine zu überführen gilt.[47] Dabei wird eine regelrechte Dynamik rückgekoppelter Übertragungsübertragungen freigesetzt.[48] Gerade dieser Bereich ist von einer großen Menschentümelei geprägt.[49] Dafür spricht ein Vokabular, das mit ausgestellt altertümlichen Kategorien wie Vertrauen und Aufrichtigkeit, Verlässlichkeit und Etikette, Glaubwürdigkeit und Wahrhaftigkeit, Charakter und Stimmigkeit den Tugendkatalog und damit sanktionierte Verhaltensweisen früherer Zeiten zu übernehmen und auf den Bereich des Techno-Anderen zu übertragen scheint.[50]

Und mit den Tugenden brechen sich auch die Untugenden, die menschlichen Schwächen und Eigenheiten, die Marotten und Nickligkeiten Bahn. Vertrauen und Konformität sind dabei nicht auf Aspekte der Oberflächen und eines zwischen Anthropomorphisierung und Naturalisierung schwankenden Designs beschränkt. Vielmehr zielen sie ins Herz menschlicher Verhaltensweisen. Computer, die über Ironie verfügen und scherzen, die lügen und betrügen, die täuschen und etwas vortäuschen, die flunkern und ihrem Benutzer schmeicheln, übernehmen

44 Vgl. dazu etwa Mark Coeckelbergh: Artificial companions. Empathy and vulnerability mirroring in human-robot relations. In: Studies in Ethics, Law, and Technology 4 (2010), H. 3, Art. 2.
45 Vgl. Rosanne M. Siino, Justin Chung und Pamela J. Hinds: Colleague vs. tool. Effects of disclosure in human-robot collaboration. In: RO-MAN 2008. The 17th IEEE International Symposium on Robot and Human Interactive Communication 2008 (DOI: 10.1109/ROMAN.2008.4600725).
46 Sarah Strohkorb Sebo et al.: The ripple effects of vulnerability. The effects of a robot's vulnerable behavior on trust in human-robot teams. In: HRI '18: Proceedings of the 2018 ACM/IEEE International Conference on Human-Robot Interaction 2018, S. 178–186.
47 Zur Anthropophilie vgl. Michael Andreas, Dawid Kasprowicz und Stefan Rieger: Unterwachen und Schlafen. Anthropophile Medien nach dem Interface. Lüneburg 2018.
48 Vgl. zu diesem Wechselverhältnis etwa, John A. Velez et al.: Switching schemas. Do effects of mindless interactions with agents carry over to humans and vice versa? In: Journal of Computer-Mediated Communication 24 (2019), S. 335–352.
49 Solche Spiralen der Adaptation betreffen nicht zuletzt Fragen der geteilten Steuerung. Vgl. dazu Negin Amirshirzad, Asiye Kumru und Erhan Öztop: Human adaptation to human-robot shared control. In: IEEE Transactions on Human-Machine Systems 49 (2019), H. 2, S. 126–136.
50 Zu dieser Formulierung vgl. Braidotti: Posthumanismus.

bei solchen Versuchen, zwischenmenschliche Verhaltensweisen zu simulieren und zu dissimulieren, eine ganze Bandbreite menschlicher Arten und Unarten.[51] Und sie stellen ihr Gegenüber vor neue Herausforderungen hinsichtlich der Frage, wie man dem Techno-Anderen begegnen soll.[52] Wie weit ihre Bereitschaft geht, sich auf die Eigenheiten des Menschen einlassen, zeigt eine Arbeit mit dem Titel *Silicon sycophants. The effects of computers that flatter*, die mit den Sykophanten die semantische Tradition des antiken Speichelleckertums bemüht und so die Schmeicheleien der Gegenwart mit historischem Tiefgang versieht.[53]

Von der Tücke des Objekts zu den Heimtücken der Objekte

Doch es bleibt nicht bei anthropophilen Großoffensiven aufseiten komplexer Maschinen. Auch die bloßen Dinge pochen auf den Eigensinn ihres Verhaltens. Dabei ist es kein Spezifikum unserer Zeit, dass sich in ihrem Reich Widerstand gegen Formen der in der Regel funktionalen und zweckrationalen Vereinnahmung rührt. Einer, der das beschrieben hat, ist der Ästhetiker Friedrich Theodor Vischer. In seinem Roman *Auch einer. Eine Reisebekanntschaft* aus dem Jahre 1879 prägt er die berühmte Formel von der Tücke des Objekts, mit der Unarten und Widerspenstigkeiten analoger Dinge auf den Punkt gebracht werden. Es sind einfache Büroklammern oder Jackenknöpfe, unverfügbare Brillen oder sperrige Kleidungsstücke, die den Helden der Geschichte aus der Contenance und um den Verstand bringen.[54] Besagte Tücke ist aber nicht nur Relikt einer verschollenen

---

51 Vgl. dazu etwa Keith W. Miller: It's not nice to fool humans. In: IT Professional 12 (2010), H. 1, 2010, S. 51 f.; und Peter Khooshabeh et al.: Does it matter if a computer jokes? Vortrag. In: CHI EA '11: CHI '11 Extended Abstracts on Human Factors in Computing Systems 2011, S. 77–86.

52 Vgl. Maha Salem et al.: Would you trust a (faulty) robot? Effects of error, task type and personality on human-robot cooperation and trust. Vortrag. In: HRI '15: Proceedings of the Tenth Annual ACM/IEEE International Conference on Human-Robot Interaction 2015, S. 141–148.

53 B. J. Fogg und Clifford Nass: Silicon sycophants. The effects of computers that flatter. In: International Journal for Human-Computer Studies 46 (1997), S. 551–561. Auch die Frage nach der Manipulierbarkeit des Menschen durch Roboter wird berücksichtigt. Vgl. dazu Eduardo Benítez Sandoval, Jürgen Brandstetter, Christoph Bartneck: Can a robot bribe a human? The measurement of the negative side of reciprocity in human robot interaction. Vortrag. In: 2016 11th ACM/IEEE International Conference on Human-Robot Interaction (HRI) 2016 (DOI: 10.1109/HRI.2016.7451742).

54 Vgl. dazu Charlotte Jaekel: Vive la Bagatelle. Animismus und Agency bei Friedrich Theodor Vischer. Würzburg 2019; sowie übergreifend Hans Peter Hahn (Hg.): Vom Eigensinn der Dinge. Für eine neue Perspektive auf die Welt des Materiellen. Berlin 2015.

Romanliteratur, sie macht auch in der Gegenwart von sich reden. Deutlich zeigt das ein Projekt, das sich unter dem Titel *The misbehavior of animated object* der regelrechten Invertierung des Wohlverhaltens verschrieben hat.[55] Von den Dingen, die dem Menschen zur Hand sein sollen, die ihm als willfährige Werkzeuge taugen und die sich ihm und seinen Bedürfnissen fügen, ist keine Rede mehr.[56] Im Reich der Dinge herrscht vielmehr Aufruhr, und bei den Menschen, die sich mit neuen Strategien der Gestaltung befassen, macht sich die Auffassung breit, die Dinge grundlegend anders bedenken zu müssen und das auch zu können.[57] Die Anthropophilie der Objekte und Artefakte erweitert ihr semantisches Spektrum. Erweckt wird so der Eindruck neuer Handlungsoptionen auf der Grundlage konventionalisierter Übertragungsbewegungen, die es im Fall der Tierpsychologie als Störfaktor möglichst gering zu halten galt – neben positiven Affektlagen treten Tücke und sogar Feindseligkeit: „While producing animated objects with surprising behaviors, we aim at exploring the stimulation of emotions, empathy, or eventually animosity and a new people-animated objects relationship“.[58] Für die Autoren der Arbeit über *Misbehaviour* wird die Verschränkung von Animismus und Animosität, Unbotmäßigkeit und Ungehorsam lediglich zu einer Frage der technischen Umsetzung.

> How to create & animate an object of simple, abstract form which movement would confer a behavior? How to give the impression that such an object have [sic! S.R.] a personality allowing to be proactive, with self-motivated behavior, not directly responding to our expectations, or even challenging them through the demonstration of mis-behavior?[59]

Mit dem Zugeständnis von Verhalten soll es den Dingen möglich sein, aus der Rolle zu fallen, der Banalität des Erwartbaren zu entgehen, zu überraschen und sich schlecht zu benehmen. Das Zugeständnis der Individuation von Technik ist verbunden mit dem Zugeständnis der Marotte, der Eigenheit, des Sperrigen und

---

55 Samuel Bianchini et al.: The misbehavior of animated object. In: TEI ’14: Proceedings of the 8th International Conference on Tangible, Embedded and Embodied Interaction 2014, S. 381–384. Allgemein zum Verhalten der Dinge vgl. Samuel Bianchini et al.: Towards behavioral objects. A twofold approach for a system of notation to design and implement behaviors in non-anthropomorphic robotic artifacts. In: Dance Notations and Robot Motion. Hg. von Jean-Paul Laumond und Naoko Abe. Cham 2016, S. 1–24.

56 Aufgerufen ist damit die Beschreibungssprache von Heideggers hermeneutischer Phänomenologie. Vgl. zu deren Verhältnis zu postphänomenologischen Positionen von Don Ihde und Peter-Paul Verbeek: Suzana Alpsancar: Vom Fahrzeug zum Fahrding. Ein Heideggerianischer Kommentar zum autonomen Automobil. In: Autonome Autos. Hg. von Florian Sprenger. Bielefeld (in Vorbereitung).

57 Freiräume einer solchen Neugestaltung finden sich in Sparten wie Research through Design, Cargo Cult Design u. a.

58 Bianchini et al.: Animated object, S. 382.

59 Bianchini et al.: Animated object, S. 381.

des Schwierigen.[60] Dazu ist es allerdings nötig, die Perspektive zu wechseln und sich in die Position der Dinge zu versetzen.[61]

> While the movement toward granting ever more power to users is very real, can we understand it not from the viewpoint of humans, but that of the objects? How can we design the empowerment of both users and objects, but starting from the objects? Could the object then change its status and become a subject, or at least an agent? With that as our starting position, we pose the hypothesis, theoretical and practical, that in order to engage with such prospects, the objects in question must be endowed with behaviors.[62]

Die Aufkündigung des utilitaristischen Paktes und eines auf Funktionalität angelegten Selbstverständnisses wird dabei zur Fluchtlinie, die sich unter dem Konzept einer Postphänomenologie versammelt und formiert – nicht nur um Belange eines anderen Nachdenkens über das Verhältnis zu den Dingen, sondern auch durch deren Gestaltung.[63] Selbstredend gibt es auch für die Art und Weise des Aus-der-Rolle-Fallens Nuancierungen und Sprachregelungen.

> Definitions seem to settle on four dimensions: ‚unexpected behavior', ‚socially unacceptable behavior', ‚surprising/poetic' (only one vote), ‚doing differently, intentionally, with an unexpected goal', aiming specifically […] at changing the behavior of the audience.[64]

Für die Umsetzung sind Werkzeugkisten wie das *Misbehavior Kit* und eigens dazu veranstaltete Workshops zuständig (Abb. 3.1). Dort wird mit einigem Aufwand und mit dem Anspruch einer gewissen Systematik daran gearbeitet, die Dinge aus ihren gewohnten Funktionen und eingespielten Affordanzen zu lösen.

Als Beispiele für die Beschreibung auffälligen Verhaltens wird etwa eine schlichte Leinentüte angeführt, die erstens voll, zweitens verkehrt herum (mit dem Mund nach unten) und drittens durch Eigenbewegung sich ihrer Benutzung als probates Warentransportbehältnis verweigert (Abb. 3.2). Aber auch ein Mülleimer ist zu eigentümlichen Fehlverhaltensweisen fähig. Versuche, zu entsorgenden Abfall in ihn

---

60 Zur Kopplung von Marotte und Individuation vgl. etwa Aloha Hufana Ambe et al.: Technology individuation. The foibles of augmented everyday objects. In: CHI '17: Proceedings of the 2017 CHI Conference on Human Factors in Computing Systems 2017, S. 6632–6644.

61 Zu einem Beispiel, das ausgerechnet das Auto zum Gegenstand entsprechender Bezugnahmen um- und aufrüstet vgl. Joshua McVeigh-Schultz et al.: Vehicular lifelogging. New contexts and methodologies for human-car interaction. In: CHI EA '12: CHI '12 Extended Abstracts on Human Factors in Computing Systems 2012, S. 221–230.

62 Samuel Bianchini et al.: (Mis)behavioral objects. In: Empowering Users through Design. Hg. von David Bihanic. Cham 2015, S. 129–152, hier S. 129 f.

63 Vgl. dazu Ron Wakkary und William Odom: Slow, unaware things beyond interaction. In: Funology 2. From Usability to Enjoyment. Hg. von Mark Blythe und Andrew Monk. Cham 2018, S. 177–191.

64 Bianchini et al.: (Mis)behavioral objects, S. 149.

Abb. 3.1: Samuel Bianchini et al.: Koffer mit Misbehavior Kit, 2015.

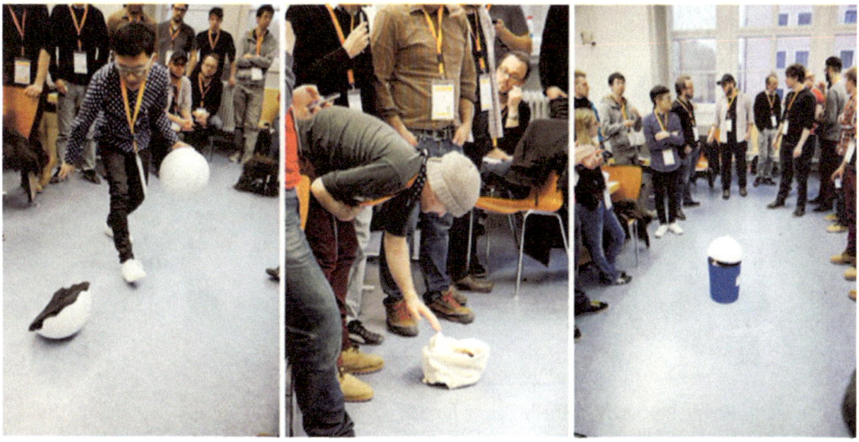

Abb. 3.2: Samuel Bianchini et al.: Unkooperative Mülleimer und Tragetaschen, 2015.

zu verbringen, vereitelt er ebenfalls durch Fluchtbewegungen und leistet damit, wie es in der nachträglichen Reflexion heißt, einen ökologisch wertvollen, weil systemkritischen Beitrag zum allgemeinen Konsumverhalten Vorschub.

Schluss mit Hermeneutik und künstlichen Hirschen

Verhaltenswissen ist ein Medieneffekt. Dieser Befund ist in seiner Allgemeinheit trivial, erhält aber durch die unterschiedlichen Weisen der jeweiligen Modellierung epistemologische Wirkmacht. Das Wissen, seine Erhebung, seine Formalisierung und Simulation sind jeweiligen technischen Umgebungen und deren vielfältigen Möglichkeiten geschuldet. Die Freisetzung von Artefakten, die wie im Fall von künstlichen Bienen und Robofischen Verhalten bei natürlichen Tieren induzieren, sind ebenso Effekte einer unaufhaltsamen Mediatisierung wie die Virtualisierung von Umwelten. So wird das Virtuelle als Mittel zur Anreicherung eingeschränkter Habitate für Wildtiere und Nutztiere eingesetzt, um das tierliche Wohlbefinden oder seine Leistungsfähigkeit zu erhöhen (vgl. Abb. 4).[65] Zugleich findet es in Konzepten des *Virtual Fencing* seine Umsetzung. Dort wird das Bewegungsverhalten der Tiere nicht durch statische Vorgabe wie Zäune gesteuert, sondern durch die Bewegung selbst.

Abb. 4: Oscar Hovde Berntsen: Virtuelle Zäune für Schafe, 2015.

65 Vgl. zu dieser Ambivalenz Ina Bolinski und Stefan Rieger: Eine Lebenswelt von allen und für alle. Zur Programmatik der Multispecies Communities. In: Navigationen. Zeitschrift für Medien- und Kulturwissenschaft (Thema: Multispecies Communities) 21 (2021), H. 1, S. 7–29.

Mit den Momenten der Übertragung und im Moment der Übertragung wird das Phantasma eines natürlichen Verhaltens sowohl sichtbar als auch hinfällig. Der Glaube oder vielleicht sogar das Ethos der Ethologie, ein authentisches Verhalten zu identifizieren und dazu auf eine hermeneutische Kompetenz aufseiten der Beobachter*innen zurückgreifen zu können, erweist sich als Wunschdenken. Für die Übertragung von Verhalten werden Kategorien wie Vertrauen, Empathie, Einfühlungsvermögen angeführt – mithin jene Kategorien, die, wie das Beispiel von Tembrock gezeigt hat, erst den Anlass für eine bestimmte Reinigungsarbeit lieferten und die es ermöglichen sollten, die Ethologie als Wissenschaft und nicht als verlängerten Arm einer Menschenpsychologie zu etablieren. Das geschieht mittels Technik und Formalisierung. Es ist wiederum die Technik, die in Gestalt virtueller Realitäten und ihrer Immersionseffekte genau solchen Effekten von Empathie und Unmittelbarkeit Vorschub leistet. Gerade mit den Angeboten virtueller Realitäten wird es möglich, sich in den anderen hineinzuversetzen, die Perspektive des Anderen einzunehmen – ein Tier, eine Pflanze (und auch eine Maschine) zu werden –, und zwar unter der dezidierten Preisgabe des menschlichen Standpunkts.[66] Faktische Distanznahme wie im Fall der virtuellen Zäune und affektbefördernde Nähe wie im Fall eines Internets der Tiere werden jedenfalls nicht an der binären Entscheidung für oder gegen die Nutzung von Technik entschieden.[67] Technik wird vielmehr zum Motor von beidem.[68]

Diese Polyvalenz des Technischen für den Umgang mit Verhaltenswissen ist konstitutiv. Das Verhaltenswissen der Zukunft wird daher eines sein, das den unterschiedlichen Aspekten der Mediatisierung Rechnung trägt. Das gilt auf mehreren Ebenen: Es gilt erstens für Untersuchungen, die das Verhalten von Tieren in

---

66 Zum Tier-Embodiment Sun Joo (Grace) Ahn et al.: Experiencing nature. Embodying animals in immersive virtual environments increases inclusion of nature in self and involvement with nature. In: Journal of Computer-Mediated Communication 21 (2016), S. 399–419. Zum Plant-Embodiment Caroline Larboulette und Sylvie Gibet: I am a tree. Embodiment using physically based animation driven by expressive descriptors of motion. Vortrag. In: MOCO ’16: Proceedings of the 3rd International Symposium on Movement and Computing 2016, Art. Nr. 18, S. 1–8.

67 Vgl. dazu Alexander Pschera: Das Internet der Tiere. Der neue Dialog zwischen Mensch und Natur. Berlin 2014. Vinton G. Cerf und der *Genesis*-Musiker Peter Gabriel riefen 2014 *The Interspecies Internet (I2I)* ins Leben und positionierten das Tier auf diese Weise neu. Ziel des *I2I* ist es, Kommunikationsstrukturen zwischen Menschen, Tieren und auch anderen Intelligenzen zu schaffen. Vgl. zur Programmatik den TED-Talk „The interspecies internet? An idea in progress“, Februar 2013. Online unter: www.ted.com/talks/diana_reiss_peter_gabriel_neil_gershenfeld_and_vint_cerf_the_interspecies_internet_an_idea_in_progress/transcript (abgerufen am 1.7.2021) und das Statement vom 14. Juni 2012 auf der Homepage von Peter Gabriel. Online unter: http://petergabriel.com/news/the-interspecies-internet/ (abgerufen am 1.7.2021).

68 Vgl. zu dieser Ambivalenz Bolinski und Rieger: Lebenswelt.

Bezug auf die Medien der Verhaltensbeobachtung selbst in den Blick nehmen.[69] Es gilt zweitens für methodische Zugriffe, die etwa durch Einsatz von Virtual Reality eine technikgestützte Verhaltensforschung umzusetzen versuchen.[70] Es gilt drittens für die eine Feldforschung, die sich mit ihrer Technik nicht auf die Position störungsfreier Beobachtung zurückzieht, sondern vor Ort und das heißt im Feld interveniert, wie es die Medien- und Kulturwissenschaftlerin Judith Willkomm für bestimmte Bereiche der bioakustischen Forschung als ein Verhaltenswissen zweiter Ordnung nachgezeichnet hat.

> Die Lautsprecher sind sozusagen als kleine *Vogelsänger* konstruiert, als virtueller Rivale sollen sie gezielt Reaktionen beim Versuchstier hervorrufen. Tontechnik und Schallaufnahme werden selbst zum *Akteur* im Feld. Es entsteht eine Tonaufzeichnung zweiter Ordnung, die das Experiment und das beobachtete Verhalten in Form von eingesprochenen Kommentaren aufzeichnet.[71]

Und es gilt viertens für die Kreisläufe bei der Verhaltensmodellierung zwischen realen und virtuellen Tieren. An diesem Punkt werden Untersuchungen über künstliches Rotwild für die Modellierung virtueller Szenarien von Belang. Für die Simulation eines authentisch belebten Szenarios muss nicht nur die artspezifische Wahrnehmungsweise natürlicher Tiere integriert werden. Es gilt darüber hinaus, „dass sowohl das individuelle und autonome Verhalten eines einzelnen Tieres als auch die Strukturen der sozialen Gruppen“ zu berücksichtigen sind.[72] Am technisch modellierten Fluchtverhalten künstlicher Hirschrudel findet die menschliche Hermeneutik eines unvermittelten Tierverhaltens ihr Ende.[73] Das Verhalten folgt Algorithmen, in die auf komplexe Weise Verhaltenswissen eingetragen ist. Natur und Hermeneutik bleiben außen vor.

---

69 Vgl. dazu Patrizia Paci, Clara Mancini und Blaine A. Price: The role of ethological observation for measuring animal reactions to biotelemetry devices. In: ACI2017: Proceedings of the Fourth International Conference on Animal-Computer Interaction 2017, Art. Nr. 5, S. 1–12.

70 Vgl. Nicholas Andrew Del Grosso: Design of virtual reality systems for animal behavior research. Dissertation. Ludwig-Maximilians-Universität München 2018.

71 Judith Willkomm: Die Technik gibt den Ton an. Zur auditiven Medienkultur der Bioakustik. In: Auditive Medienkulturen. Techniken des Hörens und Praktiken der Klanggestaltung. Hg. von Axel Volmar und Jens Schröter. Bielefeld 2013, S. 393–417, hier S. 406.

72 Dazu Ina Bolinski: Von Tierdaten zu Datentieren. Eine Mediengeschichte der elektronischen Tierkennzeichnung und des datengestützten Herdenmanagements. Bielefeld 2020, S. 177.

73 Vgl. Carlos Delgado-Mata et al.: On the use of virtual animals with artificial fear in virtual environments. In: New Generation Computing 25 (2007), H. 2, S. 145–169.

Abbildungsverzeichnis

Abb. 1 Fuchsverhalten. Aus: Günter Tembrock: Tierpsychologie. Wittenberg Lutherstadt 1976, S. 20.

Abb. 2.1 Künstliche Schildkröte. Aus: Ewald Eichler: Die künstliche Schildkröte. Ein umweltanhängiger Automat. In: Radiotechnik 5/6 (1955), S. 173–179, hier S. 173.

Abb. 2.2 Wege der künstlichen Schildkröte. Aus: Ewald Eichler: Aufbau und Verhalten der künstlichen Schildkröte. In: Radiotechnik 7/8 (1955), S. 239–244, hier S. 243.

Abb. 2.3 Schaltschema der künstlichen Schildkröte. Aus: Ewald Eichler: Die künstliche Schildkröte. Ein umweltanhängiger Automat. In: Radiotechnik 5/6 (1955), S. 173–179, hier S. 177.

Abb. 3.1 Koffer mit Misbehavior Kit, 2015. Aus: Samuel Bianchini et al.: (Mis)behavioral Objects. In: Empowering Users through Design. Hg. von David Bihanic. Cham 2015, S. 129–152, hier S. 144.

Abb. 3.2 Unkooperative Mülleimer und Tragetaschen. Aus: Samuel Bianchini et al: (Mis)behavioral Objects. In: Empowering Users through Design. Hg. von David Bihanic. Cham 2015, S. 129–152, hier S. 148.

Abb. 4 Oscar Hovde Berntsen: Virtuelle Zäune für Schafe. Aus: E. I. Brunberg, K. E. Bøe und K. M. Sørheim: Testing a new virtual fencing system on sheep. In: Acta Agriculturae Scandinavica, Section A – Animal Science 65 (2015), H. 3–4; S. 168–175, hier S. 170.

IV Kybernetik und Verhalten

Hans-Christian von Herrmann

Einführung: Kybernetik und Verhalten

Im Januar 1943 veröffentlichten der Physiologe Arturo Rosenblueth, der Mathematiker Norbert Wiener und der Elektrotechniker Julian Bigelow in der Zeitschrift *Philosophy of Science* einen Aufsatz, in dem sie ihr Konzept des Feedback als neue verhaltenswissenschaftliche Kategorie vorstellten.[1] Dieser Vorschlag sollte in den folgenden Jahren maßgeblich zur Begründung des interdisziplinären Forschungsfeldes der Kybernetik beitragen. Das Erscheinen des Textes im Kriegsjahr 1943 hatte einen ganz konkreten Hintergrund, nämlich die Versuche von Wiener und Bigelow, einen rückgekoppelten *antiaircraft predictor* zu entwickeln, der die Effizienz der alliierten Flugabwehr verbessern sollte.[2] Von dieser Tätigkeit im Rahmen des amerikanischen Militärs ist in dem Text selbstverständlich nicht die Rede, stattdessen aber von Katzen und Mäusen, von Schlangen, Fröschen und Fliegen, von Steinen, die auf bewegte Ziele geworfen werden, und nicht zuletzt von Maschinen, die in der Lage sind, eine Lichtquelle zu erkennen und sich auf sie zuzubewegen. Die methodologische Pointe der drei Verfasser liegt nun darin, dass sie diese sehr unterschiedlichen Vorgänge unter einem gemeinsamen Begriff zusammenfassen, und zwar dem des zielgerichteten *(purposeful)* und rückgekoppelten *(teleological)* Verhaltens. Es handelt sich hierbei ausdrücklich nicht um die Annahme einer Wesensgleichheit, sondern um ein Beobachtungs- und Beschreibungsverfahren, das sich selbst als behavioristisch bezeichnet und durch das Lebewesen und Maschinen in eine ganz neue Nachbarschaft rücken. Dabei verliert der Begriff des Verhaltens alle psychologischen Konnotationen, indem er sich ganz allgemein auf das Studium von belebten wie von unbelebten Objekten im Verhältnis zu ihrer Umwelt bezieht.

> Given any object, relatively abstracted from its surroundings for study, the behavioristic approach consists in the examination of the output of the object and of the relations of this output to the input. By output is meant any change produced in the surroundings by the object. By input, conversely, is meant any event external to the object that modifies this object in any manner.[3]

1 Arturo Rosenblueth, Norbert Wiener und Julian Bigelow: Behavior, purpose and teleology. In: Philosophy of Science 10 (1943), H. 1, S. 18–24.

2 Vgl. Peter Galison: Die Ontologie des Feindes. Norbert Wiener und die Vision der Kybernetik. In: Räume des Wissens. Repräsentation, Codierung, Spur. Hg. von Hans-Jörg Rheinberger, Michael Hagner und Bettina Wahrig-Schmidt. Berlin 1997, S. 281–324.

3 Rosenblueth, Wiener und Bigelow: Behavior, S. 18.

https://doi.org/10.1515/9783110740813-014

Verhalten im Sinne von Rosenblueth, Wiener und Bigelow impliziert also keinerlei Annahmen über die Beschaffenheit der beobachteten Objekte, sondern beschreibt allein eine Relation *(input – output)*, ganz unabhängig von allen funktionalen Aspekten. Gleichwohl zeichnet sich darin ein tiefgreifender Wandel des Sinns von Technik ab, hat man es doch nun mit Maschinen zu tun, die auf der Grundlage negativer Rückkopplung ein teleologisches Verhalten zeigen oder, wie man auch sagen kann, zwischen ihrer Gegenwart und ihrer Zukunft operieren.

Auf ganz ähnliche Weise registrierte der Physiker Hermann Schmidt, Obmann des Fachausschusses für Regelungstechnik im Verein Deutscher Ingenieure (VDI), bereits im Mai 1942 (wohl ebenfalls vor dem Hintergrund aktueller waffentechnischer Entwicklungen) in einem Zeitschriftenartikel eine zugleich technikhistorische und anthropologische Zäsur:

> Jedes erfolgreiche technische Schaffen führt zu einem Gegenstand, der einem bestimmten Zweck dient. Der Hammer *dient* dem Zweck, Nägel einzuschlagen. Ohne unsere Mitwirkung *erfüllt* er diesen Zweck aber nicht. Die Kraft, die Geschicklichkeit, die Aufmerksamkeit und Überlegung, die notwendig ist, um den Zweck zu erfüllen, müssen wir selbst dazu beitragen. Die geschichtliche Entwicklung der Technik ist nun von der fortschreitenden Zweckerfüllung durch die Technik selbst begleitet. Die historische und prinzipielle Rangordnung der Bestandteile der technischen Umwelt bestimmen sich nach dem Grade der Zweckerfüllung.[4]

So lässt sich etwa über ein Flugzeug, das über „eine selbsttätige Regelung seines Verhaltens" verfügt, sagen:

> Der Zweck des Fliegens ist durch das selbsttätig gesteuerte und stabilisierte Flugzeug vollständig erfüllt: das Subjekt ist aus dem Bereich der für die Erfüllung des gesetzten Zweckes notwendigen Mittel vollständig ausgeschieden. Das technische Objekt ist vollständig, da es den gesetzten Zweck selbsttätig erfüllt.[5]

Die sich in den Nachkriegsjahren zunächst in den USA als interdisziplinäres Forschungsprogramm von Lebens-, Ingenieur- und Sozialwissenschaften formierende Kybernetik kann als der Versuch gelten, ausgehend vom zielgerichteten Verhalten der neuen umweltoffenen Maschinen ein gewandeltes Verständnis von Technik und einen neuen Blick auf ihr Verhältnis zum Menschen jenseits des Streits zwischen Vitalismus und Mechanismus zu gewinnen.[6] Als Maschinen und Lebewesen gleichermaßen umfassende Systemtheorie griff sie neben der Rege-

---

4 Hermann Schmidt: Die Regelungstechnik. In: Rundschau deutscher Technik 22 (1942), H. 9/10, S. 5 f., hier S. 5.

5 Schmidt: Regelungstechnik, S. 5.

6 Vgl. Claus Pias (Hg.): Cybernetics. The Macy Conferences 1946–1953. Bd. 1: Transactions. Zürich/Berlin 2003. Vgl. auch Norbert Wiener: Kybernetik. Regelung und Nachrichtenübertragung im Lebewesen und in der Maschine. Düsseldorf et al. 1992, S. 63–81.

lungstechnik das mathematische Neuronenmodell von Warren McCulloch und Walter Pitts[7], die Spieltheorie von John von Neumann und Oskar Morgenstern[8] sowie die Informationstheorie von Claude E. Shannon[9] auf. Damit rückte, wie Arnold Gehlen 1957 feststellte, „die Technik [...] in den Mittelpunkt der menschlichen Weltauslegung und damit auch seiner [des Menschen] Selbstauffassung“[10] vor, denn die neuen nicht-deterministischen technischen Systeme übertrugen ihre probabilistische Operationsweise auf das Verständnis menschlicher Aktivität in allen ihren Dimensionen. Der Technikphilosoph Gilbert Simondon sprach 1958 vom „Unbestimmtheitsspielraum“, der die neuen Maschinen auszeichne und der es ihnen gestatte, „für eine externe Information empfänglich zu sein“.[11] Die Kybernetik, so der Psychoanalytiker Jacques Lacan 1954/1955 in seinem Pariser Seminar, sei aus einer in ihren Anfängen bis in die Frühe Neuzeit zurückreichenden „konjekturalen“[12] Rationalität (im Sinne von Jakob Bernoullis *Ars conjectandi*) erwachsen und erzwinge eine Neubestimmung der menschlichen Existenz im Zeichen eines universell gewordenen Zufalls. Die paradigmatische kybernetische Maschine war für Lacan entsprechend Shannons „mind-reading (?) machine“[13], die nicht nur in der Lage war, das Spiel „Gerade oder Ungerade“ zu spielen, sondern dabei auch (nach dem Vorbild von Edgar Allan Poes Detektiverzählung *The purloined letter*) menschlichen Spielern überlegen zu sein.

So nimmt in der Kybernetik das Denken selbst die Form einer Maschine an. Ende der 1940er Jahre übernahm Henry Singleton, Doktorand bei Jerome Wiesner am Electronics Laboratory des MIT in Cambridge, die Aufgabe, eine Maschine mit zielgerichtetem Verhalten für Demonstrationszwecke zu entwerfen. Mit ihr sollten vor allem bekannte physiologische Störungen von Willkürbewegungen wie der Intentionstremor oder der Parkinsontremor am technischen Modell hervorgebracht und experimentell beobachtbar werden. Es handelte sich um einen klei-

7 Vgl. Warren S. McCulloch und Walter Pitts: A logical calculus of the ideas immanent in nervous activity. In: Bulletin of Mathematical Biophysics 5 (1943), S. 115–133.

8 Vgl. John von Neumann und Oskar Morgenstern: Theory of Games and Economic Behavior. Princeton 1944.

9 Claude E. Shannon: A mathematical theory of communication. In: The Bell System Technical Journal 27 (1948), S. 379–423, 623–656.

10 Arnold Gehlen: Die Seele im technischen Zeitalter. Sozialpsychologische Probleme in der industriellen Gesellschaft. Hamburg 1957, S. 14.

11 Gilbert Simondon: Die Existenzweise technischer Objekte. Zürich 2012, S. 11.

12 Jacques Lacan: Das Seminar Buch II (1954–1955). Das Ich in der Theorie Freunds und in der Technik der Psychoanalyse. 2. Aufl. Weinheim/Berlin 1991, S. 375.

13 Vgl. Lacan: Das Ich, S. 227–237; sowie Claude E. Shannon: A Mind-Reading (?) Machine (1953). In: Claude Elwood Shannon. Collected Papers. Hg. von Aaron D. Wyner und Neil J. A. Sloane. Piscataway 1993, S. 688–689.

nen motorisierten dreirädrigen Wagen, der durch Fotozellen und zwei Rückkopplungsschaltungen in die Lage versetzt worden war, sich fototropisch zu verhalten und entweder wie eine Motte eine Lichtquelle anzusteuern oder wie eine Bettwanze vor ihr zu fliehen.[14] Das einige Jahre später von Frank Rosenblatt am Cornell Aeronautical Laboratory in Buffalo entwickelte und 1957 vorgestellte Perceptron verfügte dann bereits über sehr viel weitergehende Fähigkeiten. Rosenblatts Absicht war es dabei gewesen, eine Maschine zu konstruieren,

> which would be capable of conceptualizing inputs impinging directly from the physical environment of light, sound, temperature, etc. – the ‚phenomenal world' with which we are all familiar – rather than requiring the intervention of a human agent to digest and code the necessary information.[15]

Was den zuerst 1943 von Rosenblueth, Wiener und Bigelow formulierten kybernetischen Verhaltensbegriff in wissensgeschichtlicher Hinsicht auszeichnet, ist seine Eigenschaft, für ganz unterschiedliche Disziplinen anschlussfähig zu sein und in ihnen durch die Etablierung neuer Paradigmen Revolutionen (im Sinne Thomas Kuhns[16]) auszulösen. Dies lässt sich exemplarisch an den sehr unterschiedlich ausgerichteten Arbeiten des Ostberliner Psychologen Friedhart Klix und des englischen Neurophysiologen und Robotikers William Grey Walter verfolgen, aber auch an den ersten urbanistischen Simulationsmodellen, wie sie in den 1960er Jahren von Ira S. Lowry an der RAND Corporation in Santa Monica und von Jay W. Forrester am MIT entwickelt wurden. Klix führte die Begegnung mit der Kybernetik zu einem experimentalpsychologischen Forschungsprogramm mit internationaler Resonanz. Im Vorwort zum Grundlagenwerk *Information und Verhalten. Kybernetische Aspekte der organismischen Informationsverarbeitung*, das zuerst 1971 erschien, findet sich der Satz:

> Wenngleich auffallen mag, daß das Wort Kybernetik im Text kaum jemals vorkommt, so hat das ganze Buch an seinen wesentlichen Punkten doch von der Kybernetik aus seine inhaltliche, seine methodische und seine didaktische Orientierung erhalten.[17]

---

14 Norbert Wiener: The Human Use of Human Beings. 2. Aufl. New York 1954, S. 163–167.

15 Frank Rosenblatt: The Perceptron. A Perceiving and Recognizing Automaton. Cornell Aeronautical Laboratory, Report Nr. 85-460-1, Januar 1957, S. 1. Online unter: https://blogs.umass.edu/brain-wars/files/2016/03/rosenblatt-1957.pdf (abgerufen am 27.7.2021); vgl. auch Frank Rosenblatt: The Perceptron. A probabilistic model for information storage and organization in the brain. In: Psychological Review 65 (1958), H. 6, S. 386–408.

16 Vgl. Thomas Kuhn: Die Struktur wissenschaftlicher Revolutionen. 2. Aufl. Frankfurt a. M. 1976.

17 Friedhart Klix: Information und Verhalten. Kybernetische Aspekte der organismischen Informationsverarbeitung. Einführung in naturwissenschaftliche Grundlagen der Allgemeinen Psychologie. 3. Aufl. Bern/Stuttgart/Wien 1976, S. 21.

Es ist insbesondere der schon im Titel erscheinende Begriff der Information, in dem sich der für den kybernetischen Verhaltensbegriff konstitutive probabilistische Umweltbezug zur Geltung bringt. William Grey Walter hingegen gelangte über diesen Leitfaden von der Physiologie des Gehirns zur Konstruktion einfacher maschineller Modelle, die Singletons Konstruktion ähnelten und ebenfalls dem Verhaltensstudium dienten. Auffällig ist hier jeweils die ungeheure Produktivität, die die kybernetischen Beschreibungsverfahren zu entfesseln vermochten und deren Reichweite im ganzen Spektrum von elementarer Laborforschung bis zu kosmologischer Spekulation kaum Grenzen gesetzt zu sein schienen.

Der Erfolg der Kybernetik als neue Wissensordnung einer sich als „technisches Zeitalter“[18] verstehenden Nachkriegszeit blieb nicht auf den Bereich wissenschaftlicher Methoden beschränkt, sondern umfasste auch neue Konzepte der Organisation und Steuerung in Ökonomie, Politik und Pädagogik. Dem kybernetischen Begriff des ‚Verhaltens‘ kam dabei – wie auch den Begriffen ‚Information‘ und ‚System‘ – die Funktion eines über Fächergrenzen verschiebbaren *shifters* zu, der auf die unterschiedlichsten Phänomene anwendbar war und über den sich zugleich Technik und Gesellschaft immer enger zusammenschlossen. Das machte es auch möglich, nicht nur ganz selbstverständlich von maschineller oder künstlicher Intelligenz zu sprechen, sondern auch eine Kybernetisierung von Kunst und Ästhetik auf die Tagesordnung zu setzen, die zwar kaum mehr etwas mit dem anfänglichen Forschungsprogramm der Kybernetik zu tun hatte, gleichwohl aber deren maschinellen Verhaltensbegriff in einen Kernbereich neuzeitlicher Anthropologie vordringen ließ. „Die kybernetische Erweiterung der neuzeitlichen Technik“, schrieb Max Bense 1951,

> bedeutet ihre *Erweiterung unter die Haut* der Welt; Technik kann in keiner Weise mehr isoliert (objektiviert) betrachtet werden vom Weltprozeß und seinen soziologischen, ideologischen und vitalen Phasen. Sie bezieht alles ein, sie hat einen verstärkten konsumierenden Charakter angenommen. Literatur, Kunst, Musik nehmen ihre Züge an.[19]

So entwarf beispielsweise der französische Künstler Nicolas Schöffer vor dem Hintergrund des Pariser Mai 1968 die Utopie einer „kybernetischen Stadt“[20], in der das individuelle und soziale Leben zu universeller Regelbarkeit befreit sein sollte. „According to Schöffer, the artist is the creator, or rather the programmer, of effects

---

18 Vgl. etwa die von Walter Höllerer 1961 in Anlehnung an Gehlens Buchtitel *(Die Seele im technischen Zeitalter)* gegründete Zeitschrift *Sprache im technischen Zeitalter*.

19 Max Bense: Kybernetik oder Die Metatechnik einer Maschine. In: Max Bense: Ausgewählte Schriften, Bd. 2: Philosophie der Mathematik, Naturwissenschaft und Technik. Stuttgart/Weimar 1998, S. 429–446, hier S. 436.

20 Nicolas Schöffer: Die kybernetische Stadt. München 1970.

brought about through technologically controlled environments which are able to condition – and manipulate – human behaviour and specific activities.“[21]

Wieners Grundlagenwerk *Cybernetics: Or Control and Communication in the Animal and the Machine* war 1948 auch in Paris erschienen, woraufhin *Le Monde* den Dominikaner Dominique Dubarle mit der Rezension beauftragte. Für ihn besaßen die neuen kybernetischen Maschinen das bedrohliche Potenzial, ganz neue Formen politischer Herrschaft hervorzubringen und sich in *machines à gouverner* zu verwandeln.

> At all events human realities do not admit sharp and certain determination, as numerical data of computation do. They only admit the determination of their probable values. A machine to treat these processes, and the problems which they put, must therefore undertake the sort of probabilistic, rather than deterministic thought, such as is exhibited for example in modern computing machines.[22]

Wiener griff Dubarles Rezension in seinem Buch *The Human Use of Human Beings* auf, vertrat dabei aber den Standpunkt, die Variationsbreite menschlichen Verhaltens sei letztlich durch maschinelle Vorhersagen nicht zu bewältigen. Demgegenüber hat man es heute im Zeichen einer auf große Datenmengen zugreifenden künstlichen Intelligenz technologisch mit einer völlig veränderten Lage zu tun. Zu ihr gehört auch die Feststellung, dass die „Kybernetische Revolution“[23], die in den 1940er Jahren mit der Formulierung eines neuen Verhaltensbegriffs begann, mittlerweile in vieler Hinsicht das Wissen bereitstellt, mit dem sich hochtechnisierte Gesellschaften als komplexe Systeme beschreiben und organisieren.

Weiterführende Literatur

Dechert, Charles R. (Hg.): The Social Impact of Cybernetics. New York 1967.

Fuchs-Kittowski, Klaus und Piotrowski, Siegfried (Hg.): Kybernetik und Interdisziplinarität in den Wissenschaften. Georg Klaus zum 90. Geburtstag. Berlin 2004.

---

21 Carlotta Darò: Nicolas Schöffer and the cybernetic city. In: AA Files (2014), H. 69, S. 3–11, hier S. 9.

22 Wiener: The Human Use, S. 179; vgl. auch Dominique Dubarle: Une nouvelle science. La cybernetique. Vers la machine à gouverner … In: Le Monde, 28. Dez. 1948. Online unter: www.nanomonde.org/IMG/pdf/Dubarle_1948.pdf (abgerufen am 27.7.2021).

23 Bernhard Schölkopf: Kybernetische Revolution. Künstliche Intelligenz wird Leben und Arbeiten so stark ändern wie einst Elektrizität. Europa braucht dafür die besten Köpfe. In: Süddeutsche Zeitung, 15. März 2018.

Hagner, Michael und Hörl, Erich (Hg.): Die Transformation des Humanen. Beiträge zur Kulturgeschichte der Kybernetik. Frankfurt a. M. 2008.
Moser, Jeannie und Vagt, Christina (Hg.): Verhaltensdesign. Technologische und ästhetische Programme der 1960er und 1970er Jahre. Bielefeld 2018.
Pias, Claus (Hg.): Cybernetics – Kybernetik. The Macy-Conferences 1946–1953. Essays & Dokumente. Zürich/Berlin 2004.
Rid, Thomas: Rise of the Machines. The Lost History of Cybernetics. Melbourne/London 2017.

Juliane Rettschlag

Maschinenverhalten. Die kybernetischen Schildkröten von Grey Walter

Für den Sommer 1951 versprach das von der britischen Regierung veranstaltete Festival of Britain Neuanfang und Aufbruch.[1] Inmitten dieses kostspieligen und futuristischen Nachkriegsspektakels stieß die Londoner Öffentlichkeit auf kleine Roboter, die sich in einer Art Gehege im Ausstellungsraum bewegten. Zu sehen waren hier die kybernetischen Schildkröten des Hirnforschers William Grey Walter (1910–1977). Bei dieser neuen elektromechanischen Spezies handelte es sich um Verhaltensmodelle des „lebenden Gehirns", die aus nicht mehr als zwei künstlichen „Nervenzellen" bestanden. Die optisch nur wenig an Schildkröten erinnernden Blechkisten auf drei Rädern zeigten allerdings trotz ihrer simplen Bauweise ein erstaunliches Verhaltensspektrum, das dem von Tieren durchaus ähnelte: Die lichtsuchenden und berührungsscheuen Wesen erweckten den Eindruck, nach Nahrung zu suchen, wichen Hindernissen aus und kehrten nach einer Weile in ihre Ladestationen zurück, um sich „auszuruhen". Darüber hinaus schienen sie sogar komplexe Verhaltensweisen ihrer menschlichen Vorbilder nachzuahmen und damit die Grundlagen sozialen Zusammenlebens zu offenbaren: In bescheidener Weise zeigte sich an ihnen das Phänomen gegenseitiger Anziehung und ein Verhalten, das sich mit Geschlechtsstereotypen in Verbindung bringen ließ. Die Kreaturen erregten damit nicht nur die Aufmerksamkeit einer sich gerade erst formierenden internationalen kybernetischen Fachgemeinschaft, sondern auch das Interesse der britischen Öffentlichkeit. Davon zeugen Berichte, Fotografien und mindestens zwei Filme aus den Jahren 1950 und 1951, welche die Schildkröten im bürgerlichen Wohnzimmer der Familie Walter in Bristol zeigen. Was hier aus Schrott und altem Kriegsgerät zusammengeschustert war, verhieß eine kybernetische Zukunft, die mit universalistischem Anspruch nach einer „natürliche, soziale

1 Das Festival of Britain war eine Nationalausstellung, die britische Beiträge aus Wissenschaft, Technologie, Architektur, Design und den schönen Künsten versammelte. „Its off-message dissonance was the perfect expression of a mid-century moment when the forward momentum of culture and progress was temporarily disrupted. Before the inrush of the briskly instrumental new structures of post-war consumer capitalism, old demons – war trauma, imperial over-reach, class antagonism — would need to be brought out into the open, examined and placated." (Lisa Mullen: Mid-century Gothic. The Uncanny Objects of Modernity in British Literature and Culture After World War II. Manchester 2019, S. 2).

https://doi.org/10.1515/9783110740813-015

und technische Phänomene umfassenden Erklärung für die Verhaltensweisen sich selbst regulierender Systeme" suchte.[2]

Der vorliegende Beitrag behandelt die gegen Ende der 1940er Jahre entstandenen kybernetischen Schildkröten ELMER (ELectro-MEchanical Robot) und ELSIE (Electro-mechanical robot, Light-Sensitive with Internal and External stability) sowie die Reflexmaschine CORA (Conditioned Reflex Analogue) als Modelle, die eine bestimmte Auffassung von Verhalten (re-)produzierten. Über ihre populärwissenschaftliche Inszenierung wurden lebenswissenschaftliche Diskurse in eine technische Praxis überführt und das Gehirn als kybernetische Maschine zur Schau gestellt.[3] Die Geschichte der Schildkröten lässt sich dabei im Zusammenhang mit einer – für die in den 1940er Jahren aufkommende Kybernetik typischen – disziplinären Öffnung beschreiben, die über *trading zones* neue Begriffe und Metaphern, Praktiken und Methoden etablierte.[4] Walters kybernetische Schildkröten sind somit einerseits im Spiegel diverser Wissenschaftsgeschichten (Kybernetik, Neurophysiologie, Behaviorismus, Robotik und künstliche Intelligenz) zu betrachten, andererseits aber auch als Medienereignisse der Populärkultur.[5] Diese Partialgeschichten werden im Folgenden auf die Schildkröten und ihre interdisziplinäre häusliche Umwelt zugespitzt, die den Schauplatz dieses Beitrags bildet. Die Untersuchung ausgewählter Szenen aus populärwissenschaftlichen Quellen adressiert im Wesentlichen die folgenden Fragen: Wie und auf welcher epistemischen Grundlage formierte sich an den kybernetischen Schildkröten Verhalten? Mittels welcher Praktiken, Medien, Objekte, Begriffe und Räume wurden Verhaltensphänomene materiell-diskursiv erzeugt? Welche speziellen Verhaltensweisen wurden an den kybernetischen Schildkröten beobachtet?

2 Stefan Artmann: Historische Epistemologie der Strukturwissenschaften. Paderborn 2010, S. 9.

3 Mit Inszenierung sei hier ein „schöpferischer Prozess, der Imaginäres, Fiktives und Reales in Beziehung setzt" gemeint. Vgl. Erika Fischer-Lichte und Isabel Pflug (Hg.): Inszenierung von Authentizität. Tübingen 2007 (Theatralität. Bd. 1), S. 19.

4 Galison über *trading zones*: „Two groups can agree on rules of exchange even if they ascribe utterly different significance to the objects being exchanged; they may even disagree on the meaning of the exchange process itself. Nonetheless, the trading partners can hammer out a local coordination, despite vast global differences." (Peter Galison: Image and Logic. A Material Culture of Microphysics. Chicago 1997, S. 783). Nach Collins et al. ist das bestimmende Merkmal der *trading zone* die Überwindung eines Kommunikationsproblems der miteinander im Austausch stehenden Gruppen. Vgl. Harry Collins, Robert Evans und Michael E. Gorman: Trading zones and interactional expertise. In: Trading Zones and Interactional Expertise. Creating New Kinds of Collaboration. Hg. von Michael E. Gorman. Cambridge 2010, S. 7–23, hier S. 8.

5 Andrew Pickering: Mit der Schildkröte gegen die Moderne. Gehirn, Technologie und Unterhaltung bei Grey Walter. In: Kultur im Experiment. Hg. von Henning Schmidgen, Peter Geimer und Sven Dierig. Berlin 2004, S. 117.

Der Beitrag unterteilt sich in drei Abschnitte: Erstens gehe ich auf William Grey Walters Arbeit zur Elektroenzephalographie ein und rekonstruiere die Korrelation von Hirnstromkurven und Verhaltensphänomenen. Zweitens zeige ich, wie Walter im Anschluss an (proto-)kybernetische Ideen und Praktiken die Konstruktion von elektromechanischen Verhaltensmodellen zur Methode erhob, um das menschliche Gehirn zu erkunden. Drittens befasse ich mich mit den medialen Inszenierungen der Schildkröten, um Walters Verhaltensbeobachtungen anhand von Fotografien aus zeitgenössischen populärwissenschaftlichen Zeitschriften sowie Kurzfilmen der BBC beispielhaft nachzuvollziehen.

Im (proto-)kybernetischen Zoo: Verhaltensmodelle

Um die Konstruktion der Schildkröten einzuordnen, sind einige Blicke in Walters Forschungen zum *lebenden* Gehirn von Vorteil, denn die mobilen Maschinen waren zunächst als „Beitrag zu den Wissenschaften vom Gehirn gedacht“.[6] Die Konstruktion der animalen Verhaltensmodelle resultierte aus Walters Forschungstätigkeit über die Funktionsprinzipien des menschlichen Gehirns. In den 1930er Jahren wandte sich der Elektro- und Neurophysiologe Walter dem noch jungen Forschungsfeld der Elektroenzephalographie (EEG) zu.[7] Das EEG, zugleich Forschungsfeld und Apparatur, ist ein Verfahren zur Registrierung von Stromschwankungen im Gehirn und zu ihrer Aufzeichnung in Form rhythmischer Muster – Kurven als Codes –, wodurch Hirntätigkeit dechiffrierbar werden soll. Für seine Hirnforschung bot das EEG Walter die Möglichkeit, das rätselhafte Organ in Aktion zu erforschen[8] und zu untersuchen, inwiefern die Gehirnwellenmuster mit dem Verhalten der Untersuchten, mit biopsy-

6 Pickering: Schildkröte, S. 108.

7 Zwar wurde das erste „Electrocerebrogramm“ als Schriftbild einer Gehirnaktivität bereits 1912 von Vladimir Vladimirovich Pravdich-Neminsky aufgenommen. Aber erst ab Ende der 1920er Jahre wurde die Technik populär, als es dem Neurologen Hans Berger mit einer Apparatur aus am Kopf befestigten Drähten gelang, Ströme im Gehirn als eigenartige Zickzacklinien aufzuzeichnen: Er nannte sie Berger-Wellen bzw. „Elektroenkephalogramm“. Vgl. Barbara E. Swartz und Eli S. Goldensohn: Timeline of the history of EEG and associated fields. In: Electroencephalography and Clinical Neurophysiology 106 (1998), S. 173–176.

8 In seinem Hauptwerk *The Living Brain* (London 1951) verdichtete Walter unter Mitarbeit seines Vaters, eines Journalisten, zentrale Ergebnisse seiner Forschung. Im Folgenden beziehe ich mich einer besseren Lesbarkeit halber auf die deutsche Übersetzung dieses Werks: William G. Walter: Das lebende Gehirn. Entwicklung und Funktion. München/Zürich 1963.

chologischen Eigenschaften und individuellen Dispositionen korrelieren.[9] Praktische Bedeutung erhielten diese Forschungen mitunter am englischen Burden Neurological Institute (BNI), einer psychiatrischen Einrichtung in der Nähe von Bristol, in der Walter von 1939 bis 1970 in leitender Position tätig war.[10] Das EEG als Visualisierungstechnologie diente dort der Objektivierung von Verhaltensbeobachtungen und nicht selten der Begründung von Diagnosen und Therapien. Bald schon erschien das EEG als „Schlüssel zur Psychophysiologie des Menschen".[11] Aus Walters Beobachtungen einer Beziehung von Hirnstrommustern und Verhalten leitete sich seine Vorstellung des Gehirns als „Organ der Persönlichkeit" ab:[12]

> In der klassischen Physiologie ist die Gleichwertigkeit gleichartiger Organe selbstverständlich; abgesehen von Geschmacksdingen sind alle Idiosynkrasien pathologisch. Man ist versucht zu sagen, daß beim Gehirn das Gegenteil der Fall ist; die Idiosynkrasie ist die Regel und die Gleichheit ist ein Märchen. Das Gehirn ist im Wesentlichen ein Persönlichkeitsorgan.[13]

Im Zweiten Weltkrieg entwickelte Walter an und mit dem EEG eine Vorstellung vom Gehirn als einer kybernetischen Maschine, die maßgeblich angeregt war von seiner eigenen Beteiligung an Forschungen zu kybernetischen Waffensystemen und Radarforschung: „Zielsuchende Geschosse waren in jenen Tagen im wahrsten Sinne des Wortes viele in der Luft; ebenso schwirrten in unseren Köpfen Ideen von Abtastmechanismen herum."[14] In Anlehnung an Prinzipien der Radartechnologien vermutete Walter einen neuralen Abtastmechanismus im Gehirn, mit dem dieses seine Umgebung auf Informationen scannte.[15] Als Mitglied des Ratio Clubs, einer

9 Insbesondere die Frage, ob mithilfe des EEG „deviantes" oder „unmoralisches" Verhalten diagnostiziert werden könne, galt für die Fachgemeinschaft als Problemfeld, welches auf die biopolitische Dimension der EEG-Forschung verweist. Vgl. Felix Schirmann: The wondrous eyes of a new technology. A history of the early electroencephalography (EEG) of psychopathy, delinquency, and immorality. In: Frontiers in Human Neuroscience 8 (2014), S. 1–10.

10 Das BNI war eine kleine, privat finanzierte Institution, an der klinische und experimentelle Neurowissenschaft betrieben wurde und an der neurochirurgische Verfahren, wie Elektrokrampftherapien und Lobotomien, durchgeführt wurden. Zur Geschichte des BNI: Raymond Cooper und Jonathan Bird: The Burden. Fifty Years of Clinical and Experimental Neuroscience at the Burden Neurological Institute. Bristol 1989.

11 Cornelius Borck: Hirnströme. Eine Kulturgeschichte der Elektroenzephalographie. Göttingen 2015, S. 135; Swartz und Goldensohn: Timeline.

12 Rhodri Hayward: Grey Walter. Die erotische Neurowissenschaft und die Kybernetik des Gehilfenproblems. Psychographien. Hg. von Cornelius Borck und Armin Schäfer. Zürich/Berlin 2005, S. 78.

13 Walter: Das lebende Gehirn, S. 203.

14 Walter: Das lebende Gehirn, S. 100 f.

15 Wichtige Inspiration zur Idee eines neuronalen Abtastmechanismus als auch für ein Arbeitsmodell des Gehirns zur Verkörperung der Mechanismen der Nerventätigkeit, erhielt Grey Walter

informellen Gruppierung ehemaliger Cambridge-Studenten, war der Neurophysiologe zudem an interdisziplinären Debatten beteiligt, aus denen sich zwischen 1949 und 1958 die britische Kybernetik formierte.[16] Die kybernetische Neuausrichtung der Neurophysiologie, wie Walter sie forcierte, verschob die Perspektive von der Frage, was das Gehirn *ist* (wie die Maschine gebaut ist), hin zu der Frage, was es *tut*.[17] Die Schildkrötenmodelle wurden Teil eines iterativen Feedbacks von „experimenteller Theorie und experimenteller Praxis": eine Methode, die selbst bereits kybernetisch zu nennen ist.[18] Walters praktische Produktivität basierte dabei ebenso auf der „Delegation von Arbeit an ein ausgedehntes Netz von Ehefrauen, Freunden und mechanischen Hilfsmitteln" wie auf der Weigerung, fachliche Grenzen zu akzeptieren, was für seinen Erfolg (nicht zuletzt als Kybernetiker) bestimmend war.[19]

Tatsächlich stand die Bastelei an den Schildkröten in einem zeitlichen Zusammenhang zu Diskursverschiebungen in den Lebenswissenschaften, die die Kybernetik vorbereiteten, wenn nicht gar bedingten. Vor dem Hintergrund disziplinärer Öffnungen und Austauschbeziehungen zwischen Behaviorismus, Biologie, Neurophysiologie, Kommunikationstechnik und Ingenieurwissenschaften lag der wissenschaftliche Fokus auf der allgemeinen Suche nach *universalen Funktionsprinzipen* und nach Methoden ihrer Untersuchung. Die Annahme lautete, dass bestimmte Funktionsprinzipien – wie Feedback, Selbstorganisation oder Zielgerichtetheit – das Verhalten von Menschen, Tieren und sogar Maschinen bestimmen und dieses erklären. Begleitet wurden diese Debatten von Begriffsverschiebungen und -umdeutungen: Begriffe der Lebenswissenschaften standen nun in direkter Nachbarschaft zu einem kommunikationstheoretischen Vokabular, das sich leicht in Schaltkreise übersetzen ließ.[20]

So konzeptualisierten die später als bekannte Kybernetiker in Erscheinung tretenden Autoren Rosenblueth, Wiener und Bigelow in ihrem Gründungstext

---

vom britischen Psychologen und Kollegen Kenneth J. Craik (1914–1945). Vgl. Andrew Pickering: The Cybernetic Brain. Sketches of Another Future. Chicago 2010, S. 46.

16 Owen Holland und Phil Husbands: Pioneers of cybernetics. Grey Walter's robot tortoises, and the Ratio Club. In: Robots. The 500-year Quest to Make Machines Human. Hg. von Ben Russell und Owen Holland. London 2017, S. 86–99.

17 William G. Walter: The brain as a machine. In: Proceedings of the Royal Society of Medicine 50 (1957), S. 31–40, hier S. 31.

18 Walter: Das lebende Gehirn, S. 108.

19 Hayward: Grey Walter, S. 63.

20 Bereits in den 1920er Jahren entlehnte der Physiologe Edgar Douglas Adrian (1889–1977) Konzepte, Begriffe und Technologien aus dem Bereich der Kommunikation: „Signale", „Codes" „Informationen" und „Nachrichten" übertrug er auf Prozesse der Gehirnaktivität. Vgl. Justin Garson: The birth of information in the brain. Edgar Adrian and the vacuum tube. In: Science in Context 28 (2015), S. 31–52.

der neuen Wissenschaft *Behavior, purpose and teleology* (1943) Verhalten als eine objektiv zu fassende Input-Output-Relation in Bezug auf die Umwelt.[21] Diese auf den externalistischen Annahmen behavioristischer Theorie basierende Verhaltensklassifikation lieferte mit dem Funktionsprinzip der *Rückkopplung* eine universelle Erklärung für zielgerichtetes Verhalten, das den Autoren zufolge gleichermaßen auf Menschen, Tiere und Maschinen anwendbar war. Mit Rückkopplung bzw. positivem oder negativem Feedback war das Verhalten eines selbstregulierenden Systems gemeint, sich selbst in Reaktion auf einen Input auf ein Ziel hin zu korrigieren und somit einen stabilen Zustand, ein Gleichgewicht, anzustreben.[22]

Überzeugend wurden solche (proto-)kybernetischen Überlegungen und Modelle jedoch erst durch praktische Versuche: Nachahmung, Pragmatismus und eine ausgeprägte Bastlermentalität bereiteten einen methodischen Paradigmenwechsel vor, der sich vor allem unter (neo-)behavioristischen Psychologen zu verbreiten begann und in dessen Zentrum das Verhalten elektromechanischer Tier-Modelle stand. Dabei setzte man auf die Methode der Synthetisierung, um über die (analoge) Simulation bzw. Modellierung biologischer Funktionen des Organismus durch Maschinen Erkenntnisse zu gewinnen.[23] Zwischen 1910 und 1950 entstand im Umfeld der Lebenswissenschaften auf diese Weise eine Reihe einfacher Maschinen, welche die Funktionen des (zumeist tierischen) Organismus zu beleuchten versuchten, wobei der Organismus selbst als Blackbox betrachtet wurde.[24] Diese Untersuchungen waren oftmals psychologischen Experimenten mit echten Labortieren nachempfunden und resultierten in einem ganzen Zoo (proto-)kybernetischer Tiere.

Elektromechanische Ratten, Mäuse, Motten, Eichhörnchen und andere „Kleinsttiere" fungierten als Arbeitsmodelle, die etwas über Verhalten lehrten, ohne im engeren Sinne vital zu sein.[25] Wer den Blick auf die Funktionsweise der Technik richtete, mochte im elektromechanischen Zusammenspiel die Arbeit eines Reflexbogens, eines Gehirns oder die Anpassung eines Organismus an seine Umwelt erkennen. Neben der Ratte (1938) von Thomas Ross, der Maus (1948) von Claude Shannon

21 Arturo Rosenblueth, Norbert Wiener und Julian Bigelow: Behavior, purpose and teleology. In: Philosophy of Science 10 (1943), S. 18–24.

22 Michael Hampe und Daniel Strassberg: Von der Regelung und Steuerung zur Kybernetik. In: Mensch-Maschine-Interaktion. Handbuch zu Geschichte, Kultur, Ethik. Hg. von Kevin Liggieri und Oliver Müller. Stuttgart 2018, S. 114–121, hier S. 115.

23 Roberto Cordeschi: The Discovery of the Artificial. Behavior, Mind and Machines Before and Beyond Cybernetics. Dordrecht 2002 (Studies in Cognitive Systems, Bd. 28).

24 Reuben Hoggett: Cybernetic Creature Timeline. In: CyberneticZoo.com. Online unter: www.cyberneticzoo.com/cybernetic-time-line/(abgerufen am 2.2.2021).

25 Peter Asaro: Computer als Modelle des Geistes. In: Österreichische Zeitschrift für Geschichtswissenschaften 19 (2008), H. 4, S. 41–72.

und der Motte „Palomilla“ (1949) von Norbert Wiener interessierte sich Walter besonders für den „Homöostaten“ (1948) des Psychiaters Ross Ashby.[26] Dieses in beschränktem Maße responsive Modell reagierte auf Umweltreize und war insofern *adaptiv*, als es die Anpassung des Organismus an seine Umwelt simulierte.[27] Walter verglich diese schläfrige *Machina sopora*, wie er sie nannte, mit Katzen oder Hunden, „die sich an ihrem Kaminplatz nur regen, wenn sie aufgestört werden, und dann systematisch eine neue bequeme Stellung suchen und weiterschlafen“.[28]

An diesen gedanklichen Assoziationen zeigte sich der Vermittlungscharakter der Verhaltensmodelle: An ihnen ließ sich beobachten, testen, manipulieren, kontrollieren und basteln, um Hypothesen zu prüfen.[29] Die konnotativen Differenzen in der Verwendung von Begriffen wie Reiz und Reaktion, Input und Output, Homöostase und Feedback traten mit der Konstruktion funktionierender Maschinen und den Beschreibungen ihres Verhaltens in den Hintergrund. Die Unschärfe der Sprache verschwand im Material des Modells.[30] Damit eröffneten sie einen Raum, in dem Theorie und Welt nicht streng voneinander getrennt waren.[31] Als vitale Agenten vermittelten sie zwischen der Welt der biologischen Funktionen und einem eher alltagsweltlichen Wissen über (haus-)tierliches Leben.[32] Diese Roboter knüpften nicht nur an mechanistische Vorstellungen des Organismus an, sondern schufen auch Visionen der Automation und Erschaffung künstlichen Lebens. Ihr praktischer Wert lag darin, Funktionen des Lebendigen – Intelligenz, Anpassung, Selbstregulation oder Lernen – am Nicht-Lebendigen zu demonstrieren: Mit dieser bewussten Nivellierung von Differenz unterliefen sie die traditionellen Gegensätze und Unvereinbarkeiten zwischen dem Künstlichen und dem Organischen.[33] Sie brachten somit Phänomene zum Ausdruck, die sich *mechanistisch* (noch) nicht begreifen ließen.[34] Allerdings gingen die Meinungen auseinan-

---

26 Walter: Das lebende Gehirn, S. 98.

27 Andrew Pickering: Psychiatry, synthetic brains and cybernetics in the work of W. Ross Ashby. In: International Journal of General Systems 38 (2009), S. 213–230.

28 Walter: Das lebende Gehirn, S. 99.

29 Peter Asaro: Working models and the synthetic method. Electronic brains as mediators between neurons and behavior. In: Science Studies 19 (2006), S. 12–34, hier S. 15.

30 William G. Walter: Über kybernetische Verhaltens- und Lernmodelle (Radiovortrag). Übers. von Hans-Joachim Krüger. Berlin 1963, S. 3 f.

31 Asaro: Working Models, S. 17.

32 Cornelius Borck: Vital brains. On the entanglement of media, minds, and models. In: Vital Models. The Making and Use of Models in the Brain Sciences. Hg. von Tara Mahfoud, Sam McLean und Nikolas S. Rose. Cambridge 2017 (Progress in Brain Research, Bd. 233), S. 15–18.

33 Asaro: Working Models, S. 12–34.

34 Oft fungierten die Modelle als Argument gegen mentalistische Erklärungen: Roberto Cordeschi: Early-connectionism machines. In: AI & SOCIETY 14 (2000), S. 314–330, hier S. 321–325.

der, inwieweit die einzelnen Modelle auch zur wissenschaftlichen Erklärung eines Verhaltens, sei es zur Theoriebildung oder zur Theorieprüfung, taugten.[35] Walter selbst sollte zur Fraktion derjenigen zählen, die den Modellen eine erkenntnisleitende Bedeutung beimaß, wie später zu sehen sein wird.

Kaminfeuergenossen

Ich habe auf einige dieser protokybernetischen Tiere verwiesen, um zu argumentieren, dass ein Modell des lebenden Gehirns, wie es William Grey Walter Ende der 1940er Jahre vorschwebte, in zahlreichen Dimensionen *(proto-)kybernetisch* gedacht war. Ähnlich wie die synthetischen Tiere sollte sich Walters Modell der Gehirnaktivität *adaptiv* und *zielgerichtet* verhalten, in gewissem Maße *frei* agieren und bestenfalls *lernen*. Wie ihre robotischen Vorfahren sollten seine Schildkröten dem Versuch dienen, das Leben nicht durch Beobachtung lebender Organismen, sondern durch dessen Nachahmung zu verstehen. 1948 sprach Walter im Radio der BBC über seine eigenen Pläne, elektronische Gehirne zu konstruieren:

> In shape it would be rather like a tortoise [...]. In the evening, it would come out from under the sofa and sit by the fire, or nestle against your leg, but it would scuttle back to its hiding place at a loud sound or sudden movement and could only be enticed out again by a low whistle.[36]

Die Konstruktion dieser „Kaminfeuergenossen"[37] lässt sich als kybernetischer Wendepunkt in der Biografie des Neurophysiologen beschreiben: Sollte ein Modell die ganze Breite lebendigen Verhaltens zum Ausdruck bringen, so musste es das komplexe Zusammenspiel von Organismus und Umwelt veranschaulichen.[38] Walter entschied sich gegen eine symbolische Berechnung der Nerventätigkeit, etwa durch einen Computer, und für ein materielles und performatives Modell. Sein Nachbau des Gehirns basierte dabei im Wesentlichen auf der Annahme, dass sich komplexes Verhalten an einem Arbeitsmodell von nur zwei künstlichen Nervenzellen simulieren ließ, wobei er Relais mit zwei Schwellenzuständen einsetzte, die das Aktionspo-

---

35 Cordeschi: Discovery of the Artificial, S. 163–170.

36 Allan Jones: Brains, tortoises, and octopuses. Postwar interpretations of mechanical intelligence on the BBC, In: Information & Culture: A Journal of History 51 (2016), S. 81–101, hier S. 94.

37 Walter: Das lebende Gehirn, S. 100.

38 William G. Walter. The social organ. In: Impact of Science on Society. What Brain Research Reveals about Learning and Behaviour XVIII (1968), H. 3, S. 179–181, hier S. 180.

tenzial der Nervenzellen („Alles-oder-nichts-Prinzip") simulierten.[39] „Es galt zu untersuchen, ob die Feinheiten der Hirnfunktionen vielleicht nicht so sehr von der Zahl ihrer Einheiten, sondern vielmehr von dem *Reichtum an Zwischenverbindungen* herzuleiten seien."[40] Anders als den Erfindern vormoderner Tier-Automaten ging es Walter nicht um die Gestalt seiner Modelle, sondern um die Übersetzung einiger zentraler Prinzipien des lebenden Organismus in ein „apparatives Analogon".[41]

> Nicht im Aussehen, aber im Verhalten muß das Modell einem Tier ähneln. Deshalb muß es folgende Eigenschaften mindestens in gewissem Maße haben: Forschertrieb, Neugier, Freien Willen im Sinne von Unvorhersagbarkeit, Zielsuche, Selbststeuerung, Vermeidung von Unschlüssigkeiten, Voraussicht, Gedächtnis, Lernen, Vergessen, Ideenassoziation, Wiederkennung von Formen und die Elemente sozialer Anpassung. Denn so ist das Leben.[42]

Die Erfüllung all dieser Ansprüche erwies sich als unmögliches Unterfangen, was dem Erfolg der Schildkröten jedoch keinen Abbruch tat. 1949 präsentiert Walter seine Kaminfeuergenossen der britischen Presse. Bald folgten im gesamten englischsprachigen Raum Berichte über die kybernetischen Maschinen.[43] Die auf den scheinbiologischen Namen getaufte Spezies *Machina speculatrix* bewegte sich langsam, wie ihr biologisches Vorbild. Die beiden Modelle erhielten die Namen ELMER (ELectro-Mechanical Robot) und ELSIE (Electro-mechanical robot, Light-Sensitive with Internal and External stability) und bestanden nun aus je zwei miteinander verdrahteten elektronischen „Nervenzellen". Drei Räder versetzten diese Roboter in die Lage, sich in ihrer Umwelt zu bewegen und zu orientieren; auf Umweltreize – Licht und Berührung – reagierten sie mittels zweier Sensoren. Ihr technisches Innenleben, je zwei Vakuumröhren, Relais und Kondensatoren, verbargen die beiden Prototypen unter einem schildkrötenähnlichen Panzer. Auf einer kleinen Antenne, auf der eine rotierende fotoelektrische Zelle befestigt war, saß ein Kontrolllicht. In der ersten Generation der Schildkröten bestand der Panzer aus lichtundurchlässigem Kunststoff, in späteren Variationen kamen transparente Gehäuse aus Plexiglas zum Einsatz, die einen Einblick ins Schildkröteninnere gewährten. Walter beobachtete ihre Nahrungssuche, die er in ihrem Streben nach Licht entdeckte, ihre Neu-

---

39 In den USA entwickelten Warren McCulloch und Walter Pitts 1943 ein mathematisches Modell einer künstlichen Nervenzelle, welches die Nerventätigkeit im Anschluss an Adrians Aktionspotenzial als binäres, logisches Kalkül auffasste. Das Gehirn entwarfen sie damit als eine logisch operierende Maschine. Vgl. Warren McCulloch und William Pitts: A logical calculus of the ideas immanent in nervous activity. In: Bulletin of Mathematical Biophysics (1943), S. 115–133.

40 Walter: Das lebende Gehirn, S. 95.

41 Walter: Verhaltens- und Lernmodelle, S. 5.

42 Walter: Das lebende Gehirn, S. 97.

43 Owen Holland: The first biologically inspired robots. In: Robotica 21 (2003), S. 351–363.

gier, die er ihren schleifenförmigen Bewegungen entnahm, und ihren Schlaf, wenn sie in die Ladestation zurückgekehrt waren, um ihre Batterien aufzuladen.

Machina speculatrix scannte „hungrig“ ihre Umgebung nach Lichtquellen ab.[44] War eine Lichtquelle gefunden, schloss sich ein Kontakt, woraufhin die Abtastfunktion der Fotozelle, das „Auge“ des Roboters, unterbrach und die Schildkröte in Richtung der Lichtquelle fuhr, wobei sie stets die ungefähre Bewegungsrichtung beibehielt, um abrupte Richtungswechsel zu vermeiden.[45] Steuerung und Antrieb erfolgten über zwei Motoren, die das vordere schmale Rad rotieren ließen. Die Roboter konnten kleinere Hindernisse entweder umfahren oder umstoßen, während sie auf heftigere Berührungen oder zu grelles Licht mit Richtungswechseln reagierten.[46] Die Geschwindigkeit der Bewegung variierte dabei mit der Lichtintensität und dem Ladestand, ein Vorgang, den Walter als Fähigkeit zur Selbstregulation auslegte, die den Schildkröten die Möglichkeit gab, mit ihrer Energie zu „haushalten“:[47] Diese „innere Stabilität“ regelte auch, dass die Schildkröten in die Ladestation zurückkehrten, um sich dort über einen Kontakt mit der Bodenplatte aufzuladen.[48] Dadurch vermittelten die „synthetischen Tiere“ den Eindruck, sich immer wieder in einen Zustand des Gleichgewichts zu versetzen:[49]

> Wir finden in diesen ‚Kaminfeuergenossen‘ nicht nur die Tugend der Selbstkontrolle und die Segnung der Homöostase, sogar nicht nur ein Beispiel für die Gelassenheit, sondern auch und vor allem ein Beispiel für Anpassungsfähigkeit, eines derjenigen Grundprinzipien, welche das tierische Verhalten zu regeln scheinen.[50]

Lichtspuren des Verhaltens

Fotografische Darstellungen der Schildkröten geben nicht nur detailliert Aufschluss über ihr Funktionieren, sondern wecken auch heute noch die Assoziation,

---

44 William G. Walter: An electromechanical animal. In: Dialectica 4 (1950) H. 3, S. 206–213, hier S. 212.

45 William G. Walter: An imitation of life. In: Scientific American 182 (1950) H. 5, S. 42–45, hier S. 45.

46 Bei Erschütterung des elektrischen Berührungsempfängers, etwa bei einer Kollision, aktivierte sich ein Multivibrator (der Vakuumröhren-Verstärker verwandelte sich in einen Oszillator) und die Schildkröte wich vor dem Hindernis zurück. Für eine Beschreibung der Funktionsweise der Schildkröten: Owen Holland: The first biologically inspired robots. In: Robotica 21 (2003), S. 351–363.

47 Jakob Tanner: „Weisheit des Körpers“ und soziale Homöostase. Physiologie und das Konzept der Selbstregulation. In: Physiologie und industrielle Gesellschaft. Studien zur Verwissenschaftlichung des Körpers im 19. und 20. Jahrhundert. Hg. von Philipp Sarasin und Jakob Tanner. Frankfurt a. M. 1998, S. 129–169.

48 Walter: Das lebende Gehirn, S. 104.

49 Pierre de Latil: Thinking by Machine. A Study of Cybernetics. London 1956, S. 21.

50 Walter: Das lebende Gehirn, S. 100.

es könne sich um lebendige Tiere handeln. Die mit metaphorischen Ausschmückungen nicht geizenden Artikel über die Maschinentiere in der britischen und amerikanischen Presse waren oft begleitet von fotografischen Abbildungen.[51] Eine wachsende Zahl professioneller *science writers* versuchte die Ansprüche ihres Zielpublikums mit einer Mischung aus Sensationsjournalismus und Fachwissen zu bedienen.[52] In den weit verbreiteten Presseerzeugnissen über die Schildkröten reichte die Palette ihrer Verhaltensbeschreibung vom harmlosen Spielzeug, das nie in Serie ging, bis hin zum gefährlichen Roboter.[53]

Einige der überlieferten Archivaufnahmen von den Schildkröten erinnern an die Chrono- oder Serienfotografie, wie sie in der Physiologie zum Studium von Tierbewegungen oder auch bei psychotechnischen Bewegungsstudien von Menschen praktiziert wurde.[54] Durch Verfahren der Zeitmanipulation konnte das mit dem bloßen Auge nicht Sichtbare fotografisch fixiert und ein empirisch haltbarer Eindruck einer Bewegung geschaffen werden, wobei ästhetische und wissenschaftliche Ansprüche oft fließend ineinander übergingen. Während die Chronofotografie von Tieren üblicherweise eine „Domestizierung des Lebendigen" bezweckte, zielten die Aufnahmen der Schildkröten geradezu gegenteilig auf den Effekt ihrer Verlebendigung.[55]

Beispiele dieser Verlebendigung geben Archivbilder: In einem dunklen Raum mit Langzeitbelichtung aufgenommen, hinterließen die fotografierten Schildkröten dank ihres Kontrolllichts Lichtspuren im Bild (siehe Abb. 1). Aus diesem Grund treten die Objekte im Umfeld der Schildkröten in den Zeitaufnahmen zurück. Die derart auf Lichtlinien verengten Abbilder suggerieren eine Eigenbewegung und damit Lebendigkeit der Maschinen, indem sie auf die Bildsprache der Physiologie rekurrieren. Die Lichtspuren der Maschinen konnten mithin als Be-

---

51 Machines turn turtle. Mechanical pets show a low order of intelligence. In: Life Magazine (15. Mai 1950), S. 147–151; Chapman C. Pincher: Elmer and Elsie – they see, feel, move and even feed. In: Daily Express (13.12.1949); Anonym: Mechanical „thinking" turtles. In: Popular Mechanics 9 (1950).

52 Peter J. Bowler: Science for All. The Popularization of Science in Early Twentieth-Century Britain. Chicago 2009, S. 274.

53 Pickering: The Cybernetic Brain, S. 53.

54 Chrono- und Serienfotografie waren gegen Ende der 1870er Jahre entwickelte fototechnische Verfahren zur Visualisierung der Bewegungsabläufe von Insekten, Vögeln, Pferden oder wilden Tieren (siehe z. B. die Arbeiten von Edward Muybridge (1830–1904) und Étienne-Jules Marey (1830–1904)) oder solchen von Menschen (z. B. Frank B. Gilbreth (1868–1924) und Lillian M. Gilbreth (1878–1972)). Zur Geschichte der Zeitraffung im Film vgl. Andreas Becker: Perspektiven einer anderen Natur. Zur Geschichte und Theorie der filmischen Zeitraffung und Zeitdehnung. Bielefeld 2004.

55 Zumeist stand dabei die Eigenbewegung von Lebewesen im Fokus: Den britischen Foto-Pionier Muybridge (1830–1904) interessierten ausschließlich Lebewesen, die sich aus eigenem Willen fortbewegen konnten, Objekte hielt er nicht im Bild fest. (Vgl. Becker: Perspektiven, S. 51).

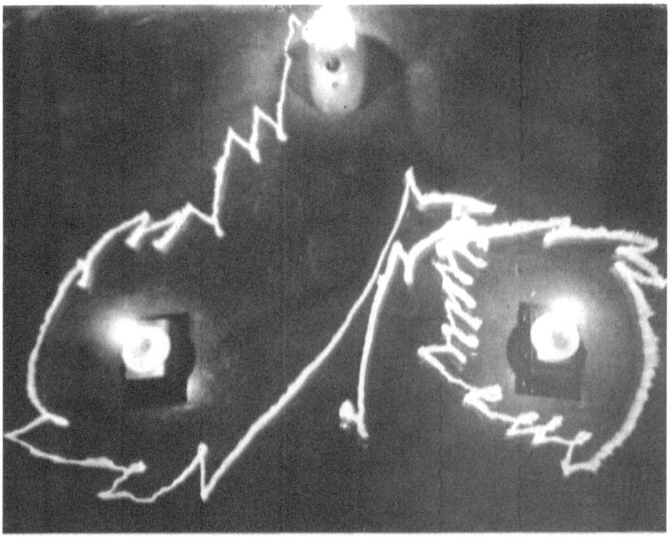

Abb. 1: Schildkröte ELSIE fährt erst zum einen, dann zum anderen Licht, ca. 1950, © Life Picture Collection.

wegungsstudie gelesen werden. Die schleifenförmigen Bewegungsabläufe der Schildkröten – für Walter ein Zeichen ihres spekulativ-neugierigen Verhaltens – entstanden dabei durch eine Rotation der Fotozelle (bei ELMER im Uhrzeigersinn, bei ELSIE gegen ihn), mit der die Maschinen ihre Umgebung nach Licht scannten.[56] Walter konnotierte die Bewegungsmuster der Modelle mit menschlichen und tierischen Verhaltensweisen. So bewertete er etwa die Tatsache, dass die Schildkröten in Distanz vor zwei gleich hellen Lichtern zuerst die eine, dann die andere Lichtquelle suchten und nicht etwa in der Mitte verharrten, als Indiz für Urteilskraft und Entscheidungsfähigkeit der Maschinen.[57] Diese und andere Beobachtungen an den Robotern behandelte er, als seien sie Teil einer Ethologie der Maschinen. Auch scheute er nicht davor zurück, seine Überlegungen bei der World Health Organization unter Verhaltensforschern wie Konrad Lorenz und Jean Piaget

56 Owen Holland: Exploration and high adventure. The legacy of Grey Walter. In: Philosophical Transactions. Mathematical, Physical and Engineering Sciences 361 (2003) H. 1811, S. 2085–2121, hier S. 2091.
57 Walter: Das lebende Gehirn, S. 103.

einzubringen.[58] Beispielsweise schienen die Schildkröten das entwicklungspsychologische Spiegelstadium zu meistern:

> An einem Abend wanderte das Modell in die Eingangshalle meines Hauses, wo zufällig ein Spiegel an der Wand lehnte. Plötzlich hörten wir einen eigentümlichen Kreischton, den das Modell zuvor nicht von sich gegeben hatte, und eilten heraus, weil wir dachten, dass es von einer ernsten Unpässlichkeit befallen sein müsse. Wir fanden es in unsteter Bewegung und fortwährend den Kreischton aussendend vor dem Spiegel. Es gab keinen Zweifel: Das Modell hatte auf das Spiegelbild seiner eigenen Kontrolllampe angesprochen.[59]

Das Flattern, Zittern und Trippeln der Maschine beschrieb Walter mithin als das Verhalten eines künstlichen Narziss, der beim Anblick des Spiegelbilds des von ihm selbst ausgesendeten Lichts in eine technische Schleife geraten war. Beeindruckt und überrascht bemerkte er die „komplizierten Muster ihrer Spiegel- und Paarungstänze“[60] und schlussfolgerte, ein „Rudel von Maschinen“ könne eine „Art Gemeinschaft“ mit einem „speziellen Verhaltenskodex“ bilden.[61] Er beobachtete, dass viele Maschinen in einem kleinen Raum Aggressivität und Konkurrenz unter den Gruppenmitgliedern wahrscheinlicher werden ließ und diese auseinandertrieb, während sich eine kleine Gruppe in einem Spiel aus Anziehung, Indifferenz und Abstoßung einpegelte:

> Die Art, in der das soziale Verhalten der Modelle unter dem Einfluß eines Konkurrenzkampfes um ein gemeinsames Ziel zusammenbricht, ahmt in beinahe peinlicher Weise einige der weniger anziehenden Merkmale tierischer und menschlicher Gesellschaft nach. Das ist der Fehler ihres Schöpfers, der jedoch seine Geschöpfe mit Leichtigkeit auch mit einem unterscheidenden Erkennungskreis versehen könnte, der, wie beim Menschen, im Notfall funktionieren würde – als eine Art ‚Frauen-und-Kinder-Zuerst‘-Reflex.[62]

Während einige Verhaltensweisen somit bewusst erzeugt und berechnet waren, stellten sich andere als völlig unerwartet heraus: Eine Erklärung für diese sonderbaren Effekte war, dass bereits kleinste Unterschiede der Bauteile oder der Apparatur völlig verschiedene Resultate zur Folge haben konnten. Die scheinbare Autonomie der Modelle, ein Ergebnis der Rückkopplung von Maschine und Umwelt, qualifizierte das maschinell erzeugte Verhalten selbst zum „epistemischen

58 James M. Tanner und Bärbel Inhelder: Discussions on Child Development. A Consideration of the Biological, Psychological, and Cultural Approaches to the Understanding of Human Development and Behaviour. The Proceedings of the First Meeting of the World Health Organization Study Group on the Psychobiological Development of the Child, Geneva, 1953. London 1956, S. 21.
59 Walter: The Social Organ, S. 9.
60 Pickering: Schildkröte, S. 109 f.
61 Walter: Das lebende Gehirn, S. 103–105.
62 Walter: Das lebende Gehirn, S. 105.

Ding" und bestärkte Walters Auffassung vom individuellen Gehirn.[63] Selbst Walter vermochte nicht bei jeder beobachtbaren Verhaltensweise genau zu erklären, auf welchen Prozess sie im Einzelfall zurückging:

> Die Fähigkeiten des Sichselbsterkennens und des gegenseitigen Erkennens ergaben sich zufällig, da das Kopflicht ursprünglich einfach nur anzeigen sollte, ob der Steuerungs-Servomechanismus in Tätigkeit war. Es kann eingewandt werden, daß diese beiden Verhaltensweisen nur ‚Tricks' sind, aber sie sind so, daß sie [die] Biologie, wenn die Versuchsmodelle wirkliche Tiere wären, völlig rechtmäßig als Beweis echten Erkennens ihrer selbst und der anderen ihrer eigenen Gattung anführen könnte.[64]

Angesichts dieser Anthropomorphismen kann leicht von einer Überinterpretation der Fähigkeiten der Maschinen ausgegangen werden, wonach selbst Fehlfunktionen als Zeichen (mechanischer) Spontaneität und Intelligenz ausgelegt wurden. Die assoziativen Verhaltensbeobachtungen an den simplizistischen Modellen sollten jedoch nicht über Walters systematische Überlegungen hinwegtäuschen, die ja auch den hypothetischen Ausgangspunkt seiner Konstruktionen bildeten: Aus der Verbindung zweier künstlicher Nervenzellen errechnete Walter sieben Verhaltenstypen.[65] Mit wachsender Anzahl an Nervenzellen und ihren Verbindungen stieg laut Walter nicht nur die Komplexität des Gehirns, auch der Spielraum möglichen Verhaltens erweiterte sich. Umgekehrt verstand Walter es, unerwartete Verhaltensweisen der Schildkröten im Nachhinein so zu erklären, dass diese Deutungen an Wissen über tierisches und menschliches Verhalten anknüpften.[66] Walters exzessive Hermeneutik des Verhaltens durchstreifte somit den Möglichkeitsraum aus menschlichen Projektionen und technischen Unternehmungen, von dem die Robotik auch heute noch profitiert. Den Zeitgenoss*innen, die sich auf dieses Spiel einließen, eröffnete sich ein Kosmos elektromechanischer Sozialität.

Liebe, kybernetisch betrachtet

In den Schilderungen seiner Maschinen offenbaren sich aber nicht zuletzt auch Walters erotische Projektionen und die affektive Besetzung seiner Apparate. Das zeigt sich nicht nur an der Benennung seiner Erfindungen, die häufig weibliche

63 Hans-Jörg Rheinberger: Experiment, Differenz, Schrift. Zur Geschichte epistemischer Dinge. Marburg 1992, S. 70.
64 Walter: Das lebende Gehirn, S. 104 f.
65 Walter: Das lebende Gehirn, S. 96.
66 Zu CORAs Verteidigungsreflex Walter: Das lebende Gehirn, S. 144 f.

Namen trugen.[67] Die sexuellen Konnotationen der Technik treten bereits im Design der Schildkröten zutage: binärgeschlechtlich angelegt, trug ELSIE einen roten Panzer, der die Schildkröte als „weiblich" kennzeichnen sollte, während ELMER – als „männlich" zu lesende Maschine – unter einer schnöden grauen Bakelit-Hülle verschwand.[68] Diese gestalterische Reproduktion von Genderstereotypen fand auch in den Interpretationen des Verhaltens der Schildkröten Widerhall. So schrieb der Wissenschaftsjournalist Pierre de Latil ELSIE eine mentale Ruhelosigkeit und neurotisch-destruktive Tendenz zu, die er unverkennbar geschlechtlich konnotierte:

> Thus the day we were in Bristol, ELSIE was afflicted with a very unstable, very feminine mood; her regulating mechanism was hypersensitive, her point of equilibrium was too finely adjusted. [...] As a result, she very quickly ran down her batteries running hither and hither to find an ideal condition.[69]

ELMER dagegen hinterließ zwar einen ausgeglichenen, aber auch etwas behäbigen Eindruck, der „ihn" weniger lebendig wirken ließ: Er rühre sich kaum unter den Möbeln.[70] Eine auf die Maschinen bezogene heteronormative Projektion zirkulierte noch Jahre später in Form eines Gerüchts, dem zufolge ELMER es, 1956 bei einer Tagung der British Association durch die Reihen des Publikums fahrend, auf hell reflektierende bestrumpfte Frauenbeine abgesehen haben soll.[71]

Ihrem phototaktischen Wesen nach strebten die Schildkröten nach Licht. Da sie aber selbst über ein Kontrolllicht verfügten, waren sie auch füreinander „attraktive Lichtquellen".[72] Dem Beobachter konnten diese Annäherungen wie ein Balztanz erscheinen, der dadurch verkompliziert wurde, dass das in den Maschinen implementierte homöostatische Prinzip (wonach zu grelles Licht gemieden wurde) zu einer abwechselnden Entfernung und Wiederannäherung führte. Die vermeintliche Attraktion ereignete sich auch nur aus der richtigen Perspektive –

---

67 Hayward: Grey Walter, S. 81.
68 Latil: Thinking by Machine, S. 109.
69 Latil: Thinking by Machine, S. 213.
70 „Elmer, on the other hand, had been given a very stable, very bourgeois character. [...] ‚But', Grey Walter said:,His reflexes are really lacking, he is quite lifeless. For days on end he doesn't stir from under the furniture; I must liven him up a bit and make him more intelligent. Because, you see, if an individual is intelligent he has to pay the price of a certain degree of accompanying irritability. Thus our radio sets, when they are too delicately tuned, suffer from a certain amount of stability'." (Latil: Thinking by Machine, S. 213).
71 Owen Holland bestreitet die Wahrhaftigkeit dieses Gerüchts: „This was second hand information – I have never seen the actual article, and the attribution to John Bull in the Science Museum archives is uncertain. The story that a tortoise was attracted to women's stockings is almost certainly untrue, but is typical of many Grey Walter stories." (E-Mail-Korrespondenz d. Verf. mit Owen Holland vom 3. Nov. 2019).
72 Walter: Das lebende Gehirn, S. 103.

seitlich oder von der Rückseite aus besehen, reizten sich die Schildkröten nicht, stellten füreinander sogar ein Hindernis dar. Auch ließ sich dieses Verhalten nur beobachten, wenn keine stärkere Lichtquelle vorhanden war. Walter registrierte die Tragik dieses vermeintlichen Liebeslebens, das stets ins Leere lief, unstet und unbefriedigt blieb. Die regulierte Sensorik führe dazu, dass „mehrere Maschinen nicht voneinander loskommen, aber sie können auch ihr ‚Verlangen' nicht stillen".[73] Walters Überlegungen zu einer kybernetischen Sozialität vermochten nicht ausnahmslos zu überzeugen. So spöttelte der Psychoanalytiker und Namensgeber des Spiegelstadiums Jaques Lacan über die Schildkröten:

> Verstehen wir uns recht — was sonst könnte das Begehren einer Maschine sein, wenn nicht das, wieder aus Energiequellen zu schöpfen? Eine Maschine kann kaum mehr als sich ernähren, und das ist genau das, was die braven kleinen Viecher von Grey Walter tun. [...] Das einzige Objekt des Begehrens, das wir einer Maschine unterstellen könnten, ist also ihre Nahrungsquelle: Na, wenn jede auf den Punkt fixiert ist, wo auch die andere hingeht, wird's zwangsläufig irgendwo zur Kollision kommen.[74]

Ungeachtet solcher Kritiken lebte die Faszination der „mechanischen Haustierchen" von eben diesen (quasi-)sozialen Verhaltensphänomenen, deren Wahrnehmung sich durch ihre Medialisierung noch steigern ließ.[75] Zwei kurze Fernsehfilme zeigen die Schildkröten gemeinsam mit dem Ehepaar Walter in dessen Wohnzimmer.[76] In den Wochenschaubeiträgen werden die Schildkröten als Bastelei vorgestellt, die nicht dem Labor, sondern der heimischen Werkstatt des Neurologen entspringt (siehe Abb. 2).[77] Diese Transgression in den häuslichen und familiären Raum ließ den gehirnwissenschaftlichen Kontext der kybernetischen Tiere zurücktreten. Stattdessen verwandelte sich das bürgerliche Wohnzimmer der Walters zur nahbaren Bühne für die Maschinen. In Abb. 2 (Standbild 00:58 Min.) knipst Vivian Dovey eine Lampe an, um die Schildkröte in Bewegung zu versetzen. Damit wird die Radiologin und im Film als „Ehefrau" vorgestellte Dovey als technisch handelnde Akteurin gezeigt, wenngleich ihre Rolle hier filmisch auf die der Assistenz reduziert bleibt. Auch das Setting — das Wohnzimmer mit Objekten wie Heizung,

---

73 Walter: Das lebende Gehirn, S. 103.

74 Jacques Lacan: Das Seminar. Buch 2 (1954–1955). Das Ich in der Theorie Freuds und in der Technik der Psychoanalyse. Weinheim 1991, S. 73 f.

75 Walter: Das lebende Gehirn, S. 91.

76 Bristol's Robot Tortoise Have Minds of Their Own, Wochenschaubeitrag vom 17. Feb. 1950. BBC Genome Project, BBC Archive Development. Online unter: www.bbc.co.uk/archive/bristols-robot-tortoises/zjf3hbk (abgerufen am 20.10.2020); Mechanical Tortoise, Kurzfilm vom 26. März 1951. Online unter: https://youtu.be/wQE82derooc?t=58 (abgerufen am 20.2.2021).

77 In *Mechanical Tortoise* wird die Schildkröte fälschlicherweise *Toby* genannt. Dieser Name findet sich in keiner Quelle.

Abb. 2: Vivian Dovey mit einer mechanischen Schildkröte, 1951, © British Pathé.

Vorhang und Lampe — wird in Szene gesetzt. Zu Beginn der 1950er Jahre sahen die Zuschauer*innen hier somit eine Art Projektion einer kybernetischen Familie aus Menschen und ihren elektromechanischen Gefährt*innen, die Vorstellungen über „normale" Wissenschaft, ihre Räume und Akteur*innen infrage stellte.[78] Der Automatismus der kybernetischen Schildkröten erzeugte den Eindruck einer bislang unbekannten Autonomie der Maschinen, lediglich unterbrochen von menschlichen Steuerungsinterventionen.[79] Wie schon in den Fotografien der Schildkröten tritt in diesen Filmen die konstitutive Bedeutung des Medialen für den Eindruck eines kohärenten Verhaltens der Schildkröten hervor.[80] Mitunter zeigt sich dies an filmischen Tricks, die das Geschehen dramatisieren, etwa ein Zeitraffer, der die Fahrt der Schildkröten etwas beschleunigte. In beiden Filmen kommt es ab und an zu Brüchen und Fehlern: Die Weiterfahrt eines Maschinentiers verzögert sich, bis die

78 Jamie Medhurst, Siân Nicholas und Tom O'Malley: Broadcasting in the UK and US in the 1950s. Historical Perspectives. Newcastle upon Tyne 2016, S. 3.
79 Latil: Thinking by Machine, S. 20.
80 Auch aus der Tatsache, dass die Hindernisvermeidung von ELMER im Film nicht gezeigt wird, schließt Owen Holland, dass sie möglicherweise nicht funktionierte und daher bewusst ausgelassen wurde. Vgl. Holland: Biologically inspired robots, S. 352; Mechanical Tortoise, 1:37–1:58 min.

Korrektur von menschlicher Hand erfolgt. Durch Handkniffe der im Film gezeigten Akteure, aber auch durch filmische Manipulationen erscheint das abgebildete Verhalten als trickreich produzierte Intra-aktion: die Apparaturen, händischen Korrekturen, Gegenstände wie Eimer und Lampen, Batterien und Motoren sowie die Deutungen der Off-Stimme setzen das Verhalten der Schildkröten erst als solches in Kraft.[81] Die Filmszenen geben somit auch Hinweise auf unzuverlässige Automatismen, die zugleich die Symbolik der Lebendigkeit sicherten: So war in der letzten Sequenz wahrscheinlich der Lenkmechanismus von ELSIE deaktiviert, um einen direkten Weg zur Ladestation statt eines langsamen Spiralgangs zu erzeugen.[82] Die Bilder dieser harmlosen elektromechanischen Haustiere verorteten die Kybernetik in einem zivilen, alltagsweltlichen Kontext. Diese domestizierten Maschinen erinnerten nicht mehr an Kriegstechnologien.[83] Sie waren vielmehr dazu angetan, das moderne Leben zu erleichtern, die (kognitive) Arbeit zu reorganisieren und zu delegieren und als ehrfürchtige Diener den ihnen zugedachten Aufgaben nachzukommen.[84] Als Fernsehereignis und kollektives Verhaltensexperiment erschienen die Schildkröten wie dafür gemacht, „am menschlichen Leben zu partizipieren".[85]

Die konditionierte Maschine

Ende des Jahres 1950 gesellte sich zu den beiden Maschinen in Walters heimischer Werkstatt noch eine weitere hinzu: CORA (COnditioned Reflex Analogue) trug den scheinbiologischen Namen *Machina docilis* (die Gelehrige) und war ein

---

81 Karen M. Barad: Agentieller Realismus. Über die Bedeutung materiell-diskursiver Praktiken. Berlin 2017.

82 Die Zuschauer*innen sehen Roboter in einer bürgerlichen Umwelt aus Möbeln und Einrichtungsgegenständen – „in the same way as a moth" – auf Lichtsuche gehen, einem Eimer ausweichen, steckenbleiben, in die Ladestation zurückkehren – kurz: Autonomie performen. Das Ehepaar Walters verfolgt die Maschinen mit den Augen, öffnet und schließt die Roboter, positioniert sie neu und kontrolliert ihre Funktionen. So gerät nicht nur das Verhalten der mechanischen Schildkröten in den Blick, sondern auch das der beteiligten Menschen: der „Experte" (William Grey Walter) schraubt an der Maschine, während die „Assistentin" (Vivian Walter) die Position der Lampe korrigiert (Bristol's Robot Tortoises Have Minds Of Their Own (1950), hier 1:00–1:03 min.).

83 Pickering: The Cybernetic Brain, S. 53.

84 Walter: Das lebende Gehirn, S. 219.

85 Borck: Hirnströme, S. 311.

Modell der bedingten Reflexe.[86] Als Lernmaschine diente sie Walter dazu, hinter die Kulissen der Konditionierung zu blicken und so die Blackbox Gehirn zu „öffnen".[87] Zugleich demonstrierte sie die Psychophysiologie des Lernens auf der Grundlage des Pawlowschen Behaviorismus und das Lernen durch Erfahrung.[88]

Der bedingte Reflex, von Pawlow 1897 in seiner Versuchsanordnung mit Hunden herausgearbeitet, verortete den Reflexbegriff in der Sphäre der sogenannten höheren Nerventätigkeiten.[89] Unter einem Reflex verstand Pawlow die gesetzmäßige und zeitlich verknüpfte Reaktion auf einen Reiz bzw. Reizketten aus der Umwelt, die sich als objektiv registrierbares Verhalten eines Menschen oder Tieres zeigte.[90] Wurde die Fütterung eines Hundes mit einem akustischen oder optischen Signal verbunden, etwa einem Glockenton, so reichte bald das bloße Signal aus, um die Speichelproduktion auszulösen. Aus dem unbedingten Reflex (Speichelsekretion als Antwort auf die Darbietung von Futter ohne Klingelzeichen) wurde ein bedingter Reflex (Speichelfluss als Antwort auf das Klingelzeichen allein). Pawlows Experimente ermöglichten es, auch „die Psyche des Menschen in den Termini der Verhaltensphysiologie" zu fassen.[91] Die Konditionierung lieferte eine sowohl materialistische als auch psychophysische Erklärung für die Beziehung von Physiologie und Verhalten.

In Anlehnung an den Pawlowschen Hund konstruierte Walter seine Reflexmaschine mit einer Art Gedächtnisfunktion.[92] CORA besaß hierfür einen zusätzlichen „Reflexkreis" und eine Speicherfunktion mit Hörsensor.[93] Dieser reagierte

86 Margaret A. Boden: Grey Walter's anticipatory tortoises. In: The Rutherford Journal (2006–2007), H. 2. Online unter: www.rutherfordjournal.org/article020101.html (abgerufen am 8.6.2021).

87 Pickering: The Cybernetic Brain, S. 66.

88 William G. Walter: A machine that learns. In: Scientific American 185 (1951), H. 2, S. 60–63.

89 Reflexe galten bereits seit Descartes und Thomas Willis (1621–1675) als fundamentale neurale „Mechanismen" (vgl. Georges Canguilhem und Henning Schmidgen: Die Herausbildung des Reflexbegriffs im 17. und 18. Jahrhundert. München 2008). Zu Pawlows Forschung siehe Iwan Petrowitsch Pawlow (1897/1953–54): Vorlesungen über die Arbeit der Hauptverdauungsdrüsen (1897). Sämtliche Werke II/2. Hg. von Lothar Pickenhain. Berlin (Ost) 1954, S. 249–382.

90 Claudia Kotter: Entdeckungsgeschichte frühkindlicher Reflexe. Unter Betrachtung der historischen Entwicklung der Reflexlehre. Herbolzheim 2012 (Neuere Medizin- und Wissenschaftsgeschichte. Quellen und Studien, Bd. 25), S. 82.

91 Benjamin Bühler und Stefan Rieger: Vom Übertier. Ein Bestiarium des Wissens. Frankfurt a. M. 2006, S. 130.

92 Margaret A. Boden: Mind as Machine. A History of Cognitive Science. Oxford/New York 2008, S. 226.

93 Genau genommen war CORA ein kompliziertes, auf probabilistischer Theorie basierendes Standmodell bzw. eine Erweiterung für ELSIE, die auf dem Schaltplan der künstlichen Nervenzelle NERISSA aufbaute (vgl. Boden: Mind as Machine, S. 226).

mittels eines Mikrofons empfindlich auf Schall.[94] In einem von Walters anspielungsreichen Versuchen sollte die schwarz-rot bepanzerte Maschine, um ihren Weg in die Ladestation zu finden, zunächst einen Hocker umfahren.[95] Sie sollte dann *lernen*, dass der Ton einer Polizeipfeife „Ärger" bedeutete. Sobald der Pfiff ertönte, erhielt sie deshalb einen Tritt:

> After it had been whistled at and kicked about a dozen times, it learned that a whistle meant trouble. We then removed the specific stimulus—the stool. The whistle was blown, and it avoided the place as if there were a stool there.[96]

Wie Pawlows Hunde benötigte CORA gelegentlich die Verstärkung eines Signals, um die Konditionierung aufrechtzuerhalten. Das Erlernte konnte erinnert, aber auch vergessen werden, wenn der Reiz nicht regelmäßig auftrat, ganz so, wie eine Erinnerung verblasst. Darüber hinaus zeigte sich auch bei diesem Modell ein unvorhergesehener Effekt: Im Versuch, zwei Töne der Trillerpfeife mit unterschiedlichen Reizen (Berührung und Aufladen) zu verbinden, schien es, als zeige die Schildkröte mentale Erschöpfungszustände und Stimmungsschwankungen. Sie zog sich in eine dunkle Ecke zurück oder stellte sich „tot": „Es zeigte sich dann tatsächlich, daß dieses Modell lernen konnte, wie das Tier lernt, vergessen, wie es vergißt, und sogar schmollen und sich ärgern – wie das Tier es tut, wenn ihm die Dinge über den Kopf wachsen."[97] Walters Versuche schließlich, die „Neurosen" der Maschinen durch chirurgische Neuverdrahtung oder Elektroschocktherapie zu heilen (Verfahren, die von Teilen der britischen Psychiatrie auch real praktiziert wurden), spiegelten ein mechanistisches Verständnis psychischer Phänomene wider.[98]

Maschinenverhalten

Die Schildkröten plausibilierten und realisierten einen neuen Typus der Verhaltensmaschine im Zeichen des Regelkreises – „because it worked".[99] Das „ontologische Theater", auf dessen Bühnen sich das Verhalten der Schildkröten abspielte, verlieh dem kybernetischen Projekt argumentative Kraft und wissenschaftliche

94 Walter: Das lebende Gehirn, S. 231–235.

95 Chapman Pincher: CORA and the long low whistle. How will the robots brains affect our lives? In: Sunday Herald (28. Jan. 1951), S. 11 f.

96 Tanner und Inhelder (Hg.): Discussions on Child Development, S. 53.

97 Walter: Das lebende Gehirn, S. 136.

98 Hayward: Grey Walter, S. 78.

99 Nancy K. Hayles: How We Became Posthuman. Virtual Bodies in Cybernetics, Literature and Informatics. Chicago 1999, S. 62.

Legitimität.[100] Diese Popularität der Schildkröten währte zunächst bis etwa in die 1970er Jahre und zeigt sich in der regelmäßigen Publikation ihrer Schaltkreise in Hobbyzeitschriften, die zu ihrem Nachbau animierten. Längst waren die Schildkröten Kultobjekte, die zudem als Prototypen für Hobby-Robotiker*innen fungierten.[101] Die Nachbauten wiederum halfen, kybernetische Transponierungen in unterschiedlichste Zusammenhänge vorzubereiten.[102] Walters Methode und die ihr zugrunde liegenden Ideen finden heute vor allem in der verhaltensbasierten Robotik und KI-Forschung Anwendung. Einen Verhaltensbegriff, wie ihn diese Disziplinen zum Zweck der Technologieentwicklung verwenden, betont die Aspekte der Verkörperung und Situiertheit, welche bereits die kybernetischen Modelle auszeichneten.[103]

Rückblickend erscheinen die kybernetischen Schildkröten aber auch wie Denkwerkzeuge zur apparativen Beherrschung unverstandener Phänomene. Das maschinell implementierte Verhaltenswissen erzeugte über die Technik selbst neue Verhaltensphänomene. In nicht wenigen Fällen erschien das Verhalten der Maschinen kaum vorhersagbar – eine Tatsache, die ihre Lebendigkeit (oder vermeintliche Intelligenz) erst begründete. Das berechnete, erhoffte oder überraschende Verhalten dieser *acting machines* trat erst durch Beobachtung, Assoziation und Interpretation hervor.[104] Es waren mitunter einfache Identifizierungseffekte, die in der Betrachtung der putzigen Kreaturen innerhalb häuslicher Umgebungen abliefen. Die populären Schilderungen schienen nicht nur den Zweck zu erfüllen, den Reichtum einer Theorie zu illustrieren, sondern diese auch epistemisch zu konsolidieren. Gerade diese Effekte begründeten eine praktische Phänomenologie, die dem Spontanen und Unvorhersehbaren Raum gab – eine Methode, die den Dingen wortwörtlich ihren „freien Lauf" ließ:

100 Pickering: The Cybernetic Brain, S. 17.

101 Ewald Eichler: Die künstliche Schildkröte. Ein umweltabhängiger Automat. In: Radio Technik 31 (1955), S. 173–179; Heinz Zemanek: Automaten und Denkprozesse. In: Digitale Informationswandler. Probleme der Informationsverarbeitung in ausgewählten Beiträgen. Hg. von Walter Hoffmann. Wiesbaden 1962, S. 1–59; Hans-Joachim Fischer: Die sowjetische kybernetische Schildkröte „Tortilla 1". In: Kybernetische Experimente für den Amateur. Hg. von Hans-Joachim Fischer. Berlin 1965, S. 16–27; William G. Walter: Electronische schildpadden met menselijke eigenschappen (Electronic turtles with human characteristics). In: De Internationale Echo 8 (1950), S. 208–211.

102 Sie warben für oder warnten vor einer Vergesellschaftung von Menschen und (ihren) technischen Gefährt*innen oder gaben der Automatisierungsbewegung handfeste Argumente. Vgl. Rolf Strehl: The Robots Are Among Us. London/New York 1955.

103 Holland: Biologically inspired robots, S. 351–363; Rodney A. Brooks: Intelligence without representation. In: Artificial Intelligence 47 (1991), S. 139–159.

104 Pickering: The Cybernetic Brain, S. 4.

> Hätten mich meine Vorüberlegungen zu grösserer Klarheit geführt, hätte ich diese Effekte möglicherweise voraussehen können. An der Tatsache, dass dies nicht geschah, dass mein Denken vielmehr der Beobachtung des Modells als Stimulanz bedurfte, erweist sich die Grenze des experimentierenden Geistes und der praktische Wert der steten Wechselwirkung zwischen Denken und Beobachtung.[105]

Die kybernetischen Schildkröten lehrten den Physiologen, dass bereits ein schlichtes Modell aus einfachsten Bauteilen einen „Spielraum für Temperament, Disposition, Charakter und Persönlichkeit" eröffnete.[106] Diese Analogismen und Verhaltensbeobachtungen lieferten Material für sowohl lebenswissenschaftliche als auch philosophische Debatten über die Differenzen von lebendigen und nichtlebendigen „Systemen". Streitbar erschien etwa die Angemessenheit der den kybernetischen Maschinen zugrunde liegenden Analogie des Verhaltens von lebenden und unbelebten Systemen. So kritisierte der französische Wissenschaftshistoriker Georges Canguilhem (1904–1995) die Vorstellung, zielgerichtetes Verhalten als Funktionsprinzip des Organismus und folglich als Prinzip des Lebens zu bestimmen.[107] Gerade durch den offensichtlichen Reduktionismus der primitiven Maschinen, in denen der lebende Organismus auf ein Reiz-Reaktions- oder Input-Output-Schema zusammenschrumpfte, zeigten sich die blinden Flecken der Kybernetik, aber auch die Provokationen, die sie auslöste, wie Walter 1963 im Radiointerview einräumte:

> Wenn zum Beispiel der freie Wille mehr sein soll, [sic!] als der in MACHINA SPECULATRIX verkörperte Prozess, dann kann er nicht mehr nur als die alte Fähigkeit zur Wahl zwischen zwei gleichwertigen Alternativen definiert werden. Wenn die Selbstidentifizierung mehr sein soll, [sic!] als ein über die Umwelt ablaufender Reflex, dann genügt zu ihrer Definition nicht mehr das bloße ‚cogito, ergo sum'.[108]

So scheint am Ende auf, wie William Grey Walters Schildkröten der Verhaltensforschung ein technisches „Update" gaben und zugleich auf ein lückenhaftes Verständnis der Blackbox Leben verwiesen, die das Projekt der Kybernetik zu erfassen versuchte.

---

105 Walter: Verhaltens- und Lernmodelle, S. 8.

106 Walter: Verhaltens- und Lernmodelle, S. 15.

107 Eine Übersicht der intellektuellen Positionen bei Jan Müggenburg: Kybernetische Maschinen. Artifizielles Leben oder lebhafte Artefakte? In: Mensch-Maschine-Interaktion. Hg. von Kevin Liggieri und Oliver Müller. Berlin 2019, S. 124–126.

108 Walter: Verhaltens- und Lernmodelle, S. 10.

Abbildungsverzeichnis

Abb. 1 Larry Burrows: Turtles' Dilemma, ca. 1950. Aus: Machines turn turtle. Mechanical pets show a low order of intelligence. In: Life Magazine (15. Mai 1950), S. 147–151, hier S. 148, © Life Picture Collection.

Abb. 2 Vivian Dovey mit einer Schildkröte. Aus: *Mechanical Tortoise*. British Pathé 1951, Standbild 00:58:00 min. Online unter: https://youtu.be/wQE82derooc?t=58 (abgerufen am 20.2.2021), © British Pathé.

Kevin Liggieri

Mit Computern spielen. Lernverhalten als Gegenstand kybernetischer Quantifizierung

Scheibchen-Taktik

1968 schoben mehrere Student*innen und ein Elektronenrechner an der Humboldt-Universität zu Berlin Scheibchen hin und her.[1] In diesem Spiel, *Die Türme von Hanoi,* lagen unterschiedlich große Scheiben, von groß nach klein gestapelt, auf dem ersten von drei Feldern A, B und C (siehe Abb. 1). Das Ziel von technischen wie menschlichen Akteuren war es, alle Scheiben in derselben Ordnung auf Feld C zu platzieren. Allerdings durfte bei jedem Zug nur eine Scheibe bewegt werden und es war nicht erlaubt, eine größere Scheibe über eine kleinere zu legen. Im Spiel Mensch gegen Maschine gewann derjenige, der mit der kürzesten Zugfolge am schnellsten ans Ziel kam.[2] Dieses mathematische Problem und Denkspiel war nicht neu, entworfen hatte es bereits im neunzehnten Jahrhundert der französische Mathematiker Édouard Lucas (siehe Abb. 2)[3]. Doch durch die informationstheoretischen und -technischen Entwicklungen Mitte des zwanzigsten Jahrhunderts boten sich der psychologischen Forschung neue Möglichkeiten der Modellierung und Simulation von Denk- und Verhaltensleistungen.[4] Komplexe Lern- und Denkprozesse konnten nun als Informationsverarbeitung verstanden, durch technische Modelle quantifiziert, nachgebildet und analysiert werden: Die

1 Vgl. Peter Roese: Das Computerspiel des Professors Klix. In: Die Zeit 18/1968. Mein Dank für die kritische Lektüre und die Anmerkungen geht an Sophia Gräfe, Georg Toepfer, Anne Vonderstein und Lene Glinsky.

2 Zur Analyse dieses Experiments siehe Friedhart Klix: On interrelationships between natural and artificial intelligence research. In: Human and Artificial Intelligence. Hg. von dems. Berlin 1978, S. 1–10, hier S. 2; 4. Friedhart Klix: Neue Ergebnisse und Entwicklungstendenzen in der kybernetisch-psychologischen Erforschung kognitiver Prozesse. In: Kybernetische Analysen geistiger Prozesse. Hg. von dems. Berlin 1968, S. 9–74, hier S. 59–67. Auf den folgenden Seiten wird auf dieses Experiment Bezug genommen.

3 Lucas brachte *Die Türme von Hanoi* wohl 1883 als Spielzeug unter dem Pseudonym N. Claus de Siam heraus. Vgl. Édouard Lucas: Récréations mathématiques. Bd. 3. Paris 1893, S. 55–59, sowie Doina Logofătu: Algorithmen und Problemlösungen mit C++. Wiesbaden 2009, S. 354.

4 Wolfgang Schönpflug: Psychologie im Kontext der Kybernetik und im Kontext des Sozialismus. Ein Beitrag zur Geschichte der Wissenschaft in der Deutschen Demokratischen Republik. In: Psychologische Rundschau 66 (2015), H. 2, S. 91–113, hier S. 103.

https://doi.org/10.1515/9783110740813-016

Wissenschaft von der universalen Steuerung- und Regelung, die Kybernetik, hatte *Die Türme von Hanoi* transformiert. Der Mensch war nicht mehr der einzige Akteur, der das mathematisches Geduldsspiel lösen konnte. Vielmehr trat nun eine Maschine, die menschliches Denken nachahmte, in Wettstreit mit ihm.

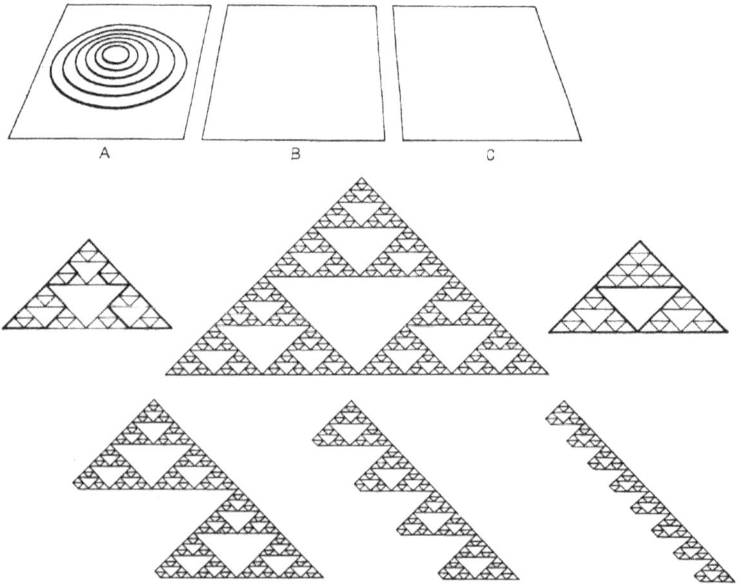

Abb. 1: Friedhart Klix: On interrelationships between natural and artificial intelligence research, 1978.

Das Team an der Humboldt-Universität um den Psychologieprofessor Friedhart Klix hatte Mensch und Maschine zum Zweikampf um die Lösung eines Problems antreten lassen, um besser zu verstehen, wie der menschliche Geist komplizierte Probleme bewältigt. Die Idee dahinter: Indem man einem Computer beibrachte, eine Aufgabe genauso gut zu lösen wie menschliche Probanden oder sogar besser als diese, ließen sich Einblicke in die menschlichen Denkstrukturen gewinnen. Das Ziel des Experiments bestand also nicht darin, einen transhumanen Supercomputer zu konstruieren, sondern vielmehr darin, über technische Mimesis kognitive Prozesse des Menschen zu modellieren. Hierfür mussten der Psychologe Klix und sein Team dem Computer, einem ZRA 1 der Firma VEB Carl Zeiss Jena,[5] unterschiedliche Strategien zur Problemlösung einprogrammieren.

5 Klix: Neue Ergebnisse, S. 64. Der ZRA 1 war der erste industriell hergestellte Rechner der DDR mit einem auf Magnetkern-Schiebelinien beruhenden Konzept.

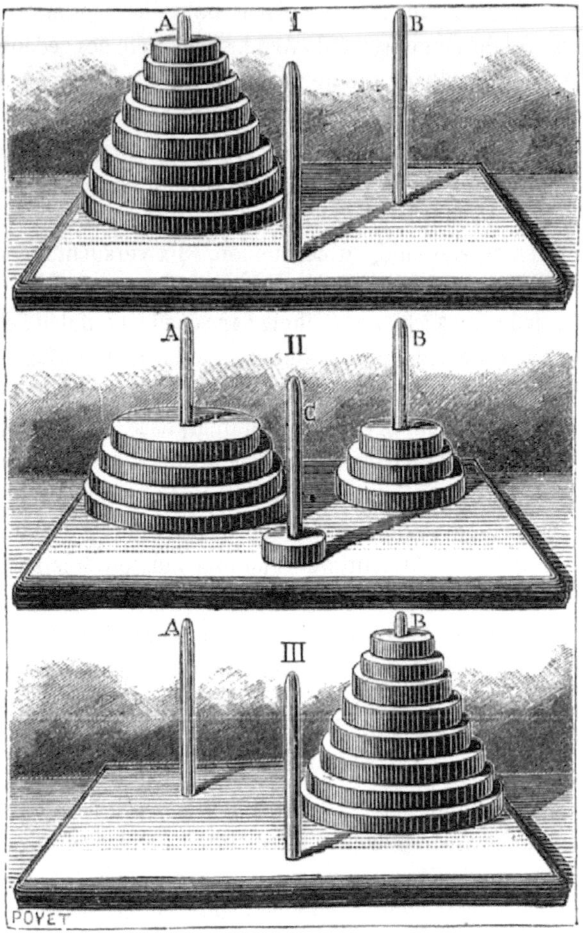

Abb. 2: Édouard Lucas: La tour d'Hanoï, 1893.

Man begann bei der einfachsten, bereits im Tierreich angewendeten Strategie: Annäherung durch Versuch und Irrtum. Zufällig richtige Züge, die offensichtlich näher an das angestrebte Ziel heranführten, wurden positiv, falsche negativ gewertet. Obwohl ein solcher Lernvorgang sicherlich an der technischen Lösung der Spielaufgabe beteiligt sein musste, war er offensichtlich weit von den kreativ-schöpferischen Prozessen entfernt, die menschliches Denken auszeichnen.[6] Daher implementierte Klix dem Computer zwei weitere Denkstrategien, die seiner Ein-

6 Vgl. Jürgen Guthke: Zur Diagnostik der intellektuellen Lernfähigkeit. Berlin 1972.

schätzung nach den Formen der menschlichen Intelligenz näher kamen: erstens die „Ordnungskomponente der Wahrnehmung" und zweitens die „Tiefe des gedanklichen Vorausspiels".[7] Unter Ordnungskomponente verstand Klix das technische Gegenstück zur menschlichen Furcht vor unüberschaubarem Chaos. Übertragen auf den Spielkontext hieß das, dass der Computer versuchen sollte, einfache und geschlossene Konfigurationen (wie Dreier- oder Viererhaufen auf einem Feld) zu erreichen und weniger „ordentliche" Konfigurationen, etwa Anordnungen, bei denen alle drei Felder besetzt sind, zu vermeiden. Klix versuchte, den menschlich-subjektiven Ordnungsgrad zu quantifizieren und in den Computer zu programmieren, indem er jeder möglichen Aufteilung der Scheiben auf den Feldern einen Ordnungswert zuwies. Der Computer sollte dann unter den möglichen Stellungen diejenige mit dem höchsten Wert bevorzugen. Unter „Tiefe des gedanklichen Vorausspiels" verstand Klix die Wahl der besten Planungsphase. Analog zum Schachspiel, das sowohl eine langfristige Planung der Züge als auch die Antizipation vieler möglicher Gegenzüge voraussetzt, wollte Klix auch beim Scheibchenspiel für seinen Computer die richtige Form der Planung wählen: entweder kurz und breit oder lang und schmal. Bei einer breiten Planung müssen Spielende jeden möglichen Zug in Erwägung ziehen und jeden möglichen Gegenzug mitberechnen, woraus folgt, dass sie nur eine begrenzte Anzahl von Zügen überschauen können, das Planungsfeld also kurz ist. Planen sie hingegen langfristig viele Züge im Voraus, nehmen sie nur die wahrscheinlichsten Züge in den Blick und können auf diese schnell reagieren, das Planungsfeld ist schmal.

Nach dieser umfangreichen Vorprogrammierung glaubte Klix den Computer gut gerüstet, um sich so zu verhalten wie menschliche Spielende. Doch beim Spiel stellten sich Abweichungen zwischen menschlichen und maschinellen Lernerfolgen heraus. Daraus schlossen Klix und sein Team, dass bei den menschlichen Versuchspersonen weitere, vermutlich im Zusammenhang mit Emotionen und der Motivation zur Lösungsfindung stehende Strategien wirksam sein mussten. Die Versuchspersonen zeigten nämlich zu Beginn eine Vorliebe für Spielzüge, die weit von der Ausgangsstellung der Scheiben wegführten. Nach höchstens sieben Zügen blieben sie jedoch stecken. Sie mussten umdenken. Nun orientierten sie sich nicht mehr an der Distanz zum Startpunkt, sondern dachten rückwärts vom Ziel her. Bei dieser Strategie ergaben sich innovative Platzierungen der Scheiben, die zu Zwischenzielen auf dem Weg zur Lösung führten, unter anderem zu der Einsicht, dass zunächst alle Scheiben mit Ausnahme der beiden größten auf C liegen müssen. Diese Teilzieltech-

7 Roese: Das Computerspiel des Professors Klix; Herbert Hörz: Kognitive Psychologie, neue Technologien und Philosophie. Friedhart Klix: Vordenker für eine komplexe Persönlichkeitstheorie. In: Sitzungsberichte der Leibniz-Sozietät 135 (2018), S. 15–40, hier S. 33.

nik erwies sich als leistungsfähig, weil sie den Anteil des ungeordneten Suchens stark reduzierte. Daraus schloss Klix, dass er einen weiteren Denkprozess des eigenständigen Umlernens in den Computer integrieren müsse, so dass die Maschine innovativ werden und neue Problemlösungsfähigkeiten entwickeln könne.[8] Damit würde das Computermodell nicht mehr nur zu einer Abbildung eines kognitiven Prozesses, sondern zu einem Erkenntnismittel, das Denken und das Entwickeln von Lösungsstrategien anschaulich machen würde: Die Beherrschung des Computermodells „wird zur heuristischen Technik des wissenschaftlichen Erkenntnisprozesses".[9]

Das Problem, das an diesem ausführlich dargestellten Experiment sichtbar wird, betrifft den Kern der Debatten über die Differenz von Mensch und Maschine.[10] Kybernetische Termini und Konzeptionen wie Information, Kommunikation, Signal, Feedback oder Entropie, die in den 1960er Jahren auch auf dem Feld der Psychologie zirkulierten,[11] regten dazu an, menschliche (Lern-)Leistungen technisch nachzuahmen und zu quantifizieren. Mithilfe von technischen Apparaturen, Konzepten und Begriffen wollte man der Komplexität des menschlichen Denkens im Experiment näherkommen.[12] Die Grundannahme dahinter lautete, dass Konzepte wie Verhalten, Intelligenz, Denken und Lernen sowohl auf Menschen als auch auf Rechenmaschinen anwendbar seien.[13] Auf kybernetischer Grundlage werden traditionell nur dem Menschen zugesprochenen kognitive Prozesse als Informationsverarbeitung verstanden und so quantifizierbar.[14] Damit schien zwischen menschlicher und künstlicher Intelligenz nur noch ein gradueller, kein grundlegender Unterschied mehr zu bestehen.

Die historische und kulturwissenschaftliche Forschungsliteratur weist zurecht darauf hin, dass die Kybernetik als universale Strukturwissenschaft zwischen 1940

8 Vgl. genauer Friedhart Klix: Information und Verhalten. Berlin 1971, S. 705–716; Friedhart Klix und Karin Rautenstrauch-Goede: Struktur- und Komponentenanalyse von Problemlösungsprozessen. In: Zeitschrift für Psychologie 174 (1967), H. 3/4, S. 167–193.

9 Klix: Neue Ergebnisse, S. 68.

10 Friedhart Klix et al.: Die algorithmische Beschreibung des Lösungsprinzips einer Denkanforderung. In: Zeitschrift für Psychologie 168 (1963), H. 1/2, S. 123–141.

11 Vgl. Henning Schmidgen: Zeit als peripheres Zentrum. Psychologie und Kybernetik. In: Cybernetics. The Macy-Conferences 1946–1953. Bd. 2: Dokumente. Hg. von Claus Pias. Zürich 2004, S. 229–250.

12 Vgl. Martina Heßler: Die Ersetzung des Menschen? In: Technikgeschichte 82 (2015), H. 2, S. 109–136.

13 Friedhart Klix, Ulrich Rösler und Hubert Sydow: Vorwort. In: Lernende Systeme. Hg. von Friedhart Klix, Ulrich Rösler und Hubert Sydow. Berlin 1973, S. 7–10, hier S. 8.

14 Vgl. Klix (Hg.): Kybernetische Analysen. Siehe dazu Friedhart Klix: Vorwort. In: Human and Artificial Intelligence. Hg. von dems. Berlin 1978, S. VII–XI.

und 1970 organische und technische Systeme über Funktionsbeschreibung gleichsetzte.[15] Besonders der heterogene Begriff des Verhaltens bot hierfür, wie Georg Toepfer in seiner umfangreichen Begriffs- und Ideengeschichte überzeugend ausführt, vielseitige Möglichkeiten. Verhalten, so stellt Toepfer wissen(schaft)shistorisch heraus, wurde im zwanzigsten Jahrhundert nicht mehr nur Lebendigem zugesprochen,[16] sondern in Biologie, Medizin, Psychologie oder der frühen Erforschung künstlicher Intelligenz unter dem neuen, aus der Kybernetik stammenden Paradigma der Informationsverarbeitung gefasst und damit als wichtiger Analysebegriff von lebendigen und technischen Systemen auf das epistemische Tableau gehoben. Gegenstand der kybernetisch angeregten Verhaltensforschung Mitte des zwanzigsten Jahrhunderts war also nicht mehr nur die traditionelle Untersuchung der Differenz zwischen Mensch und Tier, sondern zwischen Mensch und Technik. „Wir leben nicht vor der Folie von Bienen, Krabben und Schimpansen, sondern vor der von Glühbirnenfabriken und Rundfunkapparaten", erkannte der Philosoph Günther Anders 1956.[17]

Der Einfluss der Kybernetik auf die Psychologie im deutschsprachigen Raum ist vor allem mit den Forschungen des Kognitionspsychologen und bekennenden „materialistische[n] Monist[en]"[18] Friedhart Klix verbunden,[19] dessen Arbeiten im Zentrum der folgenden Analyse der kybernetisch-psychologischen Verhaltensforschung stehen. Hierfür soll zum einen Klix' kybernetische Deutung – und damit Quantifizierbarkeit und Formalisierbarkeit – menschlicher Eigenschaften wie Verhalten, Denken, Intelligenz und Lernen, historisch und systematisch herausgearbeitet werden. Zum anderen soll auf dieser Grundlage einer Quantifizierung menschlicher Eigenschaften der Blick genauer auf jene evolutionspsychologischen Bereiche kognitiven Lernens (Lernen durch Einsicht) gelenkt werden, auf die, wie bei den *Türmen von Hanoi* bereits angedeutet, das Modell des denkenden Menschen als Feedback-Maschine oder als assoziativ lernendes Tier nicht recht

15 Vgl. Michael Hagner und Erich Hörl (Hg.): Die Transformation des Humanen. Beiträge zur Kulturgeschichte der Kybernetik. Frankfurt a. M. 2008; Philipp Aumann: Mode und Methode. Die Kybernetik in der Bundesrepublik Deutschland. Göttingen 2009.

16 Georg Toepfer: Verhalten. In: Historisches Wörterbuch der Biologie. Bd. 3. Stuttgart/Weimar 2011, S. 653–687.

17 Günther Anders: Die Antiquiertheit des Menschen. Bd. 1: Über die Seele im Zeitalter der zweiten industriellen Revolution. München 2002, S. 327.

18 Friedhart Klix: Vorwort. In: Kybernetische Analysen geistiger Prozesse. Hg. von dems. Berlin, 1968, S. 1–8, hier S. 1.

19 Vgl. Werner Krause: „Gesetz und Experiment in der Psychologie". In: Sitzungsberichte der Leibniz-Sozietät 135 (2018), S. 41–51; Bodo Krause und Werner Krause (Hg.): Psychologie im Kontext der Naturwissenschaften. Abhandlungen der Leibniz-Sozietät. Bd. 12. Berlin 2004.

anwendbar zu sein scheint.[20] Diese Spannung zwischen Quantifizierung und Qualifizierung zeichnet die Psychologie Friedhart Klix' in besonderer Weise aus.

Historische Bedingungen einer kybernetisch-psychologischen Forschung

Friedhart Klix' allgemeinpsychologisches Standardwerk *Information und Verhalten* (1971) kann als Manifest der kybernetischen Psychologieforschung im deutschsprachigen Raum gelten. Deren Geburtsstunde bezeichnet ein im Januar 1962 unter seiner Leitung veranstaltetes Symposium zu „Psychologie und Kybernetik" an der Friedrich-Schiller-Universität Jena, das einen Überblick über kybernetisch-mathematische Methoden in der Psychologie gab.[21] 1962 wurde Klix auf eine Professur an der Humboldt-Universität zu Berlin berufen, wo er die Gründung der Kybernetik-Kommission des Forschungsrats der DDR initiierte und maßgeblich daran beteiligt war, dass an der Deutschen Akademie der Wissenschaften zu Berlin die Einrichtung eines Forschungsbereichs „Mathematik-Kybernetik-Rechentechnik" sowie des Zentralinstituts für Kybernetik und Informationsprozesse mit einem eigenen Bereich zur Psychologie vorangetrieben wurde. Dieser neue Bereich „Psychologie" arbeite eng mit der von Klix geleiteten Forschergruppe „Psychophysik und Kybernetik" am Institut für Psychologie der HU Berlin zusammen.[22]

Information und Verhalten bezeichnet aber nicht nur den Höhepunkt, sondern auch den Abschluss der produktiven zehnjährigen Arbeit von Klix' Forschungsgruppe.[23] Mit Blick auf das Vorwort mutet es daher überraschend an, wenn Klix schreibt, dass das Wort ‚Kybernetik' im „Text kaum jemals vorkommt", obwohl „das ganze Buch an seinen wesentlichen Punkten doch von der Kybernetik aus seine inhaltliche, seine methodische und seine didaktische Orientierung erhalten

20 Vgl. Edgar Heineken und Thomas Habermann: Lernpsychologie für den beruflichen Alltag. Heidelberg 1994, S. 53.

21 Vgl. Hörz: Kognitive Psychologie, S. 20.

22 Vgl. Friedhart Klix: Vorwort. In: Psychologische Analysen geistiger Prozesse. Hg. von dems. und Hans-Georg Geissler. Berlin 1974, S. 9–12; Rainer Thiel: Die Kybernetik-Kommission des Forschungsrats der DDR 1968 ff. In: Kybernetik und Interdisziplinarität in den Wissenschaften. Abhandlungen der Leibniz-Sozietät, Bd. 11. Hg. von Klaus Fuchs-Kittowski und Siegfried Piotrowski. Berlin 2004, S. 383–386; Bodo Krause: Der Einfluss der Kybernetik auf die psychologische Forschungsmethodik. Leibniz Online 15 (2013), S. 1. Zum zeithistorischen Hintergrund vgl. Wolfgang Schönpflug und Gerd Lüer: Psychologie in der Deutschen Demokratischen Republik. Wissenschaft zwischen Ideologie und Pragmatismus. Wiesbaden 2011, S. 56.

23 Schönpflug: Psychologie, S. 99.

[hat]".[24] Der Verzicht auf kybernetische Terminologie verweist darauf, dass sich die Kybernetik um 1970 in der DDR in einer problematischen Umbruchsphase befand. Die wechselhafte Entwicklung der Kybernetik in der DDR lässt sich mit Jérôme Segal in drei Phasen einteilen: 1) Die „Ansteckung" der DDR durch eine vermeintlich bürgerliche Wissenschaft (1948–1961), d. h. die argumentative Überwindung der ursprünglichen Ablehnungen der Kybernetik als „westlich". 2) Die Etablierung der Kybernetik als naturwissenschaftliche Bestätigung des dialektischen Materialismus (1961–1963), d. h. die vonseiten der Politik und Forschung propagierte Annahme, zwischen Kybernetik und Marxismus bestehe nicht nur kein Gegensatz, sondern vielmehr sei die Kybernetik sogar eine „der eindrucksvollsten einzelwissenschaftlichen Bestätigungen des dialektischen Materialismus, die es überhaupt bis jetzt gegeben hat".[25] 3) Die Periode von Normalisierung und Abstieg (1963–1971).[26] Auf den kurzen Aufschwung der Kybernetik ab den 1960er Jahren in der DDR folgte auf Geheiß der SED-Führung bereits Anfang der 1970er Jahre ihr jähes Ende als Leitwissenschaft, sie musste sich in Einzelfelder integrieren – ohne begrifflich weiter relevant zu sein.[27] Die in den späten 1960er Jahren einsetzende Kritik war wohl auch in enttäuschten Hoffnungen begründet, denn die kybernetische Methode war allzu voreilig und naiv nicht nur als Garant für einen wissenschaftlichen, sondern auch für einen gesellschaftlichen und ökonomischen Erfolg betrachtet worden.[28] Diese Überschätzung führte beinahe zwangsläufig zur Abkehr von der Kybernetik, die ihrem Anspruch als einer Universalwissenschaft, die über disziplinäre Grenzen hinaus auf Gesellschaft und Wirtschaft wirken sollte, nicht nachzukommen vermochte, und damit auch zur Abkehr von kybernetischen Terminologien – auch wenn in Einzeldisziplinen wie der Psychologie weiter mit kybernetischen Methoden gearbeitet wurde. Die Kybernetik verlor also ideologisch gegen den dialektischen und historischen Materialismus, der bereits eine universelle Beschreibung von Natur und Gesellschaft für sich in Anspruch nahm.[29] Im

---

24 Klix: Information und Verhalten, S. 21.

25 Georg Klaus: Kybernetik in philosophischer Sicht, 3. Aufl. Berlin 1963, Vorbemerkungen zur ersten Auflage, S. 22, zit. nach Frank Dittmann: Kybernetik in der DDR – eine Einstimmung. In: Kybernetik steckt den Osten an. Hg. von dems. und Rudolf Seising. Berlin 2007, S. 13–42, hier S. 26 f.

26 Jérôme Segal: Kybernetik in der DDR. In: Dresdener Beiträge zur Geschichte der Technikwissenschaften 27 (2001), S. 47–75.

27 Dittmann: Kybernetik, S. 14.

28 Dittmann: Kybernetik, S. 30.

29 Dittmann: Kybernetik, S. 32. Die Kybernetik erhielt den staatspolitischen Abgesang mit der Machtübernahme durch Erich Honecker im Juli 1971. Nun gab man der Kybernetik auch die Schuld an den ökonomischen Misserfolgen (Ebd.). Zur weiterführenden Literatur siehe Verena Witte: Wandel mit System? Eine Denkstilanalyse der Kybernetik in der DDR, ca. 1956 bis 1971.

Zuge der Abwendung von der Kybernetik wurde Klix' Forschungsgruppe „Kybernetik und Psychologie" 1972 umbenannt in „Lehrgebiet Allgemeine Psychologie". Auch aus Buchtiteln verschwand der Begriff „Kybernetik/kybernetisch" zunehmend.[30] Dennoch vermochten Klix und seine Forschungsgruppe im erheblichen Maße von der anfänglichen Förderungsphase zu profitieren.[31] So konnte Klix die Kybernetik strategisch für eine Erneuerung des Faches „Psychologie" und zu Generierung von Akzeptanz in den Führungsriegen der Partei nutzen.[32] Sein Ziel war es dabei, „den Anschluss an die internationale Scientific Community zu bekommen [...] und dies zugleich mit den Vorzügen des Sozialismus zu verbinden".[33] Klix Verhältnis zur Partei lässt sich insofern wohl als pragmatisch bezeichnen.[34]

Dieser Pragmatismus spricht auch aus Klix' Vorwort zu *Information und Verhalten*, in dem zumindest vordergründig die kybernetische Terminologie durch marxistische Ideologie ersetzt wird. Mit Blick auf seine „naturwissenschaftliche Grundorientierung" führt Klix ein Engelszitat zur Menschwerdung des Affen durch Arbeit als Naturalisierung an.[35] Bei der naturwissenschaftlichen Untersuchung von „Gesetzmäßigkeiten des sozialen Verhaltens" sei es nämlich

> unbestreitbar, daß *alle* psychischen Prozesse in den Funktionsprinzipien der hochorganisierten materiellen Strukturen des Nervensystems ihre Grundlage und ihre Entsprechung haben. Es gibt keine gesellschaftlichen Faktoren oder Prozesse, die nicht über Sinnesorgane und Nervensysteme wirken.[36]

Dissertation (Universität Bielefeld) 2011; Philipp Aumann: Neues Denken in Wissenschaft und Gesellschaft. Die Kybernetik in der Mitte des 20. Jahrhunderts. In: Sabina Jeschke et al. (Hg.): Exploring Cybernetics. Wiesbaden 2015, S. 21–40.

30 Schönpflug: Psychologie, S. 100. Vgl. vom Titel her: Friedhart Klix (Hg.): Kybernetische Analysen geistiger Prozesse. Berlin 1968 vs. Hans-Georg Geissler und Friedhart Klix (Hg.): Psychologische Analysen geistiger Prozesse. Berlin 1974.

31 Vgl. Schönpflug: Psychologie, S. 98. Wie Schönpflug herausstellt, versprach sich die Partei von Klix den Durchbruch bei der intendierten Revolution. Klix wurde als Teil einer „Neuen Intelligenz" gesehen. Es überrascht daher wenig, dass mit dem Aufstieg der Kybernetik auch Klix' Karriere Fortschritte machte.

32 Schönpflug: Psychologie, S. 97.

33 Stefan Busse: Psychologie in der DDR. Die Verteidigung der Wissenschaft und die Formung der Subjekte. Weinheim 2004, S. 202.

34 Schönpflug: Psychologie, S. 101. Klix' Forschungsgruppe „Kybernetik und Psychologie" bezog keine eindeutige Position. Ihre Schriften enthalten nur geringe ideologische Referenzen (vgl. Klix: Information und Verhalten, S. 399) und keine politischen Stellungnahmen; gleichzeitig war man der westlichen Forschung gegenüber offen eingestellt. Dazu Schönpflug: Psychologie, S. 101–105.

35 Klix: Information und Verhalten, S. 18.

36 Klix: Information und Verhalten, S. 17 f. Vgl. auch Friedhart Klix und Bodo Krause: Zur Definition des Begriffes „Struktur", seiner Eigenschaften und Darstellungsmöglichkeiten in der Experimentalpsychologie. In: Zeitschrift für Psychologie 176 (1969), S. 22–54.

Insofern ist für Klix die naturwissenschaftlich orientierte Aufklärung von individuellen Verhaltensprinzipien nur ein erster Schritt in Richtung Analyse gesellschaftlicher Faktoren. Wenn man Funktionen und Strukturen im Kleinen erkenne, könne man sie auch im großen Zusammenhang erkennen. In der quantifizierenden Beschreibung von Verhalten durch Information sowie Gesellschaft durch regelkreistechnische „Systeme" stimmen, wie Klix mit Bezug auf Lenin anführt, „Denkgesetze" mit den „Naturgesetzen" überein. Ob kybernetisch oder marxistisch ausgedrückt – der Mensch wird jedenfalls zum „Naturprodukt" und damit gänzlich von der Naturwissenschaft deutbar.[37] Klix' materialistischer Monismus tritt hier deutlich zutage.

Systematische Bedingungen einer kybernetisch-psychologischen Forschung

Für Klix bietet die Steuerungswissenschaft Kybernetik eine Möglichkeit, Verhalten regulativ mit Information zusammenzubringen.[38] „Information" und „Verhalten" bilden ihm zufolge eine „unlösbare Einheit in allen [individuellen und kollektiven, K.L.] psychischen Prozessen."[39] Jede Verhaltenstätigkeit setzt Information und Informationsverarbeitung voraus und erzeugt zugleich neue. Information und Verhalten werden damit in Klix' Forschung zum „dialektische[n] Kategorienpaar, dessen innere Widersprüchlichkeit den niederen wie höheren Formen des Erkenntnisgewinns zugrunde gelegt werden kann."[40] Insofern verfolgt Klix mit seinen Forschungen zur „Psychophysik kognitiver Prozesse"[41] im Einklang mit der Informationstheorie einen interdisziplinären und systemisch orientierten Zugang zur experimentellen und allgemeinen Psychologie.[42] Unter der Voraus-

37 Klix und Krause: Struktur, S. 19.

38 Vgl. Klix: Information und Verhalten, S. 19.

39 Klix: Information und Verhalten, S. 19.

40 Klix: Information und Verhalten, S. 19; Friedhart Klix: Stabilität und Wandlungen in geistigen Dispositionen des Menschen. In: Sitzungsberichte der Leibniz-Sozietät. Bd. 2. Berlin 1995, S. 19. Die Dialektik besteht dabei darin, dass Verhalten und Information eigentlich zwei verschiedenen Beschreibungssprachen entstammen; einer äußeren (qualitativen) und einer inneren (mechanistisch-quantifizierenden) Herangehensweise.

41 Werner Krause und Erdmute Sommerfeld: Vorwort. In: Friedhart Klix. Naturwissenschaftler, Psychologe, Vordenker. 1927–2004. In: Sitzungsberichte der Leibniz-Sozietät 135 (2018), S. 7–10, hier S. 7.

42 Klix, Rösler und Sydow: Vorwort. In: Lernende Systeme, S. 8 f.; dazu Bodo Krause: Interdisziplinarität in der experimentellen Psychologie. Erinnerungen an Friedhart Klix. In: Friedhart Klix.

setzung, dass physiologische und neuronale Zusammenhänge entscheidende Bedeutung für das Verständnis psychischen Verhaltens und Erlebens haben, wurden Denkprozesse als eine Form der Informationsverarbeitung interpretierbar, die von messbaren In- und Output-Signalen bestimmt ist.[43] Die damit einhergehende Annahme lautete, dass man Basisprozesse der menschlichen Informationsverarbeitung nur aufklären kann, wenn man sie in systematische Elemantaranalysen zergliedert und mit den Methoden der Psychologie und Mathematik untersucht. Die kybernetischen Ansätze sollten dazu beitragen, „tiefliegende Zusammenhänge" zwischen technischen und biologischen Systemen nachzuweisen.[44] Ihre gemeinsamen Gesetzmäßigkeiten werden allerdings erst in der für die Kybernetik „charakteristischen Abstraktionsebene" deutlich, die sich für Klix am besten mathematisch darstellen ließ.[45]

Angeregt durch kybernetische Versprechungen einer totalen Technisierung des Lebendigen wollten Psycholog*innen Prozesse menschlicher Erkenntnis aufdecken, damit es, wie Klix 1971 formulierte, „der menschlichen Erkenntnistätigkeit möglich wird, hinter die Gesetze ihres eigenen Ursprungs, ihrer Wirkungsweise und ihrer Leistungsfähigkeit zu kommen".[46] Der Mensch könne mittels seines eigenen Wissens – objektiviert in Form von Technologie – zu sich selbst kommen. Die Figur eines mächtigen *homo faber*, welcher der Natur (diesmal seiner eigenen) Wissen abringt und es sich zu Nutzen macht, tritt hier unverkennbar hervor: „Die Umwelt im Lebensraume so weit wie möglich berechenbar und dadurch schließlich beherrschbar zu machen in einem sehr weiten Sinne des Wortes, erweist sich als eine biologische, soziale wie individuelle Motivgrundlage intelligenten Handelns."[47] In diesen Zielvorstellungen verbindet sich das Motiv der Kontrolle mit einer Beherrschung durch Quantifizierung und Mathematisierung. Dabei wird das Machtstreben anthro-

---

Naturwissenschaftler, Psychologe, Vordenker. 1927–2004. In: Sitzungsberichte der Leibniz-Sozietät 135 (2018), S. 61–73.

43 Verhalten nach eintreffender Information auszurichten ist Klix zufolge eine grundlegende Eigenschaft aller Organismen, die ein Nervensystem besitzen.

44 Klix: Neue Ergebnisse, S. 9.

45 Klix: Neue Ergebnisse, S. 9. Vgl. Friedhart Klix: Friedhart Klix. Lengerich 2004 (Psychologie in Selbstdarstellung. Bd. 4), S. 168–192.

46 Klix: Information und Verhalten, S. 20.

47 Friedhart Klix: Erwachendes Denken. Heidelberg 1993, S. 387; dazu Erdmute Sommerfeld: Aufklärung von Basisprozessen menschlicher Informationsverarbeitung. In: Sitzungsberichte der Leibniz-Sozietät 101 (2009), S. 93–110; Friedhart Klix: Die Optimierung des Informationsaustausches in Mensch-Maschine-Systemen als psychologische Aufgabenstellung. Versuch einer Präzisierung des Gegenstandsgebietes der Ingenieurpsychologie in der sozialistischen Industrie. In: Psychologie in der sozialistischen Industrie. Hg. von Friedhart Klix et al. Berlin 1971, S. 40–74, hier S. 41.

pologisch erklärt und wiederum selbst wieder naturalisiert. Der Mensch ist nur da Mensch, wo er herrscht. Dafür muss das menschliche Subjekt sich selbst als objektivierbar begreifen. Damit einhergehend erscheint die anthropologische Differenz zwischen Mensch und Maschine nicht mehr als sprunghafter Hiatus, sondern nur noch als qualitative Komplexitätssteigerung.

Insgesamt wirkte die Kybernetik weniger als stringente Methode als vielmehr als anregendes Erkenntnismodell, welches die psychologische Forschung unterstützt und gleichzeitig im außerakademischen wie sozialen Bereich Interesse evoziert. Die „öffentliche Meinung" über Kybernetik war 1963, um mit dem Psychologen Otto W. Haseloff zu sprechen, zu einer „geistige[n], technische[n] und soziale[n] Tatsache" geworden.[48] Die Kybernetik diente als Projektionsfläche für Hoffnungen und Ängste. Dementsprechend konstatierte auch der Physiologe Wolfgang Wieser 1963 zum 15. Jahrestag von Norbert Wieners *Cybernetics* in der *Frankfurter Allgemeinen Zeitung*:

> Kybernetik ist zu mehr als einem wissenschaftlichen oder technologischen Begriff geworden: Sie ist eine Idee, ein Programm, ein Schlagwort – einer jener Kondensationspunkte im intellektuellen Raum, an dem sich der gestaltlose Nebel des Einzelwissens und Spekulation hoffnungsvoll niederschlägt.[49]

Im Sinne dieses Zeitgeists bedient sich auch Klix in seiner psychologischen Forschung bei der Nachrichtentechnik, Sinnesphysiologie, Regelungslehre sowie Informations- und Automatentheorie.[50] Anhand von der Kybernetik entlehnten Schlagworten wie Information, System, Struktur, Funktion, Stabilität oder Regulation versuchte er, informationsverarbeitende Systeme und Prozesse im Menschen zu beschreiben und zu erkennen. „Damit eröffnet die kybernetische Forschung", so Klix, „Möglichkeiten für eine geschlossene Darstellung genereller Funktionseigenschaften psychischer und psychophysischer Prozesse."[51]

---

48 Otto Walter Haseloff: Kybernetik als soziale Tatsache. In: Bergedorfer Protokolle. Bd. 3. Hamburg/Berlin 1963, S. 10. In Klix' Privatbibliothek stand ein Exemplar des Buches von Otto Walter Haseloff und Eduard Jorswieck: Psychologie des Lernens. Berlin 1970. Vgl. das Findbuch von Klix' Privatbibliothek am Adolf-Würth-Zentrum für Geschichte der Psychologie der Universität Würzburg. Online unter: www.uni-wuerzburg.de/fileadmin/42050000/user_upload/Findbuecher/FA_Klix_Library.pdf (abgerufen am 13.6.2021).

49 Wolfgang Wieser: Fünfzehn Jahre Kybernetik. In: Frankfurter Allgemeine Zeitung, 12. Nov. 1963, zit. nach Claus Pias: Zeit der Kybernetik. Eine Einstimmung. In: Cybernetics. Kybernetik. The Macy-Conferences 1946–1953. Bd. 2: Dokumente, hg. von Claus Pias. Zürich 2004, S. 9–41, hier S. 20.

50 Klix: Information und Verhalten, S. 20; Klix: Neue Ergebnisse, S. 14.

51 Klix: Information und Verhalten, S. 20.

Der Einfluss der Kybernetik auf die psychologische Forschung zeigt sich vor allem an zwei Aspekten:[52] Erstens ermöglichte die interdisziplinäre Ausrichtung der Kybernetik, die als universelle Strukturwissenschaft alle technischen und anthropologischen Bereiche zu umgreifen versuchte, dass der Informationsbegriff und damit die Informationsübertragung zwischen zwei Subjekten (sowie zwischen Subjekt und Umwelt) in der Psychologie zu einem anerkannten Untersuchungsfeld aufsteigen konnten. Mit der kybernetischen Psychologie[53] waren Informationsaufnahme und Informationsverarbeitung zu grundlegenden Prozessen der menschlichen Handlungsregulation geworden, die nun technisch messbar und wissenschaftlich analysierbar waren. Trotz dieser Objektivierung ist ein zentrales Merkmal von Klix' Informationsbegriff, dass er immer an ein (menschliches) Subjekt gebunden sein muss, welches Bedeutung herstellt. Nur durch einen Träger kann Information zu bedeutungsvoller Information werden.[54] Zweitens etablierten sich in der Psychologie mit der Kybernetik Modellierungsmethoden, von denen man sich die Nachbildung und Erklärung psychischer und kognitiver Prozesse versprach. Die Grundannahme dahinter lautete, dass Informationsprozesse durch ihre Quantifizierung nicht nur in Daten materialisiert, sondern auch in technischen Geräten nachgebaut und damit reproduziert werden konnten. „Soviel ich sehe", formuliert der Erich-von-Holst-Schüler und Abteilungsleiter am Max-Planck-Institut für Verhaltensphysiologie, Horst Mittelstaedt, 1956, „bietet die neue Theorie drei wesentliche Vorteile: sie ermöglicht 1. neue Arbeitshypothesen, sie bringt 2. neue Methoden und aus ihr lässt sich 3. eine Darstellungsweise entwickeln, die den bisher üblichen in mehrfacher Hinsicht überlegen ist".[55] Mit diesen Erkenntnismitteln wirkte die Kybernetik produktiv auf humanwissenschaftliche Gebiete wie die Physiologie und Psychologie, denen sie abstrakte, universelle Modelle und Methoden in die Hand gab, um fortan in Bereiche vorzustoßen, die dem traditionellen „experimentellen Zugriff" zuvor so „nicht zugänglich" waren.[56] Für

52 Vgl. Krause: Forschungsmethodik, S. 1–12.

53 Schönpflug verweist darauf, dass Klix den Begriff ‚Kybernetische Psychologie' selbst nicht verwendet hatte, wenn überhaupt, dann sprach er von „kybernetisch betriebener Psychologie". Allgemein bevorzugte Klix konjunktive Verbindungen wie „Psychologie und Kybernetik" oder „kybernetisch-psychologisch" (vgl. Schönpflug: Psychologie, S. 103). Schönpflug zufolge liegt dieser Wortwahl die Idee zugrunde, dass die Psychologie zwar durch Verbindung mit Kybernetik eine besondere Qualität erhält, aber doch ihre eigene Identität bewahrt.

54 Klix: Information und Verhalten, S. 340 f.

55 Horst Mittelstaedt: Regelung in der Biologie. In: Regelungstechnik 8 (1954), H. 2, S. 177–181, hier S. 180.

56 Mittelstaedt: Regelung, S. 180.

diese neuen Zugriffe sei hier ein Versuch aus Klix' Forschung zum Menschen als Regelkreis exemplarisch angeführt:[57]

In einem Experiment zum sensomotorischen Verhalten (Nachfahrbewegung in der Auge-Hand-Koordination) befindet sich die Versuchsperson vor einem Bildschirm, an dem sich ein Lichtpunkt bewegt. Die Versuchsperson hat einen beweglichen Steuerstab in der Hand, mit dem sie die Bewegung eines zweiten Punktes auf dem Bildschirm steuern kann. Die Aufgabe ist nun, den Punkt, den die Person steuern kann, mit dem sich bewegenden Punkt auf dem Bildschirm zu synchronisieren, dem ersten Punkt also nachzujagen. Für eine Fehlerkorrektur zeichnet der Bildschirm die Abweichungen zwischen den beiden Punkten nach (siehe Abb. 3).

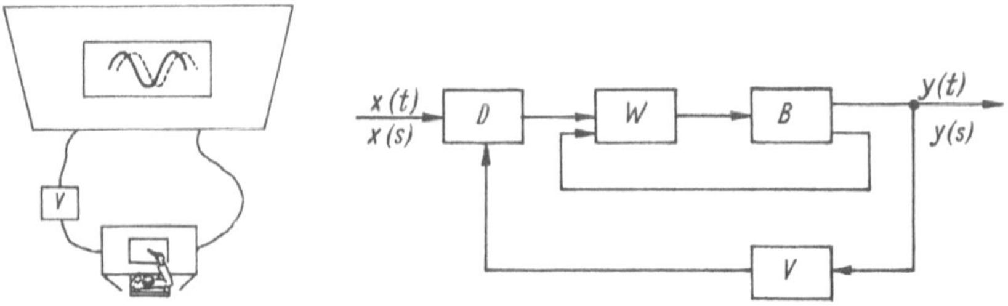

Abb. 3 und 4: Friedhart Klix: Die sensomotorische Koordination bei der Folgebewegung als Kreisprozess, 1968.

Klix sieht in der Mensch-Maschine-Interaktion denselben Kreisprozess am Werk, der sich auch beim „sensomotorischen Übertragungsverhalten"[58] des Menschen zeigt, also bei der Aufnahme von Informationen und deren Weiterleitung an das zentrale Nervensystem: Dem Menschen wird Information von der Maschine dargeboten (D), die er wahrnimmt (W) und dann als sensorische Bezugsgröße in Bewegung umsetzt (B). V symbolisiert dabei die Verstärkung, Abschwächung oder Verzerrung der Rückmeldung des Bewegungsverlaufs auf dem Display (siehe Abb. 4). Menschlicher (innerer) und technischer (äußerer) Regelkreis sind dabei ineinander verflochten.

Diese Visualisierung abstrakter Modelle in Form eines Blockschaltbildes machte eine Funktionsbeschreibung möglich, ohne Aufbau (bspw. den Feinbau des Nervensystems) und Inhalt des fraglichen Systems genau zu kennen. Der kybernetische Blockschaltplan, der sich in Klix' Experiment zeigt, ist als Lösung allgemein, „nicht

57 Klix: Neue Ergebnisse, S. 33–35.
58 Klix: Neue Ergebnisse, S. 31.

an ein spezielles Gebiet gebunden". Vielmehr – und das ist sein methodischer Vorteil – erfasst er „das allgemein ‚Funktionelle'".[59] Denn das „Wirkungsgefüge kann unabhängig von der Struktur, von der Energetik und von der finalen, teleologischen Bestimmung des Systems beschrieben und quantitativ dargestellt werden."[60] Durch den Blockschaltplan wird also lebendige Komplexität nicht nur quantifiziert, sondern auch reduziert. Analogien und Übertragungen regelungstechnischer Modelle auf Lebewesen bieten allerdings nicht nur Chancen, sondern auch Probleme. Die Modelle haben zwar den „Vorteil der Anschaulichkeit, aber den Nachteil aller Metaphern, nicht genau auf die Wirklichkeit zu passen. Modelle sind sehr nützlich, solange sich neue Arbeitshypothesen aus ihnen ergeben, aber dann stehen sie häufig dem Fortgang der Untersuchung im Wege."[61] Auch Klix legt dar, dass eine bloße terminologische Übertragung von der Physiologie in die Psychologie sich als schwierig erweisen könne, da sie Erklärungen suggeriere, wo bloße Beschreibungen geliefert würden. Das liege daran, dass „keine noch so elegante Physiologisierung [...] darüber hinwegzutäuschen [vermag], dass die meisten pädagogisch verwertbaren Ergebnisse der experimentellen Psychologie in ihrer spezifischen Gesetzlichkeit mit physiologischen Mitteln noch nicht zu kennzeichnen sind."[62] In der terminologischen und technischen Nachbildung sowie Abstraktion mentaler Leistungen durch die Computertechnik gebe es daher auch „große Lücken".[63] Bei der Nachahmung und universellen Abstraktion von biologischen Prozessen durch technische könne die oft zu „verallgemeinert[e] Darstellung" einer Strukturanalogie sich als problematisch erweisen.[64]

Trotz dieser Einwände galten die kybernetischen Forschungsansätze mit ihrem Versprechen einer Verwissenschaftlichung und Quantifizierung insgesamt als großer Fortschritt. Besonders in der Psychologie trug die Kybernetik zu einer

59 Hans Henning: Der Blockschaltplan in der Regelungstechnik. In: Regelungstechnik 7 (1957), H. 2, S. 60–65, hier S. 60.
60 Mittelstaedt: Regelung in der Biologie, S. 181.
61 Mittelstaedt: Regelung in der Biologie, S. 181.
62 Friedhart Klix: Bemerkungen über die Thesen zum Lehrbuch für den Psychologieunterricht an Instituten für Lehrerbildung. In: Pädagogik 10 (1956), H. 11, S. 862–868, hier S. 865; Friedhart Klix: Die Auffassung Pawlows und Bykows von den Beziehungen des Organismus zur Umwelt und Fragen der neueren Wahrnehmungspsychologie. In: Zeitschrift für Psychologie 158 (1955), H. 1/2, S. 1–39.
63 Friedhart Klix: Stabilität und Wandlungen in geistigen Dispositionen des Menschen. In: Globaler Wandel III, Leibniz-Tag 1994. Berlin 1995, S. 5–40, hier S. 33.
64 R. Starkermann: Betrachtungen zur möglichen Komplexität neurologischer Netzwerke. In: Regelungstechnik 15 (1967), H. 8, S. 349–354, hier S. 349, 354.

Lösung von einer traditionellen, weniger mathematisierbaren und quantifizierbaren Gestaltpsychologie bei.[65] Den Kontrast zur Gestaltpsychologie führte Klix auf einem Kolloquium anlässlich des 90. Geburtstag des DDR-Kybernetik-Philosophen Georg Klaus näher aus:

> Die Gestaltpsychologie, in deren Denkgleisen ich erzogen wurde, fußte in ihrem Hintergrund zwar auch auf dem Entropiesatz von Clausewitz und Boltzmann, aber doch auf einem stationären Boden [sic. Gemeint ist hier Rudolf Clausius, K.L.][66]. Die völlig andere Sicht von Wiener, Weaver, Shannon u. a. betrachtete die Entropie in Verbindung mit dem Verteilungsgesetz über Wahrscheinlichkeiten [...]. Von diesem Ausgangspunkt aus eröffnete sich in Verbindung mit nachrichtentechnischen Erörterungen die von Wiener vorbereitete Einsicht, dass auch die Reiz-Erregungsübertragung im Nervensystem innerhalb und zwischen Organismen ihrem Wesen nach Informationsübertragung ist.[67]

In seinen informationstheoretischen Überlegungen grenzte sich Klix darüber hinaus vom Neobehaviorismus ab,[68] für ihn eine unbefriedigende Erweiterung des Behaviorismus, die dessen Fehlorientierung bei der methodischen Durchdringung und Erklärung psychischer Phänomene und Gesetzte nicht zu überwinden vermochte.[69]

In doppelter Demarkation zum Neobehaviorismus und zur Gestalttheorie versprach sich Klix von seiner Verhaltensforschung auf der Grundlage kybernetischer Terminologien und Modelle, also naturwissenschaftlicher Werkzeuge,[70] die Möglichkeit, hinter die „mystischen", vormals als rein qualitativ beschriebenen

---

65 Vgl. Klix: Friedhart Klix, S. 168–192; Friedhart Klix: Der Gestaltbegriff und Aspekte der kognitiven Strukturbildung in der Wahrnehmung. In: Gestalttheorie in der Modernen Psychologie. Hg. von Suitbert Ertel, Lilly Kemmler und Michael Stadler. Frankfurt a. M. 1975, S. 187–199. Zur Gestaltpsychologie siehe Sommerfeld: Aufklärung; Lothar Sprung: Merkmale und Phasen der Wissenschaftsentwicklung im 19. und 20. Jahrhundert. Dargestellt am Beispiel der Geschichte der Psychologie. In: Psychologie im Kontext der Naturwissenschaften. Abhandlungen der Leibniz-Sozietät. Bd. 12. Hg. von Bodo Krause und Werner Krause. Berlin 2004, S. 59–73; Mitchell Ash: Gestalt Psychology in German Culture 1890–1967. Holism and the Quest for Objectivity. Cambridge/New York 1995.

66 Für diesen Hinweis danke ich Hans-Christian von Herrmann.

67 Friedhart Klix: Über kybernetische Aspekte in der Psychologie: Vergangenheit, Gegenwart und Zukunft. In: Kybernetik und Interdisziplinarität in den Wissenschaften. Abhandlungen der Leibniz-Sozietät. Bd. 11. Hg. von Klaus Fuchs-Kittowski und Siegfried Piotrowski. Berlin 2004, S. 117–134, hier S. 118.

68 Gemeint sind hier wohl B. F. Skinner und Edward Tolman.

69 Klix: Information und Verhalten, S. 24 f.; dazu Stefan Busse: „Von der Sowjetwissenschaft lernen". Pawlow. Der Stein des Anstoßes. In: Psychologie und Geschichte 8 (2000), S. 200–229, hier S. 206 f.

70 Klix: Neue Ergebnisse, S. 15; Friedhart Klix: Die Natur des Verstandes. Göttingen 1992, S. 20.

geistigen Prozesse, wie Urteilen oder Begriffsbildung, zu blicken. Am Ende, so jedenfalls seine Annahme, steckten dahinter womöglich doch nur „einfach und klar ausdrückbare Grundgesetze".[71]

Lernen als Objekt und Grenze einer Quantifizierung

Mit seiner Forschung zielte Klix aber nicht nur auf das Verständnis einzelner Prozesse des menschlichen Denkens, sondern grundsätzlich auf die Funktionsgesetze, Wirkungsweise und Leistungsfähigkeit der menschlichen Erkenntnistätigkeit. Diese könne eine höhere Stufe erreichen, wenn der Mensch mit sich „selbst experimentieren, sich selbst verändern und dadurch erkennen kann".[72] In diesem anthropotechnischen Kreisprozess, in dem der Mensch gleichzeitig Subjekt und Objekt des Zugriffes ist, könnte eine „vieltausendfach[e]" Verstärkung seiner „natürlichen Intelligenz" erreicht werden.[73] Der Mensch könnte vom Subjekt zum Projekt werden.

Die höheren Formen des Erkenntnisgewinns sind nach Klix „durch Lernen ausgebildete[] Gedächtnisstrukturen",[74] wobei er als „Lernen" „jede umgebungsbezogene Verhaltensveränderung" bezeichnet, die als Folge einer individuellen (systemeigenen) Informationsverarbeitung eintritt.[75] Nach Klix zeichnet sich Lernen durch drei Eigenschaften aus: 1) die Abgrenzung von phylogenetischen Verarbeitungsleistungen, die artspezifisch sein sollen, 2) den Umgebungsbezug und 3) die durch die Informationsverarbeitung einsetzende Verhaltensänderung.[76] Besonders der letzte Punkt zielt darauf, Lernen als einen Prozess zu definieren, der nicht einfach auf Wissensakkumulation hinausläuft, sondern sich

---

71 Klix: Die Natur des Verstandes, S. 20.

72 Klix: Stabilität und Wandlungen, S. 32 f. Das bezog Klix auf die Arbeitsproduktivität. Vgl. Friedhart Klix: Vorwort. In: Psychologie in der sozialistischen Industrie. Hg. von dems. et al. Berlin 1971, S. 9–11.

73 Klix: Stabilität und Wandlungen, 32-33.

74 Klix: Information und Verhalten, S. 21.

75 Klix: Information und Verhalten, S. 347. Lernen ist eine längerfristige Veränderung der Wissensstruktur eines Systems und ein „Informationsgewinn", vgl. Friedhart Klix: Lernen und Denken. In: Joachim Hoffmann und Walter Kintsch (Hg.): Lernen. Göttingen 1996, S. 529–582; Friedhart Klix: Ein Schlußwort zu Psychologie 2000. In: Zeitschrift für Psychologie 209 (2001), S. 102 f., hier S. 103. Allgemein: Georg Toepfer: Lernen. In: Historisches Wörterbuch der Biologie. Geschichte und Theorie der biologischen Grundbegriffe. Bd. 2. Stuttgart 2011, S. 507–519.

76 Vgl. Bodo Krause: Bedingungen und Formen kognitiven Lernens. LIFIS-Online, 2012. Online unter: www.leibniz-institut.de/archiv/krause_b_15_03_12.pdf (abgerufen am 24.2.2021).

durch Ausbildung oder Korrektur von individuellem Gedächtnisbesitz vollzieht.[77] Lernen ist immer auch Umlernen und Vergessen. In seinem Vortrag *Gesetz und Experiment in der Psychologie* von 1961 geht Klix auf die Lernen und Verhalten zusammenbindende und kognitive Stimulation evozierende grundlegende Wechselwirkung von Mensch und Umwelt ein.[78] Speziell beim Lernen zeigen sich ihm zufolge Prozesse mit Entropieabbau[79] – verstanden als Abbau von Unordnung und Unsicherheit –, da hier Sprach- und Denkentwicklungen, Ausbildungen schöpferischer Tätigkeit, Werthaltungen, Weltanschauungen und Überzeugungen vonstattengehen.[80]

Seit Pawlows Experimenten zur Konditionierung (Reiz-Reaktions-Schema) und Skinners Rattenbox (operante Konditionierung) galt es in der Psychologie als ausgemacht, dass Lernen sich als wiederholte Kopplung von Reizen verstehen und spontanes Verhalten sich durch Konsequenzen zielgerichtet verändern lasse und insofern Formen rein assoziativen Lernens durch künstliche neuronale Netze (Perzeptron) nachgebildet werden können. Verhaltensleistungen, die durch Perzeptronen generiert werden, wurden so auf der Grundlage assoziativer Prozesse erklärbar. Bei all seiner Fokussierung auf kybernetische Quantifizierungen und Modellierungen bemerkt Klix, dass dieses Modell nicht geeignet ist, menschliches Lernen zutreffend und umfassend zu erklären. Denn menschliches Lernverhalten, das zeigen die *Türme von Hanoi*, ist mehr als nur rein assoziatives Lernen, welches, wie die behavioristische Forschung herausgestellt hatte, Verbindungen zwischen unterschiedlichen Ereignissen herstellt[81]. Es zeichnet sich im Wesentlichen durch Flexibilität und die Fähigkeit aus, komplexere Entscheidungen mit Sackgassen und Umwegen auszubilden. Lernen, so stellt sich beim *Türme von Hanoi*-Experiment für Klix heraus, ist nicht nur bloße Konditionierung und kann von technischen Systemen weder ohne Weiteres übernommen noch nachgebildet werden. Klix stützt diese Annahme auf seine Forschungen zur Evolutionspsychologie.[82] In der Menschheitsgeschichte sei Lernen grundlegend für das Überleben

77 Klix: Information und Verhalten, S. 348.

78 Friedhart Klix: Gesetz und Experiment in der Psychologie (1962). In: Probleme und Ergebnisse der Psychologie III/IV (1963), S. 1–36.

79 Klix: Gesetz und Experiment, S. 1–36. Psychische Strukturen gliedert Klix in drei Prozesse: (1) Prozesse mit Entropieaufbau; (2) Prozesse mit konstanter Entropie; (3) Prozesse mit Entropieabbau.

80 Klix: Gesetz und Experiment, S. 1–36.

81 Werner Stangl: „Assoziatives Lernen". Online Lexikon für Psychologie und Pädagogik. Online unter: www.lexikon.stangl.eu/3100/assoziatives-lernen (abgerufen am 31.1.2021).

82 Vgl. Friedhart Klix und Karl Lanius: Wege und Irrwege der Menschenartigen. Festvortrag zum Leibniz-Tag 1999. In: Sitzungsberichte der Leibniz-Sozietät 33 (1999), S. 5–32, hier S. 14-15; Wilfried Gundlach: Kognition und Kommunikation. Zum Gedenken an Friedhart Klix. In: Sitzungsberichte der Leibniz-Sozietät 135 (2018), S. 53–59.

in ständig wechselnden Biotopen gewesen, die immer wieder neue Ein- und Umstellungen, Erinnern und Vergessen erforderlich gemacht hätten. Diese Formen des Lernens und Einstellens auf veränderte Umgebungen seien „folgenreiche Stimuli für kognitive Leistungen" gewesen.[83] Assoziatives Lernen (beispielsweise zum Routenlernen und Wegmarken lesen) habe nicht ausgereicht, um nach dem Zielerreichen wieder zurück zur Lagerstätte zu kommen. „Die Umkehrung bzw. Inversion einer erlernten *Folge* (nicht nur einer Paarassoziation, deren schwache Rückwärtskraft aber wohl die Vorbedingung ist), wird zu einer bedeutungsvollen kognitiven Leistung."[84] Vielleicht liegt, so mutmaßt Klix, in dieser Art des Lernens sogar ein „Quellpunkt menschlicher Intelligenz" und damit im gewissen Sinne eine Art anthropologisches Distinktionsmerkmal.[85] In diesem besonderen, kognitiven Lernen als Erkenntnisprozess gehe der Mensch über Tier und Maschine hinaus.[86]

Mit dieser evolutionspsychologischen Analyse erweitert Klix nicht nur das klassische behavioristische Reiz-Reaktions-Modell des Lernens, sondern auch das kybernetische Modell des Feedbacks. War es in der klassischen Position von Wiener, Rosenblueth und Bigelow[87] für ein kybernetisches Feedback gleichgültig, ob das System, welches sich durch Rückkopplung selbst reguliert, ein menschliches oder technisches war, so wurden für ein evolutionspsychologisches Verständnis vom kognitiven Lernen gerade die Erfahrung und der menschliche Faktor grundlegend.[88] Klix definiert kognitives Lernen daher dezidiert als eine „rückkopplungsfreie Veränderung" der Wissensorganisation, die durch interne Informationsverarbeitung entsteht.[89] Das Ergebnis eines kognitiven Lernprozesses ist eine verallgemeinerte Wissensstruktur mit Elementen, die nicht einfach nur durch Verhaltensrückmeldungen bestätigt werden, jedoch umso mehr für zukünftiges Verhalten von Bedeutung sind.[90] Wie oben

---

83 Klix und Lanius: Wege und Irrwege, S. 16.

84 Klix und Lanius: Wege und Irrwege, S. 16 [Kursiv im Orig.]. Diese Rückwendung war u. a. das Erfolgskonzept bei den *Türmen von Hanoi*.

85 Klix und Lanius: Wege und Irrwege, S. 16.

86 Klix: Stabilität und Wandlungen, S. 5.

87 Norbert Wiener, Arturo Rosenblueth und Julian Bigelow: Behavior, purpose and teleology. In: Philosophy of Science 10 (1943), S. 18–24, hier S. 19–20. Stimulus und Response der behavioristischen Psychologie wurden hier durch Input und Output der Regelungstechnik ersetzt, dadurch nahm die Rückkopplung („Feedback") ein zentrales Moment in der Untersuchung ein.

88 Durch Modelle neuronaler Netze sollte „Lernen" als Selbstregulation und mit logischen Verknüpfungen nachgebildet werden. Vgl. Bodo Krause: Bedingungen.

89 Klix et al.: Psychological problems concerning the lay-out of human-computer interaction. A challenge to research in cognitive psychology. In: Man-computer Interaction Research MACINTER-II. Hg. von Klix et al. North-Holland 1989, S. 3–29, hier S. 26.

90 Vgl. Bodo Krause: Cognitive Learning. An experiment-based approach. In: Psychometric Methodology. Proceedings of the 7th European Meeting of the Psychometric Society in Trier. Hg. von Rolf Steyer et al. Stuttgart/New York 1993, S. 231–236, hier S. 231.

erwähnt, lautet Klix' zentrale Annahme, dass Information nicht abstrakt und objektiv existiert, sondern immer an einen Träger gebunden sein muss, der eine Bedeutungszuordnung herstellt. Erst durch diesen Träger (hier der Mensch) entsteht der Informationscharakter. Die an den Menschen gebundene bedeutungsvolle Information besitzt allerdings die innovative wie problematische Eigenschaft, mehrdeutig aufzutreten.[91] Klix differenzierte daher zwischen einem theoretischen und einem psychologischen Informationsbegriff. Für menschliches Entscheidungsverhalten und für kognitives Lernen sei eine Begrenzung auf eine zweiwertige Aussagenlogik zu restriktiv, da potenzielle Lernergebnisse nicht nur „wahr" oder „falsch", sondern auch „möglich" sein können.[92]

Mit dieser Erweiterung des Lernbegriffes um das psychologische Element der Erfahrung verändert sich notwendigerweise der Begriff des Wissens. Menschliches Wissen ist nicht mehr nur kognitive Informationsspeicherung, sondern wurzelt grundlegend in persönlicher Erfahrung, in Schlussfolgerungen und dem Erkennen von Beziehungen oder Widersprüchen zwischen Erinnerungen.[93] Das kognitive Lernen gründet sich demzufolge auf dem Erkennen und Nutzen von induktiven Lernschritten, rekursiven und seriellen Verbindungen, dem Gebrauch von Abstraktion sowie auf Fehlern und Widersprüchen. Das Irrationale, das Scheitern und die Sackgassen sind keine Hindernisse des menschlichen Lernens, sondern erst dessen Bedingungen. Zwar ist der Mensch nicht das „ganz Andere" der Maschinen, wie die Erziehungswissenschaftlerin Meyer-Drawe treffend herausstellt, aber er weicht von technischen Systemen insofern ab, als er „vom Unbestimmten profitieren und aus Schaden klug" werden kann.[94] Das Lernen als Forschungsgegenstand ist auch deswegen seit dem zwanzigsten Jahrhundert so wesentlich, weil sich an ihm zum einen der kybernetische Grundgedanke der Verhaltensänderung nach Erfolgs- oder Misserfolgsrückmeldung erkennen lässt,[95] und sich zum anderen gerade die epistemischen und anthropologischen Kämpfe zwischen Mensch- und Maschinevorstellungen sowie zwischen qualitativen und quantitativen Herangehensweisen auf einzigartige Weise diskutieren lassen.

---

91 Vgl. Jürgen Bredenkamp: Die Unterscheidung verschiedener Begriffsarten unter besonderer Berücksichtigung einer dreiwertigen Logik. In: Sprache & Kognition 3 (1986), S. 155–162.

92 Vgl. Krause: Bedingungen; Dietrich Dörner: Die Logik des Misslingens. Reinbek 1989; Klix: Vorwort. In: Psychologie in der sozialistischen Industrie, S. 9–11.

93 Friedhart Klix: Concepts, interference and cognitive learning: Towards a computer model of human active memory. In: Man-Computer Interaction Research MACINTER-II, S. 321–336, hier S. 321.

94 Käte Meyer-Drawe: Diskurse des Lernens. München 2008, S. 15.

95 Für diesen Hinweis danke ich Georg Toepfer.

Das Ende der Welt

Édouard Lucas veröffentlichte 1883 sein mathematisches Geduldspiel *Die Türme von Hanoi* eingebunden in eine fantastische Geschichte, die der Aufgabenstellung wohl einen gewissen mythischen Reiz verleihen sollte. Der Mandarin der Li-Sou-Stian Universität, N. Claus de Siam[96], erzählt, dass in der heiligen Stadt Benares in Indien in einem Tempel, der die Mitte der Welt anzeigt, eine Messingplatte liegt, auf der drei, jeweils eine Elle messende Diamantsäulen befestigt sind. Bei der Erschaffung der Welt hat der Gott Brahma auf eine der Nadeln 64 Scheiben aus purem Gold gesteckt. Die Scheiben werden von oben nach unten kleiner. Tag und Nacht sind die Priester damit beschäftigt, die Scheiben von der ersten Diamantsäule auf die dritte zu versetzen, ohne dabei von den festen und unveränderlichen (Spiel-)Regeln abzuweichen, die Brahma ihnen auferlegt hat. Wenn der ganze Turm versetzt wurde, ist das Werk vollbracht: Die Hindupriester und der Tempel zerfallen zu Staub. Das Ende der Welt ist gekommen.[97]

Diese Geschichte spiegelt nicht nur die Dramatik, sondern auch die Schwere des Denkspiels wider. Denn die zu berechnende Frage lautet: Wann wird das Ende gekommen sein? Angenommen die Priester sind sehr clever, dann bräuchten sie dennoch 2^{64}-1 Züge, um den Turm regelkonform zu versetzen. Selbst bei der Verlegung nur einer Sekunde pro Scheibe würde es immer noch 562 Milliarden Jahre dauern, bis die Welt untergeht. Die Frage, ob eine künstliche Intelligenz (weil intelligenter und stärker als die Priester) schneller zum Ende der Welt käme, stellte die vormals rein spielerische Denkaufgabe Anfang der 1960er Jahre vor ganz konkrete epistemische, ethische sowie anthropologische Herausforderungen.

Wie im vorliegenden Aufsatz dargestellt, kam durch die Informationsverarbeitung ein neues Erklärungsnarrativ für Denken und Verhalten auf[98], welches neben dem Vorteil einer „eindeutigen Definiertheit des Problem-Verhaltensgraphen“[99] die Wandlung der Kognitionsforschung im Hinblick auf Zielsetzungen und Methodologie in Gang setzte. Der Forschung ging es nicht mehr um eine mathematische Metabeschreibung unterschiedlicher kognitiver Prozesse, die sich in Übergangs- und

96 N. Claus de Siam ist ein Anagramm von Édouard Lucas.

97 Vgl. Lucas: Récréations mathématiques, S. 57 f. Vgl. zum Mythos und zur Wirkung dieses Denkspiels Andreas M. Hinz et al. (Hg.): The Tower of Hanoi. Myths and Maths. Basel 2013.

98 Claus Möbus: Zur Modellierung kognitiver Prozesse mit daten- bzw. zielorientierten Regelsystemen. In: Wissenspsychologie. Hg. von Heinz Mandl und Hans Spada. München/Weinheim 1988, S. 423–465, hier S. 430.

99 Möbus: Zur Modellierung, S. 430. Der Problem-Verhaltensgraph bezeichnet die Darstellung der unterschiedlichen Problemlöseschritte in der Beziehung zum Problem und zum darauf reagierenden Verhalten. Die Forschung zur Analyse von Denk- und Lernprozessen zog hierfür häufig das *Türme von Hanoi*-Experiment heran.

Zustandswahrscheinlichkeiten (unter anderem bei Markov-Ketten) niederschlugen,[100] sondern darum, die informationsverarbeitenden Prozesse für eine genauere Erkenntnis zu modellieren.[101] Als überaus bedeutsam zeigten sich diese neuen informationsverarbeitenden Modelle, wie gezeigt, bei der Forschungsthematik des Lernens. Im Lernen nämlich verbinden und trennen sich zugleich Verhalten und Information sowie künstliche und menschliche Intelligenz. Dadurch werden die Möglichkeiten und Grenzen technischer Modelle sichtbar. So ist der Mensch beispielsweise in der Lage, Lösungen auch unter den Bedingungen begrenzter Ressourcen (Speicherkapazität, Verarbeitungsgeschwindigkeit) zu generieren. Er kann sich an die verändernde Umwelt (unter anderem durch Nutzung der Sprache) anpassen.[102] Er kann ebenso vergessen wie neu- und umlernen. Und er hat menschliche Motive und Emotionen, die, wie die *Türme von Hanoi* zeigen, wichtig als „Katalysatoren des Handelns" sind.[103]

Die künstliche Intelligenz dagegen lernt und verhält sich anders der Mensch. Sie generiert ihren Lernerfolge aus Trainingsmengen und Korrekturläufen. Gewiss, im erweiterten Sinne der Begriffe „lernen" und „verhalten" sich auch technische Systeme. Sie nehmen Information auf, speichern und verarbeiten diese, aber als Modelle für menschliches Lernen und Verhalten erweisen sie sich nicht als vollkommenen angemessen. Sie sind auf Leistung und das Durchsuchen großer Datenmengen, nicht jedoch auf Innovation oder das Ersinnen kreativer Methoden zur Zielerreichung aus. Diesen Aspekt stellt Klix in seinen Forschungen deutlich heraus, gerade weil er durch seine evolutionspsychologischen Studien die Kybernetik anthropologisch denkt. Klix nimmt dabei das lerntheoretische Problem zwischen Information und Verhalten sowie zwischen Quantität und Qualität ernst und arbeitet sich unter Einbezug anthropologischer Fragestellungen daran ab. Kognitives Lernen ist bei Klix daher zwar kybernetisch, informationstheoretisch deutbar, geht aber durch die menschliche Erfahrung immer auch über kybernetische Modelle hinaus. Lernen ist zwar Resultat interner Informationsverarbeitungsprozesse, aber gerade mit Bezug auf die Ausbildung oder Korrektur von individuellem Gedächtnisbesitz erfolgt es rückmeldungsfrei und begründet damit einen Verhaltensvorteil.

---

100 Die Markov-Kette ist ein stochastischer Prozess, bei dem nur der direkt vorherige Impuls Einfluss auf den Prozess genommen hat, alle davorliegenden Impulse nicht.

101 Möbus: Zur Modellierung, S. 424 f.

102 Vgl. Krause: Bedingungen. Zur Verbindung von Verhalten, Umwelt und Anthropologie siehe Julia Gruevska: „Mit und in seiner Umwelt geboren". Frederik Buytendijks experimentelle Konzeptualisierung einer Tier-Umwelt-Einheit. In: N.T.M. 27 (2019), S. 343–375; Julia Gruevska: Von der Tierphysiologie zur Psychologie des Menschen. Ein Einblick in Werk und Wirken Frederik Buytendijks. In: Internationales Jahrbuch für philosophische Anthropologie 2019, S. 87–108.

103 Klix: Stabilität und Wandlungen, S. 26; Dietrich Dörner et al.: Lohhausen: Vom Umgang mit Unbestimmtheit und Komplexität. Bern 1983.

In der Problemlösungsfähigkeit zeigt sich beispielweise die Effizienz der menschlichen Komplexitätsreduktion.[104] Durch das Prinzip der kognitiven Ökonomie wird im Verarbeiten und Speichern von Information eine Möglichkeit zur Strukturierung und Einfachheit geschaffen.[105] Die wirkungsvollste Lösung sei demnach, so Klix' evolutionspsychologische Begründung, immer die einfachste.[106] Diese Fähigkeit zur Komplexitätsreduktion in der menschlichen Informationsverarbeitung ist ein Charakteristikum intelligenten Verhaltens und stellt ein wesentliches Merkmal von Kompetenz dar.[107] Problemlösungen sind damit „Transformation eines gegebenen Anfangszustandes in einen Zielzustand, wobei der Problemlöser auf Operatoren, das sind bewährte Strategien oder Teile von Strategien, zurückgreifen kann."[108]

In Klix' Argumentation wird eine einflussreiche Richtung naturwissenschaftlichen Forschens sichtbar, die bis heute dominant ist: eine positivistische Methodik, die nicht gänzlich auf ein hervorgehobenes (menschliches) Subjekt verzichtet. Obwohl der Mensch bei Klix „keine absolute Sonderstellung"[109] mehr einnimmt, insofern der menschliche Verstand als Ergebnis evolutionärer Prozesse aufgefasst wird, zeichnen ihn doch die „spezifisch menschlichen Errungenschaften in den Selektionen der Evolution" aus, die Klix eben nicht, wie die Philosophin Felicitas Englisch herausarbeitet, „im Reduktionismus eines allgemeinen Selektions- bzw. Evolutionsprinzips untergehen" lassen will.[110] So ging Klix zwar davon aus, dass sich kognitive Fähigkeiten quantifizieren und mathematisch erklären ließen und Computersimulation für die Nachbildung von Lernprozessen durchaus hilfreich seien. Aber er war ebenso überzeugt davon, dass es „qualitative Spezifika in menschlichen Phänomenen der Intelligenz" gibt, die „völlig singulär" sind.[111] Nur weil eine künstliche Intelligenz die *Türme von Hanoi* schneller lösen kann als der Mensch, bedeutet das also nicht gleich das Ende der Welt.

104 Werner Krause: Die Entstehung von Strategien und ihr Einfluß auf einen einfachen Problöseprozeß. In: Kybernetische Analysen geistiger Prozesse, S. 137–158. Dazu auch Dietrich Dörner: Problemlösen als Informationsverarbeitung. Stuttgart 1976.

105 Vgl. Klix: Erwachendes Denken, S. 385.

106 Klix: Erwachendes Denken, S. 275.

107 Vgl. Sommerfeld: Aufklärung.

108 Burkhard Vollmers: Einladung zur Psychologie. Göttingen 1997, S. 83.

109 Klix: Natur, S. 14.

110 Vgl. Felicitas Englisch: Zur natürlichen Genese von (Selbst-)Bewußtsein und Erkennen. Baruch de Spinoza und Friedhart Klix als Beispiele eines nicht-transzendentalen und nichtreduktionistischen Theorietypus philosophischer Psychologie. In: Spinoza und die moderne Wissenschaft. Hg. von Klaus Hammacher. Würzburg 1998, S. 155–199, hier S. 157.

111 Klix: Vorwort. In: Human and Artificial Intelligence, S. X.

Abbildungsverzeichnis

Abb. 1 On interrelationships between natural and artificial intelligence research. Aus: Friedhart Klix: Human and Artificial Intelligence. Hg. von dems. Berlin 1978, S. 1–10, hier S. 3.

Abb. 2 La tour d' Hanoï. Aus: Édouard Lucas: Récréations mathématiques, tome 3. Paris 1893, S. 56.

Abb. 3 und 4 Die sensomotorische Koordination bei der Folgebewegung als Kreisprozess. Aus: Friedhart Klix: Neue Ergebnisse und Entwicklungstendenzen in der kybernetisch-psychologischen Erforschung kognitiver Prozesse. In: Kybernetische Analysen geistiger Prozesse. Hg. von dems. Berlin 1968, S. 9–74, hier S. 33–34.

Sebastian Vehlken

Systemverhalten. *Urban Dynamics* zwischen Kybernetik und Komplexitätswissenschaft

Verhalten ist, ganz gleich, ob es von biologischen, sozialen oder technischen Systemen ausgeht, in mindestens dreifacher Weise durch mediale Operationen gekennzeichnet: An einem Wissen von diesem Verhalten arbeiten technische Medien mit, indem sie erstens zwischen Vergangenheit, Gegenwart und Zukunft, zweitens zwischen einem Innen und einem Außen und drittens zwischen Zielgerichtetheit und (unvorhersehbaren) Störeinflüssen vermitteln. Seitdem frühe kybernetische Ansätze universale informationstheoretische Beschreibungen von *communication and control* formulierten, wird Verhalten jedoch nicht nur mittels eines neuen, technischen Vokabulars beschreibbar. Verhalten entwickelt sich vielmehr zu einer Problemkategorie, welche die technische Einrichtung und Einstellung zunehmend komplexer Informationsmaschinen betrifft. Derartige computertechnische Systeme wurden und werden in historisch unterschiedlicher Weise eingesetzt, um Aufschlüsse über *andere* komplexe Systeme – etwa soziale Systeme – und ihre Verhaltensweisen zu erlangen.[1]

Die neue Sichtweise kybernetischer Ansätze bestand darin, Komplexität als eine Eigenschaft eigenen Rechts zu behandeln. Systeme und ihre (Dys-)Funktionalitäten wurden in Form (analoger oder digitaler) Modelle von realen Situationen abstrahiert und *als* Modelle explorierbar. Dadurch ließen sie sich interdisziplinär auf andere Gegenstandsbereiche übertragen und wurden zum Ausgangspunkt für die Formulierung genereller Theorien.[2] Eine computertechnische Erforschung vom

1 Der Begriff des *Systems* hat eine lange Geschichte und wird in verschiedenen Kontexten und wissenschaftlichen Disziplinen auf höchst unterschiedliche Weise verwendet. Ganz allgemein formuliert ist ein System eine Menge von Einheiten (real oder konzeptionell, materiell oder nicht-materiell), die miteinander interagieren und ein identifizierbares Ganzes bilden. Ein offenes System hat eine bestimmte Umgebung, mit der es interagiert; in Abwesenheit einer Umgebung (oder jeglicher Interaktion mit ihr) wird das System als geschlossen bezeichnet. Steve J. Heims: Gregory Bateson and the mathematicians. From interdisciplinary interaction to societal function. In: Journal of the History of the Behavioral Sciences 13 (1977), S. 141–159. Zum Systembegriff vgl. z. B. Geo Siegwart: System. In: Enzyklopädie Philosophie und Wissenschaftstheorie, Bd. 4. Hg. von Jürgen Mittelstraß. Stuttgart 1996, S. 183–185; Karl Steinbacher et al.: System/Systemtheorie. In: Enzyklopädie Philosophie, Bd. 2. Hg. von Hans-Jörg Sandkühler. Hamburg 1999, S. 1579–1588.

2 Brian McLoughlin und Judith N. Webster: Cybernetic and general-system approaches to urban and regional research. A review of the literature. In: Environment and Planning 2 (1970), S. 369–408.

https://doi.org/10.1515/9783110740813-017

Systemverhalten bedeutet dabei zugleich, auch die Übertragungs-, Verarbeitungs- und Speicheroperationen digitaler Technologien selbst als Teil einer „Verhaltenswissenschaft von Systemen“ zu begreifen.[3] Denn um Systemverhalten möglichst realitätsnah in Computersimulationen zu (re-)produzieren, wird oftmals eben nicht Systemkonformität verlangt, sondern ein Fächer aus Praktiken des Tweakens (d. h. des sukzessiven Verbesserns etwa der Lauffähigkeit eines Programms mittels kleiner Eingriffe in den Code) und des Modulierens der Modelle. Das generierte Wissen um das Verhalten simulierter Systeme ist intrinsisch mit dem Verhalten der Simulationssysteme verquickt.

Diese verschiedenen, miteinander verbundenen Ebenen einer computertechnisch orientierten Beschreibung von Systemverhalten sollen im Folgenden aus einer medien(technik)historischen und wissenschaftsgeschichtlichen Perspektive am Beispiel computergestützter Urbanistik und Stadtplanung näher betrachtet werden. Ausgehend von Arturo Rosenblueths, Norbert Wieners und Julian Bigelows epochemachendem Text *Behavior, purpose and teleology*[4] wird in einem ersten Schritt das behavioristische Erbe der frühen Kybernetik und dessen Transformation hin zu einer allgemeinen probabilistischen Steuerungswissenschaft thematisiert, deren homöostatische Grundprinzipien um 1970 mitunter in eine regelrechte soziotechnische „Planungseuphorie“[5] umschlugen. Auch Städte wurden demzufolge als eine Form von Informationsmaschine verstanden, deren Architekturen, Infrastrukturen und soziale Funktionen in digitale Modelle übertragbar werden sollten. Modelle, die ein Experimentieren mit verschiedenen Szenarien und die Optimierung unerwünschter Entwicklungsparameter in Aussicht stellten – etwa in Bezug auf die geografische oder demografische Segregation der Bevölkerung, eindimensionale ökonomische Entwicklungsprogramme oder eine mangelhafte Bereitstellung und Verteilung öffentlicher Infrastrukturen und Institutionen.

---

3 Bernd Mahr: Modellieren. Beobachtungen und Gedanken zur Geschichte des Modellbegriffs. In: Bild – Schrift – Zahl. Hg. von Horst Bredekamp und Sybille Krämer. München 2003, S. 59–86.

4 Arturo Rosenblueth, Norbert Wiener und Julian Bigelow: Behavior, purpose and teleology. In: Philosophy of Science 10 (1943), S. 18–24.

5 Elke Seefried: Zukünfte. Aufstieg und Krise der Zukunftsforschung 1945–1980. Berlin/Boston 2015. Homöostase bedeutete dabei die Herstellung eines dynamischen Gleichgewichtszustands im Verhalten eines Systems durch geeignete Feedback-Effekte (ein gern genommenes Beispiel ist der Heizungsthermostat). Auch bei externen Veränderungen sollten sich die betrachteten Systeme intern auf neue „lebensfähige“ Zustände hin einpegeln. Vgl. z. B. Bernhard Dotzler: Äqulilibristik und Informationsverhalten. Über W. Ross Ashbys Homöostaten. In: Balance. Figuren des Äquilibriums in den Kulturwissenschaften. Berlin 2019, S. 181–192.

Am Beispiel von Ira S. Lowrys *A Model of Metropolis*[6] und Jay W. Forresters *Urban Dynamics*[7] werden im Folgenden einerseits konkrete Umsetzungsversuche für ein durch Feedback-Prozesse geprägtes Verständnis des Systemverhaltens von Städten untersucht. Andererseits thematisiert der Beitrag jene operativen Grenzen kybernetischer Technologien, die bereits zu Beginn der 1970er Jahre deutlich sichtbar wurden und zum Beispiel im Vokabular der soziologischen Systemtheorie ihre diskursive Behandlung fanden.

Daran schließt sich in einem zweiten Schritt jene um 1980 einsetzende Konjunktur der *Complexity Science* an, deren interdisziplinäre Forschungen sich verallgemeinerbaren Prinzipien im Verhalten turbulenter Systeme zuwandten.[8] In den Fokus rückte ein Interesse für die generative Kraft von Extremwerten, Kipppunkten und Bifurkationen[9] sowie für Prinzipien der Selbstorganisation im Verhalten komplexer Systeme. Der oft interventionistische Impetus eines homöostatischen, kybernetischen Einpegelungsdenkens zur Verhinderung von Systemkrisen wurde abgelöst von der Suche nach Möglichkeiten, Systeme schlicht mit hinreichenden responsiven Potenzialen auszustatten, die imstande waren, extreme Verhaltensweisen abzufedern.[10]

Auch hier führt der Beitrag zwei Beispiele des wiederum veränderten Problembewusstseins in Bezug auf das Systemverhalten von Städten ins Feld: Zum einen das seit 1995 entwickelte agentenbasierte Stadtsimulationsmodell TRANSIMS[11] und zum anderen Ansätze, die sich in der Folge von Paul Krugmans *A*

6 Ira S. Lowry: A Model of Metropolis. Rand Research Memorandum RM-4035-RC (August 1964).

7 Jay W. Forrester: Urban Dynamics. Cambridge, Mass. 1969.

8 Dabei interessierten hier einerseits Beobachtungen, dass aus wenigen dynamischen Interaktionsregeln außerordentlich intrikate Verhaltensweisen eines Systems folgen konnten. Andererseits ging es um die Erforschung eben jener Balancepunkte – dem „edge of chaos" –, die dynamische Vorgänge in Systemen in einem Schwellenbereich hielten, der ein Umkippen in komplette Unordnung verhinderte. Komplexität wurde quasi als Bewältigungsstrategie gegenüber chaotischen Effekten aufgefasst. Vgl. M. Mitchell Waldrop: Complexity. The Emerging Science at the Edge of Order and Chaos. New York 1992, S. 11.

9 Ilya Prigogine, Isabelle Stengers und Alvin Toffler: Order out of Chaos. Man's New Dialogue with Nature. New York 1984.

10 Vgl. John H. Holland: Adaptation in Natural and Artificial Systems. Cambridge 1975; Karl E. Weick und Kathleen M. Sutcliffe: Managing the Unexpected. Assuring High Performance in an Age of Complexity. San Francisco 2001.

11 Kai Nagel, Steen Rasmussen und Chris L. Barrett: Network traffic as a self-organized critical phenomenon. In: Los Alamos National Laboratory TSA-DO/SA MS-M997 and CNLS MS-B258, 22. Feb. 1996. Online unter: www.researchgate.net/publication/23740364_Network_Traffic_as_a_Self-Organized_Critical_Phenomena (abgerufen am 30.7.2021).

slime mold model of city formation[12] an den biomorphen Strukturbildungsprozessen von Schleimpilzen orientierten. Die Beschreibung von Verhalten im Zeitalter seiner computertechnischen (Re-)Produzierbarkeit stellt sich hierbei in unterschiedlicher Weise als ein Problem der Erzeugung, des Zugriffs und der Verarbeitung von Daten dar, aus denen die Dynamiken biologischer, gesellschaftlicher und technischer Systeme erst extrapoliert und synthetisiert werden können – sowohl auf der inneren Ebene der computertechnischen Operationen als auch auf der äußeren Ebene der Beschreibungskompetenz gegenüber ihren Zielsystemen.

Captain Metropolis: Funktionslogisches Systemverhalten

Schon frühe kybernetische Ansätze gründeten in der Hoffnung, das Verhalten komplexer Lebewesen oder ganzer Sozialwesen durch die Anwendung ingenieurtechnischer Konzepte besser beschreibbar zu machen. Sie postulierten die Analogisierung des Verhaltens biologischer, sozialer und (elektro-)technischer Systeme. Letztere konnten so als Medien eines vereinfachten, test- und experimentierfähigen Zugangs zu allgemeinen Funktionsprinzipien dynamischen Systemverhaltens dienen.[13]

Mit positiven und negativen Rückkoppelungen in Bezug auf Umwelteinflüsse beruht eine kybernetische Modellierung von Verhalten auf „geschlossenen eindeutigen Transformationen“[14] zwischen Inputs und Outputs in der Zeit. Man denke hier etwa an die fotosensiblen *Tortoises* des britischen Kybernetikers Grey Walter und ihre bis hin zu Tanzeinlagen vor dem Labor-Spiegel reichenden Verhaltensweisen zu Beginn der 1960er Jahre.[15] Es sind kybernetische Maschinen, die ein mimetisches Verhältnis zu biologischen oder gesellschaftlichen Systemen an den Tag legen und nur mehr funktionslogisches Systemverhalten imitieren. Jede Form von Verhalten bedarf dabei eines Zielführungsprozesses, in welchem die Notwendigkeit

12 Paul Krugman: A slime mold model for city formation. In: Topics in Public Economics. Hg. von David Pines, Efraim Sadka und Itzhak Zilcha. Cambridge 1998, S. 5–32.

13 Arturo Rosenblueth und Norbert Wiener: Purposeful and non-purposeful behavior. In: Philosophy of Science 17 (1950), S. 326.

14 Vgl. W. Ross Ashby: Einführung in die Kybernetik. 3. Aufl. Frankfurt a. M. 1985, S. 46.

15 William Grey Walter: Das lebende Gehirn. Entwicklung und Funktion. München 1961; Andrew Pickering: Mit der Schildkröte gegen die Moderne. Gehirn, Technologie und Unterhaltung bei Grey Walter. In: Kultur im Experiment. Hg. von Henning Schmidgen, Peter Geimer und Sven Dierig. Berlin 2004, S. 102–119. Siehe zu den künstlichen Schildkröten auch den Beitrag von Juliane Rettschlag in diesem Band.

einer Operationalisierung des Zukünftigen immer schon eingeschrieben ist. Nicht von ungefähr war *prediction* dabei ein zentrales Schlagwort – eine Vorhersage, die umso besser wird, je genauer und je größer die verarbeiteten Datenmengen sind: Das System simuliert die möglichen Irrungen und Aktionsradien seines Gegenübers, um daraus probabilistisch und – daran scheiterte es seinerzeit – *rechtzeitig* dessen wahrscheinlichsten Weg zu berechnen.[16] Wo die Kybernetik also zukünftiges Verhalten (im Singular) implementiert, um das Überleben eines Systems in veränderbaren Umwelten zu garantieren, stellt ihre Verbindung mit leistungsfähigen Rechenanlagen und Computersimulationen eine Bearbeitung von zukünftigem Systemverhalten (im Plural) in Aussicht. Deren möglichen Nutzen auch für die Verbesserung sozialer und ökonomischer Systeme beschwor Warren Weaver in seinem Essay *Science and complexity*.[17]

Weaver bezeichnete solche Systeme als „problems of organized complexity" – eine Problemklasse, die er mit ihrer charakteristischen Eigenschaft multipler, miteinander verbundener Variablen zwischen profanen und vorhersehbaren „problems of simplicity" (etwa die Newtonsche Mechanik) und nur mehr wahrscheinlichkeitstheoretisch beschreibbaren „problems of disorganized complexity" (beispielsweise die Bewegungen von Gasen oder Elementarteilchen) situierte. Und er sah die systematische Quantifizierung und computergestützte kybernetische Erschließung der Funktionabilitäten solcher Systeme durchaus in Reichweite. Dies machte kybernetische Planungsmodelle für multivariante Systeme und ihr Verhalten – so Nicholas de Monchaux – zumindest in den USA in den 1960er Jahren bald auch für den Anwendungsbereich der Stadtplanung und Stadtentwicklung attraktiv.[18]

Städte waren jedoch schon zuvor als Informationsmedien begriffen worden. So weitete wiederum Norbert Wiener bereits im Jahr 1950 gemeinsam mit Karl Deutsch und Giorgio de Santillana das posthumanistische Diktum von „animal and machine" auch auf Städte aus: „A city is primarily a communication center, serving the same purpose as a nerve center in the body. It is a place where railroads, telephone and telegraph centers come together, where ideas, information, and goods can be exchanged."[19] Während Wiener und seine Mitautoren seinerzeit jedoch einen dispersiven Ansatz der Stadtplanung im Schatten der atomaren Dro-

---

16 Vgl. Norbert Wiener: Extrapolation, Interpolation, and Smoothing of Stationary Time Series. New York 1949.

17 Warren Weaver: Science and complexity. In: American Scientist 36 (1948). S. 536–544, hier S. 540.

18 Vgl. Nicolas de Monchaux: Local Code. 3659 Proposals about Data, Design and the Nature of Cities. New York 2016, S. 132.

19 Norbert Wiener, Karl Deutsch und Giorgio de Santillana: The planners evaluate their plans. In: Life 29 (1950), H. 25, S. 85.

hung und deren konzentrischem Zerstörungspotenzial proklamierten – ein Ansatz, den Michael Dudley einmal mit „sprawl as strategy" umschrieb[20] –, folgten die Planungsmodelle der 1960er Jahre zivileren (und später auch zivilisationskritischen) Maßgaben. Und schon früh wurde darauf hingewiesen, dass es eben jener kommunikative Faktor sei, der eine zeitgemäße Stadtplanung von hergebrachten Methoden der Planungswissenschaft abhebe.[21] Mit Verweis auf Deutsch und Meier notieren Brian McLoughlin und Judith Webster in einem Überblicksartikel zu kybernetischen Modellen in der Urbanistik im Jahr 1970:

> If the focus of the work of regional scientists has been commodity flows and money transactions within a spatially ordered framework, the unifying thread of many studies of urban systems has been inter-personal communications or transactions whereby the metropolis is looked upon as a ‚communication engine', a device for fostering, maintaining, and increasing the number of ‚contact choices' which can be made by its citizens.[22]

Und bereits ein Jahr zuvor erläuterte der Ökonom Robert Kevin Brown 1969 in seinem Text *City cybernetics* die mittlerweile etablierte Sichtweise:

> Certainly, a city can be viewed – indeed, needs to be viewed – as a functioning system composed of many interrelated ‚machines'. Second, cybernetics offers a method for the scientific treatment of systems in which complexity is outstanding and too important to be ignored. [...] Third, cybernetics, treating the why of any system's functionality, can make use of parallel circumstances in other disciplines to arrive at meaningful conclusions about urban land use systems. [...] Fourth, cybernetics seeks to investigate non-linear relationships [...].[23]

Es lag also quasi auf der Hand, dass Forschungsgruppen an der Harvard University und am MIT rund um Jay W. Forrester und Richard L. Meier im Laufe der 1960er Jahre verschiedene Simulationsmodelle entwickelten, mit denen das dynamische Verhalten von Problemen organisierter Komplexität in Bezug auf Indus-

---

20 Michael Quinn Dudley: Sprawl as strategy. City planners face the bomb. In: Journal of Planning Education and Research 21 (2001), H. 3, S. 52–63, hier S. 55, zit. nach Eva Schauerte: Dispersion. Stadtplanung zwischen Utopie und Dystopie im „Atomic Age". In: Zeitschrift für Medienwissenschaft 8 (2016), H. 1, S. 121–133, hier S. 127.

21 Richard L. Meier: A Communications Theory of Urban Growth. Cambridge, Mass. 1962.

22 McLoughlin und Webster: Cybernetic, S. 386, mit Verweis auf Karl W. Deutsch: On social communication and the metropolis. In: General Systems 6 (1961), S. 95–100; und Richard L. Meier: Measuring social and cultural change in urban regions. In: Journal of the American Institute of Planners 25 (1959), S. 180–190.

23 Robert Kevin Brown: City cybernetics. In: Land Economics 45 (1969), H. 4, S. 406–412, hier S. 407.

trien, Städte und später gar den gesamten Globus erforscht werden sollte.[24] An der RAND Corporation, jener Mutter aller modernen Thinktanks,[25] wiederum entwarf unter anderem Ira S. Lowry ein gleichungsbasiertes *Model of Metropolis* als informationstheoretische Entsprechung Pittsburghs.[26] Vom Einsatz computergestützter Technologien erhofften sich diese Akteure gleichermaßen neue Lösungsansätze für jene sprichwörtlichen „Krise der (amerikanischen) Großstadt", deren Tod und mögliche Auferstehung seinerzeit heiß diskutiert wurde.[27] Im Mittelpunkt stand dabei ein grundlegender Wechsel der Blickrichtung: Weg von der Frage, was eine Stadt *sei*, und hin zu der Frage, wie sie *funktioniere*.

Die neue Perspektive der Stadtplanung war inspiriert von computergestützten Verkehrsmodellen, die in den USA bereits in den 1950er Jahren für die Planung von Highways eingesetzt worden waren. Lowry begann sein kybernetisches Forschungsprojekt Mitte der 1960er Jahre im Rahmen ökonomischer Studien der Pittsburgh Regional Planning Association. Anschließend setzte er es innerhalb der RAND Urban Transportation Study fort. Im Mittelpunkt stand ein Computermodell der räumlichen Organisation menschlicher Aktivitäten innerhalb eines Großstadtgebiets und in Abhängigkeit von den Gegebenheiten dieses Areals.[28] Um dem Ziel nachvollziehbarer öffentlicher Planungen näherzukommen, gelte es, so Lowry, neue Technologien einzusetzen, die es ermöglichten, auf umfassend quantifizierter Basis mit den komplexen Wechselwirkungen von „land uses, traffic flows, population characteristics, economic activities, tax revenues, and demands for public services"[29] umzugehen.

Das *Model of Metropolis* übersetzte solche Wechselwirkungen in eine Reihe interdependenter mathematischer Gleichungen. Im Kern beschrieben diese Gleichungen verschiedene Austausch- und Begrenzungsrelationen zwischen drei grundlegenden

24 Jay W. Forrester: Industrial Dynamics. Cambridge, Mass. 1961; Forrester: Urban Dynamics; Jay W. Forrester: World Dynamics. Cambridge, Mass. 1971; Meier: Urban Growth; Richard L. Meier und Richard D. Duke: Gaming simulation for urban planning. In: Journal of the American Institute of Planners 32 (1966), S. 3–17; Tri-County Regional Planning Commission: M.E.T.R.O. A Gaming Simulation. Report on Phase 1. Lansing 1966; Cyril C. Herrman: Systems Approach to city planning. San Francisco applies management techniques to urban redevelopment. In: Harvard Business Review. Sept./Okt. 1966, S. 71–80; Briton Harris (Hg.): Urban Development Models. New Tools for Planning. Special Edition of the Journal of the American Institute of Planners 31 (1965), H. 2.

25 Vgl. Thomas Brandstätter, Claus Pias und Sebastian Vehlken: Think Tanks. Die Beratung der Gesellschaft. Berlin 2010.

26 Lowry: Metropolis.

27 Jane Jacobs: The Death and Life of the Great American City. New York 1961.

28 Lowry: Metropolis, S. 2.

29 Lowry: Metropolis, S. 1.

Kategorien oder „superscripts“, unter denen vorhandene Siedlungsressourcen im Planungsmodell möglichst optimal aufzuteilen waren: Erstens definierten sie einen „basic sector“, der industrielle, geschäftliche und administrative Einrichtungen umfasste, deren Kunden in der Regel nicht vor Ort lebten. Solche Einrichtungen waren recht flexibel in der Wahl eines Ansiedlungsortes. Hinzu kam zweitens ein „retail sector“ mit Einrichtungen, die sich an eine lokale Kundschaft wandten und daher enger mit deren Siedlungsstruktur gekoppelt waren. Und drittens gab es den „household sector“, mit dem die Wohnbevölkerung klassifiziert wurde. Diese „superscripts“ wurden dann von sogenannten Standardelementen näher ausdifferenziert: „area of land use, employment, population, index of trips, constraints.“[30] Die Wechselbeziehungen der verschiedenen Systembereiche fasste Lowry in einem kybernetischen Flussdiagramm der „information flows“ des Pittsburgh-Modells gleich zu Beginn seiner Publikation überblickshaft zusammen (siehe Abb. 1).

Mithilfe des daraus erstellten und um einige „subscripts“ ergänzten Gleichungssystems (diese differenzierten die Hauptbereiche weiter aus) sollte nun einerseits die Evaluation von Wirkungen öffentlicher Maßnahmen vereinfacht werden. Um nur ein Beispiel zu nennen: Es ermöglichte die quantitative Verknüpfung des „land use“ eines Betriebs aus dem „basic sector“ mit den daraus entstehenden „employment opportunities“ für den „household sector“, was wiederum auf den „index of trips“ rückwirkte und ggf. neue Ansiedlungen aus dem „retail sector“ evozierte. Andererseits sollten aber auch Ausblicke auf die zukünftige Stadtentwicklung ermöglicht werden, die mittel- und langfristig aus aktuell sichtbaren oder antizipierten Veränderungen resultieren würde. Kurz gesagt: Es ging um „quasi-predictions of the emerging spatial structure of Pittsburgh.“[31] Computermodelle, so die Hoffnung und der Anspruch, offerierten im Gegensatz zu hergebrachten Planungsverfahren nun die Fähigkeit, viele Variablen simultan zu behandeln – „to provide forecasts of need, normative solutions to problems, or test alternative policies which take into account a greater range of relationships, ramifications, and feed-backs.“[32]

Recht offen gesteht Lowry dabei die Beschränktheit seines Modells ein, das bestenfalls als ein „fumbling attempt“ und „half-way house on the road to a general model of urban form“ zu bezeichnen sei.[33] Aus Gründen der Handhabbarkeit hatte sich Lowry für ein „gravity model“ entschieden. Diese Modellierungsart sucht nach empirischen Gesetzmäßigkeiten in aggregiertem menschlichen Sozial- und Interaktionsverhalten. Im Sinne einer „Sozialen Physik“ sollen somit übergreifende Gesetzmäßigkeiten aus großen Samples deduziert werden. Damit gehen jedoch zum einen

30 Lowry: Metropolis, S. 9.
31 Lowry: Metropolis, S. V.
32 Lowry: Metropolis, S. 1, 3.
33 Lowry: Metropolis, S. 133, 8.

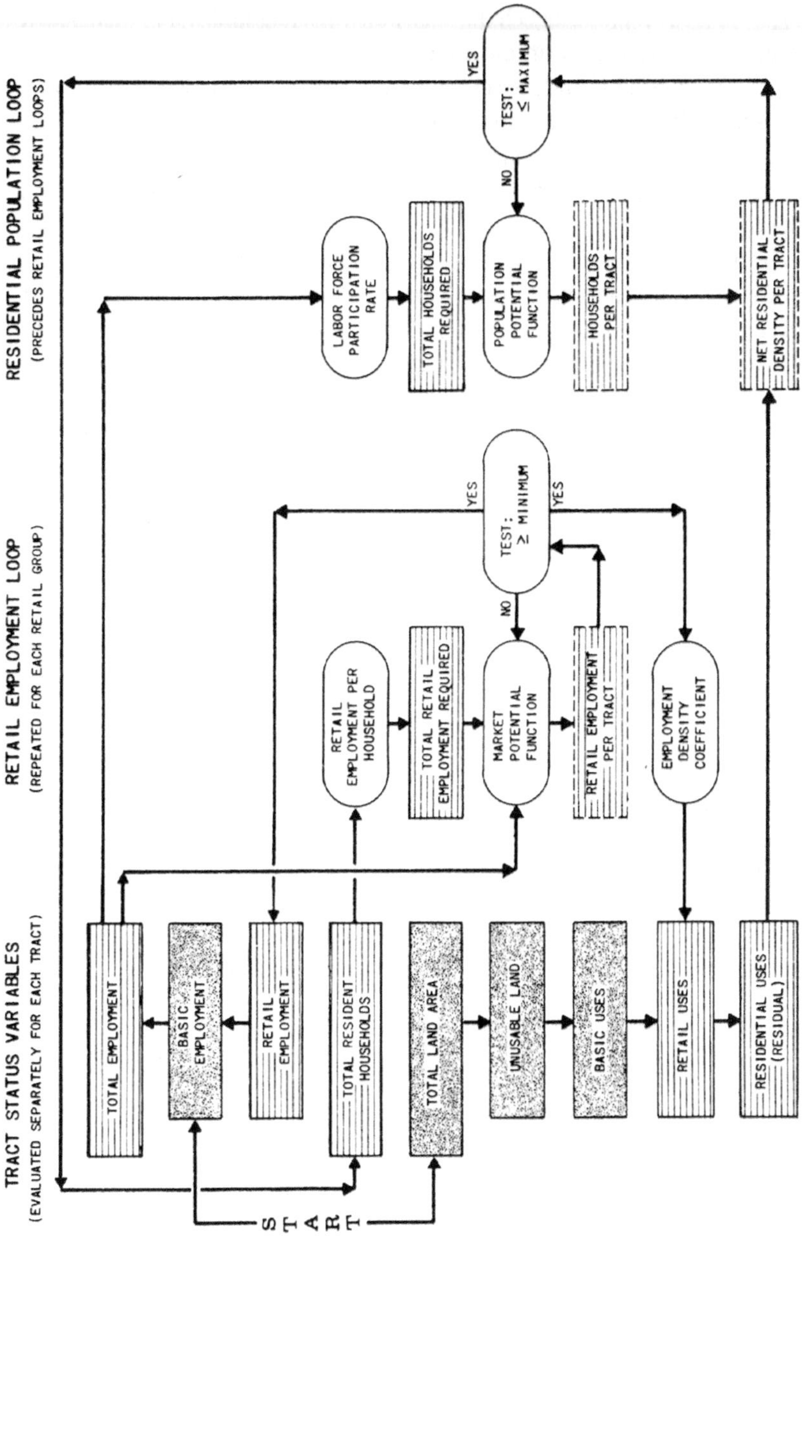

Abb. 1: Ira S. Lowry: Informationsflüsse im Pittsburgh-Modell, 1964.

vielfältige Vorannahmen bezüglich der Zusammensetzung und Interaktionsschwerpunkte dieser Aggregationen in die Modelle ein, deren Realitätsgehalt zumindest fraglich ist. Und dies führt andererseits dazu, dass grundlegende Veränderungen im Rahmen eines solchen Computerprogramms womöglich gar nicht generiert werden könnten, da deren vielfältigen Kräfteverhältnisse sich weder im Hinblick auf die Aktualität der Daten noch im Hinblick auf eine institutionelle Zuordnung genügend spezifizieren ließen.[34]

Doch für die aufwendige Evaluierung individueller standortbestimmter Daten fehlten Gelder, während aggregierte Daten aus einer bestehenden Studie – der Pittsburgh Area Transportation Study (PATS) – übernommen werden konnten. Und ein „gravity model" mit einem System feststehender Gleichungen war, so Lowry, auch sehr viel einfacher zu programmieren und zu implementieren.[35]

Als Resultat orientierte sich die geografische Ausdehnung des Modells exakt an jener der Pittsburgher Studie. Bei Computersimulationen handelt es sich eben stets um experimentelle Epistemologien in zweifacher Hinsicht: einerseits in Bezug auf die Generierung alternativer Szenarien und Zukünfte, andererseits jedoch auch um ein tentatives Explorieren des eigenen Funktionierens:

> The process of fitting the model involved a great deal of trial and error. Between the first experimental run and the version presented here, there were five major revisions, each involving alterations in computational routines, changes in structural parameters, and different treatments of input data.[36]

Das vordringliche Ergebnis des Einsatzes computerisierter Modelle bestand nach Lowry somit in der Notwendigkeit, sich präzise über seine Fragen, Annahmen und die Zusammenhänge im zu modellierenden System klar zu werden, eben um sie mathematisch formulieren zu können. Computermodelle seien daher ein großartiges Medium, um das eigene Fragen zu befragen, und sie erweiterten herkömmliche statistische Methoden um die Fähigkeit, systemweite und rekursive Auswirkungen nachzuvollziehen – auch wenn ihre Validität stets uneindeutig bliebe:[37]

> The wish to experiment clearly bespeaks incomplete knowledge of the real-world environment; so we cannot know for sure which abstractions are safe and which are not. The first

34 Lowry: Metropolis, S. 23. Lowry diskutiert jedoch ausgiebig diese epistemologischen Nachteile des „gravity models" gegenüber den individuenbasierten „market models" der mikroökonomischen Standorttheorie, die individuelle Verhaltensweisen aggregieren – eine Bottom-up-Strategie, wie sie später mit agentenbasierten Computersimulationen in technische Reichweite gelangen wird.

35 Lowry: Metropolis, S. 23, 87.

36 Lowry: Metropolis, S. 55.

37 Lowry: Metropolis, S. 133 f.

> principle of model-building is internal coherence; beyond that, the choice of abstractions is guided in part by the experience of others who have worked in the field, in part by ‚hunch' (primitive theory), and in part by a sense of analytical style (say, preference for mathematical elegance, or massive generalization, or intricate mechanism). The strategy of model-building is thus less science than art.[38]

Dennoch diskutiert Lowry ausgiebig einige Szenarien seiner Testläufe des *Model of Metropolis* bezüglich zu erwartender Transformationen in der Siedlungsstruktur und validiert diese mittels einer Art „Retrofitting"-Prozedur, welche – ganz ähnlich wie bei heute gängigen Klimamodellen – darin besteht, auf Basis vergleichbarer Ausgangsdaten vergangene (und damit im Ergebnis überprüfbare) Entwicklungen nachzumodellieren.

Mit einem sichtlich breiteren Spektrum und größerem Selbstbewusstsein bezüglich der allgemeinen Gültigkeit seiner Modellierungstechniken widmet sich Jay Forrester in seinem Buch *Urban Dynamics* der kybernetischen Regelung des Systems Stadt. John F. Collins, vormaliger Bostoner Bürgermeister und anschließend Gastprofessor am MIT, hatte Forrester für die Übertragung seines *Industrial Dynamics*-Modells auf das Krisenthema Stadt sensibilisiert. Und dieser trat offensiv dafür ein, eine Technologie in die Stadtplanung einzuführen, die imstande sei, die tieferen Ursachen und nicht zuvorderst Symptome im Zusammenhang mit urbanen Lebenszyklen (und urbanem Verfall) identifizieren und modellieren zu können.[39]

Ganz ähnlich wie bei Lowry finden wir auch in Forresters Modell eine Aufschlüsselung urbaner Dynamiken mithilfe von drei Gegenstandsbereichen, denen hier jeweils drei Entwicklungslevel zugeordnet werden und die auf vielfache Weise miteinander in Austausch stehen – daher auch die Bezeichnung des Modells als „theory of urban interaction":[40] Erstens wird die wirtschaftliche Produktionstätigkeit zugrunde gelegt, die sich in „new enterprises", „matured business" und „declining industries" ausdifferenziert. Hinzu kommt der Wohnungsbestand, der sich in „premium housing", „worker housing" und „underemployed housing" aufteilt. Und schließlich gibt es drei Einkommensklassen, die unterschieden werden – „managerial-professional", „labor" und „underemployed". Ganz ähnlich wie der Stadtplaner und Ökonom William Alonso in seinem Klassiker *Location and Land Use*[41] beschreibt auch Forresters Modell die Herausbildung von Siedlungsstrukturen unter anderem als einen Wettbewerb bei der Wahl des Standorts sowie beim Abwägen des Wohnorts gegen die Erreichbarkeit des Arbeitsplatzes im Rahmen jeweiliger

---

38 Lowry: Metropolis, S. 20.

39 Vgl. Forrester: Urban Dynamics, S. 2.

40 Forrester: Urban Dynamics, S. 133.

41 Vgl. William Alonso: Location and Land Use. Toward a General Theory of Land Rent. Cambridge, Mass. 1964.

Haushaltsbudgets. Die Auffächerung der möglichen systemischen Prozesse wird dabei ebenfalls in Form eines Flussdiagramms (siehe Abb. 2) illustriert, das sowohl die unterschiedlichen Untersuchungsebenen und -faktoren (als Rechtecke) und eine Reihe verschiedener Änderungsraten oder „Stellschrauben" (respektive „Ventile", wie sie sich im Flowchart in schematischer Darstellung finden) enthält.

Das Stadtmodell untersucht also typische und mögliche alternative Austauschbewegungen (oder Fluss-Bewegungen) zwischen diesen Kategorien über einen definierten Zeitverlauf hinweg und berechnet daraus veränderliche Verteilungen von Raumressourcen innerhalb eines gegebenen Areals. Was dabei herauskommen soll, ist eine Sicht auf langjährige Entwicklungsprozesse im „Lebenslauf" einer Stadt, der Hinweise auf das Ausmaß und die Art von nötigen Erneuerungsprozessen an spezifischen singulären, periodischen oder kontinuierlichen Stellen in dessen Zeitverlauf gibt. So diskutieren einige Kurven in den für *Urban Dynamics* berechneten Szenarien das nötige Ausmaß der Rate von „slum-housing demolition", um sukzessive Platz für erneuernde Ansiedlungen, etwa von „new enterprises" oder „worker housing" zu schaffen, um das Gesamtsystem auf ein dauerhaftes dynamisches Äquilibrium einzustellen (siehe Abb. 3).[42]

Und genau diese systemische Entwicklung soll durch kybernetische Regelkreismodelle in Bezug auf aktuelle und zukünftige Interventionen explorierbar und experimentierbar gemacht werden:

> An important discussion of ‚the role of intelligence systems in urban-systems planning' is conducted by Webber (1965) who shows that theory building and data selection are interrelated. An ‚urban intelligence center', under public management but accessible to all, would include simulators of the ‚what-would-happen-if' kind as well as instant ‚state-of-the-city' reporting facilities. Some might use it along cybernetic lines as a control device; information is never value-free, and can be used positively as *an agent of change within a political milieu.*[43]

Der Soll-Zustand sollte damit operabel werden als ein Ziel, das selbst gesetzt werden und im gleichen Schritt durch Computersimulationen eingeholt werden konnte.

Jedoch stellten sich die Modelle dieser oft mit dem Oberbegriff der *Systems Dynamics* bezeichneten Simulationen als ähnlich limitiert heraus wie die sozialstatistischen Vorgänger,[44] deren bürokratische Apparate und allzu langsamen Re-

---

42 Forrester: Urban Dynamics, S. 129.

43 McLoughlin und Webster: Cybernetic, S. 397, mit Verweis auf Melvin M. Webber: The roles of intelligence systems in urban-systems planning. In: Journal of the American Institute of Planners 31 (1965), H. 4, S. 289–296.

44 Vgl. Ian Hacking: The Taming of Chance. Cambridge 1990; Ian Hacking: The Emergence of Probability. A Philosophical Study of Early Ideas about Probability, Induction and Statistical Inference. Cambridge 2006; Alain Desrosières: Die Politik der großen Zahlen. Eine Geschichte der statistischen Denkweise. Berlin 2005.

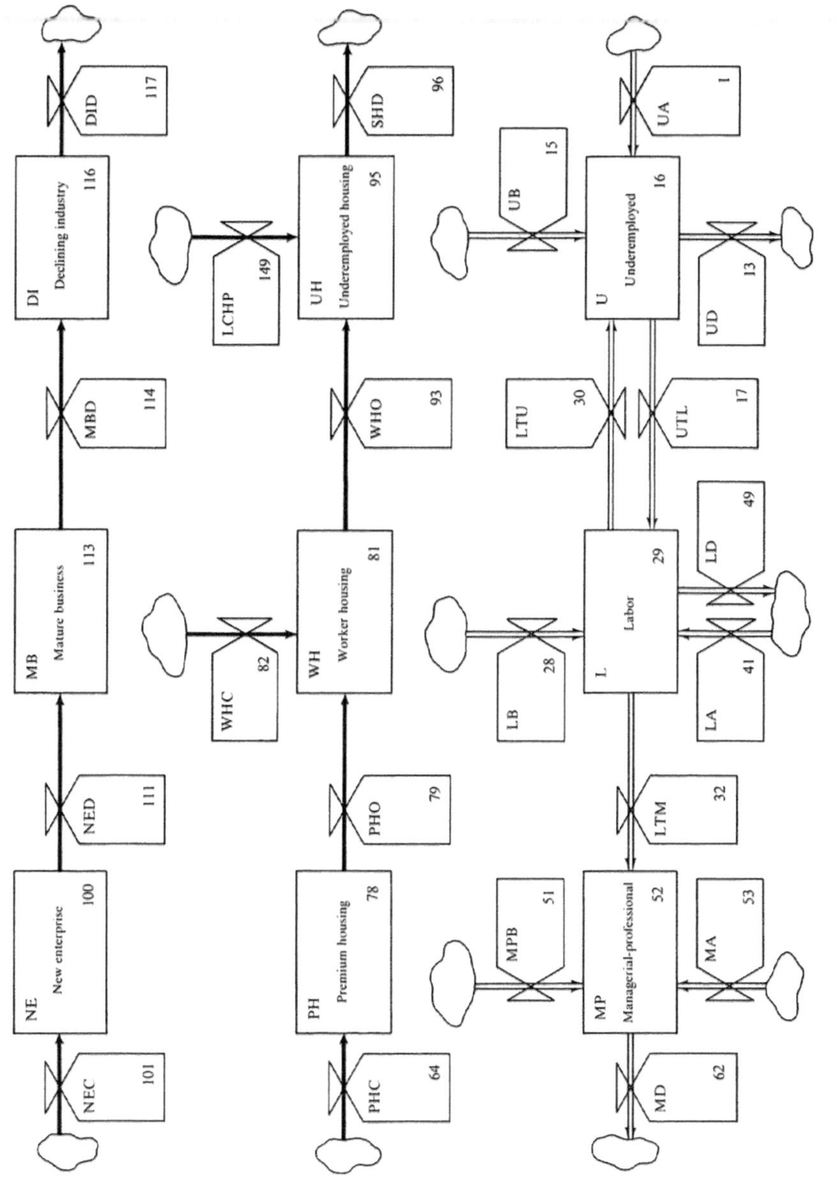

Abb. 2: Jay W. Forrester: Flussdiagramm des Urban Dynamics-Modells, 1969.

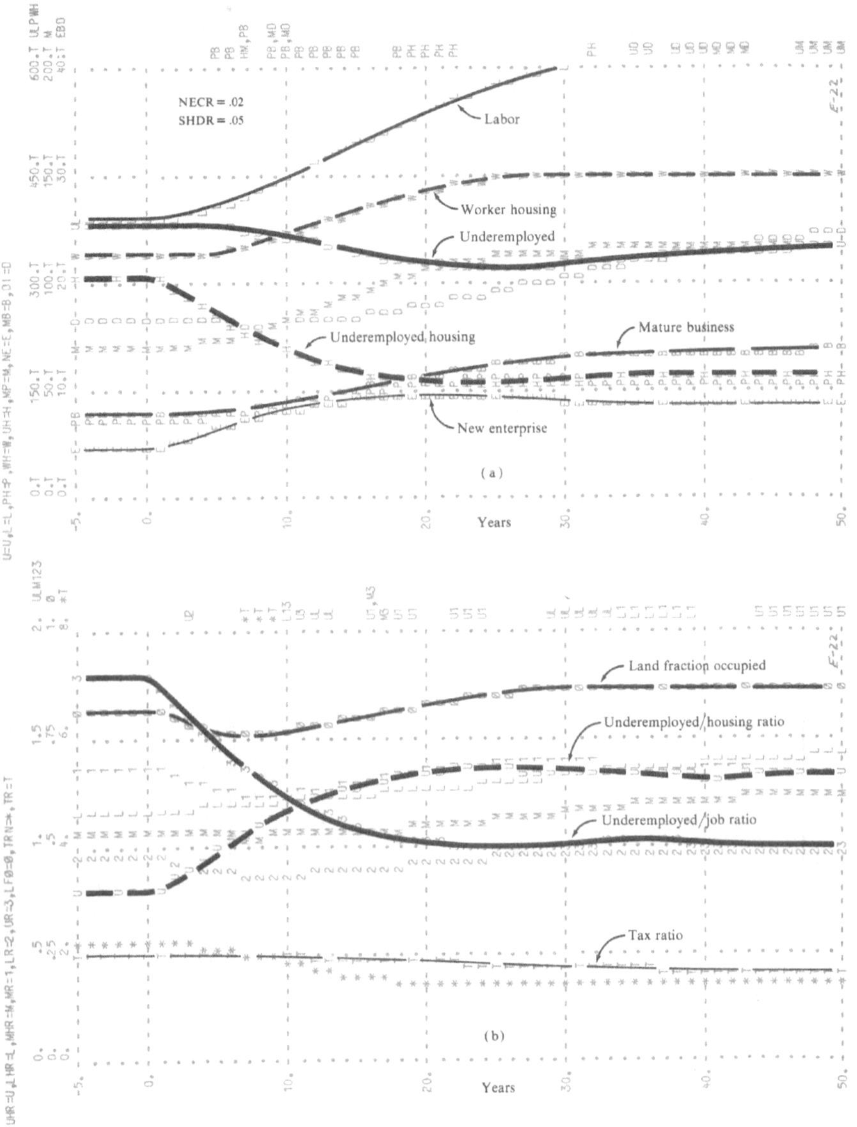

Abb. 3: Jay W. Forrester: Szenario für die Interdependenzen von Lebensbedingungen („upward economic movement“) und bestimmten städtebaulicher Maßnahmen („slum-housing demolition“ und „new entreprise construction“), 1969.

aktionsweisen sie abzulösen versprochen hatten. Der Vielzahl von Operatoren und Rückkopplungsschleifen zum Trotz, wie sie die Diagramme und Flowcharts von *Urban Dynamics* durchziehen, führten die Modelle zu ähnlichen Übersimplifikationen, Abstraktionen und Verzerrungseffekten, welche sie eigentlich zu beheben angetreten waren. Ursächlich beteiligt an dieser Unzulänglichkeit waren nur wenige verwertbare Daten, welche in die in Abb. 4 ausschnitthaft am Beispiel des Faktors „neuzugezogene Arbeitssuchende" dargestellten Operatorketten einflossen – teils mit verhängnisvollen Folgen: Im Jahre 1974 verschuldete zum Beispiel erst ein zuvor auf Basis von Modellrechnungen der RAND Corporation systematisch ausgedünntes Netz an Feuerwehrstationen die katastrophalen Ausmaße einer Reihe von Großfeuern in der Bronx.[45]

Die Reduktion auf eine begrenzte Anzahl quantifizierbarer Parameter konnte dabei kaum jenem von Brown formulierten klaren Imperativ genügen, den dieser in *City cybernetics* notierte:

> In any event, the superstructure of our urban model must be behavioral – reproduction, migration, prejudices, aspirations – for these patterns are the essential fabric of urban growth or decay and must be structured in the model. We must have built into the psyche of the urban analyst the professional expertise of the behaviorist, the planner, the engineer and the real estate developer.[46]

Zwar waren Fortschritte im Hinblick auf die bereits bei Lowry erwähnten epistemologischen Einschränkungen der applizierten „gravity models" zu verzeichnen: Um realistischere Repräsentationen von Realwelt-Zusammenhängen zu erzielen, wurden die Modelle immer stärker disaggregiert, beispielsweise mittels kleinteiligerer Klassifizierungen von Haushalten, ökonomischen Aktivitäten sowie Transport- und Geldströmen oder mithilfe von Aufsplittungen in Partial- und Allgemeinmodelle: Erstere sollten bestimmte Teilsysteme wie den Verkehr oder den Wohnungsmarkt darstellen, zweitere die Verbindungen von Teilsystemen durch die Beobachtung übergreifender Variablen.[47]

Doch allzu oft wirkten die resultierenden Ergebnisse lediglich wie eine Fortsetzung jener rationalistischen Planungsverfahren, die als Nemesis eines attraktiven urbanen Lebens kritisiert wurden.[48] Dies bedeutete jedoch keinesfalls, dass kybernetische Vorhersagesysteme für zukünftiges Verhalten keine nachhaltige Wirkung

45 Vgl. Monchaux: Local Code, S. 134.

46 Brown: City, S. 411–412.

47 McLoughlin und Webster: Cybernetic, S. 388.

48 Vgl. Jacobs: Death and Life. Eine zentrale Reibungsfigur war hier u. a. der sogenannte „master-builder" Robert Moses. Vgl. Hilary Ballon: Robert Moses and the Modern City. The Transformation of New York. New York 2007.

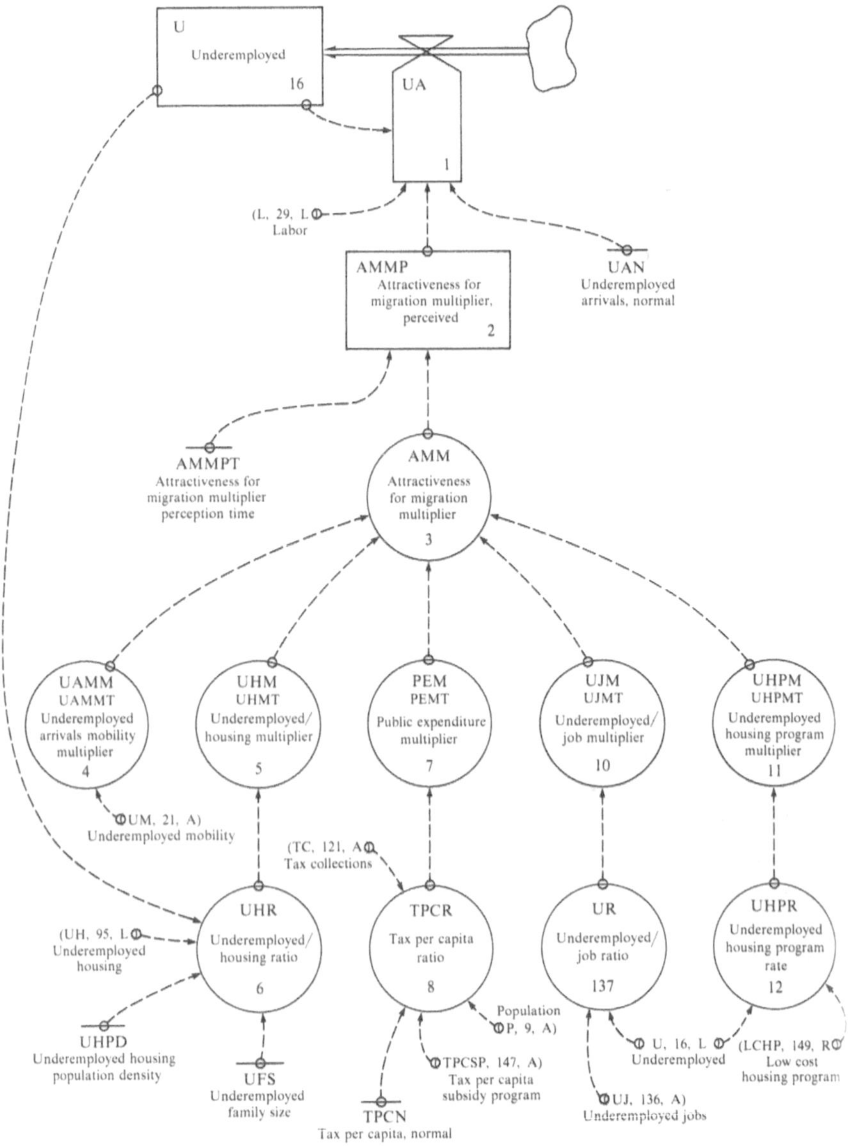

Abb. 4: Jay W. Forrester*:* Operatoren im Zusammenhang mit der Rate neuzugezogener arbeitssuchender Stadtbewohner, 1969.

entfaltet hätten. Spätestens die Grenzkurven industriellen Wachstums der Studie *Limits to Growth* ließen nicht nur ein Bewusstsein für eine veränderte epistemische Lage erkennen, sondern auch eines für neue inhaltliche Bezugsrahmen:[49] Postulate gesellschaftlicher Potenziale und Fantasien technischer Machbarkeit wurden abgelöst von einer Diskussion über deren Grenzen. Kybernetische Homöostasegedanken nahmen planetarische Ausmaße an.[50] Konzepte von Städten als „urbane Metabolismen" und ihre vielfältige Einbettung in ökologische Kontexte samt energetischem Ressourcenbedarf wurden plötzlich en vogue.[51] Doch es waren vor allem unvorhergesehene Ereignisse wie die Ölkrisen der 1970er Jahre, die eine Phase der Ernüchterung in Bezug auf kybernetische *„communication and control"*-Paradigmen mit sich brachten und die zuvor verbreitete Planungseuphorie erlöschen ließen.[52] Die stark abstrahierten und simplifizierten Modellierungen von Systems Dynamics und ähnlichen Simulationsansätzen versuchten zwar eine formale und funktionale Kopplung mit Realwelt-Phänomenen, wurden deren komplexen Verhaltensweisen jedoch nicht gerecht.

Ein Effekt war die unter anderem von Heinz von Foerster und Margaret Mead vorangetriebene Entwicklung einer Kybernetik zweiter Ordnung,[53] die sich von mechanistischen Ansätzen absetzte und die Autonomie und Selbstorganisationsfähigkeit von Systemen sowie die Rolle des Beobachters in deren Analyse hervorhob. In deren Kontext rückten jedoch verstärkt theoretische Überlegungen – in der Philosophie etwa der Radikale Konstruktivismus, in der Soziologie die Systemtheorie – an die Stelle konkreter technischer Anwendungen. Der Wissenschaftshistoriker Andrew Pickering nannte dies den „lingustic turn" der Kybernetik, und Francis Heylighen notierte: „[S]ome people feel that the second-order fascination with self-reference and observers observing observers observing themselves has fostered a potentially dangerous detachment from concrete phenomena."[54]

Neue Ansätze für mathematische Modelle und Simulationen in Bezug auf Systemverhalten entstanden jedoch in anderen Zusammenhängen. 1972 fasste der Physiker Philip W. Anderson, der sich in den Bell Labs lange Zeit mit dem kybernetischen

49 Donella H. Meadows et al. (Hg.): The Limits to Growth. A Report for the Club of Rome's Project on the Predicament of Mankind. New York 1972; Francis Sandbach: The rise and fall of the limits to growth debate. In: Social Studies of Science 8 (1978), H. 4, S. 495–520.

50 Vgl. etwa James Lovelock und Lynn Sagan: Atmospheric homeostasis by and for the biosphere. The Gaia hypothesis. In: Tellus. Series A. Dynamic Meteorology and Oceanography 26 (1974), H. 1, S. 2–10.

51 Abel Wolman: The metabolism of cities. In: Scientific American 213 (1965), H. 3, S. 179–190.

52 Seefried: Zukünfte, S. 411.

53 Heinz von Foerster: Cybernetics of Cybernetics. Urbana 1974.

54 Francis Heylighen und Cliff Joslyn: Cybernetics and second-order cybernetics. In: Encyclopedia of Physical Science and Technology. Bd. 4. San Diego 2003, S. 155–169.

Systemverhaltensdenken beschäftigte, dessen epistemologischen Fallstricke prägnant zusammen, ohne sich in Metadiskursen zu verlieren. Sein in *Science* publizierter Text *More is different*[55] stellt die Wirkungen und die Irreduzibilität nicht-linearer Prozesse im Verhalten von multivariablen Systemen in den Mittelpunkt: „The ability to reduce everything to simple fundamental laws does not imply the ability to start from those laws and reconstruct the universe".[56] Komplexe Systeme zeichneten sich durch die Produktion von emergenten Eigenschaften aus, die eben nicht aus den Eigenschaften der Ausgangskonfiguration des Systems abgeleitet werden könnten. Diese zeitigten sich – ganz im Wortsinn – erst in dessen prozeduralen Ablauf durch die vielfältigen Interaktionen einzelner Systembestandteile. Genau diesen Aspekt hatten auch McLoughlin und Webster zwei Jahre zuvor in ihrem Überblick zu kybernetischen Stadtmodellen starkgemacht: Zum einen schlossen sie damit an die bei Lowry erwähnte, aber von ihm modellierungstechnisch kaum umsetzbare Option des mikroökonomischen „market model" an. Zum anderen trugen sie den auch beim Stadtplaner Britton Harris noch einmal unterstrichenen erkenntnispraktischen Konsequenzen Rechnung. Letzterer hatte notiert:

> Since many of the decisions relevant to the growth and functioning of the metropolis are made by individuals but have mass effects, it is likely that the conditional predictions which we need will be unsuccessful or suspect if they are not based on an understanding of these individual decisions. There is thus a complementary relationship between prediction and plan evaluation, owing to the fact that both are properly based on a profound understanding of individual needs, desires and behaviour, and on their social interaction.[57]

Nicht mehr die Konstruktion von (noch so komplexen) Regelschemata für die Interaktions-Flüsse innerhalb eines Stadtsystems stand damit länger zur Debatte. Vielmehr verlagerte sich das Modellierungsinteresse auf Systemverhaltensweisen, die direkt aus den disaggregierten Mikro-Verhaltensweisen der das System bildenden Individuen resultierten.[58]

Damit rücken aber zugleich andere Aspekte als die für Norbert Wiener entscheidende Frage der Vorhersagbarkeit (und mathematisch-technischen Antizipation) von Systemverhalten in den Fokus. Zwar findet sich der Begriff der Vorhersagbarkeit im Erscheinungsjahr von Andersons Text noch im Titel eines bahnbrechenden Vortrags des Mathematikers Edward N. Lorenz. Doch dessen Text *Predictability: Does the flap*

55 Philip W. Anderson: More is different. In: Science 177 (1972), S. 393–396.
56 Anderson: More is different, S. 393.
57 Britton Harris: Inventing the future metropolis. Paper prepared for the Catherine Bauer Wurster Memorial Public Lecture Series (12. Mai 1966), zit. nach A. G. Wilson: Models in urban planning. A synoptic review of recent literature. In: Urban Studies 5 (1968), S. 249–276, hier S. 272.
58 McLoughlin und Webster: Cybernetic, S. 389.

of a butterfly's wings in Brazil set off a tornado in Texas? (1972)[59] liefert mit dem „butterfly effect" vor allem das schnell populäre Stichwort für ein neues Primat der *fuzzy logics*[60] und der *Nicht-Vorhersagbarkeit* von dynamischem Systemverhalten im Kontext von Komplexität, Selbstorganisation und Adaptation.

Schwarm und Schleim: Strukturlogisches Systemverhalten

Im Vergleich zur „Zeit der Kybernetik"[61] wandelte sich mit den Forschungen der Complexity Science die Perspektive auf das Verhalten von Systemen grundlegend. In Simulationsmodellen wie Systems Dynamics wurden die Bestandteile der zu modellierenden Gegenstandsbereiche in einer Reihe von Subsystemen zusammengefasst, welche miteinander in vielfältigen Austauschbeziehungen stehen konnten. Dies erforderte jedoch ein gewisses Maß an Vorwissen und gleichzeitig schränkte es die möglichen Interaktionen innerhalb des Systems stark ein – zwei Nachteile einer jeden Top-down-Modellierungsmethode. Und wo jedwedes System im Grunde als nachrichtentechnisches Problem behandelt wurde, fiel schlicht alles heraus, was sich nicht als solches interpretieren ließ.

In der Complexity Science kehrten sich solche Modellierungen zu Bottom-up-Verfahren um, die bei den parallelen individuellen Interaktionen kleinster Systembestandteile ansetzten, etwa zwischen Proteinen in der Molekularbiologie, zwischen Hirnzellen in der Neurologie, zwischen Aerosolen im Hurrikan, zwischen Vögeln im Schwarm bis hin zu den „millions of mutually interdependent individuals who make up a human society"[62]. In derartigen Systemen emergiert aus lokalen Interaktionen ein qualitativ neuartiges kollektives Verhalten, das sich in der spontanen Ausbildung spezifischer zeitlicher, räumlicher und funktionaler Strukturen niederschlägt. Wo die Kybernetik zuvor nach universellen Schaltschemata für Systemverhalten fahndete, begannen die Komplexitätswissenschaften nun nach den konstituierenden Eigenschaften der selbstständigen Ausbildung

59 Edward N. Lorenz: Predictability. Does the flap of a butterfly's wings in Brazil set off a tornado in Texas? Vortrag. 29. Dezember 1972. Online unter: https://fermatslibrary.com/s/predictability-does-the-flap-of-a-butterflys-wings-in-brazil-set-off-a-tornado-in-texas (abgerufen am 4.8.2021).

60 Lotfi A. Zadeh: Fuzzy logic, neural networks, and soft computing. In: Communications of the ACM 37 (1994), H. 3, S. 77–84.

61 Claus Pias: Zeit der Kybernetik. Eine Einstimmung. In: Cybernetics/Kybernetik. The Macy Conferences. Bd. 2: Documents/Dokumente. Hg. von Claus Pias. Berlin 2004, S. 9–41.

62 Waldrop: Complexity, S. 11.

von Mustern und Ordnungsprozessen zu suchen, welche die dynamischen – und nicht vorhersagbaren – Verhaltensweisen eines Systems ausmachten; eine Suche nach Regelhaftigkeiten, so die Überzeugung, die über rein analogische Bezüge und äußere Ähnlichkeiten hinausgingen.

Im Unterschied zur frühen Kybernetik entwickelten sich die Theorien nun nicht mehr im Dialog mit experimentierfähigen Maschinenmodellen, sondern mit Computeranwendungen wie zellulären Automaten[63] und neuen Programmierweisen wie etwa mittels genetischer oder evolutionärer Algorithmen.[64] Und wo die Kybernetik Regelungsmechanismen definieren wollte, die ein beständiges dynamisches Äquilibrium eines Systems garantierten, interessierte man sich nun für das genaue Gegenteil: Hinter vielen der betreffenden Forschungen stand eine konnektionistische Frage nach kritischen Umschlagpunkten oder Phasenübergängen *(phase transitions)* in der Organisation – und d. h. auf Zeit gestellt: im *Verhalten* – von Systemen.

Nicht zuletzt jedoch generierte sich die Faszinationskraft der Komplexitätswissenschaft aus der Hoffnung, einen neuen Brückenschlag zwischen den zwei Kulturen von Naturwissenschaften einerseits sowie Geistes- und Gesellschaftswissenschaften andererseits zu ermöglichen. Denn die mathematisch-computertechnische Erforschung von emergentem Systemverhalten und Selbstorganisationsphänomenen ließ sich wesentlich vielseitiger umlegen auf die Beschreibung von Realwelt-Problemen: zum Beispiel vom Klima über Erdbebenvorhersagen zu Börsendynamiken oder von Verkehrssystemen über Epidemien zu gesellschaftlichen Meinungsbildungsprozessen.[65] Solche erweiterten Applikationsmöglichkeiten können als direkte Folge computertechnischer Entwicklungen interpretiert werden. So stellen Stefan Thurner, Rudolf Hanel und Peter Klimek in ihrer *Introduction to the Theory of Complex Systems* fest:

> The science of complex systems is unthinkable without computers. The analytical tools available until the 1980s were good enough to address problems based on differential equations, for systems in equilibrium, for linear (or sufficiently linearizable) systems, and for stochastic systems with weak interactions. The problems associated with evolutionary processes, non-ergodicity, out-of-equilibrium systems, self-organization, path dependence, and so on, were practically beyond scientific reach, mainly because of computational limits.[66]

---

63 Stephen Wolfram: A New Kind of Science. Urbana 2002; Stephen Wolfram: Cellular Automata and Complexity. Collected Papers. Reading 1994.

64 Holland: Adaptation.

65 Robert A. Meyers (Hg.): Encyclopedia of Complexity and Systems Science. New York 2009, S. V.

66 Stefan Thurner, Rudolf Hanel und Peter Klimek: Introduction to the Theory of Complex Systems. Oxford/New York 2018, S. 26.

Anders als im Umfeld der Kybernetik kann man hierbei von einer *strukturellen* Kopplung zwischen den zu beschreibenden Realwelt-Phänomenen und den Modellen und Simulationen der Komplexitätswissenschaft sprechen, die auch auf das Feld der Stadtplanung durchgreift. Dies wird im Folgenden wiederum an zwei exemplarischen Ansätzen konkretisiert, die auf der Schnittstelle von Stadtplanung und Verkehrsmanagement entwickelt wurden: Einerseits handelt es sich dabei um das ab 1995 in verschiedenen Versionen erprobte agentenbasierte TRANSIMS-Modell (für Transport Simulations), andererseits um biomorphe Simulationsmodelle, die sich an die Selbstorganisationsprozesse von Schleimpilzen anlehnen, um optimale Lösungskonfigurationen für Wege- und Siedlungsprobleme zu modellieren.

Agentenbasierte Simulationen bauen auf jenem individuenbasierten Modellierungsparadigma auf, das Anfang der 1970er Jahre in der Urbanistik bereits andiskutiert worden war. Jedoch erlaubten es parallelverarbeitende computertechnische Strukturen zwei Jahrzehnte später bereits sehr viel besser, die zu simulierenden Systeme aus Einzelbestandteilen mit definierten Eigenschaften und Interaktionsweisen zu implementieren.[67] Agent-Based Modelling and Simulation (ABM) benötigt nur wenige Eingangsdaten, denn die Komplexität der Systeme beruht nicht auf dem komplizierten Aufbau ihrer Bestandteile oder Rückkopplungsschleifen zwischen Partialsystemen, sondern ergibt sich aus deren Interaktionen. Die Simulationen generierten quasi in umgekehrter Richtung erst im Zeitverlauf jene Daten, die anschließend in der „realen Welt" gefunden, gemessen oder verifiziert werden konnten. Datenmangel stellte mithin nicht mehr das entscheidende Problem dar. Die ABM-Pioniere Robert Axtell und Joshua Epstein bezeichneten diese epistemologische Umstellung als einen Wechsel vom „building" zum „growing" von Systemen, deren Verhalten sich nun mittels mannigfacher „virtueller Statistiken" evaluieren und danach empirisch rückkoppeln ließ.[68]

Solche Agenten spezifizieren die Informatiker Charles Macal und Michael North als voneinander eindeutig unterscheidbare Einheiten, die zum einen ein Set an individuellen Charakteristika aufweisen („agent attributes") und zum anderen bestimmten Regeln folgen, die ihr Verhalten und ihr Entscheidungsvermögen bestimmen („agent methods"). Agenten sind in einer Modellumwelt situiert, in der sie – gemeinsam mit anderen Agenten – auf der Basis spezifischer Kommunikationsprotokolle interagieren. Sie können zielgerichtete „Motivationen" haben, denen sie innerhalb ihrer jeweiligen Fähigkeiten zu folgen versuchen, und sind mit einer Art „Gedächtnis" ausgestattet, das ihnen erlaubt, ihr Verhalten an sich verändernde Verhältnisse

---

67 Thurner, Hanel und Klimek: Introduction, S. 26.

68 Joshua M. Epstein und Robert L. Axtell: Growing Artificial Societies. Social Science from the Bottom up. Cambridge, Mass. 1996.

im Simulationsmodell anzupassen und aufgrund früherer Entscheidungen zu lernen. Abhängig von der jeweiligen Situation treffen Agenten folglich autonome Entscheidungen, die nicht im Detail vorprogrammiert sind.[69]

TRANSIMS war eines der aufwendigsten frühen Agentenmodelle. Sein Entwicklerteam umfasste zahlreiche Komplexitätswissenschaftler von beiden Seiten des Atlantiks, denn Verkehrsplanung war zu einem beliebten Anwendungsfeld für die Wissenschaften von Ordnung und Chaos avanciert. Neu war – und hierin ähnelte die Entwicklung jener der 1960er Jahre –, dass sich reine Verkehrssimulationen durch Programme wie TRANSIMS zu sehr viel umfassenderen Modellierungstools wandelten. Basierend auf Zensusdaten, Straßenkarten und Fahrplänen wurde zunächst die gesamte Verkehrs- und Versorgungsinfrastruktur einer Stadt eingespielt – der erste Modellierungsfall betraf die Stadt Portland, Oregon –, inklusive Strom- und Wasserversorgung, ca. 180.000 Einrichtungen (wie Schulen, Bürohäusern, Kinos und Wohnvierteln) und mit 1,6 Millionen virtuellen Einwohnern.[70] Spätere Einsatzfälle wandten sich unter anderem der Region Dallas/Fort Worth und – mit über vier Millionen Agenten um einiges höherskaliert – Chicago zu.[71]

Jeder dieser virtuellen Einwohner folgte – auf Basis individualisierter statistischer Daten über die Stadtbevölkerung – seinen täglichen Routinen, von der Fahrt zur Arbeit, dem Abholen der Kinder aus der Schule bis zum abendlichen Gang ins Kino. Im Computermodell wurden mithin die Details des Alltagslebens, die in herkömmlichen Sozialstatistiken lediglich als abstrakte Aggregationen, Durchschnittswerte und Normalisierungen gefasst wurden, lebensnah entfaltet. Dies ging bis hin zu all den Betriebsstörungen, Unfällen, unvorhersehbaren Verspätungen und spontanen Entscheidungen, welche die individuellen Handlungen der Agenten mit sich bringen konnten. Und es sind gerade diese außerordentlichen Ereignisse und Handlungen, die oft Aufschluss über Dysfunktionalitäten im Verhalten eines Systems geben. Sie werden in hergebrachten statistischen Verfahren oftmals einfach glattgerechnet und treten nicht in Erscheinung.

Um diese Dynamiken nachvollziehen zu können, beinhaltete TRANSIMS die grafische Benutzeroberfläche eines *Output Visualizers*, der das Verhalten des Systems aus verschiedenen Blickwinkeln für den Computer-Experimentator beobachtbar machte: zum Beispiel eine Bird-View-Perspektive zur Darstellung kumulierter

69 Vgl. Charles M. Macal und Michael J. North: Tutorial on agent-based modeling and simulation. Part 2. How to model with agents. In: Proceedings of the 2006 Winter Simulation Conference, S. 73–83, hier S. 74.

70 Vgl. Claus Pias: On the epistemology of computer simulations. In: Zeitschrift für Medien- und Kulturforschung 2 (2011), H. 1, S. 29–54, hier S. 47.

71 Vgl. Sebastian Vehlken: Traffic life. Temporal dynamics and regulatory in agent-based transport simulations. In: Mobilities 15 (2020), H. 5, S. 725–739.

Fahrzeugbewegungen, oder eine On-Board-Perspektive als Mitfahrer in einem der von den Agenten bewegten Autos inmitten des Stadtverkehrs (siehe Abb. 5 und 6).

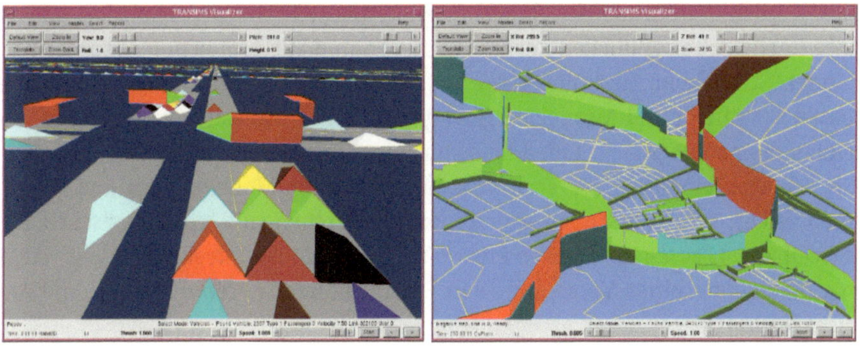

Abb. 5 und 6: Chris Barrett et al.: Screenshots des Output Visualizers von TRANSIMS mit verschiedenen Auflösungsgraden der Darstellung zwischen individualisierenden und summierenden Perspektiven, 2002.

Von unterschiedlicher Warte aus und mit differierender Detailauflösung konnte somit im laufenden Simulationsmodell dessen Entwicklung realitätsnah verfolgt und die positiven oder negativen Effekte verschiedenster Eingriffe in die Organisation der virtuellen Stadt getestet werden. Und dies wiederum konnte dann in einem Vorschlagswesen für Reorganisationsmaßnahmen der realen Städte resultieren.[72] Auf der Grundlage dieser verwobenen zeitlichen Dynamik kann die Auswertung beispielsweise in Form von Gesamtreisezeiten, Fahrzeugkilometern oder Emissionen erfolgen. All diese Auswirkungen können auf die Demografie bestimmter Personen zurückgeführt werden, was eine Einschätzung der unterschiedlichen Auswirkungen auf verschiedene, sich möglicherweise überschneidende Teilpopulationen ermöglicht. So können Stadtplaner feststellen, welche Anwohner von Verbesserungen der lokalen Straßen profitieren und etwa kürzere Fahrzeiten genießen oder welcher Teil der Bevölkerung unter der Verschlechterung der Luftqualität leidet. Aber abgesehen von solchen unmittelbaren Ergebnissen hatte die Abschätzung des Verkehrs, so Stephen Eubank, einer der führenden TRANSIMS-Entwickler, auch allgemeinere Auswirkungen: „Human mobility is the basic data needed for understanding the characteristics of social networks. These in turn

72 Vgl. Pias: Epistemology, S. 48.

underlie estimates of mobile telecommunication demand, electric power demand, epidemiology, and many other poorly understood processes."[73]

Wie diese Aussage zeigt, kann TRANSIMS als eine Softwareumgebung angesehen werden, die soziale Beziehungen als logistische Probleme organisiert und so ihre intrinsischen zeitlichen Regime mit der „automatic production of space" verbindet.[74] Gerade im Zusammenhang mit solchen Ansprüchen weisen Autoren wie David O'Sullivan und Mordechai Haklay jedoch auf einen intrinsischen Bias zu einem methodologischen Individualismus hin, der sich bei vielen ABM auspräge. Sie schlagen einen intensiveren Austausch zwischen Modellbauern und Sozialtheoretikern vor, um zu weniger reduktionistischen und utilitaristischen Beschreibungen gesellschaftlicher Effekte zu gelangen. Dies liegt daran, dass ABM häufig eine einseitige Vorstellung von Emergenz implizieren und damit die Ansicht fördern, dass

> society is nothing more than the aggregate activity of individuals. That society is also the resultant of all previous actions of individuals (living or dead), and that it shapes and constrains our actions as individuals is ignored. [...] The effects of society may also be felt in the reflexive ways in which individuals decide to act in response to their perceptions of the social structures in which they are embedded. Thus, society not only constrains human actions, it may also give rise to conscious efforts to change society itself.[75]

Damit kommen ABM einer multiperspektivischen Modellierung urbaner Dynamiken zwar näher als die kybernetischen Systems-Analysis-Modelle der 1960er und 1970er Jahre. Doch auch sie stellen letzten Endes sehr grobe Abstraktionen realer komplexer Systeme wie eben Städten dar. Sie können jedoch als Medientechnologien angesehen werden, welche die Bühne unseres zeitgenössischen „smartness mandate" bereiten: nämlich die untrennbare Verknüpfung von Selbstorganisation mit Operationen der Optimierung – mit der Behauptung, dass jede Art von Beziehung zwischen Menschen, ihren Technologien und den Umgebungen, in denen sie leben, algorithmisch verwaltet werden könne und solle.[76]

Ein solches „smartness mandate"– dies wiederum lehrt der Blick in die Mediengeschichte der Complexity Science – kann sich durchaus anhand völlig hirnloser

73 Stephen G. Eubank: Transportation Networks. Dynamics and Simulation, Los Alamos Unrestricted Paper LA-UR-01-4031 (1996).

74 Nigel Thrift und Shaun French: The automatic production of space. In: Transactions of the Institute of British Geographers 27 (2002), H. 3, S. 309–335.

75 David O'Sullivan und Mordechai Haklay: Agent-based models and individualism. Is the world agent-based? In: Environmental Planning A 32 (2000), S. 1409–1425, hier S. 1414, 1416.

76 Vgl. Orit Halpern, Robert Mitchell und Bernard D. Geoghegan: The smartness mandate. Notes toward a critique. In: Grey Room 68 (2017), S. 106–129, hier S. 119. Siehe auch die Sektion zu „Big Data und Verhalten" in diesem Band.

Vorbilder generieren. Das Paradebeispiel eines in diesem Fall biochemisch verfassten Modells für selbstorganisierendes Verhalten, das eine große Faszinationskraft auf die interdisziplinären Forschungen zur Komplexität ausübte und unübersehbare Residuen auch für die Suche nach neuen Ansätzen in der Stadtplanung hinterlassen hat, ist sicherlich der Schleimpilz *Physarum polycephalum*.[77] Auf die mehr als bloß metaphorische Verbindung zwischen Städten und Schleimpilzen hatte als einer der ersten der Wirtschaftswissenschaftler Paul Krugman im Jahr 1996 hingewiesen:

> It has often been observed that a city is like a living thing. In particular, like an organism it continually replaces its cells yet somehow retains its identity, a city contains an ever-changing population yet remains a well-defined unit. But what sort of organism does a city most resemble? This paper will suggest that a good answer may be that cities are not too unlike slime molds.[78]

Schleimpilze vereinen zwei Existenzformen. In Umgebungen mit ausreichendem Nahrungsangebot splitten sie sich in viele kleine, individuell agierende Amöben auf, die sich zufallsgetrieben bewegen. Sobald die Nahrung jedoch knapp wird, beginnen diese Amöben chemische Signale auszusenden, die sie dazu bringen, sich zu einer zusammenhängenden Zelle zusammenzuschließen, dem sogenannten Plasmodium. Dieses gelartige Plasmodium vereint dann die Zellkerne aller vorherigen Amöben und verhält sich nun wie eine Kolonie: Es kann sich von jeder Stelle aus rhythmisch ausdehnen und zusammenziehen, etwa um kleine Ärmchen aus der Hauptmasse heraus vorzustrecken, wodurch die Flüssigkeit im Inneren herumgeschoben und so die Gesamtgestalt stetig verändert wird. Trifft ein Teil des Plasmodiums auf einen Attraktor wie Nahrung, pulsiert es schneller und weitet sich. Trifft ein anderer Teil auf etwas Abstoßendes wie Licht, pulsiert er langsamer und schrumpft.[79] Durch die Addition all dieser Effekte fließt das Plasmodium ohne bewusste Entscheidungsfindung in die bestmögliche Richtung – eine Art Schwarmintelligenz in Blob-Form.[80] Aufgrund seiner Einfachheit und Anwendungsfreundlichkeit in Laborexperimenten avancierte *Physarum* zu einer Art Modellorganismus, an dem allgemeine Eigenschaften komplexer Systeme studiert werden sollten.

---

77 Vgl. Andrew Adamatzky: Physarum Machines. Computers from Slime Mould. Singapore 2010.
78 Krugman: City Formation, S. 15.
79 Vgl. Ed Yong: Let slime moulds do the thinking! In: The Guardian, 8. Sept. 2010. Online unter: www.theguardian.com/science/blog/2010/sep/08/slime-mould-physarum (abgerufen am 10.7.2021).
80 Vgl. Sebastian Vehlken: Zootechnologien. Eine Mediengeschichte der Schwarmforschung. Berlin 2012, S. 241–247.

In Krugmans Modell bleibt die Bezugnahme zwischen Stadt und Schleimpilz indes recht rudimentär. Er bezieht sich lediglich auf prinzipielle Analogien zwischen *Physarums*-Agglomerationen (d. h. chemischen Reaktionen) und Stadtentwicklung:

> Spatial economic models normally involve a tension between ‚centripedal' and ‚centrifugal' forces, not too different from the tension between positive and negative feedback that is central to many models of biological, chemical, and physical self-organization. And the distribution of firms and households across the landscape surley can be viewed as an ‚excitable medium' [...].[81]

Krugmans Modell macht noch einen recht abstrakten Gebrauch von den Schleimpilz-Fähigkeiten: Ihm geht es um einen prinzipiellen Nachweis des potenziellen Nutzens biochemischer Attraktor-Netzwerke für die Erforschung selbstorganisierender Systeme am Beispiel ökonomischer Raumplanungsmodelle. Sein Text beschreibt daher lediglich ein rudimentäres, eindimensionales Verteilungsmodell auf Basis bestimmter lokaler Attraktor-Konfigurationen – eine „Stadt" in Ringform, auf deren Außenrand die Transportakte vorzustellen waren. Eine für Stadtplanungszwecke unabdingliche Erweiterung auf zwei Dimensionen legte er nur mehr als Ausblick nahe.

Doch andere Forschungen schlossen die Frage nach urbaner Infrastrukturplanung und *Physarum*-Fähigkeiten in den Folgejahren zunehmend kurz: Einerseits wurde dabei ganz konkret das biologische Material des Schleimpilzes als Modellierungsverfahren eingesetzt – mit *Physarum* als „living amorphous computer" ließen sich mathematische Probleme wie „shortest path, implementation of storage modification machines, Voronoi diagram, Delaunay triangulation, logical computing, and process algebra" angehen. Andererseits wurde sein Nahrungssuchverhalten wiederum in mathematische Modelle überführt und seine Selbstorganisationsprozesse zum Beispiel mittels ABM simuliert und erforscht.[82] Seinen Durchbruch in Bezug auf Stadtplanungsfragen hatte der Schleimpilz jedoch erst mehr als ein Jahrzehnt nach Krugmans Artikel[83]:

> In 2009, scientists unleashed an amoeba-like blob on to Tokyo, and watched as it consumed everything in sight. In less than a day, the blob had spread throughout the entire city, concentrating itself along major transport routes. Fortunately for the citizens of the great Japa-

81 Krugman: City Formation, S. 15 f.

82 Vgl. Andrew Adamatzky und Andrew Ilachinski: Slime mold imitates the United States Highway System. In: Complex Systems 21 (2012), S. 1–20.

83 Vgl. Atsushi Tero et al.: Rules for biologically inspired adaptive network design. In: Science 327 (2010), H. 5964, S. 439–442.

> nese metropolis, the blob did its work on a model. Flakes of oats stood in for the major urban zones and the scientists involved were no B-movie villains. Rather, they were biologists studying the sophisticated behaviour of a slime mould.[84]

Es stellte sich heraus, dass *Physarum* seine Struktur in einer Modellumwelt aus Haferflocken, die urbane Zentren simulierten, und Lichtquellen, die unbebaubares Gelände markierten, so verteilte und nach und nach ausdünnte, dass ein Verbindungsnetzwerk aus Protoplasmaröhrchen zwischen den Nahrungsquellen ausgebildet wurde. Die im Zusammenhang mit dem *Science*-Artikel Atsushi Teros veröffentlichte und hier in Abb. 7 und 8 aufgenommene Reihe von Bildern überlagert dabei die Ausbreitung des biologischen Schleimpilz-Netzwerks mit einer geografischen Umrisskarte der interessierenden urbanen Region und vergleicht die emergierende Struktur mit dem Tokioter Schienennetzwerk.

Dessen Struktur war in Bezug auf die Effizienz der räumlichen Abdeckung der Nährstoffe, die Empfindlichkeit gegenüber Umweltbedingungen und den kosteneffizienten Transport von Nährstoffen und Metaboliten im Körper des Plasmodiums nahezu optimal.[85] Und das Netzwerk ähnelte verblüffenderweise fast aufs Haar den tatsächlichen Hauptachsen des Schienensystems von Tokio.[86] Der Schleimpilz konnte somit als prototypisches selbstorganisierendes Lösungsmodell für Netzwerk-Optimierungsfragen einstehen. In Computersimulationen übertragen, ließen sich damit neue Ansätze einer Bottom-up-orientierten Generierung urbaner Infrastrukturen und Raumordnungen verwirklichen, die mit einer bewussten Delegation von *control* an das Simulationssystem und sein Verhalten einhergingen.[87] Computersimulationen wurden nun also im Gegensatz zu den in der ersten Sektion behandelten kybernetischen Planungsansätzen eher als Umgebungen angesehen, in denen auf Basis möglichst treffend modellierter Grundprinzipien von Selbstorganisation ein tatsächliches „growing“ eines aus multiplen individuellen Verhaltensweisen resultierenden Systemverhaltens beobachtbar werden sollte. Das Ziel war nicht mehr die möglichst umfassende systeminterne Beherrschbarmachung von Komplexität durch eine adäquate Organisationsstruktur. Vielmehr bestand es in der Verfügbarmachung geeigneter computertechnischer Umgebungen, die eine Entfaltung komplexer Systemprozesse ermöglichten und deren szenarische Auswahl für Lösungskonfigurationen anregten.

---

84 Yong: Slime moulds, o. S.

85 Toshiyuki Nakagaki, Hiroyasu Yamada und Agota Tóth: Path finding by tube morphogenesis in an amoeboid organism. In: Biophysical Chemistry 92 (2001), H. 1/2, S. 47–52.

86 Yong: Slime moulds, o. S.

87 Vgl. Jeff Jones: From Pattern Formation to Material Computation. Multi-Agent Modelling of Physarum Polycephalum. 2015 (DOI: 10.1007/978-3-319-16823-4).

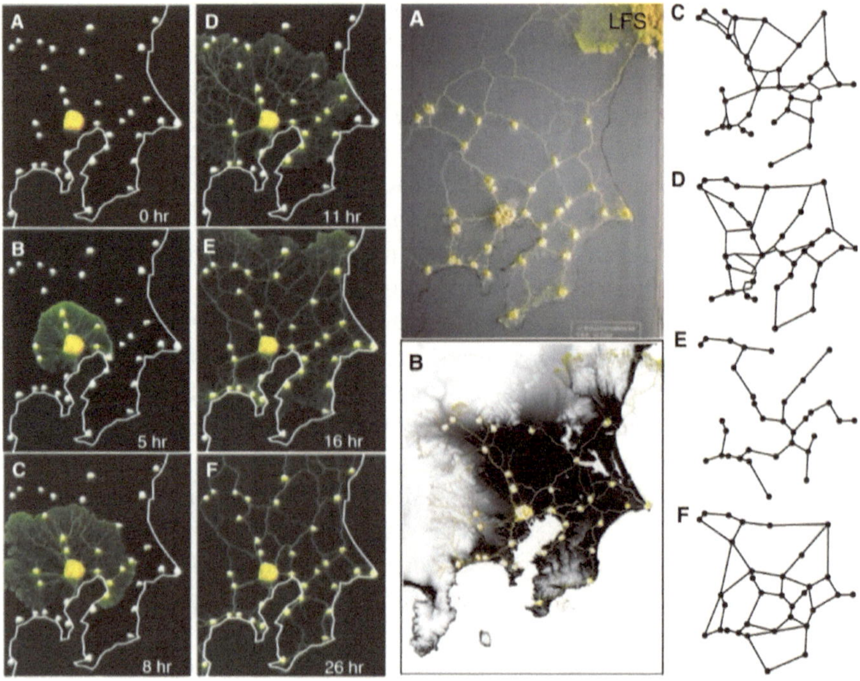

Abb. 7 und 8: Atsushi Tero et al.: Netzwerkformierung durch Physarum polycephalum, 2010, Copyright: *Science*.

Systemverhalten und Selbstreflexivität

Mediale Operationen, seien es die der frühen Kybernetik oder jene der Komplexitätswissenschaft, bestimmen die wissenschaftliche, kommerzielle oder politischen Aneignung des Verhaltens. Genauer gesagt, wird das Verhalten als eine Störung verstanden, die berechenbar und von einem System eingehegt wird. Dabei bezeichnet der Begriff ‚Systemverhalten' ein Zweifaches: Erstens passen sich die erwähnten Systeme dem Verhalten an, um Daten zu erfassen, zu extrahieren und zu analysieren, um so ein zukünftiges Verhalten zu errechnen. Zweitens ist das Systemverhalten durch den Umstand gekennzeichnet, dass in den unterschiedlichen Bereichen – Naturwissenschaften, Soziologie, Politik oder Wirtschaft – auf das Verhalten des Systems geachtet und in dieses eingegriffen wird. Es lässt sich eine historische und epistemologische Varietät beim Einsatz computertechnischer Systeme erkennen, die unter ihren jeweiligen historischen und technologischen Bedingungen ein Wissen über das Verhalten entwickeln.

Wie dieser Artikel anhand computergestützter *Urban-Dynamics*-Modelle zeigen wollte, kommen über den hier gespannten historischen Bogen einige grundlegende epistemologische Aspekte von Computersimulationen zur Sprache: Allgemein lösen Computersimulationen die schon von Prigogine[88] betonte zeitliche Irreversibilität der Systemprozesse durch eine Auffächerung in mannigfache alternative Durchlauf-Szenarien auf:

> Ensembles of histories can be created that help us understand the systemic properties of the systems that lead to them. Without simulations, predictive statements about systemic properties like robustness, resilience, efficiency, likelihood of collapse, and so on, would never be possible.[89]

Dabei werden klassische wissenschaftstheoretische Konzepte wie Gesetz, Beweis, Wahrheit oder Genauigkeit durch solche wie Regel, Adäquatheit, Richtigkeit oder Performanz irritiert.[90] Denn welcher Grad an Genauigkeit hinreichend ist, um ein zu simulierendes System adäquat zu beschreiben, ist häufig zunächst einmal unklar und überdies nur im Vergleich von Simulationsszenarien oder von konkurrierenden Simulationsmodellen annäherungsweise zu bestimmen. Bei der Validierungsfrage von Bottom-up-Modellen im Bereich der Urbanistik kommt es dabei beispielsweise zu interessanten Überschneidungen zwischen ABM- und *Physarium*-Modellen. So notierten erst kürzlich die Geowissenschaftler Alison Heppenstall und Nick Malleson am Ende eines Artikels, der verschiedene Validierungsmethoden für ABM aufführt:

> Hence simpler systems are needed to develop and test these new methods, but these systems must exhibit some complex behaviour (e.g. emergence, feedback loops, non-linear behaviour, etc.) and there must be sufficient data about them to allow their ‚true' state to be observed. To this end, perhaps biological systems such as Physarum polycephalum – ‚slime mould' – provide the ideal test bed. The rules that underpin their behaviour are reasonably well understood, they exhibit complex outcomes, they can (and have been) observed in great detail, and they can be modelled reliably using agent-based modelling. Whilst there are many methodological challenges that agent-based modelling presents, ongoing work is moving the discipline towards robustly validated models containing behavioural realism.[91]

---

88 Vgl. Ilya Prigogine: Irreversibility and randomness. In: Astrophysics and Space Science 65 (1979), H. 2, S. 371–381.
89 Thurner, Hanel und Klimek: Introduction, S. 26.
90 Vgl. Pias: Epistemology.
91 Alison Heppenstall und Nick Malleson: Building cities from slime mould, agents and quantum field theory. In: Proceedings of the 19th International Conference on Autonomous Agents and Multi-Agent Systems. Richland 2020, S. 3–4.

Im Zuge der notwendigerweise „internen" Validierung von Computersimulationsmodellen treten folglich verschiedene Arten von selbstorganisierenden komplexen Systemen in Austausch miteinander und informieren sich wechselseitig.

Hinzu kommt eine partielle Autonomie von Computersimulationen in Relation zu den von ihnen simulierten Systemen, die sich im Hinblick auf ihre unabdingbare *Lauffähigkeit* ergibt. Die zumeist kollaborativ entwickelten Codes müssen nämlich erstens operativ funktionieren und beinhalten daher in der Regel Vereinfachungen gegenüber zugrunde liegenden mathematischen Modellen. Zudem müssen sie zweitens durch adäquates Software-Engineering an die verwendete Hardware, zum Beispiel bestimmte Supercomputing-Cluster, angepasst werden. Ein dritter Aspekt ihrer partiellen Autonomie sind die fehlenden materiellen Friktionen, die in klassischen Experimentalsystemen ein Gelingen oder Scheitern anzeigen und die nun durch neue Evaluationsstrategien ersetzt werden müssen. Oftmals wird daher die Relevanz von Erfahrungswissen im Umgang mit komplexen Computermodellen und ein intuitives Arbeiten bei deren evolutionärer Weiterentwicklung betont.[92] Und viertens garantieren manchmal schlicht Tricks die Lauffähigkeit, etwa die Hinzunahme unrealistischer Parameter zugunsten eines „realistischen" Entwicklungsverlaufs der Gesamt-Simulation.[93] „Forschung mit Computerexperimenten", so Gabriele Gramelsberger, „gleicht daher eher einem permanenten Rekonfigurieren, Differenzieren und (Re-)Arrangieren als einem exakt definierten, deduktiven Frage-und-Antwort-Vorgang."[94] Es gilt somit, auch mit dem Eigenverhalten von Simulationen umzugehen, indem sie beständig in ein rekursives Selbstverhältnis gesetzt werden.

Die Mediengeschichte des computergestützten Systemverhaltens beginnt spätestens bei der frühen Kybernetik und der probabilistischen Steuerungswissenschaft, führt weiter zur Complexity Science und ihrem typischen Prinzip der Selbstorganisation und endet sicherlich nicht bei gegenwärtigen Diskussionen über Big Data, die unter dem Oberbegriff der Smart City seit gut einem Jahrzehnt ganz prominent auch in der Urbanistik diskutiert werden. Neuere datengetriebene Ansätze behaupten von sich, aufgrund eines ubiquitären Suchens, Sammelns und Analysierens mannigfacher Daten einen besseren Zugang zu Lebensvollzügen, Verhaltensstilen und Hand-

92 Vgl. Gabriele Gramelsberger: Computerexperimente. Zum Wandel der Wissenschaft im Zeitalter des Computers. Bielefeld 2010, S. 148.

93 Akio Arakawa: A personal perspective on the early years of general circulation modeling at UCLA. In: General Circulation Model Development. Hg. von David A. Randall. San Diego 2000, S. 1–66; Günter Küppers und Johannes Lenhard: Computersimulationen. Modellierungen 2. Ordnung. In: Journal for General Philosophy of Science 36 (2005), S. 305–329; vgl. Claus Pias: Klimasimulation. In: 2°. Der Mensch und sein Wetter. Hg. von Thomas Macho und Petra Lutz. Göttingen 2008, S. 100–107, hier S. 104.

94 Gramelsberger: Computerexperimente, S. 157.

lungszukünften zu haben als künstliche Agentenpopulationen. Und heutige *City Dashboards* bieten sicherlich beeindruckendere grafische Interfaces als die *Output Visualizers* der 1990er Jahre. Doch ein medien- und wissenschaftsgeschichtlich informierter Blick, wie er hier exemplarisch auf die Erforschung, Beobachtung und Modellierung von Verhaltensphänomenen durch Computersimulationen in Kybernetik und Komplexitätswissenschaft angelegt wurde, stellt einem neopositivistischen Disruptions-Diskurs mancher Smart-City-Erzählungen konsequent nüchterne genealogische Beobachtungen entgegen: Etwa die Feststellung, dass in datengetriebenen Ansätze zwar prinzipiell all das zusammenläuft, *was* Akteure tun – aber im Gegensatz zu ABM kaum Aufschluss darüber besteht, *wer* sie sind. Systemverhalten bleibt damit stets eine gemeinsame Sache von Statistik, Modellierung und Simulation.

Danksagung

Ich danke Rupert Gaderer (Ruhr-Universität Bochum) für viele intensive Gespräche während seines Fellowships an der DFG-Kollegforschungsgruppe Medienkulturen der Computersimulation (MECS) in Lüneburg, die wesentlich zur Erstellung dieses Artikels beigetragen haben.

Abbildungsverzeichnis

Abb. 1 Informationsflüsse im Pittsburgh-Modell. Aus: Ira S. Lowry: A Model of Metropolis. Rand Research Memorandum RM-4035-RC (August 1964), S. 5.

Abb. 2 Flussdiagramm des Urban Dynamics-Modells. Aus: Jay W. Forrester: Urban Dynamics. Cambridge, Mass. 1969, S. 17.

Abb. 3 Szenario für die Interdependenzen von Lebensbedingungen („upward economic movement“) und bestimmten städtebaulicher Maßnahmen („slum-housing demolition“ und „new entreprise construction“. Aus: Jay W. Forrester: Urban Dynamics. Cambridge, Mass. 1969, S. 6.

Abb. 4 Operatoren im Zusammenhang mit der Rate neuzugezogener arbeitssuchender Stadtbewohner. Aus: Jay W. Forrester: Urban Dynamics. Cambridge, Mass. 1969, S. 24.

Abb. 5 und 6 Screenshots des Output Visualizers von TRANSIMS mit verschiedenen Auflösungsgraden der Darstellung zwischen individualisierenden und summierenden Perspektiven. Aus: Chris Barrett et al.: TRANSIMS, Vol. 4:

Calibrations, Scenarios, and Tutorials. Los Alamos National Laboratory, Report LA-UR-00-1766 (März 2002), S. 90 und 92.

Abb. 7 und 8 Netzwerkformierung durch Physarum polycephalum. Aus: Atsushi Tero et al.: Rules for biologically inspired adaptive network design. Science 327 (2010), H. 5964, S. 439–442, hier S. 440, Copyright: *Science*.

V Politiken des Verhaltens

Janosch Steuwer

Einführung: Politiken des Verhaltens

Für die wissenschaftliche Reflexion von Politik spielt der Verhaltensbegriff eine eigenwillige Rolle. Auf der einen Seite formte auch die Politikwissenschaft ihr heutiges Selbstverständnis als empirische Wissenschaft der Politik innerhalb der breiteren Reformulierung der US-amerikanischen Sozialwissenschaften als „Behavioral Science" Mitte des zwanzigsten Jahrhunderts.[1] Unter dem Schlagwort des „Behavioralismus" erhob sich in den 1950er Jahren um Wortführer wie David Easton oder Robert A. Dahl eine Gegenbewegung zur traditionellen, von ideengeschichtlichen und institutionalistisch-legalistischen Ansätzen dominierten Politikwissenschaft.[2] Diese hatte ihre Aufgabe vor allem in der Beschreibung und Bewertung politischer Handlungen, Institutionen und Gegenstände gesehen. An ihre Stelle sollte nun eine erklärende und prognosefähige Disziplin treten, die in loser Orientierung am psychologischen Behaviorismus Gesetzmäßigkeiten des Politischen aus systematischen und nachprüfbaren empirischen Beobachtungen heraus zu bestimmen sucht. Wirkmächtig wurde diese Protestbewegung insbesondere durch die Verbreitung statistischer und quantifizierender Methoden in der Politikwissenschaft, mit denen sich das Selbstverständnis des Faches langfristig veränderte: Auch wenn ‚Behavioralismus' Politikwissenschaftler:innen heute kaum mehr zur Selbstbeschreibung dient, wurde die mit ihm verbundene theorieorientierte empirisch-quantitative Forschung in der Disziplin „zugleich Notwendigkeit und Selbstverständlichkeit".[3]

Auf der anderen Seite entwickelte sich in diesem Prozess ‚Verhalten' nicht zu einer systematischen Kategorie der Politikwissenschaft. „Politisches Verhalten" blieb ein, wie es ein aktuelles politikwissenschaftliches Lexikon fasst, „alltagsweltlicher Begriff", der als Bezeichnung für „alle Formen von Verhalten und sozialem Handeln [fungiert], die auf politische Partizipation bzw. die Veränderung oder Erhaltung politischer, aber auch sozialer Verhältnisse gerichtet sind".[4] Damit bezeich-

1 Mark Solovey: Shaky Foundations. The Politics-Patronage-Social Science Nexus in Cold War America. New Brunswick 2013, S. 103–147.

2 Ausführlich hierzu Jürgen W. Falter: Der „Positivismusstreit" in der amerikanischen Politikwissenschaft. Entstehung, Ablauf und Resultate der sogenannten Behavioralismus-Kontroverse in den Vereinigten Staaten 1945–1975. Opladen 1982.

3 Jürgen W. Falter: Behaviorismus, Behavioralismus. In: Staatslexikon. Recht, Wirtschaft, Gesellschaft. Bd. 1: ABC-Ehrenamt. 8. Aufl. Hg. von Görres-Gesellschaft und Verlag Herder. Freiburg/Basel/Wien 2017, S. 598–601, hier S. 600.

4 Tanja Zinterer: Politisches Verhalten. In: Lexikon der Politikwissenschaft. Theorie, Methode, Begriffe. Bd. 2. Hg. von Dieter Nohlen und Rainer-Olaf Schultze. München 2005, S. 778.

https://doi.org/10.1515/9783110740813-018

net der Begriff heute einen wichtigen Forschungsgegenstand, den die Politikwissenschaft empirisch zu erfassen sucht, zu dessen Erklärung sie aber auf Verhaltensmodelle benachbarter Wissenschaften zurückgreift; etwa wenn sie „Wahlverhalten" mit soziologischen Modellen als Ausdruck sozialer Gruppenzugehörigkeit, mit ökonomischen Theorien als Entscheidungen „rationaler Wähler" oder mit individualpsychologischen Ansätzen als Ergebnis langfristiger Parteienbindungen oder spezifischer Issue-Orientierungen der Wähler:innen deutet.[5] Verhalten wird dabei kaum als eine spezifische Kategorie menschlichen Tuns begriffen. Vielmehr dient „Verhalten im weitesten Sinne" als Oberbegriff für „das Denken, die Werturteile, die Emotionen, die sachlichen Urteile und ebenso die Bereitschaft und die Formen politischer Beteiligung", mit denen sich Individuen in den politischen Prozess einbringen.[6] Dass die Politikwissenschaft mit dieser unscharfen Begriffsverwendung zwar eine Vielzahl empirischer Thesen über politisches Verhalten,[7] aber keine eigene Konzeption von Verhalten entworfen hat, ist ebenso wenig verwunderlich wie ihre nur partielle Rezeption etwa der Ethologie.[8]

Charakteristisch für das wissenschaftliche Nachdenken über den Zusammenhang von Verhalten und Politik ist insofern weniger ein bestimmtes Verhaltenskonzept als ein Problemzusammenhang. Mit dem Verhaltensbegriff nimmt die Politikwissenschaft stets ein Verhältnis in den Blick: die Beziehungen zwischen den Institutionen des politischen Systems und der Bevölkerung. Politisches Verhalten von Individuen interessiert damit vor allem in seiner Relevanz für den politischen Prozess, wobei der „Verteilung von politisch bedeutsamen Wertüberzeugungen, Verhaltensweisen, Einstellungen und allgemeinen Orientierungen" als Ausdruck einer „politischen Kultur" systemische Bedeutung zugeschrieben wird.[9] An ihr entscheiden sich die Legitimität und Funktionsfähigkeit politischer Systeme.

---

5 Zu den Konzepten der Wählerforschung siehe ausführlich Jürgen W. Falter und Harald Schoen (Hg.): Handbuch Wahlforschung. 2. Aufl. Wiesbaden 2014 sowie die klassischen Studien von Seymour Martin Lipset und Stein Rokkan: Party Systems and Voter Alignments. Cross-National Perspectives. New York 1967 (Gruppenzugehörigkeit); Anthony Downs: An Economic Theory of Democracy. New York 1957 (rationale Wähler); Angus Campbell et al.: The American Voter. New York 1960 (Parteienbindung, Issue-Orientierung).

6 Thomas Mayer: Was ist Politik. 2. Aufl. Opladen 2003, S. 85.

7 Zum Stand der Forschung siehe die Beiträge in Russell J. Dalton und Hans-Dieter Klingemann (Hg.): The Oxford Handbook of Political Behavior. Oxford 2007.

8 Siehe etwa Walter Bühl: Ethologie und Politikwissenschaft. In: Zeitschrift für Politik 23 (1976), H. 2, S. 135–156; Thomas Molnar: Das programmierte Paradies. Die politischen Implikationen der Ethologie. In: Zeitschrift für Politik 23 (1976), H. 2, S. 114–134.

9 Mayer: Politik, S. 85 sowie die klassische Studie von Gabriel A. Almond und Sidney Verba: The Civic Culture. Political Attitudes and Democracy in Five Nations. Princeton 1963.

Auch die Geschichtswissenschaft hat sich politischem Verhalten bislang vor allem als empirischem Phänomen und aus diesem systemischen Interesse heraus zugewandt. Dies zeigt sich schon daran, dass Historiker:innen das Ziel, eine „Geschichte politischen Verhaltens" zu schreiben, vor allem für die Zeit des Nationalsozialismus formuliert haben,[10] für die die Beziehung zwischen Bevölkerung und politischen Institutionen aus einem doppelten Grund von besonderem Interesse ist: Zum einen besitzt die Frage, inwieweit die Deutschen die nationalsozialistische Diktatur und ihre verbrecherische Politik mitgetragen hatten, seit 1945 anhaltende Brisanz. Zum anderen erhob das NS-Regime einen besonders weitreichenden, grundsätzlich keinen Lebensbereich auslassenden Anspruch, das Verhalten der Deutschen zur Durchsetzung seiner gesellschaftspolitischen Vorstellungen entlang neuer politischer Leitlinien zu verändern.[11]

Die historische Forschung untersucht diesen Zusammenhang bisher vor allem mit Blick auf das konkrete Verhalten der Deutschen. Dabei sind sozialgeschichtliche Perspektiven, die politisches Verhalten im Nationalsozialismus als Ausdruck der Zugehörigkeit zu sozialmoralischen Milieus verstanden,[12] weitgehend vom alltagsgeschichtlichen Konzept der „Aneignung" (Alf Lüdtke) abgelöst, mit dem Historiker:innen die konkreten Reaktionen und Wahrnehmungen auf herrschaftliche Zumutungen und Erwartungen analysieren. Der Fokus auf „Aneignungen", verstanden als „Wahrnehmungs-, Deutungs- und Verhaltensweisen", mit denen Menschen „Chancen wie Zumutungen wahrnehmen und in Momente des eigenen Lebens" umformen,[13] hat Historiker:innen allerdings lange Zeit das Denken und Handeln in

10 Mit diesem Anspruch etwa Martin Broszat: Vorwort. In: Bayern in der NS-Zeit II. Herrschaft und Gesellschaft im Konflikt, Teil A. Hg. von Martin Broszat und Elke Fröhlich. München/Wien 1979, S. XVII–XXV, hier S. XVIII; Gerhard Paul und Klaus-Michael Mallmann: Milieus und Widerstand. Eine Verhaltensgeschichte der Gesellschaft im Nationalsozialismus. Bonn 1995 (Widerstand und Verfolgung im Saarland 1933-1945. Bd. 3).

11 Auf dieser Beobachtung gründete schon die Totalitarismustheorie, siehe als Überblick Wolfgang Wippermann: Totalitarismustheorien. Die Entwicklung der Diskussion von den Anfängen bis heute. Darmstadt 1997.

12 Zum Konzept der „sozialmoralischen Milieus" siehe Mario Rainer Lepsius: Parteiensystem und Sozialstruktur. Zum Problem der Demokratisierung der deutschen Gesellschaft. In: Mario Rainer Lepsius: Demokratie in Deutschland. Soziologisch-historische Konstellationsanalysen. Ausgewählte Aufsätze. Göttingen 1993, S. 25–50 sowie zur Kritik dieser Perspektive Peter Fritzsche: Where did all the Nazis go? Reflections on collaboration and resistance. In: Tel Aviver Jahrbuch für deutsche Geschichte 23 (1994), S. 191–214.

13 Alf Lüdtke: Alltagsgeschichte. Aneignungen und Akteure. Oder – es hat noch kaum begonnen! In: WerkstattGeschichte 6 (1997), H. 17, S. 83–91, hier S. 84. Ausführlich hierzu Alf Lüdtke: Einleitung. Herrschaft als soziale Praxis. In: Herrschaft als soziale Praxis. Historische und sozialanthropologische Studien. Hg. von dems. Göttingen 1991, S. 9–63; Alf Lüdtke: Eigen-Sinn. Fabrikalltag, Arbeitererfahrungen und Politik vom Kaiserreich bis in den Faschismus. Hamburg 1993.

eins setzende Menschenbild des NS-Regimes unhinterfragt fortschreiben lassen. Demnach hatten die Deutschen bedingungslosen „Glauben" an die nationalsozialistische Führung zu beweisen, der als Beleg einer „nationalsozialistischen Persönlichkeit" galt, in der Praxis aber vor allem über Beobachtung konformen Verhaltens festgestellt wurde. Jüngere Studien bemühen sich hingegen, systematischer zwischen dem politischen Verhalten der Deutschen und den daran geknüpften zeitgenössischen Sinnstiftungen zu unterscheiden und entwerfen damit eine differenzierte Deutung der Beziehung zwischen politischen Instanzen und Bevölkerung im Nationalsozialismus: Demnach beeinflusste das NS-Regime auf der einen Seite „social behaviour indirectly and powerfully", so dass „after 1933 the Germans behaved as a *Handlungsgemeinschaft*, a Community of Action". Doch konformistisches Verhalten im Sinne des Nationalsozialismus bedeute auf der anderen Seite nicht, dass „actors did [...] necessarily have to share its ideological premises". Im Gegenteil hätten sich hinter gleichen Verhaltensweisen ganz unterschiedliche Sinnstiftungen verborgen, was erklären könne, warum die Gesellschaft des Nationalsozialismus weiterhin durch eine „diversity of attidues" geprägt blieb und dennoch die nationalsozialistische Politik in der Praxis weitgehend unterstützte.[14]

Die Absicht, tatsächlich alle Teile der Gesellschaft für die Verwirklichung nationalsozialistischer Politik zu mobilisieren, zeigt sich auch in den Bemühungen zur Erforschung und Steuerung des Hundeverhaltens, die Mieke Roscher in diesem Band untersucht. Nicht nur wurde auch über den Umgang mit Tieren, wie Roscher zeigt, ein politisches Programm vorangetrieben. Vielmehr glichen sich die Bemühungen um die politische Beeinflussung von Tieren und Menschen in zentralen Momenten auffällig: Wie bei den „Volksgenossen" zielten die Einflussnahmen auch bei Hunden nicht nur auf das beobachtbare Verhalten, sondern in einer „ganzheitlichen" Perspektive ebenso auf deren „Psychologie". Sie schien durch Erfahrungen formbar, so dass nicht nur die „Tierverhaltenskunde", sondern auch die politische Erziehungstheorie des Nationalsozialismus davon ausging, durch die planvolle Schaffung von „Erlebnissen" ein bestimmtes Verhalten induzieren zu können.[15] Trotz der zentralen Bedeutung biologistischer und kollektivistischer Perspektiven des Nationalsozialis-

14 Hier und vorherige Zitate: Frank Bajohr: „Community of Action" and diversity of attitudes. Reflections on mechanisms of social integration in National Socialist Germany, 1933–45. In: Visions of Community in Nazi Germany. Social Engineering and Private Lives. Hg. von Martina Steber und Bernhard Gotto. Oxford 2014, S. 187–199, hier S. 199. Siehe darüber hinaus Peter Fritzsche: Life and Death in the Third Reich. Cambridge, Mass./London 2008; Nicholas Stargardt: Der Deutsche Krieg 1939–1945. Frankfurt 2015; Janosch Steuwer: „Ein Drittes Reich, wie ich es auffasse". Politik, Gesellschaft und privates Leben in Tagebüchern 1933–1939. Göttingen 2017.
15 Zur erlebnispädagogischen Ausrichtung der NS-Pädagogik Andreas Kraas: „Den deutschen Menschen in seinen inneren Lebensbezirken ergreifen". Das Lager als Erziehungsform. In: Erzie-

mus, die ihm die Erb- und Rassenforschung ebenso einschrieb wie der entgrenzte Gemeinschaftsdiskurs, bildete bei Tier und Mensch das Individuum den Adressaten politischer Steuerungsversuche. Dies begründete eine enge Verflechtung von Politik und individuellen Lebensweisen, die den Nationalsozialismus grundsätzlich kennzeichnete: Die Realisierung nationalsozialistischer Politik hing entscheidend von dem massenhaften Verhalten Einzelner ab, wie der Einzelne in seinem tagtäglichen Verhalten immer wieder beweisen musste, den Erwartungen des Regimes zu entsprechen.[16]

Hat sich die Erforschung konkreten politischen Verhaltens als Aneignung herrschaftlicher Zumutungen oder Möglichkeiten insofern für den Nationalsozialismus, aber auch für andere Diktaturen, als produktiv erwiesen,[17] werden die Blindstellen des Konzeptes bislang zu wenig diskutiert. Vor allem rückt der Fokus auf die Wahrnehmungs- und Deutungsweisen Einzelner nur solche Formen der politischen Verhaltenssteuerung in den Blick, die sich offen – als Drohung, Verlockung oder Appell – zeigen und damit beobachtbare Reaktionen hervorrufen. Auch deshalb hat politisches Verhalten in Kontexten, in denen politische Akteure weniger drängende Vorgaben für individuelles Verhalten machen, wie in liberalen Demokratien, bislang deutlich weniger Forschungsinteresse auf sich gezogen.[18] Hier eröffnen wissensgeschichtliche Perspektiven auf den Verhaltensbegriff neue Zugänge, die vor allem vertiefte Einsichten in die Techniken und Paradoxien politischer Verhaltenssteuerung freilegen. Annelie Ramsbrock demonstriert dies in ihrem Beitrag am Beispiel des Strafvollzugs, dessen Praxis und Legitimationsmuster sich in der zweiten Hälfte des zwanzigsten Jahrhunderts durch ein neues Verhaltenswissen tiefgreifend veränderte. Gegenüber älteren, kriminalbiologischen Deutungen setzte sich in den 1960er Jahren eine neu verstandene Sozialisationstheorie durch, die die Entwicklung des Individuums zur sozial integrierten Persönlichkeit ins Zentrum

hungsverhältnisse im Nationalsozialismus. Totaler Anspruch und Erziehungswirklichkeit. Hg. von Klaus-Peter Horn und Jörg-W. Link. Bad Heilbrunn 2011, S. 295–317.

16 Janosch Steuwer: A particular kind of privacy. Accessing the „Private" in National Socialism. In: Private Life and Privacy in Nazi Germany. Hg. von Elizabeth Harvey et al. Cambridge 2019, S. 30–54.

17 Siehe zusammenführend Frank Bajohr: Gesellschaften in Diktaturen. In: Diktaturen. Perspektiven der zeithistorischen Forschung. Hg. von Johannes Hürther und Herrmann Wentker. Berlin/Boston 2019, S. 47–57.

18 Wo sich die Zeitgeschichte politischem Verhalten in der Demokratie zugewandt hat, folgt sie dem engen Fokus der Politikwissenschaften auf Formen der Beteiligung am politischen Prozess, siehe etwa Claudia Gatzka: Die Demokratie der Wähler. Stadtgesellschaft und politische Kommunikation in Italien und der Bundesrepublik 1944–1979. Düsseldorf 2019; Michaela Fenske: Demokratie erschreiben. Bürgerbriefe und Petitionen als Medien politischer Kultur 1950–1974. Frankfurt a. M. 2013.

stellte. Mit ihr erschien Kriminalität als Ergebnis mangelhafter Sozialisation, die der Strafvollzug nun nachzuholen versprach. Das Paradigma der Resozialisation veränderte dabei sowohl die Praxis des Strafvollzuges, indem kriminelles Verhalten durch die Gestaltung und Steuerung der sozialen Umwelt des Strafgefangenen im Gefängnis dauerhaft behebbar erschien, als auch die politische und rechtliche Rechtfertigung des gesellschaftlichen Umgangs mit als kriminell eingestuften Individuen.

Solche „Politiken des Verhaltens", wie sie Ramsbrock am Beispiel des Strafvollzugs umreißt, entstanden im letzten Drittel des zwanzigsten Jahrhunderts in verschiedenen Politikfeldern, in denen ein neues, aus unterschiedlichen Disziplinen stammendes Verhaltenswissen die Möglichkeiten und Notwendigkeiten politischer Verhaltenssteuerung grundlegend veränderte. Im Kontext gesteigerter Ansprüche an eine vorsorgende Politik des Staates erwies sich dabei vor allem die Einsicht in die Diskrepanz von Einstellung und Verhaltensweise als ein wichtiger Motor für den Wandel politischer Regulierung und staatlichen Handelns.[19] Traditionellen Techniken der Verhaltensbeeinflussung schienen damit enge Grenzen gesetzt, während vor allem verhaltensökonomische Modelle neue Erklärungen zu den „Verhaltensmechanismen [versprachen], welche die politische Steuerung durch Gesetze, finanzielle Anreize und Informationskampagnen erschwerten".[20] Sie eröffneten Ansatzpunkte für andere Regulierungsstrategien, die das „Individuum nicht mehr primär als rationale und selbsttransparente Akteure" konzipierten und die seit den 1980er Jahren insbesondere in der Verkehrs-, der Umwelt- und der Gesundheitspolitik erprobt wurden.[21] Verhaltenswissenschaftlich basierte Steuerungstechniken haben sich seit der Jahrtausendwende ausgehend von den USA und Großbritannien zu einer allgemein ausgerichteten „behavioral public policy" verdichtet, die gestützt auf verhaltensökonomische Konzepte einen grundlegenden Wandel von Staatlichkeit vorantreiben.[22]

---

19 Siehe zum Folgenden ausführlich Rüdiger Graf: Vorhersagen und Kontrollieren. Verhaltenswissen und Verhaltenspolitik in der Zeitgeschichte. Göttingen 2024.

20 Rüdiger Graf: Verhaltenssteuerung jenseits von Markt und Moral. Die umweltpolitische Regulierungsdiskussion in der Bundesrepublik Deutschland und den USA im letzten Drittel des 20. Jahrhunderts. In: Vierteljahrshefte für Zeitgeschichte 66 (2018), H. 3, S. 435–462, hier S. 458.

21 Graf: Verhaltenssteuerung, S. 459; Rüdiger Graf: Sorglosigkeit und Versicherheitlichung. In: Vorsorgen in der Moderne. Akteure, Räume und Praktiken. Hg. von Nicolai Hannig und Malte Thießen. Berlin/Boston 2017, S. 169–190; Martin Lengwiler (Hg.): Das präventive Selbst. Eine Kulturgeschichte moderner Gesundheitspolitik. Bielefeld 2010.

22 Rüdiger Graf: Verhaltenspolitik. Der Wandel von Staatlichkeit seit den 1970er Jahren. In: Mittelweg 36 (2022), H. 3, S. 88–108.

Diese etwa am Konzept des *Nudging* in jüngster Zeit kontrovers diskutierte Entwicklung wirft ein wissenschaftliches wie politisches Problem auf.[23] Wissenschaftlich bleibt fraglich, wie solche Beeinflussungen des Verhaltens empirisch gefasst werden können. Wo Verhaltensregulierungen das Individuum nicht als vernünftigen Akteur adressieren, lässt sich ihr Effekt kaum mehr über den Blick auf ihre Aneignungen analysieren. Sichtbar wird Verhalten dann vor allem in den aggregierten Daten der Verhaltenswissenschaft selbst, die die komplexen Bedingungsgefüge und Motivationen, in die menschliches Verhalten eingebunden ist, notwendigerweise verkürzen.[24] Verhaltenswissenschaftliche Theorien blicken hier immer in den Spiegel ihrer eigenen Prämissen, und es ist offen, ob und wie historische Betrachtungsweisen andere Perspektiven einzunehmen vermögen.[25] Damit kommt der wissensgeschichtliche Blick auf die Ausweitung staatlicher Regulierungstechniken aus einer anderen Perspektive auf jene „Grundfrage liberaldemokratischer Ordnungen" zurück, um die das politikwissenschaftliche Interesse am politischen Verhalten kreist, „nämlich wie stark und mit welchen Instrumenten der Staat in das Leben seiner Bürgerinnen und Bürger eingreifen darf".[26]

Weiterführende Literatur

Bajohr, Frank: „Community of Action" and diversity of attitudes. Reflections on mechanisms of social integration in National Socialist Germany, 1933–45. In: Visions of Community in Nazi Germany. Social Engineering and Private Lives. Hg. von Martina Steber und Bernhard Gotto. Oxford 2014, S. 187–199.

Bajohr, Frank: Gesellschaften in Diktaturen. In: Diktaturen. Perspektiven der zeithistorischen Forschung. Hg. von Johannes Hürther und Herrmann Wentker. Berlin/Boston 2019, S. 47–57.

23 Richard Thaler und Cass Robert Sunstein: Nudge. Improving Decisions about Health, Wealth, and Happiness. New Haven 2008; Richard Thaler und Cass Robert Sunstein: Libertarian paternalism. In: The American Economic Review 93 (2003), H. 2, S. 175–179; Christopher McCrudden und Jeff King: The dark side of nudging. The ethics, political economy, and law of libertarian paternalism. In: Choice Architecture in Democracies. Exploring the Legitimacy of Nudging. Hg. von Alexandra Kemmerer et al. Baden-Baden/Oxford 2016, S. 75–139.

24 Jakob Tanner: Die ökonomische Handlungstheorie vor der „kulturalistischen Wende"? Perspektiven und Probleme einer interdisziplinären Diskussion. In: Wirtschaftsgeschichte als Kulturgeschichte. Dimensionen eines Perspektivenwandels. Hg. von Hartmut Berghoff und Jakob Vogel. Frankfurt a. M./New York 2004, S. 69–98.

25 Die Idee einer Beobachtung im Spiegel entwickelt mit Blick auf Demoskopie und politischen Diskurs Niklas Luhmann: Die Beobachtung der Beobachter im politischen System. Zur Theorie der Öffentlichen Meinung. In: Öffentliche Meinung, Theorie, Methoden, Befunde. Beiträge zu Ehren von Elisabeth Noelle-Neumann. Hg. von Jürgen Wilke. Freiburg 1992, S. 77–86.

26 Graf: Verhaltenssteuerung, S. 462.

Dalton, Russell J. und Klingemann, Hans-Dieter (Hg.): The Oxford Handbook of Political Behavior. Oxford 2007.

Falter, Jürgen W. und Schoen, Harald (Hg.): Handbuch Wahlforschung. 2. Aufl. Wiesbaden 2014.

Falter, Jürgen W.: Behaviorismus, Behavioralismus. In: Staatslexikon. Recht, Wirtschaft, Gesellschaft. Bd. 1: ABC-Ehrenamt. 8. Aufl. Hg. von Görres-Gesellschaft und Verlag Herder. Freiburg/Basel/Wien 2017, S. 598–601.

Falter, Jürgen W.: Der „Positivismusstreit" in der amerikanischen Politikwissenschaft. Entstehung, Ablauf und Resultate der sogenannten Behavioralismus-Kontroverse in den Vereinigten Staaten 1945–1975. Opladen 1982.

Graf, Rüdiger: Sorglosigkeit und Versicherheitlichung. In: Vorsorgen in der Moderne. Akteure, Räume und Praktiken. Hg. von Nicolai Hannig und Malte Thießen. Berlin/Boston 2017, S. 169–190.

Graf, Rüdiger: Verhaltenspolitik. Der Wandel von Staatlichkeit seit den 1970er Jahren. In: Mittelweg 36 (2022), H. 3, S. 88–108.

Graf, Rüdiger: Verhaltenssteuerung jenseits von Markt und Moral. Die umweltpolitische Regulierungsdiskussion in der Bundesrepublik Deutschland und den USA im letzten Drittel des 20. Jahrhunderts. In: Vierteljahrshefte für Zeitgeschichte 66 (2018), H. 3, S. 435–462.

Graf, Rüdiger: Vorhersagen und Kontrollieren. Verhaltenswissen und Verhaltenspolitik in der Zeitgeschichte. Göttingen 2024.

Lüdtke, Alf: Eigen-Sinn. Fabrikalltag, Arbeitererfahrungen und Politik vom Kaiserreich bis in den Faschismus. Hamburg 1993.

Lüdtke, Alf: Einleitung. Herrschaft als soziale Praxis. In: Herrschaft als soziale Praxis. Historische und sozial-anthropologische Studien. Hg. von dems. Göttingen 1991, S. 9–63.

Luhmann, Niklas: Die Beobachtung der Beobachter im politischen System. Zur Theorie der Öffentlichen Meinung. In: Öffentliche Meinung, Theorie, Methoden, Befunde. Beiträge zu Ehren von Elisabeth Noelle-Neumann. Hg. von Jürgen Wilke. Freiburg 1992, S. 77–86.

Mayer, Thomas: Was ist Politik?. 2. Aufl. Opladen 2003.

Steuwer, Janosch: „Ein Drittes Reich, wie ich es auffasse". Politik, Gesellschaft und privates Leben in Tagebüchern 1933–1939. Göttingen 2017.

Steuwer, Janosch: A particular kind of privacy. Accessing the „Private" in National Socialism. In: Private Life and Privacy in Nazi Germany. Hg. von Elizabeth Harvey et al. Cambridge 2019, S. 30–54.

Tanner, Jakob: Die ökonomische Handlungstheorie vor der „kulturalistischen Wende"? Perspektiven und Probleme einer interdisziplinären Diskussion. In: Wirtschaftsgeschichte als Kulturgeschichte. Dimensionen eines Perspektivenwandels. Hg. von Hartmut Berghoff und Jakob Vogel. Frankfurt a. M./New York 2004, S. 69–98.

Thaler, Richard und Sunstein, Cass Robert: Libertarian paternalism. In: The American Economic Review 93 (2003), H. 2, S. 175–179.

Thaler, Richard und Sunstein, Cass Robert: Nudge. Improving Decisions about Health, Wealth, and Happiness. New Haven 2008.

Annelie Ramsbrock

Der Ort des Verhaltens in der juristischen Anthropologie des 19. und 20. Jahrhunderts

Menschen verhalten sich – diese Aussage ist alles andere als trivial. Denn die Frage, warum Menschen sich in einer bestimmten Art und Weise verhalten oder verhalten haben, zielt implizit auf das Verhältnis von Individuum und Gesellschaft in einer jeweiligen, auch historischen, Situation.[1] In diesem Sinne ist menschliches Verhalten seit dem späten neunzehnten Jahrhundert zum Gegenstand humanwissenschaftlicher Forschungen geworden. Die Psychologie trat zu dieser Zeit an, um von der Lebensgeschichte eines Menschen auf dessen Verhaltensweisen zu schließen und umgekehrt vom Verhalten eines Menschen auf das vom ihm Erlebte oder Erfahrene. Zeitgleich begannen die Sozialwissenschaften, insbesondere in Frankreich, den USA und Deutschland, den Zusammenhang zwischen individuellem Verhalten und sozialen Umwelten zu untersuchen, wobei die Unterscheidung zwischen Handeln und Verhalten, wenn auch unausgesprochen, so doch wesentlich war. Für das, was Max Weber in seinen soziologischen Grundbegriffen als „soziales Handeln" definiert – ein absichtsvolles Tun, „welches seinem von dem oder den Handelnden gemeinten Sinn nach auf das Verhalten *anderer* bezogen wird"[2] –, interessierten sich die psycho- und sozialwissenschaftlichen Verhaltensforscher nämlich nicht. Weder ging es ihnen um die Motivationen noch um die Intentionen von Handlungen, also nicht um „Handeln" als ein „verständliches, und das heißt ein durch irgendeinen, sei es auch mehr oder minder unbemerkt, ‚gehabten' oder ‚gemeinten' (subjektiven) Sinn spezifiziertes Sichverhalten zu ‚Objekten'"[3], wie es bei Weber heißt. Stattdessen versuchten die Psycho- und Sozialwissenschaften die Ursachen für jene Form des instinktiven oder reflexhaften oder einfach nicht intendierten Tuns zu finden, mit welcher das tätige Individuum keinen subjektiv

1 Dazu grundlegend Rüdiger Graf: Vorhersagen und Kontrollieren. Verhaltenswissen und Verhaltenspolitik in der Zeitgeschichte. Göttingen 2024.

2 Max Weber: Wirtschaft und Gesellschaft. Grundriss der verstehenden Soziologie. Tübingen 1972, S. 1.

3 Max Weber: Ueber einige Kategorien der verstehenden Soziologie (1913). In: Gesammelte Aufsätze zur Wissenschaftslehre (1922). Hg. von Johannes Winckelmann. Tübingen 1988, S. 429.

https://doi.org/10.1515/9783110740813-019

gemeinten Sinn verbindet. Sie interessierten sich also für das, was Weber als „Verhalten“ in Abgrenzung zum absichtsvollen Handeln bezeichnet hat.[4]

Eine dieser Sozialwissenschaften, die sich um die Jahrhundertwende ausbildete, um vor allem deviante Verhaltensweisen zu ergründen, war die Kriminologie. In einer Zeit, als die „Entzauberung der Welt“ (Max Weber) nicht mehr aufzuhalten war, richtete die Disziplin den Blick auf das Verbrechen neu aus. Sie betrachtete es zunehmend weniger als das Böse schlechthin, als vielmehr als eine „soziale Erscheinung“[5]. Wer Kriminologie im Fahrwasser dieses Paradigmenwechsels betreiben wollte, musste, so formulierte es jedenfalls Franz von Liszt, Doyen der zeitgenössischen Strafrechtwissenschaft, die „wissenschaftliche Erforschung des Verbrechers in seiner tatsächlichen, äußeren Erscheinung“ auf sich nehmen, aber auch „das Verbrechen“ in seiner „sozialen Gestaltung sowie in seiner sozialen Bedingtheit“[6] erkunden. Damit hatte von Liszt zwei im Grunde einander widersprechende Vorstellungen von der Ursache devianten Verhaltens benannt: erstens die „individuelle Eigenart des Straftäters“ – also seine Anlagen – und zweitens „die ihn umgebenden äußeren, physikalischen und gesellschaftlichen, insbesondere wirtschaftlichen Verhältnisse“ – die Umweltfaktoren.[7] Beide Ansätze, der kriminalbiologische und der kriminalsoziologische, riefen im Verlauf des zwanzigsten Jahrhunderts verschiedene kriminalpolitische Steuerungsmechanismen hervor, die allesamt dazu dienten, menschliche Verhaltensweisen zu verändern. Inwieweit der seit den 1950er Jahren in westlichen Gesellschaften zunehmend prominenter werdende Verhaltensdiskurs auch kriminologisches Denken beeinflusste und darüber hinaus kriminalpolitische Handlungslogiken bestimmte, ist eine Frage, die ich am Beispiel der Genese des Resozialisierungsgedankens beantworten möchte.

Angeborenes Verhalten: Annahmen der Kriminalbiologie

Für die historische Einordnung solcher Entwicklungen hat sich lange vor der Geschichtswissenschaft ein Fachgebiet zuständig erklärt, das weder nur die Wissen-

4 Siehe auch Carl F. Graumann: Verhalten und Handeln. Probleme einer Unterscheidung. In: Verhalten, Handeln und System. Talcott Parsons' Beitrag zur Entwicklung der Sozialwissenschaften. Hg. von Wolfgang Schluchter. Frankfurt a. M. 1980, S. 16–31.

5 So im Titel von Enrico Ferri: Das Verbrechen als soziale Erscheinung. Grundzüge der Kriminal-Soziologie. Autorisierte deutsche Ausgabe von Dr. Hans Kurella. Leipzig 1896.

6 Franz von Liszt: Lehrbuch des deutschen Strafrechts. 17. Aufl. Berlin 1908, S. 68, 69.

7 Liszt: Strafrecht, S. 10.

schaft vom Recht noch nur die Wissenschaft vom Menschen umfasst, sondern – als juristische Anthropologie bezeichnet – beide miteinander vereint. Gustav von Hugo zufolge meint juristische Anthropologie „die Lehren, welche an sich nicht juristisch sind, auf denen aber das Juristische beruht". Dazu zählte der Göttinger Jurist die Lehren „vom Menschen als Thier", vom Menschen als einem „vernünftigen Wesen" oder vom Menschen als „Mitglied eines Volkes".[8] Inzwischen anders genannt, sind diese „Lehren" noch immer kennzeichnend für das, was unter juristischer Anthropologie begriffen wird: ein Wissenszweig, der sich mit Bildern oder Vorstellungen vom Menschen *im* Recht befasst und zugleich mit dem Verhältnis des Menschen *zum* Recht. In den Worten des Rechtsphilosophen Johann Braun ist der Mensch „die Tür, durch die die Rechtsidee hindurch muss, um in der Realität Einlaß zu finden".[9] Schließlich sind es Menschen, die Gesetze erdenken, sie aufschreiben, auslegen und anwenden. Dementsprechend korrespondieren Rechtsvorstellungen mit der Vorstellung des Menschen von sich selbst, und das meint als einem Wesen, das zum einen handelt und sich zum anderen verhält.

Rechtsvorstellungen und Menschenbilder sind gleichermaßen historisch, was unter anderem deutlich wird, wenn man nach dem Ort des Verhaltens innerhalb dieser Beziehung sucht. Dass sich der kriminologische Blick auf den Straftäter und seine Taten nach dem Zweiten Weltkrieg allmählich zu verändern begann, war letztlich der Prominenz eines Verhaltenswissens geschuldet, das mit dem akademischen Siegeszug der Soziologie reüssierte und der mehr als ein Jahrhundert währenden Wahlverwandtschaft zwischen Biologie und Kriminologie ein Ende bereitete.

Was aber war Kriminalbiologie und wie erklärte sie deviantes Verhalten? Eine der ersten und bis heute wohl bekanntesten Arbeiten im Feld der biologisch denkenden Kriminologie stammt von dem italienischen Arzt und Anthropologen Cesare Lombroso, der in seinem 1876 erschienen Buch *L'uomo delinquente* die Theorie des „delinquente nato" entwickelt hatte. Die Kennzeichen des „geborenen Verbrechers" ergaben sich aus anthropometrischen Messungen und psychologischen Versuchen an 1.200 lebenden Gefangenen sowie Schädelautopsien von 101 verstorbenen Gefangenen.[10] Im Ergebnis, so formulierte es Hans Kurella, ein Schüler Lombrosos im Jahr 1893, würden demnach

---

8 Gustav Hugo: Lehrbuch des Naturrechts, als einer Philosophie des positiven Rechts, besonders des Privatrechts. Berlin 1819, S. 46.

9 Johann Braun: Einführung in die Rechtswissenschaft. 3. Aufl. Tübingen 2007, S. 15.

10 Cesare Lombroso: L'uomo delinquente. In: Rapporto all'antropologia, alla giurisprudenza ed alle discipline carcerarie. Turin 1876. (Der Verbrecher in anthropologischer, ärztlicher und juristischer Beziehung. 3 Bde. Hamburg 1887–1896).

> alle echten Verbrecher eine bestimmte, in sich kausal zusammenhängende Reihe von körperlichen, anthropologisch nachweisbaren und seelischen, psycho-physiologisch nachweisbaren, Merkmalen besitzen, die sie als eine besondere Varietät, einen eigenen anthropologischen Typus des Menschengeschlechts, charakterisieren, und deren Besitz ihren Träger mit unentrinnbarer Notwendigkeit zum Verbrecher – wenn auch vielleicht zum unentdeckten – werden lässt, ganz unabhängig von allen sozialen und individuellen Lebensbedingungen.[11]

Kriminelles Verhalten wurde dementsprechend schlicht deshalb als ursächlich angeboren gedacht, weil sich Körpermaße und Eigenschaften von Strafgefangenen vermeintlich ähnelten und Männer wie Lombroso deshalb davon ausgingen, dass bestimmte anatomische und psychische Merkmale den Typus „Verbrecher" determinieren würden.

Die Evolutionstheorie Charles Darwins, eines Zeitgenossen Lombrosos, bot schließlich weitere Erklärungen für biologisch begründbare Verhaltensweisen. Die körperlichen Merkmale, die Lombroso als Zeichen einer kriminellen Natur deutete, beschrieb er in Anlehnung an Darwin als Atavismen. Damit meinte Lombroso unvermittelt wieder auftretende körperliche oder geistige Merkmale, die in der Evolutionsgeschichte einer Gattung vorkommen, aber bei höheren Entwicklungsstufen ausbleiben, weil sie keinerlei Funktionen mehr besitzen. Der Verbrecher, so Lombroso daran anschließend, verkörpere eine Art menschlichen Primitivismus, der sich vor allem in deviantem Verhalten niederschlage.[12] Mit Darwins Evolutionstheorie und einer Sammlung von bestimmten physischen und psychischen Merkmalen im wissenstheoretischen Gepäck, gründete Lombroso schließlich die Kriminalanthropologie, die zu seiner Zeit als Wissenschaft durchaus ernst genommen wurde. Ihr erklärtes Ziel war es, wie ein Schüler Lombrosos pointiert zusammenfasste: „Mit den Methoden der Naturwissenschaften die verbrecherischen Erscheinungen der socialen Pathologie zu erforschen, um die Theorie der Verbrechen und der Strafen mit den Thatsachen in Übereinstimmung zu bringen."[13]

Zahlreiche Fachkollegen Lombrosos teilten zwar dessen kriminologisches Interesse an der qualitativen Beschaffenheit des Einzelnen.[14] Doch glaubten sie deshalb noch nicht daran, wie Franz von Liszt es formulierte, dass „henkelförmig abste-

11 Hans Kurella: Naturgeschichte des Verbrechers. Grundzüge einer criminellen Anthropologie und Criminalpsychologie. Stuttgart 1893, S. 2.

12 Peter Becker: Verderbnis und Entartung. Eine Geschichte der Kriminologie des 19. Jahrhunderts als Diskurs und Praxis. Göttingen 2002, S. 307.

13 Ferri: Verbrechen als soziale Erscheinung, S. 2.

14 Peter Becker und Richard Wetzell (Hg.): Criminals and Their Scientists. The History of Criminology in International Perspective. New York 2006. Siehe auch Mariacarla Gadebusch Bondi: Die Rezeption der kriminalanthropologischen Theorien von Cesare Lombroso in Deutschland von 1880–1914. Husum 1995.

hende Ohren, schief gestellte, schielende Augen, krumme Nase, eine fliehende, enge Stirn, reiches Haupthaar, spärlicher Bartwuchs" oder eine „gewaltige Kinnlade"[15] über das kriminelle Potenzial eines Menschen Auskunft geben könnten. Zu den Kommentatoren Lombrosos zählte zudem Emil Kraepelin, der die Atavismus-Theorie zwar nicht überzeugend fand, aber dennoch die „hohe Bedeutung" lobte, „welche die kriminal-anthropometrischen Untersuchungen für das wissenschaftliche Verständnis des Zustandekommens der Verbrechernatur möglicherweise gewinnen können"[16]. Auch Kraepelin war überzeugt davon, dass sich deviantes Verhalten vor allem biologisch erklären lasse. Lombroso habe eine „Reformbewegung" angestoßen und „zur Begründung einer fast vollständig neuen und eigenartigen Disziplin" beigetragen, die Kraepelin – seinem Fachgebiet treu bleibend – als „Kriminalpsychologie"[17] bezeichnete.

Neben dem biologischen Faktor dienten seit dem frühen zwanzigsten Jahrhundert auch soziale Denkfiguren der Erklärung devianten Verhaltens. Gustav Aschaffenburg etwa, ein Schüler Kraepelins, begriff abweichendes Verhalten als ein Zusammenspiel von Erbanlangen und Umwelteinflüssen und setzte damit neue Standards im kriminologischen Denken.[18] Aschaffenburg konzentrierte sich vor allem auf „die sozialen Ursachen des Verbrechens" und versuchte diese per Statistik bestimmen zu können. Anhand der „Moralstatistiken" des Münchner Mathematikers Georg von Mayrs und den Kriminalstatistiken für das Deutsche Reich glaubte er verschiedene umweltbedingte Ursachen für Verbrechen auszumachen, zu denen er die topografische Herkunft (Stadt oder Land), die Nationalität, ökonomische Umwelten, Religion und die Art der Berufswahl zählte, aber auch die Menge des Alkoholkonsums. Steigende Weizenpreise, so ein ökonomisch fundiertes Ergebnis der empirischen Arbeit, führe zu vermehrten Diebstählen und steigender Alkoholkonsum zu einem Anstieg von Gewaltverbrechen. Dass im Osten Deutschlands mehr Kriminalität vorkam als im Westen, führte Aschaffenburg auf die wirtschaftliche Rückständigkeit dieses Landesteils zurück.[19] Aufgrund der Tatsache, dass sich nicht jeder Mensch als kriminell erwies, der unter steigenden Weizenpreisen, Alkoholeinfluss oder den Lebensbedingungen in Deutschlands

15 So formulierte es Franz von Liszt in einer Kritik an Lombroso. Franz von Liszt: Kriminalpolitische Aufgaben. In: Strafrechtliche Aufsätze und Vorträge. Bd. 1. Berlin 1905, S. 290–467, hier S. 305.

16 Emil Kraepelin: Lombrosos uomo delinquente. In: Zeitschrift für die gesamte Strafrechtswissenschaft 5 (1885), S. 669–680, hier S. 674.

17 Kraepelin: Lombrosos uomo delinquente, S. 670, 680.

18 Gustav Aschaffenburg: Das Verbrechen und seine Bekämpfung. Kriminalpsychologie für Mediziner, Juristen und Soziologen. Ein Beitrag zur Reform der Strafgesetzgebung. Heidelberg 1903.

19 Aschaffenburg: Verbrechen und seine Bekämpfung, S. 11–99, hier S. 37 f., 40, 43.

Osten zu leiden hatte, schenkte Aschaffenburg auch dem individuellen Faktor zur Erklärung von deviantem Verhalten Beachtung: „Die sozialen Ursachen geben den Anstoß zum Verbrechen“, erklärte er,

> aber während ein großer Teil der Menschen sich im Gleichgewicht zu halten vermag, erliegt ein anderer bald schneller, bald langsamer. Es bedarf daher einer eingehenden Betrachtung, welche Eigenschaften des Individuums seine soziale Widerstandsfähigkeit so weit schwächen, daß es zum Verbrecher wird.[20]

Sicher schien ihm, dass ein Kind krimineller Eltern eine erhöhte Wahrscheinlichkeit habe, selbst kriminell zu werden, jedoch nicht aus genetischen Gründen, sondern aus sozialen.

Die von der Kriminalsoziologie geforderte Zusammenschau von Sozial- und Kriminalpolitik verlor zwar in der Zeit der Weimarer Republik keineswegs an Bedeutung, doch wurden kriminalbiologische Denkfiguren ungleich prominenter. Vor allem die Psychiatrie tat sich nach dem Ersten Weltkrieg bei der Erklärung menschlicher Verhaltensweisen hervor und befasste sich auch mit kriminellem Verhalten. Konkret machte sie sich auf die „Suche nach der ‚Persönlichkeitsformel‘ des Verbrechers“[21], wobei die Typologie der „psychopathischen Persönlichkeit“, die der Heidelberger Ordinarius Kurt Schneider 1923 aufgestellt hatte, federführend wurde. Das Besondere daran: Schneider bezog nicht die ältere Degenerationslehre in sein Denken mit ein, sondern vertrat die Ansicht, dass psychische Abnormitäten angeboren und somit biologisch seien.[22] Damit tat er nichts anderes, als Kriminalbiologie zu betreiben und deviantes Verhalten genetisch zu erklären, wenngleich sich die wissenschaftliche Aufmerksamkeit vom Körper auf die Psyche verschoben hatte.

---

20 Aschaffenburg: Verbrechen und seine Bekämpfung, S. 107.

21 Imanuel Baumann: Dem Verbrechen auf der Spur. Eine Geschichte der Kriminologie und Kriminalpolitik in Deutschland 1880 bis 1980. Göttingen 2006, S. 60.

22 Kurt Schneider: Die psychopathischen Persönlichkeiten. Leipzig 1923; Karl Birnbaum: Die psychopathischen Verbrecher. Leipzig 1926. Siehe auch Richard F. Wetzell: Criminology in Weimar and Nazi Germany. In: Criminals and their Scientists. The History of Criminology in International Perspective. Hg. von Peter Becker und Richard F. Wetzell. Cambridge 2006, S. 401–423.

Erlerntes Verhalten: Ein Paradigmenwechsel in der Kriminologie oder der Siegeszug der Sozialisationstheorie nach dem Zweiten Weltkrieg

Kriminalbiologische Denkfiguren waren aus dem kriminologischen Wissen der Bundesrepublik keineswegs gestrichen worden, jedenfalls nicht im ersten Jahrzehnt der Nachkriegszeit. Kriminelle wurden zwar nicht mehr, anders als im Nationalsozialismus, aus eugenischen Gründen kastriert, sterilisiert oder ermordet, doch hatte die Vorstellung, dass biologische Faktoren kriminelles Verhalten erklären könnten, den Übergang von der Diktatur in die bundesdeutsche Demokratie überlebt. Ein Grund dafür waren personelle Kontinuitäten im universitären und administrativen Bereich, da führende Vertreter der Kriminalbiologie im Nationalsozialismus ihre Karrieren in der Bundesrepublik meist ungehindert fortsetzen konnten.[23] Aber auch die kriminologische Fachliteratur unterschied sich in der frühen Bundesrepublik kaum von der im Nationalsozialismus. Das Lehrbuch *Kriminalbiologie*, das der NS-Kriminologe Franz Exner 1939 verfasst hatte, ist dafür ein Beispiel. Es erschien bis 1949 in zahlreichen Auflagen unverändert weiter und wurde erst dann unter dem Titel *Kriminologie* neu aufgelegt.[24] Das Kapitel *Volkscharakter und Verbrechen* war in der Neuauflage keinesfalls gestrichen worden, verzichtet hatte man lediglich auf die Passagen, die Juden eine rassespezifische Anlage für kriminelles Verhalten bescheinigten. Das Kapitel über *Die Person des Täters*, in dem es um den Einfluss von „Erbgut“ und „Körperkonstitution“ auf kriminelle Verhaltensweisen ging, war unverändert übernommen worden. Doch auch in den neu verfassten kriminologischen Lehrbüchern der 1950er Jahre sprachen die Autoren vom „Erbbild“ eines Straftäters, welches sie glaubten mithilfe eines „wissenschaftlich angelegten Stammbaums“ und einer „anthropologischen Photographie“ nachzeichnen zu können.[25] Mit der Übernahme von kriminalbiologischen Denkfiguren in das kriminologische Verhaltenswissen bildete die Bundesrepublik keineswegs eine Ausnahme in der westlichen Welt. Vielmehr versuchte auch das amerikanische Ehepaar Sheldon und Eleanor Glueck in einem 1957 veröffentlichten Aufsatz über *Körper und Delinquenz* einen Zusammenhang zwischen Delinquenz und einer strukturellen physischen Disproportionalität

23 Franz Streng: Von der Kriminalbiologie zur Biokriminologie. Eine Verlaufsanalyse bundesdeutscher Kriminologie-Entwicklung. In: Juristische Zeitgeschichte NRW. Bd. 6. Hg. von Justizministerium des Landes NRW. Düsseldorf 1997, S. 213–244, hier S. 218.

24 Franz Exner: Kriminologie. 3. Aufl. Berlin 1949.

25 Armand Mergen: Methodik Kriminalbiologischer Untersuchungen. Stuttgart 1953, S. 40 f.

nachzuweisen.[26] Der Schweizer Kriminologe Erwin Frey hielt ebenfalls an kriminalbiologischen Deutungsangeboten fest und schrieb dem „frühkriminellen Rückfallverbrecher" eine „überwiegend durch endogene Faktoren bedingte kriminogenen Praedisposition" zu.[27]

So wie „das Schweigen der 50er Jahre" erst in den 1960ern einer beginnenden öffentlichen Aufarbeitung nationalsozialistischer Verbrechen wich, so setzte auch erst in den 1960er Jahren eine kritische Bestandsaufnahme der nationalsozialistischen Kriminalpolitik ein, was einen kritischen Blick auf kriminalbiologische Deutungszusammenhänge miteinbezog.[28] Die Gründe für diese Entwicklung waren keineswegs nur moralisch indiziert. Vielmehr beriefen sich kriminalsoziologisch orientierte Autoren auf empirische Daten, die den Zusammenhang von biologischen Merkmalen und kriminellem Verhalten weit weniger plausibel erscheinen ließen als soziologische Deutungsmuster[29]. Wie auch schon nach dem Ersten Weltkrieg war die Kriminalitätsrate nach dem Zweiten Weltkrieg massiv angestiegen. An rein biologische Gründe für dieses Phänomen glaubten selbst Vertreter der Kriminalbiologie in den 1960er Jahren nicht. Zu evident war die Situationsbedingtheit dieser Entwicklung. Soziale Strukturen waren durch das Kriegsgeschehen zerstört worden, die ökonomische Lage war katastrophal, viele Menschen hungerten. Wer also Eigentumsdelikte in dieser spezifischen Situation beging, ließ weniger auf eine biologische Disposition schließen als vielmehr auf die besonderen sozialen und persönlichen Umstände. Nicht zuletzt kollidierten biologische Denkfiguren (und ihre kriminalpräventiven Konsequenzen wie Kastration, Sterilisation oder lebenslanges Wegsperren) spätestens seit den 1960er Jahren mit der Wahrnehmung der Wertordnung des bundesdeutschen Grundgesetzes, das neben der Menschenwürde die Freiheit der Person und der Persönlichkeit für unantastbar erklärt hatte. Offenbar brauchte es mehr als ein Jahrzehnt, bis die bundesdeutsche Kriminologie ihren Platz innerhalb der sozialliberalen Gesellschaftsordnung gefunden hatte und ihre Paradigmen an die Selbstbeschreibung der bundesdeutschen Gesellschaft als einer liberal-demokratischen anpasste. Konkret meinte das die Entwicklung des Resozia-

---

26 Sheldon und Eleanor Glueck: Physique and Delinquency. New York 1956.

27 Erwin Frey: Der frühkriminelle Rückfallverbrecher. Basel 1951, S. 1.

28 Baumann: Verbrechen, S. 235–301.

29 Pionierarbeit leistete hier Karl S. Bader: Soziologie der deutschen Nachkriegskriminalität. Tübingen 1949. Prominent wurden dann Studien zu den sogenannten Sicherungsverwahrten als den vermeintlich notorischen Rückverfallverbrechern. Siehe beispielweise Joachim Hellmer: Gewohnheitsverbrechertypen. Einige Bemerkungen über die Sicherungsverwahrung von 1934 bis 1945. In: Monatsschrift für Kriminologie 43 (1960), H. 5/6, S. 136–146; Friedrich Lemberger: Die kriminologische Wirklichkeit des Begriffs des gefährlichen Gewohnheitsverbrechers. Kiel 1962; Dieter G. Schachert: Kriminologische Untersuchungen an entlassenen Sicherungsverwahrten. Göttingen 1963.

lisierungsparadigmas als Rechtfertigung und Sinngebung des Freiheitsentzugs, worauf ich im dritten Abschnitt dieses Beitrags ausführlicher eingehen werde.

Federführend in der Kritik kriminalbiologischer Ansätze war unter anderem der Kriminologe Thomas Würtenberger, der von 1933 bis 1938 der SA angehört hatte, ab 1937 auch der NSDAP. 1942 wurde Würtenberger zum Ordinarius für Strafrecht, Strafprozessrecht und Rechtsgeschichte in Erlangen ernannt, im Mai 1946 trat er eine Professur in Mainz an und übernahm 1954 einen Lehrstuhl für Strafrecht in Freiburg, den er bis zu seiner Emeritierung im Jahr 1973 innehatte. Wenngleich Würtenberger eine der vielen personellen Kontinuitäten vom Nationalsozialismus in die Bundesrepublik repräsentierte, gehörte er innerhalb des kriminologischen Feldes zu denjenigen, die sich Mitte der 1960er Jahre bewusst vom nationalsozialistischen Erbe abzugrenzen versuchten. So bezeichnete er es in einem 1964 erschienenen Artikel über die *Entwicklung und Lage der Kriminologie in Deutschland* als die zentrale Aufgabe der bundesdeutschen Kriminologie, „manche jener Auffassungen, die sich unter dem Einfluss des Nationalsozialismus in Forschung und Lehre gebildet hatten, einer strengen Revision zu unterziehen“. Was das konkret bedeutete, erklärte er ebenfalls: „In erster Linie musste die allzu einseitige Festlegung der Ziele der Kriminologie auf die erbbiologische Fragestellung auf ein wissenschaftlich vertretbares Maß zurückgeführt werden.“ Damit sei dann einem der „vordringlichen Anliegen der deutschen Wissenschaft“ genüge getan, nämlich „den in der Epoche des Nationalsozialismus fast ganz verlorenen Anschluss an die internationale Gesamtentwicklung der Kriminologie wiederzugewinnen“.[30] Entsprechend rief er die deutsche Kriminologie dazu auf, sich „stärker mit den Methoden und Ergebnissen der empirischen Sozialforschung, die vor allem in Amerika in hoher Blüte steht, ernsthaft auseinanderzusetzen“[31]. Aus dem Munde Würtenbergers, der im Nationalsozialismus Karriere gemacht hatte, mögen diese Worte wie eine Art Läuterung klingen. Möglicherweise waren sie aber auch nur Ausdruck einer Anpassung von Sichtweisen an die geistigen Entwicklungen in der Kriminologie der Bundesrepublik seit den 1960er Jahren und dem Bedürfnis geschuldet, auch innerhalb dieser das Wort haben zu können.

Es gab durchaus Juristen in der Bundesrepublik, die sich – anders als Würtenberger – bereits im Nationalsozialismus gegen kriminalbiologische Denkfiguren ausgesprochen hatten. Karl Siegfried Bader etwa, der sich als Anwalt in Freiburg von 1933 bis 1937 für Juden und andere NS-Verfolgte eingesetzt hatte und der später als badischer Generalstaatsanwalt verschiedene Prozesse gegen

30 Thomas Würtenberger: Entwicklung und Lage der Kriminologie in Deutschland. In: Juristen-Jahrbuch 5 (1964/1965), S. 147–168, hier S. 152.

31 Thomas Würtenberger: Individuelle und soziale Aspekte bei der Beurteilung und Behandlung des Rechtsbrechers. In: Der Einzelne und die Gemeinschaft. Freiburg 1963, S. 79–95, hier S. 85.

NS-Verbrecher geführt hatte, ist dafür ein Beispiel. Bader veröffentlichte im Jahr 1949 seine *Soziologie der deutschen Nachkriegskriminalität*[32]. Darin grenzte er sich ausdrücklich vom Menschenbild der Nationalsozialisten ab und bedauerte deren „verbrecherische" Kriminalpolitik, der die Kriminalbiologie eine Rechtfertigung geboten habe.[33] Bader hingegen wollte vereinen, was in der Kriminologie seit der Jahrhundertwende als ‚Entweder-oder' verhandelt worden war, nämlich die Frage nach Anlage oder Umwelt bzw. nach Erbgut oder Milieu. Zur Erkenntnis von Tat und Täter, erklärte Bader, brauche es mehr als eine Untersuchung der genetischen Anlagen. Es müsse auch „die Erschließung der ‚Lebensseite'" ernst genommen werden. Denn „in Wirklichkeit" würden sich beide „in der Hauptsache nur durch die Form der Betrachtung" unterscheiden; „keine von ihnen kann völlig ohne die andere sein, keine die andere ersetzen."[34]

Es sollte bis in die 1960er Jahre hinein dauern, bis das Anlage-Umwelt-Modell an kriminologischer Erklärungskraft verlor. Zum einen erinnerte die Idee von der „Anlage" als Ursache für deviantes Verhalten zu sehr an die nationalsozialistische Sicht auf kriminelles Verhalten, zum anderen standen alternative Erklärungsmodelle zur Verfügung, die sich offenbar besser in das inzwischen gewachsene Selbstverständnis der bundesdeutschen Gesellschaft fügten. Ausgerechnet Thomas Würtenberger erläuterte prominent, welche Art zu denken nun das „Menschenbild unserer Zeit" sei und dass dieses entsprechend auch im Feld des Rechts zu berücksichtigen sei. Die Art zu denken, von der Würtenberger sprach, gründete auf der zeitgenössischen Soziologie, insbesondere der US-amerikanischen, die, so Würtenberger, menschliche Verhaltensweisen damit erkläre, dass „der Einzelne in sozialen Gruppen, denen er angehört, durch das Verhalten anderer und ihre Verhaltensansprüche eine Prägung und Führung während seiner Lebensphasen erhält"[35]. Eine solche Vorstellung von der Entstehung bestimmter Verhaltensweisen war zwar ebenfalls nicht frei von Determinismen, doch war es jetzt ein sozialdeterministisches Entwicklungsmodell, das kriminologisches Denken beeinflusste. Mit dem Modell der „Sozialisation" konnte auf neue Weise die Frage beantwortet werden, warum manche Menschen sich normgerecht verhalten, andere nicht, und in welchen Situationen Menschen das eine oder andere Verhalten erlernen. Auch war mit der Sozialisationstheorie die wissenschaftliche Grundlage für die Konzeption

---

32 Karl Siegfried Bader: Soziologie der deutschen Nachkriegskriminalität. Tübingen 1949.

33 Bader: Nachkriegskriminalität, S. 2.

34 Bader: Nachkriegskriminalität, S. 5.

35 Thomas Würtenberger: Das Menschenbild unserer Zeit und Kriminalität als sozial-kulturelles Phänomen. In: Vorbeugende Verbrechensbekämpfung. Arbeitstagung im Bundeskriminalamt Wiesbaden vom 20. bis 24. April 1964. Wiesbaden 1964, S. 17–26, hier S. 20.

der Resozialisierungsidee gelegt, die das kriminologische Denken die kommenden Jahrzehnte prägen sollte.

Die Frage, warum Menschen sich wie entwickeln und welche Bedeutung der sozialen Umwelt dabei zukommt, ist nicht erst in der zweiten Hälfte des zwanzigsten Jahrhunderts gestellt worden. Vielmehr hatte schon der französische Soziologe Émile Durkheim in seinem 1895 erschienenen Werk *Die Regeln der soziologischen Methode* Verhaltensweisen sozialisationstheoretisch begründet. Er stellte den Begriff des normgerechten Verhaltens dem des abweichenden gegenüber und kam zu dem Ergebnis, dass die Norm erst durch die Kenntnis von der Abweichung stabilisiert werde. Wenn alles Handeln nonkonform wäre, so Durkheims Argument, dann wären Normen als solche nicht mehr identifizierbar. Davon ausgehend bescheinigte er der Normstruktur des sozialen Verhaltens einen „prekären" Charakter, der erst dann verschwinde, wenn die Norm nicht eingehalten werde, die Umwelt dies bemerke und mit Sanktionen reagiere. Da er kriminelles wie normgerechtes Verhalten als „erlerntes" Verhalten beschrieb, legte er schon früh eine methodische Prämisse aus, die für die Entwicklung des Resozialisierungsgedankens aus der Soziologie entscheidend werden sollte: die Sozialisationstheorie. Die Ursache für kriminelles Verhalten könne nur dann verstanden werden, wenn diejenigen Situationen analysiert würden, in denen das Erlernen von abweichendem Verhalten beginne, wenn also der Sozialisationsprozess rekonstruiert werde.[36] Im Verlauf der Sozialisation würden Individuen Normen und Zwangsmechanismen, die die Gesellschaft funktionieren ließen, verinnerlichen. „Da die Gesellschaft nur in und durch die individuellen Gewissen existieren kann, muss sie in uns eindringen und sich in uns organisieren; sie wird so zum integralen Bestandteil unseres Wesens."[37]

Eine Neufassung des Sozialisationsbegriffes war kaum zufällig in den 1960er Jahren zu beobachten. Die westlichen Arbeitsgesellschaften entfernten sich immer deutlicher vom hegemonialen Modell der arbeitsteiligen Industriegesellschaft und näherten sich der Dienstleitungsgesellschaft mit ihrer größeren Vielfalt an Lebensformen und Verknüpfungen von eigenständigen Organisationen und gesellschaftlichen Systemen an. In dieser strukturell veränderten Gesellschaft ist nicht mehr das Individuum funktional, das vorgegebene gesellschaftliche Werte fraglos verinnerlicht, sondern die selbstständige von innen geleitete Persönlichkeit mit eigenen Wertvorstellungen und Handlungslogiken. Aus sozialisationstheoretischer Sicht wurde vor dem Hintergrund dieser Veränderungen nun nicht mehr vornehmlich

36 Émile Durkheim: Die Regeln der soziologischen Methode. Hg. von René König. 3. Aufl. Frankfurt a. M. 1995 (Les règles de la méthode sociologique. Paris 1895).

37 Émile Durkheim: Les formes élémentaires de la vie religieuse. Paris 1912, zit. nach Klaus-Jürgen Tillmann: Sozialisationstheorien. Eine Einführung in den Zusammenhang von Gesellschaft, Institution und Subjektwerdung. Reinbek 2007, S. 45.

gefragt, wie moderne Gesellschaften stabil bleiben können, sondern vielmehr, wie sich der Einzelne in der pluralisierten Gesellschaft zu einem handlungsfähigen Subjekt ausbilden kann. Das Verhältnis von Ontogenese (Persönlichkeitsentwicklung) und Soziogenese (Gesellschaftsentwicklung), wie es in der Sozialisationstheorie des frühen zwanzigsten Jahrhunderts entwickelt worden war, hatte sich damit verschoben. Sozialisation wurde nun nicht mehr als starre Adaption gesellschaftlicher Normen begriffen, was vor allem dem Erhalt gesellschaftlicher Werte und Strukturen diente, sondern ebenso als „Prozess der Entstehung und Entwicklung der Persönlichkeit" innerhalb bestimmter sozialer Rahmenbedingungen. Es ging bei der Neudefinition des Sozialisationsbegriffs mehr um die Entwicklung des Individuums zur Persönlichkeit als um die Stabilisierung von Gesellschaft. Dennoch blieb Durkheims Kernidee in der Sozialisationstheorie erhalten, dass der Einzelne nicht (umstandslos) *ist*, sondern vielmehr *gemacht wird*, und sei es durch die Arbeit am Selbst.[38]

Die Sozialisationstheorie wurde in den 1960er Jahren nicht nur die führende soziologische Theorie zur allgemeinen Erklärung von Verhalten, sondern, davon ausgehend, auch von abweichendem Verhalten. Ironischerweise spielte es dabei keine Rolle, dass die Sozialisationstheorie selbst gar nicht ohne den biologischen Faktor auskam. Denn „Sozialisation", erklärte der Bielefelder Soziologe Klaus Hurrelmann, sei

> die lebenslange Aneignung von und Auseinandersetzung mit den natürlichen Anlagen, insbesondere den körperlichen und psychischen Grundmerkmalen, die für den Menschen die ‚innere Realität' bilden, und der sozialen und physikalischen Umwelt, die für den Menschen die ‚äußere Realität' bilden.[39]

Dennoch: In der Kriminologie spielten die „Anlagen" des Einzelnen eine zunehmend geringere Rolle, die ihn umgebene Umwelt hingegen eine immer bedeutsamere, so dass seit Mitte der 1960er Jahre von einer „Soziologisierung"[40] des Faches

---

38 Zum hier beschriebenen Prozess der Selbstbildung als Teil einer Gesellschaftsgeschichte noch immer grundlegend Nikolas Rose: Governing the Soul. The Shaping of the Private Self. Cambridge 1990, sowie neueren Datums: Andreas Reckwitz: Das hybride Subjekt. Eine Theorie der Subjektkulturen von der bürgerlichen Moderne zur Postmoderne. Weilerswist 2006. Zur historischen Annäherung an Subjektivierungsweisen siehe Andreas Gelhard, Thomas Alkemeyer und Norbert Ricken (Hg.): Techniken der Subjektivierung. München 2013; Thomas Alkemeyer, Gunilla Budde und Dagmar Feist (Hg.): Selbst-Bildungen. Soziale und kulturelle Praktiken der Subjektivierung. Bielefeld 2013; William Reddy: Historical research on the self and emotions. In: Emotion Review 4 (2009), S. 302–315.

39 Klaus Hurrelmann: Einführung in die Sozialisationstheorie. 9. Aufl. Weinheim 2006, S. 15 f.

40 Baumann: Verbrechen, S. 255. Zum Aufstieg der Soziologie zur gesamtgesellschaftlichen ‚Deutungsmacht' siehe Gabriele Metzler: Konzeptionen politischen Handelns von Adenauer bis Brandt. Politische Planung in der pluralistischen Gesellschaft. Paderborn 2005, S. 35–49.

gesprochen werden kann. Bei aller Begeisterung für sozialwissenschaftliche Denkfiguren seitens vor allem junger Kriminologen zeigte sich hier allerdings, was auch für andere Gesellschaftsbereiche und Wissensfelder in der Bundesrepublik ausgemacht worden ist: Es „bestanden – aufgrund des Weiterwirkens vieler Wissenschaftler und Experten wenig verwunderlich – Vorkriegspositionen lange über das Kriegsende hinweg kaum verändert fort."[41] Eine Polemik zum Thema „Anlage oder Umwelt", wie sie Anne-Eva Brauneck als erste deutsche Professorin für Strafrecht und Kriminologie in einem noch 1969 erschienen Aufsatz zum Thema der „kriminellen Anlage" wagte, mag hierauf eine Anspielung gewesen sein. Denn sie verwies implizit darauf, dass biologische Denkfiguren zwar nicht mehr salonfähig seien, deshalb aber nicht zwangsläufig verschwunden. „Es gibt eine biologische, in den Chromosomen festgelegte Anlage", erklärte sie auf einem Kriminologenkongress im Jahr 1969, „die für ihren Träger die Wahrscheinlichkeit, wegen eines Verbrechens oder Vergehens bestraft zu werden, auf das Achtfache erhöht. Das ist das männliche Geschlecht."[42] Trotz des „markanten Aufschwungs von Umwelttheorien und soziologischen Menschenbildern"[43] war die Frage nach dem Zusammenhang von biologischen Unterschieden zwischen Menschen und ihren Verhaltensweisen offenbar nicht vollständig aus dem kriminologischen Diskurs verschwunden, auch wenn die Frage nach *nature* oder *nurture* zumindest in der kriminologischen Fachliteratur zugunsten von *nurture* entschieden worden war.

Zur Politisierung von soziologischem Verhaltenswissen: Der Aufstieg der Resozialisierungsidee

Ausgehend von der Überzeugung, dass „die Erforschung der Vorgänge der Sozialisation und der sie störenden Faktoren den derzeitigen Endpunkt gesicherter Erkenntnis der Ursachen für abweichendes Verhalten" überhaupt darstellten, versuchten Kriminologen seit den 1960er Jahren in Abgrenzung zum Erziehungsstrafvollzug eine „Theorie der Resozialisierung" als spezialpräventive Maßnahme zu entwi-

---

41 Constantin Goschler und Till Kössler: Ungleichheit zwischen Biologie und Gesellschaft seit 1945. Einleitung. In: Constantin Goschler und Till Kössler (Hg): Vererbung oder Umwelt? Ungleichheit zwischen Biologie und Gesellschaft seit 1945. Göttingen 2016, S. 7–22, hier S. 13.

42 Anne-Eva Brauneck: Zum Begriff der kriminellen Anlage. In: Festschrift für Karl Engisch. Hg. von Paul Bockelmann, Arthur Kaufmann und Ulrich Klug. Frankfurt a. M. 1969, S. 636–643, hier S. 636.

43 Goschler und Kössler: Ungleichheit, S. 10.

ckeln.[44] Federführend bei der kriminologischen Konzeption des Resozialisierungsgedankens war Horst Schüler-Springorum, der sich 1967 an der Fakultät für Rechtswissenschaften der Universität Hamburg habilitierte und später Ordinarius für Strafrecht und Kriminologie an der Universität München war. In seiner Habilitationsschrift, die 1969 unter dem Titel *Strafvollzug im Übergang* erschien, begründete er erstmals systematisch, dass auch Strafgefangene Träger von Grundrechten seien und in diese Grundrechte nur auf der Grundlage eines Gesetzes eingegriffen werden dürfe. Damit hatte er nicht nur den Erlass eines Strafvollzugsgesetzes für verfassungsrechtlich unerlässlich erklärt, auch setzte er sich mit der Besonderheit der Strafart „Freiheitsstrafe" auseinander. Anders als etwa die Geldstrafe oder die Aberkennung der bürgerlichen Ehrenrechte (bis 1969 in der Bundesrepublik als sogenannte Nebenstrafe möglich) sei die Freiheitsstrafe die einzige Strafart, die nicht nur „vollstreckt", sondern auch „vollzogen" werde. Der Zeitfaktor mache den Unterschied,[45] weshalb er es für angemessen hielt, sich genauer mit dem Zweck des Freiheitsentzugs zu befassen. Dass dieser Zweck die Resozialisierung sein solle, so Schüler-Springorum, sei Konsens. Das aber wiederum mache es nötig, „sehr viel ausführlicher darzulegen, was ‚Resozialisierung' inzwischen, rund ein halbes Jahrhundert nach der Geburt des Terminus, eigentlich bedeutet"[46].

Er erklärte, dass ein Mensch im Prozess der Sozialisation erlerne, mit anderen in soziale Beziehungen zu treten, und zwar nach Maßgabe jener Normen, Werte, Orientierungen und Handlungsmuster, die innerhalb der ihn umgebenden Gesellschaft als angemessen gälten. Entscheidend (im Sinne von prägend) für diesen Prozess seien die ersten Lebensjahre innerhalb der Familie, dann die sogenannten Primärgruppen der frühen Spiel- und Schulgefährten. Diese sozialen Zusammenhänge, so erklärte Schüler-Springorum, würden in die „Blanketfelder der Person"[47] die sozial relevanten Verhaltensmuster einzeichnen und sie so selbstverständlich werden lassen, dass sie „nicht mehr auf Verstand oder Gewissen angewiesen sind"[48]. Beschrieben hatte er damit den Prozess der Verinnerlichung von sozialen und kulturellen Werten, den auch schon Durkheim dargestellt hatte und der an anderer Stelle als eine „zweite, sozio-kulturelle Geburt"[49] bezeichnet wurde. Ausgehend von diesem Modell der Vermittlung von sozialem Verhalten, bedeutete Kriminalität für Schüler-

---

44 Horst Schüler-Springorum: Strafvollzug im Übergang. Studien zum Stand der Vollzugsrechtslehre. Göttingen 1969, S. 161.
45 Schüler-Springorum: Strafvollzug, S. 125.
46 Schüler-Springorum: Strafvollzug, S. 154.
47 Schüler-Springorum: Strafvollzug, S. 162.
48 Schüler-Springorum: Strafvollzug, S. 161.
49 Dieter Claessens: Familie und Wertsystem. Eine Studie zur „zweiten, sozio-kulturellen Geburt" des Menschen. Berlin 1962.

Springorum zunächst nichts anderes als den Bruch einer Norm, genauer: einer Norm des Strafrechts. Da diese Normen meist dem Schutz sozialer Werte dienten, die ein störungsfreies Zusammenleben verschiedener Menschen möglich machten, habe bei einer Straftat die Schutzfunktion der Norm versagt. Das Verhältnis des Täters zum geschützten Wert sei dementsprechend nicht intakt. Es liege ein „Mangel an Sozialisation" vor, den Schüler-Springorum auf eine Störung bei der Verinnerlichung gesellschaftlicher Normen und Werte zurückführte.[50]

So unterschiedlich Kriminalsoziologie und Kriminalbiologie methodisch auch waren, in einer Hinsicht ähnelten sie sich durchaus: Sie entwickelten „Tätertypen" und kannten ein kriminelles Subjekt. So bezeichnete Schüler-Springorum den Straftäter der Resozialisierungstheorie als einen „Defektmenschen" und griff damit einen gänzlich normativen Begriff auf, den der Kriminalwissenschaftler Wolfgang Mittermeier bereits in seiner 1954 veröffentlichten *Gefängniskunde* verwendet hatte.[51] Weiter sprach Schüler-Springorum vom „Bild des kriminellen Syndroms", das sich unter anderem durch ein biologisch angelegtes Merkmal – die Intelligenz – ergebe. Mit dieser Annahme orientierte er sich wiederum an dem Kriminalpsychologen Hans Krüger, der als Leiter der Hamburger Kriminalpsychologischen Abteilung bereits Anfang der 1950er Jahre darauf aufmerksam gemacht hatte, dass die Intelligenz eines Kriminellen im Allgemeinen eher überschätzt als unterschätzt werde, während seine Fähigkeit zu Gefühl und Gemüt eher unterschätzt als überschätzt werde.[52] Krüger hatte seine Beobachtungen an Juristen gerichtet, weil diese oft Gefahr liefen, einen allzu rationalen Zugang zur Kriminalität zu suchen und zu glauben, dass die Fähigkeit zur Planung von Straftaten einen ausgeprägten Verstand und mangelnde Empathie voraussetze. Für die kriminologische Wahrnehmung und Beurteilung von Straftaten galt also noch immer, was der österreichische Kriminologe Hans Gross 1898 in seiner *Criminalpsychologie* geschrieben hatte: „Der große, große Fehler [...] ist immer der, daß wir voraussetzen, daß jeder, der etwas getan hat, sich dabei auch etwas dachte."[53]

Der Aspekt des Nichtnachgedachthabens, den man im Hinblick auf kriminelles Verhalten vielleicht mit „in etwas hineingeraten zu sein" versus „etwas nicht bewusst oder nicht vorsätzlich getan zu haben" übersetzen könnte, machte für Schüler-Springorum letztlich das „Bild des kriminellen Syndroms" aus. Er zeichnete es als ein Bild

---

50 Schüler-Springorum: Strafvollzug, S. 162.

51 Wolfgang Mittermeier: Gefängniskunde. Berlin 1954, S. 136; Schüler-Springorum: Strafvollzug, S. 165.

52 Hans Krüger: Richter und Täterpsychologie. Fehlerquellen bei der Persönlichkeitsbewertung des Angeklagten. In: Deutsche Richterzeitung 30 (1952), S. 54–57.

53 Hans Gross: Criminalpsychologie. Graz 1898, S. 317.

> eher der Schwäche als der Energie, eher der Primitivität als der Unergründlichkeit, eher der Dummheit als der Tücke; es ist, im Gegensatz zur spannenden Dramatik des psychoneurotischen Konflikts und zur verschlossenen Tragik der Geisteskrankheiten, jenes traurige Grau, das uns im Einerlei der Lebensläufe entgegentritt, mit deren keinem man tauschen möchte.[54]

Der Täter der Resozialisierungstheorie, so lässt sich diese Typisierung in wenige Worte fassen, war also ein intellektuell benachteiligtes Opfer seines Lebenslaufs. Er wurde als Subjekt konstruiert, das ziemlich chancenlos am Rande der Gesellschaft steht und dem niemand beigebracht hat, was diese Gesellschaft von ihm erwartet. Kriminologisch relevant daran war, dass ein als Opfer der sozialen Umstände gedachtes Täter-Subjekt nur bedingt für seine Taten verantwortlich gemacht werden konnte, „die Gesellschaft" hingegen unbedingt, weil sie diese Umstände überhaupt zugelassen und damit deviante Verhaltensmuster provoziert hatte.

Inwieweit fügten sich diese Annahmen der Ursachen für Kriminalität nun in die Theorie der Resozialisierung? Da der Anlass für kriminelles Verhalten vor allem in einer mangelnden oder fehlgeleiteten Sozialisation vermutet wurde, sollte im Verlauf der Freiheitsstrafe, wie Schüler-Springorum es formulierte, eine „Ersatz-Sozialisation" stattfinden, um das, „was zu ‚seiner' Zeit versäumt worden war", im geschlossener Umgebung nachzuholen.[55] Der Resozialisierungsgedanke war somit von zwei Grundannahmen geleitet: Erstens, dass allen Strafgefangenen ein Mangel an Sozialisation gemeinsam sei, und zweitens, dass dieser Mangel behoben werden könne. Kriminologen sprachen in diesem Zusammenhang von „Fehlprägungen", die durch „Soziotherapie" zu behandeln seien.[56] Der Idee nach sollte die Implementierung von Resozialisierungsmaßnahmen im Vollzug auf die „geduldige, der Wiederholung nicht müde werdende und durch Fehlschläge nicht zu entmutigende Anleitung zu sinnvollem Gebrauch der Zeit" zielen und dabei „eine dem Individuum möglichst adäquate Verteilung der Ansprüche auf Intellekt, Gefühl und Willen – diesen vor allem" berücksichtigen. Im idealen Fall sollte es dem Strafgefangenen sogar gelingen, durch „die einschmeichelnde Lockung das Gesollte angenehm zu finden."[57] Aneignung durch Wiederholung wurde also zum Prinzip der Verhaltenssteuerung durch Resozialisierungsmaßnahmen erhoben, womit ein Dogma übernommen worden war, das der britische Kriminologe Lionel W. Fox bereits in seinem 1952 erschienenen Buch *The English Prison and*

54 Schüler-Springorum: Strafvollzug, S. 165.
55 Schüler-Springorum: Strafvollzug, S. 167.
56 Schüler-Springorum: Strafvollzug, S. 166, 167.
57 Schüler-Springorum: Strafvollzug, S. 167.

Borstal Systems verbreitet hatte, nämlich, dass „training" das „key word of the prison system"[58] sei.

Sozialisation und Re-Edukation: Verhaltenswissen und Demokratisierungsversprechen

So idealistisch diese Worte klingen und so wenig davon umgesetzt werden konnte – bundesdeutsche Strafvollzugsreformer waren nicht naiv. Sie wussten, wie Schüler-Springorum es betonte, dass „ausgefallene Stadien der sozialen Reifung" bestenfalls „notdürftig kompensabel" seien und die Resozialisierung niemals die Sozialisation ersetzen oder vollständig überschreiben könne.[59] Dass Kriminologen aber trotz dieses Wissens eine Theorie der Resozialisierung entwickelten, lässt abschließend die Frage aufkommen, mit welchem Motiv sie dieses Vorhaben verfolgten.

Die auf der Sozialisationstheorie basierende Kriminologie war der Idee nach der Antagonist der Kriminalbiologie und unterschied sich auch von der Kriminalsoziologie des frühen zwanzigsten Jahrhunderts. Anders als bei der Kriminalbiologie wurden Straftäter nicht geboren, sondern „gemacht", waren also Ergebnis ihrer sozialen Umgebung und der ihnen vertrauten Umgangsweisen, insbesondere der frühen Lebensjahre. Und anders als bei der Kriminalsoziologie stand nun die soziale Person des Täters im Zentrum der Erklärung und nicht die sozialen Strukturen der Gesellschaft. Da allerdings die Person des Täters ins Zentrum des sozialisationsbasierten kriminologischen Denkens rückte, wäre es falsch zu behaupten, die Anlagen hätten nun gar keine Rolle mehr gespielt. Vielmehr räumten Sozialisationstheoretiker wie auch Kriminologen ein, dass emotionale und intellektuelle Grundmerkmale durchaus darüber entscheiden könnten, ob ein Mensch, dessen Sozialisation an den Rändern der Gesellschaft stattgefunden habe, kriminell werde.

Insbesondere das in der Neufassung des Sozialisationsbegriffs beschriebene Subjekt als ein selbstständiges und innengeleitetes war für die Resozialisierung als Technik der Verhaltenssteuerung relevant. Schließlich beanspruchte die Resozialisierung, den Einzelnen innerhalb der Gesellschaft zu stabilisieren und nicht – wie noch im Durkheimschen Modell – die Gesellschaft durch den Einzelnen. Nicht zuletzt unterschied sich die Theorie der Resozialisierung von älteren Erklärungswei-

58 Schüler-Springorum: Strafvollzug, S. 167. Schüler-Springorum zitiert hier aus Lionel W. Fox: The English Prison and Borstal Systems. London 1952.
59 Schüler-Springorum: Strafvollzug, S. 166.

sen devianten Verhaltens aber vor allem dadurch, dass sie nicht von der Persönlichkeit als etwas Stabilem ausging, sondern ihre stete Fortentwicklung annahm. Damit war die Möglichkeit der Einflussnahme auf eben diesen Entwicklungsprozess durch die Gestaltung und Steuerung der sozialen Umwelt des Strafgefangenen in der Haft gegeben. Strafgefangene bekamen in diesem Zusammenhang einen „sozialen Integrationsstatus"[60] zugesprochen; der Strafvollzug wurde zum sozialen Dienst erhoben. In dieses Ensemble von neuartigen Zuschreibungen fügte sich schließlich der Entwurf des Gefängnisses als eine Art von Sozialisationsinstanz, die leisten sollte, was die soziale Umgebung des Verurteilten bis dahin nicht hatte leisten können: die Vermittlung von rechtskonformem Verhalten.

Analog zur stärker werdenden Bindung zwischen Sozialwissenschaften und parlamentarischer Politik im Deutschland der 1960er Jahre[61] hatte also auch die Sozialisationstheorie und die von dieser abgeleitete Idee einer Resozialisierung auf politische Handlungslogiken Einfluss genommen. Denn das Resozialisierungsparadigma war mit der Gründung der Bundesrepublik ja nicht einfach da, sondern muss als Ergebnis eines langjährigen Aushandlungsprozesses betrachtet werden, in dem sich sozialpolitische und verfassungsrechtliche Werte mit sozialwissenschaftlichen Denkfiguren und strafrechtlichen Prämissen verschränkten.[62] Das Resozialisierungsparadigma wurde in diesem Zuge ausformuliert und zum Leitbild des Strafvollzugs erhoben, was sich konkret Anfang der 1970er Jahre im Erlass des ersten deutschen Strafvollzugsgesetzes niederschlug. Den Auftrag dazu hatte letztlich das Bundesverfassungsgericht gegeben, das in einem Urteil formulierte:

> Nach allgemeiner Auffassung wird die Resozialisierung oder Sozialisation als das herausragende Ziel namentlich des Vollzuges von Freiheitsstrafen angesehen. Verfassungsrechtlich entspricht diese Forderung dem Selbstverständnis einer Gemeinschaft, die die Menschenwürde in den Mittelpunkt ihrer Wertordnung stellt und dem Sozialstaatsprinzip verpflichtet ist.[63]

Damit hatte das Bundesverfassungsgericht die Resozialisierung als oberstes Vollzugsziel aus der Wertordnung des Grundgesetzes – dem Sozialstaatsprinzip und der Menschenwürde als Grundrechten mit Ewigkeitsgarantie – abgeleitet und ihr Verfassungsrang eingeräumt. Mit dem Erlass des Gesetzes war nicht nur die Rechts-

---

60 Thomas Würtenberger: Akzente des künftigen Strafvollzugsgesetzes. In: Juristenzeitung 25 (1970), S. 452–456, hier S. 454.

61 Siehe grundlegend dazu Gabriele Metzler: Konzeptionen politischen Handelns von Adenauer bis Brandt. Politische Planung in der pluralistischen Gesellschaft. Paderborn 2005.

62 Dazu ausführlich Annelie Ramsbrock: Geschlossene Gesellschaft. Das Gefängnis als Sozialversuch. Eine bundesdeutsche Geschichte. Frankfurt a. M. 2020, S. 36–86.

63 BVerfG 35, S. 202–245, hier S. 235 f. (5. Juni 1973).

stellung von staatlichen Gefangenen geregelt worden. Auch konnten sie nun bestimmte Behandlungsweisen und Lebensbedingungen, die möglichst denen in Freiheit entsprechen sollten, einfordern.

Trotz des politischen Erfolges von resozialisierungstauglichem Verhaltenswissen waren den Zeitgenossen die Grenzen der Resozialisierungsidee durchaus bewusst. Die Annahme, eine freie Gesellschaft sei im geschlossenen Raum simulierbar, hielten viele für absurd. Eine Lockerung der „Lebenswelt Gefängnis" war tatsächlich überhaupt nur ansatzweise seit den frühen 1970er Jahren in den sogenannten Sozialtherapeutischen Anstalten zu beobachten, die eine sich einem Leben in Freiheit zumindest annähernde Lebensweise ermöglichten. Die Insassen lebten in diesen Anstalten in Wohngruppen mit Aufsichtsbeamten zusammen, die hier eher die Funktion von pädagogischen Betreuern als von Bewachern einnahmen. Strafunterbrechung, Beurlaubung, Erleichterung von Kontakten zu Angehörigen und regelmäßige Einladungen an Personen des öffentlichen Lebens prägten das Leben dieser Insassen weitaus mehr als derjenigen im Normalvollzug, d. h. in klassischen Zellengefängnissen. Eine weitgehende (an der Situation der Gefangenschaft gemessene) Mitbestimmung der Häftlinge sowie „sozialpraktische Trainingsgruppen" waren charakteristisch für den Alltag in Sozialtherapeutischen Anstalten. Strafvollzugsreformer bezeichneten die individuelle Lebensweise, wie sie dort erprobt wurde, durchaus als entscheidend für die Verhaltensregulierung von Strafgefangenen; denn nicht zuletzt wiesen diese Anstalten eine geringere Rückfallquote als der Normalvollzug auf.[64]

Im Normalvollzug war der Alltag weitaus deutlicher von den Eigenlogiken der geschlossenen Gesellschaft geprägt als von der Idee einer positiven Verhaltenssteuerung durch Resozialisierungsmaßnahmen. Zu diesen Eigenlogiken zählte vor allem die Gewöhnung der Häftlinge an die „Lebensform Strafanstalt", die als „Prisonierungserscheinung" bezeichnet und problematisiert wurde. Dabei ging es zum einen um das Erlernen aller Techniken, mit denen das Leben in einer Strafanstalt bewältigt werden konnte, und zum anderen um das Erlernen der unter den Gefangenen gültigen Werte, Normen und Anschauungen. Es ging also um die Übernahme dessen, was als „Häftlingskultur" oder „Subkultur des Gefängnisses" bezeichnet wird. Vor diesem Hintergrund fand ironischerweise durchaus Sozialisation im Gefängnis statt. Auch eine gesellschaftliche Anpassung von Verhaltensweisen war festzustellen – nur bewegte sich beides nicht entlang des Normenkatalogs der freien Gesellschaft, sondern orientierte sich an den Verhaltenskodizes der Häft-

64 Dazu Gerhard Mauch und Roland Mauch: Sozialtherapie und die sozialtherapeutische Anstalt. Erfahrungen in der Behandlung Chronisch-Krimineller. Voraussetzungen, Durchführung und Möglichkeiten. Stuttgart 1971.

lingsgesellschaft. Dieses vollkommen zweckrationale Verhalten lief dem Resozialisierungsziel zwar deutlich zuwider; für das Leben und auch Überleben hinter Gittern aber war es mehr als notwendig.

Im Anschluss an die Frage, warum Wissenschaft und Staat am Resozialisierungsparadigma und damit an einer Idee der Verhaltenssteuerung festhielten, die sich als weniger erfolgreich denn erhofft erwiesen hatte, lässt sich noch ein anderer Aspekt hervorheben. Als einer „problemlösenden Sozialtechnologie“[65] wohnte der Resozialisierungsidee möglicherweise jene „moralische Komponente“ inne, die von Erich Hörl und Michael Hagner für die Kybernetik ausgemacht worden ist. Denn so wie die Kybernetik nach dem Zweiten Weltkrieg eine Abkehr von biologischen Denkfiguren propagierte und damit als eine Art „Antidot gegen biologistische Verirrungen“ firmierte[66], so lässt sich auch das kriminologische Heilsversprechen, das dem Resozialisierungsgedanken anhaftete, mit der sozialwissenschaftlichen Transformation des Menschenbildes nach den Erfahrungen der NS-Diktatur erklären. Dass die Kriminologie im Verlauf der 1960er Jahre genetische Denkfiguren vernachlässigte und die Soziologie mit ihrer Sozialisationstheorie nun die entsprechenden Argumentationswege leitete, war nicht allein ein wissenschaftliches Verdienst, sondern hatte auch eine unverkennbar politische Note. Kaum zufällig war die Soziologie bereits unmittelbar nach 1945 von der US-Militäradministration als „Re-education- und Demokratisierungswissenschaft“ gefördert und zu derjenigen Disziplin erhoben worden, „welche die neuen gesellschaftlichen und vor allem politischen Verhältnisse und den erwartbaren stationären Zustand am besten verstehbar machen konnte“.[67] Auf die Theorie der Resozialisierung, die bis heute offiziell als Sinn der Freiheitsstrafe benannt wird, so scheint es, traf genau dasselbe zu. Sie überzeugte nicht nur wissenschaftlich, sondern auch – wenn nicht sogar vor allem – politisch.

Und der Verhaltensbegriff? Wohnte und wohnt ihm im kriminologischen Kontext eine ebenso politische Note inne, die möglicherweise erklären kann, warum er bis heute zur Rechtfertigung der Resozialisierung von Strafgefangenen herangezogen wird? Tatsächlich kann die Karriere des Verhaltensbegriffs im Strafrechts- und Strafvollzugsdenken nicht vom Resozialisierungsparadigma unterschieden werden,

---

65 Heinz Cornel: Resozialisierung. Begriff, Inhalt und Verwendung. In: Heinz Cornel et al. (Hg.): Handbuch der Resozialisierung. Baden-Baden 1995, S. 27–60, hier S. 33.

66 Erich Hörl und Michael Hagner: Überlegungen zur kybernetischen Transformation des Humanen. In: Die Transformation des Humanen. Beiträge zur Kulturgeschichte der Kybernetik. Hg. von Erich Hörl und Michael Hagner. Frankfurt a. M. 2008, S. 7–37, hier S. 13.

67 Karl-Siegbert Rehberg: Arnold Gehlens Kulturtheorie der Moderne. Nachwort zur Neuausgabe. Arnold Gehlen: Die Seele im technischen Zeitalter. Sozialpsychologische Probleme in der industriellen Gesellschaft, Frankfurt a. M. 2007, S. 141–152, hier S. 144.

im Gegenteil: Die Idee der Resozialisierung gründete auf der Annahme, dass Verhalten eine soziale Kategorie sei und Verhaltensweisen ihre Erklärung entsprechend in der Biografie eines Individuums fänden. Zugleich bedeutet dieser Zusammenhang nicht, dass der Verhaltensbegriff frei von jeglichem Determinismus gewesen wäre. Zwar wurde er seit Mitte des zwanzigsten Jahrhunderts als willkommene Alternative zu biologischen Faktoren in die juristische Anthropologie eingeführt, doch haftete auch ihm (wie der Sozialisationstheorie überhaupt) ein durchaus überindividuelles, typisierendes Denken an: Denn was eine gelungene Sozialisation sei und was nicht, wurde letztlich nicht der Bewertung eines jeweiligen Individuums überlassen, sondern anhand eines Kriterienkatalogs ausgemacht, der – wenngleich mit anderem Inhalt – methodisch an die biologisch-genetisch ausgerichteten Raster der Kriminalbiologie erinnert. Bei Kindern von alleinerziehenden oder unverheirateten Müttern etwa, von alkoholkranken oder arbeitslosen Vätern und schließlich bei solchen, die keinen Schulabschluss vorweisen konnten, wurde eine soziale Disposition für kriminelles Verhalten ausgemacht. Schaut man sich die Biografien derjenigen an, die in der alten Bundesrepublik im Gefängnis saßen, lässt sich den sozialen Determinismen zwar nicht widersprechen, jedenfalls nicht grundsätzlich, doch ändert das nichts daran, dass der Verhaltensbegriff der juristischen Anthropologie seit der Entstehung der Kriminologie im späten neunzehnten Jahrhundert nie dazu diente, individuelles Verhalten zu erklären. Seine Rolle bestand vielmehr vor allem darin, gesellschaftliches Verhalten gegenüber dem als kriminell eingestuften Individuum zu rechtfertigen.

Mieke Roscher

Werner Fischel und die Psyche des Hundes. Forschungen zum Hundeverhalten im Dienst der Wehrmacht

Die Frage danach, wie sich Verhalten erkunden, beeinflussen und steuern lässt, begründete bereits während des Ersten Weltkrieges ein eigenes Forschungsfeld innerhalb des Faches Psychologie – die Heerespsychologie. Sie untersuchte die mit den neuen technischen Entwicklungen dieses ersten modernen Krieges einhergehenden psychischen Herausforderungen, um daraus Kriterien für die Eignungsprüfung von Soldaten abzuleiten. Unter der Maßgabe einer Professionalisierung dieses Verfahrens erarbeitete sie eine Typologie unterschiedlicher Charaktere zur sogenannten Bestenauslese von Soldaten.[1] Die mehreren Millionen Tiere, die ebenfalls in die Kampfhandlungen des Ersten Weltkriegs einbezogen waren, gerieten dabei kaum in den Blick; deren Auswahl und praktische Ausbildung lag vornehmlich in den Händen von privaten Hundezüchter*innen und -abrichter*innen.

Die empirische Erforschung des Verhaltens von Tieren in wissenschaftlicher Hinsicht war indes Gegenstand einer sich etwa zeitgleich herausbildenden neuen Disziplin innerhalb der Biologie, der Vergleichenden Verhaltensforschung. Diese aber befasste sich mit den spezifischen Mustern tierlichen Verhaltens im Artenvergleich, nicht so sehr mit der Durchführung von Eignungstests an Tieren, um sie für den Krieg zu rüsten bzw. um geeignete Tiere für den Einsatz zu wählen. Solche praktischen Fragen fanden vielmehr im Zusammenhang mit dem Gebrauch von Diensthunden für die Polizei eine gewisse Aufmerksamkeit. Dort wiederum orientierte man sich kaum an den Methoden der Heerespsychologie zur Bestenauslese im Zusammenhang mit menschlicher Eignung. Man überließ die Tauglichkeitsprüfung von Hunden vielmehr einer relativ kleinen Gruppe von „Menschen mit Hundeverstand“, die in einzelnen Hundezuchtvereinen mit einer ebenso überschaubaren Anzahl von Hunden arbeiteten.

Dies änderte sich erst mit dem Aufbau und dann der Mobilmachung der Wehrmacht im NS-Staat. Mit dem Erlass des Oberkommandos des Heeres vom 19. September 1939 und des Reichsführers-SS vom 22. September 1939 waren zum Beispiel alle Besitzer*innen von Hunden, egal ob diese nun zum privaten Vergnü-

1 Ulfried Geuter: Polemos panton pater. Militär und Psychologie im Deutschen Reich 1914–1945. In: Geschichte der deutschen Psychologie im 20. Jahrhundert. Ein Überblick. Hg. von Mitchell G. Ash und Ulfried Geuter. Opladen 1985, S. 146–171.

https://doi.org/10.1515/9783110740813-020

gen, zur Bewachung des Eigentums oder als Jagd- und Hütehelfer angeschafft worden waren, dazu aufgerufen, ihre Tiere den dezentralen Rekrutierungsstellen für Hunde vorzuführen. Dort nahm man Musterungen vor, bei denen bestimmte Eignungsmerkmale der Tiere abgeprüft wurden.[2] Gesucht wurden Hunde mit Bereitschaft zur vollkommenen Unterwerfung unter den menschlichen Befehl, also mit vorbildlichem Verhalten im Sinne idealer Militärs. Ein elementarer Topos nationalsozialistischer Hundeprojektionen war dabei die Darstellung der Tiere als Soldaten. In Publikationen der Streitkräfte wie auch in Veröffentlichungen der Tierschutz- und Zuchtverbände zum Sinnbild von Kameradschaft stilisiert, waren Hunde aber zugleich jenseits aller symbolischen Funktionen materieller Teil des militärischen Apparates, der das Interesse verfolgte, die Tiere für seine Zwecke so zu nutzen, dass sie sich aktiv am Krieg beteiligten und etwa in der Bewachung von Gefangenen Arbeit leisteten. Mindestens 200.000 Hunde zogen zwischen 1939 bis 1944 mit der Wehrmacht und der SS in den Krieg, um Aufgaben als Melde-, Wach- und Schutzhunde, aber auch als Sanitäts- und Schlittenhunde zu verrichten.[3] Für das Gelingen dieser Operationen, galt es, das Verhalten der Tiere genauer zu studieren – und sich dafür eines neuen Feldes zu bedienen, das im Sprachgebrauch der Zeit mal als „Tierverhaltenskunde“, mal als „Tierpsychologie“ bezeichnet wurde und rückwirkend unter dem Begriff der Vergleichenden Verhaltensforschung subsumiert wird.

Der vorliegende Beitrag stellt zunächst die Akteure vor, die im nationalsozialistischen Staat an der Abrichtung und Züchtung von Hunden zum Zwecke militärischer Aufgaben beteiligt waren – angefangen vom Reichsverband für das Deutsche Hundewesen über die Gesellschaft für Hundeforschung bis hin zum Beauftragten für das Diensthundewesen beim Reichsführer-SS. Anschließend soll die Vergleichende Verhaltensforschung bzw. die Ethologie genauer betrachtet werden, die als relativ neue wissenschaftliche Disziplin Ansichten auch über das Verhalten von Hunden entwickelte.[4] Diese Wissenschaft bedarf der stetigen Kontextualisierung,

---

2 Runderlass: Erfassung von Hunden für Kriegsverwendung bei Wehrmacht und Polizei, Hauptstaatsarchiv Marburg (HStaM), Frankenberg, Nr. 2652. Vgl. dazu Mieke Roscher: Praxeologische Einordnungen von Pferde- und Hunderekrutierungen 1934–1944. In: Hessische Blätter für Volks- und Kulturforschung 53 (2018), S. 73–86.

3 J. Robert Lilly und Michael B. Puckett: Social control and dogs. A sociohistorical analysis. In: Crime and Delinquency 43 (1997), H. 2, S. 123–147, hier S. 129.

4 In diesem Text wird vor allem von der Tierpsychologie bzw. der Tierseelenkunde die Rede sein, weil diese die von Werner Fischel betriebene Forschung am besten beschreiben und sie von ihm selbst so bezeichnet wurde. Sie gehören jedoch zu einem größeren Feld der Verhaltenswissenschaften, die seit Beginn des zwanzigsten Jahrhunderts mit unterschiedlichen Bezeichnungen versehen wurde. Die Vergleichende Verhaltensforschung an Tieren wird seit Ende des Zweiten Weltkriegs allgemein als Ethologie bezeichnet. Zuvor stand der Begriff Verhaltensfor-

weil, so meine These, über Tiere auch politische Programme etabliert und normalisiert wurden. Im Mittelpunkt der Analyse steht dabei die 1936 gegründete Deutsche Gesellschaft für Tierpsychologie sowie der an ihrer Gründung beteiligte Psychologe Werner Fischel, der ab 1941 die Dozentur für Tierpsychologie an der Universität Leipzig innehatte. Fischels Experimente waren darauf angelegt, das „Erfahrungswissen" von Hunden zu trainieren und daraus abzuleitende Mechanismen des Verhaltens für den Einsatz an der Front des Zweiten Weltkriegs nutzbar zu machen. Wie, wo und ob seine Forschungsergebnisse im Feld Anwendung fanden, dazu werden abschließend erste Erkenntnisse vorgelegt.

Verhalten und Leistung: Das deutsche Hundewesen zwischen Vereinsleben und angewandter Rassenkunde

Mit der Gründung immer neuer Vereine erfuhr die Zucht und Ausbildung von Hunden im Deutschen Reich spätestens um die Wende zum zwanzigsten Jahrhundert enormen Auftrieb.[5] Anders als in Großbritannien, wo die Initiative für die organisierte und systematische Zucht einzelnen Züchter*innen überlassen blieb[6], wurde in den deutschen Vereinen nicht primär aus Sport- oder Liebhabergründen gezüchtet. Vielmehr zielte die deutsche Hundezucht auf *Leistung* als alleiniges bzw. ausschlaggebendes Merkmal ab.[7] Gemessen wurde diese Leistung vor allem am erwünschten Verhalten der Tiere, das sich an einer bestimmten charak-

schung einerseits für ein Forschungsfeld neben dem bzw. in Abgrenzung zu dem der Vergleichenden Verhaltensforschung und zur Tierpsychologie, bei denen explizit auch immer menschliches Verhalten mit analysiert wurde bzw. die Annahme herrschte, dass über den Umweg der Tierbeobachtungen evolutionsbiologische Ableitungen des Inneren und des menschlichen Verhaltens getroffen werden können. Andererseits grenzte sich dieses Forschungsfeld vom Behaviorismus ab, der sich vor allem mit dem Äußeren des Verhaltens, der Handlung, befasste. Auch in der zeitgenössischen Diskussion war die Benennung des Faches umstritten. Vgl. Franz M. Wuketits: Die Entdeckung des Verhaltens. Eine Geschichte der Verhaltensforschung. Darmstadt 1995, S. 4–6.

5 Amir Zelinger: Menschen und Haustiere im Deutschen Kaiserreich. Eine Beziehungsgeschichte. Bielefeld 2018.

6 Zur Hundezucht in Großbritannien im neunzehnten Jahrhundert vgl. vor allem Harriet Ritvo: Pride and pedigree. The evolution of the Victorian dog fancy. In: Victorian Studies 29 (1986), 2, S. 227–253.

7 Otto Fehringer: Unser Hund. Berlin 1940, S. 13.

terlichen Disposition, dem Vermögen, die körperlichen Anlagen effektiv zu nutzen, und einem Willen zur Arbeit zeigte.[8]

Dieser Tradition der Züchtung auf Leistung fühlte sich auch der 1933 gegründete Reichsverband für das Deutsche Hundewesen (RDH) verpflichtet. Sein Agieren profitierte von der Aufmerksamkeit, die der Frage nach dem Tier, seinem Wert und Wesen, im nationalsozialistischen Deutschland zukam.[9] Ziel des Verbandes war zudem eine „straffe Zusammenfassung und Gliederung der deutschen Hundehalter", die „Förderung des deutschen Hundewesens innerhalb der deutschen Volkswirtschaft" sowie insbesondere die Förderung der Zucht von Gebrauchshunderassen.[10] Der Verband führte nicht nur die Zuchtbücher für die verschiedenen Rassen, sondern inkorporierte mit der Gleichschaltung auch alle bis dahin existierenden Hundezuchtvereine.[11] Er galt fortan als „kynologische Großmacht"[12], die die Hundezucht vorwiegend unter militärischen Aspekten bzw. zum Nutzen für den NS-Staat betrieb. Die Ernennung des Vorsitzes lag folglich bereits ab 1937 in der Hand Heinrich Himmlers als Reichsführer-SS und Chef der Polizei. 1942 übernahm SS-Standartenführer Franz Mueller-Darß, der bereits zuvor als Beauftragter für das Diensthundewesen am persönlichen Stab des Reichsführers-SS tätig gewesen war, den Vorsitz.

Die Züchtung von Rassehunden war demnach in die Kriegsstrategien des NS-Staats explizit eingebunden. Zugleich richtete sie sich an den Prinzipien der nationalsozialistischen Rassenhygiene aus. Selbst der private Besitz eines Hundes implizierte eine persönliche Verantwortung für den Erhalt der Rasse. Für die Zucht waren die ideologischen Grundannahmen der Eugenik bindend: „Nur mit körperlich und geistig gesunden, wesensstarken Hunden züchten und schwächliche und

8 Kurt Roesebeck: Zucht mit harten Gebrauchshunden. In: Zeitung der Fachschaft für Deutsche Schäferhunde 37 (1938), H. 3, S. 105.

9 Hans Keller: Zur Entwicklung und zum gegenwärtigen Stand der Tierpsychologie. In: Zeitschrift für Züchtung. Reihe B, Tierzüchtung und Züchtungsbiologie einschließlich Tierernährung 36 (1936), H. 1, S. 1–12, hier S. 12.

10 Satzung der Reichsfachgruppe für Deutsches Hundewesen e.V. Landesarchiv Berlin (LAr Berlin) A Pr B Rep 030-04 Nr_2111.

11 Der Begriff ‚Rasse' wird hier verwendet, weil es sich um den durchgesetzten Quellenbegriff handelt. Biologisch gesehen ist die Verwendung jedoch falsch. Es gibt weder Menschen- noch Tierrassen. Haustierrassen sind das Ergebnis künstlicher Zuchtauswahl durch den Menschen und nicht das Ergebnis eines natürlichen, biologischen Prozesses. Vgl. dazu auch die 2019 verabschiedete Erklärung Jenaer Evolutionsbiologen, die den Todestag Ernst Haeckels zum Anlass nahmen, sich für eine konsequente Abschaffung des Rassebegriffs auszusprechen. Online unter: https://www.uni-jena.de/unijenamedia/Universit%C3%A4t/Abteilung+Hochschulkommunikation/Presse/Jenaer+Erkl%C3%A4rung/Jenaer_Erklaerung.pdf (abgerufen am 27.1.2020).

12 Deutsche Kynologen-Zeitung 19 (1937), H. 2, S. 37.

wesensschwache Hunde so früh als möglich erkennen und ausmerzen, darin ist das Heil der Rasse zu suchen",[13] so dekretierte Kurt Roesebeck, der 1935 die Reichsobmann-Funktion bei der Fachschaft für Deutsche Schäferhunde, die wichtigste, weil einflussreichste Unterabteilung des RDH, übernommen hatte. Für die Fachschaft bedeutete dies, „harte Hunde" zu züchten, mit „urwüchsige[r] Gesundheit und Lebensfrische". „Natürliche Schärfe" und sichere „Wesenseigenschaften" seien die „Vorbedingung für jede Dienstverwendung, aber auch zur Freude am Hund für dessen Besitzer", ergänzte Max von Stephanitz, der Gründer der Fachschaft.[14] Der Hund galt als ein Tier, das durchaus noch „ein Stück Natur" darstellte, „beglückend in seiner Urwüchsigkeit und bewundernswert in seinen Leistungen".[15]

Diese naturromantisierende Perspektive auf den Hund stand im Einklang mit der Eingliederung von Menschen und Tieren in organismische und symbiotische Gesellschaftsvorstellungen, die auch von der NS-Biologie getragen wurden.[16] Die Rasseauswahl war deshalb auch eindeutig auf germanisierte oder als „nordisch" verstandene Hunderassen fokussiert, neben dem deutschen Schäferhund, Rottweiler und Dobermann der Riesenschnauzer, Airedaleterrier oder Boxer.[17] Ein „guter Hundesoldat" zeichnete sich aber mehr noch als durch seine körperliche Tauglichkeit durch seine „Wesensfestigkeit" aus, für die der RDH bereits 1936 die entscheidenden Parameter festlegte:

> Der für den Meldedienst geeignete Hund soll ein führiger, lauffreudiger, besonders ausdauernder Geselle sein, der sich stark auf eine begrenzte Zahl von Menschen einstellen läßt, fremden Menschen jedoch Mißtrauen gegenüber an den Tag legt, ohne ängstlich zu sein.[18]

Der nationalsozialistische Hund war also keineswegs nur nach seiner äußeren Form zu bewerten, sondern hatte neben überlegenen physischen Fähigkeiten wie der „Nasenleistung" und körperlicher Kraft auch charakterliche Schärfe und einwandfreies Verhalten gegenüber menschlichen Führungspersonen unter Beweis zu stellen. Die Einheit von Körper und Charakter und deren optimale Balance folgte dabei durchaus Vorstellungen menschlicher Idealtypen, die insbesondere in der SS

---

13 Kurt Roesebeck: 1935. In: Zeitung der Fachschaft für Deutsche Schäferhunde 35 (1936), H. 1, S. 23.

14 Max von Stephanitz: 1934. In: Zeitung der Fachschaft für Deutsche Schäferhunde 34 (1935), H. 1, S. 8.

15 Fehringer: Unser Hund, S. 176.

16 Änne Bäumer: Die Politisierung der Biologie zur Zeit des Nationalsozialismus. In: Biologie in unserer Zeit 19 (1989), H. 3, S. 76–80.

17 Paul Eipper: Das Haustierbuch. Vom Wesen, der Schönheit und dem Nutzen unserer Tierkameraden. Berlin 1943, S. 53.

18 Doctores Menzel: Über das Wesenswunschbild des Meldehundes. In: Der Hund 35 (1935), S. 262.

ihren Ausdruck fanden.[19] Die Darstellung des „richtigen“ Verhaltens wurde performativ in Szene gesetzt und auch bei Hunden rassistisch konnotiert. Sowohl auf den vom RDH organisierten Hundeschauen, in Wettkämpfen als auch bei der Musterung wurden Mischlingshunde stets als weniger geeignet beschrieben.[20]

Zuspruch fand der Gedanke von der Einheit von Körper und Charakter auch bei Otto Fehringer, Direktor des 1934 gegründeten Heidelberger Zoos und Leiter der im gleichen Ort ansässigen Forschungsstelle für Hundeforschung. Die dort durchgeführten verhaltenspsychologischen Untersuchungen zielten darauf ab, „die restlose praktische Verwendung unseres ältesten Haustieres“ zu garantieren.[21] Neben der körperlichen ging es dabei immer auch um die psychische Leistungssteigerung der Hunde.[22] Die „seelischen Eigenschaften“ der Hunde, so befand Fehringer, seien zu lange zugunsten rein körperlicher Merkmale ignoriert worden[23] und würden auch bei der Prüfung und der Zuchtauswahl häufig übersehen. Die „Einheit von Körper und Charakter“ müsse sich „gleich auf den ersten Blick offenbaren“.[24] Ganz im Sinne der nationalsozialistischen Biologie spricht Fehringer sich dafür aus, das materialistisch-mechanistische Denken zugunsten einer ganzheitlichen Betrachtungsweise zu überwinden und argumentiert auch an der Stelle organizistisch im Sinne von Volkskörpern.[25]

Auch außerhalb der wissenschaftlichen Foren fand diese Bewegung Anklang, wie insbesondere den zahlreichen Verbandszeitschriften, die bis 1941 in hohen Auflagen erschienen, zu entnehmen ist. Die dort zur Sprache kommenden Hundefreund*innen sahen sich häufig noch viel eher als die Wissenschaft in der Lage und dazu berufen, über Geist und Seele der Tiere Auskunft geben zu können.[26] Dem damit auch zum Ausdruck gebrachten Wissenschaftsskeptizismus lag zum einen die Sehnsucht zugrunde, auf eine enge Verbindung zum eigenen Tier hinweisen zu dürfen, ohne sich dabei dem Verdacht der Sentimentalität auszusetzen.[27] Anstelle von emotionaler Ver-

19 Vgl. z. B. Paula Diehl: Macht – Mythos – Utopie. Die Körperbilder der SS-Männer. Berlin 2014.

20 Vgl. z. B. Die Hundewelt 16 (1940), H. 4, S. 41; Kurt Roesebeck: 1941. In: Zeitung der Fachschaft für Deutsche Schäferhunde 41 (1942), H. 3/4, S. 55.

21 Der Hund (1943), H. 4, S. 6.

22 Schäme: Steigerung der Körperleistung, Formalismus, Schönheit und Zweckmäßigkeit. In: Der Hund (1944), H. 2, S. 19.

23 Otto Fehringer: Zur Wiederbelebung degenerierter Hunderassen. In: Der Hund (1944), H. 2, S. 21.

24 Fehringer: Unser Hund, S. 172.

25 Änne Bäumer: NS-Biologie. Stuttgart 1990, S. 115–117.

26 Vgl. Anonym: Geist, Seele, Verstand – und Sprache! In: Rundschau für Jagd und Hundesport (1935), S. 238 f.

27 Julika Renger: Gesellschaftliche Debatten um die wirtschaftliche und psychosoziale Nutzung des Hundes von 1870–1945 in Deutschland. Dissertation. Freie Universität Berlin 2008, S. 171.

bundenheit wurde deshalb entweder ein Kameradschaftsideal bemüht oder es wurde auf eine Genealogie germanisierter Gemeinschaftsmythen verwiesen, in der dem Hund ein hervorgehobene Rolle zukam. Hundezüchter*innen forderten in diesem Zusammenhang von der Wissenschaft eine „rassenmäßige Charakterologie" ein, um damit auch „Wesensstandards" festschreiben zu können.[28] Eifrig bedient wurde diese Forderung auch von dem Pädagogen und tierpsychologischen Autodidakten Bastian Schmid. Bei der Erforschung von Rassencharakteren habe keineswegs nur die Art oder das Individuum, sondern tatsächlich die Rasse im Mittelpunkt der Betrachtung zu stehen, wobei man sich zur genauen Inspektion zum Hund „herunter begeben" müsse, um „ihm seelisch näher zu treten".[29] Mit Bezug auf das „Seelenleben des Hundes" wurden aber auch soziale Hierarchien festgeschrieben und naturalisiert. In dieses Seelenleben, so hieß es etwa in der *Deutschen Kynologen-Zeitung*, habe sich „zu den jahrtausende alten, treulich erhaltenen Urinstinkten ein weiteres Moment eingeschmuggelt und verankert, das Vorstellungsbild des Menschen als des Hundes Herr und Gott, in dem er lebt und aufgeht".[30]

Umgang mit den „Diensthundeproblemen": Die Hundeforschung institutionalisiert sich

Als Resultat der neuen Anforderungen, die sowohl der Staat als auch das gleichgeschaltete Hundewesen an diesen neuen, rassisch einwandfreien, stets leistungsbereiten Hund stellten, stiegen die staatlichen Investitionen in die Erforschung des „richtigen" hundlichen Verhaltens, zumeist im Hinblick auf den optimierten Einsatz von Hunden mit Schutz- und Wachaufgaben. Dem RDH wurde das 1941 gegründete Zentralinstitut für Hundeforschung in Stuttgart untergeordnet, das mit der Intention ins Leben gerufen worden war, die „Diensthundeprobleme" bei der Wehrmacht anzugehen.[31] Wie so häufig kam es auch hier zu Rivalitäten und Kompetenzkonflikten zwischen Wehrmacht, SS und Partei: Aufgrund von „Kompetenzüberlappungen" wurde die Forschung an Diensthunden letztlich nicht genehmigt. Das Institut fand jedoch schnell andere Betätigungsfelder. So übernahm es 1942 das

28 Franz Bazille: Die Psychologie des Hundes. In: Deutsche Kynologen-Zeitung 19 (1937), H. 18, S. 562.
29 Bastian Schmid: Der Charakter des Hundes. In: Deutsche Kynologen-Zeitung 22 (1940), H. 16, S. 249.
30 V.: Besitzt der Hund Verstand? In: Deutsche Kynologen-Zeitung 22 (1940), H. 1, S. 4.
31 Reichsführer-SS, Persönlicher Stab, Beauftragter für das Diensthundewesen, 7. Juni 1943, Bundesarchiv Berlin (BArch) R 2-5339 Reichsfinanzministerium – Nachrichtenwesen des Heeres.

„Haustiermaterial“, in erster Linie Knochenfunde, das die von Himmler gegründete Organisation „Ahnenerbe“ in Zusammenarbeit mit der Lehr- und Forschungsstätte für Innerasien von der Expedition des Zoologen und Anthropologen Ernst Schäfer aus Tibet mitgebracht hatte. Die aus dem Material zu entnehmenden „kynologischen Fragen“ über Abstammung, Erbwert und Verwendung der Hunde sollten „baldmöglichst“ beantwortet werden,[32] so ließ Wolfram Sievers verlautbaren, der als stellvertretender Reichsgeschäftsführer des Ahnenerbes fungierte.[33]

In der *Deutschen Kynologen-Zeitung* sprach sich Hans Peters, der erste Leiter des Zentralinstituts, deshalb für eine Zusammenführung von anthropologischer und ethologischer Forschung aus. Denn die Fragen nach der „Rassengeschichte und -verbreitung des Hundes“ seien immer nur im Zusammenhang mit den „Verhältnissen bei seinem menschlichen Partner“ richtig zu verstehen.[34] Als Rahmen hatte er dem Institut die „wissenschaftlichen“ Eckpfeiler von „Züchtungsbiologie, Rassenkunde und Kulturgeschichte“ gesetzt.[35] Hundeverhalten und Menschenverhalten seien in gewisser Weise als komplementär zu betrachten. Deshalb, so gab er an anderer Stelle zu bedenken, diene die „Rassenkunde und Verbreitung des Hundes als Hilfswissenschaft für die menschliche Rassengeschichte“.[36] Damit entfernte sich Peters zwar scheinbar von der Neuausrichtung der biologischen Verhaltensforschung, die ja eben nicht mehr vergleichend operieren wollte. Der Bezug zur Rasse als einer vermeintlichen Grundkonstante aber ließ sich auch in der neu ausgerichteten Verhaltenswissenschaft wiederfinden. Die Projektion und Rückprojektion rassistischer und antisemitischer Stereotype auf Tiere und ihre Ausgrenzung aus der biotisch gedeuteten (Volks-)Gemeinschaft traf somit auch den Hund, zumindest dann, wenn er nicht dem richtigen „Rassekreis“ zugehörte. Konrad Lorenz, ein weiterer Vertreter dieses nationalsozialistischen Zusammenlesens von Rassenanthropologie

---

32 Der stellvertretende Chef des Amtes A „Ahnenerbe“ an das Institut für Hundeforschung vom 3. Mai 1941, BArch NS/21 330. Vgl. auch Michael H. Kater: Das „Ahnenerbe“ der SS 1935–1945. Ein Beitrag zur Kulturpolitik des Dritten Reiches. München 2009, S. 217.

33 Sievers war ab 1943 einer der Hauptverantwortlichen für die Menschenversuche im KZ Dachau.

34 Hans Peters: Die Hunde Libyens und Gesamtafrikas. In: Deutsche Kynologen-Zeitung 22 (1940), H. 14, S. 216.

35 Hans Peters: Das Institut für Hundeforschung der Stadt Stuttgart. In: Deutsche Kynologen-Zeitung 23 (1941), H. 16, S. 245–246.

36 Hans Peters: Die rassenkundliche Seite der Hundeforschung. In: Deutsche Kynologen-Zeitung 21 (1939), H. 1, S. 9.

und Verhaltenswissenschaften,[37] führte die These der zweifachen Abstammung des Hundes vom nördlichen Wolf und mesopotamischen Schakal an, um hier Beweise für rassische Unterschiede zu finden und das vermeintlich originär germanische und originär semitische auf den Hund zu übertragen.[38] Diese rassischen Unterschiede, darin waren sich die deutschen Kynologen einig, drücke sich vor allem in einem je spezifischen Verhalten aus. So galt es als erwiesen, dass sich „germanische" anders als „semitische" Hunde eher den „nordischen" Völkern unterwerfen und einen natürlichen Abscheu vor „schwarzen und gelben Rassen" entwickeln würden, ihr Verhalten also an die veränderten politischen Verhältnisse quasi intuitiv anpassen könnten.[39] Rettungshunde an der Westfront würden aufgrund ihrer feiner ausgebildeten Verhaltensdisposition beispielsweise ausschließlich Menschen weißer Hautfarbe retten.[40]

Das Zentralinstitut für Hundeforschung war indes nicht die erste Einrichtung, die sich mit dem Verhalten und den Leistungen der Hunde auseinandersetzte. Bereits die 1930 in Berlin gegründete Gesellschaft für Hundeforschung sollte die „bis jetzt noch fehlende Dauerverbindung zwischen Wissenschaft und Praxis" im Hundewesen überwinden und besonders den „erbkundlichen, physiologischen und psychologischen Teil des Arbeitsgebietes" erforschen.[41] Zunächst war ihr damit wenig Erfolg beschieden, denn es mangelte vor allem an finanziellen Mitteln. Dies änderte sich 1936, als die Gesellschaft ihre Forschung offensiver in den Dienst des Regimes stellte und damit begann, dem Oberkommando des Heeres direkt zuzuarbeiten. Den Vorsitz übernahm der Psychologe Hans Keller vom psychologischen Institut der Universität Berlin, der dort erst kurz zuvor, zunächst kommissarisch, den Lehrstuhl des Gestaltpsychologen und Verhaltensforschers Wolfgang Köhler übernommen hatte.[42] Unter den Mitgliedern befanden sich die Professoren Friedrich Wilhelm Krzywanek, Direktor des Veterinärphysiologischen Instituts der Tierärztlichen Hochschule Berlin, Ernst Mangold, der am

37 Mitchell G. Ash: Tiere und Wissenschaft. Versachlichung und Vermenschlichung im Widerstreit. In: Tiere und Geschichte. Konturen einer Animate History. Hg. von Gesine Krüger, Aline Steinbrecher und Clemens Wischermann. Stuttgart 2014, S. 267–291; Richard Weikart: The role of Darwinism in Nazi racial thought. In: German Studies Review (2013), S. 537–556.

38 Boria Sax: Animals in the Third Reich. Pets, Scapegoats and the Holocaust. New York/London 1997, S. 15.

39 Ernst Schultze: Wolf und Hund in den Ueberlieferungen der arischen Urzeit. In: Die Hundewelt 14 (1938), H. 8, S. 169.

40 Hauptmann Berkun: Der Hund im Dienste der Wehrmacht. In: Wissen und Wehr. Monatsschrift der Deutschen Gesellschaft für Wehrpolitik und Wehrwissenschaften (1943), H. 2, S. 68.

41 Lutz Heck an den Reichsbahnrat Dr. Gehrs vom 4. Nov. 1930, BArch R/ 5/ 2598.

42 Gesellschaft für Hundeforschung an das Polizeipräsidium Berlin 0.27, 18. Mai 1936, LAr Berlin A Pr. Br. Rep. 030-04, Nr. 866.

selben Institut die Professur für Ernährungsphysiologie der Haustiere innehatte, und der Physiologe Wilhelm Trendelenburg. Ferner gehörten der Gesellschaft als „Praktiker" der regimetreue Berliner Zoodirektor Lutz Heck sowie Oberst a.D. Konrad Most an. Letzterer hatte bereits im Ersten Weltkrieg den Hundekriegseinsatz an der Seite Mueller-Darß' gestaltet. Er galt Zeitgenossen als bahnbrechender Vorreiter für die „Beurteilung der seelischen Fähigkeiten des Hundes" und als „erfolgreicher Forscher auf diesem Gebiet".[43] Diese Lorbeeren verhalfen ihm auch zum Posten des Reichsabrichtewarts im RDH, auf dem er an der Gestaltung der Richtlinien für die Leistungsprüfungen beteiligt war, die auf lokaler Ebene von den Zuchtvereinen abgenommen wurden und als Voraussetzung für die Verwendung der Tiere für die Zucht galten. Das von Most entwickelte Abrichtungsverfahren setzte vor allem auf Konditionierung durch positive und negative Beeinflussung.[44] Zwar sei der Hund nicht in der Lage, in die „seelische Eigenart" des Menschen „einzudringen", aber umgekehrt sei dies sehr wohl der Fall und daher müsse das Sichhineinversetzen des Menschen in den Hund die Grundlage jeder Form von Abrichtung bilden.[45]

Es war diese Mischung aus Theorie und Praxis, von der man sich neue Anstöße auf dem Gebiet der Verhaltenskunde des Hundes versprach, wobei die Praxis von Anfang an primär militärisch gedacht wurde. Dieser Einklang von Erb-, Rasse- und Volks-Psychologie – im „Dritten Reich" wegen ihres ideologischen Nutzens hofiert – und dem praktischen Nutzen ihrer Erkenntnisse für die Wehrmacht führte insgesamt zu einer Modernisierung und Professionalisierung der Psychologie als Disziplin.[46] Davon profitierte auch die Tierpsychologie, die sich durch zumindest vorgeblich neue Arbeitsmethoden wie das Beobachten und Steuern von Verhalten etwa durch Assoziationsbildung, bekannt geworden vor allem durch Pawlows Konditionierungsversuche,[47] als gleichermaßen innovativer wie zweckmäßiger Teilbereich der Psychologie zu annoncieren vermochte.

Nobilitiert wurde die Tierpsychologie als Disziplin im Nationalsozialismus aber auch unabhängig von den Entwicklungen in der NS-Gesamtpsychologie. In der 1936

43 Konrad Friedrich Herzog von Mecklenburg: Vorwort. In: Anweisung zum Abrichten und Führen des Jagdhundes. Hg. von Franz Mueller und Konrad Most. Berlin 1934, S. IX.

44 Horst Gundlach: Konrad Most. In: Deutschsprachige Psychologinnen und Psychologen 1933–1945. Hg. von Uwe Wolfradt, Elfriede Billmann-Mahecha und Armin Stock. Wiesbaden 2017, S. 323 f.

45 Franz Mueller und Konrad Most: Anweisung zum Abrichten und Führen des Jagdhundes. Berlin 1934, S. 2.

46 Ulfried Geuter: Die Professionalisierung der deutschen Psychologie im Nationalsozialismus. Frankfurt a. M. 1988, S. 283–289.

47 Vgl. Andrea Kiesel und Iring Koch: Lernen. Grundlagen der Lernpsychologie. Wiesbaden 2012, S. 19–29.

gegründeten Deutschen Gesellschaft für Tierpsychologie kamen neben den Ethologen bzw. Zoologen Konrad Lorenz und Otto Koehler auch mehrere Mitglieder des Reichsministeriums für Volksaufklärung und Propaganda, der Abteilung Tierzucht im Reichsnährstand sowie der Zucht- und Lehranstalt für Polizeihunde zusammen.[48] Auch diese Gesellschaft hatte sich auf die Fahnen geschrieben, zu einer „Steigerung der verschiedenartigen Leistungen der Tiere im Dienste des Menschen beitragen" zu wollen.[49] Darunter verstand sie vor allem die Auswertung tierpsychologischer Erkenntnisse für „Landesverteidigungszwecke".[50] Entstanden war somit eine willfährige Einrichtung, die für ihre Verbindung aus Forschung und Praxis nicht nur vom Staat protegiert wurde, sondern sich diesem auch geradezu offensiv anbot, indem sie Theorie und Praxis der biologischen Verhaltenskunde in den Dienst der Legitimierung rigoroser rassistischer Auslese einerseits und militärisch-wirtschaftlicher Nutzbarmachung anderseits stellte.

Werner Fischel und die Leipziger Dozentur für Tierpsychologie

Es ist daher kaum überraschend, dass auch die akademische Institutionalisierung des Faches aus militärischen Interesse gefördert wurde. Die 1941/1942 eingerichtete Dozentur für Tierpsychologie an der Universität Leipzig verdankte ihre Einrichtung dem Insistieren des Oberkommandos des Heeres, das darauf drang, die Erforschung tierlicher Kapazitäten und insbesondere die Hundepsychologie zu intensivieren. Für den Bewerber Werner Fischel sprach, dass er nach einem Studium naturwissenschaftlicher Fächer in Würzburg, München und Königsberg und wissenschaftlichen Anstellungen in Königsberg und Groningen bereits 1935 die Forschungsstelle für Tierpsychologie im Zoologischen Garten von Münster übernommen und sich 1939 bei der Wehrmacht in Berlin zum Heerespsychologen

48 Zeitschrift für Hundeforschung 1 (1936), S. 48. Zu Lorenz und seinem Engagement in der Deutschen Gesellschaft für Tierpsychologie vgl. Richard W. Burkhardt: Patterns of Behavior. Konrad Lorenz, Niko Tinbergen, and the Founding of Ethology. Chicago 2005. Bereits im September 1912 war eine Gesellschaft für Tierpsychologie gegründet worden. Diese fiel jedoch der Gleichschaltung zum Opfer. Vgl. Britt von den Berg: Die „Neue Tierpsychologie" und ihre wissenschaftlichen Vertreter. Dissertation. Tierärztliche Hochschule Hannover 2008, S. 140–142.

49 Zeitschrift für Hundeforschung 1 (1936), S. 48.

50 Ute Deichmann: Biologen unter Hitler. Vertreibung, Karrieren, Forschung. Frankfurt a. M. 1992, S. 122.

hatte ausbilden lassen.[51] Bei der Stellenbesetzung in Leipzig konnte er daher auf Kenntnisse über die psychologische Belastung von Menschen in Kriegssituationen ebenso verweisen wie auf Kenntnisse über eine möglichst effektive Nutzung des vorhandenen „Menschen- wie Tiermaterial[s]",[52] ein kluger karriereorientierter Schritt, denn Kompetenzen in „praktischer" Psychologie wurden in den 1930er Jahren zu einem ausschlaggebenden Berufungskriterium.[53] Tatsächlich war es Fischel selbst gewesen, der 1940 an die Leipziger Fakultät herantrat, um dort um eine Dozentur für Tierpsychologie zu ersuchen, die man ihm in Münster versagt hatte. Er begründete seine Bewerbung damit, dass das „Interesse an meinem Fach deutlich gestiegen" sei und führte gleichzeitig seine Fürsprecher von der Deutschen Gesellschaft für Tierpsychologie und vom Militär an.[54] 1941 trat er der NSDAP bei, wohl auch um seinen Bemühungen politisches Gewicht zu verleihen.[55] Das Oberkommando des Heeres ließ in einer Stellungnahme zu Fischels Gesuch verlautbaren, dass es an „angewandter Forschung interessiert" sei:

> Ohne die Grundlage allgemeiner tierseelenkundlicher Erkenntnisse und ihrer Anwendungsmöglichkeit bei höheren Tieren, die wie Hunden und Tauben für Dienstzwecke der Wehrmacht geeignet sind, kann eine praktische Entwicklung dieses Dienstzweiges in der Wehrmacht nicht erzielt werden.[56]

In Leipzig war man zunächst skeptisch, zumindest im Kollegium der Psychologie. Nicht nur verwies man hier auf Fischels Hörleiden, das auch in Münster gegen ihn angeführt worden war, sondern argumentierte, mit Karl-Max Schneider, dem

---

51 Christoph Gallschütz: Fischel, Werner. In: Deutschsprachige Psychologinnen und Psychologen 1933–1945. Hg. von Uwe Wolfradt, Elfriede Billmann-Mahecha und Armin Stock. Wiesbaden 2017, S. 113 f.

52 Unter Tiermaterial wurden und werden die zu Versuchszwecken genutzten Tiere in – sowohl invasiven wie nicht invasiven – Versuchsanordnungen verstanden.

53 Geuter: Polemos panton pater, S. 163.

54 Brief Werner Fischels an den Dekan der philosophischen Fakultät der Universität Leipzig, Prof. Dr. Schadewaldt vom 4. Dez. 1940, Universitätsarchiv Leipzig (UAL) PA 1110, Bl.1.

55 Ob Fischel dies aus opportunistischen Gründen tat, ist nicht mehr nachzuvollziehen. Er selbst gab vor der Entnazifizierungskommission an, auf Druck von Oberstudienrat Hassenpflug, stellvertretender Referent des Nationalsozialistischen Lehrerbundes in Münster, in die Partei eingetreten zu sein. (UAL R 0416. Bd. 1.) Hingegen ist unbestritten, dass sich die NSDAP-Mitgliedschaft für eine akademische Karriere als nützlich erwies. Konrad Lorenz etwa hatte vor allem seinem sofortigen Parteieintritt nach dem ‚Anschluss' Österreichs zu verdanken, dass er bereits ein halbes Jahr nach der Habilitation zum Professor für Psychologie in Königsberg berufen wurde, vgl. Mitchell G. Ash und Ulfried Geuter: NSDAP-Mitgliedschaft und Universitätskarriere in der Psychologie. In: Psychologie im Nationalsozialismus. Hg. von Carl Friedrich Graumann. Berlin/Heidelberg 1985, S. 263–278, hier S. 273.

56 Oberkommando des Heeres an Werner Fischel, 8. Jan. 1941, UAL PA 1110, Bl. 3.

Direktor des hiesigen Zoologischen Gartens, biete ja bereits ein Experte für Tierpsychologie an der Universität Übungen in diesem Fachgebiet an.[57] Das Zoologische Institut der Universität sprach sich hingegen eindeutig für Fischel aus: Er wäre ein Gewinn, seine Forschungen wertvoll.[58] So ließ man sich auch in der psychologischen Fakultät überzeugen. Fischel sei schließlich ein „Mann von ausgezeichneter Haltung, auch in politischer Sicht".[59] Dies unterstrich Fischel mit seiner Selbstdarstellung. Eine Kündigung einer Stelle in Groningen begründete er damit, dass der neue Institutsleiter ein aus dem Deutschen Reich 1933 emigrierter „Halbjude" gewesen sei, eine Tatsache, die er 1941 wohlplatziert als „Demütigung" darstellte.[60]

Fischels Forschungsansatz passte tatsächlich insgesamt gut zum Leipziger Institut, das sich mit seinem ganzheitspsychologischen Ansatz einen Namen gemacht hatte und unter der Leitung von Felix Krueger, bereits seit 1917 Inhaber des Lehrstuhls für Philosophie und Psychologie, zunächst der von den Nationalsozialisten gewünschten „praktischen" Psychologie nahestand. Bereits vor Einrichtung der neuen Dozentur spielte dort die „Seelenkunde" im eher philosophischen Sinne eine wichtige Rolle.[61] Zentral für das Denken der Leipziger Schule war der Begriff der Ganzheit, der neben Gestaltenbildung auch einen wichtigen Ansatz der Tierpsychologie bildete.[62] Insofern fügte sich Fischel gleich mehrfach qua Forschungsansatz und Person ins Programm ein und man übersah bei seiner Bewerbung gerne, dass er 1935 vom Kollegium in Münster aufgefordert worden war, seine als „ungünstig" beurteilte Habilitationsschrift über die *Entwicklungsgeschichte der Ziele seelischen Strebens* zurückzuziehen. Erst beim zweiten Anlauf ein Jahr später wurde seine Habilitation, diesmal über die *Gedächtnisleistung der Vögel* schließlich anerkannt.[63] Zu verdanken hatte Fischel dies vor allem dem Gutachten seines externen Promotionsbetreuers, dem Königsberger Verhaltens-

---

57 Der Dekan der philosophischen Fakultät der Universität Leipzig an den Leiter des Sächsischen Ministeriums für Wissenschaft und Volksbildung vom 4. Feb. 1941, UAL PA 1110, Bl. 7.
58 Brief Prof. Dr. Buchners vom Zoologischen Institut Leipzig an den Dekan der philosophischen Fakultät der Universität Leipzig vom 6. Feb. 1941, UAL PA 1110, Bl. 8.
59 Psychologisch-Pädagogisches Institut der Universität Leipzig: Kurzes Gutachten über Dr. habil. Werner Fischel, 13. Feb. 1941, UAL PA 1110, Bl. 10.
60 Lebenslauf von Dr. habil. Werner Fischel, UAL PA 1110, Bl. 45; Werner Fischel an die Philosophische Fakultät der Universität Leipzig vom 18. Nov. 1941, UAL PA 1110, Bl. 68.
61 Ulfried Geuter: Das Ganze und die Gemeinschaft. Wissenschaftliches und politisches Denken in der Ganzheitspsychologie Felix Kruegers. In: Psychologie im Nationalsozialismus. Hg. von Carl Friedrich Graumann. Berlin 1985, S. 55–87.
62 Keller: Tierpsychologie, S. 5.
63 Der Dekan der Philosophie- und Naturwissenschaftlichen Fakultät an den Rektor der Universität Münster vom 21. Dez. 1936, UAL PA 1110, Bl. 16.

forscher Otto Koehler. Im Gutachten verwies Koehler auf die unter den Wissenschaftlern im Deutschen Reich herausragenden Forschungsleistungen, die Fischel bereits unter Beweis gestellt habe – nicht ohne vorausblickend deren praktischen Nutzen zu betonen: „Polizei-Kriegshund-Brieftaube usw. usw.“[64]

In Leipzig entschied man sich also dazu, Fischel im Juni 1941 zur Lehrprobe einzuladen. Das Thema der Vorlesung lautete: „Die Instinkte der Tiere“, der Vortrag gefiel.[65] Doch nach Fischels erfolgter Berufung entbrannten Kontroversen über seinen vergleichenden Ansatz. So mancher Kollege der Psychologie beschwerte sich im Dekanat über dessen Beschäftigung auch mit der Humanpsychologie, denn schließlich habe man ihm die Venia Legendi ausschließlich für „Tierpsychologie“ erteilt.[66] Ganz anders sahen das die Tierpsychologen, egal welcher Schule. Verständlich wird dieser Dissens mit Blick auf die Ursprünge der Psychologie als wissenschaftlicher Disziplin, die eng mit der Tierpsychologie verzahnt sind.[67] Denn Tiere waren essenziell für Theoriebildung und Ausgestaltung des Faches, wie etwa die in der ersten Hälfte des zwanzigsten Jahrhunderts durchgeführten Tierexperimente zu Reiz-Reaktions-Schemata zeigen, an denen die Spannungen zwischen Mensch und Tier, die Tierhaftigkeit des Menschen und die Eigenwilligkeit des Tieres besonders deutlich und widersprüchlich zutage traten. Unter diesem Blickwinkel wird verständlich, dass sich das Fachgebiet der Tierpsychologie nicht ohne Weiteres messerscharf von der Psychologie des Menschen scheiden ließ und Erkenntnisse aus der Verhaltensforschung an Tieren durchaus als übertragbar auf den Menschen gelten konnten. In Leipzig begründete die gemeinsame Geschichte beider Fächer eine fortwährende Konkurrenz.

---

64 Gutachten Otto Koehlers zur Habilitationsschrift von Werner Fischel, 21. Mai 1936, UAL PA 1110, Bl. 22.

65 Bericht über die öffentliche Lehrprobe von Dr. phil. habil. Werner Fischel vom 30. Juni 1941, UAL PA 1110, Bl. 41.

66 Brief Werner Fischels an den Dekan der philosophischen Fakultät vom 13. Juli 1944, UAL PA 1110, Bl. 83.

67 Robert Boakes: From Darwin to Behaviourism. Psychology and the Minds of Animals. Cambridge 1984.

Zwischen Tierseelenkunde, Raubtiernatur und Affektsteuerungen: Fischels Beitrag zur Tierpsychologie

Um Übertragbarkeiten zwischen Tier und Mensch ging es auch in Fischels Arbeiten, wenn auch zunächst nur indirekt. In seinen tierpsychologischen Experimenten, einer Mischung aus Umweg- und Konditionierungsversuchen, die ab 1942 direkt – auch durch die Überlassung von Versuchstieren – vom „Reichsführer-SS, Chef Diensthunde und Brieftaubenwesen" gefördert wurden, stellte er, ähnlich wie Konrad Lorenz,[68] die „Raubtiernatur" von Hunden als zentralen Faktor ihres Verhaltens heraus.[69] Um die „Höchstleistungen", die Mensch und Hund im Krieg abverlangt würden, auch abrufen zu können, gelte es, diese Raubtiernatur unbedingt zu erhalten. Dafür aber müsse man sie zunächst einmal verstehen. Fischel kartierte dafür in seiner „Psychologie des Haushundes" (1943) eine aus einer „Grundschicht" und einem „Oberbau" bestehende „Ganzheit der Hundepsyche", wobei die Grundschicht vor allem die Mechanik tierlichen Handelns abbilde, also die Umsetzung von Reizen auf Aktionen, während der kompliziertere Oberbau zum Beispiel das Erfahrungswissen hervorbringe, das „erfahrungsgemäße Zuordnen[s] einer Verhaltensform zu einer gegebenen Lage".[70] Zusammen bildeten beide Elemente die „seelischen Teilganzheiten", die sich etwa in der „sozialen Unterlegenheit" des Hundes gegenüber Menschen offenbare.[71] Nur über die „summenhafte Betrachtung [...] nebeneinander stehender psychischer Inhalte" könne man deshalb die Wesenshaftigkeit der Hunde erklären.[72]

Unter Verhalten verstand Fischel eine Kombination aus „Wahrnehmung und Erinnerung", wobei diese Kombination aufgrund der stammesgeschichtlichen Entwicklungen bei verschiedenen Spezies unterschiedlich ausgeprägt sei und nur höhere Tiere sich durch ein Gedächtnis auszeichneten.[73] Mit seiner Rückführung dieser bei verschiedenen Spezies unterschiedlich ausgeprägten Kombination auf

---

68 Konrad Lorenz: Durch Domestikation verursachte Störungen arteigenen Verhaltens. In: Zeitschrift für angewandte Psychologie und Charakterkunde 59 (1940), S. 1–81. Vgl. dazu. Boria Sax: What is a „Jewish dog"? Konrad Lorenz and the cult of wildness. In: Society & Animals 5 (1997), H. 1, S. 3–21

69 Werner Fischel: Zur Psychologie des Haushundes. In: Naturwissenschaften 31 (1943), H. 14, S. 159–169, hier S. 165.

70 Fischel: Psychologie des Haushundes, S. 168.

71 Fischel: Psychologie des Haushundes, S. 168.

72 Werner Fischel: Psyche und Leistung der Tiere. Berlin 1938, S. 85.

73 Werner Fischel: Über die seelischen Fähigkeiten und die Artbildung der Tiere. In: Archives Néerlandaises de Zoologie 1 (1934), H. 1, S. 54–70, hier S. 57.

stammesgeschichtliche Entwicklungen folgte Fischel implizit den Rassekreistheorien, die geografische Parameter für das unterschiedliche Verhalten und Aussehen innerhalb von Arten verantwortlich machten und insgesamt von einem Zweig der nationalsozialistischen Psychologie vorgebracht wurden, um den „Anforderungen" des „Dritten Reiches" an ihre Forschungen zu genügen.[74] Ebenfalls allein „höheren Tieren" gestand Fischel die Fähigkeit zu, sich von den Umweltbedingungen teilweise zu emanzipieren, wodurch es zu „Rasseänderungen" und neuen Handlungsoptionen des Tieres kommen könne.[75] Insofern sozial überlegenen Tieren innerhalb eines Sozialverbandes einer Spezies die bessere Leistungsfähigkeit zukomme, seien Rasseänderungen auch immer als „Rasseverbesserungen" zu verstehen.[76] Kennzeichnend für Fischels Arbeit war, dass er sie nicht nur als ergiebigen Beitrag zu wissenschaftlichen Überlegungen über die unterschiedlichen Fähigkeiten von Tieren betrachtete, sondern diese Überlegungen auch stets mit dem Hinweis auf die praktische Anwendbarkeit seiner Erkenntnisse in Tierhaltung und Tierabrichtung verknüpfte.

Dies gilt schon für sein Forschungsinteresse vor der Leipziger Zeit. Denn bevor er sich den Hunden zuwandte, hatte er bereits Verhaltenserkundungen bei allerhand Tieren durchgeführt, angefangen bei Mäusen über Stachelschweine, Hühner, Ziegen und Schnappschildkröten bis hin zu Lemuren. Die meisten Versuche fanden in der kontrollierten Umgebung eines Zoos statt, neben dem in Münster auch in den Zoos in Halle, Greifswald oder Leipzig. Doch auch dabei war es um die Frage gegangen, wie sich bestimmte Handlungsmöglichkeiten im Verhalten offenbaren. Für das Entstehen von „Gewohnheiten", so hielt Fischel in einem Aufsatz über die *Seelischen Fähigkeiten von Tieren* schon 1934 fest, sei allein „das Zusammenwirken von Umwelt, Daseinskampf und Zufällen" verantwortlich.[77] So müssten sich Tiere etwa in der Entwicklung und im Streben nach in der Zukunft liegenden Zielen wie der Nahrungssuche freiwillig bestimmten, neuen Einflüssen aussetzen, etwa neuen Umweltbedingungen. Nicht alle Arten seien dazu imstande. Affen etwa zeigten Einsicht und könnten daher ihr Handeln auf die Zukunft ausrichten, wohingegen Hunde ihr Handeln nicht aus Einsicht, sondern aus der Vergangenheit, also aus Erfahrungen, speisten.[78]

74 Ulfried Geuter: Nationalsozialistische Ideologie und Psychologie. In: Geschichte der deutschen Psychologie im 20. Jahrhundert. Ein Überblick. Hg. von Mitchell G. Ash und Ulfried Geuter. Opladen 1985, S. 172–200, hier S. 177 f.

75 Fischel: Die seelischen Fähigkeiten, S. 60.

76 Werner Fischel: Weitere Untersuchung der Ziele der tierischen Handlung. In: Zeitschrift für vergleichende Physiologie 11 (1930), H. 3, S. 523–548, hier S. 531.

77 Fischel: Die seelischen Fähigkeiten, S. 61.

78 Fischel: Die seelischen Fähigkeiten, S. 65, FN 1.

Um hundliches Verhalten zu beeinflussen, müsse man folglich an den Erfahrungen eines Tieres arbeiten, indem man durch Üben Erfahrungen schaffe und damit die Form des Handelns, das gewünschte Verhalten, induziere.[79] Das Üben beschrieb Fischel dabei als ein Mittel zwischen Dressur und Assoziationenbildung,[80] denn es seien nicht die Instinkte, die verstärkt, sondern die Erfahrungen, die verfestigt werden müssten. Diese Erfahrungen seien jeweils dem Individuum eigen, könnten also nicht als der Gattung zugehörig verstanden werden.[81] Auch die Strafe sei eine solche Erfahrung.[82] Das Erlernen von Verhaltensformen bei der Abrichtung von Hunden sei vor allem für deren Einsatz bei Polizei und Militär unverzichtbar, die Erinnerungsleistung müsse unablässig trainiert werden: „Die allermeisten einem Hunde gegebenen Befehle betreffen Handlungsformen, die erinnerungsgemäß mit bestimmten Einwirkungen assoziiert sind", so führte Fischel 1943 in einem seine Forschungsergebnisse zusammenfassenden Artikel in der Zeitschrift *Naturwissenschaften* näher aus.[83] Dazu sei eine feste Bindung „an die Befehlsäußerung des Herrn" notwendig.[84]

Mit seinen Forschungen, die Fischel als „Tierseelenkunde" bezeichnete, setzte er sich sowohl von strikt behavioristisch geprägten Schulen der vergleichenden Psychologie als auch von der auf den Instinkt fixierten Biologie seiner Zeit bewusst ab.[85] Er legte jedoch Wert auf die Klarstellung, es gebe nicht etwa so etwas wie eine „Tierseele", sondern nur „psychisch verschiedene Tierarten".[86] Dabei begriff er die Aktivität der Tiere als Signal, aus dem sich eine Art von Stimmung ablesen lasse. So folgerte er etwa aus der bei höheren Tieren wie Affen zu beobachtenden Präferenzbildungen, zum Beispiel in Hinblick auf spezielle, von ihnen bevorzugte Nahrung, dass ihr Verhalten auf eine aus Erfahrungswissen gespeiste Entscheidungsfähigkeit hindeute, zugleich aber auch auf ihre Zukunftsorientierung.[87] Hunde dagegen seien vor allem Gefühlstiere. Um ihren „Drang zum Handeln" in die gewünschten

79 Werner Fischel: Die Instinkte und die primitiven Gedächtnisleistungen der Tiere. In: Acta Biotheoretica 3 (1937), H. 2, S. 87–98, hier S. 89.
80 Werner Fischel: Über die Bedeutung der Erinnerung für die Ziele der tierischen Handlung. In: Zeitschrift für vergleichende Physiologie 9 (1929), H. 3, S. 636–664, hier S. 640.
81 Werner Fischel: Gedächtnis und Denken bei Tieren und Menschen. In: Naturwissenschaften 27 (1939), H. 16, S. 249–258.
82 Fischel: Instinkte, S. 97.
83 Fischel: Psychologie des Haushundes, S. 162.
84 Fischel: Psychologie des Haushundes, S. 162.
85 Fischel: Psyche und Leistung, S. 10–12. Fischel benutzt den Begriff der Tierseelenkunde anachronistisch. Möglicherweise ist die Wiederaufnahme dieses für das neunzehnte Jahrhundert einschlägigen Terminus auch Ausdruck des (NS-)Bemühens, deutsche Wörter zu verwenden.
86 Fischel: Psyche und Leistung, S. 37.
87 Fischel: Weitere Untersuchung, S. 523 f.

Bahnen zu lenken, müsse man folglich ihre Gefühle steuern.[88] Solche Beschreibungen hörten seine Fürsprecher beim Militär nur allzu gerne.

Die genaue Untersuchung und Beurteilung der Gefühle – Fischel unterscheidet dabei „Affektwallungen“ von „Affekterlebnissen“[89] – sei auch vonnöten, um das „Verhalten in Stammbäumen“ abbilden zu können.[90] Damit sollte mögliches und von der Wehrmacht gewünschtes Verhalten planbarer gemacht werden. Mit Anleihen an sowohl von Uexkülls Umweltbegriff als auch an die Gestaltpsychologie schrieb Fischel dem Hund überdies eine weit fortgeschrittene Wahrnehmungsfähigkeit unterschiedlicher Umwelten über die Empfindung von „Geruchsgestalten“ zu.[91]

Fischel bediente sich klassischer verhaltenspsychologischer Testmethoden, Labyrinth-, Umgehungs- und Hindernisversuche, um herauszuarbeiten, welche Primär- und Sekundärvalenzen bei Hunden zu beachten seien. Unter Primärvalenz verstand er, wenn eine äußere Erscheinung „a priori, also ohne Mitwirken einer Erfahrung ein Lebewesen erregt“,[92] während sekundäre Valenzen auf Assoziationenbildung zurückzuführen seien. Dabei war für Fischel bei aller Betonung der Erlernung und des Erfahrungswissens eines zentral: die genetische Anlage.[93] Zudem hob er hervor, dass die Leistungsfähigkeit von Tieren immer auch durch psychische Faktoren bestimmt sei. Gelänge es, diese stärker zu kontrollieren, so könne man eine insgesamt verbesserte Leistung beim Tier erzielen.

Die auf Fischels Arbeiten aufbauende Hundepsychologie wurde durch populärwissenschaftliche Werke wie die des bereits genannten Bastian Schmid einem breiteren Publikum bekannt. Schmid hatte 1939 in seinem Werk zur „Psychologie unserer Haustiere“ den Hund als ein vor allem durch seinen Kampf- und Meutetrieb und sekundär durch seinen Wach- und Schutztrieb gekennzeichnetes Tier beschrieben.[94] Im Laufe der Domestikation sei der Meutetrieb des Hundes aber der „Herrenanhänglichkeit“ gewichen, weswegen sich die Tiere inzwischen auch so gut abrichten ließen. In dieser Auffassung vom Hund vermischen sich die Ergebnisse von durchaus ernst zu nehmenden ethologischen Versuchsreihen mit Interpretationen, die die nationalsozialistische Ideologie und utilitaristische Vorstellungen von

88 Werner Fischel: Tierpsychologie und Hundeforschung. In: Zeitschrift für Tierpsychologie 17 (1941), S. 5–71, hier S. 14.
89 Fischel: Psyche und Leistung, S. 13, 33.
90 Fischel: Psyche und Leistung, S. 29.
91 Fischel: Psyche und Leistung, S. 62.
92 Fischel: Psyche und Leistung, S. 62.
93 Fischel: Psyche und Leistung, S. 187.
94 Bastian Schmid: Zur Psychologie unserer Haustiere. Frankfurt a. M. 1939, S. 12–14.

der Nützlichkeit von Tieren für bestimmte (militärische) Zwecke bedienten.[95] Im Einklang mit den Degenerationsthesen eines Konrad Lorenz, der die Domestikation bereits als Verfall des natürlichen Instinktes bemängelt hatte und, wie Werner Fischel auch,[96] die Haustierwerdung und die Entwicklung des seiner ursprünglichen Natur entfremdeten Stadtmenschen in Analogie setzte,[97] wurden hier eine Zivilisationskritik formuliert, die sich nahtlos ins nationalsozialistische Programm einpasste.[98] Gewiss war es nicht dem nationalsozialistischen Denken vorbehalten, Naturvorstellungen über Tiere zu vermitteln, aber in der Bewertung der Domestikation als zugleich große Kulturtat und den Beginn von Verfall und Degeneration zeigt sich die durchgängige Inkonsistenz nationalsozialistischer Argumentation in besonders eindrücklicher Weise. Jedenfalls fühlten sich auch Hundezüchter*innen bemüßigt zu betonen, dass der Hund „trotz aller ‚Zivilisation' viele Vorzüge des wildlebenden und allen Gefahren ausgesetzten und deshalb besonders wachen Tieres behalten" habe.[99]

Nicht nur an dieser Stelle zeigte sich das Bestreben der Hundepsychologie, einschlägige Vokabeln des Nationalsozialismus zu bedienen, die etwa einen Bezug zur „Blut und Boden"-Ideologie herstellten. So unternahm Schmid etwa Orientierungsversuche mit Hunden, die er weit ab von ihrer gewohnten Umgebung aussetzte und dann bei dem Versuch beobachtete, zum Ursprungsort zurückzukehren. Den Hunden unterstellte er hierbei einen positiven Heimatbezug, einen Bezug zur „Scholle", der sie immer wieder zurückkehren lasse und sie zu verstärkten Leistungen animiere.[100] Aus diesen Theoremen der Umweltwahrnehmung leitete Fischel wiederum Erkenntnisse für das Meldehundwesen ab. Da er die Fähigkeit der Hunde zur Orientierung wie auch die zur Erinnerung nicht als gattungsbezogen begriff, sondern lediglich Individuen zusprach, müssten diese Befähigungen durch „züchterische Pflege" genetisch stärker herausgebildet werden.[101] Dabei war er der Meinung, dass es „erbpsychologische" Akzentuierungen gebe, die man möglichst

---

95 H. Hentschel: An der Front der Erbforschung im 50. Todesjahrs Mendels. In: Zeitung der Fachschaft für Deutsche Schäferhunde SV 33 (1934), H. 18, S. 830.

96 Fischel: Tierpsychologie und Hundeforschung, S. 9.

97 Lorenz: Durch Domestikation verursachte Störungen, S. 7; Konrad Lorenz: Über Ausfallerscheinungen im Instinktverhalten von Haustieren und ihre sozialpsychologische Bedeutung. In: Otto Klemm: Charakter und Erziehung. Bericht über den XVI. Kongress der Deutschen Gesellschaft für Psychologie in Bayreuth vom 2.–4. Juli 1938. Leipzig 1939, S. 139–147.

98 Bäumer: NS-Biologie, S. 121; Mieke Roscher: Das nationalsozialistische Tier. Projektionen von Rasse und Reinheit im Dritten Reich. In: TIERethik 2 (2016), H. 13, S. 30–48.

99 Deutsche Kynologen- Zeitung 19 (1937), H. 5, S. 138.

100 Fischel: Psyche und Leistung, S. 66.

101 Fischel: Psychologie des Haushundes, S. 160.

frühzeitig ausgestalten solle.[102] Fischel entwickelte dafür ein Prüfverfahren, das vorsah, eine schnelle Selektion der Begabung herauszufiltern, indem Suchtendenzen, Umweltanalyse, Spurensuche und Lernfähigkeit abgefragt werden konnten.[103]

Fischels Verhaltensforschungen in der Praxis

Im Wintersemester 1944/1945 verließ Fischel Leipzig und führte seine Hundeforschungen bis zum Kriegsende auf dem Land nahe bei München weiter. Als er im November 1945 schriftlich um seine Weiterbeschäftigung an der Universität Leipzig ersuchte, wies er darauf hin, er habe die Stadt nicht etwa verlassen, um der Besatzung zu entgehen, und betonte, sein Fachgebiet würde wohl unter den „neuen Verhältnissen", also unter sowjetisch-sozialistischer Führung, „gesteigertes Interesse" hervorrufen.[104] Dennoch wurde seine Bitte aufgrund seiner NSDAP-Mitgliedschaft zunächst abschlägig beschieden. Doch nur wenige Jahre später, ab 1953, bemühte sich die nunmehr in Karl-Marx-Universität umbenannte Leipziger Universität ihrerseits um Fischel, der zwischenzeitlich eine außerplanmäßige Professur an der Universität München angetreten hatte. In mehreren Aussprachen war man sich zwischenzeitlich auf Institutsseite einig geworden, Fischel würde eine „durchaus positive[n] Einstellung zu unserer neuen gesellschaftlichen und staatlichen Ordnung" entwickeln können.[105] Die DDR hatte also nicht nur gesteigertes Interesse, sondern tatsächlichen Bedarf an gut ausgebildeten Diensthunden.

Diesen Bedarf teilte sie mit den alten Machthabern vor 1945. Im Reichskriegsministerium war dafür 1936 ein Fachreferat für Hundewesen der gesamten Wehrmacht eingerichtet worden, in dem man an der „Steigerung der hundlichen Leistungen" arbeitete.[106] Mit dem Angriffskrieg auf Polen am 1. September 1939 wurden diese hundlichen Leistungen abgerufen. Ausgebildet wurden Hunde sowohl von den Hundestaffeln der einzelnen Wehrkreise und an der Heereshundeschule in Sperenberg als auch an der Lehr- und Versuchs-Anstalt für das Diensthundewesen

---

102 Fischel: Tierpsychologie und Hundeforschung, S. 35. Vgl. auch Werner Fischel: Erbpsychologie der Säugetiere. In: Handbuch der Erbbiologie des Menschen. Hg. von Günther Just. Berlin 1939.

103 Fischel: Tierpsychologie und Hundeforschung, S. 60–62.

104 Brief Werner Fischels an den Dekan der philosophischen Fakultät vom 8. Nov. 1945, UAL PA 1110, Bl. 88.

105 Institut für Psychologie, Direktor Prof. Dr. E. Struck an die Philosophische Fakultät der Karl-Marx-Universität, 22. März 1954, UAL PA 1110, Bl. 95.

106 Behördenausschuss für Gebrauchshundewesen. In: Zeitschrift für Hundeforschung 1 (1936), H. 5, S. 49.

der Waffen-SS in Oranienburg.[107] Letztere nahm im Frühjahr 1941 mit 250 Männern und 300 Hunden ihre Arbeit auf. Was dort vermittelt wurde, waren „neue Methoden", um „die Anlagen des Hundes noch mehr nutzbar zu machen für den Dienst an der Front".[108] Diese „neuen Methoden" waren nur indirekt Ergebnis der tierpsychologischen Forschung Fischels, insofern in den Magazinen der RDH-Verbände zwar immer wieder auf die neue Hundepsychologie aufmerksam gemacht wurde, Fischels Name aber eher selten fiel. Zudem zeigte sich in der Praxis insgesamt, insbesondere bei der Abrichtung von Hunden in den Konzentrationslagern, dass doch lieber auf die Abrichtemethoden eines Konrad Most oder Franz Mueller-Darß gesetzt wurde, die sich voll und ganz dem Dominanzprinzip verschrieben hatten: „Zwang" wurde dabei als ein unentbehrliches Mittel betrachtet, gewünschtes Verhalten durchzusetzen: „Ohne Zwang keine menschliche Erziehung und keine hundliche Abrichtung."[109] Zunächst wurden die Hunde jedoch im Laufe der Musterung einem rigorosen Eignungstest unterzogen, bei dem vor allem der Schussfestigkeitstest ausschlaggebend war. Wenn der Hund ängstlich wirkte, wurde er sofort als untauglich eingestuft. Fischels Prüfverfahren sollte wohl bei der schnellen Auslese unterstützen.

Auch wenn nicht mehr zu rekonstruieren ist, wie viele Hunde insgesamt für geeignet befunden wurden und hernach Dienst tun mussten, wurden durch die verpflichtende Musterung jedes Hundes klare und für alle sichtbare Maßstäbe gesetzt, wodurch sich „geeignetes" Hundeverhalten auszeichnete. Die Hundepsyche galt es hierbei im Sinne einer Optimierung des möglichst umfänglichen Einsatzes für vor allem militärische Zwecke zu erkunden und beeinflussbar zu machen. Im ideologischen Sinne wurde dadurch zugleich der Idealtypus eines Tieres aufgerufen, das sich einerseits zwar konditionieren und beeinflussen ließe, zugleich aber in der Lage sei, selbstständige Entscheidungen im Sinne des nationalen Interesses zu treffen und sich damit der richtigen politischen Seite natürlicherweise unterzuordnen. Was mit dieser Forschung also Untermauerung fand, waren natürliche Hierarchien, die soziale Unterlegenheit essenzialisierten. Zugleich wurde offenkundig, und das zeigte sich auch in den Ideen Fischels, wie sehr die Tierpsychologie ihr Programm an der politischen Großwetterlage orientieren konnte, von der sie einer-

---

107 Hermann Kaienburg: Der Militär- und Wirtschaftsstandort der SS im KZ-Standort Sachsenhausen-Oranienburg, Schriftenreihe der Stiftung Brandenburgische Gedenkstätten. Bd. 16. Berlin 2006, S. 358; siehe auch Anm. 637 V.Bl.d.W.-SS v. 15. Nov. 42, Ziff.427, Befehl Himmlers vom 11. Nov. 1942 aus BArch NS 4-Hi 51.

108 SS-Kriegsberichter Siegfried Heinrich: Hunde werden exerziert. Besuch der Lehr- und Versuchsabteilung für das Diensthundewesen der Waffen-SS. In: Grevesmühlener Zeitung vom 19. Juni 1943.

109 Mueller und Most: Anweisung zum Abrichten, S. 15.

seits profitierte und der sie anderseits gewünschte Ergebnisse zu liefern verstand. Das Verhalten von Tieren zu studieren, kann deshalb nicht als politisch neutraler Akt gelesen werden. Die Historisierung der Tierpsychologie bedarf rigoroser Kontextualisierungen. Die Analyse des Verhaltensbegriffs, so lässt sich abschließend resümieren, bietet sich an, um die anhand von Tieren im Nationalsozialismus vollzogene, hervorgebrachte und gestützte Stereotypenbildung zu dekonstruieren, denn der Begriff enthält den Doppelaspekt von natürlicher Urwüchsigkeit und kultureller Formbarkeit (und Subordination).

VI Psychologie und Verhalten

Ole Bogner

Einführung: Psychologie und Verhalten

Während die Psychologie des neunzehnten Jahrhunderts vornehmlich vom Begriff der Erfahrung und den Erscheinungsformen mentaler Zustände ausging,[1] wurde ihr Gegenstandsbereich in der ersten Hälfte des zwanzigsten Jahrhunderts zunehmend über das äußerlich beobachtbare Verhalten von Organismen bestimmt. Auch wenn in den folgenden Jahrzehnten Kognition und Erfahrung eine erneute begriffliche Konjunktur erfuhren, ist das Verhalten von Menschen und Tieren bis heute zentraler Bestandteil geläufiger Definitionen der Psychologie.[2] Kommt dem Begriff des Verhaltens in dieser Hinsicht eine große Bedeutung zu, finden sich hingegen in psychologischen Nachschlagewerken und Einführungstexten nur selten konkrete Definitionen, die der Psychologie terminologisch als eigenständiger Wissenschaft Kontur verleihen.[3] Oftmals bezeichnet der Begriff vage alle Regungen eines Organismus, ohne Kriterien für die Abgrenzung zum Verhalten von Pflanzen oder physikalischen Systemen anzubieten,[4] und auch die Grenzziehung zwischen Verhalten, Erfahrung und Kognition ist umstritten.[5] Obwohl der Verhaltensbegriff historisch konkrete Spezifikationen erfahren hat –

1 Wilhelm Wundt etwa begründete die Psychologie auf dem Studium „*unmittelbare*[*r*] *Erfahrung* überhaupt" (Wilhelm Wundt: Grundriß der Psychologie. Leipzig 1896, S. 18). Während William James Psychologie definierte als „the Science of Mental Life, both of its phenomena and of their conditions" (William James: The Principles of Psychology. New York 1890, S. 1).

2 Ein aktuelles Beispiel dafür im Einführungswerk von Christian Becker-Carus und Mike Wendt: Allgemeine Psychologie. Berlin/Heidelberg 2017, S. 2–5. Vgl. zur definitorischen Bedeutung des Begriffs des Verhaltens auch Gregg Henriques und Joseph Michalski: Defining behavior and its relationship to the science of psychology. In: Integrative Psychological and Behavioral Science 54 (2020), H. 2, S. 328–353.

3 Abramson und Place überprüften etwa eine Reihe von Einführungswerken und Nachschlagewerken auf den Verhaltensbegriff und stellten fest, dass dieser oftmals nicht definiert wird. Vgl. Charles I. Abramson und Aaron J. Place: Note regarding the word „behavior" in glossaries of introductory textbooks, dictionaries, and encyclopedias devoted to psychology. In: Perceptual and Motor Skills 101 (2005), S. 568–574. Kritisch dazu auch Jose F. Arocha: Scientific realism and the issue of variability in behavior. In: Theory & Psychology 31 (2021), H. 3, S. 375–398, hier S. 384.

4 Vgl. Charles I. Abramson und Paco Calvo: General issues in the cognitive analysis of plant learning and intelligence. In: Memory and Learning in Plants. Hg. von František Baluška, Monica Gagliano und Guenther Witzany. Cham 2018 (Signaling and Communication in Plants), S. 35–49, hier S. 36 f.

5 Zu dieser Debatte im Anschluss an die Kognitionstheorie von Humberto R. Maturana und Francisco J. Varela vgl. Ken Aizawa: Cognition and behavior. In: Synthese 194 (2017), H. 11, S. 4269–4288, hier S. 4271.

https://doi.org/10.1515/9783110740813-021

beispielsweise als Kontinuum zwischen angeborenem Instinkt, erlernter Dressur und einsichtigem Verhalten[6] –, scheint er für die Psychologie im Allgemeinen, mit Alan Costall gesprochen, weit geöffnet zu sein.[7] Eine verbreitete Erzählung der theoretischen Entwicklung der Psychologie besagt, Mitte des zwanzigsten Jahrhunderts habe ein Paradigmenwechsel vom Behaviorismus zum Kognitivismus stattgefunden, der noch das heutige Selbstverständnis der akademischen Psychologie umreiße.[8] Im Fahrwasser dieser großen Erzählung, die in der Wissenschaftsgeschichte der Psychologie mittlerweile kritisch betrachtet wird, werden im Folgenden exemplarische Entwicklungen des Verhaltensbegriffs und seiner Methodologisierung skizziert, um insbesondere auf ein methodologisches Erbe des Behaviorismus hinzuweisen.

Im Jahr 1913 legte der Tierexperimentator John B. Watson in seinem Aufsatz *Psychology as the behaviorist views it* seine Vision einer naturwissenschaftlichen Psychologie dar.[9] Die methodische Ausrichtung dieser neuen Wissenschaft sollte, wie er in seinem häufig als behavioristisches Manifest bezeichneten Text ausführte, auf einer Kombination aus experimenteller Forschung und Verhaltensbeobachtung basieren. Nur auf diese Weise könne die Psychologie einen objektiv bestimmbaren und eindeutig messbaren Gegenstandsbereich für sich beanspruchen, ohne auf spekulative mentalistische Konzepte zurückgreifen zu müssen, so Watson, der sich dabei an der mechanistischen Physiologie Jacques Loebs und der Reflexlehre Iwan Pawlows orientierte.[10] Verhalten meinte damit beobachtbare und naturwissenschaftlich beschreibbare Wechselwirkungen zwischen Organismus und Umwelt, insofern sich diese nach dem Muster Stimulus-Response im Labor als konditionierte,

---

6 So umreißt dies Karl Bühler: Die geistige Entwicklung des Kindes. Jena 1929, S. 5–10. In Bezug auf einsichtiges Verhalten verweist Bühler dabei auf Köhlers am Menschenaffen gewonnene Definition des „Umwegverhaltens“. Vgl. Wolfgang Köhler: Intelligenzprüfung an Menschenaffen. Berlin 1921, S. 3.

7 Vgl. Alan Costall: From Darwin to Watson (and cognitivism) and back again. The principle of animal-environment mutuality. In: Behavior and Philosophy 32 (2004), H. 1, S. 179–195, hier S. 180.

8 Häufig finden sich derartige schematische Darstellungen in Einführungstexten, z. B. auch bei Becker-Carus und Wendt: Allgemeine Psychologie, S. 7–9. Johnson-Laird stellt den Übergang vom Behaviorismus zum Kognitivismus als Überwindung einer Ideologie dar. Vgl. Philip Nicholas Johnson-Laird: Der Computer im Kopf. Formen und Verfahren der Erkenntnis. München 1996, S. 21–29.

9 John B. Watson: Psychology as the behaviorist views it. In: Psychological Review 20 (1913), H. 2, S. 158–177.

10 Vgl. Rebecca Maura Lemov: World as Laboratory. Experiments with Mice, Mazes, and Men. New York 2005, S. 11–23. Über die epistemologische Kontinuität zwischen der Physiologie und Watsons Behaviorismus vgl. Georges Canguilhem: Das Lebendige und sein Milieu. In: Georges Canguilhem: Die Erkenntnis des Lebens. Berlin 2009, S. 233–279, hier S. 252–255.

d. h. erlernte Verbindungen kontrollieren ließen. Es handelt sich hier beim Verhalten um eine eindeutige, mechanistisch gedachte Anpassung eines Organismus an eine objektiv bestimmbare Umwelt.[11] Eine Weiterführung und methodologische Verstetigung der von Watson angestoßenen Verhaltensanalyse brachte der Operationalismusdiskurs im Anschluss an Percy W. Bridgmans *The Logic of Modern Physics* (1928), der die Legitimität psychologischer Begriffe an ihre empirische Messbarkeit koppelte.[12]

Eine Reihe von Neobehavioristen entwickelte in den folgenden Jahrzehnten diese neue Verhaltenswissenschaft weiter – in durchaus kritischer Distanz zu einigen simplifizierenden und reduktionistischen Vorstellungen Watsons.[13] B. F. Skinner entwarf die operante Konditionierung,[14] Clark L. Hull konzipierte die Mathematisierung sogenannter intervenierender Variablen[15] und Edward C. Tolman reintegrierte den von Watson verabschiedeten Begriff des Zwecks in den Behaviorismus. Dabei popularisierte Letzterer die Unterscheidung zwischen molekularem und molarem Verhalten. Während Watson auf der molekularen Ebene die physiologischen Aktivitäten eines Organismus in Reaktion auf physische Stimuli untersucht hatte, bestand nach Tolman die vornehmliche Aufgabe des Behaviorismus darin, auf der molaren Ebene Verhalten als zweckgerichteten, emergenten und situativ verankerten Prozess zu analysieren.[16] Mit dem Verweis auf Zweckmäßigkeit als genuine Eigenschaft organismischen Verhaltens öffnete Tolman seinen Behaviorismus für Fragen nach der kognitiven Repräsentation von Umweltverhältnissen[17] und zugleich für europäische Psychologietraditionen wie die Gestaltpsychologie. Anknüpfungspunkte für seine molare Verhaltensanalyse fand er etwa bei Kurt Lewins feldtheoretischer Beschreibung psychischer Prozesse.[18] Dieser hatte

11 John B. Watson: Behaviorism. London 1930, S. 19–24.

12 Percy Williams Bridgman: The Logic of Modern Physics. New York 1928; vgl. dazu Sander Verhaegh: Psychological operationisms at Harvard. Skinner, Boring, and Stevens. In: Journal of the History of the Behavioral Sciences 57 (2021), H. 2, S. 194–212.

13 Für eine Überblicksdarstellung siehe John A. Mills: Control. A History of Behavioral Psychology. New York 1998, S. 83–102.

14 Vgl. B. F. Skinner: The Behavior of Organisms. An Experimental Analysis. New York 1938, S. 20.

15 Das sind hypothetische Größen, die einen Einfluss auf einen Verhaltensprozess nehmen, ohne jedoch direkt messbar zu sein. Vgl. z. B. Clark L. Hull: The problem of intervening variables in molar behavior theory. In: Psychological Review 50 (1943), H. 3, S. 273–291, hier S. 276 f.

16 Vgl. Edward C. Tolman: Purposive Behavior in Animal and Man. Des Moins 1967 (Integrative Psychological and Behavioral Science 1932), S. 4–8.

17 Vgl. Tolman: Purposive Behavior, S. 12 f.

18 Zum Beispiel hier Edward C. Tolman: Lewin's concept of vectors. In: The Journal of General Psychology 7 (1932), H. 1, S. 3–15.

Verhalten als eine Funktion der Beziehung zwischen Person und Umwelt auf die Formel B = ƒ(P,E) gebracht.[19] Sowohl aus molarer als auch feldtheoretischer Perspektive offenbarte sich Verhalten als eine dynamische Wechselwirkung zwischen Organismus und Umwelt, die nicht angemessen in den Begriffen von Reiz und Reaktion dargestellt werden konnte. Lewin erprobte zur Beschreibung dieses Sachverhalts den Begriff der Selbstregulation und beschrieb die Organisation sozialen Lebens als eine Zirkularität,[20] so wie auch schon Tolman auf das Bild eines „circular process“[21] zurückgegriffen hatte.

Eine häufig tradierte Narration über grundlegende theoretisch-methodische Verschiebungen innerhalb der Psychologie besagt, dass die Dominanz des Behaviorismus mit der kognitiven Revolution in den 1950er und 1960er Jahren ihr Ende fand. Tatsächlich entwickelte sich im Zusammenspiel aus Erkenntnissen der Ethologie und Linguistik,[22] der Entwicklung der Informationstheorie und Kybernetik[23] sowie neueren Ansätzen der Psychologie[24] ein fokussiertes Interesse für zuvor vom Behaviorismus als Blackbox betrachtete kognitive Mechanismen wie Informationsverarbeitung, Erwartungsstrukturen und zielgerichtetes Verhalten, ohne deren Beachtung komplexe Verhaltensprozesse nicht mehr erklärbar schienen.[25] Im Zuge dessen wurde offen beobachtbares Verhalten zunehmend zu einer abhängigen Variable, die durch ihr zugrunde liegende mentale Konstrukte erklärt wurde. So beschrieben Allen Newell, John C. Shaw und Herbert A. Simon in ihrem Aufsatz *Elements of a theory of human problem solving* (1958) die Programmierung einer Maschine, deren Verhalten in unterschiedlichen Umwelten beobachtet werden sollte, um so unter kontinuierlicher Modifikation der Programmierung ein rationales Modell für weitere Verhaltenssysteme zu gewinnen. „The heart of the approach

---

19 Vgl. Kurt Lewin: Principles of Topological Psychology. New York/London 1936, S. 12.

20 Vgl. Kurt Lewin: Frontiers in group dynamics, II. Channels of group life; social planning and action research. In: Human Relations 1 (1947), H. 2, S. 143–153, 147 f.

21 Edward C. Tolman und Egon Brunswik: The organism and the causal texture of the environment. In: Psychological Review 42 (1935), H. 1, S. 43–77, hier S. 50.

22 In einer viel beachteten Besprechung von Skinners Buch *Verbal Behavior* referierte Noam Chomsky neben grammatikalischen Argumenten auch neuere Ergebnisse der Ethologie über instinktive Anlagen. Vgl. Noam Chomsky: A review of B. F. Skinner's verbal behavior. In: The Language and Thought Series. Hg. von Ned Block. Cambridge, Mass./London 1980, S. 48–63, hier S. 60.

23 Vgl. Johnson-Laird: Computer im Kopf, S. 27–29.

24 Vgl. Jerome S. Bruner et al. (Hg.): Contemporary Approaches to Cognition. A Symposium Held at the University of Colorado. Cambridge, Mass. 1957.

25 Für eine kritische Einordnung vgl. Thomas Sturm und Horst Gundlach: Zur Geschichte und Geschichtsschreibung der „kognitiven Revolution“. Eine Reflexion. In: Handbuch Kognitionswissenschaft. Hg. von Achim Stephan und Sven Walter. Stuttgart/Weimar 2013, S. 7–21.

is describing the behavior of a system by a well specified program, defined in terms of elementary information processes."[26]

Zweifellos sind aus kognitivistischen Forschungen innovative und einflussreiche Entwicklungen hervorgegangen sowie reduktionistische Verengungen des Behaviorismus behoben worden. An der Darstellung der Psychologiegeschichte nach dem Kuhnschen Begriff eines Paradigmenwechsels hat die Wissenschaftsgeschichte der Psychologie jedoch Zweifel angemeldet.[27] Einerseits wurde die angebliche Dominanz des Behaviorismus Anfang und Mitte des zwanzigsten Jahrhunderts dahingehend relativiert, dass sie lediglich für die Vereinigten Staaten und auch dort nur für einige Institute gegolten habe, während in der Forschungslandschaft insgesamt unterschiedliche theoretische und methodische Traditionen koexistierten.[28] Der Behaviorismus ist von Akteur:innen des Kognitivismus erfolgreich als Ancien Régime inszeniert worden, wie Thomas Sturm und Horst Gundlach herausgestellt haben, um den Neuheitsanspruch des eigenen Ansatzes zu erhöhen. Die tatsächliche Vielfältigkeit psychologischer Forschungstraditionen trat dadurch in den Hintergrund. Der Mythos der Revolution habe den 1950er Jahren weit vorausgehende Forschungstraditionen überblendet, die sich mit kognitiven und mentalen Konzepten beschäftigten – wie beispielsweise die denkpsychologischen Arbeiten von Otto Selz.[29] Die Ausführungen zu Tolman weiter oben zeigen weiterhin, dass auch der Neobehaviorismus nicht lediglich als Abgrenzungsfläche des Kognitivismus, sondern auch als theoretischer Vorläufer betrachtet werden kann.

Andererseits wurde in zeitgenössischen Theorie- und Methodendebatten wiederholt darauf hingewiesen, dass eine zentrale Konvention der Psychologie, die sich in der Hochphase des Behaviorismus herausgebildet hat, vom Kognitivismus weitgehend unangetastet geblieben ist: ihr positivistischer Operationalismus. Jose F. Arocha kritisierte zuletzt, dass diese Konvention in der psychologischen Forschungsheuristik als „input-output assumption" wirksam geblieben sei: „(...) the notion that behavior is the end result of a process that begins with a stimulus in the environment, as determined by an observer (e.g., the researcher)."[30] Der Kognitivismus habe das Schema von Reiz und Reaktion nicht überwunden, sondern

26 Allen Newell, John Crosley Shaw und Herbert A. Simon: Elements of a theory of human problem solving. In: Psychological Review 65 (1958), H. 3, S. 151–166, hier S. 165 f.

27 Vgl. Sturm und Gundlach: Kognitive Revolution, S. 11–14.

28 Eine aktuelle Darstellung des Forschungsstandes geben Michiel Braat et al.: The rise and fall of behaviorism. The narrative and the numbers. In: History of Psychology 23 (2020), H. 3, S. 252–280.

29 Vgl. Sturm und Gundlach: Kognitive Revolution, S. 14.

30 Neben vier weiteren Kritikpunkten findet sich dieses Argument bei Arocha: Scientific realism, S. 5.

lediglich das Interesse auf die zwischen diesen beiden Größen liegende Blackbox verschoben.[31] Verhalten umfasse jedoch nicht nur die Aktivität eines Organismus, sondern auch die dynamische Wechselwirkung mit seiner Umwelt, die es auch methodisch zu reflektieren gelte.[32] Sonst untersuche die Psychologie, so Arocha, nicht die Struktur und Gesetzmäßigkeit des Verhaltens, sondern lediglich die Reaktion eines Organismus auf einen artifiziell konstruierten Reiz.[33]

Einen Einblick in eine psychologische Experimentalkultur außerhalb der methodischen Vereinheitlichung des Behaviorismus gibt Mareike Peschl im vorliegenden Band in ihrem Aufsatz über die Untersuchung von Täuschungsverhalten, die Max Wertheimer und Julius Klein Anfang des zwanzigsten Jahrhunderts durchgeführt haben. Zur Beantwortung der Frage, ob sich die Aufrichtigkeit einer Versuchsperson wissenschaftlich beurteilen lässt, ließen Wertheimer und Klein ihre Versuchspersonen unter anderem introspektive Beschreibungen ihrer Eindrücke und Erfahrungen während des Experiments anfertigen. Dieser theoretische Zugang, der Verhalten im Sinne der Psychoanalyse von unbewussten Komplexen beeinflusst sah, war dennoch mit einem physiologischen Wahrheitsanspruch vereinbar, wie Peschl herausstellt.

Mit dem psychologischen Spannungsverhältnis zwischen abweichendem Verhalten und Regulationsversuchen in der DDR beschäftigen sich Martin Wieser und Alexa Geisthövel in ihren Beiträgen. Geisthövel zeichnet nach, wie der Berliner Psychiater Hans Szewczyk von der Verhaltensanalyse delinquenter Jugendlicher Rückschlüsse auf deren Persönlichkeit zog, die er wiederum als durch familiäre und institutionelle Milieus ko-konstituiert betrachtete. Sie zeigt dabei auf, dass sich Szewczyk mit seinen psychiatrischen Gutachten zwar durchaus gegen die individualisierenden Verantwortungszuschreibungen des Gerichtssystems in Stellung brachte, dabei im Wechselspiel unterschiedlicher institutioneller Logiken und ideologischer Anforderungen aber auch einen aktiven Beitrag zum normierenden Diskurs der Delinquenz leistete.

Wieser verfolgt in seinem Text die Entwicklung der operativen Psychologie in der DDR und ihre Anwendung auf Verhörsituationen durch Mitarbeiter des Ministeriums für Staatssicherheit. Dabei rekonstruiert er nicht nur das psychologische Kalkül hinter der Produktion von Geständnissen, sondern setzt dieses auch in Bezie-

31 Vgl. Costall: Darwin to Watson, S. 180–183.

32 Vgl. Costall: Darwin to Watson, S. 191.

33 Vgl. Arocha: Scientific realism, S. 5. Spielarten dieser Kritik sind mindestens so alt wie der Behaviorismus selbst. Vgl. Frederik Buytendijk und Helmuth Plessner: Die physiologische Erklärung des Verhaltens. Eine Kritik an der Theorie Pawlows. In: Acta Biotheoretica Series A1 (1936), S. 151–172, hier S. 167. Explizit in Bezug auf den Behaviorismus z. B. William Stern: Die Psychologie der frühen Kindheit. Bis zum sechsten Lebensjahr. Heidelberg 1952 (1928), S. 21 f.

hung zur gegenläufigen Inanspruchnahme psychologischen Wissens durch Oppositionsgruppen, um dem Verhör standzuhalten. Psychologische Techniken der Repression und des Widerstandes, die sich immer wieder neu aufeinander einstellten, regulierten sich so wechselseitig in einer Art Feedback-Schleife, wie der Autor herausarbeitet.

Weiterführende Literatur

Arocha, Jose F.: Scientific realism and the issue of variability in behavior. In: Theory & Psychology 31 (2021), H. (3), S. 1–24.

Bühler, Karl: Der Modellgedanke in der Psychologie. In: Karl Bühler. Die Uhren der Lebewesen und Fragmente aus dem Nachlass. Hg. von Gustav Lebzeltern. Wien 1969, S. 169–220.

Costall, Alan: From Darwin to Watson (and cognitivism) and back again. The principle of animal-environment mutuality. In: Behavior and Philosophy 32 (2004), H. 1, S. 179–195.

Gibson, James J.: The concept of the stimulus in psychology. In: American Psychologist 16 (1960), S. 694–703.

Lemov, Rebecca Maura: World as Laboratory. Experiments with Mice, Mazes, and Men. New York 2005.

Lewin, Kurt: Behavior and development as a function of the total situation. In: Kurt Lewin: Field Theory in Social Science. Selected Theoretical Papers. Hg. von Dorwin Cartwright. New York 1951, S. 238–303.

Merleau-Ponty, Maurice: Die Struktur des Verhaltens. Berlin/New York 1976.

Piaget, Jean: Das Verhalten. Triebkraft der Evolution. Salzburg 1980.

Rutherford, Alexandra: B. F. Skinner and technology's nation. Technocracy, social engineering, and the good life in 20th century America. In: History of Psychology 20 (2017), H. 3, S. 290–312.

Skinner, Burrhus F.: Whatever happened to psychology as the science of behavior? In: The American Psychologist 42 (1987), H. 8, S. 780–786.

Tolman, Edward C.: Purposive Behavior in Animal and Man. Des Moines 1967 (1932).

Watson, John B.: Behaviorism. London 1930.

Mareike Peschl

Täuschungsverhalten. Verstellung und Verwandlung um 1900

Zu Beginn des zwanzigsten Jahrhunderts experimentierten die Prager Rechtsstudenten Max Wertheimer[1] und Julius Klein mit psychologischen Methoden, um zu testen, ob sich Täuschungsversuche von ProbandInnen an deren Verhalten ablesen ließen. Ihre Forschungsergebnisse publizierten sie 1904 unter dem Titel *Psychologische Tatbestandsdiagnostik* im *Archiv für Kriminal Anthropologie und Kriminalistik,* einem Journal, das von ihrem Lehrer, dem Kriminologen Hans Gross, herausgegeben wurde.[2] Unter Rückgriff auf Methoden der experimentellen Psychologie ihrer Zeit, etwa dem Assoziationsexperiment, forschten sie, inwiefern sich psychologische Verfahren sinnvoll für die Bewertung von Aussagen einsetzen ließen. Dabei spekulierten Wertheimer und Klein, ob sich Verfahren zur Messung körperlicher Zustände, etwa die galvanometrische Messung der elektrischen Leitfähigkeit auf der Haut, ebenfalls zur Erkennung von Täuschungsversuchen eigneten.

Ihr Interesse an psychologischen Verfahren war vor allem kriminologisch motiviert. Bei ihren Versuchen arbeiteten sie jedoch weniger mit Verdächtigen realer Kriminalfälle als mit Versuchspersonen im Labor, um die kriminalistischen Potenziale verschiedener Methoden zunächst abzuwägen. Die kriminologische Ausrichtung ihrer Versuche war unter anderem durch praktische Probleme der Justiz motiviert, wo Forschungen zu Wahrnehmungs- und Gedächtnistäuschungen die Bewertung von Zeugenaussagen vor neue Herausforderungen stellten. Disziplinübergreifende Studien hatten gezeigt, dass die Wahrnehmung und das Erinnerungsvermögen grundsätzlich unkontrollierbaren Auslassungen und falschen Reproduktionen unterliegen – selbst wenn eine vollständige, d. h. wahr-

1 Max Wertheimer besuchte neben rechtswissenschaftlichen Kursen auch psychologische Seminare und wechselte später ganz in das Fach der Psychologie. Zu Wertheimers späteren Forschungen und seinen Beiträgen zur Entwicklung der Gestalttheorie siehe z. B. die Forschungen von Mitchell Ash: Gestalt Psychology in German Culture, 1890–1967. Cambridge 1995, und Anne Harrington: Die Suche nach Ganzheit. Die Geschichte biologisch-psychologischer Ganzheitslehren. Kaiserreich, Nationalsozialismus, New-Age-Bewegung. Reinbek bei Hamburg 2002.
2 Max Wertheimer und Julius Klein: Psychologische Tatbestandsdiagnostik. In: Archiv für Kriminal Anthropologie und Kriminalistik 15 (1904), H. 1, S. 72–113.

https://doi.org/10.1515/9783110740813-022

heitsgemäße Aussage beabsichtigt ist.[3] In den Jahren nach Wertheimer und Kleins Veröffentlichung kommentierten ForscherInnen in fächerübergreifenden Journalen unter dem Stichwort der „psychologischen Tatbestandsdiagnostik", inwiefern sich Aussagen von ZeugInnen durch psychologische und physiologische Verfahren neu auswerten lassen.[4] Da Wertheimer und Kleins Methoden auch psychoanalytisches Wissen zu unabsichtlichen Enthüllungen umzusetzen versuchten, wurde Sigmund Freud von der Wiener Juristischen Gesellschaft gebeten, sich zu den kriminalistischen Potenzialen der von ihnen erprobten Verfahren zu äußern. In seiner Ansprache an ein juristisches Publikum, die 1906 unter dem Titel *Psychoanalyse und Tatbestandsdiagnostik* veröffentlicht wurde, bestätigte Freud, dass im Rahmen einer psychoanalytischen Behandlung das Verhalten einer Person tatsächlich Bedeutungen offenbaren kann, welche diese vor sich selbst oder anderen zu verbergen versucht. Im Rahmen der Therapie konzentriere er sich auf sprachliche ebenso wie auf körperliche Ausdrücke, „die ins Zweideutige schillern, und bei denen der verborgene Sinn durch den harmlosen Ausdruck hindurchschimmert".[5] Freud zufolge war es daher grundsätzlich möglich, zwischen sprachlichen, körperlichen und psychischen Vorgängen Verbindungen herzustellen. Allerdings warnte er vor der kriminalistischen Anwendung der von Wertheimer und Klein vorgeschlagenen Methoden und empfahl, sie strikt als „Phantomübungen" zu behandeln, solange sie noch nicht längerfristig an realen Fällen erprobt worden seien.[6]

In den folgenden Abschnitten möchte ich mir zunächst die von Wertheimer und Klein durchgeführten Versuche genauer anschauen und sie dann in Bezug auf Freuds Überlegungen zu unwillkürlichen Handlungen perspektivieren. Was meinten Wertheimer und Klein, wenn sie von Täuschung sprachen? Und welche Annahmen über das Verhalten realisierten die Messungen von körperlichen Zuständen? Meine Untersuchung der graphischen Messmethoden schließt unter anderem an wissenschaftshistorische Arbeiten an, welche die Verwendung von

3 Eine kriminologische Stellungnahme findet sich etwa bei Hans Gross: Das Wahrnehmungsproblem und der Zeuge im Strafprozess. In: Beiträge zur Psychologie der Aussage 1 (1903), H. 1, S. 116–120.

4 Dazu zählt u. a. das von Gross herausgegebene *Archiv für Kriminal Anthropologie und Kriminalistik* und das von Wilhelm Stern begründete Journal *Beiträge zur Psychologie der Aussage*.

5 Sigmund Freud: Psychoanalyse und Tatbestandsdiagnostik. In: Sigmund Freud: Gesammelte Werke chronologisch geordnet. Bd. 7: Werke aus den Jahren 1906–1909, hg. von Anna Freud et al. Frankfurt a. M. 1966, S. 10.

6 Freud: Tatbestandsdiagnostik, S. 3.

Messapparaturen in den psychologischen und physiologischen Disziplinen aufschlussreich untersucht haben.[7]

In Hinblick auf die Frage des Verhaltens fokussiert mein Beitrag allerdings weniger auf das wissenschaftliche Selbstverständnis der Protagonisten als vielmehr auf den Zusammenhang zwischen historischen Untersuchungsmethoden und den Ambivalenzen des Menschen. Inwiefern wurde dem Verhalten von Personen Mehrdeutigkeit zugestanden und wie wurde diese auch im Experiment auftretende Ambivalenz konzeptuell gefasst? Im hier untersuchten Feld zwischen experimenteller, juristischer, kriminalistischer und psychoanalytischer Perspektive tauchen vor allem zwei verschiedene Auffassungen der Täuschung auf: Täuschung als Verstellung und Täuschung als Verwandlung. Wertheimer und Klein verstanden Täuschung insbesondere als intentionale Verstellung einer verborgenen Einstellung, die sich durch geeignete Methoden aufdecken lasse. Diese kriminologische Hoffnung auf Entlarvung intendierter Täuschungen war angesichts der zeitgenössischen kulturellen Diskussionen über unbeabsichtigte Täuschungen nicht selbstverständlich. In den literarischen und philosophischen Feldern zum Beispiel beschäftigte man sich schon vor der Jahrhundertwende mit der unvermeidlichen Unzuverlässigkeit der Sprache, was auch die Gewissheit sprachbasierten Wissens infrage stellte.[8] Darüber hinaus zeigten psychologische und sinnesphysiologische Forschungen auch die Anfälligkeit der Warhnehmung und des Gedächtnisses für ungewollte Täuschungen.

Wertheimer und Kleins Hoffnungen auf Täuschungsentlarvung lassen sich vor dem Horizont einer „Identitätskultur" verorten, welche die KulturwissenschaftlerInnen Aleida und Jan Assmann als das Bedürfnis nach Festlegung von Identität beschrieben haben.[9] Die Idee eines eindeutigen Ausdrucks, der eine stabile Identität offenbart, hat auch Hans Belting in seinen kultur- und bildwissenschaftlichen Studien problematisiert. Wie Jan und Aleida Assmann, die einem Identitätsdenken Geschichten und Formen menschlicher Verwandlung entgegenhalten, weist Belting darauf hin, dass zwischen unserem Selbst und seinen Gesichtern kein „stabiles Verhältnis" besteht und wir unseren Ausdruck „stets aufs

7 Zum Gebrauch von graphischen Messapparaturen in den physiologischen Disziplinen siehe u. a. Soraya de Chadarevian: Graphical method and discipline. Self-recording instruments in nineteenth-century physiology. In: Studies in the History and Philosophy of Science Part A 24 (1993), H. 2, S. 267–291. Der von Cornelius Borck und Armin Schäfer herausgegebene Band *Psychographien* (Zürich/Berlin 2005) versammelt außerdem eine Reihe von Beiträgen, die die Bedeutung der graphischen Methoden in den psychologischen Disziplinen herausgearbeitet haben.

8 Ich denke hier z. B. an die sprach- und wissenskritischen Schriften Hugo von Hofmannsthals und Friedrich Nietzsches.

9 Vgl. Aleida und Jan Assmann: Einleitung. In: Verwandlungen. Archäologie der literarischen Kommunikation IX. Hg. von Aleida und Jan Assmann. München 2006, S. 9–24.

Neue ein[üben]“ müssen.[10] Geht man von dieser grundsätzlichen Wandelbarkeit aus, wie lässt sich Täuschung als Verstellung dann noch denken?

Weder in Wertheimer und Kleins Publikation noch in Freuds Fallgeschichten wurde der Verhaltensbegriff vorab definiert. Wertheimer und Klein verwendeten ihn synonym mit „Erscheinung“ und „Äußerung“, und Freud sprach neben „Symptomhandlung“ vor allem von „Ausdruck“. Wertheimer und Klein gingen bei ihren Untersuchungen experimentell vor. Freud hingegen erarbeitete sein Menschenverständnis insbesondere anhand von Fallgeschichten. Ihren Ansätzen ist jedoch der Versuch gemeinsam, sprachliche und körperliche Verhaltensaspekte aus einer Außenperspektive zu beschreiben. Ich folge daher den historischen Begriffsverwendungen, wenn ich im Folgenden „Verhalten“ synonym zu Ausdruck, Erscheinung und Äußerung verwende. Meine Lesart der wissenschaftlichen Publikationen ist dabei kulturwissenschaftlich ausgerichtet, insofern ich nachzuzeichnen versuche, wie sich das Problemfeld der Täuschung um 1900 disziplinübergreifend formte. Dabei soll es auch darum gehen, die historischen Theorien mit dem Erleben des Menschen in Verbindung zu bringen, in welchem sich die geteilte Lebenswelt und persönliche Geschichte bewahrt.

Der Frage, welche Aspekte Verhalten umfassen kann, möchte ich mich aus der Perspektive der Täuschung nähern, weil diese nach den vielfältigen Deutungsweisen und Ambivalenzen von körperlichen und sprachlichen Ausdrücken fragt. Ein schönes Beispiel für die Mehrdeutigkeit und Intransparenz des Ausdrucks ist die in Abb. 1 gezeigte anonyme Person, an der physiologische Messungen vorgenommen werden. Die Fotografie aus dem Jahr 1908 verrät nicht, ob das Bild eine wirkliche oder für die Kamera vorgetäuschte Behandlungssituation zeigt. Zugleich hält sie den Blick einer zwischen Messapparaturen sitzenden Person fest, die nicht offenbart, was sich im Moment der Aufnahmen vor ihrem inneren und äußeren Auge abspielt. Ihr Gesicht verbirgt ebenso wie ihr Körper, zu welchen Gedanken und Erscheinungen vor und hinter der Kamera sie sich gerade verhält.

Auch in den experimentellen und psychoanalytischen Schriften sind die Erfahrungen der PatientInnen, wenn überhaupt, nur indirekt wiedergegeben. Die Komplexität ihrer Erfahrung lässt sich dennoch insbesondere dort ablesen, wo sich die Versuchsleiter schwertaten, ihre Forschungsergebnisse zu interpretieren. Freud hat in seinen Fallgeschichten diese psychische Ambivalenz genauer zu beschreiben versucht: Verhalten erscheint ihm nicht als Wiederholung einer gleich-

10 Hans Belting: Faces. Eine Geschichte des Gesichts. München 2014, S. 37.

Abb. 1: Galvanometer in Gebrauch: Anonyme Versuchsperson (links) mit dem Psychologen Frederick Peterson (rechts). Peterson forschte und publizierte gemeinsam mit Carl G. Jung zur psychologischen Bedeutung des galvanischen Messverfahrens. Harper's Weekly berichtete 1908 über seine Arbeit, wofür auch dieses Bild entstand. © HarpWeek.

bleibenden Identität, sondern als Ausdruck von Verwandlungsprozessen, für die nach Aleida Assmann „Ambivalenz, Paradoxie und Widersprüchlichkeit" charakteristisch sind.[11] In der historischen Untersuchung unterschiedlicher Täuschungsauffassungen zeigt sich, dass sich Ambivalenzen im Verhalten nicht auf bewusste Täuschungsversuche beschränken. Stattdessen legen die nachfolgenden Ausführungen nahe, dass Verhalten generell als mehrdeutig reflektiert werden muss.

11 Aleida Assmann: Kulturen der Identität. In: Verwandlungen. Archäologie der literarischen Kommunikation IX. Hg. von Aleida und Jan Assmann. München 2006, S. 25–46, hier S. 43.

Experimentelle Versuche zu den psychischen Grundlagen des Verhaltens: Max Wertheimer und Julius Kleins „psychologische Tatbestandsdiagnostik“

Wertheimer und Kleins Studie *Psychologische Tatbestandsdiagnostik* und ihr Vorhaben, psychologische Methoden auf die Auswertung von Zeugenaussagen anzuwenden, zielte nicht vorrangig auf die Rekonstruktion von Verbrechen. Stattdessen wollten Werteimer und Klein den „subjektiven Wahrheitswert“ von Aussagen untersuchen und grundsätzlich jede Zeugenaussage, auch ohne konkreten Verdacht gegen die betreffende Person, auf ihre Aufrichtigkeit hin überprüfen.[12] Dabei ging es ihnen weniger darum herauszufinden, ob Personen „wahre“ Aussagen in Hinblick auf die Schilderung eines tatsächlichen Geschehens machten. Vielmehr wollten sie feststellen, was als „wahr“ in Bezug auf die Vorstellungwelt der ZeugInnen galt, also, ob ZeugInnen aussprachen, woran sie dachten.

Wertheimer und Klein hielten eine Überprüfung der Aufrichtigkeit von ZeugInnen für möglich, weil sie annahmen, dass jedes Verbrechen charakteristische psychische Spuren hinterlasse, die man bei ihrer Befragung auch äußerlich beobachten könne. Der Psychologe Carl G. Jung hatte argumentiert, dass sich im Moment eines starken emotionalen Erlebnisses wahrgenommene Gegenstände, Personen und Gedanken zu einer bleibenden Erinnerung verknüpfen. Diese gefühlsgetragenen psychischen Verknüpfungen nannte Jung einen „Komplex“.[13] In Bezug auf die Frage, inwiefern sich Täuschungsversuche an den Reaktionen von Befragten ablesen ließen, schlussfolgerte Jung, dass diese ihre Komplexe insbesondere durch eine verlängerte Reaktionszeit verrieten. Jung experimentierte daher mit Assoziationsversuchen, bei denen er seine PatientInnen bat, auf eine Reihe von genannten Begriffen so schnell

12 Wertheimer und Klein: Tatbestandsdiagnostik, S. 76. Der Wissenschaftshistoriker Tal Golan hat die Weiterentwicklung der Experimente zur „psychologischen Tatbestandsdiagnostik“ im US-amerikanischen Kontext weiterverfolgt. Vgl. Tal Golan: Aus der Seele sprechen. Recht, Psychologie und das Beweismaterial vom Schauplatz der Psyche um 1900. In: Die Listen der Evidenz. Hg. von Michael Cuntz et al. Köln 2006, S. 123–140. Zur Aufwertung des Verdachts um 1900 siehe auch die Arbeit der Literaturwissenschaftlerin Elisabeth Strowick. In einer vergleichenden Studie hat sie insbesondere psychoanalytische und literarische Epistemologien des Verdachts und ihr Verhältnis zu Machtstrukturen untersucht. Vgl. Elisabeth Strowick: Comparative epistemology of suspicion. Psychoanalysis, literature, and the human sciences. In: Science in Context 18 (2005), H. 4, S. 649–669.

13 Carl G. Jung: Die psychologische Diagnose des Tatbestandes. In: Juristisch-psychiatrische Grenzfragen 4 (1906), H. 3, S. 1–47, hier S. 7.

wie möglich und mit der erstbesten Assoziation zu reagieren. Neben den Wortbedeutungen konzentrierte sich Jung bei der Auswertung der Antworten auf die gemessenen Reaktionszeiten. Einzelne Wörter, die lange Reaktionszeiten hervorriefen, deutete er als Indikatoren für einen Komplex, der durch ein starkes emotionales Erlebnis ausgelöst worden war.

Wertheimer und Klein vermuteten in ähnlicher Weise, dass auch die Beobachtung oder Beteiligung an einem Verbrechen einen Komplex auslösen würde, da das Erleben eines Verbrechens „von starken Gefühlen begleitet" sei.[14] Ihre Versuchsanordnungen beruhten auf der elementaren Annahme, dass ein Verbrechen einen inneren Komplex verursache, der wiederum ein charakteristisches „psychisches" und „physiologisches Verhalten" auslöse.[15] Auf die physiologischen Aspekte des Verhaltens gingen Wertheimer und Klein jedoch nicht näher ein. Ihnen ging es vielmehr darum, die psychischen Grundlagen des Verhaltens experimentell zu erproben.

Ihre Vermutung, dass das „psychische Verhalten" tatsächlich „charakteristisch" und „gesetzmäßig"[16] sei, war dabei keineswegs eine selbstverständliche Behauptung. Freud etwa arbeitete in der Psychoanalyse mit individuellen Fallgeschichten seiner PatientInnen unter der Annahme, dass sich eine Regel, wenn überhaupt, nur anhand einer konkreten Biografie erarbeiten ließe. Selbst Jung, der sich in seiner Forschung vor allem auf die quantitativen Aspekte der Reaktionszeit konzentrierte, fand die Erklärung für ein Zögern im Gespräch erst in den Lebensgeschichten seiner PatientInnen, die durch keine Gesetzmäßigkeit antizipiert werden konnten. Wertheimer und Klein dagegen nahmen an, dass die durch ein Verbrechen ausgelösten Affekte so stark seien, dass niemand während der Befragung über das bezeugte Erlebnis hinwegtäuschen könne.

Um nun die psychischen Auswirkungen einer Verbrechensbeteiligung nachzuweisen, erzählten Wertheimer und Klein ihren ProbandInnen zunächst die Geschichte eines erdachten Verbrechens. So schilderten sie etwa den Fall einer Person N, die sich in einer Werkstatt einen Hammer ausleihen will, wobei sie mit dem Handwerksmeister in einen Streit gerät, der zu einer Körperverletzung führt.[17] Wertheimer und Klein baten ihre ProbandInnen zunächst, die Geschichte zu wiederholen, um sicherzugehen, dass sie mit dem Tatbestand vertraut waren. Danach überprüften sie, ob sich aus den Reaktionen der Testpersonen Rückschlüsse auf deren Kenntnis des Tathergangs ableiten ließen.

14 Wertheimer und Klein: Tatbestandsdiagnostik, S. 73.
15 Wertheimer und Klein: Tatbestandsdiagnostik, S. 75.
16 Wertheimer und Klein: Tatbestandsdiagnostik, S. 75.
17 Wertheimer und Klein: Tatbestandsdiagnostik, S. 86.

Dabei interessierten Wertheimer und Klein sich vor allem für die Reaktionen der sogenannten Täuschungsgruppe. Diesen Personen gaben sie die Anweisung, sich beim Experiment in die Rolle eines Tatverdächtigen zu begeben, sich möglichst „unschuldig" zu verhalten, ihr Wissen über die Tat also zu verbergen und die Versuchsleiter zu täuschen.[18] Instruktionen, wie ein solches „unschuldiges" Verhalten auszusehen habe, gaben sie nicht. Dann führten sie ein Assoziationsexperiment durch, indem sie die Versuchsperson baten, so schnell wie möglich mit einem Wort auf die ihr zugerufenen Begriffe zu reagieren. Manchmal gaben sie der Versuchsperson auch die Aufgabe, mit einem Adjektiv (Rose – rot) oder einem Gefühl (Junge – Freude) zu reagieren. In anderen Fällen versuchten sie per Zeigen von Fotografien, Zeichnungen oder Gegenständen durch optische Eindrücke eine Reaktion zu provozieren. Unter Begriffe, die sie als harmlos einstuften, wie „Hering", „Getreide" oder „Sattel"[19], mischten sie eine kleine Anzahl von Wörtern, wie zum Beispiel „Hammer", die dazu dienen sollten, bei mit der Geschichte vertrauen Personen unwillkürlich die Erinnerungen an den Tathergang hervorzurufen.

Nach Durchführung des Versuchs wurden die ProbandInnen gebeten zu erläutern, welche Eindrücke und Gefühle das Experiment bei ihnen ausgelöst habe. Die Selbstauskünfte der Versuchspersonen schienen Wertheimer und Kleins Hoffnung auf einen Selbstverrat der Täuschenden zu bestätigen. Einige Versuchspersonen berichteten von der „zwingenden unwiderstehlichen Kraft", mit der die Assoziationen sie von innen „überrumpelten". Manche sahen sich sogar gezwungen, ein Wort auszusprechen, noch „bevor sie daran denken konnten, es nicht zu sagen".[20] Andere berichteten von inneren Bildern, die in ihrem Bewusstsein auftauchten und manchmal an die vorgezeigten Schaubilder erinnerten, manchmal aber auch reine „Phantasiebilder" waren.[21] Wertheimer und Klein schlussfolgerten daraus, man könne mit dem Assoziationsexperiment das Sprechverhalten tatsächlich so sehr einüben, dass das Aussprechen eines Wortes schneller sei als die Täuschungsabsicht. Die Befragten könne man so nicht nur zwingen, an etwas zu denken, sondern sie auch zu einem unfreiwilligen Verrat verleiten.[22]

---

18 Wertheimer und Klein: Tatbestandsdiagnostik, S. 81.

19 Max Wertheimer: Experimentelle Untersuchungen zur psychologischen Tatbestandsdiagnostik. Leipzig 1905, S. 15.

20 Wertheimer: Experimentelle Untersuchungen, S. 18 f.

21 Wertheimer: Experimentelle Untersuchungen, S. 17.

22 Man könnte hier die Frage stellen, inwiefern die kalkulierten Komplexanstöße zur Provokation eines unfreiwilligen Selbstverrats auch eine Art Täuschungsmanöver waren. Einerseits sind sie der Versuch, möglichst aufrichtige Antworten zu provozieren. Andererseits hat der Historiker Michael Pettit gezeigt, dass PsychologInnen bei der Untersuchung von Täuschungen selbst auf

Wertheimer und Klein räumten ein, dass ihre Testerfolge im Labor nicht ohne Weiteres auf die kriminologische Praxis übertragbar seien und zuvor an realen Fällen erprobt werden müssten. In ihrer Publikation ließen sie offen, anhand welcher Kriterien sie Antworten als verräterisch klassifizierten. Zwar gingen sie in ihrer Deutung der Aussagen davon aus, dass Wörter einen „Doppelsinn" haben,[23] reduzierten diesen aber auf das Bedeutungsfeld des Tathergangs. Weil sie Begriffe nur als binär gepolt verstanden, also als mit oder ohne Zusammenhang zum Verbrechen stehend, sprachen sie auch eher von „Doppeldeutigkeit" als von Mehrdeutigkeit. Wären sie davon ausgegangen, dass Wörter nicht nur zweideutig, sondern unbestimmt mehrdeutig sind, hätten sie die Reaktionen ihrer Versuchspersonen auch in Hinblick auf Kontexte jenseits eines Verbrechens einordnen und interpretieren müssen. Bei der Herstellung der Wortreihen verließen sich Wertheimer und Klein dagegen auf ihre eigenen Assoziationen – und stuften Wörter als irrelevant ein, die sie selbst so empfanden. Aus ihren Schilderungen lässt sich daher nicht ablesen, inwiefern sie sichergehen konnten, etwas anderes zu testen als eine bloße Übereinstimmung mit ihren eigenen Annahmen.

Auf ein weiteres Problem hatte bereits Freud in seiner Kritik an Wertheimer und Kleins Deutungen aufmerksam gemacht. Für ihn war nicht erwiesen, ob sich ein bewusster Täuschungsversuch und ein unbewusster Komplex ihren äußeren Wirkungen nach tatsächlich voneinander unterscheiden ließen. Während Wertheimer und Klein eine verzögerte Reaktion ausschließlich als Indikator für einen beabsichtigten Täuschungsversuch lasen, interpretierte Freud Zögern als Ausdruck eines inneren Widerstandes, der sich aus der Dynamik zwischen bewussten und unbewussten Kräften speist. Wertheimer und Klein dagegen erklärten verlängerte Reaktionszeiten mit der Zeit, die eine Person benötigte, um sich am Aussprechen eines verräterischen Gedankens zu hindern und stattdessen etwas Unschuldiges zu sagen. Die Versuchsperson, die zu täuschen versuche, könne zwar „eine charakteristische Komplexäußerung zu vermeiden suchen", aber nicht verhindern, dass ihr „ihre Vorstellungen aus dem Komplex besonders auf die betreffenden Reize hin nicht zunächst einfallen".[24] Täuschung verstanden Wertheimer und Klein daher als eine Art inneren Vertauschungsprozess, in dem das auftauchende verdächtige Wort durch ein unverdächtiges ersetzt wurde – als

eine Art Täuschungsmanöver angewiesen waren und sich dafür explizit die Techniken der ZauberkünstlerInnen zum Vorbild nahmen Vgl. Pettit: The Science of Deception.

23 Wertheimer und Klein: Tatbestandsdiagnostik, S. 88.

24 Wertheimer und Klein: Tatbestandsdiagnostik, S. 79.

eine Vermeidungsstrategie, durch die etwas bewusst „verhindert“, verborgen oder „verdrängt“ werden musste.[25] Unter den verlängerten Reaktionszeiten und verdächtig anmutenden Wörtern hofften Wertheimer und Klein die Erinnerungen an ein Verbrechen zu finden. Ihnen zufolge ist Täuschung eine Form der „Verstellung“, welche Aleida Assmann treffend als „reines Oberflächenphänomen“[26] bezeichnet hat.

Kritik an Wertheimer und Kleins Interpretation kam aber auch von kriminalistischer Seite. Der Jurist Max Lederer warnte davor, Falschaussagen ausschließlich auf den Zwang der Affekte zurückzuführen und damit das Geschick von Befragten zu unterschätzen. ZeugInnen könnten sich etwa eine Strategie zum systematischen Antworten zurechtlegen, sich mit einem Charakter in einer „Abenteuergeschichte“ identifizieren oder sich schlichtweg für jede Antwort gleichviel Zeit nehmen. Die Gefahr gehe daher eigentlich immer nur von der „Phantasie der Inquirenten aus“, die vernachlässigten, dass das Reaktionswort immer nur das „Endziel eines Fluges der Vorstellungen“ durch das „Labyrinth der möglichen Pfade“[27] sei. Lederers Kommentar ist ein gutes Beispiel dafür, dass sich Verdächtige und ZeugInnen nur wie beim Spiel verhalten mussten, und schon würde der Ernstfall an seinen Spielelementen scheitern.

Wertheimer und Klein vermuteten schließlich, dass sich die Interpretation von Reaktionen im Assoziationsexperiment vereinfachen ließe, wenn man sich auf quantitative Aspekte konzentriere. Dazu schlugen sie eine Reihe von Messverfahren vor, um die körperlichen Begleiterscheinungen einer Aussage zu untersuchen. Berichte zu eigenen Versuchen sind ihrer Publikation nicht beigefügt. Jung aber griff ihren Vorschlag einige Zeit später auf und ergänzte seine Assoziationsversuche im psychologischen Feld mit Messungen von elektrischen Strömen auf der Haut.

---

25 „Im T[äuschungs]-Falle wird die Versuchsperson häufig darnach streben, die psychischen Wirkungen von Komplexreizen zu unterdrücken.“ (Wertheimer und Klein: Tatbestandsdiagnostik, S. 100). Und in ähnlicher Formulierung, „[i]m T[äuschungs]-Falle wird es der Versuchsperson, wenn sie zum äußeren Einhalten der Instruktion gebracht wird, nämlich schnell und nicht fortwährend sinnlos zu reagieren, schwer möglich sein, die Wirkungen des psychischen Verhaltens zum Komplexe zu verhindern.“ (Wertheimer und Klein: Tatbestandsdiagnostik, S. 79).

26 Assmann: Kulturen der Identität, S. 27.

27 Max Lederer: Verwendung der psychologischen Tatbestandsdiagnostik. In: Monatsschrift für Kriminalpsychologie und Strafrechtsreform 3 (1906–1907), S. 163–172, hier S. 168.

Physiologische Messungen ambivalenten Verhaltens

Jung war erstmals durch seinen Schweizer Kollegen, den Physiologen Otto Veraguth, auf die Messung elektrischer Ströme zur psychologischen Diagnostik aufmerksam geworden. Veraguth hatte 1904 begonnen, mit dem Galvanometer zu experimentieren, einem Strommessgerät, das neben einer Stromquelle auch an die Haut der PatientInnen sowie an ein automatisches Schreibgerät angeschlossen wurde und die Messwerte der Apparatur in Form von schwankenden Kurven auf einem Registrierpapier aufzeichnete. Obwohl die Messmethode als wissenschaftlich galt,[28] lag die Schwierigkeit darin nachzuweisen, inwiefern die Messungen von körperlichen Zuständen auch als Indikator für psychische Vorgänge gelten konnten. Veraguth bezog sich zur Deutung der Messwerte vor allem auf die Interpretationen des Physiologen Ivan Tarchanoff, der in seiner Publikation *Ueber die galvanischen Erscheinungen in der Haut des Menschen bei Reizungen der Sinnesorgane und bei verschiedenen Formen der psychischen Thätigkeit* (1890) argumentierte, dass Nerventätigkeiten von Schweißdrüsenaktivität begleitet seien. Dabei hatte er nicht näher spezifiziert, ob bestimmte Zustände wie Aufregung, Nervosität oder Angst besonders anfällig für Schweißproduktionen sind. Tarchanoff nahm an, dass grundsätzlich alle Nerventätigkeiten Schweißsekretion hervorriefen und dies vermutlich der Wärmeregulation diene.[29] Ausgehend von Tarchanoffs Versuchsreihe, arbeitete Veraguth in seiner Publikation *Das psycho-galvanische Reflex-Phänomen* (1907) vor allem die psychologische Bedeutung der elektrischen Leitfähigkeit heraus. Wie Tarchanoff konnte Veraguth nachweisen, dass optische, akustische und taktile Reize eine galvanische Reaktion am Körper verursachten, welche durch die Apparatur als erhöhte Stromintensität abgebildet wurde. Veraguth verfeinerte die Versuchsanordnung insbesondere an den Stellen, an denen es darum ging, den Zusammenhang zwischen physischen Zuständen und psychischer Tätigkeit zu testen. Dafür experimentierte Veraguth vor allem mit Assoziationsversuchen, um herauszufinden, inwiefern sich vom Körper eine Reaktion auf zugerufene Wörter ablesen ließe.

---

28 Soraya de Chadarevian hat in ihren Studien zur Verwendung der Aufzeichnungsapparaturen gezeigt, dass sie gerade auch wegen ihrer Verwendung in den physikalischen Naturwissenschaften als wissenschaftlich galten (vgl. Chadarevian: Graphical Method).

29 Ivan Tarchanoff: Ueber die galvanischen Erscheinungen in der Haut des Menschen bei Reizungen der Sinnesorgane und bei verschiedenen Formen der psychischen Thätigkeit. In: Archiv für die gesamte Physiologie des Menschen und der Tiere 46 (1890), S. 46–55.

Für die Messung der galvanischen Reaktionen baten sowohl Veraguth als auch Jung ihre Versuchspersonen darum, durch das Auflegen der Hände auf zwei Elektroden Teil eines elektrischen Stromkreises zu werden (siehe Abb. 1). Neben der Versuchsperson wurden außerdem eine Stromquelle und das Galvanometer in den Stromkreis geschaltet. Während die Versuchsleiter der Versuchsperson aus einiger Entfernung Begriffe zuriefen, registrierte das Galvanometer die dabei entstehenden elektrischen Schwankungen im Stromkreis: Ausgelöst durch die Stromdifferenzen, begann das im Galvanometer angebrachte Spiegelelement zusammen mit der Spule zu schwanken und setzte damit einen auf den Spiegel projizierten Lichtpunkt in Bewegung. Diese Bewegung wurde durch den Spiegel auf eine in einigem Abstand aufgestellte Fläche projiziert, wo sie von der Hand eines Versuchsassistenten nachvollzogen und auf eine berußte Rolle übertragen wurde. So wurden die Handbewegungen, die dem wandernden Lichtpunkt folgten, als weiße Einritzungen auf schwarzem Papier sichtbar. Als Ergebnis erhielt man eine auf Papier aufgemalte Kurve.[30]

Aus dem Versuchsaufbau wird deutlich, wie technisch kompliziert, intersubjektiv verstrickt und emotional aufgeladen dieses „Bildgebungsverfahren" war.[31] Erst die kollektiv bedienten Apparaturen, deren psychische und physiologischen Komponenten unklar blieben, ermöglichten das graphische „In-Erscheinung-Treten"[32] eines Phänomens, von dem man noch nicht wusste, wie es entstand, worauf es genau zeigte und was es praktisch bedeutete. Darüber, dass das Galvanometer elektrische Schwankungen abbildete, waren sich Tarchanoff, Veraguth und Jung einig. In physiologischer Hinsicht blieb für Veraguth jedoch unklar, ob die Schwankungen nur auf die Veränderungen des körperlichen Leitungswiderstandes zurückzuführen seien oder ob der Körper selbst eine Art Stromquelle sei. Noch am Ende seiner Publikation fragte er deshalb: „Wo entsteht dieser Strom?"[33]

Die größte Schwierigkeit bereitete aber die psychologische Deutung der Messung. Tarchanoff war der Meinung, dass man von der Messung nicht auf die Art des Affektes schließen könne, weil verschiedene Gefühle und Vorstellungen – „von den einfachsten Eindrücken und Empfindungen bis zu höchster geistiger Anstren-

30 Beschreibungen zum Versuchsaufbau finden sich z. B. bei Otto Veraguth: Das psychogalvanische Reflex-Phänomen. In: Monatsschrift für Psychiatrie und Neurologie 12 (1907), S. 387–437, und Carl G. Jung: On psychophysical relations of the associative experiment. In: The Journal of Abnormal Psychology 1 (1907), H. 6, S. 247–255.

31 Den Begriff der Bildgebung benutze ich in Anschluss an Sigrid Weigels Terminologie, weil er verdeutlicht, dass bei den galvanischen Messungen keineswegs etwas, das „in nichtsichtbarer Weise bereits im Verborgenen existiert, nur mehr sichtbar gemacht zu werden bräuchte". (Sigrid Weigel: Grammatologie der Bilder. Berlin 2015, S. 10).

32 Weigel: Grammatologie, S. 11.

33 Veraguth: Reflex-Phänomen, S. 423.

gung und willkürlichen motorischen Aeusserungen" – von derselben Art der Schweißproduktion begleitet seien.[34] Auch Veraguth interpretierte die Schwankungen des Graphen mal als „Gefühlsreaktion", „Aufmerksamkeit", „psychische Ermüdung", mal allgemein als „Indikator für Gefühlsbetonung und Aktualität des Reizes".[35] Als Jung sich 1906 erstmals öffentlich für eine Methode zur psychologischen Diagnose des Tatbestandes einsetzte, war er der Meinung, PatientInnen würden ihre Komplexe vor allem durch die quantitativen Aspekte ihrer Reaktion verraten. An dem maschinellen Mess- und Übertragungsverfahren befürwortete er deshalb ihre visuelle Eindrücklichkeit.[36] Jedoch war die erstellte Kurve genauso eindrücklich wie schwierig zu interpretieren, da sich aus den Messungen allein noch nicht ergab, welche Emotionen und Erinnerungen sich in ihnen zeigten.[37]

Im Fall eines jungen Probanden zum Beispiel hatte das von Veraguth zuvor als „harmlos" eingestufte Reizwort „Oerlikon" (ein Züricher Stadtteil) unerwartet einen auffälligen Kurvenausschlag ergeben (siehe Abb. 2). Veraguth konnte sich den Ausschlag nicht durch die sprachliche Reaktion der Versuchsperson („Industrieort") erklären. Erst im anschließenden Gespräch verriet diese, „was ihr bei Anhören der Reizworte in den Sinn gekommen sei" und was sie bei der sprachlichen Reaktion „unterdrückt" habe. Der Proband „gab an, er habe gemeint, der Untersuchende hätte gewusst, dass er vor einigen Tagen in Oerlikon wegen einer Mensur von der Polizei abgefasst worden sei."[38] Daraus ergab sich, dass neben der Erinnerung an das Fechtduell auch die Projektionen auf den Versuchsleiter zu dem Ausschlag des Messgeräts geführt hatten. Die Interpretation der Messkurve verkomplizierte sich zusätzlich dadurch, dass der Proband seine Gedanken vor dem Versuchsleiter ursprünglich hatte verbergen wollen. Da sich zwischen der Messkurve einerseits und den Emotionen und Bewusstseinsvorgängen andererseits kein Abbildverhältnis nachweisen ließ, warnte Veraguth auch vor der Verwendung des Verfahrens zur Befragung von Tatverdächtigen. Die Kurven zeigten, so Veraguth, nichts anderes als „innere Anteilnahme".[39] Die Messme-

34 Tarchanoff: Galvanische Erscheinungen, S. 53.

35 Veraguth: Reflex-Phänomen, S. 421–424.

36 „If by a special proceeding we diminish the sensibility of the apparatus, only the most intensive feeling-tones have influence on the current, so that occasionally we shall obtain very distinct curves, which place before our eyes the strong feeling-tone in a specifically clear manner." (Jung: Psychophysical relations, S. 251).

37 „With this experiment, apparently so simple, there is one great difficulty, namely the interpretation of the disorders; or, to express it another way, what sort of complexes are they which cause these disorders?" (Jung: Psychophysical relations, S. 250).

38 Veraguth: Reflex-Phänomen, S. 415.

39 Veraguth: Reflex-Phänomen, S. 424. Sowohl Cornelius Borck als auch Philipp Felsch weisen in ihren Studien zu den frühen graphischen Messmethoden auf die Rolle des Zufalls und der Über-

thode stellte sich somit als zu ungenau heraus, um die Komplexität des Erlebens wiederzugeben. Dieses Ergebnis entbehrt angesichts der Hoffnung von Wertheimer und Klein, in ihr eine eindeutige Methode zur Aufklärung von Täuschungsversuchen gefunden zu haben, nicht einer gewissen Ironie: Veraguths Versuche zeigten, dass die Uneindeutigkeit des graphischen Verfahrens nicht unbedingt ein methodisches Problem war. Die Mehrdeutigkeit der Kurve stand vielmehr mit den ambivalenten Gefühlen der Person im Zusammenhang, die durch die Methoden abgebildet werden sollte.

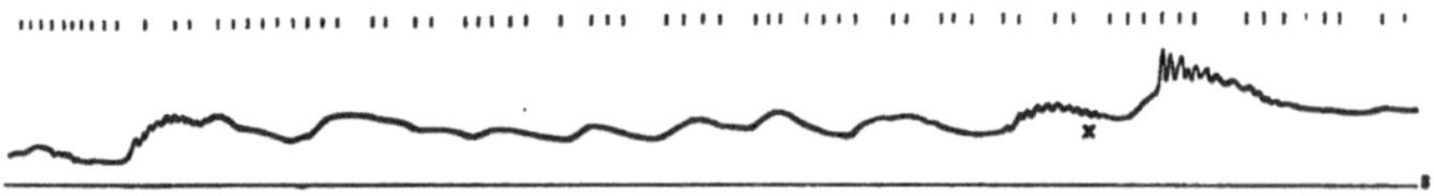

Abb. 2: Otto Veraguth: Assoziationskurve, 1907.

Im Hinblick auf die von Wertheimer und Klein gestellte Frage: „Ist es nicht möglich, die Seele eines Menschen auf allgemeine psychische Folgen eines Tatbestands hin zu durchforschen, ohne sich auf seine Behauptungen zu stützen?"[40] wird deutlich, dass unvermeidbare psychische Ambivalenzen bei der Verbrechensaufklärung übergangen werden sollten. Der Psychologe Veraguth hatte für eine Interpretation von Messwerten des Galvanometers nicht auf die Selbstdarstellungen seiner ProbandInnen verzichten können. Was würde es im Gegensatz dazu bedeuten, galvanische Messungen im Kontext von kriminalistischen Untersuchungen ohne sprachliche oder anderweitige Darstellung der ZeugInnen als Antworten auf direkte oder implizite Fragen zu interpretieren? Die Mehrdeutigkeit der Kurven zu überspringen, würde bedeuten, die Kontexte und Intersubjektivität des Verhaltens auszublenden. Die später aufkommende Rede von „Wahrheitskurven" oder „Lügendetektoren", in der sich

raschung hin, die sich als Umwelteinflüsse in die Graphen einschrieben und auch von den Versuchsleitern als solche verstanden wurden – mit dem Ergebnis, dass sie explizit in den Versuchsanordnungen gefördert wurden. Den „blinden Fleck" der Versuche findet Borck deshalb gerade dort, wo die experimentellen Anordnungen die „Medialität" des Menschen ausklammerten und „die Psyche überhaupt ‚innen', d. h. im Kopf einer Versuchsperson statt in der Interaktion und Kommunikation" suchten (Cornelius Borck: Schreibende Gehirne. In: Psychographien. Das Leben schreiben. Medientechnologie und die Wissenschaften vom Leben (1800–1900). Hg. von dems. und Armin Schäfer. Zürich/Berlin 2005, S. 89–110, hier S. 99). Siehe auch den Beitrag von Philipp Felsch in dem genannten Sammelband.

40 Wertheimer und Klein: Tatbestandsdiagnostik, S. 72.

Wertheimer und Kleins Hoffnung auf Täuschungsentlarvung fortsetzte, signalisiert zwei Varianten eines ähnlichen Wunsches nach Eindeutigkeit.[41]

Im Kontext der Verbrechensaufklärung läuft eine Messung ohne Aussagemöglichkeit schnell Gefahr, in eine Biologisierung von Schuld umzukippen. Der Historiker Peter Becker hat in seiner Studie zum kriminologischen Diskurs des ausgehenden neunzehnten Jahrhunderts auf den wachsenden Einfluss der Naturwissenschaften auf die Naturalisierung und Pathologisierung von VerbrecherInnen hingewiesen. Wertheimer und Kleins Nähe zu diesem Denken, das VerbrecherInnen als konstitutiv minderwertig konstruierte, scheint an den Stellen auf, an denen sie die Anwendung elektrischer Reize als Test der „Empfindungsschwelle" vorschlagen. Sie mutmaßten, dass auch die körperliche „Empfindungsschwelle" steigen würde, wenn die Aufmerksamkeit der Befragten – durch die innerliche Beschäftigung mit einem Komplex – stark absorbiert würde.[42] Schon Jahrzehnte zuvor hatte der italienische Kriminalanthropologe Cesare Lombroso durch brutale Experimente zur körperlichen Schmerzempfindlichkeit versucht, die körperliche Schmerzquelle zur moralisch-sozialen Hemmschwelle umzudeuten. Die im Kontext der „psychologischen Tatbestandsdiagnostik" vorgenommenen galvanischen Messungen waren nicht mit Schmerz verbunden. Wertheimer und Kleins Ansatz erinnert dennoch an ältere physiognomische Konstruktionen des Verbrechens. Die Ideen zur „psychologischen Tatbestandsdiagnostik" und eine physiognomische Kriminalanthropologie überschneiden sich gerade dort, wo es darum gehen sollte, Zeugenaussagen durch die Deutung von Körpermerkmalen zu ersetzen. Obwohl sich die galvanischen Messungen nicht auf bleibende Körperformen, sondern auf den Verlauf temporärer Zustände beziehen, würde man die Befragten „entmündigen", insofern man die Schuldfrage an zur Eindeutigkeit konstruierten Körperzeichen entscheiden würde.[43]

---

41 Zur Rede von Wahrheitskurven im Kontext polygraphischer Experimente siehe den Beitrag von Christian Bachhiesl: Wahrheitskurven auf Rußpapier. Apparaturengestütze Lügendetektion in Graz während der 1920er-Jahre. In: Die Vermessung der Seele. Geltung und Genese der Quantifizierung von Qualia. Hg. von dems. et al. Wien 2015, S. 77–92. Sigrid Weigel hat den „Versuch, das Moment der Deutung auszuschalten" auch im Kontext messgestützter Gesichtsauswertung problematisiert. Vgl. Weigel: Grammatologie, S. 97.

42 „Erhöhte anderweitige Absorption von Aufmerksamkeit wird wahrscheinlich Erhöhung der Empfindungsschwelle, Unbeantwortung einzelner Reize oder späteres Auffassen derselben zur Folge haben. Z. B. abnehmende Unterbrechungszahl elektrischer Ströme mit Feststellung von Unterschiedsempfindlichkeiten." (Wertheimer und Klein: Tatbestandsdiagnostik, S. 104).

43 Peter Becker hat die breit gefächerten kriminologischen Bemühungen, Befragungen von ZeugInnen zu einer Indizienwissenschaft zu machen, als „Ent-Mündigung" der Verdächtigen bezeichnet. Vgl. Peter Becker: Verderbnis und Entartung. Eine Geschichte der Kriminologie des 19. Jahrhunderts als Diskurs und Praxis. Göttingen 2002, S. 348.

Bedenkt man neben der Komplexität des Verhaltens auch die zeitgenössischen Studien zu den Wahrnehmungs- und Gedächtnistäuschungen,[44] die auch von KriminologInnen in Wertheimer und Kleins Umfeld rezipiert wurden, hätte man die Untersuchung des Aussageverhaltens als eine Form der Zeugenschaft reflektieren müssen. Das hätte unter anderem bedeutet, nicht nur auf die unvermeidbaren Wissenslücken und wandelbaren Erinnerungen zu achten, sondern auch auf die Intersubjektivität und ethischen Risiken von Befragungen einzugehen.[45]

Symptom und Verwandlung

Wertheimer und Kleins Auslegung des Verhaltens lässt sich gut aus der Perspektive von Freuds Psychoanalyse problematisieren, weil Freud sich ebenfalls für Ambivalenzen des Verhaltens interessierte. Allerdings interpretierte Freud Täuschungsversuche nicht als ein Vortäuschen von falschen Erscheinungen. Seine Beschreibungen von „Symptomhandlungen“[46] zeigen, dass Täuschungsversuche – wie Verhalten generell – Verwirklichungen von ebenso komplexen wie widersprüchlichen Einstellungen sein können.

44 Vgl. Fußnote 4.

45 Der von Sybille Krämer und Sigrid Weigel herausgegebenen Band Testimony/Bearing Witness: Epistemology, Ethics, History, and Culture (London 2017) versammelt Beiträge, die die vielfältigen Aspekte der Zeugenschaft reflektieren. Sybille Krämer verweist in ihrem Beitrag beispielsweise auf den Status des Vertrauens in Zeugenaussagen: „We want to show that the second-person-oriented testimony debate reveals an aspect of social epistemology, which is innovative because knowledge is detached from proof and evidence and is associated instead with trust, belief and authority, without – and this is the point at issue here – losing its status as *knowledge.*“ (Sybille Krämer: Epistemic dependence and trust. On witnessing in the third-, second- and first-person perspectives. In: Testimony/Bearing Witness. Epistemology, Ethics, History and Culture. Hg. von Sybille Krämer und Sigrid Weigel. London 2017, S. 247–258, hier S. 248). In Bezug auf die ethischen Dimensionen von Zeugnissen, insbesondere Überlebender, schreibt Sibylle Schmidt: „Denying the evidential value of testimony in general and especially survivor's testimony is problematic since it does not only ignore the important role that testimony plays in our lives, but it also has a morally dubious implication: To deny that survivor's testimonies have a potential epistemic value is to deny the witnesses a kind of social acknowledgement.“ (Sibylle Schmidt: The philosophy of testimony. Between epistemology and ethics. In: Testimony/Bearing Witness. Epistemology, Ethics, History and Culture. Hg. von Sybille Krämer und Sigrid Weigel. London 2017, S. 259–274, hier S. 260).

46 Sigmund Freud: Zur Psychopathologie des Alltagslebens. Über Vergessen, Versprechen, Vergreifen, Aberglaube und Irrtum. In: Sigmund Freud: Gesammelte Werke chronologisch geordnet. Bd. 4: Zur Psychopathologie des Alltagslebens, hg. von Anna Freud et al. London 1947.

In seinen Veröffentlichungen zu den „Symptomhandlungen" hatte Freud gezeigt, dass auch körperliches Verhalten Aufschluss über die Psyche geben könne. In der Therapie interpretierte er unauffällige Handlungen wie ein Spielen mit der Uhrkette, ein Klimpern mit Münzen oder „Hantierungen" an der Kleidung als Indikatoren des Gefühlslebens.[47] Manchmal legte Freud sie wie eine verräterische Handlung aus, die etwas ausdrücke, was die Person „nicht direkt sagen will, meist gar nicht zu sagen weiß".[48] Freud bezeichnete diese Handlungen als „Symptom" oder „Symbol", weil er sie als „sinnreich" und als mit dem „Erleben" der Betroffenen verbunden verstand.[49] Für ihn galt, dass „eine gewohnheitsmäßige ausgeführte Symbolhandlung mit dem Intimsten und Wichtigsten im Leben eines Gesunden verknüpft sein kann".[50]

Trotz der verräterischen Rhetorik brachte Freud die Bedeutung der Handlungen nicht auf eine gesetzmäßige Formel. Keine der von ihm beobachteten Ausdrücke verknüpfte er mit einem feststehenden Sinn. Seine Darstellung der „Symptomhandlungen" ist eine Sammlung von Fallgeschichten, deren Sinn erst durch die persönliche Lebensgeschichte und den Kontext der Behandlungen gemeinsam mit PatientInnen erarbeitet werden musste. Die Deutung von Handlungen wurde dadurch erschwert, dass Freud grundsätzlich von der „Verschiebbarkeit aller Symptome, weit von ihrer ursprünglichen Gestaltung weg"[51] ausging. So konnten ihm zufolge auch unwichtige Erinnerungen wegen einer „Verschiebung längs einer oberflächlichen Assoziation" im Bewusstsein erhalten bleiben.[52] Die Veränderungsprozesse, die psychische Inhalte bis zu ihrem Ausdruck durchliefen, bezeichnete Freud als „Entstellung und Verschiebung".[53]

Freuds Ausführungen zu diesen innerpsychischen Vorgängen vermitteln stellenweise den Eindruck, dass „Entstellungen" selbst wie eine Art Täuschungsmanöver funktionieren. Die Mehrdeutigkeiten der „Symptomhandlungen" beschrieb Freud unter anderem durch Oberflächen- und Schichtungssemantiken, wenn er beispielsweise meinte, die entscheidenden Bedeutungen verborgen „unter" den Handlungen seiner PatientInnen zu finden.[54] In seinen Beschreibungen tauchen wiederholt Deckmantelmetaphoriken auf, in denen sich „der vordrängende Ge-

47 Freud: Psychopathologie des Alltagslebens, S. 215.
48 Freud: Psychopathologie des Alltagslebens, S. 216.
49 Sigmund Freud: Der Sinn der Symptome. 17. Vorlesung. In: Sigmund Freud: Gesammelte Werke chronologisch geordnet. Bd. 11: Vorlesungen zur Einführung in die Psychoanalyse, hg. von Anna Freud et al. Frankfurt a. M. 1940, S. 264.
50 Freud: Psychopathologie des Alltagslebens, S. 216.
51 Freud: Einführung in die Psychoanalyse, S. 267.
52 Freud: Psychopathologie des Alltagslebens, S. 53.
53 Freud: Psychopathologie des Alltagslebens, S. 55.
54 Freud: Psychopathologie des Alltagslebens, S. 215.

danke in eine Symptomhandlung kleidet, die symbolisch ausdrückt, was hätte verborgen werden sollen".[55] Es wäre trotzdem nicht richtig, diese von ihm beschriebenen innerpsychischen Entstellungsvorgänge als eine Form der Selbsttäuschung zu interpretieren. Das wäre insofern irreführend, als dass die die Rede von Selbsttäuschung suggeriert, dass verschiedene Teile der Psyche einander bis zur völligen Einflusslosigkeit austricksen können. Freuds dynamische Modelle der Psyche beschreiben aber eher im Gegenteil, wie unterschiedliche Aspekte der Psyche gleichzeitig wirksam sind, selbst dann, wenn sie einander widersprechen. Freud bezeichnete Symptomhandlungen daher auch als „Kompromissbildungen",[56] in denen einander widerstreitende Gefühle – wie ein Wunsch und sein gleichzeitiges Verbot – sich zu einer wirksamen Einheit zusammenfügen. Entsprechend interpretierte Freud die Ausdrücke von PatientInnen auch nicht einseitig als Schuldeingeständnis oder bewussten Täuschungsversuch, sondern verstand sie als Zusammenschluss vielfältiger und ganz unterschiedlicher Erlebnisse und Motivationen.

Nach Freuds Auffassung von Verhalten als einer Vermischung von Erinnerungen, ambivalenten Motivationen und wechselnden Kontexten kommt selbst einem intendierten Täuschungsversuch nicht die Eindeutigkeit einer bewussten Verstellung zu, wie Wertheimer und Klein vermuteten. In seinem Bericht über einen „Verbrecher aus Schuldbewusstsein"[57] rekapituliert Freud den Fall eines jungen Mannes, dem es durch ein Verbrechen gelang, sich seelische Erleichterung zu verschaffen. Freud deutete das von diesem Mann begangene Verbrechen, einen Betrug, als eine Handlung, die einem ihr vorausgegangenen unbewussten Schuldgefühl Berechtigung verschaffte. Ein solcher Fall von Selbstbeschuldigung, den Freud als besonders verfälschend für eine kriminalistische Verwendung des Assoziationsexperiments einschätzte, ist nicht nur interessant, weil er die kriminologische Kausalität zwischen Verbrechen und Schuldgefühlen umkehrt. Er verdeutlicht auch, dass für Freud die Täuschung einer anderen Person zugleich als Realisierung eines persönlichen Anliegens gelten konnte. In *Zwei Kinderlügen* schildert Freud die Geschichte eines Mädchens, das nach der erfolglosen Bitte,

55 Freud: Psychopathologie des Alltagslebens, S. 225. Neben den Symptomhandlungen dienen auch Worte und Bilder als Verkleidungen eines tieferen Sinns. „Man glaubt doch im Allgemeinen die Wahl zu haben, in welche Worte man seine Gedanken einkleiden oder durch welches Bild man sie verkleiden soll. Nähere Beobachtung zeigt, dass andere Rücksichten über diese Wahl entscheiden, und daß in der Form des Gedankens ein tieferer, oft nicht beabsichtigter Sinn durchschimmert." (Freud: Psychopathologie des Alltagslebens, S. 240 f.).

56 Freud: Psychopathologie des Alltagslebens, S. 219.

57 Sigmund Freud: Einige Charaktertypen aus der Psychoanalytischen Arbeit. In: Sigmund Freud: Gesammelte Werke chronologisch geordnet. Bd. 10: Werke aus den Jahren 1913–1917, hg. von Anna Freud et al. London 1949, S. 389.

vom Vater Geld für den Kauf von Malfarben zu erhalten, das erwünschte Geld bei anderer Gelegenheit durch das heimliche Einbehalten von Wechselgeld erlangt.[58] Als es vom Vater mit dem Betrug konfrontiert wird, lügt es und leugnet seine Tat. Es wäre sicher falsch zu sagen, das Mädchen wusste nicht, dass es log. Freuds Interpretation zufolge war der Diebstahl aber notwendig, um einen unbewussten Wunsch auszudrücken – für das Mädchen war das heimliche Annehmen von Geld seit früher Kindheit ein Symbol für Zuneigung. Durch das Einbehalten des Geldes konnte sich das Mädchen also selbst etwas väterliche Liebe schenken. In diesem Fall war es gerade das Verhalten in Form des Diebstahls, das ein Bedürfnis nach Zuneigung realisierte.

Freud erklärte Verhaltensweisen aber nicht nur durch Erinnerungen und Wünsche. Zwar argumentierte er, dass die Psyche starken Einfluss auf das Verhalten habe. In *Jenseits des Lustprinzips* (1919) problematisierte er etwa, dass PatientInnen auch durch „*aktives* Verhalten“[59] unwissentlich Dynamiken reproduzieren, ohne die Wiederholung als solche zu durchschauen; „[der Kranke] ist vielmehr genötigt, das Verdrängte als gegenwärtiges Erlebnis zu *wiederholen*“, schreibt Freud, „anstatt es, wie der Arzt es lieber sähe, als ein Stück der Vergangenheit zu erinnern“.[60] Dennoch erklärte Freud das Verhalten und seine psychischen Grundlagen nicht unabhängig von den Mitmenschen und Umständen der konkreten Lebenswelt. Wenn Freud beispielsweise auf die Kraft der Wünsche eingeht und vermutet, dass seine Patientin ihre Erfahrung „nicht einfach wiederholt, sondern sie fortgesetzt und dabei korrigiert, zum Richtigen gewendet“[61] hat, spricht er den Bezug des Verhaltens auf die Umwelt und Mitmenschen an. Das bedeutete letztlich auch, dass Vergangenes nie exakt reproduziert werden kann, sondern sich immer in Bezug auf die Mitwelt aktualisiert.[62] Freuds Beschreibungen betonen daher die Relaisfunktion des Verhaltens, das nach beiden Seiten, für innerpsychische und äußere Einflüsse, durchlässig ist. Obwohl Freud sich vor allem auf die widersprüchlichen Motivationen des Verhaltens konzentrierte, signalisiert nicht zuletzt seine Rücksicht auf Erinnerungen, Wünsche und Kontexte die vielen Richtungen, die eine Verhaltensdeutung einschlagen kann.

---

58 Sigmund Freud: Zwei Kinderlügen. In: Sigmund Freud: Gesammelte Werke chronologisch geordnet. Bd. 8: Werke aus den Jahren 1909–1913, hg. von Anna Freud et al. London 1955, S. 421–428.

59 Sigmund Freud: Jenseits des Lustprinzips. In: Sigmund Freud: Studienausgabe. Bd. 3: Psychologie des Unbewußten, hg. von Alexander Mitscherlich et al. Frankfurt a. M. 1989, S. 213–272, hier S. 232.

60 Freud: Lustprinzip, S. 228.

61 Freud: Einführung in die Psychoanalyse, S. 270.

62 Ich danke Katja Guenther für den Begriff der ‚Aktualisierung‘.

Verstellung und Verwandlung im Verhalten

Freuds Ausführungen zufolge ließ sich vom Verhalten – einem Zögern, Affektäußerungen oder körperlichen Zuständen – der PatientInnen nicht eindeutig auf eine schuldhafte Erinnerung noch auf bewusste Verstellung schließen, weil sich Affekte auf neue Inhalte verschieben und Erinnerungen sich in Bezug auf die Lebenswelt aktualisieren. Das assoziative Sprechen, ob als Kinderspiel, psychoanalytische Praxis oder wissenschaftliches Experiment, setzte auf die Mehrdeutigkeiten und unbewussten Anteile von Sprache, die in der Interpretation der Ergebnisse berücksichtigt werden mussten. In der Annahme von psychisch-physischen Korrespondenzen, täuschenden Gedächtnisleistungen und der Auffassung, dass sich Komplexe mit starken Affekten auch im Verhalten zeigen – nicht nur anderen, sondern auch uns selbst –, stimmten die analytische und experimentelle Perspektive überein. Im Wechsel zwischen den Disziplinen wird dennoch deutlich, wie entscheidend sich die epistemischen und ethischen Parameter mit den Untersuchungskontexten verschieben. Der psychoanalytische Kontext zeigt, dass die Lebendigkeit des Verhaltens nicht auf die Reaktivierung von vergangenen Erfahrungen reduziert werden kann. Täuschendes Verhalten interpretierte Freud weder nur als Betrug, Triebkontrolle oder unbewusst determinierten Ausdruck, sondern immer auch als Versuch, Intentionen und Wünsche im aktuellen Lebenskontext zu realisieren. Insofern sich im Verhalten Wünsche und Erinnerungen aktualisieren, wird deutlich, dass wir uns in unseren Ausdrücken immer auch zu uns selbst verhalten. Wertheimer und Kleins Publikation hingegen merkt man die Schwierigkeiten an, die experimentell isolierten Merkmale in Bezug auf die Kontexte ihrer Entstehung zu denken. Die Lebendigkeit des Verhaltens ist bei ihnen reduziert auf die Reaktivierung emotionalen Erlebens, wobei sie ausschließlich die Nachwirkungen eines Verbrechens bedachten. Wenn sie, wie andere KriminologInnen auch, mit dem Gedanken spielten, Messungen von körperlichen Zuständen anstelle von Zeugenaussagen zu verwenden, mussten sie die im Labor erprobten Ambivalenzen und den Bezug des körperlichen Ausdrucks auf die Sprache ignorieren. Im Zweifel hätten sie dann die Messungen – als vermeintlich unwillkürlichen Selbstverrat – gegen die Befragten ausspielen müssen.

Freuds Analyse des oben erwähnten Falls von Selbstbeschuldigung ist ein treffendes Beispiel für die falschen Positive, die sich bei der Anwendung von Körpermessungen in juristischen Kontexten ergeben können. Dies wäre dann der Fall, wenn VersuchsleiterInnen einerseits Verfahren anwendeten, die mit sprachlicher Ambivalenz spielten, andererseits diese Ambivalenz aber auf die Grenzen ihrer eigenen Fantasien reduzierten – und zum Beispiel den Galvanometerausschlag als ein vom Verbrechen ausgelösten Affekt interpretiert hätten. Wie aber könnte man die ebenfalls möglichen falschen Negative erklären, also Entlarvungsversuche, die

Unschuld diagnostizieren, obwohl diese nur vorgetäuscht wurde? Wertheimer und Klein gingen unter Rückgriff auf die Komplextheorie davon aus, dass ein Verbrechen starke oder unangenehme Gefühle in einer Person auslösen würde. Leicht lassen sich aber Fälle denken, in denen eine Tat mit Gleichgültigkeit oder Lust begangen wird, weil man sich durch den Zweck der Tat zur Täuschung und Falschaussage berechtigt fühlt. Lederers Idee, Befragte könnten sich im Verhör etwa mit dem Charakter in einer Abenteuergeschichte identifizieren, um die Entlarvungsversuche zu durchkreuzen, illustriert diese Möglichkeit. Sein Vorschlag wirft außerdem die Frage nach dem Einfluss der Imagination auf das Verhalten auf. Freud hatte vor allem auf die transformierenden Effekte unbewusster Wünsche hingewiesen. Doch inwiefern haben auch intentionale Selbstentwürfe Einfluss auf das Verhalten? Wertheimer und Klein gingen zumindest ansatzweise davon aus, dass sich Verhalten antrainieren lasse, insofern man die Versuchsperson durch „unschuldige" Reizwörter zum aufrichtigen Aussprechen von aufkommenden Gedanken einüben könne. Vielleicht lässt sich daran anschließend auch spekulieren, ob nicht auch bewusste Verstellung ein Weg sein könnte, sich längerfristig zu verändern. Wenn Verhaltensweisen sich einüben lassen, können dann nicht auch bewusste Verstellungs- und Täuschungsversuche auf die innere Einstellung abfärben?

Sowohl Wertheimer und Klein als auch Jung haben sich später von den Forschungen einer „psychologischen Tatbestandsdiagnostik" abgewendet, aber die Hoffnungen auf eine messgestützte Auswertung des Ausdrucks sind geblieben.[63] Die angedeuteten Differenzen zwischen experimentellen, psychoanalytischen und kriminologischen Auffassungen sind nicht zuletzt auch Beispiele für die disziplinären Reibungen bei der Interpretation des Menschen. Auf diese Reibungen hat auch Carlo Ginzburg in den abschließenden Bemerkungen seiner historischen Studien zu den Humanwissenschaften des ausgehenden neunzehnten Jahrhunderts hingewiesen. Besonders unter dem Druck der naturwissenschaftlichen Methodenstrenge sei die Konsequenz eines einzigen semiotischen Modells „nicht wünschenswert", vor allem dann nicht, wenn es um Wissensformen gehe, „die an die täglichen Erfahrungen oder genauer: an alle Situationen gebunden sind, in denen Einzigartigkeit und Unersetzbarkeit der Faktoren in den Augen der betroffenen Personen

63 Dazu zählen nicht nur die bereits erwähnte Rede von „Wahrheits- und Lügendetektoren", sondern auch neuere Mess- und Bildgebungsverfahren zur Protokollierung und Bewertung des Verhaltens (wie z. B. die sensorische Erfassung von Bewegungsdaten durch Fitnessbänder und Smartphones). Zur jüngeren Geschichte des gerichtlichen Gebrauchs von Polygraphen im deutschsprachigen Raum siehe den gemeinsamen Artikel von Larissa Fischer, Bettina Paul und Torsten H. Voigt: Wahrheit unter dem Vergrößerungsglas. Vorstellungen von Subjekt und Technik in der Rechtsprechung zur Polygraphie. In: Zeitschrift für Soziologie 48 (2019), H. 5/6, S. 418–434.

entscheidend sind".[64] Damit ist die Notwendigkeit auch von kulturwissenschaftlichen Perspektiven auf den Menschen betont. Als einen solchen Ausweg aus den disziplinären Gefechten und naturwissenschaftlichen Eigenlogiken hat Helmuth Plessner gerade das Verhalten als Untersuchungsgegenstand stark gemacht:

> Nur das Verhalten erklärt den Körper, nur die dem Menschen nach seiner Auffassung und Zielsetzung vorbehaltenen Arten des Verhaltens, Sprechen, Handeln, Gestalten, Lachen und Weinen, machen den menschlichen Körper verständlich, vervollständigen seine Anatomie.[65]

Mit diesen Worten sei auf die Notwendigkeit von Verhaltensbegriffen hingewiesen, die neben Intentionalität auch Wandlungsfähigkeit und fehlende Transparenz – von anderen und uns selbst – berücksichtigen.

Abbildungsverzeichnis

Abb. 1 The machine at work, ca. 1908. Aus: Harper's Weekly December 19, 1908, S. 12, mit freundlicher Genehmigung von HarpWeek.

Abb. 2 Assoziationskurve. Aus: Otto Veraguth: Das psycho-galvanische Reflex-Phänomen. In: Monatsschrift für Psychiatrie und Neurologie 12 (1907), S. 387–437, hier S. 415.

64 Carlo Ginzburg: Spurensicherung. Der Jäger entziffert die Fährte, Sherlock Holmes nimmt die Lupe, Freud liest Morelli. Die Wissenschaft auf der Suche nach sich selbst. In: Carlo Ginzburg: Spurensicherung. Die Wissenschaft auf der Suche nach sich selbst. Berlin 2011, S. 49.
65 Helmuth Plessner: Lachen und Weinen. Eine Untersuchung nach den Grenzen menschlichen Verhaltens. Bern/München 1961, S. 11.

Alexa Geisthövel

Dissozialität. Szenen aus der ostdeutschen Gerichtspsychiatrie um 1970

Wie zahlreiche andere wissenschaftliche Begriffe, die abweichendes menschliches Verhalten bezeichnen sollen, ist die ‚Dissozialität' elastisch und toleriert Bezugnahmen auf eine Fülle unterschiedlicher Aktionen und Erlebnisweisen. Definitionen, die im zwanzigsten Jahrhundert und bis in die Gegenwart zu finden sind, fallen entsprechend vage aus: Dissoziales Verhalten liege vor, wenn jemand sichtbar und fortgesetzt in verschiedenen Lebenssphären die geschriebenen oder ungeschriebenen Regeln des Zusammenlebens verletzte. Dazu könne der Bruch von Strafgesetzen gehören, jedoch umfasse Dissozialität sehr viel mehr als Straffälligkeit.[1]

Weiterhin teilt sie mit anderen Begriffen, die der modernen Regierung von Devianz dienen, die Herkunft aus interdisziplinären Wissensbeständen und interprofessionellen Handlungsfeldern. Als „Verwahrlosung" trat das gemeinte Phänomen im letzten Drittel des neunzehnten Jahrhunderts zuerst an der Schnittstelle von Kindeswissenschaften und „strafende[m] Sozialstaat" in Erscheinung, bevor um 1900 die „Dissocialität" als fachsprachlicher Oberbegriff hinzukam.[2] Im Deutschen Kaiserreich konnten Behörden seit 1876 staatliche Erziehung anordnen, wenn eine strafunmündige Person unter zwölf Jahren straffällig wurde. Dieses Prinzip der Zwangsfürsorge wurde in präventiver Absicht bald auf Kinder und Jugendliche ausgedehnt, denen kein Rechtsbruch vorzuwerfen war, die jedoch als „gefährdet" galten, einen solchen Weg einzuschlagen. Typische Ursachen und Anzeichen einer potenziellen Gefährdung zu beschreiben, im Einzelfall zu erkennen und weiterführende Empfehlungen auszusprechen, wurde zur Aufgabe auch von Psychiatern.

In Bezug auf kindliche Verfehlungen und jugendliche Entwicklungsrisiken gebrauchten interessierte Beobachterinnen in den 1960er und 1970er Jahren „Disso-

1 So etwa die Antwort der Netzenzyklopädie Wikipedia auf die Suchanfrage „dissoziales Verhalten". Online unter: https://de.wikipedia.org/wiki/Dissozialit%C3%A4t (abgerufen am 24.8.2021).

2 Martin Lengwiler: Der strafende Sozialstaat. Konzeptuelle Überlegungen zur Geschichte fürsorgerischer Zwangsmaßnahmen. In: Traverse 25 (2018), H. 1, S. 180–196. Vgl. zum folgenden auch Detlev J. K. Peukert: Grenzen der Sozialdisziplinierung. Aufstieg und Krise der deutschen Jugendfürsorge 1878 bis 1932. Köln 1986; Heike Schmidt: Gefährliche und gefährdete Mädchen. Weibliche Devianz und die Anfänge der Zwangs- und Fürsorgeerziehung. Opladen 2002; Johanna Mierendorff: Die wohlfahrtstaatliche Kindheit. In: Kindheiten in der Moderne. Eine Geschichte der Sorge. Hg. von Meike S. Baader, Florian Eßer und Wolfgang Schröer. Frankfurt a. M. 2014, S. 257–283.

https://doi.org/10.1515/9783110740813-023

zialität“ häufig gleichbedeutend mit „Verwahrlosung“, wobei die beiden Bedeutungsebenen des Verwahrlost-Werdens (durch die Eltern) und des Verwahrlost-Seins (als einem individuellen psychischen Zustand) vielfach verschwammen.[3] In Bezug auf Erwachsene etablierte sich um 1900 die Steigerungsform „Asozialität“ für Einzelne, Familien und ganze Milieus, die ihre gesamte Lebensführung, so die Unterstellung, mehr oder weniger entschieden von gesellschaftlicher Übereinkunft abkoppelten. Diesen Gruppen traten staatliche Agenturen mit kontrollierenden und repressiven Maßnahmen entgegen, die sich in der nationalsozialistischen Verfolgung von „Gemeinschaftsfremden“ noch einmal radikalisierten.[4]

Obwohl der Begriff der Dissozialität „das konkrete aktuelle Verhalten in den Vordergrund stellt und erst sekundär danach fragt, auf welcher Grundlage dies basiert“[5], vermischten sich in der professionellen Praxis von Jugendfürsorge, Pädagogik oder Psychiatrie diese Ebenen häufig, indem dissoziales Verhalten mit Annahmen über dessen psychischen Ursprung verknüpft wurde: konstitutionelle Ursachen, wie ein „degeneriertes“ Nervensystem oder ein „psychopathischer“ Charakter, und erworbene wie ein „verprelltes Gemütsleben“ oder ein chronischer emotionaler Konflikt. Zudem war „Verhalten“ in diesem Zusammenhang breit gefasst und schloss nicht nur manifeste körperliche Aktivitäten, verbale und nonverbale Kommunikation, sondern auch die Gestaltung der eigenen Persönlichkeit ein, das Verhältnis zu sich selbst, beispielsweise die Bereitschaft zur kritischen Reflexion auf eigenes Tun. Was man systematisch vielleicht als „Verhalten“ und „Haltungen“ trennen würde, floss im unscharfen Praxisbegriff der Dissozialität ineinander.

Nach dem Zweiten Weltkrieg wuchs international die Bereitschaft, soziales Fehlverhalten sozialwissenschaftlich und psychologisch zu betrachten, die Ursachen für dissoziales Verhalten in der sozialen Umwelt zu suchen. Die Welt der *juvenile delinquents* wurde, mit einer generellen Aufwertung jugendlicher Unangepasstheit in den westlichen Demokratien, politisiert und zum Thema der Mas-

---

3 Zum Verhältnis von „Dissozialität“ und „Verwahrlosung“ sowie zum Bedeutungswandel der „Verwahrlosung“ vgl. Erich Opitz: Verwahrlosung im Kindesalter. Göttingen 1959, S. 7–9; Friedrich Specht: Sozialpsychiatrische Gegenwartsprobleme der Jugendverwahrlosung. Stuttgart 1967, S. 1–9; Klaus Hartmann: Theoretische und empirische Beiträge zur Verwahrlosungsforschung. 2. Aufl. Berlin/Heidelberg/New York 1977 (zuerst 1970), S. 3–5.

4 Vgl. Wolfgang Ayaß: „Asoziale“ im Nationalsozialismus. Stuttgart 1995; Dietmar Sedlaczek et al. (Hg.): „Minderwertig“ und „asozial“. Stationen der Verfolgung gesellschaftlicher Außenseiter. Zürich 2005; Julia Hörath: „Asoziale“ und „Berufsverbrecher“ in den Konzentrationslagern 1933 bis 1938. Göttingen 2017.

5 Hans Szewczyk: Die organisch-biologische und psychosoziale Sicht in der medizinischen Psychologie und Psychopathologie – Gegensatz oder Einheit? In: Beiträge zur biologischen Psychiatrie. Hg. von Jochen Neumann. Leipzig 1982, S. 18–32, hier S. 20.

senkünste, beispielsweise in dem verfilmten Musical *West Side Story* oder dem Fernsehspiel *Bambule* nach einem Drehbuch von Ulrike Meinhof. Parallel dazu verschob sich Dissozialität in anderen diskursiven Zusammenhängen zur Gestalt des „Soziopathen". In der dissozialen Persönlichkeitsstruktur, in der *International Classification of Diseases* als „Antisoziale Persönlichkeitsstörung" oder „Persönlichkeitsstörung mit vorwiegend soziopathischer oder asozialer Manifestation" gelistet, kamen Verhalten und Psyche nahtlos zur Deckung.[6]

Der Ausschnitt, den es hier zu beleuchten gilt, ist weniger bunt, aktivistisch und schauerlich. Es geht um die professionelle Praxis forensischer Psychiater, die in Strafverfahren die Persönlichkeit der Beschuldigten im Hinblick auf ihre strafrechtliche Verantwortlichkeit beurteilten. Schauplatz ist die Abteilung für forensische Psychiatrie und Psychologie der Charité-Nervenklinik in Ost-Berlin. Unter Leitung des Psychiaters und Psychologen Hans Szewczyk (1923–1994), der ihr 1961 bis 1988 vorstand, war sie eine der führenden Einrichtungen ihres Fachgebietes in der DDR, nicht zuletzt wegen der engen Beziehungen Szewczyks zum Obersten Gericht.[7] Vor seinem Wechsel an die Charité hatte Szewczyk am Psychologischen Institut der Humboldt-Universität eine teilnehmende Beobachtung von Straßencliquen initiiert, die ihn als Kenner jugendlicher Dissozialität auswies.[8] In drei

6 Vgl. Diagnosenschlüssel und Glossar psychiatrischer Krankheiten: Deutsche Übersetzung der internationalen Klassifikation der WHO: ICD [...], 8. Revision [...]. Hg. von Rudolf Degkwitz. Heidelberg/New York 1971, S. 47; Internationale statistische Klassifikation der Krankheiten, Verletzungen und Todesursachen (IKK) der Weltgesundheitsorganisation (WHO). 9. Revision 1975. Hg. vom Ministerium für Gesundheitswesen der DDR. Berlin 1978, S. 118. Vgl. auch Gerhardt Nissen: Dissozialität und Verwahrlosung. In: Lehrbuch der speziellen Kinder- und Jugendpsychiatrie. Hg. von Hubert Harbauer et al. 2., überarb. Aufl. Berlin/Heidelberg 1974. S. 82–94; Udo Rauchfleisch: Dissozial. Entwicklung, Struktur und Psychodynamik dissozialer Persönlichkeiten. Göttingen 1981.

7 Die Fallakten bis einschließlich 1967 befinden sich im Historischen Psychiatrie-Archiv der Charité, Institut für Geschichte der Medizin und Ethik in der Medizin, Charité-Universitätsmedizin Berlin, Bestand Forensik (im Folgenden HPAC, FOR), ab 1968 im Archiv der Humboldt-Universität (im Folgenden AHU), Bestand Nervenklinik nach 1945, Gerichtspsychiatrische Gutachten. Vgl. Matthias Lammel: Forensische Psychiatrie in der DDR. In: Psychiatrie in der DDR. Beiträge zur Geschichte. Hg. von Ekkehardt Kumbier und Holger Steinberg. Berlin 2018, S. 159–172; die Aufsätze von Stefan Orlob: Hans Szewczyk. Spiritus Rector der Forensischen Psychiatrie in der DDR; und Alexa Geisthövel: Lokale Praxis einer „Leitinstitution". Die Gerichtspsychiatrische Abteilung der Charité-Nervenklinik 1960–1980. In: Psychiatrie in der DDR II. Weitere Beiträge zur Geschichte. Hg. von Ekkehardt Kumbier. Berlin 2020, S. 183–195 bzw. 197–210. Vgl. zudem Hubert Rottleuthner: Zur Steuerung der Justiz in der DDR. In: Steuerung der Justiz in der DDR. Einflußnahme der Politik auf Richter, Staatsanwälte und Rechtsanwälte. Hg. von Hubert Rottleuthner et al. Köln 1994, S. 9–66; Inga Markovits: Gerechtigkeit in Lüritz. Eine ostdeutsche Rechtsgeschichte. München 2006; Inga Markovits: Diener zweier Herren. DDR-Juristen zwischen Recht und Macht. Berlin 2020.

8 Vgl. Hans Szewczyk: Zur Psychohygiene des Heranwachsenden. In: Psychiatrie, Neurologie, medizinische Psychologie 13 (1961), H. 2, S. 55–61, hier S. 58 f., sowie die Studie seines Chefs Kurt

Szenen aus der Tätigkeit der Abteilung und einer Schlussbetrachtung folgt der Beitrag forensischen Psychiatern und Psychiaterinnen bei ihrer Auseinandersetzung mit „dissozialem Verhalten". Die Szenen schildern diagnostische Routinen und Dissozialität als Forschungsproblem, sachverständige Dienstleistungen für die Justiz und die Vision einer umfassenden „Resozialisierung", die das gesellschaftliche Standing der eigenen Profession aufwertete.

Diagnose Bindungslosigkeit

> S [...] benahm sich bei uns am Anfang ausgesprochen ruppig und versuchte alle Fragen abzuwehren, indem er mit einem „na und" [...] antwortete. Es zeigte sich hierbei aber sehr schnell, dass dieses schnoddrige Verhalten lediglich aufgesetzt war und dahinter sich eine unsichere, teilweise weiche Persönlichkeit verbarg. Es gelang dann auch relativ schnell, mit ihm durch eine entsprechende Form des Umgangs soweit in Kontakt zu kommen, dass er die [...] schnoddrige Art des Antwortens aufgab [...] Die Grundstimmung des Jugendlichen ist mürrisch-verstimmt. Gefühls- und gemütsmäßig ist er auf der einen Seite ängstlich, zeigt aber andererseits eine ganz erhebliche Selbstbezogenheit [...] Er wirkt [...] gefühls- und gemütsmässig stark verwahrlost und hat keine inneren Bindungen an irgendwelche Personen.[9]

Alltag in der Psychiatrie: Untersucher und Untersuchter sitzen einander gegenüber, der Untersucher fragt, der Untersuchte antwortet. In der psychiatrischen Anamnese betreffen diese Fragen nahezu alle Aspekte der bisherigen Lebensgeschichte, die Exploration erforscht das Problem, das den Untersuchten hergeführt hat; hier: die Straftat. Wie in diesem Gutachten von 1966 berichteten Mitarbeiterinnen der Charité-Abteilung üblicherweise im Abschnitt „Psychischer Befund" über ihre Begegnung mit den jeweiligen Probanden und schilderten an dieser Stelle ihren Gesamteindruck. Dieser blendet über vom Interaktionsverhalten des 16-jährigen S., dem mehrere Diebstähle und ein Raubüberfall vorgeworfen wurden, zu der Aussage, als emotional Verwahrloster fühle er sich an niemanden gebunden, will sagen: weder an Familie, Peers oder eine Geliebte noch an die Gesellschaft mit ihren Werten und Regeln. Unverbundene Menschen, ob aus Gleichgültigkeit gegenüber anderen oder aus Bindungsunfähigkeit, waren aus Sicht der forensischen Psychiater an der Charité das Kernproblem der Dissozialität. Besonderes Augenmerk richteten sie daher auf die drohende oder bereits eingetretene „dissoziale Fehlentwicklung" von Jugendlichen.

Gottschaldt: Probleme der Jugendverwahrlosung. Ein Bericht über psychologische Untersuchungen der Nachkriegszeit. Leipzig 1950.

9 HPAC, FOR, 51/66, Gutachten vom 23. Mai 1966, S. 14 f.

Was Gerichte und Staatsanwaltschaften, die Auftraggeber strafrechtlicher Gutachten, erwarteten, war keine medizinische Diagnose, sondern die Übersetzung einer solchen Diagnose in strafrechtliche Krankheitsbegriffe. Diese sollten Rückschlüsse darauf erlauben, inwieweit die beschuldigte Person zum Zeitpunkt der Tat ihr Handeln hatte steuern können – daran bemaß sich ihre strafrechtliche Schuld. Insofern unterschied sich die forensische Beurteilung deutlich von der klinischen Tätigkeit.[10] Jedoch war die Diagnose ein wichtiges Zwischenergebnis der Begutachtung, das mit dem allgemeinen Methodenrepertoire der psychiatrischen Befunderhebung angebahnt wurde.

Die Aufgabe von psychowissenschaftlichen Sachverständigen bestand seit den 1960er Jahren darin, im Gutachten die „Täterpersönlichkeit" im Quer- und Längsschnitt umfassend darzustellen: Unter welchen Umständen war die Entwicklung zum aktuellen psychischen Gesamtbild verlaufen? Da über weite Strecken vergangenes Verhalten zu beurteilen war und sich Psychisches nicht unmittelbar wahrnehmen lässt, näherten sich Psychiaterinnen ihrem Zielobjekt durch vermittelte Beobachtung. Es griff das Prinzip des „Falls", bei dem Bearbeiter charakteristischerweise darauf angewiesen waren, aus heterogenen Quellen Daten von unterschiedlicher Qualität zusammenzutragen, zu sichten und zu gewichten, um sie in eine Gesamtbeurteilung zu überführen.[11]

Dazu zählten bei der Begutachtung selbst erhobene Befunde ebenso wie Informationen aus zweiter und dritter Hand, die vor allem in jenen „Akten" zu finden waren, die der Auftraggeber vor Beginn der Untersuchung zusandte. Sie enthielten Erkenntnisse zum Tathergang, aber auch zum Lebensweg des Probanden, an denen sich die Begutachtung orientieren sollte. Bevor ein Gutachter mit dem Probanden zusammentraf, arbeitete er die oft umfangreichen Akten durch, fertigte Auszüge an, notierte Aussagen, Vorfälle und Ungereimtheiten, auf die im weiteren Verlauf das Augenmerk zu richten war. In den Akten bildete sich das „durchgän-

---

10 Zur Begutachtung vgl. allgemein Alexa Geisthövel und Volker Hess: Handelndes Wissen. Die Praxis des Gutachtens. In: Medizinisches Gutachten. Geschichte einer neuzeitlichen Praxis. Hg. von dens. Göttingen 2017, S. 9–40.

11 Jörg Bergmann: Der Fall als Fokus professionellen Handelns. In: „Der Fall". Studien zur epistemischen Praxis professionellen Handelns. Hg. von Jörg Bergmann, Ulrich Dausendschön-Gay und Frank Oberzaucher. Bielefeld 2014, S. 17–33, hier S. 23. Vgl. auch Sibylle Brändli: Die Auflösung des Falls. Psychosoziale Versorgung für Schulkinder und Fallvergegenwärtigung in den 1970er Jahren. In: Zum Fall machen, zum Fall werden. Wissensproduktion und Patientenerfahrung in Medizin und Psychiatrie des 19. und 20. Jahrhunderts. Hg. von Sibylle Brändli, Barbara Lüthi und Gregor Spuhler. Frankfurt a. M./New York 2009, S. 254–277; Urs Germann: Plausible Geschichten. Zur narrativen Qualität gerichtspsychiatrischer Gutachten um 1900. In: Medizinisches Gutachten. Geschichte einer neuzeitlichen Praxis. Hg. von Alexa Geisthövel und Volker Hess. Göttingen 2017, S. 318–339, hier S. 324 f.

gige [...] Netz von Institutionen“ ab, das seit dem späten neunzehnten Jahrhundert gesponnen worden war, um problematische Individuen auf- und einzufangen.[12] Im Fall des Jugendlichen S. nannte das Gutachten eine Krankenakte der hauseigenen Nervenpoliklinik und eine Akte der Abteilung Jugendhilfe, die eigene Berichte über die häuslichen Verhältnisse sowie die Berichte jener sieben Kinderheime und Spezialheime für „Schwererziehbare“ enthielt, die S. seit seinem fünften Lebensjahr durchlaufen hatte.[13] Neben Einrichtungen des Gesundheits- und des Bildungswesens sowie der Volkspolizei berichteten in den Gerichtsakten der DDR häufig die Betriebe als zentrale Vergesellschaftungsinstanz mit regelmäßigen Beurteilungen der Arbeits- oder Lehrkollektive und Protokollen der Konfliktkommissionen, die für geringfügige Rechtsbrüche zuständig waren.[14]

Die eigenen Befunderhebungen umfassten die Vorgeschichte, eine körperliche Allgemeinuntersuchung und, falls Hinweise auf neurologische Ausfälle oder Störungen vorlagen, eine weitergehende apparative Diagnostik in der Charité-Nervenklinik. Dabei handelte es sich in erster Linie um Hirnstrommessungen bei Verdacht auf eine frühkindliche Hirnschädigung. Im Zentrum stand jedoch die psychiatrisch-psychologische Untersuchung, die sich aus drei Komponenten zusammensetzte: die soeben geschilderte beiläufige Verhaltensbeobachtung in allen Teilen der Untersuchung, psychologische Testdiagnostik und psychiatrische Exploration.

Psychologische Testverfahren sollten zwei Bereiche der Psyche aufhellen: einerseits das kognitive Leistungsvermögen inklusive sogenannter Vorfeldfunktionen wie Konzentration, Aufmerksamkeit, Ermüdbarkeit usw., die Hinweise auf eine Störung der Hirnfunktionen geben konnten.[15] Besonders dynamisch entwickelten sich seit den 1960er Jahren andererseits Tests zur Ermittlung der charakterologischen „Persönlichkeit“. Unter anderem übernahm die gerichtspsychiatrische Abteilung der Charité bald nach Erstveröffentlichung zwei westdeutsche Persönlichkeitsinventare, das Freiburger Persönlichkeits-Inventar (1970) und den Gießen-Test (1972). Bei einzelnen komplizierten Sexualdelikten griffen die Gutachter sogar zu älteren projektiven Tests wie Rorschachs Formdeuteversuch und dem Szondi-Test, die im Sozialismus wegen

12 Michel Foucault: Die Anormalen. Vorlesungen am Collège de France (1974–1975). Aus dem Französischen von Michaela Ott. Frankfurt a. M. 2003, S. 50.

13 HPAC, FOR, 51/66, Gutachten vom 23. Mai 1966, S. 3–6.

14 Vgl. Holger Horst Brüning: Die Konfliktkommissionen in der DDR. Frankfurt a. M. 2016.

15 Vgl. Hans Szewczyk: Psychiatrie und Psychodiagnostik. In: Taschenbuch der diagnostischen und therapeutischen Technik. Hg. von Hellmuth Kleinsorge und Klaus Rösner. Jena 1969, S. 381–407; Hans Szewczyk: Psychiatrie-Vorlesung. Studienjahr 1969/1970. (Kapitel X und XI verfasst von Gerhard Schott). Skript [Berlin 1969], S. 9–13, sowie Lother Sprung und Helga Sprung: Geschichte der Psychodiagnostik in der Deutschen Demokratischen Republik. Ausbildung, Weiterbildung, Forschung Praxis. In: Psychologie und Geschichte 7 (1995), H. 2, S. 115–140.

ihrer psychoanalytischen Ausrichtung nicht gern gesehen waren. Zudem arbeiteten Mitarbeiter der Abteilung, wie vielerorts in der DDR, an Eigenentwicklungen.[16]

Obwohl die Abteilung großen zeitlichen und personellen Aufwand betrieb, um Tests durchzuführen, zu adaptieren und zu entwickeln, spielten diese für die Beurteilung im Allgemeinen und für die Diagnose von Dissozialität im Besonderen eine untergeordnete Rolle. Kernstück der psychischen Befunderhebung blieben das etablierte psychiatrische Verfahren der Exploration, also das ergründende Gespräch über die Motivationen und psychischen Hintergründe des strafbaren Handelns, und der allgemeine „Eindruck“ vom Probanden, der sich im Verlauf aller Untersuchungen ergab. Die Exploration wurde im Gutachten in langen Passagen wörtlicher Rede zitiert, so auch im Fall von S.:

> (Warum sind Sie eigentlich in so vielen Heimen gewesen?) „Ja in einer solchen ganzen Masse fühle ich mich sowieso nicht wohl. Da kommt man bloss in Konflikte. Ich habe mich da abgekapselt, weil ich immer ein Aussenseiter war.“
>
> (Wo haben Sie sich wohlgefühlt?) „Wenn ich auf Wanderschaft war.“
>
> (Ich hatte gemeint in einem Heim?) „Ich habe mich in überhaupt keinem Heim wohlgefühlt.“ [...]
>
> (Wen lieben Sie?) „Meine Mutter und meinen 2. Stiefvater.“[17]

Die Aussagen des Probanden über sich selbst hatten prinzipiell Gewicht, bedurften jedoch des psychiatrischen Kommentar. Für die Diagnose von Dissozialität war der „Eindruck“ von herausragender Bedeutung, den der Proband beim Psychiater hinterließ, denn in der sozialen Begegnung mit dem Probanden fungierte der Gutachter als exemplarischer Interaktionspartner. Er setzte sich selbst gleichsam als sensibel registrierendes Instrument ein, weil im Gespräch zwischen ihm und dem Probanden „nicht nur Worte getauscht werden, sondern auch mit den Worten Psychisches gegenseitig schwingt, also Gefühle, Stimmungen etc.“[18] Für ein gesellschaftlich angepasstes Leben, so die Prämisse, war die Fähigkeit zum sozialen Miteinander grundlegend. Dazu gehörte auch die affektive Resonanz: Ließ sich das Gegenüber dazu bringen, situationsangemessen differenzierte Gefühlslagen einzunehmen? War es kontaktfähig und in der Lage, sich anderen emotional zuzuwenden? Dazu sei S. nur begrenzt in der Lage, dementsprechend interpre-

---

16 Etwa Hans-H. Fröhlich: Zur Diagnostik rechtlich relevanter Normenkenntnisse bei forensisch-psychologischen Begutachtungen zur Schuldfähigkeit. Math-nat. Diss. Humboldt-Universität Berlin 1970.

17 HPAC, FOR, 51/66, Gutachten vom 23. Mai 1966, S. 10.

18 HPAC, FOR, Gutachtensammlung Szewczyk, Gutachten 254/78 vom 30. Jan. 197[9], S. 33.

tierte der Gutachter S.' Aussage, er hänge an seiner Mutter, als bedürftige Unsicherheit und nicht im Sinne einer gedeihlichen „echten Mutter-Kind-Bindung".[19]

Es darf auch vermutet werden, dass der Gutachter mit einer diagnostischen Hypothese, um nicht zu sagen: einem Vorurteil, in die persönliche Begegnung gegangen war. Bereits die Aktenlektüre dürfte die Erwartung geweckt haben, in S. auf eine „verwahrloste" Persönlichkeit zu treffen. Berichteten die Akten doch von einigen lebensgeschichtlichen Daten und von Verhaltensweisen, die aus psychiatrischer Sicht typische Dispositionen oder Symptome einer bereits stattgefundenen „dissozialen Fehlentwicklung" waren. Dazu zählten die Aussage der Großmutter, die Mutter und der erste Stiefvater seien „moralisch verkommen" gewesen, einhellige Berichte der Heime über Lügen, Wutausbrüche, ein rechthaberisches, jähzorniges Auftreten und eine Reihe weiterer sogenannter „Kinderfehler" wie langes Einnässen, Schulversagen bei „normaler" Begabung und wiederholtes Weglaufen.[20] An diese Merkmale einer dissozialen Fehlentwicklung im Klein- und Schulkindalter reihten sich im Jugend- und frühen Erwachsenenalter dann übermäßiger Alkoholkonsum und Straffälligkeit, sexuelle Beziehungen ohne tragfähige Partnerschaft, unstetes Arbeitsverhalten, ungeordnete Wohnverhältnisse, das Fehlen von „wertvollen" Freizeitbeschäftigungen und „echten" Freundschaften – auch auf S. trafen einige dieser Punkte zu.[21]

„Kinderfehler" und die (unterstellte) Schwierigkeit des Gegenübers, mit dem Gutachter in eine affektive Beziehung zu treten, erschienen als Indizien für ein konfliktbeladenes häusliches Milieu ohne ausreichende emotionale Zuwendung, selbst wenn sich diese Vermutung nicht aus der Anamnese und anderen Unterlagen erhärten ließ oder Probanden ihr Herkunftsmilieu sogar als günstig schilderten.[22] Besonderes Gewicht erhielten sie, wenn, wie bei S., langjährige und wechselhafte Heimunterbringung dokumentiert war, deren psychosoziale Folgen unter dem Stichwort „Hospitalismus" verhandelt wurden. In den 1940er und 1950er Jahren argumentierten Psychoanalytiker wie René Spitz und John Bowlby, Letzterer im Auftrag der WHO, dass kontinuierliche mütterliche Zuwendung eine elementare Voraussetzung guten Gedeihens sei. Bindungstheoretiker wie Bowlby warnten, ohne diese drohten auch bei guter materieller Versorgung kognitive und emotionale Verkümmerung. In der DDR erlangten ähnliche, allerdings weniger mütterzentrierte Studien von Eva Schmidt-Kolmer

---

19 HPAC, FOR, 51/66, Gutachten vom 23. Mai 1966, S. 15.

20 HPAC, FOR, 51/66, Gutachten vom 23. Mai 1966, S. 5–7, 12, 15 f.

21 HPAC, FOR, 51/66, Gutachten vom 23. Mai 1966, S. 7–9, 11.

22 Vgl. HPAC, FOR, 209a/64, Gutachten vom 5. Februar 1965, S. 5, 17; 121/65, Gutachten vom 7. Mai 1965, S. 17; AHU, Nervenklinik nach 1945, Gerichtspsychiatrisches Gutachten Nr. 193/69, Gutachten vom 1. Dez. 1969, S. 16; 218b/70, Gutachten vom 29. Okt. 1970, S. 20; 91/75, Gutachten vom 20. Aug. 1975, S. 42 f., 50; 192/76, Gutachten vom 3. Sept. 1976, S. 18.

zur Massenfremdbetreuung von Kleinkindern große Bekanntheit, auf die sich Hans Szewczyk in Gutachten wiederholt bezog.[23]

Von „Hospitalismus" war im Gutachten über S. nicht die Rede (da er sich nach entsprechenden Manövern des Gutachters als einigermaßen kontaktfähig erwies), doch habe er die typische Fehlentwicklung eines Kindes durchgemacht, das

> in einem ungünstigen Elternhaus die ersten Jahre verbracht hat, und dann in mindestens 7 oder 8 Heimen lebte und ständig von einem Heim ins andere geschoben wurde, sowie mit Sicherheit in diesen Heimen wegen der Schwierigkeiten, die er machte, am Rande stand und nicht die gebührende notwendige intensive pädagogische Betreuung hatte.[24]

Nicht *eine* spezifische, konsequent angewandte wissenschaftliche Methode führte zur Diagnose „verwahrloster" Bindungslosigkeit, sondern Beobachtungen aus unterschiedlichen Perspektiven, der Abgleich von äußeren und inneren Daten. Ihr lagen Vorannahmen über „normale" Entwicklungsverläufe und typische „Fehlentwicklungen" zugrunde, die sich die Psychiatrie im Austausch mit Heilpädagogik und Sozialpsychologie angeeignet hatte.[25]

Forschungsproblem „Dissozialität"

Als 1966 der Jugendliche S. seinem Gutachter gegenübersaß, mögen in anderen Räumlichkeiten der Abteilung Mitglieder des Studienzirkels „Bekämpfung der Jugendkriminalität" damit beschäftigt gewesen sein, Akten herauszusuchen, genauer gesagt die verwahrten 735 Fallakten aller 14- bis 25-Jährigen, die zwischen 1959 und 1965 in der Abteilung begutachtet worden waren. Was in den Akten, vor allem in den Durchschlägen der Gutachten, über die Lebensverhältnisse, die Ent-

23 Vgl. Eva Schmidt-Kolmer: Hospitalismusschäden in Kindereinrichtungen des Vorschulalters. In: Das milieugeschädigte Kind. Hg. von Hanns Schwarz. Jena 1961, S. 24–37; Hans Szewczyk: Psychischer Hospitalismus und Verwahrlosung im Jugendalter. In: Die Thorraduran-Therapie 33 (1962), H. 3, S. 57–67, 59 sowie HPAC, FOR, 297/65, Gutachten vom 30. Nov. 1965, S. 36, und zur selben Person 76/66, Gutachten vom 10. Juli 1966, S. 17; AHU, Nervenklinik nach 1945, Gerichtspsychiatrisches Gutachten Nr. 234 a/69, Gutachten vom 16. Feb. 1970, S. 11; 63/74, Gutachten vom 9. Juli 1974, S. 19; 228/76, Gutachten vom 3. Jan. 1977, S. 17. Zum Hintergrund vgl. Marga Vicedo: The Nature and Nurture of Love. From Imprinting to Attachment in Cold War America. Chicago/London 2014; Katharina Rowold: What do babies need to thrive? Changing interpretations of „Hospitalism" in an international context, 1900–1945. In: Social History of Medicine 32 (2019), H. 4, S. 799–818.

24 HPAC, FOR, 51/66, Gutachten vom 23. Mai 1966, S. 16 f.

25 Zu Normalität und Normalisierung vgl. den Überblick bei Alexa Geisthövel: Einführung. Zur Zeitgeschichte abnormer Persönlichkeiten. In: Gesnerus 77 (2020), H. 2, S. 173–205.

wicklung und die Persönlichkeit der Täter festgehalten war, sollte für die kriminologische Forschung verfügbar gemacht werden, die zu den neuen Aufgaben der Abteilung zählte.

Wider Erwarten war die Kriminalität unter sozialistischen Bedingungen nicht verschwunden, bei den Jugendlichen stieg sie bis in die 1960er Jahren sogar an. Dies ermöglichte stellenweise einen pragmatisch-empirischen Umgang mit Kriminalität, der nicht alle Missstände kurzerhand westlichen Einflüssen zuschrieb, sondern die Diskussion für alternative Erklärungen öffnete, auch für die individualisierenden psychologischen Modelle der forensischen Psychiatrie.[26] Aus dem Problem Jugendkriminalität ergab sich die Frage nach der Dissozialität: Welche ursächliche Bedeutung hatte die Herkunft aus einer bereits dissozialen Familie für das Straffälligwerden von Jugendlichen? Antworten suchte Hans Szewczyk in der statistischen Auswertung von Massendaten.

Das große Vorbild für diese Herangehensweise kam aus dem westlichen Ausland: 1950 hatte das US-amerikanische Kriminologenehepaar Sheldon und Eleanor Glueck eine Langzeitstudie zur *juvenile delinquency* vorgelegt, die Daten von 500 Insassen von Jugendgefängnissen mit denen von 500 strafrechtlich unbescholtenen Jugendlichen verglich.[27] Die Gluecks untersuchten das Auftreten verschiedener Parameter wie Familienzusammensetzung und -atmosphäre, Erziehungsstil, elterliche Zuwendung und Fürsorgeleistungen in den beiden Gruppen und leiteten aus der hohen Korrelation von ungünstigen Faktoren und Straffälligkeit eine generell hohe Wahrscheinlichkeit für kriminelles Verhalten bei Jugendlichen aus *broken homes* ab. Zudem erschien Kriminalität so durch eine Kombination mehrerer Faktoren begünstigt, die sich wechselseitig verstärken.

Dieser serielle, untersucherunabhängige Zugriff sollte die noch stark von psychiatrischer Schulenbildung, Kasuistik und beschreibender Typologie geprägte Beschäftigung mit Kriminalität ablösen. Doch die multifaktorielle Verrechnung von Massendaten ließ sich nur mit großem Aufwand realisieren. Es half, dass an der Humboldt-Universität neuerdings ein Zentralrechner zur Verfügung stand und ein Psychologe vom Hygiene-Institut bei den mathematischen Berechnungen beriet.[28] Für die arbeitsintensive Verdatung des eigenen Aktenmaterials spannte Hans Szewczyk vor allem Studierende der Medizin ein. Die in den Akten schlummernden Informationen wurden entlang eines Fragespiegels mobilisiert und auf Lochkarten

26 Vgl. Korzilius, S. 332–335, 481–483; Greg Eghigian: Homo munitus. The East German observed. In: Socialist Modern. East German Everyday Culture and Politics. Hg. von Katherine Pence, Paul Betts und Ann Arbor 2008, S. 37–70, hier S. 49, 51–53.

27 Sheldon Glueck und Eleanor Glueck: Unraveling Juvenile Delinquency. New York 1950.

28 Barbara Theek: Untersuchungen zur Asozialität krimineller Jugendlicher und Heranwachsender. Med. Diss. Charité Berlin 1969, S. 14.

übertragen. Das Frageraster erfasste kleinteilig verschiedene Lebensbereiche. Wie im Themenfeld Freizeit bot es auch zu allen anderen Punkten bis zu zehn Differenzierungen an:

> unbekannt – mehrere Hobbys – Interessengemeinschaft, Zirkel, Sport und Ähnliches – nur lose, schnell wechselnde Interessengebiete – Hobby allein für sich – Tanzveranstaltungen – Tanzveranstaltungen, Kino, Fernsehen – nur Kino, Fernsehen – ‚Eckenstehen' – keinerlei sinnvolle Freizeitgestaltung.[29]

Aus dieser studentischen Zuarbeit gingen eine Reihe von Diplomarbeiten und Dissertationen hervor, die sowohl Gesamtschauen mehrerer Kohorten von Begutachteten lieferten als auch Einzelaspekte der Dissozialität untersuchten. In einer weiteren Studie wurden 100 kinderreiche Familien mit 599 Kindern im Kreis Eberswalde, die von der Jugendhilfe als „sozial labil" eingestuft worden waren, bei unangemeldeten Hausbesuchen umfassend nach ihren Lebensverhältnissen befragt. Ab Mitte der 1960er bis in die 1980er Jahre wurden so nach eigenen Angaben gut 1.700 jugendliche und 142 erwachsene dissoziale Straftäter untersucht und teils nachuntersucht.[30]

Szewczyks Herangehensweise an die Dissozialität galt in der DDR als ideologiefern und am Westen orientiert. Die bei Gerichten und Staatsanwaltschaften übliche Sprache von „Schmarotzern" und „parasitären Elementen" findet sich in dem von mir insgesamt untersuchten Sample von rund 600 Akten der Abteilung nur in einem Fall. Seine Diplomanden und Doktorandinnen bezogen sich vorsichtig auf vergleichbare empirische Studien zur Verwahrlosung aus der Bundesrepublik, ebenso fallen Parallelen zu einer Forschergruppe am „Grünen Haus" ins Auge, einer West-Berliner Einrichtung zur psychiatrisch-psychologischen Begutachtung von „erziehungsschwierigen" Jugendlichen.[31]

---

29 HPAC, FOR, Fragespiegel zur Gutachtenauswertung (Robotron 300) der Abteilung für Gerichtspsychiatrie der Nervenklink der Charité in Berlin, undatiert [vermutlich 1980er Jahre], S. 11 f.

30 Hans Szewczyk: Gerichtliche Psychologie und Kriminologie in der DDR. In: Die Psychologie des 20. Jahrhunderts. Bd. XIV: Auswirkungen auf die Kriminologie, hg. von Hans Joachim Schneider. Zürich 1981, S. 982–998. Vgl. im Einzelnen Theek: Untersuchungen; Monika Albuschewsky: Schädigung des ZNS als eine Voraussetzung der dissozialen Entwicklung unter besonderer Berücksichtigung des Jugendalters und Aggressionstaten. Med. Diss. HU Berlin 1969; Hans Szewczyk und Matthias Wolf: Katamnestische Erhebungen an asozialen Jugendlichen. In: 4. Kongreß für Psychologie der Deutschen Demokratischen Republik. Hg. vom Vorstand der Gesellschaft für Psychologie der DDR. Leipzig 1975, S. 100; Matthias Wolf: Asoziales Verhalten und Alkoholmißbrauch bei Jugendlichen. Spezifische Fehlentwicklungsformen mit Nachuntersuchungen. In: Kriminalistik und forensische Wissenschaften 30 (1977), S. 101–104; Doris Mackuth und Eberhard Burger: Über Ursachen und Erscheinungsformen der Dissozialität (Untersuchungen an Familien des Kreises Eberswalde). Med. Diss. Charité Berlin 1980.

31 Wolf: Asoziales Verhalten, S. 101. Zur „Parasiten"-Metapher vgl. Sven Korzilius: „Asoziale" und „Parasiten" im Recht der SBZ/DDR. Randgruppen im Sozialismus zwischen Repression und

Szewczyk wollte mithilfe dieser Forschung aus den Lebensgeschichten und Verhaltensprofilen sozial auffälliger Jugendlicher typische Merkmalskombinationen herausarbeiten, die es erlauben würden, kriminogene Entwicklungsrisiken auszumachen und ihnen mittelfristig präventiv zu begegnen. Dass das Untersuchungsdesign faktorenanalytisch angelegt war, bildet die durch langjährige Begutachtungstätigkeit genährte Arbeitshypothese ab: Dissozialität sei nicht durch ein festes Set an Merkmalen definiert, vielmehr gebe es mehrere Typen mit je spezifischen „Ursachen, Mitbedingungen und Erscheinungsweisen", die Ansatzpunkte für spezifische erzieherisch-therapeutische und vorbeugende Interventionen aufzeigen sollten.[32]

In einer ersten Studie bildete die Mitarbeiterin Barbara Theek aus der Gruppe der 14- bis 25-jährigen Begutachteten ein Sample von 697 Personen. 32 Einzelmerkmale, „die gehäuft bei allen Begutachteten in Erscheinung treten und erfahrungsgemäß in ihrer Gesamtheit zur Phänomenologie der Asozialität gehören", verdichtete sie zu 16 Hauptmerkmalen, die sich aus Schulversagen, irregulären Berufs- und Arbeitsverhältnissen, Defiziten in der Familienstruktur und -atmosphäre, Straffälligkeit und Alkoholmissbrauch in der Herkunftsfamilie, Fehlerziehung, Heimaufenthalten, verwahrloster Gefühlslage und sozialer Bindungslosigkeit, Alkoholkonsum und schlechter Freizeitgestaltung zusammensetzten. Sie bezogen sich also teils auf das Verhalten der Begutachteten selbst, teils auf das ihrer Eltern und Geschwister. Das Sample wurde nach diesen Hauptmerkmalen sortiert und daraufhin untersucht, wie häufig das jeweilige Hauptmerkmal gemeinsam mit den übrigen 15 Merkmalen auftrat.[33] Wie erwartet traten nicht alle möglichen Merkmale der Dissozialität gemeinsam auf, sondern gruppierten sich erkennbar zu fünf Typen:

„Psychische Verwahrlosung" in einem „asozialen Milieu" – die landläufige Definition von Asozialität – bildete Theeks Studie zufolge lediglich bei einem Viertel der Untersuchungsgruppe den Hintergrund des eigenen Fehlverhaltens. Gemeint waren randständige, mittellose, oft vielköpfige Familie, die in unzureichenden, dürftig möblierten Behausungen sozial isoliert lebten. Die „psychische Verwahrlo-

Ausgrenzung. Köln/Weimar/Wien 2005, S. 275, 316, 429–434, und FOR, 20/65, Deckblatt und Gutachten Siegfried Schirmer, 15. März 1965, S. 15 („Schmarotzer"). Bezugnahmen auf westdeutsche Autoren z. B. bei Theek: Untersuchungen, S. 7; Burger und Mackuth: Über Ursachen, S. 15 f., 29; zum „Grünen Haus" vgl. Hartmann: Theoretische und empirische Beiträge.

32 Hans Szweczyk: Dissoziale und asoziale Familien als Disposition zur kriminellen Fehlentwicklung Jugendlicher. In: Beiträge der DDR-Delegation auf dem III. Internationalen Symposium der sozialistischen Länder über die Jugendkriminalität in Prag vom 14. bis 17.12.1971. Potsdam-Babelsberg 1972, S. 130–136, hier S. 132.

33 Theek: Untersuchungen, S. 11 f., 14–[17].

sung" war auf allgegenwärtige Feindseligkeiten der Familienmitglieder untereinander, mangelnde Zuwendung und Betreuung und teilweise Kindesmisshandlung zurückzuführen.[34] Bei knapp einem Drittel des Samples disponierten dagegen die psychosozialen Folgen organischer Beeinträchtigungen zur Dissozialität, und zwar bei frühkindlichen Hirnschädigungen, auf die sich die Erziehungsumwelt nicht angemessen eingestellt hatte, und die Überforderung von „Schwachsinnigen", die aus der geschützten Familienumgebung in die raue Arbeitswelt der Unqualifizierten eintraten. Je etwa ein Achtel besetzten zwei weitere Typen: Den „höchsten Grad" an Asozialität wiesen arbeitsunwillige Rückfalltäter auf, die emotional vernachlässigt in äußerlich geordneten Familien aufgewachsen waren oder langjährige Heimerziehung hinter sich hatten. In Unzuchtsdelikten, Notzucht und Exhibitionismus äußere sich sexuelle Verwahrlosung, die mit dem Aufwachsen in Alkoholikerfamilien korreliere.[35]

Ebenso stießen die Nachuntersuchungen, die an einer kleineren Gruppe den weiteren Lebensweg der früher Begutachteten recherchierten, auf mehrere unterscheidbare Schienen der Dissozialität, darunter die schwere Verwahrlosung im Arbeitsbereich, den Alkoholkonsum von frühkindlich Hirngeschädigten, hospitalisierte „Schwachsinnige" und als eine Art Restgruppe die „psychopathischen" Einzeltäter.[36] Die Klassifikation der „sozial labilen" Familien aus Eberswalde ergab wiederum eine Typenserie, die allerdings nur bei der „Dissozialität Schwachsinniger" signifikante Überschneidungen mit den beiden Vorgängerstudien aufwies.[37] Auch wenn die mangelnde Übereinstimmung der Teilstudien weitere Fragen aufwarf, schien damit insgesamt hinreichend belegt, dass es unterscheidbare Dissozialitätstypen gab, die mit je spezifischen Kombinationen von Merkmalen einhergingen. In fast allen war der Familie und anderen Bereichen der sozialen Nahwelt Versagen oder Fehlverhalten anzulasten, aber die Typen streuten über verschiedene Lebensphasen und beinhalteten nicht zwingend Alkoholismus, desolate Lebensverhältnisse und „Arbeitsscheu", wie sie mit „asozialen Milieus" assoziiert wurden.

---

34 Theek: Untersuchungen, S. 43.

35 Theek: Untersuchungen, S. 42–53, 57; Szweczyk: Dissoziale und asoziale Familien, S. 133; Hans Szewczyk: Sexuelles Fehlverhalten. In: Sexualität. Fakten, Normen und gesellschaftliche Verantwortung. Hg. von Hans Szewczyk und Horst Burghardt. Berlin 1978, S. 173–184, hier S. 178 f.

36 Wolf: Asoziales Verhalten, S. 103.

37 Mackuth und Burger: Über Ursachen, S. 115–117.

Die strafrechtliche Bewertung „Asozialen Verhaltens“

Der Psychiater hat bei einem Probanden eine schwere Fehlentwicklung infolge eines extremen „Milieuschadens“ diagnostiziert: Die vielen Geschwister, deren genaues Alter der junge Mann nicht kennt, hatten nie genug zu essen, bekamen dafür reichlich Prügel. Er hatte nie ein eigenes Bett. Nur unter Tränen der Scham konnte er über sein Elternhaus sprechen. Die zahlreichen Einbruchdiebstähle, die ihm vorgeworfen werden, hat er verübt, weil er es zu Hause nicht mehr aushielt, keinen Beruf erlernt und auch keine Arbeit hat. Nun soll der Gutachter den psychischen Zustand des Probanden strafrechtlich einordnen. Ihm scheint, die widrigen Umstände haben dessen Fähigkeit, sich an die Gesetze zu halten, in seiner konkreten Lebenssituation bedeutend eingeschränkt. Er schlägt das neue Strafgesetzbuch auf und liest dort unter § 16:

> Verminderte Zurechnungsfähigkeit
> (1) Strafrechtliche Verantwortlichkeit ist gemildert, wenn der Täter zur Zeit der Tat infolge der im § 15 Abs. 1 genannten Gründe [„zeitweiliger oder dauernder krankhafter Störung der Geistestätigkeit oder wegen Bewußtseinsstörung“, A.G.] oder wegen einer schwerwiegenden abnormen Entwicklung der Persönlichkeit mit Krankheitswert in der Fähigkeit, sich bei der Entscheidung zur Tat von den dadurch berührten Regeln des gesellschaftlichen Zusammenlebens leiten zu lassen, erheblich beeinträchtigt war.

Der Proband ist weder geisteskrank noch war bei den Einbrüchen sein Bewusstsein getrübt. Aber was heißt bzw. was versteht das Gericht unter einer „schwerwiegend abnormen Entwicklung der Persönlichkeit von Krankheitswert“? Der Psychiater zieht einen Gesetzeskommentar zu Rate und findet in der Fachzeitschrift *Neue Justiz* ein aktuelles Grundsatzurteil des Obersten Gerichts, das die „laufende Rechtsprechung“ zur strafrechtlichen Würdigung von „Asozialität“ repräsentiert.

Bei dem verunsicherten Psychiater handelt es sich nicht um Hans Szewczyk, denn dieser hatte als Mitglied der Staatsratskommission für die Reform des Strafgesetzbuches den § 16 maßgeblich mitformuliert und gehörte zum Beratergremium zweier Strafsenate des Obersten Gerichts. In beiden deutschen Staaten galt nach 1945 mit einigen Modifikationen zunächst das Reichsstrafgesetzbuch von 1871 weiter. Erst um 1970 gelang auf beiden Seiten der Mauer eine umfassende Strafrechtsreform, die in der DDR in Bezug auf dissoziales Verhalten zwei – in ihrer Tendenz gegenläufige – Neuerungen brachte. Zum einen wurden im Allgemeinen Teil des Strafgesetzbuches der DDR, das am 1. Juli 1968 in Kraft trat, die Kriterien verminderter Zurechnungsfähigkeit in § 16 StGB neu gefasst. Zu den als „organisch“ aufgefassten Hirnerkrankungen, Psychosen und Bewusstseinstrübungen kamen nun unter der Formel „schwerwiegend abnorme Entwicklung der Persönlichkeit von Krankheitswert" ausgeprägte psychosoziale Fehlentwicklungen hinzu. Sah das Gericht im Anschluss an das psychiatrische Gutachten die krankheitswertige Entwicklung als gegeben an, konnte dies eine Strafminderung nach sich ziehen.[38] Prinzipiell eröffnete dies die Möglichkeit, auch dissoziale Fehlentwicklungen unter dieser allgemeinen Dekulpierungsformel zu berücksichtigen.

Zum anderen wurde im Speziellen Teil des StGB aber ein neuer Straftatbestand eingeführt: § 249 „Gefährdung der öffentlichen Ordnung durch asoziales Verhalten", häufig auch als „asoziale Lebensweise" angesprochen. Der Paragraf knüpfte an die „Verordnung über Aufenthaltsbeschränkung" vom 24. August 1961 an, die es erlaubt hatte, gegen „arbeitsscheue Personen" gerichtlich die Aufnahme einer bestimmten Arbeit oder die neue Vollzugsart Arbeitserziehung in Haftlagern des Innenministeriums anzuordnen. Das „Asoziale Verhalten" des Strafgesetzbuches zielte vor allem auf die Sphäre der Erwerbsarbeit: Absentismus in einem bestehenden Arbeitsverhältnis, häufiger Wechsel der Arbeitsstelle, längere Phasen ohne Arbeitsverhältnis, Leben auf Kosten von Angehörigen oder „unlautere" Erwerbstätigkeit wie Wahrsagerei, Glücksspiel, Spekulationsgeschäfte sowie Prostitution.[39] Der erste Auftrag zur Begutachtung nach § 249 erreichte die Abteilung für forensische Psychiatrie und Psychologie 1969. Häufig trat die Anschuldigung, gegen den § 249 verstoßen zu haben, in Verbindung mit Diebstahl, Vernachlässigung der Unterhaltspflicht und Betrug, zum Beispiel Krankenscheinfälschung, auf. Nach dem Wechsel der Staatsführung zu Erich Honecker im Mai 1971 rückte die verschärfte Verfolgung missliebigen sozialen Verhaltens ins Zentrum der Kriminalitäts- und Justizpolitik, mit einem Höhepunkt 1973/1974, als auch in der Charité-Abteilung etwa 17 Prozent aller Begutachtungen dem Delikt „Asoziales Verhalten" gewidmet waren.[40]

38 Ulrich Roehl und Hans Szewczyk: Die schwere abnorme Entwicklung einer Täterpersönlichkeit mit Krankheitswert. In: Kriminalität und Persönlichkeit. Psychiatrisch-psychologische und strafrechtliche Aspekte. Hg. von Hans Szewczyk. Jena 1972, S. 127–141.
39 Vgl. Johannes Raschka: Justizpolitik im SED-Staat. Anpassung und Wandel des Strafrechts während der Amtszeit Honeckers. Köln/Weimar/Wien 2000, S. 47–49, 67–79, 119; Thomas Lindenberger: Das Fremde im Eigenen des Staatssozialismus. Klassendiskurs und Exklusion am Beispiel der Konstruktion des „Asozialen Verhaltens". In: Fremde und Fremd-Sein in der DDR. Zu historischen Ursachen der Fremdenfeindlichkeit in Ostdeutschland. Hg. von Jan C. Behrends, Thomas Lindenberger und Patrice Poutrus. Berlin 2003, S. 179–191; Korzilius: „Asoziale", S. 254–257, 262–301, 359–387, 539, 547, 577 f., 604; Markovits: Gerechtigkeit, S. 156–163; Christoph Lorke: Armut im geteilten Deutschland. Die Wahrnehmung sozialer Randlagen in der Bundesrepublik und der DDR. Frankfurt a. M. 2015, S. 157–166, 200–220; Steffi Brüning: Prostitution in der DDR. Eine Untersuchung am Beispiel von Rostock, Berlin und Leipzig, 1968 bis 1989. Berlin 2020, S. 133–160.
40 HPAC, FOR, Journal 1959–1970; Raschka: Justizpolitik, S. 51, 57 f., 67–70; Korzilius: „Asoziale", S. 445–447, 450–454.

Die Frage, ob eine „dissoziale“ oder „asoziale“ Einstellung als erschwerender Begleitumstand einer Straftat gelten müsse und ob umgekehrt eine dissoziale Sozialisation strafmildernd in Betracht zu ziehen sei, war bereits vor 1968 Thema. Doch erst das neue Strafgesetzbuch erhob sie zu einem Grundsatzproblem, dessen Diskussion sich an den Fällen der gerichtspsychiatrischen Abteilung nachverfolgen lässt. Denn Anlass für ein erstes Grundsatzurteil des Obersten Gerichts gab das Strafverfahren gegen die 25-jährige Frau S., die 1967 ihr acht Monate altes Kind hatte verhungern lassen. Um „Asoziales Verhalten“ nach dem künftigen § 249 ging es hier nicht, sie erledigte ihre Arbeit als Kellnerin in Spätschicht zuverlässig. Ein „erschreckendes Ausmaß von Asozialität“ offenbarte jedoch ein unangemeldeter Hausbesuch durch die Fürsorgerin der Charité-Nervenklinik, die auf verdreckte Matratzen, dürftige Möblierung, unbeaufsichtigte Kinder usw. stieß. Gerade diesen Missstand deutete Hans Szewczyk aber als Folge einer überfordernden Lebenssituation: sieben Geburten innerhalb von sieben Jahren, ein gewalttätiger Ehemann, der die Versorgung der Kinder und den Haushalt vollkommen ihr überließ und eine sexuelle Beziehung zu ihrer Mutter unterhielt, was Szewczyk zugleich als Hinweis las, schon das Elternhaus von Frau S. müsse asozial gewesen sein. Zwar liege keine eigentlich krankheitswertige Persönlichkeit vor, sondern „Asozialität und eine psychische Verwahrlosung“. Doch summierten sich aus Szewczyks Sicht die geschilderten Belastungsfaktoren zu einer erheblichen Einschränkung der Handlungsfähigkeit, so dass er, die bevorstehende Einführung des neuen StGB antizipierend, verminderte strafrechtliche Verantwortlichkeit aufgrund psychischer Faktoren gegeben sah.[41]

Dem folgend nahm das Bezirksgericht erheblich verminderte Zurechnungsfähigkeit an und verurteilte Frau S., anstatt zu einer lebenslangen Freiheitsstrafe, zu 15 Jahren Zuchthaus. Da sie Berufung einlegte, befasste sich der 5. Strafsenat des Obersten Gerichts mit ihrem Fall. In seinem Urteil, gesprochen wenige Tage nach Inkrafttreten des neuen StGB, stellte der Senat fest, Frau S.’ Verhalten ihrem Kind gegenüber sei als voll schuldhaft zu betrachten, da sie sich – aus eigenem Zutun – „in die Verwahrlosung habe hineintreiben lassen und asozial sei“.[42] Die Richter nahmen hier implizit Bezug auf die Forderung an alle Rechtssubjekte, die eigene Persönlichkeit aktiv in gesellschaftskonformer Weise zu gestalten. Diese Entscheidung des Obersten Gerichts wurde sogleich zur einschlägigen Referenz für die Rechtsauffassung, Asozialität könne als „steuerbare[...] Fehlhaltung“ niemals als krankheitswertige Persönlichkeitsentwicklung im Sinne des § 16 aufgefasst werden,

41 HPAC, FOR, 16 b/67, Gutachten vom 10. April 1967, Zitate S. 23–25.
42 Vgl. Urteil 5 Ust 33/68 vom 5. Juli 1968. In: Neue Justiz 22 (1968), H. 18, S. 567.

weil ansonsten vor allem zahlreiche Schwerkriminelle mit Strafmilderung rechnen könnten.[43]

Dem musste zunächst auch die Abteilung für forensische Psychiatrie und Psychologie Rechnung tragen. So legten die Mitarbeiterinnen in Gutachten zwar weiterhin ihre psychiatrische Perspektive auf die schuldmindernde Wirkung schwer dissozialer Lebensumstände dar, wiesen aber auf die Diskrepanz zur Haltung des Obersten Gerichts hin.[44] Allerdings warb Hans Szewczyk hinter den Kulissen für seine Auffassung, an das Merkmal „Asozialität“ dieselben Maßstäbe anzulegen wie an neurotische, charakterologische oder sexuelle Fehlentwicklungen, d. h. im Einzelfall zu prüfen, ob jemand ungünstigen Einflüssen hilflos ausgeliefert war oder aber Möglichkeiten gehabt hätte, sich ihnen zu entziehen. So argumentierte er in einem Schreiben an den Vorsitzenden des 5. Strafsenats, Siegfried Wittenbeck, anlässlich des Berufungsverfahrens von Frau S. und konnte dieser Position mittelfristig Gehör verschaffen, begünstigt dadurch, dass das Oberste Gericht sich auch in Sachen Asozialität an einer juristischen Logik orientierte, statt den § 249, wie von der Staats- und Parteispitze gewollt, dezidiert politisch auszulegen.[45] 1972 formulierten Szewczyk und Wittenbeck in einem gemeinsamen Text die Unterscheidung von verschuldeter und unverschuldeter Asozialität für die Begutachtung der strafrechtlichen Verantwortlichkeit. Strafmilderung könne gewährt werden bei einer schwerwiegend abnormen Täterpersönlichkeit

> infolge asozialer Lebens- und Entwicklungsbedingungen im Elternhaus, Mangelmilieu, schwerer Fehlerziehung und anderer Fehlleistungen der sozialen Umwelt, wenn der Täter aufgrund geringen Alters oder infolge von psychopathologischen Bedingungen nicht mehr oder sehr schwer in der Lage war, diese Einflüsse zu überwinden.

Strafmilderung komme hingegen nicht in Betracht bei Asozialität, „die der eigenen Lebensauffassung des Täters entspricht, in die er sich selbst mehr und mehr gleiten ließ, ohne die erforderlichen und möglichen Anstrengungen für eine geordnete Lebensführung [...] zu unternehmen.“[46]

---

43 Vgl. Siegfried Wittenbeck, Margot Amboß und Ulrich Roehl: Die Prüfung der Zurechnungsfähigkeit. In: Neue Justiz 22 (1968), H. 19, S. 581–585, hier S. 583.

44 Vgl. etwa HPAC, FOR, Gutachtensammlung Szewczyk, Gutachten 77/68 vom 9. Aug. 1968, S. 25, und Gutachten 98/68 vom 21. Aug. 1968, S. 24; AHU, Nervenklinik nach 1945, Gerichtspsychiatrisches Gutachten Nr. 193/69 vom 1. Dez. 1969, S. 17; 11/70 vom 12. Feb. 1970, S. 20; 66/71 vom 27. Mai 1971, S. 17.

45 HPAC, FOR, 16b/67, Szewczyk an Siegfried Wittenbeck, 21. Nov. 1968, S. 3–4. Vgl. Raschka: Justizpolitik, S. 52–55, 73–74; Korzilius: „Asoziale“, S. 409–413, 418–421, 447; Markovits: Gerechtigkeit, S. 163–166.

46 Hans Szewczyk und Siegfried Wittenbeck: Besondere Probleme der Begutachtung außerhalb der Zurechnungs- und Schuldfähigkeit. In: Kriminalität und Persönlichkeit. Psychiatrisch-

Mit dieser Faustregel arbeiteten Gutachterinnen der Charité-Abteilung in den folgenden Jahren sowohl bei Anklagen nach § 249 StGB als auch bei anderen Delikten, wenn die Lebensumstände oder die Persönlichkeit der Beschuldigten als „asozial" erschienen. In Verfahren wegen „Asozialen Verhaltens" sahen Psychiater eine Aufgabe darin aufzuklären, ob dieses einer entsprechenden Einstellung entsprungen war, Delikt und Persönlichkeit also übereinstimmten, oder ob sich eine andere Dynamik des Straffälligwerdens rekonstruieren ließ. So zeigten sie auf, wie die übliche Sanktionenfolge bei Arbeitsbummelei – mit Aussprachen, Hausbesuchen, Verweisen, strengen Verweisen und Belehrungen durch Amtspersonen – bei einer Reihe von Probanden eine Vermeidungsspirale in Gang gesetzt hatte: Anfänglich geringe Fehlstunden eskalierten aus verschiedenen Gründen – Verschlafen, Langeweile, Angst vor Hänseleien, Streit oder Versagen am Arbeitsplatz –, weil sich die Betreffenden wegen befürchteter Vorhaltungen und kollektiver Bloßstellung nicht mehr in den Betrieb wagten, dadurch immer mehr Fehlstunden anhäuften, sich unberechtigt krankschreiben ließen, entlassen wurden, es dann hinauszögerten, bei der Arbeitsvermittlung und anderen Arbeitsstellen vorzusprechen, weil sie wegen der dokumentierten Fehlzeiten wiederum Konfrontationen erwarteten. Aus diesem Verhalten spreche eine Konflikt- und Durchsetzungsschwäche, die als behandlungsbedürftiges neurotisches Leiden zu werten sei, aber nicht als jene Arbeitsscheu, die das Gesetz unter Strafe stellte.[47] Bei Menschen, die ihre Probleme mit der Arbeits- und Lebenswelt der DDR im inneren Konflikt erlebten, empfahlen sie statt einer Bestrafung eher Therapie, Beratung und die verständnisvoll-konsequente „Führung" durch Behörden.

In vielen anderen § 249-Fällen hielten auch die Gutachter eine harte Hand für angezeigt, selbst wenn jemand unter sehr ungünstigen Bedingungen aufgewachsen war. So bei einem Mittzwanziger, der nach langen Heimaufenthalten, Sonderschule und abgebrochener Lehre sein Leben durch „Herumwohnen in den Kreisen ähnlich gefährdeter Bürger" fristete. Neben den unverschuldeten Sozialisationsschäden musste ihm nach Meinung des Psychiaters auch zugutegehalten werden, dass die Gesellschaft es bisher versäumt habe, „mit nachdrücklichen Konsequenzen eine entscheidende Korrektur und damit ein Umgewöhnen und Umlernen zu erreichen". Gegen den Mann, der unter anderem wegen ausstehenden Unterhalts für ein uneheliches Kind angeklagt war, sprach jedoch, dass er mit seinem Los ganz zufrieden war, von einem ungebundenen Leben mit Nachtleben und Auslandsreisen träumte

psychologische und strafrechtliche Aspekte. Hg. von Hans Szewczyk. Jena 1972, S. 107–126, hier S. 115 f.

47 Vgl. AHU, Nervenklinik nach 1945, Gerichtspsychiatrische Gutachten Nr. 94/73, Gutachten vom 23. Mai 1973, S. 14 f.; 254/74, Gutachten vom 1. April 1975, S. 5–6, 8; 98/76, Gutachten vom 14. Mai 1976, S. 19–21; 104/77, Gutachten vom 29. Juni 1977, S. 6 f., 10, 13 f.; 149/77, Gutachten vom 19. Aug. 1977, S. 2 f., 7 f.

und sich nicht mit einer Familie belasten wollte. Die Verweise, Aussprachen und Kündigungen wegen Arbeitsbummelei habe er ohne „Leidensdruck" erlebt und verhalte sich immer wieder unangepasst, aufgrund „eines sehr ichbezogenen, sozial gleichgültigen bis asozialen Einstellungs- und Wertsystems". Eine „schwerwiegend abnorme Entwicklung" nach § 16 StGB sei zwar gegeben, jedoch dürften „diese erklärenden psychologisch-psychiatrischen Sachverhalte nicht weiterer Entschuldigung und damit auch wieder negativer Bekräftigung der beschriebenen Haltungen dienen". Es seien strafrechtliche Sanktionen nötig mit anschließender Eingliederung in ein festes Arbeitskollektiv und begleitender Aufsicht durch das Referat Inneres.[48]

Resozialisierung

Im Gesamtkomplex der Charité-Nervenklinik war die gerichtspsychiatrische Abteilung eher unbedeutend. Der umtriebige Psychiater Hans Szewczyk setzte seine geringen Ressourcen aber äußerst effektiv ein, um außerhalb der Klinikmauern Wirkungen zu erzielen. Allein zwischen 1960 und 1980 erstattete die Abteilung rund 5.000 Gutachten, die den weiteren Lebensweg der Probanden teilweise nachhaltig beeinflussten und über die engen Kontakte zum Obersten Gericht die Standards der Begutachtung landesweit mitprägten. Kriminalpolitisch trat Szewczyk als Reformer unter anderem des Zurechnungsfähigkeits-Paragrafen im Strafgesetzbuch in Erscheinung, als Leiter eines kleinen Forschungsteams produzierte er sozial- und kriminalpolitisches Wissen.

Dass die Gutachten seiner Abteilung zum Nachteil der Begutachteten so manche „aktenkundige[n] Unterstellungen" aufgriffen und Narrative unaufhaltsamer Fehlentwicklungen zur Kriminalität konstruierten, dass die Forschungsergebnisse dem ausgrenzenden Diskurs über „asoziale" Bevölkerungsgruppen zuarbeiteten und eine intensive Überwachung von Individuen und von sich selbst reproduzierenden Milieus forderten, ist psychiatrie- und zeithistorisch fast erwartbar.[49] Bemerkenswert erscheinen dagegen die differenzierenden und kritischen Töne, die teils verhalten, teils explizit angeschlagen wurden, weil das Verhalten von

48 AHU, Nervenklinik nach 1945, Gerichtspsychiatrisches Gutachten Nr. 165/77, Gutachten vom 24. Aug. 1977, S. 6–12.

49 Germann: Plausible Geschichten, S. 336, 328–330, 333; Korzilius: „Asoziale", S. 528–530, 358–340, 554 f.; Lorke: Armut, S. 207 f., 343 f. Vgl. Theek: Untersuchungen, S. 44 f.; Mackuth und Burger: Über Ursachen, S. 66–69, 71 f., 75 f., 80–82, 85 f., 95 f.; Szewczyk: Gerichtliche Psychologie, S. 988.

Menschen in Gesellschaft aus professioneller und wissenschaftlicher Perspektive komplexer erschien, als Parteilinien und populäre Vorurteile es vorsahen.[50]

In der gesteuerten Öffentlichkeit der DDR war eine Politisierung der Fürsorgeerziehung wie beispielsweise in der bundesrepublikanischen „Heimkampagne" nicht denkbar. Aber im Rahmen ihres Begutachtungsauftrags übten Szewczyk und seine Mitarbeiterinnen gerichtsöffentlich Kritik an den realsozialistischen Institutionen. Den Jugendlichen S. befand sein Gutachter zwar in seiner psychosozialen Entwicklung für verantwortungsreif und psychiatrisch voll schuldfähig, hob aber auch hervor, dass die Verantwortung für die schwere psychische „Verwahrlosung" größtenteils nicht bei dem Jungen selbst liege, sondern vor allem bei den Eltern, zum Teil auch beim „Verhalten staatlicher Organe". In den Heimen, die dem Bildungsministerium unterstanden, hatte man es nicht vermocht, dem Zögling eine brauchbare Ersatzfamilie zu bieten und auf seine besonderen Schwierigkeiten professionell einzugehen. Es sei nur zu verständlich, dass sich der Junge deshalb von der Gesellschaft zurückgestoßen und benachteiligt fühle.[51]

Die serielle Dissozialitätsstudien bestätigten nicht nur den „Teufelskreis der Asozialität", sondern trafen, wie die Eberswalder Familienstudie, zugleich positive Aussagen über die Arbeitsmoral und Kooperationsbereitschaft der besuchten Familien, warnten vor abwertenden Verallgemeinerungen und übten sogar leise Kritik am allgemeinen Wohnraummangel sowie an untätigen oder kurzsichtig agierenden Behörden.[52] Insgesamt erbrachten die Faktorenanalysen, dass dissoziales Verhalten verschiedene Ursachen haben konnte und auch dort auftrat, wo keine primär „asozialen" Verhältnisse herrschten. Als Gutachter in Strafprozessen plädierte Hans Szewczyk mit einem gewissen Erfolg dafür, Dissozialität sogar in ihrer Steigerungsform der „Asozialität" als ein psychosoziales Syndrom aufzufassen, von dem im Einzelfall zu prüfen sei, ob es für oder gegen eine beschuldigte Person sprach.

Dies alles ist nicht zu verwechseln mit größerer Toleranz oder gar Akzeptanz für vielfältig unangepasste Verhaltensweisen und Lebensstile. Die sachgerechte Beurteilung von Straftätern, das gründliche Verständnis von Dissozialität und Asozialität entwarfen weitere Betätigungsfelder für die eigene Profession, die helfen sollten, dissoziales Verhalten zu beseitigen. An die Gesundheits-, Sozial- und Justizpolitik richtete Szewczyk die Forderung, „differenzierte Möglichkeiten der Rehabilitation

50 Zu Experten im Sozialismus vgl. Kateřina Lišková: Sexual Liberation, Socialist Style. Communist Czechoslovakia and the Science of Desire, 1945–1989. Cambridge 2018, S. 256, sowie das Forschungsprojekt „Expertise in authoritarian societies. Human sciences in the socialist countries of East-Central Europe". Online unter: https://expertturn.fss.muni.cz/about-1 (abgerufen am 9.8.2021).

51 HPAC, FOR, 51/66, Gutachten vom 23. Mai 1966, S. 17.

52 Mackuth und Burger: Über Ursachen, S. 66, 68, 73–75, 82 f., 90–92, 119 f., 124.

[zu entwickeln], die bei jeder Form der Dissozialität anders sein müssen".[53] In den zu schaffenden ambulanten und stationären Einrichtungen sollten Teams aus Psychologinnen, Erziehern und Ärzten Programme umsetzen, die auf die spezifischen Bedürfnisse verschiedener Gruppen von Problemfällen zugeschnitten wären.[54] Diese Vision hielt die Resozialierung (fast) aller Dissozialen für möglich.

Im therapeutischen Optimismus der 1960er Jahren erschien Verhalten als weitgehend beeinflussbar. Mehrdeutig blieb im Fall der Dissozialität, wem ein Fehlverhalten letztlich zuzurechnen sei und wer die Verantwortung für Verhaltensänderungen tragen solle – das Individuum mit seinem Gewissen oder „die Gesellschaft" mit ihren Gefängnissen, Sozialbehörden und Psychotherapeuten. Die Reform des Zurechnungsfähigkeits-Paragrafen ging auf die Prämisse zurück, dass gleiches Verhalten auf ganz unterschiedliche „innere" Zustände zurückgehen könne, was nicht zuletzt für das Strafmaß von enormer Bedeutung war. Die Erforschung der subjektiven, teils unbewussten Beweggründe strafbaren Handelns und, daraus abgeleitet, die individualisierende Bewertung schuldmindernder und -verschärfender Umstände trennte also äußeres Verhalten und innere Verhältnisse. In Figuren wie der „Asozialität aus eigener Lebensentscheidung" brachte sie jedoch beides wieder zusammen und machte Psychisches, wie eine „gestörte Ich-Funktion" oder „Bindungslosigkeit", damit indirekt justiziabel.

53 Szewczyk und Wolf: Katamnestische Erhebungen; vgl. auch Wolf: Asoziales Verhalten, S. 104; Mackuth und Burger: Über Ursachen, S. 83 f., 122, 125.

54 Vgl. AHU, Nervenklinik nach 1945, Gerichtspsychiatrisches Gutachten Nr. 59/69, Gutachten vom 19. April 1969, S. 18 f.; 24/72, Gutachten vom 26. April 1972, S. 20 f.; 150/73, Gutachten vom 15. Okt. 1973, S. 21 f.; 228/76, Gutachten vom 3. Jan. 1977, S. 21 f., 24.

Martin Wieser

Zur Regulation des Aussageverhaltens. Operative Psychologie, oppositioneller Widerstand und die widersprüchliche Modernisierung der DDR

Im Spätherbst des Jahres 1983 versammelte sich im Ostberliner Stadtteil Prenzlauer Berg eine Gruppe von Frauen, um sich für den Fall einer Vernehmung durch die Mitarbeiter des Ministeriums für Staatssicherheit (MfS/Stasi) vorzubereiten. Erzählungen und schriftliche Berichte aus der politischen Haft, in der Bundesrepublik Deutschland (BRD) erschienen und zurück in den Osten geschmuggelt, füllten die vom Zigarettenrauch geschwängerten Räume. Vollmachten für die Unterbringung der Kinder wurden entworfen, Fragen der Strafprozessordnung diskutiert, Kontakte zu Rechtsanwälten ausgetauscht. Den Höhepunkt des Abends bildete ein Rollenspiel zur Frage: Wie verhalte ich mich während einer Vernehmung? Abwechselnd übernahmen die Frauen die Rollen des Vernehmers und der Beschuldigten, erprobten Strategien der Zermürbung, Einschüchterung und Verweigerung und reflektieren gemeinsam über die psychische Wirkung von Drohungen und Erpressungsversuchen, des Redens und des Schweigens während des Verhörs. Männer waren in der Runde nicht zugelassen, bis auf eine Ausnahme: Dankwart Kirchner, Theologe und Psychotherapeut, sollte die Frauen beraten und die psychologischen Mechanismen erläutern, die in der Vernehmungssituation wirksam werden.

Ebenfalls im Raum befand sich Traudel Kulikowski, ehemaliger DEFA-Filmstar, die zwei Jahre später nach ihrer Ausreise in die BRD von den Verhörtrainings mit ihrem simulierten „Psychoterror“ berichtete, der im Ernstfall noch „viel härter“[1] ausgefallen sei. In die Rolle des Vernehmers zu schlüpfen sei den Frauen am schwersten gefallen: Zuerst wollte keine von ihnen die Rolle übernehmen, zwischenzeitlich mussten die Darstellerinnen zur Erholung pausieren. Den Frauen fehlte einfach die „Routine der Zuchtmeister“[2], so Kulikowski. Bei ihren Bemühungen, die von den Vernommenen aufgebaute Mauer des Schweigens zu durchbrechen, hatten sie ihre Kräfte überstrapaziert. In der Nachbesprechung wurde deutlich, dass die totale Verweigerung der Aussage die Emotionen auf beiden Sei-

1 Traudel Kulikowski: Ich wollte dabei sein … Ein Erfahrungsbericht über die Mitarbeit bei den „Frauen für den Frieden“ in der DDR. In: Kirche im Sozialismus 4 (1985), S. 152–159, hier S. 154.
2 Kulikowsi: Ich wollte dabei sein, S. 154.

https://doi.org/10.1515/9783110740813-024

ten hatte hochkochen lassen: „Aggression baute sich auf, je mehr sie schwieg. [...] in der Spannung hielten sich beide Parteien und bedingten sie gegenseitig."[3] Klüger sei es, mit einer Wolke leerer Worthülsen den Raum zu füllen, „irgendein banales Zeug zu reden und auf der Hut zu sein"[4], als mit einer totalen Aussageverweigerung eine Eskalation zu provozieren.

Auf die Probe folgte bald der Ernstfall: Nach einem Besuch der gebürtigen Neuseeländerin Barbara Einhorn in Ostberlin, wo sie gemeinsam mit der Frauengruppe die Veröffentlichung eines Buchprojektes plante, wurde sie Anfang Dezember 1983 vor der Rückreise nach Westberlin am Grenzübergang angehalten und verhaftet.[5] Wenige Tage darauf 1983 wurden vier Mitglieder der „Frauen für den Frieden" wegen angeblicher „landesverräterischer Nachrichtenübermittlung" inhaftiert, Bärbel Bohley und Ulrike Poppe wurden zur Vernehmung in das Untersuchungsgefängnis Berlin-Hohenschönhausen überstellt.[6] Doch im letzten Jahrzehnt des Kalten Krieges hatten sich die politischen Kräfteverhältnisse verschoben, der Spielraum staatlicher Repressionsmaßnahmen war schmaler geworden. Solidaritätsbekundungen für die inhaftierten Frauen aus Ost und West, außenpolitischer Druck und die Angst vor wirtschaftlichen Sanktionen brachten das Politbüro zum Einlenken. Sechs Wochen nach ihrer Verhaftung wurden die Frauen auf dessen Anordnung wieder aus der Untersuchungshaft entlassen und die Ermittlungsverfahren eingestellt. Haft und Vernehmung vermochten die Gruppe nicht zu zerschlagen: Viele Mitglieder setzen ihren Aktivismus in weiterer Folge in der „Initiative für Frieden und Menschenrechte" und anderen Gruppen fort. Dreißig Jahre später erinnerte sich eine Mitgründerin der „Frauen für den Frieden" daran, dass ihr das Verhörtraining „sehr geholfen"[7] und sie dazu ermutigt habe, keine Namen aus ihrem Umfeld preiszugeben.

Innerhalb der Geschichte der DDR-Opposition bildeten die „Frauen für den Frieden" nur eine von vielen unterschiedlichen Gruppen, die schon seit den 1970er Jahren in der freien Kunst- und Kulturszene Nischen gefunden hatten, um sich staatlichen Reglementierungen – wenn auch unter „Einhaltung der Spielregeln"[8] –

3 Kulikowsi: Ich wollte dabei sein, S. 155.

4 Kulikowsi: Ich wollte dabei sein, S. 155.

5 Barbara Einhorn: Wollen Sie mich wirklich verhaften? In: Seid doch laut! Die Frauen für den Frieden in Ost-Berlin. Hg. von Almut Ilsen und Ruth Leisirowitz. Bonn 2019, S. 136–148.

6 Ulrike Poppe: „Die Grundsteinlegung unserer Gruppe". In: Seid doch laut! Die Frauen für den Frieden in Ost-Berlin. Hg. von Almut Ilsen und Ruth Leisirowitz. Bonn 2019, S. 53–60.

7 Almut Ilsen: „Das sollte wie ein Knall sein". In: Seid doch laut! Die Frauen für den Frieden in Ost-Berlin. Hg. von Almut Ilsen und Ruth Leisirowitz. Bonn 2019, S. 61–66, hier S. 64.

8 Jens Gieseke: Die Einheit von Wirtschafts-, Sozial- und Sicherheitspolitik. In: Zeitschrift für Geschichtswissenschaft 51 (2003), H. 11, S. 996–1021, hier S. 1019.

zumindest partiell zu entziehen.[9] Im Jahrzehnt darauf beschleunigten sich die zivilgesellschaftlichen Diversifizierungsprozesse in der DDR, vor allem im urbanen Raum. Dort begann sich eine vielstimmige Gegenöffentlichkeit zu entwickeln, deren Protagonisten vermehrt ihren Willen zur Partizipation an politischen Entscheidungsprozessen kundtaten. Grundsätzlich bildete das Phänomen der Dissidenz aber kein Novum der Ära Honecker (1971–1989): Seit ihrer Gründung war die SED ständig mit unterschiedlichsten Formen widerständigen Verhaltens in der Bevölkerung konfrontiert.[10] Doch Anfang der 1980er Jahre hatte sich die heterogene Masse an Frauen-, Umwelt-, Friedens- und Kirchengruppen sowie Bürgerbewegungen nicht nur deutlich vergrößert, sondern auch überregional vernetzt. Viele dieser Gruppen fanden ihren Ausgangs- und Rückzugspunkt unter dem schützenden Dach der Kirche[11], andere, besonders die unterschiedlichen Jugendkulturen und „Szenen“[12], nahmen das Risiko auf sich, eigene Räume für ihre Aktivitäten zu suchen und zu verteidigen. Die an dem Prozess der sozialen Ausdifferenzierung der DDR-Gesellschaft beteiligten Gruppen waren von Anfang an äußerst disparat: Manche suchten primär nach Anerkennung oder zumindest Tolerierung ihrer Lebensstile, ihrer Religion, Kleidungs-, Kunst- und Musikvorlieben oder sexuellen Orientierung jenseits des von der Partei propagierten sozialistischen Wertekanons, ohne dessen Normen offen infrage zu stellen. Andere, allen voran die Bürgerrechtsbewegung, setzten sich dezidiert für einen reformierten, demokratischen Sozialismus ein.[13]

Zu der letztgenannten Gruppe gehörten auch die „Frauen für den Frieden“. Anlass für ihre Gründung war der Erlass des Wehrpflichtgesetzes in der DDR im März 1982,[14] welches im Falle einer Mobilmachung die Einberufung von Frauen in die Nationale Volksarmee vorsah. Im Oktober 1983 organisierte die Ostberliner Frauengruppe ihren öffentlichen Protest gegen dieses Gesetz. In Schwarz gekleidet, gaben die Frauen am Postamt am Alexanderplatz per Einschreiben eine schriftliche Erklä-

---

9 Vgl. Roland Galenza und Heinz Havemeister (Hg.): Wir wollen immer artig sein. Punk, New Wave und Independent-Szene in der DDR von 1980 bis 1990. Berlin 2013.

10 Vgl. Hans-Joachim Veen: Opposition und Widerstand in der SED-Diktatur. München 2000.

11 Vgl. Markus Meckel und Martin Gutzeit (Hg.): Opposition in der DDR. Zehn Jahre kirchliche Friedensarbeit. Kommentierte Quellentexte. Köln 1994.

12 Siehe Fußnote 9 sowie Manfred Stock und Philipp Mühlberg: Die Szene von Innen. Skinheads, Grufties, Heavy Metals, Punks. Berlin 1990.

13 Vgl. Helmut Müller-Enbergs, Marianne Schulz und Jan Wielgohs (Hg.): Von der Illegalität ins Parlament. Werdegang und Konzept der neuen Bürgerbewegungen. Berlin 1992.

14 Gesetz über den Wehrdienst in der Deutschen Demokratischen Republik (Wehrdienstgesetz) vom 25. März 1982. Gesetzblatt der Deutschen Demokratischen Republik 1982, Teil I Nr. 12, S. 221.

rung zur Verweigerung des Wehrdienstes auf.[15] Mit Aktionen dieser Art sollte gezielt öffentliche Aufmerksamkeit gewonnen werden, nicht nur, um die Anliegen der Gruppe diesseits und jenseits der Mauer sichtbar zu machen, sondern auch, um ihre Mitglieder vor dem Zugriff durch die Staatssicherheit zu schützen. Denn mit der Unterzeichnung der Schlussakte von Helsinki im August 1975 hatte sich die DDR offiziell verpflichtet, die Wahrung der Menschenrechte auf ihrem Territorium sicherzustellen. Gelangten Nachrichten über Repressionsmaßnahmen in den Westen, konnten empfindliche wirtschaftliche und diplomatische Sanktionen drohen.

Die intensive Vorbereitung der „Frauen für den Frieden" auf ihre Verhaftung geschah nicht ohne Grund: Das Kräftemessen zwischen der Staatsmacht und der aufbegehrenden Zivilgesellschaft wurde nicht nur auf der Straße, sondern auch hinter den Gefängnismauern ausgetragen. Während die Präsenz der Staatssicherheit für die Zivilbevölkerung sonst nur indirekt zu erschließen war – als Wartburg[16] im Rückspiegel oder vor der Hauseinfahrt geparkt, als Knacken in der Telefonleitung oder in Gestalt von Inoffiziellen Mitarbeitern (IM), die man überall vermuten, aber deren Entlarvung nur äußerst selten gelang –, bildete die Vernehmung den einzigen Schauplatz, an dem sich Staatssicherheit und Bürgerin Auge in Auge gegenübersaßen. Im Zentrum dieser Konfrontation stand die im Jargon der Staatssicherheit als „Aussageverhalten" bezeichnete Kommunikation zwischen Beschuldigten und Vernehmer. Aufseiten der Staatssicherheit wurde zur Steuerung dieses Aussageverhaltens ein umfangreicher Fundus an Dienstvorschriften, Praktiken, personellen, materiellen und ideellen Ressourcen aufgeboten. Zu diesen gehörten nicht nur eine rigorose Anstaltsordnung und eine karge Zelle mit kahlen Wänden, Milchglasfenstern, Holzpritsche und Türspion, einsilbigen Zellenwärtern und hartnäckigen Vernehmern, sondern ab Mitte der 1960er Jahre auch zunehmend psychologische Wissensbestände.

Genese, Funktion und Kontext dieses psychologischen Wissens zur Steuerung des Verhaltens während der Vernehmung stehen im Zentrum der folgenden Untersuchung. Das Problem der Steuerung des Aussageverhaltens wird dabei aus politischer, geheimpolizeilicher und psychologischer Perspektive beleuchtet: Als Konvergenzpunkt staatlicher Repression, oppositionellen Widerstands und Gegenstand der psychologischen Analyse bildete die Frage der Geständnisproduktion nicht nur eine Messlatte für das individuelle Geschick des Untersuchungsführers, sondern auch für die Macht des Staates und seiner Geheimpolizei. Als Leitbegriff zur Rekonstruktion der Auseinandersetzung zwischen Staatsmacht und Opposition

15 Vgl. Almut Ilsen und Ruth Leisirowitz (Hg.): Seid doch laut! Die Frauen für den Frieden in Ost-Berlin. Bonn 2019.

16 Wartburg war eine in der DDR produzierte Pkw-Marke, welche unter anderem von der Volkspolizei und durch Mitarbeiter des MfS für Streifen- und Einsatzfahrten verwendet wurde.

im Kontext des Verhörs wird im Weiteren der Begriff einer „widersprüchlichen Modernisierung“ der DDR angelegt[17] und auf der Grundlage von archivierten Dokumenten aus dem Ministerium für Staatssicherheit, der Juristischen Hochschule Potsdam (JHS) und von Erlebnisberichten ehemaliger Inhaftierter entfaltet.[18] Sowohl in der Staatssicherheit und in der akademischen Psychologie als auch in der Zivilgesellschaft wurden, wie gezeigt werden soll, in den letzten beiden Jahrzehnten der DDR Aspekte eines Modernisierungsprozesses sichtbar, dessen Widersprüchlichkeit schließlich eine Sprengkraft entfaltete, die zum Kollaps des gesamten Systems mit beitrugen.

Die Modernisierung der DDR und der Psychologie im Zeichen der Kybernetik

Anfang der 1960er Jahre sah sich die Sozialistische Einheitspartei Deutschlands (SED) durch die mit dem Bau der Berliner Mauer vollendete Selbsteinsperrung des Staates neuen innenpolitischen und ökonomischen Herausforderungen ausgesetzt. Eine Reaktion auf diese neuen Rahmenbedingungen war Walter Ulbrichts „Neues Ökonomisches System der Planung und Leitung“, welches die Erhöhung des materiellen Wohlstands der DDR-Bevölkerung auf Grundlage der „wissenschaftlich-technischen Revolution“[19] ganz oben auf die Agenda zum weiteren Aufbau des Sozialismus stellen sollte. Anstelle des Anfang der 1950er Jahre avisierten Wiederaufbaus der Schwerindustrie wurde nunmehr die Ankurbelung der Produktion und des Handels von Konsumgütern zur obersten Priorität der SED-Wirtschaftspolitik. Auch das 1971 von Staatschef Erich Honecker verkündete Programm einer „Einheit von Wirtschafts- und Sozialpolitik“ behielt diesen Modernisierungskurs bei, wenn auch mit einer noch stärker zentralisierten Plan-

17 Zur Debatte um die Modernität der DDR siehe Detlef Pollack: Wie modern war die DDR. In: Koordinaten deutscher Geschichte in der Epoche des Ost-West-Konflikts. Hg. von Hans Günter Hockerts. München 2004, S. 175–205.

18 Als Grundlage dieser Untersuchung dienen neben Wissenschafts- und DDR-geschichtlicher Literatur sowohl archivarische Hinterlassenschaften des MfS, im Besonderen Schulungshefte und Abschlussarbeiten von Mitarbeitern der Juristischen Hochschule in Potsdam, als auch mündliche und schriftliche Haftberichte. Zur Problematik der historischen Aussagekraft des unterschiedlichen Quellenmaterials, auf die hier nicht näher eingegangen werden kann, vgl. Siegfried Suckut und Jürgen Weber: Stasi-Akten zwischen Politik und Zeitgeschichte. München 2003.

19 Vgl. Walter Ulbricht: Die gesellschaftliche Entwicklung in der DDR bis zur Vollendung des Sozialismus. In: Walter Ulbricht: Probleme der sozialistischen Leitungstätigkeit. Berlin 1967, S. 497–579.

wirtschaft. Während ein kolossaler bürokratischer Apparat die Warenproduktion und -distribution, den Handel und den Konsum lenkte, sollten Technologie und Wissenschaft die Produktionsrate beschleunigen und damit eine möglichst rasche Steigerung des Lebensstandards in der Bevölkerung herbeiführen, deren Loyalität sich die Parteiführung auf diesem Wege zu sichern erhoffte.[20]

Im Kontext der „wissenschaftlich-technischen Revolution“ spielte die universitäre Psychologie eine im Verhältnis zu den Natur-, Agrar- oder Ingenieurwissenschaften zwar kleine, aber trotzdem nicht ganz unbedeutende Rolle. Im Laufe der 1960er Jahre wurden die Studienpläne an den Universitäten auf die spätere Berufspraxis der Psychologiestudierenden im klinischen, pädagogischen oder industriellen Sektor hin ausgerichtet.[21] Damit vollzog die Psychologie in der DDR eine ähnliche Entwicklungsrichtung wie in den USA und Westeuropa, wo sie bereits während des Zweiten Weltkriegs begonnen hatte, sich von einem Forschungsfach zu einer Profession mit vielen unterschiedlichen Berufszweigen zu entwickeln.[22]

Für die Entwicklung der Psychologie in der DDR spielten im Kontext der 1960er Jahre die Kybernetik und Informationstheorie eine zentrale Rolle. Das kybernetische Vokabular der Steuerung und Rückkoppelung, des Speicherns, Filterns und Abrufens von Informationen ließ sich gut mit der Hoffnung auf den Einsatz psychologischen Steuerungswissens in der Produktion verbinden. Diese Bewegung zur Technisierung des Psychischen unter kybernetischem Vorzeichen war ebenfalls kein DDR-Spezifikum, sondern hatte in den USA schon während der 1950er Jahre im Rahmen des „cognitive turn“[23] eingesetzt. Trotz ihrer unzweifelhaft „imperialistischen“ Herkunft wurde die technizistische Terminologie der Kybernetik ab den 1960er Jahren auch in den sozialistischen Staaten aufgegriffen.[24] Auf dem 6. Parteitag der SED 1963 verkündete Ulbricht, dass die Kybernetik neben den „führenden

20 Vgl. Christoph Boyer und Peter Skyba (Hg.): Repression und Wohlstandsversprechen. Zur Stabilisierung von Parteiherrschaft in der DDR und der ČSSR. Dresden 1999.

21 Vgl. Stefan Busse: Psychologie in der DDR. Die Verteidigung der Wissenschaft und die Formung der Subjekte. Weinheim 2004.

22 Die Wurzeln der angewandten Psychologie lassen sich im deutschsprachigen Raum bis zum Ersten Weltkrieg zurückverfolgen. Der Zweite Weltkrieg spielte in weiterer Folge für die Entwicklung des psychologischen Berufsbildes eine besonders wichtige Rolle. Vgl. Martin Wieser (Hg.): Psychologie im Nationalsozialismus. Frankfurt a. M. 2020.

23 Zur Geschichte des „cognitive turn“ in Psychologie und benachbarten Wissenschaften, in dessen Zuge kybernetische und informationstheoretische Modelle psychischer Prozesse erstmals Konjunktur erfuhren, siehe Jean-Pierre Dupuy: On the Origins of Cognitive Science. London 2009.

24 Vgl. Jérôme Segal: Kybernetik in der DDR. Dialektische Beziehungen. In: Cybernetics | Kybernetik. The Macy-Conferences 1946–1953. Hg. von Claus Pias. Zürich 2004, S. 227–251.

Zweigen der Naturwissenschaften [...] besonders zu fördern" sei.[25] Die Hoffnung auf eine Regulierbarkeit des Faktors „Mensch" im Produktionsprozess übte eine zu große Anziehungskraft auf die Parteileitung aus, um aus rein ideologischen Gründen ignoriert zu werden. Für die akademische Psychologie in der DDR bot der politische Auftrag zur Orientierung an der Kybernetik eine willkommene Gelegenheit, tradierte Vorbehalte gegen die „bürgerlichen" Wurzeln des Faches und die noch in der Weimarer Republik akademisch sozialisierte Generation von Professoren abzubauen.[26] In Jena und Berlin setzte sich Friedhart Klix dezidiert für eine Neuausrichtung der Denkpsychologie hin zu experimentellen und statistischen Methoden auf kybernetischer Grundlage ein.[27] An der Technischen Hochschule Dresden wurden unter der langjährigen Leitung des Arbeitspsychologen Winfried Hacker Fragen der Handlungsregulation und der Fehler- und Unfallvermeidung am Arbeitsplatz in der Sektion Arbeitswissenschaft beforscht. Als Kernanliegen seines Feldes sah Hacker die „psychische Regulation der Arbeitstätigkeiten der Persönlichkeit im Zusammenhange ihrer Bedingungen und Auswirkungen".[28] Vergleichbare Entwicklungen waren auch am Psychologischen Institut der Universität Jena zu verzeichnen, welches infolge der ab 1968 durchgeführten dritten Hochschulreform sogar drei Jahre lang mit den Wirtschaftswissenschaften zur Sektion „Ökonomische Kybernetik" fusioniert wurde. Hier entwickelten Institutsmitglieder sozialpsychologische Verhaltenstrainings für betriebliches Leitungspersonal (unter anderem für Carl Zeiss Jena) mit Schwerpunkt auf Fragen der Verhandlung und Gruppenführung.[29]

Mit der Umsetzung der dritten Hochschulreform gewannen auch in der Wissenschaftspolitik der DDR pragmatische Erwägungen die Oberhand gegenüber ideologischen Vorbehalten.[30] Fachvertreter, denen es gelang, die Nützlichkeit ihrer Wissenschaft für die Effizienzsteigerung der Produktion, die Erhöhung des Lebensstandards und die Erziehung „sozialistischer Persönlichkeiten" glaubhaft zu ma-

---

25 Alois Riklin und Klaus Westen: Selbstzeugnisse des SED-Regimes. Köln 1963, S. 127.

26 Vgl. Wolfgang Schönpflug: Psychologie im Kontext der Kybernetik und im Kontext des Sozialismus. In: Psychologische Rundschau 66 (2015), H. 2, S. 91–113.

27 Vgl. Sven Eibisch und Mitchell Ash: Psychologie an der Humboldt-Universität. In: Geschichte der Universität unter den Linden 1810–2010. Hg. von Heinz-Elmar Tenorth. Berlin 2010, S. 287–207.

28 Winfried Hacker: Allgemeine Arbeits- und Ingenieurpsychologie. Psychische Struktur und Regulation von Arbeitstätigkeiten. Berlin 1973, hier S. 24.

29 Vgl. Kitty Dumont: Die Sozialpsychologie in der DDR. Eine wissenschaftshistorische Untersuchung. Frankfurt a. M. 1999 und Verena Lehmbrock: Paying attention to each other. An essay on the transnational intersections of industrial economy, subjectivity, and governance in East Germany's social-psychological training. In: Journal of the History of the Behavioral Sciences 59 (2022), H. 3, S. 283–300.

30 Vgl. Wolfgang Lamprecht: Neuparzellierung einer gesamten Hochschullandschaft. Die III. Hochschulreform in der DDR (1965–1971). In: die hochschule 16 (2007), H. 2, S. 171–189.

chen, hatten gute Gründe, sich Hoffnung auf eine wohlwollende Förderung im sozialistischen Wissenschaftssystem zu machen. Für die gesamte akademische Psychologie in der DDR war die Kybernetik auch deshalb so attraktiv, weil sie die Möglichkeit eröffnete, sich von den politisch stärker regulierten Gesellschaftswissenschaften abzugrenzen und den höher dotierten naturwissenschaftlichen Sektionen anzunähern.[31] So konnte sich die akademische Psychologie in der DDR einen kleinen, aber relativ gesicherten Platz in der sozialistischen Wissenschaftslandschaft sichern.

Operative Psychologie als Element der Modernisierung des MfS

Psychologisch-kybernetisches Steuerungswissen sollte nach dem Willen der SED nicht nur in die Arbeits- und Betriebswissenschaften, ans Fließband und in die Führungsetagen der Volkseigenen Betriebe[32] exportiert werden, sondern auch in den geheimpolizeilichen Apparat. Die zentrale Drehscheibe dieses Wissenstransfers war die als Juristische Hochschule Potsdam (JHS) betitelte Kaderschmiede des MfS. 1965 gegründet, sollte hier jenes Wissen entwickelt und vermittelt werden, welches die Studierenden für ihren Einsatz als Mitarbeiter im Geheimdienst qualifizierte. Zu diesem Zweck wurde an der JHS auch ein Lehrstuhl für Operative Psychologie eingerichtet. Bis zur Auflösung des MfS Anfang 1990 waren hier insgesamt 16 Mitarbeitende (darunter eine Mitarbeiterin) tätig.[33] Der Aufgabenbereich der Institutsangehörigen erstreckte sich von der Lehre, der Betreuung von Diplomarbeiten und Dissertationen über die Zusammenstellung von psychologischen Schulungsmaterialien für Fern- und Direktstudiengänge bis zur Beratung

---

31 Vgl. Busse: Psychologie in der DDR; Wolfgang Schönpflug und Gerd Lüer: Psychologie in der Deutschen Demokratischen Republik. Wissenschaft zwischen Ideologie und Pragmatismus. Der XXII. Internationale Kongress für Psychologie 1980 in Leipzig, seine Vorgeschichte und Nachwirkungen. Wiesbaden 2011.

32 Als Volkseigene Betriebe (VEB) wurden die im Staatseigentum befindlichen Produktions- und Dienstleistungsbetriebe in der DDR bezeichnet, welche das organisatorische Fundament der sozialistischen Planwirtschaft bildeten.

33 Vgl. Holger Richter: Die Operative Psychologie des Ministeriums für Staatssicherheit. Frankfurt a. M. 2015 und Martin Wieser: Operative Psychologie. Zur Gründung und Entwicklung eines Lehrstuhls an der Juristischen Hochschule des Ministeriums für Staatssicherheit der DDR. In: psychosozial 45 (2022), H. 3, S. 23–36.

anderer Diensteinheiten, beispielsweise bei der Erstellung von Richtlinien oder Fragen der Leitung und Schulung von Mitarbeitern oder IM.[34]

Für das MfS stellte die Qualifizierung des Kaderpersonals eine dauerhafte Herausforderung dar: 1962 hatten nur 9,6 Prozent der hauptamtlichen Mitarbeiter das Abitur und nur 6,2 Prozent die zehnte Klasse abgeschlossen. Bis 1988 konnte die Abiturientenquote im MfS auf immerhin knapp 21 Prozent angehoben werden.[35] Die mangelnde Qualifikation der Mitarbeiter hatte eine Reihe von Problemen[36] (darunter eine chronische Personalfluktuation) erzeugt, denen mit der Gründung der Juristischen Hochschule Potsdam, zumindest auf der Ebene des Leitungspersonals, entgegengewirkt werden sollte. Vier Jahrzehnte Ministerium für Staatssicherheit brachten nicht nur eine kontinuierlich wachsende Anzahl von MfS-Angehörigen mit sich – im Oktober 1989 waren es über 91.000 –, sondern auch die zunehmende Binnendifferenzierung einer Institution, welche weit mehr Funktionen übernahm als ein herkömmlicher Nachrichtendienst: Neben der Auslandsaufklärung und der Spionageabwehr im Inland oblag dem MfS auch die Sicherung der militärischen und ökonomischen Infrastruktur, Teile der Grenzraumüberwachung sowie die Terrorabwehr, es führte ein bewaffnetes Wachregiment und repräsentierte schließlich – als „Schild und Schwert" der SED – eine politische Polizei, die damit beauftragt war, „staatsfeindliche" Aktivitäten jeder Art zu bekämpfen.[37]

Das Kaderpersonal war also im Rahmen der Ausbildung an der JHS auf ein breites Spektrum an höchst unterschiedlichen Aufgaben vorzubereiten. Der Anteil psychologischer Inhalte an der Lehre der Juristischen Hochschule Potsdam war (im Vergleich zu anderen Fächern wie Grundlagen des Marxismus-Leninismus, Staats- und Völkerrecht, Kriminalistik oder auch die Nutzung von EDV-Systemen) verhältnismäßig gering. Insgesamt belief sich das Lehrkontingent der Operativen Psychologie auf 131 Stunden, verteilt auf das zweite und dritte Semester des Hochschuldirektstudiums, also auf knapp 5 Prozent des Lehrplans.[38] Inhaltliche Schwerpunkte waren vor allem Grundlagen der Persönlichkeits-, Motivations- und Sozialpsychologie, aber

---

34 Vgl. Moritz Michels und Martin Wieser: From Hohenschönhausen to Guantanamo Bay. Psychology's role in the secret services of the GDR and the United States. In: Journal of the History of the Behavioral Sciences 54 (2018), S. 43–61.

35 Jens Gieseke: Die hauptamtlichen Mitarbeiter des Ministeriums für Staatssicherheit (MfS-Handbuch). Hg. von BStU. Berlin 1996, S. 48.

36 Vgl. Jens Gieseke: Abweichendes Verhalten in der totalen Institution. Delinquenz und Disziplinierung der hauptamtlichen MfS-Mitarbeiter in der Ära Honecker. In: Justiz im Dienste der Parteiherrschaft. Rechtspraxis und Staatssicherheit in der DDR. Hg. von Roger Engelmann und Clemens Vollnhals. Berlin 1999, S. 531–553.

37 Vgl. Jens Gieseke: Die Stasi 1945–1990. München 2011.

38 Vgl. Stefan Gerber: Zur Ausbildung von Diplomjuristen an der Hochschule des MfS (Juristische Hochschule Potsdam). Berlin 2000.

auch deren Anwendung auf verschiedene Praxisfelder des MfS. Wie in der Forschungsliteratur häufig angemerkt, blieb die Vermittlung psychologischen Wissens oft oberflächlich.[39] In den Debatten um die Wissenschaftlichkeit der Operativen Psychologie wird jedoch meist ausgeblendet, dass der Auftrag der Psychologen an der JHS in der Höherqualifizierung von MfS-Mitarbeitern bestand, von denen die wenigsten jemals zuvor in Berührung mit der akademischen Psychologie gekommen waren.[40] Vor allem in den von MfS-Psychologen betreuten oder selbst angefertigten Forschungs- und Abschlussarbeiten zeigt sich eine klare Ausrichtung auf die Probleme der „operativen" Praxis: Zum einen widmete sich eine Reihe dieser Arbeiten der Identifikation und Selektion, Leitung und Schulung von Kaderangehörigen, war also auf Fragen der Personalauswahl und -qualifizierung ausgerichtet. Zum anderen beschäftigte sich ein Großteil der Arbeiten mit Bereichen, in denen der zwischenmenschliche Kontakt mit „feindlich-negativen" (d. h. als oppositionell eingestuften oder dem kapitalistischen „Klassenfeind" zugehörigen) Kräften im Vordergrund stand: Dies war zum einen die „IM-Arbeit", also die Kontaktierung und Anwerbung von Inoffiziellen Mitarbeitern (IM), die für die Zusammenarbeit mit der Staatssicherheit gewonnen werden sollten.[41] IM wurden für viele verschiedene Aufgabenbereiche eingesetzt, unter anderem zur Bereitstellung „konspirativer Wohnungen", zur „Abschöpfung" von Informationen über Verdächtige, aber auch zur „Zersetzung" oppositioneller Individuen und Gruppen.[42] Diese sollten mithilfe der IM verunsichert, gespalten und handlungsunfähig gemacht werden, indem etwa Zwietracht gesät und Eifersucht zwischen ihnen geschürt wurde.[43] Das für die vorliegende Untersuchung zentrale Thema bildet der Komplex der Vernehmung als Mittel zur Produktion von Geständnissen während der Untersuchungshaft. Die Frage nach den psychologischen Bedingungen der Geständnisproduktion bildete

39 Vgl. Mitchell Ash: Wissenschaftshistorische Stellungnahme zur „Operativen Psychologie". In: Zersetzung der Seele. Psychologe und Psychiatrie im Dienste der Stasi. Hg. von Klaus Behnke und Jürgen Fuchs. Hamburg 1995, S. 214–225.

40 Vgl. Martin Wieser: IM-Arbeit und das Problem der „Verbrüderung". Überlegungen zum Verhältnis von Norm und Praxis der Operativen Psychologie. In: Psychologie als Instrument der SED-Diktatur. Theorien – Praktiken – Akteure – Opfer. Hg. von Andreas Maercker und Jens Gieseke. Göttingen 2021, S. 127–143.

41 Zur Problematik der IM-Arbeit aus Sicht der Operativen Psychologie vgl. Martin Wieser: „Talk to each other—but how?" Operative psychology and IM-work as „micro-totalitarian practice". In: Mind Reading as a Cultural Practice. Hg. von Laurens Schlicht, Carla Seemann und Christian Kassung. Cham 2020, S. 223–246.

42 Vgl. Helmut Müller-Enbergs: Inoffizielle Mitarbeiter des Ministeriums für Staatssicherheit. Richtlinien und Durchführungsbestimmungen. Berlin 1996.

43 Zur Verwendung des Begriffs der ‚Zersetzung' im MfS siehe die Richtlinie Nr. 1/76 zur Entwicklung und Bearbeitung Operativer Vorgänge (OV), BStU, MfS, BdL-Dok. 3234.

seit Gründung der JHS einen Kernbereich der Operativen Psychologie, welcher in den nächsten Abschnitten näher untersucht wird. Zuvor soll jedoch die bereits erwähnte Thematik der Modernisierung im Kontext des MfS kurz wieder aufgegriffen werden.

Analog zur erwähnten Transformation der akademischen Psychologie in der DDR im Zeichen der Kybernetik wird auch der Beitrag der Operativen Psychologie im Folgenden als Versuch einer „Modernisierung" der Strukturen und Abläufe des MfS betrachtet. Infolge des beständigen Zuwachses an Kompetenzen und Kapazitäten[44] war das MfS darauf angewiesen, sich „moderner" Mittel (der fortlaufenden Ausdifferenzierung ihrer Aufgabenbereiche, der Höherqualifizierung der eingesetzten Personalkräfte, der Bürokratisierung, Automatisierung und Technisierung ihrer Arbeitsprozesse) zu bedienen. All diese Mittel wurden jedoch eingesetzt, um auf gesellschaftlicher Ebene einen „vormodernen" Zustand zu konservieren, allem voran die Verhinderung der Entstehung pluralistischer Strukturen und Wertegemeinschaften, von Sub-, Gegen- und Jugendkulturen oder anderen außerstaatlichen Gruppierungen. Die Nutzung wissenschaftlichen Erkenntnisse zur Fehleranalyse und Optimierung von internen Strukturen und Abläufe – ein wesentliches Kennzeichen „moderner" Organisationen[45] – war also der eigentliche Grund für die Institutionalisierung der Operativen Psychologie: Vor allem in jenen Bereichen der geheimdienstlichen Arbeit, in denen zwischenmenschliche Faktoren die vorgesehenen Abläufe störten, sollte psychologisches Wissen zur Anwendung kommen.[46] Dass die Mitarbeiter des Lehrstuhls für Operative Psychologie ab den 1970er Jahren regelmäßig zum Psychologiestudium an staatliche Universitäten beordert wurden, spricht für eine Erwartungshaltung der Kaderleiter, von diesem Personal- und Wissenstransfer profitieren zu können. Für die Mitarbeiter des Lehrstuhls realisierte sich diese Erwartung in dem Auftrag, das im universitären Studium und im eigenen Dienst erworbene Wissen so aufzubereiten, dass es für die Hauptamtlichen Mitarbeiter an der JHS und außerhalb praktisch verwertbar war.

---

44 Statistische Angaben zum Wachstum der Ermittlungsverfahren des MfS ab den 1970er Jahren finden sich in Frank Joestel: Verdächtigt und beschuldigt. Statistische Erhebungen zur MfS-Untersuchungstätigkeit 1971–1988. In: Justiz im Dienste der Parteiherrschaft. Rechtspraxis und Rechtssicherheit in der DDR. Hg. von Roger Engelmann und Clemens Vollnhals. Berlin 1999, S. 303–327.

45 Vgl. Mitchell Ash: Wissenschaft, Politik und Modernität in der DDR. Ansätze zu einer Neubetrachtung. In: Wissenschaft und Politik. Genetik und Humangenetik in der DDR (1949–1989). Hg. von Karin Weisemann, Peter Kröner und Richard Toellner. Münster 1997, S. 1–25.

46 Inwieweit dies gelungen ist, kann hier nicht weiter erörtert werden. Vgl. Wieser: IM-Arbeit und das Problem der Verbrüderung, sowie allgemeiner zum Verhältnis von Norm und Praxis im MfS Jens Gieseke: Abweichendes Verhalten.

MfS-Untersuchungshaft und die Bedeutung der Geständnisproduktion

Als geheimdienstliche Praxis bildete die Vernehmung nur ein singuläres Element innerhalb eines umfangreichen Arrangements an politischen, juristischen, materiellen und personellen Ressourcen des MfS zur „Bearbeitung" von „feindlich-negativen Kräften". Meist war dieses Ensemble der Überwachung und Kontrolle schon lange in Bewegung gesetzt worden, bevor es für die Verdächtigten bemerkbar wurde. Der für sie überraschenden Verhaftung ging häufig ein längerer Vorlauf der Überwachung und Beweismittelbeschaffung voraus, welcher schließlich in die „Zuführung" des Beschuldigten mündete. Auf die unangekündigte Mitnahme – „zur Klärung eines Sachverhalts", wie die Standardfloskel lautete – folgte meist eine längere Irrfahrt im geschlossenen Transporter, um den Festgenommenen die Orientierung zu rauben. Unvermittelt aus dem Alltag und ihrer gewohnten Umgebung gerissen, nach stundenlanger Fahrt an einen unbekannten Ort verbracht, schloss sich an ihre Einlieferung eine demütigende Prozedur der Entkleidung, ärztlichen Leibesvisitation und des Abfotografiertwerdens an, gefolgt von der Registrierung und Abgabe aller persönlichen Gegenstände sowie der Kleidung. Die Schockwirkung der Einlieferung diente als erste Vorbereitungsmaßnahme für die Erstvernehmung. Das „Gefühl der Hilflosigkeit, des Bloßgestelltseins, des Alleinstehens, des Benachteiligtseins, die Unkenntnis über die Bedingungen der Untersuchungshaft und die Bewältigung derselben"[47], wie in einer Diplomarbeit der JHS von 1968 nachzulesen ist, sollten gezielt genutzt werden, um dem Überrumpelten möglichst wenig Zeit zu lassen, sich auf die neue Lage einzustellen. „Zeit gewinnen / du lebst im Schock / du weißt nicht, was sie wollen / Kommunikation abbrechen / keinen Unsinn reden / zur Ruhe zwingen / beobachten / Zeit gewinnen /schweigen"[48] – so schilderte der Psychologe und Literat Jürgen Fuchs, der 1976 in Folge des Protests gegen die Ausbürgerung Wolf Biermanns verhaftet worden war, seine Gedanken während der ersten Haftstunden in Hohenschönhausen.

Über viele Stunden und bis zum nächsten Tag konnte sich die Erstvernehmung ziehen. Ab den 1960er Jahren häuften sich die Berichte ehemaliger Inhaftierter über ein Haftregime, welches das Gefühl der Ohnmacht, der Erschöpfung und des Ausgeliefertseins derart steigerte, dass dem Beschuldigten das Geständnis als einzige

---

47 Manfred Pierschel: Die Wirksamkeit der aus der Verhaftung/Festnahme resultierenden Einflüsse auf das Verhalten des Beschuldigten in der 1. Vernehmung und die daraus abzuleitende Vernehmungstaktik des Untersuchungsführers. BStU, MfS, JHS, MF 587, 1968, Bl. 16.

48 Jürgen Fuchs: Vernehmungsprotokolle. November '76 bis September '77. Hamburg 1978, S. 17.

Handlungsoption erscheinen sollte.[49] Auf die Erstvernehmung folgte die Überstellung in die Zelle – für viele Häftlinge blieb sie der einzige Ort, den sie für die nächsten Wochen oder Monate außerhalb des Vernehmungszimmers (und dem vergitterten Innenhof für Freigänge) zu Gesicht bekamen.[50] Während der Einzelhaft war jede Kommunikation außerhalb der Vernehmung untersagt, die Wärter hatten die Insassen nur mit ihrer Zellennummer anzusprechen. Depersonalisation, Reizdeprivation und soziale Isolation, zeitliche und räumliche Desorientierung und der Schlafentzug durch nächtliche Kontrollen und Vernehmungen kumulierten in einer massiven psychischen Drucksituation.[51] Die rigorose Anstaltsordnung untersagte den Inhaftierten Sport und Bewegung in der Zelle, das Schreiben, den Gesang oder das Liegen auf der Pritsche während des Tages. Der triste Zellenalltag des Inhaftierten, der alleine mit seinen Gedanken, Sorgen und Ängsten war, wurde nur durch die unregelmäßigen Vernehmungen unterbrochen. Zahlreiche Haftberichte erzählen von der psychischen Belastung, die sich durch die endlose, lähmende Monotonie in der Zelle immer weiter zuspitzte.[52] Doch auch wer nicht alleine einsaß, konnte nie ganz sicher sein, ob nicht im Nebenbett ein „Zelleninformator" lag, der nur darauf wartete, zu erfahren, was man im Verhör noch verschwiegen hatte. Abgesehen von der Monotonie des Lebens in der Zelle waren die Form und der Ablauf der Untersuchungshaft des MfS einem beständigen Wandel unterworfen. Bis 1951 wurden die Haftanstalten von sowjetischem Wachpersonal geleitet. Physische Bestrafungsmethoden waren in dieser Zeit sehr häufig. Zwar gingen Übergriffe dieser Art danach deutlich zurück, ohne jedoch bis zum Ende der DDR vollständig zu verschwinden.[53] Neben dem Übergang von physischen zu psychischen Repressionsmethoden in der Haft wurden auch Veränderungen in den baulichen, hygienischen und organisatorischen Strukturen der Untersuchungshaftanstalten vorgenommen. Diese betrafen sowohl die Form der Unterbringung in den Verwahrräumen, die Behandlung durch das Wachpersonal, die Möglichkeit zur Kontaktaufnahme mit der

---

49 Bundesministerium für gesamtdeutsche Fragen (Hg.): Der Staatssicherheitsdienst. Ein Instrument der politischen Verfolgung in der Sowjetischen Besatzungszone Deutschlands. Celle 1962.

50 Vgl. Katrin Passens: MfS-Untersuchungshaft. Funktionen und Entwicklung von 1971 bis 1989. Berlin 2012.

51 Vgl. Hans-Eberhard Zahn: Haftbedingungen und Geständnisproduktionen in den Untersuchungs-Haftanstalten des MfS. Berlin 2005.

52 Vgl. Hubertus Knabe (Hg.): Gefangen in Hohenschönhausen. Stasi-Häftlinge berichten. Berlin 2007, sowie Hubertus Knabe (Hg.): Die vergessenen Opfer der Mauer. Inhaftierte DDR-Flüchtlinge berichten. Berlin 2009.

53 Vgl. Gerhard Sälter: „Den Ablauf der Vernehmung bestimmen nicht Sie." Zur instrumentellen Verwendung struktureller Gewalt und sprachlicher Übermächtigung bei Verhören des MfS in den 1950er Jahren. In: Polizei, Gewalt und Staat im 20. Jahrhundert. Hg. von Alf Lüdtke, Herbert Reinke und Michael Sturm. Wiesbaden 2011, S. 279–299.

Außenwelt oder zum Freigang als auch den Zugang zu Literatur, medizinischer Versorgung und viele weitere Begleitumstände.[54] Dieser Transformationsprozess in den Haftbedingungen war zum einen dem wachsenden Aufgabenspektrum der Staatssicherheit geschuldet, die eine zunehmende Vielfalt von Delikten und Straftätern zu bearbeiten hatte. Zum anderen war dieser Wandel den veränderten außenpolitischen Verhältnissen geschuldet. Zwei markante Eckpfeiler dieser politischen Bedingungen sind die in den 1960er Jahren einsetzenden Häftlingsfreikäufe durch die BRD[55] sowie die Unterzeichnung der Schlussakte von Helsinki durch die DDR-Staatsführung im August 1975. Beide erforderten eine Anpassung der Praktiken des MfS.[56]

Für den Verlauf der Untersuchungshaft und der Vernehmung spielte nicht nur der Zeitpunkt der Verhaftung, sondern auch die Herkunft, Biografie und andere soziale Marker der Inhaftierten eine entscheidende Rolle. Prominenz, Alter, Geschlecht, Ausbildung und familiäre Beziehungen konnten sowohl mögliche Ansatzpunkte für Druckmittel als auch Beschränkungen für den Vernehmer und das Wachpersonal darstellen. So berichteten beispielsweise die Bürgerrechtlerin Ulrike Poppe und der systemkritische Liedermacher Stephan Krawczyk von diversen Renitenzen, die sie sich aufgrund ihrer Prominenz während der Haftzeit leisten konnten.[57]

Während sich die Haftbedingungen und Vernehmungsmethoden wandelten, blieb das oberste Ziel der Vernehmung die Geständnisproduktion, welcher nach Jens Gieseke ein nahezu „kultische[r] Stellenwert"[58] im MfS zukam. Deren Bedeutung leitete sich in erster Linie aus der Problematik ab, dass viele vom MfS gesammelten Beweismaterialien vor Gericht nicht verwendbar waren, weil sie entweder auf nicht rechtskonforme Weise beschafft wurden (etwa durch illegale Hausdurchsuchungen) oder das Risiko bestand, dass durch ihre Verwendung geheimdienstliche Quellen enttarnt wurden. Aus Sicht des MfS ließ sich die Problematik der mangelnden Prozesstauglichkeit der Beweismittel meist am einfachsten durch die Produktion eines Geständnisses und einer Unterschrift unter das Vernehmungspro-

54 Passens: MfS: Untersuchungshaft.

55 Jan Philipp Wölbern: Der Häftlingsfreikauf aus der DDR 1962/63–1989. Zwischen Menschenhandel und humanitären Aktionen. Göttingen 2014.

56 Vgl. Douglas Selvage und Walter Süß: Staatssicherheit und KSZE-Prozess. MfS zwischen SED und KGB (1972–1989). Göttingen 2019.

57 Julia Spohr: In Haft bei der Staatssicherheit. Das Untersuchungsgefängnis Berlin-Hohenschönhausen. Berlin 2015, S. 318.

58 Jens Gieseke: Das Ministerium für Staatssicherheit. Ein Kapitel deutscher Polizeigeschichte? In: Staat, Demokratie und Innere Sicherheit in Deutschland. Hg. von Hans-Jürgen Lange. Wiesbaden 2000, S. 111–128, hier S. 119.

tokoll umgehen.[59] Hierfür waren jedoch Geschick und Geduld des Vernehmers gefragt: „Wir wussten fast alles", berichtete ein ehemaliger MfS-Mitarbeiter, „und trotzdem war es nicht immer einfach, dem Beschuldigten die für das Gerichtsverfahren notwendigen Aussagen zu entlocken. Oft dauerte es Monate oder wenigstens Wochen, bis wir ein solides Geständnis hatten."[60] Eine Verlegung der Methoden der Geständnisproduktion von der physischen auf die psychologische Ebene setzte eine entsprechende Qualifizierung der Untersuchungsführer voraus. Hier kam die Operative Psychologie ins Spiel: Mit dem Auftrag zur Modernisierung des Geheimdienstes und dessen operativer Praxis waren die Mitarbeiter des Lehrstuhls dazu angehalten, sich intensiv mit der Frage der sogenannten Regulation des Aussageverhaltens im Kontext des Verhörs auseinanderzusetzen.

Die Regulation der Aussage als operativ-psychologisches Problem

Aus vernehmungstaktischer Sicht stellten die durch die Haftbedingungen erzeugten Gefühle der Isolation und Ohnmacht zentrale Vorbereitungs- und Begleitmaßnahmen zur Erhöhung der Geständnisbereitschaft dar. Die bedrückenden Haftbedingungen sollten einen Maximalkontrast zum Vernehmungszimmer bilden, in dem Tapete, Stuhl, Tisch, Schreibmaschine, Aschenbecher und der Blick durch das Fenster auf den Himmel einen letzten Hoffnungsschimmer der Normalität durch einen schier endlosen Alptraum warfen.[61] So gab es für den Vernehmer wenig Anlass, unfreundlich zu sein – solange der Beschuldigte kooperierte. „Der hat nie gebrüllt, hat nie gedroht, ich musste nie Angst haben, dass er gleich aufsteht und mir ein paar aufs Maul haut", berichtete ein 1985 in Hohenschönhausen Inhaftierter, „hat mich sogar vor jedem Verhör gefragt ob ich was trinken will [...] seine Hauptwaffe war eine ganz simple Freundlichkeit."[62] Viele ehemalige Inhaftierte berichteten, dass sie sich auf ihre Vernehmung freuten und in der Zelle grübelten, wann sie das nächste Mal herausgeholt werden. „Für mich gehörte dieses Menschliche immer

---

59 Eine Sammlung von JHS-Arbeiten zum Problem der „Offizialisierung" von Beweismitteln findet sich in Spohr: In Haft bei der Staatssicherheit, S. 249 f.

60 Reinhardt Hahn: Ausgedient. Ein Stasi-Major erzählt. Halle 1990, S. 64.

61 Ermittlungsverfahren waren gemäß § 103 Strafprozessordnung der DDR von 1968 nach drei Monaten abzuschließen. Im Falle der „Schwierigkeit der Ermittlungen" konnte die Staatsanwaltschaft jedoch die Haftdauer auf Ansuchen des Untersuchungsorgans verlängern, wovon auch regelmäßig Gebrauch gemacht wurde.

62 Interview von Charlotta Sippel mit Gilbert Furian vom 8. Okt. 2020.

dazu“, schilderte ein ehemaliger Mitarbeiter des Untersuchungsorgans. „Die Leute, die in den Zellen gesessen haben, die waren froh, wenn sie ins Vernehmerzimmer kamen, da gab's mal Tageslicht, und auf der Seite, wo ich saß, war den ganzen Tag Sonne.“[63]

Aus Sicht der MfS-Psychologen war die Geständnisproduktion eng an die Herstellung einer zwischenmenschlichen Bindung zwischen dem Vernehmer und dem Beschuldigtem gebunden. Der Untersuchungsführer sollte nicht nur Informationen abschöpfen und ein unterschriebenes Geständnisprotokoll produzieren, sondern auch auf das Gegenüber einwirken, es *erziehen*. Die dafür erforderlichen „fundierte[n] Grundkenntnisse in der Psychologie“ seien jedoch, wie es in einer Diplomarbeit von 1967 heißt, bei den Genossen in den Kreisdienststellen oft nur rudimentär vorhanden. Diese stützten sich häufig auf individuelle Erfahrung und praxisbasierte Intuition, was von den MfS-Psychologen als nicht mehr ausreichend kritisiert wurde: Oft würden „nur bestimmte Erfahrungswerte [...] rein gefühlsmäßig in der Untersuchungsarbeit angewandt“.[64] So mancher ehemalige Widerstandskämpfer unter den Untersuchungsführern hatte die brachialen Methoden der Gestapo noch am eigenen Leib erlebt.[65] Doch der moderne, psychologisch geschulte Vernehmer ballt die Hand nicht mehr zur Faust, sondern streckt sie seinem Beschuldigten offen entgegen. „Ein Außenstehender wird das vielleicht nicht verstehen“, so erinnert sich ein Vernehmer, „aber oft waren die Beziehungen zwischen Vernehmer und Beschuldigtem aufgeschlossen, locker, ungezwungen.“[66] Die auf dieser Beziehung aufbauende „Erziehungsarbeit“ des Vernehmers beinhaltete auch die Aufgabe, permanent nach „Ansätze[n] für eine echte Umerziehung des Beschuldigten und für dessen Rückgewinnung“[67] zu suchen, wie in einem Schulungsheft der JHS von 1988 zu lesen ist. Die Vernehmung ziele nie alleine auf die Aufklärung einer Straftat ab, sondern immer auch auf die Erkundung der zugrunde liegenden Persönlichkeitsmerkmale, der Motive und Absichten, Bedürfnisse, Einstellungen und Ziele des Verhörten, um die „feindliche Grundeinstellung des Beschuldigten als Komponente der Aussageregulation“ schließlich zu „neutralisieren“.[68] Die

63 Gilbert Furian: Der Richter und sein Lenker. Politische Justiz in der DDR. Berlin 1992, S. 139.

64 Siegfried Fleischhack: Einige psychologische Probleme der Tätigkeit des Untersuchungsführers und der Stand ihrer Verwirklichung in der Abteilung IX der Bezirksverwaltung für Staatssicherheit Suhl. BStU, MfS, JHS, MF, 514 (1967), S. 24.

65 Gieseke: Die hauptamtlichen Mitarbeiter.

66 Gisela Karau: Stasiprotokolle. Gespräche mit ehemaligen Mitarbeitern des „Ministeriums für Staatssicherheit“. Frankfurt a. M. 1992, S. 68.

67 Juristische Hochschule Potsdam: Die psychische Orientierung und Regulation des Aussageverhaltens Beschuldigter oder Verdächtiger und die sich daraus ergebenden vernehmungstaktischen Einwirkungsmöglichkeiten. BStU, MfS, JHS, 24136, 20/88 (1988), S. 110 f.

68 Juristische Hochschule: Aussageverhalten, S. 137.

Kalibrierung der Vernehmungstaktik setze eine möglichst umfassende Kenntnis der Persönlichkeit des Gegenübers voraus. Auch wenn es keine psychologischen „Erfolgsrezepte" oder „Wundermittel" gebe, die jedem Beschuldigten ein Geständnis zu entlocken vermögen, sei der Nutzen von „besser kategorisierbaren praktischen Erfahrungen" auf der Grundlage der „Gesetzmäßigkeiten der Aussageregulation"[69] unbestreitbar. Auch erfahrenen Vernehmern könne psychologisches Wissen neue und effektivere, bis dato noch nicht in Betracht gezogene Möglichkeiten der Einflussnahme eröffnen. Das Modernisierungsangebot der Operativen Psychologie offenbart sich damit als Projekt einer Auffächerung und Systematisierung von Handlungsoptionen für eine möglichst individualisierte Vernehmungstaktik.

Auf kybernetischer Grundlage unterscheiden die MfS-Psychologen zwei Grundbausteine des Aussageverhaltens: zum einen die „Eigenschaften der Persönlichkeit", zum anderen die „Teilfunktionen der psychischen Orientierung". Auf diesen beiden Grundbausteinen wird ein umfangreiches Tableau der Verhaltensdeterminanten errichtet, die zur Regulation des Aussageverhaltens in Betracht zu ziehen waren: Kenntnisse, Fertigkeiten, Einstellungen, Charaktereigenschaften, Fähigkeiten, Gewohnheiten und Temperamentseigenschaften auf der Seite der Persönlichkeit; Erkennen, Erleben, Streben, Bewerten, Entscheiden, Entwerfen, Kontrollieren und Behalten auf der Seite der psychischen Funktionen. Jedes Element galt es gesondert zu betrachten und mit den anderen in Relation zu setzen, um ein Gesamtbild der Persönlichkeit zu gewinnen und Anknüpfungspunkte für die beste Vernehmungstaktik zu identifizieren. Diese habe nicht nur die momentane Lage, sondern auch die handlungsleitenden „Fernziele" des Verhörten (beispielsweise die Entlassung in den Westen) zu berücksichtigen. Um bei Personen mit stabil „negativem Aussageverhalten" eine Verhaltensänderung herbeizuführen, müssten zuerst die dem Verhalten zugrundeliegenden Einstellungen aufgeklärt werden. Da der Prozess der Einstellungsbildung „niemals als abgeschlossen" zu verstehen sei, könne selbst bei Beschuldigten, welche ein äußerst „feindseliges" Bild vom MfS hätten und dieses etwa als „Willkürorgan" oder gar als „Folterknechte"[70] betrachteten, noch eine Destabilisierung des Einstellungssystems herbeigeführt und so die „Aussagehemmung" gegenüber dem Untersuchungsführer abgebaut werden. Als mögliche Ansatzpunkte für eine derartige Destabilisierung werden beispielsweise Eitelkeit, Rachegefühle oder Eifersucht gegenüber Dritten, aber auch die Sorge um Familienangehörige und Freunde angeführt. „Gefühlseigenschaften" wie die eben genannten Punkte verdienten grundsätzlich eine „besondere Beachtung",

69 Juristische Hochschule: Aussageverhalten, S. 8.
70 Juristische Hochschule: Aussageverhalten, S. 37 f.

da sie „in bedeutendem Maße an der psychischen Orientierung der Aussagehandlung“[71] beteiligt seien. Auch „Gewohnheiten“ könnten sich als Angriffsflächen eignen: Redselige Personen sollten in ihren „detaillierten“ und „weitschweifigen“ Erzählungen nur durch gelegentliche Nachfragen unterbrochen werden, auch wenn die Ausführungen vorderhand irrelevant erschienen. Der geübte Vernehmer warte geduldig den richtigen Moment ab, um dann gezielt und energisch nachzuhaken, wenn versehentlich doch zu viel gesagt wurde. Das Abtasten der Persönlichkeitseigenschaften, der Einstellungen und Überzeugungen diente aber auch dem Zweck, Anknüpfungspunkte zwischen Verhörer und Verhörtem auszumachen: „Sie sind doch Kommunist“, hört Fuchs am elften Tag seiner Vernehmung, „wir müßten doch eigentlich eine gemeinsame Sprache finden.“[72]

Eine herausragende Rolle während der Verhörsituation schrieben die MfS-Psychologen der mentalen Funktion des „Entwerfens“ zu, also der Fähigkeit zur „gedankliche[n] Programmierung der Aussagehandlung“ beim Beschuldigten, welche sich während des Vernehmungsprozesses laufend aktualisiere. Gemeint ist damit ein regelkreisförmiges Anpassen des „Aussageprogramms“, welches nach dem „Prinzip der Rückmeldung“ laufend „Präzisierungs-, Veränderungs- und Korrekturerfordernisse“ registriere, um das Fernziel nicht aus dem Auge zu verlieren. Dieses Programm gleiche „einem stets zuverlässigen Kompaß“[73], der auf eine „exakt vorprogrammierte fernzielgesteuerte Kernhandlung“ ausgerichtet sei. Eine „positive“ Veränderung im Aussageverhalten, die über eine bloße situative Anpassung an die Vernehmungstaktik hinausgehe, sei nur über eine Kenntnis und Umprogrammierung der Fernziele des Verhörten zu erreichen. Hier offenbare sich das wahre „Schöpfertum des Untersuchungsführers“, denn in jedem Ermittlungsvorgang müsse das „auf den jeweiligen Vernommenen zugeschnittene optimale Vorgehen gefunden werden“.[74] Erst wenn die verdeckte Zielvorstellung identifiziert sei, könne der richtige Hebel zur Aussageregulation angesetzt werden. Hier müsse der Vernehmer „manchmal auch Geduld aufbringen“[75], denn der „Zielumorientierung“ gehe oft ein konfliktgeladener Prozess voraus. Alte und neue Zielvorstellungen träten in Konkurrenz zueinander, „der Vernommene ringt um Klarheit darüber, ob er weiter das ursprüngliche Handlungsziel verfolgen oder ob er sich für das neue Ziel entscheiden soll“.[76]

71 Juristische Hochschule: Aussageverhalten, S. 50.
72 Fuchs: Vernehmungsprotokolle, S. 48.
73 Juristische Hochschule: Aussageverhalten, S. 105.
74 Juristische Hochschule: Aussageverhalten, S. 135.
75 Juristische Hochschule: Aussageverhalten, S. 140.
76 Juristische Hochschule: Aussageverhalten, S. 135.

Fraglos bleibt die Analyse des Aussageverhaltens durch die MfS Psychologen vielerorts lückenhaft und vage. Der regelmäßige Verweis auf einen „komplexe[n] und vieldimensionale[n] Prozess“[77], kombiniert mit einer Aneinanderreihung psychischer Funktionen, die „situationsbezogen“ wirksam und „individuell“ ausgeprägt seien, mag wissenschaftlich wenig befriedigen. Was den Texten der Operativen Psychologie an analytischer Schärfe fehlt, machen sie aber durch die Breite und den Umfang der Darstellung wett, wobei Schilderungen zahlreicher erfolgreicher oder missglückter Praxisbeispiele aus der „operativen“ Arbeit konkretes Anschauungsmaterial liefern.

Vor allem auf der Ebene des Praxisbezugs trat die Funktion der Operativen Psychologie als ein Element zur Modernisierung der geheimdienstlichen Abläufe deutlich hervor. Doch wie viele andere Organe des MfS hielt auch sie längst nicht alles, was sie versprach. Neben der Steigerung des Umfangs und der Komplexität ihres Auftrags sahen sich die Mitarbeiter des MfS ab Ende der 1970er Jahre noch einer zusätzlichen Herausforderung gegenüber: Immer häufiger registrierten die Untersuchungsorgane, dass sich der Überraschungseffekt von Haft und Vernehmung spürbar verringert hatte, weil viele Beschuldigten auf ihre Verhaftung und Vernehmung vorbereitetet waren.

Die Deregulation der Aussage oder die Psychologie des Widerstands

Haftberichte aus der DDR waren schon lange, bevor sie in der Ostberliner Opposition zirkulierten, in der BRD an die Öffentlichkeit gedrungen.[78] Von dort gelangten sie zurück in den Osten, wo sie nicht nur von einem erschreckenden Ausmaß an staatlicher Gewalt und Willkür kündeten, sondern mancherorts auch zur Vorbereitung für eine mögliche Konfrontation mit der Staatsgewalt herangezogen worden. 1972 berichtete Robert Havemann, der sechs Jahre zuvor aus der SED ausgeschlos-

77 Juristische Hochschule: Aussageverhalten, S. 12.

78 Berichte über die Haftbedingungen in der Sowjetischen Besatzungszone Deutschlands (SBZ) und der DDR reichen bis in die unmittelbare Nachkriegszeit zurück. Eine frühe Sammlung von Haftberichten findet sich z. B. in: Bundesministerium für gesamtdeutsche Fragen: Der Staatssicherheitsdienst. Auch Berichte des in den Westen geflüchteten ehemaligen SED-Funktionärs Heinz Brandt, welcher vom MfS in die DDR entführt wurde, und des Schriftstellers Erich Loest zirkulierten unter den Oppositionellen. Vgl. dazu Ulrich Huemer: „Ehrlich sitzt am Längsten“. Der Umgang der DDR-Opposition mit der MfS-Untersuchungshaft in den achtziger Jahren. In: „Das Land ist still – noch!“ Herrschaftswandel und politische Gegnerschaft in der DDR (1971–1989). Hg. von Leonore Ansorg et al. Köln 2009, S. 303–325.

sen worden war, von seiner Konfrontation mit der Staatssicherheit. Berufsverbot und Hausarrest machten den vormals hoch dekorierten Professor für Physikalische Chemie an der Humboldt-Universität zum zeitweise prominentesten Systemkritiker innerhalb der DDR, der sich in Interviews mit westlichen Tageszeitungen für einen „undogmatischen", reformierten Kommunismus aussprach. Havemanns Schilderungen zeichnen sich durch eine äußerst widerständige Reaktion auf die Verhörsituation aus. Seine Vernehmer nummeriert Havemann nach dem Zeitpunkt ihres Auftretens durch und dreht so den Spieß der Depersonalisation um: „Es sind Menschen, aber Menschen ohne Namen."[79] Im Verhör verweigert er jede konkrete Auskunft, ergießt sich stattdessen in weitschweifigen philosophischen Exkursionen über das Verhältnis von Marxismus, Politik und Wissenschaft, die immer wieder durch Reminiszenzen an seine Gestapo-Haft unterbrochen werden: In der Prinz-Albrecht-Straße war er noch verprügelt worden, hier bietet man ihm Zigaretten und Kaffee an. Havemanns Ratschlag an den Leser bleibt jedoch der gleiche: „Es ist eine alte Regel, deren strikte Befolgung ich jedem rate, der in ein politisches Strafverfahren verwickelt wird [...] vor der Untersuchungsbehörde keinerlei Aussagen zu machen, außer man verfolgt einen ganz bestimmten Zweck."[80]

Havemanns Empfehlung zur Aussageverweigerung scheint auch aus den Texten von Jürgen Fuchs hervor, welcher mit seiner Familie bis zu seiner Verhaftung im November 1976 in Havemanns Gartenhaus in Grünheide Unterschlupf gefunden hatte. Seine 1977 erstmals im *Spiegel* und ein Jahr darauf in Buchform veröffentlichten *Vernehmungsprotokolle* ähneln dem Stil Havemanns in der nummerierten Darstellung der Vernehmer und der Ich-Perspektive des Erzählers. Im Gegensatz zum Chemiker Havemann geht der Psychologe Fuchs jedoch weit eindringlicher auf die subjektive Dimension des Hafterlebens, auf die Ängste, Sorgen und die zunehmende Apathie in der Zelle ein. Sorgfältig schildert er die Veränderungen, die er an sich selbst, seinen Wärtern und den Vernehmern registriert. Sowohl der Wechsel der Vernehmer als auch ihrer Taktiken – mal schroff, dann wieder freundlich – zeichnen ein eindrückliches Bild eines breiten Inventars an Vernehmungstaktiken, aber auch der Möglichkeiten, auf diese zu reagieren. Mit dem Finger schreibt Fuchs ständig auf den Tisch, wiederholt den Gesprächsverlauf im Geiste, wechselt in die Beobachterperspektive: „Ich notiere die Reden derer, die nicht gerne aufschreiben, was sie sagen, die aber gesagt haben, was ich auf den Tisch kritzle, um diese heimlichen Reden einzufangen, festzuhalten, auch, um sie zu beantworten und so zu bewältigen."[81] Kaffee und Zigaretten lehnt Fuchs ab, der freundliche Ver-

79 Robert Havemann: Fragen, Antworten, Fragen. Hamburg 1972, S. 7.
80 Havemann: Fragen, S. 8.
81 Fuchs: Vernehmungsprotokolle, S. 24.

nehmer ist ihm noch suspekter als der barsche. Der Regulation des Aussageverhaltens durch den Vernehmer setzt Fuchs eine Technik der Deregulation entgegen: Sofern er antwortet, protestiert er gegen seine Inhaftierung, oder weicht aus ins Prinzipielle. Wenn ihn die Anspannung übermannt, versucht er sie mit autogenem Training abzubauen.

Fuchs war nicht der erste Psychologe, der seine Hafterfahrung zu Papier gebracht hatte: 1953 war der Westberliner Psychologiestudent Hans-Eberhard Zahn in Ostberlin wegen des (falschen) Verdachts der Spionage festgenommen und zu sieben Jahren Haft verurteilt worden. Auch er hatte seine Erlebnisse kurz nach der Entlassung publiziert.[82] Mit Beginn des Häftlingsfreikaufs durch die BRD ab den 1960er Jahren häuften sich die Berichte ehemaliger politischer Strafgefangener. 1977 wurde in der für die Untersuchungshaft zuständigen Hauptabteilung IX registriert, dass immer mehr Verhaftete „mit ihrer Festnahme rechneten und sich auf die Untersuchungen entsprechend vorbereiteten".[83] Die zunehmend fundierte Kenntnis der Strafprozessordnung und der Haft- und Vernehmungsbedingungen unter den Häftlingen bildete eine Herausforderung für die Untersuchungsorgane, zu deren Bewältigung auch die Operative Psychologie etwas beisteuern sollte. In der letzten Dekade der DDR entwickelten sich die Operative Psychologie der Aussageregulation und die oppositionelle Psychologie des Haftwiderstands so zu zwei Hälften einer Rückkopplungsschleife, die sich in ihrer Widersprüchlichkeit wechselseitig regulierten: Regelmäßig wurden Hafterfahrungen vervielfältigt und von der nächsten Gruppe zur Vorbereitung genutzt. Schließlich spielte, wie eingangs geschildert, ein Therapeut gemeinsam mit den „Frauen für den Frieden" durch, welche psychischen Drucksituationen ihnen bevorstehen könnten. Die Staatssicherheit registrierte die Vorbereitungsversuche und versuchte sie ihrerseits zu unterlaufen, indem sie die Überwachung in der Zelle intensivierte, „Zellinformatoren" einsetzte oder politisch „zuverlässige" Verwandte oder Freunde instrumentalisierte, um zusätzlichen Druck aufzubauen.[84] So brachte die widersprüchliche Moderne in der DDR beides hervor: eine zunehmende Widerständigkeit der oppositionellen Subjekte gegen ihre Übermächtigung und zugleich einen wissenschaftlich-technologischen Apparat, der diese Widerständigkeit zu brechen suchte.

Freilich blieben die Karten im Ringen zwischen Beschuldigtem und Vernehmer ungleich verteilt, und wer nicht auf Unterstützung von außen hoffen konnte, sah sich schnell einer aussichtslosen Situation gegenüber. Nur die wenigsten Häftlinge

---

82 Hans-Eberhard Zahn: Und die einen stehen im Dunkeln. In: Frederik Hetmann: Enteignete Jahre. Junge Leute berichten von drüben. München 1961, S. 90–120. Eine spätere Analyse findet sich in Zahn, Haftbedingungen und Geständnisproduktionen.

83 Spohr: In Haft bei der Staatssicherheit, S. 289.

84 Spohr: In Haft bei der Staatssicherheit, S. 287–291.

vermochten eine konsequente Aussageverweigerung durchzuhalten: In ihrem letzten Jahresbericht verzeichnete die Hauptabteilung IX eine Geständnisquote von über 95 bis 97 Prozent.[85] Dennoch vermochte auch das Projekt einer Modernisierung des Geheimdienstapparates auf der Grundlage von Wissenschaft und Technologie am Ende den Zerfall des Staates nicht aufzuhalten; vermutlich hat er diesen sogar durch den immensen Ressourcenaufwand noch zusätzlich beschleunigt. Die aus Sicht des MfS besorgniserregende Zunahme der „politischen Untergrundtätigkeit", die aus modernisierungstheoretischer Sicht als Diversifizierung der Zivilgesellschaft interpretiert werden kann, kulminierte Ende der 1980er Jahre in einer mit wachsendem Selbstbewusstsein auftretenden Oppositionsbewegung. Um sich vor der Übermächtigung durch die „modernen" psychologischen Repressionsmittel der Geheimpolizei zu schützen, hatten die „Frauen für den Frieden" nach Möglichkeiten der Verteidigung gesucht – und in der Psychologie der Aussageverweigerung gefunden. Wenn das „Wesen der Moderne", wie der Soziologe Georg Simmel betont, der „Psychologismus" ist, also „das Erleben und Deuten der Welt gemäß den Reaktionen unsres Inneren und eigentlich als einer Innenwelt"[86], dann war die DDR am Ende vielleicht dort am modernsten geworden, wo das Politbüro sie nie modern haben wollte: weder in der Produktion oder an der Universität, nicht an der Juristischen Hochschule in Potsdam oder in Hohenschönhausen, sondern in einer verrauchten Altbauwohnung im Prenzlauer Berg.

85 Huemer: „Ehrlich sitzt am Längsten", S. 313. Auch wenn diese Zahl aufgrund ihrer binnenlegitimierenden Funktion sicherlich mit Vorsicht zu interpretieren ist, fällt auf, dass die Geständnisquoten in der MfS-Statistik über die Jahre hinweg eine steigende Tendenz aufweisen. Siehe dazu Spohr: In Haft bei der Staatssicherheit, S. 235.
86 Georg Simmel: Die Kunst Rodins und das Bewegungsmotiv in der Plastik. In: Nord und Süd. Eine deutsche Monatsschrift 33 (1909), H. 386, S. 189–196, hier S. 194.

VII Ökonomie und Verhalten

Rüdiger Graf

Einführung: Ökonomie und Verhalten

Die Wirtschaftswissenschaften beschäftigen sich grundsätzlich mit einem Teilbereich menschlichen Verhaltens, und zwar mit jenem Verhalten, das der Produktion von Gütern, der Erwerbsarbeit, der Interaktion auf Märkten oder dem Konsum dient. In der zweiten Hälfte des zwanzigsten Jahrhunderts formierte sich allerdings ausgehend von George Stigler und Gary Becker an der University of Chicago eine Gruppe von Ökonomen, die ökonomische Erklärungen auch auf jede andere Form menschlicher Verhaltensweisen übertrug. Sie hielten die neoklassische ökonomische Theorie für den besten, wenn nicht gar einzig wissenschaftlichen Ansatz zur Erklärung menschlichen Verhaltens.[1] Deren Versuch, den Gegenstandsbereich der Ökonomie „imperialistisch" auszudehnen und andere Disziplinen zu kolonialisieren, hat im Anschluss an Michel Foucaults Becker-Lektüre viel Aufmerksamkeit in den Geistes- und Sozialwissenschaften erfahren.[2] In diesem Band untersucht Constantin Hühn den Bezug des ökonomischen Imperialismus zum ähnlich universalen Erklärungsanspruch von B. F. Skinners Behaviorismus. Dabei konzentriert er sich auf die Nutzung sogenannter Token Economies, die gewissermaßen als Schnittstelle von behavioristischem und ökonomischem Denken fungierten, in psychiatrischen Anstalten. Ökonomen wie John H. Kagel diente das Funktionieren von Token Economies bei Psychiatriepatient*innen oder auch bei Tieren als Beleg für die Universalität ökonomischer Prinzipien.

Die Universalisierung des Homo oeconomicus als Erklärungsmodell und Verhaltensnorm, die Menschen zu „Unternehmern ihrer selbst" machen soll, steht oft im Zentrum einer populären Kritik des Neoliberalismus.[3] Diese als Kritik an ökonomischem Denken insgesamt zu formulieren, wird jedoch der Vielfalt wirtschaftswissenschaftlicher Verhaltensmodelle nicht gerecht. So hat sich seit etwa vierzig Jahren unter dem Begriff Behavioral Economics eine boomende Subdisziplin entwickelt, die den Anspruch erhebt, die Wirtschaftswissenschaften interdisziplinär für

1 Edward Nik-Khah und Robert van Horn: Inland empire. Economics imperialism as an imperative of Chicago neoliberalism. In: Journal of Economic Methodology 19 (2012), S. 259–282. Sieh dazu und zum Folgenden ausführlich: Rüdiger Graf: Vorhersagen und Kontrollieren. Verhaltenswissen und Verhaltenspolitik in der Zeitgschichte, Göttingen 2024.

2 George J. Stigler: Economics. The imperial science? In: The Scandinavian Journal of Economics 86 (1984), H. 3, S. 301–313; Michel Foucault: Die Geburt der Biopolitik. Vorlesung am Collège de France 1978–1979. Frankfurt a. M. 2006.

3 Ulrich Bröckling: Das unternehmerische Selbst. Soziologie einer Subjektivierungsform. Frankfurt a. M. 2007.

https://doi.org/10.1515/9783110740813-025

die Methoden und Ergebnisse anderer Fächer, vor allem der Psychologie und Sozialpsychologie, zu öffnen und mit realistischeren Modellen menschliches Verhalten vorhersagbar und kontrollierbar zu machen. Insofern alles Wirtschaften menschliches Verhalten ist, erzeugt die Ökonomie also grundsätzlich Verhaltenswissen, sie tut dies aber auf verschiedene Weisen und mit verschiedenen Explikationsgraden.

In theoriegeschichtlicher Perspektive ist diese Entwicklung inzwischen gut aufgearbeitet. Demnach wurden im zwanzigsten Jahrhundert psychologische Erwägungen über die Motivation ökonomischen Verhaltens in der neoklassischen Theorie zunächst eliminiert, um die Wirtschaftswissenschaften zu einer möglichst exakten Disziplin nach dem Modell der Naturwissenschaften zu machen.[4] Hatten Léon Walras, William St. Jevons und Carl Menger in den 1870er Jahren in der sogenannten marginalen Revolution die objektive Wertlehre durch eine subjektive Nutzentheorie ersetzt, wurde der schwer zu definierende Begriff des Nutzens in der ersten Hälfte des zwanzigsten Jahrhunderts von dem der Präferenz abgelöst.[5] Dies geschah zunächst, um die Disziplin von psychologischen Annahmen zu befreien, weil dies die Voraussetzung disziplinärer Eigenständigkeit war.[6] Der Fokus auf in Wahlentscheidungen zum Ausdruck kommende Präferenzen resultierte zudem daraus, dass man wie in den Naturwissenschaften allein beobachtbare Phänomene als empirische Grundlage zulassen wollte. Introspektives und nicht intersubjektiv verifizierbares Wissen wurde daher ausgeschlossen.[7] Das Verhaltensmodell, das der Neoklassik damit zugrunde lag, wird gemeinhin mit dem Begriff des Homo oeconomicus beschrieben: ein rationaler Akteur, der über ein wohlgeordnetes Set von Präferenzen verfügt, Entscheidungsalternativen auf der Basis vollständiger Informationen rational gegeneinander abwägt und dann die wählt, welche ihm angesichts seiner begrenzten Mittel die maximale Bedürfnisbefriedigung verspricht (Nutzenmaximierung).

4 Mary S. Morgan: Economics. In: The Modern Social Sciences. Hg. von Dorothy Ross und Theodore M. Porter. Cambridge 2003 (The Cambridge History of Science), S. 275–305; Mary S. Morgan: Economic man as model man. Ideal types, idealization and caricatures. In: JHET 28 (2006), S. 1; Luigino Bruni und Robert Sugden: The road not taken. How psychology was removed from economics, and how it might be brought back. In: Economic Journal 117 (2007), S. 146–173.

5 Jakob Tanner: „Kultur" in den Wirtschaftswissenschaften und kulturwissenschaftliche Interpretationen ökonomischen Handelns. Stuttgart 2004 (Handbuch der Kulturwissenschaften. Bd. 3), S. 195–224, hier S. 198; Morgan: Economics, S. 299.

6 Eric Angner und George Loewenstein: Behavioral economics. In: Philosophy of Economics. Hg. von Uskali Mäki. Amsterdam/London 2012 (Handbook of the Philosophy of Science), S. 641–689, hier S. 648.

7 Angner und Loewenstein: Behavioral economics, S. 649.

Der Aufstieg dieses Modells hing auch mit dem parallelen Erfolg der Rational-Choice-Theorie in den Sozialwissenschaften zusammen.[8] Als Karikatur war der Homo oeconomicus jedoch von Anfang an ein zentraler Angriffspunkt für die Vertreter der Historischen Schule, die sich gegen den Aufstieg der mathematisierten und formalisierten Ökonomie zur Wehr setzten.[9] Dabei wurde – und wird bis heute – in der populären Kritik des Homo oeconomicus gern übersehen, dass er niemals als Beschreibung tatsächlichen menschlichen Verhaltens konzipiert worden war. Vielmehr handelt es sich um ein Modell, das Vorhersagen wirtschaftlicher Prozesse auf Makroebene ermöglichen solle.[10] Nichtsdestoweniger definieren auch führende Verhaltensökonomen ihre Disziplin gern in Abgrenzung vom Modell des Homo oeconomicus, wie etwa Sendhil Mullainathan und Richard Thaler in einem kurzen einführenden Überblick: „Economics traditionally conceptualizes a world populated by calculating, unemotional maximizers that have been dubbed *Homo economicus*. In a sense, neoclassical economics has defined itself as explicitly ‚antibehavioral'."[11] Ihrer Ansicht nach handelt es sich beim Homo oeconomicus geradezu um einen „unbehavioral economic agent", also niemanden, der sich in der wirklichen Welt verhält, sondern nur eine unrealistische gedankliche Abstraktion: „The standard economic model of human behavior includes (at least) three unrealistic traits: unbounded rationality, unbounded willpower, and unbounded selfishness."[12]

---

8 Philip Mirowski: How having reasons became making a decision. The cold war rise of decision theory and the invention of rational choice. In: The Decisionist Imagination. Sovereignty, Social Science and Democracy in the 20th Century. Hg. von Nicolas Guilhot und Daniel Bessner. New York/Oxford 2018, S. 135–172; Sonja M. Amadae: Prisoners of Reason. Game Theory and Neoliberal Political Economy. New York 2015.

9 Werner Plumpe: Die Neue Institutionenökonomik und die moderne Wirtschaft. Zur wirtschaftshistorischen Reichweite institutionenökonomischer Argumente am Beispiel des Handlungsmodells der Rationalität. In: Die Wirtschaftsgeschichte vor der Herausforderung durch die New Institutional Economics. Hg. von Karl-Peter Ellerbrock und Clemens Wischermann. Dortmund 2004 (Untersuchungen zur Wirtschafts-, Sozial- und Technikgeschichte), S. 31–57, hier S. 35.

10 Ute Frevert: Passions, preferences, and animal spirits. How does homo oeconomicus cope with emotions? In: Science and Emotions after 1945. A Transatlantic Perspective. Hg. von Frank Biess und Daniel M. Gross. Chicago 2014, S. 300–317; Don Ross: The economic agent. Not human, but important. In: Philosophy of Economics. Hg. von Uskali Mäki. Amsterdam/London 2012 (Handbook of the Philosophy of Science), S. 691–735; David Wilson und William Dixon: A History of Homo Economicus. The Nature of the Moral in Economic Theory. London/New York 2012.

11 Sendhil Mullainathan und Richard H. Thaler: Behavioral economics. In: International Encyclopedia of the Social & Behavioral Sciences. Bd. 2. Oxford 2001, S. 1094–1100, hier S. 1094; Sanjit Dhami und Ali al-Nowaihi: Behavioral economics. In: Encyclopedia of Human Behavior. Bd. 1. Hg. von Vilayanur S. Ramachandran. London 2012, S. 288–300.

12 Mullainathan und Thaler: Behavioral economics, S. 1095; Steven D. Levitt und John A. List: Homo economicus evolves. In: Science 319 (2008), S. 909–910.

Schon in den 1950er Jahren hatte der US-amerikanische Organisationssoziologe, Politik-, Wirtschafts- und Computerwissenschaftler Herbert A. Simon gefordert, in den Wirtschaftswissenschaften sollten die tatsächlichen Prinzipien menschlichen Verhaltens untersucht werden, statt hypothetische Modellrechnungen mit einem idealen Nutzenmaximierer anzustellen. Im Rahmen der allgemeinen „behavioral revolution“ bzw. der „behavioral sciences“-Bewegung wollte er grundlegende Verhaltensprinzipien bestimmen, die nicht nur für Menschen, sondern auch für Tiere und Maschinen gelten. Es ging ihm – wie anderen auch – um „a kind of rational behavior that is compatible with the access to information and the computational capacities that are actually possessed by organisms, including man, in the kinds of environments in which they exist“.[13] In einem derart generalisierten Verhaltenswissen ergaben sich immer wieder wissenschaftliche und methodische sowie sprachliche oder metaphorische Wechselbeziehungen zwischen ökonomischer und ethologischer Theoriebildung und Wissensproduktion, die Mira Shah in ihrem Beitrag zu diesem Band in den Blick nimmt.

Aufgrund eines hohen Statusbewusstseins und aus Furcht, die Erfolge der Disziplinbildung und Formalisierung mit der Aufgabe des Homo oeconomicus aufs Spiel zu setzen, lehnte die Mainstream-Ökonomie diese Forderung weitgehend ab.[14] Dies änderte sich seit den 1970er Jahren, als die israelisch-amerikanischen Psychologen Daniel Kahneman und Amos Tversky das Modell des Homo oeconomicus nicht frontal angriffen, sondern vielmehr als normatives Ideal bestehen ließen und sich lediglich darauf konzentrierten, Abweichungen tatsächlichen Entscheidungsverhaltens von diesem Ideal zu untersuchen.[15] Die Behavioral Economics etablierten sich in den 1980er Jahren als Subdisziplin, differenzierten sich aus, wurden zunehmend institutionalisiert und waren um die Jahrtausendwende so anerkannt, dass Verhaltensökonomen reihenweise mit höchsten Preisen bedacht wurden. 1999 erhielt Andrei Shleifer die John-Bates-Clark-Medaille der American Economic Foundation, ein

---

13 Herbert A. Simon: A behavioral model of rational choice. In: Journal of Economics 69 (1955), S. 99–118, hier S. 99; Hunter Heyck: Producing reason. In: Cold War Social Science. Knowledge Production, Liberal Democracy, and Human Nature. Hg. von Mark Solovey und Hamilton Cravens. New York 2012, S. 99–116, hier S. 99.

14 Jefferson Pooley und Mark Solovey: Marginal to the revolution. The curious relationship between economics and the behavioral sciences movement in mid-twentieth-century America. In: History of Political Economy 42 (2010), S. 199–233. Zu den Ausnahmen siehe Philip Mirowski: Machine Dreams. Economics Becomes a Cyborg Science. Cambridge 2002, S. 232–284.

15 Esther-Mirjam Sent: Behavioral economics. How psychology made its (limited) way back into economics. In: History of Political Economy 36 (2004), S. 735–760, hier S. 743; Floris Heukelom: Three explanations for the Kahneman-Tversky programme of the 1970s. In: The European Journal of the History of Economic Thought 19 (2012), S. 797–828; Floris Heukelom: Behavioral Economics. A History. Cambridge 2014; Morgan: Economics, S. 300.

Jahr später wurde Matthew Rabin mit dem Genius Award der MacArthur Foundation ausgezeichnet, 2001 war George Akerlof einer der Preisträger des von der schwedischen Reichsbank vergebenen Alfred-Nobel-Gedächtnispreises, den sich im Folgejahr Daniel Kahneman und Vernon Smith teilten.[16] 2016 und 2018 führte der schweizerische Verhaltensökonom Ernst Fehr das Ökonomenranking der *Frankfurter Allgemeinen Zeitung* an, wobei er im Unterschied zu den anderen in der Spitzengruppe seinen Einfluss aus Fachbeiträgen und nicht aus öffentlichen Äußerungen in den Medien generierte.

Öffentliche Kontroversen hat der Aufstieg der Behavioral Economics vor allem ausgelöst, seit der Jurist Cass Sunstein und der 2017 mit dem Alfred-Nobel-Gedächtnispreis ausgezeichnete Ökonom Richard Thaler die Disziplin 2003 zur Kerninspiration einer neuen Regierungstechnik, des libertären Paternalismus, erklärten.[17] Der unter dem öffentlichkeitswirksamen Label des *Nudging* erhobene Anspruch, erstmals wirklich wissenschaftsbasierte Politikberatung zu betreiben und neuartige Steuerungsinstrumente bereitzustellen, hat sowohl missionarische Befürworter*innen als auch heftige Gegner*innen auf den Plan gerufen.[18] Während sanktionsbewehrte Gesetze den rationalen Bürger adressieren, der Strafen vermeiden will, ökonomische Anreize sich an den Nutzenmaximierer richten, der seinen ökonomischen Vorteil realisieren will, und Aufklärungskampagnen sich an das moralische und willensstarke Subjekt richten, versprechen Nudges durch die Gestaltung von Entscheidungssituationen Verhaltenseffekte zu erzielen, ohne dass dies den Bürger*innen bewusst ist bzw. sein muss. In dieser Subtilität der Steuerung liegt die Herausforderung verhaltensökonomischer Interventionstechniken für liberaldemokratische Systeme. Nicht nur ihre Effektivität, sondern auch ihre Legitimität ist daher umstritten.

In historiografischer Perspektive stellt sich demgegenüber vor allem die Frage nach der Neuartigkeit oder Kontinuität verhaltensökonomischer Analyse- und Regierungstechniken. Sowohl die Protagonist*innen der Behavioral Economics selbst

---

16 Sent: Behavioral economics, S. 735–737.

17 Richard H. Thaler und Cass R. Sunstein: Libertarian paternalism. In: The American Economic Review 93 (2003), S. 175–179.

18 Richard H. Thaler und Cass R. Sunstein: Nudge. Improving Decisions about Health, Wealth and Happiness. London 2009; Jana Friedrichsen, Kornelia Hagen und Lilo Wagner: Stupsen und Schubsen (Nudging). Ein neues verhaltensbasiertes Regulierungskonzept? In: Vierteljahrshefte zur Wirtschaftsforschung 87 (2018), S. 5–13; Alexandra Kemmerer, Christoph Möllers und Maximilian Steinbeis (Hg.): Choice Architecture in Democracies. Exploring the Legitimacy of Nudging. Baden-Baden 2016; Holger Straßheim: Die Globalisierung der Verhaltenspolitik. In: Kapitalismus, Globalisierung, Demokratie. Hg. von Katharina Hirschbrunn, Gisela Kubon-Gilke und Richard Sturn. Marburg 2017 (Jahrbuch normative und institutionelle Grundfragen der Ökonomik), S. 211–242.

als auch eine Gruppe von Wissenschaftshistoriker*innen begreifen die verhaltensökonomische Infragestellung des Homo oeconomicus als entscheidende theoretische Neuerung und Abkehr von einer spezifischen „Cold War Rationality", welche durch die Verabsolutierung der Zweck-Mittel-Rationalität letztlich die Vernunft selbst aufs Spiel gesetzt habe.[19] Gegen diese hypertrophen und letztlich unmenschlichen Rationalitätskonstruktionen hätte sich die Verhaltensökonomie wieder der spezifisch menschlichen eingeschränkten Rationalität, der *bounded rationality*, zugewandt. Im Unterschied zu dieser Erzählung eines rationalitätsgeschichtlichen Bruchs, der sich in den 1970er und 1980er Jahren ereignet habe, betonen andere Autor*innen die Kontinuität des Versuchs, steuernd auf menschliches Entscheidungsverhalten Einfluss zu nehmen. Ihnen zufolge war schon der Aufstieg der Entscheidungs- und Rational-Choice-Theorie Mitte des zwanzigsten Jahrhunderts vom Misstrauen der Eliten des Kalten Krieges gegenüber der menschlichen Vernunft geprägt. Durch formalisierte Entscheidungstheorien und ökonomische Kalküle sollte die Irrationalität menschlichen Verhaltens ausgeschaltet und den liberalen Demokratien ein Vorteil im Systemkonflikt mit der Sowjetunion verschafft werden.[20] In dieser Perspektive erscheint dann der Aufstieg der Behavioral Economics als schlichte Fortsetzung des vorherigen Steuerungsanspruchs wissenschaftlicher Eliten über irrationale Massen, deren „gesteigerte Tauglichkeit" und „vertiefte Unterwerfung" erstrebt werde.[21]

Gegenüber diesen eher eindimensionalen Deutungen scheint es plausibler, von einer grundsätzlichen Ambivalenz ökonomischen Verhaltenswissens und der daraus abgeleiteten Steuerungstechniken auszugehen. Anders als die oft utopischen oder dystopischen Konstruktionen einer schönen neuen Welt der Verhaltenspolitik suggerieren, handelt es sich erstens nur um Techniken, die zu verschiedenen Zwecken und auf verschiedene Weisen eingesetzt werden können, und zweitens sind sie nur Teil eines Ensembles von Steuerungsinstrumenten, die meist in Kombination miteinander eingesetzt werden. Darüber hinaus bestehen weite Teile der neoklassischen Modellbildung und mit ihnen das Verhaltensmodell des Homo oeconomicus weiter, so dass heute in noch geringerem Maß als je zuvor von einem einheitlichen Modell „ökonomischen Verhaltens" ausgegangen werden kann.

---

19 Paul Erickson et al.: How Reason Almost Lost Its Mind. The Strange Career of Cold War Rationality. Chicago 2013.

20 Sonja M. Amadae: Rationalizing Capitalist Democracy. The Cold War Origins of Rational Choice Liberalism. Chicago 2003; Heyck: Producing reason.

21 Mirowski: Having reasons, S. 140; Heyck: Producing reason; Amadae: Prisoners of Reason. So auch Ulrich Bröckling: Nudging. Gesteigerte Tauglichkeit, vertiefte Unterwerfung. In: Gute Hirten führen sanft. Über Menschenregierungskünste. Berlin 2017, S. 175–196.

Weiterführende Literatur

Amadae, Sonja M.: Rationalizing Capitalist Democracy. The Cold War Origins of Rational Choice Liberalism. Chicago 2003.

Amadae, Sonja M.: Prisoners of Reason. Game Theory and Neoliberal Political Economy. New York 2015.

Angner, Eric und Loewenstein, George: Behavioral economics. In: Philosophy of Economics. Hg. von Uskali Mäki. Amsterdam/London 2012 (Handbook of the Philosophy of Science), S. 641–689.

Bröckling, Ulrich: Das unternehmerische Selbst. Soziologie einer Subjektivierungsform. Frankfurt a. M. 2007.

Bröckling, Ulrich: Gute Hirten führen sanft. Über Menschenregierungskünste. Berlin 2017.

Bruni, Luigino und Sugden, Robert: The road not taken. How psychology was removed from economics, and how it might be brought back. In: Economic Journal 117 (2007), S. 146–173.

Dhami, Sanjit und al-Nowaihi, Ali: Behavioral economics. In: Encyclopedia of Human Behavior. Bd. 1. Hg. von Vilayanur S. Ramachandran. London 2012, S. 288–300.

Erickson, Paul et al.: How Reason Almost Lost Its Mind. The Strange Career of Cold War Rationality. Chicago 2013.

Foucault, Michel: Die Geburt der Biopolitik. Vorlesung am Collège de France 1978–1979. Frankfurt a. M. 2006.

Frevert, Ute: Passions, preferences, and animal spirits. How does homo oeconomicus cope with emotions? In: Science and Emotions after 1945. A Transatlantic Perspective. Hg. von Frank Biess und Daniel M. Gross. Chicago 2014, S. 300–317.

Friedrichsen, Jana, Hagen, Kornelia und Wagner, Lilo: Stupsen und Schubsen (Nudging). Ein neues verhaltensbasiertes Regulierungskonzept? In: Vierteljahrshefte zur Wirtschaftsforschung 87 (2018), S. 5–13.

Graf, Rüdiger: Vorhersagen und Kontrollieren. Verhaltenswissen und Verhaltenspolitik in der Zeitgschichte, Göttingen 2024.

Heukelom, Floris: Three explanations for the Kahneman-Tversky programme of the 1970s. In: The European Journal of the History of Economic Thought 19 (2012), S. 797–828.

Heukelom, Floris: Behavioral Economics. A History. Cambridge 2014.

Heyck, Hunter: Producing reason. In: Cold War Social Science. Knowledge Production, Liberal Democracy, and Human Nature. Hg. von Mark Solovey und Hamilton Cravens. New York 2012, S. 99–116.

Kemmerer, Alexandra, Möllers, Christoph und Steinbeis, Maximilian (Hg.): Choice Architecture in Democracies. Exploring the Legitimacy of Nudging. Baden-Baden 2016.

Levitt, Steven D. und List, John A.: Homo economicus evolves. In: Science 319 (2008), S. 909–910.

Mirowski, Philip: Machine Dreams. Economics Becomes a Cyborg Science. Cambridge 2002.

Mirowski, Philip: How having reasons became making a decision. The cold war rise of decision theory and the invention of rational choice. In: The Decisionist Imagination. Sovereignty, Social Science and Democracy in the 20th Century. Hg. von Nicolas Guilhot und Daniel Bessner. New York 2018, S. 135–172.

Morgan, Mary S.: Economics. In: The Modern Social Sciences. Hg. von Dorothy Ross und Theodore M. Porter. Cambridge 2003 (The Cambridge History of Science), S. 275–305.

Morgan, Mary S.: Economic man as model man. Ideal types, idealization and caricatures. In: JHET 28 (2006), S. 1.

Mullainathan, Sendhil und Thaler, Richard H.: Behavioral economics. In: International Encyclopedia of the Social & Behavioral Sciences. Bd. 2. Oxford 2001, S. 1094–1100.

Nik-Khah, Edward und van Horn, Robert: Inland empire. Economics imperialism as an imperative of Chicago neoliberalism. In: Journal of Economic Methodology 19 (2012), S. 259–282.

Plumpe, Werner: Die Neue Institutionenökonomik und die moderne Wirtschaft. Zur wirtschaftshistorischen Reichweite institutionenökonomischer Argumente am Beispiel des Handlungsmodells der Rationalität. In: Die Wirtschaftsgeschichte vor der Herausforderung durch die New Institutional Economics. Hg. von Karl-Peter Ellerbrock und Clemens Wischermann. Dortmund 2004 (Untersuchungen zur Wirtschafts-, Sozial- und Technikgeschichte), S. 31–57.

Pooley, Jefferson und Solovey, Mark: Marginal to the revolution. The curious relationship between economics and the behavioral sciences movement in mid-twentieth-century America. In: History of Political Economy 42 (2010), S. 199–233.

Ross, Don: The economic agent. Not human, but important. In: Philosophy of Economics. Hg. von Uskali Mäki. Amsterdam/London 2012 (Handbook of the Philosophy of Science), S. 691–735.

Sent, Esther-Mirjam: Behavioral economics. How psychology made its (limited) way back into economics. In: History of Political Economy 36 (2004), S. 735–760.

Simon, Herbert A.: A behavioral model of rational choice. In: Journal of Economics 69 (1955), S. 99–118.

Straßheim, Holger: Die Globalisierung der Verhaltenspolitik. In: Kapitalismus, Globalisierung, Demokratie. Hg. von Katharina Hirschbrunn, Gisela Kubon-Gilke und Richard Sturn. Marburg 2017 (Jahrbuch normative und institutionelle Grundfragen der Ökonomik), S. 211–242.

Tanner, Jakob: „Kultur“ in den Wirtschaftswissenschaften und kulturwissenschaftliche Interpretationen ökonomischen Handelns. In: Handbuch der Kulturwissenschaften. Bd. 3. Stuttgart 2004, S. 195–224.

Thaler, Richard H. und Sunstein, Cass R.: Nudge. Improving Decisions about Health, Wealth and Happiness. London 2009.

Thaler, Richard H. und Sunstein, Cass R.: Libertarian paternalism. In: The American Economic Review 93 (2003), S. 175–179.

Wilson, David und Dixon, William: A History of Homo Economicus. The Nature of the Moral in Economic Theory. London/New York 2012.

Constantin Hühn

Ökonomisierung des Verhaltens. *Token Economies* in den USA, 1960–1980

Verwaschene Bilder in Schwarzweiß zeigen eine Frau, unruhig von einem Bein auf das andere wechselnd: Sie möchte einen Speisesaal betreten. Doch der Zutritt wird ihr verwehrt: „Two tokens!", fordert eine zweite Frau an einer Kasse voller Pokerchips streng. „I don't have two tokens!", erwidert die Einlass Begehrende nahezu trotzig, sie habe den ganzen Morgen keine verdient. Daraufhin wird sie endgültig abgewimmelt: „Well, that's too bad, you have to go without your lunch." Entnervt zieht die Frau von dannen. In der nächsten Einstellung des Films sieht man sie, wieder zur Ruhe gekommen, in einer Zeitung lesen. Zur Entlohnung erhält sie einen Pokerchip.

Diese Episode ist Teil der BBC-Dokumentation *Towards Tomorrow. A Utopia*[1] aus dem Jahr 1968. Darin wird unter anderem ein Programm zur Verhaltenskontrolle vorgestellt, das seit 1964 auf zwei Stationen für „chronisch-psychotische Langzeitpatient*innen" im kalifornischen Patton State Hospital betrieben wird: Es besteht aus einer sogenannten *Token Economy*,[2] die, wie die Stimme aus dem Off erläutert, Verhaltensänderungen durch die Belohnung von erwünschtem Verhalten herbeizuführen versucht. Die Belohnungen erfolgen in Form sogenannter Token, eintauschbarer Pokerchips, mit denen sich die Patient*innen zum Beispiel den Einlass zum Speisesaal erkaufen können – oder vielmehr erkaufen müssen: „Valueless in the outside world, these pieces of plastic mean everything once inside the gates. The patients come to depend on the regular handouts for their very existence." Die Praxis der Token Economy dient dem Dokumentarfilm als anschauliches Beispiel für die Verhaltenstechnologie B. F. Skinners. Als einer der bekanntesten und radikalsten Vertreter des Behaviorismus steht dieser für eine Denkschule der Psychologie, die sich nicht für „innere" Zustände und Vorgänge interessiert, sondern allein für das äußere, beobachtbare Verhalten – und dafür, wie es sich durch entsprechende Stimuli gezielt steuern lässt. Eine solch „positive" Verhaltenskonditionierung betrachtete Skinner als mögliche Grundlage für

1 Towards Tomorrow. A Utopia. Regie: Ramsay Short. BBC One, 1968. Der betreffende Ausschnitt findet sich online unter: www.bbc.co.uk/programmes/p0295w67 (abgerufen am 26.1.2021), TC: 02:23–03:24.

2 Vgl. Halmuth H. Schaefer: Investigations in operant conditioning procedures in a mental hospital. In: Reinforcement Theory in Psychological Treatment. A Symposium. Hg. von Jerome Fisher und Robert E. Harris. Sacramento 1966 (California Mental Health Research Monograph Nr. 8), S. 25–48.

https://doi.org/10.1515/9783110740813-026

die Organisation ganzer Gesellschaften: „Professor Skinner ultimately believes in a utopia where this principle is applied to a whole society and all its activities."[3]

Tatsächlich ist das Programm zur Verhaltenssteuerung im Patton Hospital alles andere als ein utopischer Entwurf geblieben. Es war vielmehr nur einer von vielen in den 1960er und 1970er Jahren in den USA durchgeführten Versuchen, menschliches Verhalten vermittels Token zu modifizieren: Zunächst vor allem in Psychiatrien erprobt, finden Varianten einer Token Economy bald auch Eingang in Schulen, Erziehungsheime, Gefängnisse und schließlich sogar in Privathaushalte.[4] 1968 gibt es bereits 48 solcher Projekte in den USA.[5] Bei aller Verschiedenheit ist ihnen neben ihrer behavioristischen Grundorientierung eines gemeinsam: der Rückgriff auf im weiteren Sinne ökonomische, teils sogar spezifisch marktwirtschaftliche Prinzipien und Verfahren. Nicht umsonst attestieren später Ökonomen: „token economies may be viewed as such, economies"[6] – und entdecken sie als Labore der sich neu herausbildenden Verhaltensökonomik (Behavioral Economics).

Der vorliegende Aufsatz geht diesem ökonomischen Aspekt der Token Economies auf den Grund und zeichnet das Zusammenspiel von ökonomischem und behavioristischem Wissen in Token-Programmen nach. Ausgehend von der als Denkfabrik und Kaderschmiede des Neoliberalismus geltenden Chicago School of Economics wurden seit den 1970er Jahren ökonomische Erklärungsmodelle auf immer weitere Bereiche des menschlichen Verhaltens ausgedehnt, etwa im Sinne der Humankapitaltheorie und der Rational-Choice-Maxime, wonach Verhalten einem „rationalen" Kosten-Nutzen-Kalkül folge.[7] In den Token Economies lässt sich ein komplementärer Prozess beobachten, insofern dort eine wachsende Zahl von Verhaltensweisen faktisch monetarisiert und also ökonomisch behandelt wird. Meine Hypothese lautet, dass die Token Economies in diesem Sinne als Ka-

---

3 Vgl. Towards Tomorrow, 01:33–01:44, 01:45–01:57 und 03:50–03:58.

4 Wie Alexandra Rutherford in ihrer maßgeblichen Studie zu Anwendungsversuchen der Skinnerschen *technology of behavior* schreibt, ist die Token Economy die zu dieser Zeit mit am weitesten verbreitete Technologie zur Verhaltenssteuerung (vgl. Alexandra Rutherford: Beyond the Box. B. F. Skinner's Technology of Behavior from Laboratory to Life, 1950s–1970s. Toronto 2009, S. 64, 72).

5 Vgl. John Mills: Control. A History of Behavioral Psychology. New York/London 1998, S. 166. Siehe auch Rutherford: Beyond the Box, S. 65 und 73.

6 Edwin B. Fisher Jr. et al.: Economic perspectives in behavior therapy. Complex interdependencies in token economies. In: Behavior Therapy 9 (1978), H. 3, S. 391–403, hier S. 395.

7 Vgl. Michel Foucault: Die Geburt der Biopolitik. Geschichte der Gouvernementalität II. Vorlesungen am Collège de France 1978/1979. Frankfurt a. M. 2004, S. 309 f. und 336–339. Siehe auch Daniel Stedman Jones: Masters of the Universe. Hayek, Friedman, and the Birth of Neoliberal Politics. Princeton 2012, S. 126–131.

talysatoren eines „ökonomischen Imperialismus“[8] gelten können. Eine solche Konvergenz wäre deshalb bemerkenswert, als Behaviorismus und Neoliberalismus auf den ersten Blick ideologisch-weltanschauliche Gegensätze darstellen: Während der Behaviorismus einem deterministischen Weltbild zuneigt, also auf der umfänglichen Fremdbestimmung und Programmierbarkeit menschlichen Verhaltens besteht, zeichnet sich das neoliberale Denken gerade durch das Ideal des autonomen, souveränen, rational entscheidenden Individuums aus. Während der Behaviorismus und insbesondere die Token Economies auf zentralistische Planung setzen, propagiert der Neoliberalismus tendenziell die Deregulierung gesellschaftlicher Zusammenhänge.[9] Dass sich beide trotz dieser oberflächlichen Gegensätzlichkeit berühren können, hat bereits Michel Foucault vermutet.[10] Wenn er 1979 in seinen Vorlesungen über die *Geburt der Biopolitik* in der „neoliberalen Regierungskunst“ Anknüpfungspunkte an die Skinnersche Verhaltenspsychologie erkennt[11] – lassen sich dann in den Token Economies auch Elemente neoliberaler Regierungsprogramme finden?

B. F. Skinners Verhaltenstechnologie – vom Labor zur Anwendung

Den verhaltenswissenschaftlichen Hintergrund der Token Economies bilden die von B. F. Skinner in den 1930er bis 1950er Jahren in Tierexperimenten erforschten Prinzipien des sogenannten *operant conditioning*[12], bei dem spontanes Verhalten durch die darauf folgende Konsequenz verstärkt oder vermindert wird. Wie schon der frühe Behaviorismus[13] geht auch Skinner davon aus, dass die von ihm im Tier-

8 Vgl. Stedman Jones: Masters of the Universe, S. 92.

9 Stedman Jones definiert den US-amerikanischen Neoliberalismus etwa als „the free market ideology based on individual liberty and limited government that connected human freedom to the actions of the rational, self-interested actor in the competitive marketplace“ (Stedman Jones: Masters of the Universe, S. 2).

10 Die US-amerikanische Soziologin Shoshana Zuboff hat das zuletzt mit Blick auf den gegenwärtigen „Überwachungskapitalismus“ attestiert (vgl. Shoshana Zuboff: Das Zeitalter des Überwachungskapitalismus. Frankfurt a. M./New York 2018, S. 437).

11 Vgl. Foucault: Biopolitik, S. 370 f.

12 Typischerweise in sogenannten Skinner-Boxen mit folgendem Aufbau: Eine Taube bewirkt durch das Picken auf einen bestimmten Schalter immer wieder die Ausgabe eines Stücks Nahrung – wodurch sie nach und nach „lernt“, den richtigen Schalter zu betätigen (vgl. Rutherford: Beyond the Box, S. 16).

13 Siehe hierzu etwa John B. Watson: An attempted formulation of the scope of behavior psychology. In: The Psychological Review (1917), H. 5, S. 329–352, hier S. 333–335 und 351.

experiment aufgestellten Gesetze auf menschliches Verhalten übertragbar seien, weil sich dieses nur dem Grad seiner Komplexität nach, nicht aber prinzipiell vom Verhalten der Tiere unterscheide.[14] Jedoch findet er für die Entstehung von Verhaltensrepertoires eine andere Erklärung: Skinner sieht diese weniger in Reiz-Reaktions-Ketten begründet, sondern konzentriert sich auf „operantes" Verhalten, d. h. Verhaltensweisen, die auf einen bestimmten Zweck ausgerichtetet sind.[15] Skinners Überzeugung nach lässt sich Verhalten durch die Manipulation der Folgen, die es erzeugt, kontrollieren, beeinflussen und schließlich ändern: „Behavior is shaped and maintained by its consequences."[16] Die jeweils verhaltensbestimmenden Konsequenzen nennt Skinner „contingent reinforcers" – Verstärker, die nur zur Verfügung stehen, wenn ein bestimmtes Verhalten auftritt. Später wird dieser Ansatz der Verhaltensmodifikation daher auch als *contingency management* bezeichnet.[17] Die Verabreichung positiver Verstärker erhöht demnach die zukünftige Wahrscheinlichkeit des vorangehenden Verhaltens, der Einfluss negativer Verstärker verringert sie.[18] Den Horizont der Überlegungen Skinners bildet schon früh die Frage nach sozialreformerischen Anwendungen der Verhaltenssteuerung und schließlich die Vision einer umfassenden Verhaltenstechnologie, mit der, so die Hoffnung, ganze Gesellschaften, ja die Menschheit insgesamt auf sozial nachhaltiges Verhalten programmiert werden könnte.[19] Mitte der 1950er Jahre unternehmen dann einige von Skinner inspirierte Verhaltensanalytiker*innen erste Versuche, die Prinzipien des *operant reinforcement* tatsächlich auf Menschen anzuwenden.[20] Als ideales Versuchsfeld erscheinen nicht zuletzt geschlossene psychiatrische An-

14 Vgl. Rutherford: Beyond the Box, S. 16, 42 f., 156. Siehe auch Burrhus F. Skinner: The Behavior of Organisms. An Experimental Analysis. New York 1938, S. 4–6.

15 Vgl. William M. O'Neill: American behaviorism. A historical and critical analysis. In: Theory & Psychology 5 (1995), H. 2, S. 285–305, hier: S. 295 f.; siehe auch Georg Toepfer: Historisches Wörterbuch der Biologie. Geschichte und Theorie der biologischen Grundbegriffe. Bd. 3. Stuttgart 2011, S. 661.

16 Burrhus F. Skinner: Beyond Freedom and Dignity. New York 1971, S. 18.

17 Vgl. Rutherford: Beyond the Box, S. 79 f.

18 Vgl. Burrhus F. Skinner: Science and Human Behavior. New York 1953, S. 73. Erhöhen lässt sich die Wahrscheinlichkeit eines Verhaltens daneben auch durch die Entfernung eines „negative reinforcer", verringern auch durch Zurückhalten („withholding") eines positiven Verstärkers (siehe auch Schaefer: Conditioning procedures, S. 28).

19 Vgl. Rutherford: Social Control, S. 204; Mills: Control, S. 152 f. Siehe auch Skinner: Science, sowie Burrhus F. Skinner: Walden Two. Indianapolis 1948. Die ökologische Dimension betont Skinner vor allem in seinem Manifest *Beyond Freedom and Dignity* von 1971, S. 3–5.

20 Vgl. Rutherford: Beyond the Box, S. 49–62, auch zur Unterscheidung zwischen streng experimenteller und „applied behavior analysis".

stalten, lassen sich dort doch die Umweltbedingungen umfassend kontrollieren.[21] Viele Verhaltensanalytiker*innen vereint dabei das Bestreben, die jeweilige Gesellschaft zu verbessern und den aus ihr ausgeschlossenen, „nicht funktionierenden", pathologisierten Menschen – die in ihren Augen aufgrund falscher Verstärkung bloß schlecht angepasst sind – zur Integration (also: Anpassung) zu verhelfen.[22]

Die auf Skinners Forschungen aufbauende angewandte Verhaltensanalyse mit ihrem selbstbewussten Versprechen positiver und effizienter Interventionen kann sich vor diesem Hintergrund als progressive Alternative zur gefängnisähnlichen Einsperrung von Patient*innen präsentieren.[23] Dies entspricht dem Zeitgeist, denn auch die öffentliche Kritik am psychiatrischen System wird in diesen Jahren immer lauter und innerpsychiatrische wie politische Reformbemühungen treten auf den Plan.[24] Verschiedene Gesetzesnovellen und die Gründung des National Institute of Mental Health setzen Forschungsgelder in beträchtlicher Höhe frei, mit denen alsbald auch zahlreiche Token Economies gefördert werden.[25] Die psychiatrischen Reformbemühungen zielen insbesondere auf eine möglichst rasche Entlassung und Wiedereingliederung der Patient*innen ab.[26] Um dies zu gewährleisten, gilt es, „die totale Institution [Psychiatrie] dem Alltag anzupassen", also Abläufe, Strukturen, Verhaltensweisen aus dem gesellschaftlichen Alltag in den psychiatrischen zu integrieren.[27] Im effektiven Aufbau „nützlicher" bzw. „funktionaler" Verhaltensweisen verheißen die Token Economies eine rasche und umfassende Entlassung ihrer Patient*innen.[28]

---

21 Vgl. Rutherford: Beyond the Box, S. 17, 52, 69. Siehe auch Teodoro Ayllon und Nathan Azrin: The Token Economy. A Motivational System for Therapy and Rehabilitation. Englewood Cliffs 1968, S. 1 und 192.

22 Vgl. Rutherford: Social Control, S. 204 f. Siehe auch Ayllon und Azrin: Token Economy, S. 1–4.

23 Vgl. Ayllon und Azrin: Token Economy, S. 1–3, sowie Rutherford: Beyond the Box, S. 63 f.

24 Vgl. Françoise Castel, Robert Castel und Anne Lovell: Psychiatrisierung des Alltags. Produktion und Vermarktung der Psychowaren in den USA. Frankfurt a. M. 1982, S. 72–76.

25 Zu Gesetzesnovellen und Forschungsgeldern vgl. Castel, Castel und Lovell: Psychiatrisierung des Alltags, S. 73–75. Zur Förderung Skinnerscher Forschung durch das NIMH vgl. Rutherford: Beyond the Box, S. 50. Siehe auch Ayllon und Azrin: Token Economy, S. 219.

26 Bereits für die Zeit ab 1956 beschreiben Castel, Castel und Lovell eine erste „Entinstitutionalisierungswelle" (oft ohne adäquate Folgebetreuung), die nicht zuletzt vom Ziel der Kostenersparnis getrieben sei, dafür aber einen umso höheren „menschlichen" Preis gefordert habe (vgl. Françoise Castel, Robert Castel und Anne Lovell: Psychiatrisierung des Alltags, S. 96–98 und 104–108).

27 Wobei Castel, Castel und Lovell die Grenzen dieser Anpassung betonen: „Der Patient lebt so ‚normal' wie möglich in einer Institution, die ihn gleichwohl vom ‚normalen' Leben ausschließt." (Vgl. Françoise Castel, Robert Castel und Anne Lovell: Psychiatrisierung des Alltags, S. 119 und 131).

28 Vgl. Ayllon und Azrin: Token Economy, S. 23 f. und 53 f.

Verhaltenswissen und ökonomische Praktiken im Anna State Program

Im November 1961 starten die beiden behavioristisch geschulten[29] Verhaltenspsychologen Teodoro Ayllon und Nathan Azrin im Anna State Hospital ein umfassendes Programm zur Verhaltensmodifikation, das später als erste Token Economy in die Geschichte eingehen wird.[30] Schon während der sechsjährigen Laufzeit empfangen die Projektleiter regen Besuch von Fachkolleg*innen, was dazu führt, dass parallel weitere Projekte entstehen.[31] In ihrem 1965 veröffentlichten ersten Aufsatz über ihre Aktivitäten auf einer Station für größtenteils mit Schizophrenie diagnostizierte Frauen bezeichnen die Autoren ihre Vorgehensweise zwar noch nicht als Token Economy, beschreiben aber bereits eine Reihe von Verfahren und Praktiken, welche die spätere Benennung nahelegen.[32] In ihrer Monografie *The Token Economy* von 1968, dem Standardwerk für alle weiteren Versuche dieser Art,[33] nehmen die Referenzen auf ökonomische Praktiken, Rhetoriken und Wissensbestände noch zu.

Was das Anna State Program von vorangehenden Versuchen einer Anwendung der Skinnerschen Verhaltenstechnologie auf Menschen unterscheidet, ist zum einen das Anliegen, das Verhalten einer ganzen „population" zu modifizieren.[34] Zum anderen sollen hier statt eines einzelnen „target behavior" eine ganze Reihe komplexer Verhaltensweisen aufgebaut werden:

> In the motivating environment, the specific behaviors designated as the target were that the patients dress themselves; make their beds; go to the dining room unassisted; eat without assistance; sweep, mop, and wax the floors; serve meals, wash the dishes; arrange the cutlery; answer the phone; escort and inform visitors; help keep records of the ward procedure; assist in scheduling activities [...] etc.[35]

---

29 Vgl. Rutherford: Beyond the Box, S. 66 und 69.

30 Vgl. Ayllon und Azrin: Token Economy, S. 16. Siehe auch Rutherford: Beyond the Box, S. 64.

31 Vgl. Rutherford: Beyond the Box, S. 72.

32 Teodoro Ayllon und Nathan Azrin: The measurement and reinforcement of behavior of psychotics. In: Journal for the Experimental Analysis of Behavior 8 (1965), H. 6, S. 357–383. Der genaue Ursprung der Bezeichnung ließ sich im Rahmen meiner Recherchen leider nicht ermitteln. Nachweisbar ist der Begriff ‚token economy' schon in einem Forschungsbericht über das Patton Hospital aus dem Jahr 1966: Halmuth H. Schaefer und Patrick L. Martin: Behavior therapy for „apathy" of hospitalized schizophrenics. In: Psychological Reports 19 (1966), H. 3, S. 1147–1158, hier S. 1149.

33 Vgl. Ayllon und Azrin: Token Economy, S. v und 17.

34 Vgl. Ayllon und Azrin: Token Economy, S. 6 und 191.

35 Ayllon und Azrin: Token Economy, S. 48 f. Die vollständige Liste enthält auch Arbeiten „off the ward", nämlich „(1) dietary worker, (2) clerical worker, (3) laboratory worker, (4) laundry worker".

Bei den angestrebten Verhaltensweisen handelt es sich also sowohl um „self-care activities", etwa die Einhaltung bestimmter Hygienestandards, als auch um Arbeiten („jobs") zur Aufrechterhaltung des Stationsbetriebs.[36] Dass diese höchst verschiedenen Formen von Tätigkeiten hier bruchlos ineinander verschmelzen, ist einerseits dem Skinnerschen Ansatz zuzuschreiben, der Verhalten anhand seines Zwecks kategorisiert[37] – in diesem Fall der Verdienst von Token. Andererseits aber und aus einer ökonomischen Perspektive betrachtet, bedeutet die Zusammenfassung höchst unterschiedlicher Tätigkeiten auch eine Ausweitung der Sphäre des (quasi-)monetären Tauschs auf bislang nicht als ökonomisch begriffene Tätigkeiten der Selbstsorge.[38] Bezeichnend für die ökonomische Orientierung des Anna State Program ist überdies, dass die im Aufsatz von 1965 geschilderten sechs Experimente unter dem Aspekt der „performance of work" analysiert werden, und zwar insbesondere in Hinblick darauf, wie die Veränderung des Verstärkungsverfahrens die Auswahl von Tätigkeiten durch die Patientinnen beeinflusst.[39]

Das wichtigste Alleinstellungsmerkmal der Token Economies ist jedoch die namensgebende Vermittlung der Verstärkungsverfahren durch ein „medium of exchange"[40]: Die gewünschten Verhaltensweisen („responses") werden systematisch mit Token entlohnt, mit denen dann wiederum ein breites Spektrum an „back-up reinforcers" in Form von Verbrauchsgütern und Privilegien bezahlt werden kann.[41] Die Token selbst fungieren dabei als „general reinforcer" und werden von Ayllon und Azrin immer wieder explizit als Geld-Äquivalent bezeichnet.[42] So garantieren sie aus Sicht der Autoren die reibungslose Übersetzung zwischen dem, was belohnt, und dem, was begehrt wird: „whatever the patient wanted could be converted into a number of tokens necessary to obtain what she wanted."[43] Tatsächlich lassen sich zwar schon in den disziplinären Straf- und Bildungsinstitutionen des neunzehnten

36 Vgl. Ayllon und Azrin: Token Economy, S. 373 und 24.

37 Vgl. Toepfer: Grundbegriffe, S. 661.

38 Als Quelle monetären Einkommens werden diese Tätigkeiten nun ökonomisch analysierbar. Ein Beispiel dafür ist die Analyse des Zahnputzverhaltens in Abhängigkeit von der Höhe des „toothbrushing income" bei Fisher Jr. et al.: Economic perspectives, S. 399.

39 Vgl. Ayllon und Azrin: Reinforcement, S. 359.

40 Alan E. Kazdin: The Token Economy. A Review and Evaluation. New York/London 1977, S. 47.

41 Vgl. Kazdin: Review and Evaluation, S. 47; Ayllon und Azrin: Token Economy, S. 55 f. Im behavioristischen Kontext werden Token bereits in den 1930er Jahren erstmals eingesetzt, allerdings nur in Versuchen mit Schimpansen und ausschließlich gegen Nahrung eintauschbar (vgl. Kazdin: Review and Evaluation, S. 35).

42 Vgl. Ayllon und Azrin: Token Economy, S. 79. In anderen Berichten werden die Token ausdrücklich als „money" bezeichnet (vgl. Harold L. Cohen und James Filipczak: A New Learning Environment. San Francisco 1971, S. xxii).

43 Ayllon und Azrin: Token Economy, S. 206.

Jahrhunderts Formen einer Mikro-Ökonomie nicht nur der Strafen, sondern auch der Belohnungen finden, die teils mit eintauschbaren Abzeichen oder Marken operieren[44] und von einigen Behavioristen als Vorläufer der Token Economy herangezogen werden[45]. Allerdings beruhen diese älteren Formen der Verhaltensverstärkung meist stärker auf Praktiken der Hierarchisierung und unmittelbaren Belohnung als auf ausgefeilten Transaktionen, während die neueren Token Economies sich gerade durch die Integration der Belohnungsmechanismen in mehr oder weniger umfassende Tausch- und Konkurrenzbeziehungen auszeichnen.[46] Der Einsatz von Token im Rahmen der *operanten Verstärkung* erklärt sich vor allem aus inhärenten Herausforderungen: Insbesondere die mangelnde Flexibilität von unvermittelten *Verstärkern* gegenüber den individuellen Präferenzen der Patient*innen – dass also nicht jede*r Zigaretten oder Süßigkeiten mag und sich also nicht in gleicher Weise dadurch animieren lässt – erweist sich bei der Anwendung auf den Menschen zunehmend als Problem, weil darunter die Effektivität der Verstärkung leidet.[47] Daraus wird die Notwendigkeit abgeleitet, einen „konditionierten Verstärker" als Stellvertreter zu nutzen, der den Verhaltenssubjekten erlaubt, später aus möglichst diversen „Verstärkungsereignissen" zu wählen – indem man mit den Token etwa seine Lieblingssnacks oder aber besondere Kleidung bezahlt.[48] Ein unkontrollierter Austausch der Token *zwischen* den Patientinnen – also so etwas wie freier Handel – soll dabei allerdings dezidiert unterbunden werden[49], da er die Notwendigkeit unterlaufen würde, für den Verdienst von Token die von der Programmleitung gewünschten Verhaltensweisen an den Tag zu legen.[50] Diesem Ziel dient auch eine akribische Buch-

44 Vgl. Michel Foucault: Überwachen und Strafen. Die Geburt des Gefängnisses. Frankfurt a. M. 1977, S. 315.

45 Kazdin: Review and Evaluation, S. 30–35. Siehe auch Jose Olivares Rodriguez, Luis Montesinos und Juan Preciado: A 19th century predecessor of the token economy. In: Journal of Applied Behavior Analysis 38 (2005), H. 3, S. 427.

46 Vgl. Kazdin: Review and Evaluation, S. 31 f.

47 Vgl. Ayllon und Azrin: Token Economy, S. 8 und 116.

48 Vgl. Kazdin: Review and Evaluation, S. 2 f.; Rutherford: Beyond the Box, S. 76.

49 Was natürlich die beanspruchte Geldähnlichkeit der Token konterkariert, denn zu den Kriterien eines „general purpose money" zählt insbesondere die freie Zirkulierbarkeit (vgl. Bill Maurer: The anthropology of money. In: Annual Review of Anthropology 35 (2006), S. 15–36, hier S. 20).

50 In Ausnahmen ist der horizontale Austausch allerdings gestattet oder sogar erwünscht: So ist etwa in einem Bericht der New York Times über die Token Economy im Central Islip State Hospital ein Patient erwähnt, der seine Token vor allem durch das Tippen von Briefen für andere Insassen verdient (Earl Ubell: Behaviorism. These „shrinks" hand out tokens. In: New York Times, 10. Okt. 1971, S. E9). Auch kommt es immer wieder zu „illegalen" Token-Transaktionen, etwa im Zuge von Diebstahl oder Prostitution zwischen Insass*innen (vgl. Kazdin: Review and Evaluation, S. 45 und 48).

führung über die Token-Bilanzen jeder einzelnen Person, die ergänzend zu den materiellen Token (je nach Projekt Papierstreifen, Pokerchips oder Metallmünzen) hinzutritt und in einigen Projekten in einer reinen Punkte-Ökonomie resultiert.[51] Die Token-Bilanzen stellen zugleich den wichtigsten Index für die Messung von Verhaltensoutput dar: „The greater the number of tokens earned, the greater the amount of activity the patient had engaged in."[52] Die Token dienen insofern nicht nur der Beeinflussung von Verhalten, sondern auch der Extraktion von Verhaltenswissen und werden damit zu einem Relais von „Macht/Wissen" im Foucaultschen Sinne[53] – im Zuge einer Machtausübung allerdings, die dem Anspruch nach minimalinvasiv vorgeht, lediglich „opportunities" verteilt: Weder soll das unerwünschte Verhalten unterdrückt noch das gewünschte Verhalten erzwungen, vielmehr soll es durch Anreize motiviert werden.[54] Laut Ayllon und Azrin können Token nur dann als effektive Verstärker bzw. Anreize funktionieren, wenn ihnen ein möglichst breites Angebot an Gütern und Privilegien entspricht, gegen die sie eingetauscht werden können.[55] Andernfalls drohe eine Sättigung der Nachfrage nach Token bzw. ein Rückgang der Arbeitsbereitschaft.[56] Die eingesetzten Verstärker variieren von Programm zu Programm, meist aber handelt es sich um eine Mischung aus Verbrauchsgütern, Kleidung, Freizeitaktivitäten und bestimmten Privilegien, also etwa der Erlaubnis, bestimmte Areale zu betreten, an einem bestimmten Tisch zu essen usw.[57] Die Mehrzahl der Token Economies stützt sich dabei auf bereits vorhandene, vormals bedingungslos verfügbare Güter und Aktivitäten, deren Verfügbarkeit nun von einer Token-Zahlung abhängig gemacht wird.[58] Dabei gilt diese Deprivation gemeinhin als notwendige Bedingung für eine

---

51 Vgl. etwa Cohen und Filipczak: New Learning Environment, S. xxii. Für eine Übersicht verschiedener Token-Varianten vgl. Kazdin: Review and Evaluation, S. 47 f.

52 Vgl. Ayllon und Azrin: Token Economy, S. 209.

53 Vgl. Foucault: Überwachen, S. 39 f.

54 Ayllon und Azrin: Token Economy, S. 24. Im Buch von 1968 werden die Begriffe ‚incentive' und ‚reinforcer' synonym verwendet, was sich als Öffnung für die zeitgenössische Ökonomik verstehen lässt: Nicht umsonst betont ein ökonomischer Beobachter später die Übereinstimmung der Token Economies mit dem „neoclassical view of incentives" (vgl. David Tarr: Experiments in token economies. A review of the evidence relating to assumptions and implications of economic theory. In: Southern Economic Journal 43 (1976), H. 2, S. 1136–1143, hier S. 1136).

55 Ayllon und Azrin: Token Economy, S. 81.

56 Vgl. Ayllon und Azrin: Token Economy, S. 116.

57 Vgl. Ayllon und Azrin: Token Economy, S. 61–67. Siehe auch Kazdin: Review and Evaluation, S. 49 f.

58 Vgl. Ayllon und Azrin: Token Economy, S. 60. Siehe auch Ayllon und Azrin: Reinforcement, S. 358.

effektive Verstärkung.[59] Während bei Ayllon und Azrin zumindest eine Grundversorgung mit Nahrungsmitteln auch ohne Token sichergestellt ist, wird in anderen Token Economies, etwa im Patton Hospital, sogar die Versorgung mit Lebensmitteln von Token-Zahlungen abhängig gemacht.[60] Jede mögliche Motivationsquelle wird so durch ihre Monetarisierung in Anschlag gebracht.[61] Um die verstärkende Wirkung der Token weiter zu maximieren, empfehlen Ayllon und Azrin darüber hinaus die Berücksichtigung individueller Vorlieben, Interessen und Motivationen.[62] Die Token geben insofern auch Aufschluss über die kollektive und individuelle Effektivität der Verstärker, denn an ihrer Verwendung lässt sich ablesen, welche Güter und Privilegien besonders präferiert werden.[63] Damit reagiert die Token Economy auf eine der zentralen Herausforderungen der angewandten operanten Psychologie: „discovering what is reinforcing for a large group of people, knowing in advance that every individual differs in his preferences from every other individual and differs with respect to his own preferences at different times."[64] Um effektive Verstärker zu ermitteln, ist es nunmehr notwendig, der Patientin zum vollständigen Selbstausdruck („self expression"), vermittelt durch spezifische Token-Transaktionen, zu verhelfen.[65]

Die hier deutlich zutage tretende Kopplung von Selbstausdruck und Konsum ähnelt in augenfälliger Weise einer zentralen Idee des Neoliberalismus, wonach der Markt als primärer Ort der Erfahrung von Freiheit und Selbstverwirklichung zu verstehen ist: ein Ort, an dem Konsument*innen „ihre Wünsche manifestieren", sich selbst „ausdrücken" – und zwar durch ihr Konsumverhalten.[66] Praktiken aus der Ökonomie des entwickelten Kapitalismus finden sich auch bei den Verhaltensforschern selbst, insofern sie sich keineswegs damit begnügen, die Wünsche der Patientinnen zu „entdecken", sondern darauf abzielen, neue Vorlieben in ihnen zu verankern[67], und bei der Einführung von neuen *reinforcers* auf

59 Vgl. Ayllon und Azrin: Token Economy, S. 116. Siehe auch Isabel Lorey, die „Prekarisierung" als zentrale neoliberale Regierungstechnik beschreibt (vgl. Isabel Lorey: Die Regierung der Prekären. Wien/Berlin 2012, S. 26 f.).

60 Vgl. Schaefer: Conditioning procedures, S. 25 f. und 33 f. Siehe auch Ayllon und Azrin: Reinforcement, S. 382.

61 Vgl. Ayllon und Azrin: Token Economy, S. 24.

62 Vgl. Ayllon und Azrin: Token Economy, S. 82.

63 Vgl. Ayllon und Azrin: Reinforcement, S. 382.

64 Ayllon und Azrin: Token Economy, S. 8.

65 Vgl. Ayllon und Azrin: Reinforcement, S. 382.

66 Stedman Jones: Masters of the Universe, S. 114 und 116.

67 Vgl. Ayllon und Azrin: Token Economy, S. 71.

Vermarktungsstrategien aus „practical business situations" zurückgreifen.[68] Auch das Prinzip von Angebot und Nachfrage ist für die Versuche zur Verhaltensmodifikation in mehrfacher Hinsicht bestimmend. Nicht nur orientieren sich die (wenn auch zentral festgelegten) Preise für Güter und Privilegien an dieser Relation.[69] So bringt etwa die länger dauernde, aber begehrte Hausmeisterinnen-Tätigkeit deutlich weniger Token ein als das kürzere, aber unbeliebtere Geschirrspülen. Auch die Zuteilung der Arbeitstätigkeiten reguliert sich ausdrücklich durch Angebot und Nachfrage von Freiwilligen für eine bestimmte Aufgabe.[70] Wer eine Tätigkeit länger als eine Woche ausüben möchte, muss in dieses Privileg investieren. Wer am meisten zahlt, bekommt den Job; je mehr Konkurrentinnen es gibt, desto teurer wird es, den Job zu behalten.[71] Die Arbeitsstelle selbst wird damit zum begehrten und zugleich prekären Gut und lässt die Patientinnen in den Wettbewerb zueinander treten.[72]

Diese Einblicke in das Anna State Program zeigen beispielhaft, dass sich die Token Economies nicht nur an marktwirtschaftlichen Verfahren und Verhaltensweisen der Außenwelt orientieren, sondern diese in der Monetarisierung zuvor nicht ökonomischer Tätigkeiten bzw. Interaktionen in mancher Hinsicht sogar übertreffen. In Ayllons und Azrins Programm zur Verhaltensmodifikation ist zudem nicht nur eine Orientierung an der Außenwelt des Hospitals angelegt, sondern bereits deren weitflächige Durchdringung avisiert, wie aus der Einleitung zu ihrem 1968 publizierten Buch deutlich wird. Dort skizzieren die Autoren Möglichkeiten der Anwendung ihrer Techniken in verschiedenen gesellschaftlichen Bereichen:

> A method of controlling the aggressive outburst of a destructive patient would seem to have great relevance for the control of criminal behavior outside of the hospital. Similarly, a procedure that could motivate a vegetative psychotic who has been hospitalized for 20 years might be appropriate for motivating a high school dropout to return to school.[73]

---

68 Vgl. Ayllon und Azrin: Token Economy, S. 92 f. Als Beispiel dafür nennen sie das „reinforcer sampling", bei dem, wie bei der Produktvermarktung, den Adressatinnen eine Kostprobe („sample") des Verstärkers aufgedrängt wird, um das Verlangen danach zu stimulieren.

69 Vgl. Ayllon und Azrin: Token Economy, S. 204.

70 Vgl. Ayllon und Azrin: Reinforcement, S. 369 f. und 362.

71 Vgl. Ayllon und Azrin: Token Economy, S. 200–205.

72 Siehe hierzu auch die Einschätzung eines zeitgenössischen internen Kritikers der Token Economies: „Many issues here arise from competitive motives, with the winner's reinforcement being at the expense of the loser's punishment." (James G. Holland: Behavior modification for prisoners, patients, and other people as a prescription for the planned society. In: Prison Journal 54 (1974), H. 1, S. 23–37, hier S. 23).

73 Ayllon und Azrin: Token Economy, S. 4.

Und in der Tat beginnt diese Ausdehnung auf andere Kontexte bereits während der Laufzeit des Anna State Program, begünstigt durch verschiedene Faktoren: Im Laufe der 1960er Jahre wächst in Reaktion auf die kriminalisierte schwarze Bürgerrechtsbewegung, die Anti-Vietnam-Proteste und die Counterculture mit ihren „school dropouts“ der politische Bedarf an effektiven Mitteln der Verhaltenskontrolle jenseits der Psychiatrie.[74] Schon früh werden weitere Token Economies nicht nur in Psychiatrien und Heimen für Menschen mit Behinderung installiert, sondern auch in Schulen, in Institutionen für „schwer erziehbare“ oder vorbestrafte Jugendliche und in Gefängnissen.[75] Im Zuge dieser Expansion der Verhaltensmodifikationsprogramme in den gesellschaftlichen Alltag werden nicht nur Token-basierte Verstärkungsverfahren auf neue Verhaltensweisen ausgedehnt und diese damit monetarisiert (etwa „academic behavior“)[76], sondern auch weitere ökonomische bzw. marktwirtschaftliche Praktiken und Institutionen implementiert. Dazu gehören Bankkonten und Sparmöglichkeiten,[77] Kreditkarten und die Möglichkeit der Verschuldung,[78] der Umtausch in echtes Geld,[79] die Möglichkeit der individuellen Versicherung gegen Krankheit bzw. Einkommensausfall[80] oder die Einführung eines „manager system“, bei dem eine Versuchsperson als „manager“ für die Erledigung bestimmter Arbeiten andere Personen „anstellt“ und zu möglichst guter „performance“ antreibt, weil seine eigene Entlohnung davon abhängt.[81] In anderer Hinsicht bleiben jedoch viele Token Economies hin-

74 Vgl. Shoshana Zuboff: Überwachungskapitalismus, S. 379. Siehe auch Fred Turner: R. Buckminster Fuller. A technocrat for the counterculture. In: New Views on R. Buckminster Fuller. Hg. von Hsiao-Yun Chu und Roberto G. Trujillo. Stanford 2009, S. 147 f.

75 Vgl. Rutherford: Beyond the Box, S. 72–74. Siehe auch Kazdin: Review and Evaluation, S. 52–59.

76 Vgl. Cohen und Filipczak: New Learning Environment, S. xix. Darunter verstehen die Autoren absolvierte Lerneinheiten, bestandene Prüfungen usw., also alles, was die akademische Kompetenz steigert.

77 Vgl. Rutherford: Beyond the Box, S. 88. Siehe auch Elery L. Phillips et al.: Achievement place. Modification of the behaviors of pre-delinquent boys within a token economy. In: Journal of Applied Behavior Analysis 4 (1971), H. 1, S. 45–59, hier: S. 50 f.

78 Vgl. Paul Lehrer et al.: The use of a credit card in a token economy. In: Journal of Applied Behavior Analysis 3 (1970), H. 4, S. 289–291. Siehe auch Cohen und Filipczak: New Learning Environment, S. 25–27, sowie Kazdin: Review and Evaluation, S. 122 und 148.

79 Vgl. Kazdin: Review and Evaluation, S. 50, 121, 130 und 148 für verschiedene Beispiele.

80 Vgl. Michael W. Welch und Jerre W. Gist: The Open Token Economy System. A Handbook for a Behavioral Approach to Rehabilitation. Springfield 1974, S. 49–52. Siehe auch Kazdin: Review and Evaluation, S. 99.

81 Vgl. Philipps et al.: Achievement place, S. 541–561. Siehe auch John H. Kagel: Token Economies and Experimental Economics. In: Journal of Political Economy 80 (1972), H. 4, S. 779–785, hier: S. 782. Die Ergebnisse dieser „manager condition“ werden unter anderem als empirische Bestätigung einer Überlegenheit kapitalistischen Wirtschaftens herangezogen.

ter dem ökonomischen Vorbild zurück: Denn ein entscheidendes Merkmal der Marktwirtschaft ist ja gerade der zumindest formal freie horizontale Tausch von Geld gegen Waren, der aber, weil im Widerspruch zum behavioristischen Ziel der Verhaltenskontrolle stehend, in den Token Economies meist nicht vorgesehen ist. Daran lässt sich ablesen, wie stark zentralisiert bzw. organisiert die Wirtschaft der Token-Programme in vielen Fällen ist. Anders als selbst in stark staatslastigen Ökonomien, wie sie von der Nachkriegszeit bis hinein in die 1970er Jahren durchaus auch in kapitalistischen Gesellschaften zu finden sind,[82] herrscht in Token Economies bei der Festlegung von Löhnen und Preisen letztlich der Primat individueller Therapieziele. Entsprechend können Löhne und Preise in manchen Token Economies von Person zu Person enorm schwanken – so weit, dass eine Patientin Token für eine Aktivität bekommt, für die ein anderer zahlen muss.[83] Der Skinnerschen Orthodoxie zufolge werden die Patientinnen zudem nicht einfach für gewünschtes Verhalten entlohnt, sondern erhalten mitunter im Rahmen eines „extinction schedule“ zunächst gerade für jene Verhaltensweisen Token, die später unterbunden werden sollen, indem man den Token-Fluss nach und nach vermindert.[84] Auch gilt als Ziel der operanten Konditionierung, zumal mit Blick auf eine angestrebte soziale Wiedereingliederung, die erreichten Verhaltensänderungen schließlich von der unmittelbaren Verstärkung abzulösen.[85] Das hat bisweilen die Einführung von verschiedenen Levels an Entlohnung zur Folge, welche die Patientinnen nach und nach von der direkten Verstärkung entwöhnen und an ein „delayed reinforcement“ gewöhnen sollen.[86] Dies geschieht zum Beispiel in Verbindung mit einem pauschalen Wochenlohn – in Nachahmung der ökonomischen Gepflogenheiten der „outside world“.[87]

---

82 Vgl. Jürgen Kocka: Geschichte des Kapitalismus. München 2013, S. 116. Demnach war das „dritte Viertel des 20. Jahrhunderts die Hochphase des Organisierten Kapitalismus“, nämlich geprägt unter anderem durch „staatliche Wirtschaftspolitik zunehmend mit Keynesianischen Ansprüchen, starke[m] Anteil verstaatlichter Sektoren und staatlicher Rahmenplanungen“. Siehe auch Stedman Jones: Masters of the Universe, S. 152–154 und 220–228.

83 Vgl. Ayllon und Azrin: Token Economy, S. 204. Siehe auch Schaefer: Conditioning procedures, S. 31 f.

84 Vgl. Schaefer: Conditioning procedures, S. 31 und 35.

85 Vgl. Kazdin: Review and Evaluation, S. 16 f. und 173–196.

86 Beispiele für ein solches Stufen-System zur Wiedereingliederung finden sich im Patton Hospital (vgl. Schaefer: Conditioning procedures, S. 28), aber auch im PACE Program (vgl. Token Economy. Behaviorism Applied. McGraw-Hill Films/CRM Productions, 1972. Online unter: https://archive.org/details/tokeneconomybehaviorismapplied (abgerufen am 28.1.2021), TC: 17:20–17:58).

87 Vgl. Token Economy. Behaviorism Applied, TC: 17:40.

Token Economies als ökonomisches Labor und Subjektivierungsprogramm

Trotz der zuletzt erwähnten Abweichungen von marktwirtschaftlichen Prozessen im engeren Sinne entdecken zeitgenössische Ökonomen[88] Token Economies als Labor für die noch junge experimentelle Wirtschaftsforschung. So skizziert der Psychologe Robin Winkler, der 1971 die ersten dezidiert ökonomisch ausgerichteten Experimente in Token Economies veröffentlicht,[89] diese 1972 gemeinsam mit dem Ökonomen John Kagel als gemeinsamen Forschungsgegenstand für Ökonomik und operante Psychologie.[90] Für die *Behavioral Economics*, so der Titel ihres Aufsatzes, gelten Token Economies als „closed economic systems": „tokens are money, deliveries of tokens as conditioned reinforcers are wage payments, and exchange rates of tokens for primary reinforcers are prices of consumption goods."[91] Die in ihnen herrschende umfassende Kontrolle gewährleiste verlässlichere Daten und begünstige eine empirische Untersuchung ökonomischen Verhaltens.[92]

Im Laufe des folgenden Jahrzehnts erscheint eine ganze Reihe von Aufsätzen, die in Token Economies wirtschaftswissenschaftliche Hypothesen und Axiome untersuchen, etwa das Verhältnis zwischen Erspartem, Einkommen und dem Angebot an

---

88 Insbesondere John H. Kagel und Raymond Battalio, die heute beide als Pioniere auf dem Feld der experimentellen Ökonomik und der Verhaltensökonomie gelten (vgl. u. a. Kagels Homepage an der University of Ohio. Online unter: https://economics.osu.edu/people/kagel.4 (abgerufen am 18.1.2021)).

89 Vgl. Robin C. Winkler: The relevance of economic theory and technology to token reinforcement systems. In: Behaviour Research and Therapy 9 (1971), H. 2, S. 81–88. Winkler untersucht darin das Verhältnis zwischen Einkommen und Ausgaben der Patientinnen und kommt zu dem Ergebnis, dass es mit den entsprechenden Daten aus der US-Ökonomie übereinstimmt.

90 Vgl. John H. Kagel und Robin C. Winkler: Behavioral Economics. Areas of cooperative research between economics and applied behavioral analysis. In: Journal of Applied Behavior Analysis 5 (1972), H. 3, S. 335–342, hier S. 337. Im gleichen Jahr erscheint ein Artikel von Kagel im *Journal of Political Economy*, in dem er ähnliche Vorschläge unterbreitet. Token Economies bezeichnet er darin als „laboratory for the economic science" (vgl. Kagel: Token Economies, S. 783).

91 Kagel und Winkler: Behavioral Economics, S. 335.

92 Vgl. Kagel: Token Economies, S. 780 und 784, sowie Kagel und Winkler: Behavioral Economics, S. 335 f. und 340. Obwohl die heutige Verhaltensökonomik wohl stärker von den Forschungen Daniel Kahnemanns und Amos Tverskys geprägt ist, die sich in Menschenbild, Methodik und Ergebnissen deutlich vom Behaviorismus unterscheiden (vgl. Rüdiger Graf: „Heuristics and Biases" als Quelle und Vorstellung. Verhaltensökonomische Forschung in der Zeitgeschichte. In: Zeithistorische Forschungen 12 (2015), S. 511–519, hier S. 516 f.), zeigt sich hier, wie auch die behavioristischen Token Economies in die Genealogie der Disziplin verwoben sind.

Arbeitskräften,[93] die Dynamik der Konsument*innen-Nachfrage,[94] die Berufswahl oder die Gültigkeit ökonomischer Rationalitätsmodelle[95]. Dabei wird früheren behavioristischen Anwendungsversuchen tendenziell unterstellt, die Interdependenzen zwischen Individuen und System nicht angemessen berücksichtigt zu haben. Die ökonomische und spieltheoretische Perspektive gilt vor diesem Hintergrund als wichtige Ergänzung für Verständnis und Gestaltung von Token Economies.[96] Tatsächlich finden viele Untersuchungen die Annahmen der neoklassischen Ökonomik in den Token Economies im Wesentlichen bestätigt,[97] wobei gelegentlich auch Ökonomen wie der eher zur Chicago School gehörige Gary Becker mit seiner entgrenzenden Definition ökonomischer Rationalität zur Erklärung des Tokenökonomischen Geschehens herangezogen werden:[98] Becker erweitert den Gegenstand ökonomischer Analyse von „rationalem" Verhalten im engeren Sinne (als einer strategischen Verteilung knapper Mittel auf konkurrierende Zwecke) auf jegliches Verhalten, „das die Wirklichkeit akzeptiert" – also in systematischem Zusammenhang mit den Veränderungen der Umgebung steht.[99] Ebendiese entgrenzende Definition ökonomischen Verhaltens stellt für Michel Foucault in seinen Vorlesungen 1979 einen der Anknüpfungspunkte zwischen Neoliberalismus und Skinners „Verhaltenstechniken" dar. Denn sie stellt nicht mehr ein autonom kalkulierendes Individuum in den Mittelpunkt, sondern die systematische, also berechenbare Interaktion zwischen Umwelt und Individuum und integriert damit auch ein durch Anreize gesteuertes Verhalten in den Bereich der ökonomischen Analyse und Praxis.[100] Diese vermutete Verbindung wird in der ökonomischen Analyse der Token Economies unter Rückgriff auf Becker gewissermaßen beglaubigt.

Und tatsächlich lassen sich trotz des scheinbaren weltanschaulichen Gegensatzes zwischen Behaviorismus und Neoliberalismus in den Token Economies einige

---

93 Vgl. u. a. Robin C. Winkler: An experimental analysis of economic balance, savings and wages in a token economy. In: Behavior Therapy 4 (1973), H. 1, S. 22–40, sowie John H. Kagel et al.: Job choice and total labor supply. An experimental analysis. In: Southern Economic Journal 44 (1977), H. 1, S. 13–24.

94 Vgl. u. a. Raymond C. Battalio et al.: A test of consumer demand theory using observations of individual consumer purchases. In: Western Economic Journal 11 (1973), H. 4, S. 411–428.

95 Vgl. Tarr: Experiments, S. 1139–141.

96 Vgl. Kagel und Winkler: Behavioral Economics, S. 335; Fisher et al.: Perspectives, S. 398 f und 402.

97 Vgl. Tarr: Experiments, S. 1136.

98 Vgl. Tarr: Experiments, S. 1136. Das in Token Economies beobachtete mitunter inkonsistente Konsumverhalten erklärt Tarr mit Beckers Annahme von „rationalen Märkten" bei zugleich „irrationalen" Akteuren (vgl. S. 1141).

99 Vgl. Foucault: Biopolitik, S. 370, nach Gary Becker: Irrational behavior and economic theory. In: Journal of Political Economy 70 (1962), H. 1, S. 1–13.

100 Vgl. Foucault: Biopolitik, S. 370 f.

Argumente dafür finden, sie nicht nur als buchstäbliches Labor der experimentellen Verhaltensökonomik zu verstehen, sondern auch als metaphorisches Spielfeld neoliberaler Regierungstechniken und Subjektformen.[101] Zwar sind die Vorschläge der Chicagoer Schule in den 1960er und 1970er Jahren noch nicht dominant in der US-amerikanischen Politik und Öffentlichkeit, aber ihr Einfluss nimmt kontinuierlich zu.[102] Einer der Kerngedanken von Wirtschaftswissenschaftlern wie Theodore W. Schultz, Garry Becker oder George Stigler ist die Ausweitung der ökonomischen Analyse auf alle erdenklichen Bereiche menschlichen Verhaltens, die bis dato als nicht-ökonomische verstanden wurden: etwa politische Entscheidungen, Liebesbeziehungen oder Selbstverhältnisse[103] – ein Gedanke, der sich auch in den ökonomischen Aufsätzen über Token Economies findet.[104] Deren Tendenz, vormals nicht ökonomische Tätigkeiten und Güter zu monetarisieren, passt in dieses Muster eines „ökonomischen Imperialismus". Während neoliberale Denker wie George Stigler nicht monetär vermittelte Verhaltensweisen ökonomisch interpretieren, werden in den Token Economies gerade diese Verhaltensweisen selbst monetarisiert und ökonomisch überformt.[105] Erscheint das Modell menschlichen Verhaltens im Anna State Program zunächst als der ökonomische Mensch des klassischen Liberalismus – der bestimmte Tauschverhältnisse entsprechend seinen Interessen bzw. Vorlieben eingeht –, so zeigt sich stellenweise doch bereits der Übergang zu jenem neuen Homo oeconomicus, den Foucault in den neoliberalen Theorien erkennt, ein „Unternehmer seiner selbst", der auf einem Markt agiert und zunehmend über Wettbewerbs- statt Tauschverhältnisse definiert wird:[106] So ist etwa bei der Konkurrenz der oben beschriebenen Patientinnen um bestimmte Jobs letztlich unternehmerisches Handeln und eine permanente Kosten-Nutzen-Abwägung gefragt.[107] Beides

101 Ausführlicher dazu: Constantin Hühn: „Total motivating environments". Token Economies als Labor neoliberaler Regierungskunst, USA 1960–1980. Masterarbeit, Humboldt-Universität zu Berlin 2019.

102 Vgl. Stedman Jones: Masters of the Universe, S. 134–179. Siehe auch Foucault: Biopolitik, S. 309–314 und 336–341.

103 Vgl. Stedman Jones: Masters of the Universe, S. 126–134 über Stiglers „public choice theory"; vgl. Foucault: Biopolitik, S. 319 f. über Beckers ökonomische Analysen von Mutter-Kind-Beziehungen.

104 Vgl. Fisher et al: Perspectives, S. 402 und 392.

105 Später wird mit Token Reinforcement auch in der Paartherapie experimentiert, so berichtet Kazdin über eine Studie von 1969: Die Frauen hätten typischerweise mehr Gespräche gewollt, die Männer mehr Sex, also habe man Token als Tauschmittel zwischen beiden eingeführt (vgl. Kazdin: Review and Evaluation, S. 135 f. Siehe auch Tarr: Experiments, S. 1138). Darin liegt eine direkte Entsprechung zu Beckers ökonomischer Analyse von Ehebeziehungen (vgl. Gary Becker: The Economic Approach to Human Behavior. Chicago/London 1976, S. 169–250).

106 Vgl. Foucault: Biopolitik, S. 314 f.

107 Vgl. Ayllon und Azrin: Token Economy, S. 200–204, sowie Ayllon und Azrin: Reinforcement, S. 359 f.

wird damit Teil der zu erlernenden Verhaltensmuster und Subjektformen. Die Token Economies lassen sich damit auch als Subjektivierungsprogramm lesen, in dem ebenjene Verhaltensweisen und Selbstverhältnisse eingeübt werden, die ungefähr zeitgleich die Chicago School propagiert.

Ist diese Tendenz im Anna State Program noch vergleichsweise schwach ausgeprägt, so zeigt sie sich umso stärker in den maßgeblich vom Verhaltensdesigner Harold Cohen in Zusammenarbeit mit dem Psychologen James Filipczak konzipierten sogenannten CASE Program, das die beiden 1965 bis 1967 in der National Training School for Boys (NTS), einer Art Jugendhaftanstalt, durchführten, um den Jugendlichen Bildungskompetenzen und sozial vorteilhafte Verhaltensweisen zu vermitteln.[108] Dazu stützten sie sich unter anderem auf eine ausgefeilte Token Economy, in der Lernverhalten mit Punkten belohnt wird.[109] Auch wenn sie in ihrer Publikation zum Programm stellenweise auf die Grenzen geldförmiger Belohnungen und die Notwendigkeit sozialer Quellen von *reinforcement* verweisen,[110] fällt im Vergleich zum Anna State Program die noch einmal zugespitzte ökonomische Rhetorik auf: So beschreiben sie ihr Projekt als „economy based on academic achievement with scheduled reinforcement (which paid the students for competence)".[111] Kompetenz wird dabei mittels eines „incentive plan" entlohnt, basierend auf „rewards available in a free enterprise democracy (money and the things money can buy)".[112] Damit werden Gesellschaft und Markt bzw. Unternehmen hier umstandslos in eins gesetzt.[113] Die „student-inmates" sind „free citizen[s]", gerade indem sie Marktakteure sind – und auch als scheinbare „employees" bleiben sie eigentlich Freelancer:[114] unternehmerische Subjekte, die dazu angehalten sind, ihre Kompetenz als Einkommensquelle zu steigern, um

---

108 Vgl. Cohen und Filipczak: New Learning Environment, S. xx und 32 und 60 f. Siehe auch Kazdin: Review and Evaluation, S. 114 f. und 148.

109 Vgl. Cohen und Filipczak: New Learning Environment, S. 28, 32, 40 und 142. Daneben steht „programed learning" im Zentrum des Programms (siehe hierzu Christina Vagt: Education Automation. Verhaltensdesign als ästhetische Erziehung. In: Verhaltensdesign. Technologische und ästhetische Programme der 1960er und 1970er Jahre. Hg. von Jeannie Moser und Christina Vagt. Bielefeld 2018, S. 57–74, hier S. 63–68).

110 Vgl. Cohen und Filipczak: New Learning Environment, S. 7 f., 12 und 107.

111 Cohen und Filipczak: New Learning Environment, S. xxii. Der Begriff der ‚Kompetenz' ist auch eng verknüpft mit der Theorie des Humankapitals, wie Foucault deutlich macht, insofern diese Theorie menschliche Arbeit als Kompetenz neu definiert, die es erlaubt einen Lohn zu verdienen (vgl. Foucault: Biopolitik, S. 311 f.).

112 Vgl. Cohen und Filipczak: New Learning Environment, S. xix.

113 Das Programm ist mal eine „miniature society", mal eine „corporation" (vgl. Cohen und Filipczak: New Learning Environment, S. 142 und xxii).

114 Vgl. Cohen und Filipczak: New Learning Environment, S. 7 und 10.

ihre prekär bleibenden Privilegien nicht einzubüßen.[115] Nicht umsonst polemisieren die Autoren ausgiebig gegen den „controlled welfare state" – die CASE society lässt sich durchaus als Gegenentwurf zum New Deal verstehen, dem Hauptfeind der amerikanischen Neoliberalen.[116] Am Horizont des Programms erahnt man demgegenüber eine „Unternehmensgesellschaft"[117] aus Humankapitalisten, deren Konkurrenz um Reichtum und Status als Motivationsfaktor genutzt wird.[118] Hier zeigt sich, wie die radikalisierte Rational-Choice-Maxime des Neoliberalismus und die Skinnersche Perspektive des *contingency management* ineinander übertragbar sind, gerade auch als Ausgangspunkt „umwelttechnischer", also gewissermaßen über Bande spielender Verhaltenssteuerung.

Ausblick

Etwa zu der Zeit, als die Token Economies von der Ökonomik als Laboratorien entdeckt werden, geraten sie im öffentlichen Diskurs zunehmend unter Druck – in dem Maße, wie ab Beginn der 1970er Jahre die Kontroversen um Verhaltensmodifikationsprogramme insgesamt anwachsen.[119] Unter anderem wird zahlreichen Programmen vorgeworfen, bevorzugt solches Verhalten zu verstärken, das den reibungslosen Ablauf des Institutionsalltags erleichtert (etwa das Stillsitzen in Schulklassen) und eben nicht auf selbstständiges Leben bzw. gesellschaftliche Eingliederung vorzubereiten.[120] Einige neu aufgelegte Programme, zumal in Gefängnissen, erregen mit drakonisch wirkenden Maßnahmen Aufsehen.[121] Zudem klagt die Bürgerrechtsvereinigung ACLU 1974 im Namen von Insass*innen erfolgreich gegen die aus ihrer Sicht menschenunwürdigen Bedingungen in einigen Token-Programmen – etwa Isolationshaft, die Deprivation von Existenzgrundlagen oder die Unangemessenheit

---

115 Vgl. Cohen und Filipczak: New Learning Environment, S. xxii und 140. Die „Freiheit" des Programms besteht darin, dass die Teilnehmenden sich gegen das Verdienen von Token entscheiden können, wodurch sie auf einen *relief*-Status herabsinken: Damit bleiben sie innerhalb des Programms, erhalten aber nur „the same [basic] subsistence as the students in the rest of the NTS", die nicht Teil des Token-Programms sind (vgl. S. 138 f.). Dieses Subsistenz-Modell erinnert an die neoliberale Neudefinition der Sozialpolitik auf Basis eines Existenzminimums (vgl. Foucault: Biopolitik, S. 201–204 und 282 f.).

116 Vgl. Cohen und Filipczak: New Learning Environment, S. 6; Stedman Jones: Masters of the Universe, S. 5.

117 Vgl. Foucault: Biopolitik, S. 358 und 208.

118 Vgl. Cohen und Filipczak: New Learning Environment, S. 140.

119 Vgl. Rutherford: Social Control.

120 Vgl. Philip J. Hilts: Behavior Mod. New York 1974, S. 44 f. und 59.

121 Vgl. Rutherford: Social Control, S. 208–211, sowie Rutherford: Beyond the Box, S. 91 f.

der Entlohnung von anstaltsinterner Arbeit.[122] 1974 veröffentlicht ein Untersuchungsausschuss des US-Kongresses einen kritischen Bericht über Verhaltensmodifikationsprogramme, darunter einige Token Economies, der in strengeren Kriterien für die Durchführung solcher Programme und in einer Kürzung von Fördermitteln resultiert.[123] Zwar gerät im Laufe der 1970er Jahre vor diesem Hintergrund der Siegeszug der (institutionellen) Token Economies ins Stocken, zugleich nehmen sie aber neue Formen an und werden in offenere Settings integriert – der Trend geht zur „open token economy".[124] So wird das Token-Reinforcement zur Förderung von umweltfreundlichem Verhalten (etwa Müllvermeidung) verwendet[125] oder Eltern zum Heimgebrauch empfohlen.[126] Zudem stoßen die Token Economies auf wachsende Nachfrage in jenen unternehmerischen Zusammenhängen, auf die bereits Ayllon und Azrin verwiesen hatten: zur Steigerung der Motivation und Produktivität von Mitarbeiter*innen.[127] Außerdem finden in Token Economies erprobte Techniken des *contingency management* ab Anfang der 1970er Jahre Eingang in das boomende Genre der Selbsthilfeliteratur – nach dem Motto: „Be your own behavior-modifier". Hier passt sich die behavioristische Rhetorik dem (im weiteren Sinne) liberalen Zeitgeist an, und zugleich prägt diese Ratgeberliteratur durch die Popularisierung behavioristischer Terminologie und Konzepte in profunder Weise die Selbstverhältnisse in den USA und darüber hinaus: die Art und Weise wie Menschen sich ein Bild von sich selbst machen, welche Bedeutung sie dem eigenen Handeln geben, was und wie sie etwas daran zu ändern suchen.[128] Neben einem anhaltenden Einsatz auch institutioneller Token Economies[129] liegt deren eigentlicher Triumph wohl in jenen offeneren Settings: Heute scheinen Token-ökonomi-

122 Vgl. Rutherford: Beyond the Box, S. 75, 80 und 90–93.

123 Einige Token-Programme versuchen daraufhin (mit umstrittenem Erfolg), allein auf zusätzliche Verstärker zu bauen, statt existierende zu entziehen (vgl. Rutherford: Beyond the Box, S. 75, 77, 88 f., 98 und 269).

124 So der Titel eines Buches von Michael Welch und Jerre Gist: The Open Token Economy System. A Handbook for a Behavioral Approach to Rehabilitation. Springfield 1974.

125 Vgl. Kazdin: Review and Evaluation, S. 229–235.

126 Vgl. Rutherford: Beyond the Box, S. 74, 133 und 154 f. Siehe auch Castel, Castel und Lovell: Psychiatrisierung des Alltags, S. 288.

127 Vgl. Hilts: Behavior Mod, S. 91–112. Siehe auch Holland: Prisoners, S. 30, sowie Kazdin: Review and Evaluation, S. 236 f. Schon Ayllon und Azrin selbst wenden die Verstärkungsprozeduren auch auf das Krankenhauspersonal an (vgl. Ayllon und Azrin: Token Economy, S. 214 f.).

128 Vgl. Rutherford: Beyond the Box, S. 155, 15 und 116.

129 Vgl. Kyle Boerke und David Reitman: Token economies. In: Handbook of Applied Behavior Analysis. Hg. von Wayne Fisher, Cathleen Piazza und Henry Roane. New York 2011, S. 370–380, hier S. 378 f. Zur neoliberalen Ausrichtung vieler solcher Verhaltensmodifikationsprogramme in der forensischen Psychiatrie, siehe Dave Holmes und Stuart J. Murray: A critical reflection on the use of behaviour modification programmes in forensic psychiatry settings. In: (Re)Thinking Viosche Techniken endgültig in der Mitte der Gesellschaft angekommen zu sein. Dafür steht nicht nur der anhaltende Erfolg entsprechender Ratgeber-Literatur,[130] sondern vor allem die explosive Ausbreitung von Selbstoptimierungs-Apps, die mit Token-artigen Belohnungen arbeiten.[131] Der „Überwachungskapitalismus" insgesamt operiert der amerikanischen Soziologin Shoshana Zuboff zufolge nicht zuletzt mit „Verhaltensmodifikationsmitteln", die sie auf Skinner zurückführt, und erscheint als Verschmelzung von neoliberalen und behavioristischen Prinzipien.[132] Und auch in Chinas Sozialkreditsystem ließe sich ein Abkömmling der Token Economies erkennen.[133] Die Skinnersche Utopie, in der eingangs erwähnten BBC-Dokumentation skizziert, ist zwar nicht in Gänze Realität geworden – aber die in den Token Economies erprobten und weiterentwickelten Techniken sind gerade auch in und dank ihrer Verschmelzung mit ökonomischen, teils neoliberalen Konzepten in zahlreiche Gesellschaftsbereiche eingesickert und prägen die Subjektformen und Menschenführungstechniken moderner Gesellschaften heute nachhaltig. Sie hatten und haben Anteil daran, die ihnen ausgesetzten Menschen *tatsächlich* nach dem Modell anreizgesteuerter Nutzenmaximierer*innen funktionieren zu lassen.

Als Beleg für diese Subjektivierungsarbeit lassen sich nicht zuletzt die Widerstände anführen, auf die Token-Economy-Betreiber*innen immer wieder stoßen.[134] So schildern Ayllon und Azrin etwa, dass die Umwandlung in Geldbeziehungen keineswegs reibungslos verläuft, sondern zum Teil ein gerüttelt Maß an Überzeugungsarbeit verlangt.[135] Eine Teilnehmerin an den Experimenten besteht etwa darauf, ihren bisherigen Job auch ohne Bezahlung weiterzuführen, weil sie sich

---

lence in Health Care Settings. A Critical Appproach. Hg. von Dave Holmes et al. Farnham/Burlington 2012, S. 21–30, hier S. 26.

130 Vgl. Denise Soares et al.: The Token Economy Playbook. The Ultimate Guide to Promoting Superior Performance and Personal Growth. San Diego 2016.

131 Ein Bezug zwischen solchen Apps und Skinners Verhaltenstechnologie wurde schon verschiedenerseits hergestellt, allerdings ohne auf die Token Economies zu verweisen (vgl. u. a. Steven Poole: Fitter, dumber, more productive. How the craze for Apple watches, fitbits and other wearable tech devices revives the old and discredited science of behaviourism. In: New Statesman 145 (2016), H. 5328, S. 35–37).

132 Vgl. Zuboff: Überwachungskapitalismus, S. 430–437, 444 und 586 f.

133 Zum Social Credit vgl. Kai Strittmatter: Schuld und Sühne. In: SZ.de, 19. Mai 2017. Online unter: www.sueddeutsche.de/politik/punkteregime-schuld-und-suehne-1.3514310 (abgerufen am 28.1.2021).

134 Zu widerständigen Praktiken in Token Economies, vgl. insbes. Douglas Biklen: Behavior modification in a state mental hospital. A participant-observer's critique. In: American Journal of Orthopsychiatry 46 (1976), H. 1, S. 53–61. Siehe auch Kazdin: Review and Evaluation, S. 48, sowie Elbert W. Russel: The power of behavior control. A critique of behavior modification methods. In: Journal of Clinical Psychology 30 (1974), H. 2, S. 111–136.

135 Vgl. Ayllon und Azrin: Token Economy, S. 91.

dem Arzt verpflichtet fühle, für den sie Abschriften anfertigen soll: „I need the tokens and I don't mind working for you, but when I make a promise, I keep it."[136] Fälle wie diese kann man als individuelle Versuche interpretieren, sich dem institutionellen, ökonomischen Zugriff zu entziehen. Sie erinnern uns daran, in der Untersuchung von Verhaltenstechnologien auch ihre Grenzen nicht aus dem Blick zu verlieren – daran, dass die verheißene Totalität der Kontrolle nie in vollem Umfang eingelöst werden kann.[137] In Zeiten eines „Überwachungskapitalismus" liegt darin vielleicht die eigentliche Verheißung und ein Ausgangspunkt für andere, emanzipatorische Utopien.

---

136 Ayllon und Azrin: Reinforcement, S. 365. Siehe auch Ayllon und Azrin: Token Economy, S. 91.
137 Vgl. Michel Foucault: Subjekt und Macht. In: Michel Foucault: Analytik der Macht. Hg. von Daniel Defert und François Ewald. Frankfurt a. M. 2005, S. 240–263, hier S. 261.

Mira Shah

Der Wert des Verhaltens. Ökonomische Modelle in Primatologie und Ökologie (Sarah Blaffer Hrdy, Barbara Smuts, Edward O. Wilson)

Sozio-biologische Kettfäden

Die Sprache der biologischen Verhaltensforschung ist, wie die Sprache aller wissenschaftlichen Texte,[1] rhetorisch und diskursiv gestaltet. Der Zoologe Solly Zuckerman beschrieb beispielsweise in den 1930er Jahren die von ihm beobachtete Pavianpopulation im Londoner Zoo als ‚Harem', dem ein ‚Overlord' präsidiere, und an dem sich Fragen der ‚Prostitution' verhandeln ließen.[2] Häufig dienen solche Tropen einer besseren Verständlichkeit des beobachteten Verhaltens für die Forschenden selbst und für ihr Publikum, sei dies die jeweilige Forschungsgemeinschaft oder, wie in Bereichen wie der Primatologie und der Ökologie häufig, auch ein breiteres Publikum. Rhetorik, diskursive Metaphern und Analogien stehen in der Verhaltensforschung aber nicht allein im Dienst einer solchen Wissensproduktion und -vermittlung. Sie drücken vor allem die zum jeweiligen Zeitpunkt leitenden theoretischen Ansätze aus, ganz im Sinne eines fachlichen, wissenschaftsgeschichtlich und wissenstheoretisch stimmigen Sprachgebrauchs:[3] „Denkformen schlagen sich in Sprache nieder und werden so sichtbar", wie Josef Wieland es formuliert.[4] Hier einen Wirtschaftsethiker und Ökonomiehistoriker wie Wieland heranzuziehen, ist insofern nützlich, als im Folgenden eine Reihe von ökonomischen Modellen der Primatologie und Ökologie in den Blick genommen wird, die sich in wissenschaftlichen Studien, aber auch populärwissenschaftlichen Publikationen niederschlagen.[5]

In einem heutigen Sinn *ökonomische* Modelle des Verhaltens haben in der Biologie eine weit zurückreichende Tradition, wie schon Charles Darwins Malthus-

1 Vgl. Greg Myers: Writing Biology. Texts in the Social Construction of Scientific Knowledge. Madison/London 1990, S. ix.

2 Vgl. Solly Zuckerman: The Social Life of Monkeys and Apes. London 1932.

3 Vgl. Linda Marie Fedigan: Primate Paradigms. Sex Roles and Social Bonds. Chicago/London 1992, Kap. 2: „Words".

4 Josef Wieland: Die Entdeckung der Ökonomie. Bern/Stuttgart 1989, S. 22.

5 Vgl. dazu auch Mira Shah: Affe und Affekt. Die Poetik und Politik der Emotionalität in der Primatologie. Stuttgart 2020, hier Kap. 4.2: „Neoliberale Gene: Primatologie im Zeichen der Ökonomie".

https://doi.org/10.1515/9783110740813-027

Rezeption zeigt. Die für die Evolutionsbiologie nach Darwin und Alfred Russel Wallace bis ins zwanzigste Jahrhundert maßgebliche Metapher des Daseinskampfes *(struggle for existence)* verdankt sich bekanntermaßen dem *Essay on the Principles of Population* (1798) des englischen Nationalökonomen, diejenige des Gleichgewichts geht bis auf Joseph Townsends *A Dissertation on the Poor Laws* (1786) zurück und jene des Wettbewerbs von Individuen und Arten auf die Verwendung zur Beschreibung menschlichen Verhaltens in Adam Smiths *The Wealth of Nations* (1776).[6] An dieser Stelle soll allerdings nicht noch einmal dieser Zusammenhang nachvollzogen, sondern der Blick auf neuere ökonomische Paradigmen und ihre Modelle gerichtet werden, wie sie sich in der Soziobiologie seit den 1970er Jahren abbilden – einer Verhaltensbiologie, welche nicht länger nur auf die Erfassung und Beschreibung natürlichen Verhaltens bei Tieren abzielt, wie die ‚klassische' Ethologie in der Folge Konrad Lorenz' und Niko Tinbergens, sondern die die biologischen Grundlagen des Sozialverhaltens und seiner Formen und dabei explizit auch den Menschen im Rahmen neodarwinistischer Evolutionstheorie untersucht.[7]

Bisherige wissenschaftshistorische und -theoretische Auseinandersetzungen mit der Soziobiologie kritisieren zuvorderst die Übertragung evolutionsbiologischer Ideen auf menschliches Verhalten und ignorieren überwiegend die Aspekte, die als ökonomische Denkweise diese Ansätze immer schon im Bereich des Sozialen verankern.[8] Dieser blinde Fleck hat historische und (wissenschafts-)politische Gründe, wie schon John Maynard Smith angemerkt hat:[9] Die Folgen einer biologischen Theoretisierung des Sozialen stehen einer Nachkriegsbiologie auf beiden Seiten des Atlantiks deutlich vor Augen.

---

6 Vgl. Peter Vorzimmer: Darwin, Malthus, and the theory of natural selection. In: Journal of the History of Ideas 30 (1969), H. 4, S. 527–542; George J. Stigler: Competition. In: The New Palgrave Dictionary of Economics. Hg. von Steven N. Durlauf und Lawrence E. Blume. London 2008. Online unter: www.doi.org/10.1057/978-1-349-95121-5_524-2 (abgerufen am 22.1.2021).

7 Vgl. Edward O. Wilson: Sociobiology. The New Synthesis. Cambridge, Mass./London 1975, S. 4; zum Neodarwinismus vgl. Harald A. Euler: Menschliches Handeln und Verhalten in evolutionspsychologischer Perspektive. In: Vom homo oeconomicus zum homo culturalis. Handlung und Verhalten in der Ökonomie. Hg. von Nils Goldtschmidt und Hans G. Nutzinger. Berlin 2009, S. 39–59, hier S. 40.

8 Sowohl propagierend, vgl. Wilson: Sociobiology, S. 4; als auch problematisierend, vgl. Kevin N. Laland und Gillian Brown: Sense and Nonsense. Evolutionary Perspectives on Human Behaviour. Oxford 2011; Brian Baxter: A Darwinian Worldview. Sociobiology, Environmental Ethics and the Work of Edward O. Wilson. Aldershot/Burlington 2007.

9 „I have a lot of the gut feelings of my age of being horrified and scared of the application of biology to the social sciences – I can see ... race theories, Nazism, anti-semitism and the whole of that. So that my initial gut reaction to Wilson's *Sociobiology* was one of considerable annoyance and distress." (Zit. nach Laland und Brown: Sense and Nonsense, S. 3 f.).

Es ist aber die Präsenz ökonomischen Denkens, welche bei einer Lektüre von soziobiologischen Texten auffällt, und zwar häufig schon allein an der Sprache der Texte. Dieser Sprachgebrauch – die Primatologin Linda Marie Fedigan sprach 1992 in ihrer Beschäftigung mit Theorie-Paradigmen der Affenforschung sogar von „the leitmotif of current evolutionary explanation"[10] – deutet darauf hin, dass die Konzeptualisierung vom Biologischen und Sozialen als getrennte und daher aufeinander projizierbare (und problematisierbare) Sphären irreführend ist. Dies gilt besonders in den als Soziobiologie fassbaren evolutionstheoretischen Ansätzen der zweiten Hälfte des zwanzigsten Jahrhunderts; es gilt aber auch schon früher, wie Karl Polanyi in seiner Geschichte des Kapitalismus en passant aufgezeigt hat: Schon Darwins (und Wallace')[11] Entwurf einer Theorie der Evolution stand unter dem Eindruck moralphilosophischen ökonomischen Denkens und der Entstehung einer naturalisierten Politischen Ökonomie.[12] Statt von zwei getrennten Sphären muss also von einer grundsätzlichen Verwobenheit der Theorien des Biologischen/Natürlichen und des Sozialen/Kulturellen ausgegangen werden, deren Kettfaden ökonomische Modelle sind. Eine Einsicht in diese Verknüpfungslogik mag denn auch den Anspruch einer Bewegung innerhalb der Ökonomik des ausgehenden zwanzigsten Jahrhunderts zur Re-Klassifizierung (im Sinne von Wieder- und von Um-Klassifizierung) als Sozialwissenschaft bestärkt haben, die sich als verhaltensorientierte Ökonomie oder Neue Politische Ökonomie auf das Verhalten als Gegenstand hin orientiert. Sie bietet sich, so das Versprechen, als Analyseinstrument sowie Methodenreservoir an, um menschliches Verhalten in verschiedensten, zunächst nicht-ökonomisch angenommenen Zusammenhängen neu zu erklären und zu verstehen.[13]

---

10 Fedigan: Primate Paradigms, S. 21.

11 Vgl. zur Konkurrenz und Kooperation von Charles Darwin und Alfred Russel Wallace in der Entstehungsgeschichte der Evolutionstheorie z. B. John van Wyhe: Dispelling the Darkness. Voyage in the Malay Archipelago and the Discovery of Evolution by Wallace and Darwin. New Jersey 2013; Peter Raby: Alfred Russel Wallace. A Life. Princeton 2001, S. 101–115, 287–294.

12 Vgl. Karl Polanyi: The Great Transformation. The Political and Economic Origins of Our Time. Boston 2001 (1944); darin im Einzelnen zum Einfluss der zeitgenössischen Sozialpolitik und des Zivilisationsgedankens bei Darwin S. 88; zur Naturalisierung der Nationalökonomie bzw. Politischen Ökonomie durch erst „Townsend's naturalism", dann Malthus' bei Townsend entliehener Parabel der Ziegen und Hunde, S. 117–131. Vgl. auch Roland Borgards: Ziegen, Hunde und Kaninchen. Die Geschichten der Isla Robinson Crusoe, ehemals Isla Juan Fernández anfangs Isla Más a Tierra. In: Roland Borgards, Lena Kugler und Mira Shah: Pazifische Passagen. Ein Insularium des Großen Ozeans. Göttingen 2023, S. 17–55.

13 Vgl. Bruno S. Frey: Ökonomie ist Sozialwissenschaft. München 1990, S. VI; Nils Goldtschmidt und Hans G. Nutzinger (Hg.): Vom homo oeconomicus zum homo culturalis. Handlung und Verhalten in der Ökonomie. Berlin 2009.

Drei Texte sollen im Folgenden vor diesem Hintergrund auf den Kettfaden ihrer ökonomischen Modelle hin untersucht werden. Zwei davon sind publizierte Qualifikationsschriften aus der Affenforschung: In Sarah Blaffer Hrdys *The Langurs of Abu* (1977) und Barbara Smuts' *Sex and Friendship in Baboons* (1985) werden Modelle lesbar, die das ökonomische Denken in der Soziobiologie und seinen Wandel verdeutlichen. Die ‚Finanzialisierung' des *homo oeconomicus* ab den 1960er Jahren schlägt sich bei Hrdy in jener des *animal oeconomicum* nieder; die Entdeckung des an der Schnittstelle zwischen sozial- und wirtschaftswissenschaftlicher Theorie entstehenden ‚sozialen Kapitals' lässt sich an der Freundschaftsökonomie von Smuts' Pavianen ablesen. Beim dritten Beispiel schließlich geht es um die Aktualisierung des ökonomischen Denkens in der Ökologie. Edward O. Wilson, der 2021 verstorbene Autor des grundlegenden Werkes *Sociobiology* (1975), redet in *The Diversity of Life* (1992/2001) einer ökonomischen Ethik der Vielfalt das Wort, die nicht mehr das Verhalten von Tieren und/oder Ökosystemen in den Blick nimmt, sondern ökonomische Modelle im Dienste ökologischer Politiken zur Anwendung in menschlichen Verhaltenslehren bringt. Mit diesen in ihnen wirksamen Modellen partizipieren die drei Texte am ‚neuen Geist des Kapitalismus' (Boltanski/Chiapello) bzw. am Paradigma der fortwährend führenden politischen Philosophie unserer Zeit, dem Neoliberalismus.[14]

Strategische Akteur/innen in der Reproduktionsökonomie: Sarah Blaffer Hrdys *The Langurs of Abu*

„Wie sollten sich ökonomische Prinzipien und Marktmechanismen in die belebte und unbelebte Natur ausdehnen, wenn es dieser an Akteuren mangelt, die Kosten-Nutzen-Kalküle bilden und ihre Interessen wahrnehmen können?",[15] fragte 2019 Rüdiger Graf in einem Beitrag zur Auseinandersetzung der Zeitgeschichte mit dem

14 Vgl. Luc Boltanski und Ève Chiapello: Der neue Geist des Kapitalismus. Aus dem Franz. übers. von Michael Tillmann. Konstanz 2003; Melinda Cooper: Leben jenseits der Grenzen. Die Erfindung der Bioökonomie. In: Biopolitik. Ein Reader. Hg. von Andreas Folkers und Thomas Lemke. Berlin 2014, S. 468–524, hier S. 473; Guy C. Z. Mhone: Neoliberalism. In: New Dictionary of the History of Ideas. Hg. von Maryanne Cline Horowitz. Detroit 2005, S. 1625–1628; Thomas Biebricher: Neoliberalismus zur Einführung. Hamburg 2012, S. 16 f.

15 Rüdiger Graf: Die Ökonomisierung der Umwelt und die Ökologisierung der Wirtschaft seit den 1970er Jahren. In: Ökonomisierung. Debatten und Praktiken in der Zeitgeschichte. Hg. von Rüdiger Graf. Göttingen 2019, S. 188–211, hier S. 188.

Begriff und Phänomen der Ökonomisierung. Auf diese Frage lässt sich auf zweierlei Weise antworten: Erstens mit der Erinnerung daran, dass es programmatisch viel eher Beschreibungs- und Erklärungssysteme als reale Instanzen sind, die eine Ökonomisierung bestimmter Teilbereiche von Gesellschaft und/oder Welt bewirken können. Wenn Theoretiker/innen der Ökonomie diese als allgemeines sozialwissenschaftliches Paradigma propagieren, wird der ökonomische Ansatz als Analyse- und Erklärungsmethode als Teil einer *verhaltensorientierten* Ökonomie im Grunde überall dort einsetzbar, wo sich Verhalten vermuten lässt, wie der Wirtschaftswissenschaftler Bruno Frey argumentiert.[16] Frey meint damit zunächst menschliches Verhalten. Aber wie die Primatologie zeigt, lässt sich das anthropologische Modell der Ökonomie in bestimmten theoretischen Rahmen ohne größere philosophische oder methodische Probleme auf tierliches Verhalten übertragen – und dadurch letztlich selbst wiederum naturalisieren. Dies bietet sich auch insofern an als, wie Gebhard Kirchgässner in seiner Beschäftigung mit dem *homo oeconomicus* erörtert hat, Ökonomie und Biologie auch traditionell als evolutorische Wissenschaften verbunden sind. Beide arbeiten mit analogen Interpretationen des von ihnen untersuchten Geschehens – Wettbewerb der Arten bzw. Entwicklung von Wettbewerbsmärkten – und sind gerade deswegen offen für einen wechselseitigen Methoden-, Ideen- und Modelltransfer.[17] Zweitens, so lässt sich anschließend antworten, machen solche Beschreibungs- und Erklärungssysteme sehr wohl kalkulierende Akteur/innen in der belebten (und vielleicht auch unbelebten) Natur auffindbar, die Grafs Definition entsprechen.

So kündigt die Anthropologin und Verhaltensforscherin Sarah Blaffer Hrdy in ihrer Dissertation *The Langurs of Abu*, einer Studie, welche auf jahrelanger Feldarbeit beruht und als zentrales Thema den Verhaltenskomplex des Infantizids in einer Hanumanlanguren-Population in Indien behandelt, an:

> Throughout this book, animals will be described as strategists, and it should be clear at the outset that no conscious calculations are implied. Rather, animals predisposed to respond to a given situation in particularly advantageous ways in the past contributed differentially to the next generation's gene pool. As used here, strategies are evolved, not invented.[18]

---

16 Vgl. Frey: Ökonomie, S. 15.

17 Vgl. Gebhard Kirchgässner: Homo oeconomicus. Das ökonomische Modell individuellen Verhaltens und seine Anwendung in den Wirtschafts- und Sozialwissenschaften. Tübingen 1991, S. 215–217.

18 Sarah Blaffer Hrdy: The Langurs of Abu. Cambridge, Mass./London 1977, S. 49. Seitenangaben im Folgenden im Text.

In diesen drei Sätzen führt Hrdy die Begriffe ‚Strategie', ‚Kalkulation', ‚Prädisposition', ‚Vorteil', ‚Genpool', ‚Evolution' und ‚Invention' ein. Sie umreißt damit die Figur eines evolutionstheoretischen *animal oeconomicum.*

Zunächst soll mit dieser Erklärung sogleich jeglicher Verdacht der Anthropomorphisierung ausgeschlossen werden:[19] Dieses ökonomische Tier zeige keineswegs bewusstes Handeln „als *rationale Auswahl* an Alternativen"[20] oder erfinde Strategien selbst, kalkuliere gar, wie es für den *homo oeconomicus* als anthropologische Denkfigur neuzeitlicher Ökonomie wesentlich ist. Der *homo oeconomicus* trifft im Dienste seines selbstbezogenen Interesses und eines seinen Präferenzen entsprechenden Zieles aus den ihm zur Verfügung stehenden Möglichkeiten eine rationale Auswahl, d. h. er handelt (oder verhält sich) zweckrational und kalkulierend.[21] Diese für die Verhaltensmodelle traditioneller Ökonomik und ihren methodischen Individualismus wesentliche Grundeinheit handelt seit dem Einzug der Spieltheorie in die Wissenschaften ab den 1950er Jahren auch strategisch: „In a strategic game, each player chooses a strategy [...] to maximize his or her expected payoff, taking into account that each of the other players is also making a rational strategic choice",[22] so das Modell, das sich auf einen als Spiel konzeptualisierten Markt und dessen Akteur/innen anwenden lässt.

Unter ‚Strategien' soll aber im Kontext der Affen, so Hrdy, evolviertes Verhalten statt dieser spielerischen Kalkulation verstanden werden. Strategisch sinnvoll ist dieses Verhalten, insofern diejenigen, die es aufgrund ihrer Prädisposition zeigen, zum Genpool der nächsten Generation beitragen können, weil das Verhalten ihnen einen Vorteil vor anderen verschafft hat. Damit macht Hrdy den soziobiologischen Hintergrund ihrer Studie sichtbar: Verhalten lässt sich als adaptiver Reproduktionsvorteil erklären; das Tier wird durch seine sich replizieren wollenden Gene gesteuert. Diese „Morality of the Gene", wie Wilson das einführende Kapitel

19 Vgl. zur Anthropomorphismus-Problematik Markus Wild: Anthropomorphismus. In: Lexikon der Mensch-Tier-Beziehungen. Hg. von Arianna Ferrari und Klaus Petrus. Bielefeld 2015, S. 26–28; Lorraine Daston und Gregg Mitman (Hg.): Thinking with Animals. New Perspectives on Anthropomorphism. New York 2004; spezifisch für die Primatologie und Ethologie vgl. Fedigan: Primate Paradigms, S. 16–18; Pamela Asquith: Anthropomorphism and the Japanese and Western traditions in primatology. In: Primate Ontogeny, Cognition and Social Behavior. Hg. von James G. Else und Phyllis C. Lee. Cambridge 1986, S. 61–71; Frans de Waal: Are we in anthropodenial? In: Discover 18 (1997), H. 7, S. 50–53.

20 Kirchgässner: Homo oeconomicus, S. 12.

21 Vgl. Kirchgässner: Homo oeconomicus, S. 2; zum Interesse als „ein letztes und unauflösliches Verhaltensatom": Joseph Vogl: Das Gespenst des Kapitals. Zürich 2010/2011, S. 35 f.

22 Robert W. Dimand: Game theory. In: New Dictionary of the History of Ideas. Hg. von Maryanne Cline Horowitz. Detroit 2005, S. 853–857, hier S. 853.

seines *Sociobiology* nennt, konzipiert den Organismus zunächst vorgeblich nicht als ökonomisches Individuum – „the organism doesn't live for itself":[23]

> Its primary function is not even to reproduce other organisms, it reproduces genes, and it serves as their temporary carrier. Each organism generated by sexual reproduction is a unique, accidental subset of all the genes constituting the species. Natural selection is the process whereby certain genes gain representation in the following generations superior to that of other genes [...]. But the individual organism is only their vehicle, part of an elaborate device to preserve and spread them [...].[24]

In diesem neodarwinistischen Ansatz, den Hrdy in *The Langurs* durch theoretische Bezüge auch direkt aufruft,[25] wird der Wettbewerb von Arten und Individuen auf die Ebene der Gene verlegt. Richard Dawkins hat Organismen dieses Modells in seiner Popularisierung der Soziobiologie als „survival machines – robot vehicles blindly programmed to preserve the selfish molecules known as genes"[26] bezeichnet und nun seinerseits das ökonomische selbstbezogene Interesse wieder ins Bild geholt: Das Grundverhalten der Gene ist bei Dawkins „ruthless selfishness": „This gene selfishness will usually give rise to selfishness in individual behaviour" (2). In diesem Entwurf von Organismen als durch selbstsüchtige Gene programmierte Überlebensmaschinen ist das Gen der rationale Akteur: eine *molecula oeconomica*, die sich eigene Fleisch- und Nervenmaschinen schafft, um ihre Interessen durchzusetzen. Mit der Maschinen- und genauer der Computermetapher, die Dawkins in *The Selfish Gene* (1976) mit den Genen als das Individuum lenkenden „master-programmers" (62) ins Spiel bringt, greift er ein zeitnah in der Ökonomik beliebt werdendes Modell des *homo oeconomicus* als „vollständig informierte[r] und immer blitzschnell entscheidende[r] wandelnder Computer"[27] auf. Das Modell des *homo oeconomicus* unterstellt aber auch, dass Individuen ihre Präferenzen an veränderte Umweltbedingungen in systematischer und vorhersagbarer Weise anpassen,[28] d. h. evolutives und adaptives Ver-

---

23 Wilson: Sociobiology, S. 3.
24 Wilson: Sociobiology, S. 3.
25 Hrdy referiert auf Darwins Konzept der die natürliche ergänzenden sexuellen Selektion, auf die Arbeiten des Genetikers Ronald Aylmer Fischer, auf George C. Williams, der das Konzept in den 1960er Jahren weiter aus- und bis auf die Ebene der Gene hinunterbaut sowie die Theorie einer Gen-zentrierten Evolution begründet, und auf ihren Lehrer Robert Trivers, der den Ansatz Anfang der 1970er Jahre um das Konzept des *parental investment* und damit um den intrasexuellen Wettbewerb um Ressourcen verfeinert. Vgl. Hrdy: The Langurs, S. 48.
26 Richard Dawkins: The Selfish Gene. Oxford/New York 1989 (1976), S. v. Seitenangaben im Folgenden im Text.
27 Kirchgässner: Homo oeconomicus, S. 307.
28 Vgl. Kirchgässner: Homo oeconomicus, S. 18.

halten in Form des ‚Optimierens' zeigen, das sie vor der „natürlichen Auslese"[29] bewahren soll.

Kehrt man zu den Strategien von Hrdys Languren bzw. Dawkins Genen in diesen zurück, so findet sich bei beiden eine dies aufgreifende Aktualisierung des Modells des *homo oeconomicus*. Entscheidend dafür ist die vom Evolutionsbiologen Robert Trivers übernommene These des Elternaufwands *(parental investment)*, d. h. „any investment by the parent in an individual offspring that increases the offspring's chance of surviving (and hence reproductive success) at the cost of the parent's ability to invest in other offspring" (48).[30] Das Geschlecht mit dem typischerweise höheren Elternaufwand in der Reproduktion wird schematisch zur „limiting resource" für das andere: „Individuals of the sex investing less in an offspring will compete among themselves for the sex investing more" (48).

Das Trivers-Zitat bei Hrdy macht deutlich, dass in diesem Ansatz das jeweilige gengetriebene Individuum als ein/e Investor/in vorgestellt wird, der oder die das Investment seiner/ihrer Ressourcen im Sinne einer Optimierung ihres Erfolgs in der Zukunft auf dem Reproduktionsmarkt im Rahmen der Sozialform genau zu kalkulieren hat. Alles Verhalten muss im Sinne dieses Ressourcen-Investments, des Wettbewerbs der Geschlechter und im Dienste der perpetuierten Genreplikation im Nachwuchs gesehen werden. In den Worten Hrdys, die sich in ihrer Studie vor allem mit „the specifically female adaption to the loss of an infant which enables males to profit from killing infants in the first place" (49), beschäftigt:

> Maximizing reproductive strategies for a female entails ensuring that any offspring she produces – already costly at the time they are born – survive, and minimizing the interval between births so that she comes as close as possible to the childbearing limit of which she is capable. A female's optimum strategy reflects some balance between these two policies. (49)

Diese Beschreibung des Verhaltens von Langurenweibchen in der Terminologie des Investments baut auf älteren Modellen der Evolution auf, die wettbewerbsbasiert *(competition)* argumentieren und Verhalten auf Basis eines Kosten-Nutzen-Kalküls *(cost and benefit)* beurteilen. Mit der Aufnahme von Vokabeln wie *strategy* oder *policy* wird das ökonomische Denken in der Evolutionstheorie nun temporalisiert und dynamisiert: Die Zukunft wird mit ins diskursive und theoretische Spiel gebracht. Die Reproduktionsökonomie gleicht einem *futures market* – ein

29 Frey: Ökonomie, S. 12.

30 Hrdy zitiert hier Trivers wörtlich, aber ohne Seitenangaben. Vgl. dazu Robert L. Trivers: Parental investments and sexual selection. In: Sexual Selection and the Descent of Man 1871–1971. Hg. von Bernard Campbell. Chicago 1972.

Terminmarkt, „which permits present dealing for future delivery".[31] Damit wird ein neueres ökonomisches Modell aufgerufen. Bereichert um die Spieltheorie und die finanzökonomische Theorie konzipiert dieses Modell den homo oeconomicus in einer Episteme der Finanzialisierung als Akteur/in. Diese/r Akteur/in tätigt eine strategische Investition seiner/ihrer Ressourcen, die sich nicht direkt absehbar kapitalisieren lässt, sondern sich erst dynamisch zeigen wird. Das Handeln dieses/r Akteur/in wird daher von einer Politik des Verhaltens geleitet und auf den optimalen Ausgang einer Strategie in der Zukunft hin adaptiert und rekalibriert.[32] Bei Dawkins ist es für ein Weibchen „a reasonable policy", ein Männchen mit dem Nachwuchs sitzenzulassen, bevor sie von ihm verlassen wird, denn „[t]his could pay her, even if she has invested more in the child than the male has" (148). Dawkins verleiht der konjunktivisch spekulierenden Akteurin in *The Selfish Gene* sogar eine innere Stimme für ihre futurologische Kalkulation:

> This child is now far enough developed that either of us *could* finish off rearing it on our own. Therefore it would pay me to desert now, provided I could be sure my partner would not desert as well. If I did desert now, my partner would do whatever is best for her/his genes. He/she would be forced into making a more drastic decision than I am making now, because I would have already left. [...] Therefore, assuming that my partner will take the decision that is best for his/her own selfish genes, I conclude that my own best course of action is to desert first. (149)

Hrdys oben zitierter Einwand, ihre Rede von den Languren als Strateg/innen sei lediglich Rhetorik, ist daher seinerseits rhetorisch: Erstens entstehen durch ihr theoretisch unterfüttertes Beschreibungs- und Erklärungssystem sehr wohl Akteure und Akteurinnen, die Kosten-Nutzen-Rechnungen vornehmen und ihr Interesse (oder genauer: das ihrer sie steuernden Gene) wahrnehmen können. Zweitens impliziert der von Hrdy in Anschlag gebrachte soziobiologische Ansatz eine im Zeichen der in der zweiten Hälfte des zwanzigsten Jahrhunderts ansetzenden Finanzialisierung vollzogene Transformation des ökonomischen Modells des *homo oeconomicus*, die auch aus dem *animal oeconomicum* weniger ein klassisches kapitalistisches Individuum als eine Finanzakteurin macht, welche effizienzorientiert mit Anteilen am dynamischen Reproduktionsmarkt jongliert. Der Effekt dieser Operation ist eine wesentliche Naturalisierung: Das eigennützige Interesse und das daran ausgerich-

---

31 Stichwort „futures market". In: Donald Rutherford: Routledge Dictionary of Economics, London 2013, S. 238.

32 Zur Komplexität des Arbeitsbegriffs Finanzialisierung in der wirtschaftshistorischen Forschung, vgl. Laura Rischbieter: Finanzialisierung und Ökonomisierung. Alter Wein in neuen Schläuchen? In: Ökonomisierung. Debatten und Praktiken in der Zeitgeschichte. Hg. von Rüdiger Graf. Göttingen 2019, S. 94–114; zur gesellschaftlichen und kulturwissenschaftlichen Tragweite einer solchen Finanzialisierung seit den 1970er Jahren, vgl. Vogl: Gespenst, S. 114–116.

tete Verhalten – auch das spezifisch sich der Theorie- und Begriffsbildung des Finanzmarkts verdankende – werden dabei im Rahmen der Adaption einer ökonomischen Denkweise in der Evolutionsbiologie von den Genen her denk- und damit biologisierbar. Strategien, Policies, Optimierung und Effizienz werden naturalisiert.

Die Entdeckung des sozialen Kapitals in Pavianen: Barbara Smuts' *Sex and Friendship in Baboons*

Einen Schritt weiter geht Barbara Smuts in ihrer Studie *Sex and Friendship in Baboons*, die sich der Frage widmet, was der evolutionäre Nutzen eines bestimmten sozialen Verhaltens ist: Freundschaft – „long-term, cross-sex ‚friendships'"[33] – zwischen männlichen und weiblichen Pavianen, wie sie sich anhand der Häufigkeit von Grooming-Verhalten und physischer Nähe definieren lässt.[34] Wie Hrdy ist auch die Anthropologin Smuts soziobiologisch geschult und stellt grundsätzlich die Frage: „[D]oes having a friend of the opposite sex help an individual to maximize his or her genetic contribution to future generations?" (7). Genauer noch geht es um den Gegenstand der *female choice*. „Female baboons, in general, are wary of males", schreibt Smuts, und umso rätselhafter erscheint es der Verhaltensforscherin zunächst, dass die Weibchen ihrer Studiengruppe

> were apparently drawn to their male Friends, and they seemed surprisingly relaxed around these hulking companions. The males, too, seemed to undergo a subtle transformation when interacting with female Friends. They appeared less tense, more affectionate, and more sensitive to the behavior of their partners. (61)

Smuts' Text ist weniger im theoretischen Jargon jener Soziobiologie formuliert, wie sie Hrdy verwendet. Einmal definiert, verliert Freundschaft die Anführungszeichen und Freunde werden im wörtlichen wie übertragenen Sinn großgeschrieben, statt hinter strukturalistischen oder funktionalistischen Bezeichnungen zu verschwinden. Dies liegt daran, dass Smuts, wie in ihren „Acknowledgments" deutlich wird, ihr „training" (xv) nicht nur „Bob" Trivers, sondern auch dem Psychiater und Verhaltensforscher David Hamburg und dessen Fokus auf Emotionen und soziale Beziehungen zu verdanken hat sowie Irven DeVore, einem der Gründungsväter der amerikanischen Feld-Ethologie. Wie DeVore im Vorwort zu Smuts' Studie hervorhebt, erweisen sich die engen soziobiologischen Beschreibungen und Thesen als

---

33 Barbara B. Smuts: Sex and Friendship in Baboons. New York 1985, S. 85. Seitenangaben im Folgenden im Text.
34 Vgl. dazu auch Smuts: Sex and Friendship, Kap. 4: „Defining Friendship".

unzureichend, um in der Pavianforschung das Verhalten der Tiere überzeugend zu erklären: „[T]here were nagging inconsistencies"[35] im sozialen Verhalten der Paviane vis-à-vis den herkömmlichen evolutionsbiologischen Erklärungsmustern. Smuts' Studie zeige nun, dass

> new methods were needed that allowed observers to focus on those behaviors that were most meaningful to the animals themselves [...] [,] [t]hese intelligent, curious, emotional, and long-lived creatures [...] capable of employing strategems [sic] and forming relationships [...]. In the process of unravelling their complex social relationships, Smuts has revealed that these masters of strategy and aggressive competition are equally capable of patience, tenderness, and concern.[36]

Smuts gelingt mithin, kurz gesagt, die Entdeckung des sozialen Kapitals bei den Affen. Mit ihrer Konzentration auf soziale Beziehungen, also einen Bereich des Verhaltens, der für das an einer Reproduktionsökonomie ausgerichtete soziobiologische Modell gengesteuerter Verhaltensmaschinen zunächst nicht ausschlaggebend scheint und der sich auch nicht unter evolutionstheoretische Forschungsthemen wie „Altruismus" subsumieren lässt, öffnet Smuts die Pavianforschung für Fragen, die aus einer Neuorientierung der Wirtschafts- und Sozialwissenschaften und der mit ihnen verbundenen Gesellschaften bekannt sind: Zunächst ist dies die Frage danach, welchen Wert das Soziale hat.

Soziales Kapital ist nach Pierre Bourdieu das Kapital an sozialen Verpflichtungen oder Beziehungen, das unter bestimmten Voraussetzungen in ökonomisches Kapital konvertierbar ist, d. h. die „Gesamtheit der aktuellen und potentiellen Ressourcen, die mit dem Besitz eines dauerhaften Netzes von mehr oder weniger institutionalisierten Beziehungen gegenseitigen Kennens oder Anerkennens verbunden sind".[37] Wie das vor allem vom Ökonomen Gary Becker propagierte und als wirtschaftskulturelles Konzept erfolgreiche Humankapital, die Akkumulation von Kapital über die Investition der Arbeitenden in ihre eigenen Fähigkeiten und ihre Bildung,[38] zeigt sich auch die Theoriebildung um das soziale Kapital als neoklassische oder neokapitalistische ökonomische Theorie, weil sie, so der Soziologe Nan Lin, das Zusammenspiel von individuellem Handeln („individual action") und

35 Irven DeVore: Foreword. In: Barbara B. Smuts: Sex and Friendship in Baboons. New York 1985, S. xi–xiii, hier S. xiii.

36 DeVore: Foreword, S. xiii.

37 Pierre Bourdieu: Ökonomisches Kapital, kulturelles Kapital, soziales Kapital. In: Theorien sozialer Ungleichheiten im Übergang. Hg. von Reinhard Kreckel. Göttingen 1983, S. 183–198, hier S. 190 f.

38 Vgl. Nan Lin: Social Capital. A Theory of Social Structure and Action. Cambridge 2003 (2001), S. 11 f.; Gary Becker: Human Capital. A Theoretical and Empirical Analysis with Special Reference to Education. Chicago/London 1975.

strukturellen Positionen im Kapitalisationsprozess betont.[39] Soziale Beziehungen und die sie ermöglichenden Gefühle („affection, respect, sympathy, and liking for each other")[40] werden durch derart neokapitalistische Theorien des sozialen Kapitals in den Bereich des Ökonomischen befördert, d. h. der rationalen Verantwortlichkeit des ökonomischen (Modell-)Individuums unterstellt.

Wenn Smuts in ihrer Studie feststellt, dass die Grooming- und Nähepraktiken den Affen verschiedene soziale Vorteile verschaffen, so entdeckt sie ein Beziehungsnetz, dass „Produkt individueller oder kollektiver Investitionsstrategien [ist], die bewußt oder unbewußt auf die Schaffung und Erhaltung von Sozialbeziehungen gerichtet sind, die früher oder später einen unmittelbaren Nutzen versprechen", wie es bei Bourdieu heißt.[41] In *Sex and Friendship* werden „the cost to females of male aggression and the benefits to females of defense by Friends" (85) unter der einfachen Hypothese berücksichtigt, dass, exemplarisch formuliert, „B's relationship with that Friend is important to B's fitness" (97). In ihren männlichen Freunden finden die Pavianweibchen (sowie deren Nachwuchs), so Smuts, Schutz vor den Attacken anderer Männchen (und in geringerem Maße auch anderer Weibchen) und können andererseits selbst die männlichen Freunde gegen andere Gruppenmitglieder in Stellung bringen, zum Beispiel für ‚Vergeltungsakte' anderen Weibchen gegenüber. Die einwandernden Männchen finden über die Freundschaft mit Weibchen Integration in die Gruppe sowie Möglichkeiten zur Kopulation und können über Angriffe auf die Freundinnen anderer Männchen das soziale Gefüge erproben. Die Kinder von weiblichen Pavianen werden von den befreundeten männlichen Affen zudem häufig als Schutz gegen das Aggressionsverhalten anderer Männchen genutzt: Angesichts eines zähnefletschenden herannahenden Aggressors zieht ein „Friend" in Smuts Schilderung schlicht ein ihm geneigtes Pavianbaby auf seinen Schoß und löst damit eine Aggressionshemmung beim Angreifer aus. Für beiderlei Geschlechter – und den Nachwuchs – bieten Freund/innen darüber hinaus ein Netzwerk, das die Position in der Gruppenhierarchie beeinflusst. „[F]riendship has evolved as a result of female vulnerability to aggression from other troop members and perhaps, especially from males" (102); aber Freundschaft hat für beide Geschlechter weit in die Zukunft hinein nutzbare Vorteile.

Wie für die schon länger erforschten und in soziobiologischen Begriffen formulierbaren männlichen Koalitionen gilt auch für diese intersexuellen Freundschaften, dass sie einer Investitionslogik folgen: „Because of the time and energy required to form cooperative relationships, each coalition partner becomes an im-

39 Vgl. Lin: Social Capital, S. 18.
40 Lin: Social Capital, S. 39.
41 Bourdieu: Ökonomisches Kapital, S. 192.

portant investment for the other partner" (148). Die sozialen, kontinuierlich aktivierten, durch bestimmte Verhaltensformen gepflegten Beziehungen unter Pavianen beiderlei Geschlechts und unterschiedlicher Altersgruppen sind hier ökonomisiert, indem sie nicht nur in einem klassischen Kapitalverständnis als „investment of resources with expected returns in the marketplace"[42] konzipiert werden, sondern wie in Lins Theorie des sozialen Kapitals formuliert, als Kapital „captured in social relations".[43] Die Akkumulation dieses Kapitals ist abhängig von strukturellen Bedingungen und Gelegenheiten, aber auch von den Handlungen („actions") und Wahlmöglichkeiten („choices") der Akteur/innen. Theorien des sozialen Kapitals liefern „an understanding of capitalization processes explicitly engaging hierarchical structures, social networks, and actors",[44] das sich der Verhaltensforschung gerade in Bezug auf hochsoziale Tiere wie Affen anbietet: Auch das soziale Verhalten lässt sich kapitalisieren, so die zugrunde liegende Idee, und hierarchische Strukturen, soziale Netzwerke und die Rolle von einzelnen Akteuren können durch soziales Investment verständlich gemacht werden.

Ein solches Modell des sozialen Kapitals kann die Tiere nicht mehr wie noch bei Hrdy als gengesteuerte Abstraktionen behaupten. Denn erstens setzen die Theorien des sozialen Kapitals unter individuellen und soziokulturellen Bedingungen handelnde, entscheidende, manipulierende und kalkulierende, aber auch durchaus nicht immer berechenbare Akteur/innen explizit voraus.[45] Zweitens aber müssen diese Individuen durch den Gegenstand der Freundschaft als primärer, freiwillig eingegangener sozialer Beziehung, die weder auf Verwandtschaft noch auf Fortpflanzung beruht, als Fühlende konzipiert werden. Wie Lin mit Bezug auf George Homans verhaltenssoziologische Kleingruppenforschung schreibt: „interaction is based primarily on shared emotion".[46] Smuts widmet dem Thema Emotionen in ihrer Studie daher auch ein Unterkapitel, in dem sie diese als evolutionär erklärbare motivationale Mechanismen für das Eingehen von Freundschaften unter Pavianen untersucht.[47] Sie kommt hier zu dem Schluss, dass „emotions, rather than a compulsion to out-reproduce others, are the immediate cause of the interactions and relationships that make up the fabric of their social lives" (231). Gerade da sie

42 Lin: Social Capital, S. 3.
43 Lin: Social Capital, S. 3.
44 Lin: Social Capital, S. 3.
45 Vgl. zum Wandel des *homo oeconomicus* in diese Richtung Hartmut Berghoff und Jakob Vogel: Wirtschaftsgeschichte als Kulturgeschichte. Ansätze zur Bergung transdisziplinärer Synergiepotentiale. In: Wirtschaftsgeschichte als Kulturgeschichte. Dimensionen eines Perspektivwechsels. Hg. von Hartmut Berghoff und Jakob Vogel. Frankfurt a. M./New York 2004, S. 9–41, hier S. 20.
46 Lin: Social Capital, S. 39.
47 Vgl. Smuts: Sex and Friendship, S. 220 f.

für die untersuchte Affenspezies jenen „economic exchange" ausschließt, der nach Lehrmeinung evolutionsgeschichtlich bei Hominiden zu dauerhaften „male-female relationships", also monogamen Paarbeziehungen, geführt habe, kann Smuts zum einen gegen diese traditionelle These setzen, solche Freundschaften seien der Entwicklung geschlechterspezifischer Arbeitsteilung in Reproduktionsbeziehungen vorgängig, da ihre „social benefits" erst die Bedingungen für diese Form von hominidem ökonomischem Austausch schaffen würden.[48] Zum anderen wird ihre Studie dadurch komparativ anthropologisch nutzbar: Sie stützt Theorien wie jene des sozialen Kapitals, die den Bereich des Ökonomischen vom einfachen ökonomischen Austausch hin zur einer Betrachtung von Gesellschaften als intrikate Austauschsysteme unterschiedlicher Formen des Kapitals ausweiten und zunehmend Emotionen in ihre ökonomischen Logiken einbinden.[49]

Die Erziehung des *homo oeconomicus* zum Umweltschutz: Edward O. Wilsons *The Diversity of Life*

Wie der Begriff Soziobiologie in seiner Zusammenziehung des Sozialen und Biologischen ausdrückt, hat die Theoriebildung Analogie und Metapher – „[t]o express one thing in terms of another"[50] – hinter sich gelassen. Fedigans *Primate Paradigms* erwähnte noch die Möglichkeit von alternativen Perspektiven auf Verhalten (und auf ökonomische Paradigmen), in denen ein Lexikon des (Finanz-)Marktes das Beobachtete nicht ausreichend beschreibe und erkläre.

> If we accept, as does the current language of evolution, that natural systems like the stock market, operate at or close to their limits, offering great benefits from marginal differences in a system whose constraints are always at their limits, then assessing the behavior of animals in terms of cost and benefits seems quite apt. If, on the other hand, our field observation and our experience lead us to doubt that natural systems are constantly so highly

48 Alle Zitate Smuts: Sex and Friendship, S. 259; vgl. dort auch die Problematisierung des Leitmodells.
49 Vgl. zu Perspektiven auf Emotionalität als Ressource im Zeichen neoliberaler Ökonomisierung Arlie Russell Hochschild: The Managed Heart. Commercialization of Human Feeling. Berkeley 1983; Eva Illouz: Gefühle in Zeiten des Kapitalismus. Frankfurt a. M. 2006; Manfred Seifert (Hg.): Die mentale Seite der Ökonomie. Gefühl und Empathie im Arbeitsleben. Dresden 2014; Otto Penz und Birgit Sauer: Affektives Kapital. Die Ökonomisierung der Gefühle im Arbeitsleben. Frankfurt a. M. 2016; Shah: Affe und Affekt, S. 319–330.
50 Fedigan: Primate Paradigms, S. 19.

constrained or so uniformly competitive, then the current lexicon of metaphors and analogies may seem inappropriate and uncomfortable.[51]

Dagegen scheint die Ausweitung einer ökonomisierten Denkweise des Verhaltens auf das Feld der Ökologie eher das hegemoniale Mantra von der Alternativlosigkeit des Neoliberalismus als Leitmotiv der 1990er Jahre bis in die Gegenwart hinein zu bedienen.[52] Der Evolutionsbiologe Wilson war schon seit *Sociobiology* (1975), das den demonstrativen Untertitel ‚A New Synthesis' trägt, darum bemüht, seinen evolutionstheoretischen, mit einem ökonomischen Denken verwobenen Ansatz als einheitliche und umfassende Leitwissenschaft zu formieren, der sich, wie später in *Consilience* (1999) gefordert, auch die Geistes- und Sozialwissenschaften unterzuordnen haben.[53]

Es erscheint daher konsequent, dass Wilson in seiner Beschäftigung mit der Biodiversität, *The Diversity of Life* (1992), auch die Frage nach dem Wert der Vielfalt stellte. Ausgangspunkt seiner Überlegungen sind Klimawandel, Raubbau an den natürlichen Ressourcen, Überbevölkerung und die Gefährdung der Biodiversität im Zeichen des Anthropozäns, das Wilson schon auf der zweiten Seite der Einleitung zur Neuauflage von 2001 von der Politischen Ökonomie her denkt: „As a species we are at long last approaching the Malthusian limit."[54] Für die Erde als ökologisches System lasse sich die Gegenwart als „bottleneck" (viii) vorstellen. Dieses Bild ist der Konservations- und Populationsbiologie entliehen, in welcher der Flaschenhals ein limitierendes Ereignis bzw. die darauffolgende Phase bezeichnet, in der eine Population entweder ausstirbt oder sich zu erholen vermag. Um die biologische Artenvielfalt des Planeten „safely" durch diesen Flaschenhals zu bugsieren, benötige es, so Wilson, „a combination of scientific and technological innovation, abatement of population

---

51 Fedigan: Primate Paradigms, S. 21. Zu möglichen Alternativen, die sich aus dem Beobachtungs- und Erfahrungsparadigma der primatologischen Feldforschung ergeben, vgl. Shah: Affe und Affekt, sowie Shirley C. Strum und Linda Marie Fedigan (Hg.): Primate Encounters. Models of Science, Gender, and Society. Chicago 2000.

52 Vgl. zur Rede von der Alternativlosigkeit des neoliberalen Paradigmas Mario Candeias: Konjunkturen des Neoliberalismus. In: Subjekte im Neoliberalismus. Hg. von Christina Kaindl. Marburg 2007, S. 9–17, hier S. 16; Wolfgang Maderthaner: Die Ökonomie des Okkulten. Anmerkungen zu einer Geschichte des Neoliberalismus. In: Neoliberalismus und die Krise des Sozialen. Hg. von Andrea Grisold et al. Wien 2010, S. 13–62, hier S. 29.

53 Edward O. Wilson: Consilience. The Unity of Knowledge. New York 1999. Vgl. zu einer kritischen Auseinandersetzung mit Wilsons soziobiologischen Überzeugungen und ihrer Anwendung auf Basis der neuen, durch seinen Tod veränderten Quellenlage Mark Borello und David Sepkoski: Ideology as Biology. In: The New York Review of Books. February 5, 2022. www.nybooks.com/daily/2022/02/05/ideology-as-biology (abgerufen am 30.9.2022).

54 Edward O. Wilson: The Diversity of Life. London u. a. 2001, S. ix. Seitenzahlen im Folgenden im Text.

growth, and environmental education, guided by a redirection of moral purpose“ (viii). Vor allem für die letzten beiden Aufgaben – Umwelterziehung und eine Umorientierung des moralisch-ethischen Denkens – sah sich Wilson zuständig. *The Diversity of Life* ist ein von persönlichen Anekdoten und Fachwissen nur so strotzendes Aufklärungsbuch zu den Grundlagen, der Geschichte und den Formen von biologischer Diversität als „the key to the maintenance of the world as we know it“ (13). Es ist aber die moralisch-ethische Umdeutung des Zwecks der Artenvielfalt, die hier von Interesse ist. Sie formiert sich in der Antwort, die Wilson seiner im Vorwort gestellten Frage „Why care?“ (xx) im Kapitel „Unmined Riches“ gibt: „Biodiversity is our most valuable but least appreciated resource“ (269).

Wilson will seine Leser/innen zu einer Umweltethik anleiten, die den Erhalt dieser Biodiversität zum Ziel hat. Dabei setzt er, wie seine Rhetorik zeigt, den Menschen als ökonomisches Wesen voraus, dessen Verhalten auch gegenüber ökologischen Belangen von einem eigennützigen Interesse bestimmt wird. Entsprechend wirbt Wilson um die Aufmerksamkeit des *homo oeconomicus* im *homo sapiens*: „The physical environment can be guided back and held rock-steady in a state close to the optimum for human welfare“ (270), so das erklärte Ziel:

> [M]erely to attempt to solve the biodiversity crisis offers great benefits never before enjoyed, for to save species is to study them closely, and to learn them well is to exploit their characteristics in novel ways. (270)

Den in diesen Formulierungen des Optimums, Benefits und der Ausbeutung wirkenden Gedanken ordnet Wilson in den Rahmen des New Environmentalism ein, „[a] revolution in conservation thinking“, der „the practical value of wild species“ (270) entdeckt habe:

> [T]here is no longer an ideological war between conservationalists and developers. Both share the perception that health and prosperity decline in a deteriorating environment. They also understand that useful products cannot be harvested from extinct species. If dwindling wildlands are mined for genetic material rather than destroyed for a few more boardfeet of lumber and acreage of farmland, their economic yield will be vastly greater over time. [...] The wildlands are like a magic well: the more that is drawn from them in knowledge and benefits, the more there will be to draw. (270)

In einer radikal wirkenden Abkehr von der kapitalismuskritischen Umweltethik der ‚Deep Ecology‘, die in ihrer ‚Bunker‘-Mentalität eine unberührte Natur als unbedingt zu schützenden Wert an sich begreife,[55] wird diese Natur bei Wilson sys-

55 Vgl. dazu auch Emily Ray und Sean Parson: Reimagining radical environmentalism. In: The Oxford Handbook of Environmental Political Theory. Hg. von Teena Gabrielson et al. Oxford 2018, S. 580–592.

tematisch zur Ressource für den *homo oeconomicus* umklassifiziert. Dahinter stecke ein anthropologischer Realismus, den er mit Vertretern des New Environmentalism teile, so Wilson: „They recognize that only new ways of drawing income [...] will save biodiversity from the mill of human poverty. The race is on to develop methods, to draw more income from the wildlands without killing them, and so to give the invisible hand of free-market economics a green thumb" (271). In der Folge listet Wilson „frontier[s] awaiting capital investment" (281) – neue pflanzliche Pharmaka, Süßstoff- und Papierersatz, Schildkröten- und Iguana-Farming, Genmanipulation – auf, von denen etliche in „wilderness reserves" (291) zu finden sind und in Zusammenhang mit lokalem Wissen stehen, das sich in Wilsons Darstellung ebenso wie die diskutierten Spezies der verwertenden Aneignung anzubieten scheint (296).

Mit ihrem scheinbar singulären Fokus auf „the utilitarian principle" (291) und der Forderung nach „bioeconomic assays of whole ecosystems" (292), d. h. der Drohung einer, wie die Soziologin Melinda Cooper diskutiert hat, wortwörtlichen Einverleibung des Lebens durch kapitalistische Akkumulationsprozesse,[56] liest sich Wilsons Darstellung wie die Karikatur einer Biologie im Zeichen neoliberaler Gier oder das Exposé einer Science-Fiction-Dystopie. Dahinter steckt aber eine Art Verhaltenslehre. Wilsons Formulierung vom grünen Daumen an der unsichtbaren Hand des freien Marktes ruft zum einen eine Wirtschafts- als Umweltschutzpolitik auf, die sich seit den 1970er Jahren in unterschiedlichen Phasen mit einer Vielfalt verschiedener ökonomischer Instrumente mindestens so sehr als Ökonomisierung der Umwelt wie als Ökologisierung der Wirtschaft gestaltet und laut Graf zu einer Moralisierung des Marktes geführt habe,[57] aber auch zu einer biotechnologisch erweiterten Bioökonomik.[58] Auf der individuellen Ebene hingegen lässt sich Wilsons Argumentation als Strategie lesen: Der Soziobiologe geht von einer Welt aus, die von den *selfish genes* an aufwärts theoretisch durchökonomisiert ist, sogar bis in die Zukunft hinein, wie Wilsons Verwendung des Konzepts „option value" (295) zeigt. Hinter diesem Optionswert verbirgt sich, grob gesprochen, eine Evaluierung des zukünftigen Werts eines noch nicht als Ware bestimmten Objektes (oder einer Spezies), genauer besehen aber eine komplexe Verhaltenskalkulation, wie der Wirtschaftswissenschaftler und Nachhaltigkeitsforscher V. Kerry Smith anhand eines Modellbeispiels erläutert:

56 Vgl. Cooper: Leben, S. 473.
57 Vgl. Graf: Ökonomisierung der Umwelt, hier S. 208.
58 Vgl. Cooper: Leben, S. 493 f.

> Consider an individual who is uncertain whether he (or she) will consume the services of a particular asset in the future. Furthermore, assume this individual is also uncertain whether the asset will be available in the future should he decide to use it. Given these conditions and rational behavior it is reasonable to expect that the individual would be willing to pay some amount (the option price) for the right to use the asset's services in the future.[59]

In Form des Quasi-Optionswerts wird entsprechend ein positiver Nutzen „from delaying the development of a natural environment when there is both uncertainty as to future benefits and irreversibility of any allocation decision from a preserved to a developed state"[60] angenommen: Dem Erhalt natürlicher Ressourcen welcher Form auch immer wird ein möglicher zukünftiger Wert beigemessen, so dass eine heutige Nutzung dieser Ressourcen als weniger lukrativ erscheint als ihre Bewahrung. Wilson bezieht sich also auf ein spezifisch aus dem Bereich ökonomischer Verhaltensforschung in der Umweltethik stammendes Konzept,[61] um mit *The Diversity of Life* ein Verhalten zum Umweltschutz zu motivieren. Dies ist ein instrumenteller Gebrauch des Konzepts. Dass einer Verwertlichung der Biodiversität als moralischem Prinzip nicht zu trauen ist, weiß Wilson selbst: „If a price can be put on something, that something can be devalued, sold, and discarded" (332).

Der *homo oeconomicus* im ausgehenden zwanzigsten Jahrhundert entspricht nicht mehr der orthodoxen Vorstellung eines „allgemeingültigen, wenn auch idealen Modell des Menschen als rationalem und egoistischem Akteur, der sein Verhalten nach Rationalitätsprinzipien steuert, also Entscheidungen nach Kosten-Nutzen-Abwägungen trifft und so nutzenmaximiert seine Ziele am besten mit den geringsten Kosten erreicht"[62] und dabei die Zivilisierungsthese der klassischen Ökonomik belegt.[63] Er hält sich aber noch für einen solchen, und damit kann ihn Wilson rhetorisch ködern: Bioökonomische Analysen und das zur Implementierung seiner Biodiversitätsverwertungslogik nötige genaue Studium und die Evaluierung von Spezies und Ökosystemen dienen Wilson als Instrument, um mehr Zeit zu gewinnen, vor allem aber, um Wissen anzuhäufen und zu vermitteln. Dadurch soll ein Bezug zur Umwelt hergestellt werden, der eben nicht auf einem Kosten-Nutzen-, Optimierungs- oder Effizienz-Kalkül beruht:

---

59 V. Kerry Smith: Option value. A conceptual overview. In: Southern Economic Journal 49 (1983), H. 3, S. 654–668, hier S. 654.

60 Smith: Option value, S. 655.

61 Vgl. Harald Spehl und Martin Held (Hg.): Vom Wert der Vielfalt. Diversität in Ökonomie und Ökologie. Sonderheft 13 der Zeitschrift für Angewandte Umweltforschung. Berlin 2001.

62 Euler: Menschliches Handeln, S. 42.

63 Vgl. Rüdiger Graf: Einleitung. Ökonomisierung als Schlagwort und Forschungsgegenstand. In: Ökonomisierung. Debatten und Praktiken in der Zeitgeschichte. Hg. von dems. Göttingen 2019, S. 9–25, hier S. 16.

> I am willing to gamble that familiarity will save ecosystems, because bioeconomic and aesthetic values grow as each constituent species is examined in turn – and so will sentiment in favor for preservation. The wise procedure is for law to delay, science to evaluate, and familiarity to preserve. There is an implicit principle of human behavior important to conservation: *the better an ecosystem is known, the less likely it will be destroyed.* (306)

Es ist das Sentiment in diesem Familiarisierungsargument, welches darauf verweist, dass hinter Wilsons Appellen an eine ökonomische Denkweise eine Anrufung der *biophilia*, „the innately emotional affiliation of human beings to other living organisms",[64] als Motivation für das Umweltverhalten des (neuen) *homo oeconomicus* steckt: „What makes us people and not computers is emotion" (332). Mit diesem in Wilsons gleichnamigem *Biophilia* (1984) bereits ausführlich umrissenen Konzept einer instinktiven, aber rational entwickelten Affinität für die Diversität von Lebensformen und ihre Habitate wendet er sich von einer Vorstellung des Menschen als genprogrammierter Verhaltensmaschine ab und hin zu einem Modell, in dem die Rationalität der Emotionen entscheidend wird, nämlich die Vereinbarkeit von „emotion with the rational analysis of emotion in order to create a deeper and more enduring conservation ethic".[65]

Wilsons *biophilia* erinnert dabei an Ronald de Sousas axiologische Überlegungen zur Rolle, welche Gefühle beim Erwerb von Überzeugungen und Wünschen sowie beim Übergang zwischen diesen und ihrer Umformung in Handlungen und Verhaltensweisen spielen.[66] Sie lassen sich damit als Modelle konzeptualisieren, die Menschen einen Rahmen geben, in dem „wir wahrnehmen, begehren, handeln und erklären".[67] Die in *Diversity of Life* ausgeführte Strategie scheint die Denkweise eines neoliberalen Zeitalters auf diese Weise auf- und zugleich vorzuführen. Sie ruft das Modell des *homo oeconomicus* im Vorschlag einer totalisierenden Verwertungslogik der Biodiversität auf und dekonstruiert dieses zugleich in deren Überspitzung als nicht zulässige Position einer Moral. Schließlich aktualisiert Wilson das Modell um die Kategorien eines (humankapitalistisch wiederum verwertbaren) Wissens und einer (sozialkapitalistisch und konsumistisch nutzbaren) Affektivität – um letztlich das Verhalten eines solchen neuen anthropologischen Modells manipulieren zu können: Das Wesen, das sich selbst als ökonomisch Handelndes versteht, soll durch *Diversity of Life* über den Umweg eines als ökonomische Rationale verstandenen programmatischen Ethos – einer Verhaltenslehre, die das Bewusstsein für den Ge-

---

64 Edward O. Wilson: In Search of Nature. Washington, DC/Covelo, Cal. 1996, S. 165.

65 Edward O. Wilson: Biophilia. The Human Bond with Other Species. Cambridge, Mass./London 1984, S. 119.

66 Vgl. Ronald de Sousa: Die Rationalität des Gefühls. Aus dem Engl. übers. von Helmut Pape. Frankfurt a. M. 1997 (engl. 1987), S. 11.

67 de Sousa: Rationalität, S. 57.

genstand und seine Differenzen schärft – zu einem affektiv motivierten, durch Wissen informierten Interesse an der Erhaltung von Biodiversität erzogen werden, das sein zukünftiges, individuelles und überindividuelles Handeln zu leiten hat.

Wie Wilsons Texte zeigen, unterliegt Verhaltenswissen – auch dank primatologischer Arbeiten wie denen von Hrdy und Smuts – konzeptionell in der Gegenwart so umfassend ökonomischen Denkweisen und Modellen, dass ein umweltethischer Appell an ein Affekt-Konzept wie das der *biophilia* nur über den (Um-)Weg einer ökonomischen Verwertungslogik führen kann. Die hier untersuchten ökonomischen Modelle in Texten der Primatologie und Ökologie ließen sich also nun als Teil eines ‚ökonomischen Imperialismus' (Kirchgässner) betrachten, wie er im Rahmen einer Kritik diskutiert wird, die unserer erweiterten Gegenwart die Ökonomisierungsdiagnose stellt: die unaufhaltbare Ausdehnung eines auf wirtschaftliche/wirtschaftende Effizienz ausgerichteten gesellschaftlichen Bereiches und seiner methodischen Analyseinstrumente auf alle anderen.

Ganz so einfach ist es jedoch, wie hier diskutiert, nicht: Gerade die Bereiche der (primatologisch arbeitenden) Anthropologie und der (vor allem mit Diversität befassten) Ökologie sind mit dem Ökonomischen auf eine Art und Weise verflochten, die die Verbindung immer wieder rekursiv stärkt – der Kettfaden stabilisiert das Gewebe. Dass diese Verflechtung aber weiterhin in Metaphern der Eroberung und Herrschaft beschrieben werden kann, liegt auch daran, dass die Ökonomik in ihrer Geschichte erfolgreich darin war, sich als eigenständiges Drittes zum Biologischen und Sozialen darzustellen. Der Erfolg der Selbstdarstellung der Ökonomik als nicht sozialwissenschaftliche Wissenschaft zeigt sich etwa darin, dass Fedigan in ihren *Primate Paradigms* die ökonomischen Theorien der Soziobiologie als Erfolg dahingehend begrüßt, die primatologische Verhaltensforschung könne sich dadurch von der Übernahme von soziologischen Modellen befreien: „a move away from a reliance on the ideas and concepts developed in the social sciences". Dies sind beispielsweise Rollen- und Sozialisationstheorien oder strukturalistische und funktionalistische Gesellschaftsmodelle sowie – ironischerweise – eine Verortung der Primatologie als moderne, von einer evolutionären Perspektive geprägte Naturwissenschaft.[68] Aber auch Fedigan kommt nicht umhin, das Problem der Analogiebildung zwischen Ökonomie und Verhaltensbiologie, jene Bewegung eines gegenseitigen Rekurses, anzumahnen: „This leads easily to the perception and the belief that evolutionary and behavioral processes are just like our economic processes, or to the circular argument that our own particular Euroamerican economic system mirrors that of biological evolution."[69]

---

68 Fedigan: Primate Paradigms, S. xiii.
69 Fedigan: Primate Paradigms, S. 21.

VIII Big Data und Verhalten

Rupert Gaderer und Sebastian Vehlken

Einführung: Big Data und Verhalten

Seit ungefähr einer Dekade eröffnet die massenhafte Erzeugung nutzerbezogener Daten neuartige Zugänge zur Erforschung des Verhaltens komplexer Systeme. Das Schlagwort „Big Data" bezieht sich dabei nicht nur auf die Quantität von Datenmengen, sondern bezeichnet auch Computertechnologien, die für die Analyse, die Zusammenstellung und die Verarbeitung von Daten zum Einsatz kommen – um dabei auch qualitativ neue Erkenntnisse zu generieren. Historisch lässt sich Big Data bis in die 1990er Jahre zurückverfolgen. Zunächst wurde der Begriff vereinzelt im Zusammenhang von Datenmengen verwendet, die von sogenannten Supercomputern bearbeitet wurden – in jeweils recht abgegrenzten Gebieten: Diese reichten von naturwissenschaftlichen Forschungen wie zum Beispiel der Klimamodellierung über sozio-ökonomische Berechnungen bis zum Grafikdesign.[1] Seine eigentliche Wirkkraft erlangte der Ausdruck aber erst ab den späten 2000er Jahren, als mittels einer zunehmenden Verbreitung kontinuierlich datenproduzierender Medientechnologien – insbesondere in Form sozialer Netzwerkplattformen, Suchmaschinen und allgegenwärtiger Sensortechnologien – zuvor ungekannte Mengen an hochaufgelösten Daten miteinander kombiniert, in riesigen Datencentern gespeichert und mittels aufwendiger algorithmischer Verfahren ausgewertet werden konnten. Neben dem wissenschaftlichen Bereich wurde Big Data nun mehr und mehr im Kontext kommerzieller Verwertungszwecke und staatlicher Überwachungsmaßnahmen diskutiert.[2]

Gängige Definitionen von Big Data konzentrieren sich auf die Faktoren *volume* (die Größe), *variety* (die Beschaffenheit), *velocity* (die zeitliche Bearbeitung), *exhaustion* (das Erfassen ganzer Populationen und Systeme), *resolution* und *indexicality* (die feine Auflösung und Identifikation), *relationality* (die Verbindungsmöglichkeit zu anderen Sets) sowie *flexibility* und *scaleability* (die Anschmiegsamkeit und Grö-

1 Sebastian Vehlken und Christoph Engemann: Supercomputing. In: Archiv für Mediengeschichte: Takt und Frequenz. Hg. von Friedrich Balke, Bernhard Siegert und Joseph Vogl. Weimar 2011, S. 143–161.

2 Tom Boellstorff: Die Konstruktion von Big Data in der Theorie. In: Big Data. Analysen zum digitalen Wandel von Wissen, Macht und Ökonomie. Hg. von Ramon Reichert. Bielefeld 2014, S. 105–132; Steve Lohr: The origins of „Big Data". An etymological detective story. In: The New York Times, 1. Feb. 2013. Online unter: https://bits.blogs.nytimes.com/2013/02/01/the-origins-of-big-data-an-etymological-detective-story (abgerufen am 29.7.2021); David Beer: How should we do the history of Big Data? In: Big Data & Society 3 (2016), H. 1, S. 1–10.

https://doi.org/10.1515/9783110740813-028

ßenveränderung) von Daten.[3] Unter dieser Prämisse wird Big Data nicht lediglich als eine Größenordnung begriffen, sondern auch als kulturelles, technologisches und wissenschaftstheoretisches Phänomen. danah boyd und Kate Crawford nennen es eine Verbindung von Technologie, Analyse und Mythologie: Technologisch gehe es um die Maximierung von Rechenkapazitäten und algorithmischer Genauigkeit und analytisch um das Erkennen von zuvor verborgen gebliebenen Mustern. Gekoppelt sei dies mit einem Glauben daran, durch Quantifizierung und Computerisierung einen höheren Grad an Objektivität und Akkuratheit zu erreichen.[4]

Im Unterschied zu den Modellen und Simulationen der Kybernetik und der Komplexitätswissenschaft[5] suggerieren datengetriebene Methoden einen direkteren Zugang zu Phänomenen der realen Welt: Sie speisen sich aus empirischen Nutzungsdaten, fahnden nach Korrelationen und generieren darauf aufbauend Muster. Das Besondere an der Analyse von Big Data besteht darin, dass der Bewertung der Korrelation mehr Beachtung geschenkt wird als der Ergründung von Kausalzusammenhängen. So kommt es zu einer paradoxen Situation, die als „Daten-Behaviorismus" oder *Dataism* apostrophiert wurde: mit Big Data beschreiben z.B. Meeresbiologen Ökosysteme, ohne genaue Angaben über die beteiligten Lebewesen machen zu müssen, und Literaturwissenschaftler ordnen literarische Epochen neu, ohne die herangezogene Literatur in ihrer Gesamtheit gelesen zu haben.[6] Und Google setzt bekanntermaßen nicht auf die Qualität einer Homepage, sondern stuft diese im Ranking hinsichtlich der nach ihr getätigten Suche ein.

Auf der Grundlage von Big-Data-Technologien lässt sich auch eine Neuordnung der Untersuchung von menschlichem Verhalten konstatieren: Dafür sind nicht länger die Experimentalanordnungen zum Beispiel von Psychologie und Biologie oder die statistischen Verfahren der Wirtschafts- und Gesellschaftswissenschaften maßgeblich, sondern der Rückgriff auf alle jene multimodalen Datenspuren, welche die Userinnen und User digitaler Medien durch ihre alltäglichen

---

3 Rob Kitchin: The Data Revolution. Big Data, Open Data, Data Infrastructures and Their Consequences. London 2014, S. 67–69; Cornelius Puschmann und Jean Burgess: Big data, big questions. Metaphors of big data. In: International Journal of Communication 8 (2014), S. 1690–1709.

4 danah boyd und Kate Crawford: Critical questions for Big Data. Provocations for a cultural, technological, and scholarly phenomenon. In: Information, Communication & Society 15 (2012), H. 5, S. 662–679; Viktor Mayer-Schönberger und Kenneth Cukier: Big Data. A Revolution That Will Transform How We Live, Work, and Think. Boston 2013; Mark Burdon und Mark Andrejevic: Big Data in the sensor society. In: Big Data Is Not a Monolith. Hg. von Cassidy R. Sugimoto, Hamid R. Ekbia und Michael Mattioli. Cambridge 2016, S. 61–76; Mark Andrejevic: Infoglut. How Too Much Information Is Changing the Way We Think and Know. New York 2013.

5 Siehe hierzu den Beitrag von Sebastian Vehlken in diesem Band.

6 José van Dijck: Datafication, dataism and dataveillance. Big Data between scientific paradigm and ideology. In: Surveillance & Society 12 (2014), H. 2, S. 197–208.

Interaktionen und Transaktionen generieren. Eindringlich lässt sich dies anhand von Übersetzungstools wie Google Translate zeigen: Derartige Dienste übersetzen Sprachen, ohne sie zu kennen. Korrelation soll – genügend große Datensamples vorausgesetzt – an die Stelle der Kausalität treten. Damit einhergehend lassen sich stufenlose Skalierungen zwischen mikro- und makroperspektivischen Analysen von Verhalten erzielen: So können etwa intra-individuelle Daten und daraus generierte Persönlichkeitsprofile auf der einen Seite mit supra-individuellen Musterbildungsprozessen als „Fieberthermometer" gesellschaftlicher Lagen auf der anderen Seite in Zusammenhang gebracht werden. Massenhafte Datensamples und angewandte Mathematik treten dabei an die Stelle jeder Theorie des menschlichen Verhaltens, sei diese nun linguistischer, soziologischer oder medienwissenschaftlicher Art. Die Sprache der Zahlen hat den Diskurs über die Zahlen abgelöst.

Die euphorische Lesart dieser Praxis lautet, dass durch eine umfängliche *datafication*[7], d. h. die Erfassbarkeit, Speicherbarkeit und Prozessierbarkeit von Wissensobjekten und ihren Relationen zur physikalischen Welt, schließlich eine epistemologische Zugriffsweise eigenen Rechts neben Theorie, Experiment und Simulation entwickelt werde. Im Extremfall formuliert sich diese Lesart gar in neopositivistischen Weltsichten, die das „Ende der Theorie" fordern oder eine „Soziale Physik" entwerfen.[8] Daten dienen nicht mehr zum Testen einer Theorie – vielmehr suchen Datenanalystinnen und Datenanalysten nach Erkenntnissen, die sich direkt aus den Daten ableiten lassen: „[T]he numbers", so Chris Anderson, „speak for themselves." Und für eine solcherart robust vermessene Welt ließen sich, ähnlich wie in physikalischen Systemen, soziale „Gesetze" und Verhaltensweisen identifizieren, auf denen Regime der Antizipation und Präemption ansetzen können.

Kritikerinnen und Kritiker weisen jedoch darauf hin, dass Daten eben gerade nicht aus sich selbst heraus „sprechen", sondern nur im Hinblick auf zuvor definierte Forschungsfragen, in die immer schon bestimmte Vorannahmen und Theorien eingegangen sein werden. Gleiches gilt für die durchaus unterschiedlichen Konzepte und Imaginationen von dem, was Daten in verschiedenen Zusammenhängen (und wissenschaftlichen Disziplinen) eigentlich genau sind. Und nicht zuletzt fließen auch in jede Art von Analysetechnologie oder Algorithmus Entscheidungen und kategorische Zuordnungen ein, die definieren, *was* unter *welcher* Priorisierung

---

7 Ulises A. Mejias und Nick Couldry: Datafication. In: Internet Policy Review 8 (2019), H. 4 (DOI: 10.14763/2019.4.1428).

8 Chris Anderson: The end of theory. The data deluge makes the scientific method obsolete. In: Wired.com, 23. Juni 2008. Online unter: www.wired.com/2008/06/pb-theory (abgerufen am 5.4.2021); Alex Pentland: Social Physics. New York 2014.

wie verarbeitet werden soll – d. h. welcher Ausschnitt der Datenwelt unter einer bestimmten Ordnungsstruktur überhaupt zur Erscheinung kommen kann.[9] Dabei spielt auch eine Rolle, wer überhaupt und in welchem Umfang Zugang zu den für eine Studie relevanten Verhaltensdaten erhält und wessen Daten in das Korpus aufgenommen werden. In der Regel sind es die Betreiber von sozialen Netzwerken, Suchmaschinen oder anderer Softwares, die über Art und Umfang der wissenschaftlichen Auswertung ihrer proprietären Datenmengen entscheiden.[10] Eine Verwendung ist nicht selten von Kriterien wie der Verbundenheit zum Unternehmen oder von den zur Verfügung stehenden finanziellen Mitteln abhängig und führt sowohl zu divergierenden Forschungsergebnissen als auch zu einer erschwerten Überprüfbarkeit der betreffenden Studien. Und nicht zuletzt erweist es sich bei der Analyse von Verhalten mittels Big Data als problematisch, dass der Kontext der Daten mitunter missachtet oder die Datenmenge zu groß konzipiert wird.

In wissenschaftspolitischer Hinsicht ist die Verwendung von Big Data ebenfalls zweischneidig: Einerseits können mit Big Data neue Anwendungsfelder erschlossen und Strukturen aller Art sichtbar gemacht werden. Andererseits ist der Umgang mit Big Data, wie bemängelt wird, häufig zu oberflächlich, um beispielsweise soziales Verhalten in seiner Tiefe zu untersuchen: So könne etwa die Computational Social Science eine Karte der auf einer Social-Media-Plattform verwendeten Sprachen erstellen und damit Muster der geografischen Formierung von verschiedenen ethnischen Gruppen sichtbar machen. Allerdings würden durch diese Identifikation von Mustern weder die Mechanismen erfasst, die diese Konzentration bewirken, noch die aus ihr folgenden sozioökonomischen Konsequenzen erklärt.[11] Und es gibt Fragen, die zwar an Big Data herangetragen, aber durch diese schlicht nicht beantwortet werden können. Gelegentlich stellt sich heraus, dass die Methodik der Small Data, bei der Fallstudien auf einem vergleichsweise bescheidenen Rahmen basieren, ebenso gute Ergebnisse liefert.[12]

In der aktuellen Diskussion um Big Data – zum Beispiel in den Medienwissenschaften, Critical Data Studies, Software Studies oder Infrastructure Studies – werden die genannten Probleme durchaus ernst genommen, um die Möglichkeiten der soziologischen und geisteswissenschaftlichen Analyse von Verhalten zu bewah-

---

9 boyd und Crawford: Critical questions.

10 Lev Manovich: Trending. The promises and the challenges of Big Social Data. In: Debates in the Digital Humanities. Hg. von Mathew K. Gold. Minneapolis 2011, S. 460–475.

11 Rob Kitchin: Big Data, new epistemologies and paradigm shifts. In: Big Data & Society 1 (2014), S. 1–12, hier S. 8; Andrejevic: Infoglut; Armin Nassehi: Muster. Theorie der digitalen Gesellschaft. München 2019.

12 boyd und Crawford: Critical questions, S. 670; Kitchin: Paradigm shifts, S. 10.

ren.[13] Gerade die Vielfalt und divergierende „Tiefe" von sozialen, kulturellen, ökonomischen, politischen und historischen Verhaltensdaten und ihren unterschiedlichen digitalen Formaten gilt es sinnvoll aneinander anzupassen. Zugleich sind die auf die Daten angewendeten Operationen genau zu prüfen, um eine adäquate und möglichst objektive Interpretation zu erzielen. Ansonsten drohen Verzerrungseffekte – *historical biases, data biases* und *algorithmic biases* –, deren destruktive Effekte ebenfalls bereits kritische Diskussionen entfacht haben.[14]

Neben dieser Reflexion der Veränderung von Forschungsformaten und -methoden zur Untersuchung des menschlichen Verhaltens findet gegenwärtig eine intensive Auseinandersetzung mit der Überwachung und Manipulation von Individuen mithilfe von Big Data für kommerzielle oder politische Zwecke statt. Denn die Auswertung und Verknüpfung diverser Datenkonvolute zu personalisierten Trajektorien und Profilen erlaube, so etwa Antoinette Rouvroy, ein „pre-emptive, context- and behaviour-sensitive management of risks and opportunities".[15] Die politischen und sozialen Dimensionen von Big Data erstrecken sich über Themen wie die Kollaboration zwischen Geheimdiensten, Polizeibehörden und Internetkonzernen, den systematischen Einsatz von Big Data für gouvernementale Eingriffe (von technikorientierten Smart-City-Projekten über digitalisierte Verwaltungen bis hin zu umfassenden Kontrollregimes wie dem chinesischen Social-Credit-System) bis hin zur kommerziellen Auswertung digitaler Spuren für die Entwicklung von Vorhersage-Modellen, etwa in Bezug auf Arbeitslosen- und Krankheitszahlen, Wetterprognosen, Tendenzen auf den Aktienmärkten oder politische Wahlen.[16] In diesem Zusammenhang scheint es durchaus bedenklich, dass das Sammeln, Suchen und Messen mit datengetriebenen Ansätzen oft allen ethischen Einwänden zum Trotz betrieben wird. Big-Tech-Unternehmen verteidigen

---

13 boyd und Crawford: Critical questions; John Symons und Ramon Alvorado: Can we trust Big Data? Applying philosophy of science to software. In: Big Data & Society 3 (2016), H. 2, S. 1–17; Andrew Iliadis und Federica Russo: Critical data studies. An introduction. In: Big Data & Society 3 (2016), H. 2, o. S. (DOI: 10.1177/2053951716674238).

14 Safiya Umoja Noble: Algorithms of oppression. How search engines reinforce racism. New York 2018; Matteo Pasquinelli und Vladan Joler: The Nooscope Manifested. AI as instrument of knowledge extractivism. In: AI & Society, 21. Nov. 2020. Online unter: https://nooscope.ai (abgerufen am 29.7.2021).

15 Antoinette Rouvroy: The end(s) of critique. Data-behaviorism vs. due-process. In: Privacy, Due Process and the Computational Turn. The Philosophy of Law Meets the Philosophy of Technology. Hg. von Mireille Hildebrandt und Katja de Vries, London 2012, S. 143–168.

16 Simon Rieder: Datatrust. Or, the political quest for numerical evidence and the epistemologies of Big Data. In: Big Data & Society 3 (2016), H. 1, S. 1–6; Christian Fuchs und Daniel Trottier: Towards a theoretical model of social media surveillance in contemporary society. In: Communications 40 (2015), H. 1, S. 113–135.

ihre Methoden mit der Begründung, sie seien der Gegenwart quasi immer einen Schritt voraus – schneller als der Staat, schneller als Universitäten, schneller als kritische Institutionen. Staatliche Regulierungsversuche hinkten daher nicht nur hinter der technischen Entwicklung her, sondern verhinderten Innovation, deren systemimmanentes Merkmal nun einmal die Gesetzlosigkeit sei.[17] Die Brisanz dieser grundsätzlichen Herangehensweise lässt sich bei der Behandlung der Privatsphäre im Netz beobachten: Eine größere informationelle Selbstbestimmung und ausgedehnte digitale Persönlichkeitsrechte ließen empfindliche Reduktionen der zur Verfügung stehenden Daten-„Rohstoffe“ für gouvernementale oder ökonomische Nutzungen erwarten.

Der Beitrag von Armin Beverungen zu dieser Sektion bewegt sich in diesem Schnittfeld von subtilen Regimen der Verhaltensüberwachung und -steuerung. Er rekonstruiert die medientechnische Organisation des Konzerns Amazon, welche Effekte der Überwachung des Verhaltens von Mitarbeitern evoziert und auf die Verschaltung zwischen menschlichem und maschinellem Verhalten setzt. Die daraus resultierende Regierungskunst, wie sie Beverungen beschreibt, betrifft auch das zukünftige Verhalten von Konsumentinnen und Konsumenten. Entscheidend sind dabei Verhaltenstechniken, die nicht direkt auf das Subjekt einwirken, sondern im Sinne einer behavioristischen Verhaltenstechnik über die Umgebung geregelt werden.

Für diese und andere Ermittlungen zukünftiger Szenarien sind Operationen der Detektion von digitalen Spuren, der Adressierung von Inhalten und der Lenkung von Individuen wichtig: Beim sogenannten Tracking geht es um das Erfassen des Verhaltens von Userinnen und Usern, das einerseits von Suchmaschinen und andererseits von Internet-Servern übernommen wird.[18] Google – neben Amazon und seiner Daten-Dienstleistungsabteilung Amazon Web Services (AWS) sicherlich das prominenteste Beispiel – sammelt nicht nur enorme Datenmengen, sondern entwickelt neuartige Datenbanksysteme wie Bigtable oder MapReduce und erweitert seit Jahren sein Netzwerk von Daten- und Rechenzentren – ein ideales digitales Ökosystem für verhaltensorientierte Verfolgungs- und Überwachungsaufgaben. Beim sogenannten Targeting wird ein Publikum gezielt mit spezifischen Werbeinhalten gewinnbringend adressiert.[19] Dabei ist das Behavioral Targeting eine Möglichkeit, die Daten der Nutzerinnen und Nutzer auf deren Verhalten hin zu analysieren, um personalisierte Anzeigen zu schalten, wobei bereits

17 Shoshana Zuboff: Das Zeitalter des Überwachungskapitalismus. Frankfurt a. M. 2018, S. 130.
18 Theo Röhle: Der Google-Komplex. Über Macht im Zeitalter des Internets. Bielefeld 2010, S. 173.
19 Röhle: Google-Komplex, S. 204.

in der Frühphase der Entwicklung der Suchmaschine die Übermittlung von User-Daten an Konzerne angedacht war.[20]

Hinzu kommen Phänomene wie das sogenannte Nudging, ein Begriff aus der Verhaltensökonomie,[21] der ein sukzessives, jeweils niedrigschwelliges Einwirken auf eine in summa schließlich größere Veränderung von Verhaltensnormen bezeichnet. Der *nudge* (dt. Schubs) ist mittlerweile ein klassisches Werkzeug im Online-Marketing und in der Politik. Mittels Data-Mining und Profiling-Systemen werden Wahrheitsregime aufgebaut, in denen sich nur mehr auf Datenebene beobachtete Verhaltensweisen – im Sinne des zuvor bereits erwähnten „Daten-Behaviorismus" – direkt zu einer algorithmischen Gouvernementalität kurzschließen.[22]

Dass diese „neuen" Verfahren eine historische Tiefe besitzen, zeigt Florian Hoof in seinem Beitrag zu dieser Sektion, der die Kritik an Big Data mit älteren Diskursen über die Bürokratie vergleicht. Hoof konstatiert eine frappierende Ähnlichkeit zwischen der Bürokratisierung um 1900 und der Digitalisierung im anbrechenden einundzwanzigsten Jahrhundert und führt dies auf eine Ähnlichkeit der medialen Arrangements zur Datenverarbeitung zurück: Das Selbstverständnis heutiger algorithmischer Big-Data-Systeme gleicht dem des seinerzeit entwickelten Visual Managements – und beide basieren auf einer angestrebten Mathematisierung der Welt.

Die kommerzielle Auswertung von Big Data wird mittlerweile intensiv unter den Begriffen Überwachungskapitalismus,[23] Plattformkapitalismus[24] oder digitaler Kapitalismus[25] diskutiert. Big-Data-Anwendungen werden dabei nicht nur als Technologien beschrieben, die das Handeln und die Handlungsspielräume der Menschen verändern, sondern auch als Technologien, die eine Verformung sozialer und ökonomischer Systeme hin zu einem „anormalen Kapitalismus" mit einer brisanten Konzentration von Reichtum, Wissen und Macht befördern. Zugleich werden unter

20 Röhle: Google-Komplex, S. 214.

21 Richard Thaler und Cass Sunstein: Nudge. Improving Decisions about Health, Wealth and Happiness. Michigan 2008.

22 Rouvroy: The end(s).

23 Zuboff: Überwachungskapitalismus; Nick Couldry und Ulises A. Mejias: The Costs of Connection. How Data is Colonizing Human Life and Appropriating it for Capitalism. Stanford 2019.

24 Nick Srnicek: Platform Capitalism. Cambridge 2016; Joseph Vogl: Kapital und Ressentiment. Eine kurze Theorie der Gegenwart. München 2021; Tarleton Gillespie: The politics of „platforms". In: New Media & Society 12 (2010), H. 3, S. 347–364.

25 Philipp Staab: Digitaler Kapitalismus. Markt und Herrschaft in der Ökonomie der Unknappheit. Berlin 2019.

Begriffen wie *obfuscation*[26] oder Entnetzung[27] subversive Strategien des Entzugs ins Spiel gebracht. Organisationen wie Algorithm Watch sensibilisieren Nutzerinnen und Nutzer für einen bewussteren Umgang mit digitalen Daten. Und seit einiger Zeit wird auch auf politischer Ebene die Möglichkeit umfassender regulativer Eingriffe erwogen, die Begleiteffekte wie globale Monopolstrukturen oder Steuerminimierungs-Strategien von Big Tech ernsthaft bekämpfen und digitale Persönlichkeitsrechte stärken wollen.[28] Es ist also durchaus offen, ob sich nicht verschiedene Ausprägungen von Daten-Verhaltens-Analysen parallel entwickeln könnten: von einer libertär-marktwirtschaftlichen Variante (USA) über eine autokratisch-überwachungsstaatliche Option (China) bis hin zu datenschutzorientierten und emanzipatorischen Ansätzen (EU).

Weiterführende Literatur

Amoore, Louise und Piotukh, Volha: Life beyond Big Data. Governing with little analytics. In: Economy and Society 44 (2015), H. 3, S. 341–366.

Anderson, Chris: The end of theory. The data deluge makes the scientific method obsolete. In: Wired.com, 23. Juni 2008. Online unter: www.wired.com/science/discoveries/magazine/16-07/pb_theory (abgerufen am 5.4.2021).

Andrejevic, Mark: Automated Media. New York 2020.

Boyd, Danah und Crawford, Kate: Critical questions for Big Data. Provocations for a cultural, technological and scholarly phenomenon. In: Information, Communication & Society 15 (2012), H. 5, S 662–679.

Gitelman, Lisa (Hg.): „Raw data" is an Oxymoron. Cambridge 2013.

Iliadis, Andrew und Russo, Federica: Critical data studies. An introduction. In: Big Data & Society 3 (2016), H. 2, o.S. (DOI: 10.1177/2053951716674238).

Kitchin, Rob: The Data Revolution. Big Data, Open Data, Data Infrastructures and Their Consequences. Los Angeles 2014.

Mayer-Schönberger, Viktor und Cukier, Kenneth: Big Data. A Revolution That Will Transform How We Live, Work, and Think. Boston 2013.

O'Neil, Cathy: Weapons of Math Destruction. How Big Data Increases Inequality and Threatens Democracy. New York 2016.

Sugimoto, Cassidy R., Ekbia, Hamid R. und Mattioli, Michael (Hg.): Big Data Is Not a Monolith. Cambridge 2016.

Zuboff, Shoshana: Das Zeitalter des Überwachungskapitalismus. Frankfurt a. M. 2018.

26 Finn Brunton und Helen Nissenbaum: Obfuscation. A User's Guide for Privacy and Protest. Cambridge 2015.

27 Urs Stäheli: Soziologie der Entnetzung. Berlin 2021.

28 Charta der Digitalen Grundrechte der EU. Online unter: https://digitalcharta.eu (abgerufen am 29.7.2021).

Florian Hoof

Verhalten verwalten: Visual Management, Big Data und die Geschichte moderner Großdatenverarbeitung

> The medium of visualization [...] is an automatic machine that takes the raw material of management and converts it into a finished uniform article by the law of transfer of skill, just the same as any other automatic machine.[1]

> Surveillance capitalism unilaterally claims human experience as free raw material for translation into behavioral data. [...] [I]t is no longer enough to automate information flows *about us*; the goal now is to *automate us*.[2]

Medien als Verhaltensschablonen und Gegenstand der Kritik

Neue Medien der Datenverarbeitung und -analyse sind gegenwärtig die bestimmenden Treiber für gesellschaftliche Transformationsprozesse, so eine weit verbreitete Auffassung. Ihre „*technische* Überlegenheit"[3] versetzt sie in die Lage, große Datenmengen über die Gesellschaft nicht nur zu erfassen und zu speichern, sondern auch zu verwenden. Sie bewerkstelligen dies mit starren „rücksichtslosen"[4] Abläufen, die ein „Verkümmern"[5] des freien gesellschaftlichen und kulturellen Lebens zur Folge haben. Diese Verkümmerung ist bereits in der Logik und den Modellen der Verfahren selbst angelegt, in ihren voreingenommenen und beschränkten Möglichkeiten, lebensweltliche Dinge adäquat zu erfassen.[6] Die neuen Systeme er-

1 Chester B. Lord: Management by exception. In: Transactions of the American Society of Mechanical Engineers 53 (1931), S. 49–58, hier S. 58.
2 Shoshana Zuboff: The Age of Surveillance Capitalism. The Fight for a Human Future at the New Frontier of Power. London 2019, S. 8.
3 Max Weber: Wesen, Voraussetzung und Entfaltung der bürokratischen Herrschaft. In: Wirtschaft und Gesellschaft. Grundriß der verstehenden Soziologie. Frankfurt a. M. 2010, S. 703–794, hier S. 716.
4 Robert Mohl: Ueber Buerokratie. In: Zeitschrift für die gesamte Staatswissenschaft 3 (1846), H. 2, S. 330–364, hier S. 334.
5 Mohl: Buerokratie, S. 335.
6 Max Weber: Gesammelte politische Schriften. Hg. von Johannes Winckelmann. 5. Aufl. Tübingen 1988 (1921), S. 320.

https://doi.org/10.1515/9783110740813-029

fassen zwar, wie Individuen sich entfalten, doch sie überführen diese Erkenntnis in standardisierte Verhaltensmuster. Sie zeichnen ein Abbild der Gesellschaft, das durch die dahinter liegenden Prozesse schablonenhaft verzerrt ist.[7] Damit wird menschliches Verhalten und Erleben beständig durch solche Verfahrensabläufe „gegängelt" und quasi vorweggenommen.[8] Das Leben wird berechenbar und erschöpft sich in vorgegebenen Wahlmöglichkeiten, die keine freien Entscheidungen mehr ermöglichen. Aus übergeordneter Perspektive erscheint diese Entwicklung als eine Mathematisierung der Welt, an deren Ende die Berechenbarkeit und Machbarkeit sozialen Verhaltens steht. Deren Vieldeutigkeit verschwindet und wird zur Ressource einer geradezu „barbarische[n] Form"[9] der Machtausübung degradiert.[10] Trotzdem ist die Situation nicht hoffnungslos: Transparentere Verfahren, zivilgesellschaftliche Organisationsformen sowie die beständige Überprüfung und Einhegung dieser neuen Instanzen durch rechtliche Regelungen können einen Ausweg aus den Zwängen weisen, die durch die neuen Medien der Datenverarbeitung aufgekommen sind.[11] Damit lassen sich Diskriminierung und „Herabwürdigung" von Teilen der Gesellschaft verhindern und die positiven Potenziale der neuen Verfahren für die Gesellschaft nutzbar machen.

Diese kurze Zusammenschau wissenschaftlicher und politischer Kritik gegenüber dem Einfluss „neuer Medien"[12] versammelt das gesamte gesellschaftliche Spektrum, von konservativen, progressiven bis hin zu dezidiert linken Positionen und Stimmen. Wie unter einem Brennglas scheint sie die gegenwärtigen Debatten über die Digitalisierung der Gesellschaft zusammenzufassen. Diese kreisen, wie im Falle von künstlicher Intelligenz, um Macht und Eigenleben abstrakter und zugleich unzugänglicher Systeme, um die Manipulation demokratischer Willensbildung durch Big-Data Unternehmen wie Cambridge Analytica oder wie bei der Enquete-Kommission Internet und digitale Gesellschaft des deutschen Bundestages um die gesellschaftlichen Auswirkungen der digitalen Transformation.

Neben diesen öffentlichen Diskursen und in Verbindung zu ihnen hat sich auch eine breite wissenschaftliche Auseinandersetzung mit unterschiedlichen As-

---

7 Vgl. Mohl: Buerokratie, S. 356–357.

8 Mohl: Buerokratie, S. 355.

9 Friedrich Engels: Brief III. An den Redakteur des „Northern Star" 1846. In: Karl Marx und Friedrich Engels: Werke. Bd. 2, Berlin 1962, S. 577–584, hier S. 581.

10 Max Weber: Wissenschaft als Beruf (1919). In: Max Weber: Gesamtausgabe. Bd. 17, hg. von Wolfgang Mommsen. Tübingen 1992.

11 Mohl: Buerokratie, S. 355; siehe auch Webers Überlegungen zur Verwaltungskontrolle: Jürgen Kocka: Otto Hintze, Max Weber und das Problem der Bürokratie. In: Historische Zeitschrift (HZ) 223 (1981), H. 1, S. 65–105, hier S. 83.

12 Zu „Neuheit" und Mediengeschichte vgl. Lisa Gitelman und Geoffrey B. Pingree: What's new about new media? In: New Media. 1740–1915. Hg. von Lisa Gitelman. Cambridge 2003, S. xi–xxii.

pekten der Digitalisierung etabliert. Der Soziologe Armin Nassehi etwa beschreibt digitale Daten als Medien der verstärkten Verknüpfung, die durch ihre Vielzahl an möglichen Mustern verunsichern.[13] Der Medienwissenschaftler Ted Striphas fasst verschiedene Merkmale und Auswirkungen der Digitalisierung unter dem Begriff der „algorithmischen Kultur" zusammen.[14] Cathy O'Neil und Shoshana Zuboff untersuchen und kritisieren den Monopolcharakter digitaler Plattformen, den unregulierten Zugriff auf große Datenmengen sowie die gesellschaftlichen und ökonomischen Auswirkungen des digitalen Überwachungskapitalismus.[15] Zudem gerät verstärkt der Ressourcenverbrauch digitaler Infrastrukturen im Hinblick auf das anthropozäne Zeitalter in den Fokus der Medientheorie.[16] Noch weiter gehen etwa Geert Lovinks und Joseph Vogls Kritik an einem zerstörerischen Plattformkapitalismus, der auf ein digitales Fin de Siècle zuzulaufen scheint.[17] Auch wenn die Ansätze aus ganz unterschiedlichen Disziplinen stammen, so ist ihnen doch gemein, dass Medien der Digitalisierung als prägende Elemente und Brandbeschleuniger an zentraler Stelle stehen.[18] In diesen Medien – so die Grundannahme der verschiedenen Positionen – scheint die gegenwärtige Situation zu kumulieren; sie sind es daher auch, die zu einer Erklärung gegenwärtiger Dynamiken beitragen können.

Der einleitende Abschnitt bringt all dies zutreffend auf den Punkt. Doch einen Makel hat er, und der ist gewichtig: Die dort aufgeführten Diagnosen über den Einfluss neuer Medien der Datenverarbeitung betreffen keineswegs die gegenwärtige Situation einer digitalen gesellschaftlichen Transformation. Vielmehr versammelt der Abschnitt ausschließlich wortwörtliche und paraphrasierte Positionen der Bürokratiekritik des neunzehnten Jahrhunderts, aus einem Zeitraum also, in dem es weniger um *digital convenience* denn um handfeste Revolutionen ging. Entnommen sind sie überwiegend der 1846 veröffentlichten Abhandlung *Ueber Buerokratie* von Robert Mohl, einem etwas eigenwilligen württembergischen Staatsrechtler, kurzzeitig Reichsjustizminister und Abgeordneter der ersten, in der Frankfurter Paulskirche tagenden Nationalversammlung, ergänzend treten Passagen aus den Schriften von Max Weber, Friedrich Engels und Karl Marx hinzu. Diese Zusammenschau wis-

13 Armin Nassehi: Muster. Theorie der digitalen Gesellschaft. München 2019.

14 Ted Striphas: Algorithmic culture. In: European Journal of Cultural Studies 18 (2015), H, 4/5, S. 395–412.

15 Cathy O'Neil: Weapons of Math Destruction. How Big Data Increases Inequality and Threatens Democracy. London 2017; Zuboff: Capitalism.

16 Sy Taffel: Data and oil. Metaphor, materiality and metabolic rifts. In: New Media & Society. Juni 2021 (DOI: 10.1177/14614448211017887); Jussi Parikka: A Geology of Media. Minneapolis 2015.

17 Joseph Vogl: Kapital und Ressentiment. Eine kurze Theorie der Gegenwart. München 2021.

18 Thomas S. Mullaney et al.: Your Computer is on Fire. Cambridge, Mass. 2021.

senschaftlicher Bürokratiekritik entstammt Disziplinen wie der Verwaltungswissenschaft, der Politikwissenschaft, der Ökonomie und der Soziologie. Die Kritik als solche ist aber noch älter und nicht auf den engeren wissenschaftlichen Kontext beschränkt. Darauf verweist schon die Etymologie des von Vincent de Gournay 1759 geprägten Begriffs *bureaucratie*, der die „Herrschaft der Beamten" im Unterschied zu anderen Staatsformen wie Demokratie oder Monarchie bezeichnet. Die Kritik an der Bürokratie ist insofern seit jeher eingebunden in politische Auseinandersetzungen über die grundsätzliche Rolle, die einer zentralen Staatsgewalt zukommen soll. Die oben angeführten diskursiven Elemente der Bürokratiekritik des neunzehnten Jahrhunderts waren demzufolge Teil einer öffentlichen Debatte, zu der auch die Wissenschaft beitrug. Ähnliches trifft auch auf den gegenwärtigen Diskurs zur Digitalisierung zu, bei dem ein hohes Maß an öffentlicher Aufmerksamkeit für die Thematik mit einem verstärkten wissenschaftlichen Interesse an ihr zusammenfällt. Dabei ist das Ausmaß der strukturellen Ähnlichkeit, ja fast schon Austauschbarkeit der Kritik an *Bürokratie* und *Digitalisierung* erstaunlich. Beinahe deckungsgleich sind über die Zeit hinweg auch die Vorschläge für die Mittel, mit denen der Entwicklung am besten entgegenzutreten sei.

Damals wie heute wird als Grundproblem eine „Mathematisierung" der Welt ausgemacht, die Adaption eines neuen, bisher nicht verbreiteten Kalküls, das zu neuen Formen abstrakter Daten führt.[19] Unter Mathematisierung wird dabei die Einführung eines formalisierten Systems verstanden, das Vorgänge und Phänomene als Teil einer kohärenten, skalierbaren und verrechenbaren Logik fasst.[20] Im Falle der Bürokratiekritik im neunzehnten Jahrhundert – lange vor den Überlegungen Alan Turings und der später proklamierten *Mathematisierung unserer Welt*[21] durch die Kybernetik – artikuliert sich das Unbehagen gegenüber einem starren und zugleich mächtigen System in der Thematisierung der damit verbundenen mathematischen Modelle und Verfahren, immer verbunden mit der Sorge über mögliche Machtverschiebungen zwischen Staat und Individuum, etwa einer „Uebertreibung der Staatsidee"[22] durch die Bürokratie. Die Tendenz zur Formalisierung und Mathematisierung wird auch in der gegenwärtigen Digitalisierungskritik, sei es im wissenschaftlichen Fachdiskurs oder in der öffentlichen Debatte, als ein zentrales Problem der Digitalisierung erkannt. Exemplarisch für diese Perspektive steht etwa der von

---

19 Zur Geschichte der „simple fiction" von der Mathematisierung der Welt siehe: Sophie Roux: Forms of mathematization (14th–17th centuries). In: Early Science and Medicine 15 (2010), H. 4/5, S. 319–337.

20 Vgl. Ariane Tanner: Die Mathematisierung des Lebens. Alfred James Lotka und der energetische Holismus im 20. Jahrhundert. Tübingen 2017, S. 152.

21 Gerhard Frey: Die Mathematisierung unserer Welt. Stuttgart 1967.

22 Mohl: Buerokratie, S. 340 f.

der Mathematikerin und vormaligen Finanzdatenanalystin Cathy O'Neil verfasste Bestseller *Weapons of Math Destruction*[23] über die Auswirkungen mathematischer Kalküle innerhalb digitaler Netzwerke. O'Neil untersucht die Rolle mathematischer Modelle in Systemen künstlicher Intelligenz und weist nach, dass bestimmte gesellschaftliche Gruppen durch bestehende algorithmische Verfahren, etwa das *machine learning* zur automatischen Analyse und Aufbereitung großer Datenmengen, einer systematischen Diskriminierung unterliegen.

Eine weitere Gemeinsamkeit von Bürokratiekritik und kritischer Auseinandersetzung mit der Digitalisierung ist der Fokus auf Macht und Herrschaft. So arbeiten etwa wirtschafts- und sozialhistorische Untersuchungen eine Kontinuität zwischen Digitalisierung und historischen Formen und Systemen der Kontrolle heraus. Ein Beispiel dafür ist das ebenfalls breit rezipierte Buch *The Age of Surveillance Capitalism* der Wirtschafts- und Sozialwissenschaftlerin Shoshana Zuboff. Sie argumentiert, dass unter den Bedingungen eines „totale[n] Medienverbunds auf Digitalbasis"[24] menschliche Verhaltensmuster nicht mehr nur – wie etwa in einer fordistisch organisierten Kulturindustrie – standardisierte Produkte unter den Bedingungen der Massenproduktion sind.[25] An Stelle schablonenhafter Standards, die noch als solche zu erkennen waren, tritt nun die mit den gegenwärtigen Rechenkapazitäten mögliche stufenlose Skalierung mathematischer Modelle. Menschliche Verhaltensmuster werden so zu Rohmaterial für Verhaltensdaten. Damit, so Zuboffs Argumentation, zielen digitale Verfahren nicht länger darauf ab „to automate information flows *about us*; the goal now is to *automate us*".[26] Der Angriffspunkt digitaler Kontrolle und Steuerung verlagert sich so in das Subjekt und wird zum ununterscheidbaren Teil der Subjektivität. Die algorithmische Verarbeitung großer Mengen an Verhaltensdaten erlaubt die mathematische Modellierung, Computersimulation und präzise Antizipation zukünftiger Verhaltensweisen. Damit werden Praktiken des digitalen „nudging" möglich, etwa in Form vorausberechneter „choice architecture"[27], die der Beeinflussung und Kontrolle von Verhalten dient. Diese Form digitaler Welterzeugung folgt Grundannahmen und Strategien der Verhaltensökonomik, etwa denen einer indirekten Beeinflussung oder der Verwendung positiver Anreizsysteme, um

---

23 O'Neil: Weapons. Das Buch war auf der Shortlist des National Book Award und erhielt den Euler Book Price der Mathematical Association of America.

24 Friedrich Kittler: Grammophon, Film, Typewriter. Berlin 1986, S. 8.

25 Max Horkheimer und Theodor W. Adorno: Dialektik der Aufklärung. Philosophische Fragmente. Frankfurt a. M. 1993.

26 Zuboff: Capitalism, S. 8.

27 Richard H. Thaler und Cass A. Sunstein: Nudge. Improving Decisions About Health, Wealth, and Happiness. New Haven 2008.

potenziell irrationales Verhalten zu verhindern. An die Stelle der Vorstellung des mündigen Subjekts tritt das Konzept des beeinflussbaren Subjekts. Diese Strategie wiederum beruht auf den bestehenden Verhaltensdaten, die zugleich dafür sorgen, dass die eigentliche Intervention in einer konkreten Entscheidungssituation unsichtbar bleibt. Formen des eigenmächtigen oder reflexiven Handelns, die auf einer Unterscheidung von Subjekt und Umgebung beruhen, kommen durch eine solche digitale Welterzeugung in Bedrängnis.

Wie schon im Falle der Bürokratiekritik des neuzehnten Jahrhunderts sind es auch heute also wieder Medien und Verfahren der Datenverwaltung, die zum Ausgangspunkt und Objekt öffentlicher und wissenschaftlicher Kritik werden. Die Gleichförmigkeit und Vehemenz dieser Kritik lässt sich als Resonanzraum gesellschaftlicher Transformationen verstehen, die mit den „Sattelzeiten" der westlichen Moderne einhergehen. Damit sind Phasen des Umbruchs gemeint, in denen etablierte gesellschaftliche, kulturelle und ökonomische Gewissheiten ins Wanken kommen und durch neue Stabilitätsvorstellungen ersetzt werden.[28] Solche tiefgreifenden Veränderungen sind seit jeher mit Ängsten, Abwehrhaltungen und Ressentiments verbunden. Weil in solchen Zusammenhängen kritische Diskurse immer auch der gesellschaftlichen Selbstversicherung dienen, ergibt sich eine mögliche Erklärung für die angeführten Parallelen über die Zeit hinweg: Demnach stünden auf der einen Seite der revolutionäre Vormärz und die Industrialisierungsschübe des achtzehnten und neunzehnten Jahrhunderts mit der damit verbundenen Transformation einer Ständegesellschaft in eine bürgerlich verfasste Gesellschaft. Auf der anderen Seite befände sich der gegenwärtige Umbruch hin zu einer digitalen „big data economy"[29], der die mit ihm verbundenen gesellschaftlichen Veränderungen erst in Ansätzen zu erkennen gibt.

Doch welche Schlüsse lassen sich aus dieser vermuteten Parallele ziehen? Wie lauten die Gründe für die Deckungsgleichheit in den Beschreibungen nicht nur der möglichen gesellschaftlichen Auswirkungen von *Bürokratisierung* im neunzehnten und *Digitalisierung* im einundzwanzigsten Jahrhundert, sondern auch der vorgeschlagenen Mittel zu ihrer Eindämmung? Eine Erklärung könnte der Hinweis auf eine strukturelle Ähnlichkeit von Kritik als Diskursformation in Zeiten gesellschaftlicher Umbrüche liefern. Eine andere, womöglich näherliegende lautet: Die Medien, auf die die Kritik damals wie heute abzielt, sind sich schlicht ähnlich; und weil es sich in beiden Fällen um Verfahren der Datenverarbeitung handelt, weist auch die sie begleitende Kritik an ihnen Ähnlichkeiten auf.

---

28 Reinhart Koselleck: Einleitung. In: Geschichtliche Grundbegriffe. Hg. von Otto Brunner. Stuttgart 1972, S. III–XXIII, hier S. XV.

29 O'Neil: Weapons, S. 3.

Letztere Vermutung nehme ich im Folgenden zum Ausgangspunkt meiner Überlegungen und entwickle eine Perspektive auf mediale Praktiken der Datenverwaltung als historische Abfolge soziomaterieller Phasen. Eine solche Perspektive fokussiert nicht nur auf die technologischen Brüche und Diskontinuitäten zwischen unterschiedlichen Modi der Datenverarbeitung, sondern betont zugleich auch deren persistenten und durchgängigen Charakter als zentrale Kulturtechnik der Moderne. Wie eine solche Genealogie den Blick auf die Mediengeschichte der Großdatenverarbeitung verändert, werde ich im Folgenden am historischen Beispiel des Visual Managements bis hin zu gegenwärtigen Big-Data-Praktiken aufzeigen.

Eine Mediengeschichte der Großdatenverarbeitung

Das Visual Management ist eine Datenpraktik, die sich im Anschluss an die Einführung moderner Verwaltungs- und Bürokratisierungstechniken zu Beginn des zwanzigsten Jahrhunderts ausgebildet hat. Es hatte zum Ziel, die durch Bürokratisierung und Verschriftlichung von Kommunikation entstandenen großen Datenmengen zu beherrschen und an Entscheidungsroutinen des Managements anschlussfähig zu halten. Dabei zeige ich am Beispiel visueller Fabrikmanagementsysteme auf, dass Datenpraktiken nicht losgelöst von bereits bestehenden Infrastrukturen sowie sozialen, kulturellen und ökonomischen Praktiken verstanden werden können. Diese enge soziomaterielle Verschränkung zeigt sich besonders darin, dass das Visual Management im Grunde eine Reaktion auf die Bürokratisierung darstellt. Es adressiert als Medium der Verwaltung das Verhältnis von großen Datenmengen und deren Operationalisierung. Dieses Dilemma, so meine These, stellt den Flaschenhals moderner Daten- und Erkenntnispraktiken dar. Und wie der daran anschließende kursorische Vergleich mit dem Palantir Foundry System, einem Beispiel für ein zeitgenössisches digitales algorithmisches Managementsystem, zeigt, triff dies auch auf gegenwärtige Medien der Datenverwaltung zu.

Damit skizziere ich eine Genealogie der Großdatenverarbeitung, die um die historisch beobachtbare Relation zwischen einerseits der Menge an gesammelten Daten und andererseits den beschränkten Möglichkeiten, diese zu speichern, zu verarbeiten und zu analysieren, kreist. Zwischen diesen beiden Seiten stehen Medien der Verwaltung und Organisation, die diese Engstelle bearbeiten, konturieren und stabil halten. Sie sind Teil größerer soziomaterieller Ensembles, die sich um die Frage der Datenverarbeitung als grundlegende Kulturtechnik der Moderne gruppieren. Denn moderne Vorstellungen und Praktiken der Steuerung, Kontrolle, Organisation und Effizienz sind untrennbar mit Verfahren der Datenverarbeitung verbunden. Erst deren Entwicklung versetzte die Gesellschaft in die Lage, große Mengen an Daten zu erheben, zu verarbeiten und zu speichern – eine Grundvoraussetzung für die moderne, auf Statistik beruhende Staatsform und die damit verbundenen Praktiken der Verhaltenskontrolle.[30] Das bedeutet aber auch, dass es sich dabei nicht um eine Geschichte der Effizienz oder des technischen Fortschritts handelt. Vielmehr lässt sich das Verhältnis zwischen den erfassten und verfügbaren Datenmengen und den Möglichkeiten, diese adäquat zu verarbeiten, als eine permanente Engstelle verstehen. Als Flaschenhals der Moderne bildet sie eine Aushandlungs- und Kampfzone,[31] in der sich wandelbare epistemologische Ensembles bilden, die das Dilemma zwischen Datenmenge und -verarbeitung stabilisieren und mit Sinn versehen.[32] In eine solche historische Perspektive der sich ablösenden Ensembles der Datenverarbeitung und -verwaltung, so mein Vorschlag, gehören auch die gegenwärtigen algorithmischen Big-Data-Verfahren der Digitalisierungen.

Eine solche Perspektive ist Teil eines in letzter Zeit wachsenden Forschungsfeldes, das sich theoretisch und historisch mit Medien der Organisation und mit medienökonomischen Fragestellungen beschäftigt.[33] Es untersucht Medien der Datenverwaltung und -visualisierung als grundlegende Infrastruktur und Organisationsform der Gesellschaft.[34] Ein solcher Zugang erweitert bestehende wissenshistorische Ansätze, die sich mit Paper Technologies,[35] mit Medien des Wissens wie Graphen,[36] Kurven und Diagrammen im Kontext wissenschaftlicher Forschung beschäftigen, auf den Bereich der Organisation von Ökonomie, Industrie und Management. Für gegenwärtige Forschung zu Big Data und künstlicher Intelligenz eröffnet die hier vorgeschlagene Kombination von analytischer und histo-

30 Alain Desrosières: Die Politik der großen Zahlen. Eine Geschichte der statistischen Denkweise. Berlin 2005.

31 Vgl. dazu das Konzept des „contested terrain" bei Richard Edwards: Contested Terrain. The Transformation of the Workplace in the Twentieth Century. New York 1979.

32 Dazu gehören später Planungstechniken, wie *PERT*, die dieses Verhältnis als „critical path" definieren. Vgl. Hoof: Effizienz, S. 135 f.

33 Monika Dommann, Vinzenz Hediger und Florian Hoof (Hg.): Sonderheft Medienökonomien. In: Zeitschrift für Medienwissenschaft 10 (2018), H. 1.

34 Florian Hoof: Engel der Effizienz. Eine Mediengeschichte der Unternehmensberatung. Konstanz 2015; Timon Beyes, Robin Holt und Claus Pias: Oxford Handbook of Media, Technology, and Organization Studies. New York 2019; David Gugerli: Wie die Welt in den Computer kam. Zur Entstehung digitaler Wirklichkeit. Frankfurt a. M. 2018.

35 Volker Hess und J. Andrew Mendelsohn: Paper Technology und Wissensgeschichte. In: N.T.M. 21 (2013), S. 1–10.

36 Stefan Rieger: Schall und Rauch. Eine Mediengeschichte der Kurve. Frankfurt a. M. 2009; Lisa Gitelman: Paper Knowledge. Toward a Media History of Documents. Durham 2014.

rischer Perspektive einen Zugriff auf grundsätzliche epistemologische Strukturen, die bestimmen, wie mit großen Datenmengen umgegangen wird, wie sie verwaltet und dargestellt werden. Gegenwärtige digitale Praktiken und Technologien erscheinen so weniger als disruptive Neuerungen einer leeren, digitalen Zeit, denn als Teil einer Mediengeschichte der Großdatenproduktion, die es noch zu schreiben gilt. Bestehende computerhistorische und kybernetische Genealogien der digitalen Gesellschaft[37] können in eine *longue durée* der sie umgebenden Institutionen und Organisationsformen der Datenverwaltung eingereiht werden. Eine solche Herangehensweise legt den Fokus auf die oftmals schubhaften Veränderungen, die sich als Abfolge „soziomaterieller Phasen"[38] darstellen, mit deren Durchlaufen gesellschaftliche Strukturen reproduziert werden.[39] Damit ist zugleich auch eine etwas andere Genealogie verbunden, die künstliche Intelligenz und Big-Data-Praktiken nicht nur als Verdatungs- und Kontrollinstanzen, sondern umfänglicher als Medien der Organisation und der Verwaltung situiert.[40] Die Perspektive auf digitale Medien als Teil einer Genealogie der Großdatenverarbeitung entwickle ich im Folgenden anhand einer historischen Fallstudie zur industriellen Datenverwaltung, deren Verfahren grafischer Darstellung ich unter dem Begriff des Visual Managements fasse.

---

37 Etwa: Fred Turner: From Counterculture to Cyberculture. Stewart Brand, the Whole Earth Network, and the Rise of Digital Utopianism. Chicago 2006; Martin Campbell-Kelly und William Aspray: Computer. A History of the Information Machine. 2. Aufl. Boulder 2004; Claus Pias: Cybernetics – Kybernetik. The Macy-Conferences 1946–1953. Zürich 2003; Paul E. Ceruzzi: A History of Modern Computing. 2. Aufl. Cambridge, Mass. 2003.

38 Florian Hoof: Medien managerialer Entscheidungen. Decision-making „at a glance". In: Soziale Systeme. Zeitschrift für soziologische Theorie 20 (2016), H. 1, S. 23–51, hier S. 47.

39 Wanda J. Orlikowski: Sociomaterial practices. Exploring technology at work. In: Organization Studies 28 (2007), H. 9, S. 1435–1448; Florian Hoof: „Have we seen it all before?" A „sociomaterial" approach to film history. In: At the Borders of (Film)History, Temporality, Archaeology, Theories, Proceedings XXI International Film Studies Conference Udine. Hg. von Alberto Beltrame, Giuseppe Fidotta und Andrea Mariani. Udine 2015, S. 347–357.

40 Florian Hoof und Sebastian K. Boell: Culture, technology, and process in „Media Theories". Toward a shift in the understanding of media in organizational research. In: Organization 26 (2019), H. 5, S. 636–654; Marc Steinberg: From automobile capitalism to platform capitalism. Toyotism as a prehistory of digital platforms. In: Organization Studies, Juli 2021 (DOI: 10.1177/01708406211030681).

Visual Management um 1900

Visualisierungsverfahren entwickeln sich im Laufe des neunzehnten Jahrhunderts zu selbstverständlichen, häufig verwendeten Hilfsmitteln in Disziplinen wie der Statistik, Handelswissenschaft, Mathematik, Ingenieurwissenschaft, Physiologie, Politikwissenschaft oder Nationalökonomie.[41] Zu ihnen zählen Visualisierungstechniken zur grafischen Repräsentation vorhandener Daten, beispielsweise in Form von Balken- und Liniendiagrammen, grafische Rechenverfahren wie die Nomografie oder Registrierverfahren zur Generierung von Daten über kinetische, d. h. bewegte Prozesse auf grafischem Wege, wie etwa die in der Physiologie verwendeten Verfahren der Puls- oder Muskelanalyse und später filmische Verfahren der Bewegungsanalyse.[42]

Ende des neunzehnten Jahrhunderts etabliert sich daraus ein universell anwendbares Ensemble von Verfahren der Datenvisualisierung. Diese werden von den beteiligten Akteuren einheitlich als Methode der „grafischen Darstellung"[43] bezeichnet. Zur gleichen Zeit finden diese Methoden in verstärktem Maße Anwendung im Industrie- und Wirtschaftsmanagement, um Daten zu gewinnen, zu analysieren, zu kommunizieren oder zu berechnen.[44] Schaubilder, Grafiken, die Fotografie und der Film werden zu selbstverständlichen Bestandteilen des betrieblichen Managements. Das Visual Management verspricht, Unternehmen bei der Verarbeitung ihrer betrieblichen Daten zu entlasten.

Eine der ersten systematischen Adaptionen des Visual Managements für das Verwalten von Verhalten in wirtschaftlichen Zusammenhängen ist die Verwendung von grafischen Tableaus und Verlaufsplänen zur Steuerung industrieller Produktionsprozesse. Beispiele dafür sind das erstmalig 1903 in Polen von Karol Adamiecki entwickelte Verfahren der Harmonografie[45] für das Störungsmanage-

---

41 Vgl. etwa: Michael Friendly: The golden age of statistical graphics. In: Statistical Science 23 (2008), H. 4, S. 502–535; Stephen E. Fienberg: Graphical methods in statistics. In: The American Statistician 33 (1979), H. 4, S. 165–178; James R. Beniger und Dorothy L. Robyn: Quantitative graphics in statistics. A brief history. In: The American Statistician 32 (1978), H. 1, S. 1–11.

42 Hoof: Effizienz, S. 67–90.

43 So etwa bei: Etienne-Jules Marey: La méthode graphique dans les sciences expérimentales et principalement en physiologie et en médecine. Paris 1878; Felix Auerbach: Die graphische Darstellung. Eine allgemeinverständliche, durch zahlreiche Beispiele aus allen Gebieten der Wissenschaft und Praxis erläuterte Einführung in den Sinn und den Gebrauch der Methode. Leipzig 1914; Marcello von Pirani: Graphische Darstellung in Wissenschaft und Technik. Berlin 1914.

44 Hoof: Effizienz, S. 67.

45 Hoof: Effizienz, S. 129–136.

ment in Stahlwerken sowie das zur gleichen Zeit als *A Graphical Daily Balance in Manufacture* beschriebene „Gantt-Charting"[46], das als Teil der wissenschaftlichen Betriebsführung bzw. des Taylorismus hauptsächlich in Fabriken mit einem hohen Grad manueller Fertigungstätigkeit eingesetzt wurde, etwa in Baumwollspinnereien, metallverarbeitenden Unternehmen, in der Verpackungsindustrie oder generell bei montageintensiven Tätigkeiten. Dort dient es dem Management zur systematischen Datenerfassung mithilfe verschiedener grafischer Tableaus, die das Verhalten der Belegschaft und den Produktionsablauf anzeigen. Im Gegensatz zum Taylorismus, der eine kurzlebige Managementmode bleiben wird, setzt sich speziell das Gantt-Charting dauerhaft und weltweit als System der Fabrikführung sowie als universelle Zeitplantechnik für das Projektmanagement durch.[47] In der folgenden Fallstudie zum Visual Management fokussiere ich daher exemplarisch auf das Gantt-Charting und auf die durch neue Formen der Datenerhebung, Verarbeitung und Darstellung entstandenen epistemologische Verschiebungen im Management.[48]

Gantt-Charting: Erzeugen großer Datenmengen

Mit dem Gantt-Charting wurde es Betriebsleitungen erstmalig möglich, die Arbeitsleistungen aller Beschäftigten mit den *man's record charts* individuell zu erfassen. Die erforderlichen Daten resultierten aus der konsequenten Verschriftlichung aller Arbeitsanweisungen in Form von Arbeitsanleitungskarten. Für jeden Arbeitsplatz wurde darauf die tägliche Produktionsvorgabe und am Ende einer Schicht die tatsächlich vollzogene Leistung eingetragen. Die Karten mit den entsprechenden Vorgaben wurden an zentraler Stelle erstellt, anschließend durch Vorarbeiter oder ein Botensystem zu den jeweiligen Abteilungen transportiert und am Ende mit den dokumentierten Arbeitsleistungen in ein zentrales Arbeitsbüro zurückgebracht. Auf

46 Henry L. Gantt: A graphical daily balance in manufacture. In: Transactions of the American Society of Mechanical Engineers (1903), S. 1322–1336.
47 Wallace Clark: The Gantt Chart. A Working Tool of Management. New York 1922; Peter B. Petersen: The evolution of the Gantt Chart and its relevance today. In: Journal of Managerial Issues 3 (1991), H. 2, S. 131–155. In Deutschland wurde ab 1920 die Einführung solcher Methoden durch RKW und REFA unterstützt. Vgl. Hoof: Effizienz, S. 153, 347.
48 Die Fallstudie stützt sich auf Publikationen von 1880–1930 aus Maschinenbau, Organisationslehre, Werkstoff- und Werkstatttechnik, Management und Gantt-Charting sowie auf Archive: Archives and Special Collections, Purdue University Libraries, USA, West Lafayette, Ind., TECHNOSEUM – Landesmuseum für Technik und Arbeit in Mannheim. Ausführliche Diskussion der Archivlage in Hoof: Effizienz.

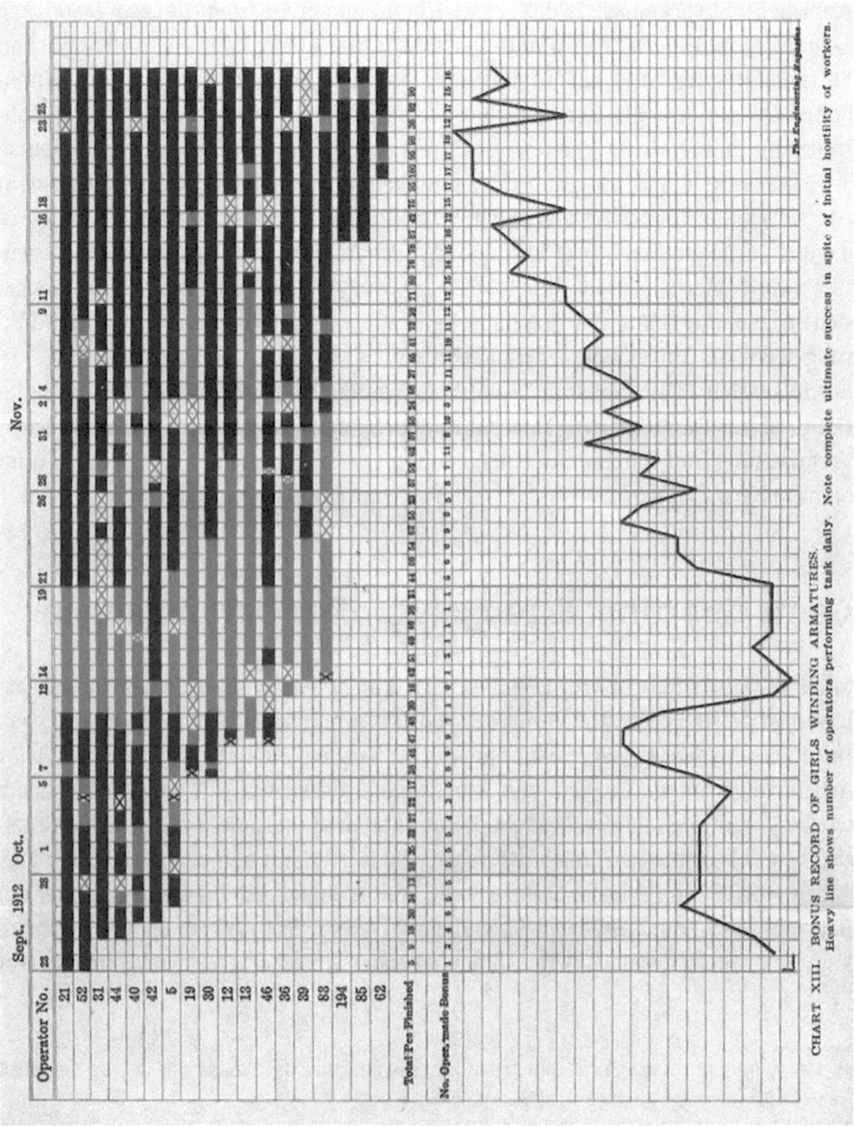

Abb. 1: Henry L. Gantt: Bonus record of girls winding armatures, 1912. Ein *man's record chart* dokumentiert die Leistung einer Arbeitsabteilung, eine unten angeordnete Kurve die Gesamtproduktivität.

Grundlage der so gewonnenen Daten wurden *man's record charts* erstellt, die Aufschluss über das Leistungsniveau geben sollten und dazu dienten, die bisher verbreitete Praxis kollektiver Einheitslöhne durch ein Bonuslohnsystem zu ersetzen, bei dem zwischen einem Sockellohn, der allen Beschäftigten zukommt, und einem Bonus unterschieden wird, der nur bei Erreichung eines gewissen Arbeitspensums ausgezahlt wird. Das System folgte den Prämissen der wissenschaftlichen Betriebsführung. Es hatte einerseits die optimale Auslastung und Planbarkeit des Maschinenparks zum Ziel und stellte andererseits den Versuch der Unternehmensführung dar, die Macht der Gewerkschaften zu brechen, mit denen zuvor Arbeitsumfang und Einheitslöhne ausgehandelt werden mussten.

Auf den *man's record charts* sind Tage, an denen das Arbeitspensum erfüllt wird, schwarz, alle anderen rot markiert. Die gesammelten Daten über die Arbeitsleistungen lassen Visualisierungen einzelner Parameter zu, wie die in Abb. 1 gezeigte Produktivitätskurve, und geben Arbeitsinspektoren auf einen Blick Aufschluss über die Situation in einzelnen Produktionsabteilungen. Auch die Analyse individueller und kollektiver Verhaltensmuster lässt sich anhand eines Charts durchführen, in unserem Beispiel ein Anstieg der Produktivität und gleichzeitig ein Verhaltenswandel über die dort dokumentierten gut zwei Monate. Die zu Beginn überwiegend schwarzen Markierungen geben eine allgemeine Akzeptanz des Systems zu erkennen, die im weiteren Verlauf aber offensichtlich schwindet. Zwischenzeitlich erreicht nur ein einziger Beschäftigter den Bonus, alle anderen sind offenbar in einen rot markierten, kollektiven Bummelstreik getreten. Dieses „bummelnde" Verhaltensmuster der Arbeitsgruppe löst sich gegen Ende wieder auf. Wenig verwunderlich, denn das Henry Gantts Buch entnommene Beispiel illustriert eine aus Perspektive des Managements erfolgreiche Anwendung des Systems. Ebenso gut ließen sich aber auch Beispiele für die Dokumentation von Streiks gegen das Gantt-System finden, denn diese kamen durchaus vor und verhinderten in einigen Fällen auch deren Einführung.

Das Gantt-Charting ermöglicht aber dem Management nicht nur Einblicke in solche noch relativ einfach zu erkennenden Muster, sondern auch in weitaus komplexere Verhaltensstrukturen, wie das „slack saturday habit"[49] (siehe Abb. 2), ein Verhaltensmuster, bei dem die Belegschaft dazu tendiert, den Bonus samstags regelmäßig zu verpassen. Hier dienten die *man's record charts* der Führungsebene dazu, interne, eingespielte Verhaltensweisen zunächst überhaupt sichtbar werden zu lassen, um dann entsprechend darauf reagieren zu können.

Wie bereits erwähnt, wurden die *man's record charts* ursprünglich eingeführt, um individuelle Arbeitsleistungen für das Bonuslohnsystem zu erfassen. Doch mit

49 Gantt: Work, S. 190 f.

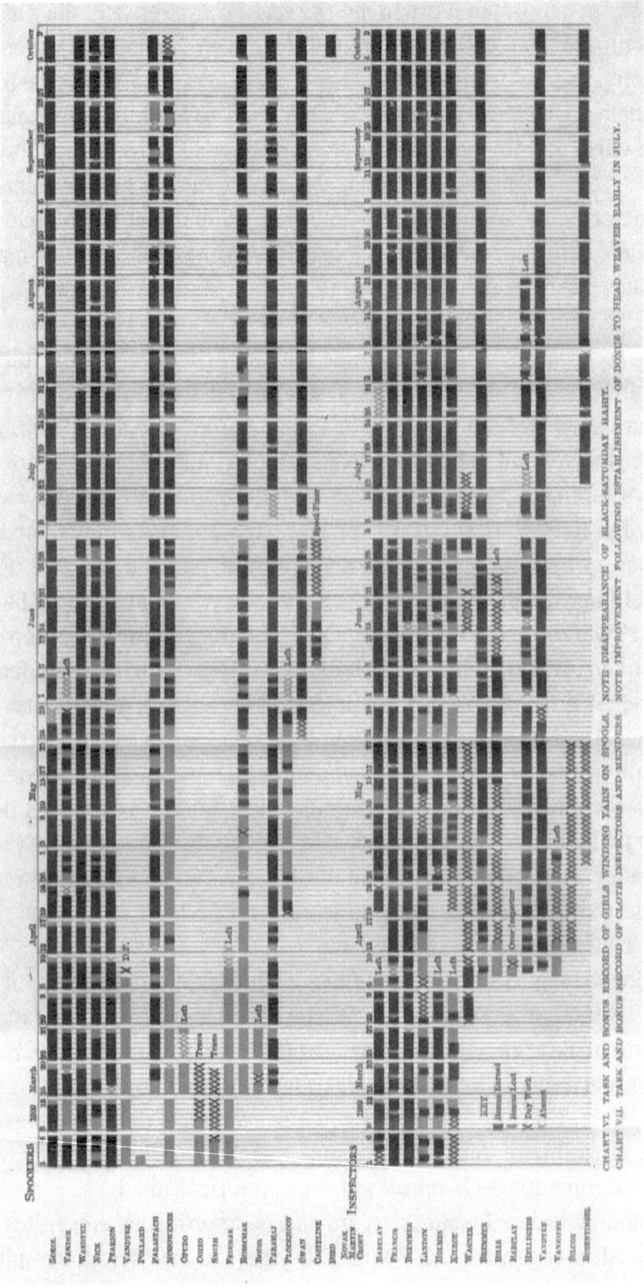

Abb. 2: Henry L. Gantt: Task and bonus record of girls winding yarn on spools; cloth inspectors and menders, 1909. Gantt-Chart des Verhaltensmusters „slack saturday habit“ in einer Baumwollspinnerei.

der Zeit ergaben sich aus den dabei entstehenden visuellen Verhaltensmustern neue Bedeutungsüberschüsse für das Verhaltensmanagement und somit weitere Möglichkeiten für die Betriebsführung. Die Form des grafischen Tableaus, die ein Gantt-Chart annimmt, bietet sich geradezu dafür an, die dort gruppierten Leistungsparameter auch als Stimmungsbarometer der jeweiligen Produktionsabteilungen zu lesen.[50] Durch eine Verknüpfung äußerst heterogener Datenquellen werden dynamische Verhaltensbeobachtungen und -analysen möglich, Verhaltenswissen wird erzeugt. Dafür muss aber zuerst eine Auswahl über die dort verwendeten Datenquellen erfolgen. Die zugrunde liegenden Auswahlkriterien wiederum sind maßgeblich durch die Beschaffenheit der Gantt-Charts bestimmt. Nur Vorgänge und Verhaltensweisen, die sich in grafischer Form darstellen lassen, können zu Daten und anschließend zu relevanter Information werden. Alles andere blendet das System aus. Von ihrem ursprünglichen Kontext getrennt, werden die ausgewählten Datenquellen nun zu einem *kinetischen* Tableau gruppiert,[51] welches es erlaubt, Daten unabhängig vom Kontext und den Bedingungen ihrer ursprünglichen Erzeugung und Erhebung in Relation zueinander zu setzen und so neue Erkenntnisse zu gewinnen.

Als kinetische Tableaus dienen *man's record charts* dem Management demzufolge auch als grafisches Frühwarnsystem bzw. zur Antizipation zukünftigen Verhaltens.[52] Auf Basis des mit ihnen gewonnenen Verhaltenswissens kann eine Betriebsführung betrieblichen Auseinandersetzungen, zum Beispiel mit gewerkschaftlich organisierten Belegschaften, ganz anders begegnen: Streiks oder gezielte Verschleppungen des Arbeitstempos wandeln sich von einem diffusen Geschehen in ein individuell zurechenbares Verhalten, das sich beeinflussen lässt.[53] Verdeutlichen lässt sich dies etwa am Beispiel von *man's record charts* als einem Medium der systematischen visuellen Kommunikation innerhalb einer Fabrik zwischen Vorarbeitern, die über die korrekte Ausführung der Arbeitsschritte zu wachen haben, und der Belegschaft, der die Charts vorgelegt werden, um ihr Leistungsabfälle in den zurückliegenden Wochen und Monaten vor Augen zu führen.[54] Die *man's record charts* versetzen die Vorarbeiter in die Lage, ihre Kontrollfunktion

50 Frühe grafische Verfahren zur Darstellung sozialer Zustände vgl. Alfred de Foville: Essai de météorologie économique et social. In: Journal de la Société de Statistique de Paris (1888), S. 243–249.

51 Hoof: Effizienz, S. 73–75, 83 f.

52 Gantt: Work, S. 270.

53 In der Stahl- und Textilbranche wurden Streiks abgewehrt, weil Charts schnellen Zugriff auf die Produktionsdaten ermöglichten und umgehend neue Arbeiter angelernt werden konnten. Vgl. Gantt: Work, S. 191 f., 199.

54 Gantt: Work, S. 178.

nicht mehr nur über den Akt der eigenen Beobachtung auszuüben. „Here is where the graphical schedule comes to his assistance, for he can see at a glance just what is behind or what should come next.“[55] Kurz: An die Stelle individueller Beobachtungen treten Gantt-Charts, ein standardisiertes grafisches Verfahren, das diskrete Daten erzeugt und diese in einer vorbestimmten Logik anordnet. Dieses Verhaltenswissen ermöglicht ein umfassendes Verhaltensmanagement bis hinunter auf die Ebene einzelner Beschäftigter. Insofern sind Gantt-Charts ein Medium der Datenerhebung und -visualisierung, das dem Verhaltensmanagement und der Produktionssteuerung dient.

Die bisher beschriebenen *man's record charts* zur Erfassung der Arbeitsleistung und von Verhaltensmustern sind als Teil eines übergreifenden Systems der visuellen Fabriksteuerung eng mit sogenannten *daily balance of work charts* verzahnt, die für die übergeordnete Planung und Steuerung des Fabrikbetriebes eingesetzt werden. Auch bei diesen handelt es sich im Grunde um grafische Verlaufspläne. Sie enthalten die vorgesehenen Produktionsvorgaben und werden kontinuierlich mit den tatsächlichen Produktionszahlen abgeglichen. Schon bei der Planung von Produktionsabläufen mithilfe der *daily balance of work charts* werden die Kolumnen der Tabelle abschließenden mit sogenannten *danger lines* markiert (siehe Abb. 3).

Die *danger lines* zeigen an, wann ein im oberen Teil des Charts angegebener Produktionsschritt spätestens fertiggestellt sein muss. Eine Überschreitung der Linien ist gleichbedeutend mit einer Produktionsverzögerung und einer ernsthaften Störung der eng miteinander verzahnten Produktionslogistik in der Massenfertigung. Für die Planung eines solchen Fabrikbetriebes ist daher das „exact knowledge of what is taking place each day [...] absolutely necessary“.[56] Vor der Einführung des Gantt-Chartings waren diese Informationen in verschiedenen Ablagesystemen und Abteilungen einer Unternehmensverwaltung verstreut und nur mit beträchtlichem Zeitaufwand bei Bedarf zusammenzustellen. Laut Gantt setzte sein System diesem Zustand ein für alle Mal ein Ende, denn es stellt Informationen bereit, auf die das Management jederzeit und auch im Falle einer Produktionsstörung sofort zurückgreifen kann.

> This method makes it unnecessary for the general manager of a manufacturing plant, for instance, to wade through volumes of reports or to go the rounds of his superintendents or foremen in an attempt to find out what work is not progressing satisfactorily.[57]

---

55 Gantt: Manufacture, S. 1326.
56 Gantt: Manufacture, S. 1325.
57 Wallace Clark: The Gantt Chart. A Working Tool of Management. New York 1922, S. 83.

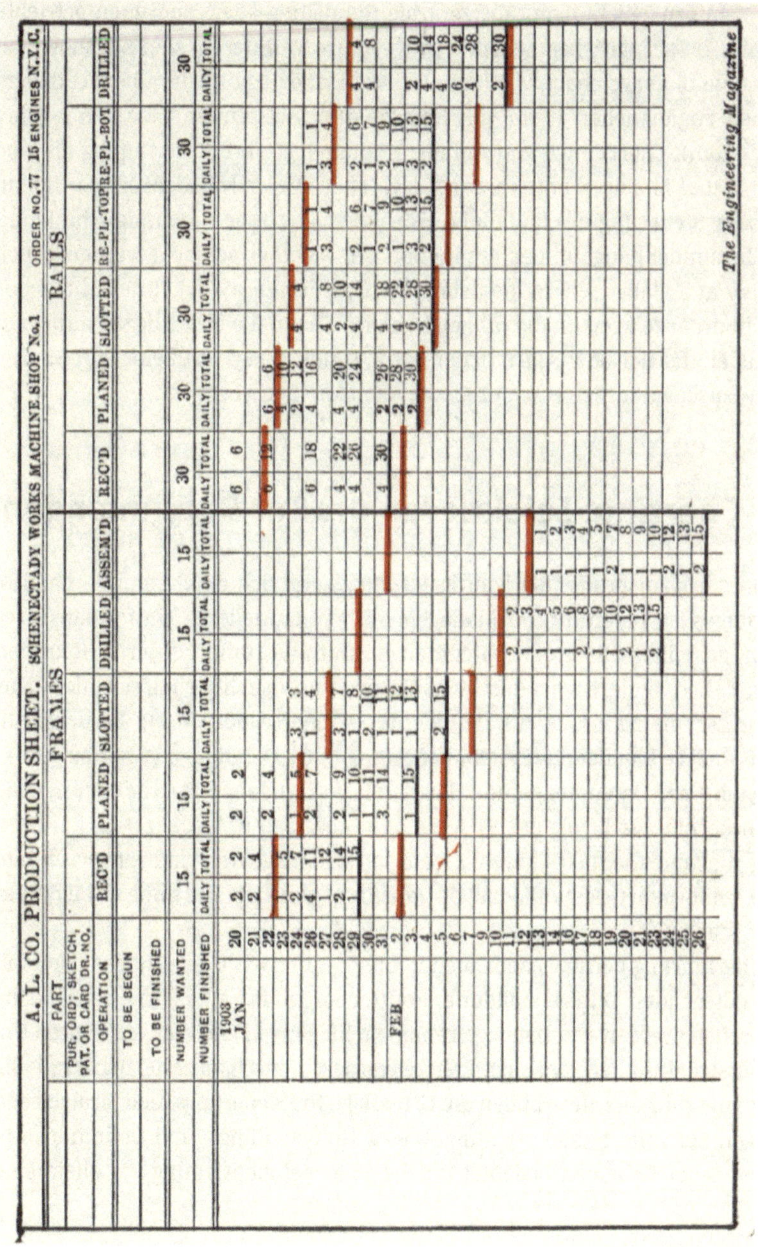

Abb. 3: Henry L. Gantt: Production sheet, 1903. Ein daily balance of work chart mit überschrittenen *danger lines* zeigt eine Produktionsverzögerung an.

Gantts System ermöglicht damit die zentrale Bündelung aller relevanten betrieblichen Details „on a single sheet which would require 37 different sheets if shown on the usual type of curve charts".[58] Und auf diese Ermöglichung der übersichtlichen und schnell zugänglichen Form von Entscheidungswissen sind die „remakably compact"[59] Gantt-Charts auch von Anfang an ausgelegt. Ihre Bezeichnung als eine Form des Visual Managements verdankt sich eben dieser Nützlichkeit als Hilfsinstrument zur Steuerung des laufenden Fabrikbetriebs, indem neuralgische Bereiche und Zusammenhänge in der Produktion erst sichtbar gemacht werden. „Such sheets show at a glance where the delays occur, and indicate what must have our attention in order to keep up the proper output."[60] Denn die Daten liegen nun nicht mehr in tabellarischer oder schriftlicher Form, sondern bereits in einer für Steuerungs- und Entscheidungszwecke aufbereiteten grafischen Form vor.

Gantt-Charting: Selektieren großer Datenmengen

Mit Gantt-Charts zur grafischen Fabriksteuerung setzt sich ein System durch, dessen Aufgabe es ist, Daten für das Management bereitzustellen – ein formalisiertes Verfahren, das einerseits große Datenmengen mithilfe standardisierter Routinen erzeugt und diese andererseits durch das Prinzip der Visualisierung selektiert. Nur Vorkommnisse, die zu visuellen Daten werden können, finden darin Berücksichtigung, alles andere blendet das System konsequent aus. Gerade auf dieser extremen Beschränkung der Datenmenge und der damit verbundenen Operationalisierung von Daten beruht der Erfolg des Systems. „The medium of visualization [...] is an automatic machine that takes the raw material of management and converts it into a finished uniform article by the law of transfer of skill, just the same as any other automatic machine."[61]

Die Überführung betrieblicher Daten in die Gantt-Charts ist gleichbedeutend mit einer grundlegenden Differenzbildung: Routinedaten, das alltägliche betriebliche Grundrauschen, werden von Daten getrennt, die für Fragen einer längerfristigen Unternehmenssteuerung relevant sind. Erstere werden in mechanisierte, bürokratische Verfahren überführt, Letztere bilden die Grundlage für Steuerungs- und Strategieentscheidungen der Unternehmensleitung. Dieser Umwandlungs- und Definitionsprozess betrieblicher Rohdaten bedeutet für die Unternehmensleitung vor allem eine

58 Clark: Gantt, S. 4.
59 Gantt: Manufacture, S. 1325.
60 Gantt: Manufacture, S. 1325.
61 Lord: Management, S. 58.

enorme Entlastung, denn sie ist nicht länger gezwungen, sich täglich an Ort und Stelle der industriellen Produktion ein Bild von der aktuellen Lage zu machen. An ihrer Stelle übernimmt nun eine vorgelagerte Administration die Routinetätigkeiten der Informationsbeschaffung und -zusammenstellung.[62] So gesehen sind die Gantt-Charts zugleich Teil und Reaktion auf den Bürokratisierungsschub des modernen Managements: Alltägliche Routinetätigkeiten der Nachsteuerung und Kontrolle betrieblicher Produktionsprozesse werden an die Unternehmensverwaltung delegiert und durch bürokratische Verfahren formalisiert.[63] Dies entlastet die Unternehmensführung, auch deshalb, weil die relevanten Daten schon als Entscheidungswissen für strategische Planungsentscheidungen aufbereitet sind. In ihrer grafischen Form sind die Linien der Unterscheidung schon eingezeichnet, sie müssen nur noch interpretiert und in Entscheidungen umgemünzt werden. Während die täglichen Steuerungsnotwendigkeiten in bürokratische Verfahren überführt sind und dazu dienen, die anfallenden großen Datenmengen der verschriftlichten Kommunikation zu bewältigen, konzentriert sich die Unternehmensleitung auf die Interpretation und die daraus abzuleitenden strategischen Entscheidungen.

Grafische Managementsysteme wie das Gantt-Charting beschleunigen die Datenzirkulation innerhalb eines Unternehmens. Sie versetzen das Management in die Lage, sich innerhalb nur weniger Stunden einen Überblick über die Daten zur gesamten Produktionssituation zu verschaffen.

> [I]t is an entirely feasible thing to know exactly all that has been done in a large plant one day before noon of the next, and to get a complete balance of work in order to lay out THAT AFTERNOON [Herv. i. Orig.] in a logical manner the work for the next day.[64]

Zu Beginn des zwanzigsten Jahrhunderts ist diese Situation für das Management ein Novum und verändert den epistemologischen Charakter von betrieblichem Wissen grundlegend. Es wird als Teil grafischer Managementsysteme zu einer aktiven Ressource des Managements, zu Steuerungswissen, das unmittelbare Eingriffe in die Produktionsabläufe ermöglicht. Die einzelnen in Form eines Gantt-Charts versammelten Datenquellen sind nicht mehr länger statistische Repräsentationen eines bestimmten betrieblichen Vorgangs in der Vergangenheit. Vielmehr wird die Verbindung zu einem ursprünglichen Datenreferenzpunkt nun zugunsten einer relationalen Datenperspektive gekappt, woraus eine eigene Sphäre managerialen Wissens entsteht, mit der sich dynamische Prozesse abbilden lassen. Insofern ge-

62 Clark: Gantt, S. 4.
63 Hoof: Medien, S. 34.
64 Gantt: Manufacture, S. 1330.

lingt es diesen visuellen Managementsystemen, die große Menge der anfallenden betrieblichen Daten anschlussfähig an Steuerungsentscheidungen zu halten.

Decision-Making *at a glance*: Abstrahieren großer Datenmengen

Das Gantt-Charting zeigt exemplarisch die Veränderungen auf, die durch das Visual Management sowohl bei bereits bestehenden Verfahren der Datenaufbereitung und -zirkulation als auch beim Zugriff auf relevante Daten ermöglicht wurden. Das eigentliche Potenzial der Gantt-Charts ergibt sich aber tatsächlich aus der Form der grafischen Darstellung, die zuvor vollkommen unbekannte Möglichkeiten eröffnet, betriebliche Daten neu zu denken, zu analysieren und zu interpretieren. Dieses Innovationspotenzial ergibt sich aber paradoxerweise nicht aus einer Erweiterung, sondern aus einer Begrenzung von Daten und Informationen. Der Modus der visuellen Darstellung zwingt dazu, Ereignisse und Verhalten, die zuvor mit persönlich-unmittelbaren Methoden des Managements wahrgenommen wurden, in grafische Formen zu abstrahieren und zugleich auf wenige Datenquellen zu beschränken. Gerade diese notwendige Beschränkung steigert das Erkenntnispotenzial des Visual Managements.

Das bis dahin verbreitete Face-to-Face-Management war noch auf die mittlere Führungsebene beschränkt und auf das individuelle Beobachtungsgeschick von Aufsehern und Werksleitern angewiesen, denen es allenfalls möglich war, sich mit eigenen Augen einen „Überblick" über das Verhalten einiger weniger der zahlreichen Abteilungen oder Arbeitsgruppen innerhalb ihres Unternehmens zu verschaffen. Der übergeordneten Leitungsebene blieb dieses Vorgehen der direkten Beobachtung ohnehin verschlossen. Die Vorteile des Gantt-Chartings bestehen also darin, der höchsten Managementebene einen Zugriff auf systemische Aspekte zu ermöglichen, indem diese in Form von Daten sichtbar gemacht, gespeichert und relational angeordnet werden.

> The value of such a balance [chart] consists in the fact that it makes clear details that no observer, however keen he may be, can see by inspection. [...] The superintendent sees at a glance what he never could find out by observation or by asking questions.[65]

Diese neuartigen Formen des Verhaltenswissens fördern mithin Informationen zutage, die zuvor nicht sichtbar werden konnten, weil sie sich der unmittelbaren

65 Gantt: Manufacture, S. 1330.

menschlichen Wahrnehmung durch das Sinnesorgan Auge entziehen. Solche Einzelbeobachtungen erscheinen nunmehr als defizitär gegenüber dem Visual Management, einer medial vermittelten Wahrnehmung, die systemische Zusammenhänge einer arbeitsteilig organisierten Massenproduktion erfassen kann und generalisierende Einschätzungen über die gesamte Unternehmenssituation ermöglicht, etwa „to form a definite idea as to whether the plant is being run more or less efficiently".[66] Aufgrund der relationalen Beschaffenheit dieses Wissens ermöglichen Gantt-Charts dem Management aber darüber hinaus, Einschätzungen zu gewinnen und Entscheidungen zu treffen, die nicht mehr allein auf der „eisernen Sprache"[67] „nackte[r] Zahlen"[68] beruhen: „[...] its decisions and its actions must be based not only on carefully proved facts but also on a full appreciation of the importance of the momentum of those facts."[69] Dieses Momentum machen die grafischen Tableaus des Gantt-Charting erfahrbar, indem dort Daten konsequent in ihrer flüchtigen Verbindung zur Zeitlichkeit darstellt sind. Schon zeitgenössische Beschreibungen preisen den Abstraktionsgrad grafischer Methoden für die Eröffnung eines spielerischen, intuitiven Umgangs mit ihnen.

> [...] man kann diese Schrift sozusagen von vorn und hinten, von oben und unten, analytisch und synthetisch lesen und jedes Mal erhält man dieselbe Erkenntnis in einer neuen Form, einem neuen Zusammenhange, einer neuen Genese, und das ist ja schließlich immer wieder eine neue Erkenntnis.[70]

Die Wahrnehmung visueller Formen integriert das nicht durch Fakten und Statistiken zu beziffernde Bauchgefühl, den Instinkt des wirtschaftlichen Führungspersonals, in die Entscheidungsprozesse. Sind die Daten widersprüchlich und keine klare Entscheidungsoption erkennbar, erlaubt das Visual Management ein Handeln unter Bedingungen der Unsicherheit. Es gibt zwar einen klar definierten, unveränderlichen Rahmen vor und reduziert eine konkrete Situation auf eine visuelle Modellierung, aber diese gilt es anschließend spielerisch zu lösen.

Mit dem Visual Management ist auch ein veränderter Blick auf die Welt verbunden. Die Darstellung neuer, bislang unbeachteter Zusammenhänge auf den Charts und den grafischen Darstellungen korrespondiert mit Vorstellungen eines systemischen Gleichgewichts, ein Zustand, den es unter Berücksichtigung der neu entdeckten Zusammenhänge zu bewahren gilt. Am deutlichsten zeigt sich dies am

66 Gantt: Manufacture, S. 1325.
67 Auerbach: Darstellung, S. 96.
68 Franz Schaaps: Statistik und graphische Darstellung im Dienste des Kaufmanns. In: Zeitschrift für Handelswissenschaft und Handelspraxis (1910), S. 127.
69 Clark: Gantt, S. 3.
70 Auerbach: Darstellung, S. 4.

System zur grafischen Fabriksteuerung des polnischen Ingenieurs Karol Adamiecki, dem sogenannten Harmonografen, der im Kontext seiner *Theorie der Harmonisierung* entwickelt wurde[71] und dazu diente, zukünftige Störungen in der Walzstraße eines Stahlwerks antizipierend zu verhindern. Der Harmonograf besteht aus einem zentralen Tableau, auf dem als Harmonogramme bezeichnete grafische Produktionspläne angeordnet sind. Damit werden die Elemente des Produktionssystems definiert, dargestellt und in einen begrenzten Rahmen angeordnet. So entsteht die Vorstellung von einem relationalen System, dessen Organisationsprinzip in einem harmonischen „Gleichgewicht" dieser Elemente liegt. Und es ist ebenfalls kein Zufall, dass Henry Gantt das Charting als kinetisches System begreift und dessen Funktionsweise mit der des Films vergleicht, einem Medium, das in der Lage ist, eine eigene, bewegte Wirklichkeit abzubilden. Diese entsteht durch das ästhetische Zusammenspiel von visuellen Formen und neuen Praktiken der Datenmontage.[72] Damit stellt das Visual Management nicht nur neue Verfahren und Werkzeuge für das Management bereit, es markiert auch einen epistemologischen Bruch mit in der Physiologie des neunzehnten Jahrhunderts vorherrschenden Vorstellungen von verlustbehafteten energetischen Systemen. Der Fokus auf unergründliche Energieverluste, etwa durch körperlich „Ermüdung" oder die „Faulheit" der Arbeitenden, wird durch ergonomische Konzepte und Medien abgelöst, die auf eine aktive Gestaltung der Umgebung setzen.

Visual Management: Operationalisieren großer Datenmengen

Das Visual Management ist, wie deutlich wurde, gleichbedeutend mit einem Ausdifferenzierungsprozess des Managements. Tätigkeiten der Kontrolle und Steuerung betrieblicher Routinetätigkeiten entfernen sich zunehmend von der Strategieplanung als dem neuen genuinen Kern des Unternehmensmanagements. Grafische Methoden entwickeln sich zu Schnittstellen zwischen den Kontrollroutinen einerseits und der kurz- und längerfristigen Planungstätigkeit der Betriebsleitung andererseits. Alltägliche Steuerungsnotwendigkeiten werden in Verwaltungsverfahren

71 Karol Adamiecki: Metoda wykreślna organizowania pracy zbiorowej w walcowniach. In: Przegląd Techniczny (1909), H. 17/18/19/20, o. S.; Karol Adamiecki: Harmonizacja jako jedna z głównych podstaw organizacji naukowej. In: Przegląd Techniczny (1924), H. 49/52/53, o. S.
72 Hoof: Effizienz, S. 166–168. Zum Aspekt von Moderne und Montage vgl.: Bernd Stiegler: Der montierte Mensch. Eine Figur der Moderne. Paderborn 2016.

der technischen und bürokratischen Kontrolle überführt.[73] Zugleich stellen Verfahren des Visual Managements wie das Gantt-Charting eine speziell für die Strategieplanung gedachte Planungs- und Entscheidungsumgebung zur Verfügung. Das so gewonnene Überblickswissen wird aus den verschiedenen Bereichen der Fabrik in zentralen Planungsräumen versammelt, wo es die Grundlage für die Zukunftsplanung des Unternehmens bildete. Epistemologisch betrachtet, handelt es sich aber weniger um eine Anhäufung als um eine radikale Reduktion von Wissen, aus der dieses Überblickswissen resultiert.

Die Gantt-Charts werden zu einem Instrument der formalisierten Zukunftsantizipation: „Causes and effects with their relation to time are brought out so clearly that it becomes possible for the executive to foresee future happenings with considerable accuracy."[74] Mit der grafischen Dokumentation und Steuerung betrieblicher Prozesse setzt das Gantt-Charting auf die Flexibilität und Wendig-

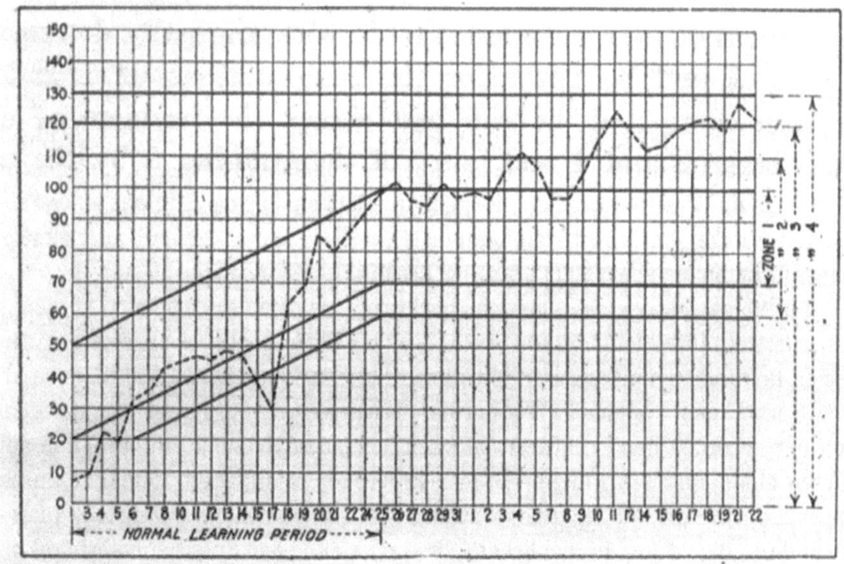

Abb. 4: Frank B. Gilbreth: Exception-Principle Chart, 1916. Datenselektion durch definierte Toleranzkorridore.

73 Richard Edwards: Technische Kontrolle. In: Richard Edwards: Herrschaft im modernen Produktionsprozeß. Frankfurt a. M. 1981, S. 124–139; Richard Edwards: Bürokratische Kontrolle. In: Richard Edwards: Herrschaft im modernen Produktionsprozeß. Frankfurt a. M. 1981, S. 144–171.
74 Clark: Gantt, S. 83.

keit seiner Steuerungssystematik und damit auf die situationsbezogene Steuerungskompetenz des Visual Managements.

Innerhalb dieses Modus des Managements geht es nicht mehr ausschließlich darum, etwas wissen zu wollen, sondern darum, das Wissen zu steuern. Oder – im Sinne des zu Beginn thematisierten Verhältnisses von Daten und deren Verarbeitbarkeit – um einen Modus Operandi, der den Flaschenhals der Moderne, das Dilemma zwischen großen Datenmengen und deren Beherrschbarkeit, in ein temporäres Gleichgewicht bringt. Relationale Vorstellungen wie das Konzept der Störung, bei denen die Frage nach einer *richtigen* mit dem Aspekt einer *schnellen* Entscheidung verbunden ist, werden wichtig. An die Stelle der Unterscheidung von wahrem und falschem Wissen treten Toleranzkorridore, mit denen eine variable Systemstabilität definiert wird. Dieses Prinzip ist nicht auf das Gantt-Charting und die dort verwendeten *danger lines* beschränkt, sondern verweist auf eine grundlegende Verfahrensweise des Visual Managements und deren Medien der Datenverarbeitung und -analyse. Der Unternehmensberater Frank Gilbreth versieht seine Charts (siehe Abb. 4) etwa mit „‚Exception principles zones‘ [to] allow the main things on a chart to be seen at a glance."[75] In dieser Systematik werden Vorgänge im Unternehmen nur dann zu relevanten Daten, wenn sie definierte Toleranzbereiche überschreiten und damit definitionsgemäß in den Zustand der Störung übergehen. Entscheidend für das Visual Management ist es daher, über Instrumente zu verfügen, die jederzeit eine Gesamtanalyse der Produktionssituation erlauben. Für die Effizienz einer Fabrik sind weniger die detaillierten Kenntnisse einzelner Aspekte zentral, als vielmehr die zeitliche Komponente einer schnellen Reaktion auf systemische Störungen.

Das Visual Management hat dabei nicht zum Ziel, die verschiedenen Vorgänge innerhalb des Unternehmens für „die Ablage" möglichst genau in einzelnen schriftlichen Dokumenten zu erfassen. Dies beschreibt die Vorgehensweise der sich ab 1860 verbreiteten systematischen bürokratischen Verwaltungspraxis, die auf dem „written record"[76] beruht. Das Visual Management ist vielmehr eine Reaktion auf diesen Modus der schriftlichen Unternehmenskommunikation, indem es durch Datenvisualisierung ein legitimes Verfahren der Datenselektion bereitstellt. Dieses dient dazu, die großen betrieblichen Wissensbestände der Unternehmensbürokratien radikal auf die steuerungs- und entscheidungsrelevanten Bestandteile zu reduzieren und diese anschließend der Betriebsleitung „at a glance"[77] zugängig zu machen.

75 Report Auergesellschaft. In: Archives and Special Collections. Purdue University Libraries, NF 76/695-2. West Lafayette, S. 21.
76 Yates: Control.
77 Hoof: Effizienz, S. 102.

Mit der zunehmenden Menge an Daten kommt aber auch diese soziomaterielle Phase der Großdatenverarbeitung an ihre Grenzen. Grafische Verfahren eigneten sich für einfachere Selektionsprozesse und Darstellungen. Eine Skalierung, wie sie bei umfangreicheren Datenbeständen gefordert war, ließen sie aber nicht zu.[78] Doch das zugrunde liegende Funktionsprinzip und die damit verbundene visuelle Kultur und Logik einer managerialen Entscheidungsfindung blieb bestehen.

Von großen Datenmengen zu Big Data: Datenverwaltung als Flaschenhals der Moderne

Ende der 1920er Jahre stellt das Visual Management ein ausgereiftes und etabliertes System der Betriebsführung dar. Es wird als ein Medium der visuellen Datenverarbeitung verstanden, als eine „automatic machine that takes the raw material of management and converts it into a finished uniform article".[79] Gut einhundert Jahre später dient eine fast identische Formulierung dazu, die Essenz von Big Data zu beschreiben. Deren algorithmische Datenpraktiken „unilaterally claim [...] human experience as free raw material for translation into behavioral data".[80] Diesen Beschreibungen zufolge dienen beide Verfahren dazu, Geschehnisse in Daten umzuwandeln. Rohdaten werden entweder durch visuelle oder algorithmische Operationen in anwendbares (Verhaltens-)Wissen umgesetzt. Auch wenn sich die soziomateriellen Ensembles der Großdatenverarbeitung des zwanzigsten und des einundzwanzigsten Jahrhunderts deutlich unterscheiden, sind sie beide Teil des Flaschenhalses der Moderne. Es sind Medien der Datenverarbeitung, die diese Relation und zugleich Engstelle zwischen einer prinzipiell unendlichen Datenmenge und den begrenzten Möglichkeiten, diese zu verarbeiten, prägen. Als epistemologische Konfigurationen zweier unterschiedlicher soziomaterieller Phasen der Großdatenverarbeitung nehmen sie Einfluss auf grundlegende Kategorien modernen Wissens, etwa die der Organisation, der Logistik und des Verhaltens.

Dass sie Bestandteil einer solchen gemeinsamen *longue dureé* der Datenverarbeitung und Verwaltung sind, macht ein Vergleich mit gegenwärtigen digitalen Managementsystemen deutlich. Dies umfasst Produktions- und Logistik-Software, die verspricht, globale Just-in-Time-Lieferketten möglichst störungsfrei mit den jeweiligen lokalen Produktionsstandorten zu verknüpfen. Das Selbstverständnis

---

78 Hoof: Effizienz, S. 349–351.
79 Lord: Management, S. 58.
80 Zuboff: Capitalism, S. 8.

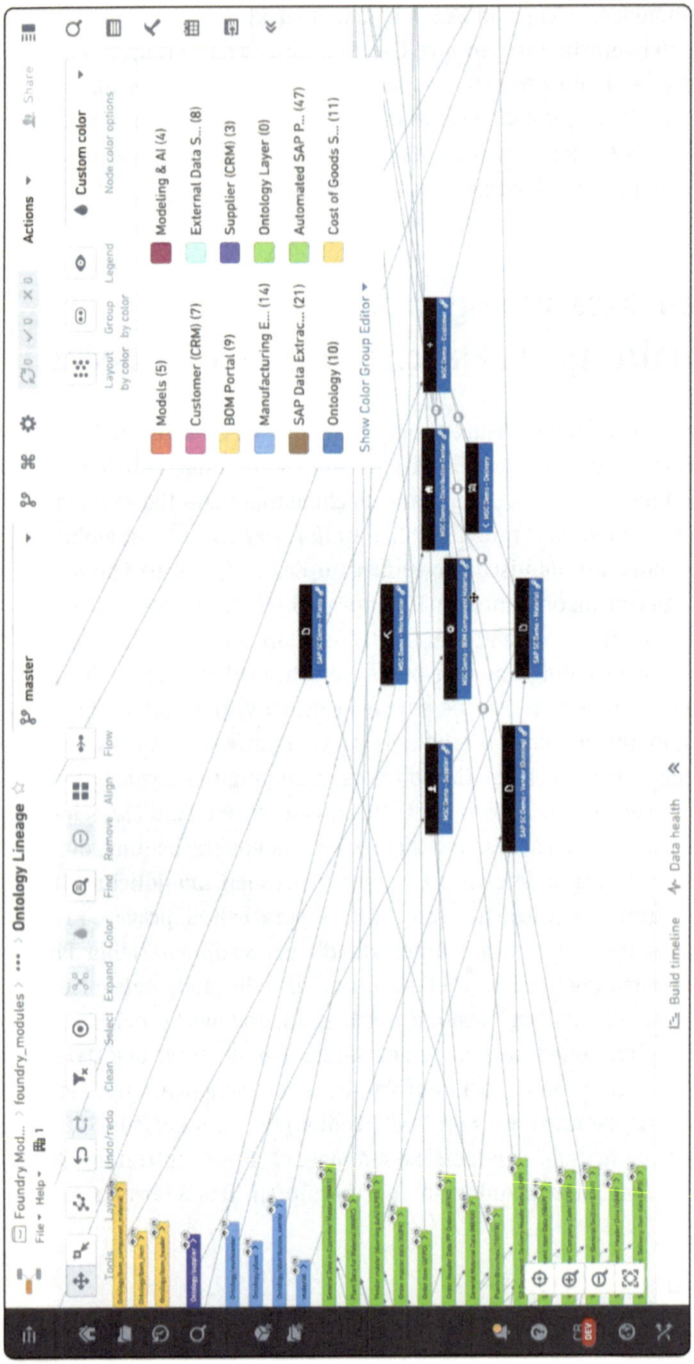

Abb. 5: Palantir Technologies: Visuelle Daten-Ontologie des Supply-Chain-Management-Systems Palantir Foundry, 2021, © Palantir Technologies Inc.

dieser algorithmischen Big-Data-Systeme gleicht dem des Visual Managements zu Beginn des zwanzigsten Jahrhunderts.

So dient etwa das Supply-Chain-Management-System Palantir Foundry dazu, „Gefahren schnell an die Oberfläche zu bringen, um so Probleme schon vor deren Eintreten entgegentreten zu können“[81]. Wie schon im Falle des zuvor beschriebenen Visual Managements werden dazu visuelle Oberflächen der Entscheidungsfindung bereitgestellt, „point-and click-environments that unlock complex analytics“.[82] Und wie schon gut einhundert Jahre zuvor basieren auch diese Managementsysteme darauf, dass in einem ersten Schritt eine konsistente Datenverwaltung etabliert wird. Sie überführen „data [that] was fragmented [and] [...] cobbled together over decades“[83] innerhalb eines Unternehmens oder einer Organisation in eine „common ontology“[84] (siehe Abb. 5). Als konsistente und standardisierte Datengrundlage dient diese als „Ontologie“ bezeichnete Datensystematik anschließend dazu, zukünftige Ereignisse zu antizipieren sowie systemische Aspekte von Produktionsabläufen und Lieferketten sichtbar zu machen, etwa in Form von Visualisierungen, die ein schnelles Verstehen von Produktionsabläufen erleichtern oder das Erkennen von „patterns in quality non-conformities“[85] ermöglichen. Das System verspricht Unterstützung bei der Antizipation zukünftiger Ereignisse und bei der Sichtbarmachung systemischer Aspekte, die sich der menschlichen Wahrnehmung entziehen.

Als Medium der Datenverwaltung ist es akzeptiert, weil es den Flaschenhals moderner Datenpraktiken in ein temporäres Gleichgewicht zwischen Datenmenge und ihrer Verarbeitbarkeit bringt und Entscheidungen unter den Bedingungen der Unsicherheit ermöglicht. Diese Orientierungsfunktion und die damit implizierte *„at a glance“*-Logik resultiert auch aus der kleinteiligen Bewertung und Analyse von Daten. Doch wie das Beispiel des Gantt-Charting zeigt und die digitale Ontologie des Palantir Foundry Systems andeutet, besteht der weitaus gewichtigere Schritt in den im Vorfeld getroffenen Selektionsentscheidungen und Kategorisierungen von Daten. Erst so wird eine unendliche zu einer operationalisierbaren Datenmenge, aus der sich Folgenentscheidungen und Abschätzungen und damit Sinn und Orientierung ableiten lassen.[86] Im Mittelpunkt steht also weniger Big Data im

---

81 Online unter: www.palantir.com/solutions/supply-chain-risk-management (abgerufen am 17.4.2021). (Eigene Übersetzung, F.H.)

82 Online unter: www.palantir.com/palantir-foundry (abgerufen am 17.4.2021).

83 Online unter: www.palantir.com/wp-assets/wp-content/pdf/2018-09-Palantir_Foundry_In_Action.pdf (abgerufen am 17.4.2021).

84 Online unter: www.palantir.com/palantir-foundry (abgerufen am 17.4.2021).

85 Online unter: www.palantir.com/wp-assets/wp-content/pdf/2018-09-Palantir_Foundry_In_Action.pdf (abgerufen am 17.4.2021).

86 Hoof: Medien, S. 37.

wortwörtlichen Sinne einer Erkenntnis, die sich durch eine Vergrößerung der Datenbasis ergibt. Vielmehr bedeutet Datenverarbeitung zugleich auch, Daten auszublenden und zu vernichten. Ihr Metier ist nicht die alleinige Aggregation von Wissen und die epistemische Vielstimmigkeit, sondern die konsequente Datentriage. Allerdings ist dieser Flaschenhals moderner Datenpraktiken nicht durch höhere Rechenleistungen oder eine größere Datenbasis erweiterbar, wie es die Begrifflichkeiten Big Data oder künstliche Intelligenz suggerieren. Denn Datenverarbeitung, verstanden als eine interdependente Relation von Selektion, Abstraktion und Transfer, ist kein technisches, sondern ein soziomaterielles Ensemble. Es besteht nicht nur aus Technologien der Datenverarbeitung, sondern auch aus persistenten gesellschaftlichen und sozialen Strukturen und Machtverhältnissen, die einer Erweiterung dieser Engstelle entgegenstehen. Was sich bildet, ist keine „leistungsfähigere" oder „effizientere", sondern eine andere epistemologische Struktur, die zu anderen Blickwinkeln führt und sich so von vorhergehenden Zuständen unterscheidet. Schließlich basieren alle Ensembles moderner Datenverarbeitung auf arbiträren und willkürlichen medialen Operationen der Selektion, Abstraktion und des Transfers von Daten. Sie übersetzen – ob nun im Falle des Visual Managements oder der gegenwärtigen algorithmischen Systeme – Vieldeutigkeit und Ununterscheidbarkeit in eine eindeutige mediale Form. Dies ist aber kein technischer Vorgang, wie etwa der analytisch kontraproduktive Begriff der Digitalisierung impliziert, sondern vielmehr das Resultat dialektischer Aushandlungsprozesse, die wiederum durch soziomaterielle Ensembles der Datenverarbeitung und durch die ihnen inhärente mediale Form bestimmt werden.

Damit ist die Selektion von Daten, ihre Gewichtung und Hierarchisierung aus einer prinzipiell unendlichen Menge an Daten verbunden. Die so reduzierte Datenmenge, eine arbiträre Modellierung von Welt als Datenmenge, wird anschließend durch die den Systemen inhärenten Verfahren in eine mediale Form *abstrahiert*. Dies wiederum schafft die Voraussetzung dafür, die so gewonnenen Daten zu *transferieren* – etwa indem Anschlussfähigkeit zu anderen medialen Systemen hergestellt wird oder die Daten in Entscheidungswissen umgewandelt werden, in Formen, die sich *at a glance* wahrnehmen lassen.

Eine solche Vorgehensweise produziert Wissen, das gerade deswegen operationalisierbar und anwendbar ist, weil sie pure Willkür, den Akt des arbiträren Entscheidens, in ein legitimes Verfahren integriert. Dies wiederum ist ein Vorgang, der sich ganz grundsätzlich als Verwalten verstehen lässt. Der Begriff leitet sich etymologisch aus dem Wort ‚walten' her und hat neben dem direkten Bezug zur Machtausübung auch die Bedeutung: über etwas verfügen zu können. In diesem Falle ist dies, die Verfügungsgewalt darüber zu haben, was überhaupt zu Daten wird, was also durch Selektion und Abstraktion zu einem zukünftigen Momentum des Transfers, etwa der Verhaltensverwaltung, werden kann. Verfügen bezeichnet die Möglichkeit, an maßgeblicher Stelle zu bestimmen, was von der Welt gewusst und wie über Dinge gedacht wird. Dieses Vorgehen findet sich in den gegenwärtigen Praktiken des digitalen *nudging* wieder, dem Versuch, Verhaltensmuster durch die Vorgabe bestimmter Handlungsoptionen zu beeinflussen. Für das Selbstverständnis einer modernen, aufgeklärten Gesellschaft ist der willkürliche Status der Entscheidung über Selektion und Abstraktion von Daten bei deren Verarbeitung eine einzige große Zumutung. Die staats- und demokratietheoretische Zumutung besteht darin, dass es weniger um Wissen denn um Machtausübung geht, die dem offenen Diskurs entzogen ist. Die Relevanzkriterien, die jedem Selektionsprozess zugrunde liegen, transportieren implizite normative Vorstellungen. Weil sie dem eigentlichen (gesellschaftlichen) Transfer aber immer vorgelagert sind, ist Kritik oder Diskussion immer nur im Nachhinein möglich. Eine solche Form der Datenverarbeitung untergräbt Formen der partizipativen Teilhabe und ordnungspolitische Vorstellungen gleichermaßen.

Daran, wie eingangs thematisiert, entzündet sich die vielschichtige Kritik an Verwaltung, Bürokratie und Digitalisierung, die von reaktionären, konservativen, liberalen bis hin zu linken Positionen reicht. Im neunzehnten Jahrhundert stand vor allem die Sorge um die schablonenhaften Verfahren der Bürokratie und Verwaltung und um einen möglichen Machtzuwachs des Staates auf Kosten individueller Handlungsfreiheit im Vordergrund. Die gegenwärtige Kritik wendet sich entweder gegen die digitale Plattformökonomie und die repressiven Aspekte von algorithmischen Systemen des Verhaltensmanagements[87] oder ist dominiert von der Sorge vor einem ordnungspolitischen Kontrollverlust, einer Unterminierung normativer Ordnungsvorstellungen und damit letztendlich einer Schwächung staatlicher Handlungsmacht.[88] Die Kritikstränge eint, dass sie Teil und Resonanzraum langfristiger gesellschaftlicher Transformationsprozesse sind. Sattelzeiten der westlichen Moderne zeichnen sich dadurch aus, dass die aufbrechenden Kampfzonen und Konfliktlinien quer durch alle gesellschaftlichen Bereiche gehen und in unterschiedlicher Art und Weise artikuliert werden. Schließlich geht es in Zeiten der Umwälzung immer auch um den Verlust von grundlegenden Gewissheiten. Dies betrifft die Umverteilung ökonomischer Ressourcen, die Ebene der subjektiven Wahrnehmung und nicht zuletzt die Dimension der Kritik, Reflexion und Einordnung solcher Umwälzungen.

Dieser Kritik entgegen stehen die Narrationen der Digitalwirtschaft. Sie versprechen mit künstlicher Intelligenz, Machine Learning und Big Data nichts anderes als

---

87 Zuboff: Capitalism; O'Neil: Weapons.

88 Matthias C. Kettemann: The Normative Order of the Internet. A Theory of Rule and Regulation Online. Oxford 2020.

eine Utopie: die Aufhebung des Flaschenhalses der Moderne durch effiziente und schnelle algorithmische Verfahren; die Beseitigung von Willkür und Kontingenz, die sich zwangsläufig aus dem Knappheitsverhältnis zwischen Datenmenge und den Möglichkeiten der Verarbeitung ergeben. Doch selbst für die algorithmischen Zukunftsindustrien scheint darin eine Zumutung zu liegen. Sie betonen zwar die Chancen und Potenziale ihrer Dienstleistungen und Produkte zur algorithmischen Zukunftsabschätzung. Zugleich sichern sie sich aber vehement gegen mögliche juristische Implikationen ihrer Prognostik ab. Einerseits argumentiert etwa das Unternehmen Palantir mit den Vorteilen, die seine algorithmischen Datenmodelle des Supply-Chain-Management-Systems Palantir Foundry innerhalb des ökonomischen Marktgeschehens eröffnen. Andererseits weist das Unternehmen sämtliche Verantwortung für die Folgen solcher Formen der Zukunftsantizipation weit von sich, wie einem rechtlichen Disclaimer zu entnehmen ist:

> [...] you can identify forward-looking statements by terminology such as ‚guidance,' ‚expect,' ‚anticipate,' ‚should,' ‚believe,' ‚hope,' ‚targets,' ‚project,' ‚plan,' ‚goals,' ‚estimate,' ‚potential,' ‚predict,' ‚may,' ‚will,' ‚might,' ‚could,' ‚intend,' ‚shall,' [...]. You should not put undue reliance on any forward-looking statements.[89]

Was die Kritik der Digitalisierung als schablonenhaft, gängelnd, überwachend oder als eine Form der totalen Machtausübung beschreibt, kommt in der juristischen Logik eines umkämpften Marktes zu sich selbst. Digitale Datenverwaltung basiert auf arbiträren, willkürlichen und fragilen Modellen, denen selbst deren Hersteller nur bedingt trauen.

Epistemologie soziomaterieller Phasen der Großdatenverarbeitung

Wenn sich Datenverwaltung als eine Geschichte der Bewirtschaftung des Flaschenhalses der Moderne verstehen lässt, also als ein Knappheitsverhältnis, das nicht nur technisch, sondern auch wahrnehmungs- und gesellschaftstheoretisch zu begründen ist, ergibt sich daraus außerdem eine Zumutung für Medientheorie sowie die Medien- und Computergeschichte. Standardnarrative der Computergeschichte – etwa das einer linearen, fast schon teleologischen Geschichte der technischen Ausweitung von Rechenkapazität – mögen eine Erklärung für die Skalierungsef-

89 Legal Disclaimer, Palantir Double Click Software Event: Palantir Foundry, 14. April 2021. Online unter: www.vimeo.com/515387575 (abgerufen am 19.4.2021).

fekte von Big-Data-Praktiken bereitstellen. Nicht-technische Knappheitsverhältnisse lassen sich damit aber nur unzureichend verstehen. Dazu ist es notwendig, Datenverarbeitung weniger als Geschichte formalisierter Rechnungsverfahren und als Abfolge von Technologiegenerationen zu verstehen,[90] als vielmehr als ein komplexes Aushandlungsfeld soziomaterieller Verwaltungspraktiken und damit letztendlich als Medium der Organisation. Als Medien der Organisation unterscheiden sich die visuellen Verfahren Anfang des zwanzigsten Jahrhunderts grundlegend von den gegenwärtigen algorithmischen Verfahren.

Das Visual Management war in eine positive Perspektive der Moderne eingebunden, in der es auch darum ging, die „eiserne" Sprache der Mathematik und der Bürokratie des neunzehnten Jahrhunderts mithilfe neuer Formen der Datenvisualisierung abzuschütteln. In der Wirtschaft und Industrie herrschte Ende des neunzehnten Jahrhunderts ein tayloristisches Verständnis menschlichen Verhaltens vor. Arbeitende galten als arbeitsscheu und faul, was Praktiken der strikten Verhaltenskontrolle und -disziplin Vorschub leistete.[91] Ein solches Verständnis ist auch in das Visual Management eingegangen. Doch der systemische Charakter der visuellen Betriebsführung und der damit verbundene Fokus auf Aspekte des Gleichgewichts ist gleichzeitig Teil eines Wandels, der ab 1900 vom Konzept des „Motor Mensch"[92] hin zu einer psychologischen Perspektive einsetzt. Und damit weit früher als die zwischen 1924 und 1932 durchgeführten Hawthorne-Experimente, mit denen die Wissenschaftsgeschichte diesen Paradigmenwechsel bislang in Verbindung bringt.[93] Die Zerlegung des menschlichen Verhaltens durch Charting und Arbeitsstudienfilme machte deutlich, dass menschliches Verhalten maßgeblich durch psychologische

---

90 Florian Hoof: Das Problem der Generationen in der Computergeschichte. In: Zur Geschichte des digitalen Zeitalters. Hg. von Ricky Wichum und Daniela Zetti. Wiesbaden 2021, Kap. 3.

91 Hoof: Effizienz, S. 192.

92 Anson Rabinbach: Motor Mensch. Kraft, Ermüdung und die Ursprünge der Moderne. Wien 2001; Philipp Sarasin: Reizbare Maschinen. Eine Geschichte des Körpers. 1765–1914. Frankfurt a. M. 2001.

93 Von 1924 bis 1932 untersuchte ein Forscherteam der Harvard Business School in den Chicagoer Hawthorne-Werken der Western Electric Company die Auswirkungen der Beleuchtungsstärke auf die Arbeitsproduktivität. Die dort erzielten, nach Vorstellungen und Methoden des Teams völlig regellosen Veränderungen der Produktivität konnten am Ende mit dem sogenannten Hawthorne-Effekt erklärt werden. Er besagt nichts anderes, als dass Arbeiter auch durch soziale Beziehungen und ihre Arbeitsumgebung in ihrer Produktivität beeinflusst werden. Dazu zählt auch die Aufmerksamkeit, die den Arbeiterinnen etwa durch die Forscher entgegengebracht wird. Richard Gillespie: Manufacturing Knowledge. A History of the Hawthorne Experiments. Cambridge 1991; Charles D. Wrege: Facts and Fallacies of Hawthorne. New York 1986.

und ergonomische Faktoren bestimmt wird.[94] Diese stehen in einem Verhältnis zueinander, das den zeitgenössischen Überlegungen zufolge im Gleichgewicht gehalten werden muss, um ein möglichst produktives Arbeitsverhalten zu erreichen.

Die gegenwärtigen algorithmische Verfahren hingegen geben eine andere Perspektive auf menschliches Verhalten vor. Sie sind gewissermaßen Datenverwaltung in radikalisierter Form. Es handelt sich um offene Systeme, in denen das Augenmerk weniger auf das temporär definierte System als vielmehr auf die mäandernden Grenzen des Systems gerichtet ist. Nicht mehr Inhalte und Strukturen, sondern die beständige Kopplungs- und Grenzarbeit, mit der sich das System gegenüber der Umwelt abgrenzt, rücken in den Fokus. Die damit verbundene Bewirtschaftung des Flaschenhalses der Moderne basiert weniger auf einer Erweiterung als auf einer Beschränkung von Wissen durch Datenselektion. Wenn zugunsten einer solchen Operationalisierung von Daten der Blick in das Innere des Systems ausfällt, verändern sich wiederum die epistemologischen Strukturen von Verhaltenswissen. Ohne eine normative Vorstellung von systemischem Gleichgewicht und Harmonie setzt sich die Logik diskreter Daten durch. Innerhalb dieser eindeutig definierten Modelle und Prozesse erscheint menschliches Verhalten als potenzielle Störung und als wenig anpassbar. Menschliches Verhalten rückt wieder näher an die tayloristischen Vorstellungen von Faulheit und Trägheit heran – eine Vorstellung, die eng mit den jeweiligen Möglichkeiten der Beobachtung und Registrierung menschlichen Verhaltens verbunden ist.

Abbildungsverzeichnis

Abb. 1 Bonus record of girls winding armatures, 1912. Aus: Henry L. Gantt: Work, Wages, and Profits. New York 1919, S. 202 f.

Abb. 2 Task and bonus record of girls winding yarn on spools; Task and bonus record of cloth inspectors and menders, 1909. Aus: Henry L. Gantt: Work, Wages, and Profits. New York 1919, S. 190 f.

Abb. 3 Production sheet, 1903. Aus: Henry L. Gantt: Work, Wages, and Profits. New York 1919, S. 273.

Abb. 4 Exception-Principle Chart, 1916. Aus: Frank B. Gilbreth: Graphical control on the exception principle for executives. In: Journal of the American Society of Mechanical Engineers (1917), S. 311–312, hier S. 312.

Abb. 5 Visuelle Daten-Ontologie des Supply-Chain-Management-Systems Palantir Foundry, 2021. Transkript des Q1 Live Demo Day Palantir Foundry 2021, S. 10, © Palantir Technologies Inc.

94 Frank B. Gilbreth: Motion Study. A Method for Increasing the Efficiency of the Workman. New York 1911; Lillian Gilbreth: The Psychology of Management. The Function of the Mind in Determining, Teaching and Installing Methods of Least Waste. New York 1914.

Armin Beverungen

Automatisiertes Verhalten. Regierungskünste bei Amazon

Umweltliche Macht und Verhaltensmodulation

> Today Amazon announced the launch of WorkingWell, a new comprehensive program providing employees with physical and mental activities, wellness exercises, and healthy eating support that are scientifically proven to help them recharge and reenergize, and ultimately reduce the risk of injury.[1]

Mit diesen Worten beginnt eine Pressemitteilung des Online-Versandhändlers Amazon vom 17. Mai 2021, welche die Einführung eines neuen Gesundheits- und Wellnessprogramms für seine Mitarbeitenden verkündet. Zu WorkingWell gehören verschiedene Komponenten für „training and conditioning, wellness services, and technology", unter anderem auch kleine, interaktive AmaZen-Kabinen, die am Arbeitsplatz Training-Videos für *mindfulness* zur Verfügung stellen, mit „guided meditations, positive affirmations, calming scenes with sounds, and more".[2] Der Gedanke hinter diesem Firmenprogramm ist bekannt: Die Lösung von Problemen steckt in der Selbstermächtigung der einzelnen Mitarbeitenden; das Unternehmen unterstützt sie durch Angebote zum Selbstmanagement.

Aber auf welche Probleme reagiert Amazon mit diesem Programm? Welche negativen Aspekte und Auswirkungen des Verhaltens seiner Mitarbeitenden adressiert das Unternehmen mit WorkingWell? Schon 2015 löste ein Artikel in der *New York Times* eine größere Diskussion über die stark von Firmengründer Jeff Bezos geprägte kompetitive Unternehmenskultur und den rabiaten Umgang mit den Mitarbeitenden des Unternehmens aus.[3] Seitdem ist die öffentliche Aufmerksamkeit insbesondere

1 Anonym: From body mechanics to mindfulness. Amazon launches employee-designed health and safety program called WorkingWell across U. S. operations. In: BusinessWire.com, 17. Mai 2021. Online unter: www.businesswire.com/news/home/20210517005300/en/From-Body-Mechanics-to-Mindfulness-Amazon-Launches-Employee-Designed-Health-and-Safety-Program-called-WorkingWell-Across-U.S.-Operations (abgerufen am 17.5.2021).

2 Anonym: Mindfulness.

3 Jodi Kantor und David Streitfeld: Inside Amazon. Wrestling big ideas in a bruising workplace. In: NYTimes.com, 15. Aug. 2015. Online unter: www.nytimes.com/2015/08/16/technology/inside-amazon-wrestling-big-ideas-in-a-bruising-workplace.html (abgerufen am 18.5.2021).

Danksagung: Die Forschung zu dieser Arbeit wurde durch einen Forschungsaufenthalt 2019 als Fellow am Center for Advanced Internet Studies (CAIS) in Bochum ermöglicht.

https://doi.org/10.1515/9783110740813-030

mit Blick auf die Arbeitsbedingungen in den Warenlagern des Konzerns, den sogenannten Amazon-Fulfillment-Centern, noch viel größer geworden. Seit einigen Jahren ist bereits von einem „Great Labor Awakening" die Rede,[4] bei dem sich Mitarbeitende unter anderem gegen den Umgang des Unternehmens mit den Gefahren durch das Corona-Virus wehren und versuchen, sich gewerkschaftlich zu organisieren.

Das Beispiel des WorkingWell-Programms deutet bereits an, wie umfassend die Versuche bei Amazon sind, auf das Verhalten der Mitarbeitenden Einfluss zu nehmen, und welche Register des Verhaltensmanagements dort gezogen werden. Doch ein näherer Blick auf das Logistikunternehmen verdeutlicht, dass die intensive Überwachung und Kontrolle von Mitarbeitenden und ihrem Verhalten nur als ein peripherer Effekt einer medientechnischen Organisation anzusehen ist. Ihr eigentliches Ziel ist ein reibungsloser Fluss von Daten, der wiederum die Bewegung von Gütern abbildet. Welche Auffassung des menschlichen – und maschinellen – Verhaltens hier zum Tragen kommt, ist Gegenstand der folgenden Untersuchung. Dabei soll es nicht nur um das Verhalten der Mitarbeitenden in Warenlagern, Verteilerzentren oder bei der Zustellung gehen. Der Zielpunkt des hier untersuchten Managements ist vielmehr auch das Verhalten der Konsumierenden und ihre Wünsche, die es zu erfüllen gilt. Denn die logistischen Operationen des Unternehmens, so der Informatiker Niklaus Pöchhacker und die Medienwissenschaftlerin Eva-Maria Nyckel, zeichnen sich durch eine Verstrickung von antizipierendem Versand und algorithmischen logistischen Infrastrukturen aus.[5]

Dass die Logistik als „Wissenschaft von der optimalen Bewegung von Objekten" vielleicht „die zentrale Disziplin der heutigen Welt" ist, hat bereits 2008 der Geograf Nigel Thrift konstatiert.[6] Ihr Aufstieg verdanke sie „kontinuierlich berechneten Umgebungen". Intelligente Umwelten und eine verteilte Sensorik ermöglichten die Adressierung und Ortung von Gegenständen, die durch die Logistikketten bewegt werden. Anders als Thrift noch beobachtet,[7] ist die Logistik heute jedoch – und das schon, bevor Amazon zum „Inbegriff zeitgemäßer logistischer Intelligenz"[8] wurde – nicht mehr „kurioserweise unbesungen", sondern erfreut sich im Gegen-

---

4 Erika Hayasaki: Amazon's great labor awakening. In: NYTimes.com, 18. Feb. 2021. Online unter: www.nytimes.com/2021/02/18/magazine/amazon-workers-employees-covid-19.html (abgerufen am 22.2.2021).

5 Nikolaus Pöchhacker und Eva-Maria Nyckel: Logistics of probability. Anticipatory shipping and the production of markets. In: Explorations in Digital Cultures. Hg. von Marcus Burkhardt et al. Lüneburg 2020, S. 7.

6 Nigel Thrift: Non-representational Theory. Space, Politics, Affect. London/New York 2008, S. 106.

7 Thrift: Non-representational Theory, S. 106.

8 Clare Lyster: Learning from Logistics. How Networks Change Our Cities. Basel 2016, S. 125.

teil großer wissenschaftlicher und öffentlicher Aufmerksamkeit.[9] Amazons Umwelt ist expansiv, bewohnt von einer Vielzahl von Gegenständen – ob nun Strichcode-Scanner im Warenlager oder Echos in unseren Wohnzimmern –, die sensorische Kapazitäten haben, miteinander verschaltet sind und dabei sowohl Konsumierende als auch Mitarbeitende zum Teil der logistischen Operationen machen.[10]

Thrift hat die Adressierungstechnologien der Logistik und ihre kontinuierlich berechneten Umgebungen mit der Macht eines „technologischen Unbewussten“ in Verbindung gebracht, „whose content is the bending of bodies with environments to a specific set of addresses without the benefit of any cognitive inputs, a prepersonal substrate of guaranteed correlations, assured encounters, and therefore unconsidered anticipations“.[11] Körper beugen sich hier Umwelten, ohne dass bewusste Kognition im Spiel ist. Die Umweltlichkeit der Macht wurde bereits von Michel Foucault in seinen Vorlesungen zur Biopolitik thematisiert. Mit Bezug insbesondere auf die Spieltheorie – eine mathematische Theorie zur Modellierung von Entscheidungssituationen – notiert Foucault, wie eine umwelttechnische Macht entsteht, die nicht durch eine „vereinheitlichende, gleichmachende, hierarchisierende Individualisierung“ charakterisiert ist, sondern durch „eine Environmentalität, die Wagnissen und Querschnittserscheinungen gegenüber offen ist“.[12] Foucault schlägt sogar vor, die Ökonomie als „die Wissenschaft der Systematizität von Reaktionen auf die Variablen der Umgebung“ zu charakterisieren. Für die Ökonomie besteht der Nutzen dieses Verständnisses laut Foucault darin, dass sie sich die Verhaltenstechniken des Behaviorismus aneignen könne, deren „reinste, strengste, genaueste oder abweichendste Formen“ beim radikalen Behavioristen B. F. Skinner zu finden sei.[13] Diese behavioristischen Verhaltenstechniken, die über Veränderungen in Umgebungen operieren, werden heute gerade durch die

---

9 Exemplarisch für die Geografie: Deborah Cowen: The Deadly Life of Logistics. Mapping Violence in Global Trade. Minneapolis 2014. Für die Architektur: Jesse LeCavalier: The Rule of Logistics. Walmart and the Architecture of Fulfillment. Minneapolis/London 2016. Für die Medienwissenschaft: Ned Rossiter: Software, Infrastructure, Labor. A Media Theory of Logistical Nightmares. New York 2016.

10 Armin Beverungen: Remote control. Algorithmic management of circulation at Amazon. In: Explorations in Digital Cultures. Hg. von Marcus Burkhardt, Mary Shnayien und Katja Grashöfer. Lüneburg 2021.

11 Nigel Thrift: Knowing capitalism. London 2005, hier S. 222. Siehe auch Brian Massumi: National enterprise emergency. Steps toward an ecology of powers. In: Theory, Culture & Society 26 (2009), H. 6, S. 153–185.

12 Michel Foucault: Die Geburt der Biopolitik. Vorlesung am Collège de France 1978–1979. Hg. von Michel Sennelart. Übers. von Jürgen Schröder, Frankfurt a. M. 2004 (Geschichte der Gouvernementalität, Bd. 2), S. 361.

13 Foucault: Biopolitik, S. 370.

von Thrift beschriebenen medientechnischen Gegebenheiten ermöglicht. Wir werden sie auch in den logistischen Operationen von Amazon – ob in der smarten Stadt oder allgemeiner –[14] wiederentdecken.

Im Folgenden soll erarbeitet werden, wie die Verhaltenstechniken der logistischen Umwelten bei Amazon funktionieren, auf welcher Ebene (kognitiv oder nicht, persönlich oder nicht) sie Mitarbeitende und Konsumierende ansprechen und welche Vordenker (B. F. Skinner, F. W. Taylor, die Kybernetiker oder Verhaltensökonomen) dabei eine Rolle spielen. Dass dabei verschiedene Theorien und Verhaltenstechniken angesprochen werden, mag überraschen. Denn einer populären These des Autors Chris Anderson zufolge machen die vielen Daten, die in den berechnenden Umwelten und durch die verteilte Sensorik gesammelt und verarbeitet werden, Theorie überflüssig:

> This is a world where massive amounts of data and applied mathematics replace every other tool that might be brought to bear. Out with every theory of human behavior, from linguistics to sociology. Forget taxonomy, ontology, and psychology. Who knows why people do what they do? The point is they do it, and we can track and measure it with unprecedented fidelity. With enough data, the numbers speak for themselves.[15]

Diese These mag zur heutigen Verhaltensmodulation passen, wie sie vielleicht am anschaulichsten die Wirtschaftswissenschaftlerin Shoshana Zuboff in ihrem Buch zum Überwachungskapitalismus nachgezeichnet hat. Zuboff verweist dort auf die „Entdeckung des Verhaltensüberschusses“ durch das Unternehmen Google, das sich die gesammelten Daten über Konsumierende nicht nur zunutze macht, um Dienstleistungen zu verbessern, sondern auch, um deren Verhalten vorherzusagen und zu modulieren sowie das Ergebnis in Form von „Vorhersageprodukten“ auf dem „Markt für künftiges Verhalten“ profitabel zu verkaufen.[16] Wie Anderson bemerkt Zuboff die Macht der Big Data. Um diese „instrumentäre Macht“ theoretisch zu begreifen, verweist sie insbesondere auf Skinner und seinen radikalen Behaviorismus, den sie dann auch bei der sozialen Physik des Informatikers und Unternehmers Alex Pentland verwirklicht sieht. Laut Zuboff führt Pentland soziale Physik,

---

14 Exemplarisch Jennifer Gabrys: Programming environments. Environmentality and citizen sensing in the smart city. In: Environment and Planning D. Society and Space 32 (2014), H. 1, S. 30–48; Erich Hörl: Die environmentalitäre Situation. In: Internationales Jahrbuch für Medienphilosophie 4 (2018), H. 1, S. 221–250.

15 Chris Anderson: The End of Theory. The Data Deluge Makes the Scientific Method Obsolete. In: Wired.com, 23. Juni 2008. Online unter: www.wired.com/2008/06/pb-theory (abgerufen am 28.9.2020).

16 Shoshana Zuboff: Das Zeitalter des Überwachungskapitalismus. Übers. von Bernhard Schmid. Frankfurt a. M./New York 2018, S. 121.

die versucht, das Verhalten von Menschenmengen mathematisch zu bestimmen, Skinners Arbeit „mittels Big Data, forscher Theorien, ubiquitärer digitaler Instrumentierung, fortgeschrittener Mathematik" usw. zu Ende und verfügt dabei „über all die Instrumente, die es zu Skinners Zeit nicht gab".[17] Versteckt sich hinter Andersons Ende der Theorie also ein augmentierter, radikaler Behaviorismus?

Wie nicht zuletzt der Informatiker Geoff Bowker und die Medienhistorikerin Lisa Gitelman uns gelehrt haben, sprechen Daten nicht etwa, wie Anderson meint, für sich selbst: Es gibt keine „rohen Daten", sie sind immer schon durch bestimmte Theorien und Techniken vorgekocht.[18] Auch wenn Andersons Argument eine gewisse Beglaubigung durch seine Nähe zu der im Behaviorismus oder auch in der Kybernetik geläufigen Betrachtungsweise des Menschen als einer Blackbox bezieht, werden wir feststellen, dass bei Amazon eine Vielzahl von Theorien menschlichen Handelns über bestimmte angewandte Verhaltenstechniken zum Einsatz kommt. Dabei kann nicht davon ausgegangen werden, dass ein Ansatz einen anderen einfach ersetzt. Im Gegenteil, die großen Daten der Verhaltensmodulation weisen eine bestimmte Agnostik gegenüber verschiedensten Theorien von Verhalten auf und ermöglichen verschiedenste Verhaltenstechniken, die nicht unbedingt alle umweltlich operieren. Wie Ulrich Bröckling bemerkt hat: „Die Regierbarmachung des Menschen nutzt stets mehr als nur ein Register."[19]

Logistische Umwelten und Capture

In vielerlei Hinsicht ist der Mensch noch das Maß zwar nicht aller, aber doch vieler Dinge in den Fulfillment-Centern von Amazon.[20] Fulfillment-Center sind die großen Warenlager von Amazon, in denen Lieferungen kommissioniert und anschließend an eigene Lieferzentren und dritte Lieferdienste der letzten Meile verfrachtet werden. Die medientechnische, intelligente und sensorische Umwelt vor Ort ist auf verschiedenste Weise am Vorhandensein von Menschen orientiert. So gibt es am Eingang Drehkreuze, die über Chipkarten geöffnet werden, oder Körperscanner; in den Hallen viele vorgezeichnete Wege, eine Kantine, Toiletten, Treppen und Türen. Auch eine Klimatisierung der Räume ist vorhanden und sorgt für zumindest erträg-

17 Zuboff: Überwachungskapitalismus, S. 483.

18 Lisa Gitelman (Hg.): „Raw Data" Is an Oxymoron. Cambridge, Mass./London 2013 (Infrastructures Series).

19 Ulrich Bröckling: Gute Hirten führen sanft. Über Menschenregierungskünste. Berlin 2017, S. 194.

20 Folgende Beobachtungen beruhen weitestgehend auf zwei Besuchen bei Fulfillment-Centern in Deutschland.

liche Temperaturen, obwohl häufige Beschwerden und Berichte über im Winter zu kalte und im Sommer überhitze Fulfillment-Center vorliegen. Die Center sind zwar zur Infrastruktur gewordene Architektur, haben aber Wände und Decken, auch wenn das Gehäuse, wie Jesse LeCavalier schon mit Verweis auf Walmarts Warenlager bemerkt hat, „lediglich eine notwendige Vorkehrung" ist, „um das umfangreiche Materialtransportsystem vor Witterungseinflüssen zu schützen".[21] Auf der Arbeitsfläche des Fulfillment-Centers selbst gibt es verschiedenste Stationen für menschliche *Receivers*, deren Aufgabe es ist, Waren in Empfang zu nehmen, für *Packers*, die Sendungen verpacken, und bei Fulfillment-Centern, in denen Roboter zum Einsatz kommen, in deren Nähe auch Stationen für *Stowers*, die die Waren in Regale einräumen, und *Pickers*, die sie wieder herausholen und kommissionieren. Teilweise sind die Stationen stark für bestimmte Aktivitäten optimiert, auf bestimmte körperliche Bewegungsabläufe (mehr oder weniger ergonomisch) ausgerichtet, teilweise sind sie für unterschiedliche Aktivitäten gestaltet, zum Beispiel flexible Stationen nahe der Roboter, die von *Pickers* und *Stowers* genutzt werden können.

All diese den Menschen zugeordneten Positionen und Stationen sind zugleich Schnittstellen oder Interfaces zu Maschinen. Die *Receivers* packen Güter aus Paketen aus, legen sie in standardisierte Kisten *(„Tote")*, welche dann auf Laufbänder gestellt und von diesem weiter in das Lager verfrachtet werden. Am anderen Ende des Laufbands werden die Kisten von *Stowers* ausgepackt und zur Lagerung in Regalen abgelegt. Für kleine, sortierbare Waren *(sortables)* in Fulfillment-Centern ohne Roboter handelt es sich dabei um einfache Regale, die meist auf drei Ebenen verteilt, in ausreichendem Abstand zueinander angeordnet sind, um menschlichen Verkehr zu ermöglichen, und über eine Höhe verfügen, die für Menschen erreichbar ist. Bei unhandlichen *bulk items* kommen Gabelstapler zum Einsatz, in denen Menschen sitzen. In Fulfillment-Centern mit Robotern verläuft der Weg umgekehrt: Die Roboter transportieren etwa zwei Meter hohe und weniger als ein Meter im Quadrat messende Regale zu den Stationen der *Stowers*, die dann in den etwas wackeligen Möbeln leere Fächer suchen müssen, um die Waren darin zu verstauen. Für den Weg der Waren aus dem Lager suchen *Pickers* die entsprechenden Waren aus den festen oder von Robotern zu ihnen transportierten Regalen aus, die Waren kommen wieder in Kisten, wieder auf Laufbänder und werden im Versandbereich von *Packers* in Empfang genommen sowie von diesen selbst oder direkt von Verpackungsmaschinen verpackt. Danach werden einzelne Sendungen per Laufband weitergeleitet, noch einmal durch eine *SLAM*-Maschine *(scan – label – apply – manifest)* kontrolliert und mit Adressen

21 LeCavalier: Logistics, S. 26.

versehen, bevor Laufbänder mit Kippern die Sendungen auf die richtigen Rutschen schicken, von denen aus sie in Rollwagen landen und dann für den Abtransport verfrachtet werden.

An den geschilderten Abläufen wird deutlich, dass menschliches Handeln in den Fulfillment-Centern sehr stark mit maschinellem Handeln verschaltet ist und viele der logistischen Medien, die den Raum der Fulfillment-Center organisieren, zumindest auch – obwohl nicht nur – am Menschen Maß nehmen. So haben zum Beispiel die Kisten oder *Tote* eine standardisierte Größe und ein zulässiges Gewicht (15 kg), das sie für Menschen handhabbar macht und zugleich ermöglicht, dass sie von Laufbändern transportiert werden können. Was die Anordnung der Flächen betrifft, so hat Amazon viele Zonierungsstudien durchgeführt, um „das verzwickte Verhältnis von Zeit und Raum im Lager“ zu optimieren“.[22] Diese Studien erinnern an die Zeit- und Bewegungsstudien von F. W. Taylor, dem Begründer des Taylorismus, und dem Ehepaar Gilbreth zur Optimierung der Arbeitsgestaltung.[23] Auch bei ihnen spielen bereits umweltliche Faktoren wie Beleuchtung eine Rolle,[24] das Augenmerk sowie Stoppuhr und Kamera sind jedoch primär auf den menschlichen Körper und dessen Bewegungsabläufe gerichtet, während es bei den Amazon-Studien zur Flächennutzung um optimierte Abläufe und Anordnungen zwischen Menschen und Maschinen geht. Die Ergebnisse der Amazon-Zonierungsstudien sind heute in den Fulfillment-Centern zum Beispiel in den *fast picking zones* sichtbar, in denen sehr beliebte Produkte massenhaft auf Paletten nahe den Stationen gelagert werden, oder in den *batches*, wo beliebte Produkte an mehreren Punkten im Warenlager zum *picking* zur Verfügung stehen.[25]

Diese materielle Anordnung gibt allerdings nur einen ungefähren und unzureichenden Eindruck davon, wie der Warenfluss im Fulfillment-Center koordiniert und maschinelles und menschliches Verhalten diesem Prozess untergeordnet wird. Das gilt auch für die sozialen Aspekte der Organisation und des Managements, wie zum Beispiel die im Eingangsbereich an der Wand ausgehängten Amazon-Leadership-Prinzipien[26], die auf hereinschnellende Mitarbeitende einwirken, oder die Teamleader, die bei unerwünschtem und abweichendem Verhalten der ihnen unterstehenden Mitarbeitenden einschreiten. Diese Maßnahmen scheinen nur Zutaten zu dem zu sein, was das Verhalten im Fulfillment-Center eigentlich steuert. Eher schon deu-

22 Lyster: Logistics, S. 89.

23 Claus Pias: Computer – Spiel – Welten. Zürich 2002, S. 29–46; Melissa Gregg: Counterproductive. Time Management in the Knowledge Economy. Durham 2018, S. 34–40.

24 Pias: Computer – Spiel – Welten, S. 38 f.

25 Lyster: Logistics, S. 89.

26 Amazon Autor: Unsere Leadership-Prinzipien. In: AboutAmazon.de, o. D. Online unter: www.aboutamazon.de/arbeiten-bei-amazon/unsere-leadership-prinzipien (abgerufen am 13.7.2021).

ten die Bildschirme im Empfangsbereich mit ihren zum Wettbewerb aufrufenden Vergleichen der Performance-Daten des betreffenden Fulfillment-Centers mit anderen Fulfillment-Centern in Deutschland darauf hin, wie datengetrieben und von Leistungskennzahlen gesteuert ein Amazon-Fulfillment-Center ist. Der Medienwissenschaftler Mark Andrejevic bezeichnet diese Art von Steuerung als „Operationalismus" und meint damit „die Verdrängung von narrativen Darstellungen und Erklärungen durch automatisierte Antworten".[27] In Anlehnung an Foucault charakterisiert er diese Macht als umweltlich und verweist darauf, dass hier sensorische Überwachung und datengetriebene Steuerung einhergehen mit der Modulation von Umwelten: „This form of governance thus relies on comprehensive monitoring combined with the ability to modulate the environment – to treat it as a flexible, programmable context, analogous to that of virtual reality."[28]

Um zu erkennen, um welche Sensorik es sich handelt und auf welche Weise Daten zur weiteren intelligenten algorithmischen Steuerung zum Einsatz kommen, lohnt sich ein genauerer Blick auf die oben bereits erwähnten Schnittstellen zwischen Mensch und Maschine. Denn dort wird deutlich: Alles wird gescannt! Dabei spielt der Strichcode eine zentrale Rolle.[29] Alle Güter werden mit individuellen Strichcodes versehen, und alle Behälter für Waren – die *Tote*, die Regalfächer, die Pakete – sind ebenfalls mit individuellen Strichcodes versehen. Und sobald Waren ihren Aufbewahrungsort wechseln – also von *Receivers* in die *Tote* gelegt, von *Stowers* in ein Regalfach eingeräumt, von *Pickers* wieder in eine *Tote* gelegt, von *Packers* eingepackt werden – werden sowohl die Waren als auch die Behälter gescannt. Wir haben es hier mit einer klassischen Operation der „Capture" zu tun, wie sie der Informatiker Philip Agre im Kontrast zur Überwachung erörtert hat.[30] Nach Agre, der sich bereits auf die Logistik und auch den Strichcode bezieht, sind für Capture zwei Aspekte wesentlich: zum einen die Erfassung von Daten durch Computersysteme, zum anderen Repräsentationsschemen, die es ermöglichen, bestimmte Abläufe oder Semantiken im Computersystem abzubilden.[31] Agre verweist dabei auf organisationale Routinen und Handlungsgrammatiken, die im Computersystem in Form von Modellen abgebildet werden und über

27 Mark Andrejevic: Automated Media. New York 2020, S. 18. Zum Begriff der Operationen, siehe auch Sandro Mezzadra und Brett Neilson: The Politics of Operations. Excavating Contemporary Capitalism. Durham 2019.

28 Andrejevic: Automated Media, S. 18.

29 Armin Beverungen: Kybernetischer Kapitalismus? Amazon, Algorithmisches Management und Aneignung. In: Die unsichtbare Hand des Plans. Koordination und Kalkül im digitalen Kapitalismus. Hg. Von Timo Daum und Sabine Nuss. Berlin 2021, S. 95–109, hier S. 97–100.

30 Philip E. Agre: Surveillance and capture. Two models of privacy. In: The Information Society 10 (1994), H. 2, S. 101–127.

31 Agre: Surveillance, S. 106.

ihre Weitergabe als Handlungsanweisungen an Mensch und Maschine reproduziert werden.[32]

Auf die Amazon-Fulfillment-Center angewandt, fällt auf, dass sich die Grammatik nur auf den Warenfluss beziehen kann. Denn es sind nur Änderungen im Zustand der Güter – ihrer Verortung in der Zirkulation –, die registriert und getrackt werden. Menschliches Handeln und Verhalten findet nur zwischen den einzelnen Capture-Punkten statt, muss damit in der Modellierung der Computer nicht berücksichtigt, sondern nur als Input und Output vermerkt werden. Das mag insofern überraschen, als die Grammatisierung von Handlungen, Capture und damit auch die potenzielle Steuerung durch Computer bereits in den Arbeitswissenschaften bei Taylor und den Gilbreths angelegt war, wie Claus Pias dargelegt hat: „Wenn zuvor ein Arbeitsvorgang ‚eine Zusammensetzung von Handlungen' war, so geht es nun nur noch um Bewegungen, die selbst wiederum aus Elementen zusammengesetzt sind."[33] Gilbreths sogenannte *therbligs* oder auch andere Grundelemente einer Handlungsgrammatik spielen bei Amazon zumindest in der algorithmischen Steuerung der Warenzirkulation keine Rolle. Auch wenn die Bewegungsabläufe an manchen Stationen durch die Konstellation von Bildschirmen, Scannern und Materialien stark eingeschränkt und potenziell minutiös vorgegeben sind, muss das Verhalten der Mitarbeitenden nur am Anfang und am Ende durch das System registriert und abgebildet werden. Bewegungsabläufe werden zwar materiell gesteuert, aber nicht algorithmisch erfasst.[34]

Das mag damit zusammenhängen, dass eine strenge Kontrolle von Verhalten potenziell kontraproduktiv ist. Agre bemerkt hierzu, dass Automatisierung und Taylorismus äußerst restriktive Ansätze zur Arbeitsorganisation sind, weil sie Effizienz und Kontrolle durch die genaue Vorgabe von Handlungsabläufen vorab bestimmen: „Capture, by contrast, permits efficiency and control to be treated separately, so that people who engage in heavily captured activity have a certain kind of freedom not enjoyed by people engaged in Taylorized work."[35] Die kleinen Freiheiten in ihrem Verhalten, die sich Mitarbeitende in Amazons Fulfillment-Centern leisten könnten, und sei es nur die Art und Weise wie *Pickers* laufen, mögen also zur Effizienz der

---

32 Agre verweist auf Brian T. Pentland und Henry H. Rueter: Organizational routines as grammars of action. In: Administrative Science Quarterly 39 (1994), H. 3, S. 484–510.

33 Pias: Computer – Spiel – Welten, S. 43.

34 Eine Ausnahme hierzu stellen experimentelle Anordnungen dar, in denen Roboter von Menschen Bewegungen erlernen sollen, zum Beispiel um Gegenstände zu verstauen: Sean O'Neill: How Amazon Robotics researchers are solving a ‚beautiful problem'. In: Amazon Science, 15. November 2022. Online unter: https://www.amazon.science/latest-news/how-amazon-robotics-researchers-are-solving-a-beautiful-problem (abgerufen am 15.05.2023).

35 Agre: Surveillance, S. 117.

Operationen beitragen. Doch wesentlicher scheint hier eine bei Pias weiter ausgeführte Verschiebung zu sein, und zwar, dass es bereits bei Gilbreth immer weniger um körperliche Arbeit geht. Gerade der Fokus auf umweltliche Faktoren „deutet schon an, dass Arbeit immer weniger mit Energie als mit Information, weniger mit Kraftverbrauch als mit Aufmerksamkeit zu tun hat".[36] Menschliches Verhalten wird danach bei Amazon nur als Informationsfluss zu veränderten Zuständen und Verortungen des Warenflusses aufgegriffen, wobei nicht der Datenfluss, sondern nur die Arbeit und der Warenfluss unterbrochen werden dürfen.[37] Das hat eine weitere Konsequenz: die Zeitlichkeit der Rechner dominiert, und der Mensch als Nutzer wird eingeordnet „als zyklisch abzufragendes *device*, als relativ langsame[r] Systembestandteil, auf den es Rücksicht zu nehmen gilt und der nur an den Zeitpunkten eine Chance zu existieren und zu antworten hat, an denen er abgefragt wird".[38]

Bedeutend dabei ist auch, dass Menschen ähnlich wie Maschinen algorithmisch behandelt werden. Lilly Irani hat dies für Amazon Mechanical Turk ausgeführt.[39] Als eine Plattform für Mikroarbeit, auf der Menschen *Human Intelligence Tasks* erfüllen, zum Beispiel in der Objekterkennung auf Bildern oder der Transkription von Audiodateien, ermöglicht Amazon Mechanical Turk eine „künstliche künstliche Intelligenz" – eben menschliche Arbeit, die algorithmisch gesteuert und evaluiert werden und automatisch zum Beispiel in Prozesse des maschinellen Lernens integriert werden kann. Auch hier wird in der Regel nur ein Input gegeben und der Output kontrolliert, und die Arbeit an sich nicht gesteuert. Dieser Umgang mit menschlichem Verhalten könnte als eine Konsequenz der Kybernetik, eingeschrieben in die Steuerungssysteme von Amazon, verstanden werden. Der Wissenschaftshistoriker Peter Galison hat skizziert, wie die Kybernetik, die neben der Spieltheorie und der Operations Research als eine der „manichäischen Wissenschaften" als „Apotheose des Behaviorismus" verstanden werden kann, von der Undurchsichtigkeit des Anderen ausgeht: „We are truly, in this view of the world, like black boxes with inputs and outputs and no access to our or anyone else's inner life."[40] Durch die Verallgemeinerung der „Ontologie des Feindes" des Mathematikers und Philosophen Norbert Wieners, der in seiner Forschung zur Vorhersage

36 Pias: Computer – Spiel – Welten, S. 39. Dazu auch Anson Rabinbach: The Eclipse of the Utopias of Labor. New York 2018 (Forms of Living).

37 Pöchhacker und Nyckel: Probability, S. 9.

38 Pias: Computer – Spiel – Welten, S. 73.

39 Lilly Irani: Difference and dependence among digital workers. The case of Amazon Mechanical Turk. In: South Atlantic Quarterly 114 (2015), H. 1, S. 225–234.

40 Peter Galison: The ontology of the enemy. Norbert Wiener and the cybernetic vision. In: Critical Inquiry 21 (1994), H. 1, S. 228–266, hier S. 251, 256.

der Flugwege feindlicher deutscher Bomber im Zweiten Welt diese als undurchsichtige Blackboxes betrachtet hat, erscheint die Welt als „ein Universum von Black-Box-Monaden",[41] die, so könnte man ergänzen, in der Welt der berechnenden Umwelten und verteilten Sensorik auch bei Amazon aufzugehen scheint.

Begrenzte Macht und menschliche Sperrzonen

Auch bei einem Blick auf weitere Aspekte des Verhaltensmanagements bei Amazon verstärkt sich der Eindruck, die verschiedenen Verhaltenstechniken seien nur Ergänzungen zu einem durch intelligente Umwelten und verteilte Sensorik gesteuerten System, das sich eigentlich nicht für menschliches Verhalten interessiert oder es nur als Blackbox einrechnet. Das wird insbesondere im Umgang mit der Evaluation von Arbeit deutlich. Die Arbeitsleistung einzelner Mitarbeitender wird nur anhand einer einzigen Leistungskennzahl bewertet, die für sich genommen undurchsichtig und kaum nachvollziehbar ist und auch von Gewerkschaften nicht aus verschiedenen Produktivitätsindikatoren rekonstruiert werden kann.[42] Der Soziologe Alessandro Delfanti beschreibt ebenfalls, dass Amazon-Manager die Arbeitsleistung nur als Prozentanteil einer Vorgabe angeben, wobei nicht mitgeteilt wird, aus welchen Daten diese Vorgabe aggregiert wird. Delfanti charakterisiert dies als „augmented despotism", eine gesteigerte Willkürherrschaft.[43] In einem Interview haben die Ethnologin Margaret Mead und der Anthropologe Gregory Bateson einmal scherzhaft bemerkt, dass der Psychologe Kurt Lewin den kybernetischen Begriff ‚Feedback' falsch so verstanden habe, als ob er nur bedeute, anderen mitzuteilen, was geschehen sei oder was sie getan hätten.[44] Die Bewertung der Arbeitsleistung von Mitarbeitenden bei Amazon hat allerdings weder mit kybernetischem Feedback noch mit Feedback im Sinne der Lewinschen *group dynamics* etwas zu tun, denn beide würde voraussetzen, dass automatisches respektive verbales Feedback eine Reaktion und damit Regulierung auslösen könnte – doch dazu müsste das Feedback verständlich sein. Gerade dies wird aber durch die Undurchsichtigkeit der Leistungskennzahl verhindert. Der Prozess scheint demnach entweder willkürlich, wie Delfanti bemerkt, und damit für Verhaltensmanagement

---

41 Galison: Ontology of the enemy, S. 265.

42 So berichten zwei Gewerkschaftler in Interviews.

43 Alessandro Delfanti: Machinic dispossession and augmented despotism. Digital work in an Amazon warehouse. In: New Media & Society 23 (2021), H. 1, S. 39–55, hier S. 48–51.

44 Stewart Brand: For God's sake, Margaret. Conversation with Gregory Bateson and Margaret Mead. In: Cybernetics/Kybernetik 2. The Macy-Conferences 1946–1953, Bd. 2 Documents/Dokumente. Hg. von Claus Pias. Berlin 2004, S. 301–312, hier S. 303.

nicht wirksam, oder nur eine letzte Instanz nach dem Scheitern des Verhaltensmanagements – zum Beispiel um Entscheidungen über Entlassungen, die nicht immer komplett automatisch erfolgen dürfen, vorzubereiten.[45]

Das Verhaltensmanagement bei Amazon ist also weder durchweg kybernetisch, noch ist es durchweg behavioristisch. In den Fulfillment-Centern in den USA gibt es seit einigen Jahren ein Programm zur Gamifizierung der Arbeit, das später ausgeweitet wurde, unter anderem um Burn-out zu bekämpfen. *Stowers* und *Pickers* können an ihren Stationen an einem zusätzlichen Bildschirm in Spielen mit Namen wie Tamazilla, CastleCrafter, PicksInSpace, Dragon Duel and MissionMaster ihre eigenen Avatare auswählen und gegen Kollegen und Kolleginnen antreten.[46] Die Spiele laufen parallel zur Arbeit und werden mit den gesammelten Daten zur Arbeit gefüttert, sollen motivieren und die Leistung der Mitarbeitenden optimieren. Dabei haben diese Spiele wenig mit den Spielen zu tun, die uns sonst, wie Pias vermerkt, das Arbeiten beibringen. Ihm zufolge steht in Kontrollgesellschaften bei Computerspielen nicht mehr die Nachahmung maschineller Bewegungen im Vordergrund, sondern die Ausdehnung von Lernprozessen: „Ihr Ziel ist nicht die einmalige Normierung, sondern [...] die Herstellung immer neuer, unerwarteter Anpassungsaufgaben. Computerspiele sollen zur Produktionsgymnastik des ‚flexiblen Menschen' werden."[47] Die Spiele bei Amazon setzen hingegen wenig auf Lernen oder Konditionierung, sondern sie modulieren Verhalten und schüren Wettbewerb. Bröckling bemerkt dazu, dass Wettbewerb als Regierungskunst über die der Disziplin hinausgeht: „Kontextsteuerung tritt an die Stelle individueller Verhaltensreglementierung."[48] Als Regierungskunst, die auf umstrittene Weise Wettbewerb fördert und Langeweile bekämpft, um Burn-out zu verhindern, erscheint die Gamifizierung als eine kleine Ergänzung zu den bestehenden Verhaltenstechniken sowie zum Wettbewerb, der sowieso schon aufgrund der Personalpolitik von Amazon und der prekären Arbeitsverhältnisse besteht.

Die Indifferenz gegenüber menschlichem Verhalten wird in Amazon-Fulfillment -Centern vielleicht mit Bezug auf Körper am deutlichsten. Der Historiker Anson Rabinbach hat dokumentiert, wie sich das Verständnis und die Utopien von Arbeit seit dem neunzehnten Jahrhundert verändert haben. Insbesondere die maschinelle Me-

---

45 Colin Lecher: How Amazon automatically tracks and fires warehouse workers for „productivity". In: TheVerge.com, 25. April 2019. Online unter: www.theverge.com/2019/4/25/18516004/amazon-warehouse-fulfillment-centers-productivity-firing-terminations (abgerufen am 28.4.2019).

46 Paris Martineau und Mark Di Stefano: Amazon expands effort to „gamify" warehouse work. In: TheInformation.com, 15. März 2021. Online unter: www.theinformation.com/articles/amazon-expands-effort-to-gamify-warehouse-work (abgerufen am 3.5.2021).

47 Pias: Computer – Spiel – Welten, S. 56.

48 Bröckling: Gute Hirten, S. 179.

tapher der Arbeit, in der der menschliche arbeitende Körper zwischenzeitlich als Maschine verstanden wurde, die Energie konvertiert, ist im zwanzigsten Jahrhundert verschwunden: „the body reduced to an element in the conversion of force is being replaced by the digital model of work as the computer-driven simulacra of combined technological, physical, and mental labor."[49] Wenn Arbeitskraft nicht mehr energetisch, sondern informatisch verstanden wird, dann überrascht es vielleicht nicht, dass der Körper in den Hintergrund gerät. Ganz rabiat wird dies nicht nur sichtbar durch die Muskel-Skelett-Erkrankungen, die bei Amazon viel zu häufig sind und durch WorkingWell explizit angesprochen werden, sondern erst recht durch Amazons Umgang mit einfachsten körperlichen Bedürfnissen wie dem Toilettengang. Während sich Arbeiter in Fulfillment-Centern über zu kurze Toilettenpausen beschweren, urinieren Fahrer bei Amazon Flex aufgrund von Zeitdruck regelmäßig in Flaschen.[50] Ist dies als ein rabiater Taylorismus zu begreifen, der den Körper bis ans Limit optimiert, oder eher als ein Effekt einer Kybernetik, in der Arbeit informatisch verstanden wird, und in der Information überwiegend als entkörperlicht verstanden wird?[51]

Amazon wird oft als Paradebeispiel für einen despotischen, digitalen Taylorismus angeführt.[52] So wurden zum Beispiel die Handscanner der *Pickers* und *Stowers* als Wearables verstanden, mit denen Amazon das Verhalten, insbesondere die körperlichen Bewegungen von Mitarbeitenden, minutiös überwacht.[53] Allerdings geht bei der Handhabung der Scanner zum Erfassen der Ware Capture, wie oben beschrieben, nicht über das Scannen von Strichcodes hinaus, und die algorithmische Steuerung achtet zwar auf Zeitintervalle, aber verfolgt zum Beispiel nicht die eigentlichen Bewegungen der Mitarbeitenden. Auch zwei Patenten von Amazon wurde in diesem Zusammenhang besondere Aufmerksamkeit geschenkt. Dabei handelt es sich einmal um das Patent für ein Ultraschall-Armband mit Empfänger, das, am Handgelenk Arbeitender befestigt, exakte Armbewegun-

49 Rabinbach: Utopias of Labor, S. 23.

50 Sean Hollister: Amazon apologizes for lying about pee – and attempts to shift the blame. In: TheVerge.com, 3. April 2021. Online unter: www.theverge.com/2021/4/3/22365330/amazon-apology-pee-bottles-worker-warehouse-union-pocan (abgerufen am 6.4.2021).

51 Siehe zur entkörperlichten Information in der Kybernetik allgemein: Nancy Katherine Hayles: How We Became Posthuman. Virtual Bodies in Cybernetics, Literature, and Informatics. Chicago 1999.

52 Exemplarisch Philipp Staab und Oliver Nachtwey: Market and labour control in digital capitalism. In: TripleC: Communication, Capitalism & Critique 14 (2016). H. 2, S. 457–474; Moritz Altenried: Die Plattform als Fabrik. In: PROKLA. Zeitschrift für kritische Sozialwissenschaft 47 (2017), H. 187, S. 175–192.

53 Phoebe Moore und Andrew Robinson: The quantified self. What counts in the neoliberal workplace. In: New Media & Society 18 (2016), H. 11, S. 2774–2792, hier S. 2779.

gen nachverfolgen soll.[54] Andrejevic bemerkt zum Beispiel, Taylor hätte Amazons Armband „geliebt", weil es, wie auch andere interaktive sensorische Steuerungssysteme „ein Maß an Kontrolle wiedererweckt, das die kühnsten Träume der wissenschaftlichen Manager übersteigt".[55] Er fährt fort:

> Total information awareness based on the sensorization of the world allows moments of slack and lost opportunity to be reduced to the point of elimination. Those moments when the Amazon employee might have wasted precious seconds reaching for the wrong box, realizing the mistake, backtracking and then finally alighting on the correct item are recaptured in the name of efficiency, productivity, and profitability.[56]

Doch das Armband kommt nicht zum Einsatz, und so minutiös werden körperliche Bewegungen auch informatisch nicht verfolgt. Genau die Bewegung, die Andrejevic beschreibt, ist weiterhin möglich, und vermutlich auch nicht unüblich. Gerade zum Beispiel das Suchen nach leeren Fächern in den von Robotern getragenen Regalen ist eine Frage von *trial and error*.

Ebenso wenig wie das Armband kommt eine weitere patentierte Erfindung von Amazon zum Einsatz: ein von Robotern getragener Käfig, mit dem Mitarbeiter zu Regalen gefahren werden können.[57] Dass Amazon diese Käfige nicht einsetzt, sondern sich dafür entschieden hat, dass Roboter die Regale zu den Mitarbeitenden, nicht die Mitarbeitenden zu den Regalen fahren, deutet auf eine Verschiebung des Verhältnisses von Mensch und Maschine hin. Gemeinsam mit der Anthropologin Bronwyn Frey greift Delfanti das Argument des Informatikers J. C. R. Licklider auf, dass der Computer nicht mehr wie bei Marshall McLuhan als Extension des Menschen verstanden werden kann, sondern umgekehrt der Mensch als Extension des Computers zu sehen ist. Daraus folgt für Delfanti und Frey, dass wir es bei Amazon mit einer „humanly extended automation" zu tun haben.[58] Vielleicht sind in dem Sinne sowohl das Armband als auch der Käfig zu sehr am menschlichen Körper orientiert und nicht konsequent von der Maschine aus gedacht.

---

54 Jonathan Evan Cohn: Ultrasonic Bracelet and Receiver for Detecting Position in 2d Plane, 28. Sept. 2017. Online unter: https://patents.google.com/patent/US20170278051A1/en (abgerufen am 27.3.2019).

55 Andrejevic: Automated Media, S. 6 f.

56 Andrejevic: Automated Media, S. 7.

57 Peter R. Wurman et al.: System and Method for Transporting Personnel within an Active Workspace, 5. März 2015. Online unter: https://patents.google.com/patent/US20150066283A1/en (abgerufen am 26.3.2019).

58 Alessandro Delfanti und Bronwyn Frey: Humanly extended automation or the future of work seen through Amazon patents. In: Science, Technology, & Human Values 46 (2021), H. 3, S. 655–682. Zu Licklider siehe auch: Pias: Computer – Spiel – Welten, S. 93.

Aber warum gibt es überhaupt noch Menschen in den Fulfillment-Centern, deren Verhalten Amazon managen muss? Amazon hat vor einigen Jahren der Vollautomatisierung von Fulfillment-Centern eine Absage erteilt, weil die Robotik (noch) ihre Grenzen habe und nicht mit den höheren kognitiven Fähigkeiten von Menschen mithalten könne.[59] Amazon verweist dabei insbesondere auf die menschliche Fähigkeit, ungewöhnlich geformte oder empfindliche Gegenstände zu greifen. Menschliches Verhalten ist in Amazons Fulfillment-Centern zwar nur noch, aber auch weiterhin dort gefragt, wo es Roboter ergänzen kann. Allerdings gibt es in den neueren Fulfillment-Centern der achten Generation bereits menschliche Sperrzonen, in denen nur Roboter operieren und in die Menschen nur in Notfällen und zum Zwecke der Wartung Zugang haben. In Winsen an der Luhe in der Nähe von Hamburg zum Beispiel werden auf drei Ebenen jeweils etwa 10.000 Regale von etwa 900 Robotern bewegt, umgeben von einem hohen Metallzaun, der die *Stowers* und *Pickers*, die an ihren Stationen stehen, aus der Sperrzone fernhält.[60] LeCavalier beschreibt, wie unmenschlich diese „human exclusion zones“ sind, etwa weil sie nicht beleuchtet sind.[61] Die Roboter bewegen sich durch Scans von auf dem Boden markierten zweidimensionalen Strichcodes durch die Zone und erhalten über ein Auktionssystem Aufträge. Auch wenn die Prinzipien des Verhaltens der Roboter theoretisch und den Ingenieuren bekannt sind, entsteht hier laut LeCavalier eine Krise der Lesbarkeit, da „wir das Verhalten [der] Maschinen nicht verstehen können, obwohl wir die Anweisungen erstellt haben, die sie steuern“; den Robotern wird Intelligenz zugeschrieben, denn ihr Handeln scheint unvorhersehbar, gerade weil das System eine immense Komplexität erzeugt.[62]

Während menschliches Verhalten also von der algorithmischen Steuerung weitestgehend ignoriert und nur durch supplementäre Verhaltenstechniken gelenkt wird, werden Menschen zur Erweiterung einer Automatisierung durch Roboter, deren Verhalten selbst als intelligent und nicht mehr vorhersehbar eingestuft wird. Menschliches Verhalten wird hier berechenbar, maschinelles Verhalten undurchsichtig. Dieser Verschiebung im Verhältnis von menschlichem und maschinellem Verhalten geht voraus, dass beide prinzipiell erst einmal als gleich erachtet werden können. Wie Bowker dokumentiert, hat eine der ersten Veröffentlichungen der Kybernetik bereits etabliert, dass sowohl Menschen als auch Maschinen zweckhaftes

59 Nandita Bose: Amazon dismisses idea automation will eliminate all its warehouse jobs soon. In: Reuters.com, 2. Mai 2019. Online unter: www.reuters.com/article/us-amazon-com-warehouse-idUSKCN1S74B9 (abgerufen am 20.5.2021).

60 Informationen eines Amazon-Sprechers während eines Besuchs des Fulfillment-Centers.

61 Jesse LeCavalier: Human exclusion zones. Logistics and new machine landscapes. In: Architectural Design 89 (2019), H. 1, S. 48–55.

62 LeCavalier: Human exclusion zones, S. 54.

Verhalten zugeschrieben werden kann, für das wiederum kybernetisches Feedback zentral ist; menschliches und maschinelles Verhalten können demnach mit den gleichen Methoden analysiert werden.[63] Daraus folgt zwar nicht, dass Menschen durch Maschinen ersetzt werden können, aber es erklärt, wie dieser spezifische Aspekt der Kybernetik ermöglicht, dass eine algorithmische Steuerung von Verhalten wie in Amazon-Fulfillment-Centern menschliches und maschinelles Verhalten behandeln kann, als sei es gleich. Es ist nur das menschliche Verhalten, dass durch eine Vielzahl von Verhaltenstechniken zusätzlich gelenkt werden muss. Diese Verhaltenstechniken sind zwar meist an die datenbasierte, umweltliche Steuerung angelehnt, versuchen aber aus verschiedenen Zugängen (Taylorismus, Behaviorismus, Kybernetik) heraus, menschliches Verhalten zu modellieren und zu beeinflussen.

Erfüllte Konsumierende

Die Fulfillment-Center sind nicht die einzigen Orte, an denen bei Amazon Arbeit stattfindet und Verhalten gesteuert wird. Ähnliche Verhaltenstechniken finden sich etwa, wie schon erwähnt, bei Amazon Mechanical Turk oder auch auf der letzten Meile, die Amazon immer mehr durch den privaten Lieferdienst Amazon Flex für selbstständige Paketausliefernde, durch Outsourcing und Partnerunternehmen dominiert.[64] Doch auch bei Konsumierenden hört das Verhaltensmanagement nicht auf. Zuboff ordnet auch Amazon als ein Unternehmen des Überwachungskapitalismus ein, das das Verhalten seiner Kundschaft vorhersagt und moduliert.[65] Doch welche Verhaltenstechniken kommen bei Amazon im Umgang mit Konsumierenden zum Einsatz? Wie bereits oben erwähnt, führen Pöchhacker und Nyckel aus, dass Amazon logistische Infrastrukturen mit Empfehlungssystemen und antizipierendem Versand verstrickt. Nun argumentiert Amazon nicht überraschend, dass die Empfehlungssysteme im ökonomischen Sinne als Informationsquellen dienen, die den Konsumierenden die Auswahl erleichtern, damit den Warenaustausch opti-

---

63 Geof Bowker: How to be universal. Some cybernetic strategies, 1943–70. In: Social Studies of Science 23 (1993), H. 1, S. 107–127, hier S. 108–110. Siehe auch Galison: Ontology of the enemy, S. 245–252.

64 Exemplarisch Irani: Difference and dependence; Moritz Altenried: On the last mile. Logistical urbanism and the transformation of labour. In: Work Organisation, Labour & Globalisation 13 (2019), H. 1, S. 114–129.

65 „Der Überwachungskapitalismus breitete sich rasch auf Facebook und Microsoft aus, und es gibt Hinweise darauf, dass auch Amazon diesen Weg eingeschlagen hat." (Zuboff: Überwachungskapitalismus, S. 24).

mieren und Konsumierende zufriedenstellen.[66] Doch wie Pöchhacker und Nyckel bemerken: „Die Vorhersage der Nachfrage basiert auf denselben Datensätzen, die auch für die Erstellung von Empfehlungen verwendet werden, und erzeugt so die Nachfrage".[67]

Damit würden sie Zuboff also recht geben: Amazon sagt Verhalten nicht nur vorher, sondern moduliert es auch. Laut Zuboff gibt es drei wesentliche Strategien, „Handlungsvorteile" zu generieren, die auf Verhaltensmodifikationen zielen: das „Tuning", wie zum Beispiel das Nudging, also die Technik, durch „Anstupsen" bestimmte Entscheidungen hervorzurufen; das „Herding" wie zum Beispiel der „Unvertrag" – Zuboffs Begriff für Verträge, die nicht verhandelbar sind und nicht gelesen werden; und die „Konditionierung" im Sinne des Skinnerschen radikalen Behaviorismus.[68] Besonders das Nudging als Technik der Verhaltensökonomie hat in den letzten Jahren sehr viel Aufmerksamkeit erregt, nicht nur weil viele Verhaltensökonomen für Arbeiten zum Thema mit Nobelpreisen ausgezeichnet wurden. Aus Sicht der Verhaltensökonomen hat Nudging als Modulation von Entscheidungsumwelten zwar etwas mit Verhaltensmodifikation zu tun, allerdings nur zum Wohl der Gestupsten. Denn die Verhaltensökonomie ist einem „liberalen Paternalismus" verschrieben, der nur versucht, der Irrationalität der Betroffenen entgegenzuwirken und ihre Entscheidungen in ihrem eigenen Interesse zu verbessern.[69] Trotz ihres Paternalismus betrachtet sie sich als liberal, weil sie darauf abzielt, die Rationalität des Subjekts zu fördern. Die Verhaltensökonomie greift die Erkenntnisse von Herbert Simon zur „eingeschränkten Rationalität" auf, etabliert einen veritablen Katalog an menschlichen Irrationalitäten und entwickelt Verhaltenstechniken, die darauf ausgerichtet sind, jede einzelne dieser Irrationalitäten auszubessern. Dies ist möglich, so erläutert Bröckling, weil Menschen sich „nicht bloß irrational [verhalten], sondern sie tun dies auf vorhersagbare Weise"; dabei liefert die Kosten-Nutzen-Maximierung „den Maßstab, um die systematischen Abweichungen überhaupt identifizieren zu können". In dem Sinne korrigieren die Verhaltensökonomen durch das Nudging „negative Internalitäten", und so soll der *homo oeconomicus* zu sich selbst finden.[70]

Neben der Schwierigkeit, überhaupt bestimmen zu können, was als rational und irrational gelten kann und wie das Eigeninteresse der zu Stupsenden zu bestim-

---

66 So in etwa Brent Smith und Greg Linden: Two decades of recommender systems at Amazon.com. In: IEEE Internet Computing 21 (2017), H. 3, 5. S. 12–18.

67 Pöchhacker und Nyckel: Probability, S. 16.

68 Zuboff: Überwachungskapitalismus, S. 335–341.

69 In der bekanntesten Ausführung: Richard H. Thaler und Cass R. Sunstein: Nudge: Improving Decisions about Health, Wealth, and Happiness. New Haven 2008.

70 Bröckling: Gute Hirten, S. 184–187.

men ist, hat die Verhaltensökonomie dabei ein weiteres Problem. Denn der liberale Paternalismus ist nicht mit den Verhaltenstechniken vereint, sondern dient nur zur Rechtfertigung ihrer Nutzung. Sobald man die Verhaltenstechniken vom liberalen Paternalismus trennt, kann Verhaltensmodulation auch mit anderen Zielen verfolgt werden. Gerade weil die Modulation von Entscheidungsumwelten, die das Nudging ausmachen, nicht zwingend bewusst, sondern in der Regel unbewusst auf Entscheidungen einwirken, ist sie mit Ansätzen der affektiven Ökonomie kongruent. Zwar operieren die Verhaltenstechniken des affektiven Kapitalismus durch „kognitive, nicht-kognitive und sogar prä-kognitive Regime“,[71] doch gerade die den kognitiven Neurowissenschaften abgeleiteten Verfahren der *predictive analytics* sowie der *sentiment analysis*, also die Techniken der Gefühlsanalyse, operieren auf affektiven, prä-kognitiven Ebenen, und damit genau dort, wo Menschen ihr Verhalten nicht reflektieren.[72] Sie wollen unsere bewussten Entscheidungen bewusst umgehen. Andrejevic fasst die „datengesteuerten Kontrollphantasien in der affektiven Ökonomie“ wie folgt zusammen: „the more emotions are expressed and circulated, the more behaviour is tracked and aggregated, the greater the ability of marketers to attempt to channel and fix affect in ways that translate into increased consumption.“[73]

Können wir das Nudging oder die Verhaltensökonomie allgemeiner also neben Taylorismus, Behaviorismus und Kybernetik als eine weitere Regierungskunst auflisten, die bei Amazon insbesondere in Empfehlungssystemen Ausdruck findet? Für Bröckling ist Nudging behavioristisch: Es „konzentriert sich gut behavioristisch auf das beobachtbare Verhalten und modifiziert dessen Einflussvariablen“; die Politik der Nudges weite „die Regierbarmachung der Menschen noch aus“, indem sie „auch ihre Verhaltensanomalien dem lenkenden Zugriff erschließt“; und nicht zuletzt erweise das Nudging sich „als Entpolitisierung im Zeichen eines verallgemeinerten Behaviorismus, der demokratische Deliberation durch Expertokratie und Aufklärung durch Verhaltensmodifikation ersetzt“.[74] Die Verhaltensökonomen verkaufen sich in der Tat als Verhaltensexperten, die zwar im aufklärerischen Sinne Verhalten rational machen wollen, aber dabei zu nicht-aufklärerischen Mitteln greifen. Ebenso stützen sie sich auf die durch verteilte Sensorik gesammelten Verhaltensdaten. Doch in einem Punkt ist Nudging nicht behavioristisch: Es stellt keine Konditionie-

71 Tero Karppi et al.: Affective capitalism. Investments and investigations. In: Ephemera Theory & Politics in Organization 16, (2016), H. 4, S. 1–13, hier S. 10.

72 Mark Andrejevic: Brain Whisperers. Cutting through the clutter with neuromarketing. In: Somatechnics 9 (2012), H. 2/3, S. 198–215; Tony Sampson: Various joyful encounters with the dystopias of affective capitalism. In: Ephemera. Theory & Politics in Organization 16 (2016), H. 6, S. 51–74.

73 Mark Andrejevic: The work that affective economics does. In: Cultural Studies 25 (2011), H. 4/5, S. 604–620, hier S. 615.

74 Bröckling: Gute Hirten, S. 188–191.

rung dar. Im Gegenteil geht es prinzipiell davon aus, dass menschliche Rationalität eingeschränkt und fehlerhaft ist und es das Nudging immer wieder geben muss, um die daraus resultierenden „negativen Internalitäten" auszubessern.

In diesem Sinne operiert das Nudging eher kybernetisch, wie die Juristin Karen Yeung mit Verweis auf den „Hypernudge" dargestellt hat, einen von Big Data getriebenen Stupser, der durch rekursive Rückkopplungsschleifen in dreierlei Hinsicht kontinuierlich immer neu konfiguriert werden kann: Individuelle Entscheidungsumwelten können als Reaktion auf verändertes Verhalten verbessert werden; das Datenfeedback kann von Entscheidungsarchitekten wiederverwendet werden; und individuelle Entscheidungsumwelten können mit Blick auf bevölkerungsweite Trends angepasst werden.[75] Für Yeung ist der Hybernudge im Vergleich zum üblichen Nudge „wendig, unauffällig und hochpotent", eine sanfte Macht, deren „deutlich manipulative, wenn auch nicht direkt täuschende Qualitäten sich aus der bewussten Ausnutzung systematischer kognitiver Schwächen ergeben, die die menschliche Entscheidungsfindung durchdringen".[76] Die Kulturtheoretiker Luciana Parisi und Steve Goodman sehen in Verhaltenstechniken wie diesen sogar ein dritte oder Post-Kybernetik, in der „mnemonische Steuerung" als „affektive Programmierung" mit der Kontrolle von Zukunft beschäftigt ist und in diesem Sinne mehr als autopoetisch operiert.[77] Auch Amazons antizipierender Versand beschäftigt sich mit der Kontrolle der Zukunft, in dem immer schon berechnet wird, was Konsumierende als Nächstes kaufen möchten und wie sie dazu bewegt werden können.

Diese im Hypernudge verwirklichte Logik der affektiven oder prä-kognitiven Steuerung von Verhalten ist bei Amazon auch mit den vielen logistischen Medien verbunden, die – vielleicht anders als die sehr sichtbaren logistischen Medien im Fulfillment-Center – unsere privaten Umwelten besiedeln. Laut Sozialtheoretiker David Hill erzeugt die Ubiquität von Amazons Plattform einen unbewussten Konsum, denn wir bewohnen praktisch einen omnipräsenten Marktplatz: Amazons Plattform als ein „zentrales Nervensystem" versteckt sich hinter verschiedensten Interfaces.[78] Die verschiedenen durch Alexa sprachgesteuerten Geräte, die verschiedenen Echos, Fire Tablets oder auch Dash Buttons sind beispielhaft für das Verschwinden von habituellen Medien und für einen „Prozess des Vorenthaltens

75 Karen Yeung: „Hypernudge". Big Data as a mode of regulation by design. In: Information, Communication & Society 20 (2017), H. 1, S. 118–136, hier S. 122.

76 Yeung: „Hypernudge", S. 122, 130.

77 Luciana Parisi und Steve Goodman: Mnemonic control. In: Beyond Biopolitics. Essays on the Governance of Life and Death. Hg von Patricia Ticineto Clough und Craig Willse. Durham/London 2011, S. 163–176, hier S. 164, 168.

78 David W Hill: The injuries of platform logistics. In: Media, Culture & Society 42 (2020), H. 4, S. 521–536, hier S. 525.

dessen, was im Mittelpunkt unserer Aufmerksamkeit stehen sollte".[79] So bringen uns die habituellen logistischen Medien in unseren privaten Umwelten über die Empfehlungssysteme, den antizipierenden Versand und die sprachgesteuerte Bestellung in ein Verhältnis zu den Mitarbeitenden und den logistischen Medien im Fulfillment-Center.

Andrejevic hat die Analyse von Nudging und Gewohnheit als Verhaltenstechniken nochmals unter der Begrifflichkeit der Automatisierung des Subjekts fokussiert. Aus seiner Sicht geht es auch bei Amazons Fulfillment nicht nur um Bequemlichkeit im dem Sinne, dass Automatisierung „Subjekte effektiver ‚bedienen' könnte, indem sie ihre Wünsche und Bedürfnisse antizipiert", sondern es geht darum, ein wahrgenommenes Problem zu lösen: „das Moment der Ungewissheit, Unvorhersehbarkeit, Widersprüchlichkeit oder des Widerstands, das die Figur des Subjekts darstellt."[80] Es geht also nicht nur darum, menschliche Subjekte zu konditionieren, ihre Irrationalitäten auszubessern oder sie affektiv zu manipulieren. Grundlegender geht es bei der Automatisierung darum, durch Konsumierende erzeugte planerische Unsicherheiten aus dem System zu verbannen und alle Widerstände zu brechen. Mit Verweis auf die Lacansche Psychoanalyse, in der das Subjekt von Begehren gesteuert ist, welches wiederum von einem nicht zu erfüllenden Mangel angetrieben wird, bemerkt Andrejevic: „This is perhaps the clearest definition of what it means to automate the subject: the elimination of lack, and thus of desire. Amazon's anticipatory shipping provides one example of the pre-emption of desire anticipated by the perfection of data-driven automation."[81] Auch wenn damit schon eine Grenze der Wirkungsmacht der Automatisierung des Subjekts aufgezeigt ist, greift nach Andrejevic diese Macht das Subjekt selbst an.

Great Consumer Awakening?

All dies macht deutlich, wie vielfältig die Verhaltenstechniken und Regierungskünste sind, die nicht nur bei Amazon zum Einsatz kommen. In der Organisation der Fulfillment-Center mit ihren intelligenten Umwelten und ihrer verteilten Sensorik dominiert eine Verhaltenstechnik, die menschliches und maschinelles Verhalten gleichbehandelt und menschliches Verhalten als Blackbox weitestgehend mit Desinteresse verfolgt. Doch für Amazon ist dies nicht erst seit dem „Great Labor Awa-

79 Hill: Platform logistics, S. 524. Der Verweis auf habituelle Medien ist bezogen auf Wendy Hui Kyong Chun: Updating to Remain the Same. Habitual New Media. Cambridge, Mass. 2016.
80 Andrejevic: Automated Media, S. 2.
81 Andrejevic: Automated Media, S. 8.

kening", dem Aufstand der Mitarbeitenden gegen Arbeitsbedingungen und Führungsstil bei Amazon, ein Problem, weil schon ein informatisches Verständnis von Arbeit die Problematik der Arbeitsmotivation und des körperlichen Wohlbefindens nicht ausblenden kann. So werden in Amazon-Fulfillment-Centern neben der dominanten, stark kybernetisch geprägten Regierungskunst viele andere Techniken angewandt, von Leadership-Prinzipien über Wettbewerb und Gamifizierung bis zur Wellness. Es lohnt sich also, den Eindruck einer zumindest eingeschränkt tayloristischen, durchdringend behavioristischen und überwältigend kybernetischen umweltlichen Macht und ihre Verhaltenstechniken etwas genauer anzuschauen. Dabei wird auch deutlich, wo diese umweltliche Macht und ihre Verhaltenstechniken an ihre Grenzen stoßen oder zumindest Widersprüche sichtbar werden.

Die logistischen Infrastrukturen sind bei Amazon eng mit der antizipierenden Vorhersage und den Empfehlungssystemen verbunden und verschalten Mitarbeitende in den Fulfillment-Centern mit Konsumierenden. Auch Amazons Konsumierende werden einer umweltlichen Macht ausgesetzt: Selbst wenn unsere häuslichen Umgebungen nicht so resolut von Amazons verteilter Sensorik und intelligenten Umwelten geprägt werden können wie die Fulfillment-Center, gewähren die verschiedenen logistischen habituellen Medien wie Echos oder Fire Tablets den Verhaltenstechniken doch Einlass in unsere private Welt. Gerade das Nudging erweist sich hier als ein Trojanisches Pferd das, abgekoppelt vom liberalen Paternalismus, affektiven und prä-kognitiven Verhaltenstechniken aller Art Zuschlupf gewährt. Bei Amazon steht das Fulfillment als Erfüllung von Begehren im Einklang mit der Verhaltensökonomik: Auch bei Amazon soll es um Informationen für rationale, optimierte Entscheidungen gehen, doch gerade diesem Versandhändler traut man einen liberalen Paternalismus nicht zu.

Genauso wie die Verhaltenstechniken im Fulfillment-Center weitestgehend individualisierend operieren, auch um kollektives Verhalten und insbesondere gewerkschaftliche Bestrebungen zu unterbinden, individualisiert Amazons Begehrenserfüllungsmaschine auch die Konsumierenden. Gerade die Personalisierung erweckt den Eindruck, es komme auf individuelle Entscheidungen und individuelles Verhalten an. Dabei verwehrt uns das Fulfillment eine kollektive oder politische Reflexion der gemeinsamen Verantwortung, wie LeCavalier bemerkt: „Erfüllungsindustrien beanspruchen, uns von der Konfrontation mit den abstrakten, aber gemeinsamen Verantwortlichkeiten zu befreien."[82] Kann es nach dem „Great Labor Awakening" auch ein „Great Consumer Awakening" geben?

82 Jesse LeCavalier: New interfaces in the automated landscapes of logistics. In: FOOTPRINT 23 (2018), S. 105–114, hier S. 108.

IX Exzesse des Verhaltens

Georg Toepfer

Einführung: Exzesse des Verhaltens

Auch wenn der Ausdruck ‚Verhalten' in der Regel mit Tieren verbunden und die ‚Verhaltenswissenschaft' folglich fest in der Zoologie verankert wird, sind es doch nicht nur Tiere und nicht einmal nur Lebewesen, denen seit Langem ein Verhalten zugeschrieben wird. In Bezug auf anorganische Gegenstände oder Materialien wie Steine oder Metalle wird spätestens seit Mitte des achtzehnten Jahrhunderts davon gesprochen, sie würden sich verhalten. Verschiedene Metalle, die in Lösungen getaucht werden, reagieren unterschiedlich; zu beobachten ist also das „verschiedene Verhalten der Metalle in der Solution und Präcipitation"[1]. Für die Erzgewinnung aus Gestein wird es als notwendig erachtet, „das Verhalten der Steine im offenen Feuer" zu kennen.[2] Diesen Verwendungen des Verhaltensbegriffs in Bezug auf anorganische Körper kommt es entgegen, dass das Wort auch im Sinne eines bloßen Verhältnisses gebraucht werden kann. Besonders in der Mathematik und Physik ist ein derartiger Wortgebrauch verbreitet. So wird in einem Handbuch der Astronomie von 1744 der Lauf der Sterne so beschrieben, dass sie „gegen einander sich verhalten"[3], und zuvor konnten die quantitativen Relationen der Umlaufzeiten der Planeten auf die Formel gebracht werden, dass „die Quadrate der Zeiten des Umlauffs der Planeten sich unter einander verhalten, wie die Würffel der Distanzen eben dieser Planeten"[4].

In diesem quantitativ-relationalen Verhaltensbegriff kann jeder Bezug zu einem konkreten Gegenstand, der eine Aktivität zeigt, verloren gegangen sein; der Begriff kann sich auf Zeiträume oder auch nur Zahlenwerte beziehen. Verwendet wird aber auch dieser Begriff des Verhaltens meist, um (relationale) Eigenschaften von Größen (wie die Umlaufzeiten von Planeten) zu bestimmen, die Gegenstände über ihre Relation zu charakterisieren und mittels der Charakterisierungen Regeln oder Gesetze aufzustellen. Gleiches gilt in den meisten Fällen für die Anwendung des Verhaltensbegriffs auf anorganische Körper wie Metalle oder Steine. Auch hier wird mit dem Begriff meist eine Charakterisierung des Körpers vorgenommen: Bestimmte Metalle verhalten sich in Lösungen auf typische Weise; das Erzgestein verhält sich im Feuer nach beschreibbaren Gesetzen. Aus diesen Regelmäßigkeiten lassen sich auch in Bezug auf die anorganischen Körper Erwartungen formulieren: Das Gestein *soll* sich in bestimmter Weise ver-

1 Johann Juncker: Conspectus chemiae theoretico-practicae, Bd. 1. Halle 1749, S. 680.

2 Johann Heinrich Gottlob von Justi: Gesammlete Chymische Schriften, Bd. 2. Berlin 1761, S. 287.

3 Eberhard Christian Kindermann: Vollständige Astronomie. Rudolstadt 1744, S. 244.

4 Neue Zeitungen von Gelehrten Sachen des Jahrs 1727 (Nr. 42), S. 418.

https://doi.org/10.1515/9783110740813-031

halten; es kann sich den Erwartungen entsprechend *richtig* oder *falsch* verhalten. Auch in Anwendung auf anorganische Körper bleibt mit dem Verhaltensbegriff also vielfach eine Unterstellung von Regularität und Normativität verbunden.

Dass der Verhaltensbegriff auch jenseits von einem Bezug zu „selbsttätigen Lebewesen“ oder „autonomen Subjekten“ ein normativ konnotiertes und Normierbarkeit einschließendes Konzept ist, macht Heiko Stoff in seinem Beitrag zu *Krebsnoxen und Krebszellen* deutlich. Weil der Verhaltensbegriff auf so viele verschiedene Dinge und Wesen bezogen werden kann, es dabei aber stets auf die charakteristischen Unterschiede dieser Entitäten ankommt, kann er als „zugleich homogenisierend und differenzierend“ angesehen werden. Bei krankhaften Erscheinungen wie den Krebszellen wird die normative Dimension der Charakterisierung prominent: Seit Etablierung der Zellenlehre in der Pathologie Mitte des neunzehnten Jahrhunderts ist vom „bösartige Verhalten“ der Krebszellen die Rede.[5] Und auch für die therapeutischen Verfahren des zwanzigsten Jahrhunderts war die Charakterisierung der Krebszellen über die normativ gefärbte Verhaltensbeschreibung ein entscheidender Faktor, wie Heiko Stoff zeigt.

Ähnlich gelagert ist das Feld des *Verhaltens von Pflanzen*, deren Wissensgeschichte sich Judith Elisabeth Weiss widmet. In ihrer Konzentration auf instinktgesteuerte und neuronal ausgelöste Bewegungsmuster von Lebewesen haben die großen Ethologen des zwanzigsten Jahrhunderts die Frage nach dem Verhalten von Pflanzen meist außer Acht gelassen oder definitorisch aus dem Weg geräumt. So verfuhr etwa Nikolaas Tinbergen, wenn er gleich zu Beginn seines grundlegenden Werks von 1951 festlegte: „Unter Verhalten verstehe ich alle Bewegungen des gesunden, unverletzten Tieres“[6]. Weiss arbeitet in ihrem Beitrag demgegenüber heraus, dass wenig dagegenspricht, Verhalten bei Pflanzen anzuerkennen, auch wenn sie keinen Leib mit Muskeln, Nerven und Gehirn haben, daher auch nicht über Instinkt und Willen verfügen und nicht kognitiv und emotional auf ihre Umwelt bezogen sind. Sie reagieren aber dennoch sehr gezielt auf ihre Umwelt, zeigen Muster von Bewegungsabläufen, die zwar langsam, weil häufig durch Wachstumsprozesse bedingt, aber dadurch nicht weniger zielorientiert und funktional sind als die schnellen Bewegungsvorgänge der Tiere. Wird ‚Verhalten‘ als grundlegendes biologisches Konzept verstanden, das alle von einem Organismus ausgehenden Regulationen seines Umweltverhältnisses bezeichnet, dann ist klar, dass auch Pflanzen Verhalten zeigen. ‚Pflanzen-Intentionalität‘ und ‚Pflanzen-Intelligenz‘ sind daher Konzepte, die in die neure Debatte Eingang gefunden haben, und auch die Aner-

5 Josef Engel: Specielle pathologische Anatomie. Wien 1856, S. 224.
6 Nikolaas Tinbergen: Instinktlehre. Vergleichende Erforschung angeborenen Verhaltens. Berlin 1972, S. 3. (The Study of Instinct. Oxford 1951).

kennung von Interessen der Pflanzen erscheint vor dem Hintergrund der Akzeptanz von Pflanzenverhalten weniger abwegig.[7]

Vor der Etablierung der modernen Tierverhaltensforschung am Ende des neunzehnten Jahrhunderts war es tatsächlich auch üblich, den Pflanzen ein Verhalten zuzusprechen. So galt das bei vielen Pflanzenarten vorkommende Zusammenbeugen der Blätter am Abend Mitte des achtzehnten Jahrhunderts als ein „Verhalten der Pflanzen"[8]. Ausdrücklich schließt der Vater der modernen Bedeutung des Wortes ‚Ethologie', Isidore Geoffroy Saint-Hilaire, 1854 das Verhalten der Pflanzen in den Gegenstand dieser biologischen Teildisziplin mit ein.[9] Vom Verhalten der Pflanzen zu sprechen, kann also kaum als ein Exzess erscheinen, sondern trägt allein der Tatsache Rechnung, dass auch Pflanzen Organismen sind, die ihrer Umwelt nicht passiv ausgeliefert sind, sondern auf diese reagieren und sie mitgestalten. Als ein Verhalten können die Aktivitäten der Pflanzen dabei nicht nur deshalb gelten, weil sie in charakteristischer Weise durch den eigenen Körper bedingt und daher artspezifisch sind, sondern auch weil sie auf diesen Körper zurückwirken, also eine Reflexivität aufweisen. In seinem Versuch, den Bereich des Organischen näher zu bestimmen, bringt schon Aristoteles diese universale organische Selbstbezüglichkeit, die mit dem Verhaltensbegriff verbunden werden kann, sprachlich dadurch zum Ausdruck, dass er das in seiner Konzeption basale organische Vermögen der Ernährung als eine „Selbsternährung" bezeichnet, also als eine Tätigkeit, die vom sich ernährenden Organismus ausgeht und auf diesen auch zurückwirkt.[10]

Für die diskursive Einengung des Verhaltensbegriffs auf die Aktivitäten der Tiere spricht also im Grunde wenig. Vollzogen wurde diese Einengung im Rahmen der frühen „Thierseelenkunde"[11] oder „Thierpsychologie"[12], unter deren (zoozentrischen) Voraussetzungen sich die wissenschaftliche Untersuchung von Verhalten zuerst disziplinär formierte. Auch die Aktivitäten der Pflanzen oder anderer Organismen sind aber nicht bloße Widerfahrnisse, Geschehnisse oder Vorgänge, die sich an ihnen vollziehen, sondern schließen Selbsttätigkeit und Spontaneität ein, so dass

7 Michael Marder: Plant intentionality and the phenomenological framework of plant intelligence. In: Plant Signaling & Behavior 7 (2012), S. 1365–1372; Ronald Sandler: Is considering the interests of plants absurd? In: Plant Ethics. Concepts and Applications. Hg. von Angela Kallhoff, Marcello di Paola und Maria Schörgenhumer. London 2018, S. 40–50.

8 Torbern Bergman: Physicalische Beschreibung der Erdkugel, übers. von Lambert Heinrich Röhl. Greifswald 1769, S. 433 (§ 202) (Physisk Beskrifning ofver Jord-Klotet (1766)).

9 Isidore Geoffroy Saint Hilaire: Histoire naturelle générale des règnes organiques, Bd. 1. Paris 1854, S. XXII.

10 Aristoteles, De anima 412a14.

11 Peter Scheitlin: Versuch einer vollständigen Thierseelenkunde. Stuttgart 1840.

12 Leonhard Hoffmann: Thier-Psychologie. Stuttgart 1881.

die Rede vom Verhalten der Pflanzen keine Überdehnung des Begriffs des Verhaltens bedeutet. Darüber hinaus kann der Verhaltensbegriff auch auf nichtlebendige Entitäten wie Steine oder andere Stoffe bezogen werden, insofern sie hinsichtlich ihrer intrinsischen, charakteristischen Eigenschaften beurteilt werden. Angebliche „Exzesse" des Verhaltens zu rekonstruieren, kann also auch bedeuten, die ideologischen Annahmen einer vom „Seelenleben der Tiere" ausgehenden Konzeptualisierung des Verhaltensbegriffs in ihren Voraussetzungen zu hinterfragen.

Weiterführende Literatur

Coccia, Emanuele: Die Wurzeln der Welt. Eine Philosophie der Pflanzen. München 2018.

Hall, Matthew: Plants as Persons. A Philosophical Botany. Albany 2011.

Kallhoff, Angela Marcello di Paola und Maria Schörgenhumer (Hg.): Plant Ethics. Concepts and Applications. London 2019.

Kohn, Eduardo: How Forests Think. Toward an Anthropology Beyond the Human. Berkeley, Calif. 2013.

Marder, Michael: Plant Thinking. A Philosophy of Vegetal Life. New York 2013.

Marder, Michael: Plant intentionality and the phenomenological framework of plant intelligence. In: Plant Signaling & Behavior 7 (2012), S. 1365–1372.

Nealon, Jeffrey: Plant Theory. Biopower and Vegetable Life. Stanford, Calif. 2016.

Stoff, Heiko: Wirkstoffe. Eine Wissenschaftsgeschichte der Hormone, Vitamine und Enzyme, 1920-1970. Stuttgart 2012.

Trewavas, Anthony: Plant Behaviour and Intelligence. Oxford 2014.

Heiko Stoff

Krebsnoxen und Krebszellen. Zur Chemie biologischen Verhaltens in den 1950er Jahren

Eine arg reduzierte Definition der Biologie könnte so lauten, dass es sich bei dieser Wissenschaft um die Lehre vom Verhalten selbsttätiger Lebewesen in einem spezifischen Milieu handelt. Dies ist für das zwanzigste Jahrhundert vor allem in Bezug auf die Verhaltensforschung und das Umweltkonzept ausführlich dargestellt worden.[1] Auf den Hilfsbegriff des Verhaltens konnten aber auch schon im neunzehnten Jahrhundert nur wenige biologische Darstellungen verzichten. Es macht nicht viel Mühe, darin eine Denkfigur zu erkennen, die ebenso für die Soziologie Geltung hätte und einem aufgeklärten und liberalen Gesellschaftsbild entspricht: Autonome Subjekte verhalten sich in einer spezifisch regulierten Gesellschaft. Allerdings schließt daran sofort die Frage an, wie sie sich denn verhalten. Und tatsächlich scheint die Unterscheidung zwischen angemessenem und nicht angemessenem, richtigem und falschem Verhalten hier von großer Bedeutung zu sein. Der so vielfältig ausgedeutete, in immer neue Denksysteme integrierte Verhaltensbegriff, der ebenso moralisch konnotiert ist, wie er auch positivistisch verstanden wird, steht zwar dem auf einen ausdrücklichen Willen zurückgehenden Begriff des Handelns entgegen, funktioniert aber, um gute oder schlechte Tätigkeiten als angemessen oder eigentümlich zu unterscheiden. Deshalb gibt es Verhalten auch nicht ohne Beobachtung und Beurteilung.

Etwas handelt auf eine bestimmte Weise, aber mehr noch verhält es sich (ob bewusst oder unbewusst) zu etwas. Verhalten ist ein zugleich homogenisierender und differenzierender Begriff. So wurde er dann auch in der vergleichenden Verhaltensforschung des zwanzigsten Jahrhunderts verwendet. Dabei konnte darüber gestritten werden, wie sehr das beobachtete Verhalten von Individuen durch gesellschaftliche Strukturen und jenes von Arten durch die Umwelt oder aber auch durch Instinkte determiniert sei. Annahmen über ererbtes oder erworbenes Ver-

1 Volker Schurig: Der ideengeschichtliche Ursprung des Wissenschaftsbegriffs „Ethologie" in der Antike. In: Philosophia Naturalis Meisenheim 20 (1983), S. 435–452; Franz M. Wuketits: Die Entdeckung des Verhaltens. Eine Geschichte der Verhaltensforschung. Darmstadt 1995; Georg Toepfer: Verhalten. In: Georg Toepfer: Historisches Wörterbuch der Biologie. Geschichte und Theorie der biologischen Grundbegriffe. Bd. 3. Stuttgart 2011, S. 653–687. Auch: Roland Innerhofer und Katja Rothe: Regulierung des Verhaltens zwischen den Weltkriegen. Robert Musil und Kurt Lewin. In: Berichte zur Wissenschaftsgeschichte 33 (2010), S. 365–381.

https://doi.org/10.1515/9783110740813-032

halten, Hierarchien der Prägung und Determinierung brachten wiederum unterschiedliche Möglichkeiten hervor, Fragen der Verhaltens- oder Milieuänderungen zu begegnen. Können Lebewesen ihr Verhalten aber überhaupt im biologischen Sinne ändern? Und wie entsteht eine Variabilität des Verhaltens?

Die naturwissenschaftlich-technische Medizin beruht vor allem auf der Sichtbarmachung von mit dem bloßen Auge nicht erkennbaren Agentien, über deren organische oder anorganische Identität im neunzehnten Jahrhundert trefflich gestritten werden konnte. Wie aber verhalten sich eigentlich diese unsichtbaren Dinge, die nur durch erheblichen technischen Aufwand sichtbar gemacht werden können und deren Existenz zunächst überhaupt nur durch experimentelle Effekte und Spuren nachweisbar scheint? Wie verhält sich etwas, das zunächst mehr Eigenschaften als Substanz hat?[2] Während die Geschichte der Verhaltensforschung der Lebewesen gut erforscht ist, gilt dies weitaus weniger für jene Untersuchungen, bei denen auch das Verhalten von spezifischen Agentien im Organismus zu einem Forschungsgegenstand wurde. Es lässt sich bereits für das frühe neunzehnte Jahrhundert zeigen, dass bestimmte Vorgänge im Körper als „Verhalten" dargestellt wurden. So sprach 1814 etwa Gottfried Reinhold Treviranus, der den Begriff der Biologie überhaupt erst als „Lebenslehre" eingeführt hatte, vom Verhalten des Eiweißstoffes als Bestandteil des Körpers, „welcher vorzüglich nährend ist".[3] Ebenso verhielten sich diverse chemische Verbindungen auf spezifische Weise im Organismus.[4] Und natürlich kam auch den immerhin mikroskopisch sichtbaren Zellen ein Verhalten zu, so dass der Entwicklungsbiologe Oscar Hertwig formulieren konnte, Zellen verhielten sich aktiv und führten Bewegungen aus.[5]

Der Begriff des ‚Verhaltens' fand also vielfältige Verwendung, um Lebensprozesse im Organismus darzustellen und einzuordnen. Auch Claude Bernard konnte nicht darauf verzichten, die Vokabel „se comporter" anzuwenden, um auszudrü-

2 Dazu natürlich auch Bruno Latour: Die Hoffnung der Pandora. Untersuchungen zur Wirklichkeit der Wissenschaft. Frankfurt a. M. 2002, S. 154–156.

3 Gottfried Reinhold Treviranus: Biologie oder Philosophie der lebenden Natur für Naturforscher und Aerzte. Bd. 4. Göttingen 1814, S. 364.

4 Beispielhaft: E. Gergens und Eugen Baumann: Über das Verhalten des Guanidin, Dicyandiamidin und Cyanamid im Organismus. In: Archiv für die gesamte Physiologie des Menschen und der Tiere 12 (1876), S. 205–214; Stanislaw Bondzyński: Ueber das Verhalten einiger Salicylsäureester im Organismus. In: Archiv für experimentelle Pathologie und Pharmakologie 38 (1896), S. 88–98; Hugo Winternitz: Ueber Jodfette und ihr Verhalten im Organismus, nebst Untersuchungen über das Verhalten von Jodalkalien in den Geweben des Körpers. In: Hoppe-Seyler's Zeitschrift für Physiologische Chemie 24 (1898), S. 425–448.

5 Oscar Hertwig: Zeit- und Streitfragen der Biologie. H. 1. Jena 1894, S. 166.

cken, wie im „milieu intérieur“ Lebensprozesse reguliert werden.[6] Wo vom Leben gesprochen wird, geht es immer auch um das Verhalten.

Während Rudolf Virchow die Zelle als Trägerin des Lebens und damit auch von Krankheiten den Lebensprozessen zugeordnet hatte, wurden seit den 1910er Jahren Krebserkrankungen immer häufiger durch externe Faktoren erklärt, die der Chirurg Karl Heinrich Bauer später als „Krebsnoxen“ bezeichnete. Diese als künstlich und bösartig charakterisierten chemischen Agentien, so lautete Mitte des zwanzigsten Jahrhunderts eine bedeutsame und einflussreiche Theorie, brachten Körperzellen dazu, sich in autonome Krebszellen zu verwandeln. In medizinischen Aufklärungsfilmen zur Krebsvorbeugung der 1930er Jahre, darauf weist Anja Laukötter hin, wurde dazu auch die Phrase einer „Anarchie der Zellen“ verwendet.[7] Bauer verließ sich bei der Darstellung dieser Vorgänge, wie er sie vor allem 1949 in seinem Standardwerk *Das Krebsproblem* vornahm, auf den Begriff des ‚Verhaltens‘, mit dem er sowohl Krebsnoxen als auch Krebszellen von den zur Ganzheit strebenden Vorgängen im Organismus abzugrenzen versuchte. Während diese Begriffsverwendung unschwer dem biopolitischen Diskurs zuzuordnen ist, wie er in der ersten Hälfte des zwanzigsten Jahrhunderts im deutschsprachigen Raum ausgeschrieben worden war, ermöglichte sie zugleich die Etablierung einer Krebstheorie der somatischen Mutation, die Krebszellen „labiles Verhalten“ zusprach und sich in der zweiten Hälfte des zwanzigsten Jahrhunderts von grundlegender Bedeutung auch für die Einführung der Chemotherapie erwies.

Eine Pharmakologie krebserregender Substanzen

In den 1920er Jahren zirkulierten zahlreiche Theorien zur Krebsentstehung: Rudolf Virchows Reiztheorie, die Cohnheim-Ribbertsche Theorie der Krebsentwicklung aus versprengten embryonalen Keimen, Adolph Theilhabers Thesen zum Wegfall wachstumshemmender Stoffe im Bindegewebe, Francis Peyton Rous’ Virusätiologie, natürlich das Problem einer genetischen Krebsdisposition sowie Otto Warburgs Hypothese zum veränderten Stoffwechsel der Krebszelle. Auf einschneidende Weise neu waren jedoch Forschungen, die seit den 1910er Jahren or-

6 Claude Bernard: Leçons sur les phénomènes de la vie communs aux animaux et aux végétaux. 2 Bde. Paris 1878/1879.

7 Anja Laukötter: „Anarchie der Zellen“. Geschichte und Medien der Krebsaufklärung in der ersten Hälfte des 20. Jahrhunderts. In: Zeithistorische Forschungen 7 (2010), S. 55–74.

ganisch-chemische Stoffe bestimmter Struktur, namentlich polyzyklische aromatische Kohlenwasserstoffverbindungen, als krebsauslösend definierten.[8]

Die krebserzeugende Wirkung gewisser chemischer Stoffe wurde seit Ende des neunzehnten Jahrhunderts diskutiert, als der Frankfurter Chirurg Ludwig Rehn das häufige Auftreten des Blasenkrebses bei Arbeitern einer Farbenfabrik auf die Wirkung der Dämpfe des zur Synthese von Fuchsin benötigten Anilins zurückführte. Es dauerte allerdings noch zwei Jahrzehnte, bis sich die These des Anilinkrebses, gestärkt vor allem durch eine ausführliche Studie bei Anilinarbeitern in der Baseler Industrie, durchsetzen sollte. Diese klinischen Studien sagten jedoch noch nichts über die Substanz aus, die beim aufwendigen Prozess der Herstellung von Anilinfarbstoffen kanzerogen wirksam sei. Chemisch-toxikologische Untersuchungen verschoben den Fokus zunehmend vom reinen Anilin auf Anilinderivate, namentlich Azofarbstoffe, die vor allem in der Textil-, aber auch Lebensmittelindustrie in großem Maßstab verwendet wurden.[9] Der erste Azofarbstoff, der ob seiner Kanzerogenität experimentell getestet wurde, war 1906 das Scharlachrot (Aminoazotoluol).[10] Tomizo Yoshida zeigte zu Beginn der 1930er Jahre, dass Ratten, die mit Scharlachrot gefüttert wurden, nicht nur Blasenkrebs, sondern auch Lebertumor mit Metastasierung entwickelten. Aus o-Aminoazotoluol konnte wiederum ein weiterer Farbstoff, p-Dimethylaminoazobenzol, gewonnen werden, der zur Färbung von Margarine und Butter verwendet wurde und deshalb als Buttergelb bekannt war.[11] 1937 führte

8 Adolf Butenandt: Neuere Beiträge der biologischen Chemie zum Krebsproblem. In: Angewandte Chemie 53 (1940), S. 345–352.

9 Arne Andersen: „Roth, blau und grün angestrichene, Schrecken erregende Gestalten." Farbstoffindustrie und arbeitsbedingte Erkrankungen. In: Das blaue Wunder. Zur Geschichte der synthetischen Farben. Hg. von Arne Andersen und Gerd Spelsberg. Köln 1990, S. 162–192, 175–177; Klaus-Dieter Thomann: Ludwig Rehn und die chemische Kanzerogenese. In: Medizin in Frankfurt am Main. Ein Symposium zum 65. Geburtstag von Gert Preiser. Hg. von Juliane C. Wilmanns. Hildesheim 1994, S. 144–168; Wolfgang Hien: Zur Geschichte des Anilinkrebses. In: Berufskrankheitenrecht. Beiträge zur Geschichte und Gegenwart der Berufskrankheiten und des Berufskrankheitenrechts. Hg. von Detlev Jung und Klaus D. Thomann. Stuttgart 2002, S. 163–177; Nicole Schaad: Chemische Stoffe, giftige Körper: Gesundheitsrisiken in der Basler chemischen Industrie, 1860–1930. Zürich 2003; Heiko Stoff und Anthony S. Travis: Discovering chemical carcinogenesis: The case of aromatic amines. In: Hazardous Chemicals. Agents of Risk and Change (1800–2000). Hg. von Ernst Homburg, Elisabeth Vaupel und Paul Erker. New York 2019, S. 137–178.

10 Butenandt: Neuere Beiträge, S. 347, und Bernhard Fischer-Wasels: Die experimentelle Erzeugung atypischer Epithelwucherungen und die Entstehung bösartiger Geschwülste. In: Münchener medizinische Wochenschrift 53 (1906), S. 2041–2047; Dietrich Schmähl: Krebserzeugende Stoffe. In: Gifte. Geschichte der Toxikologie. Hg. von Mechthild Amberger-Lahrmann und Dietrich Schmähl. Berlin 1988, S. 167–196, 183–188.

11 Karl Heinrich Bauer: Über Chemie und Krebs – dargestellt am „Anilinkrebs" (L. Rehn). In: Langenbecks Archiv für Klinische Chirurgie 264 (1950), S. 21–44, 26–28.

der Pathologe Riojun Kinosita Tierversuche durch, bei denen sich Buttergelb als eine höchst krebserregende Substanz erwies.[12] Eine Arbeitsgruppe am Pharmakologischen Institut der Universität Berlin unter der Leitung von Hermann Druckrey bestätigte diese Experimente 1940.[13] Die Verwendung des Buttergelbs wurde also bereits während des Nationalsozialismus problematisiert. Als nach Kriegsende gerüchteweise bekannt wurde, dass der Farbstoffe weiterhin Verwendung finde, kam es zu einem öffentlichen Skandal, der schließlich 1958 die Verschärfung des bundesdeutschen Lebensmittelgesetzes initiierte.[14]

Ähnlich bedeutsam waren die Experimente der japanischen Pathologen Katsusaburo Yamagiwa und Koichi Ichikawa, die im Jahr 1915 Kaninchenohren mit Teer bepinselten und damit Krebs auslösten.[15] Bestätigt wurden diese Versuche 1932 durch eine Arbeitsgruppe um Ernest L. Kennaway und James W. Cook am Londoner Chester Beatty Research Institute, die das aus Steinkohlenteer isolierte und synthetisierte Benzpyren für die kanzerogenen Effekte verantwortlich machte. Karl Heinrich Bauer bezeichnete das Benzpyren als „wahre Schicksalssubstanz aller industrialisierten Völker“.[16] Der Biochemiker und spätere Nobelpreisträger Adolf Butenandt drückte dies etwas weniger pathetisch aus: Im Benzpyren liege der Prototyp der wichtigsten kanzerogenen Verbindungsklasse, der polyzyklischen Kohlenwasserstoffe, vor. Als besonders eindrucksvoll erschien ihm, dass die fatale Wirkung nur sehr geringe Substanzmengen benötige.[17] Eine weitere entscheidende Aussage dieser Forschungsarbeiten lautete, dass schon geringfügige Änderungen in der Struktur dieser Verbindungen einen erheblichen Einfluss auf ihre Aktivität ausübten. Die krebserregende Fähigkeit sei eine konstitutive Eigenschaft, so Cook, „die von einer bestimmten Molekular-Struktur abhängig und nicht eine allgemeine Eigenschaft

---

12 Riojun Kinosita: Studies on the cancerogenic azo and related compounds. In: Yale Journal of Biology and Medicine 12 (1940), S. 287–300, 287, 291 f.

13 Norbert Brock, Hermann Druckrey und Herwig Hamperl: Die Erzeugung von Leberkrebs durch den Farbstoff 4-Dimethylaminoazobenzol. In: Zeitschrift für Krebsforschung 50 (1940), S. 431–456.

14 Heiko Stoff: Zur Kritik der Chemisierung und Technisierung der Umwelt. Risiko- und Präventionspolitik von Lebensmittelzusatzstoffen in den 1950er Jahren. In: Technikgeschichte 81 (2014), S. 229–250; Heiko Stoff: Gift in der Nahrung. Zur Genese der Verbraucherpolitik in Deutschland Mitte des 20. Jahrhunderts. Stuttgart 2015.

15 Katsusaburo Yamagiwa und Koichi Ichikawa: Experimental study of the pathogenesis of carcinoma. In: The Journal of Cancer Research 3 (1918), S. 1–29.

16 Butenandt: Neuere Beiträge, S. 347 f.

17 Karl Heinrich Bauer: Zum Tumorproblem. In: Langenbecks Archiv für Chirurgie 329 (1971), S. 250–264, 254.

aller Verbindungen dieser Gruppe ist".[18] Druckrey stellte in den 1940er Jahren die Entstehung kanzerogener Substanzen durch Veränderungen am Grundmolekül – die Substitution von Methylgruppen oder das Anfügen von Benzolringen – ausführlich dar.[19] Von dem Verdacht, der sich auf die polyzyklischen aromatischen Kohlenwasserstoffe richtete, waren deshalb auch sogenannte Naturstoffe, namentlich Steroide und insbesondere Östrogene, betroffen.[20] Dies beruhte insbesondere auf der Annahme, dass chemische Verwandtschaft offenbar auch maßgebend für ähnliches biologisches Verhalten sei. So wies Wilhelm von Möllendorff 1941 nach, dass karzinogene Kohlenwasserstoffe, er nannte Benzpyren und Methylcholanthren, mit Östron und Testosteron „eine charakteristische Form der Mitosenstörung gemeinsam haben".[21] Die Kongruenz von chemischer Verwandtschaft und biologischem Verhalten brachte also auch jene Sexualhormone in den Verdacht der Kanzerogenität, die für das biopolitische Programm im Nationalsozialismus von großer Bedeutung und ein Erfolgsprodukt der Schering AG waren. Cholesterin und Gallensäure ließen sich, so konnte schon in den 1930er Jahren gezeigt werden, in Methylcholanthren überführen, das wiederum in naher Verwandtschaft zu den Steroiden stand. Eben dies führte zu der Arbeitshypothese, dass im Organismus unter bestimmten Bedingungen mit einem Übergang physiologisch bedeutsamer Wirkstoffe in kanzerogene zu rechnen sei.[22]

Im zwanzigsten Jahrhundert wurde die Krebsentstehung im Wechsel- und Zusammenspiel genetischer Prädispositionen und stofflicher Verursachungen mit weitreichenden gesundheitspolitischen Folgerungen diskutiert. Dabei obsiegte um 1950 zumindest kurzfristig eine „Pharmakologie krebserregender Substanzen"

18 James W. Cook: Chemische Beiträge zum Krebs-Problem. In: Berichte der deutschen chemischen Gesellschaft 69 (1936), S. 38–49, 42.

19 Hermann Druckrey: Die Pharmakologie krebserregender Substanzen. In: Zeitschrift für Krebsforschung 57 (1950), S. 70 –85; S. 72–73.

20 Butenandt: Neuere Beiträge, S. 348, und Cook: Chemische Beiträge, S. 38, 45, 46–49; Jean-Paul Gaudillière: Biochemie und Industrie. Der Arbeitskreis „Butenandt-Schering" während der Zeit des Nationalsozialismus. In: Adolf Butenandt und die Kaiser-Wilhelm-Gesellschaft. Wissenschaft, Industrie und Politik im „Dritten Reich". Hg. von Wolfgang Schieder und Achim Trunk. Göttingen 2004, S. 198–246; Jean-Paul Gaudillière: Hormones, régimes d'innovation et stratégies d'entreprise: les exemples de Schering et Bayer. In: Entreprises et Histoire 36 (2004), S. 84–102; Jean-Paul Gaudillière: Hormones at risk. Cancer and the medical uses of industrially-produced sex steroids in Germany, 1930–1960. In: The Risks of Medical Innovation. Risk Perception and Assessment in Historical Context. Hg. von Thomas Schlich und Ulrich Tröhler. London/New York 2006, S. 148–169; und Heiko Stoff: Wirkstoffe. Eine Wissenschaftsgeschichte der Hormone, Vitamine und Enzyme, 1920–1970. Stuttgart 2012, S. 298–309.

21 Zitiert nach Bauer: Das Krebsproblem, S. 278.

22 Butenandt: Neuere Beiträge, S. 348.

über das Dogma der Vererbung. Stattdessen seien es „Umwelteinflüsse" und „äußere Faktoren", die Krebs verursachten.[23]

Das Fehlverhalten der Krebsnoxen im ganzheitlichen Organismus

Krebs – der Oberbegriff für alle „bösartigen" Geschwülste, für Karzinome, Sarkome und Tumoren – wurde durch Ärzte wie Karl Freudenberg, Erwin Liek und seit den 1940er Jahren vor allem auch Karl Heinrich Bauer mit der technischen Zivilisation insgesamt assoziiert. In den 1920er Jahren wurde intensiv über die Statistik einer tatsächlichen oder nur scheinbaren Zunahme des Krebses gestritten.[24] Liek, notorischer Gegner der Weimarer Republik und des Fürsorgestaats, konstatierte, dass „trotz aller statistischen Klügeleien" von Jahr zu Jahr mehr Menschen an Krebs stürben. Dieser Krebsnotstand in den zivilisierten Staaten verlange dringend nach einer „Krebsbekämpfung". Liek deutete Krebs zwar als vererbbare Disposition, diese könne aber durch spezifische schädigende Einwirkungen von „Gewebsgiften" aktiviert werden, zu denen er Alkohol, Nikotin, Syphilis, Röntgen- und Radiumstrahlen sowie stark wirkende Chemikalien zählte.[25] Insbesondere die „denaturierte, chemisch misshandelte, sagen wir ruhig, verschmutzte Nahrung" sei die Ursache chronischer Entzündungen, die als Vorläufer des Krebses fungierten.[26] Entscheidend war hier der Giftbegriff, den insbesondere der Publizist und Volksschullehrer Curt Lenzner 1931 mit seiner Schrift *Gift in der Nahrung* popularisierte. Gift und Krebs, der Akt der Vergiftung und die Karzinombildung, wurden in den 1930er Jahren verbunden.[27] Die Bedeutung des Giftnarrativs im deutschsprachigen Raum zeigte sich insbesondere im Entstehen neuer Giftarten im Laufe des zwanzigsten Jahrhunderts, den Genussgiften, Zivilisationsgiften, Umweltgiften, Summationsgiften, die alle auch im Verdacht standen, karzinogen zu wirken.

Liek gab mit seiner Schrift die Richtung vor, die seit den 1930er Jahren eingeschlagen wurde: Die Krebsbekämpfung musste sich gegen äußere, fremde und künstliche Stoffe richten. Sie war nicht sozialmedizinisch, hingegen ausdrücklich

---

23 Druckrey: Pharmakologie, S. 70.

24 Erwin Liek: Krebsverbreitung, Krebsbekämpfung, Krebsverhütung. München 1932, S. 30–47.

25 Liek: Krebsverbreitung, S. 142.

26 Liek: Krebsverbreitung, S. 223.

27 Heiko Stoff: Poison and cancer. The politics of food carcinogens in 1950s West Germany. In: Risk on the Table. Food Production, Health, and the Environment. Hg. von Angela Creager und Jean-Paul Gaudillière. New York/Oxford 2021, S. 79–104, und Stoff: Gift.

biomedizinisch ausgerichtet und Teil eines Kulturkampfes, der sich mit medizinischer Sprache gegen „Zivilisationskrankheiten" richtete. Dass Krebs in den 1930er Jahren als das zentrale volksgesundheitliche Problem fixiert wurde, ist mittlerweile in zahlreichen Studien gezeigt worden. Krebsforschung war im Nationalsozialismus, dies haben vor allem Robert N. Proctor und Gabriele Moser herausgearbeitet, der einzige nicht direkt kriegswichtige Forschungsbereich, der dennoch in großem Umfang gefördert wurde.[28] Wie Proctor schreibt, erhielt im Nationalsozialismus die Krebsforschung im Allgemeinen und die Identifizierung krebserregender Fremdstoffe im Besonderen ihre exzeptionelle Bedeutung als präventive Rassenhygiene, bei der das genetische Erbe vor der Gefährdung durch Giftstoffe gerettet werden musste. In der Intensität der Erforschung und Bekämpfung kanzerogener Lebensmittelzusatzstoffe, so Proctor, unterschied sich der Nationalsozialismus zu Beginn der 1940er Jahre von den anderen Staaten.[29]

Die Hauptursache für den Krebs wurde seit den 1930er Jahren in zellverändernden Krebsnoxen gesucht. Der Begriff der Krebsnoxe, den Karl Heinrich Bauer unter Rekurs auf Ludwig Rehn zuspitzte und der jede strahlende oder einer chemischen Reaktion entstammende Energie meinte, „die in der Lage ist, eine gesunde Zelle zur Krebszelle werden zu lassen", verband um das Jahr 1950 Zivilisationskritik mit Krebsforschung.[30] In seinem großen Standardwerk *Das Krebsproblem* unterschied Bauer zwischen Krebsnoxen, denen der Mensch aus natürlichen Gründen ausgesetzt sei und zu denen der UV-Gehalt des Sonnenlichtes, kosmische Strahlen, Traumen, das Altern der Gewebe, körpereigene Stoffe sowie Viren zählten, und solchen, „die auf den Menschen dank der Schäden moderner Technik und Zivilisation, sei es im Beruf oder in seinem sozialen Milieu, sei es bei der Krankheitserkennung und Krankheitsbekämpfung, oder auf dem Weg über die Ernährung einwirken". Zu diesen zählte Bauer „Berufsnoxen" wie Teer, Anilin und Mineralöle, thermische Noxen, künstliche Farbstoffe in Nahrungsmitteln, karzinogene Stoffe bei der Nahrungsmittelzubereitung, gewisse Medikamente, aber auch Röntgen- und Radiumstrahlen bei der Krankheitsbetreuung. Ergänzt wurde dies durch jene Noxen, die nur im Experiment eingesetzt und durch die Forschung verwendet wurden.[31]

---

28 Gabriele Moser: Deutsche Forschungsgemeinschaft und Krebsforschung, 1920–1970. Stuttgart 2011; sowie Robert N. Proctor: Blitzkrieg gegen den Krebs. Gesundheit und Propaganda im Dritten Reich. Stuttgart 2002. Auch: Bettina Hitzer: Krebs fühlen: Eine Emotionsgeschichte des 20. Jahrhunderts. Stuttgart 2020.

29 Proctor: Blitzkrieg, S. 191.

30 Hans Lau und Paul Baier: Über Versuche zur gelenkten Krebserzeugung durch Zusammenwirken einer spezifischen Krebsnoxe (2-Acetylaminofluoren) und einer nichtkrebsspezifischen Schädigung (Cholinmangelernährung). In: Langenbecks Archiv für Klinische Chirurgie 278 (1954), S. 156–172.

31 Bauer: Das Krebsproblem, S. 364 f.

Bauer, der sich als Chirurg weit in biochemische und pharmakologische Bereiche vorwagte, war mit all seinen Widersprüchen ein typischer Vertreter der in den 1890er Jahren im deutschsprachigen Raum geborenen Mediziner. 1926 publizierte er bereits zur Rassenhygiene, distanzierte sich aber von „Rassenfanatikern". Dennoch arbeitete er 1934 am nationalsozialistischen Sterilisationsgesetz mit, ohne aber jemals Parteimitglied gewesen zu sein oder öffentlich nationalsozialistische und antisemitische Positionen eingenommen zu haben. Nach 1945 wurde Bauer wie auch Butenandt zu einem bedeutsamen wissenschaftspolitischen Akteur. Er reüssierte als erster Nachkriegsrektor der Universität Heidelberg und war in den 1960er Jahren die treibende Kraft bei der Gründung des Deutschen Krebszentrums. In seinen zahlreichen politischen Reden nach Ende der nationalsozialistischen Herrschaft beschwor er die Wiederherstellung von Moral und Sitte, verband dies jedoch durchaus mit einer grundlegenden Kritik am „doktrinären Charakter des deutschen Geistes".[32] Bauer galt schon in der Weimarer Republik als renommierter Krebsforscher, der mit seinen Thesen zur Krebskonstitution und seiner Mutationstheorie der Geschwulstbildung auf sich aufmerksam gemacht hatte. Dabei erklärte er den Einfluss äußerer Faktoren bei der Krebsentstehung für bedeutender als die genetische Disposition.[33]

Bauers Publikationen, die trotz der gepflegten Fachsprache auch für Laien verständlich waren, sorgten in der Nachkriegszeit für erhebliches Aufsehen. In einem 1950 veröffentlichten Artikel über den „Anilinkrebs" konstatierte er die beunruhigende Tatsache, dass sich unter der gewaltigen Zahl an Kohlenstoffverbindungen, von denen die große Mehrzahl im Laboratorium künstlich und synthetisch erzeugt worden sei, eine ganze Reihe von Substanzen befände, die sich als potenziell Krebs bringend erwiesen hätten.[34] Die Zunahme des Krebses habe ihre Ursache also nicht nur in der Verlängerung der Lebensdauer des Menschen westlicher Zivilisation, sondern vor allem auch in der Zunahme der Krebsnoxen, die im Zeitalter der „fortschreitenden Chemisierung und Technisierung unserer Umwelt" produziert würden. Krebs sei ein Tribut an die erhebliche Lebensverlängerung und an so manche Schäden unserer Zivilisation.[35] Bauer, der 1949 von der Existenz von etwa dreihun-

32 Zitiert nach Eike Wolgast: Karl Heinrich Bauer. Der erste Heidelberger Nachkriegsrektor. Weltbild und Handeln 1945–1946. In: Heidelberg 1945. Hg. von Jürgen C. Heß, Hartmut Lehmann und Volker Sellin. Stuttgart 1996, S. 107–129, hier S. 114. Zu Bauer, der 1968 zumindest kurzfristig in die Kritik geriet, auch: Moser: Deutsche Forschungsgemeinschaft, S. 94–97; Proctor: Blitzkrieg, S. 74–80; Ralf Forsbach: Die 68er und die Medizin. Gesundheitspolitik und Patientenverhalten in der Bundesrepublik Deutschland (1960–2010). Göttingen 2011, S. 70–72.

33 Wilhelm Doerr: Karl Heinrich Bauer in seinen Arbeiten. In: Heidelberger Jahrbücher 35 (1991), S. 113–132.

34 Bauer: Über Chemie, S. 21–44, 23 f.

35 Bauer: Über Chemie, S. 33 f., und Bauer: Das Krebsproblem, S. 1.

dert Krebsnoxen ausging, kam deshalb zu dem niederschmetternden Fazit, dass dieses Zeitalter der Chemisierung und Technisierung der Umwelt auch „Krebsnoxen für jedermann“ kenne, „also für alle, für Millionen, Tag für Tag und unfreiwillig für lange, lange Jahre“.[36]

Allerdings ergab sich exakt aus dieser menschengemachten Ursache der behaupteten Zunahme an Krebserkrankungen auch die Hoffnung, den Krebs nicht nur zu bekämpfen, sondern auch besiegen zu können. Dem Fatum der Vererbung müsse in der Lehre vom Krebs ein Ende gemacht werden, verkündete Bauer, die *conditio sine qua non* sei immer ein exogenes Agens. Krebs war kein Schicksal mehr, sondern vermeidbar: „Das neu gestellte Problem ist die Verhütung drohenden Krebses durch Vermeidung seiner auslösenden Noxen.“[37] Bauer, Butenandt und Druckrey waren sich in dieser Auffassung absolut einig und forcierten in diesem Sinne eine strenge Gesetzgebung im Bereich des Lebensmittelrechts auf bundesdeutscher, aber ebenso europäischer Ebene. Nicht nur ging die Novelle des bundesdeutschen Lebensmittelgesetzes 1958 auch auf ihre Einflussnahme zurück, sondern vor allem Butenandt und Druckrey versuchten im Rahmen der Organisation EUROTOX und des Joint FAO/WHO Expert Committee on Food Additives (JECFA) strenge Regularien bei der Zulassung von Farbstoffen und Konservierungsmitteln, den sogenannten Fremdstoffen, durchzusetzen.[38]

Über das Verhalten der Krebsnoxen im Organismus war allerdings äußerst wenig bekannt. Nach Kriegsende versorgte Butenandt, selbst Profiteur des Nationalsozialismus, Druckrey, der 1931 der SA beigetreten war, unermüdlich mit Persilscheinen, adelte ihn als „führenden Forscher im Gebiet der allgemeinen Pharmakologie, insbesondere der experimentellen Krebsforschung“ und sorgte dafür, dass jene Theorie, die Druckrey noch während seiner Zeit im Internierungslager Hammelburg zusammen mit dem Elektrophysiker Karl Küpfmüller erarbeitet hatte, zu einem zentralen Dogma der chemischen Krebsforschung wurde. Druckrey gelang zwar keine eindrucksvolle universitäre Karriere mehr, dafür etablierte er sich jedoch als international bekannter und einflussreicher Experte für toxische und kanzerogene Stoffe in Lebensmitteln.[39] Die erstaunliche Zusammenarbeit Druckreys mit Küpfmüller führte zu einer neuen onkologischen Theorie, nach der die Krebswirkung einer Substanz wie Buttergelb von der summierten Gesamtmenge abhänge und nicht von der

36 Bauer: Über Chemie, S. 26, und Bauer: Das Krebsproblem, S. 165.

37 Bauer: Über Chemie, S. 33 f.

38 Stoff: Gift, S. 122–140.

39 Volker Wunderlich: „Mit Papier, Bleistift und Rechenschieber“. Der Krebsforscher Hermann Druckrey im Internierungslager Hammelburg (1946–1947). In: Medizinhistorisches Journal 43 (2008), S. 327–343. Butenandts Einschätzung stammt aus Butenandt an Richard Linsmayer (3. Juli 1947). In: MPG-Archiv, Abt. III, Rep. 84/2, Nr. 1359.

Größe der Einzeldosen. Entscheidend für die kanzerogene Wirkung sei das Zusammenwirken von Konzentration und Zeitdauer.[40] Die Effekte auch der kleinsten Einzeldosen, so lautete der entscheidende Satz der Studie aus dem Jahr 1948, blieben bei Buttergelb über die ganze Lebenszeit der Versuchstiere voll summationsfähig bestehen. Druckrey und Küpfmüller resümierten im Anschluss eine doppelte Leistung ihrer Forschungsarbeit. So hätten sie bewiesen, dass die krebserzeugende Wirkung physikalisch-chemischen Gesetzmäßigkeiten unterliege und zugleich über den Farbstoff Buttergelb entschieden, dass dieser bei dauernder Zufuhr auch in kleinsten Dosen schädlich und deshalb als Lebensmittelfarbstoff abzulehnen sei.[41] In diesem Dosis-Zeit-Wirkungsgesetz waren die Topoi der Krebsdebatte der 1930er und 1940er Jahre auf elegante Weise zusammengeführt und in ein hoch ambitioniertes mathematisch-toxikologisches Modell überführt.[42] Ein Grundproblem war dabei die Latenzzeit. Das ganze Heer von Berufskrebsen, so fasste Bauer zusammen, zeige, „daß zwischen Einwirkung einer genau definierbaren Krebsnoxe und dem ersten Krebssymptom Jahrzehnte dazwischen liegen können".[43] Dies sollte fürderhin die Identifikation krebserregender Substanzen äußerst erschweren. Zugleich ließ sich damit aber auch jeglicher Krebs zumindest potenziell auf Noxen zurückführen.

Druckrey und Küpfmüller spekulierten über einen Mechanismus, der ihr statistisches Modell erklärte. Danach besetzen Giftstoffe unwiderruflich spezifische Rezeptoren eines Organismus. Dieser Typ der Summationswirkung finde sich in zwei sehr wichtigen biologischen Vorgängen: Der Auslösung von Mutationen durch Strahlen und bei der Auslösung von Krebs durch Buttergelb.[44] Der Angriffspunkt der kanzerogenen Substanz sei an solchen Zellbestandteilen zu suchen, die an der Duplikation bei der Zellteilung teilnähmen und zur Selbstreproduktion befähigt seien. Kanzerogene Substanzen, lautete Druckreys radikale Botschaft, seien „‚Erbänderungsstoffe' mit irreversibler Wirkung".[45] Dies erklärte aber immer

40 Hermann Druckrey und Karl Küpfmüller: Quantitative Analyse der Krebsentstehung. In: Zeitschrift für Naturforschung 3b (1948), S. 254–266; Hermann Druckrey und Karl Küpfmüller: Dosis und Wirkung. Beiträge zur theoretischen Pharmakologie. In: Die Pharmazie 8 (1949), S. 514–645, 514, 604–610, 643. Volker Wunderlich: Zur Entstehungsgeschichte der Druckrey-Küpfmüller-Schriften (1948–1949). Dosis und Wirkung bei krebserzeugenden Stoffen. In: Medizinhistorisches Journal 40 (2005), S. 369–397, und Stoff: Gift, S. 69–77.

41 Druckrey und Küpfmüller: Quantitative Analyse, S. 254, 259.

42 Liek: Krebsverbreitung, S. 152.

43 Bauer: Das Krebsproblem, S. 8.

44 Druckrey und Küpfmüller: Dosis, S. 607 f.; Alexander von Schwerin: Vom Gift im Essen zu chronischen Umweltgefahren. Lebensmittelzusatzstoffe und die risikopolitische Institutionalisierung der Toxikogenetik in der Bundesrepublik, 1955–1964. In: Technikgeschichte 81 (2014), S. 251–274.

45 Hermann Druckrey: Versuche zur Krebserzeugung mit Anilin oder Anilin-Derivaten. In: Langenbecks Archiv für Klinische Chirurgie 264 (1950), S. 45–60, 47; Hermann Druckrey: Die toxikolo-

noch nicht, wie sich eigentlich die Krebsnoxen im Organismus verhielten. Eine solche Verhaltensaufklärung war jedoch von großer Bedeutung bei solchen Substanzen, die etwa in Lebensmitteln in Verkehr gebracht wurden, bei Farbstoffen und Konservierungsmitteln. Nachdem Kinosita erstmals gezeigt hatte, dass externe Substanzen im Organismus Geschwulste verursachen konnten, hatte sich auch Druckrey sofort dafür interessiert, wie sich ein karzinogener Farbstoff im Körper verhält und wie etwa die wasserlösliche Substanz des Buttergelbs sich im Körper verteilt. Von großem Forschungsinteresse war insbesondere die Frage, wo die Stoffe im Organismus abgebaut werden.[46] In den frühen 1940er Jahren wurden dann auch Untersuchungen explizit zum Verhalten des Benzpyrens im Organismus mit fluoreszenz-mikroskopischer Methodik durchgeführt. Eine auf die Haut getropfte Benzpyren-Benzollösung sickere danach in kurzer Zeit bis auf die unter der Subcutis gelegene Muskelschicht, wobei sie in den Zellen gespeichert und in der Haut verteilt werde. Von besonderer Wichtigkeit erschien dabei das intrazelluläre Verhalten.[47]

Wie ließen sich dann aber zellbiologische Wirkungen sichtbar machen? Ein gutes Hilfsmittel, so Bauer, lieferten Mitoseuntersuchungen in der Gewebekultur. Dann könne das Verhalten der Mitosen bei Einbringung karzinogener Stoffe untersucht werden. Interessant war dies zu Beginn der 1940er Jahr auch, weil es sich mit dem Einfluss von Steroidhormonen vergleichen ließ. Alle karzinogenen Stoffe wiesen die gleiche Mitosestörung auf, die nicht-karzinogene Kohlenwasserstoffe und die physiologischen Steroide vermissen ließen. Damit schien auch eine Art Verhaltenstest gefunden worden zu sein, der erkennen lasse, dass etwa Östrogene, die sich im Tierexperiment als potenziell karzinogen, in der Therapie hingegen als „karzinokolytisch", also wachstumshemmend, erwiesen hätten, mit den karzinogenen chemischen Stoffen in der Art der Mitosestörung übereinstimmten.[48] Jedoch führten die Verhaltensuntersuchungen der Krebsnoxen nicht viel weiter und der Fokus, dies lässt sich an Bauers Monografie zum Krebsproblem gut nachvollziehen, richtete sich mehr auf die Krebszellen selbst, die doch, da sie sehr viele Funktionen des

gische Beurteilung von Lebensmittelfarbstoffen. In: Zeitschrift für Lebensmitteluntersuchung und -forschung 120 (1963), S. 375–381, hier S. 379; Druckrey und Küpfmüller: Quantitative Analyse, S. 260. Volker Wunderlich: „Zur Selbstreproduktion befähigte Substanzen" als zelluläre Angriffsorte chemischer Cancerogene. In: NTM 15 (2007), S. 271–283.

46 Proctor: Blitzkrieg, S. 191–192.

47 Hans Günther: Die Beziehung des Geschlechts zur Geschwulstbildung. In: Zeitschrift für Krebsforschung 29 (1929), S. 91–111; Arnold Graffi: Zur unterschiedlichen Reaktionsweise der Ratten- und Mäusehaut gegenüber Benzpyren. In: Zeitschrift für Krebsforschung 54 (1944), S. 254–260; und Bauer: Das Krebsproblem, S. 264–265.

48 Bauer: Das Krebsproblem, S. 466.

Organismus „mitmachen“ und erst ab einer gewissen Mindestzahl „auffallen“, sich für eine entscheidend lange Zeit unauffällig verhalten.[49]

Das andersgesetzliche und bösartige Verhalten der Krebszellen

Die pathologische ebenso wie die biochemische Krebsforschung suchte in den 1930er Jahren intensiv nach Erklärungen für das „bösartige Verhalten“ der Krebszellen.[50] Adolf Butenandt präsentierte 1940 eine Definition des Begriffs Krebskrankheit, die sich dabei als weiterführend erwies, vor allem als sie sich mit der Mutationstheorie verband. Danach seien unter dem Begriff Krebs alle bösartigen Neubildungen und atypischen Geschwülste zu verstehen, „die sich dem Ganzheitsbestreben des Organismus nicht mehr fügen, sich seinen wachstumsregulierenden und formgebenden Einflüssen entziehen und in ihrem Wachstum und Stoffwechsel unabhängig vom Organismus geworden sind“.[51] Es ist also die Autonomie der „Neubildungen“ und „Geschwülste“, welche diese so gefährlich macht. Die „bösartigen Neubildungen“ widersetzen sich dem „Ganzheitsbestreben des Organismus“. Auch hier fällt es nicht schwer, eine politische Metaphorik zu entdecken. Dazu reicht ein Blick auf das Erscheinungsjahr des Beitrags. Allerdings ist dieser metaphorische Austausch dem zellularpathologischen Diskurs schon von Beginn an eingeschrieben: Das Soziale erklärt den Krebs und der Krebs das Soziale.[52]

Die Krebsnoxen reagierten also mit „Organismus“ und „Ganzheit“. Dass es sich bei „Ganzheitlichkeit“ um einen zentralen Begriff der antimodernen Moderne handelt, ist mittlerweile ausführlich dargestellt.[53] Das Konzept des Organismus rekonstruierte dann exakt eine Einheit, die von der naturwissenschaftlich-technischen Medizin, so hieß es schon im neunzehnten Jahrhundert, zergliedert worden sei. Nach Hermann Lotze sei eine Krankheit derjenige Prozess, in dem die Wirkung einer Noxe nicht mehr durch die regulierende Tätigkeit des Stoffwechsels im Gleich-

---

49 Bauer: Das Krebsproblem, S. 529.

50 Bauer: Das Krebsproblem, S. 414.

51 Butenandt: Neuere Beiträge, S. 345.

52 Am Beispiel von Johann Jakob von Uexküll zeigt dies Anne Harrington: Reenchanted Science. Holism in German Culture from Wilhelm II to Hitler. Princeton 1996, S. 78–80. Dazu natürlich auch Susan Sontag: Illness as Metaphor. New York 1978.

53 Harrington: Reenchanted Science; Michael Hau: The holistic gaze in German medicine, 1890–1930. In: Bulletin of the History of Medicine 74 (2000), S. 495–524; Carsten Timmermann: Constitutional medicine, neoromanticism, and the politics of antimechanism in interwar Germany. In: Bulletin of the History of Medicine 75 (2001), S. 717–739.

gewicht abgefangen werden könne. Der Organismus als Ganzer würde unter die Herrschaft dieses fremden Prinzips geraten.[54] Eine bedeutsame Neubestimmung des Organismus leistete aber vor allem auch Wilhelm Roux, der die Bedeutung der Selbstregulation für dessen ganzheitliches Funktionieren betonte. Die „zum Leben nöthige innere Harmonie der Theile" werde durch funktionelle Anpassung geleistet, diese schaffe den ganzheitlichen Charakter des Organismus.[55] Unschwer klingt aber auch beim „Krebsproblem" die seit dem späten neunzehnten Jahrhundert namentlich in der Bakteriologie exemplifizierte Denkfigur an, nach der sich ein Körper vor externen Angriffen „unsichtbarer Feinde" schützen müsse. Wissenschaftliche Aufgabe sei es, diese überhaupt erst sichtbar zu machen.[56]

Das „Ganzheitsbestreben des Organismus" war für die Theorie der Krebsnoxen eine notwendige Matrix. Butenandt hatte schon 1938 vermutet, dass angesichts der Variationsreihe der Steroide, wie sie zu Beginn er 1930er Jahre biochemisch ermittelt wurde, auch im Körper „Entgleisungen stattfinden können", die dem Ganzheitsbestreben des Organismus nicht mehr dienten.[57] Bauer schloss sich Butenandt an, wenn er postulierte, zum Wesen von malignen Tumoren gehöre „ihr selbständiges, im Vergleich mit dem Verhalten aller anderen Gewebe autonomes Wachstum, so dann ihre ungehemmte Wucherungs- und damit Zerstörungsfähigkeit, drittens ihre Verbreitung im Organismus". Problematisch erschien also gerade die Eigenständigkeit der Krebszellen, ihr Unwille, sich der Ganzheit anzupassen, allerdings ohne, dass dies zunächst auffällt. Besonders fürchterlich sei zudem, dass sie sich sogleich vermehren, sich einwuchern, metastasieren und Rezidive bilden, wenn „Krebsreste" unzerstört geblieben sind.[58] Während sonst die Gleichheit des Erbgutes aller

---

54 Hermann Lotze: Leben. Lebenskraft. In: Handwörterbuch der Physiologie. Bd. 1. Hg. von Rudolf Wagner, Braunschweig 1842, S. I–XVII. Vgl. Bettina Wahrig-Schmidt: Der junge Wilhelm Griesinger im Spannungsfeld zwischen Philosophie und Physiologie: Anmerkungen zu den philosophischen Wurzeln seiner frühen Psychiatrie. Tübingen 1985, S. 87 f.

55 Wilhelm Roux: Über die Leistungsfähigkeit der Principien der Descendenzlehre zur Erklärung der Zweckmässigkeiten des thierischen Organismus. Breslau 1880. Vgl. Benjamin Bühler: Lebende Körper. Biologisches und anthropologisches Wissen bei Rilke, Döblin und Jünger. Würzburg 2004, S. 53–55.

56 Jakob Tanner: „Weisheit des Körpers" und soziale Homöostase. Physiologie und das Konzept der Selbstregulation. In: Physiologie und industrielle Gesellschaft. Studien zur Verwissenschaftlichung des Körpers im 19. und 20. Jahrhundert. Hg. von Philipp Sarasin und Jakob Tanner. Frankfurt a. M. 1998, S. 129–169; Philipp Sarasin: Die Visualisierung des Feindes. Über metaphorische Technologien der frühen Bakteriologie. In: Geschichte und Gesellschaft 30 (2004), S. 250–276; Philipp Sarasin et al. (Hg.): Bakteriologie und Moderne. Studien zur Biopolitik des Unsichtbaren. Frankfurt a. M. 2006.

57 Adolf Butenandt: Neue Probleme der biologischen Chemie. In: Angewandte Chemie 51 (1938), S. 617–622; Bauer: Das Krebsproblem, S. 278.

58 Bauer: Das Krebsproblem, S. 6.

Körperzellen eines Organismus für gleiches, gewissermaßen zwillingsgeschwisterliches Verhalten aller Körperzellen und damit für den Altruismus, für die Ordnung und innere Harmonie im Zellenstaat sorge, schloss Bauer an den Pathologen David von Hansemann an, so unterschieden sich die von einer mutierten Ausgangszelle abstammenden Körperzellen von nun an durch neue Eigenschaften von ihren bisherigen Geschwisterzellen. Hansemann hatte 1897 die innere Wesensänderung der Tumorzelle zum Ausgangspunkt seiner umstrittenen Theorie von der Anaplasie gemacht, laut der sich Zellen in jeder Beziehung, morphologisch und physiologisch, zu neuen Arten entwickeln könnten. Bauer sah in Hansemann so auch einen Pionier der Mutationstheorie. Allerdings habe die Anaplasie den resignierten Endpunkt bei der Erklärung des Entstehens von Krebszellen bedeutet, die „somatische Mutation" hingegen sei der Anfang einer neueren Betrachtungsweise.[59]

Die entscheidende Frage lautete dann, wie Krebsnoxen Körperzellen „zwingen", sich in Krebszellen umzuwandeln, wie die „Cancerisierung" als eine potenzielle Energie, die erst mit der Zellteilung in Gang gesetzt wird, das „autonome Wachstum" auslöst.[60] Karzinogen werde eine Noxe erst dann, wenn sie eine intrazelluläre Einwirkung zu entfalten vermöge, wenn dabei molekulare Umkonstruktionen bestimmter Zellstrukturen gelängen, wenn diese Umkonstruktionen sich auf die weiteren Zellnachkommen übertrügen, jedoch das Leben der Zelle und insbesondere auch ihre Teilungsfähigkeit nicht geschädigt werde.[61] Die Theorie, dass es sich beim Krebs um eine Mutation somatischer Zellen handle, hatte Bauer, wie er stolz vermerkte, bereits Mitte der 1920er Jahre ausgesprochen, 1928 als Erster in einer Monografie dargestellt und in der Folge auf einer ganzen Reihe von Tagungen vorgetragen, weiter ausgebaut, 1943 nochmals am Kaiser-Wilhelm-Institut für medizinische Forschung präsentiert und 1948 in einem Übersichtsaufsatz zusammengefasst.[62] Krebs sei danach ein primär zelluläres Problem, denn alle Körperzellen seien grundsätzlich „carcinopotent". Die Cancerisierung sei genetisch eine irreversible Mutation somatischer Zellen, die somatische Krebsmutabilität variiere je nach Genotypus sowie exogener oder endogener Beeinflussung. Exogene Faktoren wirkten „cancerisierend" nur insoweit sie somatische Mutationen induzierten. Der Eintritt der Cancerisierung folge den Gesetzen der biophysi-

---

59 Bauer: Das Krebsproblem, S. 407, 414, 428; David von Hansemann: Studien über die Spezifität, den Altruismus und die Anaplasie der Zellen. Berlin 1893. Siehe auch Volker Wunderlich: „Er korrigiert meine Anschauung und führt sie weiter fort." (Kommentare von David von Hansemann zu der Schrift von Theodor Boveri zur Frage der Entstehung maligner Tumoren (1914). In: Berichte zur Wissenschaftsgeschichte 34 (2011), S. 263–283).

60 Bauer: Das Krebsproblem, S. 360 f.

61 Bauer: Das Krebsproblem, S. 365.

62 Bauer: Das Krebsproblem, S. 370, 381.

kalischen Treffertheorie. Die somatische Krebsmutation sei also eine gerichtete Mutation. Die Mutation zellregulatorischer Erbstrukturen sei die Grundlage der Malignität.[63] Die Mutationstheorie, so Bauer, sei deshalb die erste und einzige Krebstheorie, die das Problem bösartiger Geschwulste befriedigend zu erklären vermöge.[64]

Bauer verwendete dabei noch Mitte des zwanzigsten Jahrhunderts Rudolf Virchows Metapher vom Zellenstaat.[65] Komme es nämlich an irgendeiner Stelle des Zellenstaates zu einer Mutation einer Körperzelle in einer die Wachstumsregulation kontrollierenden Erbstruktur, so erhalte die Zelle schlagartig andere zellregulatorische Gesetze. Sie verhalte sich nicht mehr wie eine „erbanlagen-identische Geschwisterzelle“, sondern bekomme als erbverschiedene neue Zelle neue Gesetze, „die sie nach eigenen Gesetzen – ‚autonom‘ – weiterzuwachsen und so die Gesetze der sonst einheitlichen Harmonie zu durchbrechen zwingt“. Mutierte Zellen erhielten unbegrenzte Vermehrungs- und Wucherungsfähigkeit.[66] Während es Virchow, zumindest bis auch er bakteriologisch zu denken begann, ja darum gegangen war, die Idee einer von außen kommenden Krankheit als eine „äußere Kraft“ aufzugeben und er die Krankheit in den Zellen lokalisierte, kehrte diese Anschauung auf veränderte Weise zurück: Virchows positiver Autonomie der Zellen, die als gleichberechtigte Individuen im Zellenstaat eine „Art von Gesellschaft“ bilden, trat die negative Autonomie der Krebszelle entgegen.[67] Eva Johach hat sehr genau gezeigt, dass sich schon für Virchow und seine Nachfolger die Frage stellte, wie es dazu komme, dass sich Zellen plötzlich „parasitär“, wenn man so will antisozial verhielten.[68] Dass Krebsforschung während des Nationalsozialismus intensiv gefördert wurde, verweist auf die biopolitische Funktion der Krebsmetaphorik, ihre kriegerische, rassenhygienische und antisemitische Wucht, weil damit, ohne dass dies direkt gesagt wird oder werden muss, die Bekämpfung „unsichtbarer“, „autonomer“, „pa-

---

63 Bauer: Das Krebsproblem, S. 401.

64 Bauer: Das Krebsproblem, S. 403.

65 Renato Mazzolini: Politisch-biologische Analogien im Frühwerk Rudolf Virchows. Marburg 1988; Constantin Goschler: Rudolf Virchow. Mediziner – Anthropologe – Politiker. Köln 2002; Eva Johach: Krebszelle und Zellenstaat. Zur medizinischen und politischen Metaphorik in Rudolf Virchows Zellularpathologie. Freiburg 2008; Kathrin Sander: Organismus als Zellenstaat. Rudolf Virchows Körper-Staat-Metapher zwischen Medizin und Politik. Freiburg 2012; Andrew S. Reynolds: The Third Lens. Metaphor and the Creation of Modern Cell Biology. Chicago 2018. Auch: Lynn L. Nyhart und Florence Vienne: Introduction to Special Issue. Revolutionary politics and biological organization in nineteenth-century France and Germany. In: Historical Studies in the Natural Sciences 47 (2017), S. 589–601.

66 Bauer: Das Krebsproblem, S. 402.

67 Sander: Organismus, S. 115, 121–124, 129.

68 Johach: Krebszelle.

rasitärer“ und „metastasierender“ Fremdstoffe im Namen der Ganzheit des Organismus zur ebenso medizinischen wie staatlichen Notwendigkeit erklärt wurde.[69]

Das Krebsproblem, so Bauer, sei in hohem Maße ein zelluläres Problem. Die Krebszelle repräsentiere die Krebseinheit, „den Charakter der Krebsgeschwulst und die Eigenschaften ihres Verhaltens“. Dabei aber unterscheide sie sich in ihrem ganzen Verhalten – damit ist die „ungehemmte Teilung“ und das „schrankenlose Wachstum“ gemeint – von den Körperzellen.[70] Entsprechend gebe es so viele Krebsarten wie es Gewebsarten gibt. Die Grundeigenschaft aller Krebsgeschwülste sei jene, die morphologisch aus dem Verhalten der Krebszellen, deren Fähigkeit der Gewebsinvasion und Gewebszerstörung sowie ihrer niedrigeren Differenzierung und ihrem unbegrenzten Wachstum erschlossen werde.[71] Die Krebszellen, aus denen das Krebsgeschwulst bestehe, seien die Träger der Geschwulsteigenschaften. Sie stammten zwar von Körperzellen ab, erführen jedoch beim Übergang in Krebszellen eine grundlegende Änderung des Zellcharakters. Diese Änderung bestimme das Verhalten der betreffenden Krebsgeschwulst „vom Augenblick der Entstehung an, bei der weiteren Ausbreitung und bis zum Abschluß des Leidens“.[72] Das besondere biologische Verhalten der Geschwülste müsse dabei auch besondere biochemische Eigenschaften zur Grundlage haben.[73]

Das labile Verhalten der Krebszellen

Der Verhaltensbegriff funktioniert durch Vergleich und Abgrenzung, also grundsätzlich relational. Er konstituiert nicht nur die Beziehung zwischen Individuen und Milieus, sondern auch zwischen unterschiedlichen Verhaltensweisen vergleichbarer Lebewesen. Etwas verhält sich anders, ähnlich oder ebenso wie anderes. So benutzte jedenfalls Ernst Haeckel ausgiebig diesen Begriff: Spongien verhalten sich in bestimmter Beziehung nicht anders als Moose. Kalkschwämme verhalten sich aber wiederum in bestimmter Beziehung anders als Kieselschwämme. So entsteht eine ganz Ordnung nach anderem oder gleichartigem Verhalten.[74] Erst auf diese Weise, durch den Vergleich des Verhaltens, ließ sich mehr über die Identität des Krebses erfahren. Ein großer Teil der Krebsforschung beruhte in der ersten Hälfte des zwan-

69 Markus Weber: Krebsmetaphorik und NS-Ideologie. Propädeutik zur Geschichte krebstherapeutischen Handelns im „Dritten Reich“. Norderstedt 2020, S. 128.

70 Bauer: Das Krebsproblem, S. 91.

71 Bauer: Das Krebsproblem, S. 109 f.

72 Bauer: Das Krebsproblem, S. 671.

73 Bauer: Das Krebsproblem, S. 113.

74 Ernst Haeckel: Die Kalkschwämme. Eine Monographie. Bd. 1. Berlin 1872, S. 382, 425.

zigsten Jahrhunderts exakt auf dieser Methodik. So hatte etwa Clara J. Lynch 1927 gezeigt, dass sich bei gleicher Hautpinselung und bei gleicher Substanz die Haut- und Lungenkrebse ganz verschieden verhielten.[75] Hinsichtlich der Induzierbarkeit exogener Tumoren würden sich Tierarten, Tierrassen und Individuen ganz verschieden verhalten, konstatierte wiederum Bauer. Die Organismen variierten in Abhängigkeit von ihrer genetischen Konstitution. So wirke sich auch die seit den 1930er Jahren durchgeführte experimentelle Beeinflussung des Krebses durch die Zufuhr von Sexualhormonen im Tierversuch anders aus als dies für Menschen angenommen wurde, da „sich gerade in sexualibus der Mensch und die gebräuchlichen Versuchstiere (meist Nagetiere) sehr verschieden verhalten".[76] Der Krebs selbst ähnele dabei etwa bei den Haussäugetieren „in seinem ganzen Verhalten und in seinen Erscheinungsformen weitgehend" dem Krebs beim Menschen.[77] Der Unterschiedlichkeit im Verhalten bezüglich der Induzierbarkeit korrespondiert die Ähnlichkeit des Verhaltens des Krebses selbst: Die Lebewesen sind verschieden und deshalb kommt es zu unterschiedlichen Verhaltensweisen der exogenen Noxen in den jeweiligen Organismen, während sich die Krebszellen dann durchaus gleichartig entwickelten.

Verhaltensunterschiede glaubte Bauer vor allem bei den Geschlechtern zu finden. Dies war unbedingt erklärungsbedürftig, auch wenn Bauer grundsätzlich von einem strengen Dimorphismus ausging. Da die Chromosomen von der ersten Zellteilung an allen Zellen des Organismus zugeteilt würden, seien Mann und Weib letzten Endes „in jeder Faser ihres Wesens, d. h. biologisch in jeder Zelle ihres Organismus, verschieden". Für die Krebsforschung stellten sich auf dieser Basis entscheidende Fragen: „Gibt es reale Geschlechtsunterschiede in der Krebshäufigkeit? Und wenn ja, hängen diese mit der Vererbung des Geschlechts zusammen? Oder mit einer erblich bedingten Geschlechtsdisposition? Oder mit verschiedener Exposition gegenüber Krebsnoxen u. a. m.?"[78] An anderer Stelle beharrte Bauer zwar auf den Geschlechtsunterschieden, lehnte aber die Bedeutung der Vererbung mit umgekehrter Argumentation explizit und kategorisch ab. Wäre wirklich die Vererbung ein wesentlich mitbestimmender Faktor, so Bauer, so müssten sich, mit Ausnahme der Genitalkrebse, die Geschlechter weitgehend gleich verhalten, „denn von den 48 menschlichen Chromosomen sind 47 bei beiden Geschlechtern gleich und nur das X-bzw. Y-Chromosom verschieden". In Wirklichkeit verhielten sich aber die beiden

75 Clara J. Lynch: Studies on the relation between tumor susceptibility and heredity. IV. The inheritance of susceptibility to tar-induced tumors in the lungs of mice. In: The Journal of Experimental Medicine 46 (1927), S. 917–933. Auch Bauer: Das Krebsproblem, S. 254.

76 Bauer: Das Krebsproblem, S. 451.

77 Bauer: Das Krebsproblem, S. 66, 406.

78 Bauer: Das Krebsproblem, S. 50, 51.

Geschlechter, so Bauer, bei allen geläufigen Krebsarten ganz unterschiedlich. Er konstatierte auffällige Geschlechtsunterschiede beim Lippen-, Kehlkopf-, Speiseröhren-, aber auch beim Lungen-, Magen- und Mastdarmkrebs sowie „das Plus an Krebs bei der Frau auf Konto der Fortpflanzungsorgane". Die Krebsarten, welche die Geschlechter unterschiedlich betrafen, verwiesen danach eher auf „eine hohe Bedeutung krebsinduzierender Außenfaktoren".[79] Wenn man so will, dann spielte also das Verhalten gemäß dem sozialen Geschlecht eine größere Rolle als das Verhalten der Körperzellen auf der Basis chromosomaler Prägung. Da Bauer unbedingt die vorrangige Bedeutung der Krebsnoxen betonen musste, konnte und musste er hier recht variabel argumentieren.

Während auf diese Weise an einer Verhaltensdifferenzierung der Krebsarten und der Ansprechbarkeit von Arten, Rassen und Geschlechtern gearbeitet wurde, lautete die therapeutisch entscheidende Frage, wie sich Krebszellen überhaupt erst identifizieren ließen. Chemisch seien Krebszellen nicht prinzipiell von Körperzellen zu unterscheiden, musste Bauer 1949 bedauernd konstatieren. So ließen sich auch ihre „Andersgesetzlichkeit", ihr „schrankenloses Wachstum" und „ihre zerstörende Eigenschaft" nicht grundsätzlich als „vom Verhalten der Körperzellen abweichende qualitative Unterschiede" erkennen.[80] Krebsgeschehen war schlicht Lebensgeschehen, wie Bauer es ausdrückte, „vom Standpunkt individueller Lebenserhaltung aus vielleicht naturwidriges, aber doch vitales Geschehen mit all seinen Attributen der Zellteilung, des Wachstums, des Stoffwechsels usw."[81] Das Postulat, dass die Krebszellen „entsprechend ihrem andersgesetzlichen biologischen Verhalten (zerstörendes Wachstum) auch andersgesetzliche biochemische Stoffwechselvorgänge haben müssen", könne dabei noch nicht bestätigt werden.[82] Die großen Hoffnungen, die dann in die Chemotherapie gesetzt wurden, die vor allem auch der Nobelpreisträger Gerhard Domagk vertrat, konnten aber nur darauf beruhen, dass die Krebszellen eben doch von den Körperzellen verschieden sind, ja sein müssen, „vielleicht nur in einem einzigen großen Molekül, aber sie sind verschieden, sie verhalten sich biochemisch verschieden, sie folgen biologisch anderen Wachstumsgesetzen. Sie sind labiler". Darauf, so Bauer, gründeten sich alle Erwartungen.[83] In seiner Monografie *Das Krebsproblem* sollte er dann auch

---

79 Bauer: Das Krebsproblem, S. 171, 203.
80 Bauer: Das Krebsproblem, S. 115.
81 Bauer: Das Krebsproblem, S. 371.
82 Bauer: Das Krebsproblem, S. 136.
83 Bauer: Das Krebsproblem, S. 455.

dieses „labile Verhalten“ der ansonsten so unbezwingbar scheinenden Krebszellen betonen. Man werde davon ausgehen dürfen, dass Krebszellen *ceteris paribus* labiler und empfindlicher seien als Körperzellen.[84] Diese Verhaltensbeschreibung war schließlich die Bedingung jener chemotherapeutischen Verfahren, welche die Krebstherapie seit den 1950er Jahren zu dominieren begannen. Bauer selbst schlug jedoch zunächst einen anderen, eher juristischen und politischen Weg zur „Krebsbekämpfung“ durch das Verbot der Verwendung als potenziell krebserzeugend identifizierter Substanzen vor.

Die mangelnde Anpassungsreaktion des Organismus

Der *Spiegel* identifizierte sehr präzise den zivilisationskritischen Hintergrund von Bauers Krebstheorien und überzog diesen mit jenem Sarkasmus, der zu einem Markenzeichen der Wochenzeitschrift werden sollte: Bauer verbinde die „kühne Ansicht mit dem noch kühneren Schluß“, nach welchem es sich bei Ruß, Teer, Pech, Anilin, Azofarbstoffen ebenso wie Röntgen- oder Radiumstrahlen immer um Noxen handle, die „naturfremd“ seien und für die der moderne Mensch keinerlei Anpassungsreaktionen entwickelt habe. Der Krebs des Menschen sei dabei wesentlich mit Technik und Zivilisation verbunden. Wenn Bauers Ansichten stimmten, dann müsste der moderne Mensch also „aus seiner selbstgeschaffenen naturfernen, technisierten, chemisierten Umwelt fliehen, seine ‚moderne‘ Genussmittel-Ernährung aufgeben und alle Entdeckungen und Errungenschaften der letzten zweihundert Jahre verschrotten. Den Krebs radikal bekämpfen, hieße dann: den modernen Menschen und seine Welt ändern“.[85] Damit war aber in der Tat Bauers Kerngedanke ausformuliert, der die auf natürlichen Selektionsprozessen beruhende ganzheitliche Entwicklung der Organismen durch das Eindringen künstlicher Stoffe gefährdet sah. In seinen Worten ging es bei der experimentellen Krebsforschung immer auch um das „Verhalten des erblich determinierten Organismus als re-agens gegenüber dem exogenen agens“.[86] Der Organismus habe selbst aber gar keine Reaktionsmöglichkeit gegenüber den exogenen Krebsnoxen, er könne sich ihnen gegenüber nicht verhalten, weil dazu überhaupt erst evolutionär entsprechende Verhaltensweisen entwickelt werden müssten. Krebsnoxen durften gar nicht erst in die Organismen gelangen.

---

84 Bauer: Das Krebsproblem, S. 480.

85 Anonym: „Krebs. Die Krankheit der Epoche“. In: Der Spiegel 7 (1953), S. 22–30, 27; und Bauer: Über Chemie, S. 34.

86 Bauer: Das Krebsproblem, S. 363.

Bauer, Butenandt und Druckrey wählten deshalb auch den Weg einer wissenschaftlichen Politikberatung, mit deren Hilfe Positivlisten erstellt und im Lebensmittelrecht Verbotsprinzipien durchgesetzt werden sollten.[87] Während sie eine Verhaltensprävention in Bezug auf Individuen selbst zwar durchaus für sinnvoll hielten, stellten sie diese Praxis, die dann ab den 1970er Jahren bei der Krebsvorbeugung dominant werden sollte, eher an die zweite Stelle. Der Pathologe Dietrich Schmähl ehrte Bauer zwölf Jahre nach dessen Tod anlässlich seines 100. Geburtstages als Pionier der Krebsprävention. Wie ein roter Faden ziehe sich durch dessen Hauptwerk *Das Krebsproblem* die Unterscheidung zwischen einer Vermeidung krebserzeugender Noxen und einer „Arbeit am Menschen selber zur Früherkennung von malignen Tumoren".[88] Verhindert werden musste, dass sich bestimmte chemische Stoffe im Organismus überhaupt erst autonom verhalten können. Das richtige Verhalten der Agentien, die ihnen industriell zugewiesene Aufgabe, widersprach danach ihrem notwendigen Fehlverhalten im nach Ganzheit strebenden Organismus. Die Lösung des Krebsproblems bestand deshalb grundlegend in der „Ausschaltung krebserzeugender Reize aus der Umwelt des Menschen".[89]

Mitte des zwanzigsten Jahrhunderts wurden krebserregende chemische Substanzen zum Leitthema einer entstehenden Umweltbewegung. Für den englischsprachigen Raum ist dies maßgeblich durch Rachel Carsons *Silent Spring* aus dem Jahr 1962 ausgedrückt worden. Sechs Jahre zuvor hatte bereits Fritz Eichholtz, Direktor des Pharmakologischen Instituts der Universität Heidelberg, eine Schrift mit dem sperrigen Titel *Die toxische Gesamtsituation auf dem Gebiet der menschlichen Ernährung* verfasst. Während bei Eichholtz insbesondere pharmakodynamisches, aber generell ungewöhnliches Verhalten von Substanzen im Mittelpunkt stand, rekurrierte er zugleich einflussreich darauf, dass der lebende Organismus vor den Einwirkungen jener auch als „Fremdstoffe" und „Zivilisationsgifte" bezeichneten chemischen Stoffe geschützt werden müsse, die Körperzellen dazu zwingen, sich auf zerstörerische Weise fehlzuverhalten. Eichholtz sprach in Bezug auf diese chemischen Stoffe auch bildstark von „wahren Erzbösewichten".[90] Die unerlässliche Kritik an der industriellen Produktion und Distribution von potenziell kanzerogenen Substanzen kam in den 1950er Jahren in der Bundesrepublik dann auch vorrangig aus den Krei-

---

87 Stoff: Gift, S. 81 f., 92.

88 Dietrich Schmähl: K. H. Bauer als Pionier der Krebsprävention. In: In memoriam Karl Heinrich Bauer. Feier aus Anlaß des 100. Geburtstages, 26. September 1990. Hg. von Fritz Lindner. Berlin 1991, S. 24–29, hier S. 24.

89 Druckrey: Die Pharmakologie, S. 70.

90 Fritz Eichholtz: Die toxische Gesamtsituation auf dem Gebiet der menschlichen Ernährung. Umrisse einer unbekannten Wissenschaft. Berlin 1956, S. IV.

sen der naturheilkundlich und lebensreformerisch orientierten Volksgesundheitsbewegung, zu der auch ehemalige Fachleute der nationalsozialistischen Ernährungsforschung zählten. Diese konnte sich dabei auf die wissenschaftlichen Darstellungen von Bauer, Butenandt, Druckrey und Eichholtz beziehen. Das Narrativ der Vergiftung des (Volks-)Körpers durch das subversive Verhalten gewisser chemischer Agentien, die Körperzellen umgestalten, erwies sich im Diskurs über das „Krebsproblem" für lange Zeit als maßgebend.[91] Die politische Auseinandersetzung mit der ubiquitären Produktion chemischer Stoffe muss also, dies ist eine Lehre der Lektüre von Bauers *Krebsproblem*, immer auch sprachkritisch argumentieren.

91 Stoff: Gift, S. 149–175.

Judith Elisabeth Weiss

Unleibliche Agenten. Zur Wissensgeschichte des Verhaltens von Pflanzen

Der Auftritt der Pflanzen

Sie umgeben uns täglich still und leise und sind doch ganz anders als der Mensch: gesichtslos, lautlos, körperlos. Pflanzen gelten als passive Mitwesen, deren Betrachtung stets einen rätselhaften Rest offenlässt. Sie sind im Boden verankert und verharren regungslos auf der Stelle. Deshalb werden sie häufig als Protagonisten einer gleichgültigen Natur wahrgenommen, die noch nicht einmal vorgibt, etwas zu wollen. Ihr Wesen unterscheidet sich fundamental vom räuberischen Charakter des Animalischen, denn mit scheinbarer Indifferenz sind sie einfach nur da. Sie keimen, wachsen, blühen und vergehen wieder, um aus ihren Zerfallsprozessen den Humus für neue Gewächse entstehen zu lassen. Sie beteiligen sich nicht am Lärm der Welt, empfinden, so scheint es, keinen Schmerz und assistieren dabei einer ausdruckslosen Natur, die keine Stimme hat und keine Handlung kennt. Kann man Wesen Verhalten beimessen, die offenbar keinen Instinkt und keinen Willen haben, die im Mit- und Zueinander der anderen Lebewesen auf dieser Welt nichts weiter brauchen als Erde, Licht und Wasser und die sich in ihrer gesamten Verhaltenheit gar nicht verhalten müssen, um zu überleben? Sie wachsen aus sich selbst heraus, ihre Blüten entfalten sich und deren Früchte entwickeln sich ganz von alleine.

Freilich stellt sich zunächst die Frage, inwieweit es angemessen ist, den Verhaltensbegriff zu strapazieren, der ganz allgemein das beobachtbare Agieren und Reagieren, das Handeln und Gebaren von Menschen und Tieren beschreibt. Denn Verhalten ereignet sich üblicherweise motorisch, kognitiv und emotional und erweist sich in den Verwicklungen seiner sozialen, psychischen und leiblichen Dimensionen als ein Phänomen von größter Komplexität. Wenn von Pflanzenverhalten die Rede ist, sind in der Regel Reaktionen gemeint, die von Reizen ausgelöst werden und sich – weil Pflanzen keinen Leib mit Muskeln, Nerven und Gehirn haben – grundlegend von menschlichem und tierischem Verhalten unterscheiden. Auch chemische Stoffe „verhalten" sich in diesem Sinne: Sie reagieren auf andere Stoffe, gehen Verbindungen ein, senden Gerüche aus, wirken auf ihre Umgebung und zeichnen sich durch physiologische und physikalische Stoffeigenschaften aus.

https://doi.org/10.1515/9783110740813-033

Neben dieser Auffassung von Pflanzen als biochemischen Stoffwechselmaschinen, die sich selbst regulieren, existieren jedoch auch Betrachtungsweisen, die das pflanzliche Leben unseres Planeten in ganz anderem Licht erscheinen lassen. Sie wollen die Kluft zwischen empfindsamen Lebewesen und bewusstlos vegetierenden Gewächsen überwinden, indem sie den Pflanzen Intelligenz, Gefühl und Sinne, ja sogar ein Gedächtnis zusprechen. So haben seit der Jahrtausendwende Publikationen Konjunktur, die Pflanzen als handelnde, lernende, kommunizierende und wirkmächtige Wesen darstellen und diese Sicht auf die Flora publikumswirksam aufbereiten. Sie bespielen verschiedene Register der Wissensvermittlung zwischen wissenschaftlicher Sachkenntnis und Auratisierung von Natur. Im Unterhaltungsgenre kursieren Titel wie *Das geheime Bewusstsein der Pflanzen* (Joseph Scheppach, 2009), *Pflanzenpalaver* (Florianne Koechlin, 2014) oder *Das geheime Leben der Bäume* (Peter Wohlleben, 2015), die suggerieren, dass es eine verborgene Sprache in der Natur gibt, die es wahrzunehmen und zu lernen gelte. Als wichtigstes Referenzwerk darf der inzwischen zum Klassiker avancierte Band der beiden Wissenschaftsjournalisten Peter Tompkins und Christopher Bird *The Secret Life of Plants* (1973) gelten, der wiederum auf Einzelforschungen des ausgehenden neunzehnten Jahrhunderts von Protagonisten wie Jagadish Chandra Bose oder Raoul Heinrich Francé rekurriert.

Auch in der empirischen Forschung werden Pflanzen grundlegend neu bewertet und deren kognitive, sensitive und kommunikative Fähigkeiten ins Blickfeld gerückt. Veröffentlichungen aus den Bereichen der Pflanzengenetik, Molekularbiologie und Pflanzenneurobiologie wie *What a Plant Knows. A Field Guide to the Senses* (Daniel Chamovitz, 2012), *Plant Behaviour and Intelligence* (Anthony Trewavas, 2014) oder *Die Intelligenz der Pflanzen* (Stefano Mancuso und Alessandra Viola, 2015) stehen stellvertretend für eine Gegenperspektive zur „plant blindness“, die Biologen der eigenen Fachdisziplin attestieren.[1] Es geht dabei nicht nur darum, die Bühne frei zu machen für die als Hintergrundkulisse erfahrene Welt der Pflanzen, sondern die Augen zu öffnen für deren fundamentale Bedeutung für unsere Existenz. Denn ohne die grünen Sauerstofflieferanten gäbe es kein Leben auf der Erde. Die zentrale Kategorie wissenschaftlicher Objektivität verschiebt sich in diesen Darlegungen häufig hin zu einer gewissen Form der Biopoetik. So stützt sich der Biologe Paul Simons in seinem Buch *Pflanzen in Bewegung. Das Muskel- und Nervensystem der Pflanzen* (1994) auf *hard facts* der Elektrophysiologie und Biochemie, spricht aber zugleich metaphorisch vom „guten Benehmen“ seiner Protagonistinnen, ihrem „Nervenkostüm“, der „Ge-

1 James H. Wandersee und Elisabeth E. Schussler: Toward a theory of plant blindness. In: Plant Science Bulletin 47 (2001), S. 2–9, hier S. 2.

walt niederer Pflanzen“ und ihrer „Blutrünstigkeit“.[2] Was sich in den Künsten schon immer als Topos anbot – die menschenähnliche Pflanze, die zielgerichtet handelt – ist nun auch in der empirischen Wirklichkeit angekommen.

Neue Kategorien des Pflanzenwissens beanspruchen nicht nur Vertreter der Botanik für sich, also jener Disziplin, deren genuiner Forschungsgegenstand die Flora ist. Das Wuchern der Pflanze ist längst zur Metapher für ein disziplinenübergreifendes Interesse am Vegetabilen geworden.[3] Philosophie und Kulturwissenschaften bis hin zu Medien- und Literaturwissenschaft würdigen das große Potential der Pflanze als Wissensfigur.

In *Plants as Persons. A Philosophical Botany* (2011) sucht der Botaniker und Umweltphilosoph Matthew Hall nach den kulturhistorischen Spuren einer Personalität von Pflanzen. Er betont dabei die Rolle der Poetik, die mit ihren Geschichten, Gedichten und Mythen die Begriffe einer Verwandtschaft zwischen Mensch und Pflanze liefere.[4] Poetologie und Kunst haben eine heuristische Funktion bei der Produktion von Wissen. Denn ebenso wie Tiere in Fabeln und Märchen Charaktere darstellen und nicht nur ein menschenähnliches Gesicht erhalten, sondern sich auch wie Menschen verhalten, haben auch Pflanzen ihren Platz in den Erzählungen über Verhaltensmuster gefunden: Die Geschichten über die menschenähnliche Alraune, die mit ihren Zauberkräften Gutes wie Böses bewirken kann; die unzähligen metamorphotischen Verbindungen von Pflanze und Mensch in der Kunstgeschichte; die Poesie einer Sprache der Pflanzen; obszöne und pervertierte Gewächse, die als entfesselte Zerstörer über die Erde ziehen und den Menschen drangsalieren – dies sind nur wenige Beispiele des unerschöpflichen Reservoirs einer Kulturgeschichte des Pflanzenverhaltens. In zahlreichen Werken der Kunst erscheint der Furor von Pflanzlich-Triebhaftem als System- und Ideologiekritik, etwa im Surrealismus, und in zahlreichen Fotografien von Karl Blossfeldt bis Jochen Lempert reckt die Flora uns porträtwürdig und narzisstisch ihr Gesicht entgegen.

Die Verbindungen zwischen Botanik und Ästhetik sind vielfältig und ereignen sich medien-, epochen- und disziplinenübergreifend.[5] Die Literaturtheorie verortet die mit dieser Verflechtungsgeschichte sich ergebende Kategorie der Biopoetik an einer epistemologischen Schwelle, an der sich ein Dialog zwischen Naturwissen-

2 Paul Simons: Pflanzen in Bewegung. Das Muskel- und Nervensystem der Pflanzen. Basel 1994 (The Action Plant: Movement and Nervous Behaviour in Plants. Oxford 1992).

3 Benjamin Bühler und Stefan Rieger: Das Wuchern der Pflanze. Ein Florilegium des Wissens. Frankfurt a. M. 2009.

4 Matthew Hall: Plants as Persons. A Philosophical Botany. New York 2011, S. 10–12.

5 Jana Kittelmann (Hg.): Botanik und Ästhetik. Annals of the History and Philosophy of Biology. Göttingen 2018.

schaften und Geisteswissenschaften, zwischen Lebenswissenschaften und Kulturwissenschaften eröffnet. Sie geht davon aus, dass die Überschneidungen und Hybridisierungen zwischen den „zwei Kulturen“ die entscheidendsten Momente der Entwicklung nicht nur der Ästhetik, sondern auch der Naturwissenschaft systematisch begleitet haben.[6] Wenn also aktuell biopoetische Beschreibungsmodelle Eingang in die biologische Forschung finden, so wird deutlich, dass „wir uns auf einem vertrautem Gebiet bewegen, dessen Koordinaten wir nur verloren haben“.[7] Biopoetik steht nicht nur für die Anwendung naturwissenschaftlicher Motive und Konzepte auf die literarische Produktion, sondern umgekehrt auch für poetische Anleihen in der naturwissenschaftlichen Erkenntnisgewinnung.[8]

An den Zuschreibungen von pflanzlichem Verhalten entzündet sich aktuell ein wissenschaftstheoretischer Konflikt: Der Ansicht von der Verwobenheit der Lebewesen, die von einer Durchlässigkeit der Grenzen zwischen Mensch, Tier und Pflanze ausgeht, stehen wissenschaftliche Konzepte gegenüber, die diese Auffassung problematisieren und sie als unzulässige Anthropomorphisierung ablehnen. Die Kritik an Vermenschlichung und symbolischer Aufladung der Pflanze ist mit der Frage verbunden, wie weit die Anschaulichkeit von Sprache zur Beschreibung von Phänomenen getrieben werden darf, ohne Gefahr zu laufen, die tatsächlichen Unterschiede zwischen Mensch, Tier und Pflanze einzuebnen. Hans Werner Ingensiep schlägt daher vor, Wissenschaftstheorie, Naturphilosophie und experimentelle Pflanzenforschung zu differenzieren, „statt solche populären Terme enthusiastisch zu einem populistischen Brei zu vermischen“.[9] Denn Analogien und Metaphern schlügen bisweilen in unkritische Dogmen um. Eine ähnliche Stoßrichtung verfolgt das Forscherteam um den Biologen Lincoln Taiz und schließt pflanzliche Intelligenz, Empfindsamkeit und jegliche Form eines Bewusstseins aus, denn die Anatomie der Pflanze lasse sich nicht mit der für ein Bewusstsein nötigen Hirnkomplexität vergleichen. Es gebe zwar Parallelen zwischen den Nervensystemen bei Tieren und bestimmten pflanzlichen Strukturen, etwa wenn Pflanzen elektrische Signale nutzen, um Reize weiterzuleiten und Prozesse in ihrem Organismus zu steuern. Das Zusammenrollen von Blättern oder die Abwehrmechanismen

---

6 Michele Cometa: Die notwendige Literatur. Skizze zu einer Biopoetik. In: Die Lust an der Kultur/Theorie. Transdisziplinäre Interventionen. Hg. von Anna Babka, Daniela Finzi und Clemens Ruthner. Wien 2013, S. 267–276, hier S. 269.

7 Cometa: Skizze zu einer Biopoetik, S. 271.

8 Siehe hierzu die Einleitung in Zoltán Kulcsár-Szabó et al. (Hg.): Life after Literature. Perspectives on Biopoetics in Literature and Theory. Cham 2020, S. 5.

9 Hans Werner Ingensiep: Pflanzenseele. Über Psyche, Maschinen, Gehirne und die Hierarchie der Lebewesen. In: Von Pflanzen und Menschen. Leben auf dem grünen Planeten. Hg. von Kathrin Meyer und Judith Elisabeth Weiss. Göttingen 2019, S. 72–77, hier S. 76.

gegen Schädlinge seien jedoch, auch wenn sie aussehen mögen wie zielgerichtete Handlungen, nichts weiter als genetisch kodierte Programme. Auch den Begriff der Lernfähigkeit lehnt das Forscherteam um Taiz ab und spricht stattdessen lieber von einer sensorischen Anpassung der Pflanzen.[10]

Der Dreh- und Angelpunkt der Kontroverse besteht darin, dass das Bild der beweglichen, empfindsamen und vernetzten Pflanze an der lebensweltlichen Hierarchisierung der Lebewesen rüttelt, die Menschen und Tiere über Pflanzen stellt. Vorstellungen von Verhalten avancieren so zum verbindenden Glied zwischen Flora, Fauna und Mensch. Im Zuge der Debatten um das Anthropozän ist diese Sicht mit der Absicht verknüpft, die menschlichen Einstellungen zur Pflanze aus einer ethischen Perspektive zu betrachten. Das supponierte Verhalten der Pflanze wird gleichsam zum Spiegel für die Haltung des Menschen zur Pflanze. Denn was dem Menschen nahe rückt oder gar Anteile von ihm besitzt, dem muss mit Würde begegnet werden. Die Durchlässigkeit der Kategorien steht also für das Bestreben, einen kulturellen Wandel herbeizuführen von einem instrumentellen zu einem respektvollen Umgang mit Pflanzen. Denn die gegenwärtigen Dystopien entwerfen Szenarien, die nach neuen Handlungsoptionen verlangen. So geht die systematische Zerstörung „grüner Lungen“ mit einer kulturellen Aufwertung und Bedeutungsanreicherung der Pflanze einher – ein Prozess, den wir aus der Kulturgeschichte nur zu gut kennen. Das, was dem möglichen Verlust preisgegeben ist, vermehrt seine Bedeutung als auratisches und bisweilen verklärtes Objekt.

Die Suche nach einem Innenleben von Pflanzen und nach spezifischen, über Reiz-Reaktions-Schemata hinausgehenden Verhaltensweisen ist keineswegs neu. Sie knüpft an lange Denktraditionen an, die sich innerhalb einer Geschichte der Pflanzenseele betrachten lassen.[11] Bei der Annahme, dass Pflanzen hochgradig empfindungsfähige Wesen seien, kann es freilich nicht darum gehen, in eine spekulative und romantizistische Naturphilosophie zurückzufallen, mit der bereits Botaniker des neunzehnten Jahrhunderts wie Matthias Jacob Schleiden oder Julius Sachs aufgeräumt haben. Es sind gerade die auf den Wegen und Nebenwegen der frühen Botanik hervortretenden Wissensformationen und bildlichen Figurationen, die den Nährboden für heutige Ansätze zum pflanzlichen Verhalten gelegt haben. Es wird zu zeigen sein, dass Verhaltenseigenschaften wie Bewegung, Sensitivität, Wahrnehmung oder Vernetzung bereits seit dem achtzehnten Jahrhundert vom Tierreich auf die Flora übertragen wurden. Nicht selten besetzten sie

10 Lincoln Taiz et al.: Plants neither possess nor require consciousness. In: Trends in Plant Science 24 (2019), H. 8, S. 677–687.
11 Hans Werner Ingensiep: Geschichte der Pflanzenseele. Stuttgart 2001.

die Schnittstelle zwischen Empirie und poetologischer Deutung und ebneten damit den Weg für gegenwärtige Zugänge zur Pflanzenwelt.

Bewegung

In seinem Lehrbuch *Grundzüge der Pflanzenphysiologie* (1873) spricht Julius Sachs von dem „im Kampf um's Dasein günstigste[n] Verhalten" der Gewächse, womit er biochemische und biophysikalische Vorgänge zur Anpassung an die Umgebung bezeichnet.[12] Von besonderem Interesse für den Begründer der experimentellen Pflanzenphysiologie war die „Mechanik des Wachsens" als das wohl sichtbarste Verhalten der Flora, das er mit einem mechanischen Gerät, dem Sachsschen Auxanometer erfasste und sichtbar machte (siehe Abb. 1). Jede Zunahme an Höhe verzeichnete dieser selbstregistrierende Apparat mit einem Zeiger auf eine berußte Rolle, wodurch sich die Wachstumsraten von Pflanzen unter verschiedenen Bedingungen ablesen ließen. Wachstumsverhalten zeigte sich als Verlauf eines Strichs.

Auch Wilhelm Pfeffer, seinerzeit Assistent bei Sachs, bemühte in seinen pflanzenphysiologischen Untersuchungen wenig später den Begriff des Verhaltens und ging ebenfalls vom Wachstum als „mechanische[r] Arbeit" aus, die von inneren und äußeren Stoffen angeregt wird.[13] Um Wachstumsprozesse jedoch nicht nur sichtbar, sondern mit bloßem Auge beobachtbar zu machen, griff Pfeffer auf die Möglichkeiten des bewegten Bildes zurück. Seine Zeitrafferaufnahmen pflanzlicher Wachstums- und Bewegungsabläufe, die zwar schon um 1900 produziert, jedoch erst 1940 zugänglich gemacht wurden, gehören zu den frühesten kinematografischen Studien der Botanik (siehe Abb. 2). Um alle Stadien des Wachstums vom Keimen über das Blühen und Verblühen filmisch festzuhalten, nahm Pfeffer 28 Tage lang alle 50 Minuten ein Bild auf. Entstanden sind daraus drei stumme Filmminuten, die das Faszinosum von Pflanzenbewegungen als kontinuierlichen Wandel sichtbar machen. Diese Dokumente des frühen Wissenschaftsfilms erhalten auch heute noch ihren besonderen Reiz im Changieren zwischen Ästhetik und Zweck. Sie überwinden einerseits die Grenzen der menschlichen Wahrnehmung und machen pflanzliches Wachstum im Zeitraffer observierbar. Andererseits öffnen sie – und dies ist ein Nebeneffekt der kinematografischen Möglichkeiten, den Pfeffer nicht beabsichtigt hat – die Grenzen der wissenschaftlichen

12 Julius Sachs: Grundzüge der Pflanzenphysiologie. Leipzig 1873, S. 258.

13 Wilhelm Pfeffer: Pflanzenphysiologie. Ein Handbuch des Stoffwechsels und Kraftwechsels in der Pflanze. Leipzig 1881, S. 49.

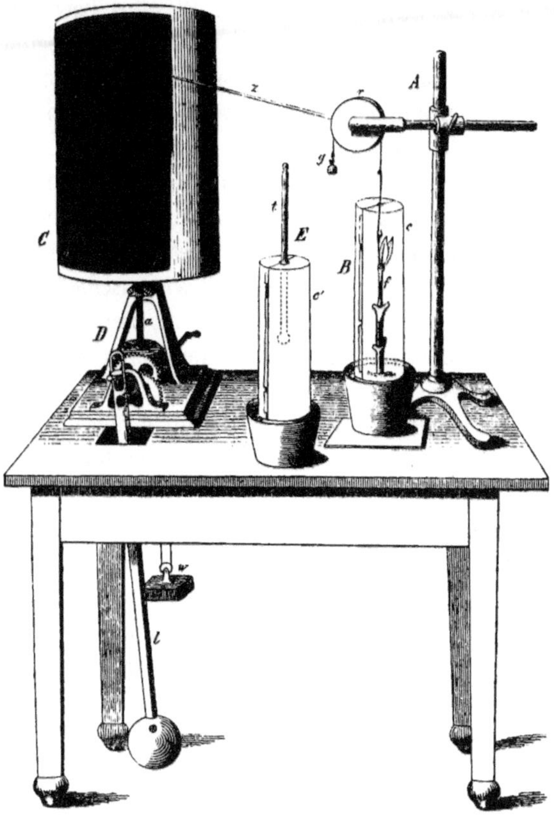

Abb. 1: Julius Sachs: Schreibendes Auxanometer, 1873.

Beobachtung, weil sie die Unmerklichkeit des Wachsens und Vergehens in der künstlichen Schichtung der Zeit ästhetisch verfremden. Wachstum erscheint im bewegten Bild als Gegenstand einer Inszenierung, deren zeitliche Koordinaten beliebig verändert werden können. Die Beschleunigung einer gestreckten Zeit zeigt Pflanzen in einer Weise, wie man sie zuvor noch nie gesehen hat: Als ob es aus freien Stücken die Richtung ändern würde, krümmt sich das querwachsende Exemplar eines Springkrauts geotropisch und verwandelt sich zur aufrechten Gestalt; die Keimlinge von Ackerbohnen schießen nach oben wie nervöse Würmer, auf der Suche nach Nahrung, während sich gleichzeitig ihre Wurzeln wie Tentakeln nach unten bohren; die Blüten von Gartentulpen wiegen sich als Tänzerinnen, die ihre glockigen Röcke schwingen und anschließend die Köpfe senken, und die Seitenfiedern der Telegrafenpflanze öffnen und schließen sich flügelähnlich, als ob sie auffliegen würden, nur um dann wieder in Tiefschlaf zu versinken. All dies ereignet sich vor neutralem Grund und bei diffuser Beleuchtung. Was ihre Bewegungen verursacht, welche Parameter, welche Reize sie zu Wachstum und Bewegung bringen, ist ausgeblendet. In diesen Sequenzen existieren keine stabilen Anschauungsformen mehr, weil sie die Zeit schrumpfen und dem Augenschein nach reglose Gewächse als bewegte Lebewesen erscheinen lassen. Als solche geben sich die Pflanzen gleichermaßen als observierbare Objekte der Wissenschaft wie als Erzeugnisse einer poetisch-filmischen Narration zu erkennen. Wenn also bei der Betrachtung dieser flimmernden Filme die Fantasie mit dem Betrachter durchgeht und sich Gewächse als Wurm oder Tänzerin offenbaren, ist das wissenschaftstheoretische Problem bereits erfasst: Wissenschaftliche Evidenz beruht hier auf einer ästhetischen Übertragungsfigur. Diese Übertragung macht Pfeffers Filmdokumente so bedeutsam, denn die solcherart anschauliche Visualisierung der Bewegungen von Pflanzen war filmisch wie wissenschaftlich ein Novum. Sie gefährdete die Auffassung, Pflanzen würden sich vor allem durch ihre Reglosigkeit von den bewegten Tieren unterscheiden.

In seiner Publikation über Wilhelm Pfeffer beschreibt der Biologe Erwin Bünning die Gründung der Pflanzenphysiologie als eine Übertragung der experimentellen Physiologie „von den Objekten Mensch und Tier auf die Pflanzen“.[14] Dieser Befund ist von Relevanz, denn die wissenschaftliche Botanik war in der Nachfolge von Carl von Linné überwiegend mit morphologischen und klassifikatorischen Problemen beschäftigt und betrachtete daher vornehmlich die Außenorgane der Pflanzen. Als sich die Pflanzenphysiologie gegen Ende des neunzehnten Jahrhunderts als experimentelle Wissenschaft etablierte, war die Betrachtung physiologischer Kernthemen wie menschlich-tierischer Abläufe von Blutdruck und Kreislauf, Reflexe, Muskelkontraktionen oder Zellstrukturen längst zur Schaubühne und zum medialen Spektakel geworden. In den Lehrsälen der Wissenschaft kamen optische Medien und bewegte Bilder zum Einsatz, um dynamische Darstellungen ebenso dynamischer Funktionen des lebenden Körpers zu präsentieren.[15] Einen gemeinsamen Gegenstand fanden Pflanzen- und Tierphysiologen in den biochemischen Grundlagen von Lebensvorgängen. Daher muss es naheliegend gewesen sein, bildgebende Verfahren auch für den Blick auf das Pflanzenreich zu nutzen. Das durch sie generierte Verständnis eines Verhaltens von Pflanzen umfasst dabei einerseits ein positives Wissen von Vorgängen des Wachstums und der Bewegung. Es beschreibt die faktische Gegebenheit der bewegten Pflanze, die sich auf die Beweislast des bewegten Bildes zurückführen lässt. Im Gegensatz zur Darstellung im diagram-

14 Erwin Bünning: Wilhelm Pfeffer. Apotheker, Chemiker, Botaniker, Physiologe 1845–1920. Stuttgart 1975 (Grosse Naturforscher. Bd. 37), S. 88.

15 Claudia Blümle et al. (Hg.): Bildendes Sehen. Berlin 2009 (Bildwelten des Wissens. Kunsthistorisches Jahrbuch für Bildkritik. Bd. 7.1), S. 58–65.

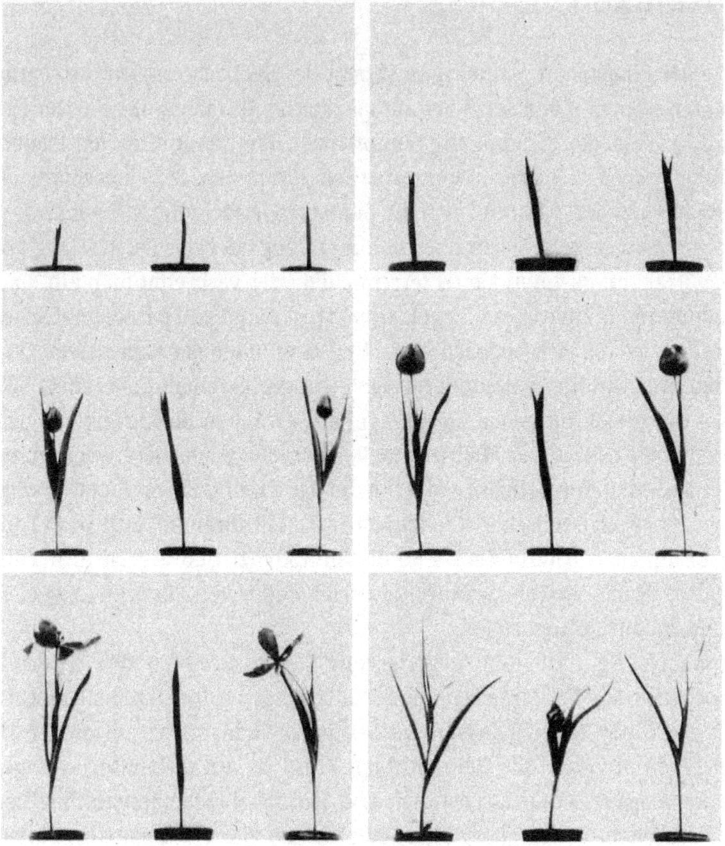

Abb. 2: Wilhelm Friedrich Philipp Pfeffer: Kinematografische Studien, 1898–1900.

matischen Bild eines Strichs erscheint Wachstum in den kinematografischen Dokumenten Pfeffers ganz und gar nicht als „mechanische Arbeit", sondern als ein vitaler Vorgang der Veränderung. Das bewegte – und damit tierähnliche – Verhalten der Pflanzen ist daher andererseits mit der Frage nach der angestammten Hierarchie der Lebewesen verknüpft, in deren Rangordnung die Flora den untersten Platz belegt. Mit Pfeffers kinematografischem Aufweis einer äußeren Bewegtheit der Pflanzen ließ sich die Möglichkeit einer evolutionären Verbindung zwischen Flora und Fauna jedoch nicht belegen.[16]

16 Oliver Gaycken: The secret life of plants. Visualizing vegetative movement, 1880–1903. In: Early Popular Visual Culture 10 (2012), H. 1, S. 51–69, hier S. 63.

Empfindsamkeit

Im Repertoire der Pflanzen, die unter dem Primat der Beobachtung von Bewegung in Augenschein genommen wurden, hat eine spezifische Art eine große Karriere gemacht: *Mimosa pudica*, die „Schamhafte Sinnpflanze". Werden ihre zarten Fiedern berührt, so falten sich ihre Blätter in kürzester Zeit zusammen. Die Fiederblättchen fügen sich eng aneinander, während sich die Blattstiele in Richtung Stängel senken. Das Gewächs ist sogar so reizbar, dass selbst ein Luftzug oder der Flügelschlag von Insekten diese Reaktion auslösen kann. Zerschneidet oder verbrennt man ein Blatt, so fallen alle anderen Blätter vom Stängel. *Mimosa* ist damit zur paradigmatischen Pflanze geworden, bei der sich beobachtbares Verhalten mit einer expressiven Qualität verbinden lässt. An ihren besonderen Bewegungsreaktionen entzündete sich wesentlich die Diskussion um einen Zusammenhang zwischen Berührung, pflanzlicher Sinne und Empfindung. Der Pflanze eine Reizbarkeit zu attestieren, verlieh ihr eine Form der leiblosen Körperlichkeit, die mit der Zuschreibung von Empfindungsfähigkeit eine Art geistig-seelischer Kapazität zuließ. Mit ihrer Ankunft in Europa Mitte des achtzehnten Jahrhunderts stellte die Sinnpflanze eine Herausforderung für die Wissenschaft dar, weil sie das cartesianische Modell von Pflanzen als seelenlose Automaten zur Disposition stellte.[17]

Die menschliche Eigenschaften suggerierende Erstbeschreibung der Art durch Carl von Linné rührt mit den Registern der Berührung, der Sinne und der Empfindsamkeit auch am kulturellen Imaginären. Die seismonastischen Bewegungen der *Mimosa* konvergieren mit dem Bild der sensiblen Frau, die auf die Aufforderungen ihrer Umgebung reagiert, nämlich schamhaft und sensibel. Die metaphorische Übertragung von weiblichem Verhalten auf das Gewächs und vice versa hatte im Umfeld einer sentimental-romantischen Sicht auf die Natur ihren Höhepunkt. Das sogenannte Zeitalter der Empfindsamkeit im achtzehnten Jahrhundert rückte die *Mimosa* mit der Frage nach der Sensitivität der Pflanzen respektive der Sensibilität der Frau in vielfältiger Weise in den Fokus. Die Auslösung von Erregbarkeit in der Berührung der Pflanze richtete sich gegen die intellektuelle Distanz des Sehsinns und dessen theoretisches Abstraktionsvermögen, verbunden mit einer Aufwertung der anderen Sinne. Der Stich der Emma Hamilton bei der Berührung einer Mimose inszeniert Sentiment in einer Dramatisierung der Körpersprache, die Pflanze und Frau in eine Analogie bringen (siehe Abb. 3). Die ausgefiederten Blätter der Mimose und die ausdrucksvolle Handhaltung mit gespreizten Fingern gehen kompositorisch

17 Hans Werner Ingensiep: Geschichte der Pflanzenseele, S. 220 f.; Hans Werner Ingensiep: Menschenaffe, Eisvogel und Mimose. Biophänomenologische Überlegungen zu Zeichen, Emotion und Kognition im Vorfeld der Ethik. In: Zeitschrift für Semiotik 37 (2015), H. 3/4, S. 95–120, hier S. 109.

Abb. 3: Richard Earlom (nach George Romney): *Sensibility*. Emma Hamilton bei der Berührung einer Mimose, 1789, © Wellcome Collection London.

eine Synthese ein, während Emma die andere Hand ans Herz führt, um auf die empfindsame Innerlichkeit hinzudeuten. Unter dem Vorzeichen einer gesteigerten Empfindsamkeit präsentiert sich *Mimosa* in einer poetisch verdichteten Sprache und einer Bildsprache, die im Tasten und Spüren die Pflanze nicht zwangsläufig vermenschlicht, sondern umgekehrt das Vegetabile im Menschen vor Augen führt. Denn im Zeitalter der Empfindsamkeit ist der biophilosophische Ausgangspunkt die „Gleichheit der Lebewesen in ihrer Wesenheit, in ihren Seelen- und Körperprozessen, in ihrer Teilhabe an Lebensaltern und an ‚Leben', an Werden und Vergehen".[18] Es

18 Sophie Ruppel: Botanophilie. Mensch und Pflanze in der aufklärerisch-bürgerlichen Gesellschaft um 1800. Köln 2019, S. 118.

öffnet sich das weitreichende Spannungsfeld menschlichen wie pflanzlichen Verhaltens zwischen äußerer Reaktion und Innenleben, zwischen Zeichengebung und Zeicheninterpretation, zwischen positivem Wissen und hermeneutischer Ausdeutung.

Im Diskurs, ob sich aus einer Ähnlichkeit der äußeren Reizbarkeit – also menschlicher Affektausdruck und Irritabilität der Pflanze – auf eine Ähnlichkeit der inneren Erregung schließen lässt, ist die Mimose in immer neuen Konjunkturen zur Protagonistin auf dem Schlachtfeld der experimentellen Wissenschaft geworden. Entgegen der ihr zugeschriebenen Scheu erweist sich die Sinnpflanze mit ihren Auftritten im wissenschaftlichen Umfeld bis ins einundzwanzigste Jahrhundert hinein als besonders exponiert. Wie keine andere Pflanze hat man sie mit Stromstößen, Vibrationen, Schnitten, Schlägen und Verbrennungen traktiert, sie mit Chloroform, Äther und Koffein behandelt und ihr Hitze, Frost und Gase zugemutet, um ihren vielfach beschriebenen vegetabilen Kollaps herbeizuführen. Andere Versuchsanordnungen bestanden in der Fixierung der Blättchen mit Nadeln, um im Gegenzuge das Zusammenklappen der Fiederblättchen zu verhindern. Solcherlei Experimente führt der Dokumentarfilm *La Sensitive* vor Augen, den André Bayard 1914 im Auftrag der Éclair Filmstudios im französischen Épinay-sur-Seine gedreht hat (siehe Abb. 4). Der 35mm-Film widmete sich der Sammlung exotischer Pflanzen der Gebrüder Chantrier in Mortefontaine und gehörte zum Programm der von Éclair herausgegebenen *Scientia*-Filmreihe. Naturwissenschaft, Didaktik und Filmästhetik verbanden sich hier in einer Weise, die dem Kinobesucher in

Abb. 4: André Bayard: *La Sensitive*, 1914, © Collection Cinémathèque Robert Lynen de la Ville de Paris – restauration CNC.

einer Mischung aus Unterhaltung und Bildung die Sensation der sensitiven Pflanze vor Augen führen sollte. Die filmische Erkundung der Gewächse zeigt ihre Reflexbewegungen in unterschiedlichen Situationen wie Wachen und Schlafen, Befruchtung oder Ernährung. In den Blick geraten dabei auch die Reaktionen der *Mimosa* bei Reibung, Stößen, Rauch und Hitze und ihre Ermüdung bei wiederholter Berührung. Die empfindsame Pflanze ermattet, wenn sie zu oft erregt wird.

Wahrnehmung

Innerhalb der Wissensgeschichte des Verhaltens von Pflanzen ragt eine Episode heraus, die das gesamte Projekt der empfindsamen Pflanze auf der Bühne der medialen Datenerhebung absteckte, um im Spektakel der Ausdeutung von Kurvenbelegen Objektivität hervorzubringen. Das Dispositiv der Messbarkeit trat dabei an, um Erkenntnisse über eigentlich Unbeobachtbares, nämlich das vegetabile Innenleben, wissenschaftsfähig zu machen. Entscheidend für die Empfindsamkeit der Pflanze war in diesem Zusammenhang die Frage, was die erregte Pflanze eigentlich wahrnimmt und spürt, ob sie also ganz generell mit verhaltenssteuernden Gemütsbewegungen ausgestattet ist. Die Evidenz solcher Annahmen, die sich in einem unbestimmten Feld zwischen Messbarkeit und daraus abzuleitenden Schlussfolgerungen ereignet, lassen sich nach der 1968 im *International Journal of Parapsychology* erschienenen aufsehenerregenden Studie *Evidence of a primary perception in plant life* von Cleve Backster knapp als „Backster-Effekt" zusammenfassen. Backster hatte sich mit den seinerzeit im Kanon der Botanik ignorierten Forschungen des indischen Physikers Jagadish Chandra Bose beschäftigt, der um 1900 mit einer Reihe von Experimenten unter anderem ein vegetabiles Erinnerungs- und Lernvermögen nachzuweisen versuchte. In seinen Publikationen beschrieb Bose Gefäßstrukturen, die Nährstoffe transportieren, als „nervous system of plants". Er vertrat die Ansicht, das pflanzliche Nervensystem sei in der Lage, Informationen als elektrische Signale zu übertragen, was die Pflanzen dazu befähige, aktiv ihre Umgebung zu erkunden, lernfähig auf Reize zu reagieren und zielorientiert zu handeln.[19] Boses Forschungen haben erst mit Untersuchungen zur elektrophysiologischen Signalverarbeitung im Kontext der Institutionalisierung der Pflanzenneurobiologie seit 2005 eine neue Aktualität gewonnen.

---

19 Jagadish Chandra Bose: Plant Response as a Means of Physiological Investigation. London 1906; zum Nervensystem der Pflanzen siehe besonders Jagadish Chandra Bose: The Nervous Mechanism of Plants. London 1926.

Den prominenten Beginn für ein Interesse an elektrischen Impulsen bei Pflanzen stellen Backsters Experimente dar, deren Initialzündung zunächst weniger aus einem wissenschaftlichen Interesse heraus als vielmehr aus einer spontanen Idee resultierte. Als Spezialist für Polygrafie bildete Backster bei der CIA hochrangige Polizeibeamte und Sicherheitsfachleute im richtigen Umgang mit Lügendetektoren aus. Eines Abends interessierte ihn, wie lange wohl der dekorative Drachenbaum in seinem Büro brauchen würde, um das Wasser von den Wurzeln bis in die Spitzen der Blätter zu transportieren. Da Lügendetektoren elektrische Widerstände messen, die sich bei trockenem Material anders verhalten als bei feuchtem, schloss er die Pflanze an sein Gerät an (siehe Abb. 5). Der Rest der Geschichte ist bekannt: Die verzeichnete Kurve entsprach erstaunlicherweise der Erregungskurve eines an einen Lügendetektor angeschlossenen Menschen (siehe Abb. 6). Um die Hypothese zu überprüfen, dass die Pflanze ein Wahrnehmungsvermögen besitze, setzte Backster sie verschiedenen Szenarien aus. Bei der Absicht, ihr Blatt mit einem Streichholz anzubrennen, reichte alleine der bloße Vorsatz aus, um eine Reaktion der Pflanze hervorzurufen. Schließlich ließ Backster neben der elektrodenbestückten Pflanze sogar lebende Garnelen von einer mechanischen Vorrichtung in zufällig

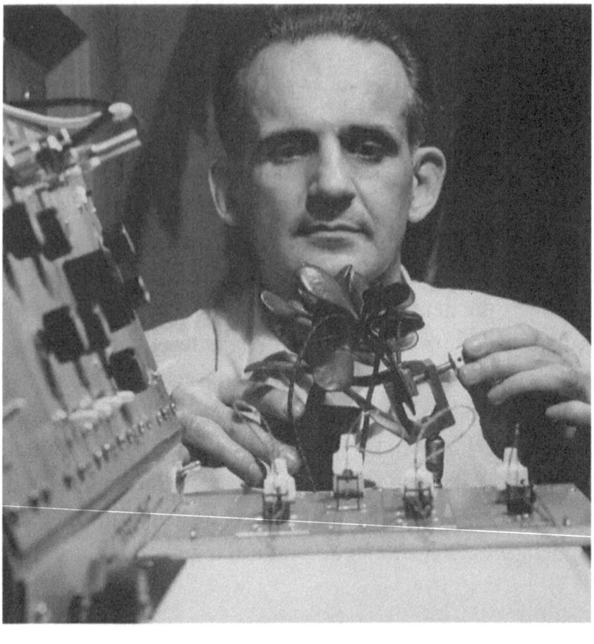

Abb. 5: Henry Groskinsky: Cleve Backster mit Pflanze am Lügendetektor, 1966, © Henry Groskinsky/ Time Life Pictures/Getty Images.

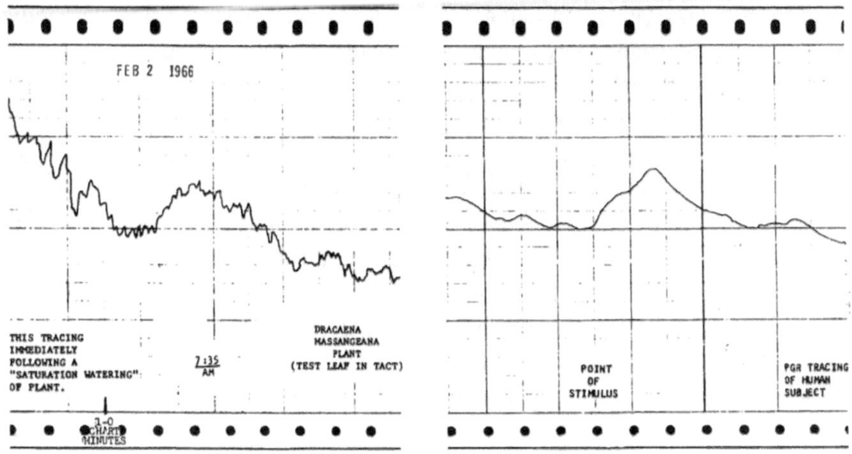

Figure 1

Left: Section of the February 2, 1966 plant monitoring chart which suggested to the author that the plant tracing contour resembled human tracings containing verified emotional arousals.

Right: A section of a chart exhibiting a verified emotional arousal in a human subject.

Abb. 6: Cleve Backster: Kurve des Lügendetektors, 1968.

ausgewählten Zeitabständen in kochendes Wasser werfen. Auch hier bescheinigte ihm der Ausschlag des Polygrafen eine Wahrnehmungsfähigkeit der Pflanze.

Anders als der Strich des Auxanometers bei Julius Sachs, der das für das menschliche Auge unmerkliche Wachstum einer Pflanze lediglich nachvollziehbar machte, galt es, die Kurve des Lügendetektors mit Bedeutung zu füllen. Die Übertragung seiner ursprünglichen Funktion, über elektrische Impulse Gefühle zu messen, um anschließend zu psychologisierenden Schlussfolgerungen zu kommen, folgte der Logik einer experimentellen Versuchsanordnung. Auch wenn die akademisch-wissenschaftliche Ablehnung der Experimente Backsters aus einer mangelnden Beweisführung resultierte,[20] so stand ihre Bewertung als kurios und unseriös dennoch ganz im Zeichen der Kurve. Denn es stellte sich zentral die Frage, welche Schlussfolgerungen die Kurve als wissenschaftliches Schaubild zuließ – was also ihre Formen überhaupt zu bedeuten haben. „Am Ort der Kurve“, so Stefan Rieger, „teilt die Pflanze das Schicksal des Menschen: Der Ort und der Anlaß der Physiologie werden psychologisiert.“[21] Den theoretischen Grundstein hierfür hatte bereits Raoul Heinrich Francé mit seiner *Pflanzenpsychologie als Arbeitshypothese der*

20 Siehe etwa Arthur W. Galston und Clifford L. Slayman: The not-so-secret life of plants. In which the historical and experimental myths about emotional communication between animal and vegetable are put to rest. In: American Scientist 67 (1979), H. 3, S. 337–344.

21 Bühler und Rieger: Das Wuchern, S. 290.

Pflanzenphysiologie (1909) ein halbes Jahrhundert zuvor gelegt.[22] Seine Darlegung hatte ein zur boomenden Tierpsychologie analoges Forschungsprogramm im Visier. Die Annahme sinnesorganartiger, reizleitender und nervenartiger Ausprägungen von Pflanzen überführte Francé in einen Katalog der Übereinstimmungen von menschlicher und pflanzlicher Nervenpsychologie und Sinnesphysiologie.

Bei genauerer Betrachtung des Textes von Backster indes wird deutlich, dass die Psychologisierung erst durch die breite Rezeption und deren Sensationsbegehren vorangetrieben wurde. Ein besonderer Fokus lag dabei auf der als krude bewerteten Vorstellung einer Art telepathischer Kommunikation zwischen Pflanze und Mensch. Dem Autor selbst ging es jedoch in erster Linie nur um die Hypothese einer „undefined primary perception in plant life".[23] Damit ist über das Innenleben von Pflanzen zunächst nichts Grundsätzliches ausgesagt, sondern vielmehr eine Aussage über die Wissenslücken ihrer Erforschung getroffen. Der „Backster-Effekt" als Resultat der Geschichte eines CIA-Spezialisten und seines Drachenbaums liest sich vor allem als Narrativ des gescheiterten Erfinders, dessen Interesse für Pflanzenpsychologie am Ende sogar berufliche Folgen hatte. Denn zu dieser Geschichte gehört auch das Schicksal, dass ihm gekündigt wurde und er sein Leben schließlich als Nachtwächter zu fristen hatte. Mit eingezogen in die Erzählung ist die Mediengeschichte einer Autorität des wissenschaftlichen Instruments, welches Objektivität zu produzieren hat, dessen Ausschlag sich jedoch in diesem Falle an umstrittener Stelle ereignete.

Pflanzenverhalten: Fakt oder Metapher?

Wie der Blick in die Wissenschaftsgeschichte deutlich gemacht hat, zirkulierten Verhaltenseigenschaften pflanzlichen Lebens bereits seit dem achtzehnten Jahrhundert in der Wissensproduktion.[24] Daran knüpfen die Zuschreibungen von Intelligenz, Sensibilität, Gedächtnis, Wahrnehmung, Aktivität, altruistischem Verhalten und dergleichen mehr an, die als neues Paradigma in der Erforschung der Flora erscheinen. Die Übertragung von Begrifflichkeiten aus Zoologie, Psychologie und Poetologie auf die Botanik deutet Territorialkämpfe angestammter Auffassungen in der Biologie an,

---

22 Raoul Heinrich Francé: Pflanzenpsychologie als Arbeitshypothese der Pflanzenphysiologie. Stuttgart 1909, S. 92–95.

23 Cleve Backster: Evidence of a primary perception in plant life. In: International Journal of Parapsychology X (1968), H. 4, S. 329–348, hier S. 333 und 344.

24 Siehe hierzu: Georg Toepfer: Historisches Wörterbuch der Biologie. Geschichte und Theorie der biologischen Grundbegriffe. Stuttgart 2011. Bd. 3: „Verhalten", Abschnitt „Tiere – und Pflanzen oder gar Steine?", S. 656.

die bis heute anhalten. So ist es etwa ganz selbstverständlich, vom Ameisenstaat, den Vogeleltern oder der Bienenkönigin zu sprechen, kurz: eine Tiersoziologie und -psychologie in Betracht zu ziehen, oder – um das Register zu wechseln – die Existenz von künstlicher Intelligenz, lernenden Systemen oder kommunizierenden Maschinen anzuerkennen. An sozialen Beschreibungstermini für Pflanzen, wie zum Beispiel dem „Mutterbaum"[25], oder der Übertragung menschlicher Verhaltenseigenschaften auf die Flora entzünden sich dagegen Kontroversen, in denen Forschungsergebnisse von Pflanzenneurobiologen dem Bereich der Metaphysik zugeordnet werden. Forscher aus diesem Feld fordern jedoch mehr Differenzierung ein. Sie haben darauf aufmerksam gemacht, dass der „Backster-Effekt" und parawissenschaftliche Aspekte der Pflanzenbetrachtung, wie sie zum Beispiel im Klassiker *The Secret Life of Plants* (1973) von Tompkins und Bird versammelt sind, zu einem „esoteric stigma" der Disziplin geführt und die Weiterentwicklung der Pflanzenforschung maßgeblich behindert hätten.[26] Die Pflanzenneurobiologie reagiert zunächst auf den Befund, dass generell ein Mangel an Beobachtungsdaten über das Verhalten von Pflanzen zur vergleichenden Analyse von Flora, Fauna und Mensch vorherrsche.[27]

Der Verhaltensbegriff muss freilich im Kontext der hier konstatierten unscharfen Faktenlage bewertet werden: Seine Verwendung ist nicht eindeutig geklärt und bewegt sich zwischen dem Gebrauch als epistemologisches Instrumentarium und heuristische innovative Metapher, je nachdem, welche wissenschaftstheoretischen Voraussetzungen zugrunde gelegt werden. In der bereits erwähnten Publikation *Pflanzen in Bewegung* (1994) knüpft Paul Simons etwa an die Befunde der frühen Pflanzenphysiologen an, wenn er sich gleichsam für ein Feintuning der Forschungsmethoden ausspricht. Denn der wesentliche Stolperstein bei der Neubewertung der Flora liegt darin begründet, dass Gewächse nur geringe äußerliche Anzeichen von Veränderungen zeigen, die durch Reize hervorgerufen werden. Da sich ihre Reaktionen im Mikro- oder gar Nanobereich und damit im Verborgenen abspielen, ist es nicht nur in der Populärliteratur verbreitet, vom „geheimen Leben" der Pflanzen zu sprechen. Auch wenn mit der Etablierung der experimentellen Botanik Zellen und Protoplasmen, die Fotosynthese und osmotische Vorgänge weitgehend unter-

---

25 Siehe z. B. Suzanne Simard: Wood Wide Web. Der Mutter-Baum. In: Von Pflanzen und Menschen. Leben auf dem grünen Planeten. Hg. von Kathrin Meyer und Judith Elisabeth Weiss. Göttingen 2019, S. 39–43.

26 František Baluška und Stefano Mancuso: Plants and animals. Convergent evolution in action? In: Plant-Environment Interactions. From Sensory Plant Biology to Active Plant Behavior. Hg. von František Baluška. Berlin/Heidelberg 2009 (Signaling and Communication in Plants), S. 285–302, hier S. 285.

27 „[...] there is a lack of observational data on the behavior of plants." (Charles I. Abramson und Ana M. Chicas-Mosier: Learning in plants. Lessons from Mimosa pudica. In: Frontiers in Psychology 7 (2016), H. 417, S. 1–53).

sucht wurden, so besteht die Forschung des vegetabilen Bewegungsverhaltens nach wie vor aus großen Lücken. Die Sensitivität der Pflanze übersteigt das menschliche Wahrnehmungsvermögen, wenn etwa ein einzelnes Stäubchen, das die menschliche Haut zu empfinden gar nicht in der Lage ist, Ranken einrollen lässt. Pflanzliche Reaktionen ereignen sich auf nur schwer beobachtbaren Zeit- und Wahrnehmungsebenen, deren Größenordnungen verschwindend klein sind oder aber sich auch deshalb entziehen, weil Gewächse teils ein vielfach höheres Lebensalter als Tier und Mensch erreichen. Auf diesen Wissenslücken gründet letztlich die eingangs dargelegte wissenschaftliche Biopoetik mit ihren Gefühls- und Verhaltensbeschreibungen, um in einer kalkulierten Provokation der Scientific Community deutlich zu machen: Pflanzen sind bislang nicht annähernd verstanden worden. Die Auffassung, dass sie sich „wie Tiere" und „als ob sie Nerven hätten" verhalten, auch wenn „von bewusster Entscheidung und anderen Denkprozessen nicht die Rede sein [kann]", zielt auf eine Neujustierung der Evolutionsgeschichte ab. Dabei geht es um die Annahme, dass Pflanzen und Menschen denselben Neuromotor als Erbe in sich tragen, der sich im einen Fall zum Nervensystem und im anderen Fall zum neuralen Netz entwickelt hat.[28]

Mit der Übertragung wissenschaftlicher Kategorien „von den Objekten Mensch und Tier auf die Pflanzen" (Bünning) werfen die Beschreibungskategorien grundlegende Fragen auf. Denn wenn der Verhaltensbegriff ganz offensichtlich einer Nivellierung der Hierarchie der Lebewesen dient, so ist fraglich, ob daraus nicht auch die radikale Auflösung der typologischen Differenz zwischen Pflanze, Mensch und Tier folgt. Einer der prominentesten Vertreter der Pflanzenneurobiologie, Stefano Mancuso, beklagt, dass der Mensch, obwohl er die pflanzlichen Fähigkeiten seit fast einem Jahrhundert kenne, sie „bis heute nicht unter dem richtigen Gesichtspunkt" betrachte: „dem der Sinne". „Wir weigern uns in unserer Kultur nach wie vor, Pflanzen als empfindsame Wesen zu sehen, und halten sie lieber für passive, unsensible Organismen, denen es an allen Eigenschaften mangelt, die wir dem Tierreich ohne Weiteres zugestehen."[29] Auffassungen wie diese sehen sich dem Vorwurf ausgesetzt, dass sie die Grundverschiedenheit der Pflanzen als autotrophe Lebewesen zu den heterotrophen Tieren verwischen und unzulässige Gemeinsamkeiten zwischen tierischen und pflanzlichen Zellen auf molekularer Ebene konstruieren würden.[30]

---

28 Simons: Bewegung, S. 10, 53, 290.

29 Stefano Mancuso und Alessandra Viola: Die Intelligenz der Pflanzen. München 2015, S. 82.

30 Siehe die von 36 Wissenschaftlern verfasste Kritik: Amedeo Alpi et al.: Plant neurobiology. No brain, no gain? In: Trends in Plant Science 12 (2007), H. 4, S. 135 f.; sowie die Reaktion auf diese Kritik: Anthony Trewavas: Response to Alpi et al.: Plant neurobiology – all metaphors have value. In: Trends in Plant Science, 12 (2007), H. 6, S. 231–233; Eric D. Brenner et al.: Response to

Tier-Pflanze-Analogien ergeben sich aber alleine schon durch experimentelle Versuchsanordnungen, die sowohl die Schamhafte Sinnpflanze als auch elektrische Impulse wieder prominent ins Zentrum botanischer Forschung rücken. Ein Beispiel ist das Experimentierfeld der sogenannten Pawlowschen Pflanzen, in dem pflanzliche Sinne und Prozesse der Reizung wie Reizermüdung von *Mimosa* und anderen Gewächsen untersucht werden. Die Forschungen hierzu greifen auf das klassische Experiment des Pawlowschen Hundes und die damit verbundene Theorie der Konditionierung zurück, um nachzuweisen, dass Pflanzen ein tierähnliches Reflexverhalten an den Tag legen und dabei lernfähig sind.[31] Die Botschaft, die aus experimentellen Anordnungen wie dieser hervorgeht, ist deutlich: Pflanzenleben erscheint als ähnlich komplex wie das Leben von Tieren. Auch die Resultate elektrophysiologischer Studien sprechen für eine lange unterschätzte Komplexität in der Regulation pflanzlicher Anpassungsprozesse an die Umwelt. Diese offenbart sich etwa in Versuchen zur Blattreizung mit Feuer zum Nachweis elektrischer Signale.[32] Die Messgeräte registrierten ein elektrisches Signal, sobald die Flamme einem Blatt auch nur nahe kam. Selbst benachbarte und weiter entfernte Pflanzenbestandteile wurden nach einem Flammenreiz von elektrischen Impulsen durchzuckt. Durch Chlorophyll-Fluoreszenz-Messungen wurde schließlich nachgewiesen, dass die Fotosynthese bei dieser Gefahr für das pflanzliche Leben vorübergehend eingestellt wird – eine Reaktion, die die Pflanze offenbar gezielt als Schutzmechanismus einsetzt.

Aus der Sicht experimenteller Anordnungen schlägt Anthony Trewavas vor, Verhalten allein als das zu begreifen, was Pflanzen tun, und nicht als das, wodurch sie charakterisiert werden oder womit sie als Lebewesen ausgestattet sind.[33] Eine solche Eingrenzung des Verhaltensbegriffes mag sinnvoll sein, um sowohl der metaphysischen Ausdeutung wie auch zweifelhaften Analogiebildungen zu entkommen. Sie wirft dennoch das Problem der sprachlichen Vorstrukturiertheit wissenschaftlicher Erkenntnisse auf. Waren es bei Backster Kurvenbelege, die Wahrheitsfindung ironischerweise über das Gerät des Lügendetektors ins Leere laufen ließ, so besteht

---

Alpi et al.: Plant neurobiology. The gain is more than the name. In: Trends in Plant Science 12 (2007), H. 7, S. 285–286.

31 Siehe hierzu das Forschungsprojekt „Pawlowsche Pflanzen" von Michal Gruntman und Katja Tielbörger (Pressemitteilung der Universität Tübingen vom 12. Jan. 2016); siehe auch Monica Gagliano: Thus Spoke the Plant. A Remarkable Journey of Groundbreaking Scientific Discoveries and Personal Encounters with Plants. Berkeley 2018, S. 73–88.

32 Jörg Fromm und Silke Lautner: Electrical signals and their physiological significance in plants. In: Plant, Cell & Environment 30 (2007), H. 3, S. 249–257.

33 „Behaviour is [...] what a plant does, rather than something it is characterized by or has." (Anthony Trewavas: What is plant behaviour? In: Plant, Cell & Environment 32 (2009), S. 606–616, hier S. 606).

das Narrativ heute darin, dass das technische Gerät für einen umfassenden Erkenntnisgewinn über das Leben der Pflanze alleine nicht mehr ausreicht. In einem Paradigmenwechsel von der sensorischen Pflanzenbiologie hin zum aktiven Pflanzenverhalten entpuppen sich Gewächse als dynamische Organismen, die ihre Lebensumstände einschätzen und ausgeklügelte Maßnahmen ergreifen, um sich anzupassen und zu überleben.[34] Ist man also bestrebt, die Beschreibungskategorien bloßer Reiz-Reaktions-Modelle zu verlassen und durch einen Begriff von „aktivem Verhalten" zu ersetzen, wie anders ließen sich Pflanzen dann beschreiben als durch Verhaltenseigenschaften wie Bewegung, Empfindung, Intelligenz oder Lernfähigkeit? Verschiedentlich wurde darauf aufmerksam gemacht, dass bislang kein Vokabular zur Beschreibung gehirnähnlicher Pflanzenstrukturen existiert, das über die reinen Gefäßprozesse hinausgeht.[35] Im Ringen um einen adäquaten Gebrauch von Verhaltenseigenschaften in der Pflanzenforschung hat Trewavas auch den Metapherngebrauch als produktive Methode verteidigt, um das Forschungsinteresse auf neuartige Fragestellungen und bislang übersehene Phänomene zu lenken. In seiner Argumentation führt er unter anderem Darwins *„root-brain"*-Hypothese an, die von der Annahme ausgeht, dass sich Wurzelspitzen verhielten, als hätten sie ein Gehirn. Sein radikaler Ausgangspunkt ist, dass das gesamte Unternehmen einer Pflanzenneurobiologie eine Metapher sei.[36]

Der Biologe Merlin Sheldrake treibt solche Überlegungen sogar noch weiter und verkehrt die Perspektiven:

> Angenommen, wir sprechen davon, dass eine Pflanze ‚lernt', ‚entscheidet', ‚kommuniziert' oder ‚sich erinnert': Vermenschlichen wir dann die Pflanze oder verpflanzlichen wir eine Reihe menschlicher Begriffe? Wenn man den Begriff der Menschen auf eine Pflanze anwendet, nimmt er vielleicht neue Bedeutungen an, und ebenso nehmen Begriffe der Pflanzen neue Bedeutungen an, wenn wir sie auf Menschen übertragen.[37]

Menschliche Wahrnehmung ist durch Sprache nicht nur vorstrukturiert, sondern unterliegt auch normativen Prozessen, die sich je nach Interessenslage verschieben und verändern lassen.

---

34 Siehe die gleichnamige Publikation von František Baluška (Hg.): Plant-Environment Interactions. From Sensory Plant Biology to Active Plant Behavior. Berlin/Heidelberg 2009.

35 Siehe den interdisziplinären Band Monica Gagliano, John C. Ryan und Patrícia Vieira (Hg.): The Language of Plants. Science, Philosophy, Literature. Minneapolis 2017.

36 Trewavas: Response to Alpi et al., S. 231.

37 Merlin Sheldrake: Verwobenes Leben. Wie Pilze unsere Welt formen und unsere Zukunft beeinflussen. Berlin 2020, S. 320. Siehe hierzu auch Jane Bennett: Lebhafte Materie. Eine politische Ökologie der Dinge. Berlin 2020.

Vernetzung: Verhaltensforschung von Pflanzen als interdisziplinäre Praxis

Zum Einsatz gebrachte anthropomorphisierende Metaphern haben gleichwohl die Funktion, traditionell unter „Natur" subsumierte Sachverhalte in die Sphäre des Humanen zu rücken und umgekehrt die Gattung Mensch als Teil eines Gefüges der Welt, das eben nicht-menschlich ist, zu situieren. Nicht zwangsläufig müssen dabei alle differenzierenden Begriffe aufgegeben werden, wenngleich ihre Setzungen zur Disposition stehen. Biopoetiken eröffnen Möglichkeiten, in der Weise des Naturforschers Karl Joseph Oehme vorzugehen, der im achtzehnten Jahrhundert das Problem der sprachlichen Vorstrukturiertheit von Erkenntnissen erkannte und sinngemäß schrieb: Wenn die Übertragung spezifischer Verhaltenseigenschaften vom Tier auf die Pflanze einen Widerspruch darstelle, müsse man eben einen anderen Namen für diese Phänomene erfinden. Denn die Verortung der Pflanzen in der Ordnung der Natur berührt immer auch die Gesamtordnung der Welt und den Platz des Menschen darin.[38] Diese Ordnungen folgen selbst einem vegetativen Prinzip: Sie wachsen und wuchern, brechen auf, verändern sich, vergehen und sprießen neu.[39]

In besonderer Weise lassen sich in diesem Zusammenhang Zugänge zur Pflanzenwelt in den Blick rücken, die entgegen dem Stumpfsinn eines bloß „mechanischen Verhaltens" von einer Vernetzung der Pflanzen ausgehen, innerhalb deren sich gleichsam gemischte Ensembles ergeben. Das mit dem Netzwerk der Pflanzen erstarkte Konzept der Symbiose betont ein relationales Gefüge, das Hybridisierungen, Wechselbeziehungen und Verschränkungen zulässt. Unter Rückgriff auf die wegweisenden Erkenntnisse der Biologin und Symbioseforscherin Lynn Margulis, die das gesamte Erdsystem als ein Netzwerk voneinander abhängiger Ökosysteme und damit als einen „symbiotic planet" versteht,[40] hat eine ganze Reihe von Theoretikern Überlegungen zu Konzepten symbiotischer Solidarität vorgelegt. So greift Bruno Latour auf die Gaia-Hypothese mit ihren selbstregulatorischen Prinzipien zurück, um die ontologische Verfasstheit der Erde als ein dichtes Gefüge vernetzter Akteure zu begreifen.[41] Auch die Biologin und Wissenschaftsphilosophin Donna Ha-

38 Ruppel: Botanophilie, S. 159.

39 Siehe hierzu etwa die Metapher des Rhizoms zur Beschreibung von Welt- und Wissensordnungen der Vielheit und Verflechtung als Alternative zu hierarchischen und dichotomischen Ordnungsmodellen: Gilles Deleuze und Félix Guattari: Rhizom. Berlin 1977; Gilles Deleuze und Félix Guattari: Tausend Plateaus. Kapitalismus und Schizophrenie. Berlin 1992, S. 11–42.

40 Lynn Margulis: Symbiotic Planet. A New Look at Evolution. New York 1999.

41 In der Ausstellung *Critical Zones. Horizont einer neuen Erdpolitik* im ZKM | Zentrum für Kunst und Medien Karlsruhe (23. Mai 2020–08. Aug. 2021) würdigt Latour die Forschung von Margulis mit einer ausführlichen Dokumentation; siehe zur Einbettung der Debatte in die Kunst: Judith

raway will den von ihr vorgeschlagenen Begriff der „Sympoiesis" als kollaborative Tätigkeit heterogener Entitäten verstanden wissen, weil nichts sich selbst mache und nichts autopoietisch oder selbst-organisierend entstehe. „Mitmachen" bedeutet in diesem Sinne, ein Netzwerk der symbiotischen Solidarität mit dem Nichtmenschlichen anzuerkennen.[42] Die Grundannahme all dieser Ansätze besteht darin, dass sich evolutionärer Erfolg nicht primär über den Konkurrenzkampf von Individuen einstellt, sondern über die Kooperationsstrategien symbiotischer Gemeinschaften. Das Konzept der Symbiose schließt Konkurrenz nicht per se aus, sondern lässt sich als eine Form des Zusammenwirkens begreifen, die bereits ausdifferenzierte Funktionszusammenhänge stabilisiert. Die Wirkmächtigkeit von Differenzen und Konkurrenzen kommt etwa ins Spiel, wenn Pilze ihre Lebenspartner „verzehren" oder manche Gewächse chemische Stoffe produzieren, die andere Pflanzenarten klein halten oder abtöten.[43]

Das Nachdenken über ökologische Wechselwirkungen im gleichzeitigen Miteinander aller Organismen ist keine Erfindung von Theoretikern des Neuen Materialismus oder Vertretern einer politischen Ökologie, die sich angesichts der Herausforderungen der Klimakrise auf die Suche nach neuen Denkmodellen begeben. Die Begriffe Ökologie, Symbiose und Mykorrhiza sind Wortschöpfungen aus dem neunzehnten Jahrhundert: Als Bezeichnung für eine systembegründende Wechselseitigkeit wurde der von Ernst Haeckel geprägte Terminus „Oecologie" seit den 1880er Jahren vornehmlich von Botanikern aufgegriffen, die sich für Pflanzengemeinschaften und deren Lebensbedingungen interessierten. Als Beschreibung für die Wechselbeziehungen von Organismen untereinander, aber auch zwischen Organismen anderer Arten und Populationen legte das Konzept der Ökologie den Grundstein für Theorien vom planetarischen System als bewegtem Netzwerk. Mit der Einführung des Begriffes der Symbiose durch den Botaniker Anton de Bary entstand zeitgleich ein Konzept, das in nachfolgenden Begriffsabwandlungen – etwa durch Albert Frank, der 1885 den Begriff Mykorrhiza prägte – weiter konkretisiert wurde. Im Zuge der Begriffsschärfung stand Symbiose für das Zusammenleben von Arten zum gegenseitigen Nutzen.[44] Symbiose wurde im Kontext der sich etablierenden ökologischen Pflanzengeografie,

Elisabeth Weiss: Disziplinierung der Pflanzen. Bildvorlagen zwischen Ästhetik und Zweck. Berlin 2020, S. 119–149.

42 Donna J. Haraway: Unruhig bleiben. Die Verwandtschaft der Arten im Chthuluzän. Frankfurt a. M. 2018, S. 85–135.

43 Sheldrake: Verwobenes Leben, S. 225–262.

44 Zu den Begriffen Ökologie und Symbiose siehe Georg Toepfer: Historisches Wörterbuch der Biologie. Geschichte und Theorie der biologischen Grundbegriffe. Stuttgart 2011. Bd. 2., S. 681–714; Bd. 3, S. 426–442.

die die „Vergesellschaftung“ von Pflanzen sowohl in Beziehung zur Umwelt als auch untereinander untersuchte, als basale Sozialität der Wechselseitigkeit von Pflanzengemeinschaften verstanden. Das Mykorrhiza-Mycel verhalte sich dabei, so sein Namensgeber Albert Frank, wie jemand, der „Ammendienste“ verrichte, um die Ernährung des Baumes aus dem Boden überhaupt erst zu ermöglichen:

> Diese aus Wurzel und Pilz bestehenden Organe, Mycorhizen, wie ich sie genannt habe, verhalten sich, obgleich aus zwei ganz verschiedenen Wesen zusammengesetzt, wie ein einfaches Organ, denn sie wachsen beide zusammen fort, die Wurzel an ihrer Spitze wachsend, und der Pilz ihr dabei immer nachfolgend [...].[45]

Große Prominenz genießt der Neologismus des „wood wide web“, mit dem Pflanzenökologen die weitreichende Vernetzung von Bäumen und Pilzen unter der Erde zum Austausch von Nährstoffen beschreiben. In der Zeitschrift *Nature* tauchte die Wortprägung erstmals 1998 zur Beschreibung kilometerlanger Mykorrhiza-Geflechte auf.[46] Sie beschreibt, wie Pilze symbiotisch mit Pflanzen zusammenwirken, indem sie elektrische Impulse weitergeben und die Nährstoff- und Wasseraufnahme von Bäumen unterstützen. Dafür erhalten sie aus der Fotosynthese entstehenden Zucker von den Bäumen zurück. Die Rede vom „wood wide web“ hat der Biologe David Read geprägt, nachdem er in seinem Artikel *The ties that bind* die richtungsweisenden Forschungen von Suzanne Simard gewürdigte hatte.[47] Deren experimenteller Nachweis, dass Pflanzen mithilfe des Mykorrhiza-Netzwerks untereinander Kohlenstoff austauschen, legte den Fokus fortan weniger auf die Konkurrenz zwischen den Pflanzen als vielmehr auf die Verteilung der Ressourcen innerhalb der Lebensgemeinschaft. Der an das World Wide Web angelehnte Terminus technicus ist im Idiom der Geobiologie seither weit verbreitet und spielt auf die dominierenden Bestimmungen des Internets an, nämlich die Weitergabe von Informationen und die Verknüpfung sozialer Netzwerke. Das „wood wide web“ steht damit ganz im Zeichen der Netzwerkforschung, die im Zuge des wuchernden digitalen Netzes Mitte der 1990er Jahre an Bedeutung gewonnen hat. Die Vorstellung der Pflanze als Stoffwechselmaschine weicht dem Bild eines vernetzten Gewächses, das sich wie in einem semiotischen Prozess in einem permanenten Informationsfluss mit anderen Organismen befindet (siehe Abb. 7).

Metaphern haben wie Poetologie und Kunst eine heuristische Funktion bei der Produktion von Wissen. Und gerade deshalb bildet die Auffassung von der Pflanze als einem vernetzten Wesen zusammen mit Vorstellungen ihrer Bewegtheit, Emp-

---

45 Albert B. Frank: Synopsis der drei Naturreiche. Botanik. Hannover 1886, S. 292.
46 Thorunn Helgason et al.: Ploughing up the wood-wide web? In: Nature 394 (1998), S. 431.
47 David Read: The ties that bind. In: Nature 388 (1998), S. 517 f.

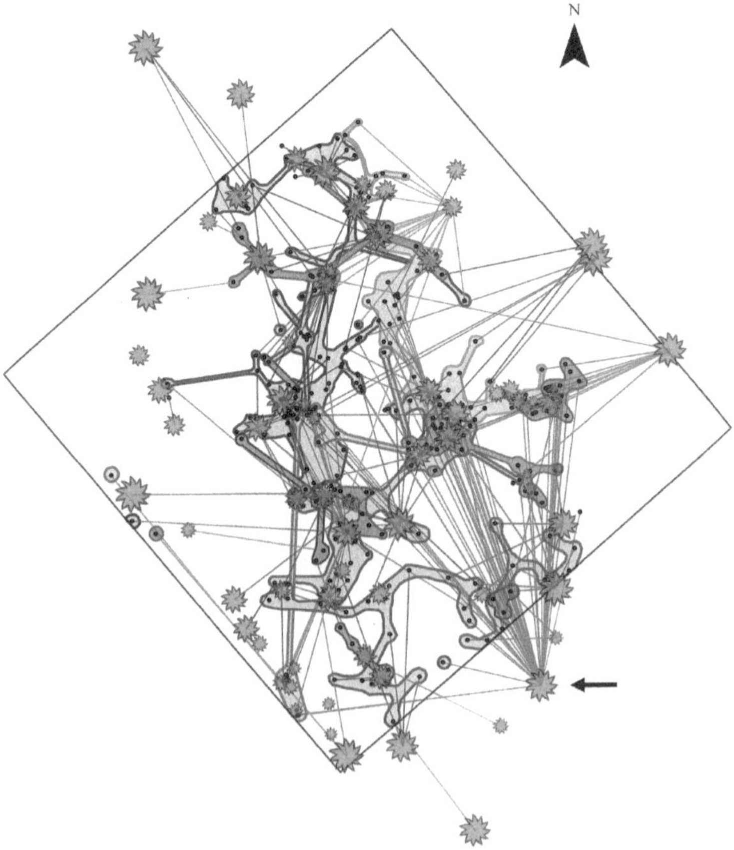

Abb. 7: Kevin Beiler: Karte eines gemeinsamen Pilznetzwerks, 2009.

findsamkeit, Lernfähigkeit und Intelligenz einen Knotenpunkt, an dem sich die Bezüge zwischen Botanik und Ästhetik, zwischen Wissenschaft, Philosophie und Poesie neu bestimmen lassen. Dieses Feld besetzt derzeit die interdisziplinäre Pflanzenforschung, die, je nach Gewichtung, als Critical, Literary oder Cultural Plant Studies firmiert. Generell initiieren die Plant Studies inter- und transdisziplinäre Forschungen, die verschiedene Wissens- und Erfahrungsfelder des Vegetabilen in einer Art „Kreuzbestäubung" zusammenbringen.[48] Der Literaturwissenschaftler John C. Ryan hat bereits 2011 den Versuch unternommen, das Forschungsfeld einer Cultural Botany zu

48 Michael Marder: Grafts. Writings on Plants. Minneapolis 2016, S. 20; siehe auch Kathrin Meyer und Judith Elisabeth Weiss (Hg.): Von Pflanzen und Menschen. Leben auf dem grünen Planeten. Göttingen 2019.

gründen, in deren Mittelpunkt der Dialog zwischen Botanik und Geisteswissenschaften, zwischen Pflanzenforschung und Poetik steht, um dem Schisma der „zwei Kulturen" zu entgehen.[49] Mit Rekurs auf die Human-Animal Studies schlägt er eine pflanzliche Verhaltensforschung vor, deren Fragestellungen jenen einer Tierethik entsprechen. Ihre Methodik subsumiert er entsprechend unter der Bezeichnung der Human-Plant Studies, der daran gelegen ist, die Flora von Objekthaftigkeit und Nutzwert zu erlösen. In diesem Zusammenhang ist auch die sogenannte Queer-Ökologie auf den Plan getreten, die mit Praktiken des *queering nature* oder *queering botanics* dualistische Auffassungen von natürlich/unnatürlich, aktiv/passiv, menschlich/nicht-menschlich zur Disposition stellt.[50] Ihr Ziel ist es, Machtgefüge des Wissens und etablierte hierarchische Wertungen zu dekonstruieren. Aus der Perspektive einer Queer Botany ist etwa die eingangs erwähnte „Pflanzenblindheit" eine Form der Exklusion, die Aufschluss über traditionelle Vorstellungen gibt, welche Organismen, Arten und Individuen von Wert sind. Wie dem Ecocritcism oder den Animal Studies ist auch der Queer-Ökologie daran gelegen, ethisches Handeln innerhalb des komplexen Gefüges von Macht, Wissen und Unterdrückung zu reflektieren. Im beschleunigenden Betrieb der „turns" und „trends" und der damit verbundenen Begriffsgenerierungen kommt man jedoch auch durch *queering* nicht aus der Schleife der Verfügungsgewalt hinaus. Denn die Pflanze selbst kann ihr eigenes Verhalten bekanntlich nicht erklären. Es handelt sich letztlich

> immer um eine auf biophilosophisch fundierten Analogieschlüssen beruhende, anthropomorphe Interpretation von biosemiotischen Interaktionen, die den fühlenden und erkennenden Kommunikator und Interpreten ‚Mensch' notwendigerweise immer als Maßstab voraussetzt, auch in ethischer Hinsicht, da immer der Mensch der letzte Träger von Verantwortung bleibt.[51]

Wissensproduktionen über die Pflanze kann dabei niemals nur alleine die Wissenschaft für sich reservieren, denn die historischen Bedingungen für das Erkennen, Erleben und Erzeugen von Natur entfalten sich im Zusammenspiel einer Vielzahl von Feldern wie etwa den Künsten, der Politik, der Ökonomie und Technik. Die Verhältnisse von Nähe oder Distanz zwischen Mensch, Fauna und Flora müssen Konstruktionen bleiben, und mit ihnen öffnet sich das weite Feld der Pflanzen als Projektionsfläche menschlicher Sehnsüchte, Ängste und Wünsche.

---

49 John C. Ryan: Cultural botany: Toward a model of transdisciplinary, embodied, and poetic research into plants. In: Nature and Culture 6 (2011), H. 2, S. 123–148.
50 Vgl. z. B. Teresa Castro: The Mediated Plant. In: e-flux journal (102) 2019. Online unter: www.e-flux.com/journal/102/283819/the-mediated-plant/ (abgerufen am 1.3.2021).
51 Hans Werner Ingensiep: Menschenaffe, S. 117.

Abbildungsverzeichnis

Abb. 1 Schreibendes Auxanometer. Aus: Julius Sachs: Grundzüge der Pflanzenphysiologie. Leipzig 1873, S. 166.

Abb. 2 Kinematographische Studien. Aus: Wilhelm Pfeffer: Kinematographische Studien an Impatiens, Vicia, Tulipa, Mimosa und Desmodium von W. Pfeffer (1898-1900), Reichsanstalt für Film und Bild in Wissenschaft und Unterricht (RWU), Film-Nr. IWF: B 450, Standbilder 00:02:01–00:02:28 min, Public Domain (DOI: 10.3203/IWF/B-450).

Abb. 3 Richard Earlom (nach George Romney): *Sensibility*. Emma Hamilton bei der Berührung einer Mimose, 1789, © Wellcome Collection London.

Abb. 4 André Bayard: *La Sensitive*, 1914, Filmstill, © Collection Cinémathéque Robert Lynen de la Ville de Paris – restauration CNC.

Abb. 5 Henry Groskinsky: Cleve Backster mit Pflanze am Lügendetektor, 1966, © Henry Groskinsky/Time Life Pictures/Getty Images.

Abb. 6 Kurve des Lügendetektors. Aus: Cleve Backster: Evidence of a primary perception in plant life. In: International Journal of Parapsychology X (1968), H. 4, S. 329–348, hier S. 331.

Abb. 7 Kevin Beiler: Karte eines gemeinsamen Pilznetzwerks, 2009. Aus: Merlin Sheldrake: Verwobenes Leben. Wie Pilze unsere Welt formen und unsere Zukunft beeinflussen. Berlin 2020, S. 224.

Verzeichnis der Beiträger*innen

Armin Beverungen ist Professor für Soziologie der Organisation und der Ökonomie am Institut für Soziologie und Kulturorganisation und affiliiert am Centre for Digital Cultures der Leuphana Universität Lüneburg. Er hat in Lancaster und Cambridge Organisationswissenschaft und Soziologie studiert und in den Critical Management Studies in Leicester promoviert. In zwei Forschungsprojekten beschäftigt er sich aktuell mit Amazons logistischem Urbanismus (https://logistical.city/) sowie den Reichtumsversprechen, die mit smarten Technologien, insbesondere Digital Twins, einhergehen (http://smartnesswealth.net/).

Ole Bogner hat Soziologie und Philosophie in Jena und Freiburg im Breisgau studiert. In seinem Promotionsprojekt im Rahmen des SNF Sinergia-Projekts „The Power of Wonder" rekonstruierte er die Ausbreitung ökologischen Wissens in der Psychologie aus einer subjektivierungstheoretischen Perspektive. Zu seinen Forschungsinteressen gehören Wissensgeschichte, Kultursoziologie sowie Subjektivierungsforschung. Seit 2023 ist er wissenschaftlicher Mitarbeiter an der Professur für Soziologie mit dem Schwerpunkt Soziologische Theorie und Theoriegeschichte an der Goethe-Universität Frankfurt a.M.

Cornelius Borck ist Professor für Geschichte, Theorie und Ethik der Medizin und Naturwissenschaften. Er leitet das Institut für Medizingeschichte und Wissenschaftsforschung der Universität zu Lübeck und ist Sprecher des Zentrums für Kulturwissenschaftliche Forschung Lübeck (ZKFL). Zu seinen Forschungsschwerpunkten zählen die Geschichte der Humanwissenschaften, die Medizinphilosophie sowie die Historische Epistemologie von Psychiatrie und Neurowissenschaften. Neuere Veröffentlichungen: „Brainwaves: A Cultural History of Electroencephalography" (2018), mit Beate Binder und Volker Hess (Hg.): „Wahnsinnsgefüge der urbanen Moderne" (2018), „Medizinphilosophie zur Einführung" (2021).

Rupert Gaderer ist Principal Investigator am SFB 1567 „Virtuelle Lebenswelten" an der Ruhr-Universität Bochum. Seine Forschungsschwerpunkte sind Mediengeschichte, Kulturtechnikforschung und Medienphilologie. Publikationen: „Querulieren. Kulturtechniken, Medien und Literatur 1700–2000" (2021), mit Friedrich Balke (Hg.): „Medienphilologie. Konturen eines Paradigmas" (2017), „Shitstorm. Das eigentliche Übel der vernetzten Gesellschaft" in „Zeitschrift für Medien- und Kulturforschung" (2018).

Alexa Geisthövel ist Historikerin und seit 2012 wissenschaftliche Mitarbeiterin in mehreren Forschungsprojekten am Institut für Geschichte der Medizin und Ethik in der Medizin, Charité Universitätsmedizin in Berlin. Im Feld der Wissenschafts- und Medizingeschichte hat sie unter anderem zu folgenden Themen publiziert: „Intelligenz und Rasse. Franz Boas' psychologischer Antirassismus zwischen Amerika und Deutschland, 1920–1942" (2013), mit Volker Hess (Hg.): „Medizinisches Gutachten. Geschichte einer neuzeitlichen Praxis" (2017), mit Bettina Hitzer (Hg.): „Auf der Suche nach einer anderen Medizin. Psychosomatik im 20. Jahrhundert" (2019) und „Zur Zeitgeschichte ‚abnormer Persönlichkeiten'" in einem Themenheft der Zeitschrift „Gesnerus" (2020).

Rüdiger Graf leitet die Abteilung für die „Geschichte des Wirtschaftens" am Leibniz-Zentrum für Zeithistorische Forschung in Potsdam und lehrt Geschichte an der Humboldt-Universität zu Berlin. Promoviert wurde er 2006 ebendort mit einer Arbeit über „Die Zukunft der Weimarer Republik

https://doi.org/10.1515/9783110740813-034

(2008). 2012 habilitierte er sich nach Forschungsaufenthalten an der New York University, dem Center for European Studies der Harvard University und dem Historischen Kolleg in München mit einer Studie über „Öl und Souveränität. Petroknowledge und Energiepolitik in den USA und Westeuropa in den 1970er Jahren“ (2014/2018) an der Ruhr-Universität Bochum. Zuletzt erschien von ihm „Vorhersagen und Kontrollieren. Verhaltenswissen und Verhaltenspolitik in der Zeitgeschichte“ (Göttingen 2024).

Sophia Gräfe ist wissenschaftliche Mitarbeiterin am Exzellenzcluster „Matters of Activity“ der Humboldt-Universität zu Berlin. Zuvor war sie im DFG-Heisenberg-Projekt „Transdisziplinäre Netzwerke des Medienwissens“ an der Philipps-Universität Marburg (2018–2023), im Programmbereich „Lebenswissen“ des Leibniz-Zentrums für Kultur- und Literaturforschung (ZfL) in Berlin (2019) und am Institut für Kulturwissenschaft der Humboldt-Universität zu Berlin (2015–2018) tätig. Zu ihren Forschungsschwerpunkten gehören die kulturwissenschaftliche Wissenschaftsforschung, die Mediengeschichte der Verhaltensforschung und der wissenschaftliche Gebrauchsfilm. In ihrem Promotionsprojekt entwickelt sie eine Medien- und Wissensgeschichte des Verhaltens.

Vinzenz Hediger ist Professor für Filmwissenschaft an der Goethe-Universität Frankfurt am Main und Sprecher des Graduiertenkollegs „Konfigurationen des Films“. Er ist Mitbegründer von „NECS – European Network for Cinema and Media Studies“ und Gründungsherausgeber der „Zeitschrift für Medienwissenschaft“. Hediger befasst sich mit Filmgeschichte und Filmästhetik anhand des Hollywood-Kinos und der neuen Kulturindustrien in Afrika und Asien und erforscht marginalen Formen wie Industriefilm und Wissenschaftsfilm unter politisch-ökononmischen und wissenshistorischen Gesichtspunkten.

Hans-Christian von Herrmann ist Universitätsprofessor im Fachgebiet Literaturwissenschaft mit dem Schwerpunkt Literatur und Wissenschaft an der Technischen Universität Berlin. Er forscht und lehrt u. a. zur Wissens- und Kulturgeschichte der Kybernetik und der Künstlichen Intelligenz. Seine Publikationen: mit Wladimir Velminski (Hg.): „Maschinentheorien – Theoriemaschinen“ (2012), „Odyssey without nostos, or, from globe to planet“ in der „Zeitschrift für Medien- und Kulturforschung“ (2018), „Vom Werden der Welt. Zur Geschichtlichkeit von Wissenschaft, Technik und Kunst bei Max Bense“ in dem Sammelband „Max Bense. Werk – Kontext – Wirkung.“ (hg. von Andrea Albrecht, Masetto Bonitz, Alexandra Skowronski und Claus Zittel, 2019).

Patrick Hohlweck ist wissenschaftlicher Mitarbeiter am Institut für deutsche Literatur der Humboldt Universität Berlin. Seine Forschungsschwerpunkte sind Literatur als Selbsttechnologie, literarische Ermittlungstechniken und Literatur im Kontext der Künste. Jüngere Publikationen u.a.: „Teilhabe. Bedeutsamkeit und Realismus bei Barthes und Brinkmann“ in der Zeitschrift für deutsche Philologie (2024), „Die ‚ganze Person‘: Adam Bernds ‚Eigene Lebens-Beschreibung‘“ in Body Politics. Zeitschrift für Körpergeschichte (2024) sowie die Monographie „‚Verwandlung in Blatt‘. Carl Einsteins formaler Realismus“ (2018).

Florian Hoof ist Medienwissenschaftler an der Goethe-Universität Frankfurt, Research Associate am Forschungszentrum „Normative Ordnungen“, sowie Privatdozent im Bereich Medienwissenschaft. Zusammen mit der Harvard University und der University of Sydney forscht er zu digitaler Distribution und Logistik, Big Data und zu Kulturen digitaler Sicherheit. Neben Gastprofessuren an der Università Cattolica Mailand und der ETH Zürich war er Vertretungsprofessor und Fellow u.a. an der University of California Irvine, der University of Sydney, der Universität Paderborn, der Ruhr-Universität Bochum und Research Associate in der DFG Kolleg-Forschungsgruppe „Medienkulturen der Computersimulation“, Leuphana Universität Lüneburg. Er ist Autor von „Angels of Efficiency. A Media History of Consulting“ (Oxford UP 2020) und Mitherausgeber von „Films that Work Harder. The Circulation of Industrial Film“ (Amsterdam UP 2023).

Constantin Hühn arbeitet als freier Redakteur und Autor für den öffentlich-rechtlichen Rundfunk, vor allem das Deutschlandradio. Bevorzugt befasst er sich dabei mit philosophischen, ökonomischen und kulturhistorischen Themen. 2020 hat er das Audiokombinat mitgegründet, ein Kollektiv, das Podcasts, Audiowalks und Workshops anbietet. Token Economies waren bereits Gegenstand seiner Master-Arbeit in Kulturwissenschaft an der Humboldt-Universität zu Berlin. Dort ist er, neben seiner Radio-Tätigkeit, gelegentlich auch als Dozent und Audio-Trainer tätig. Seit 2024 studiert er außerdem Volkswirtschaftslehre an der Freien Universität Berlin.

Eva Johach ist Kulturwissenschaftlerin und Wissenschaftshistorikerin und arbeitet als Forschungsreferentin an der Universität Mannheim. Zu ihren Forschungsschwerpunkten gehören die Kultur- und Wissenschaftsgeschichte des 18. bis 20. Jahrhunderts, Soziale Insekten und die Geschichte der Gesellschaft, Psychedelika und Bewusstseinserweiterung. Wichtige Buchpublikationen: „Krebszelle und Zellenstaat. Zur medizinischen und politischen Metaphorik in der Zellularpathologie Rudolf Virchows“ (2008), mit Diethard Sawicki (Hg.): „Übertragungsräume. Medialität und Raum in der Moderne“ (2013), „Wilde Soziologie. Insektengesellschaften und die Phantasmen moderner Vergesellschaftung“ (2020).

Kevin Liggieri ist Forschungsgruppenleiter der DFG-Emmy-Noether-Forschungsgruppe „Ko-Konstruktionen von Lernen und Technik. Zum Wandel von ‚Lernsubjekten‘ im 20. Jahrhundert“ und Assistenzprofessor für Historisch-Epistemologische Technikforschung an der TU Darmstadt. Seine Forschungsschwerpunkte liegen in der Philosophie und Geschichte technisierter (Lern-)Umwelten und Mensch-Maschine-Interaktionen.

Robert Meunier war Projektleiter des DFG-geförderten Projekts „Formen der Praxis, Formen des Wissens: Methode, Notation und die Dynamik der Perspektiven in den Lebenswissenschaften“ (2018–2021) am Institut für Philosophie der Universität Kassel. Er forscht zur Geschichte und Epistemologie der modernen Lebenswissenschaften. Nach der Promotion im Graduiertenprogramm „Foundations of the Life Sciences and their Ethical Consequences“ der Universität Mailand und der European School of Molecular Medicine forschte er am Max-Planck-Institut für Wissenschaftsgeschichte und am Institute for Cultural Inquiry in Berlin sowie an der Ludwig-Maximilians-Universität München, der Universität Kassel, der London School of Economics and Political Science und zuletzt am Institut für Medizingeschichte und Wissenschaftsforschung der Universität zu Lübeck.

Mareike Peschl ist Kulturwissenschaftlerin und seit 2018 Doktorandin am German Department in Princeton, wo sie zur transdisziplinären Problemgeschichte der Täuschung forscht. Nach ihrem Studium der Kulturwissenschaft in Berlin und New York war sie Junior Fellow am Interdisziplinären Forschungszentrum Kulturwissenschaften (IFK) in Wien (2016–2017). Anschließend verbrachte sie einen Forschungsaufenthalt am Department for Media, Culture, and Communication der New York University (2017–2018).

Annelie Ramsbrock ist Professorin für Allgemeine Geschichte der Neuesten Zeit an der Universität Greifswald. Sie forscht zur Körpergeschichte, zur Geschichte der Fotografie, zur Sozial- und Kulturgeschichte der Freiheitsstrafe sowie zur Geschichte der Gewalt und Wissensgeschichte. Zuletzt erschienen von ihr „Geschlossene Gesellschaft. Das Gefängnis als Sozialversuch – eine bundesdeutsche Geschichte" (2020) und „The Science of Beauty. Culture and Cosmetics in Modern Germany, 1750–1930" (2015). Sie ist gemeinsam mit Gabriele Metzler Herausgeberin des Themenheftes „Politische Gefangene" der Zeitschrift „WerkstattGeschichte" (2019).

Denise Reimann ist wissenschaftliche Mitarbeiterin am Institut für deutsche Literatur der Humboldt-Universität zu Berlin, wo sie unter anderem die internationale und interdisziplinäre Vortragsreihe der Mosse Lectures koordiniert. Zu ihren Forschungsschwerpunkten zählen die Cultural and Literary Animal Studies, die Beziehungen zwischen Literatur und Lebenswissenschaften, literarische Klimatologien und auditive Wissenskulturen in der Geschichte und Gegenwart. 2022 ist ihre am Berliner Leibniz-Zentrum für Literatur- und Kulturforschung (ZfL) entstandene Dissertation „Auftakte der Bioakustik. Zur Wissensgeschichte nichtmenschlicher Stimmen um 1800 und 1900" erschienen.

Juliane Rettschlag ist seit 2020 wissenschaftliche Mitarbeiterin am Berlin Ethics Lab an der TU Berlin. Ihre Forschungsschwerpunkte liegen in der philosophischen und historischen Wissenschafts- und Technikforschung und der angewandten Ethik. Sie koordiniert das hochschulübergreifende Berliner Ethik Zertifikat und entwickelt Methoden für verantwortliche Forschung, Inter- und Transdisziplinarität. In ihrem Promotionsprojekt untersucht sie normative Spannungsfelder transdisziplinärer Forschung.

Stefan Rieger ist Professor für Mediengeschichte und Kommunikationstheorie an der Ruhr-Universität Bochum. Er promovierte über barocke Datenverarbeitung und Mnemotechnik und verfasste seine Habilitationsschrift zum Verhältnis von Medien und Anthropologie mit dem Titel „Die Individualität der Medien. Eine Geschichte der Wissenschaften vom Menschen" (2001). Er war Heisenbergstipendiat der DFG. Aktuelle Arbeits- und Publikationsschwerpunkte sind: Wissenschaftsgeschichte, Medientheorie und Kulturtechniken. Jüngste Buchveröffentlichungen: „Die Enden des Körpers. Versuch einer negativen Prothetik" (2018), zusammen mit Dawid Kasprowicz (Hg.): „Handbuch Virtualität" (2020) und zusammen mit Ina Bolinski (Hg.) das Heft „Multispecies Communities" von „Navigationen. Zeitschrift für Medien- und Kulturwissenschaft" (2021).

Mieke Roscher leitet das Lehrgebiet Sozial- und Kulturgeschichte mit Schwerpunkt auf die Geschichte von Mensch-Tier-Beziehungen an der Universität Kassel. Ihre Forschungsschwerpunkte liegen in der Tiergeschichte und den Human-Animal Studies, der Geschlechtergeschichte, der Geschichte Großbritanniens, der Kolonialgeschichte und der NS-Geschichte. Sie ist Gründungsmitglied des Forums „Tiere und Geschichte" und Mitglied der Forschungsinitiative Tiertheorie. 2020 wurde sie mit einer Arbeit zur Tierhistoriographie habilitiert. Zentrale Publikationen: „Ein Königreich für Tiere. Die Geschichte der britischen Tierrechtsbewegung" (2009), und zusammen mit André Krebber und Brett Mizelle (Hg.): „Handbook of Historical Animal Studies" (2021).

Martin Roussel ist Privatdozent und Wissenschaftlicher Geschäftsführer des Erich Auerbach Institute for Advanced Studies der Universität zu Köln. Er ist Mitherausgeber des „Kleist-Jahrbuchs". Seine Habilitationsschrift ist: „Literarische Ethologie. Evokation und Zerstreuung des Lebens um

1800“ (2019). Seine Forschungsschwerpunkte umfassen die Literatur vom 18. bis 21. Jahrhundert (u. a. Heinrich von Kleist, Karl May, Robert Walser, Marlene Streeruwitz), Grammatologie der Literatur und (literarische) Ethologie. Zum Thema bereits u. a. erschienen: „Zerstreuungen. Kleists Schrift ‚Über das Marionettentheater‘ im ethologischen Kontext“ (2007), mit Andrea Allerkamp (Hg.): „Ethology. Claims and Limits of a Lost Discipline“ (2021).

Leander Scholz ist Philosoph und Schriftsteller. Zuletzt erschienen von ihm „Zusammenleben. über Kinder und Politik“ (Hanser 2018), „Die Menge der Menschen. Eine Figur der politischen ökologie“ (Kadmos 2019), „Die Regierung der Natur. ökologie und politische Ordnung“ (Matthes & Seitz 2022) und „Zusammenhalt in Vielfalt. Zur Politik der sozialen Sichtbarkeit“ (Friedrich-Ebert-Stiftung 2023).

Mira Shah ist Literatur- und Kulturwissenschaftlerin und als Kuratorin in der Ethnografischen Sammlung des Bernischen Historischen Museums tätig. Zu ihren Forschungsschwerpunkten zählen: Literaturen des Wissens und der Wissenschaften, Animal Studies, Postcolonial Studies, Affen, Inseln, Emotionen, (Stein-)Zeit, Archäologie und Hermeneutik. Publikationen u. a.: „Affe und Affekt. Die Poetik und Politik der Emotionalität in der Primatologie“ (2020), „Ein Kaleidoskop räumlich-zeitlicher Struktur. Edward O. Wilsons populäre Ökologie der Diversität“ in der Zeitschrift „Non Fiktion“ (hg. von Alexander Kling und Christian Meierhofer, 2021), mit Roland Borgards und Lena Kugler: „Pazifische Passagen. Ein Insularium des Stillen Ozeans“ (2023) sowie das KWZ-Schwerpunktheft „Die Kolonialisierung der Vergangenheit“ (2024).

Janosch Steuwer ist Historiker an der Universität zu Köln. Er forscht zur Gesellschaftsgeschichte des Nationalsozialismus, zur Geschichte von Privatheit und autobiografischem Schreiben sowie zur Kindheitsgeschichte der 1970er Jahre. In seinem aktuellen Forschungsprojekt widmet er sich der Geschichte der öffentlichen Auseinandersetzung mit der extremen Rechten im späten 20. Jahrhundert. 2017 erschien im Wallstein Verlag sein Buch „‚Ein Drittes Reich, wie ich es auffasse‘. Politik, Gesellschaft und privates Leben in Tagebüchern 1939–1945“, das sich mit dem politischen Verhalten der Deutschen in der nationalsozialistischen Diktatur befasst.

Heiko Stoff ist Leiter der Arbeitsgruppe „Zeit- und Wissenschaftsgeschichte der Medizin“ am Institut für Ethik, Geschichte und Philosophie der Medizin der Medizinischen Hochschule Hannover. Seine Forschungsschwerpunkte liegen in der Körper-, Sexualitäten- und Institutionengeschichte. Er ist der Autor mehrerer Monografien, u. a. „Wirkstoffe. Eine Wissenschaftsgeschichte der Hormone, Vitamine und Enzyme, 1920–1970“ (2012) und „Gift in der Nahrung. Zur Genese der Verbraucherpolitik in Deutschland Mitte des 20. Jahrhunderts“ (2015). Zudem ist er Mitherausgeber des Sammelbandes „Biologics. A History of Agents Made From Living Organisms in the 20th Century“ (2013).

Georg Toepfer ist Ko-Leiter des Programmbereichs Lebenswissen am Berliner Leibniz-Zentrum für Literatur- und Kulturforschung (ZfL) und Privatdozent an der Technischen Universität Berlin. Er studierte Biologie in Würzburg und Buenos Aires, schloss das Biologiestudium mit einem Diplom ab und wurde an der Universität Hamburg im Fach Philosophie promoviert, in dem er sich an der Universität Bamberg auch habilitierte. Seine Arbeitsschwerpunkte sind die Geschichte und Philosophie der Lebenswissenschaften sowie die kulturellen Bezüge und begrifflichen Übertragungen des biologischen Wissens. Wichtigste Publikation: „Historisches Wörterbuch der Biologie. Geschichte und Theorie der biologischen Grundbegriffe“ (2011).

Sebastian Vehlken ist seit August 2022 Professor für Wissensprozesse und Digitale Medien am Deutschen Schifffahrtsmuseum – Leibniz-Institut für Maritime Geschichte in Bremerhaven und an der Carl von Ossietzky Universität Oldenburg. Von 2013–2022 war er Juniordirektor und später Senior Researcher in der DFG-Kollegforschungsgruppe „Medienkulturen der Computersimulation", sowie von 2017–2021 Professor im Bereich Medientheorie und Mediengeschichte, ebenfalls an der Leuphana Universität Lüneburg. Er forscht zur Theorie und Geschichte Digitaler Medien. Aktuell interessiert er sich für Digitale Zwillinge im maritimen Bereich, die Bedeutung von Gezeitenrechnern innerhalb der Computergeschichte, und für (vergangene) Zukünfte von Ocean Habitats. Zu seinen jüngeren Publikationen gehört: mit Christina Vagt und Wolf Kittler (Hg.): „Modeling the Pacific Ocean" im Journal „Media & Environment" (2021).

Judith Elisabeth Weiss ist Kunsthistorikerin und Ethnologin und war Fellow am Kunsthistorischen Institut Florenz. 2000–2011 arbeitete sie als wissenschaftliche Mitarbeiterin in verschiedenen Museen und als Kuratorin für moderne und zeitgenössische Kunst und war 2011–2020 in Forschungsprojekten am Leibniz-Zentrum für Literatur- und Kulturforschung Berlin tätig. Lehraufträge an den Universitäten Heidelberg und Karlsruhe sowie an der Universität der Künste Berlin. Zu ihren Forschungsinteressen gehören: Kunst und Natur, Kunstpraktiken der Verweigerung, Bild- und Kulturgeschichte des Gesichts, Kunst der Moderne und der Gegenwart. Sie ist Autorin zahlreicher Publikationen u. a. zur kulturellen Bedeutung von Pflanzen. Zuletzt erschienen [sýn] Zusammen [bíos] Leben. Kunst des Miteinanders als globale überlebensstrategie, Kunstforum International, Bd. 281, Köln 2022, „Disziplinierung der Pflanzen. Bildvorlagen zwischen Ästhetik und Zweck" (2020) und mit Kathrin Meyer (Hg.): „Von Pflanzen und Menschen. Leben auf dem grünen Planeten" (2019).

Martin Wieser ist Assistenzprofessor am Department für Psychologie der Sigmund Freud PrivatUniversität (SFU) Berlin. Nach dem Studium der Psychologie und Philosophie in Wien und Berlin sowie Forschungsaufenthalten in Toronto und Berlin war er wissenschaftlicher Mitarbeiter im Forschungsprojekt „Psychologie in der Ostmark" an der SFU Berlin. Seit 2020 ist er dort als Leiter des Bachelorstudiengangs für Psychologie sowie als Projektleiter des Forschungsprojekts „Theorie, Praxis und Konsequenzen der Operativen Psychologie" tätig. Sein Forschungsschwerpunkt ist am Schnittpunkt von Psychologie, Wissenschafts- und Gesellschaftsgeschichte lokalisiert. Zuletzt erschienen: „Sequenzen der Verfolgung: Kontexte und Spätfolgen von politischen Repressionserfahrungen in der DDR und danach" (2024) sowie „Operative Psychologie: Zur Gründung und Entwicklung eines Lehrstuhls an der Juristischen Hochschule des Ministeriums für Staatssicherheit der DDR" (2022).

Stefan Willer ist Professor für Neuere deutsche Literatur an der Humboldt-Universität zu Berlin. Seine Arbeitsschwerpunkte sind Zukunftsliteratur und Zukunftswissen; Genealogie, Generation, Erbe; Sprach- und Übersetzungstheorien. Eine Auswahl seiner Buchpublikationen: „Botho Strauß zur Einführung" (2000), „Poetik der Etymologie. Texturen sprachlichen Wissens in der Romantik" (2003), mit Jens Ruchatz und Nicolas Pethes (Hg.): „Das Beispiel. Epistemologie des Exemplarischen" (2007), mit Ohad Parnes und Ulrike Vedder: „Das Konzept der Generation. Eine Wissenschafts- und Kulturgeschichte" (2008), „Erbfälle. Theorie und Praxis kultureller Übertragung in der Moderne" (2014), mit Benjamin Bühler (Hg.): „Futurologien. Ordnungen des Zukunftswissens" (2016), mit Johannes Becker, Benjamin Bühler und Sandra Pravica (Hg.): „Zukunftssicherung. Kulturwissenschaftliche Perspektiven" (2019), mit Andreas Keller (Hg.): „Selbstübersetzung als Wissenstransfer" (2020).

Matthias Wunsch ist Professor für Philosophie und Leiter der Moritz-Schlick-Forschungsstelle an der Universität Rostock. Zu seinen Arbeitsschwerpunkten zählen: Philosophie des Geistes und der Person, Wissenschaftsphilosophie, insbesondere Philosophie der Tierforschung, und Philosophische Anthropologie. Ausgewählte Bücher: mit Kristian Köchy und Martin Böhnert (Hg.): „Philosophie der Tierforschung“, 3 Bde. (2016/2018), „Fragen nach dem Menschen. Philosophische Anthropologie, Daseinsontologie und Kulturphilosophie“ (2014). Ausgewählte Aufsätze: „Philosophy of Nature and Organism's Autonomy. On Hegel, Plessner and Jonas's Theories of Living Beings“ (mit Francesca Michelini und Dirk Stederoth, 2018), „Was macht menschliches Denken einzigartig? Zum Forschungsprogramm Michael Tomasellos“ (2015).

Personenregister

https://doi.org/10.1515/9783110740813-035

Bei Fragen zur Produktsicherheit wenden Sie sich bitte an:
If you have any questions regarding product safety, please contact:

Walter de Gruyter
Genthiner Straße 13
10785 Berlin
productsafety@degruyterbrill.com